Springer-Lehrbuch

Jörn Bleck-Neuhaus

# Elementare Teilchen

## Moderne Physik von den Atomen bis zum Standard-Modell

Prof.Dr. Jörn Bleck-Neuhaus
Universität Bremen
FB 1 Physik
28334 Bremen
Deutschland
bleck@physik.uni-bremen.de

Der Autor ist für Anregungen und Kritik dankbar.
(siehe auch http://www.iup.uni-bremen.de/~bleck/Lehrbuch)

ISSN 0937-7433
ISBN 978-3-540-85299-5 e-ISBN 978-3-540-85300-8
DOI 10.1007/978-3-540-85300-8
Springer Heidelberg Dordrecht London New York

Die Deutsche Nationalbibliothek verzeichnet diese Publikation in der Deutschen Nationalbibliografie; detaillierte bibliografische Daten sind im Internet über http://dnb.d-nb.de abrufbar.



*Satz und Herstellung:* le-tex publishing services GmbH, Leipzig
*Einbandentwurf:* WMXDesign GmbH, Heidelberg

Gedruckt auf säurefreiem Papier

Springer ist Teil der Fachverlagsgruppe Springer Science+Business Media (www.springer.de)

# Vorwort: Warum dieses Buch?

*Moderne Physik* wird der Teil der physikalischen Naturwissenschaft genannt, der mit der Entdeckung und Untersuchung der *Quanten* – kleinster Einheiten von Materie und kleinster Umsätze von Energie – in der Zeit um 1900 begann und immer noch anhält. Obwohl schon seit dem Altertum Gegenstand mehr oder weniger naturwissenschaftlicher Spekulationen, zeigten sich diese Quanten in den Experimenten nun mit so neuartigen Eigenschaften, dass sie mit den damals etablierten Begriffen der Physik – zusammenfassend die *Klassische Physik* genannt – nicht mehr zu verstehen waren. So hat der heute aktuelle Wissensstand der Kern- und Elementarteilchenphysik eine wechselvolle Entstehungsgeschichte, oft gekennzeichnet durch schockierend neue, immer noch schwer zu vermittelnde Begriffsbildungen. Dies Buch folgt dem Ansatz, die Entwicklungsprozesse selber für ein besseres Verständnis der schwierigen neuen Begriffe nutzbar zu machen.

Manch angehendem Physiker (gemeint sind ab hier immer beide Geschlechter) fällt es nicht gerade leicht, die Grundbegriffe der Modernen Physik wirklich anzunehmen, vor allem solche, denen vertraute Anschauungen der Klassischen Physik, ja des gesunden Menschenverstandes, widersprechen. Quantenbedingungen und Welle-Teilchen-Dualismus sind dafür nur die bekannteren Beispiele (und hier in Grundzügen schon vorausgesetzt[1]), gefolgt von neuen Postulaten wie Spindrehimpuls, Antiteilchen, Erzeugung und Vernichtung von Materie, ununterscheidbare Teilchen, virtuelle Teilchen, verschränkte Zustände, verletzte Spiegel-Symmetrien etc. All diese Begriffe kennzeichnen wissenschaftliche Durchbrüche gegen das jeweils herrschende Vorverständnis. Sie waren daher alles andere als einfach und unbestritten – ähnlich wie früher schon Newtons Mechanik, Maxwells Elektrodynamik, Einsteins Relativitätstheorie. So dürfte es auch heutigen Studenten gehen: Ihre eigene Vorbildung in klassischer Physik ist zwar Voraussetzung dafür, die Wege zu den neuen Entdeckungen mitzugehen. Sie kann es ihnen aber auch erschweren, sich das aktuelle physikalische Bild von den fundamentalen Konstituenten der Materie und der Kräfte wirklich anzueignen, es mit dem Wissen über die klassische Physik

[1] Ebenfalls vorausgesetzt: Grundkenntnisse in den Werkzeugen der Quantenmechanik wie Schrödinger-Gleichung, Wellenfunktion, Zustandsvektor, Operatoren, Eigenwerte, Matrizen, Hilbert-Raum, Pauli-Prinzip.

zu verbinden und den richtigen Umgang mit beiden zu lernen. Zumal ihr Vorverständnis sich nicht nur in ihrem alltäglichen Leben sondern bisher auch in ihrem Physikstudium durchaus bewährt haben dürfte und keinesfalls nun über Bord geworfen gehört. Ganz im Gegenteil: Ein offener Umgang mit den widersprüchlichen Aspekten von klassischer und moderner Physik kann die Auseinandersetzung nach beiden Seiten produktiv machen und beide Begriffswelten integrieren.

Mit dieser Problematik stehen die Physiker in der besten Tradition ihrer Wissenschaft. Nicht erst seit dem Entstehen der Modernen Physik mussten sie sich darin üben, ihre Konzepte und Kategorien für Wahrnehmung und Erklärung, die aus dem praktischen Leben heraus entstanden waren, aufgrund widersprüchlicher experimenteller Beobachtungen immer wieder kritisch zu analysieren und, wo erforderlich, durch andere – notwendig weniger anschauliche, abstraktere – zu ersetzen. Erwähnt seien hier wieder die durch Galileis Trägheitsprinzip und Newtons Kraftgesetz schließlich erreichte Überwindung der Aristotelischen Mechanik, die in Einsteins Spezieller Relativitätstheorie notwendig gewordene Verknüpfung von Raum und Zeit, und künftig vielleicht die noch weitaus seltsamer erscheinenden Ideen über weitere Dimensionen des Weltalls oder über Schleifen im Fortschritt der Zeit.

Damit soll nicht gesagt werden, dass nicht auch andere Wissenschaften ihre „kopernikanischen Wendepunkte“ hatten – z.B. als die Vorstellung von der Scheibenform der Erde aufgegeben wurde, oder die Vorstellung der Unveränderlichkeit ihrer geographischen Beschaffenheit und der Lebensformen darin, oder als in der Mathematik die Infinitesimalrechnung oder in der Psychologie das Unbewusste entdeckt wurde. Auch ist Physik sicher nicht die abstrakteste aller Wissenschaften, man denke nur an Mathematik oder Philosophie. Doch scheint es so, dass die Physiker durch eine besonders harte Lehre gegangen sind, und womöglich deshalb genötigt wurden, eine erkennbar eigene Art des Denkens zu entwickeln.[2]

Denn die Physik hat sich in besonderem Maß dazu verpflichtet, zwischen ihren meistens unter Mühen herausgearbeiteten Grundbegriffen, auch den abstraktesten, und den Phänomenen, auch den unmittelbar anschaulichen der „direkten“ Wahrnehmung, ständig eine sichere Verbindung, einen beidseitigen Brückenschlag zu leisten. Ihr (selbst gewähltes) Ziel ist ja, die Vorgänge der (materiellen) Welt in allen Größenordnungen von Zeit und Raum als Folge einheitlicher Prinzipien und Gesetze zu verstehen. Daher begegnen Physiker wohl seit jeher mit besonderer Häufigkeit dem Gegensatz zwischen der Einfachheit der mit den Sinnen scheinbar unmittelbar aufgenommenen Phänomene und dem Abstraktionsgrad der zu ihrer Interpretation benötigten Begriffe.

In der Annahme, dass die Schwierigkeiten beim Physiklernen heute häufig den Widerständen ähneln, mit denen seinerzeit die Entdecker der neuen Konzepte, bei sich selber und in der Fachwelt, zu kämpfen hatten, wird hier stärker als in anderen Lehrbüchern der Prozess der Herausbildung der Neuerungen verarbeitet – durchaus auch aus der Rückschau mit dem Wissen von heute. Ziel ist, auf diese Weise ein profunderes physikalisches Verständnis für die schwierigen Befunde und Begriffe

[2] die in der Schule auch schwierig zu unterrichten sei.

zu fördern, die für die Erforschung des Mikrokosmos erarbeitet werden mussten. Obgleich sie nicht selten revolutionär anmuteten, sind sie heute auch aus der angewandten Physik oder sogar dem Alltag nicht mehr wegzudenken. Damit kann diese Darstellung auch eine lehrreiche Schule sein im Hinblick darauf, dass die Physik eine dynamische Naturwissenschaft und auch heute in ständiger Weiter-Entwicklung begriffen ist.

Inhalt der folgenden Kapitel:

1. Atome, und die zwei ersten wirklichen Elementarteilchen
2. Radioaktive Strahlen und der Weg ins Innere der Atome
3. Entdeckung des Atomkerns mit den Mitteln der klassischen Physik
4. Masse und Bindungsenergie der Kerne, Entdeckung von Proton und Neutron
5. Stoßprozesse quantenmechanisch
6. Physik der Radioaktiven Strahlen
7. Struktur der Kerne: Spin, Parität, Momente, Anregungsformen, Modelle
8. Nukleare Energie, Entwicklung der Sterne, Entstehung der Elemente
9. Elektron und Photon: Was Elementarteilchen sind und wie sie wechselwirken – Die Quanten-Elektrodynamik
10. Das Elektron als Fermion und Lepton
11. Proton, Neutron, Pion und der Hadronen-Teilchenzoo
12. Schwache Wechselwirkung und Gebrochene Symmetrien
13. Starke Wechselwirkung und Quark-Modell der Hadronen
14. Standardmodell der Elementarteilchen
15. Zwölf wesentlich neue Ergebnisse der Elementarteilchenphysik

Diese Gliederung folgt der begrifflichen Entwicklung der physikalischen Vorstellungen ungefähr in ihrem historischen Ablauf, wobei in Wirklichkeit natürlich alles viel zu eng miteinander verwoben war, als dass man es in so klarer Abfolge darstellen könnte. Zahlreiche Querverweise, Vor- und Rückgriffe zwischen den einzelnen Kapiteln geben davon einen Eindruck. Sie sind unvermeidlich, bezeugen aber auch den engen Zusammenhang der verschiedenen Zweige des physikalischen Denkens. Jedem Kapitel ist ein Überblick vorangestellt, der vorweg wichtige Ergebnisse kurz vorstellt und zugleich in den Zusammenhang der ganzen Entwicklung einordnet. Diese Überblicke sind auch als zusammenhängender Text lesbar, wenn die ausführlichen Darstellungen im Hauptteil jedes Kapitels übersprungen werden sollen. Um das Lesen eines einzelnen Kapitels zu erleichtern, ohne alle vorhergehenden präsent haben zu müssen, wird an die Bedeutung einiger Grundbegriffe immer wieder einmal mit kurzen Worten erinnert.

Die ganze Darstellung bemüht sich vor allem um die Vermittlung von Verständnis, sowohl bei den Einzelheiten als auch den Zusammenhängen. Die dafür nötige, möglichst sorgfältige und lückenlose Argumentation erfordert dann oft mehr Raum als die knappste exakte Darstellung, zumal eine gewisse Nähe zu Alltagsphänomenen und zur Umgangssprache durchaus beabsichtigt ist, gerade auch um an den für die Physik essentiellen Brückenschlag vom und zum Alltag zu erinnern. Dazu gehören auch Fragen, die laienhaft einfach klingen mögen, weshalb sie in Lehrbüchern gewöhnlich gar nicht mehr auftauchen, die aber zur Abrundung und Integration des dargestellten Spezialwissens hilfreich sein können.[3] Mit den Worten von Richard Feynman: Nur was man einfach ausdrücken kann, hat man gut verstanden.

Die eingestreuten Fragen und Aufgaben sind nicht als systematische Überprüfung des beabsichtigten Lernziels gedacht, sondern als Anregung an die Leser, auch selber Querverbindungen innerhalb des Kapitels, des Buchs oder sogar der weiteren Physik und Wissenschaft herzustellen. Immer liegt die Antwort bzw. Lösung in Reichweite, wird aber, um den Lesefluss nicht zu sehr zu unterbrechen, gleich mit angegeben.

Von den zahlreichen guten Lehrbüchern, die es zu diesen Themen schon gibt, werden oft *Experimentalphysik* Bd. 3 und 4 von W. Demtröder (Literaturverzeichnis [57, 58]) und *Elementarteilchenphysik* von C. Berger [24] zitiert. Häufig wurde, quasi als Wegweiser zu den originalen Schauplätzen, die Original-Literatur als Quelle herangezogen, auch wenn sie nun seit vielen Jahrzehnten fast nur noch auf Englisch erscheint – eine der sichtbaren Folgen der Vertreibung unzähliger Wissenschaftler erst aus Deutschland und dann aus den von ihm besetzten Ländern. Daher sind auch in Abbildungen die Beschriftungen oft auf Englisch.

Der Text entstand aus der Kursvorlesung an der Universität Bremen für Physik-Studierende ab dem 5. Semester im Zyklus „Höhere Experimentalphysik“. Bekanntschaft mit Quantenmechanik – etwa auf dem Niveau eines Grundkurs-IV „Quantenphysik“ – ist vorausgesetzt. Die Vorlesung ist nicht als Vorbereitung auf eine Spezialisierung in diesem Gebiet entwickelt worden. Vielmehr sollen die angehenden Physiker Kenntnisse über die subatomare Physik mitnehmen, die zum Allgemeinwissen ihres Fachs zählen dürfen. Das gilt auch für dieses Buch. Als Zielgruppe ist daher neben den Physik-Studierenden vor ihrem B.Sc.-Abschluss auch an Physik-Lehrende an Schulen oder Hochschulen gedacht.

Bedanken möchte ich mich vor allem bei meinen Studentinnen und Studenten, die durch Fragen, Kritik, Ermunterung und Anregungen über die Jahre erheblich dazu beigetragen haben, die Entwicklung der Argumentation und die Art ihrer Darstellung zu verbessern. (Manche zogen auch ein mehr traditionelles Lehrbuch über den augenblicklichen Stand des Wissens vor, wovon es ja eine reiche Auswahl gibt.) Zahlreichen Kollegen aus älterer und jüngerer Zeit danke ich ebenfalls für Kritik, Anregungen und Hinweise auf Fehler. Auch die hoffentlich zahlreichen künftigen Leserinnen und Leser sind gebeten, mir ihre Bemerkungen zum Buch mitzuteilen.

Bremen, Januar 2010 *Jörn Bleck-Neuhaus*

[3] Daraus ergaben sich zahlreiche für ein Lehrbuch eher unkonventionelle Bemerkungen und damit auch entsprechende Stichworte für das alphabetische Register am Schluss des Buchs, um sie wieder aufzufinden – nebenbei eine Einladung, dort herumzustöbern.

# Symbole, Schreibweisen, Abkürzungen

| | |
|---|---|
| $\vec{a}, \vec{b}, \ldots, a, b, \ldots$ | Vektoren im $\mathbb{R}^3$ und deren Beträge |
| $(\vec{a} \cdot \vec{b})$, $\vec{a} \times \vec{b}$ | Skalarprodukt, Vektorprodukt |
| $\lvert\psi\rangle$, $\psi(t, \vec{r})$ | Zustandsvektor, Wellenfunktion |
| $\hat{O}$ $(\hat{O}^\dagger)$ | Operator für die physikalische Größe $O$ (hermitesch konjugiert) |
| $\langle x\rangle, \overline{x}$ | Erwartungswert/Mittelwert der Größe $x$ |
| $\hat{a}^\dagger, \hat{a}$ | Erzeugungs- bzw. Vernichtungsoperator |
| $[\hat{A}, \hat{B}]_\pm$ | Kommutator bzw. Antikommutator $= \hat{A}\hat{B} \pm \hat{B}\hat{A}$ |
| $a$ | Beschleunigung<br>Reichweite- oder Abschirm-Parameter |
| $\alpha$ | $\alpha$-Teilchen<br>Sommerfeldsche Feinstrukturkonstante |
| $A$ | Atomgewicht<br>Fläche<br>Aktivität<br>Anzahl Nukleonen im Kern<br>Baryonenladung |
| $\vec{A}$ | Vektorpotential ($\vec{B} = \nabla \times \vec{A}$) |
| $A^\mu$ | elektrodynamisches 4-Potential ($\Phi/c$, $\vec{A}$) |
| $a_{\text{Bohr}}$ | Bohrscher Radius (H-Atom, $\approx 0{,}053$ nm) |
| $a_{\text{NN}}$ | Reichweite der Nukleon–Nukleon-Kraft |
| $\beta$ | Elektron/Positron aus $\beta$-Radioaktivität<br>Geschwindigkeit als $v/c$ |
| $b$ | Stoß-Parameter<br>*bottom*-Quark |
| $B$ | neutrales Austausch-Boson der elektroschwachen Wechselwirkung<br>Farbladung *blau*<br>$B$-Meson |
| $B_1, \ldots, B_5$ | Terme des Tröpfchenmodells |
| $\vec{B}$, $B$ | magnetisches Feld (Vektor bzw. Betrag) |

| | |
|---|---|
| $\hat{c}^\dagger, \hat{c}$ | Erzeugungs- bzw. Vernichtungsoperator |
| $c$ | Lichtgeschwindigkeit |
| | *charm*-Quark |
| $\hat{C}, C$ | Ladungskonjugation bzw. Quantenzahl |
| $CMS$ | Schwerpunktsystem (*center of mass system*) |
| $c_P, c_V$ | spezifische Wärme bei konstantem Druck bzw. Volumen |
| $\delta$ | Differenz |
| | Deformationsparameter |
| | Diracsche $\delta$-Funktion |
| $\Delta$ | Differenz |
| | $\Delta$-Teilchen |
| $d$ | Deuteron |
| | *down*-Quark |
| $\mathrm{d}\sigma/\mathrm{d}\Omega$ | differentieller Wirkungsquerschnitt |
| $\vec{D}$ | elektrisches Dipolmoment |
| $\epsilon$ | Nachweiswahrscheinlichkeit (efficiency) des Detektors |
| $\eta_{\mathrm{Coulomb}}$ | Phase bei der Streuung am Coulomb-Potential |
| $e$ | Elektron |
| | elektrische Elementarladung (positiv) |
| $\mathrm{e}$ | Zahl $\mathrm{e} = 2{,}71828\ldots$ |
| $E$ | Energie |
| $\vec{E}, E$ | elektrisches Feld (Vektor bzw. Betrag) |
| $E_{\mathrm{B}}, E_{\mathrm{Ion}}$ | Bindungsenergie, Ionisierungs-Energie |
| $E_{\mathrm{H}}$ | Bindungsenergie des H-Atoms (13,6 eV) |
| $E_{\mathrm{K}}, E_{\mathrm{L}}$ | Bindungsenergie des Elektrons in der $K$- bzw. $L$-Schale |
| $E_{\mathrm{kin}}, E_{\mathrm{pot}}, E_{\mathrm{rot}}$ | kinetische, potentielle und Rotations-Energie |
| $E_{\mathrm{Fermi}}$ | Fermi-Energie |
| $EC$ | Elektronen-Einfang |
| $f$ | Anzahl der Freiheitsgrade |
| | Streuamplitude |
| | Funktion |
| $F$ | Faraday-Konstante ($= eN_{\mathrm{A}}$) |
| | Kraft |
| | Fläche |
| | Formfaktor |
| | Gesamtdrehimpuls-Quantenzahl des Atoms |
| $\gamma$ | $\gamma$-Quant, Photon |
| | Lorentz-Faktor |
| | Dirac-Matrix |
| | Newtons Gravitationskonstante |
| $g$ | $g$-Faktor (magnetisches Moment) |
| | Erdbeschleunigung |
| $\mathrm{g}$ | Kopplungskonstante der Wechselwirkung |
| | Gluon |
| $G$ | Gamov-Faktor |

| | |
|---|---|
| | Farbladung *grün* |
| $\hbar (= h/2\pi)$ | Plancksches Wirkungsquantum |
| $H$ | Higgs-Boson |
| $\hat{H}$, $\hat{H}_0$, $\hat{H}_{\mathrm{WW}}$ | Hamilton-Operator, ohne Wechselwirkung, nur Wechselwirkung |
| $I$ | Intensität (Quadrat der Amplitude) |
| | Gesamtdrehimpuls-Quantenzahl eines Kerns |
| $j$ | Gesamtdrehimpuls-Quantenzahl eines Teilchens (Bahn + Spin) |
| $j_\ell(x)$ | Besselfunktion |
| $j^\mu$ | 4-Stromdichte $(\rho, \vec{j})$ |
| $J$ | Gesamtdrehimpuls-Quantenzahl der Hülle |
| $J/\Psi$ | $J/\Psi$-Meson |
| $k$ | Federkonstante |
| | Kritikalität im Reaktor |
| $\vec{k}, k$ | Wellenvektor, Wellenzahl |
| $K^{0,\pm}$ | Kaon (neutral, geladen) |
| $k_{\mathrm{B}}$ | Boltzmann-Konstante |
| $\lambda$ | Zerfallskonstante, Übergangsrate |
| | Wellenlänge |
| $\lambda_{\mathrm{C}}$ | Compton-Wellenlänge $\hbar/(mc)$ |
| $\Lambda$ | $\Lambda$-Teilchen |
| | Energie der Renormierungsskala |
| | beliebig ausgerichtete Achse |
| $\ell$ | mittlere freie Weglänge |
| | Bahndrehimpuls-Quantenzahl eines Teilchens |
| | Lepton |
| $L$ | Länge |
| | Laborsystem |
| | Gesamter Bahndrehimpuls |
| | Leptonenladung |
| LHC | Large Hadron Collider |
| $m$ | (Ruhe-)Masse |
| | Einzelmessergebnis (natürliche Zahl) |
| $m_{\mathrm{e}}, m_{\mathrm{p}}, m_{\mathrm{n}}, m_\pi \ldots$ | Masse des Elektrons, Protons, Neutrons, Pions, ... |
| $m_{\mathrm{W}}$ | Masse des $W$-Boson bzw. Masse des Stoßpartners nach tief-inelastischer Streuung |
| $m_{\mathrm{red}}$ | reduzierte Masse $m_1 m_2/(m_1 + m_2)$ |
| $m_j, m_s, M_I, m_\ell$ | magnetische Quantenzahl |
| $\mu$ | Mittelwert der Poisson-Verteilung |
| | Massenschwächungskoeffizient ($\gamma$-Strahlung) |
| | magnetisches Moment (auch $\vec{\mu}$) |
| | Myon (auch $\mu^\pm$) |
| | $= (0, 1, 2, 3)$ Laufindex für 4-Vektor |

| | |
|---|---|
| $\mu_{\mathrm{Bohr}}, \mu_{\mathrm{Kern}}$ | Bohrsches bzw. Kern-Magneton |
| $M_{\mathrm{fi}}$ | Matrixelement $\langle\Psi_{\mathrm{fin}}\|\hat{H}_{\mathrm{WW}}\|\Psi_{\mathrm{ini}}\rangle$ |
| $N$ | Anzahl |
| | Nukleon |
| | Anzahl Neutronen |
| $n$ | Gasmenge in kmol |
| | Neutron |
| | Teilchendichte |
| | Hauptquantenzahl (Schalenmodell) |
| | Brechnungsindex |
| $\hat{n}$ | Teilchenzahl-Operator |
| $n_{\mathrm{e}}$ | Elektronendichte |
| $\nu$ | Neutrino |
| | Frequenz $\nu = \omega/2\pi$ |
| $N_{\mathrm{A}}$ | Avogadro-Konstante |
| $\Omega$ | Raumwinkel $(\theta, \phi)$ |
| | Phasenraum-Volumen |
| | $\Omega$-Teilchen |
| $\vec{\omega}, \omega$ | Winkelgeschwindigkeit (Vektor, Betrag) |
| $\omega_{\mathrm{c}}$ | Zyklotronfrequenz $QB/m$ |
| $\pi^{0,\pm}, \pi$ | Pion (neutral, geladen) |
| | Zahl $\pi = 3{,}1416\ldots$ |
| $\phi, \varphi$ | im 3-dimensionalen: Azimutwinkel (Drehwinkel um die $z$-Achse) |
| | im 2-dimensionalen: Winkelabstand zur $x$-Achse |
| $\Phi^0$ | $\Phi^0$-Meson |
| $\vec{p}, p$ | Impuls, Impuls-Betrag |
| $p$ | Proton |
| | Wahrscheinlichkeit |
| $p^{\mu}$ | 4-Impuls $(E/c, \vec{p})$ |
| $P$ | Druck |
| | Paritäts-Quantenzahl |
| | Gesamtimpuls |
| $\hat{P}$ | Raumspiegelung |
| $P_{\mu}(m)$ | Wahrscheinlichkeit (Poissonverteilung) |
| $q$ | Quark |
| | Quantenzahl der elektrischen Ladung (in $e$) |
| | 4-Impuls-Übertrag |
| $Q$ | elektrische Ladung (in A s) |
| | elektrisches Quadrupol-Moment |
| | Gütefaktor eines Resonators |
| | Energie-Ausbeute des Fusionsreaktors |
| QCD | Quanten-Chromo-Dynamik |
| QED | Quanten-Elektro-Dynamik |

| | |
|---|---|
| QFT | Quanten-Feld-Theorie |
| $\rho$ | Dichte, Ladungsdichte |
| | größte Annäherung zweier Teilchen beim Stoß |
| | $\rho^{0,\pm}$-Meson |
| $\rho_0$ | größte Annäherung bei zentralem Stoß |
| $\rho_\mathrm{E}$ | statistischer Faktor $\mathrm{d}n/\mathrm{d}E$ in der Goldenen Regel |
| $\vec{r}$ | Ort $(x, y, z)$ |
| $r_0$ | Längenparameter für Kernradius |
| $r_\mathrm{e}$ | klassischer Elektronen-Radius (ca. 1,4 fm) |
| $R$ | universelle Gaskonstante |
| | Krümmungsradius |
| | Kernabstand im Molekül |
| | Farbladung *rot* |
| $\mathbb{R}$, $\mathbb{R}^3$ | reelle Zahlengerade bzw. 3-dimensionaler Raum |
| $R_\mathrm{q}$ | Skalenfaktor der Wirkungsquerschitte für elektromagnetische Paarerzeugung von Quarks bzw. Leptonen |
| $R_\mathrm{Atom}, R_\mathrm{Kern}$ | Atom- bzw. Kernradius |
| $\sigma$ | Wirkungsquerschnitt |
| | Standardabweichung |
| $\vec{\sigma} = (\sigma_x, \sigma_y, \sigma_z)$ | Paulische Spin-Matrizen |
| $s$ | Spindrehimpuls-Quantenzahl eines Teilchens |
| | Stromdichte |
| | *strange*-Quark |
| $S$ | Schwerpunktsystem |
| | *strangeness*-Ladung |
| | Gesamtspin eines Teilchensystems |
| | Entropie |
| $S_\mathrm{p}$, $S_\mathrm{n}$ | Separationsenergie des letzten Protons bzw. Neutrons |
| SLAC | Stanford Linear Accelerator |
| $\mathrm{Sp\overline{p}S}$ | Super-Proton-Antiproton-Synchrotron (*CERN*) |
| $SU(2)$, $SU(3)$ | Gruppe der komplexen $2\times2$- bzw. $3\times3$-Matrizen mit Determinante $+1$ |
| $\tau$ | mittlere Lebensdauer |
| | Einschlusszeit des Fusionsplasmas |
| | $\tau^\pm$ Tauon |
| $\tau_\mathrm{R}$ | Reaktorperiode |
| $\vartheta$, $\theta$ | Ablenkwinkel, Polarwinkel (Abstand zur $z$-Achse) |
| $\Theta$ | Trägheitsmoment |
| $\theta_\mathrm{W}$ | Weinberg-Winkel |
| $\theta_\mathrm{C}$ | Cabibbo-Winkel |
| $t$ | Zeit |
| | *top*-Quark |
| $T$ | Temperatur, $T_\mathrm{Raum} = 300\,\mathrm{K}$ |
| | Isospin |

| | |
|---|---|
| $\hat{T}$ | Zeitumkehr |
| $T_{1/2}$ | Halbwertzeit |
| $T_3$ | Beitrag des Isospin zur elektrischen Ladung |
| $u$ | *up*-Quark |
| $\vec{u}, u$ | Geschwindigkeit im Schwerpunktsystem |
| $\vec{v}, v$ | Geschwindigkeit |
| $\vec{V}, V$ | Geschwindigkeit des Schwerpunkts |
| $V$ | Volumen |
| $V(r)$ | Potential, potentielle Energie |
| $V_0$ | Tiefe des Potentialtopfs |
| $W$ | Austrittsarbeit (Photoeffekt) |
| $W^{0,\pm}$ | Austausch-Boson der Schwachen Wechselwirkung |
| $\Upsilon$ | $\Upsilon$-Meson |
| $Y_\ell^m(\vartheta, \varphi)$ | Kugelfunktion |
| $Z$ | chemische Ordnungszahl |
| | Anzahl Protonen im Kern |
| | Zählrate $n/\Delta t$ |
| $Z^0$ | Austausch-Boson der Schwachen Wechselwirkung |

# Inhaltsverzeichnis

# Kapitel 1
# Zur Einführung: Atome, und die zwei ersten wirklichen Elementarteilchen

## Überblick

Seit den Anfängen des systematischen logischen Denkens in Zeiten der alten griechischen Philosophie wurde darüber spekuliert, ob die kontinuierlichen Erscheinungsformen von Raum, Zeit, Materie und Bewegung „wirklich" sind oder ob ihnen ein diskretes, endliches Raster zu Grunde liegt, das für unsere Sinneswahrnehmungen nur zu fein ist.[1]

> Die bloße Idee solcher Rasterung oder Quantisierung muss dem Alltagsverstand früher vielfach als abwegig vorgekommen sein, bevor sich im digitalen Zeitalter die Erfahrung verbreiten konnte, dass mit genügend vielen Pixeln sich jedes „echte" Bild „vortäuschen" lässt.[2]

Zumindest für die Materie wurde die Frage nach der Existenz kleinster Einheiten am Ende des 19. Jahrhunderts entscheidungsreif. Es hatten einerseits Chemie und Physik große Fortschritte bei der Erklärung vieler kontinuierlich erscheinender Phänomene machen können, indem sie sich kleinste *unteilbare* Körperchen (daher der Name *Atom*) dachten und deren Zusammenwirken als verkleinerte („skalierte") Ausgabe anschaulich gedachter mechanischer Systeme verstanden.

Sogar von der schier unvorstellbaren Kleinheit dieser unsichtbaren Teilchen hatte man schon recht genaue Kenntnis: 1 Kilomol (kmol) jedes Elements (z. B. 1 kg Wasserstoff) besteht aus ca. $6\cdot 10^{26}$ Atomen – genannt die *Avogadro-Konstante*. Die ganze Materie erschien demnach zusammengesetzt aus etwa 70 bekannten (und einigen noch prognostizierten) Atomarten, die sich in chemisch reiner Form gewinnen ließen und deren Massen (*Atomgewicht*, definiert relativ zu Wasserstoff) zwischen 1 und etwa 240 lagen.

---

[1] Demokrit (*460 v. Chr., †371 v. Chr.), Leukipp (5. Jahrhundert v. Chr.) u. a.

[2] Die „echten" oder *wahren* Bilder unserer *Wahr*-Nehmung, denen wir die kontinuierliche Struktur von Raum und Zeit entnehmen, entstehen im Gehirn, und zwar ca. 20mal pro Sekunde aus den ca. $2\cdot 10^8$ einzelnen Signalen der Sehzellen.

J. Bleck-Neuhaus, *Elementare Teilchen*
DOI 10.1007/978-3-540-85300-8, © Springer 2010

Viele große Forscher des 19. Jahrhunderts standen der Atom-Hypothese aber skeptisch bis ablehnend gegenüber. Denn mathematische, logische und damit prinzipielle Schwierigkeiten sprachen gegen die wirkliche Existenz unteilbarer Körperchen im herkömmlichen Sinn. Dazu kamen zahlreiche Beobachtungen, für die sich überhaupt kein Erklärungsansatz finden ließ; bei den Atomen z. B. ihre offenbar stabile Größe bei gleichzeitiger Existenz charakteristischer innerer Schwingungsfrequenzen (Spektrallinien). Diese Erscheinungen auf eine völlig unbekannte, aber sicher reichhaltige innere Struktur der Atome zu schieben, wäre zwar bequem gewesen, bot aber keinen Ausweg. Zum einen mussten dann die dort herrschenden physikalischen Gesetze völlig andere sein als alles sonst Bekannte, und zum anderen entstanden für die noch kleineren Einheiten, aus denen die Atome dann aufgebaut sein müssten, wieder nur die gleichen grundsätzlichen Probleme wie vorher.

Auf eine wissenschaftliche Erklärung der Anzahl verschiedener Atomsorten, der Gewichte und Größe der Atome und ihrer chemischen Reaktionsmöglichkeiten musste noch bis in die 1930er Jahre gewartet werden. Denn zur weiteren Lösung dieser Fragen war der Rahmen der klassischen Physik tatsächlich ungeeignet, und es ist kein Wunder, dass die moderne Physik mit vielen klassischen (und vor allem den anschaulichen) Vorstellungen brechen musste, oder besser gesagt: die Grenzen ihrer Anwendbarkeit entdeckte um sie zu überschreiten.

Das 1. Kapitel verfolgt in groben Zügen den Weg zur heftig umkämpften Aufstellung des modernen Atombegriffs und weiter zur unerwünschten Erkenntnis am Ende des 19. Jahrhunderts, dass man auch aus diesen Atomen Bestandteile herauslösen konnte: die Elektronen. Diese, immerhin, sind die ersten auch nach heutiger Sicht wirklich elementaren oder *fundamentalen* Teilchen. Weiter wird über die damals völlig unvorhergesehene Entdeckung berichtet, dass selbst die Wellen – eigentlich auch heute noch ein Sinnbild für Kontinuität in der Bewegung – nur gequantelt entstehen und vergehen, jedenfalls zunächst die elektromagnetischen Wellen. Damit war als zweites der heute bekannten elementaren Teilchen das Photon aufgetaucht. Dieser Überraschungsfund (Plancksches Strahlungsgesetz von 1900, Einsteinsche Deutung von 1905 mittels „Lichtquanten“) hat so bedeutende Umwälzungen der physikalischen Grundbegriffe *Welle* und *Materie* ausgelöst, dass er oft als der eigentliche Beginn der *Modernen Physik* gesehen wird.[3]

## 1.1 Elementarteilchen: Die Ausgangslage um 1900

### *1.1.1 Gibt es überhaupt Atome?*

**Lauter Streit.** „Elementarteilchen“ – die seit den alten Griechen gesuchten hypothetischen, umstrittenen, unveränderlichen und unteilbaren, kleinsten Bausteine aller Materie: Kurz vor 1900 wurden vielfach die Atome der chemischen Elemente

[3] Ein häufig benutztes, aber formaleres Kennzeichen ist das Auftauchen der Planckschen Konstante $\hbar (= h/2\pi)$ in einer Gleichung.

dafür gehalten, wenn auch ihre wirkliche Existenz noch von vielen Naturwissenschaftlern bezweifelt (z. B. 1883 von Max Planck,[4] der 1900 die für die Quantisierung entscheidende Naturkonstante $h(=2\pi\hbar)$ entdeckte) oder sogar kategorisch verneint wurde (z. B. von Ernst Mach, dem bedeutenden Erforscher der Schallausbreitung in Gasen).

„Kann man denn Atome sehen?" – fragte Mach, einer der einflussreichsten Gegner der Atomhypothese, jeden Atomisten bis weit ins 20. Jahrhundert.[5] Noch 1896 erwähnt er in seinem Lehrbuch *Die Principien der Wärmelehre* die Atome und Moleküle nur im Zusammenhang mit seiner Forderung, „die Darstellung der Forschungsergebnisse von [solchen] überflüssigen unwesentlichen Zuthaten zu reinigen, welche sich durch die Operation mit Hypothesen eingemengt haben" [124, S. 363].

Von so heftigen und damals weit verbreiteten Angriffen sah sich z. B. Ludwig Boltzmann, obwohl er die ganz auf diese Atom-Hypothese gegründete kinetische Gastheorie und statistische Mechanik schon zu großen Höhepunkten geführt hatte, in die Defensive gedrängt. In seinem Lehrbuch *Gastheorie* vom selben Jahr wich er bis an die Schmerzgrenze zurück und wollte „die Vorstellungen der [kinetischen] Gastheorie [nur noch] als mechanische Analogien bezeichnen" [35, S. 4]: „Weg mit jeder Dogmatik in atomistischem und antiatomistischem Sinne!" Man brauche ja an wirkliche Atome nicht zu glauben, jedoch seien sie zur Veranschaulichung und Berechnung der Vorgänge in Gasen, in der Chemie und Kristallographie eine ungeheuer nützliche Hypothese.

Dabei war, nach heutigem Maßstab, allein durch die kinetische Gastheorie die Existenz von Atomen und Molekülen schon damals nicht schlechter gesichert als, nur als Beispiel, durch die heutige Elementarteilchenphysik die Existenz der modernen Elementarteilchen: Nämlich indem die Annahme ihrer Existenz die Möglichkeit eröffnet, eine Fülle weit gestreuter *makroskopisch beobachtbarer* Phänomene[6] miteinander in Verbindung zu bringen, sie zu veranschaulichen, zu berechnen und somit zu „erklären".

Während im Jahr 1895 Boltzmann den 2. Band seines Buches wegen der „herrschenden feindseligen Stimmung" so schrieb, dass, „wenn man wieder zur [kinetischen] Gastheorie zurückgreift, nicht allzuviel noch einmal entdeckt werden muss", hatte indes die Ära der Röntgenstrahlen und der Radioaktivität begonnen, die der Hypothese real existierender Atome endlich zum Durchbruch verhalf. Allerdings

---

[4] [45, S. 47]. Siehe Literaturliste im Anhang.

[5] Machs polemische Frage beruht auf dem aus heutiger Sicht grundlegenden Missverständnis, auch die elementarsten Teilchen müssten mit den Begriffen der makroskopischen Sinneswelt adäquat zu beschreiben sein (ganz zu schweigen davon, dass auch die „unmittelbare Wahrnehmung" einen höchst verwickelten physikalischen Prozess durchläuft, worauf in Abschn. 13.3.3 und 14.5.3 noch kurz eingegangen wird). Zweifellos förderte Mach so auch noch die Verbreitung dieses Denkfehlers.

[6] Auch Elementarteilchen-Physiker machen nur makroskopische Beobachtungen: sichtbare Spuren in Fotoplatten, hörbare Klicks im Zählrohr etc. [173].

verloren sie dabei, wie in einer Ironie der Geschichte, ihre wesentlichsten definierenden Eigenschaften: *elementar* und *unveränderlich* zu sein.

**Anfänge des modernen Atomismus.** Wie hatte sich die Atom-Hypothese (im naturwissenschaftlichen, quantitativen Sinn) bis dahin entwickelt? Manche Charakteristika der wechselvollen Geschichte des modernen wissenschaftlichen Fortschritts zeigten sich schon damals. Als frühe Vorläufer gelten:

- in der Physik: Daniel Bernoulli (ab etwa 1750), Joseph Louis Gay-Lussac (ab 1800), zur Erklärung der (idealen) Gasgesetze,
- in der Chemie: John Dalton (ab 1803), Amedeo Avogadro (1811), zur Interpretation der einfachen Massen- und Volumen-Beziehungen bei chemischen Reaktionen (sofern diese analysiert wurden mittels der neu definierten *chemischen* Elemente, die Antoine Lavoisier (1789) an die Stelle der *Vier Elemente der Alchemie* – Feuer, Wasser, Luft, Erde – gesetzt hatte). Dafür musste Avogadro neben der Hypothese, alle Gase enthielten (bei gleichem Volumen $V$, Druck $P$, Temperatur $T$) gleiche Anzahl kleinster Teilchen, eine zweite wagen: Diese Teilchen sollen immer aus mindestens 2 Atomen zusammengesetzt sein, selbst bei den chemisch elementaren Gasen wie Wasserstoff ($H_2$), Stickstoff ($N_2$), Sauerstoff ($O_2$).

Auch ein frühes „Atom-Modell" datiert aus dieser Zeit: Alle Atome sollen aus den leichtesten, den Wasserstoff-Atomen zusammengesetzt sein (William Prout 1815).

Grundlage für diese Idee war vermutlich die Ganzzahligkeit der 20 Atomgewichte $A$ (relativ zu Wasserstoff mit $A = 1$), wie sie von Dalton 1808 publiziert worden waren, obwohl er es 1803 schon besser gewusst hatte. So musste Prouts Modell bald wieder aufgegeben werden, als die Nicht-Ganzzahligkeit der Atomgewichte sich doch in immer mehr Fällen als definitiv herausstellte. Prouts Vorstellung wäre den Atomisten bei ihrer Suche nach einer einheitlichen Ursubstanz aller Materie höchst willkommen gewesen. Sie wurde 100 Jahre später auch sogleich wiederbelebt, als die Atome endlich als reale Materieteilchen anerkannt waren. Sein Gedanke konnte – in abgewandelter Form – sogar bestätigt werden, als man gelernt hatte, dass selbst die meisten chemisch reinen Elemente noch Gemische sind und physikalisch feiner aufgeteilt werden können in die *Isotope*, die nun endlich ganzzahlige Atomgewichte aufwiesen.[7]

So soll der Name „Proton" für den massiven, positiv geladenen Baustein aller Atome (vermutlich) auch an Prout erinnern.

Doch zunächst blieben die Atome weitgehend unbeachtet, ihre weiteren Eigenschaften unbekannt oder rätselhaft, die Frage ihrer realen Existenz daher bestenfalls umstritten. Avogadros Hypothese stets gleicher Teilchenzahlen in allen Gasen (bei gleichem Volumen, Druck, Temperatur) wurde fast vergessen. Die Wende kam um 1860, als die Fruchtbarkeit der Atomhypothese in der Chemie unübersehbar geworden war und in Karlsruhe der weltweit erste internationale Naturwissenschaftler-Kongress einberufen wurde, um die Begriffe sauber zu vereinbaren. Seit dem gilt:

---

[7] So jedenfalls mit der damaligen Messgenauigkeit (Abschn. 4.1.3). Zu den kleinen später doch gefundenen und höchst bedeutsam gewordenen Abweichungen siehe Abschn. 4.1.6.

- Atom (von griech. „unteilbar") ist die kleinste Masseneinheit eines chemischen Elements. Atome eines Elements wurden als untereinander *völlig gleich, unteilbar und unveränderlich*[8] in ihren Eigenschaften angenommen, wie mit besonderem Nachdruck J. C. Maxwell forderte.
- Molekül (von lat. „Körperchen") ist die aus mehreren Atomen bestehende chemisch und physikalisch kleinste Masseneinheit eines homogenen Stoffes (besonders von Gasen).

Damit konnten den hypothetischen Atomen zwei Eigenschaften zugeschrieben werden, obschon nur in Relation zu anderen – ebenso hypothetischen – Atomen beobachtbar: ihr chemischer Charakter und ihre Masse. Viel wurde gerätselt über eine mögliche Ordnung zwischen beiden. Den Durchbruch schaffte Dimitrij Mendelejew 1869 mit seiner Veröffentlichung „Ueber die Beziehungen der Eigenschaften zu den Atomgewichten der Elemente" (siehe Abb. 1.1 und Erläuterungen dort). Sein Vorschlag, wie die Teilchen nach ihrer Masse in Zeilen und Spalten zu gruppieren seien, ließ mit gewisser Regelmäßigkeit in etwa gleichen Abständen der Masse Ähnlichkeiten hinsichtlich der chemischen Eigenschaften auftauchen. Die „laufende Nummer" in dieser Auflistung wurde zur *chemischen Ordnungszahl* des Elements.

Im Licht der erheblichen Umwälzungen, die die Physik der kleinsten Teilchen noch erleben sollte,[9] klingen die Argumente, mit denen Mendelejew sein Schema vorstellte, überraschend modern. Mit recht ähnlichen Beobachtungen begründete Murray Gell-Mann 1963 sein ebenso bahnbrechendes Schema für die damals nicht weniger unübersichtliche Schar der damaligen Elementarteilchen – den „Teilchenzoo" (vgl. Abschn. 11.3).

Neben den chemischen Eigenschaften und der Masse der Atome konnte aus der Dichte der Elemente und ihrer Verbindungen auch deren durchschnittlicher Platzbedarf ermittelt werden – natürlich auch nur als relative Größe. Dass die Atome verschiedener Elemente sich stärker in ihrer (durchschnittlichen) Masse unterscheiden müssten als in ihrer Größe, war damit schon bekannt.

**Frage 1.1.** *Wie ist diese Beobachtung einfach zu gewinnen?*[10]

**Antwort 1.1.** *Die Atomgewichte variieren von* 1 *bis (heutiger Wert für Uran:)* 238. *Wenn das Volumen der Atome zu ihrer Masse proportional wäre, hätten sie alle die gleiche Dichte. Dann hätte auch alle kondensierte Materie, wenn sie – näherungsweise – aus dicht gepackten Atomen besteht, in etwa dieselbe gleiche Dichte. Die Dichten kondensierter Materie variieren aber ums* 40*fache (ca.* 0,5–20 g/ml*).*

---

[8] letzteres in besonders markantem Gegensatz zur immer noch nicht ganz verdrängten Alchemie

[9] Erst ab 1925 wurde durch die Quantenmechanik klar, wie die chemischen Eigenschaften des Atoms durch die Anzahl $Z$ der Elektronen bestimmt werden, die ein Kern der Ladung $+Ze$ in seiner Hülle bindet; und erst 1935 ergab sich in Form des Tröpfchenmodells (siehe Abschn. 4.2) eine erste Erklärung dafür, wie der Kern aus $Z$ Protonen und $N$ ungefähr gleich schweren Neutronen zusammengesetzt sein muss, um ein mit dem Atomgewicht $A = Z + N$ stabiles Isotop zu bilden.

[10] Die Fragen bilden keine Aufgaben zur systematischen Überprüfung sondern sind eher Zwischenfragen oder Anregungen, kurz über Querverbindungen nachzudenken.

**Ueber die Beziehungen der Eigenschaften zu den Atomgewichten der Elemente.** Von D. Mendelejeff. — **Ordnet man Elemente nach zunehmenden Atomgewichten in verticale Reihen so, dass die Horizontalreihen analoge Elemente enthalten, wieder nach zunehmendem Atomgewicht geordnet, so erhält man folgende Zusammenstellung, aus der sich einige allgemeinere Folgerungen ableiten lassen.**

| | | | | | |
|---|---|---|---|---|---|
| | | | Ti = 50 | Zr = 90 | ? = 180 |
| | | | V = 51 | Nb = 94 | Ta = 182 |
| | | | Cr = 52 | Mo = 96 | W = 186 |
| | | | Mn = 55 | Rh = 104,4 | Pt = 197,4 |
| | | | Fe = 56 | Ru = 104,4 | Ir = 198 |
| | | | Ni = Co = 59 | Pd = 106,6 | Os = 199 |
| H = 1 | | | Cu = 63,4 | Ag = 108 | Hg = 200 |
| | Be = 9,4 | Mg = 24 | Zn = 65,2 | Cd = 112 | |
| | B = 11 | Al = 27,4 | ? = 68 | Ur = 116 | Au = 197? |
| | C = 12 | Si = 28 | ? = 70 | Sn = 118 | |
| | N = 14 | P = 31 | As = 75 | Sb = 122 | Bi = 210? |
| | O = 16 | S = 32 | Se = 79,4 | Te = 128? | |
| | F = 19 | Cl = 35,5 | Br = 80 | J = 127 | |
| Li = 7 | Na = 23 | K = 39 | Rb = 85,4 | Cs = 133 | Tl = 204 |
| | | Ca = 40 | Sr = 87,6 | Ba = 137 | Pb = 207 |
| | | ? = 45 | Ce = 92 | | |
| | | ?Er = 56 | La = 94 | | |
| | | ?Yt = 60 | Di = 95 | | |
| | | ?In = 75,6 | Th = 118? | | |

1. Die nach der Grösse des Atomgewichts geordneten Elemente zeigen eine stufenweise Abänderung in den Eigenschaften.
2. Chemisch-analoge Elemente haben entweder übereinstimmende Atomgewichte (Pt, Ir, Os), oder letztere nehmen gleichviel zu (K, Rb, Cs).
3. Das Anordnen nach den Atomgewichten entspricht der *Werthigkeit* der Elemente und bis zu einem gewissen Grade der Verschiedenheit im chemischen Verhalten, z. B. Li, Be, B, C, N, O, F.
4. Die in der Natur verbreitetsten Elemente haben *kleine* Atomgewichte

**Abb. 1.1** Das Periodensystem der Elemente – hier der erste Versuch von Dimitrij Mendelejew 1869, die vermutlichen Elementarteilchen von damals in eine Ordnung zu bringen [131]. Trotz der Fehler war dies Schema erfolgreicher als andere damals vorgeschlagene. Die spaltenweise aufsteigenden Zahlen sind die Atomgewichte $A$, die Spalten sind so versetzt (und einige Plätze darin frei gelassen oder vertauscht), dass chemisch ähnliche Elemente sich in derselben Zeile wiederfinden. Der Zuwachs der Masse von Spalte zu Spalte lässt eine angenäherte Regel erkennen: 2-mal $\Delta A \approx 16$, 2-mal $\Delta A \approx 36$. Einzelne Lücken beim Abgleich der Spalten wurden als Vorhersage neuer Elemente gedeutet (z. B. bei $A \approx 68$ u. 70: Ga, Ge, entdeckt 1875 bzw. 1886). Nur die Zeile für die Edelgase fehlt noch völlig (unter F-19 einzufügen). Die große Lücke $140 \leq A \leq 180$ wurde (im wesentlichen in den 1880er Jahren) durch die Seltenen Erden geschlossen. Thorium (Th, $A = 232$) und Uran („Ur", $A = 238$) sind fälschlich noch mit dem halben Atomgewicht eingeordnet. Mit ihren angenähert richtigen Werten erschienen sie erst zwei Jahre später, wodurch sich nun eine neue große Lücke zum bis dahin schwersten Element ($A = 210$, Wismut Bi) auftat. Diese wurde 30 Jahre später durch kurzlebige radioaktive Elemente gefüllt. (Moderne Version des Periodensystems in der heute gewohnten Form mit Vertauschung von Zeilen und Spalten in Abb. 3.12)

*Wenn andererseits die Größe der Atome konstant wäre, müssten die Dichten etwa wie die Atomgewichte variieren, d. h. von* 1 *bis* 238. *Die Wahrheit liegt offenbar dazwischen. Mit wenigen Ausnahmen bleiben die so relativ zueinander bestimmbaren Atom-Radien innerhalb eines Faktors 2 gleich.*

Doch zeigte sich in den Variationen der Radien die gleiche Periodizität wie im chemischen Verhalten, das war 1870 der Beitrag von Julius Lothar von Meyer zur Entwicklung des Periodensystems. Zum Beispiel bilden die größten Atome, jeweils um ein mehrfaches größer als ihre Nachbarn, die Gruppe der Alkali-Metalle (Li, Na, K, Rb, Cs). Über absolute Werte für Größe und Masse der einzelnen – immer noch hypothetischen – Atome oder Moleküle aber wusste man damals nichts.

**Skalenfaktor.** Dazu hätte man die Anzahl der Atome in Substanzmengen alltäglicher Größenordnungen kennen müssen, den fundamentalen *Skalenfaktor zwischen makroskopischer und atomarer Welt*. Mit den Kenntnissen Mitte des 19. Jahrhunderts – das waren hier die Massenbilanzen von chemischen Reaktionen und die physikalische Zustandsgleichung des idealen Gases – war aber jede Unterscheidung unmöglich, ob statt der tatsächlichen Anzahl Teilchen nicht z. B. die doppelte Anzahl halb so großer und schwerer Teilchen vorgelegen hatte.

Dieser fundamentale Skalenfaktor für den Unterschied zwischen der alltäglichen und der atomaren Welt konnte erst bestimmt werden, nachdem Rudolf Clausius (der spätere Entdecker der Zustandsgröße Entropie) und James C. Maxwell (der spätere Vollender der elektrodynamischen Grundgleichungen) ab 1858 die *kinetische Gastheorie* im heutigen Sinn zu entwickeln begannen. Indem sie (erstmals!) auch Zusammenstöße zwischen den umherfliegenden Teilchen in Betracht zogen, kamen sie auf den Begriff der *mittleren freien Weglänge*. So fanden sie, über die makroskopische *Zustands*-Gleichung hinaus, die atomistische Deutung makroskopischer *Prozesse*, z. B. der drei Transportprozesse Wärmeleitung, Diffusion und innere Reibung. Demnach würde ein (gegebener) Diffusions-Prozess um so langsamer ablaufen, je kleiner und zahlreicher die Teilchen sind, die ihn verursachen. Damit konnte Maxwell aus der von Stokes gemessenen inneren Reibung (= Diffusion von Impuls, der nicht-turbulente Teil des Luftwiderstands)[11] die mittlere freie Weglänge in Luft zu etwa 62 nm ermitteln, und daraus Johann Loschmidt schon 1865 die „Grosse der Luftmolecuele" zu $(0{,}1-1)\,\text{nm} = (10^{-10}-10^{-9})\,\text{m}$ abschätzen. Mit seinem – wenn auch auf Umwegen erhaltenen – Wert lag er bereits größenordnungsmäßig richtig.

Den Skalenfaktor zwischen makroskopischer und atomarer Welt drückt man heute häufig durch die *Avogadro-Konstante* aus, das ist die universell gleiche Teilchenzahl $N_A$ in der Menge „1 kmol" eines jeden chemischen Elements oder Verbindung (z. B. Anzahl H-Atome in 1 kg bzw. $H_2$-Moleküle in 2 kg Wasserstoffgas, C-Atome in 12 kg Kohlenstoff, $H_2O$-Moleküle in 18 kg Wasser).

Zum Merken: die *Avogadro-Konstante* ist $N_A = 6 \cdot 10^{26}$ /kmol.

Natürlich ist dies keine Gleichheit im mathematischen Sinn, sondern eine gute Näherung für Abschätzungen. Gibt man eine Messgröße ohne den unvermeidlichen Unsicherheitsbereich an, sollte dieser nicht größer sein als der Rundungsfehler der letzten Zif-

[11] Die Messung galt als *experimentum crucis* der kinetischen Gastheorie, weil es ihre befremdliche Vorhersage prüfte, die innere Reibung des Gases sei unabhängig von seiner Dichte. Doch dies erwies sich als zutreffend.

fer. Bei der Avogadro-Zahl ist es besser. Der international akzeptierte Messwert ist $N_A = 6{,}02214179(30) \cdot 10^{26}$ /kmol, wobei der Unsicherheitsbereich in Klammern hinzugesetzt ist und sich auf die letzten angegebenen Dezimalstellen bezieht [134].

Der Versuch, die Größe dieser Zahl der Vorstellung näher zu bringen, brachte Scherzfragen wie die folgende hervor:

**Frage 1.2.** *Wieviele Atome Kohlenstoff aus Ihrem Körper hatte schon Caesar in seinem (unter der ebenso scherzhaft gemeinten Annahme, sie hätten sich inzwischen gleichmäßig verteilt)?*

**Antwort 1.2.** *Kohlenstoff macht im Körper (ca.)* 1,5 kmol *aus. Um die gesuchte Zahl auf keinen Fall zu überschätzen, setzen wir gleichmäßige Verteilung in der gesamten Biosphäre an, die etwa* $4{,}5 \cdot 10^{13}$ kmol *[197] enthält. Das bedeutet Verdünnung um einen Faktor* $3 \cdot 10^{13}$*. Von den* $9 \cdot 10^{26}$ *Atomen Caesars finden sich (bei vollständiger Durchmischung) also um die* $3 \cdot 10^{13}$ *in jedem anderen Kilomol wieder.*[12]

**Die Moderne Physik kündigt sich an.** Bezweifelt wurde die Atomhypothese aber weiter, u. a. auch deshalb, weil nach Avogadros befremdlicher Hypothese (s. o.) die chemischen Atome anscheinend nie einzeln, sondern nur zu mehreren verbunden im Molekül existieren konnten.

Ein Phänomen, das sich ein Jahrhundert und mehrere Revolutionen in der Elementarteilchenphysik später wiederholte: Auch die um 1970 noch recht hypothetischen Quarks wurden trotz intensiver Suche nie als einzelne Teilchen beobachtet, was ihre allgemeine Anerkennung als Bausteine der Materie deutlich verzögerte (siehe Kap. 13).

Der Widerstand hielt auch noch an, nachdem die kinetische Gastheorie dank Boltzmann ab 1876 detaillierte Belege und einleuchtende Erklärungen für Avogadros Hypothese geben konnte. Sie sind ein schönes Beispiel für die Schlussweise, die bei der Erforschung des unsichtbar Kleinen typisch werden sollte.

Schlüsselbegriff war hier die Anzahl $f$ aller Koordinaten des Moleküls, die in der Formel für seine Energie vorkommen müssen (Zahl der *Freiheitsgrade*). Ein starrer Körper hat für die kinetische Energie der Schwerpunktsbewegung (Translation) $f_{\text{trans}} = 3$ Freiheitgrade und ebenso viele für die möglichen Drehungen (Rotation), zusammen $f = f_{\text{trans}} + f_{\text{rot}} = 6$.[13] Kommen innere Schwingungen hinzu, wird

[12] Die große Zahl kann überraschen. Indes wird noch viel weniger eingängig sein, dass es sich hier um eine physikalisch unzulässige Frage handelt. Dass man einem Kohlenstoff-Atom nicht ansehen kann, ob es einmal Caesar gehört hat, ist kein Problem der begrenzten Genauigkeit physikalischer Messungen, sondern rührt an eins der neuen Prinzipien der Modernen Physik. Das zu dieser Frage gehörige Experiment mit Kohlenstoff-Atomen wurde gemacht (siehe die Winkelverteilung nach Zusammenstößen in Abb. 5.8 auf S. 151). Es zeigt: Jeder Versuch, gleiche Atome nach ihrer Herkunft zu unterscheiden, wird von der Natur vereitelt. Näheres in Abschn. 5.7.

[13] Zum Beispiel ausgedrückt durch die Vektoren $\vec{v}$ und $\vec{\omega}$ für die momentane Geschwindigkeit und Winkelgeschwindigkeit mit ihren jeweils drei Komponenten.

$f$ noch größer. Weniger als $f=6$ wäre nur für den Massenpunkt möglich, der aber eine mathematische Abstraktion ist und keinen realen Körper ganz beschreiben kann. Da Wärmeenergie sich auf alle Freiheitsgrade verteilt (Gleichverteilungssatz von Clausius/Boltzmann), kann die kinetische Gastheorie eine Voraussage für die spezifische Wärme liefern: eine lineare Abhängigkeit von $f$. Im Quotienten $c_P/c_V$ der beiden spezifischen Wärmen eines idealen Gases bei konstantem Druck $P$ bzw. konstantem Volumen $V$ heben sich alle weiteren Faktoren heraus, es bleibt einfach: $c_P/c_V=(f+2)/f$ (Maxwell 1860). Das würde $c_P/c_V=5/3\approx 1{,}67$ für den Massenpunkt ($f_{\text{trans}}$) geben, aber $c_P/c_V\leq 4/3\approx 1{,}33$ für reale Moleküle in Form starrer oder schwingungsfähiger Körper ($f\geq 6$).

> Diese theoretisch einfache Größe hat den Vorzug, über eine Resonanzmethode auch mit hoher Genauigkeit einfach messbar zu sein. Die Schallgeschwindigkeit in einem Gas (Dichte $\rho$, Druck $P$) ist $v=\sqrt{(c_P/c_V)(P/\rho)}$ („Mach 1", nach Ernst Mach), und man kann sie (z. B.) über die Resonanzfrequenz $\nu=v/2L$ einer stehenden Schallwelle der Wellenlänge $\lambda=2L$ in einem Rohr der Länge $L$ messen.[14]

Für mehratomige Gase lagen die Messwerte wirklich etwas unter 1,33, für Luft aber mit $c_P/c_V=1{,}3945\text{–}1{,}4130$ genau im unmöglichen Bereich, ebenso für andere 2-atomige Gase, und Maxwell wandte sich 1860 sehr enttäuscht von dieser Theorie ganz ab.

Kurz darauf wurde aber das erste chemisch 1-atomige Gas gefunden, Quecksilber-Dampf (Hg). Kundt und Warburg maßen 1876 die Schallgeschwindigkeit in Hg-Dampf von 300°C [115]. Ergebnis: $c_P/c_V=1{,}666$, genau der vorhergesagte Wert – für Massenpunkte. Einerseits eine Bestätigung für die grundlegenden Begriffe der kinetischen Gastheorie, aber andererseits ein neues Rätsel: Wie können Hg-Atome wirklich punktförmig sein? Boltzmanns Deutung 1876 [34], auch heute noch richtig: Hg-Atome *verhalten* sich hier wie Massenpunkte, weitergehende Strukturen und Freiheitsgrade (die sie sicher haben) spielen bei den Stößen im Gas keine Rolle – dem Gleichverteilungssatz der Thermodynamik zum Trotz.

So ist schon 1876 zum ersten Mal die direkte Messung und korrekte Interpretation einer *nicht-trivialen*[15] Eigenschaft des einzelnen Atoms gelungen. Sie ist, lange bevor Moderne Physik, Atomphysik oder gar Elementarteilchenphysik ihre eigenen Namen bekamen, deren erste Botschaft, indem sie ein völlig neuartiges Verhalten dieser Objekte erkennen lässt. Es ist instruktiv und beeindruckend, sich die Spannweite dieser physikalischen Argumentation zu verdeutlichen:

> Ein mikroskopisches Modell der Materie (die kinetische Gastheorie) stellt einen Zusammenhang her zwischen einer makroskopisch gut bekannten Erscheinung (Schallgeschwindigkeit) und möglichen angenommenen Formen

[14] Die Apparatur dazu ist das aus dem physikalischen Praktikum bekannte *Kundtsche Rohr*. Die Bestimmung einer Größe mittels eines räumlich oder zeitlich periodischen Vorgangs ist in der Experimentalphysik häufig der Weg zu größter Messgenauigkeit gewesen. Siehe z. B. die Präzisionsmessung der Atommasse (4.1.7), des magnetischen Moments bzw. Magnetfelds (7.3.1–7.3.4).

[15] Das heißt einer Eigenschaft, die sich aus makroskopischen Werten nicht durch einfache Division mit dem Skalenfaktor gewinnen lässt.

der unsichtbar kleinen Bausteine (je kleiner die Anzahl ihrer Freiheitsgrade, desto schneller der Schall im Gas bei gleichem Druck und gleicher Dichte). Die Messung führt dann auf die eindeutige Schlussfolgerung: Hg-Atome haben die theoretische Minimalzahl möglicher Freiheitsgrade, denkbar nur für echte Massenpunkte.

Solche modellgestützten Rückschlüsse von sichtbaren Beobachtungen auf Eigenschaften unsichtbarer Teilchen sind charakteristisch für die ganze moderne Mikro-Physik geworden.

**Die heutige Erklärung.** Das von Boltzmann hier entdeckte Phänomen heißt heute *eingefrorener Freiheitsgrad* und ist ohne Quantenphysik in keiner Weise zu deuten. Um das hier schon kurz zu erklären, müssen wir daher bis Ende der 1920er Jahre vorgreifen. Dies soll[16] auch ein erstes Beispiel für die vielen folgenden *größenordnungsmäßigen Abschätzungen* sein, die beim Zurechtfinden in der Mikrowelt von unschätzbarem Wert waren und noch sind, und deshalb schon fast den Rang einer eigenen *Methode* beanspruchen dürfen. Im Rückgriff auf Vor-Wissen des Lesers aus dem Grundkurs Physik (bzw. Vorgriff auf Kap. 7) können wir die Frage diskutieren:

Warum spielt bei Atomen die Rotation keine Rolle für die spezifische Wärme?

Antwort: Natürlich kann ein Hg-Atom auch rotieren. Zur Abschätzung der Energie kann man mit klassischen Formeln $E_{\mathrm{rot}} = I^2/2\Theta$ ansetzen, für das Trägheitsmoment $\Theta \simeq m_{\mathrm{e}}\, R^2_{\mathrm{Atom}}$ (ein äußeres Elektron im Abstand des Atomradius $R_{\mathrm{Atom}}$), für den Drehimpuls aber die *gequantelten* Werte $I = 0, 1\hbar, 2\hbar, \ldots$ Die Mindestenergie oberhalb $I = 0$ wäre damit[17]

$$\begin{aligned} E_{\mathrm{rot}} &= \frac{I^2}{2\Theta} = \frac{\hbar^2}{2m_{\mathrm{e}}R^2_{\mathrm{Atom}}} = \frac{(\hbar c)^2}{2\cdot(m_{\mathrm{e}}c^2)\cdot R^2_{\mathrm{Atom}}} \\ &\simeq \frac{(200\,\mathrm{eV\,nm})^2}{2\cdot 511\,000\,\mathrm{eV}\cdot(0{,}05\,\mathrm{nm})^2} \simeq \frac{40\,000\,(\mathrm{eV})^2}{2\,500\,\mathrm{eV}} = 16\,\mathrm{eV}\,. \end{aligned} \tag{1.1}$$

Das entspricht – der Größenordnung nach, mehr soll gar nicht erwartet werden – völlig richtig einem angeregten Zustand der Atomhülle mit höherem Drehimpuls (Messwerte z. B. 4,9 eV bei Hg, 10 eV bei H). Solche Anregung macht sich durch Emission von (UV-)Licht bemerkbar. Bei den viel kleineren Energieumsätzen, wie sie bei gewöhnlichen thermischen Stößen ausgetauscht werden, ca. $k_{\mathrm{B}}\, T_{\mathrm{Raum}} \simeq \frac{1}{40}$ eV, ist die Anregung von Rotationen bei Atomen demnach unmöglich und darf vernachlässigt werden. (Schließlich leuchten Gase bei Raumtemperatur ja nicht, jedenfalls nicht im sichtbaren oder gar UV-Bereich.) Dieser Schluss gilt selbst dann noch, wenn unsere kleine Abschätzung vom Ansatz oder von den Zahlen her um eine ganze Zehnerpotenz falsch wäre. Auf größere Genauigkeit kommt es also gar

[16] nach der Scherzfrage 1.2

[17] Die drei in der Rechnung benutzten Zahlenwerte für $\hbar c, m_{\mathrm{e}}c^2, R_{\mathrm{Atom}}$, die nun auch immer wieder vorkommen werden, sollte man auswendig kennen (siehe auch die Zusammenstellung im Kasten 2.1 „Formeln und Konstanten“ auf S. 45).

nicht an, wenn wir nur das Phänomen der eingefrorenen Rotation verstehen wollen.

Boltzmann, auch ohne die von ihm entdeckte Unterdrückung der Rotation erklären zu können, zog gleich eine wichtige Konsequenz: Wenn Rotation der Atome um ihren Mittelpunkt thermisch nicht vorkommt, dann kann auch ein 2-atomiges Molekül nicht um die Verbindungslinie seiner Atome rotieren, sondern nur um die dazu senkrechten Achsen – die Zahl der Rotationsfreiheitsgrade senkt sich von $f_{\text{rot}} = 3$ auf $f_{\text{rot}} = 2$, damit die Gesamtzahl von $f = 6$ auf $f = 5$, es folgt $c_P/c_V = (f+2)/f = 1{,}40$ – Maxwells Rätsel ist gelöst. Der Widerspruch zwischen der Avogadro-Hypothese (Luft u. ä. Gase 2-atomig) und der früheren kinetischen Gastheorie ($c_P/c_V$ entweder $= 1{,}67$ oder $\leq 1{,}33$) verwandelt sich in gegenseitige Bestätigung.

**Frage 1.3.** *Warum ist die Rotation quer zur Molekülachse nicht genau so eingefroren wie die um ihre Längsachse?*

**Antwort 1.3.** *Für das Luft-Molekül als (um den Schwerpunkt) rotierende Hantel muss man in der Abschätzung nach Gl. (1.1) statt der Elektronenmasse $m_{\text{e}}$ die 30 000fach größere Masse des* O- *oder* N-*Atoms einsetzen. Dann kommt tatsächlich ein verglichen mit $k_{\text{B}}T_{\text{Raum}}$ sehr kleiner Energiebetrag heraus, der die Anregung von Rotation durch gaskinetische Stöße sehr wahrscheinlich macht.*

Anmerkungen:

- Die Anregungsstufen der Molekülrotation entsprechen der Emission und Absorption von Mikrowellen (GHz–THz). In diesem Spektralbereich also „leuchten" die Gase auch schon bei Zimmertemperatur selber, und zwar mit eindeutig charakteristischen Wellenlängen. Die Mikrowellen-Spektroskopie ist daher z. B. eine empfindliche Methode zur Detektion von Spurengasen in der Atmosphäre ($H_2O$, $O_3$, CO, ...)
- Auch die Molekülrotation friert ein, wie bei Wasserstoff 1910 gefunden wurde. Wenn man $H_2$ auf $T \simeq 100$ K abkühlt, wird wieder $c_P/c_V = 1{,}67$ gemessen. Das passt zu unserer Abschätzung, denn für $H_2$ ist in Gl. (1.1) nur die 2 000fache Elektronenmasse einzusetzen. Doch erwuchs aus den damaligen Messungen gleich ein neues Rätsel, eine anomale $T$-Abhängigkeit der spezifischen Wärme. Sie ließ sich nur durch zwei weitere Neuheiten der Modernen Physik deuten (1928): die Annahmen eines nie verschwindenden Eigendrehimpulses und einer über die bloße perfekte Gleichheit noch hinausgehenden absoluten *Ununterscheidbarkeit* der Kerne der beiden H-Atome im Molekül (siehe Abschn. 7.1.4ff und Abschn. 9.3.3).
- Auch die Schwingungen der Atome gegeneinander sind bei den 2-atomigen Gasen eingefroren, nicht aber bei Festkörpern (wo sie sogar den Hauptanteil an der Wärmekapazität ausmachen). Warum? Schwingungen kann man als stehende Wellen ansehen: Im Molekül kann die halbe Wellenlänge dann nicht größer als der Moleküldurchmesser sein, in makroskopischen Systemen aber makroskopische Ausmaße haben und daher sehr geringe Frequenz $\omega$, sprich Anregungsenergie $\hbar\omega$ (Debyesches Modell für die spezifische Wärme der Festkörper, 1912).

**Anhaltende Kontroverse.** Jedoch fand Boltzmanns richtige Erklärung damals nicht viel Glauben. So wurde nicht einmal der in der wissenschaftlichen Welt sonst selbstverständliche Versuch gemacht, die (schwierige) Messung an Hg-Dampf anderswo zu wiederholen. Dass Atome nicht einzeln existieren können, blieb Allgemeingut[18] und bestärkte die Zweifler. Mach verliert in seinem Lehrbuch von 1896 über all dies kein Wort, obwohl damals bei der chemischen Analyse und der Verflüssigung der Luft schon weitere Gase mit $c_P/c_V = \frac{5}{3}$ entdeckt worden waren – die Edelgase.

Für das damalige Periodensystem (vgl. Abb. 1.1) kamen die Edelgase 1894 völlig unerwartet und waren gleich zwei Nobelpreise wert (William Ramsay, Nobelpreis für Chemie 1904, Lord Rayleigh, Nobelpreis für Physik 1904). Indes erwies es sich insofern doch als das geeignete Schema, als es diese Elemente durch Erweiterung um eine neue Spalte einfach aufnehmen konnte (siehe Abb. 3.12). Ein ähnliches Ereignis verschaffte 1974 der Quark-Hypothese den Durchbruch (siehe Kap. 13).

So war im ausgehenden 19. Jahrhundert einerseits ein konsistentes atomistisches Bild von der Materie in ihren verschiedenen Erscheinungsformen entstanden, ausgedrückt z. B. durch die Zustandsgleichung realer Gase (Johannes D. van der Waals 1873, Nobelpreis 1910): In Gasen fliegen Moleküle in großen Abständen durcheinander (Boltzmanns „molekulares Chaos"), in kondensierter Materie aber sind sie recht eng gepackt und sorgen durch ihre eigene Undurchdringlichkeit für die geringe Kompressibilität von Flüssigkeiten und festen Körpern. Die Atome sind demnach als kompakte Körperchen von einander ähnlicher Größe vorzustellen, die sich durch Anziehungskräfte kurzer Reichweite unter festen Regeln miteinander zu Molekülen verbinden können.

Andererseits wurde die kinetische Gastheorie und mit ihr gleich der ganze Atomismus um 1900 herum noch immer weithin abgelehnt, und dies aus prinzipiellem Grund: Es konnte doch nicht sein, dass die zeitlich *reversiblen* Gleichungen der (klassischen) Punktmechanik, die laut der kinetischen Gastheorie für die Bewegungen der vollkommen elastischen Moleküle gelten sollten, eine Erklärung bieten könnten für die *irreversiblen* thermodynamischen, chemischen und überhaupt Alltags-Vorgänge, also für das Grundgesetz vom Anwachsen der Entropie, und damit sogar für die Kausalität (d. h. die zeitliche Ordnung von Ursache und Wirkung) schlechthin? Dass Boltzmann auf der Grundlage des Atomismus die (heute gültige!) Wahrscheinlichkeits-Deutung für den Entropie-Satz hatte entwickeln können, sprach daher in den Augen vieler Physiker gleich gegen die ganze begriffliche Grundlage, eben die Atomhypothese.

Schlimmer noch in den Augen der Anti-Atomisten: Umkehrungen irreversibler Prozesse – wörtlich genommen ein Widerspruch in sich – wären nach der kinetischen Theorie der Wärme nicht nur nicht verboten, sondern wurden sogar vorhergesagt, wenn auch nur im Rahmen von statistischen Schwankungserscheinungen. Doch gerade diese Voraussage wurde bestätigt (s. u.).

---

[18] Zum Beispiel Artikel *Atom* in einem maßgeblichen *Konversations*-Lexikon 1882 [42].

Die Gegner des Atomismus – Ernst Mach, Wilhelm Ostwald (Chemie-Nobelpreis 1909 für Forschungen zur Katalyse) u. v. a. – favorisierten eine Kontinuumsvorstellung namens „Energetik". Ein Energiefeld, dessen Eigenschaften sich nur durch partielle Differentialgleichungen im Raum-Zeit-Kontinuum letztlich verstehen ließen, sei die allem zu Grunde liegende Ursubstanz. – Wir, von dem damaligen Kriegsgeschrei nicht mehr Betroffene, können zugeben, dass die heutige relativistische Quanten-Feldtheorie durchaus in dieses Schema passen könnte (näheres ab Kap. 9). Man konnte sie allerdings nur deshalb entwickeln, weil zunächst Boltzmann gegen die Energetiker in allem Recht bekommen sollte.[19]

**Atome.** Der Umschwung zur allgemeinen Anerkennung des Atomismus kam Anfang des 20. Jahrhunderts vor allem auf Grund von Beobachtungen auf zwei Feldern:

- Radioaktivität: 1896 von Henri Becquerel entdeckt, dauerte es nicht lange, bis Emissionsakte radioaktiver Strahlung einzeln beobachtet werden konnten und mit energiereichen Umwandlungen *einzelner* Atome identifiziert wurden (siehe Abschn. 2.1 und 6.1.1).
- Statistische Schwankungen: In der Alltags-Physik wirklich nicht zu bemerken,[20] werden sie jedoch *relativ* immer größer, je kleiner die betrachteten – immer noch makroskopischen – Systeme sind. Die in einem Lichtmikroskop gerade noch gut sichtbaren Beispiele wie Rußpartikel in Wasser oder Fetttröpfchen in Milch zeigen die vorausgesagten Schwankungserscheinungen deutlich:
  - Brownsche Bewegung: Sie wurde als mikroskopische Zufalls-Beobachtung 1835 an Pollen entdeckt und unabhängig davon 1905 theoretisch „vorhergesagt" von Einstein in seiner Doktorarbeit; im Experiment quantitativ bestätigt an makroskopischen Teilchen durch Jean B. Perrin 1909;
  - Sedimentationsgleichgewicht: Quantitative Bestätigung der Gültigkeit der barometrischen Höhenformel für aufgeschwemmte Partikel in Wasser durch Perrin ab 1909 (Nobelpreis 1926).

Ungeklärt musste aber vorerst bleiben, ob die Atome eines Elements bzw. Moleküle eines Gases, wie von Maxwell 1860 postuliert, wirklich unveränderlich und in allen Eigenschaften einander exakt gleich sind oder nur ungefähr, wie vielleicht Sandkörner oder Erbsen. Auch hierzu hat die Moderne Physik in Experiment und Theorie eine Antwort gefunden, die im klassischen Weltbild keinen Platz hat (siehe Abschn. 9.3.3 zur Ununterscheidbarkeit der Elementarteilchen).

Heute verfügen wir über dies atomistische Bild von der Materie und den sich darin abspielenden Vorgängen mit einer Selbstverständlichkeit, die hier doch noch einmal ins rechte Licht gerückt werden sollte. Richard Feynman, einer der Großen in der Elementarteilchen-Physik, stellte in seinen seit den 1960er Jahren legendären *Feynman Lectures on Physics* eingangs die Frage, welche Erkenntnis der Physik

[19] Allerdings erst posthum. Boltzmann beging 1906 Selbstmord.

[20] Abgesehen vielleicht vom Blau des Himmels, das durch Lichtstreuung an statistischen Dichteschwankungen in der Luft von der Größe von Licht-Wellenlängen erklärt wird, so dass man aus der Bläue des Himmels auch die Avogadro-Konstante bestimmen konnte.

man (vor einer drohenden Katastrophe, in der alles Wissen vielleicht verloren gehen würde) für die Nachwelt aufbewahren solle, wenn man dafür nur einen einzigen Satz frei hätte. Seine Antwort: *All things are made of atoms.*[21]

### 1.1.2 Elektron und Photon: Die ersten zwei richtigen Elementarteilchen

**Atome elektrisch.** Aber waren nun diese Atome überhaupt richtig benannt? Das griechische Wort *á-tomos* (für unteilbar) war ja gewählt worden, weil hypothetische *elementare* Bausteine nicht auch noch zusammengesetzt sein können. Die kinetische Gastheorie hatte sogar bestätigt, dass Atome sich wie Massenpunkte verhalten. Daher mag man, wie oben bemerkt, eine Ironie der Geschichte darin sehen, dass die Atomhypothese sich dann erst wirklich durchsetzen konnte, als die ursprüngliche Vorstellung der Unteilbarkeit und Unveränderlichkeit ihrer Objekte schon nicht mehr aufrecht zu erhalten war. Neben Masse, Größe und Gestalt musste man im 19. Jahrhundert den Atomen, wenn man ihre Existenz denn annehmen wollte, weitere Eigenschaften zuschreiben. Aus der Elektrochemie (Michael Faraday 1832) und den Gasentladungen (verschiedene Forscher ab ca. 1860) war bekannt: Atome können elektrisch geladen sein. Jedes kmol dieser „Ionen" (griechisch „Wanderer"), egal welchen Elements, trägt je nach chemischer Valenz ein ganzzahliges negatives oder positives Vielfaches einer bestimmten Ladungsmenge, der *elektrochemischen Faraday-Konstante* $F \approx 10^8$ A s/kmol. Heruntergerechnet mit der ab 1865 näherungsweise bekannten Avogadro-Zahl $N_A$ ergab sich pro Ion eine Ladung $e = F/N_A \approx 1{,}6 \cdot 10^{-19}$ A s – das „Atom der Elektrizität" (hiernach zunächst noch als Durchschnittswert zu verstehen!). Scheinbar war es masselos, denn die geringfügige Differenz zwischen den Massen von Atomen und ihren Ionen ($<10^{-3}$, s. u.) war natürlich unbemerkt geblieben.

**Elektron.** Elektrizität in ihrer „reinsten" Form sah man in den bei Gasentladungen entdeckten *Kathoden-Strahlen* (Julius Plücker 1858; von dieser Entdeckung zeugt heute noch die Abkürzung *CRT* = *cathode ray tube* für ältere Fernseher oder PC-Monitore). Sie transportieren – negative – Elektrizität, die bei Anlegen einer Hochspannung sogar durch eine Metallfolie hindurch geht (Philipp Lenard 1893, Nobelpreis 1905) – also durch feste Materie, was gut zu einer masselosen Strahlung passen konnte. Die Möglichkeit der Ablenkung durch magnetische und elektrische Felder zeigte jedoch eine mechanische Trägheit an. Mitgeführte Masse und Ladung mussten dabei zueinander streng proportional sein, sonst hätten die Strahlen sich aufgefächert (vgl. Entdeckung der Isotope, Abb. 4.1). Die Bestimmung der spezifischen Ladung (heute als $e/m_e$ bezeichnet) gelang Joseph J. Thomson 1897. Der ge-

[21] Von Feynmans bedeutenden Entdeckungen in der Elementarteilchen-Physik wird in diesem Buch noch ausführlich die Rede sein. Sein Satz heißt vollständig: „Alle Dinge sind aus Atomen gemacht – kleinen Teilchen, die sich ewig bewegen, einander anziehen wenn sie ein wenig Abstand haben, jedoch abstoßen, wenn sie ineinander gedrückt werden." [71, Kap. 1-2]

fundene Wert $\approx 10^{11}$ A s/kg ergab im Vergleich mit der Faraday-Konstante $F$ (setze für 1 kmol einige kg ein), dass im Kathoden-Strahl pro Elementarladung $e$ weniger als 1/1 000 der Masse eines Ions fliegt. So erhielt das „Atom der (negativen) Elektrizität" seine wohlbestimmte Masse und wurde ein richtiges Teilchen, *Elektron* genannt. Elektronen kommen aus allen erdenklichen Materialien heraus, wenn man sie zur Glut bringt, sind also universelle Bausteine der Materie (J. J. Thomson, Nobelpreis 1906). Damit war das erste, auch nach heutiger Sicht fundamentale Elementarteilchen gefunden, und die positiven Ionen konnten als Atome interpretiert werden, denen eins (oder mehrere) Elektron entrissen worden war, d. h. die Unteilbarkeit der Atome wurde (endgültig) aufgegeben.

Die direkte makroskopische Beobachtung der Quantisierung der elektrischen Ladung gelang Robert A. Millikan 1909 in seinem Öltröpfchenversuch (Nobelpreis 1923). Er fand für dic Ladung einzelner Tröpfchen tatsächlich Werte wie $e \approx (0{,}5-1{,}6)\cdot 10^{-19}$ A s – zunächst. Mit dem Ziel, die Gleichheit der Ladung aller Elektronen zu überprüfen, hatte er 1923 die Spannweite möglicher Unterschiede schon auf 1‰ reduziert.[22] Mit der Ladung $e$ und der spezifischen Ladung $e/m_\mathrm{e}$ der Elektronen war auch ihre Masse $m_\mathrm{e}$ bekannt. Kasten 1.1 zeigt einige heutige Massen-Werte zum Merken (Massen werden in Kern- und Elementarteilchenphysik, auch in der Sprechweise, meist als ihr Energieäquivalent $mc^2$ ausgedrückt, wobei der Faktor $c^2$ im Text oft noch weggelassen wird).[23]

**Kasten 1.1** Einige Teilchenmassen
(zum Merken, für genauere Werte siehe Gl. (4.8) auf S. 96)

| | |
|---|---|
| Elektron $e$: | $m_\mathrm{e}c^2 \approx \frac{1}{2}$ MeV (genauer: 511 keV) |
| Wasserstoff H: | $m_\mathrm{H}c^2 \approx 1$ GeV (genauer: 939 MeV oder 1 836 $m_\mathrm{e}$) |
| Helium He: | $m_\mathrm{He}c^2 \approx 4$ GeV (genauer: 3 728 MeV; d. h. $m_\mathrm{He} < 4m_\mathrm{H}$) |

**Atom-Modelle.** Schon ab 1897 war J. J. Thomson auch der erste, der aus den ihm damals bekannten Bausteinen mit möglichst sparsamen Zusatzhypothesen ein wirkliches Atom-Modell zu bauen versuchte. Für die Atommasse mussten demnach allein Elektronen aufkommen (bei Wasserstoff also schon knapp 2 000), für die Neutralität eine gleich große positive Ladung, die er als Eigenschaft eines mas-

[22] Allerdings wurde er später dafür kritisiert, Einzel-Messergebnisse nicht weiter beachtet zu haben, wenn sie stärkere Abweichungen zeigten [101]. Andererseits gehört es zum Alltag eines Experimentalphysikers, Messergebnisse zu verwerfen, bei denen er Verdacht auf eine unkontrollierte Störung („Dreck"-Effekt) geschöpft hat. Viele Beispiele zeigen, dass dabei die Gefahr des Irrtums nach beiden Seiten gegeben ist. Millikan behielt hier recht und unrecht: Alle Elektronen gelten als absolut gleich, allerdings lag sein Messwert um das 5fache weiter von dem heute akzeptierten Wert entfernt als der von ihm selbst angegebene Unsicherheitsbereich erlaubt hätte.

[23] Bei physikalischen Einheiten: $\mathrm{k} = 10^3$ (kilo), $\mathrm{M} = 10^6$ (mega), $\mathrm{G} = 10^9$ (giga), $\mathrm{m} = 10^{-3}$ (milli), $\mu = 10^{-6}$ (mikro), $\mathrm{n} = 10^{-9}$ (nano), $\mathrm{p} = 10^{-12}$ (pico), $\mathrm{f} = 10^{-15}$ (femto)

selosen(!) und außer für Elektronen undurchdringlichen Volumens von der Größe des Atoms annahm. Elektronen waren darin verteilt wie „Rosinen im Kuchen" und elastisch an ihre Ruhelage gebunden. Dies Modell konnte nach den Maxwellschen Gleichungen zwar kein stabiles Gebilde sein, aber immerhin den 1896 entdeckten „normalen" Zeeman-Effekt[24] in allen Einzelheiten quantitativ erklären. Schon ab 1906 erwies sich aber, dass Röntgenstrahlung, damals bereits als elektromagnetische Welle vermutet, von Materie viele 1 000-mal schwächer gestreut wird als nach der angenommenen Anzahl schwingungsfähiger Elektronen zu erwarten. (Die theoretische Formel hatte Thomson selber entwickelt, sie ist heute der niederenergetische Grenzfall der Streuung von Photonen an freien Elektronen – siehe Abschn. 6.4.3 – Compton-Effekt.) Demnach konnten Atome – größenordnungsmäßig! – höchstens so viel Elektronen haben wie ihr Atomgewicht $A$ angibt. Dazu passte, dass man vom Wasserstoff kein Ion mit höherer Ladung als $+1e$ herstellen konnte.

**Atom-Bau.** Dass Atome eine *bestimmte* innere Struktur haben müssen (also nicht wirklich gedanklich „elementar" bzw. „unteilbar" sein können), hatte sich durch die scharfen elementspezifischen Spektrallinien schon lange vorher angedeutet. Rein empirisch entdeckt (Robert Bunsen, Gustav Kirchhoff, etwa 1860), aber ohne eine Erklärung dafür zu haben, wurden sie in der chemischen Spektral-Analyse bald standardmäßig benutzt. Anhand unbekannter Spektrallinien wurden sogar neue Elemente entdeckt, so z. B. im Sonnenlicht schon 1868 das Helium.[25] Erst 27 Jahre später wurde dies neue Element He auf der Erde aufgespürt und nach Bestimmung seines Atomgewichts $A = 4$ als Edelgas gleich nach dem Wasserstoff ($A = 1$) in die gerade neu eingeführte 8. Spalte des Periodensystems eingeordnet.

Wasserstoff hat nicht nur das leichteste Atomgewicht, sondern auch das bei weitem einfachste aller Element-Spektren. Für die 4 sichtbaren Linien fand Johann J. Balmer 1885 seine erstaunlich genaue und daher berühmte Formel. Deren erste brauchbare physikalische Deutung im Bohrschen Atom-Modell ließ dann noch fast drei Jahrzehnte auf sich warten, denn vorher mussten zu den Elektronen noch die Atomkerne entdeckt werden – was Ernest Rutherford 1911 gelang (siehe Kap. 3). Nun zeigten sich die Atome plötzlich größtenteils als leerer Raum. Um ihre Stabilität zu begründen, brauchte Niels Bohr für sein bahnbrechendes Modell des H-Atoms (1913, Nobelpreis 1922) bekanntlich zusätzliche *ad hoc-Postulate*, die der klassischen Physik direkt widersprachen und damit die Tür zur „Modernen Physik" weit aufstießen. Einen wichtigen Schritt hin zu diesen revolutionären Annahmen hatte Bohr gehen müssen, als er nur die Reichweite der radioaktiven Strahlung in Luft berechnen wollte. Seine Theorie der Ionisierung durch radioaktive Strahlung wird als ein in mehrfacher Hinsicht lehrreiches Beispiel für die gleichzeitige Nutzung und Überwindung der klassischen Physik deshalb in Kap. 2 vorgestellt.

---

[24] Aufspaltung einer Spektrallinie im Magnetfeld in mehrere Linien; bei genau drei Linien „normaler" Zeeman-Effekt genannt, sonst „anomal". Nobelpreis 1902 an Hendrik A. Lorentz und Pieter Zeeman.

[25] Helios: altgriechischer Sonnengott

**Alle Elektronen gleich.** Zugleich wurde nun deutlich, bis zu welchem Grad sich die Elektronen untereinander gleichen müssen: Nach dem Bohrschen Atommodell[26] sind die Wellenlängen der Spektrallinien proportional zu $(m_e e^4)^{-1}$, diese Größe darf also für alle Elektronen nicht weiter streuen als die im Spektrometer beobachtete Linienbreite (z. B. als Interferenzmaximum am Strichgitter), damals etwa $1{:}10^6$. Da auch die Größe $e/m_e$ in den abgelenkten Kathoden-Strahlen keine bemerkbare Streuung zeigte, folgt: auch in den beiden Grundgrößen $e$ und $m_e$ selber stimmen alle Elektronen überein – jedenfalls mit „spektroskopischer Genauigkeit", mindestens. (Weiteres zur Gleichheit bzw. Ununterscheidbarkeit von Elementarteilchen in Abschn. 5.7, 7.1.5 und 9.3.3.)

Soweit hier ein grobes Bild von den Kenntnissen über Elementarteilchen der *massebehafteten* Materie zu Beginn des 20. Jahrhunderts.

**Strahlung gequantelt.** Unter „*Strahlung*" – ein ursprünglich von „Materie" klar unterschiedener Begriff – verstand man noch um 1900 nichts anderes als kontinuierliche Wellen in einem ausgedehnten Medium. Max Plancks Hypothese einer quantenhaften Absorption und Emission des Lichts – von ihm 1900 eingeführt, um mit der statistischen Physik das Spektrum der Wärmestrahlung erklären zu können (Nobelpreis 1918) – wird gewöhnlich als Beginn der Quantenphysik überhaupt bezeichnet. Aber erst 1905 schrieb Albert Einstein (Nobelpreis 1921) dem Licht selber die Quantennatur zu durch eine geniale Interpretation der Planckschen Formel und weiter belegt durch seine eigene neue Formel $h\nu = E_{\text{kin}}$ (Elektron) + W (Austrittsarbeit), die er aus den noch gar nicht sehr genauen Messergebnissen von Philipp Lenard zum Photoeffekt an Metallen herausgelesen hatte.

Im selben „Wunderjahr der Physik" 1905 veröffentlichte Einstein mit der Speziellen Relativitätstheorie und der Theorie der Brownschen Bewegung zwei weitere, nicht weniger Bahn brechende Arbeiten, doch seinen Nobelpreis bekam er für die Lichtquanten, und das erst 1921 – nach seiner Allgemeinen Relativitätstheorie (1916) – als nämlich die Lichtquanten-Hypothese durch das Bohrsche Atommodell (1913) inzwischen richtig berühmt geworden war und auch der skeptische Millikan, der durch genauere Messungen am Photoeffekt eigentlich Einsteins Ansatz widerlegen wollte, sich von seinen eigenen Ergebnissen hatte überzeugen lassen.

Damit war das Photon als zweites und nach heutiger Lesart fundamentales Elementarteilchen gefunden. Seine weitere Anerkennung als wirkliches Elementar-TEILCHEN setzte sich aber erst ab 1923 durch, nach der Entdeckung, dass es mit einem Elektron zusammenstoßen kann und dabei nach den Regeln des elastischen Stoßes Impuls und Energie überträgt (Arthur H. Compton, Nobelpreis 1927, siehe Abschn. 6.4.3).

Vielleicht verwundert manchen Leser hier schon die häufige Nennung von Nobelpreisen.[27] Dies ist eine Tradition in der Kern- und Elementarteilchen-

---

[26] vgl. Gl. (2.15)

[27] Wenn nicht anders vermerkt, ist es immer der Preis für Physik. Die Nennung erfolgt stets in möglichst direktem Zusammenhang mit der preiswürdigen Entdeckung, in der elektronischen Ver-

physik. Die ab 1901 jährliche Vergabe des vom Dynamit-Erfinder Alfred Nobel gestifteten Preises für *aktuelle* bahnbrechende Forschungsergebnisse ist mit dem Durchbruch der Quantisierung in der Physik (bei der Materie: Atomistik, bei Feldern: Quanten) und daher mit den Erfolgen der entstehenden Modernen Physik aufs engste verbunden – allen auch vorgekommenen Fehleinschätzungen, Irrtümern, Diskriminierungen und Ungerechtigkeiten zum Trotz.

## 1.2 Überblick über den weiteren Inhalt

Die folgenden 14 Kapitel sollen verständlich machen, wie das physikalische Weltbild heute aussieht und, vor allem, warum es so und nicht anders entstanden ist: Von der Entdeckung der Radioaktivität bis zum derzeitigen Standard-Modell der Elementarteilchenphysik, im ständigen Wechselspiel zwischen etablierten theoretischen Modellen, bestätigenden oder widersprechenden experimentellen Befunden, zunächst umstrittenen neuen Begriffsbildungen, verbesserten Experimenten und so weiter.

Gerade wegen der oft befremdlichen Neuartigkeit der gewonnenen Erkenntnisse und ihrer grundlegenden Bedeutung wird eine nachvollziehende Art der Darstellung angestrebt, ohne jedoch in historischen Details zu versinken. Zum Glück lassen sich hier (besser als vielleicht anderswo in der modernen Physik) die derzeit gültigen Erkenntnisse gut im Kontext ihrer schrittweisen Erarbeitung darstellen und verstehen. Häufig werden sie durch an die Anschauung angelehnte Abschätzungen (auch sehr unscharfer, absichtlich nur größenordnungsmäßiger Natur) unterstrichen.

Der Stoff wurde weniger nach Vollständigkeit als nach dem jeweiligen Gewicht in der Entwicklung der Modernen Physik ausgewählt. Details der aktuellen Fragen und Methoden der Forschung kommen dabei sicher zu kurz, sowohl in experimenteller als auch theoretischer Hinsicht. Auch können die hier eingeflochtenen Erklärungen theoretischer Art keinesfalls eine strikte Herleitung ersetzen. Viele wichtige Formeln werden nicht lückenlos entwickelt; vielmehr ist die Absicht, Verständnis für ihr Zustandekommen, ihre Bestandteile und ihre Auswirkungen zu wecken. So sollen sie als Anleitung zum besseren Verständnis der zunächst oft unanschaulichen Konzepte und Verfahren dienen, und damit auch der bedauerlichen Spaltung zwischen experimenteller und theoretischer Physik ein wenig entgegen wirken. Es kann nicht wundern, dass diese Spaltung selbst sich auch mit Beginn der Modernen Physik erst richtig herausgebildet hat.

Betont wird der Prozess einer fortschreitenden (und wohl nie abzuschließenden) Entwicklung der Erkenntnisse und Konzepte zu den immer kleineren Teilchen von Materie und Strahlung seit Ende des 19. Jahrhunderts. Zur Vermeidung von Ballast nutzt die Darstellung zuweilen Argumente, die historisch erst später entwickelt wurden, enthält aber häufig Bezüge zum jeweils aktuellen Stand von Kenntnissen

---

sion dieses Textes mit einem *link* zu der oft lesenswerten Preisträgerrede im www-Archiv der Nobel-Stiftung in Stockholm.

und Hypothesen. Vorrang hat immer eine möglichst nachvollziehbare Argumentation. Wo Anwendungsbeispiele auf die Bedeutung einer Methode hinweisen sollen, werden sie ohne Rücksicht auf die historische Einordnung aufgrund ihrer aktuellen Wichtigkeit ausgewählt.

Verdeutlicht wird dabei auch der vielfältige innere Zusammenhang der ganzen Entwicklung, wie er sich ausdrückt hinsichtlich:

- der Fragestellungen (letzte Bausteine der materiellen Welt und was sie zusammenhält)
- der Methodik (neue Phänomene entdecken und studieren, Effekte zunächst größenordnungsmäßig abschätzen, Modelle aufstellen – notfalls mit revolutionären Begriffsbildungen, Modelle testen, ...)
- der Anwendbarkeit auch außerhalb des eigentlichen Forschungsgebiets (Radioaktivität, Massenspektrometrie, Tracer-Methoden, Kernenergie, Kernspintomografie, Kosmologie, ...).

Im letzten Kapitel wird in 12 Sätzen eine einfache Zusammenfassung von wesentlich neuen Entdeckungen und Begriffsbildungen der Elementarteilchenphysik gegeben, die z. T. der Anschauung große Probleme bereiten, für das heutige physikalische Bild von der Welt aber von grundlegender Bedeutung sind.

## 1.3 Stichworte zur Geschichte und Bedeutung der Kern- und Elementarteilchenphysik

Gesucht werden – seit Demokrit und Platon – : kleinste Bausteine der Materie, wenn es sie denn überhaupt gibt. Die *klassische* Physik (d. h. wo die Plancksche Konstante $h(=2\pi\hbar)$ noch unbekannt war) konnte darüber nur rätseln und spekulieren.[28] Hier einige der Ergebnisse, die diese Suche etwa seit Ende des 19. Jahrhunderts zu Tage gefördert hat, versehen mit ungefähren Jahreszahlen. Teils waren sie so spektakulär, dass man die ganze Epoche als „Atomzeitalter" bezeichnete. (Nicht alle aufgeführten Aspekte werden in diesem Buch behandelt.)

### *1.3.1 Physikalische Entdeckungen*

- Aufbau der („normalen") Materie:
  - alle Materie besteht aus Atomen ($\sim$1900),
    - alle Atome bestehen aus Elektronen $e$ ($\sim$1902) und Kernen ($\sim$1911),
    - alle Kerne bestehen aus Protonen $p$ ($\sim$1919) und Neutronen $n$ ($\sim$1932): also
  - alle Materie besteht aus 3 Teilchen $p, n, e$ ($\sim$1932),

[28] Genau genommen war sie mit dem Begriff von unteilbaren Teilchen sogar inkompatibel (siehe Abschn. 15.1).

- Quantisierung der elektrischen Ladung (∼1897), der Energie (∼1900) und des Drehimpulses (∼1913),
- Ununterscheidbarkeit der Teilchen gleicher Sorte (∼1925),
- Wellenmechanik und Quantentheorie (∼1925),
- physikalische Erklärung des Periodensystems der Elemente (∼1926),
- physikalische Erklärung der chemischen Prozesse (∼1928),
- Umwandlung, Erzeugung und Vernichtung bei Teilchen aller Sorten (∼1934),
- Antiteilchen/Antimaterie (∼1928/32),
- große Zahl (einige $10^2$) meist instabiler Teilchenarten, die sich mit verwirrenden Verwandschaftsbeziehungen ineinander umwandeln (∼1950–1970) („Teilchenzoo": Artenreichtum viel größer als für wirkliche „***Elementar***-Teilchen" erhofft),
- große Vereinfachung im Teilchenzoo nach Auffinden der fundamentalen schweren Bausteine der Materie: Quarks (∼1964–1974), mit ihren befremdlichen Eigenschaften:
  - Quarks können nicht zur weiteren Beobachtung isoliert werden.
  - Quarks tragen ⅓-zahlige elektrische Ladungen.
- Zwei neue Naturkräfte namens „Schwache" (∼1934) und „Starke" (∼1935) Wechselwirkung. Zusammen mit den beiden schon bekannt gewesenen (Gravitation und Elektromagnetismus) erklären sie sämtliche physikalischen Prozesse.
- Erklärung der Entstehung dieser Kräfte (ausgenommen noch Gravitation) durch „Austausch virtueller Teilchen" (∼1930 Elektrodynamik, ∼1970 Starke und Schwache Wechselwirkung).
- Fundamentale Rolle der Symmetrie-Prinzipien der Naturvorgänge (∼1950er Jahre),
- ... aber auch Verletzung sicher geglaubter Symmetrien (Spiegelsymmetrie von Ort (∼1956), Ladung (∼1956) und Zeit (∼1964)) durch die Schwache Wechselwirkung,
- Erklärung der Entwicklung der Sterne und ihrer Strahlung (ab ∼1938), sowie der Herkunft und Häufigkeit der chemischen Elemente (∼1958), Astroteilchenphysik (ab ∼1960er Jahre),
- u. v. a.

Vorläufiger Endpunkt: das heutige „Standard-Modell" der Elementarteilchen (ab ∼1975).
Weiterhin offene Fragen (mit dem Jahr, in dem sie erstmals richtig gestellt wurden):

- Existiert das Higgs-Teilchen, das zu einem zentralen Baustein des Standard-Modells geworden ist? (seit ∼1964),
- Ist das Proton wirklich stabil (Erhaltung der Baryonenzahl)? (seit ∼1980),
- Woraus besteht die „dunkle Materie" der Astrophysik? (seit ∼1933 [200])
- Wie könnte eine Quantentheorie der Gravitation aussehen? (seit ∼1930 [158])
- ...

### *1.3.2 Technische Entwicklungen*

- Anwendungen der Radioaktivität in Medizin, Biologie, Geowissenschaften, Industrie (seit ∼1905),[29]
- Nutzung der Kernenergie in Reaktor, Kraftwerk (seit ∼1942),
- Strahlenschutz, gesetzliche Dosis-Grenzwerte, Radioökologie (seit ∼1928),
- als „Spin off": das WorldWideWeb www und seine html-Sprache (seit ∼1995).

### *1.3.3 Militärische Entwicklungen*

- Atom-Bombe, Vernichtung von Hiroshima und Nagasaki (1945),
- Kalter Krieg (seit ∼1950er Jahren), „Overkill" (seit ∼1950), atomares Wettrüsten (seit ∼1946), Atomwaffen-Sperrvertrag (seit 1968).

### *1.3.4 Politisch wirksame Anstöße*

- Manhattan-Projekt zum Bau der ersten A-Bomben in den USA: erste Erfahrung zu Planbarkeit, Kosten und Erfolg von „Big Science" (1940–1945),
- Internationale Kontrolle der Kernenergie (Gründung der IAEO – Internationale Atom-Energie-Organisation durch die UNO) (1957),
- Staatliche Wissenschafts- und Forschungspolitik, Wissenschaftsministerien, „Atomstaat" (seit ∼1950er Jahren),
- „Friedliche Nutzung der Atomenergie" und Atomare Kontroverse (seit ∼1960er Jahren), Grüne Parteien (seit ∼1980er Jahren),
- Heimliche Kernwaffenprogramme (Indien, Pakistan, Israel, Südafrika, Brasilien, Iran, Irak, Nord-Korea, ... ???).

---

[29] Die Röntgenstrahlen wurden schon ab 1895 medizinisch eingesetzt, kaum dass sie entdeckt waren.

# Kapitel 2
# Radioaktive Strahlen und der Weg ins Innere der Atome

## Überblick

Schon kurz vor der Entdeckung der beiden ersten Elementarteilchen wurde die klassische Physik des ausgehenden 19. Jahrhunderts durch ein unerklärbares Phänomen überrascht: die 1896 von Henri Becquerel entdeckten durchdringenden ionisierenden Strahlen, die von einigen schweren chemischen Elementen ausgingen und als Radioaktivität bezeichnet wurden.

Ihr Entstehen war durch keinen der damals bekannten chemischen oder physikalischen Prozesse zu erklären oder auch nur zu beeinflussen. Mangels Alternativen musste man die Ursache der Radioaktivität im unbekannten Inneren der Atome suchen. Die beiden schwersten der radioaktiven Elemente (Uran und Thorium) strahlten zudem scheinbar fortwährend ohne je zu versiegen, und brachten dabei andere, etwas weniger schwere Elemente hervor, deren eigene Radioaktivität (nach chemischer Abtrennung) aber zeitlich abnahm. Die Strahlung war so energiereich, dass das radioaktive Präparat oder die davon bestrahlte Materie zu einer dauerhaften Wärmequelle wurden, und man auf einem einfachen Zinksulfid-Schirm einzelne Blitze (*Szintillationen*) unregelmäßig aufflackern sah. Man konnte sie zählen, und das Ergebnis passte nach Umrechnung mit der Avogadro-Zahl zu der Hypothese, man habe einzelne Atome bei der Emission beobachtet. (Dies brachte um 1907 einen der lautstärksten und prominentesten Gegner der Atom-Hypothese, den Chemie-Nobelpreisträger Wilhelm Ostwald, zur Einsicht.)

Auch die Schwächung der radioaktiven Strahlen beim Durchgang durch Materie hing nicht von ihrer Dichte, ihrem Aggregatzustand oder der chemischen Verbindung ab, sondern[1] lediglich davon, welche Atomsorten in welcher prozentualen Zusammensetzung darin vorkamen. Demnach beruhte auch die Wechselwirkung dieser Strahlen mit Materie auf Prozessen mit den einzelnen Atomen – und bot sich selber damit als Werkzeug der Untersuchung von deren Inneren an.

Das 2. Kapitel berichtet im ersten Teil kurz über die Entdeckungsgeschichte der Radioaktivität und ihrer drei Komponenten $\alpha$-, $\beta$- und $\gamma$-Strahlung. Zu den am

[1] bei insgesamt gleicher Masse

J. Bleck-Neuhaus, *Elementare Teilchen*
DOI 10.1007/978-3-540-85300-8, © Springer 2010

leichtesten beobachtbaren Eigenschaften dieser Strahlungen gehörte ihre Fähigkeit, alle Materie zu ionisieren, sowie eine geradlinige Ausbreitung und – im Fall der $\alpha$-Strahlung – ihre kurze, wohldefinierte Reichweite, sichtbar belegt durch die kurzen Spuren in der Nebelkammer.

Tatsächlich konnten schon aus diesen wenigen Beobachtungen allein bedeutende Rückschlüsse auf das Atominnere gezogen werden. Das wird am ersten erfolgreichen Modell für das hohe, aber endliche Durchdringungsvermögen der $\alpha$-Strahlung demonstriert. Es ist die Theorie der Abbremsung von $\alpha$-Teilchen, die Niels Bohr 1913 aufstellte, nicht zufällig kurz vor seinem Epoche machenden Atommodell. Bohr nimmt an, dass das $\alpha$-Teilchen durch elastische Stöße mit ruhenden Elektronen verlangsamt wird. Die Herleitung seiner „Bremsformel" ist ein Schulbeispiel für das Vorgehen der Physik ganz allgemein, wenn neue Phänomene analysiert werden:

| Allgemein: | Bohr 1913: |
|---|---|
| Versuchsweise zunächst alte Konzepte nehmen: | Newtonsche Mechanik, elektrostatische Kraft, elastischer Stoß. |
| Typische Größenordnungen der Parameter abschätzen: | Geschwindigkeit, Abstand, Energie etc. |
| Die Berechnungen durch eine vertretbare Näherungsannahme stark vereinfachen: | Impulsnäherung (entspricht der 1. störungstheoretischen Näherung). |
| Die Grenzen der Anwendbarkeit der Näherung feststellen: | Notwendigkeit einer oberen Grenze für den Energieübertrag ans Elektron. |
| Die Grenzen der Anwendbarkeit der klassischen Physik feststellen und behelfsweise dort, wo es nötig wird, neue *geeignete* Regeln einführen: | Eine (klassisch unverständliche) untere Grenze des Energieübertrags festlegen. |
| Offen gebliebenen Parametern geeignete Werte geben, um Übereinstimmung mit den Beobachtungen zu erzielen. | |
| Und schließlich, wenn die ganze Analyse sinnvoll scheint, Schlussfolgerungen für weitere Untersuchungen ableiten: | Die $\alpha$-Teilchen als geeignete Sonden zur Erkundung des Atominneren erkennen. |

Neben ihrer Bedeutung für das Herantasten an das Studium inneratomarer Vorgänge ist die so gewonnene Bohrsche Bremsformel (mit relativ milden quantenmechanischen und relativistischen Korrekturen) ein Werkzeug vieler entscheidender Experimente geworden und wird auch heute noch benutzt, z. B. in der medizinischen Krebstherapie mit Strahlen aus schweren Teilchen.

Der historischen Genauigkeit zuliebe aber eine Anmerkung: Als Bohr 1913 diese erste brauchbare Theorie des Bremsvermögens aufstellte, wusste er schon, wie wertvoll die $\alpha$-Strahlen als Untersuchungswerkzeug der Atomphysik waren. Er hatte gerade einige Monate in dem Labor von Ernest Rutherford in Manchester verbracht, wo mit ihrer Hilfe ab 1909 der Atomkern aufgespürt worden war[2] – ein Vorbote vieler weiterer Entdeckungen, die von „vernünftigen“ Vorstellungen über die Materie weit abwichen. Rutherfords Entdeckung brauchte noch Jahre um sich durchzusetzen.

## 2.1 Erste Experimente mit Radioaktivität

### *2.1.1 Fotoplatte mit Uransalzen: Henri Becquerel 1896*

Kaum hatte Wilhelm C. Röntgen 1895 publiziert, dass an der fluoreszierenden Stelle im Glas seiner Kathodenstrahl-Röhre eine neue durchdringende „X-Strahlung“ entsteht (daher international „X-ray“ statt dtsch. „Röntgen-Strahlung“), untersuchte Henri Becquerel, ob diese auch von anderen fluoreszierenden Stoffen ausgeht, z. B. von Uransalzen. Er bestreute eine lichtdicht eingepackte Fotoplatte damit und fand auch richtig heraus, dass sie geschwärzt wurde (Abb. 2.1), dies aber auch dann, wenn das Salz noch gar nicht durch Sonnenlicht zum Fluoreszieren angeregt wor-

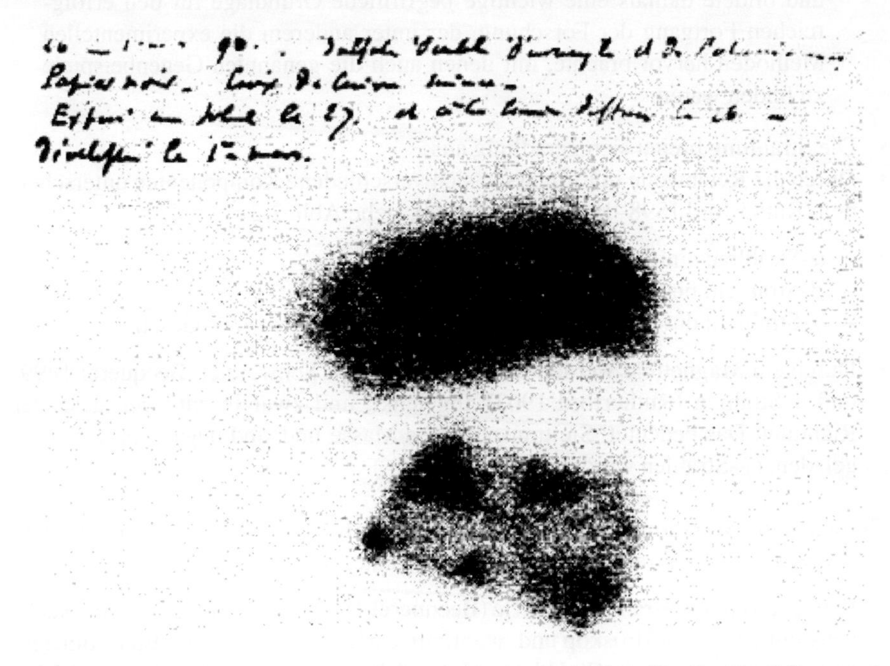


**Abb. 2.1** Die Fotoplatte mit den ersten Spuren der Radioaktivität (Quelle: Henri Becquerels Nobelpreis-Rede 1903)

[2] siehe Kap. 3

den war (denn in Paris herrschte Regenwetter). Statt diese Schwärzung nun als Herstellungsfehler oder „Dreck-Effekt“ abzutun, erkannte Becquerel sie als physikalischen Effekt einer weiteren neuen Strahlung: Spontan, unsichtbar, durchdringend, ohne zeitliche Abschwächung, dabei äußerst energiereich, aber anders als Röntgens X-Strahlen unabhängig von einer externen Energiequelle – die natürliche *Radioaktivität*.[3] Dafür gewann er 1903 den Nobelpreis für Physik.

**Einige der rasch folgenden Untersuchungsergebnisse:**

- Entdeckung neuer radioaktiver Elemente wie Radium (Ra) und Polonium (Po) in U- und Th-Mineralien (Marie und Pierre Curie, Nobelpreis für Physik 1903, Marie für Chemie 1911).
- Radioaktive Elemente wandeln sich in andere um. In der Muttersubstanz entstehen manche radioaktiven Elemente wieder neu, wenn sie chemisch abgetrennt worden waren (Ernest Rutherford 1900, Nobelpreis für Chemie 1908).
- Radioaktive Strahlung (eines Elements) ist weder chemisch noch physikalisch zu beeinflussen, daher wohl eine Eigenschaft der einzelnen Atome (M. Curie).

  Dieser Lehrsatz ist streng genommen falsch. 1934 gelang die Erzeugung neuer radioaktiver Stoffe durch physikalische Prozesse (siehe Abschn. 6.5.9), 1938 wurde die chemische Beeinflussung einer Form der $\beta$-Radioaktivität gefunden. Er *war* richtig im Rahmen der Möglichkeiten um 1900 und bildete damals eine wichtige begriffliche Grundlage für den erfolgreichen Fortgang der Forschung, der unter anderem die experimentellen Methoden hervor brachte, mit denen auch die genannten Gegenbeispiele zu finden waren.

- Die Strahlung breitet sich geradlinig aus.
- Durch die Reichweite in Luft lassen sich verschiedene Komponenten unterscheiden (Rutherford 1898–1900, Villard 1900, siehe Abb. 2.2):
  - $\alpha$-Strahlen: einige cm
  - $\beta$-Strahlen: bis zu 2 m
  - $\gamma$-Strahlen: durchdringend, Abschwächung nach dem $1/r^2$-Gesetz.
- Durch ein Magnetfeld werden $\beta$-Strahlen (Giesel, Schweidler, Becquerel 1899) und $\alpha$-Strahlen (Rutherford 1903) abgelenkt, und zwar in entgegen gesetzter Richtung. Das bedeutet: Sie transportieren Masse und sind negativ bzw. positiv geladen. ($\gamma$-Strahlen werden nicht abgelenkt.)

**Gemeinsame Wirkungen der radioaktiven Strahlen.** Neben der fotografischen Schwärzung, die zu ihrer Entdeckung geführt hatte, wurde beobachtet:

- Ionisation aller bestrahlten Materie (Becquerel 1898): Dies ermöglicht den Nachweis mit einem Elektroskop und quantitative Messungen mit dem Elektrometer.
- Szintillationen (z. B. in *Zinkblende* ZnS), d. h. je ein schwach sichtbarer Lichtblitz bei jeder einzelnen radioaktiven Umwandlung eines Atoms (Crookes 1903):

[3] Wörtlich bedeutet der Name lediglich „Strahlungstätigkeit“.

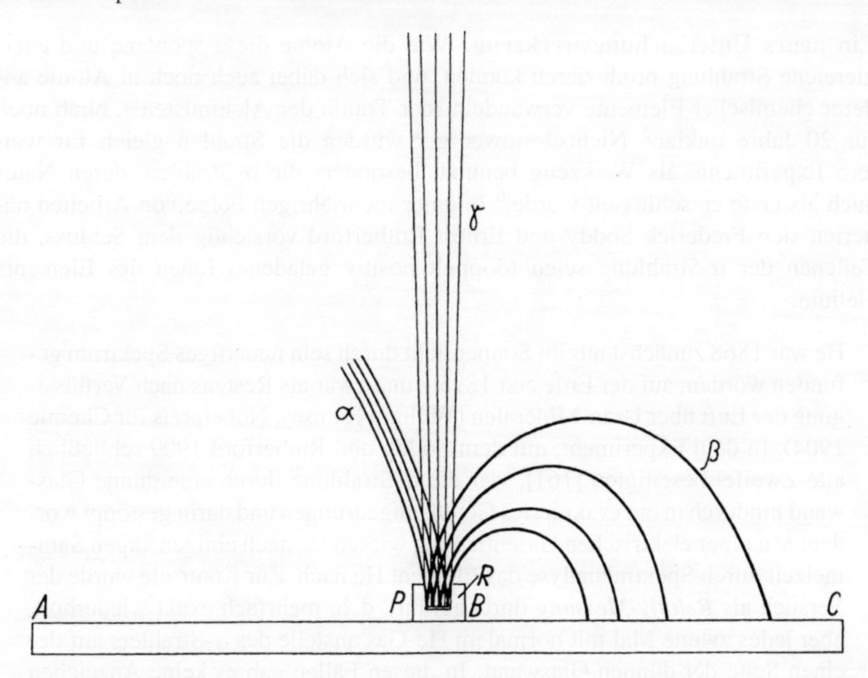


**Abb. 2.2** Das Standard-Bild zu den drei Typen radioaktiver Strahlung, hier aus der Doktorarbeit von Marie Curie (1903). Durch die teilweise Ummantelung der Quelle mit Blei entsteht ein mäßig kollimierter Strahl, dessen drei Komponenten sich durch Ablenkung im Magnetfeld (das senkrecht zur Bildebene liegt) und Art der Abschwächung in Luft unterscheiden lassen. (Abbildung nach [175])

Erste Möglichkeit überhaupt, Atome einzeln zu zählen. Das überzeugte auch viele Skeptiker von der Existenz der Atome, zumal so die Größe der Avogadro-Konstante bestätigt werden konnte.

- Ständige Wärmeabgabe der radioaktiven Substanzen.[4] Pro Atom werden bei jeder Umwandlung ca. 5 bis 10 MeV Energie frei – gewaltig viel im Vergleich:
  - Chemische Energien haben typische Werte gerade um 1 eV.

    (Warum „passt" die Einheit eV mit ihrer Größenordnung $10^{-19}$ V A s so gut für die Chemie? Es wurde ja zur ersten Definition der Potential-Einheit „1 Volt" die Spannung gewählt, die durch eine *chemische* Reaktion in galvanischen Zellen hervorgebracht wird.)
  - Ionisierungsenergien für Atome liegen zwischen 5 eV (Natrium) und 24 eV (Helium), typische Werte um 14–16 eV (H, N, O, Ar).

[4] In Unkenntnis der wahrscheinlichen Folgen hantierten die Curies und andere mit bloßen Händen mit radioaktiven Präparaten, die bis zu $10^6$-mal stärker waren als nach der heutigen *Verordnung für den Schutz vor ionisierenden Strahlen* erlaubt. Marie starb 1934 an Leukämie, höchstwahrscheinlich eine Folge davon (Pierre 1906 durch einen Verkehrsunfall).

**Ein neues Untersuchungswerkzeug.** Wie die Atome diese spontane und energiereiche Strahlung produzieren können, und sich dabei auch noch in Atome anderer chemischer Elemente verwandeln (der Traum der Alchimisten!), blieb noch für 20 Jahre unklar.[5] Nichtsdestoweniger wurden die Strahlen gleich für weitere Experimente als Werkzeug benutzt, besonders die $\alpha$-Strahlen, deren Natur auch als erste entschlüsselt wurde.[6] In einer mehrjährigen Folge von Arbeiten näherten sich Frederick Soddy und Ernest Rutherford vorsichtig dem Schluss, die Teilchen der $\alpha$-Strahlung seien (doppelt positiv geladene) Ionen des Elements Helium.

He war 1868 zunächst nur im Sonnenlicht durch sein neuartiges Spektrum gefunden worden, auf der Erde erst 1895 – und zwar als Restgas nach Verflüssigung der Luft über Uran-Mineralen (William Ramsey, Nobelpreis für Chemie 1904). In dem Experiment, mit dem Soddy und Rutherford 1909 schließlich alle Zweifel beseitigten [161], war die $\alpha$-Strahlung durch eine dünne Glaswand hindurch in ein evakuiertes Gefäß eingedrungen und darin gestoppt worden. Mit einer elektrischen Gasentladung wiesen sie nach einigen Tagen Sammelzeit durch Spektralanalyse das Element He nach. Zur Kontrolle wurde der Versuch als *Relativ-Messung* durchgeführt, d. h. mehrfach exakt wiederholt, aber jedes zweite Mal mit normalem He-Gas anstelle des $\alpha$-Strahlers auf der einen Seite der dünnen Glaswand: In diesen Fällen gab es keine Anzeichen von He auf der anderen Seite.

Man stelle sich das damalige Erstaunen vor: Nach gängigen Vorstellungen muss bei der $\alpha$-Radioaktivität ein Atom ein zweites erzeugt (und fort geschleudert) haben – das zwar viel leichter ist als das erste und elektrisch nicht ganz neutralisiert, das aber als Atom (wenn auch geladen) ein Körperchen von etwa gleicher Größe wie das ursprüngliche bzw. das übrigbleibende Atom sein sollte. Der alte Mendelejew, Schöpfer des Periodensystems, erklärte kategorisch: „He-Atome können nicht entstehen" ([176, S. 67]).[7]

### 2.1.2 Nebelkammer

Die Nebel-Kammer wurde ab 1895 von Charles T.R. Wilson entwickelt (Nobelpreis 1927), zunächst mit dem Ziel, Luft und andere Gase von Kondensationskeimen zu befreien. (Methode: Bildet sich um einen Keim ein Wassertröpfchen, sinkt

[5] mehr dazu in Kap. 6

[6] Zu $\beta$-Strahlen (= Elektronen) und $\gamma$-Strahlen (= Photonen) siehe Kap. 6.

[7] Streng genommen ist die Beobachtung des He-Spektrums natürlich kein unwiderleglicher Beweis, dass zwischen $\alpha$-Teilchen und $He^{++}$-Ionen keine Unterscheidung mehr möglich ist, auch wenn mangels konkreter Hinweise daran nicht lange gezweifelt wurde. In Abschn. 5.7 wird das Experiment aus dem im Jahr 1930 geschildert, mit dem die Ununterscheidbarkeit beider Teilchensorten in einer für die klassische Physik undenkbar überzeugenden Weise demonstriert werden konnte.

**Abb. 2.3** Typische Spuren von $\alpha$-Teilchen. Die einzelne längere Spur stammt von einem Teilchen deutlich höherer Energie. (Abbildung aus [72])

er schneller zu Boden. Vgl. die klare Luft nach Regen. Bei kleinen Tröpfchen in der Größe weniger Lichtwellenlängen ist das Absinken sehr langsam, weshalb sie einen gut sichtbaren Nebel bilden.) 1911 wurden damit zum ersten Mal Spuren einzelner $\alpha$-Teilchen sichtbar: Sie hatten längs ihrer Bahn tausende Luftmoleküle ionisiert und damit neue Kondensationskeime gebildet (siehe Abb. 2.3).

Dies bietet sich als Demo-Experiment an, denn es ist (aus Gründen der über Jahrzehnte verbesserten Strahlenschutz-Richtlinien) eine der wenigen heute verbliebenen Möglichkeiten, Vorgänge um die Radioaktivität direkt sichtbar zu machen.

Nun war auch direkt sichtbar, was durch Experimente mit Fotoplatten schon 10 Jahre lang bekannt gewesen:

- $\alpha$-Teilchen machen (fast) geradlinige Spuren,
- ihre Länge ist bei $E_{\mathrm{kin}} = 5\,\mathrm{MeV}$ ca. 5 cm, der Energieverlust im Mittel also

$$\mathrm{d}E/\,\mathrm{d}x \approx 1\,\mathrm{MeV/cm}$$

(genauer: am Beginn der Spur 0,5 MeV/cm, gegen Ende höher).

Kann man diese beiden Beobachtungen physikalisch erklären? Die erste brauchbare Theorie hierfür lieferte Niels Bohr erst 1913, und sie ist für die Moderne Physik so lehrreich, dass sie hier als Vorbereitung auf die richtige Kernphysik vorgestellt werden soll.

Bohr ging (natürlich) von der Newtonschen Mechanik aus. Da ist zunächst wichtig, einmal die Abgrenzung zur relativistischen Mechanik zu prüfen. Ist die Geschwindigkeit der $\alpha$-Teilchen bei 5 MeV schon nahe an der Lichtgeschwindigkeit $c$ ? Mit der in Energie ausgedrückten Masse (siehe Kasten 1.1 auf S. 15) $m_\alpha c^2 \approx 4\,\text{GeV}$ ist das einfach zu berechnen:

$$\frac{v_\alpha}{c} \equiv \sqrt{\frac{\frac{1}{2}m_\alpha v_\alpha^2}{\frac{1}{2}m_\alpha c^2}} \approx \sqrt{\frac{5\,\text{MeV}}{\frac{1}{2}4\,000\,\text{MeV}}} = \sqrt{\frac{1}{400}} = 5\%\,. \tag{2.1}$$

Dies ist also noch nicht relativistisch, zumal der charakteristische *Lorentz*-Faktor $\gamma$ in den Formeln der Speziellen Relativitätstheorie nur um ‰ von 1 abweicht:

$$\gamma^{-1} = \sqrt{1-\frac{v_\alpha^2}{c^2}} \approx 1-\frac{v_\alpha^2}{2c^2} = 1-\frac{1}{800} \approx 1-10^{-3}\,.$$

Um sich weiter mit den Größenordnungen physikalischer Variablen in diesen Prozessen vertraut zu machen, quasi als Fingerübung ein paar simple Aufgaben:

**Frage 2.1.** *Wie viel Zeit vergeht bis zur vollständigen Abbremsung des $\alpha$-Teilchens?*

**Antwort 2.1.** *Bei konstanter Beschleunigung a (hier als einfachste erste Annahme gewählt; Beispiel: freier Fall) ist die Durchschnittsgeschwindigkeit $\overline{v_\alpha}$ immer der Mittelwert aus Anfangs- ($v_\alpha$) und Endgeschwindigkeit (0), hier also* $\overline{v_\alpha} = \frac{1}{2}v_\alpha \approx 0{,}025c \approx 7{,}5\cdot 10^6\,\text{m/s}$.

*Daher die Bremszeit* $\Delta t = s/\overline{v_\alpha} \approx 0{,}05\,\text{m}/(7{,}5\cdot 10^6\,\text{m/s}) \approx 10^{-8}\,\text{s}$.

*(Dass die (negative) Beschleunigung konstant bleibt, ist natürlich nur eine erste einfache Annahme, vgl. Frage 2.5 auf S. 42.)*

**Frage 2.2.** *Wie groß ist die (Durchschnitts-)Beschleunigung $\overline{a}$ (z. B. in Einheiten der Erdbeschleunigung $g \approx 10\,\text{m/s}^2$)?*

**Antwort 2.2.** $\overline{a} = v_\alpha/\Delta t \approx 15\cdot 10^6\,\text{ms}/10^{-8}\,\text{s} \approx 10^{14}\,\text{g}$ *(!).*

Reichweite und damit auch Abbremszeit der $\alpha$-Teilchen in verschiedenen Materialien sind fast unabhängig von deren näherer chemischen oder physikalischen Beschaffenheit, abgesehen von ihrer Dichte, zu der sie annähernd umgekehrt proportional variieren.[8] Eine physikalische Erklärung des Energieverlustes muss man daher in den allgemeinsten Eigenschaften der Materie suchen.

[8] Kondensierte Materie gleich welcher Art bremst folglich ca. $10^3$fach stärker und schneller als eben abgeschätzt.

## 2.2 Abbremsung von $\alpha$-Teilchen: Niels Bohr 1913

### 2.2.1 Versuch der Deutung der Nebelkammer-Spuren mit klassischer Mechanik

**Ansatz: Stoß.** Bohrs Erklärungsansatz zur Bildung eines Kondensationskeims unter Energieverlust lautet: Das $\alpha$-Teilchen stößt elastisch gegen ein (ruhendes) Elektron. Stoßprozesse haben überragende Bedeutung in der Erforschung der Elementarteilchen, denn anders kann man diese kaum untersuchen. Daher folgt hier zunächst eine etwas gründlichere, aber noch nicht relativistische Beschreibung. Dabei gehen wir immer (genauer: wenn die Teilchen sich nicht in andere umwandeln) von einem *elastischen* Stoß aus, denn für so etwas wie „Reibung", „Verformung" oder „Wärmeinhalt" hat ein elementares Teilchen keinen Freiheitsgrad. Der elastische Stoß ist ganz allgemein dadurch definiert, dass nicht nur wie immer die Gesamt-Energie erhalten bleibt, sondern auch der Anteil, der die inneren Energien der beiden stoßenden Systeme in ihrem jeweiligen Schwerpunktsystem angibt. Die Differenz zur Gesamtenergie ist die gesamte kinetische Energie der beiden Systeme, die daher im elastischen Stoß auch für sich erhalten bleibt: $E_{\mathrm{kin}} = E'_{\mathrm{kin}}$. (Gestrichene Größen sollen nach dem Stoß gelten, ungestrichene davor.)

**Frage 2.3.** *Ist die Klassifizierung als „elastischer Stoß" auch unabhängig vom Bezugssystem?*

**Antwort 2.3.** *Ja. Die innere Energie hat* per def. *in allen Bezugssystemen denselben Wert.*

**Erinnerung an die Mechanik: Bezugssysteme für Labor ($L$) und Schwerpunkt ($S$)**

- **$L$-System (Labor ruht, siehe Abb. 2.4)**
  (Alle Geschwindigkeiten im Laborsystem sind mit Buchstaben $\vec{v}$ bezeichnet, andere Größen mit Index $L$):
  - vor dem Stoß $v_{\mathrm{e}} = 0,\ v_\alpha > 0$
  - nach dem Stoß $v'_\alpha > 0,\ v'_{\mathrm{e}} > 0$

  Erhaltung des Gesamtimpulses:

$$\vec{P}_{\mathrm{L}} = \vec{P}'_{\mathrm{L}}$$
$$m_\alpha \vec{v}_\alpha (+m_{\mathrm{e}}\vec{v}_{\mathrm{e}}) = m_\alpha \vec{v}'_\alpha + m_{\mathrm{e}}\vec{v}'_{\mathrm{e}}$$
$$\vec{p}_\alpha + \vec{p}_{\mathrm{e}} = \vec{p}'_\alpha + \vec{p}'_{\mathrm{e}}$$

  Daher gilt: Impulsübertrag ans Elektron = Impulsverlust des $\alpha$-Teilchens.

$$\Delta \vec{p}_{\mathrm{e}} = \vec{p}'_{\mathrm{e}} - \vec{p}_{\mathrm{e}} = \vec{p}_\alpha - \vec{p}'_\alpha = -\Delta \vec{p}_\alpha \tag{2.2}$$

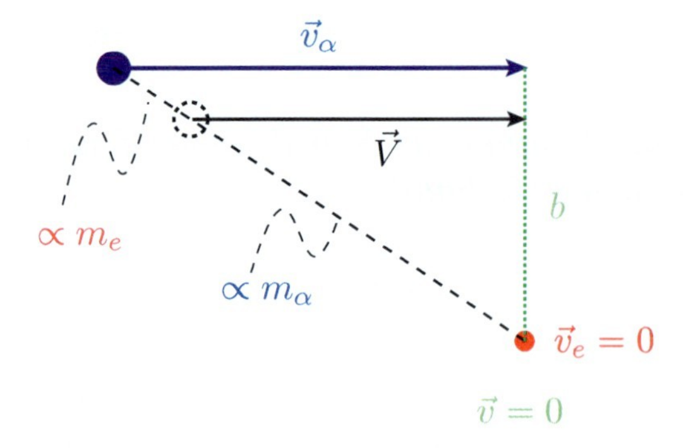


**Abb. 2.4** Zwei Körper (*blauer* und *roter Punkt*, Massen $m_\alpha$, $m_e$) mit ihrem Schwerpunkt (im *gestrichelten Kreis*) auf ihrer Verbindungslinie. Die Abstände stehen im umgekehrten Verhältnis der beiden Massen, im wirklichen $\alpha$-$e$-System also wie 1:7 500. $b$ ist der Stoßparameter, $\vec{v}_\alpha$ ist die Geschwindigkeit des *blauen* Körpers im Labor-System vor dem Stoß (der *rote* ruht). Der (beliebige) Maßstab für die Geschwindigkeitsvektoren wurde so gewählt, dass $\vec{v}_\alpha$ bis zur *gepunkteten grünen Linie* reicht, um leicht ins Schwerpunktsystem wechseln zu können. Die Schwerpunktsgeschwindigkeit $\vec{V}$ ergibt sich in dem Dreieck aus dem Strahlensatz

Geschwindigkeit $\vec{V}$ des Schwerpunkts $\vec{R} = (m_\alpha \vec{r}_\alpha + m_e \vec{r}_e)/(m_\alpha + m_e)$ (im $L$-System):

$$\vec{V} = \frac{d\vec{R}}{dt} = \frac{d}{dt}\frac{m_\alpha \vec{r}_\alpha + m_e \vec{r}_e}{m_\alpha + m_e} = \frac{m_\alpha}{m_\alpha + m_e} v_\alpha \qquad (2.3)$$

(folgt auch aus $\vec{P}_L = (m_\alpha + m_e)\vec{V}$)

- **$S$-System (Schwerpunkt ruht, siehe Abb. 2.5)**
  Das $S$-System bewegt sich im $L$-System mit der Geschwindigkeit $\vec{V}$. Alle Geschwindigkeiten im $S$-System sind mit Buchstaben $\vec{u}$ bezeichnet, andere Größen mit Index $S$ oder *CMS* (= *center of mass*):
  - für alle Geschwindigkeiten gilt $\vec{u} = \vec{v} - \vec{V}$ (Galilei-Transformation, nicht-relativistisch)
  - Geschwindigkeits*differenzen* sind in $S$- und $L$-System gleich : $\vec{u} - \vec{u}' = \vec{v} - \vec{v}'$

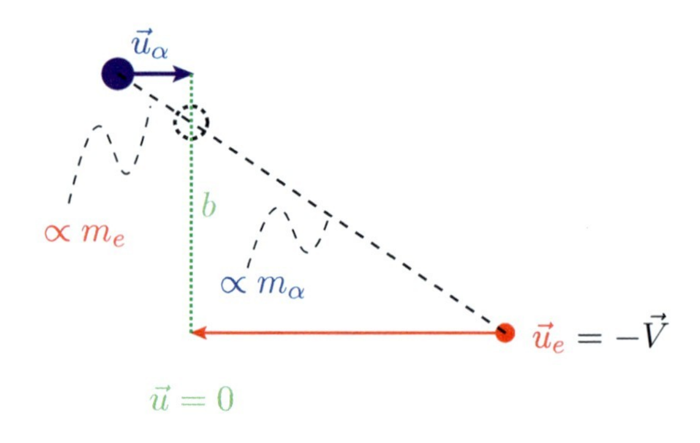


**Abb. 2.5** Die beiden Körper von Abb. 2.4 in derselben Anordnung, mit ihren Geschwindigkeiten $\vec{u}$ im Schwerpunkt-System. Die *grüne Bezugslinie*, die räumlich den Stoßparameter und für die Geschwindigkeit den Wert Null zeigt, geht nun durch den Schwerpunkt

– Gesamtimpuls im $S$-System $\vec{P}_{\mathrm{CMS}} = \vec{p}_{\mathrm{CMS},\alpha} + \vec{p}_{\mathrm{CMS,e}} = \vec{p}\,'_{\mathrm{CMS},\alpha} + \vec{p}\,'_{\mathrm{CMS,e}} = 0$, also sind die Impulse von Projektil und Target stets *entgegengesetzt* parallel und *gleich groß*. Daher sind (wegen $p = mu$) die Geschwindigkeiten umgekehrt proportional zur Masse: $u_\alpha / u_{\mathrm{e}} = m_{\mathrm{e}} / m_\alpha \approx 1{:}7\,500$.
– Beim elastischen Stoß (siehe obige Definition im $L$-System) bleibt auch im $S$-System die kinetische Energie erhalten $\Delta E_{\mathrm{CMS}} = 0$.
– Daher sind beide Impulse nach dem Stoß dem *Betrag* nach gleich denen vor dem Stoß, nur die *Richtungen* können sich ändern.

**Was bedeutet nun „Stoß" genau?** Anschaulich und im Alltag: einen durch „Berührung" verursachten Impulsübertrag $\Delta\vec{p} = \int \vec{F}\,\mathrm{d}t$ (dies Integral heißt „Kraftstoß"), wobei die Kraft $\vec{F}$ abstoßend und von sehr kurzer Reichweite gedacht ist und deshalb nur kurze Zeit einwirkt, etwa wie beim Billard. Da wir aber über die „Kontaktkräfte" und „Oberflächen" von Elementarteilchen gar nichts wissen, ist es besser, diese Details aus der Definition zu streichen. Außerdem müssen wir uns auch gleich von der einschränkenden Vorstellung befreien, beim Stoß müssten ab-*stoß*-ende Kräfte gewirkt haben.

Ein *Stoß* ist von hier an jede Wechselwirkung zwischen zwei anfangs freien Teilchen.

Bei einem *elastischen* Stoß kommen die beiden Teilchen mit unveränderten Eigenschaften, aber veränderten Flugrichtungen heraus. Daher bedeutet elastischer Stoß genau genommen nichts anderes als Impulsübertrag vom Projektil ans Target und umgekehrt (vgl. Gl. (2.2)). Umrechnung vom $L$- ins $S$-System ergibt:

$$\Delta\vec{p}_{\mathrm{e}} = \underbrace{m_{\mathrm{e}}(\vec{v}\,'_{\mathrm{e}} - \vec{v}_{\mathrm{e}})}_{L\text{-System}} \equiv \underbrace{m_{\mathrm{e}}(\vec{u}\,'_{\mathrm{e}} - \vec{u}_{\mathrm{e}})}_{S\text{-System}}$$

und fürs $\alpha$-Teilchen entsprechend. $\Delta\vec{p}$ hat daher im $S$- und $L$-System denselben Wert, ist eine Galilei-Invariante.[9] Invarianten gelten immer als nützliche Größen zur physikalischen Charakterisierung eines Prozesses.

**Frage 2.4.** *Gegen eine mögliche Verwirrung der Begriffe: Bohr geht von einem Energie***verlust** *des α-Teilchens aus, obwohl vom* elastischen*(!) Stoß die Rede ist?*

**Antwort 2.4.**

- *Nur im S-System behält jedes der elastisch stoßenden Teilchen seine kinetische Energie, weshalb gilt* $\Delta E_{\alpha,\mathrm{S}} = \Delta E_{\mathrm{e,S}} = 0$.
- *Im L-System erfolgt immer ein Energieübertrag ans vorher ruhende Teilchen, also ein Energieverlust des Projektils:* $\Delta E_{\alpha,\mathrm{L}} = -\Delta E_{\mathrm{e,L}} < 0$.
- $\Delta E$ *ist eben keine Invariante.*

[9] Im relativistischen Bereich ist nicht $\Delta\vec{p}$ invariant, sondern die aus Energie- *und* Impulsübertrag gebildete *invariante Masse*, siehe Abschn. 13.2.1.

Nach diesen begrifflichen Vorbereitungen können schon manche Einzelheiten des Bohrschen Modells geklärt werden:

**Nach wie viel Stößen mit Elektronen kann das $\alpha$-Teilchen zur Ruhe kommen?** Der maximale Energieverlust $\Delta E_{\max}$ an das ruhende Elektron erfolgt bei maximalem Impulsübertrag $\Delta\vec{p}$. Vom Schwerpunkt aus gesehen (der praktisch mit dem $\alpha$-Teilchen mit fliegt), kommt ihm das Elektron mit $-\vec{V}$ entgegen geflogen und prallt mit $+\vec{V}$ zurück, wie ein Ball von der Wand. (Im $S$-System sieht es so aus, dass auch das schwere $\alpha$-Teilchen vom leichten Elektron abprallt – denn die Impulse beider Teilchen sind *immer* entgegengesetzt – siehe Abb. 2.6). Im $L$-System ist dann $\vec{v}_{\mathrm{e,max}} = 2\vec{V} \approx 2\vec{v}_\alpha$

$$\Rightarrow \Delta E_{\max} = \tfrac{1}{2} m_{\mathrm{e}}(2V)^2 \approx \tfrac{1}{2} m_{\mathrm{e}}(2v_\alpha)^2 = 4\frac{m_{\mathrm{e}}}{m_\alpha} E_\alpha\,. \tag{2.4}$$

Bei den ersten Stößen in der Nebelkammer ($E_\alpha \approx 5\,\mathrm{MeV}$) sind das etwa 2,5 keV Energieverlust, mit abnehmender Tendenz. Selbst bei der unrealistischen Annahme, dass alle Stöße von der Art *maximales* $\Delta p$ sind, würde es also viele Tausend solcher Stöße dauern, bis keine Kondensationskeime mehr gebildet werden können – im Einklang mit der beobachteten Spur aus vielen Nebeltröpfchen.

**Wie stark kann das $\alpha$-Teilchen dabei abgelenkt werden?** Den maximalen Ablenkwinkel $\vartheta_{\max}$ des $\alpha$-Teilchens im $L$-System (bei 1 Stoß) kann man so ermitteln (vgl. Abb. 2.7): Gesucht ist der maximale Winkel zwischen $\vec{v}_\alpha (= \vec{V} + \vec{u}_\alpha)$ und $\vec{v}'_\alpha (= \vec{V} + \vec{u}'_\alpha)$, wobei die Beträge von $\vec{u}_\alpha$ und $\vec{u}'_\alpha$ gleich sind und nur einen winzigen Bruchteil $m_{\mathrm{e}}/m_\alpha$ der Gesamtgeschwindigkeit $\vec{v}_\alpha$ ausmachen. $\vec{u}_\alpha$ ist zu $\vec{V}$ parallel, $\vec{u}'_\alpha$ kann jede beliebige Richtung haben, für maximale Ablenkung sollte es senkrecht zu $\vec{v}'_\alpha$ stehen. Dann ist der Winkel zwischen $\vec{v}_\alpha$ und $\vec{v}'_\alpha$ ziemlich genau $\vartheta_{\max} \approx u_\alpha / V = m_{\mathrm{e}}/m_\alpha \approx 10^{-4}$ (im Bogenmaß, wo die Einheit $360°/2\pi \approx 60°$! Das entspricht also 0,006°.).

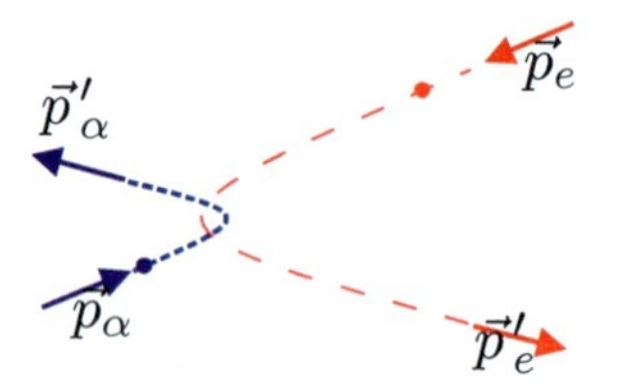


**Abb. 2.6** Elastischer Stoß im $S$-System betrachtet: Angedeutet sind die Trajektorien von $\alpha$-Teilchen (*blau*) und Elektron (*rot*). Die Kraft ist hier anziehend, sie fliegen um den Schwerpunkt und um einander herum. *Kurze* bzw. *lange Strichelung* der Trajektorien soll die verschiedenen Geschwindigkeiten andeuten. In der Zeichnung etwa $u_{\mathrm{e}}/u_\alpha \approx 3{:}1$, in Wirklichkeit $u_{\mathrm{e}}/u_\alpha = m_\alpha/m_{\mathrm{e}} \approx 7\,500{:}1$. Die Impulse beider Teilchen (*dicke Pfeile*) sind zu jedem Zeitpunkt gleich groß und genau entgegengesetzt. Weit nach dem Stoß haben sie die gleiche Größe wie weit vorher, aber andere Richtung

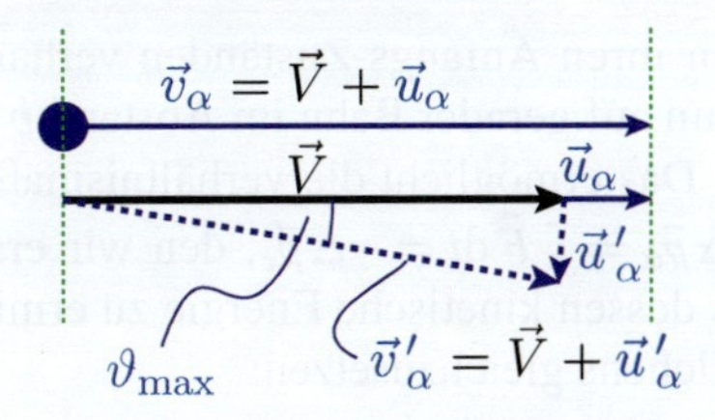


**Abb. 2.7** Maximaler Ablenkwinkel $\vartheta_{\max}$ eines schweren Teilchens beim Stoß gegen ein ruhendes leichtes. Die Anfangsgeschwindigkeit $\vec{v}_\alpha$ (*blauer Vektor oben*) ist im unteren Teil der Abbildung zerlegt in Schwerpunktsgeschwindigkeit $\vec{V}$ und Geschwindigkeit im Schwerpunktsystem $\vec{u}_\alpha$. $\vec{V}$ bleibt erhalten, an $\vec{u}_\alpha$ kann sich im elastischen Stoß nur die Richtung ändern

Ein *mittlerer* Ablenkwinkel $\vartheta_{\text{mittel}}$ dürfte größenordnungsmäßig etwa bei der Hälfte liegen und wird beim seitlichen Blick auf die Spur perspektivisch (im Mittel) noch einmal um $1/\sqrt{2}$ verkürzt. $\vartheta_{\text{mittel}} = 0{,}002°$ wird also eine brauchbare Abschätzung ergeben.

**Wie groß kann die Ablenkung $\vartheta_N$ nach $N$ Stößen sein, wobei $N$ in die Tausende geht?** Wenn die Ablenkung jedesmal die maximale wäre und in dieselbe Richtung ginge, dann $\vartheta_{\text{N}} = N\vartheta_{\max}$, aber das ist natürlich „beliebig unwahrscheinlich". Auch $\vartheta_{\text{N}} = N\vartheta_{\text{mittel}}$ ist falsch. Ein realistischer Wert ist viel kleiner wegen des zufälligen Wechsels der Ablenkrichtungen, der sich zudem bei jedem $\alpha$-Teilchen anders ergibt. Nach den Regeln der Statistik ist eine symmetrische Verteilung um $\vartheta_{\text{N}} = 0$ zu erwarten, in der Form einer Gaußschen Glockenkurve mit einer Standard-Abweichung $\sigma(\vartheta_{\text{N}}) = \sqrt{N}\vartheta_{\text{mittel}}$. (Mehr Details zu diesem Grundgesetz der Wahrscheinlichkeitsrechnung in Abschn. 6.1.5.) Für grob geschätzte $N = 10^4$–$10^5$ folgt $\sigma(\vartheta_{\text{N}}) = \sqrt{N}\vartheta_{\text{mittel}} = 0{,}2$–$0{,}6°$: Eine geringfügige Abweichung von der geraden Trajektorie – in Übereinstimmung mit der Beobachtung der geraden Tröpfchen-Spur.

Soweit die Diskussion der qualitativen Beobachtungen an den $\alpha$-Teilchen-Spuren, die im Rahmen des Modells von Bohr ohne weiteres gut verständlich sind. Wir wollten aber auch prüfen, ob die anfänglichen 0,5 MeV Energieverlust pro cm Luftweg erklärbar sind. Es wird sich zeigen, dass schon die Interpretation dieser simplen Messgröße auf weitreichende, damals revolutionierende Einsichten über das Innere der Atome führt.

### *2.2.2 Bohrsche Theorie der Abbremsung von α-Teilchen*

Zu berechnen ist nun: Wie oft kommt ein $\alpha$-Teilchen auf seiner Bahn den Elektronen wie nahe und wie viel Energie gibt es dabei ab?

**Impulsnäherung.** Einfachstes Vorgehen, nahe gelegt durch die vorstehenden Abschätzungen: Wir machen die *Näherungsannahme*, dass *während* des Stoßprozesses weder das $\alpha$-Teilchen noch das Elektron etwas davon bemerken, d. h. bezüglich ihrer Geschwindigkeiten in ihren Anfangs-Zuständen verharren: $\vec{v}_\alpha = \text{const}$, $\vec{v}_\text{e} = 0$. Das $\alpha$-Teilchen fliegt dann auf gerader Bahn im Abstand $b$ (*Stoßparameter*) am ruhenden Elektron vorbei. Das ermöglicht die verhältnismäßig einfache Berechnung eines Impulsübertrags $\Delta\vec{p}_\alpha = \int \vec{F}\,\mathrm{d}t = -\Delta\vec{p}_\text{e}$, den wir erst danach dem Elektron gutschreiben, um daraus dessen kinetische Energie zu ermitteln und diese mit dem Energieverlust des $\alpha$-Teilchens gleichzusetzen:

$$\Delta E_\alpha = \frac{(\Delta p_\text{e})^2}{2m_\text{e}}\,. \tag{2.5}$$

Dies wird „Impuls-Näherung“ genannt und ist ein erstes Beispiel für die häufig benutzte

**Störungstheorie 1. Ordnung:**
„Berechne den erwarteten Effekt mit Hilfe der ungestörten Zustände.“

**Die Impuls-Näherung durchgerechnet.** Das Elektron ruht bei $\vec{r}_\text{e} = 0$, das $\alpha$-Teilchen fliegt mit $v_\alpha = \text{const.}$ parallel zur $x$-Achse. Das Zeit-Integral für die Berechnung des Kraftstoßes kann man dann mit $\mathrm{d}t = \mathrm{d}x/v_\alpha$ in ein Linien-Integral umschreiben, und die Kraft $\vec{F}(x) = ze\vec{E}(x)$ gleich durch die vom Elektron erzeugte elektrische Feldstärke ausdrücken (darin mit $z = 2$ die Ladung $ze$ des $\alpha$-Teilchens):

$$\Delta\vec{p} = \int_{-\infty}^{+\infty} \vec{F}(t)\,\mathrm{d}t = \frac{ze}{v_\alpha}\int_{-\infty}^{+\infty} \vec{E}(x)\,\mathrm{d}x\,. \tag{2.6}$$

So entsteht ein Linienintegral über die Feldstärke, das man leicht direkt ausrechnen kann, wenn man $\left|\vec{E}(x)\right| = \frac{e^2}{4\pi\varepsilon_0}\frac{1}{r^2}$, $r^2 = x^2 + b^2$ einsetzt. Gebraucht wird nur die Komponente $E_\perp(x)$ senkrecht zur Flugrichtung; denn wegen der einfachen Annahmen der Impulsnäherung ergibt die Parallelkomponente Null. Mit einem „eleganten“ Trick kann man sich aber vom Gaußschen Durchflutungsgesetz (1. Maxwellsche Gleichung) auch noch diese Integration abnehmen lassen. Dazu umgibt man das Elektron mit einer geschlossenen Fläche $A$:

$$\oint_A (\vec{E}(\vec{r})\cdot\mathrm{d}\vec{A}) = \frac{-e}{\varepsilon_0}\,. \tag{2.7}$$

Bei geeignet gewählter Form kommt in diesem Oberflächen-Integral das gesuchte Linien-Integral längs der $\alpha$-Teilchenbahn vor, nämlich wenn $A$ der unendlich lange Zylindermantel mit Radius $b$ um die $x$-Achse ist (auf der das Elektron liegt). Das Skalarprodukt $(\vec{E}(\vec{r})\cdot\mathrm{d}\vec{A}) \equiv E_\perp(\vec{r})\,|\mathrm{d}A|$ projiziert dann überall schon die Komponente $E_\perp(x)$ heraus. Für ein Stückchen $\mathrm{d}x$ des Zylinders hat $E_\perp(x)$ ringsherum überall den gleichen Betrag. Die Fläche ist $\mathrm{d}A = 2\pi b\,\mathrm{d}x$, dies Stück trägt also mit $E_\perp(x)\;2\pi b\,\mathrm{d}x$ zum Oberflächen-Integral bei. Das Integral über den ganzen Zylindermantel ist:

$$\oint (\vec{E}(\vec{r}) \cdot \mathrm{d}\vec{A}) = \int_{-\infty}^{+\infty} E_{\perp}(x)\, 2\pi b \, \mathrm{d}x \,. \tag{2.8}$$

(Die Stirnflächen des Zylinders sind unendlich weit weg, dann bringen sie nichts.) Alles in Gl. (2.6) eingesetzt ergibt

$$\Delta p = -\frac{ze}{v_\alpha \, 2\pi b} \, \frac{e}{\varepsilon_0} \,. \tag{2.9}$$

Bekommt ein ruhendes Elektron diesen Impulsübertrag, erhält es die kinetische Energie[10]

$$\Delta E(b) = \frac{(\Delta p)^2}{2m_\mathrm{e}} = \frac{z^2 \left(e^2/(4\pi\varepsilon_0)\right)^2}{\frac{1}{2} m_\mathrm{e} v_\alpha^2} \frac{1}{b^2} \,. \tag{2.10}$$

Je nach dem Wert von $b = 0 \ldots \infty$ sind hiernach alle Energieüberträge zwischen $\Delta E(0) = \infty$ und $\Delta E(\infty) = 0$ möglich.

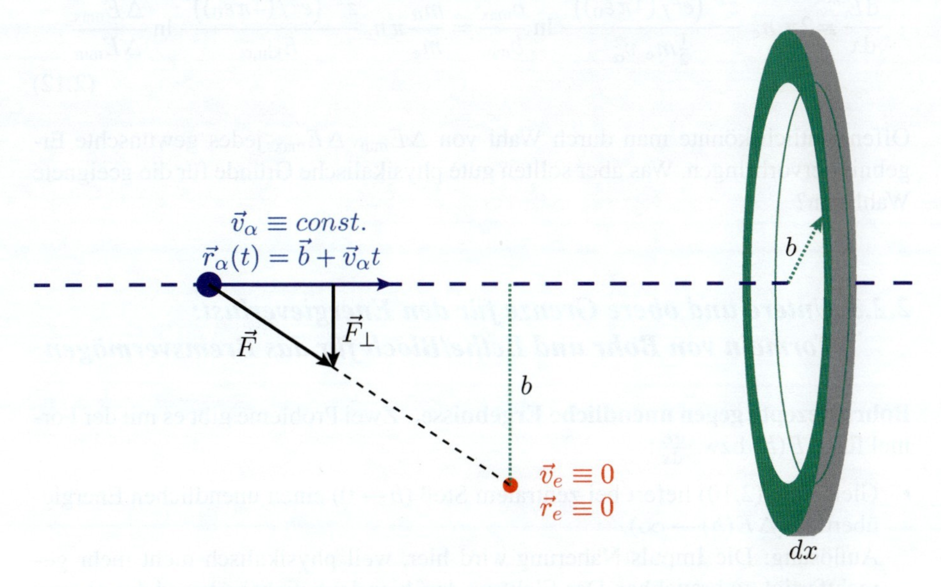


**Abb. 2.8** Impuls-Näherung beim Stoß eines $\alpha$-Teilchens (*blau*) gegen ein ruhendes Elektron (*rot*). Das $\alpha$-Teilchen fliegt mit konstanter Geschwindigkeit im Abstand $b$ am Elektron vorbei, das im Labor-System bei $\vec{r} = 0$ ruhend bleibt. (Der *grüne Ring* wird erst später in der Rechnung bei der Summation über viele Elektronen gebraucht. Er liegt mit dem Innenradius $b$ senkrecht um die Trajektorie.)

---

[10] Eine Anmerkung zur Schreibweise im folgenden: Die Elementarladung $e$ kommt in Formeln fast immer in der Kombination $\frac{e^2}{4\pi\varepsilon_0}$ vor. Diese Größe wird ab Gl. (2.15) ausführlich gewürdigt. – Weit verbreitet ist auch das Einheitensystem nach Gauß, in dem $4\pi\varepsilon_0 = 1$ gilt.

Wie oft fliegt nun das $\alpha$-Teilchen während einer längeren Flugstrecke $\Delta x$ im Abstand $b$ an Elektronen vorbei? Sinnvoll kann die Frage nicht für einen genauen Wert $b$, sondern nur für ein Intervall $b \dots b + \mathrm{d}b$ gestellt werden. Dann sind alle Elektronen beteiligt, die im ringförmigen Volumen $2\pi b\,\mathrm{d}b\Delta x$ liegen (grün in Abb. 2.8); deren Anzahl ist bei Elektronendichte $n_\mathrm{e}$ also $2\pi b\,\mathrm{d}b\Delta x n_\mathrm{e}$, von denen jedes dem $\alpha$-Teilchen die Energie $\Delta E(b)$ abnimmt. Daher ist in Materie mit gleichmäßig verteilten Elektronen längs der Strecke $\Delta x$ (mit $b = 0 \dots \infty$) der gesamte Energieverlust des $\alpha$-Teilchens:

$$\Delta E_\mathrm{mat} = \int \Delta E(b) 2\pi b\,\mathrm{d}b \Delta x n_\mathrm{e} = 2\pi \Delta x n_\mathrm{e} \frac{z^2 (e^2/(4\pi\varepsilon_0))^2}{\frac{m_\mathrm{e}}{m_\alpha} E_\alpha} \int \frac{\mathrm{d}b}{b} . \tag{2.11}$$

**Die Impulsnäherung divergiert.** Das Integral divergiert – eine Katastrophe für den Versuch, mit klassischer Physik die Länge der Spuren in der Nebelkammer zu interpretieren! Daher muss man zunächst vorsichtiger rechnen und endliche Grenzen einsetzen:

Für $0 < b_\mathrm{min} \leq b \leq b_\mathrm{max} < \infty$ bzw. $0 \leq \Delta E_\mathrm{min} \leq \Delta E \leq \Delta E_\mathrm{max} < \infty$ (wobei $b_\mathrm{min}$ zu $\Delta E_\mathrm{max}$ gehört und umgekehrt, d. h. $\Delta E_\mathrm{max}/\Delta E_\mathrm{min} = (b_\mathrm{max}/b_\mathrm{min})^2$ ):

$$\frac{\mathrm{d}E}{\mathrm{d}x} = 2\pi\, n_\mathrm{e} \frac{z^2\, \left(e^2/(4\pi\varepsilon_0)\right)^2}{\frac{1}{2} m_\mathrm{e}\, v_\alpha^2} \ln \frac{b_\mathrm{max}}{b_\mathrm{min}} = \frac{m_\alpha}{m_\mathrm{e}} \pi n_\mathrm{e} \frac{z^2\, \left(e^2/(4\pi\varepsilon_0)\right)^2}{E_{\mathrm{kin},\alpha}} \ln \frac{\Delta E_\mathrm{max}}{\Delta E_\mathrm{min}} . \tag{2.12}$$

Offensichtlich könnte man durch Wahl von $\Delta E_\mathrm{min}$, $\Delta E_\mathrm{max}$ jedes gewünschte Ergebnis hervorbringen. Was aber sollten gute physikalische Gründe für die geeignete Wahl sein?

### *2.2.3 Untere und obere Grenze für den Energieverlust: Formeln von Bohr und Bethe/Bloch für das Bremsvermögen*

**Bohrs Rezepte gegen unendliche Ergebnisse.** Zwei Probleme gibt es mit der Formel für $\Delta E(b)$ bzw. $\frac{\mathrm{d}E}{\mathrm{d}x}$:

- Gleichung (2.10) liefert bei zentralem Stoß ($b \to 0$) einen unendlichen Energieübertrag ($\Delta E(b) \to \infty$).
  Auflösung: Die Impuls-Näherung wird hier, weil physikalisch nicht mehr gerechtfertigt, unbrauchbar. Das Elektron darf hier doch nicht während des ganzen Vorgangs ruhend angenommen werden.[11] Vorläufige Lösung: Man nehme für Gl. (2.12) als obere Grenze des Energieübertrags $\Delta E_\mathrm{max} = 4\,(m_\mathrm{e}/m_\alpha)\, E_\alpha$ wie schon vorher aus der Impulserhaltung berechnet Gl. (2.4).
- Gleichung (2.12) liefert $\mathrm{d}E/\mathrm{d}x \to \infty$ wenn $b_\mathrm{max} \to \infty$ bzw. $E_\mathrm{min} \to 0$.
  Hier war Bohr kein klassisches Argument mehr hilfreich. Sein Lösungsvor-

[11] Bei *abstoßender* Coulomb-Kraft z. B. treibt beim zentralen Stoß in Wirklichkeit das Projektil das gestoßene Teilchen mit endlich bleibendem Abstand vor sich her.

schlag: Es muss eine Energie-Schwelle $\Delta E_{\min}$ ($> 0$) geben, unter der die Elektronen des Atoms überhaupt keine Energie aufnehmen können.
(Man erahnt hier, wie das Postulat entstand, mit dem 8 Monate später Bohr in seinem Atommodell den Elektronen die Aufnahme oder Abgabe beliebig kleiner Energiebeträge verbot.)

Um Übereinstimmung mit dem in der Nebelkammer gemessenen Bremsvermögen zu erhalten, musste Bohr diese Mindest-Energie überraschend hoch ansetzen: etwa $\Delta E_{\min} \approx 80\,\text{eV}$. (Das ist, wie sich später herausstellte, ungefähr die *mittlere* Bindungsenergie *aller 7 bzw. 8* Elektronen in den N- und O-Atomen der Luft.)

Anmerkung: Diese Divergenz bei $b_{\max} \to \infty$ (bzw. $\Delta E_{\min} \to 0$) kann auch klassisch behoben werden (siehe [103, Kap. 13.2]), wenn man elastisch gebundene Elektronen annimmt (Schwingungsfrequenz $\omega_{\text{el}}$). Die Impuls-Näherung ist dann nämlich nur bei kleinen $b$ gerechtfertigt, wo der Kraftverlauf $\vec{F}(t)$ zeitlich so konzentriert ist, dass er im wesentlichen in eine halbe Schwingungsperiode $\Delta t \approx \pi/\omega_{\text{el}}$ hineinpasst. Bei großem $b$ – also langsamerem Verlauf – bleibt der Impulsübertrag zwar immer derselbe, jedoch wechselt der Energieübertrag nach jeder halben Schwingung das Vorzeichen (Beschleunigen bzw. Abbremsen) und mittelt sich praktisch zu Null (das nennt man *adiabatische* Störung). Die (unscharfe) Grenze liegt etwa bei Stoßparametern $b_{\text{crit}} \approx v_\alpha/\omega_{\text{el}}$. Dieser Ausweg rettet aber die klassische Berechnung nicht, denn auch dies $b_{\text{crit}}$ als obere Integrationsgrenze ist zu groß, es käme aus Gl. (2.12) immer noch ein viel zu großes Ergebnis für $\mathrm{d}E/\mathrm{d}x$ heraus.

**Bohrsche Bremsformel.** Damit heißt die endgültige Bohrsche Formel für den Energie-Verlust:

$$\frac{\mathrm{d}E}{\mathrm{d}x} = \frac{\pi z^2 (e^2/(4\pi\varepsilon_0))^2}{\frac{m_e}{m_\alpha} E_{\text{kin},\alpha}} n_e \ln\left(\frac{4\frac{m_e}{m_\alpha} E_{\text{kin},\alpha}}{\Delta E_{\min}}\right). \tag{2.13}$$

Der Energieverlust (das „Bremsvermögen“) ist demnach:

- proportional zur Elektronendichte $n_e$ (was wenig überraschen kann),
- proportional zum Quadrat der Ladung $ze$ des schweren Projektils, und
- etwa proportional zu $1/E_{\text{kin},\alpha}$ (denn $E_{\text{kin},\alpha}$ im Nenner wächst schneller als $\ln(E_{\text{kin},\alpha})$ im Zähler).
  Wo kommt dieser (einfache) Zusammenhang mit der Energie her? Er ist leicht auf die Substitution $\mathrm{d}t = \mathrm{d}x/v_\alpha$ zurückgeführt: Nach Gl. (2.6) ist dies in der Impulsnäherung die einzige Stelle, an der die Geschwindigkeit bzw. Energie des Projektils überhaupt in die Rechnung eingeht. Es soll also, umgangssprachlich ausgedrückt, einfach an der längeren *Dauer* der Krafteinwirkung liegen, wenn langsame Projektile heftiger ionisieren als schnelle. Dass dieser Bestandteil der Impuls-Näherung bei *sehr* langsamen Teilchen ungültig werden muss, liegt auf der Hand.

Daher hat Bohrs „geschickte“ Wahl der Integrationsgrenzen den Näherungscharakter der ganzen Herleitung nicht völlig kompensieren können. Doch hat sich seine

Formel sehr bewährt und ist in der Elementarteilchen-Forschung von größtem Nutzen gewesen, z. B. bei der Zuordnung der Spuren der höchst energiereichen Teilchen aus der Höhenstrahlung (vgl. Abschn. 10.3.1 und Kap. 11).

**Bremsvermögen nach der Formel von Bethe und Bloch.** Erst 20 Jahre später wurde die Bohrsche Formel durch Hans Bethe und Felix Bloch quantenmechanisch und relativistisch weiter verbessert, blieb aber immer noch eine Näherung in der 1. Ordnung Störungstheorie, also eine Impulsnäherung. Die *Bethe-Bloch-Formel* von 1932 (darin $\beta = v_\alpha/c$) lautet:

$$\frac{\mathrm{d}E}{\mathrm{d}x} = 2\,\frac{\pi z^2 (e^2/(4\pi\varepsilon_0))^2}{\frac{m_\mathrm{e}}{m_\alpha} E_{\mathrm{kin},\alpha}} n_\mathrm{e} \left\{ \ln\left( \frac{1}{1-\beta^2}\,\frac{4\frac{m_\mathrm{e}}{m_\alpha} E_{\mathrm{kin},\alpha}}{\Delta E_{\min}} \right) - \beta^2 \right\}. \tag{2.14}$$

Gemessene Kurven (an Protonen-Strahlen in zwei Materialien mit $10^4$fach unterschiedlicher Elektronen-Dichte) sind in Abb. 2.9 zusammen mit den Formeln von Bohr und Bethe/Bloch doppelt-logarithmisch dargestellt. Dabei ist durch die Material-Dichte $\rho$ dividiert worden, die im wesentlichen zum Faktor Elektronendichte $n_\mathrm{e}$ proportional ist. Während die Übereinstimmung im mittleren Energie-Bereich beeindruckend gut ist, zeigt sich bei kleinen Energien in den theoretischen Kurven deutlich der genannte Defekt der Impulsnäherung. Hingegen hat die Abweichung bei großer Energie, wo die Stöße immer kürzer (d. h. unwirksamer) und die Impulsnäherung an sich immer besser werden sollten, einen anderen Grund. Die relativistische Rechnung zeigt richtig, wie das Bremsvermögen nach einem flachen Minimum ab Geschwindigkeiten $v \approx 0{,}8c$ (d. h. $E/mc^2 = \gamma = 1/\sqrt{1-(v/c)^2} \approx 3$, $E_\mathrm{kin} \approx 2mc^2$) allmählich wieder ansteigt. Dies Minimum erklärt sich dadurch,

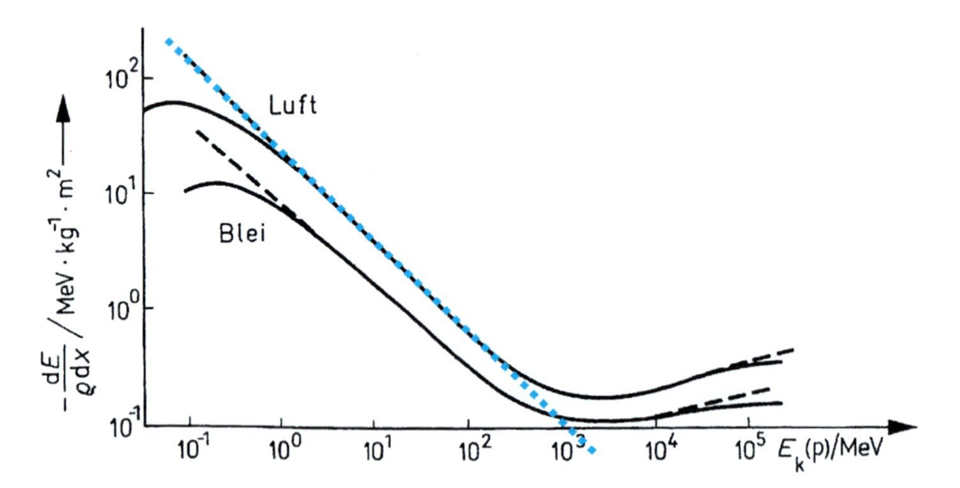


**Abb. 2.9** Energieverlust von Protonen zwischen 100 keV und $10^5$ MeV: *durchgezogene Kurven*: Messwerte in Luft und Blei (normiert auf die Dichte $\rho$, die recht gut proportional zur Elektronendichte $n_\mathrm{e}$ ist). *Blaue gestrichelte Gerade*: Bohrsche Theorie nach Gl. (2.13) mit $\Delta E_{\min} = 80$ eV. *Schwarze gestrichelte Kurven*: Bethe-Bloch-Formel (Gl. (2.14), Abb. nach [136])

dass zu höherer Energie hin die Geschwindigkeit $v = \beta c \leq c$ der Projektile gar nicht mehr wesentlich anwachsen, der Stoßvorgang also nicht noch kürzer werden kann, während das elektrische Feld $E_{\perp}(x)$ senkrecht zur Flugrichtung aber mit demselben Faktor $\gamma$ weiter anwächst – eine Folge der Lorentztransformation.

**Braggsche Kurve.** Anwendungen der Formeln Gl. (2.13) bzw. (2.14) für das Bremsvermögen gibt es zahlreiche. Beispiele:

- Aus der Dichte der Ionisationsspur, zusammen mit ihrer Krümmung durch ein Magnetfeld, sind Energie, Impuls und damit Masse des Teilchens abzulesen. So sind nicht nur die Stöße zwischen bekannten Teilchen entschlüsselt worden, sondern auch viele neue Teilchen mit bisher unbekannten Massen entdeckt worden.
- Die Energieabgabe längs der Flugbahn zeigt einen flachen Verlauf bis zu einem scharfen Maximum am Ende (Braggsche Kurve der spezifischen Ionisation, sie-

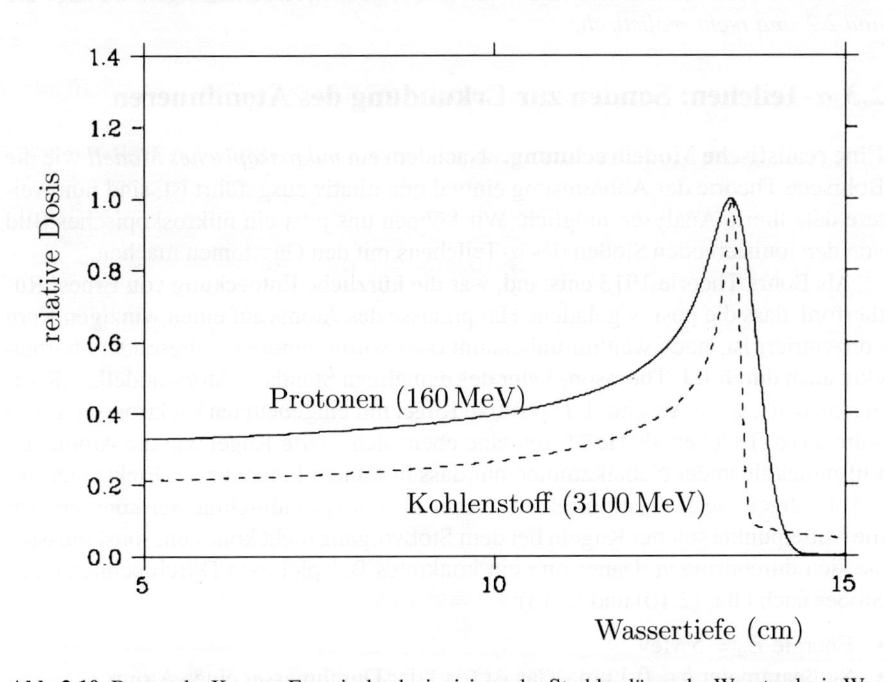


**Abb. 2.10** Braggsche Kurven: Energieabgabe ionisierender Strahlen längs der Wegstrecke in Wasser (ähnlich: Gewebe). Auf der *Ordinate* ist (in relativen Einheiten) die in der Strahlenbiologie/-medizin benutzte *Strahlendosis* aufgetragen, d. h. die abgegebene Energie pro Masseneinheit. Für eine gerade Trajektorie durch ein homogenes Medium ist sie auch ein direktes Maß für den Energieübertrag pro Weglänge $\mathrm{d}E/\mathrm{d}x$ (*spezifische Ionisation*) wie in Gl. (2.13) bzw. (2.14) modelliert. Schwere geladene Teilchen zeigen eine recht gut definierte Reichweite und ein scharfes Maximum der spezifischen Ionisation am Ende der Bahn. Die kinetische Energie der Kohlenstoff-Ionen ist mit 3 100 MeV so gewählt, dass sie dieselbe Reichweite (13 cm) haben wie Protonen von 160 MeV. Ihre Anfangsgeschwindigkeit ist nur um 30% höher, die gesamte Energieabgabe längs der Bahn aber um den Faktor $3\,100/160 \approx 20$ höher und viel stärker im letzten Millimeter konzentriert. (Dank an Björn Poppe, Uni Oldenburg)

he Abb. 2.10).[12] Dies Maximum ist um so schärfer, je schwerer das abgebremste Teilchen ist. Routinemäßig wird dies seit etwa 1995 in der Strahlentherapie ausgenützt, um mit schweren geladenen Teilchen (von Protonen bis Sauerstoffkernen aus speziellen Beschleunigeranlagen) Tumorgewebe fast millimetergenau abzutöten.
- Der Energieverlust bei Durchstrahlung dünner Schichten ermöglicht die empfindliche Messung ihrer Dicke (siehe *Rutherford Backscattering Spectroscopy* – Abschn. 3.3).

**Frage 2.5.** *Wie sind nach Abb. 2.10 nun die vereinfachenden Annahmen zu Fragen 2.1 und 2.2 auf S. 30 zu bewerten?*

**Antwort 2.5.** *Für das Projektil ist* $\mathrm{d}E/\mathrm{d}x = F = ma$. *Daher ist die Ordinate in Abb. 2.10 schon proportional zu der auf das Projektil wirkenden Kraft* $F$. *Die Kurve zeigt, dass diese bis kurz vor Ende der Bahn wirklich gut konstant ist. Nur am Ende hält das Projektil „mit einem Ruck" an. Die einfachen Abschätzungen in Frage 2.1 und 2.2 sind recht realistisch.*

## 2.3 $\alpha$-Teilchen: Sonden zur Erkundung des Atominneren

**Eine realistische Modellrechnung.** Nachdem ein *mikroskopisches Modell* wie die Bohrsche Theorie der Abbremsung einmal quantitativ ausgeführt ist, sind nun weitere detaillierte Analysen möglich. Wir können uns jetzt ein mikroskopisches Bild von den ionisierenden Stößen des $\alpha$-Teilchens mit den Gasatomen machen.

Als Bohrs Theorie 1913 entstand, war die kürzliche Entdeckung von Ernest Rutherford, dass die positiv geladene Hauptmasse des Atoms auf einen winzigen Kern konzentriert ist, noch weithin unbekannt oder wurde ignoriert – besonders hartnäckig auch durch J. J. Thomson, Vater des damaligen Standard-Atommodells („Rosinenkuchen", siehe Abschn. 1.1: positive Kugel mit eingebetteten Elektronen). Darin wäre das $\alpha$-Teilchen als $He^{++}$-Ion eine ebensolche harte Kugel wie die Atome der Luftmoleküle in der Nebelkammer, nur dass in seinem Inneren zwei Elektronen zur vollständigen Neutralisation fehlen. Näher als ein Atomdurchmesser könnten sich die Mittelpunkte solcher Kugeln bei dem Stoßvorgang nicht kommen, sonst müssten sie sich durchdringen. Daher nun ein konkretes Beispiel zum Durchrechnen eines Stoßes nach Gln. (2.10) und (2.13):

- Energie $E_\alpha = 5\,\mathrm{MeV}$,
- Stoßparameter $b \approx 0{,}1$ nm – das ist (ca.) der Durchmesser eines Atoms.

**Drei Ansichten des Coulomb-Parameters.** Für eine so konkrete Anwendung der Bohrschen Theorie braucht man zunächst die Konstante des Coulomb-Gesetzes, am besten in *geeigneten* Einheiten. Da $e^2/(4\pi\varepsilon_0)$ die Dimension [Energie]×[Länge] hat, suchen wir charakteristische Bezugswerte für genau dies Produkt. Drei alternative Wege (mindestens) führen zum genauen Wert (vgl. auch den Kasten 2.1 „Formeln und Konstanten" auf S. 45):

---

[12] Vgl. auch die deutlich sichtbaren *pleochroischen Halos* am Ende der Bahn von $\alpha$-Teilchen in mineralischen Einschlüssen, Abb. 6.7.

1. Die absoluten Einheiten eV und nm wählen und Zahlenwerte einsetzen:

$$\frac{e^2}{4\pi\varepsilon_0} = e\frac{1{,}6\cdot 10^{-19}\,\mathrm{A\,s}}{4\cdot 3{,}14\cdot 8{,}86\cdot 10^{-12}\,\frac{\mathrm{A\,s}}{\mathrm{Vm}}} = 1{,}44\,\mathrm{eV\,nm}$$

2. Charakteristische Werte für Energie und Länge von einem System ablesen, das vom Coulomb-Gesetz beherrscht wird, z. B. vom H-Atom. Bindungsenergie $E_\mathrm{H} \approx 13{,}6\,\mathrm{eV}$ und mittlerer Abstand $a_\mathrm{Bohr} \approx 0{,}053\,\mathrm{nm}$ werden sehr gut durch die Formeln wiedergegeben, die sich sowohl aus dem Bohrschen Atommodell (1913) als auch aus der Quantenmechanik (1925) ergeben:

$$\text{Bindungsenergie} \qquad E_\mathrm{H} = \left(\frac{e^2}{4\pi\varepsilon_0}\right)^2 \frac{m}{2\hbar^2}$$

$$\text{Bohrscher Radius} \qquad a_\mathrm{Bohr} = \left(\frac{e^2}{4\pi\varepsilon_0}\right)^{-1} \frac{\hbar^2}{m} \tag{2.15}$$

(Darin $m = 1/(1/m_\mathrm{e} + 1/m_\mathrm{p})$ die reduzierte Masse von Proton und Elektron.) Nimmt man den Radius doppelt, ergibt sich multipliziert tatsächlich die gesuchte Konstante:

$$\begin{aligned}\frac{e^2}{4\pi\varepsilon_0} &= \left(\frac{e^2}{4\pi\varepsilon_0}\right)^2 \frac{m}{2\hbar^2} \quad\cdot\quad 2\left(\frac{e^2}{4\pi\varepsilon_0}\right)^{-1} \frac{\hbar^2}{m}\\ &= (\text{Bindungsenergie } E_\mathrm{H}) \quad\cdot\quad (2\cdot\text{Radius } a_\mathrm{Bohr})\\ &= 13{,}6\,\mathrm{eV}\cdot 0{,}106\,\mathrm{nm}\\ &= 1{,}44\,\mathrm{eV\,nm}\end{aligned} \tag{2.16}$$

Anmerkung: Dies sieht vielleicht kompliziert aus, hat aber grundsätzliche Bedeutung: Das Produkt aus Bindungsenergie und (mittlerem) Abstand ist unabhängig von der (reduzierten) Masse und hat daher für jedes durch Coulombkraft gebundene Zwei-Körper-System mit Ladungen $\pm e$ denselben Wert. Einige Anwendungen:

- Argument zur Unmöglichkeit von Elektronen im Kern (Abschn. 4.1.4),
- Vergleich zwischen Coulomb-Kraft und Kernkraft zwischen zwei Protonen (Abschn. 4.2.4),
- Energieniveaus im myonischen Atom (Abschn. 6.5.1),
- Analyse des „H-Atoms“ aus zwei Quarks (Abschn. 13.2.4).

3. Mit einer anderen, noch „fundamentaleren“ Konstante gleicher Dimension vergleichen:

$$\hbar c \approx 200\,\mathrm{eV\,nm}\ \text{(die sollte man sich merken!)} \tag{2.17}$$

Das Verhältnis $\alpha = \frac{e^2/(4\pi\varepsilon_0)}{\hbar c} \approx 1/137{,}036\ldots$ (das man sich als „1/137“ auch merken sollte) heißt aus historischen Gründen *Sommerfeldsche Feinstrukturkonstante*, oder modern *Stärkeparameter der Elektromagnetischen Wechselwir-*

*kung.*[13] Damit ist wieder

$$\frac{e^2}{4\pi\varepsilon_0} = \alpha\,\hbar c = \frac{200\,\text{eV nm}}{137{,}036\ldots} = 1{,}44\,\text{eV nm}\,. \qquad (2.18)$$

**Das $\alpha$-Teilchen *im* Atom.** Die Alternative Nr. 3 ist bei Elementarteilchenphysikern besonders beliebt. Wir machen hier mit Nr. 2 weiter. Der Energieübertrag beim Stoß eines $\alpha$-Teilchens mit $E_\alpha = 5$ MeV mit einem Elektron im Abstand eines Atomdurchmessers $b \approx 2a_{\text{Bohr}}$ ist dann nach Gl. (2.10)

$$\Delta E(b) = \frac{(2E_{\text{H}}2a_{\text{Bohr}})^2}{\frac{m_e}{m_\alpha}E_\alpha}\frac{1}{b^2} = \frac{(2E_{\text{H}})^2}{\frac{1}{7\,300}\cdot 5\,\text{MeV}} \approx \frac{4\cdot 13{,}6\cdot 13{,}6}{700}\,\text{eV} \approx 1\,\text{eV}\,. \qquad (2.19)$$

Für Ionisierung, wie in der Nebelkammer beobachtet, wird aber eine viel höhere Energie verlangt, bei Wasserstoff, Stickstoff, Sauerstoff etwa das 14- bis 16-fache von 1 eV (vgl. Anmerkung zur Herkunft der Einheit eV auf S. 27). Dazu müsste der Nenner von Gl. (2.19) um denselben Faktor $\approx 14-16$ kleiner sein, also z. B. die kinetische Energie statt $E_\alpha = 5$ MeV nur $E_\alpha \leq 300$ keV. Das ist zum Ende der Spur hin immer erfüllt – ein „langsames" $\alpha$-Teilchen ionisiert also praktisch jedes getroffene Atom! Das entspricht dem Maximum in der Braggschen Kurve (Abb. 2.10). Für schnelle $\alpha$-Teilchen, z. B. bei 5 MeV, muss der andere Faktor im Nenner klein sein: statt $b = 2a_{\text{Bohr}}$ nur $b \leq a_{\text{Bohr}}/2$ ($b$ geht quadratisch ein), also viel kleiner als der Atomradius. Da die sichtbare Tröpfchenspur gleich an der radioaktiven Quelle beginnt, wo die Energie so hohe Werte hat, kommen solche engen Stöße offenbar vor, wenn auch in größeren Abständen voneinander. Ein so schnelles $\alpha$-Teilchen muss schon ins Atom eingedrungen sein, um die Ionisierungsenergie an ein Elektron übertragen zu können. Im Thomson-Modell wäre solche Durchdringung zweier Atomkugeln undenkbar. (Stoßparameter ist in der Impuls-Näherung auch gleich der nächsten Annäherung der Teilchenmittelpunkte.)

Es wurde schon erwähnt, dass das in der Nebelkammer am Anfang der Spuren beobachtete Bremsvermögen $\mathrm{d}E/\mathrm{d}x \approx 0{,}5$ MeV/cm aus Bohrs Formel nur herauskommt, wenn man für $\Delta E_{\text{min}}$ etwa 80 eV einsetzt. Nach Gl. (2.19) entspricht dem ein Stoßparameter $b_{\text{max}} \approx 0{,}1\,a_{\text{Bohr}}$. Bei den Stößen, die die Spur in der Nebelkammer überhaupt sichtbar machen, müssen sich also der Mittelpunkt des $\text{He}^{++}$-Ions und das Elektron des Luftmoleküls noch viel näher gekommen sein als eben schon abgeschätzt.

**Fazit: Eine subatomare Sonde.** Die physikalische Interpretation der beobachteten Wechselwirkung von $\alpha$-Teilchen mit Luft-Atomen mittels eines mikroskopischen Modells führt auf die Möglichkeit, mit $\alpha$-Teilchen das Innere der Atome zu studieren.

---

[13] $\alpha$ ist eine reine Zahl, ist also unabhängig von unseren sogenannten *absoluten*, aber doch recht zufällig gewählten physikalischen Einheiten m, s, kg ...; $\alpha$ hätte daher in unserem Universum auch für Außerirdische denselben Zahlenwert (aber nur im Dezimalsystem dieselben Ziffern).

**Kasten 2.1 Formeln, Konstanten und Größenordnungen (praktische Näherungen)**

**Universelle Zusammenhänge/fundamentale Konstanten:**

- **Maß aller Geschwindigkeiten: Lichtgeschwindigkeit**

$$c = 3 \cdot 10^8 \, \frac{\mathrm{m}}{\mathrm{s}} = 3 \cdot 10^{23} \, \frac{\mathrm{fm}}{\mathrm{s}} \approx 1 \text{ fm pro } 3 \cdot 10^{-24} \text{ s}$$

- **Korrespondenz von (Wellen-)Länge und Impuls:** $p\lambda = 2\pi\hbar$
- **Korrespondenz von Länge und Energie:** $\hbar c \approx 200$ MeV fm = 200 eV nm

**Beispiel:** Energie · Wellenlänge für *alle relativistischen* Teilchen (d. h. $E = p\,c$; s. u.):

$$E\lambda = cp\,\lambda = c\hbar 2\pi \approx 200 \text{ MeV} \cdot 6{,}28 \text{ fm}$$

$\Rightarrow$ bei $\lambda = 628$ nm (Photon des roten Lichts) : $E = 2$ eV

$\Rightarrow$ bei $\lambda = 1$ fm : $E = 1\,256$ MeV

- **Zusammenhang Energie-Impuls-Geschwindigkeit:**

$$E^2 = (pc)^2 + (mc^2)^2 \,, \quad \frac{v}{c} = \frac{pc}{E}$$

(Die Masse ist hier immer eine unveränderliche Teilcheneigenschaft, früher oft „Ruhemasse“ genannt.)

**Kinetische Energie:** $E_{\text{kin}} = E - mc^2$, Impuls: $p = \sqrt{E_{\text{kin}}(2m + E_{\text{kin}}/c^2)}$

- Für nicht relativistische Teilchen ($E_{\text{kin}} \ll mc^2$): $p = mv$, $E_{\text{kin}} \approx (pc)^2/(2mc^2) = p^2/(2m)$
- Für hoch relativistische Teilchen (bei $m = 0$ exakt): $E \approx E_{\text{kin}} \approx pc$

**Stärke der Elektromagnetischen Wechselwirkung:**

$$\frac{e^2}{4\pi\varepsilon_0} = \alpha\,\hbar c = 1{,}44 \text{ MeV fm} = 1{,}44 \text{ eV nm}$$

($\alpha \approx \frac{1}{137}$ : die *(Sommerfeldsche) Feinstrukturkonstante*)

(Beispiel H-Atom: Bindungsenergie · Durchmesser = 13,6 eV · 0,106 nm = 1,44 eV nm

**Einzelne Daten:**
**Elementar-Ladung:** $e = 1{,}6 \cdot 10^{-19}$ A s

**Avogadro-Konstante:** $N_{\text{A}} \approx 6 \cdot 10^{26}$ /kmol

# Kapitel 3
# Entdeckung des Atomkerns mit den Mitteln der klassischen Physik

## Überblick

Die Entdeckung des Atomkerns im Labor von Ernest Rutherford in Manchester war einerseits logisches Ergebnis seines umfassenden und systematischen Forschungsprogramms rund um die Radioaktivität. Andererseits war die Überraschung perfekt, als der *graduate student* Ernest Marsden 1909 in seinem lichtlosen Kellerlabor die schwachen Szintillationen der $\alpha$-Teilchen (damals schon als geladene Helium-Atome $He^{++}$ identifiziert) an einer Stelle wahrnahm, an die sie nur durch Rückstreuung an einer Goldfolie (Au) gelangt sein konnten. „Als ob eine Kanonenkugel von einem Blatt Papier abgeprallt wäre", soll Rutherford gesagt haben, als er sich sofort selber von der Beobachtung überzeugt hatte, die jedem der damals diskutierten Atommodelle widersprach. Schon die gröbste Abschätzung nach den Regeln der Newtonschen Mechanik führte zu drei sensationellen Ergebnissen:

- Das $\alpha$-Teilchen musste eine Kraft von makroskopisch bemerkbarer Stärke gespürt haben.
- Die elektrostatische Abstoßung von (Punkt-)Ladungen (von der Stärke einiger $e$) könnte diese Kraft erklären, aber nur bei Annäherung auf weit unter einem Atom-Durchmesser.
- Das Kraftzentrum im Gold-Atom musste daher nicht nur räumlich entsprechend klein sein, sondern auch große Masse haben (sonst hätte das $\alpha$-Teilchen, das übrigens natürlich genau so klein sein musste, viel Energie verloren).

Hieraus folgt fast zwangsläufig das Bild vom sehr kleinen, geladenen, massiven Atomkern. Seine Dichte musste um viele Größenordnungen über der aller bekannten Materie liegen. In bester experimentalphysikalischer Methodik wurde diese qualitative Beobachtung zu einem quantitativen Experiment ausgebaut, wobei die relative Häufigkeit verschiedener Ablenkwinkel der $\alpha$-Teilchen die zunächst einzige einfach zugängliche Messgröße war. Zwei Jahre später konnte Rutherford diese Winkelverteilung mit seinem Modell (praktisch) punktförmiger Ladungen im $He^{++}$-Atom und Au-Atom nachrechnen und hatte damit nicht nur diese Annah-

J. Bleck-Neuhaus, *Elementare Teilchen*
DOI 10.1007/978-3-540-85300-8, © Springer 2010

men wissenschaftlich erhärtet, sondern gleich auch *das* Standard-Werkzeug zur Erforschung des unsichtbar Kleinen geschaffen, Vorbild für die Experimente in den modernsten und größten internationalen Instituten für Elementarteilchenphysik bis heute: Man messe die Winkelverteilung von Strahlen, die aus Zusammenstößen hervorgehen, und suche die beste Anpassung einer aus einem Modell gewonnenen theoretischen Kurve.

Daraus, dass Rutherfords Modell nicht nur die relative Häufigkeit verschiedener Ablenkwinkel ergab, sondern auch auch Absolutwerte (also den *differentiellen Wirkungsquerschnitt*), ergaben sich zahlreiche zusätzliche Möglichkeiten zur Untersuchung und Überprüfung. Bis seine neuen Vorstellungen vom Atom aber überhaupt wahrgenommen wurden und sich dann gegen das vorherrschende Rosinenkuchen-Modell von J.J. Thomson durchsetzen konnten, dauerte es trotzdem mehrere Jahre. Den Durchbruch brachte erst das Atommodell mit dem punktförmigen positiven Kern, mit dem Niels Bohr nach einem längeren Arbeitsaufenthalt bei Rutherford 1913 die Welt überraschte. Es erklärte die lange bekannte, aber unverstandene Balmer-Formel (1885) für das Wasserstoff-Spektrum und führte zur der Vorhersage(!) der Wellenlängen der Röntgen-Strahlung aus den innersten Elektronenniveaus der Atome schwererer Elemente ($Z \gg 1$), die alsbald durch Rutherfords Mitarbeiter Moseley quantitativ bestätigt wurde. Die Bahnradien zu diesen Niveaus sind gegenüber dem H-Atom ($Z = 1$) nach Bohrs Formeln $Z$-fach kleiner, also musste es den kleinen Kern wirklich geben.

Nebenbei konnte man dadurch auch die Kernladung $Z$ direkt messen und wusste nun, wo das Periodensystem der chemischen Elemente Lücken hatte und dass das schwerste von ihnen (Uran) die Nr. 92 hat.

Das 3. Kapitel beschreibt die Entwicklung von der ersten Beobachtung der rückgestreuten $\alpha$-Teilchen bis zur detaillierten Bestätigung des neuen Atommodells, und weiter:

- wie Abweichungen von Rutherfords Formel gesucht und gefunden wurden, die dann als Auswirkung einer neuen, kurzreichweitigen Art von Kräften gedeutet werden konnten, und damit als Aussage über die wirkliche Größe der Kerne,
- und wie die *Rutherford-Rückstreu-Spektroskopie* heute in der Festkörperphysik, in der Halbleiterfertigung, aber z. B. auch bei der Erkundung des Marsgesteins mittels eines dort gelandeten ferngesteuerten Roboters, als Standard-Methode eingesetzt wird, um das Vorhandensein bzw. die Tiefenprofile verschiedener Elemente auszumessen. Nicht untypisch für die heutige Routineanwendung einer ehemals bahnbrechenden Entdeckung ist, dass dabei nur noch ein seinerzeit kaum messbarer und unbeachtet gebliebener Neben-Effekt ausgenutzt wird: Der Energieverlust der $\alpha$-Teilchen bei der Rückstreuung, der je nach Masse des Stoßpartners verschieden groß ausfällt.

Im Verständnis der Materie war in den 1910er Jahren damit die Stufe erreicht, dass es in der Natur 92 Sorten Atome gibt (bis auf wenige damals auch schon chemisch präpariert oder radiochemisch isoliert), bestehend aus einem extrem kleinen, schweren Kern, dessen positive Ladung die chemische Ordnungszahl bestimmt, umgeben von einer entsprechenden Anzahl Elektronen.

# 3.1 Das Rutherford-Experiment

## *3.1.1 Der Vorversuch*

**Eine Ära beginnt.** 1909 bekam der frisch gebackene *graduate student* Ernest Marsden, B.Sc., bei Prof. Rutherford an der Universität Manchester eine Aufgabe, die man heute als Studienarbeit qualifizieren könnte:

> „Überprüfen Sie die gängige Vorstellung, dass $\alpha$-Strahlen sich durch Materie nicht nach hinten ablenken lassen."

Konkreter Anlass waren die anhaltenden Schwierigkeiten, mit Hilfe von Blenden einen exakt kollimierten Strahl von $\alpha$-Teilchen zu präparieren. Stets blieben vereinzelte Szintillationen auf dem ganzen Szintillations-Schirm zu sehen, der als Detektor zur Verfügung stand.[1]

Abbildung 3.1 zeigt seinen aus einfachsten Mitteln wie Pappe und Klebstoff schnell zusammengebastelten Apparat. Rutherford und sein Labor waren berühmt dafür, hochwissenschaftliche Apparaturen für die Klärung von Grundfragen der Natur mit Alltags-Materialien zusammenzubauen. Von dem der Erwartung entgegengesetzten Ergebnis – siehe Fettdruck bei Abb. 3.1 – aufs äußerste überrascht begann die Suche nach der geeigneten Erklärung, gestützt auf mehr und stark verfeinerte

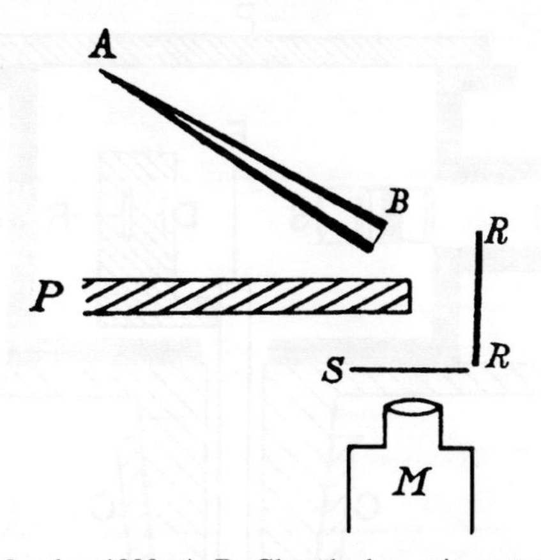


**Abb. 3.1** Apparat von Marsden 1909. **A–B**: Glasröhrchen mit $\alpha$-strahlendem Gas („Radium-Emanation" = Radon = Rn). **S**: Szintillator-Schirm (ZnS) mit Mikroskop **M**. **P**: Bleiblech, verhindert den direkten Weg zum Szintillator. **RR: „When a reflector was placed in the position at about 1 cm from the tube, scintillations were at once observed."** (aus der Original-Veröffentlichung von Geiger und Marsden [77])

[1] Das war bei den anderswo noch üblichen elektrischen oder photographischen Nachweis-Methoden übersehen oder als „Dreck-Effekt" ignoriert worden. Szintillationen einzelner $\alpha$-Teilchen konnten mit einer Lupe oder Mikroskop wesentlich empfindlicher nachgewiesen werden.

Messungen. Der nächste Versuchsaufbau

$$\textit{Kollimierter Strahl} \Rightarrow \textit{Target} \Rightarrow \textit{Detektor (Winkel } \theta \textit{ verstellbar)}$$

ist seither Prototyp aller kernphysikalischen Streuexperimente.

### 3.1.2 Streuung von α-Teilchen an Goldatomen

**Das eigentliche Experiment.** Die ganze Anordnung (Abb. 3.2) befindet sich in einem (mäßigen) Vakuum, damit freie Teilchen geradlinige Trajektorien machen, mithin der Ort möglicher Wechselwirkungen genau bekannt ist und deren Folgen an einer Veränderung der geraden Trajektorie abgelesen werden können. Detektor ist wieder der Szintillations-Schirm. Die langwierigen Experimente mussten im Dunklen stattfinden, damit die ermüdenden Augen nicht zu viele der schwachen Lichtblitze übersahen.

Was kann man messen? Welche Ablenkwinkel vorkommen, und mit welcher relativen Häufigkeit sie in bestimmte Winkelbereiche fallen: die *Winkelverteilung*. Direkte Messgröße ist also die Zahl der Szintillationen (pro Zeiteinheit) – die *Zählrate*.

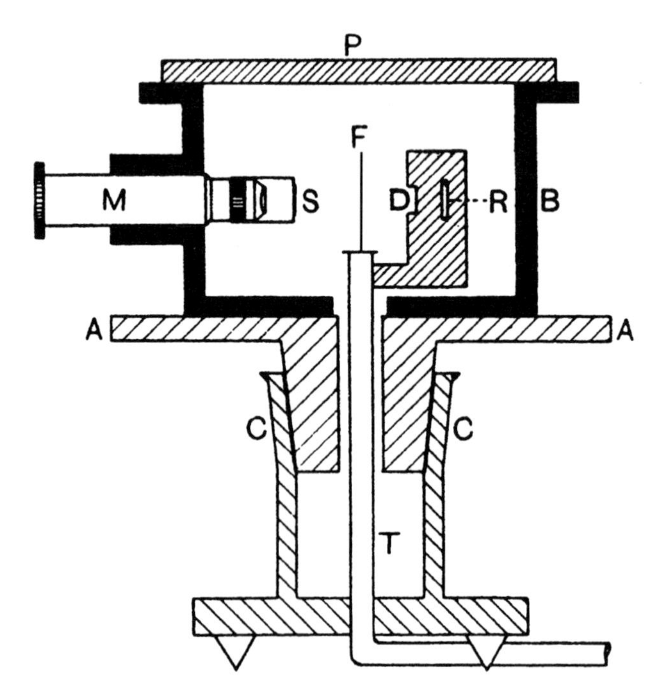


**Abb. 3.2** Rutherford-Apparatur. R – radioaktives Präparat, D – Austritt der $\alpha$-Teilchen, F – Gold-Folie, S – Szintillator-Kristall, M – Lupe (Original-Bild nach [165])

Befunde (siehe die Original-Veröffentlichung vom Mai 1911 [159]):

- 99,99% der $\alpha$-Teilchen gehen praktisch geradlinig durch die Folie hindurch.

  Für ionisierte Helium-Atome von einigen MeV sind also nicht nur Gase (wie in der Nebelkammer) durchlässig, sondern auch feste Materie mit ihren dicht gepackten Atomen. Die durchstrahlte Au-Folie war 0,4 µm dick und hatte daher ca. 2 000 Atomlagen hintereinander: Die einfachen Vorstellungen von Atomen als undurchdringlichen „festen" Körperchen sind damit widerlegt.

- Dieser durchgehende Strahl ist etwas aufgeweitet.

  Das ist verträglich mit $\alpha$-$e$-Stößen, wie in Abschn. 2.2 in Impulsnäherung berechnet. (Der Energieverlust dabei war bei der dünnen Folie zu vernachlässigen.)

- Rückwärtsstreuung erleiden ca. $10^{-4}$ aller $\alpha$-Teilchen.
- Auch die zurückgestreuten $\alpha$-Teilchen haben keinen bemerkbaren Energieverlust erlitten (ihre Szintillationen sind etwa gleich hell), sie sind also (im wesentlichen) nur mit viel schwereren Stoßpartnern zusammengestoßen.
- Die Intensität der Rückwärtsstreuung steigt (bei dünnen Folien) proportional zur Foliendicke an, d. h. proportional zur Zahl der angebotenen „Streuzentren" (was immer das genau sei).

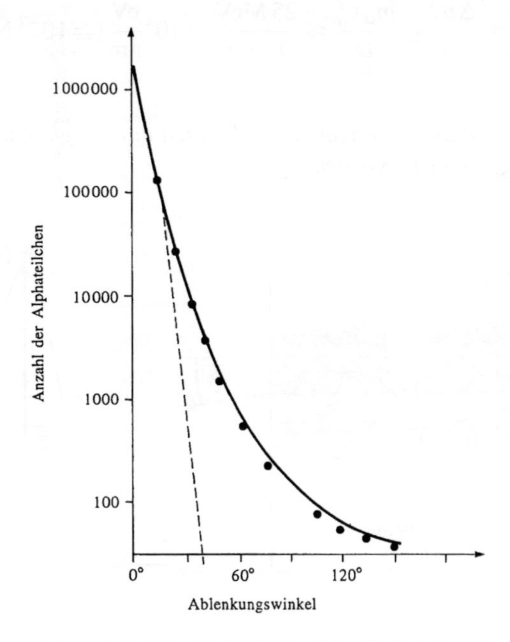


**Abb. 3.3** Die originalen Messergebnisse von Rutherford für die Streuung von $\alpha$-Teilchen an Goldatomen (*Punkte*), und zwei theoretische Winkelverteilungen: Thomson (*gestrichelt*), Rutherford (durchgezogen). (Abb. aus [57])

Starke Ablenkung kommt demnach durch einen einmaligen Vorgang zustande, nicht durch mehrere Streuvorgänge nacheinander (denn sonst würde die Gesamt-Wahrscheinlichkeit mit einer entsprechend höheren Potenz der Zahl der Streuzentren variieren).

- Die Winkelverteilung (siehe Abb. 3.3): Zählrate $\propto 1/\sin^4(\theta/2)$.

## 3.2 Rutherfordstreuung: Klassische Theorie

### 3.2.1 Thomson-Modell: Keine Erklärung für große Ablenkwinkel

**Eine simple Abschätzung ...** Dass die Elektronen (Anzahl nach damaliger Kenntnis höchstens ca. 200 pro Gold-Atom, siehe Abschn. 1.1.2, Stichwort Atom-Modelle) die großen Ablenkwinkel nicht verursachen können, ist nach den Stoßgesetzen klar (Abschn. 2.2.1). Dass auch die positiv homogen geladene Kugel von der Größe des Atoms, wie sie im Thomson-Modell angenommen wurde, keine Erklärung bietet, ergibt sich sofort, wenn man (mit Rutherford) nur der Größenordnung nach kurz abschätzt, welche Kraft gewirkt haben muss:

Rückwärtsstreuung bedeutet: Ein Impuls $\sqrt{2}m_\alpha v_\alpha \leq \Delta p_\alpha \leq 2m_\alpha v_\alpha$ wurde übertragen, und zwar in einer Zeitspanne von ca. $\Delta t \approx D/v_\alpha$, worin $D$ etwa dem Atomdurchmesser 0,1 nm entspricht. Die Kraft ist:

$$F = \frac{\Delta p_\alpha}{\Delta t} \geq \frac{m_\alpha v_\alpha^2}{D} \approx \frac{25\,\text{MeV}}{0{,}1\,\text{nm}} \approx 10^8 \frac{\text{eV}}{\text{nm}} (\cong 10^{-2}\,\text{N!}) \tag{3.1}$$

**Frage 3.1.** *Prüfen Sie die Umrechnung in N nach und vergleichen sie mit alltäglichen Größenordnungen von Kräften.*

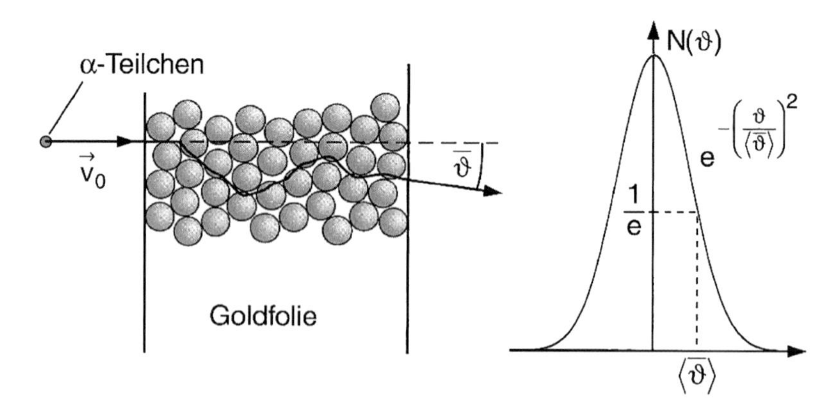


**Abb. 3.4** Einfluss der Goldfolie auf den $\alpha$-Teilchen-Strahl nach dem Thomsonschen Atommodell (aus [57]): Zu erwarten ist eine geringfügige gaußförmige Aufweitung um $\langle\bar{\vartheta}\rangle < 1°$ aufgrund zahlreicher Stöße mit Elektronen

**Antwort 3.1.** $1\,\text{eV} = 1{,}6 \cdot 10^{-19}\,\text{V A s}$, $1\,\text{V A s} = 1\,\text{J} = 1\,\text{N m} = 10^9\,\text{N nm}$.
*Die Kraft* $10^{-2}\,N = 10^{-2}\,\text{kg m/s}^2$ *ist (mit Erdbeschleunigung* $g \approx 10\,\text{m/s}^2$*) etwa gleich dem Gewicht einer Masse* $1\,\text{g}$ *(≈ 1-Cent-Münze).*

**Frage 3.2.** *Wie lange wirkt diese Kraft zwischen Streuzentrum und* $\alpha$*-Teilchen?*

**Antwort 3.2.** *Mit* $v_\alpha \approx 0{,}05c$ *etwa* $\Delta t \approx D/v_\alpha \approx 0{,}1 \cdot 10^{-9}\,\text{m}/0{,}05c \approx 10^{-17}\,\text{s}$. *Dies ist eine typische Zeitskala für atomare Prozesse, die auch im Bohrschen* H*-Atom der Umlaufzeit des 1s-Elektrons entspricht.*

Vergleich: Die Coulombkraft zwischen zwei Elementarladungen im Abstand eines Atomdurchmessers $D$ ist $10^6$-mal kleiner:

$$F_{\text{coul}}(D) = \frac{e^2}{4\pi\varepsilon_0}\frac{1}{D^2} = \frac{1{,}44\,\text{eV nm}}{(0{,}1\,\text{nm})^2} \approx 10^2\,\frac{\text{eV}}{\text{nm}}\,. \tag{3.2}$$

Bei dieser Differenz von Größenordnungen ist recht unerheblich, dass das $\alpha$-Teilchen in Wirklichkeit etwas mehr Zeit zum Durchqueren des Atoms braucht und auch mehr als 1 Elementarladung trägt, wie der damals noch unbekannte Stoßpartner – das „Streuzentrum" – vielleicht auch.

**… mit bahnbrechenden Konsequenzen.** Kann denn die Coulombkraft zwischen zwei Elementarladungen überhaupt solche fast schon makroskopischen Kräfte wie nach Gl. (3.1) verursachen? Ja, nach Gl. (3.2) aber nur, wenn die Ladungen sich näher kommen können als $10^{-3}$ Atomdurchmesser $D$. Dazu müssen sie (beide) genügend punktförmig sein! Damit die $\alpha$-Teilchen dann im Laborsystem zurückprallen, und zwar ohne wesentliche Energie-Abgabe, muss diese Ladungskonzentration auch mit einer großen Masse $m \gg m_\alpha$ verbunden sein: Zwei Schlussfolgerungen damals in unerhörtem Gegensatz zur vorherrschenden Ansicht.

### *3.2.2 Potentialstreuung: Klassische Trajektorien im Coulombfeld*

**Ein neues Modell.** Rutherford nahm versuchsweise an, dass die ganze Masse und Ladung des Atoms (abzüglich der Elektronen) im Zentrum konzentriert ist, und rechnete hiermit die Ablenkung von $\alpha$-Teilchen (Ladung $ze$ mit $z = 2$) einfach nach der Mechanik der Massenpunkte durch. (Für die – zunächst unbekannte – Ladung des hypothetischen Streuzentrums schreiben wir $+Ze$.)

Statt des Ablenkwinkels $\theta(b)$ als Funktion des Stoßparameters $b$ ist besser die inverse Funktion $b(\theta)$ zu berechnen. Zur Vorüberlegung eine Dimensionsanalyse:

**Dimensionsanalyse.**

- $[b] =$ Länge: die gesuchte Funktion $b(\theta)$ macht aus einem dimensionslosen Winkel $\theta$ also eine Länge. Dazu muss in der Formel eine Größe mit der Dimension Länge vorkommen. Wir bezeichnen sie mit $\rho_0$, und das Verhältnis $b(\theta)/\rho_0$ kann dann allenfalls noch eine dimensionslose Funktion $f$ anderer dimensionsloser Größen sein (z. B. $f(\theta, \dots)$). Daraus folgt bereits die allgemeine Form: $b(\theta) = \rho_0 f(\theta, \dots)$.

- Welche Länge lässt sich mit physikalischen Begriffen aus den charakteristischen Parametern des Systems (d. h. $z, Z, e, E_{\text{kin}}, m_\alpha$) bilden? Einzige sinnvolle Möglichkeit:[2] Der Abstand $\rho_0$, bei dem $E_{\text{kin}} = \left|E_{\text{pot}}(\rho_0)\right|$ gilt, das ist bei gleichem Vorzeichen beider (Punkt-)Ladungen also ihr minimal möglicher Abstand (daher auch der Umkehrpunkt bei zentralem Stoß):

$$\rho_0 = \frac{z\,Z\,(e^2/(4\pi\varepsilon_0))}{E_{\text{kin}}}\,. \tag{3.3}$$

- Was ist die Größenordnung dieser charakteristischen Länge $\rho_0$, z. B. im Vergleich zum Atomradius $D/2 \approx 0{,}05$ nm? Bei Rutherfords Experiment mit $z = 2$, $E_{\text{kin}} =$ 5 MeV und (vorweg genommene Information für Gold) $Z = 79$:

$$\rho_0 = \frac{2 \cdot 79 \cdot (1{,}44\,\text{MeV fm})}{5\,\text{MeV}} \approx 40\,\text{fm} \approx 10^{-3}\,\text{Atomradius}\,. \tag{3.4}$$

- Die Funktion $f(\theta)$ lässt sich durch Dimensionsanalyse (natürlich) nicht weiter bestimmen, sondern nur durch direkte Berechnung (einfachster Rechenweg fürs Coulomb-Gesetz siehe Kasten 3.1 (nach [56, Kap. 4.3.1])). Es folgt (bei Annahme eines unbeweglichen Potentials)

$$b(\theta) = \frac{1}{2}\rho_0 \cot\frac{\theta}{2}\,, \tag{3.5}$$

(mit $f(\theta) = \frac{1}{2}\cot\frac{\theta}{2}$ in Übereinstimmung mit der vorstehenden Dimensionsbetrachtung).

**Modell-Voraussagen.** Bei zunehmendem $\theta$ von 0 bis 180° variiert $\cot(\theta/2)$ und damit $b$ von unendlich nach Null. Kleine Ablenkwinkel $\theta(\to 0°)$ gehören zu großen Stoßparametern $b(\to \infty)$, ganz wie für Ablenkung im Coulomb-Feld schon in Abschn. 2.2.2 in der Impulsnäherung berechnet. Große Ablenkungen erfordern demnach kleine Stoßparameter, als Voraussetzung dafür, dass sich gleichnamige Ladungen überhaupt so nahe kommen, wie bei der Abschätzung der zur Rückstreuung nötigen Kraft (Gl. (3.1)) bemerkt.

Gleichung (3.5) erlaubt bereits eine grobe Einteilung der Stoßparameter:

- Bei $b > \frac{1}{2}\rho_0$ folgt $\cot(\theta/2) > 1$, also $\theta < 90°$: Vorwärtsstreuung
- Bei $b < \frac{1}{2}\rho_0$ folgt $\cot(\theta/2) < 1$, also $\theta > 90°$: Rückwärtsstreuung. Alle Projektile, die so dicht auf das Streuzentrum zielen, werden zurück geworfen.

***Einwand (?)***

*Nach Gl. (3.5) ist Rückwärtsstreuung unabhängig von den Massen immer möglich. Also auch beim Stoß $\alpha \to e$?, im Gegensatz zu Abschn. 2.2.1? Aber ein „Zurückprallen" gibt es doch überhaupt nur beim Stoß leichte gegen schwere Masse?*

Zur Antwort eine kurze Erinnerung an die Theoretische Mechanik: Die obige Berechnung des Zwei-Körper-Stoßes mit festgehaltenem Potential gilt gar

[2] denn aus dem Kraftgesetz selber lässt sich keine besondere Länge ersehen, es ist – wie die ganze klassische Physik – *skaleninvariant*.

**Kasten 3.1 Streuung im Coulomb-Potential – Berechnung des Ablenkwinkels**

Das Streuzentrum liegt fest bei $\vec{r} = (0,0,0)$. Das Projektil hat den Anfangsimpuls $\vec{p} = (p_0, 0,0)$ parallel zur $x$-Achse und den Stoßparameter $b > 0$ in $y$-Richtung. Es bleibt in der $x$-$y$-Ebene und fliegt längs einer gekrümmten Trajektorie $\vec{r}(t)$, bewirkt durch die Coulomb-Kraft, $F(r(t)) = zZe^2/(4\pi\varepsilon_0)/r^2(t)$.
In Polarkoordinaten ($x = r\cos\varphi$, $y = r\sin\varphi$) kommt das Projektil von $x = -\infty$, d. h. aus der Blickrichtung $\varphi = 180°$, und verschwindet in Richtung des Ablenkwinkels $\varphi = \theta$. (D. h. $\varphi(t)$ ist eine abnehmende Funktion, $\vec{r}(t)$ dreht sich im Uhrzeigersinn.) Im Endzustand hat das Teilchen wieder dieselbe kinetische Energie wie am Anfang (elastischer Stoß), der Impuls also denselben Betrag $p' = p_0$. In Komponenten daher: $\vec{p}' = (p_0\cos\theta, p_0\sin\theta, 0)$.
Für die Bestimmung von $\theta$ genügt es daher wie in Abschn. 2.2.2, nur die neue $y$-Komponente des Impulses zu berechnen. Nun ist $\vec{F} \parallel \vec{r}$ und daher wie $y = r\sin\varphi$ an jedem Ort $\vec{r}(t)$ auch $F_y = F\ \sin\varphi$:

$$\mathrm{d}p_y = F_y\,\mathrm{d}t = F\sin\varphi(t)\,\mathrm{d}t = zZ\frac{e^2}{4\pi\varepsilon_0}\frac{1}{r^2(t)}\sin\varphi(t)\,\mathrm{d}t\,. \tag{3.6}$$

Die mathematisch unangenehme $r^{-2}$-Abhängigkeit in $F$ lässt sich mit Hilfe des anderen Erhaltungssatzes der Punktmechanik eliminieren: Der Drehimpuls $L = (\vec{r}\times\vec{p})_z \equiv mr^2(t)\,\mathrm{d}\varphi/\mathrm{d}t$ ist längst der ganzen Trajektorie konstant und lässt sich aus den Anfangswerten bestimmen: $L = -bp_0$ (negatives Vorzeichen, weil $\mathrm{d}\varphi/\mathrm{d}t < 0$: Drehung im Uhrzeigersinn).
Wir ersetzen also $r^{-2}\,\mathrm{d}t = (m/L)\,\mathrm{d}\varphi$:

$$\mathrm{d}p_y = zZ\frac{e^2}{4\pi\varepsilon_0}\frac{1}{r^2(t)}\sin\varphi(t)\,\mathrm{d}t = z\,Z\frac{e^2}{4\pi\varepsilon_0}\frac{m}{L}\sin\varphi\,\mathrm{d}\varphi\,. \tag{3.7}$$

Diesen direkten Zusammenhang zwischen $\mathrm{d}p_y$ und $\mathrm{d}\varphi$ integrieren wir von den Anfangswerten $p_y = 0$, $\varphi = \pi$ bis zu den Endwerten $p'_y = p_0\sin\theta$, $\varphi = \theta$:

$$\int_0^{p'_y}\mathrm{d}p_y = zZ\frac{e^2}{4\pi\varepsilon_0}\frac{m}{L}\int_\pi^\theta\sin\varphi\,\mathrm{d}\varphi \Rightarrow p'_y = zZ\frac{e^2}{4\pi\varepsilon_0}\frac{m}{L}(-\cos\theta - 1)\,. \tag{3.8}$$

Mit $p'_y = p_0\sin\theta$, $L = -bp_0$, $E_{\text{kin}} = p_0^2/(2m)$, sowie $1 + \cos\theta = 2\cos^2\frac{\theta}{2}$, $\sin\theta = 2\sin\frac{\theta}{2}\cos\frac{\theta}{2}$, $\cot = \cos/\sin$ folgt als Endergebnis Gl. (3.5):

$$b = z\,Z\,\frac{e^2}{4\pi\varepsilon_0}\,\frac{1}{2E_{\text{kin}}}\cot\frac{\theta}{2} = \frac{\rho_0}{2}\cot\frac{\theta}{2}\,.$$

nicht für die Ortskoordinate des $\alpha$-Teilchens im Laborsystem $L$, sondern für die Relativkoordinate zwischen den Mittelpunkten des $\alpha$-Teilchens und des Streuzentrums in ihrem Schwerpunktsystem S (und außerdem muss man für die Masse noch die reduzierte Masse nach $1/m_{\text{red}} = 1/m_1 + 1/m_2$ des Zwei-

Körperproblems einsetzen). Übrigens muss man für den quantitativen Vergleich der Winkelverteilung mit dem Experiment daher auch die Ablenkwinkel vom $L$-System in das $S$-System umrechnen.
Hier beim Rutherford-Experiment an schweren Atomen (wie Au: $m_{\mathrm{Au}}/m_\alpha \approx 200/4$) ruht der Schwerpunkt näherungsweise, also stimmen $L$- und $S$-System ungefähr überein, und der Unterschied soll in der folgenden Betrachtung noch ignoriert werden. (Beim Stoß $\alpha \to e$ nach Abschn. 2.2 hingegen fliegt das $S$-System praktisch mit dem Projektil.)

### *3.2.3 Wirkungsquerschnitt*

**Trefferfläche.** Die Funktion $b(\theta)$ ist noch nicht die an der Zählrate beobachtete Winkelverteilung, erlaubt aber schon erste Rückschlüsse darauf. Zum Beispiel lässt sich leicht das Intensitäts-Verhältnis von Rückwärtsstreuung zu Vorwärtsstreuung abschätzen, wenn man annimmt, dass die $\alpha$-Teilchen gleichmäßig auf die ganze Targetfläche einfallen. Rückwärtsstreuung erleiden alle Teilchen, die in eine Kreisfläche mit Radius $\frac{1}{2}\,\rho_0$ um das Streuzentrum zielen. Diese Trefferfläche heißt *Wirkungsquerschnitt für Rückwärtsstreuung* (*backscattering*):

$$\sigma_{\text{backscatter}} = \pi b^2(90^\circ) = \pi \frac{\rho_0^2}{4}\,. \tag{3.9}$$

Mit $\rho_0$ von oben (Gl. (3.4)) ist das ca. der $10^7$-te Teil der Atomfläche. Von $10^7$ gleichmäßig auf ein Atom einfallenden $\alpha$-Teilchen wird nur 1 nach rückwärts abgelenkt. Diese Chance steigt bei Rutherfords Gold-Folie mit 2 000 Atomlagen hintereinander (wobei der seitliche Abstand der Gold-Atome etwas größer ist als ihr Durchmesser) richtig auf etwa $10^{-4}$. Ein solcher Treffer ist ein seltenes Ereignis; dass ein Projektil mehrfach so trifft, ist daher um etwa einen gleich großen Faktor seltener und kann auch gegenüber den Einfachtreffern vernachlässigt werden: Rutherfords Deutung der großen Streuwinkel durch einen einzigen heftigen Stoßprozess ist konsistent.

Der *Wirkungsquerschnitt* ist ein zentraler Begriff in der Physik der Streu- und Absorptionsprozesse. Er gibt ganz allgemein die Größe jener Trefferfläche an, in die die einfliegende Strahlung gezielt haben muss, um den im Experiment gemessenen Effekt auszulösen.

**Abstreifen der Details des Experiments.** Nun zur Verarbeitung der direkt im Experiment gemessenen Größe: die Zählrate und ihre Winkelverteilung. Welche Größe ist daraus sinnvoll zu berechnen, um sie mit anderen Experimenten und mit der Theorie zu vergleichen? Im Detail betrachtet:

- der einfallende Teilchenstrahl (Anzahl der Projektile $N_{\mathrm{Proj}}$, bestrahlte Targetfläche $F$) kann nicht auf ein bestimmtes Streuzentrum und einen bestimmten Stoßparameter $b$ fokussiert werden, sondern überstreicht eine große Anzahl ($N_{\mathrm{Targ}}$) von Streuzentren (Targets) mit allen möglichen Werten von $b$.

- Der Detektor spannt einen Raumwinkel $\Delta\Omega$ auf: $\Delta\Omega = \frac{\text{Detektorfläche}}{(\text{Detektorabstand})^2}$ (dimensionslose Größe, aber zur Klarheit öfter mit der Einheit „Steradian" bezeichnet).
- Der Detektor zählt die $\Delta N$ Teilchen, die in $\Delta\Omega$ hinein abgelenkt werden. Weitaus am einfachsten zu analysieren ist der Fall der *Einfachstreuung*, wo jedes Teilchen nur an *einem* der Streuzentren die für diese Ablenkung „zuständige" Trefferfläche getroffen hat. Sie wird mit $\Delta\sigma$ bezeichnet. Wenn die Bedingung der Einfachstreuung im Experiment nicht hinreichend genau gewährleistet ist, z. B. durch ausreichend geringe Zahl der Streuzentren, werden die Formeln schnell sehr kompliziert und die Analyse der Messung außerordentlich erschwert.[3] Zur Überprüfung variiert man die Schichtdicke des Targets und erkennt Einfachstreuung daran, dass $\Delta N$ dazu proportional variiert. Das hatte auch schon Marsden gleich nach seiner ersten Entdeckung der Rückstreuung gemacht.
- Für die Anzahl solcher Ablenkungen in Einfachstreuung ergibt sich (im statistischen Mittel)

$$\begin{aligned}\Delta N &= \text{Teilchenzahl } N_{\text{Proj}} \\ &\quad \cdot \frac{\text{Trefferfläche } \Delta\sigma \cdot \text{Anzahl der bestrahlten Streuzentren } N_{\text{Targ}}}{\text{gesamte bestrahlte Fläche}} \\ &= N_{\text{Proj}} \Delta\sigma \frac{N_{\text{Targ}}}{F} \,. \qquad (3.10)\end{aligned}$$

- Für die Aufnahme der genauen Winkelverteilung braucht man einen möglichst kleinen Detektor. Je kleiner das $\Delta\Omega$ des Detektors, desto kleiner auch $\Delta N$ und $\Delta\sigma$, im Grenzfall proportional zueinander $\Delta\sigma \propto \Delta\Omega$. Als Ergebnis gibt man daher nicht $\Delta N$ an, sondern normiert auf die Größe des Detektors (ausgedrückt durch den von ihm aufgespannten Raumwinkel $\Delta\Omega$):

$$\begin{aligned}\frac{\Delta N}{\Delta\Omega} &= N_{\text{Proj}} \cdot \frac{\text{Trefferfläche } \Delta\sigma \cdot \text{Anzahl der bestrahlten Streuzentren } N_{\text{Targ}}}{\text{Raumwinkel des Detektors } \cdot \text{gesamte bestrahlte Fläche}} \\ &= N_{\text{Proj}} \frac{N_{\text{Targ}}}{F} \left(\frac{d\sigma}{d\Omega}\right) . \qquad (3.11)\end{aligned}$$

Hierin sind $N_{\text{Proj}}$, $F$, $N_{\text{Targ}}$ die drei konkreten und einfach zu verstehenden äußeren Parameter des durchgeführten Experiments. Der Faktor $(d\sigma/d\Omega)$ aber enthält die ganze „Physik des Streuprozesses" und hängt vom Ablenk-Winkel und allen physikalischen Parametern des untersuchten Systems ab. Er heißt *„differentieller Wirkungsquerschnitt"* und gibt die genaue Form der Winkelverteilung der gestreuten Teilchen wieder, absolut normiert auf 1 Projektil und 1 Target pro Flächeneinheit. $(d\sigma/d\Omega)$ hat zwar formal auch die Dimension einer Fläche (oder eben „Fläche/Steradian"). Aber es ist nicht diese Größe, sondern allein $\Delta\sigma = (d\sigma/d\Omega)\,\Delta\Omega_{\text{Detektor}}$, der die anschauliche Bedeutung der „Trefferfläche" $\Delta\sigma$ zukommt, die jedes Streuzentrum dem Teilchen bietet, um es zu dem durch ein be-

[3] Zu der hierfür entwickelten *Streutheorie* oder *Transporttheorie* konsultiere man spezielle Lehrbücher.

stimmtes $\Delta\Omega_{\text{Detektor}}$ gekennzeichneten Detektor hin abzulenken. (Bei einem halb so großen Detektor sind Trefferfläche und Zählrate eben auch halbiert, während $(\mathrm{d}\sigma/\mathrm{d}\Omega)$ gleich bleibt.) Allgemein heißen

$$\sigma = \int \Delta\sigma = \int_{\Delta\Omega_{\text{Detektor}}} (\mathrm{d}\sigma/\mathrm{d}\Omega)\ \mathrm{d}\Omega$$

gesamter Wirkungsquerschnitt für das Experiment mit dem betreffenden Detektor $(\Delta\Omega_{\text{Detektor}})$, und

$$\sigma_{\text{total}} = \int_{4\pi} (\mathrm{d}\sigma/\mathrm{d}\Omega)\ \mathrm{d}\Omega \tag{3.12}$$

totaler Wirkungsquerschnitt für die Reaktion schlechthin.

$(\mathrm{d}\sigma/\mathrm{d}\Omega)$ ist nun von allen Zufälligkeiten des Experiments befreit, und nach Umstellen von Gl. (3.11) aus den direkt gemessenen Größen berechenbar:

$$\frac{\mathrm{d}\sigma}{\mathrm{d}\Omega} = \frac{F}{N_{\text{Proj}} N_{\text{Targ}}} \frac{\Delta N}{\Delta\Omega}\,. \tag{3.13}$$

$(\mathrm{d}\sigma/\mathrm{d}\Omega)$ ist daher die gesuchte Größe zum Vergleich mit theoretischen Modellen. Wie aber erhält man sie aus der Theorie?

**Ableitung der zugehörigen Voraussage des Modells.** Im Bild der Trajektorien ist $(\mathrm{d}\sigma/\mathrm{d}\Omega)$ theoretisch berechenbar, wenn man die Funktion $b(\theta)$ kennt. Am einfachsten fragt man nach allen Ablenkungen zwischen $\theta$ und $\theta + \mathrm{d}\theta$: Dazu ist der Detektor ringförmig vorzustellen und hat den Raumwinkel[4]

$$\mathrm{d}\Omega = 2\pi \sin\theta\, \mathrm{d}\theta\,. \tag{3.14}$$

Die zugehörige Trefferfläche $\Delta\sigma$ für die ankommenden Teilchen ist dann auch ein Kreisring. Der Innenradius ist $b(\theta)$, der Außenradius $b(\theta + d\theta)$, seine Breite $\mathrm{d}b = b(\theta + \mathrm{d}\theta) - b(\theta)$, und seine Fläche (= Absolutbetrag von Umfang · Breite)

$$\mathrm{d}\sigma = 2\pi b\,|\mathrm{d}b| = 2\pi b \left| \frac{\mathrm{d}b}{\mathrm{d}\theta}\mathrm{d}\theta \right|\,. \tag{3.15}$$

Division der beiden letzten Gleichungen liefert die gesuchte Formel:

$$\frac{\mathrm{d}\sigma}{\mathrm{d}\Omega} = \frac{b}{\sin\theta} \left| \frac{\mathrm{d}b}{\mathrm{d}\theta} \right|\,. \tag{3.16}$$

**Die Rutherford-Formel (1911).** Für die Coulombstreuung ist $b(\theta)$ bekannt (Gl. (3.5)). Einfach einsetzen und vereinfachen liefert:

$$\left(\frac{\mathrm{d}\sigma}{\mathrm{d}\Omega}\right)_{\text{Coulomb}} = \left(\frac{\rho_0}{4}\right)^2 \frac{1}{\sin^4(\theta/2)} \tag{3.17}$$

[4] ausführlicher in [57, Kap. 2.8.6]

Dies ist die theoretische Vorhersage des Modells „Coulombstreuung von Punktladungen". Der Form nach ($1/\sin^4(\theta/2)$) stimmt sie schon genau mit der von Rutherford gefundenen Winkelverteilung überein (siehe Abb. 3.3).

Jetzt kann man noch detaillierter verstehen, warum kleine Ablenkwinkel $\theta$ so stark bevorzugt werden. Grob gesprochen deshalb, weil die zugehörige Trefferfläche einem immer größeren Bereich von Stoßparametern entspricht, soll heißen einem immer größeren und breiteren Kreisring nach Gl. (3.15), je stärker $\theta$ gegen Null geht. Entsprechend wächst die Zahl der $\alpha$-Teilchen, die bei gleichmäßiger Bestrahlung da hinein fliegen.

Zusätzlich aber liefert diese quantitative Theorie nun auch den Vorfaktor mit:

$$\left(\frac{\rho_0}{4}\right)^2 = \frac{z^2 Z^2 (e^2/(4\pi\varepsilon_0))^2}{16 E_{\text{kin}}^2} . \tag{3.18}$$

Das erlaubt weitere Prüfungen und Anwendungen des Modells, die auch sofort ausgeführt wurden.

### *3.2.4 Experimentelle Überprüfung der Rutherford-Formel*

Solche Tests wurden 1914 von Hans Geiger (dem späteren Erfinder des Geiger-Zählers für ionisierende Strahlung) und Ernest Marsden veröffentlicht. Ergebnisse:

- Variation der Energie der Projektile: Die Zählrate ist proportional zu $E_{\text{kin}}^{-2}$ (siehe Abb. 3.5).
- Variation der Art der Streuzentren: Die Zählrate ist proportional zu $Z^2$, wenn $Z$ mit der chemischen Ordnungszahl identifiziert wird (siehe Abb. 3.6).

**Frage 3.3.** *Wie konnte Geiger damals mit einer einzigen radioaktiven Quelle $\alpha$-Teilchen mit den gewünschten Energien (siehe Abb. 3.5) herstellen?*

**Antwort 3.3.** *Mittels des Energieverlusts bei Durchstrahlung von Folien geeigneter Dicke – siehe Bohrsche Theorie der Abbremsung von $\alpha$-Teilchen (Abschn. 2.2).*

**Einmal durch die ganze Elementarteilchenphysik und zurück.** Die Prüfung der vorhergesagten Proportionalität $\Delta\sigma \propto E^{-2}$ war in Rutherfords Labor nichts als ein selbstverständlicher Teil sorgfältiger wissenschaftlicher Arbeit. Doch aus heutiger Sicht kann man feststellen, dass sie (ganz unabhängig von der Form der Winkelverteilung) einen Beweis für das Wirken des Coulomb-Gesetzes liefert. Von den Wechselwirkungen der Elementarteilchenphysik befolgt nämlich nur die elektromagnetische diese Proportionalität,[5] und dies gleich bei allen Energien und bei allen möglichen Prozessen, Erzeugung neuer Teilchen eingeschlossen. Beispiele bei bis 3 000fach höherer Energie sind in Abb. 10.6 und 14.7 (S. 468 und 644) zu sehen,

[5] Die Gravitation auch, aber die wird in der Elementarteilchenphysik, außer wenn es um die näheren Bedingungen im Inneren der Sterne geht, wegen ihrer Schwäche völlig außer acht gelassen.

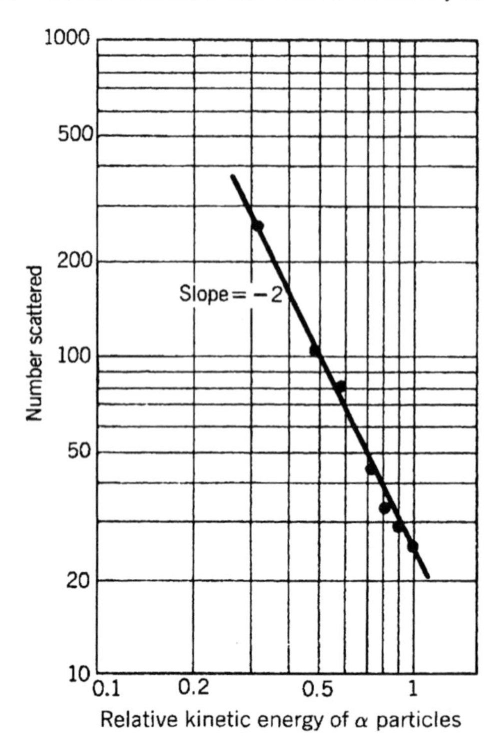


**Abb. 3.5** Test des Faktors $1/E_{\text{kin}}^2$ in der Rutherford-Formel: Mit steigender Energie der $\alpha$-Teilchen sinkt die Zählrate $\Delta N$ (Gerade mit Steigung $-2$ im log-log-Plot). (Geiger und Marsden, 1914; Abbildung aus [114])

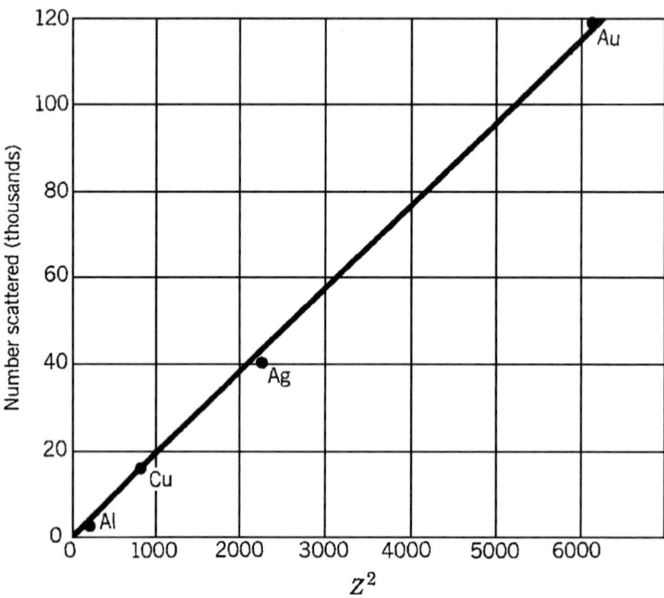


**Abb. 3.6** Identifizierung des Faktors $Z^2$ in der Rutherford-Formel: Mit steigender chemischer Ordnungszahl $Z$ steigt die Zählrate $\Delta N$. (Auftragung $\Delta N$ vs. $Z^2$ gibt eine Gerade durch den Ursprung.) (Geiger und Marsden, 1914; Abbildung aus [114])

ein Beispiel bei ebenso viel niedrigerer Energie bietet die Bohrsche Theorie des Bremsvermögens aus Abschn. 2.2.2.[6]

Dass dies einen tief liegenden Grund haben muss, liegt auf der Hand. Er ist – jedenfalls aus der Rückschau von heute – schon oben bei der vorbereitenden Dimensionsbetrachtung (Abschn. 3.2.2) zu erkennen: Um aus dem Coulomb-Gesetz eine Länge zu gewinnen, gibt es keine andere Möglichkeit, als ihren Stärkeparameter $e^2/(4\pi\varepsilon_0)$ durch die Energie $E$ zu dividieren (siehe Gl. (3.3)), so dass jede daraus berechnete Fläche automatisch proportional zu $E^{-2}$ wird. Auch dies kann man auf einen tieferen Grund zurückführen: Das Coulomb-Potential ist mit seiner $1/r$-Abhängigkeit skaleninvariant, d. h. dass z. B. die beiden Kurvenstücke von $r$ bis $2r$ und $100r$ bis $200r$ durch geeignete Wahl des Maßstabs zur Deckung gebracht werden können. Und es geht noch einen – physikalischen – Schritt weiter: Diese Eigenschaft des Coulomb-Potentials hängt eindeutig damit zusammen, dass das Photon die Ruhemasse Null hat (siehe Abschn. 9.8). So etwas tritt bei keiner anderen Wechselwirkung zwischen den Elementarteilchen auf.

### 3.2.5 Rutherfords Atommodell

Diese erfolgreichen Experimente bilden eine *Bestätigung* (aber keinen logisch strengen *Beweis*!)[7] der physikalischen Annahmen in Rutherfords Atom-Modell. Diese sind:

- Das Coulomb-Gesetz gilt mindestens bis zu Abständen $\rho_0 = 40$ fm herab, entsprechend etwa $10^{-3}$ Atomradien.
  (In Abschn. 3.4 wird berichtet, wie diese Grenze bis etwa 2–7 fm (je nach Element $Z$) herunter gedrückt werden konnte.)
- Atome sind aufgebaut aus Kern und Hülle:
  - Kern: Masse und positive Ladung $+Ze$ sind konzentriert auf einen Radius von höchstens $\rho_0 = 40$ fm, also höchstens $10^{-9}$ des Atomvolumens.
    (Nach den Ergebnissen von Abschn. 3.4: ca. $10^{-14}$–$10^{-12}$ des Atomvolumens.)
  - Hülle: $Z$ Elektronen, kugelsymmetrisch verteilt über das Atomvolumen, daher ohne Wirkung auf das Coulomb-Feld in der Nähe des Kerns.
- Quantitative Auswertung der gemessenen Zählrate erlaubt die Bestimmung der Kernladung $Ze$.
  - Ergebnis: $Z$ ist die chemische Ordnungszahl. (Auch die chemisch motivierten Umstellungen im Periodensystem gegenüber der ursprünglichen Anordnung der Elemente nach ihrem Atomgewicht, z. B. Ar ↔ K, Te ↔ J) wurden bestätigt.)

[6] Für den Energieverlust bei einem Stoß fanden wir $\Delta E \propto b^{-2}$ (Gl. (2.10)). Die Kreisfläche $\sigma = \pi b^2 \propto \frac{1}{\Delta E}$ ist demnach der totale Wirkungsquerschnitt für alle Energieverluste $\geq \Delta E$. Für den differentiellen Wirkungsquerschnitt (je Energieintervall) folgt $\frac{d\sigma}{d(\Delta E)} \propto (\Delta E)^{-2}$.

[7] Zu einem lehrreichen Beispiel für diesen wichtigen Unterschied siehe Abschn. 4.1.4.

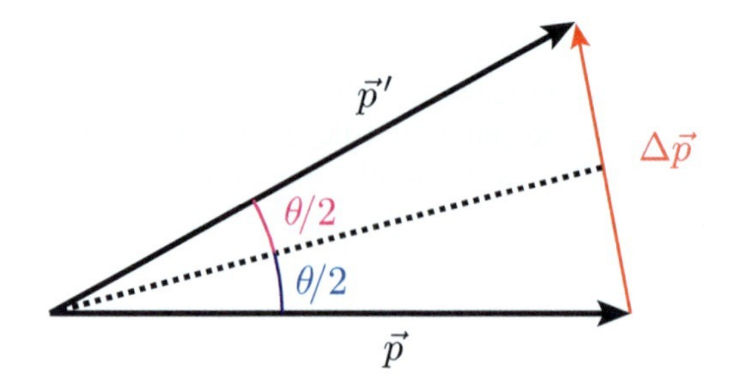


**Abb. 3.7** Impulse, Impulsübertrag und Streuwinkel beim elastischen Stoß (im Schwerpunkt-System)

### *3.2.6 Deutung der Rutherford-Formel*

Wenn „elastischer Stoß" physikalisch gesprochen „Impulsübertrag" $\Delta p$ bedeutet, muss man die Rutherford-Formel auf $\Delta p$ umrechnen können:

Beim elastischen Stoß ist $|\vec{p}| = |\vec{p}\,'|$ (Schwerpunktsystem!), daher $\Delta p = 2p \cdot \sin(\theta/2)$ (aus *diesem* Grund also taucht immer $\theta/2$ in den Formeln auf!).

Mit $E_{\text{kin}} = p^2/(2m)$ ergibt sich aus Gl. (3.17):

$$\begin{aligned}\frac{d\sigma}{d\Omega} &= \left(\frac{\rho_0}{4}\right)^2 \frac{1}{\sin^4(\theta/2)} = \left(\frac{z Z\, e^2/(4\pi\varepsilon_0)}{4 E_{\text{kin}}}\right)^2 \frac{1}{\sin^4(\theta/2)} \\ &= (2m)^2 \left(z\, Z\, e^2/(4\pi\varepsilon_0)\right)^2 \frac{1}{(\Delta p)^4}\,. \end{aligned} \tag{3.19}$$

Tatsächlich ist also $\Delta p$ der entscheidende Parameter für die Form der Winkelabhängigkeit. (Von den beiden konstanten Vorfaktoren steht $\left(zZe^2/(4\pi\varepsilon_0)\right)^2$ bloß für die Stärke der Wechselwirkung. Es muss ja in diesem Modell, das ganz auf der Coulombwechselwirkung mit dem Stärke-Parameter $e^2/(4\pi\varepsilon_0)$ beruht, für ungeladene Teilchen ($z = 0$ oder $Z = 0$) der Wirkungsquerschnitt Null herauskommen. Der andere Vorfaktor $(2m)^2$ ist weniger anschaulich zu interpretieren; er entspricht einer generellen Erfahrung, dass ein gegebener Impulsbetrag zwischen zwei Teilchen um so „leichter" auszutauschen ist, je größer ihre Masse ist.)

## 3.3 Aktuelle Anwendung: *Rutherford Backscattering Spectroscopy*

Das Rutherford-Experiment wird heute häufig durchgeführt in Gestalt der *Rutherford Backscattering Spectroscopy RBS* (Rutherford-Rückstreu-Spektroskopie).

**Ein vernachlässigbarer Nebeneffekt?** Dabei geht es einzig um den bisher als nebensächlich betrachteten Effekt, dass das Projektil im Laborsystem einen Energieverlust erleidet, wenn es mit einem ruhenden Target-Kern zusammenstößt. Nach Gl. (2.4) (Abschn. 2.2), jetzt aber mit der genauen Formel für die Schwerpunktsgeschwindigkeit $V$, folgt für das unter 180° zurückprallende Projektil:

$$\Delta E_{\alpha,\max} = \frac{1}{2} m_{\text{Kern}} (2V)^2 = 4 \frac{m_a m_{\text{Kern}}}{(m_\alpha + m_{\text{Kern}})^2} E_\alpha \approx 4 \frac{m_{\text{a}}}{m_{\text{Kern}}} E_\alpha \,.$$

(Die letzte Näherung gilt wieder für $m_\alpha \ll m_{\text{Kern}}$.)

Bei $E_\alpha = 5\,\text{MeV}$ und $m_a / m_{\text{Au}} \approx 4/200$ ist das $\Delta E_{\alpha,\max} \approx 400\,\text{keV}$. Aus dem Energieverlust der gestreuten $\alpha$-Teilchen kann man so die Masse des getroffenen Kerns bestimmen, also das Atomgewicht und daraus das entsprechende chemische Element – so ergibt sich ein rein physikalisches Verfahren für die chemische Analyse.

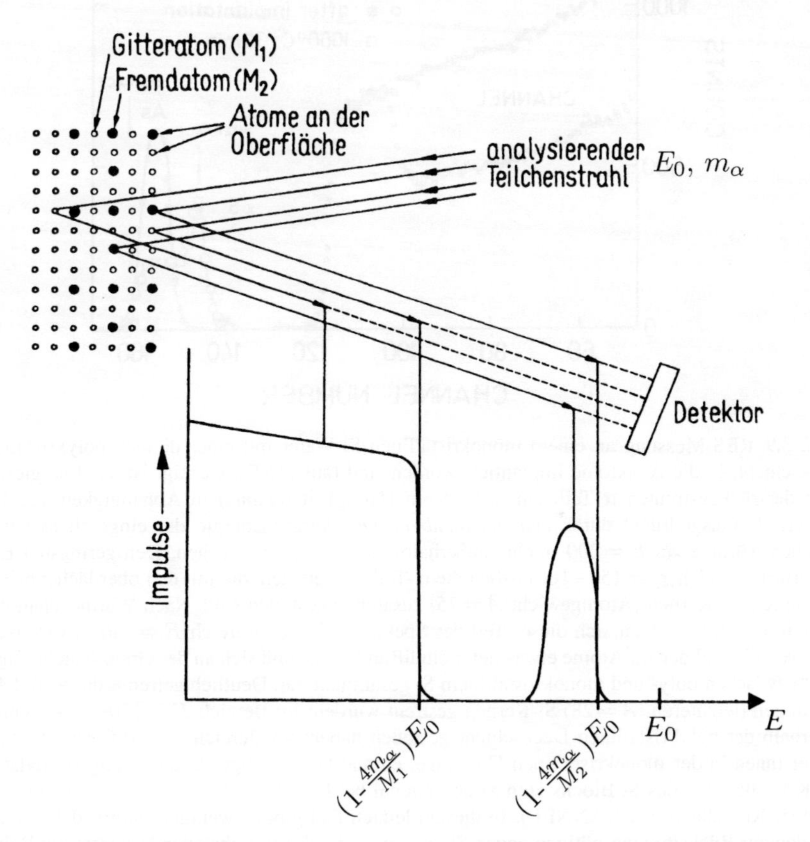


**Abb. 3.8** Prinzip der Rutherford-Rückstreu-Spektroskopie zur Aufnahme des Tiefenprofils von Fremdatomen (Masse $M_2$) in einem Festkörper (Masse $M_1$). $\alpha$-Teilchen (Masse $m_\alpha$, Energie $E_0$) werden unter fast 180° gestreut und nach ihrer restlichen Energie $E = E_0 - \Delta E$ in ein Spektrum einsortiert. Dabei setzt sich der Energieverlust $\Delta E$ aus drei Anteilen zusammen: Abbremsung vor dem Stoß auf $E_{\text{Stoß}} = E_0 - \Delta E_{\text{rein}}$, übertragene Rückstoßenergie $\Delta E_{\text{Stoß}} \approx (4m/M)\, E_{\text{Stoß}}$, und weitere Abbremsung $\Delta E_{\text{raus}}$. Nach einem Stoß direkt an der Oberfläche haben die Projektile je nach Stoßpartner die Energie $(1 - \frac{4m_\alpha}{M_1}) E_0$ oder $(1 - \frac{4m_\alpha}{M_2}) E_0$. (Aus einem Handbuch der *Chip-Fertigung* [166])

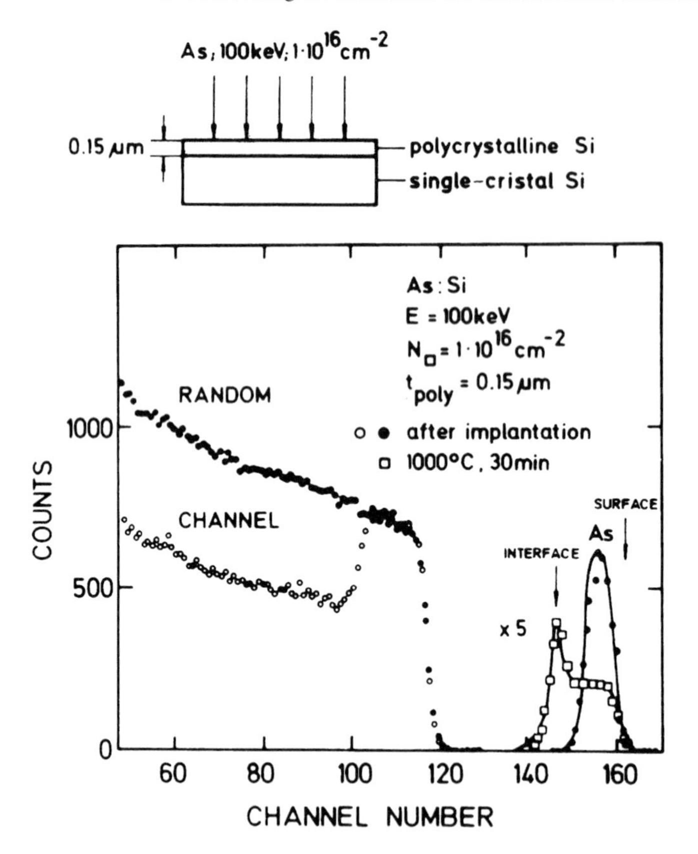


**Abb. 3.9** RBS-Messung an einem monokristallinen Si-Wafer mit einer dünnen polykristallinen Deckschicht, in die As-Atome implantiert worden sind (aus [167]). Gezeigt ist das Energiespektrum der rückgestreuten $\alpha$-Teilchen, d. h. deren Häufigkeit (*counts*) in Abhängigkeit von ihrer Energie $E$ (ausgedrückt durch *channel number*). Die Anfangsenergie der eingeschossenen $\alpha$-Teilchen würde etwa $E = 200$ (rechts außerhalb der Grafik) entsprechen. Den geringsten Energieverlust (Bereich $E = 150-160$) haben die $\alpha$-Teilchen erlitten, die mit den oberflächennah implantierten As-Kernen (Atomgewicht $A = 75$) zusammengestoßen sind. Nach Wärmebehandlung (30 min bei 1000 °C) hat sich dieser Teil des Spektrums in den Bereich $E = 140-150$ verschoben, weil ein Teil der As-Atome etwas tiefer eindiffundiert ist und sich an der Grenzschicht („interface") zwischen poly- und monokrostallinem Si gesammelt hat. Deutlich getrennt die $\alpha$-Teilchen, die an den (leichteren, $A = 28$) Si-Kernen gestreut wurden: Im Bereich $E = 100-120$, wenn sie innerhalb der polykristallinen Deckschicht gestoßen haben; im Bereich $E < 100$ nach Streuung weiter innen in der monokristallinen Unterlage, einmal bei zufälliger Orientierung (RANDOM) der Kristallachsen des Si-Blocks zum Strahl, einmal bei Einschuss der $\alpha$-Teilchen genau parallel zu einer Kristallachse (CHANNEL). In diesem letzten Fall gibt es weniger *counts*, d. h. weniger von den zur Rückstreuung nötigen engen Stößen, weil durch sanft abstoßende Kräfte die Bahnen der $\alpha$-Teilchen zwischen den Gitterebenen gehalten werden. (Dabei werden sogar diejenigen Stöße unwahrscheinlicher, die zur Ionisierung führen. Daher dringen die Projektile auch um ein Vielfaches tiefer ein. Der Prozess heißt *„channeling"* und war in allen Experimenten übersehen worden, bis er 1964 in numerischen Simulationen der Abbremsung geladener Teilchen unangenehm auffiel, nämlich anhand der damals langen und teuren Computer-Zeiten)

Da das zu analysierende Stück Materie sicher dicker ist als eine 1-atomare Schicht, kann die Rückstreuung auch an einem weiter im Inneren gelegenen Kern stattfinden – dann muss man zusätzlich berücksichtigen, dass die Projektile beim Eindringen und beim Herausfliegen abgebremst worden sind – siehe die Bremsformeln von Bohr bzw. Bethe-Bloch (Abschn. 2.2.3, Gl. (2.13) bzw. (2.14)). Was hier auf den ersten Blick als Komplikation erscheint, wird aber sofort wieder eine vertiefte Möglichkeit der Analyse: Der zusätzliche Energieverlust verrät, wie tief der getroffene Kern unter der Oberfläche liegt. So entsteht eine hochempfindliche Methode, um in Festkörpern Tiefenprofile von Spurenelementen auszumessen, ohne sie schichtweise chemisch aufzulösen oder mechanisch abzuschmirgeln.

Dies ist z. B. in der Halbleiterfertigung von großer Bedeutung. Die Abb. 3.8 und 3.9 sind denn auch einem Handbuch zur Chip-Herstellung entnommen. Im Beispiel wird die Si-Matrix (Atomgewicht $A_{\mathrm{Si}} = 28$) durch Einschuss von As-Ionen ($A_{\mathrm{As}} = 75$) in einer bestimmten Tiefe n-leitend gemacht.

## 3.4 Anomale Rutherfordstreuung, Kernradius

### *3.4.1 Wie „punktförmig" ist der Atomkern?*

**Was kann das gestreute $\alpha$-Teilchen über den Kernradius „wissen"?** Die Winkelverteilung $(\rho_0/4)^2 \sin^{-4}(\theta/2)$ bestätigt zwar, dass das Coulomb-Gesetz längs der durchflogenen Trajektorien gilt, aber jede Trajektorie kann sich dem Mittelpunkt nur bis auf einen Minimalabstand $\rho(\theta)$ genähert haben, am nächsten beim zentralen Stoß (d. h. Stoßparameter $b = 0$, Ablenkwinkel $\theta = \pi$, größtmögliche Annäherung $\rho(\pi) = \rho_0$).

**Frage 3.4.** *Zeigen, dass der kleinste erreichte Abstand durch* $\rho(\theta) = \rho_0(\frac{1}{2} + \frac{1}{\sin\theta/2})$ *gegeben ist.*

**Antwort 3.4.** *Man berechnet zuerst $\rho(b)$ (siehe [58, Kap. 2.2]). Dazu genügen die beiden Erhaltungssätze für Energie und Drehimpuls, einmal angewandt auf den Zustand des Projektils in unendlicher Ferne*

$$E_{\mathrm{kin}} = \tfrac{1}{2}mv^2 \, , E_{\mathrm{pot}} = 0 \, , L = bv$$

*und einmal auf den Zustand bei nächster Annäherung (gestrichene Größen)*

$$E'_{\mathrm{kin}} = \tfrac{1}{2}mv'^2 \, , \quad E'_{\mathrm{pot}} = \frac{zZe^2}{4\pi\varepsilon_0}\frac{1}{\rho} \, , \quad L' = \rho v'$$

*($v'$, die Geschwindigkeit beim Durchlaufen des Minimalabstands $\rho$, steht senkrecht zum Fahrstrahl mit der Länge $\rho$.)*

*Bei der Berechnung der* Länge $\rho$ *lohnt es sich, die Länge $\rho_0$, den überhaupt kleinsten Wert aller nächsten Annäherungen, ins Spiel zu bringen. Aus $E_{\mathrm{kin}} =$*

$\frac{zZe^2}{4\pi\varepsilon_0}\frac{1}{\rho_0}$ *folgt:*

$$E'_{\text{pot}} = \frac{\rho_0}{\rho} E_{\text{kin}} \,.$$

*Aus der Drehimpulserhaltung* $L = L'$ *folgt* $b^2 v^2 = \rho^2 v'^2$ *und damit*

$$E'_{\text{kin}} = \frac{b^2}{\rho^2} E_{\text{kin}} \,.$$

*Die Energieerhaltung* $E'_{\text{kin}} + E'_{\text{pot}} = E_{\text{kin}}$ *reduziert sich damit auf*

$$\frac{b^2}{\rho^2} + \frac{\rho_0}{\rho} = 1 \,.$$

*Die (positive) Lösung dieser quadratischen Gleichung ist* $\rho = \frac{\rho_0}{2} + \sqrt{\left(\frac{\rho_0}{2}\right)^2 + b^2}$*. Einsetzen von* $b(\theta)$ *aus Gl. (3.5) ergibt die in der Frage genannte Formel.*

Nun ist das Feld außerhalb einer (kugelsymmetrischen) Ladungsverteilung völlig unabhängig von deren Form und Ausdehnung. Wenn die Kernladung bis zu einem Radius $R_{\text{Kern}}$ verschmiert ist, hätte das auf die Trajektorien mit $\rho > R_{\text{Kern}}$ keinen Einfluss. Erst bei Begegnungen innerhalb $R_{\text{Kern}}$ könnten sich Abweichungen zeigen, an denen die Größe von $R_{\text{Kern}}$ abzulesen wäre.

**Erwartete Abweichungen.** Solche Abweichungen der Zählrate von der Rutherford-Formel wurden deshalb gezielt gesucht und gefunden: bei höheren Projektil-Energien, bei größeren Ablenkwinkeln, zuerst aber (und zwar 1919 von Rutherford selber) bei Streuung von $\alpha$-Teilchen an Kernen mit kleinem $Z$ (z. B. H, He, N, O). Abbildung 3.10 zeigt das Prinzip anhand moderner Daten.

Deutungsversuch: Das Teilchen ist in den Bereich anderer Kräfte als der Coulomb-Kraft vorgedrungen, hat damit den „Rand“ des Kerns erreicht. Um diese Deutung zu prüfen, wurden Experimente bei verschiedenen Energien und Streuwinkeln gemacht und in einer gemeinsamen Grafik aufgetragen – mit dem jeweils erreichten Minimalabstand $\rho(\theta)$ als unabhängiger Variable, und dem Quotienten aus beobachteter und nach der Rutherfordformel berechneter Zählrate als Indikator für Abweichungen – siehe ein Beispiel in Abb. 3.11. Man sieht die Messpunkte auf einer näherungsweise gemeinsamen Kurve liegen, die (im Falle von Gold-Kernen) bis $\rho \approx 13$ fm herab die Übereinstimmung mit der Rutherfordformel anzeigt und darunter (im Bild nach rechts) den Beginn des anomalen Bereichs. Gleichzeitig wird deutlich, dass es sich nicht um die Messung einer exakt definierten physikalischen Größe handelt.

### 3.4.2 Kernradius

So ist der *ungefähre* Kern-Radius $R_{\text{Kern}}$ bestimmbar, und damit auch die Dichte der Kerne. (Einen *genauen* Kernradius kann man weder so noch mit anderen Methoden

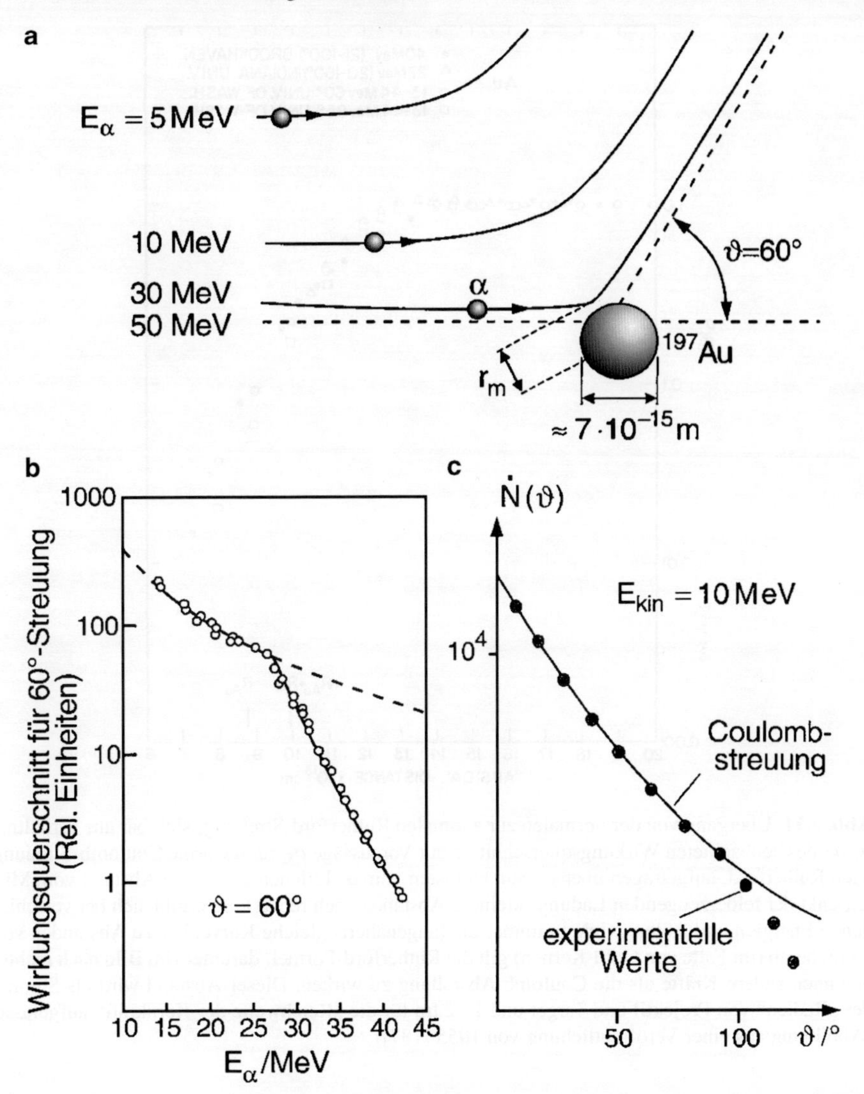


**Abb. 3.10** Beobachtung der anomalen Rutherford-Streuung: (**a**) $\alpha$-Teilchen werden unter 60° an einem Kern von Gold gestreut. Je höher ihre Energie ist, desto näher müssen sie ihm gekommen sein. (Nach Gl. (3.5) ist bei festem $\theta$ der Stoßparameter $b \propto \rho_0 \propto 1/E_{\text{kin}}$.) (**b**) Der Wirkungsquerschnitt für die Reaktionen in (**a**) weicht etwa 27 MeV von der Rutherford-Formel ab. (**c**) Auch bei geringerer Energie (10 MeV) zeigen sich Abweichungen von der Rutherford-Formel, wenn man bei Streuwinkeln oberhalb 100° misst (aus [58])

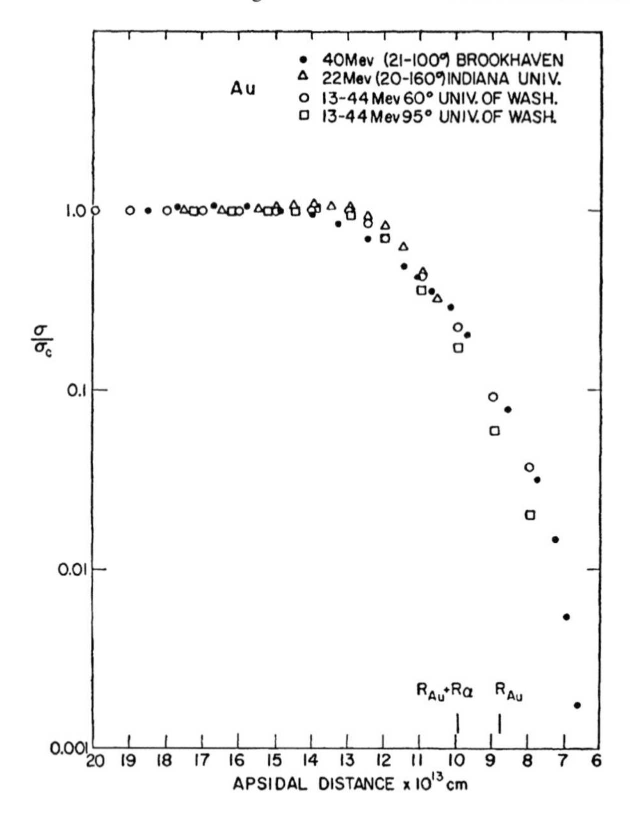


**Abb. 3.11** Übergang von der normalen zur anomalen Rutherford-Streuung, sichtbar am Verhältnis $\sigma/\sigma_C$ des beobachteten Wirkungsquerschnitt $\sigma$ zur Voraussage $\sigma_C$ für die reine Coulomb-Streuung nach Rutherford, aufgetragen über $\rho$, dem kleinsten vom $\alpha$-Teilchen erreichten Abstand vom Mittelpunkt der felderzeugenden Ladung (kleinere Abstände nach rechts). So ergibt sich bei verschiedenen Energien und Ablenkwinkeln immer die (angenähert) gleiche Kurve. Bis zu Abständen von 13 fm herab (im Falle von Gold-Kernen) gilt die Rutherford-Formel, darunter (im Bild nach rechts) beginnen andere Kräfte als die Coulomb-Abstoßung zu wirken. Dieser Abstand wird als Summe der „Radien" von Projektil und Target und 1–2 fm für die „Reichweite der Kernkraft" aufgefasst. (Abbildung aus einer Veröffentlichung von 1955 [187])

messen, denn die Kerne haben gar keinen scharfen „Rand", siehe Abschn. 5.6.2. Eine Glasperle übrigens auch nicht – bei der hier gefragten subatomaren Genauigkeit.)

Resultat nach Messungen an Kernen vieler Elemente: $R_{\text{Kern}} = 1{-}7$ fm, mit einer systematischen Abhängigkeit vom chemischen Atomgewicht $A = 1{-}238$:

$$R_{\text{Kern}}(A) \approx r_0 A^{\frac{1}{3}}\,, \tag{3.20}$$

darin

$$r_0 \approx (1{,}1{-}1{,}3)\ \text{fm}\,,$$

abhängig von der genauen Definition der Messgröße $R_{\text{Kern}}$.

Atomradien sind mit ca. 0.05 nm = 50 pm etwa $5\cdot 10^4$-fach größer als $r_0$, daher liegt die Dichte der Kernmaterie um das $(5\cdot 10^4)^3 \approx 10^{14}$-fache über der mittleren Dichte der Atome, also über der üblichen Dichte makroskopischer Materie.

Nimmt man für die Kerne zunächst einmal Kugelgestalt an,[8] ist demnach ihr Volumen proportional zum chemischen Atomgewicht:

$$V_{\text{Kern}} = \tfrac{4\pi}{3} R_{\text{Kern}}^3 \approx (1{,}6 r_0)^3 A \approx (1{,}9\,\text{fm})^3 A \approx 7\,\text{fm}^3 A\,. \tag{3.21}$$

Die Dichte aller Kerne ist also näherungsweise immer dieselbe. Es beansprucht jede Masseneinheit ($\Delta A = 1$) das Volumen eines Würfels von ca. 1,9 fm Kantenlänge. Der lineare Anstieg des Kern-Volumens mit der Masse ist beachtenswert, denn z. B. das Atom-Volumen wächst nicht mit der Teilchenzahl. Wasserstoff- und Uran-Atome sind fast gleich groß, dazwischen liegen (in etwa periodische) Variationen mit den Abschlüssen der Elektronenschalen.

Es gibt auch wahrhaft makroskopische Objekte mit der Dichte der Kernmaterie: Neutronen-Sterne (siehe Abschn. 8.5).

Zur Veranschaulichung von Wirkungsquerschnitten ist ein Vergleich mit dem geometrischen Querschnitt $A_{\text{Kern}}$ des Kerns hilfreich.

$$A_{\text{Kern}} = \pi R_{\text{Kern}}^2 \approx (4\text{–}5)\,\text{fm}^2 A^{\frac{2}{3}} \approx (10\text{–}200)\,\text{fm}^2\,. \tag{3.22}$$

Die typische Größenordnung ist demnach $100\,\text{fm}^2 = 10^{-28}\,\text{m}^2$. Sie wurde schon lange vor der Einführung der modernen Nomenklatur der Zehnerpotenzen mit *barn* bezeichnet (engl. für *Scheunentor*), nachdem sich bei Kernreaktionen die Wirkungsquerschnitte oft erstaunlich viel größer als die geometrischen Querschnitte herausgestellt hatten.[9]

$$1\,\text{barn} = (10\,\text{fm})^2 = 10^{-28}\,\text{m}^2 \tag{3.23}$$

Ein mittlerer Kern mit $A \approx 110$ hat etwa 1 barn Querschnittsfläche. Im originalen Rutherford-Experiment gehörte zu der (doch recht seltenen) Rückstreuung um mehr als 90° ein Wirkungsquerschnitt $\sigma_{\text{backscatter}} = \pi \frac{\rho_0^2}{4} \approx 12\,\text{barn}$ (siehe Gl. (3.9)). Ein halbes Jahrhundert später untersuchte man schon Reaktionen mit Wirkungsquerschnitten bis $10^{-20}$ barn hinunter (siehe Neutrino-Nachweis, Abschn. 6.5.11).

[8] Das ist als die einfachste Näherung hier auf jeden Fall gerechtfertigt. Es ist auch eine gute Näherung, wie man aus dem Tröpfchenmodell (Abschn. 4.2) lernt, wo eine Art Oberflächenspannung modelliert wird. Wie man die Gestalt der Kerne genauer erforscht hat, dazu siehe Abschn. 5.6.2 und 7.4.2.

[9] bei manchen Kernen bis über $10^6$ barn beim Einfang langsamer Neutronen (Abschn. 8.2.4). Da ist sogar ein ganzes Atom nur noch zwei Zehnerpotenzen größer.

## 3.5 Zusammenfassung: Aufbau der Materie (Zwischenstand)

### *3.5.1 Aufbau der Atome aus Kern und Hülle*

- Materie ist aufgebaut aus Elementen, d. h. chemisch gleichartigen Atomen, mit Ordnungszahlen $Z = 1, \ldots, 92$.
  (1925 waren davon zwei noch unentdeckt, Nr. 43 (Technetium) und 61 (Promethium), beide radioaktiv. Weitere künstliche Elemente ab $Z = 93$ (Transurane) wurden erst ab 1939 hergestellt und nachgewiesen (siehe Abschn. 8.2.2). Abbildung 3.12 zeigt den Stand des Periodensystems der Elemente um 1961. Seitdem sind weitere 9 Transurane bis $Z = 112$ erzeugt und nachgewiesen worden.
- Die Atome eines Elements bestehen aus dem „fast punktförmigen" Atomkern (mit Ladung $+Ze$) und der Atomhülle ($Z$ Elektronen) und werden durch die Coulomb-Kraft zusammengehalten.

Elektronen und Kerne getrennt gerechnet, sind das zusammen 93 verschiedene Bausteine für die gesamte Materie. Dies Modell von 1911 lieferte die Grundlage für die nähere Untersuchung der Elektronenbewegung um den Kern, die nun endgültig aus der klassischen Physik hinaus führte.

Bis zum nächsten Schritt allerdings vergingen zwei Jahre, in denen der Atomkern weitgehend unbeachtet blieb, auch von Rutherford selber. Seine Entdeckung

| Periode | Gruppe | | | | | | | |
|---|---|---|---|---|---|---|---|---|
| | I | II | III | IV | V | VI | VII | VIII |
| | 1 H 1,00797 | | | | | | | 2 He 4,0026 |
| | 3 Li 6,939 | 4 Be 9,022 | 5 B 10,81 | 6 C 12,01115 | 7 N 14,0067 | 8 O 15,9994 | 9 F 18,9984 | 10 Ne 20,183 |
| | 11 Na 22,9696 | 12 Mg 24,312 | 13 Al 26,9815 | 14 Si 28,086 | 15 P 30,9738 | 16 S 32,064 | 17 Cl 35,453 | 18 Ar 39,948 |
| | 19 K 39,102<br>29 Cu 63,54 | 20 Ca 40,08<br>30 Zn 65,37 | 21 Sc 44,956<br>31 Ga 69,72 | 22 Ti 47,90<br>32 Ge 72,59 | 23 V 50,942<br>33 As 74,9216 | 24 Cr 51,996<br>34 Se 78,96 | 25 Mn 54,938<br>35 Br 79,909 | 26 Fe 55,847 27 Co 58,9332 28 Ni 58,71<br>36 Kr 83,80 |
| | 37 Rb 85,47<br>47 Ag 107,87 | 38 Sr 87,62<br>48 Cd 112,40 | 39 Y 88,905<br>49 In 114,82 | 40 Zr 91,22<br>50 Sn 118,69 | 41 Nb 92,906<br>51 Sb 121,75 | 42 Mo 95,94<br>52 Te 127,60 | 43 Tc 99<br>53 J 126,9044 | 44 Ru 101,07 45 Rh 102,905 46 Pd 106,4<br>54 Xe 131,3 |
| | 55 Cs 132,905<br>79 Au 196,967 | 56 Ba 137,34<br>80 Hg 200,59 | 57 La 138,91<br>81 Tl 204,37 | 72 Hf 178,49<br>82 Pb 207,19 | 73 Ta 180,948<br>83 Bi 208,98 | 74 W 183,85<br>84 Po 210 | 75 Re 186,2<br>85 At 210 | 76 Os 190,2 77 Ir 192,2 78 Pt 195,09<br>86 Rn 222 |
| | 87 Fr 223 | 88 Ra 226,05 | 89 Ac 227 | 104 Rf 261,1 | 105 Db 262,1 | 106 Sg 263,1 | 107 Bh 262,1 | 108 Hs 265,1 109 Mt 266,1 110 Ds |

| | | | | | | | | | | | | | |
|---|---|---|---|---|---|---|---|---|---|---|---|---|---|
| 58 Ce 140,12 | 59 Pr 140,907 | 60 Nd 144,24 | 61 Pm 145 | 62 Sm 150,35 | 63 Eu 151,96 | 64 Gd 157,25 | 65 Tb 158,924 | 66 Dy 162,50 | 67 Ho 164,93 | 68 Er 167,26 | 69 Tm 168,934 | 70 Yb 173,04 | 71 Lu 174,97 |
| 90 Th 232,038 | 91 Pa 231 | 92 U 238,03 | 93 Np 237 | 94 Pu 244 | 95 Am 243 | 96 Cm 247 | 97 Bk 247 | 98 Cf 251 | 99 Es 254 | 100Fm 257 | 101 Md 256 | 102 No 256 | 103 Lr 258? |

**Abb. 3.12** Das moderne Periodensystem der Elemente (mit Ordnungszahl $Z$ und chemischem Atomgewicht $A_{\text{chem}}$) heute (bis auf die letzten 9 Transurane $Z = 104-112$, Abb. aus [57])

wurde erst richtig berühmt, als sie Bestandteil einer anderen großen Entdeckung wurde. 1913 baute Niels Bohr, nach einem Forschungsaufenthalt bei Rutherford, sein Atommodell auf ihr auf. Erstmals konnte man die diskreten Energieniveaus beschreiben, aus deren Abständen sich mit $\Delta E = \hbar\omega$ die diskreten Spektrallinien des Wasserstoffs ergeben. Zwar konnte dieser Erfolg trotz intensiver Bemühungen vieler Physiker bei Atomen mit mehreren Elektronen nicht annähernd wiederholt werden. Doch halfen die Grundbegriffe des Bohrschen Modells (z. B. Hauptquantenzahl $n$ und Nebenquantenzahl $\ell$), die Vorstellungen über „Atombau und Spektrallinien“[10] so weiter zu entwickeln, dass 1925 mit der Quantenmechanik (Matrizen-Mechanik von Werner Heisenberg [93], Wellenmechanik von Erwin Schrödinger [171]) der Schlüssel gefunden wurde, der bis heute im wesentlichen richtig geblieben ist.

Wendet man die Schrödinger-Gleichung (mit Coulomb-Kraft und Pauli-Prinzip) auf die Elektronen in der Hülle an, ergibt sich das Schalenmodell der Atome. Darin gibt der Kern durch seine Ladung vor, welche Elektronenzustände im neutralen Atom besetzt sind und – genau so wichtig – welche frei bleiben. Damit ist die chemische und sonstige makroskopische Beschaffenheit der Materie physikalisch verstanden. Denn die drei Aggregatzustände sowie die chemischen Eigenschaften durch das ganze Periodensystem sind fast allein durch die Elektronen in der äußersten Schale des Atoms und deren Coulomb-Wechselwirkung mit den äußersten Elektronen der benachbarten Atome bestimmt.[11] Von den weiteren Eigenschaften der Kerne ist fast nur noch ihre Masse bemerkbar; die aber macht immerhin über 99,9% der Masse der Atome, also der gewöhnlichen Materie aus. Die genauere Untersuchung der *Atom*massen führte folgerichtig in die eigentliche *Kern*physik hinein (siehe das nächste Kapitel).

### 3.5.2 Vorkommen der Elemente

Um hier das Bild vom Aufbau der uns umgebenden Materie auf dieser Ebene zu vervollständigen, zeigt Abb. 3.13 die beobachtete Häufigkeit der verschiedenen Atomarten im Sonnensystem. So hat sie sich seit den 1950er Jahren aus zahllosen Analysen von Erd- und Meteoritenmaterial und des Sonnenspektrums herausgeschält. Als Charakteristika dieser Verteilung sind hervorzuheben:

- Ein überragendes Maximum für H und He. (Dies ergibt sich erst durch Einbeziehung der Sonne, bei den Planeten allein überwiegen die schwereren Elemente.)
- Eine (im Großen und Ganzen) abnehmende Häufigkeit mit steigendem $Z$, insgesamt um 11 Zehnerpotenzen (siehe die logarithmische Skala),

[10] Titel des damaligen Standard-Lehrbuchs von Arnold Sommerfeld, das seit 1919 in vielen jedesmal überarbeiteten Auflagen diese Entwicklung widerspiegelt.

[11] wobei Kerne und Elektronen zusammen das Coulomb-Potential bestimmen, in dem sich alle bewegen. – Tiefere Elektronenzustände haben sehr wenig Einfluss und kommen fast nur beim hochionisierten Plasma ins Spiel.

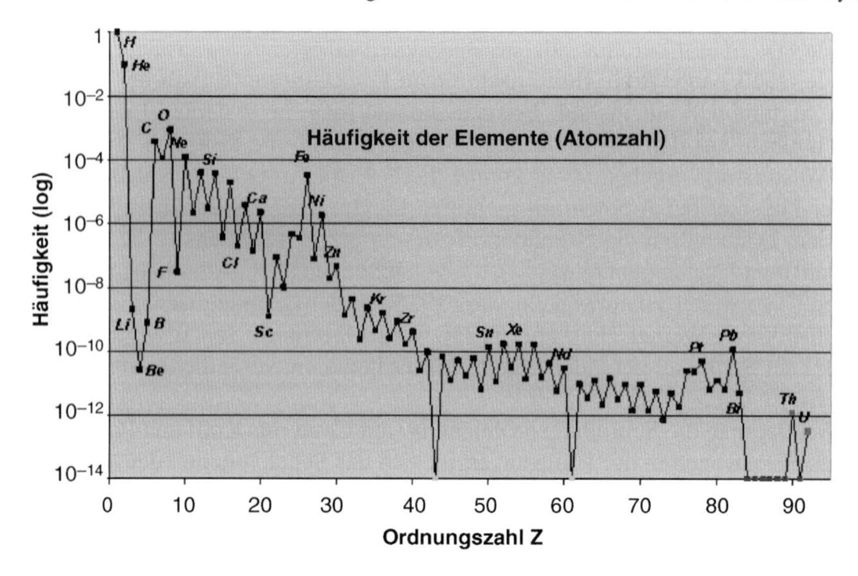


**Abb. 3.13** Häufigkeit der Elemente relativ zu Wasserstoff im Sonnensystem. *Schwarz*: stabile Elemente (als letztes wurde 1925 das Rhenium ($Z = 75$) gefunden). *Farbig*: instabile Elemente. *Braun*: die beiden Mutterelemente der natürlichen Radioaktivität. *Rot*: deren Zerfallsreihen, und *Ocker*: die beiden künstlich hergestellten Elemente Technetium ($Z = 43$, nachgewiesen 1939) und Promethium ($Z = 61$, nachgewiesen 1945). Diese sind alle noch viel seltener als hier angedeutet. Nicht eingezeichnet die künstlich hergestellten Transurane $93 \leq Z \leq 112$ (1940–2009)

- jedoch mit einigen Besonderheiten, z. B.
  - ein spitzes Maximum bei Eisen („Eisen-Peak“),
  - eine ca. 5-mal größere Häufigkeit der Elemente mit geradem $Z$ gegenüber ungeradem $Z$.

Wie auch diese Kurve samt aller Besonderheiten letztlich durch die Kernphysik erklärt werden kann – dazu genaueres in Kap. 4 und Abschn. 8.5.

# Kapitel 4
# Masse und Bindungsenergie der Kerne, Entdeckung von Proton und Neutron

## Überblick

Auf dem Weg zu den Grundstrukturen der Materie stellte sich natürlich die Frage – höchst interessant von Anfang an auch wegen der ungeheuren Energievorräte, die sich in der Radioaktivität zeigten – ob die Kerne *elementar* sind oder eine innere Struktur haben, die sich weiter entschlüsseln lässt. Dies Kapitel behandelt im ersten Teil, wie nach der Entdeckung der Kerne das Wissen über ihre Massen anwuchs, denn es war ausgerechnet diese begrifflich und messtechnisch so einfach zugängliche Größe, die den Weg zu den Kernmodellen eröffnete. Als erster Schritt musste dazu die für die Chemie grundlegende Vorstellung aufgegeben werden, ein Element bestehe aus lauter gleichen Atomen. Dieser Durchbruch gelang J.J. Thomson 1912, indem er Ionenstrahlen nach ihrer spezifischen Ladung auffächern und somit die Masse einzelner Kerne bestimmen konnte (die bis auf weniger als 0,5‰ die Masse des ganzen Ions ausmacht). Nun zeigte sich die äquidistante Quantisierung der Kernmasse (in Abständen der Masse $A = 1$ des H-Atoms), und alle Elemente mit nicht ganzzahligen chemischen Atomgewichten $A$ erwiesen sich tatsächlich als eine Mischung von Atomen mit jeweils ganzen, oft benachbarten Massenzahlen $A$, *Isotope* genannt. Die chemischen Elemente waren in Wirklichkeit also ebenso wenig elementar wie ihre Atome unteilbar.

Auch bei der nach heutigen Maßstäben nur mäßigen spektralen Auflösung, bei der das chemische Atomgewicht eines Elements sich als Mittelwert von (nahezu) ganzzahligen Atomgewichten seiner Isotope entpuppt, hat Massenspektroskopie heute vielfältige aktuelle Anwendungen. Die mit höchster Genauigkeit bestimmte Messgröße ist dabei nicht mehr die Masse, sondern die Häufigkeit von Atomen (oder Molekülen) mit bestimmten Massenzahlen, auch wenn sie in der Probe nur in Spuren vorkommen. Beispiele:

- Große Moleküle zerfallen beim Ionisieren vor dem Eintritt ins Massenspektrometer fast zwangsläufig in Bruchstücke, die eine charakteristische Massenverteilung zeigen. Anhand dieses „Fingerabdrucks“ lassen sie sich auch in geringster Konzentration identifizieren (z. B. Umweltgifte, Dopingmittel).

J. Bleck-Neuhaus, *Elementare Teilchen*
DOI 10.1007/978-3-540-85300-8, © Springer 2010

- Genaue Messung der Isotopen-Zusammensetzung eines Elements[1] geben Aufschluss über die Vorgeschichte des untersuchten Materials. (Zum Beispiel zeigt sich am Eis in alten Schichten von Grönland-Gletschern, bei welcher Ozean-Temperatur das Wasser verdampft worden war, das dort als Schnee niederging. Grund: Wassermoleküle mit den schwereren Isotopen von H oder O sind im Dampf seltener als in der Flüssigkeit, und der Effekt ist temperaturabhängig.)

Nach der Entdeckung der Ganzzahligkeit der Kernmassen durch Thomson 1912 konnte Rutherford 1919 auch noch die Teilbarkeit bzw. Zusammengesetztheit der Kerne beweisen. Höchstpersönlich experimentierend, beobachtete er die ersten *Kernreaktionen*, in denen durch $\alpha$-Strahlung aus Stickstoff-Kernen Wasserstoff-Kerne heraus geschlagen wurden. Das genügte ihm für ein erstes umfassendes Modell der Konstitution der Materie. Dem massiven, geladenen Kernbaustein gab er den neuen Namen *Proton* (zum Ärger mancher Chemiker, die lieber bei dem Namen „einfach geladenes Wasserstoff-Ion" geblieben wären) und konnte nun ein neutrales Atom, charakterisiert durch chemische Ordnungszahl $Z$ und Massenzahl $A$, zusammensetzen aus je $A$ Protonen und $A$ Elektronen, wobei $N = A - Z$ Elektronen im Kern sitzen und die übrigen $Z$ die Hülle bilden.

Das Rutherfordsche Proton-Elektron-Modell des Kerns ist ein Musterbeispiel einer überzeugend einfachen und daher praktisch unausweichlichen Erkenntnis, die überdies wegweisend für die weitere Forschung war und trotzdem grundfalsch. Wegweisend, weil z. B. allein die simple Möglichkeit, die Kerne nun richtig in einem *zwei*-dimensionalen Schema (Koordinaten $Z$, $N$: *Isotopenkarte*) zu betrachten, ganz neuartige Befunde hervorbrachte. So etwa den, dass es zu festem $A$ immer nur ein Nuklid in der Natur gibt, wenn $A$ ungerade ist, zu geradem $A$ aber meistens zwei oder drei gleich schwere (*isobare*) Nuklide mit verschiedenem $Z$ (*Isobaren-Regeln*). Zugleich war das Proton-Elektron-Modell in modernisierter Form die Wiederkehr der damals schon 100 Jahre alten Hypothese, alle Elemente (also alle Materie schlechthin) bestünden aus dem leichtesten von ihnen, nämlich Wasserstoff (1815 aufgestellt von William Prout, kurz nach der Überwindung der *Vier Elemente der Alchemie* durch den heutigen Elementbegriff der Chemie).[2]

Dennoch musste Rutherfords Proton-Elektron-Modell wieder aufgegeben werden und ist heute aus den Lehrbüchern praktisch verschwunden. Es konnte den Kompatibilitätstest mit der neuen Quantenmechanik nicht bestehen, die nach ihrer Entdeckung 1925 (ursprünglich für die Physik der Atomhülle) zunehmend als die grundlegende Theorie aller atomaren Erscheinungen, auch der Kerne und der Moleküle, anerkannt wurde. Seit 1932 mit dem *Neutron* ein neutraler schwerer Kernbaustein entdeckt wurde, betrachtet man die Kerne aufgebaut aus $Z$ Protonen und $N$ Neutronen.

Nachträglich kann man sich fragen, warum Rutherfords Kernmodell überhaupt so lange Bestand hatte und sogar das Neutron noch zwei Jahre nach seiner Entdeckung als ein „in ein Elektron eingebettetes Proton" interpretiert wurde. Das Modell war durch eine Art Denkverbot geschützt gewesen: Neben den zwei Elementarteil-

---

[1] genauer als $1{:}10^{-5}$

[2] vgl. Abschn. 1.1.1

chen Elektron und Proton, die gerechtfertigt erschienen als „Atome der (altbekannten) positiven und negativen Elektrizität“, konnte man nicht noch die Existenz eines weiteren anerkennen, nur um daraus zusammen mit dem Proton alle anderen Kerne aufbauen zu können. Dieser Schritt war selbst nach den ungeheuerlichen Brüchen mit vertrauten Grundvorstellungen, die die erfolgreiche Quantenmechanik den Physikern schon in den ersten fünf Jahren ihres Bestehens abverlangt hatte, zu groß. Er wurde erst vollzogen, nachdem die experimentellen Beweise für die Existenz weiterer, ganz anderer Teilchensorten nicht mehr hinweg zu diskutieren waren.

Als diese Grenze aber einmal überschritten war, wagte es schon ein Jahr später ein in Europa noch völlig unbekannter Doktorand aus Japan, aus einer theoretischen Spekulation heraus ein neues Teilchen vorherzusagen: Dies ist die berühmte (und erst 1947 bestätigte) Hypothese von Hideki Yukawa, nach der die besonders starke Anziehungskraft zwischen den Kernbausteinen und ihre kurze Reichweite durch Austausch eines Vermittler-Teilchens mittlerer Masse zustande käme (siehe Kap. 11 – Pionen).

Die Bestimmung der Kernmassen ebnete aber nicht nur einem ersten richtigen Kernmodell, dem Proton-Neutron-Modell, den Weg, sondern lieferte auch den Schlüssel zum Verständnis der Kernenergie. Die Ganzzahligkeit gilt nämlich doch nicht ganz exakt, sondern mit Abweichungen von knapp 1%, gleich, was als Masseneinheit gewählt wurde. Ab 1920 wurde nach Steigerung der Messgenauigkeit auf besser als $\Delta m/m < 10^{-4}$ ein systematischer *Massendefekt*[3] gefunden und richtig als erster sichtbarer Ausdruck der Einsteinschen Gleichung $\Delta E = \Delta mc^2$ (1905) gedeutet. Die Bindungsenergie der Kerne war damit über ihre Masse messbar geworden – sie liegt millionenfach über den Energie-Umsätzen bei chemischen Reaktionen.

Die so bestimmten Bindungsenergien führten 1935/36 weiter zum ersten detaillierten Kernmodell (Carl Friedrich v. Weizsäcker/Hans Bethe), einem rein phänomenologischen oder *parametrischen Modell*, das bis heute erfolgreich geblieben ist und zu Recht den anschaulichen Namen *Tröpfchen-Modell* trägt. Demnach sind die $Z$ Protonen und $N$ Neutronen eines Kerns durch Anziehungskräfte kurzer Reichweite genau so gebunden wie Wassermoleküle in einem Wassertropfen und werden auch genau wie diese durch eine bei noch kleinerem Abstand einsetzende Abstoßung auf Distanz gehalten. Zusätzlich ist die elektrostatische Abstoßung aller Protonen gegeneinander zu berücksichtigen. Doch Quantenmechanik wird nur zur Begründung eines weiteren Terms benötigt, der die energetisch günstigste Mischung aus Protonen und Neutronen richtig festlegt. Das Tröpfchen-Modell wird im zweiten Teil dieses Kapitels behandelt. Es lässt nicht nur die gemessenen Bindungsenergien der Kerne verstehen, sondern auch, bei welcher Kombination von Protonen- und Neutronenzahlen sich ein stabiler oder ein instabiler Kern ergibt. Es ermöglicht damit die genaue Diskussion von Kern-Fusion und Kern-Spaltung, aber liefert darüber hinaus erstmals eine physikalische Begründung dafür, dass es eine Obergrenze für die Protonenzahl gibt, wenn der Kern nicht spontan spalten soll. Diese Grenze liegt zwar etwas oberhalb der größten (damals) bekannten chemischen Ordnungs-

[3] verglichen mit der Masse von $A$ Protonen

zahl $Z = 92$, liefert aber einen entscheidenden Beitrag zu einer Theorie der existierenden Materie: Die Physik kann nun erklären, warum es nicht viel mehr oder viel weniger chemische Elemente gibt als wir kennen.

## 4.1 Masse der Atomkerne

### *4.1.1 Entwicklung des Kenntnisstands bis etwa 1910*

**Ausgangspunkt Chemie.** Nach Daltons Atomhypothese (1803) hat jedes chemische Element ein

- *Atomgewicht* $A_{\text{chem}}$ mit der Bedeutung der durchschnittlichen Masse eines Atoms in Einheiten der durchschnittlichen Masse eines H-Atoms, und eine
- *Ordnungszahl* $Z$, zuerst einfach die „lfd. Nr." in der Aufzählung der Elemente nach aufsteigenden $A_{\text{chem}}$ (wie im Periodensystem Abb. 1.1).

Von den Atomen eines Elements wurde angenommen – das war die einfachste Hypothese und seit 1860 feste begriffliche Grundlage – dass sie nicht nur in ihrem chemischen Verhalten, sondern auch sonst in allen Eigenschaften ganz gleich sind. Die gegenteilige Entdeckung im Massenspektrometer (siehe Isotope, Abschn. 4.1.3) war zwei Nobelpreise für Chemie wert. Die früheren Messmethoden für das Atomgewicht waren makroskopischer Natur gewesen und hatten daher genau genommen nur Durchschnittswerte geliefert. Solche Atomgewichte $A_{\text{chem}}$ (und Molekulargewichte) konnten bestimmt werden:

- aus Massenverhältnissen bei chemischen Reaktionen
  (wenn die Reaktionsgleichung bekannt war oder richtig vermutet wurde),
- aus der Zustandsgleichung der idealen Gase: $PV = nRT$,
  (Dies ist die traditionelle makroskopische Form, mit Druck ($P$), Volumen ($V$), Gasmenge ($n$ in kmol), Temperatur ($T$) und der „universellen[4] Gaskonstante" $R \approx 8$ kJ/(kmol K). Die heute gebräuchliche mikroskopische Form $PV = Nk_{\text{B}}T$ mit Teilchenzahl ($N$) und der wirklich universellen Boltzmann-Konstante $k_{\text{B}} \equiv R/N_{\text{A}}$ setzte sich erst spät im 20. Jahrhundert allgemein durch.)

  **Frage 4.1.** *Wie bestimmt man hieraus* $A_{\text{chem}}$ *?*

  **Antwort 4.1.** *Die Gasmenge wird einmal durch die Gasgleichung in* kmol *bestimmt, einmal durch Wägung in* kg*. Der Quotient ist das gesuchte Atomgewicht, denn* per def. *hat* 1 kmol *eines jeden Gases die Masse* $M = A_{\text{chem}} \cdot 1$ kg.

- aus dem osmotischen Druck,
  (d. h. Druckdifferenz zwischen Lösungen verschiedener Konzentration, die durch eine (nur) für das Lösungsmittel durchlässige Membran getrennt sind. Auch der

[4] In gleich bleibender Masseneinheit, z. B. kg, ausgedrückt hat $R$ für jedes Gas einen anderen Wert.

osmotische Druck folgt dem idealen Gasgesetz (van 't Hoff'sches Gesetz, erster Nobelpreis für Chemie 1901),

- und aus weiteren Effekten, die nur von der Teilchenzahl abhängen (z. B. Gefrierpunktserniedrigung/Siedepunktserhöhung von Lösungen).

**Erste Deutung des Atomgewichts.** In der irrigen Annahme, die Atomgewichte seien eigentlich ganze Zahlen, wagte William Prout schon 1815 eine erste Deutung des Atomaufbaus durch ein frühes Atommodell (vgl. auch Abschn. 1.1.1):

Ein Atom mit Atomgewicht $A$ ist aus $A$ Wasserstoff-Atomen aufgebaut.

Vermutet wird [52], dass Prout dadurch zu dieser Hypothese geführt wurde, dass Dalton für seine zweite Veröffentlichung 1808 seine eigenen genaueren Daten von 1803 geschönt hatte, indem er für seine ca. 20 Atomgewichte (relativ zu Wasserstoff) nur noch ganze Zahlen angab.

*Alle Materie besteht aus Bausteinen einer einzigen Sorte* – das wäre eine auch philosophisch bedeutende Erkenntnis gewesen. Prouts Modell musste aber bald aufgegeben werden, denn die Fälle der nicht ganzzahligen Atomgewichte nahmen in der Folgezeit deutlich zu. Die erhoffte einfache Erklärung dafür wurde erst 1912 gefunden, als man gelernt hatte, mit mikroskopischer Methodik die Massen der Atome einzeln zu messen (siehe Abschn. 4.1.3 – Isotope).

**Bedeutung der Ordnungszahl?** Dass $Z$ eine über eine „laufende Nummer" hinausgehende Bedeutung haben könnte, kam erst durch das Periodensystem der Elemente (Mendelejew 1869, siehe Abb. 1.1) heraus: Fügte man in die Reihe der bekannten Elemente mit Mut und Geschick zahlreiche Leerstellen ein, und vertauschte in wenigen Fällen die Reihenfolge, dann ließ sich eine periodisch wiederholte Abfolge ihres chemischen Verhaltens erkennen. Anders als bei Prouts Atommodell, wo die Zahl der Ausnahmen stetig anwuchs, nahm die Zahl der Leerstellen im Periodensystem aber rasch ab. Sie konnten als Vermutung neuer Elemente gedeutet werden und erlaubten so, Vorhersagen über deren Atomgewicht und chemische Natur zu machen, aus denen sich Hinweise für die Suche nach ihnen ergaben. Nur die ganze Gruppe der Edelgase konnte so nicht vorhergesagt werden, sondern kam vollständig überraschend. Das 1898 entdeckte Neon wurde zum letzten Testfall für nicht ganzzahliges Atomgewicht: $A_{\mathrm{chem}}(\mathrm{Ne}) = 20{,}2$.

Beide Arten des Erkenntnisfortschritts haben sich später in der Elementarteilchenphysik mehrfach wiederholt: sowohl die erfolgreich überprüften Vorhersagen neuer Teilchen, nachdem in den noch lückenhaften Daten Andeutungen von Regelmäßigkeiten gesucht und gefunden worden waren, als auch solche Überraschungsfunde wie die Edelgase (siehe Kap. 10–13).

Jedoch war nicht einfach zu verstehen, warum das Atomgewicht $A_{\mathrm{chem}}$ mit steigender Ordnungszahl $Z$ nicht gleichmäßig anwächst. Für Wasserstoff gilt $A_{\mathrm{chem}} = Z$, für die folgenden Elemente bis $Z = 20$ (Calcium) etwa $A_{\mathrm{chem}} \approx 2Z$, dann wird der

Anstieg allmählich schneller bis zu $A_{\mathrm{chem}} \approx 2{,}6Z$ für Uran ($Z = 92$, $A_{\mathrm{chem}} = 238$). Noch merkwürdiger waren aber die Umstellungen in der Reihenfolge, die zur Wahrung der systematischen Wiederholungen im chemischen Verhalten geboten waren. Zum Beispiel müsste wie beim 2. und 10. Element als Nr. 18 wieder ein Edelgas erscheinen, gefolgt von einem Alkali-Metall als Nr. 19. Tatsächlich stehen in der Reihung nach Atomgewicht hier zwei passende Elemente: Argon ($A_{\mathrm{chem}} = 39{,}9$) und Kalium ($A_{\mathrm{chem}} = 39{,}1$), aber eben in der falschen Reihenfolge.

**Physikalische Klärung.** Die wirkliche Bedeutung der Ordnungszahl $Z$ wurde durch Rutherfords Streu-Experimente ab 1911 klar. Die Atome des Elements „Nr. $Z$" besitzen einen Kern mit Ladung $Q = Ze$ (siehe Abb. 3.6). Dies wurde (ab 1913) bestätigt durch das Moseley-Gesetz: Die Energie bzw. Wellenlänge der Röntgenquanten aus dem Übergang von der $L$-Schale (Hauptquantenzahl $n = 2$) in die $K$-Schale ($n = 1$) variiert systematisch mit $Z$, nach dem Bohrschen Atommodell proportional zu $Z^2$. Damit ist die chemische Ordnungszahl $Z$ eine physikalisch messbare Größe geworden.

### *4.1.2 Messung der Massen einzelner Atome*

**Eine kleine methodologische Vorüberlegung.** Heute, nach den ersten 100 Jahren moderner Physik, kann man Apparaturen bauen, die die Masse eines einzigen Atoms zu messen gestatten.[5] Warum kann das nicht schon die Waage, mit der wir auf Alltagsart eine Masse $m$ mittels der Messung der Gewichtskraft $mg$ bestimmen? Prinzipiell: weil die Waage notwendigerweise selber aus einer makroskopischen Anzahl Atomen besteht und ein sichtbares Mess-Signal nur hergibt, wenn man eine makroskopische Anzahl von Atomen (d. h. in der *Größenordnung* nicht zu weit unter der Avogadro-Konstante) auf sie einwirken lässt. Der Messwert ist dann direkt die Summe der Gewichte einer großen Anzahl einzelner Atome, und daraus können wir bestenfalls einen arithmetischen Mittelwert extrahieren, und auch den nur mit der Genauigkeit, mit der diese Anzahl, also der Skalenfaktor zwischen makroskopischer und mikroskopischer Welt bekannt ist. (Zum Beispiel kannte man in den 1920er Jahren die Avogadro-Konstante nur auf $\pm 10\%$.)

Auch bei den Massenspektrometern, mit denen ab 1912 wichtige Eigenschaften der Atome bzw. Kerne entdeckt wurden, entsteht das beobachtete Signal – z. B. die sichtbare Schwärzung einer Fotoplatte – erst durch die Treffer sehr vieler Atome an derselben Stelle. Damit dies Signal über die Masse jedes einzelnen von ihnen etwas aussagen kann, müssen sie vorher einzeln einen Filter durchlaufen haben, der Atome anderer Masse zu einer anderen Stelle hin abgelenkt hätte.

**Messprinzip.** Massenspektrometer messen die Masse $m$ als ***träge*** Masse.[6] Nach $\vec{F} = m\dot{\vec{v}}$ ist dazu die durch eine bekannte Kraft $\vec{F}$ bewirkte Beschleunigung $\dot{\vec{v}}$ zu messen. Für die elektromagnetischen Kräfte muss man die Atome erst ionisieren

[5] und das gleich mit 8-stelliger Genauigkeit, siehe Abschn. 4.1.7

[6] Die Schwerkraft ist nicht nur um viele Größenordnungen zu schwach, sondern scheidet eben schon deshalb aus, weil sie allen Massen die gleiche Beschleunigung gibt.

(Ladung $Q$), daraus einen gerichteten Ionen-Strahl bilden, diesen durch Felder bekannter Stärke ablenken lassen ($\vec{F}_{\text{Coulomb}} = Q\,\vec{E}$, $\vec{F}_{\text{Lorentz}} = Q\,\vec{v} \times \vec{B}$), und aus den Ablenkungen die Beschleunigungen bestimmen. Die daraus abgeleitete Messgröße kann dann immer nur die *spezifische Ladung $Q/m$* sein, denn es ist ununterscheidbar, ob *zwei gleiche* Teilchen nebeneinander her geflogen sind oder nur *ein einziges* mit doppelten Werten für Ladung und Masse. Für eine absolute Bestimmung der Masse muss man also die Ladung genau kennen: Ansatz $Q = \pm e, \pm 2e, \ldots$ wie die Ladungen der Ionen in der Elektrochemie ($\sim 1860$) und die der Öltröpfchen im Millikan-Experiment (1909).

Beschleunigungen der Teilchen sind in dem Ionen-Strahl dann auf zwei Weisen beobachtbar:

- als Ablenkung im Platten-Kondensator (Länge $L$, Feld $\vec{E}$ senkrecht zu $\vec{v}$). Bei Ablenkung um einen kleinen Winkel $\vartheta$ gilt

$$\vartheta = \frac{QE}{mv^2} L = \frac{QE}{2E_{\text{kin}}} L\,. \tag{4.1}$$

**Frage 4.2.** *Rechnen Sie Gl. (4.1) nach.*

**Antwort 4.2.** $m\Delta\vec{v} = Q\,\vec{E}\,\Delta t\,, \quad L = v\Delta t\,, \quad \vartheta \approx \tan\vartheta = \Delta v/v\,.$

- als Krümmungsradius $R$ der Kreisbahn im Magneten (Feld $\vec{B}$ senkrecht zu $\vec{v}$)

$$\frac{1}{R} = \frac{QB}{mv} = \frac{QB}{p}\,. \tag{4.2}$$

**Frage 4.3.** *Rechnen Sie Gl. (4.2) nach.*

**Antwort 4.3.** *Die Lorentz-Kraft sorgt für die Zentripetalkraft: $mv^2/R = QvB$.*

(Nebenbei: Die Umlauffrequenz heißt Zyklotronfrequenz

$$\omega_{\text{C}} = \frac{v}{R} = \frac{QB}{m} \tag{4.3}$$

und ist von R unabhängig, ein Umstand, der bei Präzisionsmessungen mögliche Unsicherheiten ausschließen hilft (siehe S. 95, 443, 461).

**Prinzipielle Fehlerquelle.** Problem in jedem der beiden Fälle: Um aus der Messgröße „Ablenkung" die Masse $m$ mit %-Genauigkeit zu ermitteln, ist die ebenso genaue Festlegung und Kenntnis der Teilchengeschwindigkeit $v$ nötig, was bei Ionen, die aus einer Gasentladungsröhre extrahiert werden, nicht ohne weiteres gegeben ist.

**Frage 4.4.** *Wie ist genau das Verhältnis der relativen Fehler $\Delta m/m$ und $\Delta v/v$?*

**Antwort 4.4.** *Im E-Feld ergibt sich nach Gl. (4.1) die Masse aus der Ablenkung wie $m \sim v^{-2}$ also $\Delta m/m = 2 \cdot \Delta v/v$. Im B-Feld ergibt sich nach Gl. (4.2) die Masse aus dem Krümmungsradius wie $m \sim v^{-1}$, also $\Delta m/m = 1 \cdot \Delta v/v$.*

**Experimentalphysikalische Lösung.** Prinzipielle Lösung des Problems: Man eliminiert die unbekannte Geschwindigkeit $v$ der Teilchen, indem man in (irgend-) einer Kombination von E- und B-Feld beide Ablenkungen getrennt misst. Sie hängen von $v$ in verschiedener Weise ab.

Prinzipiell gesehen: Die Ablenkung im elektrischen Feld ist durch die (kinetische) Teilchen-*Energie* bestimmt (Gl. (4.1)), die im Magnetfeld durch den Teilchen-*Impuls* (Gl. (4.2)). Wenn man Energie und Impuls eines Teilchens kennt, weiß man auch seine Masse – wegen $E_{\text{kin}} = p^2/(2m)$ bzw. relativistisch korrekt $E^2 = (E_{\text{kin}} + mc^2)^2 = p^2c^2 + m^2c^4$. Das ist ganz allgemein ein in der Elementarteilchenphysik gebräuchliches Vorgehen zur Bestimmung von Massen. Ein weiteres Beispiel folgt weiter unten bei Identifizierung des Neutrons.

**Thomsons Massenspektrograph.** Für die Anordnung der beiden Felder sind unterschiedliche apparative Realisierungen möglich. Abbildung 4.1 zeigt als ein Beispiel unter vielen den Parabel-Spektrographen von J.J. Thomson (1912) und eine (spätere) Fotoplatte mit einem typischen, damals aber bahnbrechenden Ergebnis. Der Name der Apparatur rührt daher, dass die Aufschlagpunkte der Teilchen mit gleicher spezifischer Ladung, aber verschiedenen Geschwindigkeiten, auf der Fotoplatte die Punkte einer Parabel bilden.

**Elemente sind Gemische.** Die Messung in Abb. 4.1 ist für ein Gemisch von Neon (Ne), Wasserdampf ($H_2O$) und Benzol ($C_6H_6$). Sie zeigt: *Es gibt* Parabeln in regelmäßigen Abständen – also ist die spezifische Ionen-Ladung $Q/m$ eine diskrete, scharf definierte Größe. Die meisten der Parabeln in Abb. 4.1 stammen von verschiedenen (charakteristischen) Bruchstücken der Wasser- bzw. Benzol-Moleküle, die bei der Ionisierung entstanden sind.

Man vergegenwärtige sich, welche Fülle von Informationen über Aufbau, mögliche Bruchstücke und Reaktionsweisen von Molekülen man mit dieser physikalischen Methode gewinnen kann. Massenspektrometer stehen daher seitdem in jedem Chemie-Institut.

Die zwei deutlich sichtbaren Parabeln in der Mitte jedoch sind vom Edelgas Neon: eine zum Atomgewicht $A = 20$ und eine zu $A = 22$ (und dazwischen noch eine sehr schwache für $A = 21$). Das chemisch reine Element Ne auf dem Platz Nr. 10 des Periodensystems besteht physikalisch gesehen aus zwei (genauer sogar drei) Komponenten verschiedener Masse: den *Isotopen* des Neon.

In der gezeigten Messung erscheinen beide Linien gleich stark. Es war hierfür eine Gasfüllung präpariert worden, in der das schwere Neon-Isotop durch Diffusionsprozesse schon angereichert worden war. Bei natürlichem Neon wäre die Linie zu $A = 22$ 10-mal schwächer als die zu $A = 20$. Damit war das gebrochene chemische Atomgewicht ($A_{\text{chem}} = 20{,}2$) erklärt: Es ist der entsprechend gewichtete Mittelwert der ganzen Zahlen 20 und 22 (J.J. Thomson 1912).

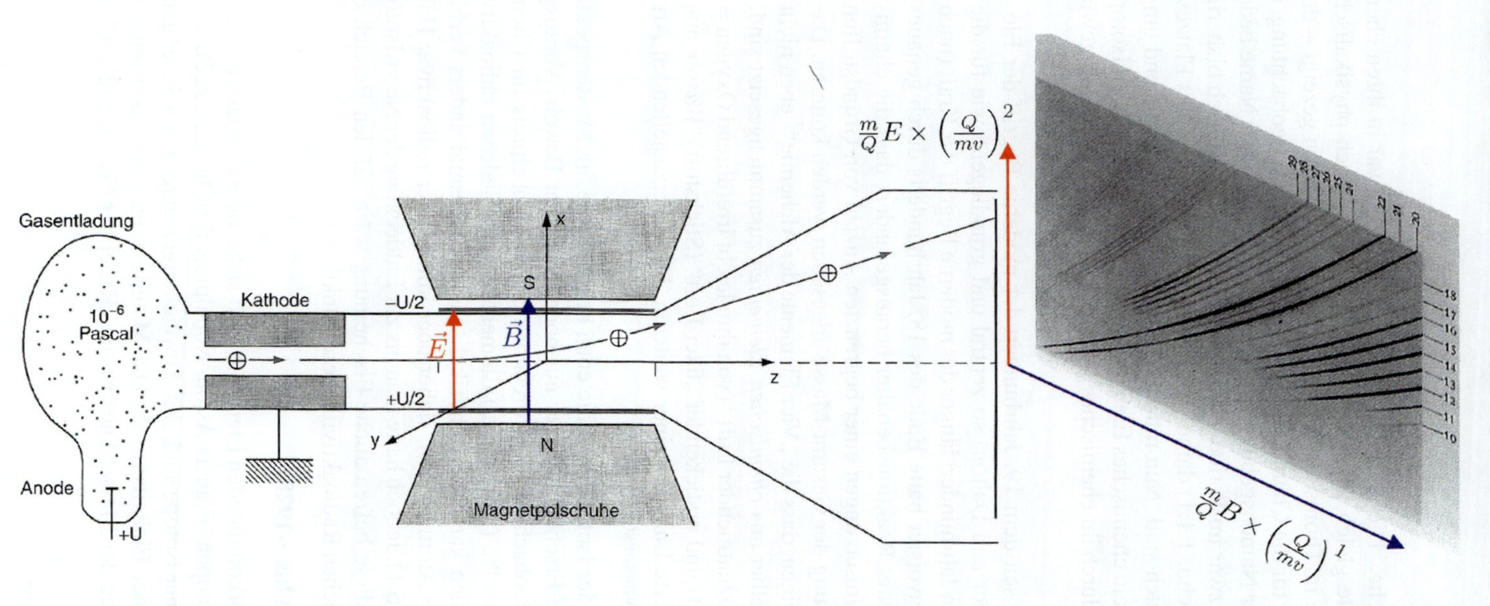


**Abb. 4.1** Parabel-Massenspektrograph. *Linker Teil*: die Ionen treten mit sehr unterschiedlichen Geschwindigkeiten in die Ablenkfelder ein. $\vec{E}$ und $\vec{B}$ sind zueinander parallel und lenken die Ionen nach oben bzw. rechts vorne ab. *Rechter Teil* (Fotoplatte): Die Ablenkung nach oben ist proportional zu $\frac{m}{Q}\left(\frac{Q}{m}\frac{1}{v}\right)^2$, die nach rechts vorne proportional zu $\left(\frac{Q}{m}\frac{1}{v}\right)^1$. Auf dem Schirm treffen Teilchen verschiedener Geschwindigkeit $v$ längs einer durch $Q/m$ bestimmten Parabel auf – je langsamer und leichter, desto weiter außen. An jeder Parabel ist die Massenzahl $A$ angegeben (Bereich $A = 10$–$29$). Die beiden intensivsten Parabeln gehören zu den beiden Neon-Isotopen mit $A = 20$ und $A = 22$. (Abbildung nach [57])

### *4.1.3 Isotope*

**Elemente sind Gemische.** Die Atome eines Elements sind zwar in ihren chemischen Eigenschaften alle gleich, aber die weitere Aufteilung nach physikalischen Eigenschaften ist – wie in Thomsons Parabel-Massenspektrograph gezeigt – doch möglich: Eine nicht nur für die Chemiker zunächst schockierende Beobachtung, die sich entfernt auch in der Namensgebung *Isotope* wiederspiegelt. Der Name bedeutet *Gleicher Platz*, und zwar im Periodensystem der Elemente, das nach bisheriger Lehrmeinung (vgl. Abschn. 1.1.1) darauf beruhte, dass alle Atome eines Platzes in *allen* Eigenschaften gleich sind. Nun mussten die Lehrbücher dahingehend umgeschrieben werden, dass ein chemisches Element ein Gemisch aus mehreren Isotopen darstellt, die sich nicht durch ihr chemisches Verhalten, aber durch ihr Atomgewicht unterscheiden.

Für die Chemie war seit dem 19. Jahrhundert der moderne Begriff der Elemente (nach Lavoisier und Dalton) so zentral und grundlegend wie für die Physik z. B. schon ein Jahrhundert länger der moderne Begriff der Kraft (nach Newton). Antoine Lavoisier hatte Ende des 18. Jahrhunderts durch genaues Wägen abgeschlossener Reaktionsbehälter herausgefunden, dass die chemischen Prozesse als Umsetzungen einer begrenzten Anzahl von Grundstoffen unter strenger Erhaltung der Gesamt-Masse angesehen werden konnten. Dabei konnte er auch zeigen, dass die „Vier Elemente der Alchemie“[7] eben nicht elementar sondern selber aus *chemischen Elementen* zusammengesetzt sind, z. B. *Luft* aus „gut einzuatmender Luft“ (von ihm leicht irreführend Oxygen = Säurebildner genannt) und erstickender „fixer Luft“ (Stickstoff), *Wasser* aus der erstgenannten Sorte Luft und einer weiteren, leicht herzustellenden Art „brennbarer Luft“ (Wasserstoff).

Für die Entdeckung der Isotopie war die eben besprochene, im Massenspektrographen so augenfällige Erscheinung aber nur noch ein letzter Beweis. Vorausgegangen war 1910 die Beobachtung von Frederick Soddy (Nobelpreis für Chemie 1921), dass ein und dasselbe (radioaktive) Element in verschiedenen radioaktiven Zerfallsreihen vorkommen kann, sich physikalisch aber jedesmal anders verhält: vermutlich mit anderem Atomgewicht, sicher aber mit anderer radioaktiver Halbwertzeit (siehe Abschn. 6.1). Jedoch hatte man bis zur Entdeckung der Neon-Isotope noch glauben können, diese befremdliche Erscheinung wäre auf den Bereich der nicht weniger befremdlichen Radioaktivität beschränkt.

**Weitere Entdeckungen bis ∼1920.**

- Fast alle natürlich vorkommenden Elemente – ob stabil oder radioaktiv – bestehen aus mehreren Isotopen (Francis Aston, Nobelpreis für Chemie 1922).
- Die Atommassen reiner Isotope sind, mit Abweichungen unter 1%, wieder ganzzahlige Vielfache einer Einheitsmasse. Die Materie zeigt (nun doch) eine regelmäßige Quantelung der Masse: Dies ist die „Regel der Ganzzahligkeit“ von Aston.

[7] Feuer, Wasser, Luft und Erde

- Jedes Isotop hat damit eine eindeutige ***Massenzahl*** $A$.
- Das chemische Symbol des Elements X wird vervollständigt zum Isotopensymbol $^{A}$X. Beispiele: $^{1}$H, $^{4}$He, ... bis $^{238}$U (oder auch H-1, He-4, ... bis U-238 , sowie – mit leichter Redundanz – mit der Ordnungszahl $Z$ als unterem Index: $^{1}_{1}$H, $^{4}_{2}$He, ... bis $^{238}_{92}$U).
  An Stelle von „Isotop" hat sich auch mit gleicher Bedeutung das Wort „Nuklid" eingebürgert.
- Das Isotopen-Symbol wird wie das Element-Symbol der Chemie gebraucht, d. h. mit je nach Kontext wechselnder Bedeutung:
  - Stoffart als solche,
  - Menge 1 kmol,
  - Menge 1 Atom bzw. 1 Kern.
- Die Regel der Ganzzahligkeit ist nicht exakt erfüllt. Die Masse von $^{4}_{2}$He ist knapp 1% kleiner als die von vier Protonen.
- Für alle Isotope zusammen erhält man die beste Annäherung (auf meist $< 1‰$) an die Regel der Ganzzahligkeit nicht, wenn man das Atomgewicht von Wasserstoff als Bezugsmasse wählt, sondern z. B. $\frac{1}{16}$ des Atomgewichts des chemischen Elements Sauerstoff. Später zeigte sich, dass die Isotopen-Mischung $^{16}$O : $^{17}$O : $^{18}$O je nach Herkunft des Sauerstoffs geringe Schwankungen aufweist. Um die Definition der atomaren Masseneinheit dagegen abzusichern, wählte man $\frac{1}{16}$ der Masse des Hauptisotops $^{16}_{8}$O, seit 1961 (aus praktischen Gründen) $\frac{1}{12}$ der Masse des Hauptisotops $^{12}_{6}$C von Kohlenstoff (die Unterschiede bewegen sich bei $< 10^{-4}$).
- Die Definition der „atomic mass unit" ist daher: $1\,\text{amu} = \frac{1}{12}m(^{12}\text{C})$.
  Ausgedrückt in Energie (heutiger Bestwert [134]):

$$1\,\text{amu}\,c^2 = 931{,}494028(\pm 23)\,\text{MeV}\,. \tag{4.4}$$

  (Die Fehlergrenzen beziehen sich immer auf die letzten mit angegebenen Dezimalstellen.)
- Ausgerechnet Wasserstoff zeigt mit 8‰ nun die größte Abweichung von der Ganzzahligkeit: $m(^{1}_{1}\text{H}) = 1{,}008$ amu. Die weit reichenden Schlüsse hieraus folgen im Abschnitt 4.2.

### *4.1.4 Das Proton und Rutherfords Proton-Elektron-Modell des Kerns*

**Der massive Baustein der Materie.** Im Jahr 1914, als die Neon-Isotope gerade entdeckt und die Regel der (fast genau) ganzzahligen Isotopen-Massen noch sehr wacklig war, wagte es Rutherford schon, ein allgemeines Modell der Materie darauf aufzubauen, das einerseits umfassend sein sollte, andererseits aber mit den nur zwei damals wohlbekannten Bausteinen auskam: Ein Atom ${}^{A}_{Z}\mathrm{X}$ ist demnach zusammengesetzt:

- für die Masse $A$: aus $A$ Wasserstoff-Kernen,
- für die Neutralität: zusätzlich aus $A$ Elektronen,
- für die Kernladung $+Ze$: von den $A$ Elektronen befinden sich $N = A - Z$ im Kernvolumen eingeschlossenen (ihr Beitrag zur Masse ist $< 10^{-3}$), die übrigen $Z$ bilden die Hülle.

Das ist recht genau das alte Modell von Prout (1815, vgl. Abschn. 1.1.1 und 4.1.1), jetzt spezifiziert dahingehend, dass nicht das ganze H-Atom sondern nur sein *Kern* als der massive Grundbaustein der Materie auftritt. Dieser ist ein in der Chemie gut bekanntes Teilchen und heißt dort Wasserstoff-Ion $H^+$. Wegen seiner neu erlangten Bedeutung als grundlegendes Elementarteilchen schlug Rutherford 1919 aber einen eigenen Namen vor, der nicht mehr an ein modifiziertes Atom eines bestimmten Elements erinnern sollte: *Proton* (Zeichen: $p$).

Man ist sich nicht sicher, ob Rutherford dabei mehr an „Prout" oder mehr an das griechische Wort für „das erste" gedacht hat. Jedenfalls sprachen Chemiker ihm das Recht zur Namensgebung ab (so z. B. Soddy [180], ehemals engster Mitarbeiter von Rutherford bei der Aufklärung der radioaktiven Zerfallsreihen, dabei Entdecker der Isotopie und wie er ein Nobelpreisträger der Chemie). Es dauerte Jahre, bis sich der physikalische Name durchsetzte. Noch 1924 bestand Millikan, der 1909 als erster die Ladung einzelner Elektronen gemessen hatte, in seiner Nobelpreisrede (für Physik) darauf, vom „positiven Elektron" zu reden, und führte sprachwissenschaftliche Argumente an.

Dies ist das Proton-Elektron-Modell der Kerne von Rutherford. Für die Kernmassen würde es ergeben:

$$m(A, Z) = Am_{\mathrm{p}} + (A - Z)m_{\mathrm{e}}\,, \tag{4.5}$$

und das stimmt (mit oder ohne Elektronen) wie oben bemerkt besser als 1%.

**Modell-Tests.** Wie lässt sich testen, ob so ein Modell nur eine Eselsbrücke zum leichteren Merken der Atommassen ist oder auch ein physikalisches Verständnis des Kernaufbaus vermittelt? Anhand der Möglichkeit, neue Eigenschaften vorherzusagen und diese dann experimentell zu überprüfen. Mögliche Vorhersagen solcher Art sind für das Proton-Elektron-Modell z. B.:

- Aus Kernen können Elektronen herauskommen.
- Aus Kernen können Protonen herauskommen.

Beide Prüfungen verliefen erfolgreich: Die erste Eigenschaft war 1919 schon lange bekannt: die $\beta$-Radioaktivität (genaueres siehe Abschn. 6.5). Die zweite Modell-Vorhersage wurde im gleichen Jahr durch Rutherford selber bestätigt. Er fand mit seinem Szintillationsdetektor (vgl. Abschn. 3.1.1), dass bei der Bestrahlung von Stickstoff mit $\alpha$-Teilchen genügend hoher Energie (5,5 MeV, Quelle ${}^{214}\mathrm{Bi}$ = „Radium C") eine schwache Sekundär-Strahlung entsteht, die in alle Richtungen geht

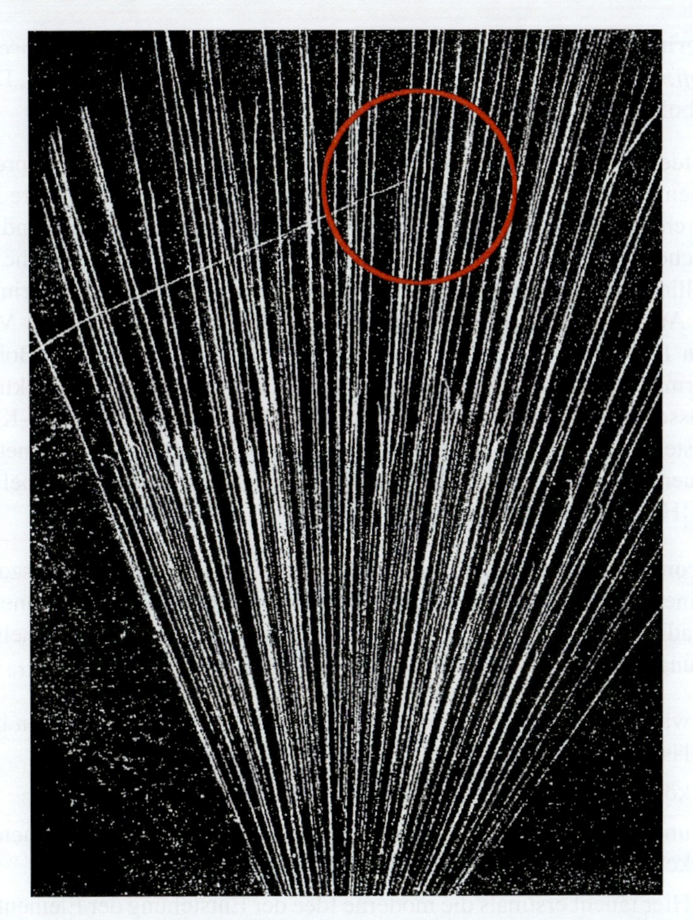

**Abb. 4.2** Nebelkammer-Aufnahme (1924) einer Kernreaktion $\alpha + {}^{14}_{7}\mathrm{N} \rightarrow {}^{17}_{8}\mathrm{O} + p$. Im *roten Kreis* trifft eins der $\alpha$-Teilchen auf einen ${}^{14}_{7}$N-Kern und schlägt ein Proton heraus (*lange dünne Spur nach links*, der Restkern ${}^{17}_{8}$O macht die *kurze dicke Spur nach oben*). Rutherford hatte solche Kernreaktionen 1919 entdeckt. (Abbildung aus [72]).

und weder aus $\alpha$-Teilchen noch aus Rückstoßkernen besteht. Ihre größere Reichweite und geringere Ionisationsdichte – vgl. Bohrs Theorie des Bremsvermögens (Abschn. 2.2) – passten hingegen zu Protonen von ca. 2,5 MeV. Eine berühmte, 1924 entstandene Nebelkammer-Aufnahme zeigt diese erste richtig identifizierte „künstliche"[8] Kernreaktion $\alpha + {}^{14}_{7}\mathrm{N} \rightarrow {}^{17}_{8}\mathrm{O} + p$ (siehe Abb. 4.2).

**Modell-Voraussagen.** Von der Richtigkeit des Proton-Elektron-Modells überzeugt, wagte Rutherford schon 1920 zwei weitere Vorhersagen:

[8] Warum „künstlich" in Anführungsstrichen gesetzt ist, dazu siehe Fußnote 38 auf S. 184.

- **Deuterium**: Es könnte ein Wasserstoff-Isotop ${}^2_1\mathrm{H}$ geben – den *Schweren Wasserstoff*, mit einem Kern aus 2 Protonen und 1 Elektron, genannt „Deuteron" (Symbol $d$).

  Entdeckt wurde Deuterium erst 1931 von Harold Urey (Nobelpreis für Chemie 1934) nach intensiven Versuchen, dies vermutete schwere Isotop durch teilweises Verdampfen von *festem* Wasserstoff im Rückstand anzureichern. Der Nachweis erfolgte durch eine schwache neue optische Spektrallinie dicht neben einer bekannten Wasserstoff-Linie. Die geringfügige Aufspaltung ergibt sich durch die verschiedenen reduzierten Massen von Deuterium ${}^2_1\mathrm{H}$ und dem Hauptisotop ${}^1_1\mathrm{H}$. (Vergleiche die Bohrsche Formel für die Bindungsenergie (Gl. (2.15)), wo statt der Elektronenmasse genau genommen die reduzierte Masse des jeweiligen 2-Körper-Systems einzusetzen ist.) Die Masse, alsbald im Massenspektrometer genauer bestimmt, ist $m({}^2_1\mathrm{H}) = 2{,}014\,\mathrm{amu}$, also *nicht ganz* das doppelte von $m({}^1_1\mathrm{H}) = 1{,}008\,\mathrm{amu}$.

- **Neutron** (Symbol $n$): Es könnte ein Element „$n$" mit der Ordnungszahl $Z = 0$ und einem Isotop ${}^1_0n$ geben, aufgebaut aus einem Proton mit einem innerhalb des Kernradius gefangenen Elektron: Dies hypothetische „Atom" hätte keine Hülle, wäre ungeladen und

  - wäre deshalb schwer nachzuweisen (weil es keine Ionisationen hinterlässt),
  - könnte daher auch durch alle Wände gehen,
  - und könnte auch mangels Coulomb-Abstoßung anderen Kernen nahe kommen und dann vielleicht von ihnen eingefangen werden.

    Hier taucht erstmals die moderne Idee der Entstehung der Elemente auf: Die Hypothese von Prout (1815) über die Ganzzahligkeit der Atomgewichte wird zu einer Hypothese über den Prozess des stufenweisen Aufbaus aller Atome aus Wasserstoff fortentwickelt.[9]

  1932, kurz nach der Identifizierung des Deuteriums, wurden auch solche *Neutronen* als freie Teilchen entdeckt (s. u.).

**Proton-Elektron-Modell falsch.** Rutherfords Proton-Elektron-Modell der Kerne hatte also schon früh zwei weit reichende und richtige Voraussagen ermöglicht – aber genügt das für einen „Beweis"? Ganz im Gegenteil, das Modell an sich ist grundfalsch und musste trotz der erfolgreichen Bestätigung der zwei Voraussagen schon zwei Jahre danach aufgegeben werden. Einige mittlerweile bekannt gewordene Gegenargumente waren:

- Es war nicht gelungen, durch Kernreaktionen auch Elektronen aus Kernen heraus zu schießen.

[9] Zum heutigen Modell für diesen Prozess siehe Abschn. 8.5.

- Das magnetische Dipol-Moment eines Elektrons ist um 3 Größenordnungen größer als typische Werte für Kerne (vgl. Abschn. 7.3).

Dazu kamen Widersprüche zur Quantenmechanik, die 1925 zwar an den Elektronen der Atomhülle entdeckt worden war, deren allgemeine Gültigkeit aber zunehmend anerkannt und jedenfalls auch für die „Kern-Elektronen" erwartet wurde.[10]

- Die quantenmechanische Addition der Drehimpulse geht nicht auf. Zum Beispiel ist der Kern-Drehimpuls von $^{14}_{7}N$ ganzzahlig (in Einheiten $\hbar$), wie aus dem optischen Spektrum des $N_2$-Moleküls hervorgeht (näher erklärt in Abb. 7.1). Das passt bei Bausteinen mit halbzahligem Spin (wie $p$ und $e$ damals schon richtig zugeschrieben) nur zu einer geraden Anzahl von ihnen. Wenn aber $^{14}_{7}N$ aus 14 Protonen und 7 Elektronen bestünde, also aus einer ungeraden Anzahl, könnte der Drehimpuls nur halbzahlig sein.
- Es war unerklärlich, warum die hypothetische Kraft, die die Elektronen innerhalb der Kerne (Radius einige fm, siehe Abschn. 3.4) festhalten kann, sonst in keiner Weise in Erscheinung tritt.
  Zum Vergleich: Die Coulomb-Kraft bindet Elektronen auf den Bohrschen Bahnen bzw. wellenmechanischen Orbitalen, die (bei leichten Atomen) größenordnungsmäßig $10^4$-fach größer sind als die Kernradien. Wie schon die Formel (2.15) für die Stärke der Coulomb-Kraft zeigt, müsste der Coulomb-Parameter $e^2/(4\pi\varepsilon_0) \approx 1{,}44\,\mathrm{eV\,nm}$ um den gleichen Faktor $10^4$ größer werden, um ein Elektron auf die Dimensionen des Kerns zu konzentrieren. Unverständlich, dass eine so starke Kraft sich weiter außerhalb nicht mehr bemerkbar machen würde.
- Die Bindungsenergie des Elektrons im Kern müsste dann auf Hunderte MeV anwachsen, weil sie (auch nach Gl. (2.15)) zum Quadrat des Coulomb-Parameters proportional ist und folglich ums $10^8$-fache steigen würde. Diese Bindungsenergie entspricht nach $E = mc^2$ schon ungefähr der halben Protonenmasse, so dass mit jedem zusätzlich eingebauten Elektron die Kernmasse erheblich variieren müsste, im eklatanten Widerspruch zu der Regel der Ganzzahligkeit der Atomgewichte.
- Auch die mittlere kinetische Energie des Elektrons im Kern müsste auf Hunderte MeV anwachsen, denn nach dem Virialsatz ist sie gleich der (positiv gezählten) Bindungsenergie.[11]
  Eine kinetische Energie der gleichen Größenordnung ergibt sich auch direkt aus der Unschärfe-Relation $\Delta x \cdot \Delta p \geq \hbar/2$ der Quantenmechanik (siehe Abschn. 6.5.2).

Fazit: Wenn es diese „Kern-Elektronen" des Proton-Elektron-Modells wirklich geben sollte, müssten sie hoch relativistisch sein und durch eine ganz unbekannte Kraft gebunden werden.

[10] Um die folgenden Argumente zu verstehen, müssen Kenntnisse aus der Quantenmechanik vorausgesetzt werden, die hier erst in Kap. 5 und 7 besprochen werden.

[11] Für Coulomb-Kraft und Gravitation gilt in gebundenen Systemen der schon aus der klassischen Mechanik bekannte Virial-Satz: Potentielle und kinetische Energie stehen im zeitlichen Mittel im Verhältnis $\langle E_{\mathrm{pot}}\rangle = -2\langle E_{\mathrm{kin}}\rangle$. Für die Gesamt-Energie (d. h. die negativ gezählte Bindungsenergie) folgt $E = -E_{\mathrm{B}} = \langle E_{\mathrm{pot}}\rangle + \langle E_{\mathrm{kin}}\rangle = -\langle E_{\mathrm{kin}}\rangle$.

***„Logik der Forschung.“*** Unter diesem Titel erschien zur selben Zeit eine philosophische Abhandlung von Karl Popper, die vielen Wissenschaftlern die Augen öffnete: Demnach werden (natur-)wissenschaftliche Theorien aus den Beobachtungen nicht deduktiv sondern induktiv erschlossen, weshalb allein logische Gründe schon verbieten, ihre allgemeine Richtigkeit als *bewiesen* zu betrachten. Die Aufstellung und der Sturz des Proton-Elektron-Modells für den Kern ist nur eins der zahllosen Beispiele für diese Regel des wissenschaftlichen Fortschritts, der deshalb auch als „Fortschritt von größeren zu kleineren Irrtümern“ angesehen werden kann. Popper entdeckte dies anhand der Überwindung (oder Widerlegung?) der Newtonschen Mechanik durch Einsteins Relativitätstheorie, nicht zufällig in der Zeit, als mit dem Durchbruch der Modernen Physik die direkte Anschauung ihre Rolle als unmittelbarer Beweis für die „Wahrheit“ verlor. Bestenfalls kann demnach eine Theorie an umfangreichem empirischen Material getestet und jedesmal *bestätigt* werden, aber durch ein einziges Gegenbeispiel in Gestalt eines *experimentum crucis* auch schon *falsifiziert* werden.[12]

### 4.1.5 Das Neutron und das Proton-Neutron-Modell des Kerns

**Neutron entdeckt.** Doch waren es nicht diese wachsenden Zweifel im Hinblick auf die Quantenmechanik, die zur Überwindung des Proton-Elektron-Modells führten, sondern schließlich die Entdeckung des schweren, ungeladenen Kernbausteins durch James Chadwick 1932 (Nobelpreis 1935).

Beim Beschuss leichter Elemente (Be) mit $\alpha$-Teilchen hatte Chadwick eine Strahlung gefunden, die in der Nebelkammer nicht selber eine Spur machte, also aus ungeladenen Quanten bestehen musste.[13] Diese neutralen Teilchen konnten aber aus einem der Gas-Moleküle einen ganzen Kern so heftig heraus stoßen, dass dieser seinerseits eine Ionisationsspur hinterließ und damit seine Energie verriet. Zunächst wurde vermutet, es könnte sich um Photonen handeln, also neutrale Quanten mit Ruhemasse Null. Jedoch bestimmte Chadwick Energie *und* Impuls des stoßenden neutralen Teilchens,[14] indem er die beim Stoß übertragene Energie nicht nur an einem sondern an zwei verschiedenen Stoßpartnern ($^1$H und $^{14}$N) ermittelte. Dadurch ergeben sich genügend viele Gleichungen, um schließlich die Masse des Neutrons $m_\text{n}$ bestimmen zu können. Ergebnis: $m_\text{n} \approx m_\text{p} (\pm 10\%)$.

Für die nächst genauere Bestimmung der Neutronenmasse wurde die Differenz der Atomgewichte von schwerem und leichtem Wasserstoff benutzt: $m_\text{n} = m(^2_1\text{H}) - m(^1_1\text{H}) = (2{,}014 - 1{,}008)\,\text{amu} = 1{,}006\,\text{amu}$. Der richtige Wert für $m_\text{n}$ ist allerdings nicht kleiner als $m_\text{p}$, sondern sogar fast 1‰ höher – was erst in Abschn. 4.2.1 erklärt werden kann.

---

[12] jedenfalls prinzipiell gesehen; für die bisher erfolgreich getesteten Gebiete kann die Theorie durchaus als eine brauchbare Näherung bestehen bleiben, und in vielen Fällen kann sie *ad hoc* durch korrigierende Zusatzannahmen fürs erste gerettet werden.

[13] Chadwick hatte die Reaktion $\alpha + ^9_4\text{Be} \rightarrow ^{12}_6\text{C} + n$ ausgelöst.

[14] Vergleiche weiter oben die prinzipielle Bemerkung zur Massenbestimmung bei neuen Teilchen aus Energie und Impuls.

**Proton-Neutron-Modell.** Dass trotz der oben genannten Schwierigkeiten das Proton-Elektron-Modell überhaupt bis etwa 1934 aufrecht erhalten wurde, lag an einer begrifflichen Hürde, vor der man lange zurückscheute: Neben dem Elektron und dem Proton – den etablierten „Atomen der negativen bzw. positiven Elektrizität" (und dem masselosen und ungeladenen Photon) – wagte man nicht, neue elementare Teilchen hypothetisch einzuführen, zumal nicht solche, die anscheinend in der freien Natur gar nicht vorkamen, extrem schwer zu präparieren und nur sehr mittelbar nachzuweisen waren – wie die Neutronen. So mussten erst unzweifelhaft andere neue Teilchen im Experiment bzw. in der Theorie auftauchen – Positron (1932, siehe Abschn. 6.4.5) und Neutrino (1933, siehe Abschn. 6.5.6) – bis auch das Neutron den Status eines Teilchens eigener Art und nicht zusammengesetzt aus anderen erhalten konnte. Dieser Wechsel hatte aber nun doch schon so lange in Luft gelegen, dass sich mit dem Proton-Neutron-Modell des Kerns kein einzelner Forscher-Name mehr verknüpft hat. Die Zahl der Bausteine der normalen Materie hatte sich damit wieder auf drei erhöht. Zusammen mit dem Photon und den beiden eben erwähnten neuen Teilchen benötigte das damalige „Standard-Modell"[15] der Physik für seine Erklärung der materiellen Welt genau sechs Teilchen.

Für die Kernmasse ist statt Gl. (4.5) nun zu schreiben

$$m(A,Z) = Zm_{\text{p}} + (A-Z)m_{\text{n}} \tag{4.6}$$

(und das stimmt bei 1% Genauigkeit natürlich ebenso gut wie Gl. (4.5), selbst wenn zunächst als Näherung $m_{\text{p}} = m_{\text{n}}$ genommen wird).

**Nukleon.** Einen letzten Ausweg hatte noch 1932 Heisenberg versucht: Nach seinem Vorschlag sollte man Neutronen nicht als neue Teilchenart aufnehmen, sondern Proton und Neutron als zwei verschiedene Zustände eines abstrakten Teilchens namens „Nukleon" interpretieren. Unabhängig davon, ob dies wirklich einen begrifflichen Unterschied macht (mehr zu dieser Frage in Abschn. 15.12), war es ein theoretisch fruchtbarer Ansatz. Konzepte wie *Isospin*[16] und *Austauschwechselwirkung*[17] gehen darauf zurück, und der Begriff Nukleon hat sich als Sammelbegriff für Proton und Neutron erhalten.

Das Proton-Neutron-Kernmodell gilt in der eigentlichen Kernphysik bis heute. Bis in die 1960er Jahre wurden Proton und Neutron als Elementarteilchen angesehen, was bis zu Energien um 1 GeV (etwa gleich ihrer Ruhe-Energie $mc^2$) auch eine gute Näherung ist. Dass beide nach heutigen Vorstellungen doch zusammengesetzt sind, wurde in Reaktionen bei viel höheren Energien entdeckt, muss theoretisch gesehen aber natürlich die Grundlage dafür sein, *alle* ihre Eigenschaften und Wechselwirkungen zu erklären, z. B. auch bei niedrigeren Energien ihre Stabilität und die zwischen ihnen wirkenden Kernkräfte (siehe Kap. 11 und 13).

**Isotopenkarte.** Nach diesem Modell ist für die Darstellung der Kerne ein 2-dimensionales Schema (Protonenzahl $Z$ gegenüber Neutronenzahl $N = A - Z$) an-

[15] nur rückblickend hier so genannt

[16] siehe Kap. 11–13 sowie Fußnote 21 auf S. 264

[17] siehe Kap. 9, 12, 13

gemessen: die *Isotopenkarte* oder *Nuklidkarte* (Abb. 4.3). Sie ist sozusagen das physikalisch ausgearbeitete Pendant zur ursprünglichen Auflistung der chemischen Elemente in der Reihe ansteigender Atomgewichte. Als 2-dimensionale Verteilung erlaubt sie Projektionen in verschiedener Richtung und mit verschiedenem Informationsgehalt. Projektion längst der Linie $Z = \text{const.}$ ergibt die Reihe der Elemente (z. B. die Häufigkeitsverteilung in Abb. 3.13). Projektion längs der Richtung $A = \text{const.}$ (sog. *Isobaren-Linie*) ergibt die Verteilung über der Massenzahl $A$. Beide Häufigkeitsverteilungen zusammen sind in Abb. 8.12 gezeigt, weil sie in Abschn. 8.5 im Zusammenhang mit der Entstehung aller Elemente aus Wasserstoff noch ausführlich diskutiert werden.

Die natürlich vorkommenden Nuklide (oft etwas ungenau als „die stabilen Nuklide" bezeichnet)[18] formen auf der Isotopenkarte ein schmales Band. Bis $N = 20$ bzw. $Z = 20$ liegt es auf der Linie $N = Z(= A/2)$, dann entsteht ein wachsender Neutronenüberschuss bis etwa $N \approx \frac{3}{2}Z$.

Nähere Betrachtung des Bandes der natürlichen Isotope wirft u. a. folgende Fragen auf:

- Warum gerade dieser Verlauf?
- Warum enden die natürlich vorkommenden Isotope bei $Z = 92/N = 146$ ($^{238}_{92}\text{U}$)?
- Warum gibt es $\alpha$-Radioaktivität nur für schwere Kerne (in den Zerfallsreihen von Uran und Thorium erst für $Z \geq 84$ bzw. $A \geq 210$)?[19]
- Warum ist das Band der stabilen Isotope so schmal?
- Warum gibt es zu $A = 5$ und $A = 8$ überhaupt keine stabilen Kerne (siehe Ausschnitt in Abb. 4.3)?

**Isobare Kerne.** Weitere Regelmäßigkeiten zeigen sich, wenn man auf einem Schnitt der Isotopenkarte die *isobaren Kerne* betrachtet, d. h. Kerne mit gleicher Massen*zahl* $A$, also *fast* gleicher Masse. Sie liegen auf Linien mit $Z = A - N$. Da es sich um drei ganze Zahlen handelt, ist eine neue Unterscheidung möglich: Bei ungeradem $A$ ist eine der Zahlen $Z$ und $N$ ungerade, die andere gerade, sie werden als *gu*- oder *ug*-Kerne bezeichnet, bei geradem $A$ entsprechend als *gg*- oder *uu*-Kerne. Beschränkt man sich auf stabile Nuklide, zeigt sich ein systematischer Unterschied zwischen geraden bzw. ungeraden Massenzahlen $A$, 1936 zusammengefasst in den Mattauchschen *Isobaren-Regeln* [126]:

- Zu ungeradem $A = 1, 3, 7, \ldots, 209$ existiert genau ein *stabiles* Nuklid.
- Zu geradem $A$:
  - gibt es entweder genau ein stabiles *uu*-Nuklid, und zwar in den vier Fällen $A = 2, 6, 10, 14,$
  - oder zwei oder drei *gg*-Nuklide.

Aus diesen beiden Beobachtungen lässt sich schon eine erste Erklärung zu den regelmäßigen Spitzen in der Häufigkeitsverteilung der Elemente (Abb. 3.13) ab-

[18] Oberhalb von $A = 209$ sind alle natürlich vorkommenden Nuklide radioaktiv, aber auch bei kleineren Massenzahlen etwa weitere zehn (siehe Abschn. 6.2 – Natürliche Radioaktivität).

[19] Ab 1950 wurde bei systematischer Suche für einige weitere natürlich vorkommende Isotope $\alpha$-Strahlung nachgewiesen. Das leichteste ist Neodym-144 ($^{144}_{60}\text{Nd}$), das bislang zuletzt entdeckte (2004) ist Wolfram-180 ($^{180}_{74}\text{W}$). Siehe Abschn. 6.2 – Natürliche Radioaktivität.

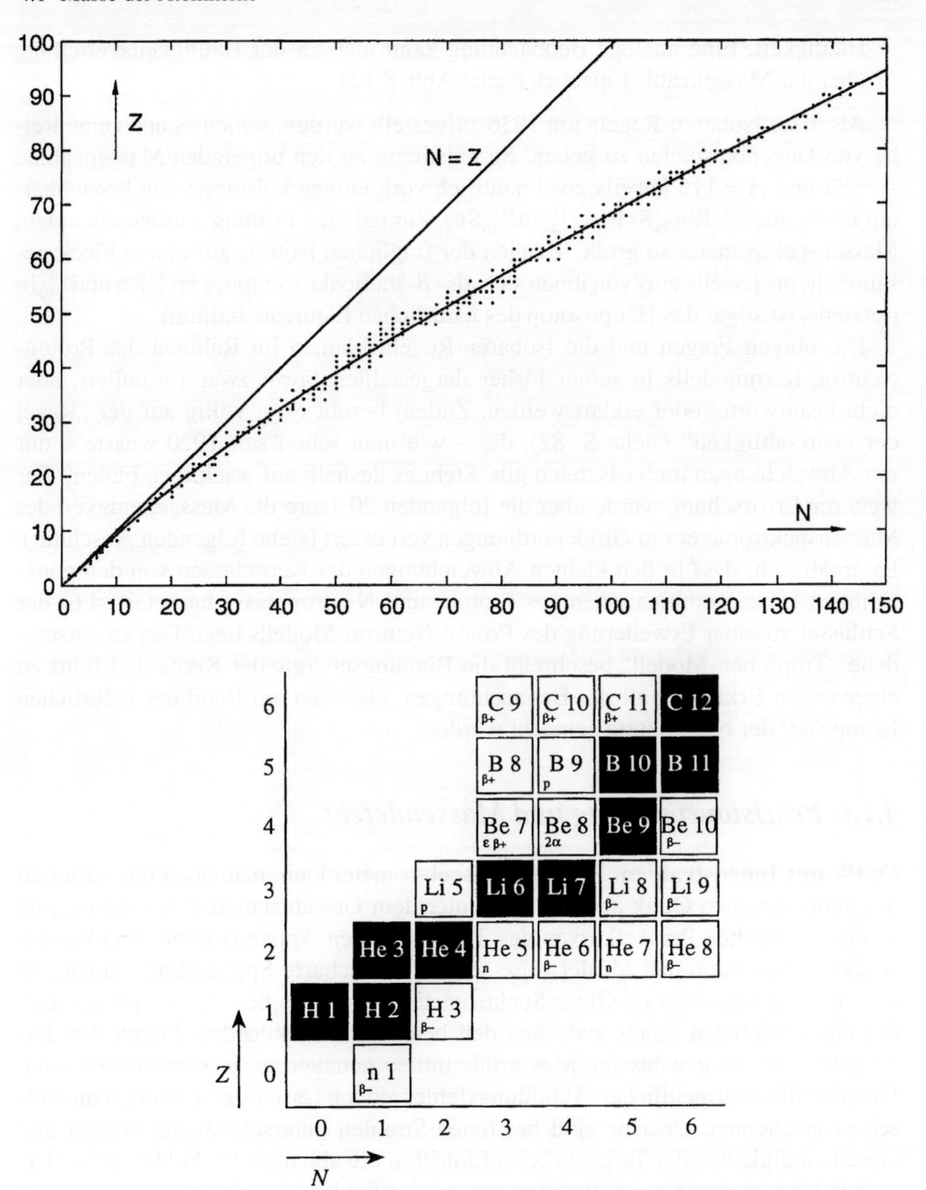


**Abb. 4.3** Isotopenkarte mit dem Band der natürlich vorkommenden Nuklide (aus [58]) und vergrößert der Ausschnitt der leichtesten Kerne (nur *schwarze Felder* bezeichnen stabile Kerne, aus [139]).

lesen: Elemente mit ungeradem $Z$ bestehen immer nur aus einem stabilen Isotop, Elemente mit geradem $Z$ aber aus zwei oder mehr (bis maximal 10 Isotope im Fall von Zinn ($^{112\cdots124}_{50}$Sn), und das allein erklärt schon eine Tendenz zu größerer

Häufigkeit. Eine analoge Beobachtung kann man an der Häufigkeitsverteilung über der Massenzahl $A$ machen (siehe Abb. 8.12).

Als diese Isobaren-Regeln um 1936 aufgestellt wurden, schien es noch eine Reihe von Gegenbeispielen zu geben. So existieren zu den ungeraden Massenzahlen $A = 87$ und $A = 115$ jeweils zwei natürlich vorkommende Isotope von benachbarten Elementen ($^{87}_{37}$Rb/$^{87}_{38}$Sr bzw. $^{115}_{49}$In/$^{115}_{50}$Sn). Zur näheren Prüfung wurden mit einem Massenspektrometer so große Mengen der fraglichen Isotope auf einem Fleck gesammelt, bis jeweils eins von ihnen sich als ($\beta$-)radioaktiv entpuppte: $^{87}_{37}$Rb und $^{115}_{49}$In (letzteres ist sogar das Hauptisotop des natürlichen Elements Indium).

Die obigen Fragen und die Isobaren-Regeln können im Rahmen des Proton-Neutron-Kernmodells in seiner bisher dargestellten Form zwar formuliert, aber nicht beantwortet oder erklärt werden. Zudem beruht es ja völlig auf der „Regel der Ganzzahligkeit“ (siehe S. 82), die – wie man schon seit 1920 wusste – nur mit Abweichungen im ‰-Bereich gilt. Steht es deshalb auf wackligen Füßen? Zur weiteren Erforschung wurde über die folgenden 20 Jahre die Messgenauigkeit der Massenspektrometer um Größenordnungen verbessert (siehe folgenden Abschnitt). Es ergab sich, dass in den kleinen Abweichungen der Kernmassen von den ganzzahligen Linearkombinationen aus Proton- und Neutronmasse nach Gl. (4.6) der Schlüssel zu einer Erweiterung des Proton-Neutron-Modells liegt. Das so entstandene „Tröpfchen-Modell“ beschreibt die Bindungsenergie der Kerne und führt zu einer ersten Erklärung all der Beobachtungen, die oben am Band der natürlichen Isotope auf der Nuklidkarte gemacht wurden.

### 4.1.6 Präzisionsmessung und Massendefekt

**Optik mit Ionenstrahlen.** Ein Massenspektrometer kann man auch mit Kriterien der geometrischen Optik analysieren. Unter dem Gesichtspunkt dieser *Ionenoptik* stellen die breiten Parabelkurven des Thomsonschen Apparats (Abb. 4.1) keineswegs das Optimum dar. Idealerweise sollten sich scharfe Spektrallinie bilden wie z. B. im Prismen- oder im Gitter-Spektrometer. Dort entstehen sie als optische Bilder eines schmalen Spalts zwischen den beiden Eintrittsblenden. Durch ihre Lage geben sie die gewünschte Messgröße um so genauer an, je schmaler sie sind. Die überall unvermeidlichen Abbildungsfehler jedoch lassen sie verbreitert und unscharf erscheinen. Ursache sind bei Ionen-Strahlen unterschiedliche Winkel und Geschwindigkeiten der Teilchen beim Eintritt in die ablenkenden Felder. Beide Ursachen können durch spezielle Formgebung der Felder in 1. Ordnung kompensiert werden. Durch die in Abb. 4.4 gezeigte Anordnung erreichte Francis Aston 1919 zunächst eine Winkel-Fokussierung. Mit dem so verbesserten Apparat konnte er nicht nur nachweisen, dass fast alle chemischen Elemente Mischungen verschiedener Isotope sind, sondern auch, dass Kerne der Massenzahl $A$ gewöhnlich etwas leichter sind als $A$ Wasserstoff-Kerne zusammen.

**Massendefekt.** Die „fehlende Masse“ von bis zu knapp 1%, wenn man Rutherfords Atommodell (Gl. (4.6)) zugrunde legte, erhielt den Namen *Massendefekt* und wurde Gegenstand genauerer Messungen. Zusätzliche Fokussierung auch der unter-

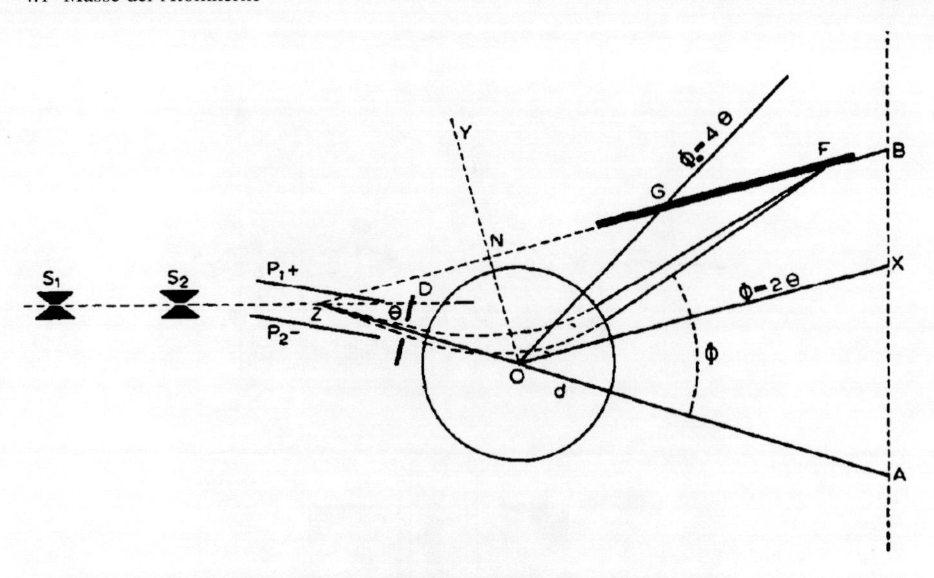


**Abb. 4.4** Winkelfokussierendes Massenspektrometer (Aston 1919, Nobelpreisvortrag). Die Ionen fliegen (von links) durch den Plattenkondensator. Dabei werden die langsameren stärker abgelenkt und haben einen längeren Weg durch das anschließende kreisförmige Magnetfeld (senkrecht zur Bildebene) haben, wodurch diese Auffächerung korrigiert wird

schiedlichen Ionen-Geschwindigkeiten im *doppelt fokussierenden Massenspektrometer* von Mattauch erbrachte ab 1930 die erwünschte Steigerung der Auflösung bis $\Delta m/m \approx 10^{-5}$ (siehe Abb. 4.5). Damit konnte nun der Massendefekt mit Prozentgenauigkeit vermessen werden.

Ergebnis: Auch wenn zwei verschiedene Nuklide dieselbe Massenzahl $A$ haben, unterscheiden sich die genauen Kernmassen etwas. *Alle* zusammengesetzten Kerne sind leichter als die Summe der Massen von $Z$ Protonen und $N$ Neutronen, statt Gl. (4.6) muss es heißen:

$$m(A,Z) = Zm_{\mathrm{p}} + (A-Z)m_{\mathrm{n}} - \delta m(A,Z)\,. \tag{4.7}$$

Der Massendefekt $\delta m$ hat eine weitreichende physikalische Interpretation, die nach einer kurzen Erläuterung der modernen Messmethoden und Anwendungen der Massenspektrometrie im folgenden Abschn. 4.2 vorgestellt wird.

### 4.1.7 Moderne Anwendungen und Messmethoden der Kernmassen

**Hauptanwendung: chemische Analyse komplexer Gemische.** Für die eindeutige Identifizierung auch großer Moleküle genügt meistens schon die Bestimmung der ganzzahligen Massenzahl (*Molgewicht*) des ganzen Moleküls und des Spektrums ty-

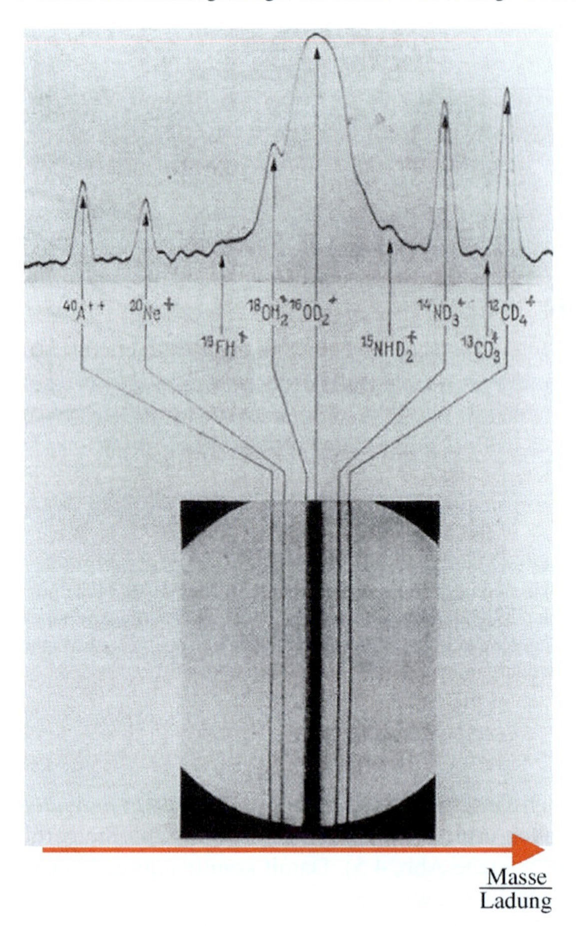


**Abb. 4.5** Ein typisches Massenspektrum hoher Auflösung des *doppelt fokussierenden Massenspektrometers* von Mattauch. Unten die Fotoplatte, oben die daraus gewonnene Schwärzungskurve. Verschiedene einfach ionisierte Moleküle mit $A = 20$ zeigen Massenunterschiede im Bereich $10^{-5}$. Die geringste spezifische Masse wird für das Argon-Ion ($A = 40$) beobachtet, das hier aufgrund einer doppelten Ionen-Ladung mit ins Bild kommt. (Abbildung aus [126])

pischer Bruchstücke (*Fingerabdruck*), die bei der Ionisierung entstehen. Dies ist bei großen (Bio-)Molekülen (Molgewicht ab $10^5$) sogar die hauptsächlich angewandte Methode, z. B. auch beim Aufspüren von Umweltgiften, Dopingmitteln etc.

Die gebräuchlichsten apparativen Lösungen kommen ohne (teures) Magnetfeld aus (ausführlicher siehe z. B. [57, Kap. 2.7.6ff]):

- Quadrupol-Massenspektrometer (Wolfgang Paul 1953, Nobelpreis 1989): Ein langgestrecktes elektrostatisches Quadrupol-Feld, überlagert mit einem hochfrequenten Wechselfeld, belässt nur Teilchen mit einer bestimmten spezifischen Ladung $Q/m$ auf einer näherungsweise geraden Flugbahn und lenkt alle anderen so weit davon ab, dass sie nicht den Detektor erreichen (mathematisches Stichwort: Mathieusche Differential-Gleichung mit stabilen und instabilen Lösungen). Typische Genauigkeit: $\Delta m/m \approx 10^{-2}$–$10^{-3}$.

- Flugzeit-Massenspektrometer (1955): die Moleküle werden zu einem bestimmten Zeitpunkt ionisiert und durch ein statisches elektrisches Feld zu einem Detektor hin beschleunigt, der ihre Ankunftszeiten misst; daraus wird $Q/m$ bestimmt. Typische Genauigkeit: $\Delta m/m \approx 10^{-3}$–$10^{-5}$.

**Höchst-Präzisionsmessung:** Ganz allgemein erreicht man bei Experimenten ein Maximum an Genauigkeit, wenn es sich um Messungen hoher Frequenzen handelt. Stabile Verhältnisse vorausgesetzt, bedeutet Frequenzmessung einfach das Mitzählen der ganzen Perioden während einer bestimmten Zeitdauer. Zum Beispiel ist bei 1 MHz schon nach 1 s die relative Genauigkeit $1{:}10^{-6}$, und sie steigt weiter proportional zur der Dauer der Messung, statt nur proportional zu deren Quadratwurzel, wie üblicherweise bei Messreihen mit statistisch schwankenden Abweichungen (siehe Poisson-Statistik, Abschn. 6.1.5). Welche Frequenz ist nun direkt mit der Masse verbunden? Die Ionen-Zyklotron-Frequenz $\omega_C = QB/m$ (Gl. (4.3)).

Für eine so genannte *absolute* Bestimmung von $m$ (d. h. *relativ* zum Kilogramm) muss man dann auch $B$ mit gleicher Genauigkeit kennen. Wie misst man Magnetfelder am genauesten? Wieder durch eine Frequenzmessung, nämlich mittels der magnetischen Kernspin-Resonanz – siehe Abschn. 7.3.3. Erreichte Genauigkeit für die Masse (1992): $\Delta m/m \approx 10^{-8}$. (Damit könnte das „Pariser Urkilogramm" von 1889 endlich durch einen physikalisch wohldefinierten atomaren Massenstandard abgelöst werden.)

Eine Anmerkung zur Rolle periodischer Vorgänge allgemein:
Seit jeher beruhte auch die genaue Messung der *Zeit* selber, damit also die (operationelle) Definition dieser Grundgröße der Physik, auf der *Annahme*, gewisse Vorgänge seien periodisch, so dass man sie nur noch abzählen muss – von den Erdumdrehungen (seit dem Altertum) bis zu den Schwingungen eines bestimmten Hyperfeinstruktur-Übergangs im $^{133}$Cs-Atom.[20] Auf Letzteren beruht die seit 1967 gültige Definition der Zeiteinheit: $1\,\text{s} \equiv 9\,192\,631\,770$ dieser Perioden. 1983 wurde auch die Längeneinheit 1 m begrifflich an die Definition der Zeit gebunden. Grundlage ist ihrer beider Verknüpfung in der 4-dimensionalen Raum-Zeit-Struktur der speziellen Relativitätstheorie über die als universell angesehene Konstante *Vakuum-Lichtgeschwindigkeit* $c$. Seither ist 1 m ist diejenige Strecke, die das Licht im Vakuum in $\frac{1}{299\,792\,458}$ s zurücklegt.[21]

Da die Atomgewichte *relativ* zum Standard $1\,\text{amu} = \frac{1}{12}m(^{12}\text{C})$ definiert sind, dessen Zyklotronfrequenz in der gleichen Apparatur gemessen werden kann, genügt für die Präzisionsmessung einer Atommasse schon eine Relativmessung zweier Frequenzen. Nur muss das Magnetfeld die entsprechend gute Konstanz zeigen, was

[20] zu Hyperfeinstruktur siehe Abschn. 7.1.1

[21] Künftige Messungen der Vakuum-Lichtgeschwindigkeit $c$ in der Form Weg/Zeit erübrigen sich daher bzw. stellen nur eine Überprüfung der Zeit- oder Weglängenmessung dar.

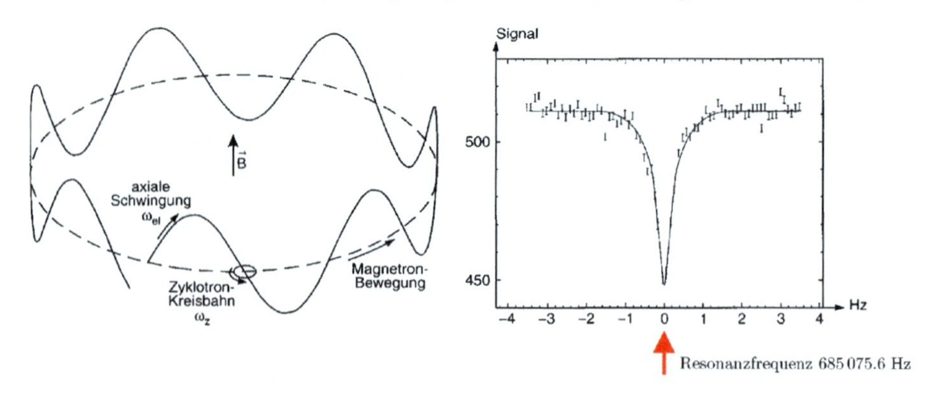


**Abb. 4.6** Bewegung eines Ions in der Penningfalle und Resonanzkurve bei der Frequenzmessung des induzierten Stroms (für weitere Einzelheiten siehe [57], von dort auch diese Abbildung)

wieder nichts Anderes erfordert als die Relativmessung von Frequenzen – diesmal die der Kernspin-Resonanz vor und nach (bzw. während) der eigentlichen Messung.

Genaueste Messungen der Zyklotronfrequenz werden durchgeführt mit einem einzigen(!) Ion, das in einer aus statischen elektrischen und magnetischen Feldern gebildeten *magnetischen Falle* eingefangen ist, dort eine komplizierte Umlaufbewegung ausführt (siehe Abb. 4.6) und dabei selber in einer Spule eine messbare Wechselspannung induziert.

**Aktuelle Werte für die Teilchenmassen [8].**

$$\begin{aligned}
&\text{Elektron:} \quad m_{\text{e}} = 0{,}54857990943(\pm 23)\,10^{-3}\,\text{amu} = 0{,}51099891(\pm 1)\,\text{MeV}/c^2\\
&\text{Proton:} \quad m_{\text{p}} = 1{,}00727646688(\pm 13)\,\text{amu} = 938{,}27203(\pm 8)\,\text{MeV}/c^2\\
&\text{Neutron:} \quad m_{\text{n}} = 1{,}00866491560(\pm 55)\,\text{amu} = 939{,}56536(\pm 8)\,\text{MeV}/c^2
\end{aligned} \tag{4.8}$$

(Die Fehler beziehen sich jeweils auf die letzten angegebenen Dezimalstellen.)

Die Neutronenmasse ist hier der Vollständigkeit wegen schon mit aufgeführt. Sie kann wegen $Q_{\text{n}} = 0$ natürlich mit keinem der erwähnten Massenspektrometer direkt gemessen werden, sondern wurde aus der Massendifferenz von Deuteron und Proton ermittelt – genaueres siehe in Abschn. 4.2.1.

Die ebenfalls angegebene Elektronenmasse zeigt, dass ab einer Messgenauigkeit $1{:}10^{-4}$ zwischen der Masse eines neutralen Atoms und der Masse seines Kerns unterschieden werden muss. Im Folgenden wird hier jedoch einfach nur von *Kern*-Massen gesprochen. Messgröße im Massenspektrometer ist immer eine *Ionen*-Masse, in Tabellen angegeben wird $m(A, Z)$ jedoch immer als *Atom*-Masse, d. h. fehlende Elektronen hinzugerechnet.

## 4.2 Energie-Inhalt der Atomkerne: Tröpfchen-Modell

### *4.2.1 Deutung des Massendefekts als Energieabgabe*

**Einsteins Vermutung.** Schon in der zweiten Veröffentlichung zu seiner weithin noch unbeachteten Speziellen Relativitätstheorie hat Albert Einstein 1905 für den Fall, dass ein Körper die Energie $\Delta E$ aufnimmt oder abgibt, die Formel $\Delta m = \Delta E/c^2$ abgeleitet. Er versah sie aber noch mit einem Fragezeichen und drückte die Hoffnung aus, diese Folgerung seiner Theorie dermaleinst überprüfen zu können, wofür – wenn überhaupt möglich – wohl nur die „Radiumsalze" in Frage kämen, ihrer kürzlich entdeckten enormen Energiefreisetzung wegen.

**Bindungsenergie.** Schon ein Jahr darauf bemerkte Max Planck (einer der ersten, der die Relativitätstheorie ernst nahm), dass dann auch ein gebundenes Teilchen-System leichter sein müsse als alle seine Bausteine zusammen, denn bei seiner Entstehung aus freien Teilchen wurde die Bindungsenergie abgegeben.

Der kleine, 1919 zunächst überraschend festgestellte Massendefekt $\delta m$ in Gl. (4.7) erhält damit eine weit reichende Bedeutung: $\delta m\, c^2$ ist die Energie, die zur Zerlegung des Kerns in seine Bausteine nötig wäre, die Bindungsenergie $E_{\mathrm{B}}$. Mit

$$\delta m\, c^2 = E_{\mathrm{B}} \tag{4.9}$$

folgt aus Gl. (4.7)

$$m(A,Z) = Zm_{\mathrm{p}} + (A-Z)m_{\mathrm{n}} - \frac{E_{\mathrm{B}}(A,Z)}{c^2}\,. \tag{4.10}$$

Allein die Größenordnung von $\delta m$ (ab $A \geq 4$ zwischen 0,5 und knapp 1% der Kernmasse) zeigt, dass es sich pro Nukleon größenordnungsmäßig um 5–10 MeV Bindungsenergie (0,5–1% von 1 amu $c^2$) handelt. Das liegt etwa sieben Zehnerpotenzen höher als bei heftigen chemischen Umsetzungen.

Ein schneller Weg zum Abstand der Größenordnungen, ausgehend von (dem nachdrücklich zum Merken empfohlenen Wert) $k_{\mathrm{B}} T_{\mathrm{Raum}} \approx \frac{1}{40}$ eV bei Raumtemperatur $T_{\mathrm{Raum}} = 300$ K: Bei chemischer Verbrennung können Temperaturen bis zu einigen $10^3$ K oder $10\, T_{\mathrm{Raum}}$ entstehen. Die typischen chemischen Energien sind demnach $\frac{1}{4}$ eV (ausreichend für Erzeugung von viel „Wärmestrahlung" und – seltener – Lichtquanten, sichtbar erst ab 1,5 eV). Das liegt um den Faktor $10^7$ unter den angegebenen 5–10 MeV.

Die genaue Messung der Kernmassen eröffnet damit die Möglichkeit, nach Gl. (4.10) die Bindungsenergien zu bestimmen – mit ca. 1% Genauigkeit, wenn die Masse auf $10^{-5}$ genau bestimmt werden kann.

**Bestimmung der Neutronenmasse.** Als Voraussetzung für dies Programm müssen aber die Bausteine richtig identifiziert sein. Die Neutronenmasse erhält man mit der nötigen Genauigkeit aus Gl. (4.10), angewendet auf den einzigen Fall, bei dem die Bindungsenergie leicht auf andere Weise messbar ist, das Deuteron (mit der Masse $m_\mathrm{d}$):

$$m_\mathrm{d} = m_\mathrm{p} + m_\mathrm{n} - E_\mathrm{B}(d)/c^2. \tag{4.11}$$

Der heutige Wert $E_\mathrm{B}(d) = 2{,}224556\,\mathrm{MeV}$ stammt aus der Beobachtung der bei der Reaktion $p + n \to d + \gamma$ emittierten $\gamma$-Strahlung, deren Wellenlänge (ca. $10^{-3}$ nm) durch Braggsche Beugung an einem Si-Kristallgitter (Gitterkonstante ca. $10^{-1}$ nm) bestimmt werden kann. (Der Unterschied beider Längenskalen um einen Faktor 100 macht die Glanzwinkel sehr klein und die genaue Messung schwierig.) Um 1935 benutzte man die natürlich vorkommende $\gamma$-Strahlung von $E_\gamma = 2{,}61$ MeV (siehe Abschn. 6.2 und 6.4.8), um Deuteronen zu spalten. Die Energie der frei werdenden Protonen wurde zu $E_\mathrm{p} = 0{,}18\,\mathrm{MeV}$ bestimmt, was zu $E_\mathrm{B}(d) = 2{,}25\,\mathrm{MeV}$ führte – nur 1% neben dem heutigen Bestwert. Nach Bestimmung von $m_\mathrm{d}$ und $m_\mathrm{p}$ im Massenspektrometer ist in Gl. (4.11) die Neutronenmasse $m_\mathrm{n}$ die einzige Unbekannte (der heutige Wert in Gl. (4.8)).

**Frage 4.5.** $2{,}61\,\mathrm{MeV} - 0{,}18\,\mathrm{MeV} \neq 2{,}25\,\mathrm{MeV}$.
*Wie kommt aus diesem Experiment der richtige Wert* $E_\mathrm{B}(d) = 2{,}25\,\mathrm{MeV}$ *heraus?*

**Antwort 4.5.** *Für die Energiebilanz* $E_\gamma = E_\mathrm{B}(d) + E_\mathrm{p} + E_n$ *ist anzusetzen, dass nach der Spaltung eines ruhenden Deuterons das unbeobachtete Neutron wegen der Impulserhaltung (praktisch) die gleiche kinetische Energie besitzt wie das Proton:* $E_\mathrm{B}(d) = (2{,}61 - 2\cdot 0{,}18 =)2{,}25\,\mathrm{MeV}$.

Mit der Kenntnis der Neutronenmasse sind nun die Massendefekte bzw. Bindungsenergien aller vorkommenden Kerne messbar. Abb. 4.7 zeigt die Werte – negativ aufgetragen, um die *Abnahme* des gesamten Energieinhalts des Kerns gegenüber der gesamten Ruheenergie seiner $A$ Bausteine zu veranschaulichen. Die Bindungsenergie zeigt als Funktion der Massenzahl $A$ einen fast linearen Verlauf.

### 4.2.2 Die mittlere Bindungsenergie pro Nukleon

**Mittlere Bindungsenergie in 1. Näherung: konstant.** Nach Abb. 4.7 ist – mit nur geringfügigen Abweichungen – $E_\mathrm{B}$ proportional zur Teilchenzahl $A$ mit einem Koeffizienten von etwa 8 MeV pro Nukleon. Das allein ist ein wichtiger Befund und ein wesentlicher Unterschied zur Atomhülle. Dort steigt die totale Bindungsenergie nicht mit der Teilchenzahl $Z^1$ sondern mit (näherungsweise) $Z^{2,3}$. Folglich muss die für die Bindungsenergie im Kern verantwortliche Wechselwirkung sich von der Coulomb-Kraft, die in der Hülle regiert, deutlich unterscheiden.

**Vergleich zur Hülle.** Wie entsteht für die Hülle die (genäherte) Proportionalität $E_\mathrm{B} \propto Z^{2,3}$?

- Die Bindungs-Energie der 1-Elektronen-Niveaus steigt etwa wie $Z^2$ (Moseley-Gesetz der Röntgen-Absorptionskanten).

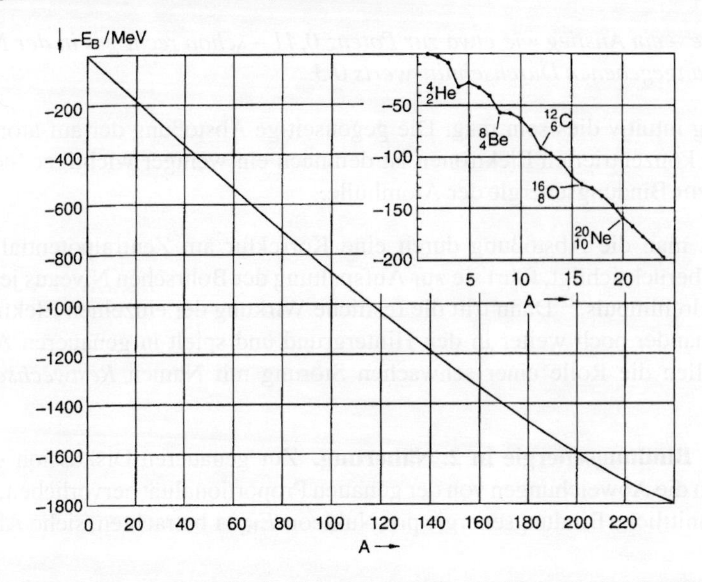


**Abb. 4.7** Totale Bindungsenergie $E_B$ der Kerne als Funktion der Massenzahl $A$ (negativ aufgetragen, aus [58]): ein fast linearer Verlauf – bis auf die kleinen Strukturen am Anfang (siehe *Insert*) und die ab $A \geq 200$ zunehmende Krümmung. Denkt man sich diese Kurve unter das Band der natürlich vorkommenden Kerne auf der Isotopenkarte (Abb. 4.3) gelegt (als Tiefenverlauf), spricht man vom „Tal der stabilen Isotope"

Einfache Deutung im Bohrschen Atommodell (1 Elektron im Coulomb-Potential $V(r) \propto -Z/r$): Bei gleichem Bahnradius würden potentielle und kinetische Energie mit Anstieg der Kernladung $\propto Z$ anwachsen, außerdem aber werden alle Bahnradien $Z$-fach kleiner. Zusammen: $E_B$ (pro Elektron) $\propto Z^2$.

- Multipliziert mit der Elektronen-Anzahl $Z^1$ ergäbe sich $E_B \propto Z^2 \cdot Z^1$. Natürlich stoßen sich die Elektronen gegenseitig ab, aber der tatsächlich schwächere Anstieg $E_B \propto Z^2 \cdot Z^{0,3}$ kommt hauptsächlich dadurch zustande, dass nicht alle Elektronen in derselben Schale sitzen können.

**Frage 4.6.** *Klingt das plausibel? Wo bleibt die Coulomb-Abstoßung? Wie kann man das begründen?*

**Antwort 4.6.** *Durch eine wegen völliger Vernachlässigung der gegenseitigen Abstoßung einfache Abschätzung; d. h. wieder nach dem Bohrschen Atommodell: Bei gegebener Kernladung $Ze$ hat eine Schale mit der Hauptquantenzahl $n$ ein Energieniveau $E_n \propto (-\frac{1}{n^2})$. Sie bietet Platz für $2n^2$ Elektronen, so dass ihre gesamte Bindungsenergie $E_B$ bei voller Besetzung einen von $n$ unabhängigen Wert hat: Hier bringt jede gefüllte Schale zur gesamten Bindungsenergie den gleichen Beitrag, z. B. die K-Schale mit $2 \cdot 1^2 = 2$ Elektronen, die L-Schale mit $2 \cdot 2^2 = 8$, die M-Schale mit $2 \cdot 3^2 = 18$. Zusammengenommen steigt die Elektronenzahl dabei von 2 auf $2+8+18$, also ums 14fache, die gesamte Bindungsenergie ums*

*3fache – ein Anstieg wie etwa zur Potenz 0,41 – schon recht gut in der Nähe des eben angegebenen Durchschnittswerts 0,3.*

So wenig intuitiv dies sein mag: Die gegenseitige Abstoßung der auf atomare Dimension konzentrierten Elektronen ist demnach ein weniger wichtiger (negativer) Beitrag zur Bindungsenergie der Atomhülle.

Wenn man die Abstoßung durch eine Korrektur am Zentralpotential pauschal berücksichtigt, führt sie zur Aufspaltung der Bohrschen Niveaus je nach Bahndrehimpuls.[22] Dann tritt die restliche Wirkung der einzelnen Elektronen aufeinander noch weiter in den Hintergrund und spielt in genaueren Atommodellen die Rolle einer schwachen Störung mit Namen *Restwechselwirkung*.

**Mittlere Bindungsenergie in 2. Näherung.** Zur genaueren Diskussion soll man aber auch die Abweichungen von der genauen Proportionalität hervorheben, d. h. die durchschnittliche Bindungsenergie pro Nukleon $E_B/A$ betrachten, siehe Abb. 4.8.

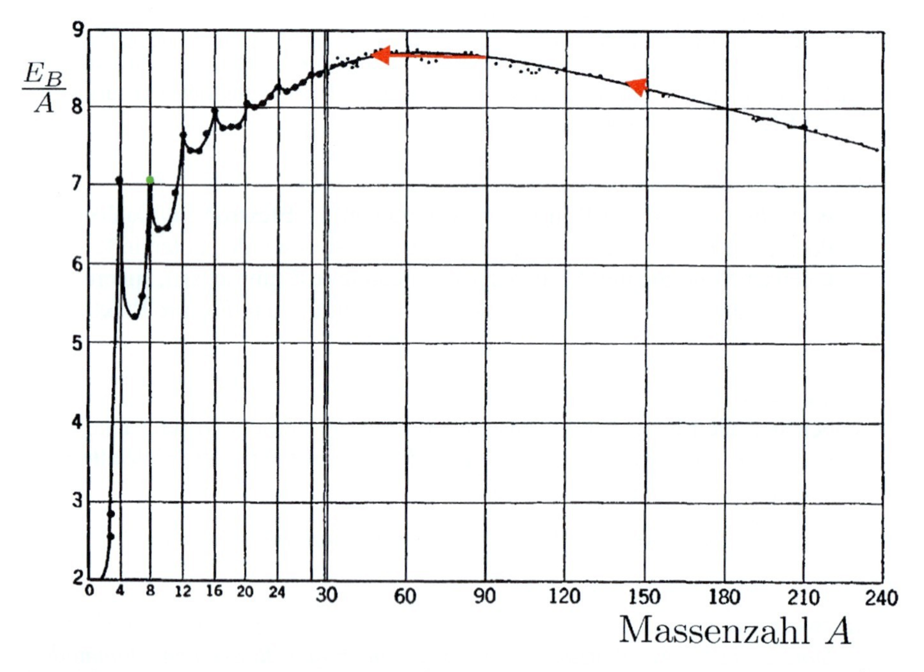


**Abb. 4.8** Bindungsenergie pro Nukleon $E_B/A$ für die natürlich vorkommenden Kerne (und $^8_4$Be, *grüner Punkt*). Die Skala von $A = 1$ bis $A = 30$ ist 4-fach gespreizt. Die *roten Pfeile* deuten an, dass Prozesse *Spaltung* (bei $A \geq 90$) und $\alpha$-*Emission* (bei $A \geq 150$) energetisch möglich wären, weil Bindungsenergie frei würde. Tatsächlich wurden diese Umwandlungen zunächst erst bei viel höheren $A$ beobachtet. (Abbildung nach [66])

[22] Damit bestimmt sie wesentlich die Reihenfolge, in der sich die jeweils günstigsten Unterschalen füllen, und ist damit verantwortlich für die genaue Struktur des chemischen Periodensystems.

Diese Größe nimmt bei den leichten Kernen – neben periodischen Variationen – im Mittel stark zu. Bei $A \approx 60$ (Nuklide $^{58}$Fe/$^{62}$Ni) liegt ein breites Maximum von ca. 8,8 MeV/Nukleon. Für größere $A$ fällt $E_B/A$, wieder ab, allmählich steiler werdend, wobei auch die schwersten in der Natur vorkommenden Kerne noch mit über 7,5 MeV pro Nukleon gebunden sind.

*Noch einmal die Frage (von Abschn. 4.1.3): Warum bricht die Folge der natürlich vorkommenden Kerne schon bei $A = 238$ ab, obwohl die mittlere Bindungsenergie noch weiterhin lange positiv sein würde? (Diese und die folgenden kursiv gestellten Fragen werden ab S. 113 weiter behandelt.)*

Unmittelbar sind aus dieser Messkurve (bzw. den genauen Zahlenwerten) weitere Beobachtungen abzulesen:

**Bei schweren Kernen:**

- Ab etwa $A = 140$ ist die (negative) Steigung der $E_B/A$-Kurve groß genug, um die Abspaltung eines $\alpha$-Teilchens ($A_\alpha = 4$) energetisch möglich zu machen (siehe kleinen roten Pfeil in Abb. 4.8). Zwar ist die mittlere Bindungsenergie im $\alpha$-Teilchen mit $E_B/4 = 7{,}07$ MeV etwas schwächer (siehe Abb. 4.9), die restlichen $A$-4 Nukleonen gewinnen jedoch so viel, dass sie das ausgleichen können. Der Energiesatz lautet für den Emissionsprozess:

$$m(A,Z)c^2 = m(A-4, Z-2)c^2 + m(4{,}2)c^2 + E_{\text{kin}}\,. \qquad (4.12)$$

  Erst ab $A \approx 140$ wird $E_{\text{kin}} \geq 0$ und ergibt bei größeren $A \gtrsim 200$ richtig die beobachteten $E_{\text{kin}} \approx$ einige MeV für die $\alpha$-Strahlung.
  (*Warum aber treten in der natürlichen Radioaktivität $\alpha$-Strahler erst ab $A = 210$ und dann gleich mit $E_\alpha = 5{,}3$ MeV auf, jedoch keine leichteren ab $A = 140$ mit entsprechend „weicheren" $\alpha$-Strahlen?*)
- Die Spaltung eines schweren Kerns ($A \approx 230$–$240$) in zwei gleiche Teile ($A \approx 115$–$120$) birgt die Möglichkeit eines Energiegewinns: pro Nukleon bis zu 1 MeV, zusammen pro Kern also $10^8$-fach mehr als bei chemischen Reaktionen. *(Warum spalten dann die schweren Kerne nicht alle sofort? Ab $A = 90$ wäre das energetisch schon möglich – siehe roten Pfeil in Abb. 4.8!)*

**Bei leichten Kernen:**

- Der Anstieg der Bindungsenergie bei leichten Kernen zeigt starke Strukturen: Der $^4_2$He-Kern und die Vielfachen davon ($^{12}_{6}$C, $^{16}_{8}$O, $^{20}_{10}$Ne, $^{24}_{12}$Mg, $^{28}_{14}$Si) zeichnen sich im Vergleich zu den Nachbarn durch besonders hohe Bindungsenergie aus ($>7$ MeV pro Nukleon, siehe Abb. 4.9).

  Der Kern $^8_4$Be in der Abbildung ist allerdings fiktiv – er zerplatzt mit 100 keV Energiegewinn in zwei $\alpha$-Teilchen (vgl. die Zahlenwerte $E_B/A$ in der Tabelle in Abb. 4.9). Diesem unscheinbaren Detail verdanken wir

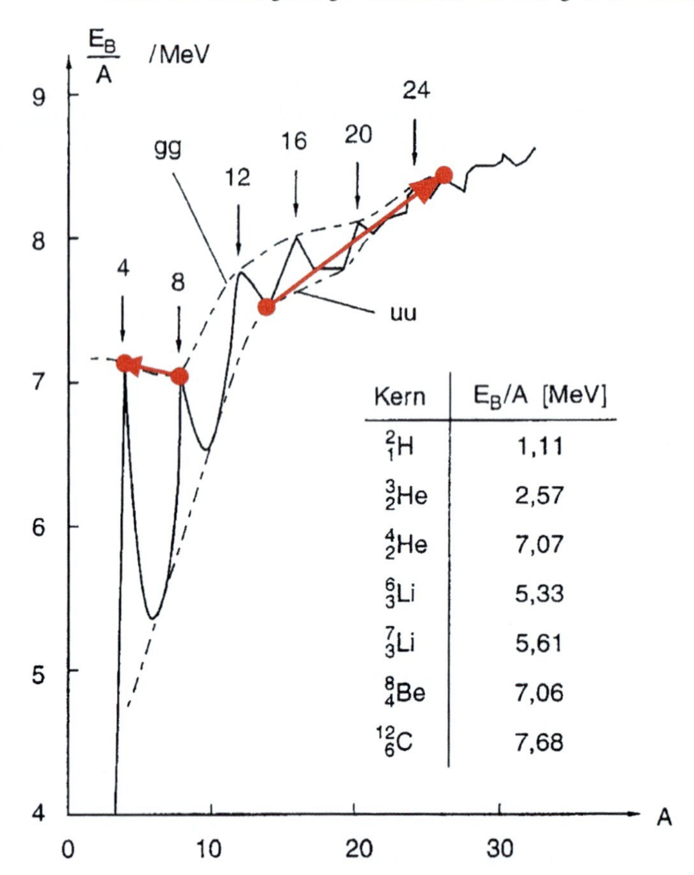


| Kern | $E_B/A$ [MeV] |
|---|---|
| $^{2}_{1}H$ | 1,11 |
| $^{3}_{2}He$ | 2,57 |
| $^{4}_{2}He$ | 7,07 |
| $^{6}_{3}Li$ | 5,33 |
| $^{7}_{3}Li$ | 5,61 |
| $^{8}_{4}Be$ | 7,06 |
| $^{12}_{6}C$ | 7,68 |

**Abb. 4.9** Bindungsenergie pro Nukleon für leichte Kerne (Abbildung nach [58]). *Rot* markiert zwei energetisch mögliche Prozesse: Spaltung des (hypothetischen) Kerns $^{8}_{4}$Be in zwei $\alpha$-Teilchen und Fusion von 2 Stickstoffkernen $^{14}_{7}$N zu Silizium $^{28}_{14}$Si

nach heutiger Vorstellung die lange Brenndauer der Sonne und damit unser Leben.[23]

- Die Fusion von zwei leichten *uu*-Kernen kann pro Nukleon noch mehr Bindungsenergie frei lassen als die Spaltung.
  *(Warum verschmelzen in den Luftmolekülen* $N_2$ *nicht sofort alle Stickstoff-Kerne* $^{14}_{7}$N *paarweise zu* $^{28}_{14}$Si *– siehe roten Pfeil in Abb. 4.9)?*[24]

**Paarungsenergie:** Für den nächsten Punkt ist ein vergrößerter Ausschnitt hilfreicher (Abb. 4.10):

- Die Bindung von *gg*-Kernen ist fester als der von den benachbarten *ug*/*gu*-Kernen her interpolierte Wert.

[23] siehe Abschn. 8.5 – Entstehung der Elemente

[24] Dies wird erst in Abschn. 8.3 – Kernfusion – weiter besprochen.

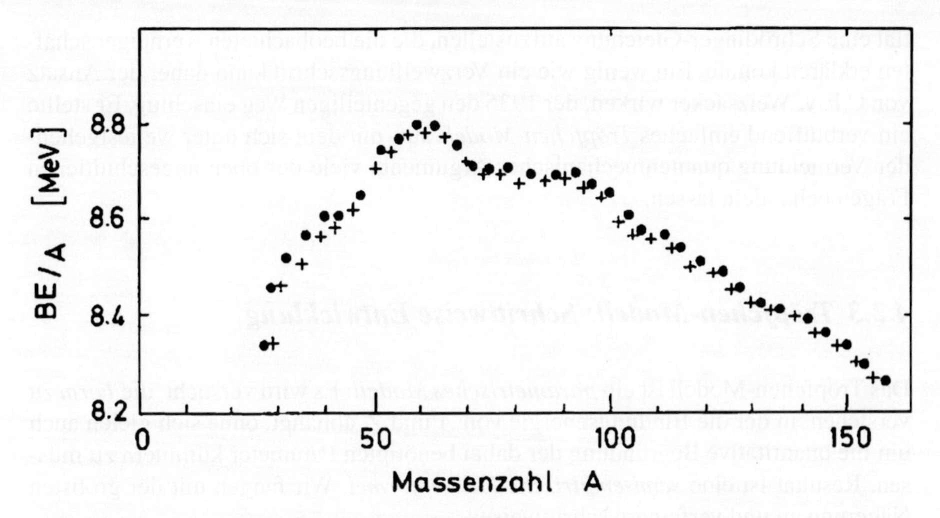


**Abb. 4.10** Bindungsenergie pro Nukleon (Ausschnitt): *gg*-Kerne (•) sind immer etwas fester gebunden als der Mittelwert der benachbarten *ug*/*gu*-Kerne (+). (Abbildung nach [32])

- *uu*-Kerne sind noch weniger fest gebunden als die benachbarten *ug*/*gu*-Kerne, und es gibt überhaupt nur 4 stabile *uu*-Kerne: ${}^{2}_{1}\mathrm{H}$, ${}^{6}_{3}\mathrm{Li}$, ${}^{10}_{5}\mathrm{B}$, ${}^{14}_{7}\mathrm{N}$ (Abb. 4.9). (Weitere natürliche *uu*-Kern sind ${}^{40}_{19}\mathrm{K}$, ${}^{50}_{23}\mathrm{V}$, ${}^{138}_{57}\mathrm{La}$, ${}^{176}_{71}\mathrm{Lu}$, sie sind radioaktiv – siehe Abschn. 6.2.1.)

**Parallelen zur Elementhäufigkeit?** Die Häufigkeit der Elemente im Sonnensystem hängt – abgesehen von ihrem starken Abwärtstrend mit steigender Massenzahl – eng mit der mittleren Bindungsenergie $E_{\mathrm{B}}/A$ zusammen. Man vergleiche die Abb. 3.13 und 4.8 (S. 72, 100). Die kleinen Variationen beider Kurven sind miteinander korreliert: Je fester der Kern gebunden im Vergleich zu seinen Nachbarnukliden, desto höher sein Vorkommen – siehe übereinstimmend:

- das (relative) Maximum um $Z \approx 28$ (entspricht $A \approx 60$),
- und die kleinen Spitzen bei den meisten *gg*-Kernen (d. h. $Z$ und $N$ gerade).

Das gilt genauso, wenn die man Häufigkeit und Bindungsenergie über der Massenzahl $A$ statt über der Ordnungszahl $Z$ aufträgt (siehe Abb. 8.12).

*(Kann das ein erster Hinweis auf die Bildung der Kerne aus ihren Bausteinen und die bei diesem hypothetischen Prozess herrschenden Bedingungen sein?)*

Vor all diesen experimentellen Befunden und offenen Fragen stand die Physik in den 1930er Jahren genauso ratlos wie 10 Jahre vorher vor dem Problem, den Aufbau der Elektronenhülle zu verstehen. Während hier jedoch die Quantenmechanik mittlerweile äußerst erfolgreich war, hatte sie bei den Kernen nur wenig brauchbares zustande gebracht, so dass man nicht unbedingt an ihre Gültigkeit im Inneren der Kerne glauben mochte. Trotz intensiver Bemühungen war es nicht gelungen, für $Z$ Protonen und $N$ Neutronen und irgendein angenommenes Wechselwirkungspotential eine Schrödinger-Gleichung aufzustellen, die die beobachteten Kerneigenschaften erklären konnte. Ein wenig wie ein Verzweiflungsschritt kann daher der Ansatz von C.F. v. Weizsäcker wirken, der 1935 den gegenteiligen Weg einschlug. Er stellte ein verblüffend einfaches *Tröpfchen-Modell* auf, mit dem sich unter weitestgehender Vermeidung quantenmechanischer Argumente viele der oben angeschnittenen Fragen behandeln lassen.

### 4.2.3 Tröpfchen-Modell: Schrittweise Entwicklung

Das Tröpfchen-Modell ist ein *parametrisches Modell*: Es wird versucht, die *Form* zu verstehen, in der die Bindungsenergie von $A$ und $Z$ abhängt, ohne sich gleich auch um die quantitative Begründung der dabei benötigten Parameter kümmern zu müssen. Resultat ist eine *semi-empirische Massenformel.* Wir fangen mit der gröbsten Näherung an und verfeinern schrittweise:

In „Nullter Näherung" wird mit Blick auf Abb. 4.7 die Bindungsenergie pro Nukleon als konstant angesehen, der Hauptbeitrag zur gesamten Bindungsenergie ist daher einfach:

**1.) Volumen-Term**

$$B_1 = a_V \cdot A\,. \tag{4.13}$$

Der Name dieses Terms bezieht sich darauf, dass wegen $A \propto R_{\text{Kern}}^3$ die Kern-Masse dem Kern-Volumen proportional ist (siehe Gl. (3.21)): Alle Kerne haben (ungefähr) gleiche Dichte. Das gleiche gilt auch für einen Wassertropfen, und auch dessen „Bindungsenergie", d. h. die Kondensationswärme von Dampf zu Wasser, ist proportional zur Masse, also zur Anzahl der Moleküle. Das ist einfach zu verstehen: Die Moleküle ziehen sich bei kleinem Abstand kräftig an, um sich bei noch kleinerem Abstand aber noch kräftiger abzustoßen, wodurch sich ein Tropfen konstanter Dichte bildet. Das ist eine „kurzreichweitige Wechselwirkung", die praktisch nicht über die nächsten Nachbarn hinaus wirkt. Im Kern stellt man sich ähnliche Verhältnisse vor, wobei der Abstand benachbarter Nukleonen knapp 2 fm ist (das ihnen zustehende Volumen ca. 7 fm$^3$, siehe Abschn. 3.4).

Das Einbeziehen dieser Art von detaillierten Annahmen macht das Tröpfchen-Modell nun auch zu einem *mikroskopischen Modell* und wirft natürlich die Frage auf, ob so einfache Vorstellungen, wie sie auch dem Murmelspiel entlehnt sein könnten, hier noch gerechtfertigt sind (dazu siehe Abschn. 4.2.4 zu Volumen- und Oberflächen-Term).

Nach diesem ersten Ansatz liegen folgende Korrekturterme nahe, von denen die ersten drei von der Volumen-Energie abzuziehen sind:

**2.) Oberflächen-Term**

$$B_2 = a_S \cdot A^{\frac{2}{3}} . \tag{4.14}$$

Beim Wassertropfen: Moleküle an der Oberfläche sind weniger fest gebunden, ganz einfach weil sie weniger Nachbarn haben. (Aus demselben Grund steigt mit der Krümmung der Oberfläche auch der Dampfdruck.)

Wie kann man im Kern die Anzahl der Nukleonen an der Oberfläche parametrisieren? Ein einfaches Bild: Die Oberfläche selbst variiert $\propto R^2_{\text{Kern}}$, also $\propto A^{\frac{2}{3}}$. Da das jedem Teilchen zustehende Volumen konstant 7 $\text{fm}^3$ bleibt, und die Anziehungskraft nur auf die nächsten Nachbarn wirkt, wird die *Dicke* der betroffenen Oberflächenschicht auch konstant bleiben. So wird die Anzahl der betroffenen Teilchen, und damit der ganze Verlust an Bindungsenergie, auch wie $R^2_{\text{Kern}}$ anwachsen: $B_2 \propto A^{\frac{2}{3}}$.

Die Oberflächenenergie wächst damit schwächer als proportional zur Teilchenzahl $A$, im Mittel über alle Nukleonen nimmt deshalb ihr Einfluss auf die Bindungsenergie ab: $B_2/B_1 \propto A^{-\frac{1}{3}}$. Damit ist das Modell schon in der Lage, den anfänglich ansteigenden Trend der $E_B/A$-Kurve zu modellieren (aber natürlich nicht die feineren Strukturen von Abb. 4.9). Zu beachten ist auch, dass bis jetzt keinerlei Unterschied zwischen den beiden Nukleonenarten gemacht wurde.

**3.) Coulomb-Term**

$$B_3 = a_C \cdot Z^2 A^{-\frac{1}{3}} . \tag{4.15}$$

Zu großen $A$ hin nimmt $E_B/A$ wieder ab (siehe Abb. 4.8) – offenbar durch einen weiteren Effekt, der die Eigenschaft hat, stärker als proportional zur Teilchenzahl anzuwachsen. Zur Deutung wird die Coulomb-Energie $\propto Q_1 Q_2/r$ herangezogen. Diese Wechselwirkung ist von *langer Reichweite*, daher ist ihr Energiebeitrag:

- erstens nicht proportional zur Zahl $Z$ der (elektrisch geladenen) Teilchen, sondern zur Zahl der Teilchen-*Paare*: $Z(Z-1)/2$, angenähert $B_3 \propto Z^2$,
- zweitens umgekehrt proportional zu einem mittleren Abstand der Protonen, der selber proportional zum Kernradius $R_{\text{Kern}} \propto A^{\frac{1}{3}}$ sein muss. (Dimensionsbetrachtung: $R_{\text{Kern}}$ ist die einzige Länge im Modell, also $B_3 \propto R^{-1}_{\text{Kern}} \propto A^{-\frac{1}{3}}$.)

Es ist auch eine einfache Übungsaufgabe der Elektrostatik, die potentielle Energie einer homogen geladenen Kugel ($Q = Ze$) ohne Näherungen zu berechnen:

$$E_C = \frac{3}{5} \frac{Q^2}{4\pi\varepsilon_0 R} = \frac{3}{5} \frac{e^2}{4\pi\varepsilon_0} \frac{1}{r_0} \frac{Z^2}{A^{\frac{1}{3}}} .$$

**Frage 4.7.** *Können Sie diese Berechnung durchführen?*

**Antwort 4.7.** *(Siehe z. B. in [57, Kap. 2.6.3]).*

$B_3 = E_C$ gesetzt, folgt für den Modell-Parameter $a_C$ im Coulomb-Term (Gl. (4.15)) dann sogar eine genaue Voraussage:

$$a_C = \frac{3}{5}\frac{e^2}{4\pi\varepsilon_0}\frac{1}{r_0} = \frac{3}{5}\cdot 1{,}44\,\text{MeV fm}\cdot\frac{1}{1{,}2\,\text{fm}} = 0{,}71\,\text{MeV} \tag{4.16}$$

Jedoch wird – der Logik eines parametrischen Modells folgend – der Parameter $a_C$, wie alle anderen auch, noch völlig offen gelassen, bis ganz am Ende die Wahl so getroffen wird, dass die beste Annäherung („Fit“) an die Messwerte $E_B/A$ erreicht wird. Das könnte in diesem Entwicklungsstadium des Modells mit nur drei Termen

$$E_B(A,Z) = a_V A - a_S A^{\frac{2}{3}} - a_C Z^2 A^{-\frac{1}{3}}$$

schon ganz gut gelingen. Eine Kurve mit anfänglich steilem Anstieg, dann einem breiten Maximum und anschließend einem allmählich stärker werdenden Abfall ist gut modellierbar. Das wäre aber ein physikalisch höchst unbefriedigendes Ergebnis. In diesem Stadium würde das Modell nämlich falsch voraussagen, dass isobare Kerne (also bei festgehaltener Teilchenzahl $A$) um so fester gebunden sind, je weniger Protonen sie enthalten. Wir erweitern die Ansprüche: Das Modell soll die wirklich vorkommenden Kerne als besonders stabil darstellen, bei den leichteren Kernen also die mit $Z = N = A/2$ (siehe den Verlauf des Tals der stabilen Isotope in Abb. 4.3). Dazu genügt folgender Summand:

**4.) Asymmetrie-Term**

$$B_4 = a_F \cdot (Z-N)^2 A^{-1}\,. \tag{4.17}$$

Dieser Term (der in der Bindungsenergie wie die beiden vorhergehenden abgezogen werden soll) drückt aus, dass Unterschiede in der Anzahl von Neutronen und Protonen den Kern destabilisieren. Zu einer physikalischen Begründung dieses Effekts muss man allerdings neben die bisher benutzte anschauliche Vorstellung, Nukleonen seien kleine Teilchen mit einer festen Anzahl nächster Nachbarn, die komplementäre Vorstellung aus der Quantenmechanik stellen: In einem Potentialtopf laufen Materiewellen hin und her.[25] Anschaulich ein großer Gegensatz, aber nichts Anderes eben als der bekannte Welle-Teilchen-Dualismus (der in Kap. 5 und 9 weiter diskutiert wird).

Man nimmt für Protonen und Neutronen je einen Potential-Topf von der Größe des Kerns an und stellt sich die Eigenzustände (auf diskreten Energie-Niveaus) darin vor (Abb. 4.11). Bei gleicher Ortswellenfunktion kann jedes Niveau nach dem Pauli-Prinzip nur von zwei Teilchen (unterschiedlicher Spin-Einstellung) besetzt werden. Zunächst nehme man beide Töpfe gleich groß und (anders als in der Abbildung!) gleich tief an und vernachlässige die elektrostatische Abstoßung der Protonen untereinander. Dann sehen das $p$- und $n$-Niveauschema exakt gleich aus. Hat man $A$ Nukleonen noch unbestimmter Art in die beiden Töpfe zu verteilen, ergibt sich

[25] Zu einer Kritik an dieser sehr anschaulich gewählten Ausdrucksweise siehe Fußnote 56 auf S. 205.

die größte Bindungsenergie (= niedrigst möglicher, d. h. gleicher Füllstand) genau dann, wenn $N = Z = A/2$ ist.

Tauscht man danach noch Protonen in Neutronen um, beginnt im Protonen-Topf der Füllstand zu sinken während er im Neutronen-Topf steigt. Je größer die Differenz („Asymmetrie" $|N-Z|$) schon ist, desto mehr Energie muss man aufwenden, um das nächste Teilchen aus dem höchsten noch besetzten Protonen-Niveau in das niedrigste noch freie Neutronen-Niveau anzuheben. Der Energie-Beitrag, den das Erreichen einer bestimmten Aymmetrie insgesamt kostet, steigt daher proportional zu ihrem Quadrat $(N-Z)^2$ an. Er steigt auch proportional zum mittleren Niveauabstand, der seinerseits von den räumlichen Abmessungen des Potentialtopfs abhängt: daher (in Annäherung) der Faktor $A^{-1}$ im Ansatz (Gl. (4.17)).

In der Abb. 4.11 ist schon der Zusatzeffekt berücksichtigt, dass mit steigendem $Z$ der Topf für Protonen einen um die (durchschnittliche) Coulomb-Energie $B_3/Z$ erhöhten Boden bekommt und sich gleichzeitig im Außenraum das Coulomb-Potential des Kerns (der „Coulomb-Wall") aufbaut, den wir schon von außen gesehen aus der Rutherfordstreuung kennen. Dann ergibt sich der „niedrigste gemeinsame Füllstand" richtig erst bei einem gewissen Neutronenüberschuss.

**Fermi-Gas.** Ein solches System von Teilchen, die in einem Potentialtopf gefangen sind, dem Pauli-Verbot unterliegen, und deren Wechselwirkung untereinander

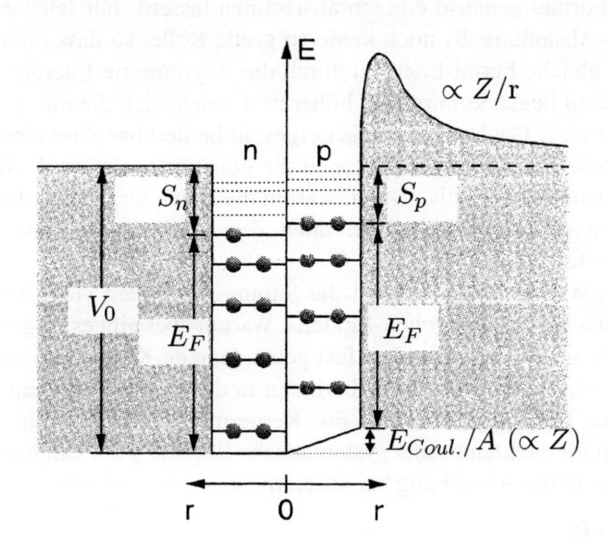


**Abb. 4.11** Kernmodell zweier gleicher Potentialtöpfe (Tiefe $V_0$) für Protonen und Neutronen, für Protonen um die durchschnittliche elektrostatische Energie $E_{\text{Coulomb}}/A$ erhöht und außen mit dem Coulomb-Potential. Im Grundzustand füllt jede Teilchensorte ihre Niveaus von unten bis zur *Fermi-Energie* $E_{\text{F}}$. Der Mindestaufwand für Ablösung eines Teilchens wird Separations-Energie ($S_{\text{p}}$, $S_{\text{n}}$) genannt. In stabilen Kernen gleichen sich die Fermi-Energien möglichst aus, die 1-Teilchen-Zustände auf beiden Seiten sind also gleich hoch gefüllt. So ergibt sich für geringe Protonenzahl ($Z \leq 20$), wo die Anhebung des Protonenpotentials ebenfalls gering ist, gleiche Anzahl $N = Z$, darüber $N > Z$. (Abbildung nach [58])

in 1. Näherung vernachlässigt wird, spielt in vielen Gebieten der Vielteilchenphysik eine große Rolle. Es heißt allgemein „ideales Fermi-Gas“ (nach Enrico Fermis Veröffentlichung von 1926 [67], in der er auch die später nach ihm benannte Statistik einführte). Man kann so auch die Elektronen der Atomhülle modellieren (Thomas-Fermi-Modell, 1927), oder die im Metall eingeschlossenen Leitungselektronen (Sommerfeld, ab 1930). In jedem Fall ergeben sich – schon durch die bloße Existenz einer recht scharf definierten Obergrenze der besetzten Zustände, der „Fermi-Energie“ $E_F$, siehe Abb. 4.11 – charakteristische Quanten-Effekte, die sich durch klassische Physik nicht erklären lassen. Beispiele:

- Für die Atomhülle folgt die grobe Form der Dichteverteilung der Elektronen und die näherungsweise Gleichheit aller Atomradien.[26]
- Bei Metallen folgt, dass die Elektronen kaum zur spezifischen Wärme beitragen und eine wohldefinierte Austrittsarbeit[27] haben.
- Bei Halbleitern ergibt sich, dass sie sowohl durch Elektronen als auch durch Löcher elektrisch leitend werden, und dass dies in charakteristischer Weise von der Temperatur abhängt.[28]

Nimmt man den Asymmetrie-Term $B_4$ zum Tröpfchen-Modell hinzu, kann man die freien 4 Parameter so bestimmen, dass die Linie der natürlichen Nuklide sich wirklich durch die stärkste Bindung auszeichnet (immer verglichen mit den hypothetischen Nachbar-Kernen zum selben $A$, deren theoretische Bindungsenergien sich mit der Formel genauso einfach ausrechnen lassen). Für leichte Kerne spielt die Coulomb-Abstoßung $B_3$ noch keine so große Rolle, so dass die optimale Mischung (d. h. gleiche Fermi-Energie) durch die Asymmetrie-Energie $B_4$ allein bei $N \cong Z \cong A/2$ zu liegen kommt. Bei höheren $A$ macht sich die mit $Z^2$ überproportional anwachsende Coulomb-Energie dergestalt bemerkbar, dass eine Zusammensetzung mit prozentual weniger Protonen die günstigste wird (vgl. Abb. 4.11). So wird qualitativ und quantitativ erklärt, warum die Linie der stabilen Isotope auf der Isotopen-Karte auf der Winkelhalbierenden $Z = N$ beginnt und dann in Richtung Neutronenüberschuss abbiegt.

Für ungerade Massenzahlen $A$ ist die Summe der ersten vier Terme schon die endgültige Aussage des Tröpfchen-Modells. Warum aber gibt es zu geradem $A$ häufig zwei stabile und sogar besonders fest gebundene *gg*-Kerne, während der dazwischen liegende *uu*-Kern – wenn er überhaupt in der Natur vorkommt – bis auf die vier leichtesten Fälle radioaktiv ist? Für Kerne mit geradem $A$ fehlt dem Modell noch ein Term für die kleine, aber systematische Erhöhung der Bindungsenergie bei *gg*-Kernen und deren Absenkung bei *uu*-Kernen:

**5.) Paarungs-Term**

$$B_5 = \delta a_P A^{-\frac{1}{2}} \text{ (darin } \delta = \pm 1 \text{ oder } 0) . \qquad (4.18)$$

[26] Schon in Kap. 1 bei Frage 1.1 angesprochen.

[27] Voraussetzung z. B. für Einsteins Gleichung für den Photoeffekt, siehe S. 17.

[28] Schon 1931 theoretisch ausgerechnet von A.H. Wilson [195], in den 1940er Jahren experimentell bestätigt, heute Grundlage der Elektronik.

Der Vorzeichenfaktor $\delta$ hängt dabei davon ab, ob *beide* Nukleonenarten in Paaren vorliegen (*gg*-Kern: $\delta = +1$) oder *keine* (*uu*-Kern: $\delta = -1$). Für *ug*- oder *gu*-Kerne wird der Term weggelassen ($\delta = 0$). Diese „Paarungs"-Energie wird auf „rein phänomenologische Weise", d. h. zunächst ohne jede tiefer gehende Rechtfertigung eingebaut. Eine physikalische Begründung konnte erst sehr viel später aufgrund einer detaillierten Kenntnis der Nukleon-Nukleon-Kraft gefunden werden (siehe Abschn. 11.1.1 und 13.3.4 zu Pionen, Quarks und Starker Wechselwirkung).

Alle fünf Terme zusammen ergeben für die Bindungsenergie

$$\begin{aligned} E_{\mathrm{B}}(A,Z) &= E_{\mathrm{Volumen}} - E_{\mathrm{Oberfläche}} - E_{\mathrm{Coulomb}} - E_{\mathrm{Asymmetrie}} \pm E_{\mathrm{Paar}} \\ &= a_V A - a_{\mathrm{S}} A^{\frac{2}{3}} - a_{\mathrm{C}} Z^2 A^{-\frac{1}{3}} - a_{\mathrm{F}} (Z-N)^2 A^{-1} + \delta a_{\mathrm{P}} A^{-\frac{1}{2}} . \end{aligned} \tag{4.19}$$

Eingesetzt für den Massendefekt in Gl. (4.10) ist dies die *semi-empirische Massenformel von Weizsäcker*[29].

**Anpassung des Modells:** Letzter Schritt bei der Aufstellung eines parametrischen Modells ist die Wahl der unbestimmt gebliebenen Parameterwerte $a_V, \ldots, a_{\mathrm{P}}$ mit dem Ziel, die Modellgleichung möglichst gut an möglichst viele Messwerte anzupassen. Die Parameter-Werte für die beste Anpassung sind (ungefähre Werte)[30]

$$\begin{aligned} a_V &= 16\,\mathrm{MeV}, \\ a_{\mathrm{S}} &= 18\,\mathrm{MeV}, \\ a_{\mathrm{C}} &= 0{,}71\,\mathrm{MeV}, \\ a_{\mathrm{F}} &= 93\,\mathrm{MeV}, \\ a_{\mathrm{P}} &= 11\,\mathrm{MeV}. \end{aligned} \tag{4.20}$$

Den Vergleich mit gemessenen Werten $E_{\mathrm{B}}/A$ zeigt Abb. 4.12. Man erreicht eine Annäherung auf besser als 1%, jedenfalls ab etwa $A = 30$. Dies ist eine hervorragende Bestätigung des Modells und damit auch der physikalischen Vorstellungen, die bei seiner Entwicklung benutzt wurden. Größere Abweichungen und eigene Strukturen zeigen sich aber in den Messwerten für leichtere Kerne (siehe Abb. 4.12 – Insert). Diese haben offenbar zu wenig Teilchen, als dass ein so pauschales Vielteilchen-Modell eine gute Beschreibung ergeben könnte.

Nach der erfolgreichen Anpassung an die gemessene Bindungsenergie kann das Modell nun ein detailliertes Bild dafür geben, wie sie bei den verschiedensten Kernen aus den fünf einzelnen Beiträgen zustande kommt. Abbildung 4.13 zeigt sche-

[29] Häufig auch Bethe-Weizsäcker-Formel genannt, denn die Formel in Weizsäckers viel zitierter Veröffentlichung von 1935 sieht mathematisch wirklich ganz anders aus und enthält schwer zu interpretierende Terme. Gleichung (4.19) zeigt sie in der übersichtlichen Form nach Hans Bethe (1936) [28], während die oben wiedergegebenen anschaulichen Begründungen meistenteils von Niels Bohr stammen. C.F. v. Weizsäcker gebührt die Ehre, mit seiner Formel das methodische Prinzip des parametrischen Modells für die Kernphysik erfolgreich demonstriert zu haben.

[30] Beim Vergleich der Formeln und Parameterwerte aus verschiedenen Quellen: $Z - N \equiv 2 \cdot (Z - A/2)$ beachten.

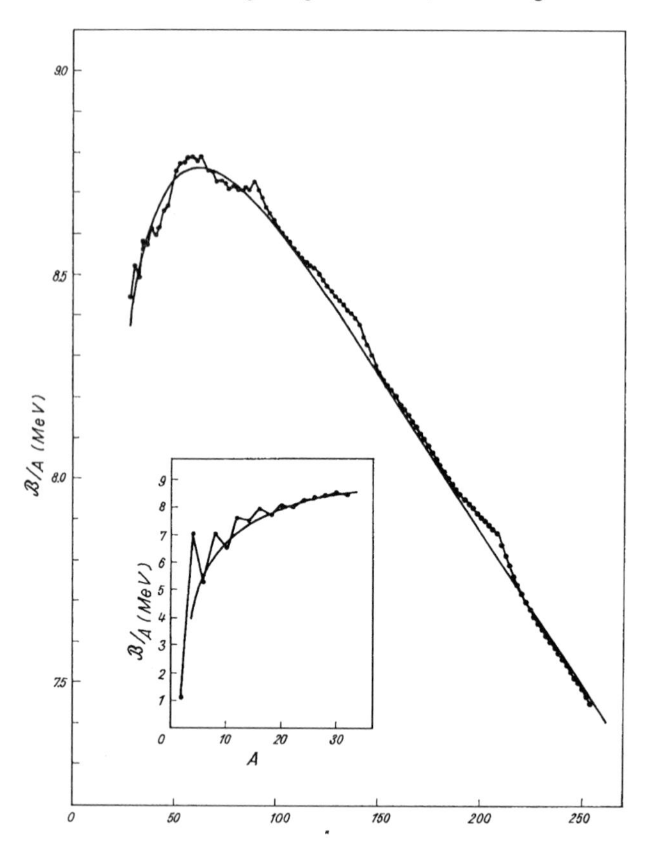


**Abb. 4.12** Bindungsenergie pro Nukleon: Messwerte und Modellierung durch das Tröpfchen-Modell für Kerne mit ungeradem $A$, im *Insert* auch für gerade $A$. (Abbildung aus [33])

matisch die einzelnen Terme in Abhängigkeit von der Teilchenzahl $A$ (mit jeweils optimaler Wahl von $Z$).

## 4.2.4 Tröpfchen-Modell: Physikalische Diskussion

**Volumen-Term:** Der erste und größte Term (Gl. (4.13)) der Bethe-Weizsäcker-Formel für die totale Bindungsenergie ist zu $A$ proportional, d. h. hier bringt jedes zusätzliche Nukleon denselben Beitrag, egal ob Proton oder Neutron, und unabhängig davon, wie viele Nukleonen schon versammelt sind. Dies bestätigt zunächst, dass die Kernkraft eine eigene Art der Wechselwirkung ist und die Anzahl möglicher Wechselwirkungspartner jedes Nukleons von vornherein beschränkt ist. Das ist die Charakteristik einer *kurzreichweitigen* Wechselwirkung, wie sie auch schon aus der anomalen Rutherfordstreuung (Abschn. 3.4) mit einer Reichweite von weni-

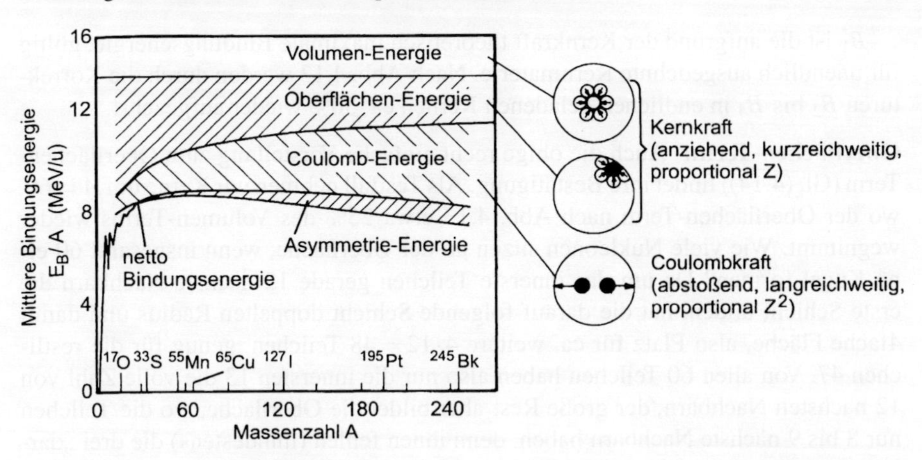


**Abb. 4.13** Die vier hauptsächlichen Komponenten der Bindungsenergie pro Nukleon nach dem Tröpfchen-Modell. (Abbildung aus [194])

gen fm erschlossen werden konnte. Wenn dies als Sättigung bezeichnet wird, hat es einen anderen Sinn als bei der chemischen Valenz, die durch eine (je nach Schalen-Aufbau der Hülle) feststehende Höchstzahl der abzugebenden oder aufzunehmenden Valenzelektronen festgelegt wird. Die Kernkraft gewinnt ihren Sättigungscharakter dadurch, dass sie kurzreichweitig ist und daher (bei Wahrung des Mindestabstands, bei dem sie abstoßend wird) rings um ein Nukleon nur Platz für eine kleine Anzahl Bindungspartner ist. Hierin ist sie analog z. B. zur van der Waals-Bindung von Molekülen oder Edelgasatomen.[31]

**Stärke der Kernkräfte I.** Wenn man die Reichweite etwa mit dem Abstand zum nächsten Nachbarn gleichsetzt, kann aus dem besten Wert für $a_V$ ($\cong 16\,\text{MeV}$) die Größenordnung der Bindungsstärke pro Paar zu etwa 2–3 MeV abgeschätzt werden: Bei dichter Packung kugelförmiger Teilchen (so die einfachste Annahme) gäbe es für jedes Teilchen 12 Bindungen zu seinen Nachbarn (6 in einer Ebene, je 3 „darunter" und „darüber"); für die Gesamtzahl der Paar-Bindungen darf man aber nur die halbe Teilchenzahl ansetzen, sonst zählt man sie doppelt. Daher als Schätzwert für die mittlere Paarbindung: $16\,\text{MeV}/(\frac{12}{2}) \approx 2\text{–}3\,\text{MeV}$. Dies stimmt auch bemerkenswert gut mit der Bindungsenergie des Deuterons (2,2 MeV) überein.

Es passt allerdings nicht zu der Tatsache, dass weder zwei Protonen noch zwei Neutronen allein einen gebundenen Zustand bilden können: eine für lange Zeit rätselhafte Eigenschaft der Kernkraft, scheinbar auch im Widerspruch zum Vorzeichen der Paarungsenergie (Gl. (4.18)). Die Suche nach diesen gebundenen *pp*- oder *nn*-Zuständen wurde erst mit Aufkommen des Quark-Modells Ende der 1960er Jahre aufgegeben (siehe Abschn. 13.3.4).

[31] Darin deutet sich eine tief liegende physikalische Ähnlichkeit beider Arten von Anziehungskräften an, die in jahrzehntelangen Bemühungen auch zur heutigen Theorie der Kernkräfte führte, wie in Abschn. 11.1.1 und 13.3.4 dargestellt wird.

$B_1$ ist die aufgrund der Kernkraft theoretisch maximale Bindungsenergie, gültig für unendlich ausgedehnte Kernmaterie. Nach Abb. 4.13 werden durch die Korrekturen $B_2$ bis $B_4$ in endlichen geladenen Kernen ca. 50% wieder aufgezehrt.

**Oberflächen-Term:** Auch die obige recht einfache Vorstellung zum Oberflächen-Term (Gl. (4.14)) findet ihre Bestätigung. Als Testfall nehmen wir Kerne um $A = 60$, wo der Oberflächen-Term nach Abb. 4.13 etwa 25% des Volumen-Terms wieder wegnimmt. Wie viele Nukleonen sitzen an der Oberfläche, wenn insgesamt 60 eine Kugel formen? Da um das innerste Teilchen gerade 12 nächste Nachbarn die erste Schicht bilden, hat die darauf folgende Schicht doppelten Radius und damit 4fache Fläche, also Platz für ca. weitere $4 \cdot 12 = 48$ Teilchen, genug für die restlichen 47. Von allen 60 Teilchen haben also nur die innersten 13 die volle Zahl von 12 nächsten Nachbarn, der große Rest aber bildet die Oberfläche, wo die Teilchen nur 8 bis 9 nächste Nachbarn haben, denn ihnen fehlen (mindestens) die drei „darüber". Die durchschnittliche Zahl von nächsten Nachbarn sinkt damit von 12 auf ca. 9 ($\approx (13 \cdot 12 + 47 \cdot (8 \text{ bis } 9))/60$), also um dieselben 25% wie die durchschnittliche Bindungsenergie.

**Coulomb-Term:** Der Coulomb-Term $B_3$ zeigt in seinem frei angepassten Koeffizienten ($a_C$ in Gl. (4.20)) genau den Wert, den man aus der klassisch-elektrostatischen Begründung (Gl. (4.16)) erhoffen konnte, was wiederum zu Recht als Bestätigung der Vorstellungen über Form und Radius der Kerne gewertet wurde – lange vor der viel direkteren Bestätigung durch die Hofstadter-Experimente in den 1950er Jahren (siehe Abschn. 5.6).[32] Die *quadratische* Abhängigkeit der Coulomb-Energie von $Z$ zeigt, dass jedes der Protonen mit jedem anderen ein Paar bildet, dessen potentielle Energie mitgezählt werden muss: Charakteristik einer *langreichweitigen* Wechselwirkung. In Abb. 4.13 ist zu sehen, wie die Coulomb-Abstoßung (pro Teilchen) mit ansteigender Teilchenzahl immer stärker wird und die durchschnittliche Bindungsenergie nach dem Maximum sogar abnehmen lässt.

Das ist deutlich anders als in der Hülle. Zunächst wächst die Bindungsenergie, ebenfalls pro Teilchen genommen, dort kontinuierlich an, und das sogar etwa wie $Z^{1,3}$, also stärker als proportional zur Teilchenzahl (siehe Frage 4.6). Gleichzeitig wird der negative Beitrag durch die Coulomb-Abstoßung relativ sogar immer schwächer, denn er wächst nur proportional zu $Z$, wie man an Gl. (4.16), dividiert durch die Teilchenzahl $Z$ und bei etwa gleich bleibendem Atomradius, sofort sieht. Der Grund für diese Unterschiede liegt natürlich darin, dass den Elektronen mit zunehmendem $Z$ ein immer tieferer Potentialtopf angeboten wird, während es offensichtlich für die Nukleonen im Kern nichts vergleichbares gibt. Das ist der Ausgangspunkt für die ab den 1950er Jahren entwickelten detaillierteren Kernmodelle (siehe Abschn. 7.5 und 7.6).

**Stärke der Kernkräfte II.** Obwohl die elektrostatische Energie zweier benachbarter Protonen (Abstand $\approx 2$ fm) auch bei immerhin schon 1 MeV liegt, kann man hier bereits abschätzen, dass die Nukleon-Nukleon-Wechselwirkung noch etwa 100-fach

---

[32] Ein stark abweichender Wert des Koeffizienten $a_C$ hätte auch als Hinweis auf eine weitere langreichweitige Wechselwirkung neuer Art verstanden werden können.

stärker sein muss, um trotz ihrer geringen Reichweite eine noch größere Bindungsenergie bewirken zu können.

Es genügt dafür ein Blick auf Gl. (2.15), wo der „Coulomb-Parameter $\alpha\hbar c = 1{,}44\,\text{eV nm}$" charakterisiert wurde als Produkt von Bindungsenergie und Durchmesser des H-Atoms, oder auch eines beliebigen anderen elektrisch gebundenen 2-Teilchen-Systems (mit Ladungen $\pm e$). Dabei ist die Bindungsenergie direkt und der Durchmesser umgekehrt proportional zur Masse.[33]

Bei zwei im Kern benachbarten Nukleonen ist dies Produkt (2–3) MeV $\cdot$ 2 fm $\approx$ 5 MeV fm $\equiv$ 5 eV nm. Das ist nicht, wie vielleicht erwartet, um Größenordnungen größer als der Coulomb-Parameter. Sieht man sich aber die beiden Faktoren einzeln an und vergleicht mit den Werten im H-Atom, dann dürfte der erste – die Bindungsenergie – sich nur um denselben Faktor erhöht haben wie die Masse, also ums $2\cdot 10^3$-fache statt wie tatsächlich um das (2–3) MeV/13,6 eV $\approx 2\cdot 10^5$-fache: da fehlen zwei Zehnerpotenzen. Ebenso ist der zweite Faktor – der Teilchen-Abstand – im Kern mit ca. 2 fm nicht $10^3$-fach, sondern einige $10^5$-fach kleiner als im H-Atom – macht auch 2 Zehnerpotenzen.

Über genauere Eigenschaften, z. B. die Form $V(r)$ des gemeinsamen Potentialtopfs, kann man erst mit quantenmechanischen Berechnungen Weiteres erfahren. Ohne nähere Ableitung sei daher hier vermerkt, dass man von einem etwa 40–50 MeV tiefen Potentialtopf von der Größe des Kerns ausgehen kann, in dem die Nukleonen mit bis zu 30–40 MeV kinetischer Energie umherfliegen.[34] Zwischen je zwei Nukleonen wirkt dabei unterhalb etwa 0,5 fm Abstand eine praktisch unendlich große Abstoßungskraft (*hard core*).

Zusammenfassend ist es – immer durch den Erfolg der Bethe-Weizsäcker-Formel gerechtfertigt – eine akzeptable Annahme, dass die eigentliche Kernkraft unabhängig von der elektrischen Ladung ist, und für benachbarte Nukleonen um Größenordnungen stärker als die Coulomb-Kraft. Beides wurde in den 1930er Jahren auch durch die Analyse der Streuung von Protonen an Protonen und an Neutronen bestätigt.[35]

**Extrapolation.** Ein parametrisches Modell wie das Tröpfchenmodell bietet sich dafür an, durch Extrapolation die Verhältnisse zu studieren, wie sie außerhalb des beobachteten Bereichs zu erwarten sind. Insbesondere können jetzt die meisten der Fragen (*s. o. im Kursivdruck* ab S. 101) zur Verteilung der stabilen Nuklide in der $Z$-$N$-Ebene geklärt werden. Dazu betrachtet man am besten *isobare Kerne*, d. h. Kerne mit gleicher Massenzahl $A$. Sie liegen auf der Isotopenkarte längs eines Schnitts $Z = A - N$. Abbildung 4.14 zeigt die drei mögliche Formen solcher Schnitte.

---

[33] Genauer: proportional zur reduzierten Masse $m_{\text{red}} = m_1 m_2/(m_1 + m_2)$ – aber der Unterschied um einen Faktor 1–2 ist für eine erste Abschätzung der Größenordnung hier nebensächlich.

[34] In Abschn. 11.1.2 – Erzeugung von Pionen – wird das Experiment beschrieben, das ohne diese kinetische Energie der einzelnen gebundenen Nukleonen nicht zu erklären ist.

[35] Dabei trat neu auch eine starke Spin-Bahn-Wechselwirkung in Erscheinung, ohne die die beobachteten Winkelverteilungen nicht zu erklären waren. – Für die Erforschung der Wechselwirkung mit Neutronen musste man ein Target mit Deuteronen nehmen und den Beitrag der Protonen abziehen, denn aus Neutronen allein lässt sich kein Target für Streuversuche herstellen.

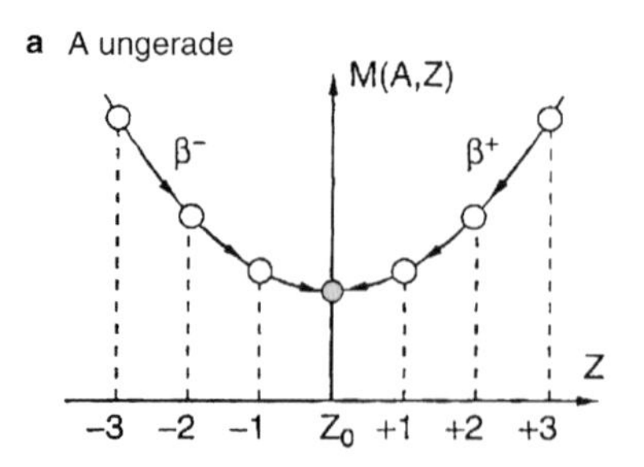


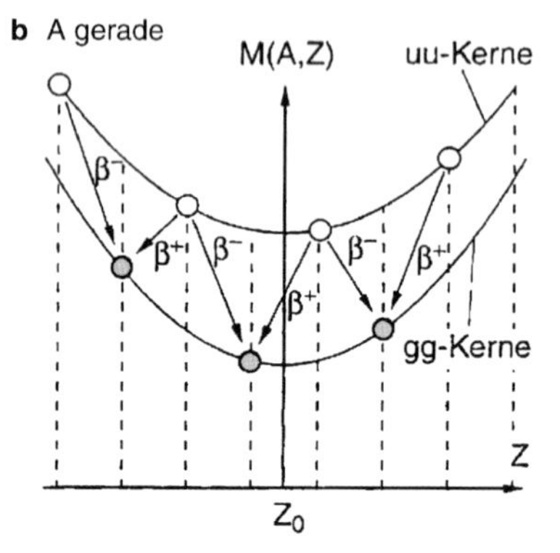


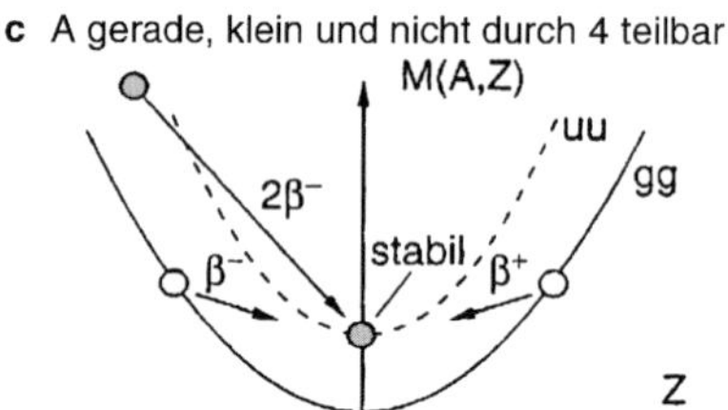


**Abb. 4.14** Masse $M$ (bzw. Energie-Inhalt $E = Mc^2$, Bindungsenergie nach unten!) für isobare Kerne in Abhängigkeit von der Protonenzahl $Z$. Nach dem Tröpfchen-Modell ergeben sich Parabeln; nur ganzzahlige $Z$ entsprechen möglichen Kernen. *Oben*: bei ungerader Nukleonenzahl $A$ gibt es ein wohldefiniertes Minimum, wobei das nächstliegende ganzzahlige $Z$ den einzigen stabilen Kern angibt. Die Umwandlungsmöglichkeiten der benachbarten Kerne sind durch *Pfeile* angedeutet (näheres siehe $\beta$-Radioaktivität, Abschn. 6.5). *Mitte*: bei geradem $A$ liegen die beiden Parabeln für *uu*- und *gg*-Kerne um die Paarungsenergie getrennt. Für $A \geq 16$ sind nur *gg*-Kerne nahe dem Minimum stabil. Unten: wenn $A \leq 14$ und nicht durch 4 teilbar ist, liegt der tiefste Massenwert für ganzzahliges $Z$ auf der *uu*-Parabel. Der für dieses $A$ einzige stabile Kern ist dann ein *uu*-Kern. (Abbildung nach [58])

**Isobaren-Regeln.** Das Tröpfchenmodell erlaubt eine eingehende Begründung der zunächst empirisch gefundenen Isobaren-Regeln (siehe Abschn. 4.1.5). Die Bethe-Weizsäcker-Formel für die Kernmasse (Gl. (4.19) in Gl. (4.10) eingesetzt) ergibt für feste Teilchenzahl $A$ als Funktion von $Z$ eine Parabel mit einem bestimmten Minimum – jedenfalls für ungerade $A$ (also *gu*- oder *ug*-Kerne, bei denen der Paarungsterm $B_5$ Null ist, in Abb. 4.14 oben). Die dem Minimum nächst benachbarte ganze Zahl ist die Ordnungszahl $Z$ mit dem einzigen Nuklid, das für dies $A$ in der Natur vorzufinden ist. Für gerades $A$ hingegen gibt es zwei Parabeln – die tiefere (fester gebundene) gilt für gerade $Z$ und $N$ (*gg*-Kerne), die obere für ungerade $Z$ und $N$ (*uu*-Kerne). Wenn es für dies $A$ mehr als ein stabiles Nuklid gibt, sind es die *gg*-Kerne links und rechts vom Minimum der unteren Parabel. Zwischen ihnen liegt ein *uu*-Kern auf der höheren Parabel. In einigen Fällen gibt es diesen auch in der Natur – bei $A = 40$ z. B. das Kalium-Isotop ${}^{40}_{19}\mathrm{K}$, das radioaktiv ist.

Nur für die leichtesten vier *uu*-Kerne (bei denen wegen $N = Z$ auch $A$ nicht durch 4 teilbar ist) ist die Lage der Parabeln so, dass das Minimum der höher gelegenen *uu*-Parabel doch noch tiefer liegt als die Massen für die benachbarten *gg*-Kerne zu ganzzahligem $Z$ auf der unteren Parabel (Abb. 4.14 unten). Hier können nach der Bethe-Weizsäcker-Formel auch *uu*-Kerne fester gebunden sein als ihre isobaren *gg*-Nachbarn, aber nur in genau den vier Fällen, die in der Natur als stabile Kerne auch vorkommen: ${}^{2}_{1}\mathrm{H}$, ${}^{6}_{3}\mathrm{Li}$, ${}^{10}_{5}\mathrm{B}$, ${}^{14}_{7}\mathrm{N}$.

Hiernach sind in der Natur (abgesehen von ${}^{40}_{19}\mathrm{K}$ und anderen Nukliden der natürlichen Radioaktivität – siehe Abschn. 6.2.1) im wesentlichen nur die Kerne zu finden, die sich nicht mehr unter der Einschränkung $A = \text{const.}$, $\Delta Z = \pm 1$ in einen anderen, noch fester gebundenen umwandeln konnten. Diese Einschränkungen sind genau die Auswahlregeln der $\beta$-Radioaktivität (in Abb. 4.14 schon eingezeichnet), die uns im Abschn. 6.2 und 6.5 sowie unter dem Namen „Schwache Wechselwirkung“ in Kap. 12 wieder begegnen wird. Damit ist nun auch die Schmalheit des Tals der Stabilen Isotope erklärt: Die $\beta$-Radioaktivität macht alle anderen Kerne instabil.

**Spontane Spaltung.** Auch Spaltung ist eine mögliche Form der Kernumwandlung. Nach Abb. 4.8 wäre sie etwa ab $A \geq 90$ mit Energiegewinn verbunden, also ohne äußere Energiezufuhr spontan möglich. Warum sich diese Kerne trotzdem nicht sofort spalten, bzw. ab welcher Massenzahl sie das tun würden, kann mit dem Tröpfchenmodell erklärt werden (Lise Meitner/Otto Frisch 1939). Anschaulich gesprochen, muss ein Kern während der Spaltung sich von der Kugelgestalt in ein Ellipsoid verformen, welches sich dann einschnürt und am Ende in zwei getrennte Teile zerfällt. Am Anfang dieses Prozesses – wo das Tröpfchenmodell mit seinen anschaulichen Vorstellungen sicher noch gültig ist – vergrößert eine Deformation die Oberfläche und kostet Energie,[36] bringt die Protonen aber auch weiter auseinander und spart damit Coulomb-Energie ein. Einen Nettogewinn an Energie gibt es genau dann, wenn die Abnahme der Coulomb-Energie $\Delta B_3$ mindestens die Zunahme der Oberflächenenergie $\Delta B_2$ aufwiegt: $\Delta B_3 \geq \Delta B_2$ (alle $B$ und $\Delta B$ hier dem Betrag nach genommen). Dazu müssen die Ausgangswerte $B_3$ und $B_2$ nur eine einzige Bedingung erfüllen: $B_3 > 2B_2$.

Grund: beide Beträge ändern sich entgegengesetzt, und die anderen Terme der Bethe-Weizsäcker-Formel ändern sich zunächst gar nicht. Relativ nimmt bei zunehmender Deformation die Oberflächenenergie ($B_2 \propto R_{\text{Kern}}^2$) doppelt so stark zu, wie die Coulomb-Energie ($B_3 \propto R_{\text{Kern}}^{-1}$) abnimmt.[37] Damit ist $\frac{\Delta B_2}{\Delta B_3} = \frac{2B_2}{B_3}$.

Für das Vorzeichen der Energie-Bilanz kommt es daher nur noch darauf an, ob im Anfangszustand der eine Term mehr als doppelt so groß war wie der andere.

---

[36] Wie bei der Oberflächenspannung, die Wassertropfen und Seifenblasen im Grundzustand kugelförmig macht.

[37] Das kann man z. B. aus der Fehlerfortpflanzung wissen: wenn $y = x^p$, dann gilt für die relativen Änderungen $\Delta y / y = p \cdot \Delta x / x$, für jeden beliebigen (reellen) Exponenten $p$ (siehe ein Anwendungsbeispiel schon in Frage 4.4).

Das Verhältnis $B_3/(2B_2)$ heißt deshalb Spaltparameter. Ein Wert > 1 würde zur *sofortigen* Deformation, Einschnürung und Spaltung führen, bei Werten <1 müsste dazu erstmal Energie zugeführt werden (Spaltbarriere). Einsetzen der Werte für $a_C$ und $a_S$ aus Gl. (4.20) liefert für sofortige Spaltung die Bedingung $Z^2/A > 50$. Da $Z^2$ schneller ansteigt als $A$, kommen schwerere Kerne dieser Schranke immer näher. Der schwerste natürliche Kern $^{238}$U hat $Z^2/A = (92)^2/238 \approx 36$ – sollte also noch stabil sein, ist der Schranke aber immerhin schon recht nahe! Für einen hypothetischen superschweren Kern mit (ungefähr) $Z = 139$, $N = 244$ $(= 1{,}7\,Z)$, also $A = 385$, wäre die Schranke gerade erreicht.

**Damit liefert das Tröpfchenmodell zum ersten Mal ein Argument für eine beschränkte Anzahl möglicher stabiler Elemente**.

Nach dieser Überlegung sind alle natürlich vorkommenden Kerne stabil gegen Spaltung. Wie es dann aber trotzdem ohne äußere Energiezufuhr zur Emission von $\alpha$-Teilchen kommen kann, was ja zweifellos eine Art Kernspaltung ist – diese nahe liegende Anschlussfrage, kann hier noch nicht geklärt werden (weiteres siehe Tunnel-Effekt – Abschn. 6.3, und Kernspaltung – Abschn. 8.2).

## 4.3 Ausblick

Das Tröpfchenmodell ist trotz der dargestellten Erfolge nur ein pauschales Modell. Es lässt nicht nur bei den leichten sondern auch bei schwereren Kernen manche Beobachtungen unerklärt. So fallen z. B. in Abb. 4.12 die Bereiche um $A \approx 140$ und $A \approx 200$ durch erhöhte Bindungsenergie auf. Dies (und anderes) konnte erst im Schalen-Modell der Kerne erklärt werden, das analog zu dem der Elektronenhülle konstruiert ist.

Das Schalenmodell der Kerne wurde erst 1949 ernsthaft vorgeschlagen (Maria Goeppert-Mayer, Jens H.D. Jensen, Nobelpreise 1963). Vorher schienen die damit verbundenen Ungereimtheiten unüberwindlich: Anders als in der Hülle gibt es kein Zentralpotential um ein starkes Kraftzentrum, und die Schalenabschlüsse liegen bei zunächst unerklärlichen „magischen Zahlen". (Weiteres siehe Kap 7.)

Doch brachte der in diesem Kapitel beschriebene Weg einen wichtigen Fortschritt bei der Suche nach der physikalischen Deutung des Aufbaus der Kerne und der Materie. Die immer genauere Bestimmung der Kernmassen hatte es erlaubt, ihre Bausteine – die Nukleonen Proton und Neutron – richtig zu identifizieren und ein Modell aufzustellen, aus dem Details über Aufbau und Energieinhalt der Kerne hervorgehen. Das Modell hilft zu verstehen, welche Kerne überhaupt vorkommen können, weil sie stabil sind gegen sofortige Spaltung und gegen isobare Umwandlungen $(\Delta A = 0)$ mit $\Delta Z = -\Delta N = \pm 1$. Es setzt dem Gebiet der stabilen Nuklide auf der Isotopen-Karte Grenzen, und der Zahl der möglichen chemischen Elemente damit auch. So konnte das seit 1920 geltende Proton-Elektron-Modell des Kerns überwunden werden und es entstand in den 1930er Jahren ein konsistentes Bild vom Aufbau aller Materie aus nur drei Bausteinen $p, n, e$.

Zugleich allerdings hatte die Erforschung der Radioaktivität auch schon die Erkenntnis hervorgebracht, dass das einzelne Neutron nicht stabil ist, sondern sich spontan in ein Elektron und Proton zerlegt (Abschn. 6.5.3), und dass selbst diese beiden Bausteine der Materie nicht wirklich stabil sind, sondern – bei etwas Energiezufuhr – sich miteinander „zerstrahlen" können (in Neutron + Neutrino, Abschn. 6.5.6). Das mag an die Lage der Atomhypothese 30 Jahre zuvor erinnern: Auch sie konnte sich erst richtig durchsetzen, als ihre Grundlage – die Atome – schon nicht mehr als unteilbar und unveränderlich durchgehen konnten (vgl. Ende von Abschn. 1.1.2).

Ferner wurde in den 1960er Jahren entdeckt, dass die Protonen und Neutronen ihrerseits zusammengesetzte Systeme sind, also den Namen Elementarteilchen nicht einmal wirklich verdienen. Dies tut den physikalischen Interpretationen in diesem und den folgenden Kapiteln aber keinen Abbruch, ebenso wenig wie etwa die Erklärungen der Chemie fragwürdig geworden wären, als sich heraus stellte, dass ihre „Elementarteilchen" etwas voreilig als Atome (die „Unteilbaren") benannt worden waren. In beiden Fällen sind es brauchbare Annäherungen an die Realität, solange bestimmte Größenordnungen der Energieumsätze eingehalten werden: Für die Atome nur bis zu einigen eV, für die Nukleonen immerhin millionenfach mehr – aber auch das gilt in der Elementarteilchenphysik noch als *relativ* geringer Energieumsatz, der das Teilgebiet der „Niederenergie-Kernphysik" definiert (weiteres hierzu in Kap. 7 und 8, zur Hochenergie-Physik ab Kap. 11).

Aufschlussreich ist der Vergleich zwischen der Häufigkeit der Elemente im Sonnensystem (Abb. 3.13 auf S. 72) und der Bindungsenergie ihrer Kerne ($E_B/A$-Kurve, Abb. 4.8 auf S. 100): Grob zusammengefasst nimmt die Häufigkeit von $Z = 1$ bis $Z = 92$ über elf Zehner-Potenzen ab, wobei die Fluktuationen, die in diesem Trend zu sehen sind, eng mit der Bindungsenergie korrelieren. Damit eröffnet ein physikalisches Modell des *vorgefundenen* Zustands der Materie die Aussicht, dass man ein weiteres physikalisches Modell für ihr *Werden* entwickeln könnte: die Entstehung aller Kerne mit $A > 1$ aus der Fusion von Protonen (siehe weiteres in Abschn. 8.5).

# Kapitel 5
# Stoßprozesse quantenmechanisch

## Überblick

Dass die Atomhülle zu Beginn des 20. Jahrhunderts wesentlich leichter experimentell untersucht werden konnte als ihr Kern, liegt auf der Hand. Zu ihrer Anregung (typischerweise einige eV) genügt schon thermische Energie aus Verbrennung oder elektrische Energie aus chemischen Batterien, denn diese entspringen ja selber den Reaktionen der Atomhülle. Zur Anregung der Kerne hingegen werden Energien von MeV gebraucht, und die standen außer bei den radioaktiven Strahlen, die ganz entsprechend von den Kernen selber erzeugt werden, erst nach der Entwicklung von Teilchen-Beschleunigern ab den 1930er Jahren zur Verfügung. Daher ist es auch wenig überraschend, dass es die Elektronen der Atomhüllen waren, bei denen die bahnbrechende Theorie der Modernen Physik entdeckt wurde. Die beiden 1925/26 von Werner Heisenberg und Erwin Schrödinger unabhängig erarbeiteten Ansätze[1] derselben Quantenmechanik gehören zu den größten Funden in der Entwicklung der Naturwissenschaft. Eine überwältigende Fülle von vorher disparaten oder sogar widersprüchlichen Beobachtungen an Atomen, Molekülen und Festkörpern fügte sich in das plötzlich aufgetauchte neue Begriffsschema, das mit anschaulichen Vorstellungen der klassischen Mechanik aber rigoros brach.

In dem folgenden Kasten 5.1 wird versucht, diese entscheidende Weichenstellung von der Klassischen zur Quanten-Mechanik an den Begriffen *Zustand* und *Quantisierung* in gedrängter Form deutlich zu machen.

Anmerkungen zum Kasten 5.1:

1. Die Einführung einer (nicht direkt) beobachtbaren Materie-Welle zur Beschreibung eines Zustands, der vorher durch die direkt beobachtbaren Größen Ort und Impuls gegeben war, eröffnet eine Ebene von prinzipiell neuen Begrifflichkeiten. Zum Beispiel kann man nun zwischen *Aufenthaltsort* und *Ortskoordinate* eines Teilchens unterscheiden: Der Aufenhaltsort eines Elektrons berechnet sich aus seiner Wellenfunktion immer in der Form einer Wahrscheinlichkeitsverteilung mit einer gewissen räumlichen

[1] „Über quantentheoretische Umdeutung kinematischer und mechanischer Beziehungen“ (Heisenberg [93]), „Quantisierung als Eigenwertproblem“ (Schrödinger [171]).

J. Bleck-Neuhaus, *Elementare Teilchen*
DOI 10.1007/978-3-540-85300-8, © Springer 2010

**Kasten 5.1 Zustand und Quantisierung**
*Die Weichenstellung von der Klassischen Mechanik zur Quanten-Mechanik*

Der **Zustand** eines Massenpunkts (zu einem gegebenen Zeitpunkt) ist definiert:

- Klassisch durch *Orts-* und *Impulsvektor* $(\vec{r}, \vec{p})$. Beide sind wohlbestimmt und repräsentieren zusammen einen Punkt in einem 6-dimensionalen Zustands- (oder Phasen-)Raum. Alle am Teilchen beobachtbaren Messwerte (Ort, Impuls, Drehimpuls, Energie, ...) sind eindeutig bestimmte Funktionen dieser sechs Koordinaten.
- Quantenmechanisch durch eine räumliche *Funktion*, den *komplexen* Wert einer im Vakuum existierenden *Materie-Welle* (*de Broglie-Welle*). Mögliche Messergebnisse (Ort, Impuls, Drehimpuls, Energie, ...) ergeben sich aus dieser *Wellen-Funktion* in Form einer *Wahrscheinlichkeitsverteilung*. Nur wenn sie die Breite Null hat, ist das Messergebnis exakt vorhergesagt; andernfalls streuen wiederholte Messungen, auch wenn der Zustand vorher wieder exakt gleich präpariert wurde (und Streuung durch mögliche Messfehler ausgeschlossen bleibt). Der (theoretische) Mittelwert der Messungen wird durch den *Erwartungswert* dieser Verteilung definiert. Zu seiner Berechnung muss man die Funktion als Faktor immer zweimal einsetzen (je einmal direkt und komplex konjugiert), und die Messgröße in Gestalt eines entsprechend definierten *Operators* $(\hat{x}, \hat{p}_x, \hat{\ell}_x, \hat{H}, \dots)$ dazwischen. Die möglichen einzelnen Messwerte sind immer die – diskret oder kontinuierlich verteilten – Eigenwerte dieses Operators. Nur wenn das Teilchen in einem Eigenzustand des Operators ist, streuen wiederholte Messungen nicht, sondern ergeben jedesmal denselben zu dem Zustand gehörigen Eigenwert..

*Folge (völlig unabhängig von der Größe von $\hbar$ ):*

*1. Eine enorme Vermehrung der Erscheinungsformen möglicher Zustände.*
*2. Eine enorme Vermehrung der Anzahl möglicher Zustände.*
*3. Die neue Möglichkeit, zwei oder mehr Zustände zu einem neuen zu überlagern (Superposition).*

*Ähnlichkeiten zur klassischen Punktmechanik sind nur für Materiewellen in Form räumlich konzentrierter Pakete zu erwarten, und bei mehreren Teilchen nur dann, wenn jedes sein eigenes Wellenpaket hat und diese sich nicht überlagern.*

Die **Quantisierung** wird durch drei Vertauschungsregeln für Orts- und Impuls-Operatoren eingeführt:

$$\hat{p}_x\,\hat{x} - \hat{x}\,\hat{p}_x = \frac{\hbar}{i} \qquad \text{(analog für } y \text{ und } z\text{)}.$$

Einige typische Konsequenzen:

- Die Streuungen von Orts und Impuls-Messungen befolgen die Unschärferelation $\Delta x \cdot \Delta p_x \geq \hbar/2$.
- Die Eigenwerte für den Bahndrehimpuls $\hat{\vec{\ell}} = \hat{\vec{r}} \times \hat{\vec{p}}$ (also $\hat{\ell}_x = \hat{y}\,\hat{p}_z - \hat{z}\,\hat{p}_y$ usw.) bekommen die Quantelung in natürlichen Einheiten $\hbar$.

*Folge:*

*Die Anzahl der linear unabhängigen quantenmechanischen Zustände ist gerade soweit reduziert, als ob jeder klassische Zustand im klassischen Zustandsraum eine Einheitszelle mit dem Volumen $\Delta\Omega = (2\pi\hbar)^3$ besetzt (der Exponent 3 für die drei Raumdimensionen). Der Grenzübergang $\hbar \to 0$ würde hinsichtlich der Anzahl der Zustände wieder die Verhältnisse der klassischen Punktmechanik herbeiführen, während die oben genannten Folgen Nr. 1 und 3 aber unangetastet bestehen blieben.*

Verschmierung, nie wirklich punktförmig.[2] Das steht aber nun nicht im Gegensatz zu seiner Eigenschaft, ein Massenpunkt zu sein, denn die entspricht der Tatsache, dass für die Ortskoordinaten in der Wellenfunktion stets die eines mathematischen Punktes ausreichen. Die Schwierigkeit, dies mit der Vorstellung von einem Massenpunkt zu vereinbaren, heißt Welle-Teilchen-Dualismus.
Darüber hinaus ist die Menge der komplexen Funktionen $\{\psi(x)\}$ von einer prinzipiell höheren Mächtigkeitsklasse als die Menge ihrer Argumente $\{x\}=\mathbb{R}^1$. Zu einer Funktion mehrerer Variablen kann man sich bis maximal drei Dimensionen die räumliche Vorstellung einer „Welle" (oder eines „Feldes") $\psi(x, y, z)$ im $\mathbb{R}^3$ machen. Schon für zwei Teilchen aber ist $\psi(x_1, y_1, z_1, x_2, y_2, z_2)$ eine Welle im $\mathbb{R}^6$. Das ist nur in den einfachsten „Produkt-Zuständen" $\psi_A(x_1, y_1, z_1)\cdot\psi_B(x_2, y_2, z_2)$ dasselbe wie zwei (vorstellbare, *verschiedenartige*[3]) Wellen $\psi_A$ und $\psi_B$ im selben $\mathbb{R}^3=\{(x, y, z)\}$. Alle anderen Zustände heißen *verschränkt*. Sie stehen mit der Vorstellung von (unterscheidbaren) Massenpunkten wohl noch stärker im Widerspruch als schon die Wellen an sich. Dies geht auch im „klassischen Grenzfall $\hbar\to 0$" nicht verloren.

2. Wie man die von Planck 1900 entdeckte Quantisierung der Strahlungsenergie in Paketen $\Delta E=\hbar\omega$ über eine endliche „Größe der Einheits-Zelle im Zustandsraum" (Phasenraumzelle) erklärt, kann man sich schnell am (1-dimensionalen) harmonischen Oszillator klarmachen: Ein Massenpunkt $m$ unter der Kraft $F=-kx$ schwingt mit der Kreisfrequenz $\omega=\sqrt{k/m}$. In seinem 2-dimensionalen Phasenraum $\{(x, p)\}=\mathbb{R}^2$ gibt der Ursprung $x=p=0$ den Grundzustand an; alle Zustände bis zur Energie $E$ füllen eine Ellipse $p^2/(2m)+\frac{1}{2}k\,x^2\leq E$ aus, ihre Fläche ist das entsprechende Phasenraumvolumen $\Omega(E)$. Mit den Halbachsen[4] $a=\sqrt{2mE}$, $b=\sqrt{2E/k}$ folgt $\Omega=\pi ab=2\pi E\sqrt{m/k}=2\pi E/\omega$. Das Volumen $\Omega$ wächst also mit $E$ linear an und erlaubt nach der Quantisierungsregel[5] einen neuen Zustand nur, wenn $E$ um $\Delta E=\hbar\omega$ erhöht wird.
3. „*Die universelle Bedeutung des sog. elementaren Wirkungsquantums*" hieß die Veröffentlichung von O. Sackur [168] aus dem Jahr 1913, in der erkannt wurde, dass die klassische statistische Physik eine Formel für die Entropie des 1-atomigen Gases liefern kann, und dass diese quantitativ richtig werden kann, wenn man nur dem (noch beliebigen) Parameter „Größe der Einheits-Zelle im Zustandsraum" einen *bestimmten* endlichen Wert gab. Zur expliziten Überraschung des Autors ergab die Anpassung dieser *Formel von Sackur-Tetrode* an die Messdaten für den 1-atomigen Hg-Dampf, dass – im Rahmen der Messfehler von einigen % – die Phasenraumzelle für Massenpunkte pro Raumdimension gerade dieselbe Größe $(2\pi\hbar)$ haben musste, wie sie bisher nach dem Planckschen Gesetz von 1900 nur für elektromagnetische Strahlung gefordert war.

---

[2] Die Konzentration der $\delta$-Funktion auf einen Punkt ist mathematische Fiktion, sie entspricht keinem realisierbaren Zustand.

[3] Existieren zwei Wellen (oder Felder) *gleicher* Art $\psi_A$ und $\psi_B$ im selben Raum, gilt das Superpositions-Prinzip. Sie werden immer in *einer* Funktion $\Psi(x, y, z)=\psi_A(x, y, z)+\psi_B(x, y, z)$ zusammengefasst. Wie sollte man anders auch Interferenzphänomene modellieren können. Einmal summiert, kann man die Summe nicht rückwärts in eindeutig bestimmte Summanden zerlegen. Daher kann dies aus der Superposition resultierende $\Psi$ nicht dem Fall zweier unterscheidbarer Teilchen $A$, $B$ in zwei wohldefinierten Zuständen $\psi_A$, $\psi_B$ entsprechen. Umgekehrt gilt ebenso: Daran, dass zwei Wellen sich durch Superposition zu einer zusammenfassen lassen (deren Amplitude ihre Maxima, Minima und Nulldurchgänge im Allgemeinen nun an anderen Stellen hat), kann man erkennen, dass es Wellen der gleichen Art sind. Zu einer tief greifenden Konsequenz dieser fast trivialen Tatsache siehe S. 677.

[4] Man bringe die Ellipsengleichung auf Normalform: $\frac{p^2}{2mE}+\frac{x^2}{2E/k}=1$.

[5] „In 1 Dimension wird für jeden neuen Zustand ein Phasenraumvolumen $(2\pi\hbar)^1$ benötigt" – siehe Kasten 5.1.

Dass diese *Quantisierung der klassischen Mechanik* durch einen mathematischen Formalismus mit Funktionen, Operatoren und Vertauschungsregeln hervorgebracht werden könnte, wie im Kasten 5.1 angegeben, wurde 1925 unabhängig von Werner Heisenberg (Matrizen-Mechanik [93]) und Erwin Schrödinger (Wellen-Mechanik [172]) entdeckt und war der Anfang der modernen Quanten-Mechanik. Die Brüche mit der normalen Anschauung von Welle einerseits und Materie andererseits waren so gravierend, dass der richtige Gebrauch der neuen mathematischen Konstrukte oft durch die Methode *Versuch und Irrtum* entwickelt werden musste (und dass eigentlich auch heute noch über ihre genaue Bedeutung gestritten wird). So wurde jahrelang bezweifelt, dass diese bei den Atomhüllen so erfolgreiche „Elektronen"-Theorie auch für andere Systeme gelte, zum Beispiel für Stoßprozesse oder für Kerne.

In den folgenden Kapiteln werden Grundlagen der Quantenmechanik für die Atomhülle beim Leser schon vorausgesetzt. Es wird dargestellt, wie diese neuen Konzepte im Bereich der Kerne (und später der Elementarteilchen) auf ihre Gültigkeit und auf ihren Erklärungswert hin geprüft und erforderlichenfalls weiter entwickelt wurden. Dabei sind drei verschiedene Arten von Fragestellungen zu erkennen, an denen sich diese neue Theorie zu beweisen hatte:[6]

- Lassen sich in ihrem Rahmen die schon bekannten und (in gewisser Weise) bereits „erklärten" Phänomene noch richtig wiedergeben?
  Beispiele:
  - Die Quantisierung des harmonischen Oszillators (Planck 1900, quantenmechanisch Heisenberg 1925, s.o.).
  - Das Spektrum des H-Atoms (Bohr 1913, quantenmechanisch Schrödinger 1926).
  - Die Rutherford-Streuung (Rutherford 1911, quantenmechanisch Mott 1928 – siehe dieses Kapitel).
- Ist sie zu Erweiterungen fähig, um bekannte, aber bisher unverstandene Phänomene aufzunehmen?
  Beispiele:
  - Das radioaktive Zerfallsgesetz (siehe Abschn. 6.1).
  - Der Spin des Elektrons (siehe Abschn. 7.1.2).
- Halten die neuen Phänomene, die einerseits von ihr zwingend vorhergesagt werden, andererseits aller bisherigen Physik widersprechen, einer experimentellen Überprüfung stand?
  Beispiele:
  - Die Folgen der Ununterscheidbarkeit der Teilchen gleicher Sorte (siehe Abschn. 5.7).
  - Das Durchdringen von Potentialbarrieren (siehe Tunneleffekt in Abschn. 6.3.2).

[6] Es versteht sich, dass die Quantenmechanik diese Tests glänzend bestand, was – in Ermangelung von Alternativen – natürlich auch ausschlaggebend für die fortdauernden Bemühungen ist, sich mit ihren begrifflichen Gegensätzen zur Anschaulichkeit abzufinden.

– Die Existenz von Antiteilchen (siehe Abschn. 6.4.5 und 10.2.3).
– Die unbeschränkte Möglichkeit, verschiedene Zustände mit Wahrscheinlichkeitsamplituden zu einem neuen Zustand zu überlagern (bis hin zu Mischungen von Teilchen und Antiteilchen, siehe Abschn. 12.3.3).

Als erstes behandelt das vorliegende Kapitel, wegen ihrer zentralen Rolle bei der experimentellen Untersuchung (unsichtbar) kleiner Strukturen, die *Streu-* bzw. *Stoß*-Experimente.[7] Eine verbreitete Meinung zur Quantenmechanik lautet, das wichtigste an ihr sei die Möglichkeit, die **stationären Zustände** mit ihren gequantelten Energien ausrechnen zu können. Mindestens genau so wichtig war und ist jedoch, dass mit ihr auch alle möglichen **Prozesse** (Reaktionen, Streuung bzw. Stöße, Emission und Absorption bzw. Erzeugung und Vernichtung) richtig berechnet werden können. So liefert schon die grundlegende *zeitabhängige* Schrödinger-Gleichung für jeden darin eingesetzten Zustand $\psi$ gerade die Geschwindigkeit $\partial\psi/\partial t$, mit der dieser sich *ändert*.

Als Rutherford in den Jahren ab 1909 die Winkelverteilung der gestreuten $\alpha$-Teilchen analysieren wollte, konnte er noch nicht wissen, wo die Grenze liegt, ab der die klassische Mechanik zu falschen Resultaten führt. Ist der Erfolg seiner klassisch abgeleiteten Formel und damit die Entdeckung des Atomkerns vielleicht nur ein glücklicher Zufall? Jedenfalls ist hier eine neue quantenmechanische Berechnung angebracht. Es zeigt sich nun:

- Der neue quantenmechanische Formalismus sagt die Rutherford-Formel genauso richtig voraus.
- Er zeigt einen einfachen Weg, die Streuexperimente zu verfeinern und daraus mehr über die räumliche Struktur der Kerne zu lernen.
- Er hat eine theoretische Konsequenz, die nur bei Systemen mit mehreren identischen Teilchen auftreten soll. Sie widerspricht der klassischen Mechanik so prinzipiell, dass es auch im Grenzfall geringer Geschwindigkeiten und großer Abstände der Teilchen bei deutlich verschiedenen Vorhersagen bleibt. Bei der Streuung von $\alpha$-Strahlung in Heliumgas (also Stößen von $\alpha$-Teilchen mit $\alpha$-Teilchen) wurde diese äußerst befremdliche Vorhersage der Quantenmechanik 1930 durch ein Experiment erstmalig direkt bestätigt.

## 5.1 Stoß in der Quantenmechanik

**Quantenmechanischer Zustand.** Allgemein ist jeder *Prozess* eine Zustands-*Änderung*. Welche Zustände sind zu betrachten, wenn ein einfliegendes freies Teilchen – das *Projektil* – durch ein vom *Target* verursachtes Kraftfeld abgelenkt wird?

$$\begin{aligned} \text{Anfangszustand (\underline{ini}tial):}\ & \text{freies Teilchen mit Impuls}\ \vec{p}_{\text{ini}} \\ \text{Endzustand (\underline{fin}al):}\ & \text{freies Teilchen mit Impuls}\ \vec{p}_{\text{fin}} = \vec{p}_{\text{ini}} + \Delta\vec{p} \end{aligned} \tag{5.1}$$

[7] Der erste und weitgehend eingebürgerte Name *Streuung* stammt vom Wellenbild, der zweite Name *Stoß* vom Teilchenbild, und beide meinen das gleiche.

Der Prozess „elastischer Stoß“ macht nichts Anderes als einen Impulsübertrag $\Delta\vec{p}$.

Quantenmechanisch wird ein freies Teilchen mit bestimmtem Impuls $\vec{p}$ als de Broglie-Welle mit Wellenlänge $\lambda = 2\pi\hbar/p$, konstanter Amplitude $A_0$, unendlich ausgedehnt in Zeit und Raum beschrieben:[8]

$$\psi_{\vec{k}}(\vec{r},t) = A_0\,\mathrm{e}^{\mathrm{i}(\vec{k}\cdot\vec{r}-\omega t)}\,. \tag{5.2}$$

$\vec{k} = \vec{p}/\hbar$: Wellenvektor mit Betrag $k = 2\pi/\lambda$, und $E_{\text{kin}} = \hbar\omega$, erstmals vorgeschlagen von Luis de Broglie 1923 (Nobelpreis 1929).

In diesem Zustand läuft das Teilchen mit einer im ganzen Raum konstanten Stromdichte beständig in Richtung $\vec{k}$; es ist in einem Eigenzustand zum Impulsoperator $\hat{\vec{p}} = (\hbar/i)\vec{\nabla}$, damit auch zum Hamilton-Operator der kinetischen Energie (hier zunächst nicht-relativistisch):

$$\hat{H}_0 = \frac{\hat{p}^2}{2m}; \quad \hat{H}_0\psi_{\vec{k}} = E_{\text{kin}}\psi_{\vec{k}}\,. \tag{5.3}$$

Für anschauliche Argumentation oft eher brauchbar als so ein unendliches Wellenfeld ist ein begrenztes *Wellenpaket*, wie man es durch Überlagerung von Funktionen $\psi_{\vec{k}}$ mit etwas abgeänderten Wellenlängen entstehen lassen kann. Solche Wellenpakete, gleich welcher Gestalt, sind räumlich mindestens einige $\lambda$ ausgedehnt und streng genommen keine Impuls- oder Energie-Eigenzustände. Jedoch sind sie seit den Anfängen der Quantenmechanik und bis heute von größtem Nutzen, wenn man sich den Ablauf von Stoß- oder Reaktionsprozessen vorstellen will, womöglich im Licht klassischer Veranschaulichungen. Zum Beispiel ergibt sich aus der Schrödinger-Gleichung: Wenn ein Wellenpaket kleiner als die wesentlichen Distanzen im betrachteten System ist – das sind z. B. Breiten und Abstände von Potentialtöpfen, Abstände zwischen Teilchen etc. –, dann folgt sein Mittelpunkt $\vec{r}$ in guter Näherung der klassischen Newtonschen Bewegungsgleichung $\vec{F} = m\,d^2\vec{r}/\mathrm{d}t^2$ *(Ehrenfestsches Theorem)*.

Wellenpakete sind ein Standard-Beispiel für die Unbestimmtheitsrelation

$$\Delta x \cdot \Delta p_x \geq \hbar/2\,,$$

wobei $\Delta x = \sqrt{\langle (x - \langle x \rangle)^2 \rangle}$ und $\Delta p$ analog die mathematisch korrekt definierten Standardabweichungen sind (Werner Heisenberg 1927, Nobelpreis 1932).

**Klassische Näherung.** Zur Prüfung der Zulässigkeit einer klassischen Berechnung muss $\lambda$ also mit den typischen „charakteristischen“ Längenparametern des Systems verglichen werden. Bei der normalen Rutherford-Streuung ist das die Länge $\rho_0$ aus Gl. (3.3), der bei gegebener Energie minimal mögliche Abstand zweier Teilchen (im Fall gleichnamiger Ladung).

**Frage 5.1.** *Könnte eine andere Größe mit der Dimension Länge für diesen Test relevant sein? Zum Beispiel der Kernradius $R_{\text{Kern}}$?*

[8] Für festes $t$ repräsentiert die Wellenfunktion $\psi_{\vec{k}}(\vec{r},t)$ den Zustandsvektor $|\psi_{\vec{k}}(t)\rangle$. Beide Beschreibungen sind äquivalent.

**Antwort 5.1.** *Nein, der Kernradius nicht. Denn längs jeder Trajektorie, die außerhalb $R_{\text{Kern}}$ bleibt (also bei der normalen Rutherford-Streuung), ist das Coulomb-Feld völlig unabhängig von $R_{\text{Kern}}$ (kugelsymmetrische Ladungsverteilung des Kerns vorausgesetzt). Daher kann $R_{\text{Kern}}$ in der Formel für den Rutherford-Wirkungsquerschnitt nicht auftauchen und scheidet damit als Kandidat für einen Vergleichsmaßstab aus.*

Die Abschätzung der Wellenlänge $\lambda$ für $\alpha$-Teilchen von 5 MeV ist einfach (wenn man die Masse in Energie ausdrückt und $\hbar c = 200\,\text{MeV fm}$ sowie $E_{\text{kin}} = p^2/(2m)$ benutzt):

$$\frac{\lambda}{2\pi} = \frac{\hbar}{p} = \frac{\hbar c}{pc} \approx \frac{200\,\text{MeV fm}}{\sqrt{2m_\alpha c^2\,E_{\text{kin}}}} = \frac{200\,\text{MeV fm}}{\sqrt{2\cdot 4\,000\,\text{MeV}\cdot 5\,\text{MeV}}} = 1\,\text{fm}\,. \tag{5.4}$$

Das ist beim Rutherford-Experiment klein gegen den kleinstmöglichen Abstand zum Streuzentrum $\rho_0 \approx 40\,\text{fm}$ (siehe Abschn. 3.2.2). Daher kommt das richtige Ergebnis der Berechnung nach der klassischen Mechanik nicht unerwartet. Aber wo bringt die Quantenmechanik etwas Neues?

## 5.2 Quantenmechanische Bewegungsgleichung/Weg zur Bornschen Näherung

**Streuwelle.** Schon die grundlegende zeitabhängige Gleichung von Erwin Schrödinger [172] (1925, Nobelpreis 1933)

$$\frac{\hbar}{i}\frac{\partial}{\partial t}\psi = \hat{H}\psi \tag{5.5}$$

sagt, wenn man hinter dem Hamilton-Operator $\hat{H}$ einen *beliebigen* Zustandsvektor (oder Wellenfunktion) $\psi$ einsetzt, dessen künftige Entwicklung voraus. In linearer (oder 1.) Näherung z. B. so:

$$\psi(t+\Delta t) = \psi(t) + \Delta\psi \approx \psi(t) + \Delta t\frac{\partial\psi}{\partial t} = \psi(t) + \Delta t\frac{i}{\hbar}\hat{H}\psi(t)\,. \tag{5.6}$$

Dass gerade die Eigenzustände mit $\hat{H}\psi = E\psi$ die einzigen stationären Zustände sind (weil dann der Zuwachs $\Delta\psi$ zur bestehenden Wellenfunktion $\psi$ proportional ist, also zum Zustandsvektor „parallel"), ergibt sich ja erst daraus.[9]

**Frage 5.2.** *Ein Schein-Problem der linearen Näherung: Der Zuwachs $\Delta\psi$ ist zum Vektor des Eigenzustands $\psi$ parallel und wächst linear mit $\Delta t$. Warum wächst die Norm $\langle\psi(t)|\psi(t)\rangle$ nicht auch linear mit $\Delta t$ (wie $(1+\Delta x)^2 \approx 1+2\Delta x$)?*

---

[9] Eine Anmerkung für später (Abschn. 7.1.1): In zusammengefasster Form $\psi(t+\Delta t) \approx (1+\Delta t\frac{i}{\hbar}\hat{H})\psi(t)$ zeigt die Gleichung, dass der Operator $(1+\Delta t\frac{i}{\hbar}\hat{H})$ den Zustand um $\Delta t$ in der Zeit versetzt.

Er ist der (infinitesimale) Zeitentwicklungs-Operator. Genauso bewirkt der Impulsoperator $\hat{\vec{p}}$ in $(1+\frac{i}{\hbar}(\Delta\vec{r}\cdot\hat{\vec{p}}))$ eine infinitesimale Translation um $\Delta\vec{r}$, und der Drehimpulsoperator $\hbar\hat{\ell}_z$ in $(1+\mathrm{i}(\Delta\phi\cdot\hat{\ell}_z))$ eine infinitesimale Drehung um den azimutalen Winkel $\Delta\phi$.

**Antwort 5.2.** *Weil mit komplexen Zahlen* $|1+\mathrm{i}\Delta x|^2 = 1+(\Delta x)^2$ . *Im Detail:*

$$\psi(t+\Delta t) \approx \psi(t) + \Delta t \frac{\mathrm{i}}{\hbar} E \psi(t) = \left(1 + \Delta t \frac{\mathrm{i}}{\hbar} E\right) \cdot \psi(t),$$

$$\begin{aligned}\langle \psi(t+\Delta t) \big| \psi(t+\Delta t) \rangle &\approx \left|1 + \Delta t \frac{\mathrm{i}}{\hbar} E\right|^2 \cdot \langle \psi(t) | \psi(t) \rangle \\ &= \left[1 + (\Delta t E/\hbar)^2\right] \cdot \langle \psi(t) | \psi(t) \rangle \\ &\approx \textit{(Term mit } \Delta t^2 \textit{ gegenüber 1 vernachlässigen:)} \\ &\quad \langle \psi(t) | \psi(t) \rangle .\end{aligned}$$

Für den Stoßprozess heißt das: Solange sich ein Wellenpaket $\psi(\vec{r})$ außerhalb der Reichweite der Wechselwirkung mit dem Streuzentrum befindet – also „vor" und „nach" dem Stoß – verhält es sich so, als ob $\hat{H}_0$ (Gl. (5.3)) der korrekte Hamiltonoperator wäre. Das Paket fliegt (wenn es z. B. gaußförmig war: allmählich breiter werdend) geradeaus weiter. Sobald sich das Potential $V(\vec{r})$ „bemerkbar macht" (d. h. wenn irgendwo $V(\vec{r})\psi(\vec{r}) \neq 0$ ist), entstehen zusätzlich an diesen Orten *Streuwellen*, die in alle Richtungen kugelförmig auseinander laufen – wie auf jeder Wasserfläche, wo man zusehen kann, wie eine Wellengruppe (z. B. einige durch einen Steinwurf einmal erzeugte Ringe) an einem Stock eine solche kreisförmige Streuwelle erzeugt. Auf die ebene Welle wirkt das Potential wie eine Störung, weshalb $\hat{H}_0$ der „ungestörte Hamilton-Operator" genannt wird, $\hat{V}$ der „Störoperator" und $\hat{H} = \hat{H}_0 + \hat{V}$ der „wahre" oder „vollständige" Hamilton-Operator. Die genauere mathematische Behandlung mit Hilfe von Wellenpaketen ist nun aber derart kompliziert, dass die Behandlung mit unendlich ausgedehnten ebenen Wellen $\psi_{\vec{k}}$ vorzuziehen ist, obwohl auch sie ihre mathematischen Schwierigkeiten hat.

Im Fall des Streuprozesses beginnen wir mit der ebenen Welle für das einlaufende Teilchen $\psi_{\vec{k}_{\text{ini}}}$. Da dies ein Eigenzustand zu $\hat{H}_0$ ist, nicht zu $\hat{H} = \hat{H}_0 + \hat{V}$, wird er durch die zusätzliche Existenz des Potential-Operators $\hat{V}$ verformt wie in Gl. (5.6) angegeben. Im Zuwachs $\Delta\psi$ entsteht ständig eine zusätzliche

$$\underline{\text{Streuwelle}}\ \frac{\mathrm{i}}{\hbar} \hat{V} \psi_{\vec{k}_{\text{ini}}} \left[ \equiv \frac{\mathrm{i}}{\hbar} V(\vec{r}) \psi_{\vec{k}_{\text{ini}}}(\vec{r}) \right] \text{ (pro Zeiteinheit)}. \tag{5.7}$$

**Winkelverteilung.** Diese kontinuierlich entstehende Streuwelle kann man sich wieder als Überlagerung von vielen ebenen Wellen $\psi_{\vec{k}}$ mit verschiedenen Richtungen von $\vec{k}$ schreiben, also in Fourier-Zerlegung. Mit welcher Amplitude ein bestimmtes $\psi_{\vec{k}_{\text{fin}}}$ darin vorkommt, kann dann durch das Skalarprodukt von diesem $\psi_{\vec{k}_{\text{fin}}}$ mit der Streuwelle angegeben werden:

$$\langle \psi_{\vec{k}_{\text{fin}}}(\vec{r}) | V(\vec{r}) | \psi_{\vec{k}_{\text{ini}}}(\vec{r}) \rangle = \int \psi^*_{\vec{k}_{\text{fin}}}(\vec{r}) V(\vec{r}) \psi_{\vec{k}_{\text{ini}}}(\vec{r})\, \mathrm{d}^3 r . \tag{5.8}$$

Dieser Ausdruck heißt auch *Matrixelement des Potentials*. Sein Absolut-Quadrat gibt schon die Intensität an, mit der diese Komponente $\psi_{\vec{k}_{\text{fin}}}$ in der Streuwelle erzeugt worden ist, also die Wahrscheinlichkeit, dass das gestreute Teilchen im entsprechend abgelenkten Zustand zu finden ist. Das Matrixelement bestimmt damit (mit weiteren Faktoren, siehe Gl. (5.9)) direkt die am Detektor gemessene Zählrate.

Dieses Verfahren, den Streuprozess eines Teilchens für die quantenmechanische Berechnung aufzubereiten, heißt *Bornsche Näherung* (Max Born 1927, Nobelpreis 1954). Berechnet wird hier der gesuchte Effekt – die *Störung* der ebenen Welle durch das Potential – mit Hilfe einer uns schon bekannten Näherung: Es werden dazu die ungestörten Zustände angesetzt.[10] Das mag fast unlogisch erscheinen, ist als *Störungsrechnung in 1. Ordnung* aber ein mathematisch abgesichertes und weit verbreitetes Verfahren.

Für eine genauere Berechnung müssten auch Glieder höherer Ordnung berücksichtigt werden, was in der Praxis aber meist unterbleibt. (*Das Coulomb-Potential kann man sogar exakt durchrechnen.*)

## 5.3 Differentieller Wirkungsquerschnitt

**Bornsche Näherung.** Im Trajektorienbild (Abschn. 3.2.3) zählt der Detektor die Teilchen, deren Trajektorien nach dem Stoß in seine Richtung zeigen. Im Wellenbild muss man sagen: Der in Richtung $\vec{k}_{\text{fin}}$ aufgestellte Detektor liefert mit seiner Zählrate das Messergebnis für die Aufenthaltswahrscheinlichkeit des Zustands $\psi_{\vec{k}_{\text{fin}}}$ in der Streuwelle. Dies ist in Bornscher Näherung das Quadrat des Matrix-Elements des Potentials zwischen Anfangs- und Endzustand (wobei das Wort „Endzustand" leicht missverstanden wird, als ob der Detektor dem Teilchen vorschreiben könnte, wohin es fliegt: Gemeint ist nur „der für die Zählrate im Detektor maßgebliche Zustand").

Für den differentiellen Wirkungsquerschnitt, wie er als Messgröße in Abschn. 3.2.3 definiert wurde, folgt dann[11]

$$\frac{\mathrm{d}\sigma}{\mathrm{d}\Omega} = |f|^2$$

$$\text{mit der } \textbf{Streuamplitude}\, f(\vec{k}_{\text{fin}}, \vec{k}_{\text{ini}}) = \frac{m}{2\pi\hbar^2} \langle \psi_{\vec{k}_{\text{fin}}}(\vec{r}) | V(\vec{r}) | \psi_{\vec{k}_{\text{ini}}}(\vec{r}) \rangle . \tag{5.9}$$

*(dies wird später als Beispiel von Fermis „Goldener Regel" erkannt – siehe Gl. (6.11) in Abschn. 6.1.2)*

Obwohl in beiden Fällen dieselbe Messgröße, hat der Wirkungsquerschnitt in der Wellenmechanik doch eine etwas andere Deutung als in der Punktmechanik:

- Für Massenpunkte mit definierten Trajektorien hatte $\Delta\sigma = (\mathrm{d}\sigma/\mathrm{d}\Omega)\,\Delta\Omega$ eine klare geometrische Botschaft. Es ist nach *Lage, Form* und *Größe* diejenige

---

[10] Vergleiche die Bemerkung zur Impuls-Näherung bei der Bohrschen Theorie des Bremsvermögens (Abschn. 2.2.2, Kasten S. 36).

[11] Die genaue Rechnung ist z. B. in [128, Kap. 4.2 und 4.6] zu finden.

Treffer-Fläche, in die die Trajektorien vor dem Stoß hineinzielen müssen, um nach dem Stoß im Winkelbereich $\Delta\Omega$ zu enden.

- Im Wellenbild fällt aber eine ausgedehnte ebene Wellenfront mit überall gleicher Intensität auf die ganze Targetebene ein. Hier gibt $\Delta\sigma = (\mathrm{d}\sigma/\,\mathrm{d}\Omega)\,\Delta\Omega$ nur die Größe derjenigen Fläche an (immer pro Streuzentrum), durch die genau so viel Intensität hereinkommt, wie nach der Streuung in Richtung auf den Detektor $\Delta\Omega$ weiter fliegt. Ein Bild davon, wie diese Treffer-Fläche geformt ist und ob sie näher oder weiter vom Streuzentrum entfernt liegt, kann man sich nicht mehr machen. Nur ihre Größe ist noch wohldefiniert.

Einsetzen von $\psi_{\vec{k}_{\text{fin}}}$ und $\psi_{\vec{k}_{\text{ini}}}$ in Gl. (5.9) ergibt, dass in der Streuamplitude $f$ nichts Anderes steckt als (bis auf Normierungsfaktoren) die räumliche Fourier-Transformierte von $V(\vec{r})$:

$$\langle\psi_{\vec{k}_{\text{fin}}}(\vec{r})|V(\vec{r})|\psi_{\vec{k}_{\text{ini}}}(\vec{r})\rangle = \int \mathrm{e}^{\mathrm{i}(\vec{k}_{\text{fin}}\cdot\vec{r})}\,V(\vec{r})\,\mathrm{e}^{-\mathrm{i}(\vec{k}_{\text{ini}}\cdot\vec{r})}\,\mathrm{d}^3r = \int \mathrm{e}^{\mathrm{i}(\Delta\vec{k}\cdot\vec{r})}\,V(\vec{r})\,\mathrm{d}^3r\,. \tag{5.10}$$

Die Streuamplitude $f(\vec{k}_{\text{fin}},\vec{k}_{\text{ini}})$ hängt demnach nur vom Vektor $\Delta\vec{k} = \vec{k}_{\text{fin}} - \vec{k}_{\text{ini}}$ ab, ist also auf jeden Fall wieder nur durch den Impulsübertrag $\Delta\vec{p} = \hbar\Delta\vec{k}$ bestimmt, passend zur Definition von „Stoß“ am Anfang von Abschn. 2.2! Auch der Einfluss der Teilchen-Energie ist dabei schon voll berücksichtigt. Er tritt aber wieder explizit in Erscheinung, wenn man die Intensität in Abhängigkeit vom Streuwinkel $\theta$ darstellen will, denn die Umrechnung mittels $\Delta k = |\Delta\vec{k}| = 2k\,\sin(\theta/2)$ ist über den Impuls $p = \hbar k$ von der Energie abhängig.

Ist das Potential kugelsymmetrisch, d. h. $V(\vec{r}) = V(|\vec{r}|)$, dann hängt $f$ sogar nur von einer einzigen Variablen ab, dem Betrag $\Delta k = |\Delta\vec{k}|$. Die Orientierung der *Streuebene* um die Achse des einfallenden Strahls, d. h. ob nach „oben“ abgelenkt wurde, nach „links“, „rechts“ etc., hat dann keinen Einfluss.

Mit der Einschussrichtung als $z$-Achse ist in Kugelkoordinaten $(\theta,\varphi)$ der Streuwinkel der *polare Winkel* $\theta$, der Winkel zwischen Einfalls- und Ausfallsrichtung, die zusammen die Streuebene definieren, die ihrerseits relativ zur $z$-$x$-Ebene um den *Azimut* $\varphi$ verdreht ist. Von $\varphi$ kann die Streuamplitude demnach nur abhängen, wenn es auch das Potential tut.

## 5.4 Coulomb-Streuung in Bornscher Näherung

### *5.4.1 Berechnung von Streuamplitude und Wirkungsquerschnitt*

**Abgeschirmtes Potential.** Da die Streuamplitude $f(\vec{k}_{\text{fin}},\vec{k}_{\text{ini}})$ nun nicht von sechs, sondern nur von einer Variablen abhängt, schreiben wir dafür $f(\Delta k)$. Man muss sie zunächst für ein *abgeschirmtes* Coulomb-Potential zwischen den Ladungen von

**Kasten 5.2 Fourier-Transformation des abgeschirmten Coulomb-Potentials**

Die Rechnung wird hier in einem eigenen Kasten vorgestellt, weil dies Integral für die Quantenmechanik sehr wichtig ist – z. B. für den Feynman-Propagator (Abschn. 9.7), das Yukawa-Potential (Abschn. 11.1).

Das gesuchte Integral*

$$F(k) = \int \mathrm{e}^{\mathrm{i}(\vec{k}\cdot\vec{r})} \frac{\mathrm{e}^{-\kappa r}}{r}\,\mathrm{d}^3 r \tag{5.12}$$

wird zur Auswertung in einem Koordinatensystem mit der $z$-Achse parallel zu $\vec{k}$ betrachtet und in Polarkoordinaten geschrieben.

$$(\vec{k}\cdot\vec{r}) = kr\cos\vartheta;\ \mathrm{d}^3 r = r^2\,\mathrm{d}r\,\mathrm{d}\varphi\,\mathrm{d}(\cos\vartheta):$$

$$F(k) = \iiint \mathrm{e}^{\mathrm{i}kr\cos\vartheta} \frac{\mathrm{e}^{-\kappa r}}{r} r^2\,\mathrm{d}r\,\mathrm{d}\varphi\,\mathrm{d}(\cos\vartheta)$$

Mit $\cos\vartheta = u$:

$$F(k) = \int_0^{2\pi} \mathrm{d}\varphi \int_0^{\infty} \mathrm{d}r \left(\int_{-1}^{+1} \mathrm{e}^{\mathrm{i}kru}\,\mathrm{d}u\right) r\,\mathrm{e}^{-\kappa r} = 2\pi \int_0^{\infty} \left(\frac{\mathrm{e}^{\mathrm{i}kr}}{\mathrm{i}kr} - \frac{\mathrm{e}^{-\mathrm{i}kr}}{\mathrm{i}kr}\right) r\,\mathrm{e}^{-\kappa r}\,\mathrm{d}r$$

$$F(k) = \frac{2\pi}{\mathrm{i}k} \int_0^{\infty} \left(\mathrm{e}^{(\mathrm{i}k-\kappa)r} - \mathrm{e}^{(-\mathrm{i}k-\kappa)r}\right) \mathrm{d}r = \frac{2\pi}{\mathrm{i}k}\left(\frac{1}{\mathrm{i}k-\kappa} - \frac{1}{-\mathrm{i}k-\kappa}\right)^{**}$$

$$F(k) = \frac{4\pi}{k^2+\kappa^2}$$

*Der in der Mathematik für die Fourier-Transformation übliche Normierungsfaktor $(2\pi)^{-\frac{3}{2}}$ ist fortgelassen.

**Ohne die Bedingung $\kappa > 0$ wäre die Stammfunktion $\frac{\mathrm{e}^{(\mathrm{i}k-\kappa)r}}{\mathrm{i}k-\kappa}$ an der oberen Grenze unbestimmt.

Projektil $(ze)$ und Kern $(Ze)$ berechnen:

$$V_{\text{abgeschirmt}}(r) = V_{\text{Coulomb}}(r)\,\mathrm{e}^{-\frac{r}{a}} = \frac{zZe^2/(4\pi\varepsilon_0)}{r}\,\mathrm{e}^{-\frac{r}{a}}. \tag{5.11}$$

Darin ist $a$ der *Reichweite-Parameter*. ($a \to \infty$ ergibt das reine Coulomb-Potential.) Dieser exponentielle Abschirmungsfaktor ist zunächst ein notwendiger mathematischer Trick, um das Integral zu *regularisieren*, denn ohne ihn würde das Fourier-Integral nicht konvergieren (siehe Kasten 5.2).

Hier ist der Trick aber auch physikalisch gerechtfertigt, denn das Coulomb-Potential für das $\alpha$-Teilchen wird mit zunehmendem Abstand vom Kern ja wirklich durch die Elektronenhülle immer stärker abgeschirmt, im Abstand einiger Atomradien sogar vollständig. Dort erscheint das ganze Atom elektrisch neutral. Mit Werten um $a \approx$ Atomradius $\approx 0{,}05$ nm kommt die Formel der Realität sehr nahe. Resultat (für die genaue Rechnung mit allen Faktoren siehe z. B. [128, Kap. 4.6]):

$$f_a(\Delta k) = \frac{2m}{\hbar^2} zZ(e^2/(4\pi\varepsilon_0)) \frac{1}{\Delta k^2 + 1/a^2} = 2mzZ(e^2/(4\pi\varepsilon_0)) \frac{1}{\Delta p^2 + \hbar^2/a^2}\,. \tag{5.13}$$

**Unabgeschirmtes Potential.** Nun kann $a$ doch noch unschädlich unendlich groß gemacht werden. Es bleibt:

$$f(\Delta k) = 2mzZ \frac{e^2}{4\pi\varepsilon_0} \frac{1}{\Delta p^2}\,. \tag{5.14}$$

Dabei verschwindet außer dem Hilfsparameter $a$ auch die Naturkonstante $\hbar$ aus der Gleichung – nachträglich ein Glücksfall für Rutherford. Sonst hätte seine klassische Rechnung von 1911 doch fehlschlagen müssen, denn erst 1913 zeigte Bohr durch seine Postulate, wie die Konstante $\hbar$ überhaupt in Formeln der Mechanik hineingelangen kann: durch Drehimpulsquantelung. Dieser Glücksfall tritt bei keinem anderen Potential als $V_{\mathrm{Coulomb}}$ auf.

Als Ergebnis kommt heraus – die klassische Rutherford-Formel (vgl. Gl. (3.17)):

$$\frac{\mathrm{d}\sigma}{\mathrm{d}\Omega} = |f|^2 = \left(2mzZ \frac{e^2}{4\pi\varepsilon_0}\right)^2 \frac{1}{(\Delta p)^4} \equiv \left(\frac{\rho_0}{4}\right)^2 \frac{1}{\sin^4(\theta/2)}\,. \tag{5.15}$$

Eine perfekte Übereinstimmung zwischen Quantenmechanik und klassischer Rechnung.

Bis hierher gilt die Übereinstimmung allerdings nur in der quantenmechanischen Störungsrechnung 1. Ordnung. Den Wirkungsquerschnitt im Coulomb-Feld kann man auch exakt ausrechnen (erstmals 1928 durch Mott [135], siehe z. B. [132, Chap. XI §7]). Diese exakte Streuamplitude $f_{\mathrm{Coulomb}}$ unterscheidet sich von $f$ in Gln. (5.14) und (5.15), aber der Unterschied besteht nur in einer komplexen *Coulomb*-Phase $\exp(\mathrm{i}\eta_{\mathrm{Coulomb}})$ (die auch von $E$ und $\theta$ abhängig ist). Das Absolutquadrat und damit der Wirkungsquerschnitt bleiben dasselbe. Daher gilt auch in Strenge in der Quantenmechanik die Rutherford-Formel (wenn die Kerne denn wirkliche Punktladungen wären). Ist diese Coulomb-Phase beobachtbar? Sie könnte sich durch Interferenzerscheinungen nur bemerkbar machen, wenn es um die kohärente Überlagerung von Coulomb-Streuwellen zu *verschiedenen* Streuwinkeln $\theta$ geht. In Abschn. 5.7 wird beschrieben, in welchem Fall dies nach der Quantenmechanik tatsächlich vorkommen muss.

### 5.4.2 Wellenmechanische Charakterisierung der Coulomb-Streuung

**Stoß und Streuung.** *Eine Erinnerung an Abschn. 3.2.2.* In der Punktmechanik haben die Projektile individuelle Trajektorien. Je nach ihrem Stoßparameter $b$ erhalten sie einen bestimmten Impuls $\Delta\vec{p}$ übertragen, der wegen $\Delta p = 2p\sin(\theta/2)$ einem bestimmten Ablenkwinkel $\theta$ entspricht (siehe Abb. 3.7). Die Coulomb-Streuung ist dann charakterisiert durch eine bestimmte Funktion $b(\theta) = \frac{1}{2}\rho_0 \cot(\theta/2)$. Der Rutherford-Wirkungsquerschnitt ergibt sich durch die statistische Mittelung über viele Trajektorien, die gleichmäßig dicht auf die Targetfläche einfallen, d. h. verschiedene Stoßparameter haben. So wird z. B. Rückwärtsstreuung deswegen nur selten vorkommen, weil sie extrem kleine Stoßparameter $b$ braucht und die entsprechend kleinen Bereiche „schwer zu treffen" sind, während große $b$ und damit kleine Ablenkwinkel häufiger getroffen werden.[12]

Im Wellenbild gibt es zur Beschreibung der Zustände statt Trajektorien die Wellenvektoren $\vec{k}$. Auf eine ausgedehnte ebene Welle *überträgt* ein reines Coulomb-Potential nicht einen bestimmten Impuls $\Delta\vec{p}$, sondern alle möglichen verschiedenen Werte und Richtungen $\Delta\vec{p}$ gleichzeitig, gewichtet jeweils mit dem Gewichtsfaktor $\propto 1/\Delta p^4$ (Gl. (5.15)).[13] Wegen dieses Faktors sind kleine $\Delta p$ bevorzugt (sogar bis hin zu einer mathematischen Singularität in Vorwärtsrichtung, $\Delta p \to 0$).

**Auflösungsgrenze.** Ein *abgeschirmtes* Coulomb-Potential – mit der Abschirmlänge $a$, die wir als ein Maß für die räumliche Struktur des Streuzentrums ansehen können – überträgt die Impulse $\Delta p$ mit einem modifizierten Gewichtsfaktor (siehe Gl. (5.13))

$$\frac{1}{(\Delta k^2 + 1/a^2)^2} \propto \frac{1}{(\Delta p^2 + \hbar^2/a^2)^2}\,.$$

Auch hier kommen die kleinsten $\Delta p$, also die kleinsten Ablenkwinkel $\theta$, am häufigsten vor, jedoch ohne Singularität. Der Quotient kann nicht mehr gegen unendlich gehen, sondern wird im Bereich $\Delta p \ll \hbar/a$ konstant. Dies gibt ein erstes Beispiel, wie aus einer von der Rutherford-Formel abweichenden Form der Winkelverteilung auf weitere räumliche Eigenschaften des Streupotentials geschlossen werden kann.

Der Bereich konstanter Winkelverteilung kann sich sogar über den gesamten Bereich möglicher Ablenkwinkel $0 \le \theta \le \pi$ bzw. Impulsüberträge $0 \le \Delta p \le 2p$ ausdehnen, nämlich wenn $2p \ll \hbar/a$ erfüllt ist. Dazu muss nur $E_{\text{kin}}$ hinreichend klein sein, so dass die de Broglie-Wellenlänge $\lambda \gg 2\pi a$ ist. Die Streuamplitude hängt dann gar nicht mehr vom Winkel $\theta$ ab, d. h. die Streuwelle ist *isotrop* und die Winkelverteilung konstant. Aus ihrer Form kann man dann nichts mehr über die Art oder Größe ($\cong$ Längenparameter $a$) des Streuzentrums lernen[14] (aus der absoluten Zählrate schon, denn $\mathrm{d}\sigma/\mathrm{d}\Omega = |f|^2 \propto a^4$). *(Dieses Verhalten wäre aus dem Trajektorienbild der klassischen Mechanik nur sehr schwierig auszurechnen gewesen.)*

Abweichungen vom reinen Coulomb-Potential gibt es nicht nur durch die elektronische Abschirmung (mit $a \approx$ Atomradius). Auch die Kerne selber erzeugen im Bereich $r < R_{\text{Kern}}$ ein anderes Potential als das einer Punktladung. Wo wird man die entsprechenden Modifikationen der Winkelverteilung am besten beobachten? Einerseits nach der Wellenmechanik bei Projektilen mit kleinen de Broglie-Wellenlängen $\lambda \ll R_{\text{Kern}}$ (also großer Energie. Dies ist ein allgemeiner Grund für den Bau immer stärkerer Teilchen-Beschleuniger, siehe Abschn. 11.5.), andererseits nach der

[12] vgl. Kap 3.2.3

[13] So für die Intensität. Für die Amplitude: $\propto 1/\Delta p^2$.

[14] Anmerkung: Mit dem gleichen Argument hinsichtlich der Wellenlänge wird die Auflösungsgrenze beim Licht- und Elektronen-Mikroskop begründet.

Punktmechanik bei starker Annäherung, also großem Impulsübertrag, d. h. großem Ablenkwinkel.

*(Auch im klassischen Bild zeigte sich die anomale Rutherford-Streuung nur bei hoher Energie und großem Ablenkwinkel – also großem $\Delta p$. Siehe Abschn. 3.4.)*

## 5.5 Mehrere Streuzentren: Die Intensitäten addieren oder die Amplituden?

Ein bis hier unterschlagenes Problem mit der Streuung im Wellenbild: Wenn $N$ einzelne Streuzentren mit der einlaufenden Welle in Wechselwirkung treten, werden auch $N$ einzelne Streuwellen $\psi_i$ $(i = 1, \ldots, N)$ erzeugt. Sie breiten sich in alle Richtungen aus und überlagern sich miteinander. Für die Feldstärke bzw. Amplitude am Ort des Detektors muss man die einzelnen Wellen aufsummieren, und von dieser Summe das Absolut-Quadrat bilden, um die Messgröße *Intensität* $I$ zu erhalten. Dies ist die *kohärente Überlagerung*. Bei $N$ etwa gleich großen Amplituden wäre eine Abhängigkeit $I \propto N^2$ zu erwarten.

$I \propto N^2$ ist tatsächlich richtig(!), z. B. für die Intensitäts-Maxima bei Lichtbeugung am Doppelspalt/Gitter etc., auch für die Maxima bei Braggscher Beugung von Röntgenstrahlen an Kristalliten.[15]

Andererseits wird in der *Mess*vorschrift des differentiellen Wirkungsquerschnitts (also der operationellen und damit *eigentlichen* Definition von $\mathrm{d}\sigma / \mathrm{d}\Omega$ in Gl. (3.13)) die Zählrate nur proportional zur Zahl der Streuzentren angesetzt ($I \propto N$), als ob man nicht erst die einzelnen Streuwellen kohärent überlagern, sondern gleich deren Intensitäten einzeln bilden und diese $N$ Summanden addieren müsste (Abschn. 3.2.3): dies heißt *inkohärente Überlagerung*.

Wie löst sich diese offenbare Inkonsistenz auf?

### 5.5.1 Wann muss man die kohärente Überlagerung bilden?

Einfache, immer richtige Antwort: *immer*.
Dann anders gefragt:

### 5.5.2 Wann gilt Kohärente Summe = Inkohärente Summe?

In Formeln: wann ist

$$\text{„kohärente Summe“} \left| \sum_{n=1}^{N} \psi_n \right|^2 = \text{„inkohärente Summe“} \sum_{n=1}^{N} |\psi_n|^2 \,?$$

[15] vgl. den Abschnitt zum Compton-Effekt Abschn. 6.4.3. Die Breite der Maxima variiert $\propto N^{-1}$.

(Setzt man für die Wellen $\psi_i$ die Streuamplituden $f(\Delta k)$ aus Gl. (5.14) ein, gilt die Gleichung nie! Aber $f(\Delta k)$ ist ja auch nur der Betrag der Amplitude. Die vollständige Welle $\psi_i$ hat noch einen Phasenfaktor $\mathrm{e}^{\mathrm{i}\omega t}\,\mathrm{e}^{-\mathrm{i}kr}$. Darin ist der zeitabhängige Faktor für alle Teilwellen der gleiche und kann ausgeklammert werden, der ortsabhängige Faktor aber nicht. Nur dieser ist für die ortsabhängige Intensität zu berücksichtigen.)

Richtig ist immer die mathematische Identität

$$\left|\sum_n \psi_n\right|^2 \equiv \sum_n |\psi_n|^2 + \sum_{\substack{n,m \\ n\neq m}} \psi_n^* \psi_m$$

$$= \text{inkohärente Summe} + \text{Interferenzterm}\,.$$

Das heißt kohärente und inkohärente Summe sind gleich, wenn hierin der Interferenzterm (die Doppelsumme) verschwindet. Daher die Anschlussfrage:

### 5.5.3 Wann verschwindet der Interferenzterm?

Wir betrachten die komplexen Phasenfaktoren ($\mathrm{e}^{\mathrm{i}\varphi_n}$) der einzelnen $\psi_n$. In jedem einzelnen Summanden der inkohärenten Summe werden sie durchs Betragsquadrat zu 1, ändern die Summe also gar nicht. In jedem Summanden des Interferenzterms kombinieren sie sich aber zum cosinus der relativen Phase $\Delta\varphi_{nm} = \Delta\varphi_m - \Delta\varphi_n$ der beiden Wellen $\psi_n$ und $\psi_m$:

$$\text{Interferenzterm} = \sum_{n\neq m} |\psi_n|\,|\psi_m| \cos \Delta\varphi_{nm}\,.$$

Sind die Absolutwerte der Amplituden alle gleich, und kommen alle möglichen cos-Werte zwischen +1 und −1 gleich häufig vor, wird der ganze Interferenzterm Null.[16]

**Weitreichende Folge.** Dieser einfache mathematische Sachverhalt ist entscheidend dafür verantwortlich, dass die anschaulich so gegensätzlichen Konzepte wie Welle und Teilchen doch oft zu denselben Folgerungen führen. Kohärente Überlagerung (d. h. Addition der Amplituden verschiedener Wellen, die am selben Ort eintreffen) und inkohärente Überlagerung (d. h. Addition der Amplituden-Quadrate, sprich der Intensitäten bzw. Teilchenzahlen, die am selben Ort eintreffen) führen immer dann zu den gleichen beobachtbaren Ergebnissen, wenn es viele Wellen mit gleichmäßig verteilten Phasendifferenzen sind. Doch hat sich unsere an den Gegenständen und Prozessen des Alltags geschulte Anschauung gewöhnlich ein solches

[16] Mit der entsprechenden Begründung hinsichtlich des Vorzeichens addiert man z. B. auch unabhängige Zufallsfehler quadratisch: So entsteht das Fehlerfortpflanzungsgesetz.

Bild von der „Materie" gemacht, dass immer dann besondere Verständnisschwierigkeiten auftreten, wenn sich in den gewohnten makroskopischen Größenordnungen trotzdem Interferenzeigenschaften der Materie zeigen. Man nennt sie oft „makroskopische Quanten-Phänomene", Beispiele sind die Supraleitung (1911 entdeckt von Heike Kamerlingh Onnes (Nobelpreis 1913)), das Bose-Einstein-Kondensat (vohergesagt von Einstein 1926, erst 1995 realisiert durch Eric A. Cornell, Wolfgang Ketterle, Carl E. Wieman (Nobelpreis 2001)), der *Atomstrahl-Laser* und der *Quanten-Computer*.[17]

### 5.5.4 Wann sind die Phasen der einzelnen Streuwellen gleichmäßig verteilt?

Beim Streuexperiment muss die kohärente Addition der Wellen am Ort des Detektors vorgenommen werden, gewöhnlich also in weiter Entfernung: Dort kommen die einzelnen Streuwellen je nach dem genauen Ort ihres Streuzentrums zwar mit näherungsweise gleicher Amplitude, aber sicher mit Gangunterschieden $\Delta s$ an, also mit verschiedenen Phasenfaktoren. Sind die Gangunterschiede (modulo $\lambda$) gleichmäßig über das ganze Intervall $0, \ldots, \lambda$ verteilt, gilt das gleiche für die Phasen $\Delta\varphi = 2\pi\ \Delta s/\lambda$ (über das Intervall $0, \ldots, 2\pi$). Dann verschwindet der Interferenzterm, und übrig bleibt die inkohärente Summe. Genau dies ist bei der Definition der Messvorschrift für den Wirkungsquerschnitt offenbar vorausgesetzt worden.

**Interferenzmethoden.** *Möglicher Einwand:* Aber die Kerne der Goldatome in der Streufolie im Rutherford-Experiment (Abschn. 3.1) sind doch gar nicht statistisch angeordnet, sondern bilden (wie man selbst damals schon vermuten konnte) das periodische Kristallgitter des Festkörpers, mit regelmäßigen Atomabständen von ca. 0,2 nm typischerweise?

Das ist richtig, und wenn eine Strahlung gestreut wird, deren Wellenlänge $\lambda = 2\pi\hbar/p$ von ähnlicher Größe ist wie die Gitterkonstante, kommen auch nicht alle Gangunterschiede gleich häufig vor, so dass sich tatsächlich starke Interferenzerscheinungen ergeben:

- Beugung von (keV-)Röntgenstrahlung an Festkörpern,
  (Max v. Laue 1912, Nobelpreis 1914, u. a. für den Nachweis des Wellencharakters der Röntgenstrahlung,
  W. Henry und W. Lawrence Bragg, gemeinsamer Nobelpreis 1915 an Vater und Sohn für die Braggsche Beugung zur Analyse von Kristallen)
- Beugung von (100 eV-)Elektronen an Festkörpern,
  (Clinton Davisson, George P. Thomson, Lester H. Germer 1927, Nobelpreis an Davisson und Thomson 1938, u. a. für den Nachweis des Wellencharakters der Elektronen[18]),

---

[17] einführend beschrieben z. B. in [90].

[18] Da G.P. Thomson der Sohn von J.J. Thomson ist, entstand das Bonmot: „Der Vater bekam den Nobelpreis (1903) für den Beweis, dass das Elektron ein Teilchen ist, der Sohn für den Beweis des Gegenteils".

- Beugung von (meV-)Neutronen an Festkörpern.
  (Clifford G. Shull 1946, Nobelpreis (erst) 1994)

Alle drei Beugungsmethoden gehören in der heutigen Festkörper-Physik zu den Standard-Verfahren.

Die Wellenlänge der 5 MeV-$\alpha$-Teilchen ist (nach Gl. (5.4)) nur 1 fm und erzeugt daher ein um 5 bis 6 Größenordnungen feineres Raster als die Gitterkonstante der Kristallstruktur. Bezogen auf 1 fm als die „charakteristische Länge im System" erscheinen die Orte der Kerne im Gitter völlig ungeordnet (z. B. schon wegen der thermischen Schwingungen um ihre Ruhelage): Einwand widerlegt.

Nebenbei: selbst die alltägliche Spiegelung von Lichtstrahlen kann man wellentheoretisch sehen. Sie ist dann ein Interferenzphänomen mit ganz einfacher und perfekter Phasenbeziehung, die den Interferenzterm überall außerhalb der Richtung Ausfallswinkel = Einfallswinkel gerade so groß werden lässt, dass er die inkohärente Summe genau auslöscht. Wird die spiegelnde Fläche aber rau (immer gemessen an der Wellenlänge), wird die Phasenbeziehung gestört, der Interferenzterm nimmt ab und aus der echten Reflexion wird die diffuse.[19]

Für Rutherfords Deutung der $\alpha$-Teilchenstreuung war das alles ohne Belang: Er durfte sich 1911 noch auf die Punktmechanik verlassen, die diese Probleme mit Interferenzen nicht kennt.

**Welle oder Teilchen: Ist der Unterschied beobachtbar?** Diese Überlegungen zum Verschwinden des Interferenzterms sind auch im Hinblick auf den Welle-Teilchen-Dualismus von grundsätzlicher Bedeutung. Dabei ist oft weniger das räumliche als das zeitliche Verhalten der Phasen entscheidend. Denn kleine regellose Unterschiede $\Delta\omega$ in den Frequenzen lassen nach gewisser Zeit $t$ die Interferenzerscheinungen genau so verschwinden wie es regellose räumliche Gangunterschiede tun. Bei dieser zeitlichen *Dekohärenz* ergeben sich die Phasenunterschiede $\Delta\varphi$ aus $\Delta\varphi = \Delta\omega\, t$, was in der Quantenmechanik (mit $\Delta E = \hbar\Delta\omega$) auch so gelesen werden kann: $\Delta\varphi = \Delta E(t/\hbar) \approx 10^{15}(\Delta E/\mathrm{eV})(t/\mathrm{s})$. Das heißt praktisch: Um auch nur $t = 1$ s lang eine Phasenbeziehung zwischen zwei Teilsystemen auf etwa $\Delta\varphi = 1 \approx 60°$ genau beizubehalten, muss deren Energie im Bereich $10^{-15}$ eV kontrolliert werden – so gut wie unmöglich. Praktisch mitteln sich die Interferenzerscheinungen unbeobachtbar schnell zu Null, weshalb die inkohärente Summe allein schon richtig ist und ein hier eventuell beobachtbarer Unterschied zwischen Welle und Teilchen sich doch in nichts auflöst.

Dass man dennoch mesoskopische oder fast schon makroskopische Quanten-Phänomene (s. o.) bereits beobachten konnte (oder weiter daran arbeitet), hat mit

[19] Deshalb z. B. glänzen staubige Flächen nicht mehr so schön, und beim Schuhputzen bemüht sich der Physiker um die Wiederherstellung einfacher Phasenbeziehungen zwischen den Streuwellen. – Ein anderes Alltags-Beispiel bietet das Beschlagen des Spiegels in feuchter Badezimmerluft, wenn die Tröpfchen und ihre Abstände die Größenordnung der Lichtwellenlänge erreichen. Der geschlossene Wasserfilm hingegen, den größere Tropfen beim Hinunterlaufen hinterlassen, erscheint wieder „klar" (eben wie der Wasser-*Spiegel*), was wieder auf einfache Phasenbeziehungen an einer glatten Fläche schließen lässt.

einer Phasenbeziehung zu tun, die durch keine Energieunschärfe gefährdet wird, weil sie in der Natur der Teilchen selber zu liegen scheint. Gemeint ist die Tatsache, dass ein System aus mehreren *identischen* Teilchen sich nur in *verschränkten* Zuständen bewegen kann. Darin überlagern sich mehrere Komponenten, in denen die identischen Teilchen ihre Rolle miteinander vertauscht haben, und die Phasenfaktoren dazwischen stehen in Abhängigkeit von dem Spin des Teilchens absolut fest: $+1$ bei ganzzahligem Spin (Teilchenklasse Boson) oder $-1$ bei halbzahligem Spin (Teilchenklasse Fermion).[20] Hier muss man immer die kohärente Überlagerung anwenden. (Ein erstes Beispiel hierzu in Abschn. 5.7, weiteres in Kap. 9 und 10.)

### *5.5.5 Zwischenergebnis: Rutherford-Modell bestätigt*

Es konnte um 1928 festgehalten werden, dass Rutherfords Erklärung für sein bahnbrechendes Experiment die Überprüfung im Licht der Quantenmechanik bestanden hatte. Und vice versa, damals nicht weniger wichtig: dass auch die neue Quantenmechanik die Prüfung am experimentellen Befund des Rutherford-Versuchs bestanden hatte.

Zwei neuartige Ergebnisse aus der quantenmechanischen Beschreibung der Streuung, die nun weit über Rutherfords Erklärung mit der klassischen Mechanik hinaus weisen, werden in den folgenden Abschnitten dargestellt. Es handelt sich um die „Durchleuchtung" der Kerne mit Hilfe hochenergetischer Elektronen und um die Interferenz der Streuamplituden im Stoß zweier identischer Teilchen. Dabei geht es hier immer noch ausschließlich um die *elastische* Streuung, also um relativ einfache Prozesse, denkt man an die ganze Welt der möglichen Reaktionen zwischen Kernen oder anderen Teilchen.[21]

## 5.6 Hofstadter-Streuung: Massen- und Ladungsverteilung im Kern

Auch an einzelnen Kernen kann man bei Streuexperimenten Interferenzerscheinungen erzeugen und mit ihnen ihre innere räumliche Struktur weiter aufklären. Benötigt werden dazu Wellenlängen nicht größer als die Kerne selber, damit sich deutliche Phasenunterschiede schon zwischen den Streuwellen zeigen, die zwar *am selben Kern* entstanden sind, aber „vorn" bzw. „hinten" oder „oben" bzw. „unten". Nur so kann die kohärente Amplituden-Summe darauf empfindlich reagieren. (Die Beiträge von verschiedenen Kernen dürfen wieder inkohärent addiert werden, bei so kurzen Wellenlängen erst recht.) Abbildung 5.1 zeigt das Prinzip.

[20] Diese kurze Erwähnung der *identischen Teilchen* ist hier ein Vorgriff auf späteres (Abschn. 5.7, 9.3.3 und 15.6). Auch Bosonen und Fermionen als grundlegende Teilchenklassen werden später noch genauer behandelt (Abschn. 10.2.8 und 15.2).

[21] Siehe z. B. Kap. 11 zum „Teilchen-Zoo".

Entsprechende Experimente wurden in den 1950er Jahren gemacht, unter anderem um zu sehen, ob Proton und Neutron punktförmig sind oder nicht. Ergebnis: sie sind es nicht (Robert Hofstadter, Nobelpreis 1961).

### *5.6.1 Coulomb-Streuung an ausgedehnter Ladungsverteilung*

**Allgemeine Formel für ausgedehntes Streuzentrum.** Zur Berechnung der gesamten Streuamplitude denkt man sich das ausgedehnte Streuzentrum aus vielen infinitesimal kleinen – also effektiv punktförmigen – Streuzentren zusammengefügt. Jedes lässt, unabhängig von den anderen, an seinem Ort $\vec{r}$ seine Streuwelle mit Amplitude $\mathrm{d}f_{\vec{r}}(\Delta k)$ entstehen. Dafür können wir Gl. (5.14) benutzen, die aber für ein punktförmiges Streuzentrum der Stärke $Q = Ze$ gilt und daher jetzt $f_{Ze,\mathrm{Punkt}}(\Delta k)$ genannt werden soll. Um sie auf die für das infinitesimale Streuzentrum der Größe $\mathrm{d}V$ entfallende Ladung $\mathrm{d}Q$ herunter zu rechnen, muss $f_{Ze,\mathrm{Punkt}}(\Delta k)$ mit $\mathrm{d}Q/Ze$ multipliziert werden. Für $\mathrm{d}Q$ machen wir den Ansatz $\mathrm{d}Q = Ze\rho(\vec{r})\,\mathrm{d}V$. Hiermit haben wir die (auf 1 normierte) Form der Ladungsverteilung $\rho(\vec{r})$ eingeführt ($\int \rho(\vec{r})\,\mathrm{d}V = 1$). Zusammen wird die Streuwelle aus dem Volumen-Element $\mathrm{d}V$:

$$\mathrm{d}f_{\vec{r}}(\Delta k) = f_{Ze,\,\mathrm{Punkt}}(\Delta k)\rho(\vec{r})\,\mathrm{d}V\,. \tag{5.16}$$

Nach dem Superpositionsprinzip aller Wellentheorien darf man diese $\mathrm{d}f_{\vec{r}}(\Delta k)$, mit den richtigen Phasenfaktoren versehen, kohärent addieren (genauer gesagt: integrieren, denn die Verteilung der Quellen ist die kontinuierliche Funktion $\rho(\vec{r})$).

Bei der Phase der infinitesimalen Streuwellen $\mathrm{d}f_{\vec{r}}(\Delta k)$ machen sich nun $\vec{r}$-abhängige Gangunterschiede bemerkbar (siehe durchgezogenen und gestrichelten

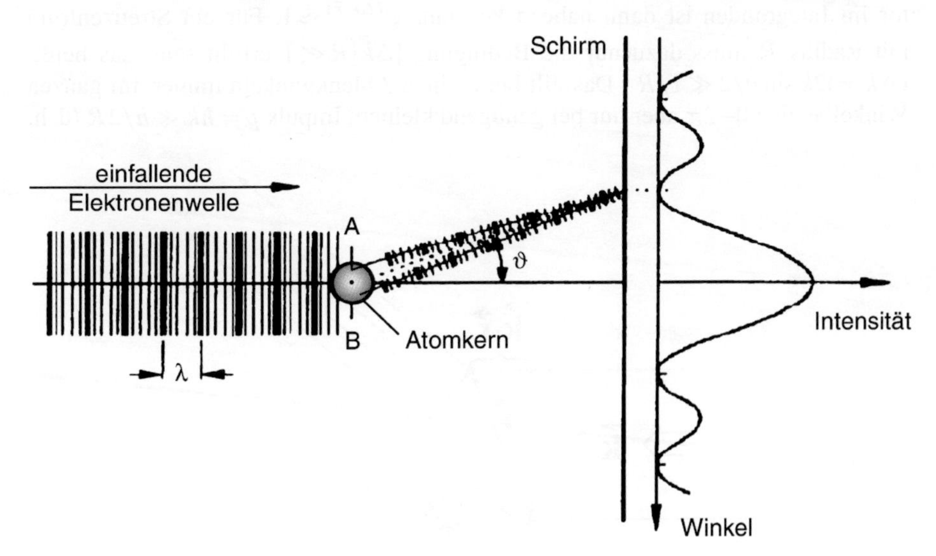


**Abb. 5.1** Zur Entstehung des Phasenunterschieds der an verschiedenen Volumenelementen entstehenden Streuwellen. (Abbildung aus [98])

Pfad in Abb. 5.2): Bezogen auf die Streuung am Ursprung (durchgezogene Linie), wird das bei $\vec{r}$ liegende Streuzentrum später erreicht (Phasenverzögerung $-(\vec{k}\cdot\vec{r})$), der gestreute Strahl hat es dann in der Richtung $\vec{k}'$ aber kürzer zum Detektor (Phasenvorlauf $(\vec{k}'\cdot\vec{r})$). Der ganze Phasenunterschied ist also $((\vec{k}'\cdot\vec{r})-(\vec{k}\cdot\vec{r}))=(\Delta\vec{k}\cdot\vec{r})$, und jede einzelne Streuwelle $\mathrm{d}f_{\vec{r}}(\Delta k)$ muss mit dem Phasenfaktor $\mathrm{e}^{\mathrm{i}(\Delta\vec{k}\cdot\vec{r})}$ multipliziert werden.

Die gesamte Streuamplitude eines Kerns ist dann

$$\begin{aligned} f_{Ze,\rho}(\Delta\vec{k}) &= \int \mathrm{e}^{\mathrm{i}(\Delta\vec{k}\cdot\vec{r})}\,\mathrm{d}f_{\vec{r}}(\Delta\vec{k}) \\ &= f_{Ze,\mathrm{Punkt}}(\Delta\vec{k})\cdot\int \mathrm{e}^{\mathrm{i}(\Delta\vec{k}\cdot\vec{r})}\rho(\vec{r})\,\mathrm{d}V \\ &= f_{Ze,\mathrm{Punkt}}(\Delta\vec{k})\cdot F(\Delta\vec{k}), \end{aligned} \tag{5.17}$$

und der differentielle Wirkungsquerschnitt das Absolutquadrat hiervon.

**Formfaktor.** Das letzte Integral in Gl. (5.17) heißt Formfaktor $F(\Delta\vec{k})$ der Ladungsverteilung $\rho(\vec{r})$. Er ist eine von $\Delta\vec{k}$ abhängige Funktion, nämlich die räumliche Fourier-Transformierte der Ladungsverteilung. Der Formfaktor hat seinen Namen daher, dass er den Einfluss der genauen Form des ausgedehnten Streuzentrums auf die messbare Winkelverteilung beschreibt. Für ein „formloses“, also wirklich punktförmiges Streuzentrum ist in Gl. (5.17) $\rho(\vec{r})=\delta(\vec{r})$ (Delta-Funktion) einzusetzen und es kommt $F(\Delta\vec{k})\equiv 1$ heraus: genau richtig die alte Winkelverteilung. $F(\Delta\vec{k})\approx 1$ kommt aber auch dann heraus, wenn nur deshalb gar keine nennenswerten Phasenunterschiede der einzelnen Streuwellen entstehen, weil $(\Delta\vec{k}\cdot\vec{r})\ll 1$ gilt im ganzen interessanten Integrationsgebiet (d. h. wo $\rho(\vec{r})>0$). Der Phasenfaktor im Integranden ist dann nahezu konstant $\mathrm{e}^{\mathrm{i}(\Delta\vec{k}\cdot\vec{r})}\approx 1$. Für ein Streuzentrum mit Radius $R$ muss dazu nur die Bedingung $|\Delta\vec{k}|R\ll 1$ erfüllt sein, das heißt: $(\Delta k =)2k\sin\theta/2\ll 1/R$ . Das gilt bei kleinen Ablenkwinkeln immer, im ganzen Winkelbereich $0$–$2\pi$ aber nur bei genügend kleinem Impuls $p=\hbar k\ll\hbar/2R$ (d. h.

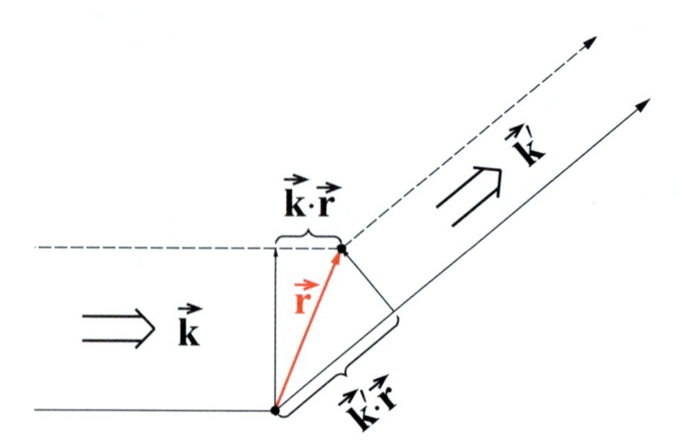


**Abb. 5.2** Zur Berechnung des Phasenunterschieds der an verschiedenen Volumenelementen entstehenden Streuwellen

großer Wellenlänge $\lambda = 2\pi\hbar/p$). Umgekehrt heißt das: Räumliche Strukturen, etwa einen endlichen Durchmesser $2R$, kann man der Winkelverteilung der Streustrahlung nicht mehr entnehmen, wenn die Wellenlänge $\lambda \gg 4\pi R$.

**Auflösungsgrenze.** Dies ist die ausführliche und quantitative Weise, die Notwendigkeit kurzer Wellenlängen auszudrücken, wenn hohe räumliche Auflösung gefordert ist – vgl. den Anfang dieses Abschnitts 5.6, aber auch die Bemerkungen mit gleicher Bedeutung zum abgeschirmten Coulomb-Potential in Abschn. 5.4.2. Dies Verhalten gilt prinzipiell immer, will man räumliche Strukturen mittels Streuung von Wellen auflösen bzw. abbilden.[22]

**Gültigkeitsgrenze.** An keiner Stelle wurde die Herleitung der Streuamplitude (Gl. (5.17)) speziell auf den Atomkern bezogen. Als einzige Voraussetzung ist zu beachten, dass eine mögliche Abschwächung von einlaufender und auslaufender Welle vernachlässigt wurde – auch dies ein Aspekt der 1. störungstheoretischen Näherung (siehe Kasten S. 36 in Abschn. 2.2.2). Unter dieser Näherung gilt die Gleichung daher für jede Art von Streuung an räumlich verteilten Streuzentren in beliebiger Anordnung $\rho(\vec{r})$.[23]

Ist diese Anordnung periodisch, wie in den Beispielen für Interferenzmethoden im Abschn. 5.5.4 oben, oder wie die Striche am optischen Gitter, dann hat die Streuamplitude als Fourier-Transformierte von $\rho(\vec{r})$ scharfe Maxima bei bestimmten Streuvektoren $\Delta\vec{k}$ (die das *reziproke Gitter* bilden), mit der Folge vieler scharfer Interferenzmaxima in regelmäßiger Anordnung.

**Fourier-Transformation umkehrbar?** Die Fourier-Transformation ist zwar exakt umkehrbar, aber leider kann man dies nicht ausnutzen, um aus einer Messung der Streuwinkelverteilung die gesuchte räumliche Verteilung $\rho(\vec{r})$ direkt zu ermitteln, denn die Messung liefert nur den Absolutbetrag des im allgemeinen komplexen Formfaktors $F(\Delta\vec{k})$. So ist man meist gezwungen, plausible Annahmen über die Gestalt von $\rho(\vec{r})$ zu finden, das damit erwartete Messergebnis zu berechnen[24] und dann und nur noch die Details an die Messung anzupassen. Hilfreich bei der Suche ist eine Gegenüberstellung typischer räumlicher Strukturen und ihrer Formfaktoren wie in Abb. 5.3.

### *5.6.2 Die Form der Kerne*

Um bei Kernen ($R_{\text{Kern}} \approx 1$–$7$ fm) den Formfaktor zu messen, sind Teilchen mit Wellenlängen $\lambda/2\pi \ll R_{\text{Kern}}$, also $\lambda \ll 6$–$40$ fm nötig. Dazu gehören Impulse $p \equiv$

[22] Weiter kommt man mit *Raster-Methoden*, z. B. in der *Nahfeldmikroskopie* (siehe speziellere Literatur).

[23] Sie gilt auch für Beugung am Kristallgitter. Das Wort *Formfaktor* wird dabei aber nur auf eine Einheitszelle bezogen und gibt die Fourier-Transformierte der genauen Verteilung der Ladungsdichte darin an, nicht die des ganzen Gitters.

[24] Diese Methode heißt *Simulation*.

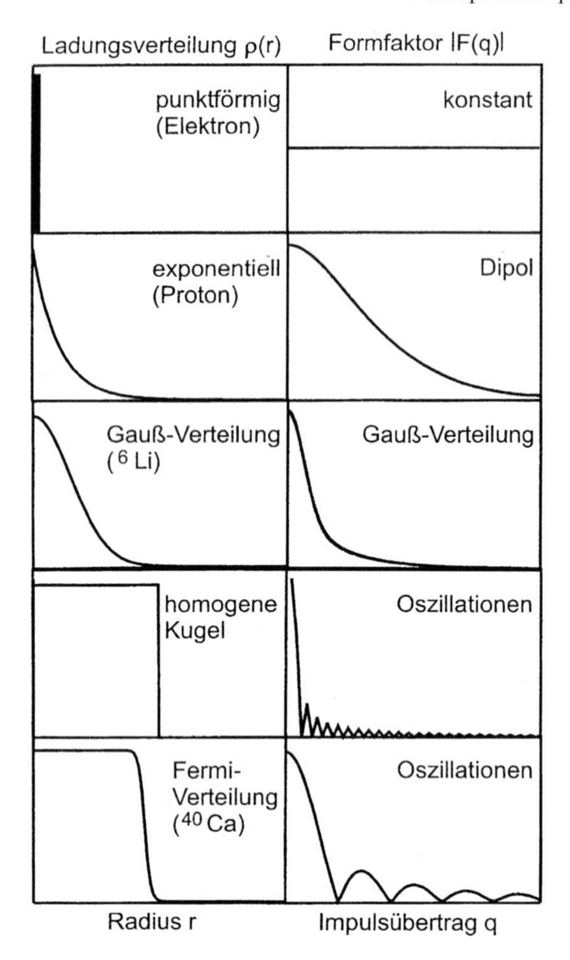


**Abb. 5.3** Typische Entsprechungen von Funktion $\rho(r)$ und dem Betrag ihrer Fourier-Transformierten $|F(q)|$. (Abbildung nach [194])

$\hbar\, 2\pi/\lambda \gg \hbar/R_{\text{Kern}}$, d. h. $pc \gg \hbar c/R_{\text{Kern}} = 200\,\text{MeV fm}/R_{\text{Kern}}$. Das bedeutet $pc \simeq$ 30–200 MeV. Größere Impulse ergeben dabei mehr Beugungsmaxima.

Für Elektronen mit $m_e c^2 = 511\,\text{keV}$ gilt bei diesen Impulsen ersichtlich schon $pc \gg m_e c^2$, sie sind also hoch relativistisch. Ihre Gesamtenergie nach $E^2 = p^2c^2 + (mc^2)^2$ ist fast vollständig durch $pc$ gegeben, man darf ihre Ruhemasse getrost vergessen.

Allerdings braucht es starke Beschleuniger, um solche Elektronenstrahlen zu erzeugen. Mitte der 1950er Jahre war es an der Stanford-Universität[25] so weit. Am *Stanford Linear Accelerator SLAC*, der Elektronenpakete in einem geraden Strahlrohr durch geeignete Wechselfelder beschleunigt, und der durch Anbau wei-

[25] nicht weit von der für ihre Ausstrahlung auf die technischen Innovationen der Computerwelt berühmten Gegend Silicon Valley in Kalifornien

terer Beschleunigungsstrecken einfach „wachsen" kann, wurden für viele Kerne die Winkelverteilungen der (elastischen[26]!) Elektronenstreuung gemessen, daraus die Formfaktoren ermittelt und so die Form der elektrischen Ladungsverteilung $\rho(r)$ bestimmt. Für einige besonders schöne (spätere) Beispiele solcher Messkurven siehe Abb. 5.4 und 5.5.

Für $\rho(r)$ ergaben sich dabei Formen wie in Abb. 5.6: Eine im Innern gut konstante Ladungsdichte mit einem sanften Abfall am Rand. Diese Ergebnisse können auch für die Massendichte übernommen werden, weil es wegen der Ladungsunabhängig-

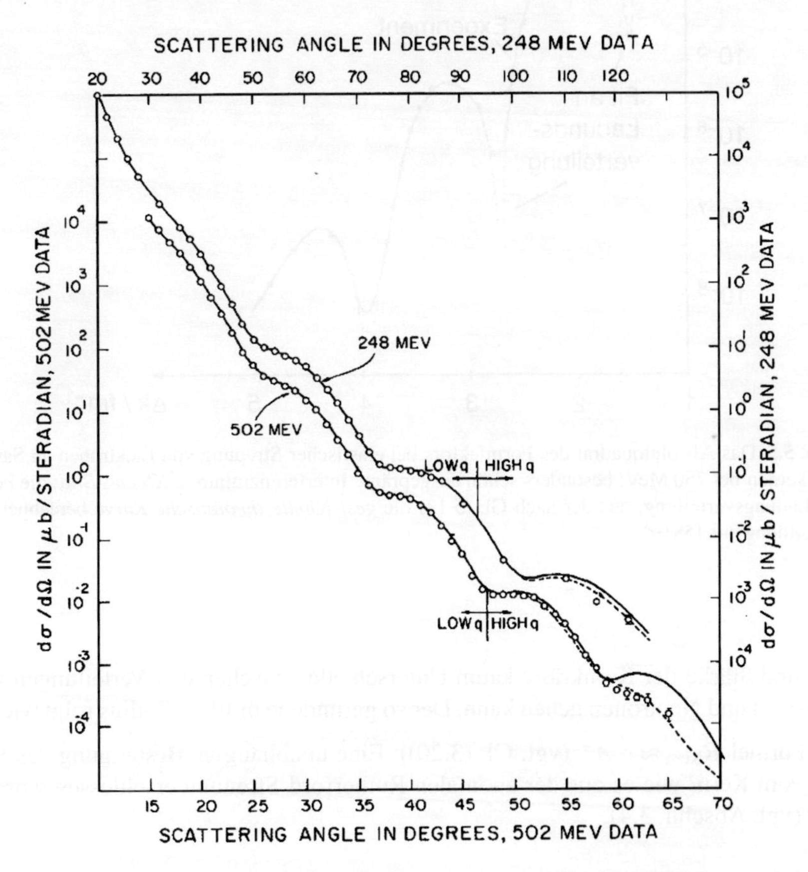


**Abb. 5.4** Winkelverteilungen von Elektronen nach elastischer Streuung an Blei-Kernen, bei zwei verschiedenen Energien im Verhältnis ≈1:2 [92]. Die Beugungsmuster sehen hier trotz verschiedener de Broglie-Wellenlänge (näherungsweise) gleich aus, weil die Winkelskalen für beide Kurven so gewählt sind, dass Punkte mit gleichem $\Delta k$ (ungefähr) übereinander liegen (siehe Faktor 1:2 zwischen oberer und unterer Abszisse)

[26] Bei *inelastischen* Stößen – d. h. das Elektron verliert mehr Rückstoßenergie als es an ein ganzes Proton abgeben müsste – und noch 10-mal kürzeren Wellenlängen, zu denen der Ende der 1960er Jahre auf 3 km Länge ausgebaute *SLAC* die Elektronen beschleunigen konnte, zeigten sich ganz neue innere Strukturen von Proton und Neutron: die Quarks (vgl. Abschn. 13.2.1, Stichwort *tief-inelastische Streuung*).

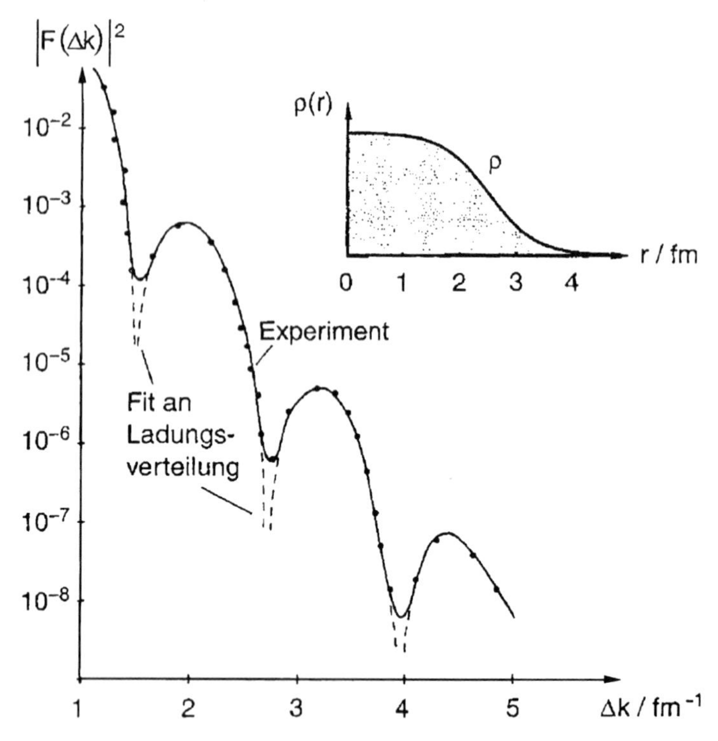


**Abb. 5.5** Das Absolutquadrat des Formfaktors bei elastischer Streuung von Elektronen an Sauerstoffkernen bei 750 MeV: besonders schön ausgeprägte Interferenzminima. *Kleines Bild*: die Form der Ladungsverteilung, aus der nach Gl. (5.17) die *gestrichelte theoretische Kurve* berechnet ist. (Abbildung aus [58])

keit und Stärke der Kernkräfte kaum Unterschiede zwischen den Verteilungen von Protonen und Neutronen geben kann. Der so gefundene mittlere Radius folgt wieder der Formel $R_{\text{Kern}} \approx r_0 A^{\frac{1}{3}}$ (vgl. Gl. (3.20)): Eine unabhängige Bestätigung des Bildes vom Kern, wie es aus der anomalen Rutherford-Streuung erschlossen worden war (vgl. Abschn. 3.4).

## 5.7 Ein quantenmechanischer Effekt: Kohärente Überlagerung der Streuamplituden von Projektil und Target

Die quantenmechanische Theorie der Streuung hält eine Überraschung bereit: Kohärente Überlagerung der Wellenfunktionen von Projektil- und Targetteilchen, wenn beide von derselben Sorte sind.

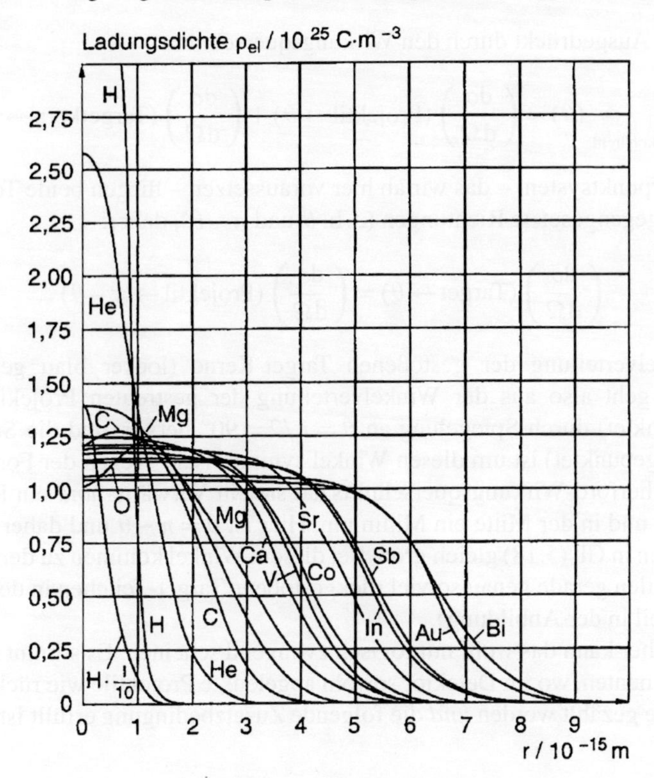


**Abb. 5.6** Die Ladungsdichteverteilung der Kerne: Im Inneren etwa konstant, mit einem sanften Abfall bei einem Radius, der etwa zu $A^{\frac{1}{3}}$ proportional ist. Ab $A \sim 12$ nimmt der konstante Wert im Innern mit steigendem $A$ schwach ab. Nur Proton und $\alpha$-Teilchen haben wesentlich höhere Ladungsdichten. (Abbildung aus [58])

### *5.7.1 Abweichungen von der Rutherford-Formel bei Streuung identischer Teilchen*

**Einfache Vorhersage.** Nach dem Stoß eines $\alpha$-Teilchens in Helium-Gas hat man immer zwei energiereiche Teilchen, doch kann man weder an den Spuren in der Nebelkammer noch irgendwie anders physikalisch unterscheiden, welches von beiden das Projektil und welches der getroffene Targetkern ist. Auch in ihrer kinetischen Energie stimmen sie bei gegebenem Beobachtungs-Winkel überein, wie man sich z. B. im Schwerpunktsystem sofort klar machen kann, wo die Gleichheit der Energie überhaupt immer gilt. Zählt man die in einem Detektor ankommenden Teilchen (oder die Nebelkammer-Spuren in dem betreffenden Winkelbereich), dann muss man einfach die Summe der Zählraten für „Projektil erreicht Detektor" und „Target-Kern erreicht Detektor" erwarten, also eine Summe vom Typ „inkohärent" (vgl. Abschn. 5.5). Ausgedrückt durch den Wirkungsquerschnitt:

$$\left(\frac{\mathrm{d}\sigma}{\mathrm{d}\Omega}\right)_{\text{inkohärent}}(\theta) = \left(\frac{\mathrm{d}\sigma}{\mathrm{d}\Omega}\right)(\text{Projektil} \to \theta) + \left(\frac{\mathrm{d}\sigma}{\mathrm{d}\Omega}\right)(\text{Targetkern} \to \theta)\,. \quad (5.18)$$

Im Schwerpunktsystem – das wir ab hier voraussetzen – fliegen beide Teilchen immer in entgegengesetzte Richtungen (d. h. $\theta$ und $\pi - \theta$), daher:

$$\left(\frac{\mathrm{d}\sigma}{\mathrm{d}\Omega}\right)(\text{Target} \to \theta) = \left(\frac{\mathrm{d}\sigma}{\mathrm{d}\Omega}\right)(\text{Projektil} \to \pi - \theta)\,. \quad (5.19)$$

Die Winkelverteilung der gestoßenen Target-Kerne (locker blau gepunktet in Abb. 5.7) geht also aus der Winkelverteilung der gestreuten Projektile (locker grün gepunktet) durch Spiegelung an $\theta = \pi/2 = 90°$ hervor, und die Summe beider (dicht gepunktet) ist um diesen Winkel symmetrisch. Wegen der Form des *einfachen* Rutherford-Wirkungsquerschnitts hat sie ein Vorwärts- *und* ein Rückwärtsmaximum, und in der Mitte ein Minimum. Hier ist $\theta = \pi - \theta$ und daher sind beide Summanden in Gl. (5.18) gleich groß. Bei diesem Winkel kommen zu den abgelenkten Projektilen gerade genau so viel rückgestoßene Target-Teilchen in den Detektor (grüner Pfeil in der Abbildung).

Bis hierher kann das wohl nur logisch zwingend scheinen. Es stimmt auch in allen Experimenten, wo im Detektor sowohl abgelenkte Projektile wie rückgestoßene Targetkerne gezählt werden *und* die folgende Zusatzbedingung erfüllt ist:

Bedingung für inkohärente Überlagerung:

> Beim Eintreffen eines Teilchens am Detektor müsste im Prinzip noch festgestellt werden *können*, ob es sich um das eine oder das andere handelt, gleich ob im aktuellen Experiment diese Unterscheidung gemacht wird oder nicht.

**Widerspruch zum Experiment.** Doch das Experiment mit $\alpha$-$\alpha$-Stößen (rote Punkte in Abb. 5.7) widerspricht dieser einfachen Voraussage. Bei $\theta = \pi/2$ z. B. zeigt die Zählrate in Wirklichkeit ein Maximum. Seine Höhe ist genau das Vierfache des einfachen Rutherford-Wirkungsquerschnitts, nicht nur das Doppelte wie bei der Summe für „Projektil erreicht Detektor" und „Target-Kern erreicht Detektor" (siehe roten und grünen Pfeil). Daneben liegen Minima, alles zusammen Anzeichen eines Interferenzphänomens.

Die in Abb. 5.7 gezeigte Messung ist aus dem Jahr 1956 und wurde mit $\alpha$-Teilchen von 150 keV (im Labor-System) gemacht, doch der erste Nachweis dieses Effekts stammt schon von 1930 (J. Chadwick, Streuung von 1 MeV-$\alpha$-Teilchen in einer He-gefüllten Nebelkammer). Es ging damals um die erstmalige Überprüfung

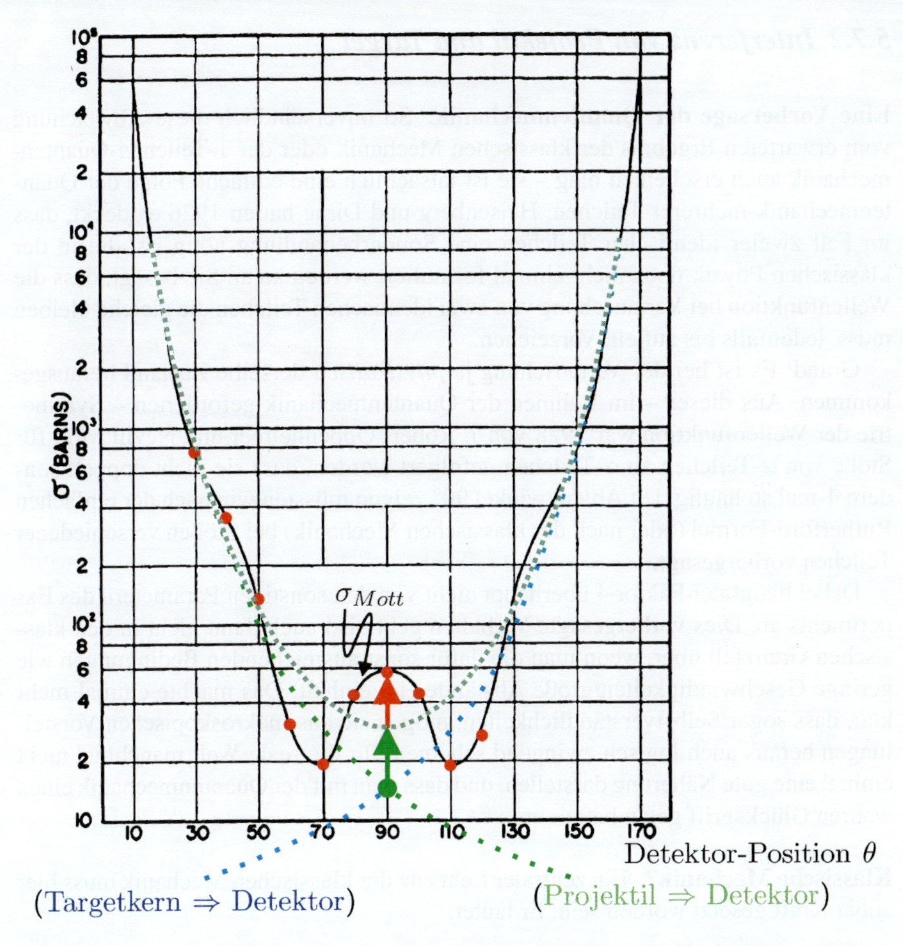


**Abb. 5.7** Winkelverteilung der $\alpha$-$\alpha$-Streuung, im Schwerpunktsystem, $E_\alpha = 75$ keV je für Projektil und Target. *Rote Punkte*: gemessen [97]. *Schwarze Kurve* „$\sigma_{\text{Mott}}$": eine richtige theoretische Voraussage (Gl. (5.23)). *Dicht gepunktete Kurve*: eine falsche theoretische Voraussage (Gl. (5.18) mit Gl. (5.19)). Sie ist die Summe der einfachen Rutherford-Querschnitte für Ablenkung des Projektils (*locker gepunktet grün*) oder des Targetkerns (*locker gepunktet blau*) in den Detektor. Bei $\theta = 90°$ stimmen beide überein (*dicker grüner Punkt*), ihre Summe ist daher genau das doppelte (*grüner Pfeil*). Der gemessene Wert liegt noch einmal um den Faktor 2 höher (*roter Pfeil*)

einer kaum glaublichen Folgerung aus den Regeln der neuen Quantenmechanik: Interferenz von Target und Projektil, wenn beides Teilchen von der gleichen Sorte sind.

Daher die oben genannte Zusatzbedingung mit ihrer etwas umständlichen Formulierung. Nur im Fall identischer Teilchen, die sich *prinzipiell* durch keine physikalische Messung unterscheiden lassen, fordert die Quantenmechanik diesen Zusatz-Effekt, und er ist auch tatsächlich in genau allen diesen Fällen nachgewiesen worden.

### *5.7.2 Interferenz von Projektil und Target*

**Eine Vorhersage der Quantenmechanik.** So unverständlich diese Abweichung vom erwarteten Ergebnis der klassischen Mechanik oder der 1-Teilchen-Quantenmechanik auch erscheinen mag – sie ist tatsächlich eine einfache Folge der Quantenmechanik mehrerer Teilchen. Heisenberg und Dirac hatten 1926 entdeckt, dass im Fall zweier identischer Teilchen eine Sonderbehandlung nötig ist, die in der klassischen Physik noch nicht einmal formuliert werden kann. Sie besagt, dass die Wellenfunktion bei Vertauschung von zwei identischen Teilchen die gleiche bleiben muss, jedenfalls bis auf ein Vorzeichen.

Grund: Es ist bei der Vertauschung ja *physikalisch* derselbe Zustand herausgekommen. Aus dieser – im Rahmen der Quantenmechanik geforderten – Symmetrie der Wellenfunktion war 1928 von J. Robert Oppenheimer und Nevill Mott für Stöße von $\alpha$-Teilchen an $\alpha$-Teilchen gefolgert worden, dass sie nicht doppelt sondern 4-mal so häufig den Ablenkwinkel 90° zeigen müssten wie nach der einfachen Rutherford-Formel (oder nach der klassischen Mechanik) bei Stößen verschiedener Teilchen vorhergesagt.

Dabei hängt der Faktor 4 überhaupt nicht von den sonstigen Parametern des Experiments ab. Dies vorhergesagte Verhalten geht also auch dann nicht in den klassischen Grenzfall über, wenn man die dafür sonst ausreichenden Bedingungen wie geringe Geschwindigkeiten/große Abstände etc. einhält. Das machte einmal mehr klar, dass sogar Selbstverständlichkeiten, mögen sie aus makroskopischen Vorstellungen heraus auch logisch zwingend scheinen, für die reale Welt manchmal nicht einmal eine gute Näherung darstellen, und dass man mit der Quantenmechanik einen wahren Glücksgriff getan hatte.

**Klassische Mechanik?** Ein zentraler Lehrsatz der klassischen Mechanik muss hier außer Kraft gesetzt worden sein. Er lautet:

Ein Zwei-Teilchen-System

> *[gegeben durch Massen $m_1$, $m_2$, Koordinaten $\vec{r}_1$, $\vec{r}_2$, nur innere Kraft $\vec{F}(\vec{r}_2 - \vec{r}_1)$, actio = reactio]*

ist nach Abtrennung der Schwerpunktbewegung exakt äquivalent zu einem 1-Teilchen-System

> *[gegeben durch* **ein** *Teilchen mit der reduzierten Masse $m_{\text{red}} = m_1 m_2/(m_1 + m_2)$, der Koordinate $\vec{r} = \vec{r}_2 - \vec{r}_1$, mit der Bewegungsgleichung $\vec{F}(\vec{r}\,) = m_{\text{red}}\ddot{\vec{r}}$ .]*

in einem nun am Ursprung feststehenden Kraftfeld $\vec{F}(\vec{r}\,)$.

**Frage 5.3.** *Wie leitet man diesen Satz her?*

**Antwort 5.3.** *Die Newtonschen Bewegungsgleichungen beider Teilchen durch die jeweilige Masse dividieren und voneinander subtrahieren. Übrig bleibt genau die Bewegungsgleichung des äquivalenten 1-Körper-Problems.*[27]

**Das Rezept für identische Bosonen.** Wie erklärt nun die Quantenmechanik dies Rätsel? Vor der eigentlichen Erklärung[28] benennen wir hier zunächst ein Rezept, wie man (für Teilchen mit ganzzahligem Spin) auf das richtige Ergebnis kommt:

**Kasten 5.3 Rezept zur quantenmechanischen Interferenz (gültig für Bosonen, z. B. Photonen, $\alpha$-Teilchen)**

Kann ein beobachteter Endzustand durch verschiedene mögliche Abläufe zustande kommen, dann:

- **darf** man die **Intensitäten** der einzelnen Abläufe **inkohärent** addieren, wenn man die Abläufe „im Prinzip" durch verfeinerte Messung hätte separieren können,
- **muss** man die **Amplituden** der einzelnen Abläufe **kohärent** addieren, wenn sie *prinzipiell nicht* zu unterscheiden sind.

Das sieht auf den ersten Blick ganz ähnlich aus wie bei der Interferenz von Lichtwellen (oder Materiewellen) nach dem Durchgang durch den Doppelspalt. Der Endzustand ist dann das Auftreffen des Photons (bzw. Elektrons) auf dem Schirm beim Ort $x$. Die beiden verschiedenen möglichen Abläufe sind: Durchtritt des Photons (bzw. Elektrons) entweder durch Spalt A oder B. Dass die Interferenz verschwindet, wenn man den Versuchsaufbau geeignet erweitert, um beide Möglichkeiten unterscheiden zu können, wurde als *Gedanken-Experiment* in den Anfangsjahren der Quantenmechanik so heftig diskutiert, dass dieser deutsche Ausdruck in die internationale wissenschaftliche Diskussion um den Welle-Teilchen-Dualismus einfloss. Jedoch Vorsicht hier: Der Vergleich mit dem Doppelspalt-Versuch ist beim vorliegenden Problem mit identischen Teilchen nur oberflächlich brauchbar. Begrifflich führt er völlig in die Irre, wie in Abschn. 5.7.3 am Fall identischer Fermionen gezeigt wird.

Im $\alpha$-$\alpha$-Streuexperiment heißen die beiden im Rezept genannten Abläufe:

- „Projektil wird in den Detektor abgelenkt", und
- „Targetkern wird in den Detektor gestoßen".

[27] Auch ein eventuell zusätzlich vorhandenes äußeres Schwerefeld hebt sich dabei exakt heraus, wenn es homogen ist. Daher ist dieser Satz aufgrund alltäglich sichtbarer Auswirkungen fest in unsere Anschauung eingebaut. Beleg dafür sind z. B. die Schwierigkeiten, jemandem, der nicht Physik studiert hat, eine davon abweichende Erscheinung zu erklären, etwa die (fast zweimal täglichen) Gezeiten, woran übrigens auch Galilei noch scheiterte: Sie entstehen, weil sich für die Erde das Schwerefeld von Mond (und Sonne) wegen seiner leichten Inhomogenität nicht ganz heraushebt.

[28] Sie wird in Abschn. 9.3.3 nachgeliefert.

So verschieden sie auch erscheinen mögen, im Fall, dass beide Teilchen vom selben Typ – also **identische Teilchen** – sind, sind die beiden Abläufe **prinzipiell** nicht zu unterscheiden, zunächst einmal jedenfalls nicht mit physikalischen Methoden. Anders als Billard-Kugeln *kann* man $\alpha$-Teilchen-Projektile und He-Target-Kerne nicht rot bzw. grün einfärben. Ohnehin sind die Namen „Projektil" und „Target" im Fall identischer Teilchen Zuschreibungen, die vom Bezugssystem abhängen. In dem Bezugssystem, in dem das eingestrahlte $\alpha$-Teilchen ruht, scheinen beide ihre Rolle komplett vertauscht zu haben, und in ihrem Schwerpunktsystem gibt es dieses (scheinbare) Unterscheidungsmerkmal schon grundsätzlich nicht mehr. Dass man aber auch nicht einmal im Geiste *versuchen* darf, die zwei identischen Teilchen zu unterscheiden, wird sich in Abschn. 9.3.3 gerade als Grundlage dieses Rezepts herausstellen.

In der Quantenmechanik ergibt sich der einfache Rutherford-Querschnitt $(\mathrm{d}\sigma/\mathrm{d}\Omega)_{\text{Rutherford}} = |f_{\text{Coulomb}}(\theta)|^2$ mit der Coulomb-Streuamplitude $f_{\text{Coulomb}}(\theta)$ nach Gl. (5.14). Nach dem „Rezept" (Kasten 5.3) ist die gesamte Streuamplitude für den $\alpha$-$\alpha$-Stoß die kohärente Summe der Amplituden

$$f^+(\theta) = f(\text{Projektil} \to \theta) + f(\text{Target} \to \theta)\,. \tag{5.20}$$

Dabei ist

$$\begin{aligned} f(\text{Projektil} \to \theta) &= f_{\text{Coulomb}}(\theta),\\ f(\text{Target} \to \theta) &= f(\text{Projektil} \to \pi-\theta) = f_{\text{Coulomb}}(\pi-\theta)\,. \end{aligned} \tag{5.21}$$

Ergebnis:

$$f^+(\theta) = f_{\text{Coulomb}}(\theta) + f_{\text{Coulomb}}(\pi-\theta)\,. \tag{5.22}$$

Bei $\theta = \pi/2$ ergibt sich mit $f^+(\pi/2) = 2\,f_{\text{Coulomb}}(\pi/2)$ eine Verdoppelung der Amplitude, und für die Intensität erfolgt durch das Quadrieren die gesuchte zweite Verdopplung (wie stets bei konstruktiver Interferenz von zwei Wellen mit gleich großen Amplituden, vgl. Licht am Doppelspalt).

**Mott-Wirkungsquerschnitt.** Bei beliebigem Winkel liefert diese kohärente Überlagerung:

$$\begin{aligned} \left(\frac{\mathrm{d}\sigma}{\mathrm{d}\Omega}\right)_{\text{kohärent+}}(\theta) &= |f^+(\theta)|^2\\ &= |f_{\text{Coul.}}(\theta)|^2 + |f_{\text{Coul.}}(\pi-\theta)|^2\\ &\quad + \left\{f^*_{\text{Coul.}}(\theta)\,f_{\text{Coul.}}(\pi-\theta) + f_{\text{Coul.}}(\theta)\,f^*_{\text{Coul.}}(\pi-\theta)\right\}\\ &= \left(\frac{\mathrm{d}\sigma}{\mathrm{d}\Omega}\right)_{\text{Ruth.}}(\theta) + \left(\frac{\mathrm{d}\sigma}{\mathrm{d}\Omega}\right)_{\text{Ruth.}}(\theta-\pi) + \{\text{Interferenzterm}\}\,. \end{aligned} \tag{5.23}$$

Diese Formel heißt Mott-Wirkungsquerschnitt und stimmt tatsächlich hervorragend mit der gemessenen Winkelverteilung der $\alpha$-$\alpha$-Streuung überein – siehe die Kurve $\sigma_{\text{Mott}}$ und die Messpunkte in der Abb. 5.7. Dabei kommt das Interferenzmuster nur dann richtig heraus, wenn man die komplexe Coulomb-Phase in $f_{\text{Coulomb}}$ berücksichtigt, die – wie in Abschn. 5.4.1 am Ende erwähnt wurde – erst nach der exakten Berechnung der Streu-Amplitude auftritt. So macht die Quantenmechanik identischer Teilchen tatsächlich möglich, Streuwellen zu verschiedenen Beobachtungswinkeln miteinander zur Interferenz zu bringen.

### 5.7.3 *Destruktive Interferenz bei Fermionen*

**Eine neue Art von quantenmechanischer Überlagerung.** Das erfolgreiche Rezept, dem wir die Übereinstimmung der theoretischen Kurve mit dem Experiment verdanken, ist oben (Kasten 5.3) so formuliert worden, als ob man es in einer Analogie zum Welle-Teilchen-Dualismus verstehen dürfte, nicht anders als die kohärente Summe der Huygensschen Elementarwellen in der Wellenoptik (z. B. bei Interferenzen am Doppelspalt). So „einfach" ist es aber gar nicht. Für Teilchen von Typ Fermion (d. h. Spin halbzahlig) gilt an Stelle des letzten Satzes im Rezept nämlich einer mit umgekehrtem Vorzeichen:

**Kasten 5.4 Rezept zur quantenmechanischen Interferenz (abweichend von Kasten 5.3 gültig für Fermionen, z. B. Elektronen, Protonen)**

(Kann ein Endzustand ...) ... durch zwei Abläufe entstehen,
**die sich durch Vertauschung von zwei Teilchen unterscheiden** (...)

- (darf man ... inkohärent addieren, wenn man beide Abläufe im Experiment hätte separieren können)
- **muss** man die Amplituden der beiden Abläufe **kohärent** ***subtrahieren***, wenn eine Unterscheidung der beiden Abläufe prinzipiell unmöglich ist.

In Formeln:

$$\begin{aligned} f^{-}(\theta) &= f(\text{Projektil} \rightarrow \theta) - f(\text{Target} \rightarrow \theta) \\ &= f_{\text{Coulomb}}(\theta) \quad - \quad f_{\text{Coulomb}}(\pi - \theta) \,. \end{aligned} \tag{5.24}$$

Das ist zwar sicher eine Art Interferenz, aber wegen des Vorzeichens ganz anders als sonst von Wellenphänomenen her bekannt.

**Folgen der Ununterscheidbarkeit.** Die quantenmechanische Begründung beider Regeln beruht auf der Eigenschaft der vollkommenen Ununterscheidbarkeit der Elementarteilchen gleichen Typs, wie in Abschn. 9.3.3 näher ausgeführt. Die wesentliche Konsequenz wurde schon am Ende von Abschn. 5.5.4 dargestellt: Wenn in der Wellenfunktion die Koordinaten zweier identischer Teilchen vollständig ausgetauscht werden, muss die Funktion im Fall von Bosonen die gleiche bleiben, bei Fermionen genau ihr Vorzeichen ändern. Um dies sicherzustellen, muss man die Wellenfunktion $\Psi$(Teilchen1, Teilchen2) um einen Term $\pm\Psi$(Teilchen2, Teilchen1) erweitern, in dem beide Teilchen ihre Rollen vertauscht haben.[29] Das Vorzeichen bestimmt sich dabei nach der Teilchenart. Bei der Berechnung mit den hierdurch richtig symmetrisierten Wellenfunktionen überträgt sich das Vorzeichen in die beiden als „Rezepte" formulierten Vorschriften, die sich auf die mit den unmodifizierten Wellenfunktionen berechneten Streuamplituden beziehen (z. B. wie in Gl. (5.9)).

**Experimentelle Demonstration.** Auch bei Fermionen ließ die experimentelle Prüfung (und Bestätigung!) dieser überaus merkwürdigen Vorhersage der Quantenmechanik nicht lange auf sich warten (Stöße von Protonen in Wasserstoffgas, Christian Gerthsen 1933).

In der neueren Literatur gibt es zur Illustration des so unterschiedlichen Verhaltens zweier Teilchen in den drei Fällen:

- unterschiedliche Teilchen,
- identische Bosonen,
- identische Fermionen

ein schönes Demonstrationsexperiment (Abb. 5.8). Projektil und Target sind hier ganze Kohlenstoff-Kerne[30] verschiedener Isotope. Ein Kern $^{12}$C (Kerndrehimpuls $I = 0$) *verhält* sich als Ganzes wie ein einziges Boson, $^{13}$C (Kerndrehimpuls $I = \frac{1}{2}$) wie ein einziges Fermion, immer solange die Nukleonen zweier solcher Kerne nicht anfangen, einzeln miteinander zu reagieren.[31] Daher wurden die Messungen bei so niedriger kinetischer Energie gemacht, dass Projektil und Target immer großen Abstand ($\gg R_{\text{Kern}}$) halten (und man normalerweise von der Gültigkeit der klassischen Mechanik, also zwei sich nicht schneidenden und daher unverwechselbaren Trajektorien ausgehen könnte, vgl. Gl. (5.4)).

In Abb. 5.8 stellt das obere Diagramm die Winkelverteilung von $^{13}$C-Projektilen nach Stößen mit $^{12}$C-Targetkernen dar, also recht ähnlichen, aber doch unterscheidbaren Teilchen. Nur die Projektile wurden im Detektor gezählt. Entsprechend folgen die Messwerte genau der einfachen Rutherford-Formel (Gl. (5.15)) – vgl. die durchgezogene Kurve (bzw. die grün gepunktete in Abb. 5.7). Nicht gezeigt sind Messwerte für die in den Detektor gestoßenen Target-Kerne; sie würden genau der gespiegelten Kurve folgen (blau gepunktet in Abb. 5.7).

Der mittlere Teil der Abb. 5.8 gehört zur $^{12}$C-$^{12}$C-Streuung, also zum Fall identischer Bosonen. Die neue durchgezogene Kurve ist diesmal nach Gl. (5.23) mit positiver kohärenter Summe der einfachen Streuamplituden gerechnet.

Das untere Diagramm in Abb. 5.8 zeigt die Ergebnisse der $^{13}$C-$^{13}$C-Streuung, also den Fall identischer Fermionen, und die zugehörige theoretische Kurve, die aber auf etwas komplizierterem Weg zustande kommt. Erklärungsbedürftig ist wohl

[29] und anschließend wieder normieren. Hat die Wellenfunktion schon das geforderte Verhalten, ändert sich durch diese Ergänzung gar nichts.

[30] wie in Fußnote 12 auf S. 8 angekündigt. Hier werden nur die Kerne diskutiert, für vollständige Kohlenstoff-Atome gilt jedoch alles genauso.

[31] Mehr zu Spins und Vertauschungssymmetrie der Kerne in Abschn. 7.1.4ff.

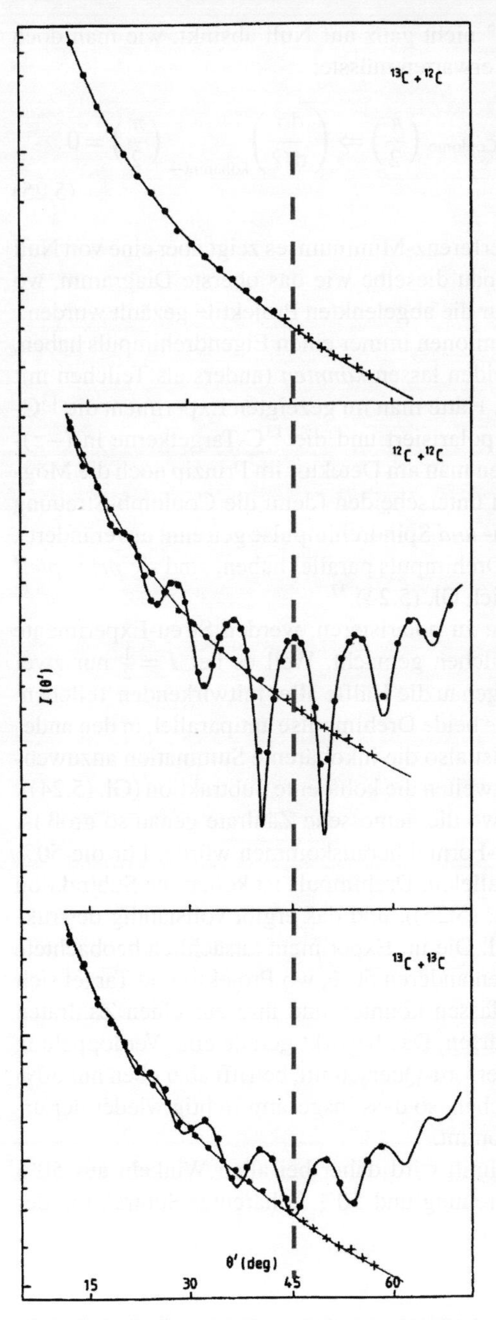


*Oben*:
Stoß verschiedener Teilchen
Projektil: $^{13}$C
Target: $^{12}$C
Beobachtet wird nur das gestreute Projektil (Messpunkte, bei den kleineren Intensität mit sichtbaren Fehlerbalken).
Es gilt die einfache Rutherfordformel (*durchgezogene Linie*).

*Mitte*:
Stoß zweier identischer Teilchen $^{12}$C.
Bei 90° ist ein Interferenzmaximum, die Intensität ist gegenüber der Rutherford-Verteilung vervierfacht.
Die *durchgezogene Kurve* ist mit Addition der Streuamplituden von Target und Projektil berechnet (Gl. (5.20), gültig für Bosonen).
(Zum Vergleich ist auch die *Kurve* aus dem *oberen Bild* hier angegeben.)

*Unten*:
Stoß zweier identischer Teilchen $^{13}$C.
Bei 90° ist ein Interferenzminimum, die Intensität ist gerade gleich der einfachen Rutherford-Verteilung.
Die *durchgezogene Kurve* ist mit teilweiser Subtraktion und Addition der Streuamplituden von Target und Projektil berechnet (Gl. (5.26)), gültig für unpolarisierte Fermionen).
(Zum Vergleich ist auch die *Kurve aus dem oberen Bild* hier angegeben.)

**Abb. 5.8** Eine Demonstration der Besonderheit identischer Teilchen: Winkelverteilungen bei der Coulombstreuung unterscheidbarer oder identischer Teilchen. *Punkte*: Messergebnisse, *Linien*: theoretische Vorhersagen. Die *rote Linie* gibt den Streuwinkel 90° im *S*-System an (45° im *L*-System). Zum genaueren Vergleich ist die einfache Rutherford-Verteilung aus dem obersten Teilbild überall hineinkopiert. (Abbildung nach [153])

zuerst, dass die Zählrate auch bei 90° nicht ganz auf Null absinkt, wie man doch aufgrund des Rezepts nach Gl. (5.24) erwarten müsste:

$$f^-\left(\theta=\frac{\pi}{2}\right)=f_{\text{Coulomb}}\left(\frac{\pi}{2}\right)-f_{\text{Coulomb}}\left(\frac{\pi}{2}\right)\Rightarrow\left(\frac{\mathrm{d}\sigma}{\mathrm{d}\Omega}\right)_{\text{kohärent}-}\left(\frac{\pi}{2}\right)=0\,. \tag{5.25}$$

Zwar sieht man hier ein deutliches Interferenz-Minimum, es zeigt aber eine von Null verschiedene Zählrate: quantitativ genau dieselbe wie das oberste Diagramm, wo (im Fall *nicht* identischer Teilchen) nur die abgelenkten Projektile gezählt wurden.

Der Grund liegt darin, dass die Fermionen immer einen Eigendrehimpuls haben, an dessen Stellung sie sich unterscheiden lassen *könnten* (anders als Teilchen mit $I=0$ wie $\alpha$-Teilchen und $^{12}$C-Kerne). Hätte man im gezeigten Experiment die $^{13}$C-Projektile ($I=\frac{1}{2}$) in $(+z)$-Richtung polarisiert und die $^{13}$C-Targetkerne in $(-z)$-Richtung (oder umgekehrt), dann hätten man am Detektor im Prinzip noch die Möglichkeit gehabt, beide voneinander zu unterscheiden (denn die Coulomb-Streuung lässt bei diesen kleinen Energien Bahn- *und* Spindrehimpulse getrennt unverändert). Nur wenn Projektil und Target ihren Drehimpuls parallel haben, sind sie *prinzipiell* ununterscheidbar, und dann gilt wirklich Gl. (5.24).[32]

Da es extrem aufwändig ist, Kerne zu polarisieren, werden Streu-Experimente üblicherweise mit unpolarisierten Teilchen gemacht. Weil es bei $I=\frac{1}{2}$ nur zwei Basiszustände gibt, entfällt auf jeden genau die Hälfte aller mitwirkenden Teilchen. Daher waren in 50% der $^{13}$C-$^{13}$C-Stöße beide Drehimpulse antiparallel, in den anderen 50% parallel. Für die ersten 50% ist also die inkohärente Summation anzuwenden (Gl. (5.22)), für die zweiten 50% zweiten die kohärente Subtraktion (Gl. (5.24)).

Betrachten wir den Wert bei 90°, wo die gemessene Zählrate genau so groß ist wie sie aus der einfachen Rutherford-Formel herauskommen würde. Für die 50% der stoßenden Teilchen-Paare mit parallelem Drehimpuls ist kohärente Subtraktion der Streuamplituden anzuwenden (Gl. (5.25)), und das ergibt vollständig destruktive Interferenz, also die Zählrate Null. Die im Experiment tatsächlich beobachtete Zählrate stammt ausschließlich von den anderen 50%, wo Projektil und Target sich an ihrem Drehimpuls unterscheiden lassen könnten und ihre einzelnen Zählraten daher inkohärent summiert werden dürfen. Das bewirkt gerade eine Verdoppelung der Zählrate nach dem einfachen Rutherford-Querschnitt, betrifft aber eben nur 50% aller ins Experiment geschickten Teilchen, so dass insgesamt richtig wieder der ursprüngliche Rutherford-Wert herauskommt.

Der differentielle Wirkungsquerschnitt wird daher bei allen Winkeln aus 50% inkohärent summierter Rutherford-Streuung und 50% kohärenter Subtraktion der

[32] Für Bosonen mit Spin $I=1,\ 2,\ \ldots$ müsste man diese Überlegungen auch durchführen, im Fall paralleler Spins die einzelnen Amplituden aber mit positivem Vorzeichen überlagern.

Streuamplituden zusammengesetzt (durchgezogene Kurve in Abb. 5.8 unten):

$$\begin{aligned}
&\left(\frac{\mathrm{d}\sigma}{\mathrm{d}\Omega}\right)_{\text{Fermionen, unpolarisiert}} \\
&= \frac{1}{2}\left(\frac{\mathrm{d}\sigma}{\mathrm{d}\Omega}\right)_{\text{inkohärent}}(\theta) + \frac{1}{2}\left(\frac{\mathrm{d}\sigma}{\mathrm{d}\Omega}\right)_{\text{kohärent}-}(\theta) \\
&\equiv \frac{1}{2}\left(|f_{\text{Coul.}}(\theta)|^2 + |f_{\text{Coul.}}(\pi-\theta)|^2\right) + \frac{1}{2}\left(|f_{\text{Coul.}}(\theta) - f_{\text{Coul.}}(\pi-\theta)|^2\right) \\
&\left[\equiv \frac{1}{4}\left(|f_{\text{Coul.}}(\theta) + f_{\text{Coul.}}(\pi-\theta)|^2\right) + \frac{3}{4}\left(|f_{\text{Coul.}}(\theta) - f_{\text{Coul.}}(\pi-\theta)|^2\right)\right].
\end{aligned} \tag{5.26}$$

[Die Umformung in der letzten Zeile wird erst im Abschn. 7.1.4, S. 272 wichtig.]

**Fazit I.** Die hervorragende Übereinstimmung aller dieser Messungen mit den theoretischen Kurven spricht sehr für die in den „Rezepten“ geforderte Interferenz. Indes ist diese nicht gerade einfach zu verstehen: Soll man doch zwei quantenmechanisch berechnete Amplituden kohärent überlagern, die:

- entweder zum selben Teilchen, dann aber zu entgegen gesetzten Ausbreitungsrichtungen gehören (nämlich zu $\theta$ bzw. $\pi-\theta$, siehe Gln. (5.22) und (5.24)),
- oder für dieselbe Richtung $\theta$ gelten, dann aber nicht zum selben Teilchen gehören (sondern einmal zum Projektil, das andere Mal zum Targetkern: siehe Gl. (5.20)).

Zudem muss bei dieser Addition der Amplituden das Vorzeichen danach bestimmt werden, ob die Teilchen halb- oder ganzzahligen Spin haben, auch wenn die während des Stoßprozesses wirkenden Kräfte genau dieselben und vom Spin ganz unabhängig sind. Eine befriedigende Begründung dieses Vorgehens basiert darauf, das Konzept von „identischen“ bzw. „ununterscheidbaren“ Teilchen grundlegend zu überdenken und in den Formalismus der Quantenmechanik einzubauen. Mehr dazu in Kap. 9.

**Fazit II.** Diese Ununterscheidbarkeit von Teilchen der gleichen Sorte ist etwas prinzipiell Neues, wird aber vom Formalismus der Quantenmechanik schon richtig behandelt. Die Konsequenzen sind anschaulich kaum nachzuvollziehen. Nehmen wir allein die Zählrate bei Ablenkung um 90°: Schon deren Verdoppelung bei $\alpha$-Teilchen durch konstruktive Interferenz von Amplituden für Projektil- und Target-Teilchen ist eine ziemliche Attacke für die normale Anschauung. Noch stärker jedoch ist das „gefühlte Unverständnis“ vielleicht bei dem ***vollständigen Verbot*** der 90°-Ablenkung im Fall von zwei Fermionen mit parallelem Spin.

# Kapitel 6
# Physik der Radioaktiven Strahlen

## Überblick

In Kap. 2 wurden die radioaktiven Strahlen nur kurz vorgestellt, um sie als Untersuchungswerkzeug des Atominneren einzuführen. Als sie 1896 entdeckt und bis 1900 lediglich anhand ihrer Ladung und verschiedener Reichweiten in $\alpha$-, $\beta$- und $\gamma$-Strahlung unterschieden worden waren, konnte es natürlich noch keine Kenntnis von den Kernen geben, denn deren Entdeckung (1911) wurde ja erst durch Experimente mit diesen Strahlungen möglich (siehe Kap. 2 und 3). Jetzt soll es darum gehen, wie die Entstehung und die Wechselwirkungen der Strahlungen selber erforscht wurden, denn wesentliche Erkenntnisse über die elementaren Bausteine der Materie und die zwischen ihnen ablaufenden Prozesse sind dabei gewonnen worden.

Abschnitt 6.1 beginnt mit einem einfachen Experiment aus dem Jahr 1900, dessen Ergebnis schon ein Paukenschlag hätte sein können, wenn man es gebührend beachtet hätte. Ernest Rutherford fand das Exponentialgesetz des radioaktiven Zerfalls, als er das Abklingen (den „Zerfall") der Radioaktivität einer gasförmigen Probe beobachtete, die er aus der (sonst konstanten) natürlichen Radioaktivität abgetrennt hatte. Exponentielles Abklingen mit einer wohldefinierten Halbwertzeit war zwar nichts besonderes,[1] zusammen mit der Atomhypothese aber war es mit der bisherigen Physik schlicht nicht vereinbar. Bei einzelnen Systemen ohne gegenseitige Beeinflussung kann die exponentielle Abnahme nur noch mit Begriffen wie *Umwandlungs-Wahrscheinlichkeit* gedeutet werden und steht damit im Gegensatz zu der Vorstellung von der kausalen Determiniertheit aller Vorgänge. Dies markiert einen der wichtigsten Brüche zwischen der Klassischen und der Modernen Physik. Rutherford publizierte die Messung schon, bevor Planck noch im selben Jahr das nach ihm benannte Strahlungsgesetz entdeckte, was meist als Beginn der Modernen Physik betrachtet wird. Jedoch dauerte es dann einige Jahre, bis Atomhypothese und Wahrscheinlichkeits-Interpretation der radioaktiven Umwandlungen sich gemeinsam durchsetzten. Wichtig war dabei (ab 1903) die Möglichkeit, durch ihre Szintillationen die $\alpha$-Teilchen einzeln zu beobachten, einschließlich der zufälligen

[1] Beispiele: Temperatur-Ausgleich, gedämpfte Schwingung etc.

J. Bleck-Neuhaus, *Elementare Teilchen*
DOI 10.1007/978-3-540-85300-8, © Springer 2010

Fluktuationen der Zählrate, wie sie mit der Wahrscheinlichkeitsdeutung notwendig einhergehen. Doch dann ruhte dieser Befund, obwohl als grundsätzlich wichtig und höchst beunruhigend angesehen, weitere zwei Jahrzehnte ohne Erklärung und praktisch unbearbeitet (nur Einstein macht ihn sich 1917 einmal für seine neue Ableitung des Planckschen Gesetzes zunutze). Erst ab 1927, zwei Jahre *nach* der Entdeckung der Quantenmechanik, wird das exponentielle Zerfallsgesetz wieder hervor geholt, denn nun wird es zu einem überzeugenden Beleg, ja zum Parade-Beispiel für die entstehende Wahrscheinlichkeitsdeutung der Wellenfunktion. Die Quantenmechanik bietet für diese Umwandlungs-Wahrscheinlichkeit (oder *Übergangsrate*) auch eine Formel an – später zu Recht „Goldene Regel" getauft, denn sie half nicht nur dabei, mit diesem Phänomen überhaupt umgehen zu können, sondern wies der Forschung auch den Weg zu einer Fülle neuer Entdeckungen über bekannte und neue Vorgänge.

Das Konzept einer wohlbestimmten Übergangsrate (bzw. einer dazu reziproken *mittleren* Lebensdauer oder einer Halbwertzeit) ist aus der Physik nicht mehr weg zu denken. Gemessene Werte überspannen heute einen Bereich von 55 Zehnerpotenzen – wohl mehr als bei jeder anderen messbaren Größe. Als Hilfsmittel der Zeitmessung benutzt, helfen diese Übergangsraten genau so gut beim Studium der flüchtigen Begegnung zweier lichtschneller Elementarteilchen wie für die Bestimmung des geologischen Alters der Erde.

Grundlegend verwandelte sich mit der Fähigkeit, die Emissionen einzelner Atome zu beobachten und zu zählen, auch die Experimentierkunst. Es begann in der Physik die Epoche der Zähler-Experimente. Populäres Symbol der modernen Wissenschaft wurde in den 1930er Jahren der hörbar tickende Geiger-Zähler, dessen statistisch unregelmäßige Impulsfolge auch gleich zum Sinnbild der Vorherrschaft von Wahrscheinlichkeiten anstelle kausaler Präzision und Determiniertheit wurde. Man darf darin einen Vorboten des gegenwärtigen „digitalen Zeitalters" sehen, denn nachdem erst menschliche und dann mechanische Zähler an ihre Grenzen gekommen waren, wurden die grundlegenden Schaltkreise der digitalen Elektronik entwickelt, die heute in fast jedem elektrischen Haushaltsgerät arbeiten, ganz zu schweigen von Computern.

In den weiteren Abschnitten werden die einzelnen Strahlungsarten näher diskutiert, wobei dies Kapitel im wesentlichen auf die Erkenntnisse bis 1934 beschränkt bleibt.[2] Ein früh beobachtetes gemeinsames Kennzeichen aller Typen von radioaktiven Umwandlungen ist, dass der Energieumsatz mit der Übergangsrate korreliert ist. Je höher die Energie der emittierten Teilchen, desto kürzer die Lebensdauer des radioaktiven Nuklids. Es zeigte sich, dass bei der Erklärung je nach Strahlungsart drei ganz verschiedene physikalische Prinzipien die Hauptrolle spielen: der Tunneleffekt ($\alpha$), das Phasenraumvolumen ($\beta$), der Drehimpuls von Wellenfeldern ($\gamma$). Viel länger hat es gedauert, die enorme Größe der bei Kernumwandlungen typi-

[2] Die Erforschung der Ursachen und Eigenschaften der ionisierenden Strahlen führte bis in die 1950er Jahre hinein zur Entdeckung weiterer grundlegend wichtiger physikalischer Effekte. Dies trug nicht nur erheblich zum Verständnis des inneren Aufbaus der Kerne bei, sondern führte zu prinzipiellen Erkenntnissen über Strahlung und Materie und deren elementare Quanten (siehe z. B. Abschn. 10.3.1, 11.1 und 12.2.4).

schen Energien zu verstehen, die für die radioaktiven Strahlungen auch eine neue Art von Spektroskopie erforderlich machten. Selbst ein so einfaches Modell wie das Tröpfchen-Modell (Abschn. 4.2) ist erst 1935 nach den meisten der im vorliegenden Kapitel besprochenen Entdeckungen entstanden; und es ist ja nur als eine Zwischenstufe der Interpretation anzusehen, indem es zwar eine gute Parametrisierung der Bindungsenergie liefert, aber die zugrunde liegende Nukleon-Nukleon-Wechselwirkung nicht weiter erklärt. Diese Erklärung ließ noch weitere 50 Jahre auf sich warten (siehe Quarks und Quantenchromodynamik, Kap. 13).

Rutherford wählte die Bezeichnungen $\alpha$-/$\beta$-/$\gamma$-Strahlung entlang dem griechischen Alphabet, dem wissenschaftlichen Interesse entsprechend, das sie seiner Meinung nach verdienten. Hier weichen wir davon ab, um die Entwicklung der Denkweise und einiger entscheidender Konzepte der Elementarteilchenphysik schrittweise besser darstellen zu können. Dies betrifft der Reihe nach die Fragen:

- nach dem Überschreiten von klassisch unüberwindlichen Hürden,
- nach dem Gültigkeitsbereich der Erhaltungssätze für Energie und Impuls,
- nach der Erhaltung der materiellen Teilchen,
- nach der Entstehung von Quanten des elektromagnetischen Felds,
- nach der Existenz von Antiteilchen,
- nach dem Entstehen und Vergehen von (materiellen) Teilchen-Antiteilchen-Paaren,
- nach der Interpretation von materiellen Teilchen als Quanten eines Feldes.

## 6.1 Radioaktiver Zerfall, Zufallsprozesse, Quantensprünge

### 6.1.1 *Das exponentielle Zerfallsgesetz und seine atomistische Deutung*

**Experimenteller Befund.** Rutherford fand 1900: Thorium-haltiges Gestein gibt ein Gas ab („Emanation“),[3] das seinerseits radioaktiv ist, aber nur für kurze Zeit: seine Strahlungsaktivität „zerfällt“ (dies ist der Ursprung der Redeweise vom radioaktiven „Zerfall“).

Beobachtung: Die Stromstärke im Radioaktivitäts-Detektor (Abb. 6.1) fällt zeitlich wie die Funktion $e^{-\lambda t}$. Den einzigen Parameter $\lambda$ [1/Zeit] darin nannte Rutherford *Zerfallskonstante*. Wird die Stromstärke als Maß der momentanen Stärke der radioaktiven Quelle (*Aktivität* $A(t)$) angesehen, folgt:

$$A(t) = A_0 \, e^{-\lambda t} \, . \tag{6.1}$$

Beobachtungen an weiteren (bis 1904 schon 15 verschiedenen) Radionukliden zeigten schnell: Die Zerfallskonstante ist unabhängig von der Vorgeschichte, von der Ausgangsmenge, von anderen chemischen oder physikalischen Bedingungen,

[3] Das Wort bedeutet „Ausströmung“. Es handelt sich um Radon-224 (alter Name: Thoron), ein Edelgas. Das entsprechende Isotop aus dem Zerfall von Uran-238 ist Radon-222.

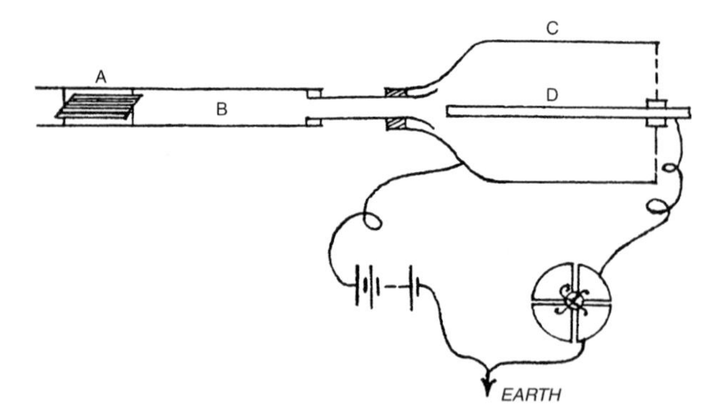


**Abb. 6.1** Rutherfords Apparatur zur Untersuchung der radioaktiven Emanation: Bei A liegt Thorium-Mineral in Papier eingewickelt. Zur Zeit $t = 0$ transportiert ein Luftstrom die ausgetretene „Emanation" in das Detektionsvolumen, einen geladenen Kondensator C-D. Durch die ionisierende Wirkung der $\alpha$-Strahlung beginnt ein Entladungsstrom zu fließen, sichtbar am Rückgang des Ausschlags des „Quadranten-Elektrometers" (rechts unten). (Aus Rutherfords Originalveröffentlichung in Philosophical Magazine, Januar 1900, p. 1, nach [164])

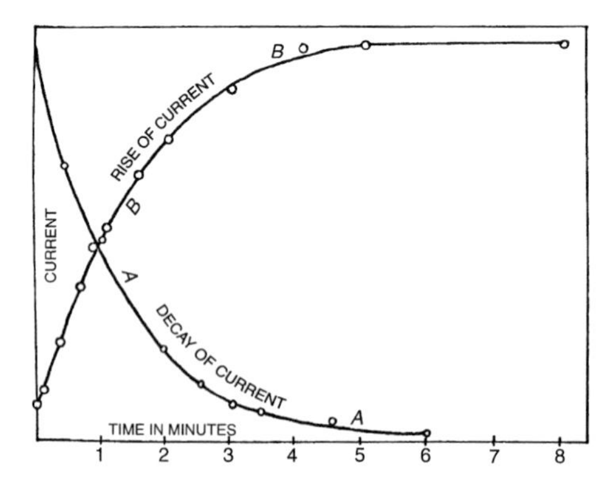


**Abb. 6.2** Die Entdeckung des radioaktiven Zerfallsgesetzes. *Kurve A*: Messung der Stromstärke, die der Stärke der radioaktiven Quelle proportional ist, in der Apparatur von Abb. 6.1. *Kurve B*: das umgekehrte Experiment (in modifiziertem Apparat): die Wiederkehr der vollen Stromstärke nachdem die ganze Emanation einmal weggeblasen worden war. Die Zeitachse ist in Minuten. (Quelle wie Abb. 6.1)

ist schlicht durch nichts Bekanntes zu beeinflussen.[4] Sie hat für jedes Radionuklid einen bestimmten Wert und konnte daher auch erfolgreich zur Identifizierung bekannter oder zum Nachweis neuer Radionuklide benutzt werden.[5]

---

[4] Erst 1938 wurde ein kleiner Effekt gefunden, der diesem Lehrsatz widerspricht. Siehe die Bemerkung zum Elektronen-Einfang EC in Abschn. 6.5.10, S. 243.

[5] Sogar das Phänomen der Isotopie, das den Elementbegriff der Chemie erschütterte, wurde hieran entdeckt – siehe Abschn. 4.1.3.

Die e-Funktion hat eine besondere Charakteristik: Nach jeweils derselben Zeitspanne namens

$$\text{Halbwertzeit:} \quad T_{\frac{1}{2}} = \frac{\ln(2)}{\lambda} \tag{6.2}$$

ist immer $A(t_0 + T_{\frac{1}{2}}) = \frac{1}{2} A(t_0)$ – unabhängig vom Bezugszeitpunkt $t_0$ (z. B. seit Herstellung des Präparates). Dies einfache Exponentialgesetz für den radioaktiven Zerfall gilt immer, wenn in der Quelle nur ein einziges radioaktives Isotop vorhanden ist. In komplizierteren Fällen zeigen sich aber auch andere, mitunter sogar zeitweilig ansteigende Aktivitätskurven: Hier hat sich, nach der Isolierung des radioaktiven Isotops, durch dessen Umwandlung nach und nach ein anderes gebildet, das ebenfalls radioaktiv ist und dessen Aktivität im Detektor mitgezählt wird (ein Beispiel in Abb. 6.3, siehe auch Radioaktive Zerfallsreihe, Tochterprodukt in Abschn. 6.2.2).

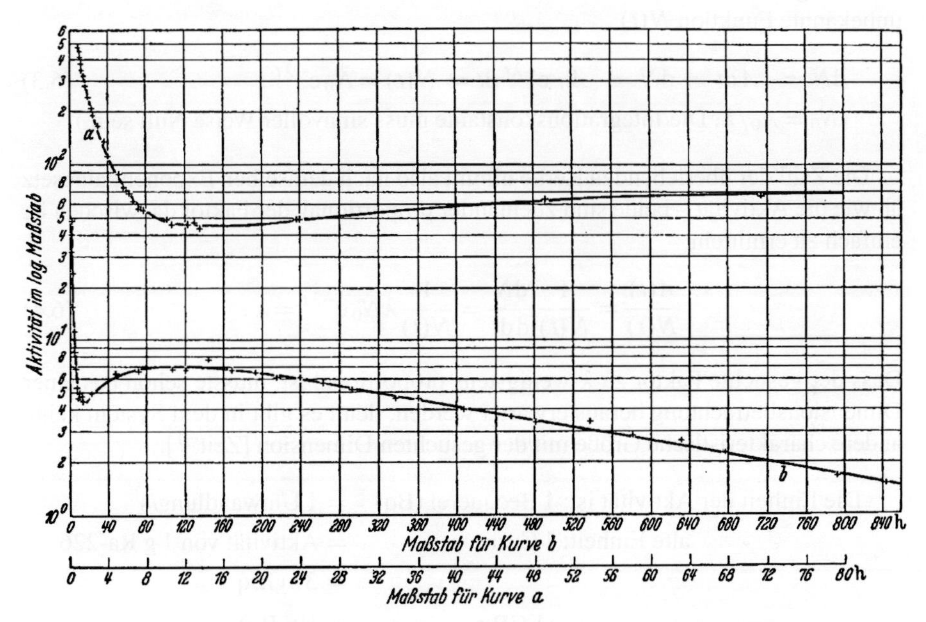


Die drei Ra-Isotope nach langer Bestrahlung. *a* = Ra [4 Tage bestrahlt] über 70 Std. gemessen. *b* = obere Kurve im Maßstabe 1 : 10 über 800 Std. gemessen.

**Abb. 6.3** Ein berühmtes Beispiel eines gemischten Aktivitätsverlaufs: O. Hahn und F. Strassmann fanden 1939 radioaktive Erdalkali-Isotope mit drei neuen Halbwertzeiten, nachdem sie Uran mit Neutronen bestrahlt hatten. (In der hier wiedergegebenen Original-Bildunterschrift werden sie noch „Radium-Isotope“ genannt, erst in der nächsten Veröffentlichung korrekt „Barium“ – entstanden durch induzierte Kernspaltung. – Die *obere Kurve* der Abbildung gibt in 10facher Vergrößerung den Anfang der *unteren* wieder.) (Aus [144], näheres zur Kernspaltung in Abschn. 8.2)

**Atomistische Deutung und genaue Definition der „Aktivität".** Rutherfords Ansatz (1903): Jeder einzelne Emissionsakt beruht auf der Umwandlung in einem einzelnen (so Rutherford:) „*radioactive system*".

Dafür wird im Folgenden vorwegnehmend das Wort Kern oder Atomkern benutzt. Dieser Begriff wurde erst 1911 von Rutherford eingeführt (siehe Kap. 3). Welche Teile der beobachteten Strahlungen aus dem Kern und welche aus der Hülle kommen, war noch 20 Jahre lang Gegenstand von Untersuchungen. Erst allmählich wurde das Wort „radioaktive Strahlung" auf die Emissionen der Kerne eingeschränkt.

Zur quantitativen Beschreibung wird definiert:

- $N = N(t)$ ist die Anzahl der noch nicht umgewandelten Kerne in der Probe, zeitlich abnehmend.
- $A$ („Aktivität") = Umwandlungs-Rate = Anzahl (pro Zeiteinheit) der Umwandlungen: $A(t) = -\mathrm{d}N/\mathrm{d}t$.

Aus der gemessenen Aktivität $A(t)$ (Gl. (6.1)) erhalten wir durch Integration die unbekannte Funktion $N(t)$:

$$\mathrm{d}N = -A\,\mathrm{d}t \Rightarrow \mathrm{d}N = -A_0\,\mathrm{e}^{-\lambda t}\,\mathrm{d}t \Rightarrow N(t) = N_0\mathrm{e}^{-\lambda t}\,. \tag{6.3}$$

($N_0 = A_0/\lambda$. Die Integrationskonstante muss sinnvoller Weise Null sein.)

Die Zahl der überlebenden Kerne nimmt also nach demselben Exponentialgesetz ab wie die Aktivität – beide sind zueinander proportional, der Faktor dazwischen ist einfach zu ermitteln:

$$\frac{A(t)}{N(t)} = \frac{1}{N(t)}\frac{\mathrm{d}N}{\mathrm{d}\mathrm{d}t} = \frac{1}{N(t)}\lambda N_0\,\mathrm{e}^{-\lambda t} = \lambda\,. \tag{6.4}$$

Dass der gesuchte Faktor zu $\lambda$ wenigstens proportional ist, musste schon aus einer Dimensionsbetrachtung heraus erwartet werden, denn es gibt in dem System keine andere charakteristische Größe mit der gesuchten Dimension [Zeit$^{-1}$].

$$\begin{aligned} \text{Die Einheit der Aktivität ist: 1 Becquerel (Bq)} &= \text{1 Umwandlung/s} \\ \text{alte Einheit: 1 Curie} &= \text{Aktivität von 1 g Ra-226} \\ &= 37\,\text{GBq} \\ \text{(1 GBq} &= 10^9\,\text{Bq)} \end{aligned} \tag{6.5}$$

**Lebensdauer.** Im Rahmen der atomistischen Deutung ist eine *mittlere Lebensdauer* sinnvoll zu definieren.[6] Die zugehörige Messvorschrift ist: Beobachte für jeden

[6] Wenn nicht ausdrücklich von einer einzelnen Umwandlung die Rede ist, meint das Wort Lebensdauer immer diesen Mittelwert $\tau$.

Kern ($i = 1, \ldots, N_0$) den Umwandlungszeitpunkt $t_i$ und bilde den Mittelwert

$$\tau = \frac{1}{N_0} \sum_{\text{alle } i} t_i \,. \tag{6.6}$$

Die theoretische Berechnung des Mittelwertes mithilfe der Zerfallskonstante geht anders herum vor. Es werden alle überhaupt *möglichen* Werte des Parameters $t$ ($0 \leq t \leq \infty$) mit der relativen Häufigkeit ihres Vorkommens ($\mathrm{d}N/N_0$ nach Gln. (6.3) und (6.4)) multipliziert und das so gewichtete Mittel gebildet:

$$\tau = \int_0^{N_0} t \frac{\mathrm{d}N}{N_0} = \frac{1}{N_0} \int_0^{\infty} t \frac{\mathrm{d}N}{\mathrm{d}t}\,\mathrm{d}t = \lambda \int_0^{\infty} t\,\mathrm{e}^{-\lambda t}\,\mathrm{d}t = \frac{1}{\lambda}\ (\cong 1{,}44 T_{\frac{1}{2}})\,. \tag{6.7}$$

**Frage 6.1.** *Ein schneller Weg um das letzte Integral nachzurechnen?*

**Antwort 6.1.** *Statt der (einfachen) partiellen Integration hier ein bei vielen ähnlichen Integralen nützlicher Trick, der von einem noch einfacheren Integral ausgeht:*[7]

$$\int_0^{\infty} \mathrm{e}^{-x}\,\mathrm{d}x \equiv \int_0^{\infty} \mathrm{e}^{-\lambda t}\,\mathrm{d}(\lambda t) = 1 \overset{[\mathrm{d}(\lambda t) \equiv \lambda\,\mathrm{d}t]}{\Longrightarrow} \int_0^{\infty} \mathrm{e}^{-\lambda t}\,\mathrm{d}t \equiv \lambda^{-1}\,.$$

*Die letzte Identität auf beiden Seiten ableiten nach $\lambda$:*

$$\Longrightarrow \int_0^{\infty} (-t)\,\mathrm{e}^{-\lambda t}\,\mathrm{d}t = -\lambda^{-2} \Longrightarrow \lambda \int_0^{\infty} t\,\mathrm{e}^{-\lambda t}\,\mathrm{d}t = \frac{1}{\lambda}\,.$$

**Verzweigung: mehrere Umwandlungsmöglichkeiten – eine Lebensdauer.** Wenn es Übergänge in verschiedene Endzustände $|\Psi_{\text{fin}}, i\rangle$, ($i = 1, 2, \ldots$) gibt, hat jeder seine Übergangsrate $\lambda_i$, und die Zahl der Kerne verringert sich insgesamt gemäß

$$\Delta N = -N\lambda_1 \Delta t - N\lambda_2 \Delta t \ldots = -N(\lambda_1 + \lambda_2 + \ldots)\Delta t\,. \tag{6.8}$$

Es ergibt sich also wieder *ein* exponentielles Zerfallsgesetz mit einer *einzigen* Zerfallskonstante

$$\lambda_{\text{gesamt}} = \lambda_1 + \lambda_2 + \ldots \tag{6.9}$$

und einer einzigen Lebensdauer $\tau = 1/\lambda_{\text{gesamt}}$. Die einzelnen $\lambda_i$ bestimmen durch $\lambda_i/\lambda_{\text{gesamt}}$ die relativen Häufigkeiten, mit denen jeder der Übergänge zu beobachten sein wird (*Verzweigungsverhältnis*, $\sum_i \lambda_i/\lambda_{\text{gesamt}} = 1$).

**Frage 6.2.** *Welche Bedeutung könnte man der zuweilen in Lehrbüchern auftauchenden „partiellen Lebensdauer" $\tau_i = 1/\lambda_i$ zuschreiben?*

[7] das auswendig bekannt sein sollte

**Antwort 6.2.** *$\tau_i$ wäre die Lebensdauer, wenn es nur diesen einen Zerfallsweg Nr. i gäbe. Bei mehreren konkurrierenden Möglichkeiten hat ein $\tau_i$ also nichts mit dem beobachtbaren zeitlichen Verlauf zu tun. (Allenfalls über $\tau^{-1} = \sum_i \tau_i^{-1}$.)*

## 6.1.2 Der metastabile Zustand und seine Lebensdauer: Die Goldene Regel

**Exponentielles Abfallen: Verletzung der Kausalität.** Exponentielles Abfallen an sich ist keine Seltenheit in der Natur. Man denke nur an die Kondensatorentladung im RC-Glied und analog die anderen makroskopischen *Relaxations*-Vorgänge (Temperaturausgleich, ..., das Leerlaufen der Badewanne). Es muss nur die Abnahmerate proportional zu einer Antriebskraft sein, die ihrerseits proportional zur gerade vorhandenen Restmenge ist. Zur atomistischen Deutung gehört aber die Vorstellung, dass die einzelnen „*radioactive systems*" sich ganz unabhängig voneinander und von einer äußeren Antriebskraft entweder umwandeln oder (noch) nicht. Denn von bekannten äußeren Einflüssen (wie Hitze, Druck, Aggregatzustand, chemische Verbindung, Säurebad, Lauge, ...), die sich ja auch auf die Wechselwirkungen der Atome untereinander auswirken müssen, ließ sich die Aktivität (einer chemisch reinen Strahlenquelle) überhaupt nicht beeinflussen.[8] Dies hatte übrigens als erste Marie Curie schon früh zu der Hypothese geführt, dass Radioaktivität eine Eigenschaft der *einzelnen* Atome sein müsse, nicht ihrer Verbindungen.

Die Umwandlung jedes einzelnen Kerns erfolgt offenbar ohne äußeren Anstoß, und lässt *im Mittel* die Zeit $\tau = 1/\lambda$ auf sich warten (Gl. (6.7)). Dann sind folgende zwei einfache Eigenschaften jeder e-Funktion aber interpretationsbedürftig:

- Wann wandeln sich in einer Probe die meisten Kerne um (d. h. mit der höchsten Rate)?
  Antwort: bei $t = 0$ (nicht erst z. B. nach der mittleren Wartezeit $\tau$)!
- Welche mittlere Wartezeit haben diejenigen Kerne noch vor sich, die sich von $t = 0$ bis $t = t_1$ noch nicht umgewandelt haben?
  Antwort: Immer noch die gleiche wie am Anfang, $\tau = 1/\lambda$, denn das weitere Verhalten folgt dem gleichen Exponentialgesetz: $N(t_1 + t) = N_0 \mathrm{e}^{-\lambda(t_1+t)} = N(t_1)\mathrm{e}^{-\lambda t}$. An den überlebenden Kernen ist also kein Altern festzustellen, die Wartezeit $t_1$ (wie lang auch immer) ist spurlos an ihnen vorbei gegangen.
  Gleiches gilt zwar auch für die jeweiligen Restmengen an Ladung, Wasserstand, Wärmeinhalt etc. bei den erwähnten alltäglichen Relaxationsvorgängen mit exponentiellem Verlauf, ist dort aber leicht erklärt: Die ganze gerade noch vorhandene Restmenge selber erzeugt ja erst (durch Spannung, Druck, Temperaturdifferenz ...) die zu ihr proportionale Abnahmerate, so dass ein pro Zeiteinheit immer gleich bleibender Bruchteil von ihr abgebaut wird.

Egal wie lange man bei einem radioaktiven Kern schon auf die Umwandlung gewartet hat: Wenn er sich noch nicht umgewandelt hat, ist die Länge der weiteren

[8] Abgesehen von den Fällen, wo sie auf einer 2-Teilchen-Reaktion beruht, wie sie als *Elektronen-Einfang* erst viel später entdeckt wurde – siehe Abschn. 6.5.10.

Wartezeit konstant genau so hoch zu veranschlagen wie schon ganz zu Beginn. An allen makroskopischen Körpern kennt man hingegen Anzeichen eines inneren Alterungsprozesses.[9] Es gibt in den Kernen der Radionuklide aber offenbar keinen Mechanismus, der nach Ablauf einer vorbestimmten Zeit die Strahlung auslöst oder auch nur die Wahrscheinlichkeit dafür erhöht. Unter der Annahme isolierter Systeme ohne gegenseitige Beeinflussung ist das ein für die klassische Physik unlösbares Rätsel, wie einer ihrer großen Meister, Lord Kelvin, kurz vor seinem Tod (1907) an J.J.Thomson schrieb: „Worin könnten in einem Radium-Präparat denn die Atome, die reif zur Strahlung sind, sich von denen unterscheiden, die noch Jahrtausende vor sich haben?“ Nicht zuletzt deshalb wurde zehn Jahre lang intensiv geprüft, ob Radioaktivität nicht doch ein kollektives Phänomen sein könnte, das sich dann aber auch durch äußere Faktoren beeinflussen lassen müsste. Dass diese Suche ergebnislos blieb, stellte die in der exakten Wissenschaft bisher als grundlegend angesehene Kausalität in Frage. Insbesondere widersprach dieser Befund direkt dem Determinismus, nach dem sich zu jedem Vorgang eine bestimmte, zu diesem Zeitpunkt wirksame Ursache finden lässt.[10]

**Umwandlungs-Wahrscheinlichkeit.** Zur Interpretation braucht man den Begriff der Wahrscheinlichkeit: Wenn wir $N_0$ Kerne in der Probe haben und während der Beobachtungszeit $\Delta t$ gerade $\Delta N$ Umwandlungen feststellen, für die wir im einzelnen keine näheren Gründe angeben können (insbesondere nicht, welche Kerne es treffen wird und welche nicht), dann kann

$$W = \frac{\Delta N}{N_0} \tag{6.10}$$

nur als Maß für die *Umwandlungs-Wahrscheinlichkeit* für jeden einzelnen der $N_0$ Kerne angesehen werden.

Für kleine $\Delta t$ (klein wogegen? $\Delta t \ll \tau \equiv 1/\lambda$.) sagen nach Gl. (6.4) die Experimente: $\frac{\Delta N}{N_0} = \lambda \Delta t$. Die Umwandlungs-Wahrscheinlichkeit pro Zeiteinheit oder *Übergangsrate* ist also $W/\Delta t = \lambda$, und dies ist eine konstant bleibende Größe (nicht z. B. maximal bei $t = 0$ oder nach der mittleren Lebensdauer $\tau$).

Über 25 Jahre hielt man das Phänomen der konstanten Übergangsrate für eines der besonders schwierigen Rätsel der modernen Physik und schob es ohne Aussicht auf Lösung vor sich her. Es schien ja auf die Radioaktivität beschränkt zu sein. Zwischenzeitlich nahm nur Einstein 1917 diesen Ansatz versuchsweise einmal auf, um ihn mit den nicht weniger rätselhaften Bohrschen Quantensprüngen der Elektronen in Atomen zu verbinden. Mit der Annahme, die Photonen der Wärmestrahlung (also z. B. auch das alltägliche Licht von Sonne und Glühlampe) seien von angeregten Atomen auf genau so rätselhafte Weise spontan und unvorhersagbar emittiert worden wie die Teilchen der radioaktiven Strahlung, gelang ihm eine verblüffende und bestechend einfache Interpretation der Planckschen Strahlungsformel (die wegen ihrer Wichtigkeit in Abschn. 6.4.6 und Kasten 9.1 (S. 386) ausführlich besprochen wird).

---

[9] vergleiche Gebrauchtwagen, Lebensalter etc.

[10] siehe z. B. [39]

**Quantenmechanische Erklärung.** Warum es eine konstant bleibende Übergangsrate überhaupt geben kann, erklärt erst die Quantenmechanik, genauer die Störungstheorie nach Paul Dirac (1926). Der zentrale Begriff ist hier der *Zustand*, insbesondere Eigenzustand eines „näherungsweise richtigen Hamilton-Operators“ bzw. „näherungsweiser Eigenzustand des wahren Hamilton-Operators“.

Zunächst grundsätzlich betrachtet: Stellen wir uns den wirklich endgültig vollständigen „wahren“ (und deshalb sicher zeitunabhängigen) Hamilton-Operator $\hat{\mathbf{H}}$ vor, und einen exakten Eigenzustand $\boldsymbol{\Psi}_E$ dazu:

$$\hat{\mathbf{H}}\boldsymbol{\Psi}_E = \mathbf{E}\boldsymbol{\Psi}_E \,.$$

Dieser hat eine scharf definierte Energie $\mathbf{E}$ – aber könnte sich nie spontan umwandeln, denn er ist nach der Schrödinger-Gleichung zeitlich unveränderlich (bis auf einen hierbei unerheblichen Phasenfaktor $e^{i(\mathbf{E}/\hbar)t}$):

$$\frac{\hbar}{\mathrm{i}}\frac{\partial}{\partial t}\boldsymbol{\Psi}_E = \hat{\mathbf{H}}\boldsymbol{\Psi}_E = \mathbf{E}\boldsymbol{\Psi}_E \,.$$

Da ein radioaktiver Kern (oder ein angeregter Atomzustand) sich aber irgendwann umwandeln wird, ist er in einem „*metastabilen*“ Zustand $\Psi_{\mathrm{ini}}$, der genau genommen mit einem solchen Eigenzustand zu $\hat{\mathbf{H}}$ nicht exakt übereinstimmen kann sondern nur näherungsweise.

> Erste Konsequenz: Der metastabile Anfangszustand $\Psi_{\mathrm{ini}}$ kann keine scharf definierte Energie besitzen, sondern muss eine Energie-Unschärfe $\Delta E$ zeigen. Das führt zur Energie-Zeit-Unschärferelation und zur natürlichen Linienbreite aller Strahlungen (siehe weiter unten).

Man findet aber diese metastabilen angeregten Zustände durch Quantisierungsregeln (vgl. Bohrsches Atommodell) oder als Eigenzustände eines Hamilton-Operators (vgl. Schrödinger-Gleichung für das H-Atom);[11] so ist die Quantenmechanik schließlich entdeckt worden. $\Psi_{\mathrm{ini}}$ ist also sicher Eigenzustand zu einem Hamilton-Operator, aber offenbar zu einem, der nicht ganz mit $\hat{\mathbf{H}}$ übereinstimmt sondern nur näherungsweise richtig ist. Er wird der „ungestörte Hamilton-Operator“ $\hat{H}_0$ genannt und erfüllt mit $\Psi_{\mathrm{ini}}$ die Eigenwertgleichung

$$\hat{H}_0 \left|\Psi^0_{\mathrm{ini}}\right\rangle = E^0_{\mathrm{ini}} \left|\Psi^0_{\mathrm{ini}}\right\rangle .$$

(Oberer Index an $\Psi^0$ zur Kennzeichnung von $\Psi_{\mathrm{ini}}$ als $\hat{H}_0$-Eigenzustand.)

[11] Der Hamilton-Operator der einfachsten Schrödinger-Gleichung für das Wasserstoff-Atom: $\hat{H}_0 = \hat{p}^2/(2m) + V(r)$. Seine Eigenzustände sind die bekannten Atom-Orbitale, seine Eigenwerte die Energien der entsprechenden Bohrschen Bahnen. Solange die Schrödinger-Gleichung mit $\hat{H}_0$ gilt, wären die Orbitale stabil. Der Zusatzterm $\hat{H}_{\mathrm{WW}}$, der alle außer dem Grundzustand instabil macht, indem er die Emission eines Photons erlaubt, wird in Abschn. 9.5 näher vorgestellt.

Die Differenz $\hat{H}_{\mathrm{WW}} = \hat{\mathbf{H}} - \hat{H}_0$ ist ein „Störoperator". Auch wenn wir ihn gar nicht kennen, steht fest, dass er mit $\hat{H}_0$ nicht vertauschbar ist.[12] Als grundsätzliche Folge können wir benennen:

> Zweite Konsequenz: Nach der Schrödinger-Gleichung mit dem vollständigen Operator $\hat{\mathbf{H}} = \hat{H}_0 + \hat{H}_{\mathrm{WW}}$:
>
> $$\frac{\hbar}{\mathrm{i}}\frac{\partial}{\partial t}\left|\Psi_{\mathrm{ini}}^0\right\rangle = \left(\hat{H}_0 + \hat{H}_{\mathrm{WW}}\right)\left|\Psi_{\mathrm{ini}}^0\right\rangle = E_{\mathrm{ini}}^0\left|\Psi_{\mathrm{ini}}^0\right\rangle + \hat{H}_{\mathrm{WW}}\left|\Psi_{\mathrm{ini}}^0\right\rangle$$
>
> fügt die Störung $\hat{H}_{\mathrm{WW}}$ dem Anfangszustand $\Psi_{\mathrm{ini}}$ ständig andere (orthogonale) Beimischungen hinzu.

Wir schreiben diese Beimischungen $\hat{H}_{\mathrm{WW}}|\Psi_{\mathrm{ini}}\rangle$ formal als Linearkombinationen[13] aller $\hat{H}_0$-Eigenzustände $\Psi_i^0$. Von diesen kommt erst einmal *jeder* als beobachtbarer Endzustand $\Psi_{\mathrm{fin}}$ in Frage, wobei die jeweilige Wahrscheinlichkeit durch das Betragsquadrat der Beimischungs-Amplitude bestimmt wird.[14]

Für die zeitliche Entwicklung ergibt die *zeitabhängige Störungsrechnung 1. Ordnung* (mit zeitunabhängigem Störoperator $\hat{H}_{\mathrm{WW}}$) von Dirac eine Formel, nach der die Amplitude für diejenigen $\Psi_i^0$ ($\neq \Psi_{\mathrm{ini}}^0$) besonders stark anwächst, die dieselbe („ungestörte") Energie $E_i^0 = E_{\mathrm{ini}}^0$ haben (sich in „Resonanz" zum Anfangszustand befinden), auch wenn möglicherweise ihre Gestalt ganz anders ist als der Ausgangszustand. Im Fall möglicher Emission müssen durch die Störung $\hat{H}_{\mathrm{WW}}$ z. B. solche Zustände beigemischt werden, wo ein $\alpha$-Teilchen vom Restkern (oder ein Photon vom Atom etc.) davon fliegt, bei gleicher Gesamtenergie $E_{\mathrm{ini}}^0$. Der betrachtete Endzustand $|\Psi_{\mathrm{fin}}\rangle$ ist also nicht nur der des Tochterkerns bzw. abgeregten Atoms, vielmehr gehört das $\alpha$-Teilchen bzw. Photon mit dazu. An der mit zunehmender Zeit anwachsenden Amplitude (im Quadrat) lässt sich nach der von Max Born 1927 gegebenen Deutung der Quantenmechanik (Nobelpreis 1954) die Wahrscheinlichkeit ablesen, dass die Umwandlung („die Emission", „der Übergang", der „Zerfall", der „Quantensprung") stattgefunden hat.

**Goldene Regel.** So entsteht die „Goldene Regel" – von Wolfgang Pauli 1926 zuerst aufgestellt, aber von Enrico Fermi 1940 so getauft (und deshalb wohl für immer als „Fermis Goldene Regel" zitiert). Eine der wichtigsten Formeln der ganzen Quantentheorie: Wie lange lassen Quantensprünge zwischen $|\Psi_{\mathrm{ini}}\rangle$ und $|\Psi_{\mathrm{fin}}\rangle$, zwei ver-

---

[12] Ab hier wird eine Vertrautheit mit der Quantenmechanik vorausgesetzt, die die folgende Erklärung der Vertauschbarkeit überflüssig machen sollte: Operatoren $\hat{A}$ und $\hat{B}$ heißen vertauschbar, wenn der *Kommutator* $[\hat{A},\hat{B}] \equiv \hat{A}\hat{B} - \hat{B}\hat{A} = 0$. Nur für vertauschbare Operatoren bilden die gemeinsamen Eigenzustände eine *vollständige* Basis des Zustandsraums.

[13] Die Bedeutung einer Linearkombination mehrerer Größen $a_i$ ist immer die Bildung einer Summe $\sum_i \alpha_i a_i$, worin jedes $\alpha_i$ die (reelle oder komplexe) Amplitude angibt, mit der das $a_i$ in der Summe mitwirkt. Ist mit dem Index $i$ eine kontinuierliche Variable gemeint, muss für die Berechnung die Summe durch eine Integration über $i$ ersetzt werden.

[14] Genau so die Erzeugung der Streuwelle in der quantenmechanischen Behandlung der Streuung in Abschn. 5.1.

schiedenen unter $\hat{H}_0$ stationären Zuständen[15] auf sich warten? Die Antwort ist eine *Übergangswahrscheinlichkeit pro Zeiteinheit*, gerade wie die Zerfallskonstante $\lambda$, und daher sofort zum beobachteten exponentiellen Zerfallsgesetz passend.

Diese Formel wird hier schon einmal vorgestellt:[16]

$$\textbf{Fermis Goldene Regel:} \quad \lambda = \frac{2\pi}{\hbar}|M_{\mathrm{fi}}|^2 \rho_E \,. \tag{6.11}$$

Sie enthält im wesentlichen zwei Faktoren:

- Das *Matrixelement* $M_{\mathrm{fi}} = \langle\Psi_{\mathrm{fin}}|\hat{H}_{\mathrm{WW}}|\Psi_{\mathrm{ini}}\rangle$ gibt an, ob und wie stark der Störoperator $\hat{H}_{\mathrm{WW}}$ den abgefragten Endzustand $\Psi_{\mathrm{fin}}$ überhaupt aus dem Anfangszustand $\Psi_{\mathrm{ini}}$ hervorbringen kann.
- Die *Phasenraum-* oder *Zustands-Dichte* $\rho_E = \mathrm{d}N/\mathrm{d}E$ gibt an, wie viele solcher Endzustände ($\mathrm{d}N$) denn (pro Energieeinheit $\mathrm{d}E$) unter der Nebenbedingung von Energie- und Impuls-Erhaltung überhaupt existieren. (Man beachte, dass wegen des wegfliegenden freien Teilchens die Gesamtenergie an sich kontinuierlich variieren kann. Bei der Herleitung der Goldenen Regel muss man auch die Zusatz-Annahme machen, dass das Matrixelement für alle diese Endzustände gleich ist.)

***Spontaner* Quantensprung oder *Re*-Aktion?** Diese Frage könnte nach einem recht prinzipiellen Unterschied klingen, weil „spontan“ gerade das Verhalten bezeichnet, das nicht als „Re“-Aktion durch eine vorangehende Aktion hervorgerufen wurde. Doch die Goldene Regel gilt für beides! Damit bietet die Quantenmechanik das Werkzeug, mit dem man *Lebensdauer* (eines bestimmten metastabilen Systems) und *Wirkungsquerschnitt* (für eine Reaktion, in der dieses System entstehen könnte), begrifflich und dann auch zahlenmäßig aufeinander beziehen kann. So verschieden die zugehörigen Experimente aussehen mögen, theoretisch haben die Messergebnisse eine wesentliche physikalische Größe gemeinsam und lassen sich darüber ineinander umrechnen. Diese gemeinsame Größe ist das Matrix-Element $M_{\mathrm{fi}}$ des Hamilton-Operators.

Die Gleichung, um einen Wirkungsquerschnitt $\Delta\sigma$ [Fläche] und eine Übergangsrate $\lambda$ [1/Zeit] ineinander umzurechnen, ist denkbar einfach und ergibt sich schon aus einer Dimensionsbetrachtung: Welche Größe der Dimension [Fläche]·[Zeit] gibt es hier, die als Umrechnungsfaktor erscheinen könnte? Es ist ganz einfach die Stromdichte $\vec{j} = n\vec{v}$ der einlaufenden Teilchen (räumliche Dichte $n$, Geschwindigkeit $v$, Dimension $[\text{Fläche}]^{-1}\cdot[\text{Zeit}]^{-1}$, Einheit $\mathrm{m}^{-2}\,\mathrm{s}^{-1}$). Die ganze Gleichung heißt:

$$\sigma = \frac{1}{j}\lambda \,. \tag{6.12}$$

Diese Gleichung hat entscheidend dazu beigetragen, ganz unterschiedliche Beobachtungen aufeinander beziehen zu können und auf diese Weise den Opera-

[15] deren erster aber kein Eigenzustand von $\hat{\mathbf{H}} = \hat{H}_0 + \hat{H}_{\mathrm{WW}}$ und daher metastabil ist.

[16] Wir werden diese Formel nicht herleiten und auch später nicht richtig durchrechnen (man findet dies in jedem guten Lehrbuch zur Quantenmechanik). Wie überall in diesem Buch ist die Absicht, ein über das aktuelle Beispiel hinaus gehendes Verständnis für das Zustandekommen, die Bestandteile und die Auswirkungen grundlegender Formeln zu wecken.

tor $\hat{H}_{\mathrm{WW}}$ für die unbekannten Kräfte zwischen den Elementarteilchen zu erforschen.

Die genauere Begründung von Gl. (6.12), die nur in einem Punkt besondere Sorgfalt erfordert: Auch eine Reaktion (z. B. elastischer Stoß) ist ein Übergang von einem Anfangszustand in einen anderen Endzustand, also eine „Umwandlung". Die Zahl der Umwandlungen ($\Delta N$) im Experiment mit Teilchenstrahlen ergibt sich aus der Definition des Wirkungsquerschnitts $\sigma$ (Gl. (3.10)) zu $\Delta N = N_{\mathrm{Proj}}\sigma N_{\mathrm{Targ}}/F$, wenn $N_{\mathrm{Proj}}$ Projektile gleichmäßig auf eine Fläche $F$ fallen, in der $N_{\mathrm{Targ}}$ Targets (die Streuzentren, allgemeiner: die Reaktionspartner) verteilt sind. In den Worten des anderen Experiments ergibt sich die gleiche Zahl aus $\Delta N = N_{\mathrm{Proj}}\lambda\Delta t$ mit der Übergangsrate $\lambda$ des spontanen Zerfalls in genau dieselbe Kombination aus Projektil- und Target-Teilchen. Bevor wir die $\Delta N$ miteinander gleichsetzen, muss aber eine gemeinsame Bezugsgröße beider Betrachtungsweisen hergestellt werden. Die Übergangsrate $\lambda = 1/\tau$ des Zerfalls-Experiments bezieht sich auf die inverse Lebensdauer des Zustands, der nach seinem Zerfall genau aus 1 Target und 1 Projektil des diesen Zustand erzeugenden Reaktions-Experiments bestehen würde.[17] Es ist also $N_{\mathrm{Proj}} = N_{\mathrm{Targ}} = 1$ einzusetzen. Dann folgt $\Delta N = \sigma/F = \lambda\Delta t$, also $\sigma = (F\Delta t)\lambda$. Das etwas unanschauliche Produkt $F\Delta t$ kann ersetzt werden durch $1/j$, denn mit der räumlichen Dichte und Geschwindigkeit der Projektile ergibt sich deren Gesamtzahl aus $N_{\mathrm{Proj}} = n\cdot\mathrm{Volumen} = n\cdot(v\Delta t)F = j\cdot(F\Delta t)$. Hier gilt $N_{\mathrm{Proj}} = 1$, es folgt Gl. (6.12).[18]

Einen Spezialfall haben wir schon in der wellenmechanischen Formel für den elastischen Streu-Wirkungsquerschnitt ($\mathrm{d}\sigma/\mathrm{d}\Omega$, Gl. (5.9)) gesehen. Das Absolutquadrat des Matrixelements ist dort leicht zu erkennen.

**Energie-Zeit-Unschärfe.** Auch die oben erwähnte Energie-Unschärfe $\Delta E$, die der Anfangszustand $|\Psi_{\mathrm{ini}}\rangle$ genau genommen haben muss, damit er kein wirklicher Energie-Eigenzustand ist und deshalb überhaupt Anfangszustand eines *Prozesses* sein kann, lässt sich mit der Störungstheorie ausrechnen. Man drückt dazu den $\hat{H}_0$-Eigenzustand $|\Psi_{\mathrm{ini}}\rangle$ durch die „wahren" Energie-Eigenzustände $\boldsymbol{\Psi_E}$ zum Hamilton-Operator $\hat{\mathbf{H}} = \hat{H}_0 + \hat{H}_{\mathrm{WW}}$

$$(\hat{H}_0 + \hat{H}_{\mathrm{WW}})\ |\boldsymbol{\Psi_E}\rangle = \mathbf{E}\,|\boldsymbol{\Psi_E}\rangle$$

aus, d. h. man überlagert in Form einer geeigneten Linearkombination Zustände $\boldsymbol{\Psi_E}$, die zu verschiedenen Eigenwerten $\mathbf{E}$ gehören. Deren Streubreite *ist* die gesuchte Energie-Unschärfe. Jedes $\boldsymbol{\Psi_E}$ besteht im hier interessierenden Fall immer

[17] Für Zerfälle in mehr Teilchen gilt die Formel grundsätzlich auch, allerdings in komplizierterer Gestalt.

[18] Rechnet man aus Gl. (6.12) die Übergangsrate $\lambda$ und daraus $\tau = 1/\lambda$ aus, erhält man nicht unbedingt die messbare Lebensdauer, sondern die, die der in der Reaktion erzeugte metastabile Zustand hätte, wenn er nur rückwärts über dieselbe Reaktion zerfallen könnte (also eine sog. *partielle Lebensdauer*, die aber entgegen der sprachlich möglichen Assoziation nicht kürzer, sondern länger ist als die wirkliche Lebensdauer, siehe Frage 6.2 auf S. 161).

aus $\Psi_{\text{ini}}$ und weiteren Komponenten in Form einer ein- und einer auslaufenden Welle, deren Amplituden und Phasen so aufeinander abgestimmt sind, dass sie sich gegenseitig genau stabilisieren und zusammen einen zeitunabhängigen Zustand ergeben:

$$|\boldsymbol{\Psi}_{\boldsymbol{E}}\rangle = |\Psi_{\text{ini}}\rangle + \text{ein- und auslaufende Welle}\,.$$

Dabei variiert die Wellenlänge und vor allem die Phase je nach genauem Energieeigenwert[19] **E**. Der Zustand $\Psi_{\text{ini}}$ allein, d. h. *vor* der Emission, ist eine so geformte Linearkombination dieser $\boldsymbol{\Psi}_{\boldsymbol{E}}$, dass deren Wellen im Außenraum sich miteinander insgesamt auslöschen. Dazu müssen sie (z. B. bei fast gleicher Wellenlänge) in allen Phasen von 0 bis $2\pi$ vorkommen, weshalb der Bereich der beteiligten **E** eine gewisse Mindestbreite haben muss. Daher die Energie-Unschärfe von $\Psi_{\text{ini}}$.

Wenn die Störung klein ist und schon die 1. Näherung dieser **zeitunabhängigen Störungstheorie** ausreicht, braucht man für diese Darstellung von $\Psi_{\text{ini}}$ nur Energie-Eigenzustände $\boldsymbol{\Psi}_{\boldsymbol{E}}$ mit Energien **E** aus einem schmalen Bereich um $E^0_{\text{ini}}$.[20] Die Amplituden, mit denen sie überlagert werden, sind dann durch

$$\frac{\langle \boldsymbol{\Psi}_{\boldsymbol{E}}\,|\,\hat{H}_{\text{WW}}|\Psi_{\text{ini}}\rangle}{\mathbf{E} - E^0_{\text{ini}}} \tag{6.13}$$

gegeben. Sie nehmen mit zunehmendem Energieabstand rasch ab, proportional zur reziproken Energiedifferenz, $(\mathbf{E} - E^0_{\text{ini}})^{-1}$. Die Abnahme der *Quadrate* der Koeffizienten nach außen hin ist also quadratisch, d. h. in der Form einer Lorentz- oder Resonanz-Kurve.[21]

Außerdem ist die Amplitude proportional zum Matrixelement $\langle \boldsymbol{\Psi}_{\boldsymbol{E}}\,|\,\hat{H}_{\text{WW}}|\Psi_{\text{ini}}\rangle$ des Störoperators. Es kommen also nur die Zustände zur Überlagerung, die aus $\Psi_{\text{ini}}$ durch die Störung direkt hervorgehen können. Darin sieht man wieder das Prinzip der 1. Näherung: Man berechne den Effekt mit Hilfe der ungestörten Zustände (siehe Kasten auf S. 36).

Für die Halbwertsbreite der so berechneten Energie-Unschärfe – auch „Niveau-Breite" genannt – gilt einfach:

$$\Delta E = \hbar\lambda \quad \text{oder} \quad \Delta E\tau = \hbar \quad \text{oder} \quad \Delta E\tau\, c = \hbar c \approx 200\,\text{MeV fm}\,. \tag{6.14}$$

Dies ist eine der Formen der Energie-Zeit-Unschärferelation. Man beachte, dass es in diesem Fall eine Gleichung ist, nicht eine Ungleichung wie z. B. bei der Ort-Impuls-Unschärferelation $\Delta x \Delta p_x \geq \hbar/2$. Nur wenn der Zustand $|\Psi_{\text{ini}}\rangle$ eine unendliche Lebensdauer hätte, könnte er die Niveau-Breite Null haben. Das wäre dann ein stabiler Zustand, also Eigenzustand zu $\hat{\mathbf{H}} = \hat{H}_0 + \hat{H}_{\text{WW}}$, wie z. B. für die Grundzustände der Kerne (oder Atome) gewöhnlich angesetzt wird. Wenn ein angeregtes Niveau beim Übergang in den Grundzustand Strahlung emittiert, zeigt sich seine

[19] Die Eigenwerte **E** bilden hier immer ein kontinuierliches Spektrum. Die Überlagerung ist daher genau genommen nicht durch eine Summe, sondern durch ein Integral darzustellen.

[20] Genauer: um den Energie-Erwartungswert $\langle E_{\text{ini}}\rangle = \langle \Psi_{\text{ini}}|\,\hat{\mathbf{H}}\,|\Psi_{\text{ini}}\rangle$.

[21] Die Ähnlichkeit zur Resonanzkurve einer erzwungenen Schwingung ist kein Zufall.

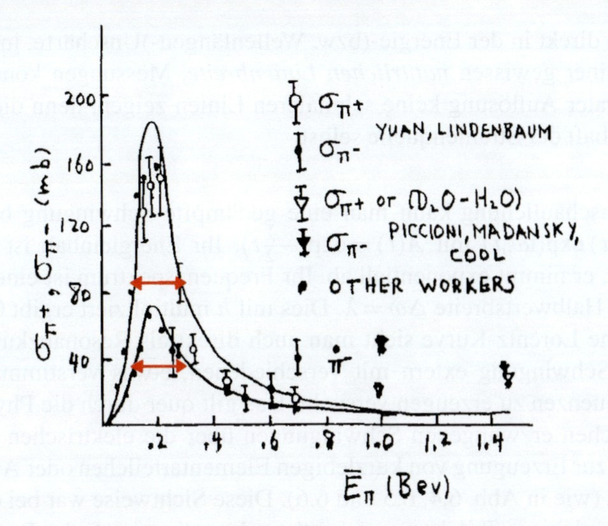


**Abb. 6.4** Die erste Beobachtung der natürlichen Linienbreite bei Bildung und Zerfall eines neuen Elementarteilchens: die $\Delta$-Resonanz des Nukleons, hier gebildet bei Streuung von Pionen an Protonen (Handskizze für einen Konferenzvortrag 1954). Die Halbwertsbreite bei $\pi^-$ und $\pi^+$ (*rote Pfeile* nicht im Original) ist übereinstimmend 200 MeV, die Lebensdauer des Resonanz-Teilchens entsprechend $\tau = 3 \cdot 10^{-24}$ s. (Abbildung nach [48])

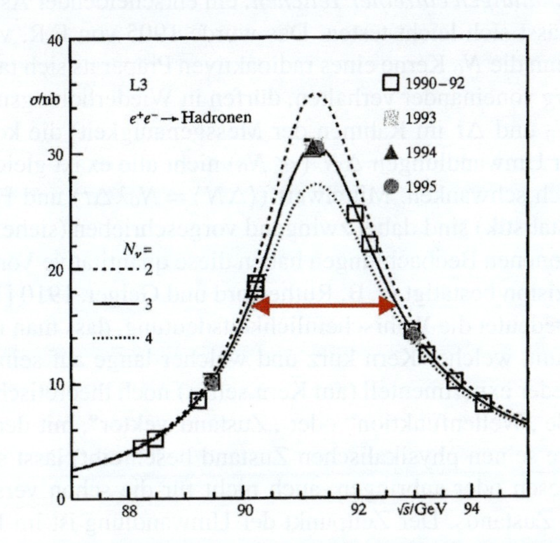


**Abb. 6.5** Natürliche Linienbreite bei Bildung und Zerfall des $Z^0$, mit 91 GeV Ruhemasse eins der schwersten bisher gefundenen Elementarteilchen. (Abbildung nach [24]).
Die Halbwertsbreite (*roter Pfeil*) dieser Resonanzkurve ist 2,2 GeV, die Lebensdauer entsprechend $\tau = 3 \cdot 10^{-25}$ s.
(Die *mittlere* der drei eingezeichneten Kurven ist die Vorhersage des Standard-Modells der Elementarteilchen für genau $N_\nu = 3$ verschiedene Familien von Leptonen – siehe Kap. 10, 12 und Abschn. 14.2)

Niveaubreite direkt in der Energie-(bzw. Wellenlängen-)Unschärfe, im Spektrometer also an einer gewissen *natürlichen Linienbreite*. Messungen können auch bei bester spektraler Auflösung keine schmaleren Linien zeigen, denn diese Breite ist eine Eigenschaft der Strahlenquelle selbst.

Zur Veranschaulichung kann man eine gedämpfte Schwingung betrachten: $a(t) = A(t)\exp(i\omega_0 t)$ mit $A(t) = \exp(-\frac{\lambda}{2}t)$. Ihr Energieinhalt ist $|A(t)|^2 = \exp(-\lambda t)$, er nimmt exponentiell ab. Ihr Frequenzspektrum ist eine Lorentzkurve mit Halbwertsbreite $\Delta\omega = \lambda$. Dies mit $\hbar$ multipliziert ergibt Gl. (6.14). Die gleiche Lorentz-Kurve sieht man auch direkt als Resonanzkurve, wenn man die Schwingung extern mit verschiedenen, etwas verstimmten Anregungsfrequenzen zu erzeugen versucht. Das gilt quer durch die Physik – von mechanischen erzwungenen Schwingungen über die elektrischen Schwingkreise bis zur Erzeugung von kurzlebigen Elementarteilchen oder Anregungszuständen (wie in Abb. 6.4, 6.5 und 6.6). Diese Sichtweise war bei der Erforschung kurzlebiger Teilchen so fruchtbar, dass diese einfach „Resonanzen" genannt wurden (weiteres siehe Kap. 11 – Teilchen-Zoo).

**Lässt sich die Wahrscheinlichkeitsdeutung überprüfen?** Die Hypothese *unabhängiger Umwandlungen einzelner Teilchen*, ein entscheidender Aspekt der ganzen Interpretation, lässt sich leicht testen. Das wurde 1905 von E.R. v. Schweidler erkannt [174]: Wenn die $N_0$ Kerne eines radioaktiven Präparats sich tatsächlich *statistisch unabhängig* voneinander verhalten, dürfen in Wiederholungsmessungen (d. h. mit gleichem $N_0$ und $\Delta t$ im Rahmen der Messgenauigkeit) die konkret beobachteten Zahlen der Umwandlungen $\Delta N$ ($\ll N_0$) nicht alle exakt gleich sein, sondern *müssen* statistisch schwanken. Mittelwert ($\langle\Delta N\rangle = N_0\lambda\Delta t$) und Form der Verteilung (Poisson-Statistik) sind dabei zwingend vorgeschrieben (siehe Abschn. 6.1.5). Die sofort begonnenen Beobachtungen haben diese quantitative Voraussage mit zunehmender Präzision bestätigt (z. B. Rutherford und Geiger, 1910 [160]).

Umgekehrt bedeutet die Wahrscheinlichkeitsdeutung, dass man nicht im vorhinein festlegen kann, welcher Kern kurz und welcher lange auf seine Umwandlung warten wird. Weder experimentell (am Kern selbst) noch theoretisch (an der mathematischen Größe „Wellenfunktion" oder „Zustandsvektor", mit der man seit Ende der 1920er Jahre seinen physikalischen Zustand beschreibt) lässt sich eine solche Markierung ablesen oder anbringen, auch nicht für die schon verstrichene Zeit – das „Alter" des Zustands. Der Zeitpunkt der Umwandlung ist im Einzelnen überhaupt nicht vorherzusagen und liegt (wenn er nicht schon vorbei ist) in jedem Moment im Mittel um die Zeit $\tau = 1/\lambda$ in der Zukunft. Was bleibt, ist die Möglichkeit, die Wahrscheinlichkeit für eine Umwandlung während des nächsten Beobachtungs-Zeitfensters $\Delta t$ zu berechnen:

$$W = 1 - e^{-\lambda\Delta t} \quad [\approx \lambda\Delta t, \text{ wenn } \lambda\,\Delta t \ll 1]\,. \tag{6.15}$$

Daraus ergibt sich die zu erwartende Zahl von Umwandlungen $\Delta N = WN_0$, immer mit einem Parameter $\lambda$, der selber auch nicht von $t$, $\Delta t$ oder $N$ abhängen darf.

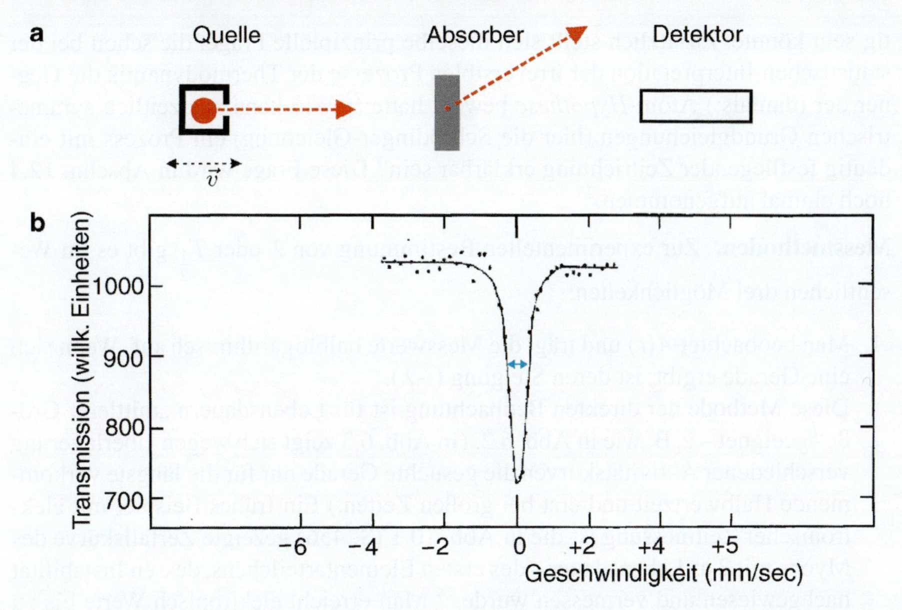


**Abb. 6.6** Natürliche Linienbreite des angeregten Kern-Zustands $^{57}$Fe (14,4 keV), sichtbar im Mössbauer-Effekt: (a) Die in der Quelle emittierten $\gamma$-Quanten aus angeregten $^{57}$Fe-Kernen werden in Frequenz bzw. Energie durch den Dopplereffekt relativ um $v/c$ verstimmt, wenn die Quelle mit Geschwindigkeit $v$ bewegt wird. Ein gleicher Kern $^{57}$Fe im Absorber (*roter Punkt*) wird nur durch Quanten mit genau der richtigen Energie ($v = 0$) resonant angeregt. Sie werden absorbiert und dann wieder emittiert (Lebensdauer des Niveaus 142 ns) – meist nicht gerade in der ursprünglichen Richtung zum Detektor (*roter Pfeil*). (b) Die Zählrate im Detektor hat deshalb bei $v = 0$ ein Minimum, im Bild 70% des Wertes außerhalb der Resonanz. Eine Bewegung mit $v \cong \pm$*einige zehntel* mm/s (eher ein „Kriechen") genügt für eine völlige Verstimmung beider Frequenzen. Der *blaue Pfeil* entspricht der Halbwertsbreite $\Delta v/c \approx 10^{-12}$. Davon wird ein Drittel von der natürlichen Linienbreite verursacht, die einer Energieunschärfe des Niveaus von $\Delta E = 7 \cdot 10^{-9}$ eV entspricht. Die zusätzliche beobachtete Verbreiterung geht auf kleinste Störfelder durch die Nachbaratome und kleinste mechanische Erschütterungen während der Messung zurück. (Abbildung nach [108])

### 6.1.3 Messung von Halbwertzeiten und Gültigkeit des Zerfallsgesetzes

**Gültigkeit.** Neben der statistischen Interpretation wurde auch der exponentielle Verlauf des Zerfalls intensiv überprüft. Rutherford verfolgte 1911 am Radioisotop $^{222}$Rn (Edelgas Radon, $T_{\frac{1}{2}} = 3{,}8$ Tage) die Abnahme der Aktivität und fand über einen Zeitraum von 70 Tagen ($\approx 27 T_{\frac{1}{2}}$) die Exponentialfunktion bestätigt (nach [196]). Doch auch nachdem die oben beschriebene quantenmechanische Deutung 1927 gefunden war, wurde weiter nach Abweichungen gesucht, denn für die Herleitung der Goldenen Regel war ja nur eine einfache störungstheoretische Näherung benutzt worden, die strengeren mathematischen Methoden zufolge nur für mittlere Zeiten (d. h. weder *sehr* klein noch *sehr* groß gemessen an der Lebensdauer) gültig sein könnte. Zusätzlich stellt sich dieselbe prinzipielle Frage, die schon bei der statistischen Interpretation der irreversiblen Prozesse der Thermodynamik die Gegner der (damals:) Atom-*Hypothese* bewegt hatte:[22] Wie kann aus zeitlich symmetrischen Grundgleichungen (hier die Schrödinger-Gleichung) ein Prozess mit eindeutig festliegender Zeitrichtung erklärbar sein? Diese Frage wird in Abschn. 12.4 noch einmal aufgenommen.[23]

**Messmethoden.** Zur experimentellen Bestimmung von $\lambda$ oder $T_{\frac{1}{2}}$ gibt es im Wesentlichen drei Möglichkeiten:

1. Man beobachtet $A(t)$ und trägt die Messwerte halblogarithmisch auf. Wenn sich eine Gerade ergibt, ist deren Steigung $(-\lambda)$.
   Diese Methode der direkten Beobachtung ist für Lebensdauern „mittlerer Größe" geeignet – z. B. wie in Abb. 6.2. (In Abb. 6.3 zeigt sich wegen Überlagerung verschiedener Aktivitätskurven die gesuchte Gerade nur für die längste vorkommende Halbwertzeit und erst bei großen Zeiten.) Ein frühes Beispiel mit elektronischer Zeitmessung ist die in Abb. 10.1 (S. 456) gezeigte Zerfallskurve des Myons mit 2 μs Lebensdauer – des ersten Elementarteilchens, dessen Instabilität nachgewiesen und vermessen wurde.[24] Man erreicht elektronisch Werte bis zu ns ($= 10^{-9}$ s) herunter.
2. Man misst $A$ und $N$ getrennt. Dann ist $\lambda = A/N$.
   Als Beispiel die folgende

   **Frage 6.3.** *Wie bestimmt man aus den Daten von Gl. (6.5) die Halbwertzeit von Ra-226?*

   **Antwort 6.3.** *In* 1 kg ($= 1/226$ kmol) $^{226}$Ra *machen* $N = N_A/226$ *Atome eine Aktivität*

$$A = 10^3 \text{ „Curie"} = 37 \cdot 10^3 \text{ GBq}$$
$$\Rightarrow \lambda = A/N = 37 \cdot 10^{12}\,\text{s}^{-1}/(6 \cdot 10^{26}/226) = 1{,}4 \cdot 10^{-11}\,\text{s}^{-1}$$
$$\Rightarrow T_{\frac{1}{2}} = \ln 2/\lambda \approx 5 \cdot 10^{10}\,\text{s} \approx 1\,600\,\text{Jahre}\,.$$

   So werden auch extrem große Halbwertzeiten messbar, wobei die Schwierigkeit darin besteht, an der dazu notwendigerweise großen Substanzmenge (mit viel

---

[22] Siehe den Streit Boltzmann/Mach in Abschn. 1.1.1, auf S. 12.

[23] Dort geht es um die Verletzung der Zeitumkehr-Symmetrie, die bei Prozessen der Schwachen Wechselwirkung 1964 doch entdeckt wurde. Insbesondere siehe Frage 12.6 auf S. 561.

[24] Statt der Messung der Aktivität $A(t)$ eines einmal (bei $t = 0$) hergestellten Präparats mit $N_0$ metastabilen Teilchen handelt es sich hier um die Aufnahme der statistischen Verteilung der einzelnen Zeitdifferenzen zwischen ihrer (zufälligen) Entstehung und nachfolgenden Umwandlung, genannt *Methode der verzögerten Koinzidenzen* (näheres siehe Abschn. 10.3.1). – Bewegt sich das betrachtete Teilchen genügend schnell, lässt sich die Zeit auch an seiner Flugstrecke ablesen; Abb. 11.4 (S. 493) zeigt ein Beispiel. Die kürzeste so beobachtete Lebensdauer ist etwa $10^{-16}$ s, was selbst nahe der Lichtgeschwindigkeit nicht einmal für 1 μm Flugstrecke reicht (siehe $\pi^0$-Meson, Abschn. 11.1.4).

Eigenabsorption der im Innern emittierten Strahlen) die Aktivität zu bestimmen. Nur im Fall der natürlichen Zerfallsreihen war das einfach, denn im ursprünglichen Mineral haben alle ihre Mitglieder gleich große Aktivität, also die leicht messbaren kurzlebigen die gleiche wie die schwer messbaren langlebigen (s. u. Radioaktives Gleichgewicht, Gl. (6.23)).

3. Man beobachtet die natürliche Linienbreite $\Delta E$ eines energieabhängigen Vorgangs (wie Emission, Absorption, Resonanz). Dann ergibt sich die Lebensdauer $\tau$ aus der Unschärfe-Relation Gl. (6.14).
   Beispiele hierfür (auch einmal aus hier noch weit entfernten Gebieten der Kern- und Elementarteilchenphysik, die in späteren Kapiteln näher besprochen werden):

- $\Delta$-Resonanz oder „angeregtes Nukleon" bei der Pion-Nukleon-Streuung, zu sehen in dem schmalen Maximum des Wirkungsquerschnitts in Abb. 6.4. Zu der dort beobachteten Breite $\Delta E = 200\,\text{MeV}$ gehört $\tau c = \hbar c/\Delta E = 1\,\text{fm}$ ($\sim 1$ Nukleon-Radius) oder die Lebensdauer $\tau = 1\,\text{fm}/(3\cdot 10^8\,\text{m/s}) = 3\cdot 10^{-24}\,\text{s}$.

  Die Spitze im Wirkungsquerschnitt zeigt die Bildung eines metastabilen Zwischenzustands an. Mit der gezeigten Messung von 1952 wurde klar, dass Nukleonen angeregte Zustände haben können und man so die Starke Wechselwirkung und die Struktur der Nukleonen näher erforschen könnte (weiteres in Abschn. 11.1.7).

- Zerfallsbreite des $Z^0$-Teilchens (siehe Abb. 6.5). Aus $\Delta E = 2{,}2\,\text{GeV}$ folgt $\tau = 3\cdot 10^{-25}\,\text{s}$ – das ist die kürzeste bisher bestimmte Lebensdauer.

  Die Übereinstimmung zwischen Messung und theoretischer Resonanz-Kurve belegt die Vermutung, dass es außer den heute bekannten $N_\nu = 3$ fundamentalen Familien von Elementarteilchen keine vierte gibt (weiteres in Kap. 10, 12 und Abschn. 14.2).

- Resonante Kern-Anregung durch $\gamma$-Quanten (Mössbauer-Effekt,[25] siehe Abb. 6.6) Aus der Breite der Resonanzkurve (Anteil der natürlichen Linienbreite $\Delta E/E \approx 0{,}3\cdot 10^{-12}$) bei einer $\gamma$-Energie $E = 14{,}4\,\text{keV}$ folgt

$$\tau = \frac{\hbar c}{c\Delta E} \approx \frac{200\,\text{MeV fm}}{(3\cdot 10^{14}\,\text{fm/ns})\,(0{,}3\cdot 10^{-12}\cdot 14{,}4\,\text{keV})} = 160\,\text{ns}\,,$$

  in guter Übereinstimmung mit der Lebensdauer 142 ns des durch die $\gamma$-Quanten angeregten Kernniveaus von $^{57}$Fe.

  Die Schärfe des Resonators ist hier $1{:}10^{12}$ und ist, nebenbei bemerkt, ein Maß dafür, wie genau die $^{57}$Fe-Kerne untereinander übereinstimmen. Ein beeindruckender Hinweis auf den *experimentell überprüfbaren* Grad der

[25] Rudolf Mössbauer 1958, Nobelpreis 1961

Gleichheit bei elementaren Bausteinen der Materie (z. B. trotz möglicherweise ganz verschiedener Herkunft)![26]

- Natürliche Linienbreite in der Optik: typisch $\Delta\lambda/\lambda \simeq 10^{-8} \Longrightarrow \Delta E/E \simeq 10^{-8}$. Mit z. B. $E = 2\,\text{eV}$ (rotes Licht) folgt $\tau = \frac{\hbar c}{c\Delta E} \simeq \frac{200\,\text{eVnm}}{(3\cdot 10^8\,\text{m/s})(2\cdot 10^8\,\text{eV})} \approx 30\,\text{ns}$.

**Gültigkeit über lange Zeiten (I): Pleochroische Halos.** Das einfache radioaktive Zerfallsgesetz mit seiner in manchen Fällen enorm langen Zeitkonstante ermöglichte (nach einem Vorschlag von Rutherford 1929 [41, S.1227]) zum ersten Mal, mit verhältnismäßig direkten physikalischen Mitteln einen Blick in lange zurückliegende Zeiten zu werfen. Zwei Beispiele mögen zeigen, welche Fragen dabei auftauchen können. Älteste Zeugnisse von $\alpha$-Emissionen sind die *pleochroischen Halos*: farbige, weniger als 0,1mm große Ringe um radioaktive Einschlüsse in pleochroischen (d. h. doppelt- oder mehrfachbrechenden) Mineralien, siehe Abb. 6.7. Solche farbigen Halos entstanden am Ende der Bahn der emittierten $\alpha$-Teilchen und zeigen die bleibenden Nachwirkungen des Braggschen Maximums der Ionisationsdichte (vgl.

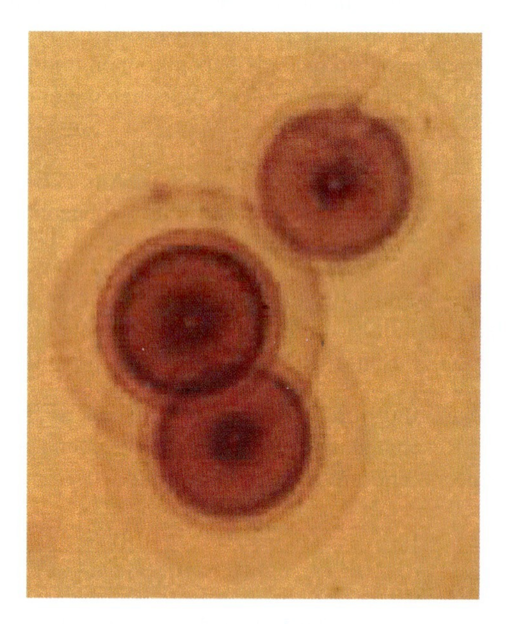

**Abb. 6.7** Drei radioaktive Einschlüsse in Biotit-Glimmer und ihre Halos mit je drei gut sichtbaren Reichweiten von $\alpha$-Strahlung (aus [80]). (Die drei Reichweiten in diesem Beispiel kommen nur bei den Polonium-Isotopen Po-210, Po-214, Po-218 vor, die zur Uran-Zerfallsreihe gehören und selber keine geologisch langen Halbwertzeiten haben, sondern im Höchstfall 138 Tage (Po-210). Die Abwesenheit der längerlebigen $\alpha$-Strahler der Zerfallsreihe, bei den „Creationisten" in den USA als Beweis für instantane Erschaffung der Erde in ihrem heutigen Zustand gewertet, wird durch selektive chemische Auswasch- und Ablagerungsprozesse in den Gesteinsspalten erklärt [130].)

[26] Zu *Identischen Teilchen* siehe weiter Abschn. 5.7, 7.1.5 und 9.3.3.

Abb. 2.10, S. 41). Sie demonstrieren die Konstanz von Reichweiten und Intensitätsverhältnissen der $\alpha$-Strahlung über geologische Zeiträume.

**Gültigkeit über lange Zeiten (II): Meteoriten-Alter.** Ein anderes Anwendungsbeispiel des Zerfallsgesetzes auf geologische Zeiträume ist die Bestimmung des $^{87}$Rb-Meteoriten-Alters. Spuren der Elemente Rubidium und Strontium kommen in vielen Mineralien vor, auch in Meteoriten. Das Isotop $^{87}$Rb ist radioaktiv. Mit der enorm langen Lebensdauer von $\tau = 69$ Mrd. Jahren nimmt es ab und wandelt sich dabei (durch $\beta$-Zerfall) in das stabile $^{87}$Sr um. Der Gehalt an $^{87}$Sr steigt also entsprechend an:

$$\begin{aligned} ^{87}\mathrm{Rb}(t) &= {}^{87}\mathrm{Rb}(0)\,\mathrm{e}^{-\lambda t} \quad \text{mit} \quad \tau = 1/\lambda = 69\cdot 10^9\,\text{Jahre}\,, \\ ^{87}\mathrm{Sr}(t) &= {}^{87}\mathrm{Sr}(0) + ({}^{87}\mathrm{Rb}(0) - {}^{87}\mathrm{Rb}(t))\,. \end{aligned} \tag{6.16}$$

Messwerte für die Konzentrationen an $^{87}$Rb und $^{87}$Sr an vielen verschiedenen Meteoriten zeigen starke Unterschiede. Das könnte man z. B. selbst bei einer anfangs immer gleichen chemischen Zusammensetzung erwarten, wenn die Meteoriten zu verschiedenen Zeiten entstanden wären. Die heutigen Werte der beiden Konzentrationen müssten dann eine negative Korrelation zeigen: je mehr $^{87}$Sr schon gebildet wurde, desto weniger $^{87}$Rb ist noch da. Der experimentelle Befund zeigt das genaue Gegenteil. Diese beiden Isotopenhäufigkeiten sind heute streng **positiv** korreliert. Die Beziehung ist sogar praktisch linear (siehe Abb. 6.8), wenn alle Messwerte auf eine sinnvolle Masseneinheit bezogen werden: den Strontium-Gehalt (genauer: *stabiles* $^{86}$Sr).

Erklärung: Die heutigen Messungen entsprechen nicht einem *zeitlichen* Längsschnitt über verschieden alte Meteoriten, sondern zeigen heutige Momentaufnahmen der Isotopen-Verhältnisse von Meteoriten, die aufgrund der chemischen Verhältnisse bei ihrer Entstehung *verschiedene* Konzentrationsverhältnisse der Elemente Sr und Rb mitbekommen haben. Aus Gl. (6.16) folgt dann für die *heute* messbaren Größen:

$$^{87}\mathrm{Sr}(\text{heute}) = {}^{87}\mathrm{Sr}(0) + {}^{87}\mathrm{Rb}(\text{heute})(\mathrm{e}^{+\lambda t_\text{heute}} - 1) \tag{6.17}$$

Die Auftragung $^{87}$Sr(heute) vs. $^{87}$Rb(heute) ergibt also genau dann eine Gerade, wenn die Größen $^{87}$Sr(0) und $(\mathrm{e}^{+\lambda t_\text{heute}} - 1)$ für alle Meteoriten den gleichen Wert haben. Nach Abb. 6.8 bedeutet das:

- Am Anfang ($t = 0$) war das Isotopen-Verhältnis $^{87}$Sr/$^{86}$Sr für alle Proben gleich ($\sim 700/1\,000$).
- Der Zeitfaktor $(\mathrm{e}^{+\lambda t_\text{heute}} - 1)$ ist für alle Proben gleich. Nach $t$ aufgelöst: $t_\text{heute} = 4{,}56\cdot 10^9$ Jahre: das sog. Meteoriten-Alter (entspricht etwa der Entstehung des Sonnensystems aus galaktischem Staub).

### 6.1.4 Zähler-Experimente: Der Beginn des digitalen Zeitalters

**Analog-digital.** Mit der Erforschung der Radioaktivität begann in der Physik die Epoche der Zähler-Experimente. Die unmittelbare Messgröße entsteht nicht mehr durch Ablesung der Zeigerstellung auf einer (analogen) Skala, sondern – digital – durch Abzählen von Ereignissen, z. B. Szintillationen oder Klicks im „*Zähl*“-Rohr. Die wichtige Information steckt nun typischerweise im Eintreffen bzw. Ausbleiben eines solchen mehr oder weniger standardisierten Signals (heute: ein elektronischer Stromstoß), und nicht mehr in einem analogen Signal wie der übertragenen Stromstärke, der erreichten Geschwindigkeit oder verstrichenen Zeit etc.

Angesichts der Quantisierung von Masse, Ladung, Energieumsätzen etc. in der Natur kann man im Nachhinein sagen, dass der Übergang von analogen zu Zähler-Experimenten zu erwarten war, sobald die Messapparaturen genügend empfindlich

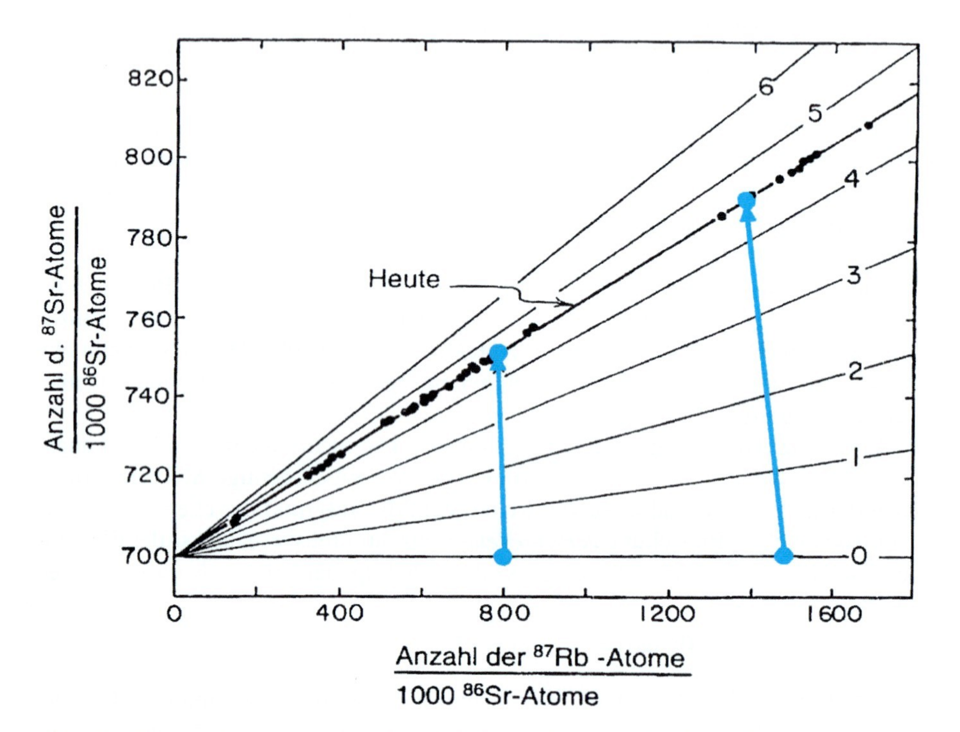


**Abb. 6.8** Altersbestimmung an Meteoriten. Jeder Meteorit steuert mit seinen beiden heutigen Konzentrationswerten $^{87}$Rb und $^{87}$Sr ($x$-Achse bzw. $y$-Achse, Anzahl der Atome jeweils pro 1 000 Atome $^{86}$Sr angegeben) einen Messpunkt bei. Die Messpunkte aller Meteoriten liegen auf einer *Geraden* (mit „Heute“ bezeichnet). Dieser lineare Zusammenhang kann dadurch erklärt werden, dass die Meteoriten gleichzeitig entstanden sind ($t = 0$), wobei die chemische Zusammensetzung [Rb]/[Sr] verschieden war, das Element Strontium aber immer die gleiche Isotopenmischung $^{87}$Sr/$^{86}$Sr = 700/1 000 hatte. Im Moment der Entstehung hätten alle Messpunkte also auf der horizontalen Geraden „0“ gelegen. Siehe z. B. den *rechten blauen Punkt*: Der $^{87}$Rb-Gehalt dieses Meteoriten wäre ursprünglich 1 490 gewesen und hätte (dem *Pfeil* entlang) durch radioaktiven Zerfall auf heute 1 400 abgenommen, sein $^{87}$Sr-Gehalt dabei um die gleiche Anzahl von 700 auf 790 zugenommen. Analog zeigt der *Pfeil links* die Geschichte für einen Meteoriten mit chemisch halb so großem [Rb]/[Sr]-Verhältnis. Für alle Meteoriten zusammen würde sich je nach dem gemeinsam angenommenen Alter eine der *schwarzen Geraden* ergeben (Alter in $10^9$ Jahren ist an jeder Geraden angegeben, siehe Gl. (6.17)). Für $t = 4{,}56$ Mrd. Jahre geht die Gerade genau durch alle Messpunkte. (Abbildung nach [43])

für die elementaren Prozesse sein würden. Analoge Messungen (Ionisationsstrom, photographische Schwärzung, ...) wurden und werden natürlich weiterhin gemacht, gelten aber nun als quasi-kontinuierliches Ergebnis einer nicht mehr auflösbaren Vielzahl solcher Einzelereignisse.[27]

Man darf in den frühen Zähler-Experimenten einen Vorboten des gegenwärtigen „digitalen Zeitalters“ sehen. Nachdem menschliche und mechanische Zähler an ihre Grenzen gekommen waren,[28] wurden ab den 1930er Jahren die grundlegenden Schaltkreise der digitalen Elektronik entwickelt, die heute aus dem Alltag nicht mehr wegzudenken sind.

**Zählrate.** Bei Radioaktivitätsmessungen ist die primäre Messgröße: $n =$ Zahl der Impulse (oder Szintillationen etc.), fast immer pro Zeiteinheit ausgedrückt als *Zählrate* $Z = \Delta n / \Delta t$. Zur Auswertung dient immer der Ansatz $Z = \varepsilon A$. Darin ist $A$ die Aktivität, d. h. Gesamtzahl der Emissionsakte pro Zeiteinheit, und $\varepsilon$ die Nachweiswahrscheinlichkeit oder *detector efficiency*, mit der berücksichtigt wird, dass von der emittierten Strahlung meist nur ein bestimmter Bruchteil im Detektor registriert wird (z. B. sicher nichts von all dem, was am Detektor vorbeifliegt). Die Einzelwerte von Messergebnissen für $n$ oder $Z$ sind nicht reproduzierbar, sondern schwanken stochastisch. Als Resultate sinnvoll sind also Mittelwerte und Schwankungsbreiten. Gesucht sind aber aussagekräftige physikalische Gesetzmäßigkeiten. Sie sollen von den unumgänglichen statistischen Fluktuationen (die oft mit dem leicht abwertend klingenden und insoweit irreführenden Wort „***Fehler***-Grenzen“ benannt werden), unabhängig sein, müssen Gesetzmäßigkeiten zwischen den Erwartungswerten ausdrücken. Die Theorie dazu heißt *Zählstatistik*.

### 6.1.5 Zählstatistik: Poisson-Verteilung

Können wir Voraussagen dazu machen, welche Anzahl $m$ von insgesamt $N_0$ Kernen sich während der Zeit $\Delta t$ umwandeln wird, wenn die Zerfallskonstante $\lambda$ bekannt ist? Für ewig langes $\Delta t$ steht fest: alle, d. h. $m = N_0$. Für kürzere Zeitfenster kennen wir nur die Umwandlungs*wahrscheinlichkeit* $p$ jedes Kerns, z. B. $p = \lambda \Delta t$ , falls dies Produkt $\ll 1$ ist (siehe Gl. (6.15)).

Mit der mathematischen Theorie der Wahrscheinlichkeitsrechnung kann man (nichts anderes als) vorgegebene Wahrscheinlichkeiten bestimmter Ereignisse („Kern Nr. $i$ wandelt sich während $\Delta t$ um“) in die Wahrscheinlichkeit anderer Ereignisse („insgesamt wandeln sich während $\Delta t$ genau $m$ der $N_0$ Kandidaten um“) umrechnen. Hier ist die Poisson-Verteilung richtig (siehe Kasten 6.1).

Mit der theoretisch ermittelten Wahrscheinlichkeitsverteilung der Einzelmessergebnisse (Gl. (6.18)) kann man dann Vorhersagen machen. Zwei erste Tests: Mittelwert und Standard-Abweichung (siehe Kasten 6.2).

---

[27] Seit langem werden nun auch analoge Signale zur weiteren Verarbeitung digitalisiert. Abschn. 6.4.8 beschreibt das am Beispiel der $\gamma$-Spektroskopie.

[28] Der Legende zufolge schluckten Rutherfords Doktoranden Strychnin, um mit erweiterten Pupillen die ermüdende Zählung der Szintillationen durchzuhalten.

**Kasten 6.1 Zählstatistik – die Poisson-Verteilung**

**Ausgangsfrage:** $N_0$ Individuen können völlig unabhängig voneinander mit einer Wahrscheinlichkeit $p$ eine bestimmte Eigenschaft haben (das *Ereignis*). Wie viele werden es konkret sein?

***Erwartungswert***, d. h. theoretischer Mittelwert theoretisch beliebig oft wiederholter Beobachtungen ist $\mu = N_0 p$. (Denn das ist die Definition einer Wahrscheinlichkeit $p$.)

**Konkret** wird sich jedesmal eine neue Zahl $0 \le m \le N_0$ ergeben. ($m$ ist immer ganzzahlig, der Erwartungswert $\mu$ aber nicht notwendig auch!) Gesucht ist ein allgemeiner Ausdruck für die Wahrscheinlichkeit $W_\mu(m, N_0)$, dass gerade $m$ Ereignisse beobachtet werden, wenn der Erwartungswert $\mu$ ist.

**Exakt** gilt hierfür die Binomial-Verteilung:

$$W_\mu(m, N_0) = \quad p^m \quad \cdot \quad (1-p)^{N_0-m} \quad \cdot \quad \binom{N_0}{m}$$

$$\left[\begin{array}{c} W(\text{„}m \\ \text{mal das} \\ \text{Ereignis“ )} \end{array}\right] \cdot \left[\begin{array}{c} W(\text{„}[N_0-m] \\ \text{mal das Gegenteil} \\ \text{des Ereignisses“)} \end{array}\right] \cdot \left[\begin{array}{c} \text{Anzahl der möglichen} \\ \text{Reihenfolgen der Auswahl} \\ \text{von } m \text{ Elementen aus } N_0 \end{array}\right]$$

Zum Merken der Formel: $1 \equiv (p + (1-p))^{N_0} \equiv \sum_m W_\mu(m, N_0)$ (Das ist auch die Normierung.)

**Praktische Näherung**: Es sei $p (\equiv \mu/N_0) \ll 1$, und gefragt ist $W_\mu(m, N_0)$ nur für Werte $m$ in der Nähe von $\mu$, also $m \ll N_0$. Dann kann man für $N_0 \to \infty$ (und $\mu = const.$) so vereinfachen:

$$\binom{N_0}{m} \equiv \frac{N_0(N_0-1)\cdots(N_0-m+1)}{m!} \longrightarrow \frac{N_0^m}{m!},$$

$$(1-p)^{N_0-m} \equiv \left(1-\frac{\mu}{N_0}\right)^{-m} \cdot \left(1-\frac{\mu}{N_0}\right)^{N_0} \longrightarrow 1 \cdot \mathrm{e}^{-\mu}.$$

So wird mit $N_0^m p^m = \mu^m$ aus der Binomial-Verteilung $W_\mu(m, N_0)$ die

$$\textbf{Poisson-Verteilung } P_\mu(m) = \frac{\mu^m}{m!}\,\mathrm{e}^{-\mu}. \tag{6.18}$$

Bei gegebenem $\mu$ hat $P_\mu(m)$ das Maximum bei der größten ganzen Zahl $m \le \mu$.
Ab ca. $\mu > 10$ ergibt sich die Form einer um $\mu$ etwa symmetrischen Glockenkurve, ähnlich der Gaußschen Normalverteilung (im Grenzfall größer $\mu$ gilt das exakt).
$P_\mu(m)$ ist von $N_0$ unabhängig (weil aus $N_0 \to \infty$ hervorgegangen). Gleichung (6.18) ist aber in allen praktischen Fällen mit endlichem $N_0$ eine sehr gute Näherung, solange $m \ll N_0$ eingehalten wird.

**Kasten 6.2 Poisson-Verteilung – Mittelwert und Standardabweichung**

**Mittelwert** vieler Messungen, theoretisch: $\langle \overline{m} \rangle = \sum_m m P_\mu(m) = \ldots = \mu$.

**Standardabweichung (absolut, allg. Def.):**
$\sigma^2 = \sum_m (m-\mu)^2 W_\mu(m) = \ldots = \overline{\langle m^2 \rangle} - \langle \overline{m} \rangle^2$ .

$\sigma$ ist die *erwartete(!)* Streuung (nicht wirklich ein „Fehler").

**Standardabweichung (absolut, für Poisson-Verteilung):** $\sigma = \sqrt{\mu}$.

Praktisch setzt man für (das genau genommen unbekannte) $\mu$ immer die beste verfügbare Schätzung ein, also das Mittel aus den gerade gemachten Zählungen.

**Standardabweichung (relativ, für Poisson-Verteilung):** $\sigma/\mu = \dfrac{1}{\sqrt{\mu}}$

Daher für große $\mu$ : $\dfrac{\sigma}{\mu} \to 0$ („Gesetz der großen Zahl").

**Mittelwert** vieler einzelner Messungen $m_i, i = 1, \ldots, N_M$ (vgl. Gln. (6.6) und (6.7)):

$$\text{Definition (in der Praxis genutzt):} \quad \overline{m} = \frac{m_1+m_2+\ldots+m_{N_M}}{N_M}$$

$$\text{Theoretischer Erwartungswert:} \quad \langle \overline{m} \rangle = \sum_{n=0}^{\infty} n P_\mu(n) = \mu \tag{6.19}$$

**Frage 6.4.** *Den Erwartungswert* $\langle \overline{m} \rangle = \mu$ *nachrechnen.*

**Antwort 6.4.** *Die Identität* $\sum_n \mu^n/n! \equiv \mathrm{e}^\mu$ *ableiten nach* $\mu$

$\Rightarrow \sum_n n(\mu^{n-1}/n!) \equiv \mathrm{e}^\mu$,

*dies mit* $\mu\,\mathrm{e}^{-\mu}$ *multiplizieren:* $\Rightarrow \sum_n n(\mu^n/n!)\,\mathrm{e}^{-\mu} \equiv \mu$

$\Rightarrow \quad \langle \overline{m} \rangle = \mu$ .

Nie kann man den Parameter $\mu$ direkt messen, sondern nur durch geeignete Schätzungen annähern. Der beste Schätzwert nach den Messungen $m_i, i = 1, \ldots, N_M$ ist gerade der Mittelwert $\overline{m}$ (vorausgesetzt, man kann systematische Fehler ausschließen).

**Standardabweichung** $\boldsymbol{\sigma}$**.** Das ist die Streubreite, die erwartet werden ***muss***, wenn eine Messung (mit einem einzelnen Ergebnis $m$) korrekt wiederholt wird. Etwas unglücklich ist daher die verbreitete Bezeichnung „Statistischer *Fehler*". Ein eventueller Fehler liegt nicht darin, *dass* die Messwerte streuen, sondern gegebenenfalls darin, dass sie es (im quadratischen Mittel) zu viel (oder auch zu wenig!) tun verglichen mit der zu der Messmethode gehörenden Standardabweichung.[29] Die allgemei-

[29] Siehe auch die Kritik an Millikans Bestimmung der Elementarladung (Fußnote 22 auf S. 15).

ne Definition[30] geht von der mittleren quadratischen Abweichung der Einzelwerte vom Erwartungswert aus: $\sigma^2 = \langle (m-\mu)^2 \rangle \equiv \langle m^2 \rangle - \mu^2$. Für die Poisson-Verteilung gilt:[31]

$$\begin{aligned} &\text{Theoretisch zu erwartende Streuung:} && \sigma = \sqrt{\mu} \\ &\text{Praktisch genutzter bester Schätzwert:} && \sigma = \sqrt{m}\,. \end{aligned} \tag{6.20}$$

**Frage 6.5.** *Wie kann man die Formel* (6.20) *für die Standardabweichung einfach nachrechnen?*

**Antwort 6.5.** *Die Identität* $\sum n\mu^{n-1}/n! \equiv \mathrm{e}^{\mu}$ *(siehe Frage 6.4) noch einmal ableiten nach* $\mu$: $\sum n(n-1)\mu^{n-2}/n! \equiv \mathrm{e}^{\mu}$. *Dies mit* $\mu^2\mathrm{e}^{-\mu}$ *multipliziert ergibt*

$$\overline{\langle n^2\rangle} - \langle\overline{n}\rangle = \langle\overline{n}\rangle^2 \quad \Rightarrow \quad \sigma^2 \equiv \overline{\langle n^2\rangle} - (\overline{n})^2 = \overline{n} = \mu\,.$$

Anmerkung: Die *Halbwertsbreite* der Gauß-Verteilung – d. h. die volle Breite auf halber Höhe des Maximums – ist etwa das 2,4-fache der Standardabweichung.

**Gültigkeitsbereich.** Die Poisson-Verteilung gilt in **allen** Fällen (auch im Alltag), wo es um ein Ereignis geht, das aus einer *praktisch* unendlich großen Anzahl $N_0$ prinzipiell möglicher Fälle durch seine sehr geringe Eintrittswahrscheinlichkeit ($p \ll 1$) nur in endlicher Anzahl eintritt. Daher nun einige

**Beispiele** für (näherungsweise) Poisson-Verteilungen:

- Anzahl der 6-Augen-Würfe nach 100 Versuchen mit dem Würfel:
  *Erwartungswert*: $\mu = N_0 p = 100 \cdot (\frac{1}{6}) = 16{,}7$ (denn $p = \frac{1}{6}$, wenn der Würfel nicht gezinkt ist).

  Die Bedingung $p \ll 1$ bzw. $N_0 \to \infty$ ist hier nur schlecht erfüllt, was den Erwartungswert aber nicht tangiert. Ihr Maximum haben beide Verteilungen bei $m = 16$: die Poisson-Verteilung mit 9,8% aller Wiederholungen der 100 Würfe, die eigentlich richtige Binomial-Verteilung mit 10,6%. Für das unsinnige Ergebnis $m = 101$ sagt die Binomial-Verteilung richtig $P = 0$, die Poisson-Verteilung aber noch $P \approx 10^{-43}$.

  *Streuung*: $\sigma = \sqrt{\mu} = 4{,}1$ (wenn die 100 Würfe unkorreliert waren).

  Für die Binomial-Verteilung heißt die Formel $\sigma = \sqrt{\mu(1-p)}$ und liefert den etwas kleineren Wert 3,7, der gut zu der (relativ gleich großen) Erhöhung der Wahrscheinlichkeit im Maximum passt.

---

[30] Diese Definition gilt so auch für Größen $\mu$ *mit* physikalischer Dimension. $(\mu \pm k\sigma)$ ist immer ein Intervall möglicher Messwerte: „$k\sigma$-Intervall“ oder „$k\sigma$-Fehler“. Bei der Gauß-Verteilung umschließt es für $k = 1$ nur 68% der Gesamtwahrscheinlichkeit, somit reißt *erwartungsgemäß* jeder dritte Messwert nach oben oder unten aus! Beim $2\sigma$-Intervall noch 4,5%, beim $3\sigma$-Intervall noch 0,3%. Ab welcher Abweichung man einen *signikanten* Unterschied zwischen zwei Ergebnissen feststellt, ist Sache der Vereinbarung. Üblich sind die $2\sigma$- und $3\sigma$-Grenzen mit 95,5 bzw. 99,7% *Signifikanz*.

[31] Diese Formeln würden Unsinn liefern, wenn man sie für dimensionsbehaftete Größen benutzte! Die Poisson-Verteilung gilt nur für reine Zahlen.

- Anzahl der Tippfehler auf 1 Seite:
  Wenn z. B. im Mittel $\mu = 2$ Fehler pro Seite auftreten, dann ist die Wahrscheinlichkeit, dass eine ganze Seite fehlerfrei wird: $P_{\mu=2}(m=0) = (2^0/0!)\mathrm{e}^{-2} = 13{,}5\%$, das ist etwa eine von je 7 Seiten. 1 bzw. 2 Fehler pro Seite sind mit gleicher Wahrscheinlichkeit zu je $P_{\mu=2}(m = 1 \text{ bzw. } 2) = 27\%$ *zu erwarten,* d. h. der Rest – immer noch ein Drittel der Seiten – hat 3 und mehr Fehler (immer vollkommene statistische Unabhängigkeit der Tippfehler vorausgesetzt: kein Lernen, keine Ermüdung, ...).
- Lärmpegel:
  Wenn der Lärmpegel an einer Straße um seinen Mittelwert mit einer relativen Standardabweichung von 50% schwankt, dann ist $\sigma = 0{,}5\mu$. Erscheinen die Schwankungen zufällig (stochastisch), dann kann man die Poissonverteilung ansetzen, also $\sigma = \sqrt{\mu}$. Folglich ist $\mu = 4$, was als die Anzahl von Autos zu interpretieren ist, die durchschnittlich gleichzeitig zu hören sind – jedenfalls unter der vereinfachenden Annahme, alle Autos seien immer gleich laut und passieren die Messstelle unkorreliert, also wohl auf einer Straße mit mehr als 4 Spuren. Anderenfalls wird die Berechnung komplizierter, ist aber bei genügender Spezifizierung der Annahmen prinzipiell möglich.
  Dies letzte Beispiel ist begrifflich wichtig. Aus der quantitativen Beobachtung der zufälligen relativen Streuung einer analogen Messgröße kann man auf die Anzahl der beteiligten, statistisch unabhängig agierenden Individuen schließen. Daher war es z. B. möglich, aus makroskopischen Phänomenen wie Diffusion oder Brownsche Bewegung die Anzahl der Moleküle zu bestimmen und damit ihre Masse und Größe (Loschmidts erste Abschätzung der Avogadro-Zahl 1865, Einsteins Doktorarbeit 1905, Perrins Beobachtung der Brownschen Bewegung 1909, vgl. Abschn. 1.1.1). Wären Moleküle z. B. 10-mal leichter (und damit bei makroskopisch gegebener Stoffmenge 10-mal zahlreicher), dann wären Diffusionsvorgänge $\sqrt{10}$-mal langsamer. Damit hängt auch zusammen das

**Gesetz der großen Zahl.** Bei zunehmendem Mittelwert $\mu$ wird die Poisson-Verteilung zwar *absolut* immer breiter ($\sigma = \sqrt{\mu}$), konzentriert sich *relativ* gesehen aber immer enger um ihren Mittelwert ($\sigma/\mu = 1/\sqrt{\mu}$). Einzelbeobachtungen mit größeren *absoluten* Abweichungen werden immer wahrscheinlicher, mit größeren *relativen* Abweichungen aber immer unwahrscheinlicher. Damit ist für Zähler-Experimente mit Poisson-Statistik der Messgröße $m$ der einfache Weg zu immer genaueren Messungen gezeigt:[32] Will man die Messgenauigkeit um einen Faktor $x$ steigern, braucht man $x^2$-fach höhere Messwerte $m$. Man muss also z. B. für 10-fache Genauigkeit der Zählrate 100-mal länger zählen. Es ist leider ein quadratisch ansteigender Aufwand nötig.

Viel günstiger ist hierin ein anderer Typ von Zähler-Experimenten, die Messung einer Frequenz $\nu = n/t$ durch simples Abzählen von $n$ vollendeten Perioden in einem Zeitfenster der Länge $t$. Der absolute Beobachtungsfehler durch Ignorieren eventuell angeschnittener Perioden an Anfang und Ende ist

[32] Das gilt für alle Messreihen mit Zufallsfehlern.

immer $\Delta n = \pm 1$, die relative Genauigkeit $|\Delta\nu/\nu| = |\Delta n/n| = 1/(\nu t)$. Sie verbessert sich proportional zur 1. Potenz von $t$. Daher versucht man bei Präzisionsexperimenten häufig, die gesuchte Messgröße in Gestalt einer hohen Frequenz zu gewinnen – Beispiele in Abschn. 4.1.7 sowie später in Abschn. 7.3 und 10.3.1.

## 6.2 Natürliche und zivilisatorische Quellen ionisierender Strahlung

### *6.2.1 Typen radioaktiver Emissionen und Quellen ionisierender Strahlung*

**Zerfallsreihen.** Das verwirrende Gemenge der Strahlungen aus radioaktiven Mineralien konnte bis etwa 1920 durch Kombination chemischer und physikalischer Identifizierungen aufgelöst werden. Es stammt hauptsächlich aus drei Zerfallsreihen, die von jeweils einer sehr langlebigen Muttersubstanz, nach der sie auch benannt sind, mit Nachschub versorgt werden. Eine vierte Reihe wurde erst 1940 nach künstlicher Herstellung der (relativ kurzlebigen[33]) Muttersubstanz gefunden:

- Uran-238 ($T_{\frac{1}{2}} = 4{,}5 \cdot 10^9$ Jahre), geht u. a. über Radium-226, Radon-222[34] in Blei-206 über.
- Thorium-232 ($T_{\frac{1}{2}} = 14 \cdot 10^9$ Jahre), geht u. a. über Radon-220 (siehe Abb. 6.1) in Blei-208 über.
- Uran-235 ($T_{\frac{1}{2}} = 0{,}7 \cdot 10^9$ Jahre), (nur noch) zu 0,7% im Natur-Uran vorhanden, geht in Blei-207 über. (Diese Reihe wird auch Actinium-Reihe genannt.)
- Neptunium-237 ($T_{\frac{1}{2}} = 2{,}1 \cdot 10^6$ Jahre), geht in Wismut (Bi-209) über.

**Strahlungsarten und Kernumwandlungen:** Dass die drei Typen $\alpha, \beta, \gamma$ der Radioaktivität mit bestimmten Element-Umwandlungen $X \Rightarrow Y$ verknüpft sind, wurde von Ernest Rutherford[35] und Frederick Soddy herausgearbeitet und 1903 in den *Transmutations*-Gesetzen[36] zusammengefasst:

- $\alpha$-Strahlung: ${}^{A}_{Z}X \Rightarrow {}^{A-4}_{Z-2}Y + {}^{4}_{2}He^{++}$

[33] kurzlebig wogegen? Gegen das Zeitintervall seit der Nuklidsynthese (siehe Abschn. 8.5.3).

[34] Radon steigt aus dem Erdboden und entweicht fast allen Baumaterialien in die Luft, wandelt sich in radioaktive Schwermetalle Po, Bi und Pb um, die als Aerosole eingeatmet werden und eine ständige innere Strahlenbelastung verursachen.

[35] Hierfür wurde Rutherford 1908 überraschend der Nobel-Preis für Chemie zuerkannt, was er mit dem Ausspruch kommentierte: Er habe schon viele unvorhergesehene Umwandlungen gesehen, langsame und schnelle, aber noch keine habe ihn so überrascht, wie die Schnelligkeit seiner eigenen Verwandlung von einem Physiker in einen Chemiker.

[36] Die Namensgebung erklärt sich aus dem guten Rat eines Kollegen, jeden Bezug zur *Transformation* der vier Elemente aus den dunklen Zeiten der Alchemie zu vermeiden, die damals ja nur ein Jahrhundert zurücklagen (nach [176, S. 65]).

- $\beta$-Strahlung (genauer als $\beta^-$ bezeichnet): ${}^{A}_{Z}\mathrm{X} \Rightarrow {}^{A}_{Z+1}\mathrm{Y} + \beta^-$
  [Später – in den 1930er Jahren – wurden andere Fälle entdeckt (siehe Abschn. 6.5.9):
  - ${}^{A}_{Z}\mathrm{X} \Rightarrow {}^{A}_{Z-1}\mathrm{Y} + \beta^+$, *Positronen-Emission* nach künstlicher Herstellung von ${}^{A}_{Z}\mathrm{X}$
  - ${}^{A}_{Z}\mathrm{X} + e \Rightarrow {}^{A}_{Z-1}\mathrm{Y}$, *Elektronen-Einfang* (*electron capture EC*)]
- $\gamma$-Strahlung: ${}^{A}_{Z}\mathrm{X}^* \Rightarrow {}^{A}_{Z}\mathrm{X} + \gamma$ (das *-Symbol ist gebräuchlich für „angeregter Zustand").

Sofort nach der Entdeckung des Atomkerns 1911 entbrannte eine lebhafte Diskussion über den Ursprung dieser Strahlungen: Hülle oder Kern? Wenigstens für die $\alpha$-Teilchen wurde klar, dass sie direkt aus den Kernen kommen, denn es ist die Kernladung $Z$, die mit jeder $\alpha$-Emission um $\Delta Z = 2$ abnimmt. Ab 1912 war sie durch Rutherford-Streuung (Abschn. 3.2.4) und ab 1913 durch das Moseley-Gesetz für die $K$-Linien der Röntgenstrahlung direkt messbar geworden. Die beiden anderen Strahlenarten sind aber tatsächlich meist ein Gemisch aus Emissionen der Hülle und des Kerns. Es dauerte bis in die 1930er Jahre, dies zu entwirren und die Bezeichnungen $\beta^-$-Teilchen und $\gamma$-Quant fortan nur noch für die vom Kern emittierten Elektronen bzw. Photonen zu verwenden. Eventuell abgesehen von Energie und Polarisation – zwei Größen, die den augenblicklichen *Zustand* beschreiben – tragen die emittierten Teilchen selber aber keinerlei unveränderliche Kennzeichen, an denen man ihre Herkunft aus Kern oder Hülle unterscheiden könnte. Sie machen daher auch keine unterschiedlichen Effekte. Gemeinsam mit den $\alpha$-Teilchen (und weiteren) gehören sie zu der *ionisierenden Strahlung*.

**Andere natürlich vorkommende Radionuklide:**

- Kalium-40 (${}^{40}_{19}\mathrm{K}$, $T_{\frac{1}{2}} = 12{,}6 \cdot 10^9$ Jahre) – ein *uu*-Kern mit zwei Möglichkeiten der Umwandlung in einen der beiden benachbarten *gg*-Kerne: in ${}^{40}_{20}\mathrm{Ca}$ ($\beta^-$, zu 89%) oder in ${}^{40}_{18}\mathrm{Ar}$ (EC, zu 11%).[37]
- Rubidium-87 (${}^{87}_{37}\mathrm{Rb}$, $T_{\frac{1}{2}} = 48 \cdot 10^9$ Jahre), $\beta^-$-Übergang zum stabilen ${}^{87}_{38}\mathrm{Sr}$ (z. B. nützlich für geologische Altersbestimmung, siehe Abschn. 6.1.3, Meteoriten-Alter).
- Kohlenstoff-14 (${}^{14}_{6}\mathrm{C}$, $T_{\frac{1}{2}} = 5{,}5 \cdot 10^3$ Jahre), $\beta^-$-Übergang zum stabilen Stickstoff ${}^{14}_{7}\mathrm{N}$. Wie kann ein Radionuklid mit so „kurzer" Lebensdauer und außerhalb einer langlebigen Zerfallsreihe natürlich vorkommen? Es wird in der hohen Atmosphäre aus ${}^{14}_{7}\mathrm{N}$ durch die Kernreaktion ${}^{14}_{7}\mathrm{N} + n \rightarrow {}^{14}_{6}\mathrm{C} + p$ ständig nachgebildet, die Neutronen ihrerseits sind Folgeprodukte der Höhenstrahlung (siehe unten und weiter in Abschn. 11.1.1 – Pionen). Pflanzen nehmen ${}^{14}\mathrm{C}$ während ihres Wachstums auf, nach ihrem Absterben zerfällt es. Der heute noch messbare Gehalt an ${}^{14}\mathrm{C}$ ist daher nützlich zur Altersbestimmung in allem organischen

---

[37] Wegen seiner biologischen Bedeutung ist Kalium in den Zellen aller Lebewesen vorhanden und verursacht eine ständige innere Strahlenbelastung.

Material. Die Methode ist anwendbar bis etwa $50 \cdot 10^3$ Jahre in die Vergangenheit (Willard F. Libby, Nobelpreis für Chemie 1960).

- Weitere Beispiele (in Klammern der Anteil des Radioisotops am natürlich vorkommenden Element, seine Halbwertzeit und Strahlung):
  - *uu*-Kerne:
    - Vanadium V-50 (0,25%, $1{,}4 \cdot 10^{17}$ Jahre, $\beta^-$),
    - Lanthan La-138 (0,09%, $1{,}05 \cdot 10^{11}$ Jahre, $\beta^-$),
    - Lutetium Lu-176 (2,6%, $3{,}8 \cdot 10^{10}$ Jahre, $\beta^-$),
  - *ug*/*gu*-Kerne:
    - Cadmium Cd-113 (12%, $7{,}7. \cdot 10^{15}$ Jahre, $\beta^-$),
    - Indium In-115 (96%(!), $4{,}4 \cdot 10^{14}$ Jahre, $\beta^-$),
  - *gg*-Kerne:
    - Tellur Te-128 (32%, $2{,}2 \cdot 10^{24}$ Jahre, $\beta^-\beta^-$, die längste bisher überhaupt festgestellte Halbwertzeit; beim Zerfall müssen gleichzeitig zwei $\beta^-$ ausgestoßen werden),
    - Neodym Nd-144 (24%, $2{,}3 \cdot 10^{15}$ Jahre, $\alpha$),
    - Wolfram W-180 (0,1%, $1{,}2 \cdot 10^{18}$ Jahre, $\alpha$, erst 2004 entdeckt).

**Andere Quellen ionisierender Strahlung (unvollständig):**

- **Höhenstrahlung** bzw. kosmische Strahlung wurde 1912 durch Victor Hess (Nobelpreis 1936) während eines Ballon-Aufstiegs mit einer Ionisationskammer entdeckt. Hess wollte die Hypothese testen, dass die allgegenwärtige ionisierende Strahlung von der Erde ausgeht. Er fand sie wie erwartet mit zunehmender Höhe abgeschwächt, ab 5 000 m aber wieder deutlich verstärkt. Die kosmische Strahlung war bis in die 1950er Jahre (als die ersten wirklichen Hochenergie-Beschleuniger gebaut wurden) für die Elementarteilchenphysik die Quelle vieler Erkenntnisse und großer Überraschungen (z. B. Myonen – Abschn. 10.3.1, Teilchen mit „Seltsamkeit“ – Kap. 11 und 13). Sie ist praktisch allein verantwortlich für den Null-Effekt von ca. 6 Klicks/min im normalen Geiger-Zähler einfach vorzuführender Demonstrationsversuche.
- **„Künstliche“ Radionuklide**:[38] Weltweiter Fallout von A-Waffen (Produktion, Tests, Einsatz), kerntechnischen Unfällen (Tschernobyl, ...) und kerntechnischem Normalbetrieb (v. a. Wiederaufarbeitungsanlagen).[39] Dazu auch die strahlenden Abfälle aus Kernindustrie und Nuklear-Medizin.

  Anmerkung: Auch Röntgenstrahlung (in Medizin, Wissenschaft und Technik) ist eine ionisierende Strahlung, entsteht aber in der Hülle und wird daher nicht zur Kernphysik gezählt.

---

[38] *„Künstlich“* steht hier einmal in Anführungszeichen, um darauf hinzuweisen, dass es im Rahmen der Physik überhaupt keinen beobachtbaren Prozess gibt, der „künstlich“ im Sinne von „unnatürlich“ ist. Schließlich kennzeichnet sich die Physik selber ausdrücklich dadurch, dass sie nach solchen ***Natur**-Gesetzen* sucht, denen alle bekannten, erst recht auch die „künstlichen“ Prozesse unterworfen sind. Sonst hätte sie schwerlich zur wissenschaftlichen Grundlage der Technik werden können. Daher könnte man treffender hier z. B. von „neu hergestellter“ Radioaktivität sprechen.

[39] Hierzu siehe Abschn. 8.2.5ff für weitere Details.

### 6.2.2 *Radioaktive Zerfallsreihe, radioaktives Gleichgewicht*

**Tochter-Aktivität.** Wie ist die Erklärung eines Aktivitätsverlaufs wie Abb. 6.3, der nicht (nur) den exponentiellen Abfall zeigt? Betrachten wir ein Umwandlungsschema mit radioaktivem Tochternuklid:

$$N_1 \xrightarrow{\lambda_1} N_2 \xrightarrow{\lambda_2} N_3 \ldots,$$

$$\mathrm{d}N_1 = -\lambda_1 N_1(t)\,\mathrm{d}t \Longleftrightarrow N_1(t) = N_1(0)\,\mathrm{e}^{-\lambda_1 t}, \tag{6.21}$$

$$\mathrm{d}N_2 = +\lambda_1 N_1(t)\,\mathrm{d}t \;-\; \lambda_2 N_2(t)\,\mathrm{d}t\,.$$

Zur Lösung führt ein Exponential-Ansatz: $N_2(t) = a\,\mathrm{e}^{-\alpha_1 t} - b\,\mathrm{e}^{-\alpha_2 t}$ (wie bei *allen* linearen Differentialgleichungen). Einsetzen und die (eindeutig bestimmten) vier Parameter $a, b, \alpha_1, \alpha_2$ geeignet festlegen (Anfangsbedingungen $N_1(0)$, $N_2(0)$ beliebig), liefert für den Bestand des Tochternuklids

$$N_2(t) = N_2(0)\,\mathrm{e}^{-\lambda_2 t} + N_1(0)\frac{\lambda_1}{\lambda_2 - \lambda_1}(\mathrm{e}^{-\lambda_1 t} - \mathrm{e}^{-\lambda_2 t})\,. \tag{6.22}$$

Dieser Bestand setzt sich demnach aus zwei Anteilen zusammen (deren Kerne sich natürlich durch nichts unterscheiden!). Der erste Term in Gl. (6.22) beschreibt das, was von einer eventuell vorhandenen Anfangsmenge $N_2(0)$ noch übrig ist; dies kann immer nur exponentiell abnehmen. Der zweite Term beginnt bei Null und ist zu $N_1(0)$ proportional. Dieser Anteil des Tochternuklids wird durch die Umwandlung des Mutternuklids erst gebildet, steigt an bis zu einem breiten Maximum (wo Abgang und Zufuhr sich etwa die Waage halten), und strebt dann mit der längerlebigen der beiden e-Funktionen (die das kleinere $\lambda$ hat) wieder gegen Null.

> Vergleiche die Abb. 6.2 mit der schnellen Nachbildung der einmal weg geblasenen Aktivität des kurzlebigen Thoron. Der anschließende Abfall wäre erst auf einer Zeitskala von Mrd. Jahren – der Lebensdauer der Muttersubstanz der ganzen Reihe ${}^{232}_{90}\mathrm{Th}$ – zu erkennen.

Für die beobachtbare Aktivität des Tochternuklids gilt *per definitionem* $A_2 = \lambda_2 N_2$. Wenn der Detektor aber neben $A_2$ auch die Aktivität $A_1$ des Mutternuklids registriert, wird die Zählrate noch einmal um $A_1(t) = \lambda_1 N_1(0)\,\mathrm{e}^{-\lambda_1 t}$ größer. So konnten auch die komplizierteren beobachteten Aktivitätsverläufe wie in Abb. 6.3 auf das einfache exponentielle Zerfallsgesetz zurückgeführt werden (nötigenfalls mit einer weiter fortgesetzten und/oder verzweigten Umwandlungskette).

**Langlebiges Mutternuklid und Radioaktives Gleichgewicht.** Als erstes Beispiel für Gl. (6.22) (mit $N_2(0) = 0$) nehmen wir den Fall eines langlebigen Mutternuklids $N_1$, z. B. den Anfang einer natürlichen Zerfallsreihe: $\tau_1 \gg \tau_2$ bzw. $\lambda_1 \ll \lambda_2$. Für Zeiten $\lambda_1 t \ll 1 \ll \lambda_2 t$ folgt näherungsweise: $\lambda_2 N_2(t) \approx \lambda_1 N_1(0)\,\mathrm{e}^{-\lambda_1 t} \;\Rightarrow\; A_2(t) \approx A_1(t)$ oder

$$\frac{N_2(t)}{N_1(t)} \approx \frac{\tau_2}{\tau_1} = \text{const.} \tag{6.23}$$

Dies wird „Radioaktives Gleichgewicht“ genannt, ist eigentlich aber nur der (quasi-)-stationäre Zustand dieses Fließgleichgewichts. Vorher steigt das kurzlebige Tochternuklid $N_2(t)$ gemäß $N_1 \rightarrow N_2$ zunächst durch mehrere Lebensdauern $\tau_2$ an, bis eine Menge erreicht ist, bei der der weitere Zerfall $N_2 \rightarrow N_3$ die fortdauernde Zufuhr ausgleicht. Die Aktivitäten von Mutter- und Tochter-Substanz (und auch die von weiteren kurzlebigen Nukliden in einer Zerfallsreihe) sind und bleiben dann gleich und fallen gemeinsam mit der längsten Halbwertzeit – das ist hier immer $\tau_1$ – ab. Beispiele sind die natürlichen Zerfallsreihen. Gleichung (6.23) zeigt auch den Weg, wie schon um 1905 die wirklich großen Halbwertzeiten von deren Muttersubstanzen Uran-238 und Thorium-232 bestimmt werden konnten, obwohl diese selber in handhabbaren Mengen noch gar keine gut messbare Aktivität zeigen. Man musste dazu nur in einer Probe im radioaktiven Gleichgewicht (also in einem natürlichen Mineral) die Aktivität $A_i$ eines der kurzlebigen Tochternuklide und mittels Atomgewicht und Avogadro-Zahl aus der wägbaren Menge der langlebigen Muttersubstanz deren Atomanzahl $N_1$ bestimmen. Aus $A_i = A_1$ und $A_1 = N_1/\tau_1$ ergibt sich dann die gesuchte Lebensdauer $\tau_1$.

**Langlebiges Tochternuklid.** Im entgegengesetzten Grenzfall ist $N_2$ stabil, d. h. $\lambda_2 = 0$. Für das Anwachsen der Tochter folgt $N_2(t) = N_1(0)(1 - \mathrm{e}^{-\lambda_1 t})$. $N_2(t)$ steigt genau so an wie $N_1(t)$ abnimmt. Nach mehreren Lebensdauern ($t \gg \tau_1$) hat sich praktisch alles $N_1$ in $N_2$ umgewandelt.
Nun sei $N_2$ „fast“ stabil, d. h. sehr langlebig verglichen mit $N_1$. Dann gilt für $t \gg \tau_1$: $N_2(t) \approx N_1(0)\,\mathrm{e}^{-\lambda_2 t}$. Innerhalb weniger $\tau_1$ hat sich $N_1$ schnell total in $N_2$ umgewandelt, und dies zerfällt langsam mit seiner Zeitkonstante $\tau_2$.

## 6.3 $\alpha$-Strahlung

Von Anfang an erregte die hohe Energie der $\alpha$-Teilchen Aufsehen. Sie machte sich beim Hantieren mit radioaktiven Präparaten sogar durch eine fühlbare Erwärmung bemerkbar, was auch die erste Bestimmung ihrer Energie ermöglichte: mehrere MeV pro $\alpha$-Teilchen, das Millionenfache bisher bekannter Energie-Umsätze. Rutherford erkannte als erster, mit welcher anderen Eigenschaft der von ihm entdeckten Struktur der Atome dies in Zusammenhang zu bringen sein könnte. Der Gedankengang war damals recht abwegig, aber Rutherford machte ihn 1911 ohne Zögern zugleich mit der Entdeckung des Kerns bekannt: Die $\alpha$-Teilchen könnten ihre kinetische Energie durch elektrostatische Abstoßung von einem *positiv* geladenen Kern gewonnen haben.

Rutherfords Motiv dabei: Er war auf der Suche nach Argumenten für eine *positive* Kernladung. (Das Vorzeichen ist aus der Streuung nicht zu entnehmen, denn die Formeln enthalten nur $(Ze)^2$ – vgl. Gl. (3.17).)

**Frage 6.6.** *Man kann in populären Darstellungen hin und wieder lesen, das positive Vorzeichen der Kernladung sei daran erkannt worden, dass die zu-*

*rück gestreuten $\alpha$-Teilchen abgestoßen worden sein müssen. Warum ist das Argument falsch?*

**Antwort 6.6.** *Auch bei anziehender Kraft kann sich Rückstreuung ergeben. Das $\alpha$-Teilchen ist dann „hinter dem Kern" herum geflogen, wie ein Komet um die Sonne (vgl. Abb. 2.6 auf S. 34).*

Das positive Vorzeichen der Kernladung konnte ab 1913 als gesichert gelten, nachdem das Bohrsche Atommodell die Energien der charakteristischen Röntgenstrahlung vorhergesagt hatte, die von Rutherfords Mitarbeiter Moseley erfolgreich bestätigt werden konnten. Demnach steht auch fest, dass die $\alpha$-Teilchen vor ihrer Emission mit Sicherheit zum Kernverband gehören. Aber wie sollen sie da herauskommen und in einem Abstand $\rho_0$ vom Kernmittelpunkt im leeren Raum einfach auftauchen, um ihre dortige potentielle Energie nach $E_{\mathrm{pot}}(r=\rho_0)=E_{\mathrm{kin}}(r=\infty)$ in die in „unendlicher Entfernung" gemessene kinetische Energie umzuwandeln? Da der Kernradius $R_{\mathrm{Kern}}$ viel kleiner ist als $\rho_0$ (wie man bald durch Streuversuche mit $\alpha$-Strahlen höherer Energie bemerkt hatte – siehe Abschn. 3.4), liegt zwischen $R_{\mathrm{Kern}}$ und $\rho_0$ ein elektrostatischer Potentialberg mit $E_{\mathrm{pot}}(r) > E_{\mathrm{kin}}(\infty)$: Nach der klassischen Physik ein absolutes Hindernis für die Teilchen auf dem Weg von innen nach außen, für dessen Überwindung auch Rutherford natürlich keinerlei Erklärung anbieten konnte. Dennoch hat allein das Bemerken solcher zahlenmäßig möglicher Zusammenhänge seinen wissenschaftlichen Wert. Rutherfords Idee erwies sich 17 Jahre später sogar als vollkommen richtig. Eine empirische Beziehung zwischen der Halbwertzeit des Strahlers und der kinetischen Energie der emittierten $\alpha$-Teilchen spielte dabei eine wichtige Rolle, um der Erklärung dieses Vorgangs durch die Quantenmechanik[40] Überzeugungskraft zu verleihen.

### 6.3.1 Empirische Beziehung zwischen Übergangsrate und $\alpha$-Energie

Beobachtete Halbwertzeiten von $\alpha$-Strahlern variieren über eine Spannweite von 25 Zehnerpotenzen (Stand 1920er Jahre) – wohl eine der größten Bandbreiten einer speziellen physikalischen Materialeigenschaft, die man bis dahin direkt beobachtet hatte.

Trägt man die Halbwertzeiten zusammen mit der kinetischen Energie der $\alpha$-Teilchen – der anderen leicht messbaren physikalischen Größe – in einem *„scatter plot"* auf (halblogarithmisch, siehe Abb. 6.9), zeigt sich ein offensichtlicher Zusammenhang. Dies legt einen durchgängig wirksamen Mechanismus nahe, durch den die $\alpha$-Energie (obwohl sie nur um einen Faktor $\sim$2 variiert) die Halbwertzeit determiniert. Indes kannte man aus der klassischen Physik keinen Effekt, der bei dieser relativ geringen Variation des vermutlich maßgeblichen Parameters eine so enorme Spannweite im Resultat erklären könnte.

[40] siehe Abschn. 6.3.2

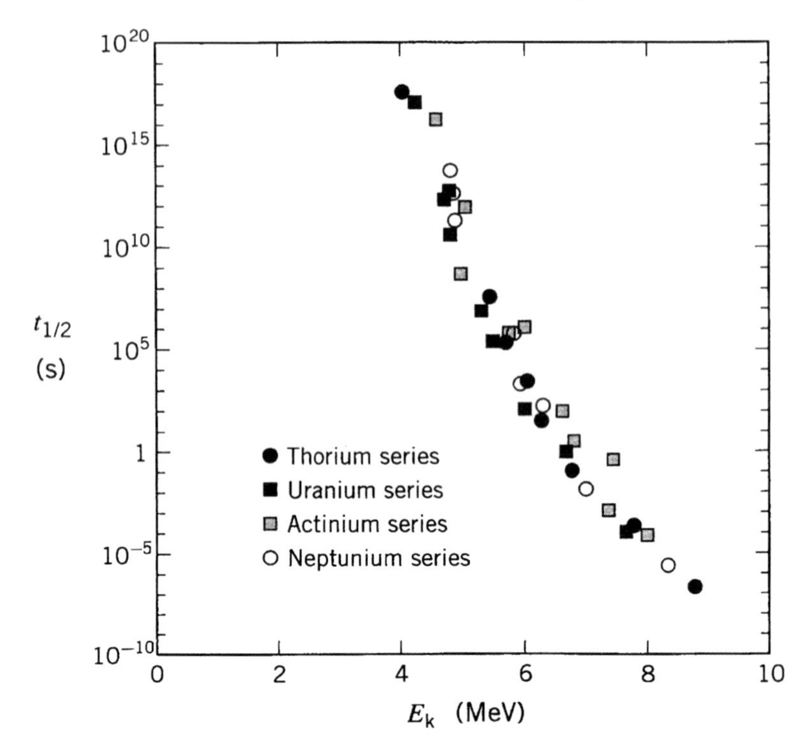


**Abb. 6.9** Halbwertzeiten vs. $\alpha$-Teilchen-Energie $E_\alpha$ von natürlichen (und im Fall der Neptunium-Reihe künstlichen) $\alpha$-Strahlern: eine fast universelle Kurve, wobei $T_{\frac{1}{2}}$ über 25 Zehner-Potenzen variiert, die kinetische $E_\alpha$ als offenbar maßgeblicher Parameter aber nur um einen Faktor $\sim$2. (Uranium series = Uran-238-Reihe, Actinium series = Uran-235-Reihe.) (Aus [157])

Als einen ersten Schritt der Analyse kann man nach einer Darstellung suchen, in der die Kurve linearisiert wird. Dies gelang schon um 1912 H. Geiger und J. Nuttal, indem sie für die damals bekannten $\alpha$-Strahler statt der Energie den Logarithmus der Reichweite ($R_\alpha$) in Luft als Parameter wählten. Dank der klareren Struktur fiel nun auf, dass es statt der einen universellen Kurve besser für jede Zerfallsreihe eine eigene Gerade geben sollte (Abb. 6.10).

Einem physikalischen Verständnis war man damit aber kein bisschen näher gekommen – bis George Gamov 1928 mit einer spektakulären Anwendung der (jungen) Quantenmechanik aufwartete, dem Tunneleffekt.

## 6.3.2 Tunneleffekt

**Eine richtige Vorhersage?** Eine der umstrittensten Folgerungen der 1926 eingeführten Schrödinger-Gleichung war, dass die Aufenthaltswahrscheinlichkeit eines Teilchens auch dort nicht sofort ganz verschwindet, wo es nach dem Energiesatz

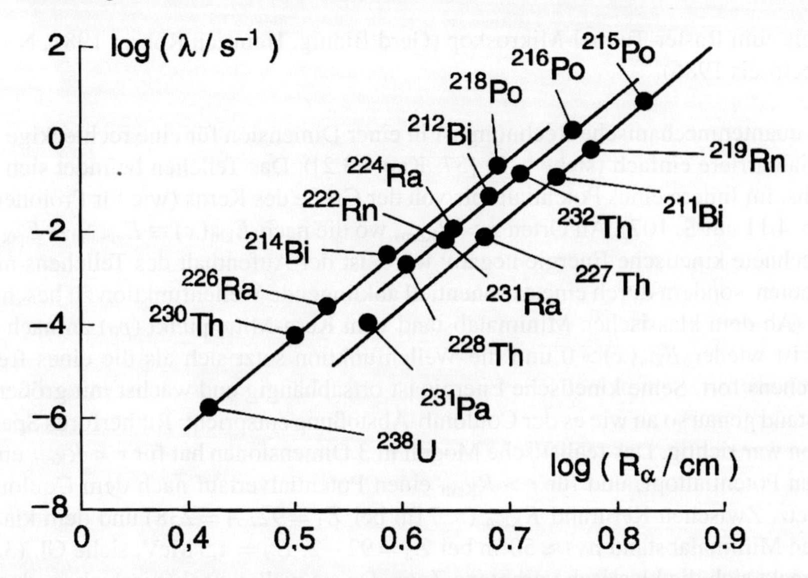


**Abb. 6.10** In der Auftragung nach Geiger und Nuttal – Zerfallskonstante gegen Reichweite der $\alpha$-Strahlen in Luft, doppelt-logarithmisch – sieht man für jede der drei natürlichen Zerfallsreihen eine eigene *Gerade*. (Die gegenüber Abb. 6.9 umgekehrte Steigung entsteht durch die umgekehrte Orientierung der *y-Achse*, weil $\lambda \propto T_{\frac{1}{2}}^{-1}$.) (Abbildung aus [58])

nicht mehr hinfliegen dürfte: Als ob in den Potentialberg ein Tunnel führen könnte. Eine direkte Überprüfung dieses schlagenden Widerspruchs zur klassischen Mechanik scheitert – sowohl im *„gedanken experiment"* (so der international verbreitete Begriff aus der frühen Diskussion um die Bedeutung der quantenmechanischen Formeln) als auch real. Für die dabei erforderliche Ortsauflösung wäre eine so kurzwellige Beleuchtung nötig, dass durch die hohe Energie ihrer Quanten die gewünschte Aussage über die Energie des beleuchteten (streuenden) Teilchens unmöglich gemacht würde (Heisenbergs „Ultramikroskop").[41]

Die Entdeckung, dass der Tunnel, wenn er nicht nur in den Potentialberg hinein, sondern ganz hindurch und auf der andere Seite wieder hinaus führen könnte, den $\alpha$-Zerfall und seine Halbwertzeiten erklären könnte, war daher eine Sensation und machte ihren Autor George Gamov und den Tunneleffekt selber weltberühmt. Selbst Rutherford „begann an die Quantenmechanik zu glauben" (nach [176, S. 181]).

Der Tunneleffekt (für die äußersten Elektronen der Hülle) ist auch ganz wesentlich verantwortlich für die chemische Bindung (Walter Heitler und Fritz London 1928, Linus Pauling (Nobelpreis für Chemie 1954)) und für andere Arten der Anziehung zwischen neutralen Atomen oder Molekülen. Heutige technische Anwendungen des Tunneleffekts reichen vom Transistor (William B. Shockley, John Bardeen, Walter H. Brattain 1948, Nobelpreis 1956)

[41] Für genaueres Verstehen wird hier Kenntnis des Compton-Effekts vorausgesetzt, der erst in Abschn. 6.4.3 behandelt wird.

bis zum Raster-Tunnel-Mikroskop (Gerd Binnig, Heinrich Rohrer 1981, Nobelpreis 1986).

Die quantenmechanische Rechnung ist in einer Dimension für eine rechteckige Potentialbarriere einfach (siehe z. B. [57, Kap 4.3.2]). Das Teilchen befindet sich zunächst im Innern eines Potentialtopfs von der Größe des Kerns (wie für Protonen in Abb. 4.11 auf S. 107). An Orten $x > R_{\text{Kern}}$, wo die nach $E_{\text{kin}}(x) \equiv E_{\text{gesamt}} - E_{\text{pot}}(x)$ berechnete kinetische Energie negativ wäre, ist der Aufenthalt des Teilchens nicht verboten, sondern durch eine exponentiell abklingende Wellenfunktion zu beschreiben. Ab dem klassischen Minimalabstand vom Kern-Mittelpunkt ($\rho_0$) an nach außen ist wieder $E_{\text{kin}}(x) > 0$ und die Wellenfunktion setzt sich als die eines freien Teilchens fort. Seine kinetische Energie ist ortsabhängig und wächst mit größerem Abstand genau so an wie es der Coulomb-Abstoßung entspricht: Rutherfords Spekulation war richtig. Das realistische Modell in 3 Dimensionen hat für $r < R_{\text{Kern}}$ einen tiefen Potentialtopf, und für $r > R_{\text{Kern}}$ einen Potentialverlauf nach dem Coulomb-Gesetz. Zwischen Kernrand $R_{\text{Kern}}$ ($\approx 7$ fm bei $Z_1 = 92$, $A = 238$) und dem klassischen Minimalabstand $\rho_0$ ($\approx 50$fm bei $Z_2 = 92 - 2$, $E_\alpha = 4{,}5$ MeV, siehe Gl. (3.3)) erstreckt sich die klassisch verbotene Zone. Da sie wellenmechanisch aber „durchtunnelt" werden kann, ist ein im Potentialtopf befindliches $\alpha$-Teilchen in einem Niveau $E_{\text{gesamt}} > 0$ also gar nicht wirklich gebunden.

Genau hieran hatte J.R.Oppenheimer 1927 den ganzen Effekt theoretisch entdeckt. Er fügte in die einfache Schrödinger-Gleichung für das H-Atom ein äußeres elektrisches Feld ein und fand, dass es dann überhaupt keine gebundene Eigenfunktion mehr geben kann. Auch bei schwächster Feldstärke würde in irgendeinem großen Abstand die potentielle Energie unter die Energie des 1s-Zustands fallen, und die ortsabhängige Eigenfunktion muss dort wieder die Form einer ein- oder auslaufenden Welle annehmen. Als Beispiel rechnete er die Lebensdauer des gebundenen H-Atoms in einem Feld 1V/cm aus: $10^{10^{10}}$ s. Dies theoretische Ergebnis, dem zufolge sicher auch alle anderen Atome instabil sind, steht allein wegen seiner astronomischen Höhe nicht im Widerspruch zu irgendeiner Beobachtung. Es kann jedoch das Zutrauen in die verbreitete Denkweise erschüttern, mit der wir aus ganz sicheren Alltags-Erfahrungen (wie die von der absoluten Stabilität der Materie) durch induktives Schließen ein Naturgesetz machen.

**Gamov-Faktor.** Die Näherungsrechnung (siehe z. B. [58, Kap. 3.3]) ergibt für das Verhältnis der Aufenthaltswahrscheinlichkeiten vor und hinter dem Potentialberg ein Resultat der Form eines *Gamov-Faktors* $\mathrm{e}^{-G}$ mit dem Exponenten

$$
\begin{aligned}
G &= \frac{2}{\hbar} \int_{R_{\text{Kern}}}^{\rho_0} \sqrt{V(r) - E_\alpha}\,\mathrm{d}r \\
&\propto \frac{Z_2}{\sqrt{E_\alpha}} \cdot \text{eine schwach veränderliche Funktion } \; f(R_{\text{Kern}}, Z_2, E_\alpha)\,.
\end{aligned}
\tag{6.24}
$$

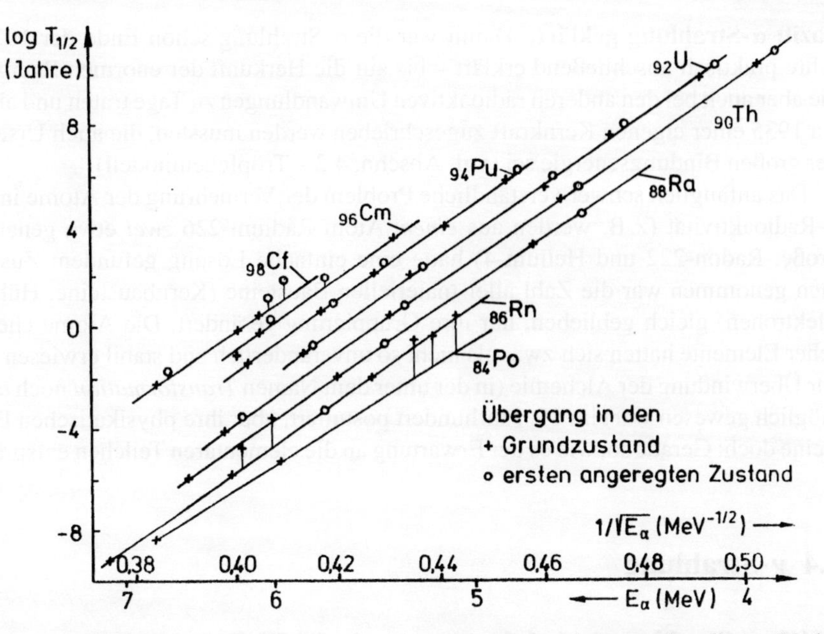


**Abb. 6.11** Halbwertzeit vs. Energie der $\alpha$-Strahler aufgetragen nach der aus dem Gamov-Modell erwarteten linearen Formel. Jede *Linie* gehört zu einem Element ($Z$ am chem. Symbol angegeben, auch künstliche Elemente sind aufgeführt, aus [143]). (Hier ist die $x$-*Achse* anders herum orientiert als in Abb. 6.9)

Das Integral erstreckt sich über die ganze Länge des Tunnels, also den klassisch verbotenen Bereich mit $(V(r) - E_\alpha) > 0$.

Wenn $e^{-G}$ als Tunnelwahrscheinlichkeit interpretiert wird, kann man für die Übergangsrate $\lambda \propto e^{-G}$ erwarten. (Für den nötigen Proportionalitätsfaktor dazwischen – interpretiert als Zahl der Versuche pro Sekunde, den Tunnel zu finden – wurden abenteuerlich naive, mechanische Vorstellungen entwickelt.) Man sollte also $\log \lambda$ vs. $1/\sqrt{E_\alpha}$ auftragen und würde eine Gerade für *jedes Z* (nicht für die verschiedenen $Z$ in *einer* Zerfallsreihe wie in Abb. 6.10) erwarten – was sich sehr gut bestätigt (siehe Abb. 6.11).

**Eine richtige Vorhersage.** Dieser Erfolg trug auch erheblich zur Anerkennung der Quantenmechanik bei, zum einen durch die Bestätigung des von ihr vorausgesagten klassisch undenkbaren Tunneleffekts, zum anderen aber ebenso dadurch, dass ihre Gültigkeit auch außerhalb der Elektronenhülle demonstriert werden konnte. Entgegen allgemeiner Zweifel wurde damit um 1928 deutlich, dass die Quantenmechanik auch auf die Kerne anwendbar ist. Insbesondere stimmten die Kernradien $R_{\mathrm{Kern}}$, die aus dem Gamov-Faktor (Gl. (6.24)) zurückgerechnet werden konnten, sehr gut mit denen aus der anomalen Rutherford-Streuung (siehe Abschn. 3.4) überein. (Prominente Zweifler an der Quantenmechanik für Kerne gab es trotzdem weiter – siehe Abschn. 4.1.4 und 6.5.2).

**Fazit: $\alpha$-Strahlung geklärt.** Damit war die $\alpha$-Strahlung schon Ende der 1920er Jahre praktisch abschließend erklärt – bis auf die Herkunft der enormen Energien, die aber auch bei den anderen radioaktiven Umwandlungen zu Tage traten und ab etwa 1935 einer eigenen Kernkraft zugeschrieben werden mussten, die auch Ursache der großen Bindungsenergie sei (vgl. Abschn. 4.2 – Tröpfchenmodell).

Das anfänglich schwer verständliche Problem der Vermehrung der Atome in der $\alpha$-Radioaktivität (z. B. werden aus *einem* Atom Radium-226 *zwei* etwa genau so große: Radon-222 und Helium-4) hatte eine einfache Lösung gefunden: Zusammen genommen war die Zahl aller materiellen Bausteine (Kernbausteine, Hüllen-Elektronen) gleich geblieben, nur ihre Gruppierung verändert. Die Atome chemischer Elemente hatten sich zwar als nicht so unveränderlich und stabil erwiesen wie zur Überwindung der Alchemie (in der unter dem Namen *Transformation* noch *alles* möglich gewesen war) im 19. Jahrhundert postuliert, aber ihre physikalischen Bausteine doch: Gerade so, wie es der Erwartung an die elementaren Teilchen entsprach.

## 6.4 $\gamma$-Strahlung

### *6.4.1 $\gamma$-Strahlen sind elektromagnetische Wellen*

**„Bloß" elektromagnetische Wellen?** Auch die 1900 von Paul Villard entdeckte $\gamma$-Strahlung ionisiert die durchstrahlte Materie, obschon viel lockerer als $\alpha$- und $\beta$-Strahlung, und ist genau deshalb auch viel durchdringender als diese. Der Grund liegt darin, dass $\gamma$-Strahlung selber weder Ladung noch Masse trägt. Sie wird daher von elektrischen oder magnetischen Feldern auch nicht abgelenkt. Da sie zur Fortpflanzung kein Medium braucht, äußerte Villard sogleich die Vermutung, $\gamma$-Strahlung sei nichts wesentlich Neues, sondern verwandt mit der 1895 entdeckten Röntgenstrahlung, und beide seien bloß Wellen gemäß der Maxwellschen Elektrodynamik. Das vergleichsweise geringe Interesse der Wissenschaftler damals an der $\gamma$-Strahlung drückt sich z. B. auch darin aus, dass sie ihren heute geläufigen Namen nicht von ihrem Entdecker erhielt (der sie gar nicht weiter erforschte), sondern erst drei Jahre später von Rutherford, der sie ausdrücklich hinter der $\alpha$- und $\beta$-Strahlung einordnete.

Wie wenig man aber damals die elektromagnetische Strahlung physikalisch verstanden hatte, wurde dann innerhalb weniger Jahre klar. Erster Markstein war das schon öfter erwähnte Plancksche Gesetz der Wärmestrahlung, ebenfalls von 1900, und oft als der Anfang der Modernen Physik betrachtet. Einstein konnte 1905 daraus den Quantencharakter der elektromagnetischen Wellen herausarbeiten und entdeckte damit den ersten Welle-Teilchen-Dualismus. Ein halbes Jahrhundert schwieriger experimenteller und theoretischer Entwicklungen später hatte sich auch der Begriff der elektromagnetischen Strahlung selbst weiter entwickeln müssen: von der Ätherschwingung zum quantisierten Photonenfeld, und die *Quanten-Elektrodynamik* war zur exaktesten physikalischen Theorie aller Zeiten geworden, Wegweiser auch für das Verständnis der beiden anderen fundamentalen Wechselwirkungen zwischen den elementaren Teilchen.[42]

Nach der Entdeckung des Quantencharakters der elektromagnetischen Wellen lag das größte Rätsel in der *Entstehung* dieser Strahlung in Form einzelner Energie-Quanten, wobei die Frequenz der Welle auch noch durch $E = \hbar\omega$ bestimmt wird statt – wie es nach den in der ganzen Elektrotechnik bewährten Maxwellschen Gleichungen sein müsste – durch die Frequenz eines Wechselstroms in einer Antenne. Die Postulate des Bohrschen Atommodells (1913) waren für dies Rätsel keine Lösung, vielmehr zugespitzter Ausdruck des Gegensatzes zur klassischen Physik. Grund genug, auch in den folgenden Abschnitten die *Entstehung* der $\gamma$-Quanten erst als letzten Punkt (Abschn. 6.4.6) zu behandeln.

**Wechselwirkung, klassisch.** Aber nicht nur die Entstehung der $\gamma$-Quanten, auch ihre dann folgenden Wechselwirkungsprozesse in der bestrahlten Materie, insbesondere deren Ionisierung, waren mit der klassischen Elektrodynamik nicht mehr zu verstehen. Es sei daran erinnert, dass es die Unmöglichkeit einer klassischen Erklärung des Photoeffekts von UV-Licht (also Quanten von einigen eV) an Metallen war, womit Einstein 1905 die Notwendigkeit seiner Lichtquanten-Hypothese begründete. Er wagte es, diesen „unmöglichen" Prozess einfach zu überspringen und für dessen End-Ergebnis einen Energie-Erhaltungssatz zu postulieren: $h\nu = E_{\mathrm{kin}} + W$, d. h. aus der Photonen-Energie $h\nu \equiv \hbar\omega$ muss die Austrittsarbeit $W$ aufgebracht werden, der Rest wird zur kinetischen Energie $E_{\mathrm{kin}}$ des Elektrons.[43]

Zur Übung vergewissere man sich der analogen Probleme mit Röntgen- oder $\gamma$-Strahlen:

**Frage 6.7.** *Man versuche (aus dem heutigen Wissen), anhand typischer Größenordnungen der charakteristischen Parameter die Schwierigkeiten nachzuempfinden, die die klassische Physik mit der Ionisation von Atomen durch Photonen mit Energien von* keV *oder* MeV *haben musste.*

**Antwort 6.7.** *Hier nur zwei der zahlreichen unmöglichen Wege:*

*(1. Versuch:* Kräfte*) Damit die eintreffende Welle mit ihrem elektrischen Wechselfeld ein schnell kreisendes Elektron aus seinem gebundenen Zustand reißen kann, wird man annehmen müssen, dass ein Wellenberg sich mindestens*

*– räumlich über die ganze Kreisbahn und*
*– zeitlich über einen Umlauf erstreckt,*
*weil sich sonst Kräfte mit verschiedenem Vorzeichen ergeben und daher leicht zu Null mitteln würden.*

*Beide Bedingungen verlangen eine gewisse Mindest-Wellenlänge – z. B. (Wert aus der Luft gegriffen):* $\lambda \gtrsim 10$ *Atomdurchmesser* $\approx 1$ nm. *Dann ist die Quanten-Energie aber schon auf maximal* 1 000 eV *beschränkt.*[44] *Wie ein* MeV*-Photon bei tausendmal schnellerer Schwingung und tausendmal kürzerer Wellenlänge nennenswerte Kraft auf ein Elektron ausüben kann, ist nicht zu sehen.*

---

[42] mehr dazu in Kap. 9, 12 und 13

[43] Nur für solche Prozesse gilt der Begriff *Photoeffekt* im strengen Sinn.

[44] Bezugswerte zur schnellen Abschätzung: zu rotem Licht gehört $\lambda \approx 630$ nm und $\hbar\omega \approx 2$ eV.

*(2. Versuch:* Energien*) Die Welle muss die für die Ionisierung nötige Energie enthalten, und zwar im räumlichen Bereich der Bewegung des Elektrons, also etwa eines Atomdurchmessers (und, wie die Experimente lehren, ohne jede Notwendigkeit einer Fokussierung, also in freier Ausbreitung in Form einer Kugelwelle mit dem emittierenden Kern im Mittelpunkt). Nimmt man ca.* 10 eV *für die Ionisierungsenergie, ist diese Bedingung selbst für ein mit* 10 MeV *emittiertes, also verhältnismäßig energiereiches Quant nicht mehr erfüllbar, wenn es sich nur weiter als* $10^2$ *Atomdurchmesser (also über mehr als* $10^6$ *Atomvolumen) ausgebreitet hat. Überdies müsste diese Bedingung bei weiterer (makroskopischer!) Entfernung immer schwerer zu erfüllen sein, der Wirkungsquerschnitt (pro bestrahltem Atom) also mit der Entfernung von der Quelle ins bodenlose abnehmen.*

*Fazit: Diese Erklärungs-Versuche führen in die Sackgasse.*

**Wellen.** Immerhin konnte der *Wellen*-Charakter der $\gamma$-Strahlung von Rutherford 1914 bestätigt werden, auf die gleiche Weise, mit der dies kurz vorher für die Röntgenstrahlung gelungen war: durch ihre Beugung an Kristallen (Max von Laue 1912, Nobelpreis 1914; gleichzeitig wurde damit das von den Kristallographen schon länger vermutete Kristall-Gitter bestätigt). Rutherford untersuchte die Beugung von $\gamma$-Strahlung eines Radium-Präparats an einem NaCl-Kristall ([163, 162]). Er fand dabei zunächst die Interferenzmaxima von schon bekannten charakteristischen Röntgenstrahlen bestimmter Elemente wieder.

Zum Beispiel treten bei Braggscher Beugung an NaCl die Glanzwinkel $\theta_{\text{Bragg}} = 12°$ und $\theta_{\text{Bragg}} = 10°$ auf, entsprechend den Wellenlängen $\lambda = 0{,}10$ bzw. 0,12 nm, die für die charakteristische $L_\alpha$- und $L_\beta$-Strahlung aus der Atomhülle des Elements Blei bekannt sind (Photonen-Energie von etwa 12 bzw. 10 keV). Dass auf solche Art die Ordnungszahl $Z$ der beteiligten Kerne ermittelt werden konnte, hier also das Vorkommen von Blei ($Z = 82$) in einem Radium-Präparat ($Z = 88$), trug erheblich zur Aufklärung verwickelter radioaktiver Zerfallsketten bei.

Jedoch war bekannt, dass die $\gamma$-Strahlung des Radium auch Anteile mit noch höherer Durchdringungsfähigkeit als die (damalige) Röntgenstrahlung hatte. Daher wurde auch bei kleineren Glanzwinkeln nach Interferenzmaxima gesucht, bis unter 1° – was hohe Experimentierkunst verlangte. Das erste dort gefundene Maximum entsprach der damals unerhört kleinen Wellenlänge $\lambda \approx 7\,\text{pm} = 0{,}007\,\text{nm}$. Unter der (richtigen) Arbeitshypothese, es sei eine elektromagnetische Welle, gehört dazu die Quantenenergie

$$E_\gamma \left( = \hbar\omega = \hbar c \frac{\omega}{c} = \hbar c \cdot \frac{2\pi}{\lambda} \approx 200\,\text{eV nm} \cdot \frac{2\pi}{7\,\text{pm}} \right) \approx 180\,\text{keV}.$$

Das ist weit mehr als in der Atomhülle möglich.

**Frage 6.8.** *Wie groß ist die höchste vorkommende Bindungsenergie in Atomen ungefähr?*

**Antwort 6.8.** *Für* $Z = 1$ *(Wasserstoff) ist die Bindungsenergie* $E_{\text{B}}(Z) \approx 13{,}5\,\text{eV}$. *In Abhängigkeit von* $Z$ *wächst* $E_{\text{B}}(Z)$ *mit* $Z^2$.

*(Bohrsches Atommodell: Ein Faktor Z für das stärkere Coulomb-Feld des Kerns, ein zweiter Faktor Z für den Z-fach kleineren Abstand des K-Elektrons vom Kern, zusammen $\propto Z^2$. Vergleiche auch das aus dem Bohrschen Modell gewonnene Moseley-Gesetz für die Röntgen-Energien aus den K-Schalen der verschiedenen Elemente.)*

*Mit* $Z = 92$ *folgt* $E_{\rm B}(Z) \approx 13{,}5 \cdot 92^2$ eV $\approx 115$ keV.

Es handelt sich hier um die für eine 226-Ra-Quelle charakteristische Strahlung von (genauer) 186 keV. Ihre Wellenlänge war mit 7 pm zwar eine Größenordnung kleiner als die der Röntgenstrahlen oder der Durchmesser des Atoms, aber trotzdem noch ca. 1 000fach größer als der Radius des Kerns, in dem sie entstanden ist.

Die Bezeichnung $\gamma$-Strahlung wurde nach dieser Entdeckung bald nur noch für die Photonen benutzt, die eindeutig nicht von der Elektronenhülle ausgehen. Abgesehen von ihrem anderen Entstehungsort zeigen sie aber (bei gleichen Quanten-Energien) keinerlei grundsätzliche Unterschiede zur Röntgenstrahlung oder anderer elektromagnetischer Strahlung aus irgendeiner Quelle.[45]

**Wechselwirkung, quantenhaft: elastischer Stoß.** Auf der Grundlage des Wellencharakters der elektromagnetischen Strahlung kann, wie oben erwähnt, ihre ionisierende Wirkung nicht verstanden werden. Um so wichtiger war die Erkenntnis Anfang der 1920er Jahre, dass ein möglicher Mechanismus dieser Wechselwirkung ein elastischer Stoß eines Photons mit einem Elektron ist, ganz wie bei der Ionisierung durch schnelle geladene Teilchen (analog zur Bohrschen Theorie von 1913, Abschn. 2.2). Arthur H. Compton konnte 1923 diesen Prozess für Röntgen-Quanten nachweisen (Nobelpreis 1927). Sie gehen mit verringerter Quanten-Energie aus so einem Stoß hervor, weil sie einen Teil ihrer Energie auf das (dadurch hochenergetisch gemachte) Rückstoßelektron übertragen haben. Compton konnte die gemessene Aufteilung der Energie nachrechnen, wenn er dem Strahlungs-Quant die Teilchen-Eigenschaften $E = \hbar\omega$ und $|\vec{p}| = E/c$ zuschrieb und die Gültigkeit von Energie- und Impulserhaltung verlangte. Diese Erhaltungssätze der klassischen Physik wurden im atomaren Bereich damals noch heftig bezweifelt, gerade auch von Niels Bohr. Die erfolgreiche Deutung der Compton-Streuung (Abschn. 6.4.3) war daher – wenn auch noch nicht der endgültige Durchbruch – doch ein großer Schritt zur Anerkennung dieser einheitlichen Prinzipien der Physik.

**Wechselwirkung, quantenhaft: Wirkungsquerschnitt.** Nun sagen aber die Erhaltungssätze nur aus, welche Prozesse verboten und welche erlaubt sind, jedoch nichts darüber, ob und mit welcher Häufigkeit die erlaubten wirklich auftreten. Um mit dem gefundenen Mechanismus die große (aber nicht unendlich große) Durchdringungsfähigkeit der $\gamma$-Strahlung zu erklären, wurde eine Theorie der Wechselwirkung zwischen dem Photon und dem Elektron benötigt, die für die Wirkungs-

---

[45] Selbst die häufig gebrauchte Unterscheidung nach Energien ist nicht absolut sondern relativ zu einem Bezugssystem. Denn der Änderung der Frequenz der Welle und damit der Energie des Quants durch den Doppler-Effekt sind keine Grenzen gesetzt. (Siehe z. B. Paarvernichtung im Fluge – Abschn. 6.4.5.)

querschnitte von Photoeffekt und Compton-Streuung kleine Werte,[46] aber eben nicht Null ergibt.

Dafür bot sich nach den oben angedeuteten Fehlschlägen mit Konzepten der klassischen Physik nun ab 1925 die neue Quantenmechanik von Heisenberg und Schrödinger an, für die Dirac schon 1926 eine Störungsrechnung entwickeln konnte. Nach Dirac braucht man diesmal das Photon nur wieder bei seinen Welleneigenschaften zu nehmen, genauer: als *elektromagnetische* Welle. Dann hat das Elektron in eben dieser elektromagnetischen Welle eine (oszillierende) potentielle Energie, die als Störoperator in die Goldene Regel eingesetzt werden kann (Gl. (6.11)). Mit dem Endzustand in Gestalt eines wegfliegenden Elektrons liefert die Goldene Regel eine Übergangsrate für den Photoeffekt, wenn für den Anfangszustand ein gebundenes Elektron gewählt wird, und für den Compton-Effekt, wenn der Anfangszustand der eines freien Elektrons ist. Die Übergangsraten können nach Gl. (6.12) auch als Wirkungsquerschnitte $\sigma$ ausgedrückt werden – egal ob mit dem Teilchen- oder dem Wellenbild im Kopf (Abschn. 3.2.3 bzw. 5.3). Nach dieser Rechnung kommt $\sigma$ tatsächlich vollständig im Einklang mit dem großen, aber nicht unendlichen Durchdringungsvermögen der $\gamma$-Strahlung heraus, nämlich um Größenordnungen kleiner als die Atomfläche, aber eben nicht Null – und bis in den MeV-Bereich genau mit der experimentell beobachteten Energie-Abhängigkeit.

Dies ist eins der vielen Beispiele, wo die klassische Physik nur zwischen möglichen und unmöglichen Prozessen entscheiden kann, die Quantentheorie aber einen kontinuierlichen Wertebereich von Wahrscheinlichkeiten, Übergangsraten oder Wirkungsquerschnitten bietet – wie im vorigen Abschn. 6.3.2 beim Tunneleffekt auch.

Nur zur Erklärung der Abweichungen oberhalb 1 MeV musste ein noch einmal ganz neuartiger Prozess entdeckt werden, die *Erzeugung von Paaren von Teilchen und Antiteilchen* (siehe Abschn. 6.4.5). Zur gleichen Zeit (um 1930) lernte man, in der Quantentheorie die gesamte elektromagnetische Wechselwirkung in einheitliche Formeln zu fassen, mit denen auch die quantenhafte Emission von Licht, Röntgen- und $\gamma$-Strahlung nachgerechnet werden konnte (mehr in Abschn. 6.4.6). Erst damit war Villards frühe Vermutung über die elektromagnetische Natur der $\gamma$-Strahlung endgültig bestätigt.

## 6.4.2 Exponentielle Abschwächung in Materie

**Exponential-Gesetz.** Bevor in den nächsten Abschnitten die mikroskopischen Prozesse der Wechselwirkung zwischen $\gamma$-Strahlung und Materie genauer diskutiert werden, hier ein kurzer und eher phänomenologischer Exkurs, der auch für den praktischen Umgang mit $\gamma$-Strahlung wichtig ist. Das gegenüber der $\alpha$- und $\beta$-Strahlung viel größere Durchdringungsvermögen von $\gamma$-Strahlung geht einher mit

[46] Klein wogegen? Gegen die Querschnittsfläche $\pi R^2_{\mathrm{Atom}}$ des Atoms.

der Beobachtung einer *allmählichen* Abschwächung der Intensität $I$. Bei paralleler Bestrahlung einer Schicht kommt ein Teil $I(x)$ der einfallenden Intensität völlig ungeändert hindurch, er wird aber mit zunehmender Schichtdicke $x$ exponentiell schwächer:[47]

$$I(x) = I(0)\,\mathrm{e}^{-x/\ell}\,. \tag{6.25}$$

Dies Verhalten ist bei Licht in streuenden Medien als Beer-Lambert-Gesetz bekannt und gilt auch für Röntgenstrahlung. Im Unterschied dazu zeigen die geladenen Teilchen in Materie eine vergleichsweise genau bestimmte maximale Reichweite, kommen aber auch durch dünnste Schichten nicht unverändert hindurch, sondern haben dort immer schon etwas Energie abgegeben (vgl. die Anwendung der Rutherford Backscattering Spectroscopy zur Tiefen-Analyse, Abschn. 3.4).

Wieder haben wir ein Exponential-Gesetz (vgl. Zerfallsgesetz Gl. (6.1)), und wieder hat es eine einfache atomistische Deutung. Der Parameter $\ell$ ist die *mittlere Eindringtiefe* der $\gamma$-Quanten.[48] Aus einem atomistischen Bild ergibt sich $\ell$ einfach umgekehrt proportional sowohl zur räumlichen Dichte der Reaktionspartner $n_\mathrm{A}$ als auch zu deren Wirkungsquerschnitt $\sigma$:

$$\ell = \frac{1}{n_\mathrm{A}\sigma}\,. \tag{6.26}$$

$\sigma$ ist hier der *totale Wirkungsquerschnitt*, d. h. die gesamte Trefferfläche (pro in $n_\mathrm{A}$ mitgezähltem Reaktionspartner), um irgendeine der Reaktionen auszulösen, die aus dem einfallenden Strahl Intensität abzweigen.

**Frage 6.9.** *Wie kann man Gl. (6.25) und Gl. (6.26) einfach herleiten?*

**Antwort 6.9.** *Eine bestrahlte Fläche $A$ mit der Schichtdicke $\mathrm{d}x$ enthält $A\,\mathrm{d}x\,n_\mathrm{A}$ Streuzentren und repräsentiert damit eine gesamte Trefferfläche $A\,\mathrm{d}x\,n_\mathrm{A}\sigma$, gültig für Absorption aus dem Strahl, der in der Tiefe $x$ mit Intensität $I(x)$ einfällt. Dann ist die relative Abnahme der Intensität $-\mathrm{d}I/I(x)$ gleich dem Verhältnis beider Flächen: $-\mathrm{d}I/I(x) = A\,\mathrm{d}x\,n_\mathrm{A}\sigma/A$. Darin kürzt sich $A$ heraus, und Integration liefert die beiden gefragten Gleichungen (die ursprünglich von Clausius stammen, der 1859 so den Begriff mittlere freie Weglänge $\ell$ in die kinetische Gastheorie einführte – siehe Abschn. 1.1.1).*

*Einwand möglich?*
*Da die Herleitung der exponentiellen Abschwächung so allgemein formuliert werden kann – müsste sie dann nicht auch für $\alpha$-Teilchen gelten, die in einem dünnen parallelen Strahl durch die Nebelkammer fliegen, aber in ihrer Reichweite statt der exponentiellen Verteilung doch alle einen recht genau definierten gleichen Wert zeigen (vgl. Abschn. 2.1.2)?*

---

[47] Dabei baut sich unter Umständen ein starkes Strahlungsfeld aus gestreuter $\gamma$-Strahlung auf!

[48] Zur Berechnung von $\ell$ als Mittelwert der Exponential-Verteilung (Gl. (6.25)) siehe (Gl. (6.7)): Fast $\frac{2}{3}$ der Quanten werden vorher abgefangen, $\frac{1}{3}$ (genauer: 1/e) fliegen weiter – möglicherweise viel weiter.

*Das ist richtig, die Herleitung gilt aber nur für die Reichweitenverteilung bis zum ersten Stoß. Während nun $\gamma$-Quanten bis dahin im Mittel schon ein makroskopisch messbares Stück weit geflogen sind und dann (bei nicht zu hoher Energie) meist ganz absorbiert oder stark abgelenkt werden, macht das $\alpha$-Teilchen seine erste Ionisation schon ganz dicht an der Quelle, fliegt dann aber praktisch geradeaus weiter, macht in kurzem Abstand (der auch wieder exponentiell verteilt ist) die nächste Ionisierung u. s. w. und markiert so die deutlich sichtbare Bahn mit gut messbarer Gesamt-Reichweite.*

**Massenschwächungskoeffizient.** Für praktische Anwendungen wird das Abschwächungsgesetz besser in makroskopischen Größen ausgedrückt, statt mit der räumlichen Dichte der Atome $n_\mathrm{A}$ [$\mathrm{m}^{-3}$] also z. B. mit der makroskopischen Dichte $\rho$ [$\mathrm{kg\,m}^{-3}$]. Wegen $\rho = n_\mathrm{A} m_\mathrm{A}$ ($m_\mathrm{A}$ = Masse eines Atoms) ergibt sich einfach

$$I(x) = I(0)\,\mathrm{e}^{-n_\mathrm{A}\sigma x} = I(0)\,\mathrm{e}^{-\left(\frac{\sigma}{m_\mathrm{A}}\right)(\rho x)}\,. \tag{6.27}$$

Darin ist $\mu = \sigma/m_\mathrm{A}$ mit der Dimension [Fläche/Masse] der Wirkungsquerschnitt pro Masseneinheit, deshalb auch Massenschwächungskoeffizient genannt und für alle Elemente und Energien in praktischen Einheiten wie $\mathrm{m}^2$/kg tabelliert. Der andere Faktor $(\rho x)$ ist das dazu passende Maß für die Schichtdicke, ausgedrückt als Massenbelegung pro Fläche in der Einheit [kg/$\mathrm{m}^2$], eine auch für praktische Anwendung im Strahlenschutz geeignete Größe.

Technisch genutzte Materialien bestehen meist aus mehreren Elementen. Für die Berechnung der resultierenden Abschwächung muss man nur die Massenschwächungskoeffizienten der beteiligten Elemente entsprechend ihrem Anteil an der Massenbelegung der Schicht summieren. Aus der Beobachtung, dass diese Formel unabhängig von der chemischen und physikalischen Konstitution des durchstrahlten Materials immer richtige Ergebnisse liefert, wurde schon Anfang des 20. Jahrhunderts gefolgert, dass man es bei der Abschwächung der $\gamma$-Strahlen mit Wechselwirkungen mit einzelnen Atomen zu tun hatte. (Mehr: dieses Argument diente sogar zur Stützung der damals in den Augen mancher Wissenschaftler noch wackligen Atom-Hypothese.)

### *6.4.3 Compton-Streuung*

Arthur Compton fand 1923 den Elementar-Prozess der Wechselwirkung zwischen Photonen und Materie, als er mittels Braggscher Beugung Röntgenstrahlen analysierte, nachdem sie schon einmal an Materie gestreut worden waren. Er hatte eine Quelle vorwiegend monoenergetischer Strahlung bei etwa $\hbar\omega = 17\,\mathrm{keV}$, entsprechend um $\lambda \approx 0{,}07$ nm, und fand in der Streu-Strahlung neben der gleichen Wellenlänge auch eine neue Komponente mit etwas größerer Wellenlänge, also geringerer Frequenz. Das ist klassisch unverständlich, denn eine gestreute Welle gehört dort zum Phänomenkreis der eingeschwungenen erzwungenen Schwingung und kann keine andere Frequenz haben als die erregende Primärwelle. Die Vergrößerung der Wellenlänge zeigt sich bei allen Materialien, an denen gestreut wird, und zwar stets von gleicher Größe, muss also auf einer Wechselwirkung mit einem wirklich allgegenwärtigen Bestandteil beruhen. Sie hängt nur vom Streuwinkel $\theta_{\gamma\gamma'}$ ab und ist am größten bei Rückwärtsstreuung.

**Elastischer Stoß von Photon gegen Teilchen: Kinematik.** Zur Interpretation dieses Effekts nahm Compton zum ersten Mal das Lichtquant vollständig als „Teilchen" ernst (Nobelpreis 1927) und rechnete durch, was bei einem elastischen Stoß mit einem (ruhenden) Elektron passieren würde. Die Rechnung ist einfach, wenn man aus den beiden Gleichungen für Impuls- und Energieerhaltung je einen Ausdruck für die Größe $(cp_{\rm e})^2$ für das (unbeobachtete) gestoßene Elektron gewinnt, um diese dann durch Gleichsetzen zu eliminieren. Außerdem braucht man die immer gültige Energie-Impuls-Beziehung $E^2 = (cp)^2 + (mc^2)^2$ für *freie* Teilchen (mit $m = m_{\rm e}$ für das Elektron, $m = 0$ für das Photon, jeweils vor dem Stoß und danach).

Impuls-Erhaltung: $\vec{p}_\gamma - \vec{p}'_\gamma = \vec{p}_{\rm e}$
Quadrieren, Subtrahieren, Umstellen:

$$\left(c\vec{p}_\gamma - c\vec{p}'_\gamma\right)^2 = \left(c\vec{p}_{\rm e}\right)^2 ,$$

$$\left(c\vec{p}_\gamma\right)^2 + \left(c\vec{p}'_\gamma\right)^2 - 2c^2\left(\vec{p}_\gamma \cdot \vec{p}'_\gamma\right) = \left(c\vec{p}_{\rm e}\right)^2$$

[$E$-$p$-Beziehungen einsetzen:

$$E_\gamma \equiv cp_\gamma,\ E'_\gamma \equiv cp'_\gamma,\ \left(\vec{p}_\gamma \cdot \vec{p}'_\gamma\right) = p_\gamma p'_\gamma \cos\theta_{\gamma\gamma'}]$$

$$E_\gamma^2 + {E'_\gamma}^2 - 2E_\gamma E'_\gamma \cos\theta_{\gamma\gamma'} = \left(c\vec{p}_{\rm e}\right)^2 \qquad [**]$$

Energie-Erhaltung (in der gerade geeigneten Fassung): $E_\gamma - E'_\gamma + m_{\rm e}c^2 = E_{\rm e}$
Quadrieren, Subtrahieren, Umstellen:

$$\left(E_\gamma - E'_\gamma\right)^2 + 2\left(E_\gamma - E'_\gamma\right)m_{\rm e}c^2 + \left(m_{\rm e}c^2\right)^2 = E_{\rm e}^2$$

$$[\ E\text{-}p\text{-Beziehung subtrahieren: } \left(m_{\rm e}c^2\right)^2 \equiv E_{\rm e}^2 - \left(c\vec{p}_{\rm e}\right)^2]$$

$$\left(E_\gamma - E'_\gamma\right)^2 + 2\left(E_\gamma - E'_\gamma\right)m_{\rm e}c^2 = \left(c\vec{p}_{\rm e}\right)^2$$

$$E_\gamma^2 + {E'_\gamma}^2 - 2E_\gamma E'_\gamma + 2\left(E_\gamma - E'_\gamma\right)m_{\rm e}c^2 = \left(c\vec{p}_{\rm e}\right)^2 \qquad [*]$$

**Winkelabhängigkeit des Energieübertrags.** Subtrahiert man Gleichung [*] von [**], folgt

$$2E_\gamma E'_\gamma\left(1 - \cos\theta_{\gamma\gamma'}\right) - 2\left(E_\gamma - E'_\gamma\right)m_{\rm e}c^2 = 0 .$$

Dies nach $E'_\gamma$ aufgelöst ergibt die Compton-Formel:

$$\Rightarrow \frac{E'_\gamma}{E_\gamma} = \frac{1}{1 + \frac{E_\gamma}{m_{\rm e}c^2}\left(1 - \cos\theta_{\gamma\gamma'}\right)} . \tag{6.28}$$

Resultat: $E'_\gamma \leq E_\gamma$ , die Energie des Photons nach dem Stoß ist nach der Compton-Formel also wirklich kleiner als vorher, die Wellenlänge größer.

Für den Zuwachs der Wellenlänge $\lambda = 2\pi c/\omega = 2\pi\hbar c/E_\gamma$ ergibt sich daraus die einfache Beziehung $\Delta\lambda = \lambda_C(1-\cos\theta_{\gamma\gamma'})$, worin die Größenordnung des Effekts durch eine neue Längenskala bestimmt ist, die *Compton-Wellenlänge des Elektrons*,

$$\lambda_C = \frac{\hbar}{m_e c} = \frac{\hbar c}{m_e c^2} \approx \frac{200\,\text{MeV fm}}{0{,}511\,\text{MeV}} \approx 400\,\text{fm}\,. \tag{6.29}$$

Man sieht hier, dass die beiden universellen Naturkonstanten $\hbar$ und $c$ es ermöglichen, einer Masse eine Länge zuzuordnen. Auch dies war eine bedeutende Entdeckung „nebenbei". (Für eine epochemachende Anwendung siehe Abschn. 11.1.1 – Yukawa-Hypothese zur Reichweite der Kernkraft.)

Dies Ergebnis stimmt quantitativ exakt zu der gemessenen Vergrößerung der Wellenlänge. Trotzdem handelt es sich, dem ganzen Ansatz nach, um einen *elastischen* Stoß – etwas Anderes (Reibung, Deformation?) ist für Elementarteilchen wie Photon und Elektron ja auch schlecht vorstellbar.

Weitere Folgerungen aus der Compton-Formel:

- $E'_\gamma$ kann nie Null sein, sondern hat (bei Rückwärts-Streuung, $\cos\theta_{\gamma\gamma'} \approx -1$) eine untere Grenze:

$$E'_\gamma \geq E_{\text{min}} = \frac{E_\gamma}{1+2E_\gamma/(m_e c^2)}\,. \tag{6.30}$$

- Je nach Streuwinkel $\cos\theta_{\gamma\gamma'}$ variiert $E'_\gamma$ zwischen $E_{\text{min}}$ und dem Anfangswert $E_\gamma$, der für Vorwärtswinkel (Grenzfall $\cos\theta_{\gamma\gamma'} \to 1$) ungestört erhalten bleibt.
- Die relative Breite $\Delta E'_\gamma/E_\gamma$ der ganzen winkelabhängigen Variation ist also $2E_\gamma/m_e c^2$.

Dimensions-Betrachtung: Diese „relative Breite" ist eine reine Zahl, und eine andere als das Verhältnis der Energien des $\gamma$-Quants und des (ruhenden!) Elektrons kann man aus den charakteristischen Parametern des Prozesses nicht bilden. Ergo: $\Delta E'_\gamma/E_\gamma = f(E_\gamma/(m_e c^2))$ mit einer gewissen parameterfreien Funktion $f$, in diesem Fall $f(x) = 2x$.

Bei Comptons eigenen Messungen ($E_\gamma = 17\,\text{keV}$) war die relative Änderung der Energie bzw. Wellenlänge also höchstens $2E_\gamma/(m_e c^2) \approx 2\cdot 17\,\text{keV}/500\,\text{keV} = 7\%$. Der Effekt wird mit steigender $\gamma$-Energie aber immer stärker, was häufig so umschrieben wird: „Der Quanten-Charakter tritt um so deutlicher zu Tage, je kleiner die Wellenlänge der Strahlung ist."

**Compton-Effekt bei Lichtquanten?** Im Allgemeinen wird mit dem Begriff Compton-Effekt nur die Streuung von Röntgen- oder $\gamma$-Quanten an einzelnen Elektronen bezeichnet. Aber wurde diese Einschränkung für die physikalischen Argumente in der eben dargestellten Ableitung überhaupt benutzt? Muss nicht vielmehr die

Compton-Formel (Gl. (6.28)) für jeden Stoß von Photonen mit massebehafteten Teilchen gelten? Was sagt sie für Lichtquanten oder UV-Strahlung voraus? Bei – sagen wir: 1,5 bis 15 eV – ist $E_\gamma$ und damit der maximale Effekt $\Delta E'_\gamma / E_\gamma$ noch 1 000-mal kleiner als in Comptons Experimenten, beträgt damit aber immer noch etwa ($10^{-6}$–$10^{-4}$). Der Compton-Effekt sollte daher schon mit typischer spektroskopischer Genauigkeit bei Licht zu beobachten gewesen sein! Warum geschah das nicht? Wenn die Elektronen gebunden sind (und wegen der geringen Photonenenergie es auch bleiben müssen), muss das Atom als ganzes den Rückstoß aufnehmen.[49] Es darf dabei auch noch nicht einmal angeregt werden, denn in der Herleitung der Compton-Formel (Gl. (6.28)) gehen wir von einem elastischen Stoß aus. Die Größe $mc^2$ in Gl. (6.28) ist dann die Atommasse, ca. $10^4$-mal größer als beim Stoß mit einem einzelnen Elektron, und der Energieverlust der gestreuten Quanten wird doch wieder unbeobachtbar klein. Fazit: Die Compton-Formel gilt immer, wenn die Voraussetzung „elastischer Stoß“ gegeben ist.

**Compton-Effekt: „elastisch“ oder „inelastisch“?** Selbst $\gamma$-Quanten mit Energien, die schon mühelos für die Ionisierung ausreichen würden, können mit gewisser Wahrscheinlichkeit auch mit einem ganzen Atom elastisch stoßen. Dabei werden die $Z$ Elektronen des Atoms geringfügig, aber kohärent gestört,[50] und die entstehenden (schwachen) Streuwellen wirken alle kohärent zusammen (vgl. Abschn. 5.5). Dadurch steigt die Streu-*Intensität* etwa wie $\propto Z^2$ an (jedenfalls solange $\lambda_{\gamma\text{-Quant}} > 2R_{\text{Atom}}$). Wegen der großen Masse des Rückstoß-Atoms ist der Energieübertrag vernachlässigbar, weshalb man dies auch die „elastisch gestreute“ Strahlung nennt. Bei Braggscher Beugung ist der Stoßpartner des Quants sogar der ganze Kristallit ($N \gg 10^6$ Atome). Dies aber nur für diejenigen Quanten, die nicht „inelastisch gestreut“ wurden (d. h. keinen Compton-Effekt mit einem einzelnen Elektron machen). Daher zeigen kristallographische Beugungsbilder entsprechend starke Interferenz-Maxima (mit Intensitäten $\propto N^2$). In Comptons eigenem Experiment[51] machten die Quanten also zwei Stöße nacheinander: einen mit einem einzelnen Elektron, Compton-Effekt genannt, den zweiten mit dem Kristallit, Braggsche Reflexion genannt.

Diese durchaus gebräuchliche Unterscheidung in *elastische* und *inelastische* Streuung erscheint im Zusammenhang mit Comptons ursprünglichem Ansatz vielleicht unangebracht. Sie hat aber ihre Berechtigung, wenn man als Stoßpartner nicht das einzelne Rückstoß-Elektron im Blick hat, sondern das ganze Atom oder gleich den ganzen Kristallit. Wenn bei einem Compton-Effekt im engeren Sinne das Atom ionisiert wurde bzw. der Kristall nun ein hochangeregtes Elektron enthält, bleiben diese also in einem Zustand zurück, in dem ein innerer Freiheitsgrad angeregt ist, Kennzeichen des inelastischen Stoßes (der sicher am Ende eine Erwärmung bewirkt). Wird – bei der kohärenten Streuung – aber kein Elektron

---

[49] Das ist auch analog zu der in der Bohrschen Theorie der Abbremsung von $\alpha$-Teilchen gewonnenen Erkenntnis, dass eine Mindest-Energie übertragen werden muss (vgl. Abschn. 2.2.3), um überhaupt einen Stoß mit einem *einzelnen* Elektron auszulösen.

[50] ohne dass sie definitiv in andere Zustände übergehen (Störungstheorie in 2. Ordnung)

[51] in dem er die gestreute Strahlung durch Braggsche Reflexion analysierte

einzeln angeregt, dann bleibt das Atom bzw. der Kristallit (abgesehen vom Rückstoßimpuls) in seinem Ausgangszustand, und das heißt gerade „elastischer Stoß". So entsteht Streustrahlung ohne merklichen Energieverlust, d. h. mit gleicher Frequenz, und für sie liefert auch die klassische Elektrodynamik schon das richtige Resultat. Dies ist die Rayleigh-Streuung, benannt nach Lord Rayleigh, demselben, der auch in Abschn. 1.1.1 schon als einer der Entdecker der Edelgase genannt wurde.

**Zweifelsfragen.** So weit zu Comptons 1923 gefundener Interpretation des Stoßes Photon-Elektron mittels der Impuls- und Energie-Erhaltung. Es wurde schon in Abschn. 6.4.1 erwähnt, dass zu dieser Zeit den Erhaltungssätzen noch nicht ihre heutige zentrale und unangefochtene Rolle zuerkannt worden war. Zum Beispiel versuchte Bohr eine Theorie aufzustellen, in der die beiden Erhaltungssätze nur im Mittel über viele Stöße gewährleistet werden. Es gelang Compton aber 1925, ein *kinematisch vollständiges* Experiment durchzuführen, also nicht nur das gestreute Photon nachzuweisen, sondern auch das jeweils zugehörige gestoßene Elektron, und zwar gleichzeitig und unter dem richtigen Winkel. Das setzte den Zweifeln an dem Bild von einem elastischen Stoß ein Ende.

Doch warf diese hier so erfolgreiche Erklärung sofort ein neues Problem auf: Sie macht den Photoeffekt, d. h. die vollständige Energie-Übergabe eines Photons an ein Elektron, unmöglich. Man sieht das sofort und ganz allgemein daran, dass das gestreute Photon eine Mindest-Energie $E'_\gamma > 0$ haben muss, also nicht verschwunden sein kann. Die Compton-Formel gilt zwar nur für das Bezugssystem, in dem das Elektron vor dem Stoß ruhte, aber wenn es ein gestreutes Photon (gleich welcher Energie) in diesem bestimmten Bezugssystem geben muss, dann auch in jedem anderen (Relativitäts-Prinzip). Wie dies Problem sich wenige Jahre später in der Quantenmechanik auflösen würde, war nicht vorherzusehen.[52]

**Elastischer Stoß von Photon gegen Teilchen: Dynamik.** Für die Wahrscheinlichkeit des Compton-Effekts – also für den Wirkungsquerschnitt $\sigma_{\text{Compton}}$ des Stoßes – wurden verschiedene Berechnungen probiert. Als erste gab 1929 die Formel von Klein und Nishina die Experimente richtig wieder und ist in experimenteller wie theoretischer Hinsicht auch heute noch gültig. Sie war die erste erfolgreiche Anwendung der von Dirac 1928 aufgestellten relativistisch korrekten Wellengleichung für das freie Elektron,[53] kam aber doch eher zufällig zu einem richtigen Ergebnis, weil es für die Erzeugung des gestreuten Photons damals nur halb-klassische Rezepte gab. Erst die Quanten-Elektrodynamik konnte etwas später die heute gültige Begründung nachliefern.[54]

Für die vollständige Klein-Nishina-Formel muss auf speziellere Literatur verwiesen werden. Hier gehen wir nur auf den Grenzwert bei sehr niederenergetischen (langwelligen) Photonen kurz ein. Der Compton-Wirkungsquerschnitt für ein Elektron wird dann gleich dem *Thomson-Querschnitt,* benannt nach J.J. Thomson (der-

---

[52] siehe Abschn. 6.4.4

[53] die erst in Abschn. 10.2 behandelt werden kann

[54] siehe auch Abschn. 9.6 und Kasten 9.3 auf S. 404

selbe von Abschn. 1.1), der Anfang des Jahrhunderts die klassischen Theorie der Streuung elektromagnetischer Wellen an freien Elektronen ausgearbeitet hatte.

Thomsons Theorie hatte damals einen bedeutenden Beitrag zu der Erkenntnis geleistet, dass die Anzahl der Elektronen im Atom jedenfalls nicht größer als etwa das chemische Atomgewicht sein könnte (abgeschätzt aus der Streuung von Röntgenstrahlung, siehe S. 16).

Der Thomson-Querschnitt für die Streuung von elektromagnetischen Wellen durch ein freies Elektron ist

$$\sigma_{\text{Thomson}} = \frac{8}{3}\pi r_{\text{e}}^2 . \tag{6.31}$$

**Klassischer Elektronen-Radius.** Darin ist $r_{\text{e}} \approx 1{,}4$ fm der „*klassische Elektronen-Radius*" (der zufällig ähnlich groß ist wie der Protonenradius).

Der klassische Elektronen-Radius ist einfach diejenige Größe mit Dimension [Länge], die man aufgrund *klassischer* Naturkonstanten aus Eigenschaften des Elektrons berechnen kann:

$$r_{\text{e}} \approx 1{,}4\,\text{fm} \quad \text{aus} \quad \frac{1}{2}\frac{e^2}{4\pi\varepsilon_0}\frac{1}{r_{\text{e}}} = m_{\text{e}}c^2 . \tag{6.32}$$

Zwei Anmerkungen:

- Mit der Relativitätstheorie fand man 1906 folgenden Sinn: Im Coulomb-Feld ist Energie gespeichert; die entspricht einer Masse. Handelt es sich um eine Punktladung, ist diese Masse unendlich, spart man aber eine Kugel aus, ergibt sich etwas endliches, beim Radius $r_{\text{e}}$ gerade die wirkliche Elektronenmasse. Anfang des 20. Jahrhunderts wurde $r_{\text{e}}$ tatsächlich als Radius eines materiellen Körperchens verstanden. Bei Streuversuchen von Elektronen an Elektronen war es deshalb besonders interessant, Stoßabstände unterhalb $r_{\text{e}}$ zu erreichen. Heute ist bis $10^{-3} r_{\text{e}}$ erreicht, doch das Elektron erwies sich noch stets als offenbar punktförmig.[55]
- Welcher Faktor unterscheidet $r_{\text{e}}$ von dem anderen charakteristischen Parameter gleicher Dimension für das Elektron, von der Compton-Wellenlänge $\lambda_{\text{C}}$? Während in $\lambda_{\text{C}} = \hbar/(m_{\text{e}}\,c)$ neben den fundamentalen Naturkonstanten $\hbar$ und $c$ vom Teilchen selbst nur die Masse eingeht, enthält die Definition von $r_{\text{e}}$ nach Gl. (6.32) auch dessen Ladung, und zwar in der für die Coulomb-Wechselwirkung maßgeblichen Kombination $e^2/(4\pi\varepsilon_0)$. Das Verhältnis beider Längen ist – wie könnte es anders sein – der dimensionslose Stärkeparameter der elektromagnetischen Wechselwirkung $\alpha = e^2/(4\pi\varepsilon_0\hbar c) \approx 1/137{,}036\ldots$, in diesem Fall einmal halbiert: $r_{\text{e}}/\lambda_{\text{C}} = \alpha/2$.

[55] Zu diesem bisher schärfsten Test siehe S. 468.

Für den Compton-Wirkungsquerschnitt pro Atom $\sigma_{\mathrm{Compton}}$ muss man $\sigma_{\mathrm{Thomson}}$ noch mit der Elektronen-Anzahl $Z$ multiplizieren (zur 1. Potenz, inkohärente Summierung – vgl. Abschn. 5.5), denn der Compton-Effekt trifft (praktisch) immer nur eins der Elektronen eines Atoms, und bei den in der Kernphysik typischen Photonen-Energien kann jedes von ihnen auch teilnehmen, da sie alle näherungsweise als ungebunden betrachtet werden dürfen. Da $\sigma_{\mathrm{Thomson}}$ etwa die Größe eines Kerns hat, bleibt auch $\sigma_{\mathrm{Compton}}$ wie erwartet um viele Größenordnungen kleiner als der Querschnitt eines Atoms.

Der klassische Grenzfall $\sigma_{\mathrm{Compton}} = Z\sigma_{\mathrm{Thomson}}$ ist auch der maximal mögliche Wirkungsquerschnitt für den Compton-Effekt an einem Atom. Mit steigender Energie nimmt $\sigma_{\mathrm{Compton}}$ von diesem Anfangswert ungefähr linear ab. Eine Näherung der Klein-Nishina-Formel für kleine Energien $E_\gamma \ll m_\mathrm{e}c^2$ ergibt:

$$\sigma_{\mathrm{Compton}} \approx \sigma_{\mathrm{Thomson}} Z[1-(2E_\gamma/(m_\mathrm{e}\,c^2)) \pm \ldots] \,. \tag{6.33}$$

In Abb. 6.12 stellt die pinkfarbene Kurve die Absorption durch Compton-Streuung in Blei dar. Die rote Kurve ergibt sich als totaler Absorptionsquerschnitt durch die in den nächsten Abschnitten besprochenen Effekte. Bei $\gamma$-Quanten um 2 MeV Energie ist der Compton-Effekt die häufigste Reaktion in Materie. Das hat mehrere praktisch wichtige Konsequenzen.

- Ein Detektor, der durch Absorption die Energie eines Quants feststellen soll, wird häufig nur den Energieanteil messen, der in seinem Material durch einen Compton-Effekt deponiert wurde, wobei das gestreute Photon den Restbetrag $E'_\gamma$ wieder mit nach draußen genommen hat. Die Folgen für die so aufgenommenen Spektren werden in Abschn. 6.4.8 beschrieben. Um die Chance zu erhöhen, dass das gestreute Quant den nächsten Photo- oder Compton-Effekt auch noch im energieempfindlichen Detektormaterial macht, werden die Detektoren für $\gamma$-Spektroskopie daher meist so groß wie möglich ausgelegt.
- Ein anfangs gut gebündelter Strahl von $\gamma$-Quanten fächert sich in Materie stark auf und erzeugt Streustrahlung in alle Richtungen. Die Energie der gestreuten Quanten ist zwar geringer, aber ihre Wechselwirkungswahrscheinlichkeit gerade darum höher (für den Photoeffekt, d. h. vollständige Absorption, sogar noch deutlicher als für den Compton-Effekt, s. u.). Der Strahl verteilt seine Energie diffus auf ein in allen drei Dimensionen ausgedehntes Gebiet von makroskopischer Größe. Das erschwert sowohl den Strahlenschutz als auch die mögliche Anwendung zur gezielten Strahlen-Behandlung, z. B. in der Tumor-Therapie (vgl. Abb. 2.10 auf S. 41).

## 6.4.4 *Photoeffekt*

**Warum nicht verboten?** Die Deutung des Photoeffekts als Stoß eines Photons mit einem Elektron scheint nach der Diskussion des Compton-Effekts ausgeschlossen: Vollständige Absorption des Photons ist ein Prozess, der nicht mit Energie- und Impulserhaltung vereinbar und daher streng verboten ist.

Noch einmal: Das kann man auch ganz ohne die Rechnung zum Compton-Effekt schnell so sehen. Wir gehen ins Ruhesystem des Elektrons *nach* der angenommenen Absorption; dort ist die Gesamtenergie einfach $E = m_e c^2$. Vor der Absorption muss aber $E > m_e c^2$ gelten, sowohl wegen des $\gamma$-Quants als auch wegen der Bewegung des Elektrons mit dazu entgegengesetztem Impuls. Dieser Prozess ist also durch die Energieerhaltung verboten, und wenn er es in einem Bezugssystem ist, ist er es nach dem Relativitätsprinzip in allen anderen auch.

Wie aber kann die Quantenmechanik dies Verbot aushebeln? Die Antwort klingt einfach, hat es aber in sich, denn sie beleuchtet auf neue Art die Grenze, die der Welle-Teilchen-Dualismus der Anschaulichkeit setzt: Für ein Teilchen in einem gebundenen Zustand *gibt es gar kein Ruhesystem*, in dem der obige Gegenbeweis greifen würde. Eine räumlich beschränkte Wellenfunktion enthält nämlich immer Anteile verschiedener Impuls-Eigenzustände, und die können in keinem Bezugssystem alle gleichzeitig den Impuls Null haben.

Der Mittelwert dieser Impuls-Verteilung ist $\langle \vec{p}_e \rangle = 0$, wenn das Teilchen in einem ruhenden Potentialtopf einen Energie-Eigenzustand einnimmt. Die Breite der Impuls-Verteilung kann man z. B. mit der Unschärferelation abschätzen. Man darf sie sich aber sogar auch durch die Kreisbewegung auf Bohrschen Bahnen veranschaulichen, wo zu jedem möglichen $\vec{p}_e$ auch $-\vec{p}_e$ vorkommt, solange man nicht den falschen Schluss zieht, in jedem einzelnen Moment habe das Elektron neben der festen Energie auch *einen* bestimmten Impulsvektor.[56] Dann gäbe es nämlich doch wieder ein (momentanes) Ruhesystem.

**Impuls-Wellenfunktion.** Bis hierher ist nur der Gegenbeweis aus der Welt geschafft. Davon unabhängig gilt zu zeigen, dass der Photoeffekt an einem gebundenen Elektron (mit Ortswellenfunktion $\psi(\vec{r})$ und Bindungsenergie $E_B > 0$ ) wirklich möglich ist. Gültig bleiben Energie- und Impulserhaltung $E'_e = E_e + E_\gamma$, $\vec{p}'_e = \vec{p}_e + \vec{p}_\gamma$, und die universellen Energie-Impuls-Beziehungen: für das Photon $E_\gamma = p_\gamma c$, für das heraus gestoßene *freie* Elektron $E'^2_e = (m_e c^2)^2 + (p'_e c)^2$. (Für das gebundene Elektron im Anfangszustand gilt $E_e = m_e c^2 - E_B$, da darf man diese Energie-Impuls-Beziehung gerade nicht auch noch fordern!) Wenn $E_\gamma > E_B$ (d. h. $E'_e > m_e c^2$), lässt sich aus diesen vier Bedingungen ausrechnen, welche Anfangsimpulse $\vec{p}_e$ des Elektrons für den Photoeffekt passen würden, weiter unten folgt ein Beispiel. Die Wahrscheinlichkeitsdichte, das gebundene Elektron mit einem dieser Impulse anzutreffen, ist gegeben durch das Absolut-Quadrat der *Impuls*wellenfunktion $\tilde{\psi}(\vec{p}_e)$, die das Skalarprodukt der Ortswellenfunktion $\psi(\vec{r})$ mit der Eigenfunktion zum Impuls $\vec{p}_e$ ist, also nichts Anderes als die räumliche Fourier-Transformierte

[56] Dieser Fehlschluss liegt nicht fern. Verbreitet ist der Versuch, sich die Wahrscheinlichkeitsdeutung der ausgedehnten Wellenfunktion so zu veranschaulichen: Das Elektron ist mal hier, mal da, und wo es häufiger ist, ist die Wahrscheinlichkeit entsprechend größer, es bei der Messung anzutreffen. Bei der kovalenten Bindung z. B. soll es die Hälfte der Zeit in einem, sonst in dem anderen Atomorbital sein. Genauso auch bei der Wellenfunktion für den Grundzustand im 1-dimensionalen Kasten, in der zwei entgegen gesetzt laufende Wellen mit jeweils wohldefiniertem Impuls sich zu einer stehenden Welle überlagern: Läuft das Teilchen abwechselnd „hin“ und „her“? Wendete man so ein Bild wörtlich an, wäre der Photoeffekt unmöglich.

von $\psi(\vec{r})$. In allen praktisch vorkommenden Fällen erstreckt sich die Impuls-Wellenfunktion im Prinzip über den ganzen (Impuls-)Raum (auch beim Gaußschen Wellenpaket, wo sie selber die Form eines Gaußschen Wellenpakets hat).

**Frage 6.10.** *Kennen Sie ein Gegenbeispiel, wo ein räumlich begrenzter (gebundener) Zustand einen endlichen Maximal-Impuls hat?*

**Antwort 6.10.** *Ein Teilchen in einem 1-dimensionalen Kasten: $\psi(x)$ ist hier eine stehende Welle (im Grundzustand z. B. mit $\lambda/2 =$ Länge des Kastens) und besteht daher aus zwei laufenden Wellen entgegengesetzter Richtung. $\tilde{\psi}(p)$ enthält also nichts als die zwei Impulseigenzustände zu $p = \pm 2\pi\hbar/\lambda$.*

Im Zustand des gebundenen Elektrons wird daher *mit einer gewissen Wahrscheinlichkeit* auch ein Anfangsimpuls $\vec{p}_\mathrm{e}$ vorkommen, der mit $\vec{p}_\mathrm{e}^{\,\prime} = \vec{p}_\mathrm{e} + \vec{p}_\gamma$ gerade zum richtigen Endimpuls $\vec{p}_\mathrm{e}^{\,\prime}$ des ins Freie beförderten Elektrons passt. Dass diese Wahrscheinlichkeit nicht Null ist, macht den ganzen Prozess überhaupt erst möglich, nach der Quantenmechanik jedenfalls.

**Vorüberlegung: Wirkungsquerschnitt klein.** Schätzen wir ab, welche Anfangsimpulse $p_\mathrm{e}$ gebraucht werden, beispielsweise für die größenordnungsmäßig typischen Werte

$$\begin{aligned} \gamma\text{-Energie:}\ E_\gamma &= 0{,}5\,\mathrm{MeV} \approx 1 m_\mathrm{e}c^2\,, \\ \text{Bindungsenergie des Elektrons:}\ E_\mathrm{B} &= 10\,\mathrm{keV} \approx 0{,}02 m_\mathrm{e}c^2\,. \end{aligned} \tag{6.34}$$

Der Impuls $p_\mathrm{e}'$ des herausgestoßenen Elektrons ergibt sich aus der Energie-Erhaltung dann so:

$$\begin{aligned} E_\mathrm{e}' = m_\mathrm{e}c^2 - E_\mathrm{B} + E_\gamma = (1 - 0{,}02 + 1) m_\mathrm{e}c^2 &\overset{!}{=} \sqrt{(m_\mathrm{e}c^2)^2 + (p_\mathrm{e}'c)^2}\,, \\ \text{also}\ \left(p_\mathrm{e}'c\right)^2 = (1{,}98^2 - 1)\left(m_\mathrm{e}c^2\right)^2 &\approx 3\left(m_\mathrm{e}c^2\right)^2 \\ \text{oder}\ p_\mathrm{e}' &\approx 1{,}7\, m_\mathrm{e}c\,. \end{aligned} \tag{6.35}$$

Zu diesem Impuls $p_\mathrm{e}'$ kann das $\gamma$-Quant maximal seinen eigenen Impuls $p_\gamma = E_\gamma/c = 1\, m_\mathrm{e}c$ beigetragen haben, also muss der Impuls des gebundenen Elektrons mindestens $p_\mathrm{e} \approx 0{,}7\, m_\mathrm{e}c$ gewesen sein (oder größer, wenn nicht alle Impulse parallel). Das bedeutet also eine beträchtliche kinetische Energie $E_{\mathrm{e,kin}}$, die das Elektron in seinem gebundenen Zustand gehabt haben muss. Um sie abzuschätzen nehmen wir kurz die Formel für ein freies Teilchen:

$$\left(E_{\mathrm{e,kin}} + m_\mathrm{e}c^2\right)^2 = \left(m_\mathrm{e}c^2\right)^2 + \left(0{,}7\, m_\mathrm{e}c^2\right)^2 \approx 1{,}5\left(m_\mathrm{e}c^2\right)^2\,.$$

Es folgt $E_{\mathrm{e,kin}} \approx (\sqrt{1{,}5} - 1)\, m_\mathrm{e}c^2 \approx 0{,}2\, m_\mathrm{e}c^2 \approx 100\,\mathrm{keV}$. Addiert man noch die oben angesetzte Bindungsenergie $E_\mathrm{B} = 10\,\mathrm{keV}$, muss der Potentialtopf an der Stelle, aus der das $\gamma$-Quant das Elektron herausschießen kann, also mehr als $-110\,\mathrm{keV}$ tief sein. Wo ist das der Fall?

Die *durchschnittliche* potentielle Energie des Elektrons ist jedenfalls nur $\langle E_\mathrm{pot}\rangle = -2\langle E_\mathrm{B}\rangle = -20\,\mathrm{keV}$. Das kann man dem Virial-Satz der Mechanik entnehmen: In einem durch Coulomb-Kraft gebundenen Teilchen-System ist die durchschnittliche kinetische Energie immer genau so groß wie die Bindungsenergie $E_\mathrm{B}$, und die durchschnittliche potentielle Energie daher immer genau das (negative) Doppelte davon. Nur sehr dicht am Kern kann die Wellenfunktion des Elektrons Komponenten mit der hohen geforderten kinetischen Energie enthalten. Die Wahrscheinlichkeit für die Absorption des $\gamma$-Quants beim Durchqueren eines Atoms ist also sehr gering. Dies gilt schon bei den gewählten typischen Größenordnungen von $E_\gamma$ und $E_\mathrm{B}$, und wird mit steigendem $E_\gamma$ noch deutlicher. Wie beim Compton-Effekt kommt also auch für den Photoeffekt ein Wirkungsquerschnitt $\sigma_\mathrm{photo} \ll \pi R^2_\mathrm{Atom}$ heraus, wieder im Einklang mit der hohen Durchdringungsfähigkeit der $\gamma$-Strahlung.

**Messwerte.** Nach dieser vereinfachten orientierenden Vorüberlegung kann man für $\sigma_\mathrm{photo}$ die relativ größten Werte dann erwarten, wenn das gebundene Elektron in einem Atom mit *hoher* Kernladung auf einer *inneren* Schale sitzt und das Photon eine möglichst *geringe* Energie hat. Allerdings muss $E_\gamma > E_\mathrm{B}$ sein, sonst ist der Photoeffekt verboten und der Wirkungsquerschnitt Null. Diese Schwelle heißt Absorptions-Kante. Ansonsten ist der Einfluss von $E_\mathrm{B}$ auf die obige Abschätzung aber fast zu vernachlässigen. Entscheidend für den Photoeffekt ist offensichtlich, dass das gebundene Elektron eine Impulsverteilung fern der Energie-Impuls-Bedingung für ein freies Elektron hat.

Diese Überlegung wird durch die Experimente voll bestätigt. Abb. 6.12 zeigt die Verhältnisse für Blei ($Z=82$). Die blau gepunktete Kurve (bei kleinen Energien von der schwarzen Kurve für den totalen Wirkungsquerschnitt überdeckt) stellt den Photoeffekt dar. Ab der „$K$-Kante", der Schwellenenergie $E_\mathrm{B} = 88$ keV für die tiefste Schale, machen die beiden $K$-Elektronen allein einen um ein Vielfaches höheren Beitrag zum Gesamtwirkungsquerschnitt des Atoms als die übrigen 80 Elektronen mit geringerer Bindungsenergie zusammen.

Die genauere Berechnung mit Fermis Goldener Regel (Gl. (6.11)) wurde auch schon oben erwähnt (Abschn. 6.4.1), kann aber auch hier nur angedeutet werden. In dem Matrixelement $M_\mathrm{fi} = \langle \Psi_\mathrm{fin} | \hat{H}_\mathrm{WW} | \Psi_\mathrm{ini} \rangle$ setzt man für $\Psi_\mathrm{ini}$ die gebundene Wellenfunktion ein, für $\Psi_\mathrm{fin}$ die ebene Welle des hinausgestoßenen Elektrons, und für $\hat{H}_\mathrm{WW}$ die zeitabhängige potentielle Energie $e\Phi(\vec{r},t)$ des Elektrons im Feld der elektromagnetischen Welle, die das $\gamma$-Quant repräsentieren soll. Für die Berechnung des anderen Faktors, die Zustandsdichte, gibt Kap 6.5.7 ein Beispiel (Gl. (6.47)). Für die $K$-Schale ergibt sich der Wirkungsquerschnitt (näherungsweise und nur für $E_\mathrm{B} < E_\gamma < m_\mathrm{e}c^2$) zu

$$\sigma_\mathrm{photo} \approx \sigma_\mathrm{Thomson} \cdot (4\sqrt{2}\alpha^4) Z^5 (m_\mathrm{e}c^2/E_\gamma)^{7/2} . \tag{6.36}$$

Wie beim Compton-Effekt wird die Größenordnung von $\sigma_\mathrm{photo}$ also einerseits durch den klassischen Streuwirkungsquerschnitt $\sigma_\mathrm{Thomson}$ bestimmt (ein anderer Maßstab mit der Dimension einer Fläche lässt sich aus den charakteristischen Parametern des Vorgangs ja auch gar nicht bilden). Anders als beim Compton-Effekt kann aber der zusätzliche dimensionslose Zahlenfaktor hier sehr groß werden: bis zu $10^4$ bei

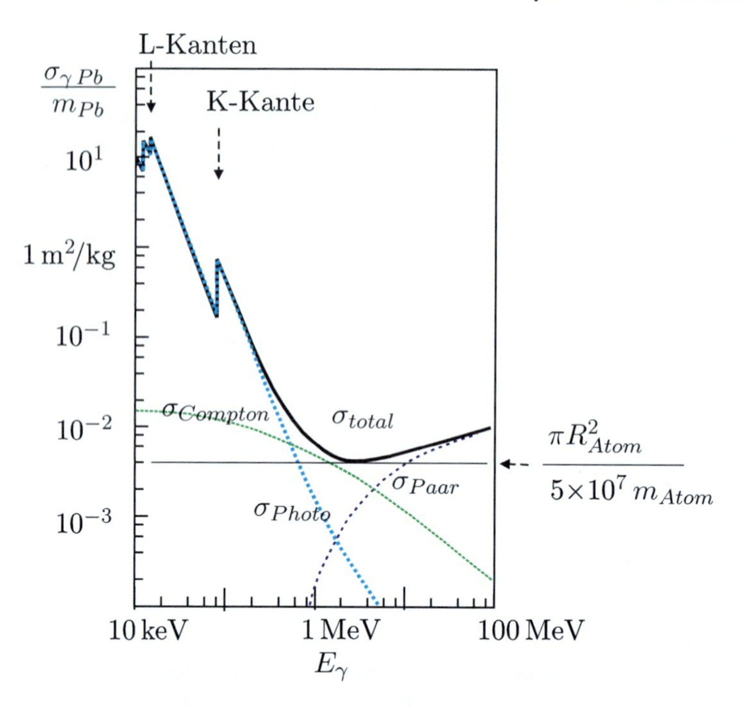


**Abb. 6.12** Absorptionswirkungsquerschnitt für $\gamma$-Quanten von 10 keV bis 100 MeV an Bleiatomen, log-log-Plot. Die *Ordinate links* gibt den Quotienten Wirkungsquerschnitt/Atommasse an, der identisch mit dem Massenschwächungskoeffizienten ist – Abschn. 6.4.2. Damit kann man für den praktischen Strahlenschutz leicht die abschirmende Wirkung einer Schicht Blei ablesen, deren Massenbelegung (in kg/m$^2$) bekannt ist. *Schwarze Kurve*: totaler Absorptionsquerschnitt. Bei $E_\gamma \approx 3$ MeV durchläuft er ein flaches Minimum, wo die Trefferfläche, die jedes Bleiatom den $\gamma$-Quanten entgegen stellt, nur der 50-Millionste Teil seines geometrischen Querschnitts $\pi R^2_{\text{Atom}}$ ist. Die höchste Absorption wird bei kleiner Energie erreicht: Photoeffekt (*blau gepunktet*). Die Elektronen in den verschiedenen Schalen tragen erst ab ihrer Bindungsenergie bei (*L*- und *K*-Kanten), dann aber mehr als alle schwächer gebundenen Elektronen zusammen. Im Bereich 1 MeV $< E_\gamma < 5$ MeV dominiert der Compton-Effekt (*grün gepunktet*), bei höherer Energie allmählich ansteigend die Paarbildung (*lila gepunktet*)

schweren Atomen und kleinen Energien.[57] Hier übertrifft der Wirkungsquerschnitt für Photoeffekt den für Compton-Effekt also um drei Größenordnungen, bleibt aber immer noch viel kleiner als die Querschnittsfläche des ganzen Atoms.

Compton-Streuung und Photoeffekt sind die beiden Wechselwirkungen von $\gamma$-Quanten mit Materie, die noch auf der Grundlage eines gewöhnlichen (aber schon quantenmechanischen) Atom-Modells verstanden werden können. Bei steigender $\gamma$-Energie wird ab einigen MeV aber ein neuer Effekt vorherrschend, dessen Wir-

[57] Der numerische Koeffizient ist zwar sehr klein: $4\sqrt{2}\alpha^4 \approx 1{,}6\cdot 10^{-8}$. Er wird aber durch die hohen Potenzen der $Z$- und $E_\gamma$-Abhängigkeit leicht kompensiert, wie zum Beispiel im Fall eines $\gamma$-Quants von 100 keV in Blei ($Z=82$): $Z^5 \approx 40\cdot 10^8$, $(m_e c^2/E_\gamma)^{\frac{7}{2}} \approx 5^{\frac{7}{2}} \approx 300$, alles zusammen $1{,}6\cdot 40\cdot 300 \approx 2\cdot 10^4$.

kungsquerschnitt ansteigt und der auch zu ganz neuen Einsichten über Elektronen und Photonen führt: Paar-Erzeugung.

### *6.4.5 Paarerzeugung und Vernichtungsstrahlung*

Hochenergetische $\gamma$-Quanten sind viel weniger durchdringend als nach den stark abnehmenden Wirkungsquerschnitten für Photoeffekt und Compton-Streuung zu erwarten. Man sah das schon in den 1920er Jahren bei Beobachtungen der Höhenstrahlung mit Wilson-Kammern (*Meitner-Hupfeld-Effekt*). Das zeigt einen weiteren Wechselwirkungsprozess der $\gamma$-Quanten mit Materie an, der uns jetzt einen ersten tiefen Einblick in die „richtige" Elementarteilchenphysik gestattet.

Sobald man in den 1950er Jahren gelernt hatte, mit Szintillationsdetektoren Energie-Spektren aufzunehmen, war bei hochenergetischen monoenergetischen $\gamma$-Quanten deutlich zu sehen, was passierte. Man beobachtete neben der Spektrallinie zur vollen Energie $E_\gamma$ („Photopeak") oft zwei Satelliten-Linien bei $E_\gamma - m_\mathrm{e}c^2$ und $E_\gamma - 2m_\mathrm{e}c^2$, und dann auch immer eine dem einfachen „Fehlbetrag" entsprechende Linie zur Energie $m_\mathrm{e}c^2 = 511\,\mathrm{keV}$.

**Antiteilchen.** Zur Deutung, auch wenn zunächst in einer einfachen Darstellung, müssen wir weit ausholen (genaueres dann in Abschn. 9.7.6 und 10.2). Paul Dirac gelang es 1928, das relativistisch korrekte Gegenstück zur Schrödinger-Gleichung zu finden. Statt die klassische Gleichung $E = p^2/2m$ in Operatoren zu schreiben, musste er dabei von $E = \sqrt{(mc^2)^2 + (pc)^2}$ ausgehen. Die so entstehende *Dirac-Gleichung* war äußerst erfolgreich (z. B. bei der Erklärung des Elektronenspins und seiner anomalen magnetischen Wechselwirkung, der Feinheiten des H-Spektrums weit über die Schrödinger-Gleichung hinaus, sowie beim Compton-Effekt – siehe vorigen Abschnitt 6.4.3 und weiter Abschn. 9.7.3 und 10.2.5). Dabei stellte sich aus mathematischen Gründen aber heraus, dass die negative Wurzel und die dazu gehörenden Zustände negativer Energie $E = -\sqrt{(mc^2)^2 + (pc)^2}$ nicht wie in der klassischen Mechanik üblich wegdiskutiert werden dürfen. Eine Interpretation dieser Zustände wurde nötig. Erklärungsbedürftig ist insbesondere, warum nicht alle Elektronen aus den normalen (und bisher allein bekannten) Zuständen positiver Energie längst in diese tiefer liegenden, aber nie beobachteten Zustände negativer Energie übergegangen sind, z. B. unter Abstrahlung eines Photons mit der Differenzenergie, also von mindestens $2m_\mathrm{e}c^2$. Diracs mutige Antwort: Das Pauli-Prinzip verbietet es, denn diese Zustände sind alle schon besetzt! Warum wir von dieser „Diracschen Unterwelt" nichts bemerken? Weil sie einfach immer da sei, sozusagen als Hintergrund jeglicher Realität. Beobachtbar seien nur Abweichungen von ihrem ungestörten, gleichmäßig gefüllten Zustand. Solche Störungen sind leicht auszumalen: Eins der Elektronen negativer Energie wird durch Absorption eines $\gamma$-Quants in ein Niveau positiver Energie gehoben; dazu ist mindestens $E_\gamma = 2m_\mathrm{e}c^2 \approx 1{,}02\,\mathrm{MeV}$ nötig. Das ist Diracs Vorschlag für den bei hohen $\gamma$-Energien gesuchten neuen Absorptionsprozess. Was würde man von dem Prozess bemerken? Erstens ein neu aufgetauchtes Elektron gewohnter (positiver) Energie, und zweitens dessen Fehlen in der vorher kompletten Unterwelt, die nun ein „Loch“ hat. Dies Loch würde sich genau so verhalten wie ein weiteres Elektron positiver Energie, aber mit umgekehrter Ladung. Solch ein „Positron“ $e^+$kann für den Beobachter der „Oberwelt“ also scheinbar „entstehen“, aber immer nur zugleich mit einem neu auftauchenden Elektron – das heißt *Paarerzeugung von Teilchen und Antiteilchen.* Dabei hat die Teilchenzahl sich nur scheinbar um 2 erhöht. Ordnet man dem Positron als Loch die Teilchenzahl $-1$ zu, ist die Summe der Teilchenzahlen vor und nach der Paarerzeugung gleich geblieben, nämlich Null. (Abgesehen vom Photon, das wirklich verschwunden ist.)

Sagt man statt Ober- und Unterwelt *Leitungsband* und *Valenzband*, getrennt durch eine *Bandlücke* in der Größenordnung um 1 eV, dann ist dies schon die korrekte Beschreibung der Erzeugung von Elektron-Loch-Paaren in Halbleitern, z. B. in Solarzellen oder in Halbleiterdetektoren für ionisierende Strahlung.

Positronen sind tatsächlich drei Jahre später genau so entdeckt worden wie von Dirac vorausgesagt, nur dass nicht die Radioaktivität die Quelle hochenergetischer $\gamma$-Strahlung war, sondern die Höhenstrahlung (Carl D. Anderson 1932, Nobelpreis 1936 zusammen mit Victor F. Hess, der seit 1911 die Höhenstrahlung mit Geigerzählern in Ballons erforscht hatte). Trotzdem darf das Bild von der Diracschen Unterwelt im Detail nicht zu ernst genommen werden. Es ist längst nicht mehr Stand der Wissenschaft, hilft aber immer noch, sich viele Phänomene und Zusammenhänge klar zu machen[58] – in dieser Funktion ganz ähnlich wie das Bohrsche Atommodell.

**Vernichtungsstrahlung.** Auch die beiden oben erwähnten Satelliten-Linien und das Auftreten der neuen $\gamma$-Energie $E_\gamma = m_e c^2 = 511$ keV in den Spektren können nun erklärt werden: durch *Vernichtungsstrahlung.* Sie entsteht immer, wenn ein energiereiches Positron in Materie fliegt, dabei zunächst seine kinetische Energie durch ionisierende Stöße mit den vorhandenen Elektronen verliert – wie jedes andere geladene Teilchen auch. Am Ende kommt es genügend lange so in die Nähe eines Elektrons, dass letzteres die Gelegenheit wahrnehmen kann, die wahre Natur des Positrons zu entdecken und dieses „Loch“ zu füllen. Die Unterwelt ist damit wieder komplett, das Elektron hat sich darin versteckt, und für den Beobachter ist nur mal eben ein Elektron-Positron-Paar „verschwunden“, ein Teilchen hat sich mit seinem Antiteilchen „vernichtet“. Die Lebensdauer dieses „Atoms“ mit Namen *Positronium* im 1s-Grundzustand beträgt 0,125 ns. Warum aber entstehen bei der Paarvernichtung nur Photonen $E_\gamma = m_e c^2$ und nicht mit der Gesamt-Energie des Übergangs, $2m_e c^2$? Das ist sofort am Erhaltungssatz für Energie und Impuls zu sehen: Setzen wir uns in das Schwerpunktsystem des $e^+e^-$-Paares, das also den Gesamtimpuls $P = 0$ und den Energieinhalt $E = 2m_e c^2$ hat (restliche kinetische Energie der Teilchen im eV-Bereich vernachlässigt). Für das Photon hingegen kann es kein Ruhesystem geben. Bei gleicher Energie hätte es einen Impuls $p_\gamma = E/c = 2m_e c \neq 0$ –

[58] Zum Beispiel den Elektronen-Einfang, Abschn. 6.5.10

also ist der 1-Photonen-Zerfall eines $e^+e^-$-Paares streng verboten. Erst zwei Photonen zusammen können $\vec{P}' = \vec{p}_{\gamma 1} + \vec{p}_{\gamma 2} = 0$ ergeben. Dann haben sie offensichtlich gleiche Energie $p_\gamma c$, jedes also gerade $E_\gamma = m_e c^2$ wie beobachtet, und – als weiteres Ergebnis – genau entgegen gesetzte Flugrichtung.[59]

Die beiden Satelliten-Linien im $\gamma$-Spektrum erklären sich nun so: Im Detektor hat das hochenergetische $\gamma$-Quant von seiner Energie $E_\gamma$ den Betrag $2m_e c^2$ verbraucht um ein $e^+e^-$-Paar zu erzeugen, und ihm den Rest als kinetische Energie mitgegeben. Zunächst wird durch Abbremsung der beiden geladenen Teilchen nur diese kinetische Energie $E_\gamma - 2m_e c^2$ vom Detektormaterial aufgenommen. Kurz danach, für die $\gamma$-Detektoren aber praktisch noch gleichzeitig, zerstrahlt das Positron mit einem beliebigen Elektron in zwei Quanten von je $m_e c^2$. Je nachdem, ob von diesen zwei Quanten keines oder eins oder beide aus dem Detektor entweichen konnten, beträgt die insgesamt im Detektor deponierte Energie entweder $E_\gamma$, $E_\gamma - m_e c^2$ oder $E_\gamma - 2m_e c^2$, und daraus wird das elektronisches Signal des Detektors gemacht.[60] So entsteht die beobachtete Spektrallinie mit ihren zwei Satelliten. Wenn aber das hochenergetische $\gamma$-Quant das $e^+e^-$-Paar außerhalb des empfindlichen Detektormaterials erzeugt hat, dann kann der Detektor normalerweise nur von *einem* der beiden Quanten der Vernichtungsstrahlung getroffen werden. Daher die weitere neue Linie bei immer gleichen 511 keV.

**Paarerzeugung nun verboten?** Diese ganze Erklärung hat nun aber eine Lücke bekommen, nämlich ganz am Anfang des Prozesses bei der Paarerzeugung: Wenn schon *ein* $\gamma$-Quant mit $E_\gamma \geq 2m_e c^2$ ausreicht, ein $e^+e^-$-Paar zu erzeugen, würde das auch jederzeit jedem beliebigen Photon im Weltall passieren können, egal wie gering seine Energie. Denn die Energie $E = pc = \hbar\omega$ ist ebenso wenig eine unveränderliche Eigenschaft des Photons wie die kinetische Energie eines Körpers. Man braucht es nur von einem so schnell bewegten Bezugssystem aus zu betrachten, dass die „Ultraviolett-Verschiebung" seiner Frequenz um den Faktor $\sqrt{(c+v)/(c-v)}$ seine Energie größer macht als die Schwelle $2m_e c^2$.

Dieser Energie-Gewinn ist kein „fauler Zauber". Photonen höchster Energie werden heute so gemacht (siehe z. B. Messungen in Abb. 7.6 und 10.6): Man erzeugt $e^+e^-$-Paare mit hohem (Schwerpunkts-)Impuls und lässt sie im Flug zerstrahlen – in 2 Quanten natürlich, die im Schwerpunktsystem je 511 keV

[59] Nur bei der vom Energie-Impuls-Erhaltungssatz erzwungenen Mindestzahl von 2 $\gamma$-Quanten sind deren Energien und Richtungen (relativ zueinander) so genau festgelegt. Ab 3 Quanten sind kontinuierliche Verteilungen möglich. Diese Zerfälle sind selten, kommen aber tatsächlich vor, weil noch ein weiterer Erhaltungssatz zu erfüllen ist: der für die Symmetrie unter Umkehr des Ladungsvorzeichens. Ohne nähere Begründung sei erwähnt, dass demnach der Drehimpuls des Positroniums und die Anzahl Quanten beide geradzahlig oder beide ungeradzahlig sein müssen. 2 Quanten genügen also nur, wenn im Positronium-Grundzustand beide Teilchen ihren Spin antiparallel gestellt haben ($S = 0$, *Singulett-Positronium*). Stellen sie ihn parallel, hat der Gesamtdrehimpuls die Quantenzahl $S = 1$ (*Triplett-Positronium*), und es müssen 3 $\gamma$-Quanten erzeugt werden. Wenn die Spins nicht zwischenzeitlich infolge eines Stoßes umklappen, bedeutet das eine 1 000fach längere Lebensdauer. (Zu Drehimpulsen und Symmetrien siehe ausführlich Abschn. 7.1, zur Ladungsumkehrsymmetrie Abschn. 12.3.1, besonders Fußnote 26 auf S. 550.)

[60] wie, dazu siehe Abschn. 6.4.8

haben. Im Laborsystem aber sind Quanten, die nach vorn fliegen, zu höherer Energie verschoben, die nach hinten zu geringerer Energie.

Doch ist dem einzelnen Photon dies Schlupfloch zur Paarerzeugung wieder durch die Erhaltungssätze von Energie und Impuls verschlossen, nach exakt denselben Gleichungen, die auch den Umkehrprozess – die Paar*vernichtung* in ein einziges Photon – verbieten, s. o. Daher ist auch die Paar*erzeugung* durch ein einziges Photon verboten, sonst sähe die Welt wahrlich anders aus!

Dies Verbot gilt aber nur im Vakuum. Paarerzeugung durch ein einzelnes Photon *ist* möglich, schließlich war dies in Gestalt des unerwarteten Ansteigens des Absorptionsquerschnitts (Meitner-Hupfeld-Effekt) zu höheren $\gamma$-Energien hin ja der Ausgangspunkt dieser ganzen Erklärung. Dazu muss aber ein weiterer Stoßpartner in der Nähe sein, der den fehlenden Impuls beisteuern kann (und günstigenfalls wenig Energie dafür braucht, in der Praxis also ein möglichst schwerer Kern im Material des Detektors). Damit ist der Meitner-Hupfeld-Effekt nun erklärt.

**Wirkungsquerschnitt.** Die $e^+e^-$-Paarerzeugung in der Nähe eines Kerns mit Ladung $Ze$ zeigt ab der Mindestenergie $E_{\gamma\min} = 2m_e c^2$ einen von Null ansteigenden Wirkungsquerschnitt (siehe dunkelblau gepunktete Kurve in Abb. 6.12).

$$\sigma_{\text{pair}} \sim \sigma_{\text{Thomson}} \alpha Z^2 \ln \frac{E_\gamma}{2m_e c^2} \tag{6.37}$$

(darin wieder der Faktor $\alpha$, der überall die Stärke der elektromagnetischen Wechselwirkung charakterisiert: $\alpha = \frac{e^2/(4\pi\varepsilon_0)}{\hbar c} = \frac{1}{137{,}036...}$, die Sommerfeldsche Feinstrukturkonstante).

**Positronen-Emissions-Tomographie.** Positronenerzeugung und Vernichtungsstrahlung haben weite technische Anwendung gefunden. Die Tatsache, dass diese $\gamma$-Quanten gleichzeitig paarweise entstehen und unter 180° auseinander fliegen (im Schwerpunktsystem des $e^+e^-$-Paares jedenfalls), wird in der Positronen-Emissions-Tomographie (PET) für die Lokalisierung der Strahlenquelle ausgenutzt. Alles was man dazu braucht, ist eine handliche Positronen-Quelle in Form eines $\beta^+$-aktiven Radio-Isotops ($\beta^+$-Radioaktivität: siehe Abschn. 6.5.9) und ein Paar schwenkbarer $\gamma$-Detektoren in Koinzidenz-Schaltung: Sprechen sie gleichzeitig auf 511 keV-Quanten an, muss[61] die Quelle genau auf ihrer Verbindungslinie gelegen haben. So kann man z. B. durch rein äußerliche Messung stoffwechselaktive Körperregionen lokalisieren, etwa aktive Hirn-Regionen, Tumore etc., wenn sich dort ein mit einem $\beta^+$-Strahler markierter Nährstoff ansammelt. PET-Geräte gibt es daher heute in vielen Kliniken, wobei die ursprünglichen zwei schwenkbaren Detektoren durch ein Detektorfeld ersetzt sind, das den Patienten fast in $4\pi$-Geometrie umgibt und die Messzeit und Strahlenbelastung erheblich reduziert.

[61] von zufälligen Koinzidenzen durch die Umgebungsstrahlung oder zwei (für die Detektoren noch gleichzeitigen) Elektron-Positron-Zerfällen abgesehen

### *6.4.6 Erzeugung von Photonen: Spontane Emission*

**Umweg über die Absorption.** Wie eingangs zu Abschn. 6.4 betont, ist die quantenhafte Entstehung von Photonen begrifflich schwerer zu fassen als ihre Wechselwirkung mit Materie danach. Selbst der Umkehrprozess, die Vernichtung eines Photons, wodurch das absorbierende System in einen höher angeregten Zustand übergeht (z. B. auch im Photoeffekt), lässt sich schon mit der Goldenen Regel einfach behandeln.

Warum diese Rechnung nur so herum funktioniert und andersherum nicht: Setzt man, wie oben (im Text vor Gl. (6.36)) beschrieben, im Matrixelement der Goldenen Regel als Störoperator die potentielle Energie des Elektrons im elektromagnetischen Feld der Welle ein, dann hat man das Feld dieser Welle offenbar als extern vorgegebenes *klassisches Feld* behandelt, das gar nichts davon merkt, dass ihm eins seiner vielen Photonen entzogen wird. Die so erhaltene Übergangsrate dividiert man noch durch die Anzahl der Photonen (die aus der Energiedichte zu erhalten ist), schon hat man den gesuchten Wirkungsquerschnitt für die Absorption eines einzelnen Photons. – Dies Rezept ist natürlich nicht sehr überzeugend bzw. versagt völlig, wenn zu Beginn überhaupt nur eins oder – für die Beschreibung der Emission – gar kein Photon vorhanden war.

Indes gibt es zwei Argumente, weshalb eine Berechnung der Absorption immer automatisch auch die spontane Emission abdeckt. Das erste Argument ist einer der lehrreichen Geniestreiche von Einstein. 1917 fand er einen Weg, die Herleitung des Planckschen Strahlungsgesetzes in einer Welt nicht von elektromagnetischen *Wellen*, sondern von *Quanten* zu formulieren. Nebenergebnis: Die Übergangsraten für spontane Emission und ihren Umkehrprozess Absorption sind mit einem genau bekannten Faktor immer zueinander proportional.

Wegen seiner grundsätzlichen Bedeutung für den Begriff des Photons wird Einsteins Ansatz in Kap. 9 ausführlich besprochen (siehe Kasten 9.1 auf S. 386).

Das zweite Argument ist mehr formaler Art und bezieht sich auf das Matrixelement in der Goldenen Regel (Gl. (6.11)). Weil $\hat{H}_{\mathrm{WW}}$ als Bestandteil des Hamilton-Operators ein hermitescher Operator ist (d. h. $\hat{H}_{\mathrm{WW}} = \hat{H}_{\mathrm{WW}}^{\dagger}$) , gilt

$$M_{\mathrm{fi}} = \langle \Psi_{\mathrm{fin}} | \hat{H}_{\mathrm{WW}} | \Psi_{\mathrm{ini}} \rangle = \langle \Psi_{\mathrm{ini}} | \hat{H}_{\mathrm{WW}} | \Psi_{\mathrm{fin}} \rangle^{*} = M_{\mathrm{if}}^{*} \,. \tag{6.38}$$

Dem Betrage nach sind die Matrixelemente für einen Prozess und seine Umkehrung also gleich. Zu jedem möglichen Prozess ist auch die genaue Umkehrung möglich. Unterschiede in den beobachtbaren Übergangsraten von zueinander inversen Prozessen (z. B. resonante Absorption und erneute Emission) entstehen nur durch den anderen Faktor der Goldenen Regel, der die Anzahl der jeweils erreichbaren Endzustände im Phasenraum bemisst.

Als man ab 1926 mit Hilfe der Goldenen Regel die Absorption berechnen konnte, war demnach „durch die Hintertür“ auch die spontane Übergangsrate $\lambda = 1/\tau$ für die Emission aus dem angeregten Zustand theoretisch ermittelt. (Einzelheiten hierzu im folgenden Abschn. 6.4.7.) – So weit die Behandlung der $\gamma$-Emission mit Hilfe von Einsteins Kunstgriff auf dem Umweg über die $\gamma$-Absorption.

**Erzeugung und Vernichtung: Der erste Blick auf die Quanten-Feldtheorie.** Um nun aber den Emissionsprozess auch direkt angehen zu können, braucht man nach Dirac (1927) den Begriff der Erzeugung und Vernichtung von Feldquanten, der hier kurz vorgestellt werden soll.

Die Grundidee ist vom harmonischen Oszillator abgeguckt – dem ersten System der Quantentheorie überhaupt.[62] Die Anregungsenergie des Oszillators ist $n\hbar\omega$, wenn $n$ Schwingungsquanten $\hbar\omega$ in ihm angeregt oder – nach der ab hier besser treffenden Sprechweise – „erzeugt“ wurden. Für $n=0$ haben wir den Grundzustand. Für den Übergang von $n$ auf $n+1$ gibt es den *Aufsteige-Operator* $\hat{a}^\dagger (= \hat{p} + i\hat{x})$, für den umgekehrten Prozess den „Absteige-Operator“ $\hat{a} (= \hat{p} - i\hat{x})$, der einfach der zu $\hat{a}^\dagger$ hermitesch konjugierte ist.[63] Auch für das elektromagnetische Feld im Vakuum (mit gegebener Frequenz $\omega$) kann man die Maxwellschen Gleichungen leicht als Bewegungsgleichung von harmonischen Oszillatoren umschreiben. (Zum Beispiel ist der Energieinhalt gegeben durch $E^2 + B^2$, vgl. mechanisch $p^2 + x^2$, und wechselseitig ist jede der Variablen jeweils proportional zur Zeitableitung der anderen, und zwar – das ist wichtig! – mit verschiedenem Vorzeichen.) Betrachtet man die Variablen $\vec{E}, \vec{B}$ als Operatoren mit Vertauschungsregeln wie $\hat{p}$ und $\hat{x}$, hat man damit schon das elektromagnetische Feld quantisiert und kann alles weitere vom harmonischen Oszillator übernehmen. Die Schwingungsquanten heißen jetzt Photonen (allgemein: Feldquanten), und der Grundzustand ($n=0$) ist das Vakuum. Der Übergang zu einem nächst stärkeren Feld (immer ein Wechselfeld der Frequenz $\omega$) ist dann gleichbedeutend mit der Erhöhung der Zahl der Photonen von $n$ auf $n+1$, bewirkt durch den Aufsteige-Operator $a^\dagger$. Angewandt auf das Vakuum, bewirkt er die Erzeugung eines einzigen ersten Photons, also einen Emissionsprozess. Der umgekehrte Vorgang, symbolisiert durch den Absteige-Operator $\hat{a}$, muss dann die Vernichtung, sprich Absorption eines Photons beschreiben. Damit der *Hamiltonoperator der elektromagnetischen Wechselwirkung* beide Prozesse ermöglicht, muss er die Operatoren $\hat{a}^\dagger$ und $\hat{a}$ enthalten; damit er überdies noch hermitesch wird, muss es in Form der Summe $(\hat{a}^\dagger + \hat{a})$ sein: Emission und Absorption eines Photons werden also als völlig gleichwertig behandelt. Dazu vor der Klammer noch bestimmte gemeinsame Faktoren, damit am Ende quantitativ dieselben Ergebnisse herauskommen wie vorher durch die Goldene Regel mit der

[62] Der harmonische Oszillator kam schon 1900 bei Max Planck (Nobelpreis 1918) in der Begründung seiner Formel für die Wärmestrahlung vor, und war auch bei Heisenberg das erste Anwendungsbeispiel, als er 1925 seine Vorstellungen über die neue Quantenmechanik veröffentlichte. Ein einfacher Weg zur Quantisierung ist in der Anmerkung 2 zum Kasten 5.1 auf S. 120 gezeigt.

[63] Ein paar Koeffizienten vor $\hat{p}$ und $\hat{x}$ sind für den kurzen Überblick hier noch weggelassen, für eine genauere Darstellung siehe Kasten 7.8 auf S. 324 und Abschn. 7.6.2.

klassischen elektromagnetischen Welle als äußerem Störfeld erhalten.[64] Damit liegt der richtige Hamilton-Operator für die ***Quanten-Elektrodynamik*** schon fest. In Abschn. 9.5ff werden wir sehen, wie daraus die genaueste physikalische Theorie aller Zeiten wurde.

All dies war bis Ende der 1920er Jahre begrifflich und formelmäßig für das Wechselspiel von Atomen und Lichtquanten entwickelt worden und konnte in den 1930er Jahren im Prinzip ohne Probleme auf die $\gamma$-Strahlung der Kerne übertragen werden.

### 6.4.7 Beziehung zwischen Übergangsrate und $\gamma$-Energie

**Widersprüchliche Beobachtungen.** Allerdings wusste man über die Lebensdauern angeregter Kernzustände in den 1930er Jahren nur wenig, und das wenige schien auch noch widersprüchlich:

- Einerseits waren die $\gamma$-Übergänge in den Zwischenzuständen der Zerfallsreihen viel zu schnell, um sie experimentell auf der Zeitachse verfolgen zu können. Man kannte unter diesen extrem kurzlebigen Zwischenzuständen aber vier, aus denen statt eines $\gamma$-Quants in seltenen Fällen (Verzweigungsverhältnis im Bereich $(10^{-2}–10^{-6})$:1 auch mal ein sehr hochenergetisches $\alpha$-Teilchen emittiert wurde. Damit war von den beiden Übergangsraten $\lambda_\gamma$ und $\lambda_\alpha$ in diesen vier Fällen immerhin schon das Verhältnis bekannt (siehe Gl. (6.9)): $\lambda_\gamma/\lambda_\alpha = 10^2–10^6$. Da für die Übergangsrate $\lambda_\alpha$ überall dort, wo sie in messbaren Größenordnungen lag, die Theorie des Tunneleffekts (Abschn. 6.3.2) gut bestätigt war, wandte man sie versuchsweise auch auf die hier beobachteten $\alpha$-Teilchen an. Theoretisches Ergebnis: Extrem hohe Übergangsraten im Bereich $\lambda_\alpha = 10^{7...11}/\mathrm{s}$. Für die um das jeweilige Verzweigungsverhältnis noch höheren Übergangsraten $\lambda_\gamma$ ergibt sich daraus $\lambda_\gamma = 10^{10...13}/\mathrm{s}$ für diese vier Übergänge. Das entspricht extrem kurzen Lebensdauern $\tau = (\lambda_\alpha + \lambda_\gamma)^{-1} = 10^{-10...-13}\mathrm{s}$ – zu schnell selbst für heutige Messtechnik, um den Verlauf der exponentiellen Zerfallskurve aufzunehmen.
- Auf der anderen Seite waren aus den natürlichen Zerfallsreihen Fälle von Verzweigungen bekannt, wo ein und dasselbe *Isotop* offenbar mal in einer, mal in einer anderen Form entstanden war. Der Nachweis dieser sogenannten *Isomere* geschah, wie schon bei der ursprünglichen Entdeckung der verschiedenen Isotope eines Elements (vgl. Bemerkung am Ende von Abschn. 4.1.3), durch die verschiedenen Halbwertzeiten, mit denen beide durch $\alpha$- oder $\beta$-Emission den jeweiligen Zweig ihrer Zerfallsreihe fortsetzten. Isomere sind zwei Zustände eines radioaktiven Isotops mit verschiedener Energie, zwischen denen dennoch kein Übergang mit $\gamma$-Emission vorkommt. Hier musste die $\gamma$-Übergangsrate $\lambda_\gamma$ also nicht unmessbar groß sondern unmessbar klein sein, jedenfalls viele Größenordnungen unterhalb von 1/s. 1936 zeigte C.F. v.Weizsäcker, wie diese Be-

[64] und mit den entsprechenden Experimenten in Übereinstimmung!

hinderung von Emissionsprozessen aus der Drehimpulserhaltung heraus erklärt werden kann.

Heute kennt man Lebensdauern von $\gamma$-Strahlern über den ganzen Bereich von Stunden bis $10^{-14}$ s. Tatsächlich ist die Drehimpulserhaltung der Hauptgrund für diese Spannweite, wie sich durch die Auswertung der Goldenen Regel zeigt (s. u.). Weizsäckers Gedanke war, auch für andere Kernprozesse, so fruchtbar, dass das Bonmot entstand, die Kernphysik sei zur Hälfte nichts Anderes als angewandte Drehimpulserhaltung. (Weiteres zu Drehimpulsen und ihrer Rolle nicht nur in der Kernphysik in Abschn. 7.1.)

**Anwendung der Goldenen Regel.** Der Weg der Berechnung nach der Goldenen Regel (Gl. (6.11)) sei kurz skizziert, auch wenn für manche Details auf Kenntnisse aus Kap. 7 vorgegriffen werden muss. In dem Matrixelement $\langle \Psi_{\text{fin}} | \hat{H}_{\text{WW}} | \Psi_{\text{ini}} \rangle$ setzt man für $\Psi_{\text{ini}}$ und $\Psi_{\text{fin}}$ die (zeitabhängigen) Eigenfunktionen des Anfangs- und Endzustands eines Elektrons (bei Licht- und Röntgenquanten) bzw. Protons (bei $\gamma$-Quanten) ein, und für $\hat{H}_{\text{WW}}$ seine zeitabhängige potentielle Energie im Feld der elektromagnetischen Welle,

$$e\Phi(\vec{r}, t) = e\Phi_0 \, \mathrm{e}^{\mathrm{i}(\vec{k}\cdot\vec{r} - \omega t)} \, .$$

Das so entstandene Produkt aus drei Funktionen $\Psi^*_{\text{fin}}(\vec{r}, t)\Phi(\vec{r}, t)\Psi_{\text{ini}}(\vec{r}, t)$ ist dann über Raum und Zeit zu integrieren. Dabei ergibt sich aus der näheren Herleitung der Goldenen Regel zunächst, dass die Energien von Anfangs- und Endzustand sich gerade um $\hbar\omega$ unterscheiden müssen, und man die zeitabhängigen Faktoren jetzt weglassen kann. Für die Auswertung der Ortsabhängigkeit schreibt man unter dem Integral die e-Funktion in Polarkoordinaten ($z$-Achse$||\vec{k}$, $(\vec{k} \cdot \vec{r}) = kr \cos\vartheta$) und entwickelt sie als Potenzreihe

$$\mathrm{e}^{\mathrm{i}(\vec{k}\cdot\vec{r})} = \mathrm{e}^{\mathrm{i}kr\cos\vartheta} = 1 + \mathrm{i}kr\cos\vartheta + \tfrac{1}{2!}(\mathrm{i}kr\cos\vartheta)^2 + \ldots \tag{6.39}$$

Sie wird Glied für Glied mit den beiden Wellenfunktionen von Anfangs- und Endzustand des Kerns (oder Atoms) multipliziert. Beide Wellenfunktionen sind natürlich zueinander orthogonal, deshalb ergibt die führende 1 dieser Potenzreihe im Integral Null. Im nächsten, dem linearen Summanden steht $r \cos\vartheta \equiv z$. Mit der Ladung $e$ multipliziert ist das der Operator $e\hat{z}$ für das elektrische Dipolmoment, was die Winkelverteilung der emittierten Strahlung wie die einer normalen (Dipol-)Antenne werden lässt und damit den Drehimpuls des Photons zu $\ell = 1$ festlegt. Das nächste, quadratische Glied enthält den Operator für das elektrische Quadrupolmoment, mit entsprechend 4-blättriger Winkelverteilung ($\ell = 2$) – und so weiter zu höheren Potenzen und Multipol-Ordnungen. Bei jedem Schritt bekommt die Strahlung eine feiner strukturierte Winkelverteilung, was beim $n$-ten Summanden unmittelbar auf Anteile mit Drehimpulsen bis zu $\ell = n$ hinweist.[65] Zu den so bestimmten Matrixelementen braucht man für die Goldene Regel noch den Faktor Zustandsdichte, der durch das fort fliegende $\gamma$-Quant bestimmt wird und einfach proportional zu

[65] Ausführlich wird Drehimpuls und Winkelabhängigkeit in Kap 7.1.1 behandelt.

$E_\gamma^2$ ist (ein Beispiel zur Berechnung in Abschn. 6.5.7 Gl. (6.47)). So findet man für jeden einzelnen der in Gl. (6.39) summierten Operatoren eine Übergangsamplitude.

**Weisskopf-Abschätzung.** Für die ersten Summanden $n = 1, \ldots, 5$ der Potenzreihe (Gl. (6.39)), richtig nach Drehimpulsen des Strahlungsfelds umsortiert, zeigt Abb. 6.13 einzeln die Ergebnisse für die Übergangsraten (Betragsquadrat der Amplituden, über Richtungen und Polarisationen summiert) nach einer frühen pauschalen Modellrechnung von Viktor Weisskopf, die für ihre Treffsicherheit berühmt wurde.

Anmerkungen zur Weisskopf-Abschätzung:

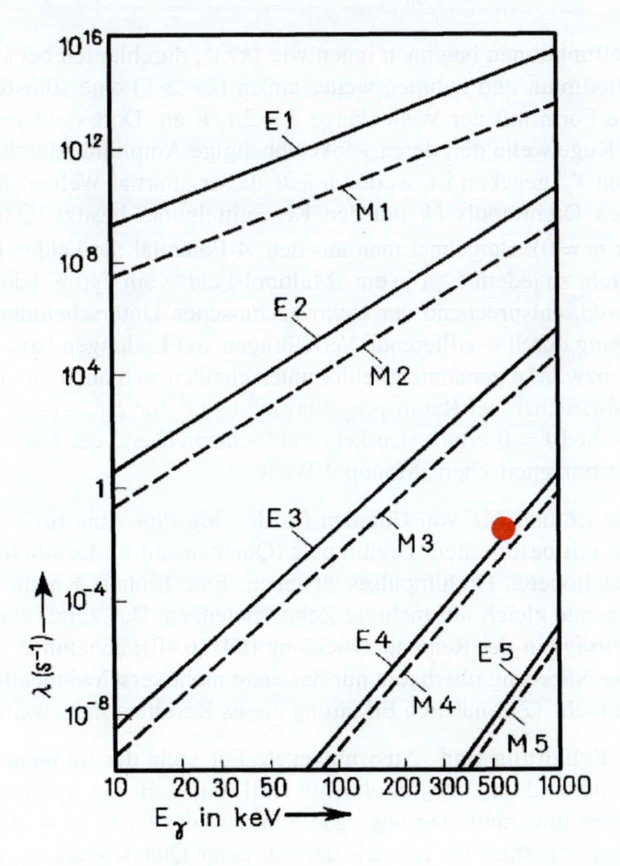


**Abb. 6.13** Die Weisskopf-Abschätzung der Übergangsraten für die Emission eines $\gamma$-Quants der Energie $E_\gamma$ mit bestimmtem Drehimpuls (Quantenzahl $\ell$, Strahlungstypen E$\ell$ und M$\ell$, nach [128]) Die Übergangsraten $\lambda$ überspannen ca. 20 Zehnerpotenzen. Die starke Abhängigkeit sowohl von der Energie als auch vom Drehimpuls hat eine gemeinsame Wurzel, die als „Fehlanpassung" auch aus der Elektrotechnik bekannt ist. Der *rote Punkt* markiert den isomeren Übergang in $^{137}$Ba ($E =$ 662 keV, $T_{\frac{1}{2}} = 2{,}5$ min, Typ M4), eine häufig benutzte $\gamma$-Strahlung (siehe auch Abschn. 6.4.8)

Im Wechselwirkungsoperator wurde außer der Energie der Ladungsverteilung im elektrostatischen Potential $\Phi$ auch die der Stromdichteverteilung im magnetischen Vektorpotential $\vec{A}$ der Welle berücksichtigt, und es wurden günstige Annahmen für die Anfangs- und Endzustands-Wellenfunktion des einen angenommenen „Leucht-Protons" gewählt. Außerdem entwickelt man die ebene Welle, die nun ein 4-Potential $(\Phi/c, \vec{A})$ darstellt, besser nicht nach Potenzen von $\cos\vartheta$, sondern gleich nach den Kugelfunktionen $Y_\ell^m(\vartheta, \varphi)$ (siehe Abschn. 7.1.1), wobei als Koeffizienten an Stelle von $(kr)^\ell$ die Besselfunktionen $j_\ell(kr)$ entstehen:

$$e^{ikr\cos\vartheta} = \sum_{\ell=0}^{\infty} i^\ell \sqrt{4\pi(2\ell+1)}\, j_\ell(kr)\, Y_\ell^0(\vartheta, 0)\,. \tag{6.40}$$

Die Besselfunktionen beginnen innen wie $(kr)^\ell$, durchlaufen bei $kr = \ell$ ein breites Maximum und nehmen weiter außen $(kr \gg \ell)$ eine sinusförmig oszillierende Form mit der Wellenlänge $\lambda = 2\pi/k$ an. Dort stellt jedes Glied also eine Kugelwelle dar, deren winkelabhängige Amplitude durch eine Kugelfunktion $Y_\ell^0$ gegeben ist, wodurch jede dieser „Partial-Wellen" den wohlbestimmten Drehimpuls $\ell\hbar$ um den Kernmittelpunkt besitzt (Quantenzahlen $\ell$, mit $m = 0$). Berechnet man aus dem 4-Potential die Felder $\vec{E}$ und $\vec{B}$, dann entsteht zu jedem $\ell \geq 1$ je ein „Multipol-Feld" vom Typ $E$-lektrisch und $M$-agnetisch, entsprechend der elektrotechnischen Unterscheidung in Wellenerzeugung durch oszillierende Verteilungen von Ladungen bzw. Strömen. Diese $E\ell$ bzw. $M\ell$ genannten Felder unterscheiden sich auch durch ihre Parität (= Vorzeichen bei Raumspiegelung):[66] $(-1)^\ell$ für $E\ell$, $-(-1)^\ell$ für $M\ell$. (Für das Glied $\ell = 0$ ergibt sich kein Feld, entsprechend der Unmöglichkeit einer elektromagnetischen „Monopol-Welle".)

Jedes Paar E$\ell$ und M$\ell$ von Geraden (im log-log-Plot Abb. 6.13) bezieht sich auf Photonen mit bestimmtem Drehimpuls (Quantenzahl $\ell$). Deutlich ist die Auswirkung eines höheren Drehimpulses zu sehen: Eine Einheit $\hbar$ mehr verlangsamt die Übergangsrate gleich um mehrere Zehnerpotenzen. Das zeigt, wie schnell die einzelnen Beiträge in der Reihenentwicklung (Gl. (6.40)) abnehmen, so dass man mit sehr guter Näherung überhaupt nur das erste nicht verschwindende Integral zu betrachten braucht. (Zur näheren Erklärung dieses Resultats siehe weiter unten.)

**Drehimpuls-Erhaltung und -Auswahlregel.** Für viele der Summanden der Exponential-Reihe wird das Integral ohnehin Null sein, z. B. aus Symmetriegründen, wenn der ganze Integrand eine ungerade Funktion des Ortes ist – „negative Parität" hat.[67] Ferner kommt für alle Glieder mit einer Quantenzahl $\ell_\gamma$, die nicht im Bereich $|I_f - I_i| \leq \ell_\gamma \leq I_f + I_i$ liegt, rein rechnerisch Null heraus. Das entspricht gerade der Dreiecksungleichung, d. h. der Möglichkeit, aus drei Strecken der Länge $I_f$, $I_i$, $\ell_\gamma$ ein Dreieck zu zeichnen (einschließlich der Extremfälle mit Winkeln 0

[66] Genaueres zu Parität siehe Abschn. 7.2

[67] Dies wird detailliert in Abschn. 7.4 am Beispiel des Dipol-Operators dargestellt.

und 180°). Physikalisch ausgedrückt sichert dies die Möglichkeit, den Drehimpuls-Erhaltungssatz zu erfüllen, der für die Operatoren so aussieht:[68]

$$\hat{\vec{I}}_i = \hat{\vec{I}}_f + \hat{\vec{\ell}}_\gamma \,. \tag{6.41}$$

So entsteht die wichtige Drehimpuls-Auswahlregel: Wenn Anfangs- und Endzustand des Kerns die Drehimpuls-Quantenzahlen $I_i, I_f$ haben, muss das Photon mindestens die Drehimpulsquantenzahl $\ell_\gamma = |I_f - I_i|$ und höchstens $\ell_\gamma = I_f + I_i$ erhalten haben (aber $\ell_\gamma = 0$ bleibt immer ausgeschlossen).

Wegen der starken Abnahme der Übergangsraten mit steigendem $\ell_\gamma$ wird die gesamte Übergangsrate maßgeblich durch den minimal möglichen Drehimpuls bestimmt, wobei die Paritätsquantenzahlen von Anfangs- und Endzustand entscheiden, ob das erzeugte $\gamma$-Quant ein E$\ell$- oder M$\ell$-Photon wird.

**Fehlanpassung.** Wie kommen die starken Abhängigkeiten der Übergangsrate von $\ell$ und – bei festem $\ell$ – die Abhängigkeit von $E_\gamma$ im einzelnen zustande? „Elektrotechnisch" gesprochen hat der Grund den Namen *Fehlanpassung*. Optimale Antennen haben die Länge $L = \lambda/2$ (entspricht $kL = \pi$), wie man z. B. an UKW-, Fernseh- und Handy-Antennen gut sehen kann, wenn man an die verschiedenen Frequenzbereiche denkt. Obwohl typische $\gamma$-Strahlung im Rahmen des elektromagnetischen Spektrums als ungeheuer kurzwellig angesehen wird, ist der Kern doch noch um so viel kleiner, dass er aus dieser Sicht als Sende-Antenne wenig geeignet ist. Beim Kern müsste die optimale Wellenlänge eines $\gamma$-Quants etwa im Bereich des Kerndurchmessers liegen, z. B. $\lambda/2 \approx 2R_{\text{Kern}} \approx 10\,\text{fm}$. Dann ist $E_\gamma = pc = \hbar ck = 200\,\text{meV fm} \cdot 2\pi/\lambda \approx 63\,\text{MeV}$. Typische $\gamma$-Energien um 1 MeV haben um 2 Größenordnungen längere Wellen. Diese Fehlanpassung mildert sich zu kürzeren Wellenlängen hin ab, womit schon der allgemeine Anstieg der Übergangsrate mit steigender $\gamma$-Energie gedeutet ist, wenigstens qualitativ.

In den Formeln heißt der entscheidende dimensionslose Parameter $2\pi R_{\text{Kern}}/\lambda \equiv kR_{\text{Kern}}$. Seine typischen Werte für $\gamma$-Strahlung sind klein gegen 1. Zahlenbeispiel:

$$\left.\begin{aligned} R_{\text{Kern}} &= 5\,\text{fm} \\ E_\gamma &= 0{,}4\,\text{MeV} \end{aligned}\right\} \Longrightarrow \frac{1}{k} \equiv \frac{\hbar c}{E_\gamma} = \frac{200\,\text{MeV fm}}{0{,}4\,\text{MeV}} = 500\,\text{fm}$$

$$\Longrightarrow kR_{\text{Kern}} \approx \frac{5\,\text{fm}}{500\,\text{fm}} = 0{,}01\,. \tag{6.42}$$

Aber ist so ein Argument aus der Welt der makroskopischen Technik in der Kernphysik statthaft? Ja, denn die Gleichungen, mit denen in der klassischen Elektrodynamik z. B. die Wellenabstrahlung berechnet werden, sind die gleichen wie oben im Hamilton-Operator der elektromagnetischen Wechselwirkung benutzt: Sie drücken die Energie von Ladung und Strom im elektrodynamischen Potential $(\Phi/c, \vec{A})$ aus. Neu ist „nur", dass es sich hier um Operatoren handelt, klassisch aber um deren Er-

[68] Details in Abschn. 7.1.1

wartungswerte. Bei allen Unterschieden zwischen klassischer und moderner Physik muss es viele solcher grundlegenden Gemeinsamkeiten geben, beruhen doch alle makroskopischen Vorgänge (und die daraus abgelesenen Naturgesetze der klassischen Physik) letztlich auf Prozessen in der Quantenwelt.

Zur – ebenfalls zunächst qualitativen – Deutung der starken $\ell$-Abhängigkeit ist ein weiteres Detail erforderlich, das aus der Analogie zwischen Welle und Teilchen verständlich wird. Damit ein Teilchen mit dem Impuls $\vec{p} = \hbar\vec{k}$ den Drehimpuls $|\vec{r} \times \vec{p}| = \hbar\ell$ davontragen kann, muss es senkrecht zu seiner Flugrichtung einen Abstand $R_\ell$ vom Kernmittelpunkt haben: $R_\ell\, p = \hbar\ell$, und damit $kR_\ell = \ell$. Vergleich mit $kR_{\text{Kern}} \ll 1$ (Gl. (6.42)) zeigt dann, dass dieser optimale Abstand $R_\ell$ viel größer als der Kernradius $R_{\text{Kern}}$ ist. Die Stelle, an der sich das Photon am leichtesten erzeugen ließe, liegt also sehr weit außerhalb der Ladungs- und Stromverteilung des Kerns, die es erzeugen soll. Mit steigendem $\ell$ verschlimmert sich die Diskrepanz noch – das ist die Deutung der starken Abnahme der Übergangsrate mit jeder Erhöhung von $\ell$.

Zur quantitativen Erklärung muss man die Besselfunktion $j_\ell(kr)$ noch einmal betrachten, die im Matrixelement mit der aus Anfangs- und Endzustand gebildeten Übergangs-Ladungsdichte und -Stromdichte multipliziert und über den ganzen Raum, d. h. praktisch über das Kernvolumen, integriert wird. Sie hat ihr breites Maximum bei $kr = \ell$, im Einklang mit der eben erklärten Bedeutung des Drehimpulses gerade in dem Bereich um $r = R_\ell$, also weit außerhalb des Kerns. Daher gilt im relevanten Integrationsbereich die Näherung $j_\ell(kr) \propto (kr)^\ell$: Das ist das gleiche Potenzgesetz, das schon in der einfachen Potenzreihenentwicklung (Gl. (6.39)) auftauchte. Für die Integrale der Reihenentwicklung kann man daher eine starke Abhängigkeit wie $(kR_{\text{Kern}})^\ell$ erwarten (wobei $(kR_{\text{Kern}}) \ll 1$), und in der Übergangsrate noch einmal das Quadrat hiervon.

Beispiel $^{137}_{56}\text{Ba}^*$: Im häufig benutzten Beispiel der 662 keV-Strahlung von angeregtem Ba-137 (roter Punkt in Abb. 6.13) hat das Photon $\ell = 4$, und die leicht beobachtbare Halbwertzeit beträgt 2,5 min. Für Dipol-Übergänge gleicher Energie wäre nach derselben Abschätzung $10^{-12}$ s typisch.

**Fehlanpassung bei Atomen: *verbotene* Übergänge.** Die gesamte Argumentation gilt auch für Lichtemission durch Atome. Nimmt man für $k$ die Wellenzahl von sichtbarem Licht und für die Länge $R$ einen Atomradius, ist der charakteristische Parameter $(kR)$ der Reihenwicklung noch eine Größenordnung kleiner als eben für die $\gamma$-Quanten, die Unterdrückung höherer Multipole also entsprechend stärker. Wenn dann nicht schon der erste Summand (mit dem Dipoloperator $\mathrm{i}kr\cos\vartheta$) etwas ergibt, heißt der Übergang schlicht „verboten", denn er taucht in den Spektren normalerweise nicht mehr auf. Solche Zustände sind so langlebig, dass das Atom meistens nicht mehr dazu kommt, Strahlung höherer Multipole zu emittieren, weil es seine Energie und seinen Drehimpuls schon durch einen Stoß mit einem anderen

Atom los geworden ist. Daher gibt es in Gasen und Plasmen praktisch nur elektrische Dipol-Strahlung ($\ell = 1$).[69]

Verbotene Übergänge kann man aber auch in Atomen dann schön beobachten, wenn sie vor Stößen geschützt sind. Zum Beipsiel in stark verdünnten Gasen wie der oberen Atmosphäre oder interstellaren Wolken, aber auch in gut kristallinen Festkörpern: Halb-Edelsteine kommen durch „verbotene“ Absorptionsübergänge vereinzelter Fremdatome zu ihrer begehrten zarten Färbung.

**Innere Konversion.** Wenn aber ein angeregter Kern viel Drehimpuls abgeben muss, hat er im Schutz seiner Elektronenhülle dazu „alle Zeit der Welt“.[70] Doch gibt es einen Konkurrenzprozess zur $\gamma$-Emission, der auch bei den gut geschützten Kernen allzu lange Lebensdauern verhindert. Er heißt „Innere Konversion“, weil die Anregungsenergie des Kerns *direkt* auf ein Elektron seiner Atomhülle übertragen wird, *ohne* dass zuvor ein $\gamma$-Quant entstanden sein muss. Das ist möglich, wenn das Elektron mit seiner Wellenfunktion bis in den Kern hinein reicht. Es übernimmt die gesamte Energie $E_\gamma$ und fliegt – je nach seiner Bindungsenergie $E_B$ – mit der Energie $E_{kin} = E_\gamma - E_B$ davon. Das ist (natürlich!) dieselbe Energiebilanz wie beim Photoeffekt, weshalb die Innere Konversion leicht mit einem „inneren Photoeffekt“ verwechselt wird. Es sei daher wiederholt: Es hat hier gar kein $\gamma$-Quant gegeben. Anderenfalls wäre ja z. B. die Verkürzung der Lebensdauer nicht zu verstehen.

Diese aus verschiedenen Schalen herausgeschlagenen Konversions-Elektronen zeigen sich in den Energiespektren der $\beta$-Strahlung mit scharfen Linien, deren Energie***differenzen*** genau den einzelnen Linien der charakteristischen Röntgenstrahlung des Atoms entsprechen (die ja auch durch die Energiedifferenzen der tief liegenden Elektronenschalen bestimmt sind). In den 1920er Jahren ermöglichte dies nicht nur, die Ladung $Z$ des angeregten Kerns festzustellen, sondern war damals und für lange Zeit überhaupt der einzige Beweis, dass auch Kerne diskrete Anregungsenergien haben, wie es vorher nur von Atomen und Molekülen bekannt war.

Beispiel ${}^{137}_{56}\mathrm{Ba}^*$: Bei dem isomeren $E_\gamma = 662$ keV-Übergang mit 2,5 min Halbwertzeit wird nur in 91% der Fälle ein Photon erzeugt, 8% emittieren ein $K$-Elektron (Bindungsenergie $E_K \approx 37$ keV) und 1% ein $L$-Elektron ($E_L \approx 6$ keV). Der $\gamma$-Übergang allein würde eine *partielle* Halbwertzeit ($2{,}5/0{,}91 =$ ) 2,8 min herbeiführen, die Innere Konversion allein eine von ($2{,}5/0{,}09 =$ ) 28 min. Mit $E_{kin} = E_\gamma - E_B$ machen diese Konversionselektronen zwei scharfe Linien im Elektronen-Spektrum, deren Energieabstand 31 keV genau der $K$-Röntgenstrahlung von Ba entspricht. ${}^{137}_{56}\mathrm{Ba}^*$ entsteht aus ${}^{137}_{55}\mathrm{Cs}$ durch $\beta^-$-Übergang (mit 30 Jahren Halbwertzeit). Nimmt man das Energie-Spektrum der Elektronen auf (z. B. auch mit einem Halbleiter-Detektor, s. u.), sieht man

[69] M1-Übergänge sind auch stark unterdrückt, weil die magnetische Wechselwirkung mit dem Elektronenspin viel schwächer ist als die elektrische mit der Elektronenladung. Das ist schließlich der Grund, warum das Coulomb-Gesetz die Atomphysik beherrscht.

[70] *Wie* extrem gut die Kerne vor der Wechselwirkung mit außeratomaren Feldern geschützt sind, wurde 1929 deutlich und löste große Überraschung aus (siehe Stichwort Ortho-/Para-Wasserstoff, Abschn. 7.1.4).

die Konversions-Elektronen als scharfe Spektrallinien bei (662-37)keV und (662-6)keV neben dem kontinuierlichen Spektrum der Elektronen aus dem eigentlichen $\beta$-Übergang, das hier bis $E_{\mathrm{max}} = 514\,\mathrm{keV}$ reicht (siehe auch Abschn. 6.5).

### *6.4.8 $\gamma$-Spektroskopie: Beispiel*

**Detektor.** Im Vergleich zu einem $\alpha$-Teilchen, dessen Spur man leicht in der Nebelkammer beobachten und auch zur Bestimmung seiner Energie gut nutzen kann, ist die Detektion und Energie-Bestimmung von $\gamma$-Quanten sehr viel indirekter. Das hat seine Ursache natürlich in denselben kleinen Wirkungsquerschnitten für Photo- und Compton-Effekt, die in den vorstehenden Abschnitten ausführlich diskutiert wurden. Die grundlegenden Untersuchungen der $\gamma$-Radioaktivität waren entweder mittels Beugung an Kristallen erfolgt (was eine sehr genaue Energiebestimmung ermöglicht, aber wegen der kleinen Glanzwinkel experimentell schwierig ist, auch schon bei den kleinsten $\gamma$-Energien), häufiger aber über die empirisch festgestellte Energieabhängigkeit des Absorptionsquerschnitts $\sigma$ in verschiedenen Materialien.

Besser geeignete Detektoren für Nachweis und Spektrometrie von $\gamma$-Quanten sind erst spät entwickelt worden:

- ab 1945 der Szintillatorkristall mit elektronischer Bestimmung der Stärke des Lichtblitzes, die ein Maß für die durch Ionisation absorbierte Energie ist. (Die Lichtquanten einer Szintillation lösen in einer Photo-Kathode eine Anzahl primärer Photo-Elektronen aus, die in einem *Sekundärelektronen-Vervielfacher* oder *Photomultiplier* um einen Faktor bis zu $10^8$ zu einem messbaren Stromstoß verstärkt werden.)
- ab 1960 der Halbleiterkristall mit direkter elektronischer Registrierung der durch Ionisation freigesetzten Ladung. (Die Ladung wird in der isolierenden Schicht einer in Sperr-Richtung gepolten Diode freigesetzt und ermöglicht daher einen kurzen Stromfluss.)

**Signal.** Die energieempfindlichen $\gamma$-Detektoren liefern nach einer ionisierenden Wechselwirkung einen elektrischen Stromimpuls (einige µs beim Szintillator, einige 10 µs beim Halbleiter), dessen Gesamtladung zu der im Detektor deponierten Energie gut proportional ist. Die Impulshöhe jedes dieser *analogen Signale* wird elektronisch *digitalisiert* und ihre Häufigkeitsverteilung *registriert.* Zunächst wird jedes Signal in einem Analog-Digital-Converter (ADC) möglichst linear, aber eben in begrenzter Auflösung, in eine ganze Zahl übersetzt, z. B. zwischen 0 und $2^{12} - 1 = 4\,095$, wenn die Genauigkeit „12 bit" ist. Diese Zahl bestimmt dann, welcher Zähler in einem Speicher mit entsprechend vielen (im Beispiel 4 096) „Kanälen" um 1 erhöht wird. Nach Registrierung vieler Ereignisse mit mehr oder weniger unterschiedlich hohen Impulsen enthält der Speicher eine *Impulshöhenverteilung*. Die heute bis in Konsum-Geräte verbreitete digitale Verarbeitung und Registrierung analoger Signale nahm in den 1950er Jahren hier ihren Anfang.

Beispiel $^{137}_{56}$Ba*: Abbildung 6.14 zeigt eine typische Impulshöhenverteilung – vereinfacht schon $\gamma$-Spektrum genannt – eines Halbleiterdetektors aus reinstem Germanium bei Bestrahlung mit monoenergetischen $\gamma$-Quanten von 662 keV aus einem üblichen $^{137}$Cs-Präparat der Aktivität 10 kBq. Jeder Kanal entspricht in der analogen Bedeutung des Signals einem Energie-Intervall von 0,5 keV, die Abszisse ist statt in Kanal-Nummern schon in keV kalibriert. Die Ordinate (logarithmisch) zeigt den jeweils erreichten Zählerstand (*counts*). Insgesamt sind in hier in 10 min Messzeit ca. $1{,}5 \cdot 10^6$ Impulse registriert worden. Hervorstechende Merkmale sind der Photopeak, ein kontinuierlicher Untergrund, und einige weitere Linien bei kleinen Energien. Im folgenden wird illustriert, welche physikalischen Effekte sich in so einem Spektrum wiederfinden lassen.

**Photopeak (oder „Photolinie“)** heißt das schmale Maximum bei derjenigen Impulshöhe, die der vollständigen Umsetzung der 662 keV Energie eines $\gamma$-Quants in einen Ladungsimpuls entspricht.

Was passiert dabei im Halbleiter? Das $\gamma$-Quant erzeugt durch einen Photoeffekt ein hochenergetisches primäres Elektron (und einen ebenfalls energiereichen Lochzustand im getroffenen Atom). Durch Stöße regt das primäre Elektron sekundäre Elektronen an. Bis die ganze Energie verbraucht ist (einschließlich der des Lochzustands, der sich durch Auger-Effekt oder Röntgen-Emission abregt), sind ca. 290 000 Elektron-Loch-Paare entstanden, also je eins für 2,3 eV. Die Bandlücke in Ge ist zwar nur 0,3 eV, aber der größte Teil der absorbierten Energie führt zu anderen Anregungen und damit im Prinzip nur zu Erwärmung. Die Ladungsträger, deren An-

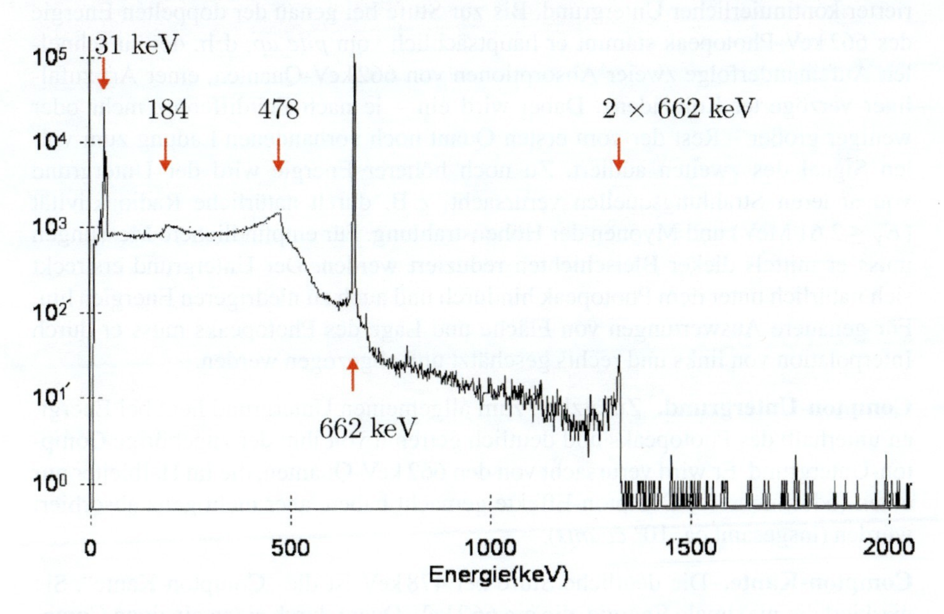


**Abb. 6.14** $\gamma$-Spektrum eines monoenergetischen Strahlers aufgenommen mit einem hpGe Halbleiter-Detektor (Standard-Messung in der Landesmessstelle für Radioaktivität an der Uni Bremen, Dank an Bernd Hettwig)

zahl deshalb auch statistischen Schwankungen unterliegt, werden durch eine hohe Gleichspannung im Laufe einiger 10–50 μs möglichst vollzählig in den *ladungsempfindlichen Vorverstärker* abgesaugt. Allerdings sind kleine Ladungs-Verluste dabei nicht unwahrscheinlich, weshalb der vom Vorverstärker erzeugte Spannungsimpuls doch nicht jedesmal ganz die volle Höhe erreicht, der Photopeak im Impulshöhenspektrum also eine Flanke auf der Seite kleinerer Energien erhält.

Auch $\gamma$-Quanten, die im Halbleiter vor dem finalen Photoeffekt erst einen Compton-Effekt (oder mehrere nacheinander) gemacht haben, haben doch ihre Energie praktisch gleichzeitig vollständig in Elektron-Loch-Paare umgesetzt und verursachen daher ein Signal der vollen Höhe des Photopeaks. Der Photopeak hat hier etwa 3 Kanäle (1,5 keV) Halbwertsbreite und enthält insgesamt ca. $5 \cdot 10^5$ *counts*.

**Frage 6.11.** *Wie groß ist grob geschätzt im gezeigten Spektrum die Nachweiswahrscheinlichkeit* (efficiency $\varepsilon$)*, bezogen auf den Photopeak?*

**Antwort 6.11.** $10\,\text{kBq} \cdot 600\,\text{s} = 6 \cdot 10^6$ *$\beta$-Übergänge während der Messzeit. Die* $5 \cdot 10^5$ *registrierten Ereignisse bedeuten* $\varepsilon \approx 8\%$. *(Dazu muss das Präparat schon sehr nahe am Detektor gelegen haben, sonst wäre allein wegen des Raumwinkels* $\varepsilon$ *viel kleiner.) – Bezieht man* $\varepsilon$ *auf die Zahl der emittierten* 662 keV*-Quanten statt auf die Zerfälle des Mutternuklids* $^{137}$Ba*, ist noch das Verzweigungsverhältnis beim Zerfall von* $^{137}$Cs *zu berücksichtigen. Nur in 91% der Fälle wird nach dem $\beta$-Übergang vom* $^{137}$Cs*-Kern das* 662 keV*-$\gamma$-Quant emittiert (s. o.).*

**Untergrund, hohe Energie:** Zu höheren Energien hin liegt ein weniger strukturierter kontinuierlicher Untergrund. Bis zur Stufe bei genau der doppelten Energie des 662 keV-Photopeak stammt er hauptsächlich vom *pile up*, d. h. der zu schnellen Aufeinanderfolge zweier Absorptionen von 662 keV-Quanten, einer Art zufälliger verzögerter Koinzidenz. Dabei wird ein – je nach Zeitdifferenz mehr oder weniger großer – Rest der vom ersten Quant noch vorhandenen Ladung zum vollen Signal des zweiten addiert. Zu noch höherer Energie wird der Untergrund von anderen Strahlungsquellen verursacht, z. B. durch natürliche Radioaktivität ($E_\gamma \leq 2{,}61$ MeV) und Myonen der Höhenstrahlung. Für empfindlichere Messungen muss er mittels dicker Bleischichten reduziert werden. Der Untergrund erstreckt sich natürlich unter dem Photopeak hindurch und auch zu niedrigeren Energien hin. Für genauere Auswertungen von Fläche und Lage des Photopeaks muss er durch Interpolation von links und rechts geschätzt und abgezogen werden.

**Compton-Untergrund.** Zusätzlich zum allgemeinen Untergrund liegt bei Energien unterhalb des Photopeaks und deutlich getrennt von ihm der zugehörige Compton-Untergrund. Er wird verursacht von den 662 keV-Quanten, die im Halbleiter nur einen (oder mehrere) Compton-Effekte gemacht haben, aber nicht ganz absorbiert wurden (insgesamt ca. $10^6$ *counts*).

**Compton-Kante.** Die deutliche Stufe bei 478 keV ist die „Compton-Kante". Sie markiert die maximale Energie, die ein 662 keV-Quant durch einen einzigen Compton-Effekt abgeben kann, denn nach Gl. (6.30) muss das gestreute Quant mindestens $E'_{\text{min}} = E_\gamma/(1 + 2E_\gamma/(m_\text{e}c^2)) = 184\,\text{keV}$ wieder mitgenommen haben (und ist in diesen Fällen aus dem Halbleiter heraus geflogen). Bei Energien unterhalb 478 keV sind die vielen Quanten gezählt worden, die weniger Energie verloren haben, darüber die wenigen, die zwei Comptoneffekte (aber keinen Photoeffekt) im Halbleiter gemacht haben.

Auch bei $E'_{\text{min}} = 184$ keV zeigt das Spektrum eine Stufe, aber im entgegengesetzten Sinn. Sie erklärt sich durch den analogen Prozess, nur dass hier ein Compton-Effekt des 662 keV-Quants außerhalb des Halbleiterkristalls stattfand und das gestreute Quant dann den Detektor erreichte und mit seiner ganzen Energie $E'_\gamma \geq E'_{\text{min}}$ nachgewiesen wurde.

**Röntgen-Linien.** Bei 31 keV sind die $K$-Röntgen-Linien von Ba zu sehen. Sie werden emittiert, wenn sich das 662 keV-Niveau durch innere Konversion abgeregt hat und das dadurch entstandene Loch in der $K$-Schale wieder gefüllt wird.

**Schwelle.** Eine untere Schwelle liegt bei ca. 10 keV. Dies entspricht der unteren Nachweisgrenze der digitalen Elektronik. (Bei Digitalisierung von noch kleineren analogen Signalen würden die Spitzen des elektronischen Rauschens als Impulse mitgezählt – mit Zählraten leicht über $10^6$/s.)

**Energie-Auflösung und Zählstatistik – Halbleiter vs. Szintillator.** Die Verschmierung des Photopeaks (*Halbwerts*breite hier 1,5 keV, entsprechend 0,2%) hat nichts mit der um viele Größenordnungen schmaleren natürlichen Linienbreite des angeregten Kern-Niveaus zu tun (vgl. hierzu den Mössbauer-Effekt in Abb. 6.6). Sie ist durch elektronisches Rauschen, letztlich also durch statistische Schwankungen bedingt. Bei Minimierung aller anderen Rausch-Quellen (d. h. hochwertige Analog-Elektronik und Kühlung des Halbleiter-Detektors auf die Temperatur flüssiger Luft) bleibt als Ursache von Schwankungen immer noch die Zählstatistik der Anzahl der primären Ladungsträgerpaare. Bemerkenswerterweise ist deren Schwankungsbreite hier 2–3fach kleiner als nach der Poisson-Verteilung möglich.

Nach der Poisson-Verteilung würde man $\sigma/n = 1/\sqrt{n} = 1/\sqrt{290\,000} \approx 1/550 \approx 0{,}2\%$ erwarten (siehe Kasten 6.2 auf S. 179), und zwar für die Standard-Abweichung $\sigma$; der Wert der Halbwertsbreite sollte 2,4-fach größer sein, wird aber mit 0,2% im Spektrum beobachtet. Der Grund für die kleinere Schwankungsbreite ist eine statistische Korrelation zwischen den im Mittel 290 000 Teilchen-Loch-Paaren: große statistische Fluktuationen nach oben sind durch die Energie-Erhaltung begrenzt.

In einem Szintillations-Detektor mit Photomultiplier ist die Energieauflösung viel schlechter, etwa 7% für 662 keV. Der Grund ist, dass das der deponierten Energie proportionale Signal durch einen viel engeren informationstheoretischen Flaschenhals muss: Die Codierung von 662 keV heißt hier nicht 290 000 Elektron-Loch-Paare, sondern (bei Szintillation in einem üblichen NaI-Detektor) nur (ca.) 600 primäre Photoelektronen, die der Szintillationsblitz aus der Photokathode des Photomultipliers auslöst. An der so entstehenden statistischen Streuung von relativ $1/\sqrt{600} \approx \frac{1}{25} = 4\%$ kann der nachfolgende Vervielfachungsprozess nichts mehr verbessern. Entsprechend breit verschmiert sind die Photopeaks in den Spektren eines Szintillations-Detektors, was z. B. die Identifizierung und Trennung von geringfügig differierenden $\gamma$-Energien unmöglich machen kann. Als Vorzüge gegenüber dem Halbleiter-Detektor sind aber zu nennen: schnellere Signalverarbeitung (d. h. höhere Zählraten möglich), größere Kristalle (d. h. höhere Nachweiswahrscheinlichkeit, vor allem zugunsten des Photopeaks), keine Kühlung nötig, moderate Herstellungskosten.

## 6.5 $\beta$-Strahlung

Anders als bei der $\alpha$- und $\gamma$-Strahlung wurde die physikalische Forschung durch die $\beta$-Strahlung nicht nur in den Anfangsjahren, sondern immer wieder überrascht und aufs Neue vor unerwartete Rätsel gestellt. Zu deren Klärung brauchte es eine ganze Reihe konzeptueller Durchbrüche:

- 1933/34:
  - Einführung einer neuen Teilchensorte: *Neutrino*.
  - Einführung einer dritten fundamentalen Naturkraft (neben Elektromagnetismus und Schwerkraft): *Schwache Wechselwirkung*.
  - Bruch mit der Vorstellung, materielle Teilchen könnten nicht (wie die Quanten eines „Strahlungs"-Felds) erschaffen oder vernichtet werden.
- 1953: Einführung einer neuen Art Ladung für die Teilchenklasse Lepton (Elektron, Neutrino, ...): *Leptonen-Ladung*, nebst dem zugehörigen Erhaltungssatz.
- 1956: Bruch mit der Vorstellung, die grundlegenden Naturgesetze seien spiegelsymmetrisch.
- 1964: Bruch mit der Vorstellung, die grundlegenden Naturgesetze seien symmetrisch gegen Zeitumkehr.
- ca. 1970: Entdeckung der *Elektroschwachen Wechselwirkung* als der gemeinsamen Grundlage der Schwachen Wechselwirkung und des Elektromagnetismus. Das heute gültige Standard-Modell entsteht.
- 1984: Nachweis der *Schweren Austauschbosonen*, die die schwache Wechselwirkung übertragen (z. B. das $Z^0$-Boson in Abb. 6.5).

Dieses Kapitel stellt vor allem die Entdeckungen von 1933/34 vor, die hauptsächlich mit dem Namen Enrico Fermi verknüpft sind (zu den weiteren Punkten siehe Kap. 12).

### *6.5.1 $\beta$-Teilchen sind Elektronen*

Die Quanten der $\beta$-Strahlung aus der natürlichen Radioaktivität sind negativ geladen (daher oft genauer $\beta^-$-Teilchen genannt) und haben in Luft eine Reichweite von bis zu 2 m. Ablenkung in elektrischen und magnetischen Feldern zeigte schon gegen 1900, dass mit $\beta$-Strahlung auch Masse transportiert wird, mit einer spezifischen elektrischen Ladung *in der Nähe* des Wertes $e/m_e$. Die nahe liegende Vermutung, es handele sich um schnelle Elektronen, war aber lange umstritten. Bei besonders energiereicher $\beta$-Strahlung wurden nämlich durchaus Abweichungen von $e/m_e$ beobachtetet, die erst in den 1930er Jahren mit fortschreitender Messgenauigkeit endgültig als Folge der sogenannten relativistischen „Massenzunahme" erklärt werden konnten.[71]

**Identität von Teilchen.** Ein überzeugender Beweis, dass $\beta$-Teilchen und Elektronen identisch sind, wurde aber erst 1948 von Goldhaber und Scharff-Goldhaber erbracht. Wie könnte man denn überprüfen, ob sich wirklich kein Unterschied zwischen ihnen finden lässt? Die Physik der Elementarteilchen ermöglicht hierfür einen Test, dessen Schärfe jeden Vergleich von Messwerten für Masse, Ladung, Spin etc. weit hinter sich lässt. Er beruht auf dem Pauli-Prinzip, nach dem jedes Elektron den von ihm gerade besetzten Zustand für alle anderen Elektronen absolut sperrt, aber auch nur für diese. Die Erklärung der Quantenmechanik hierfür hat wohlgemerkt gar nichts mit einer besonderen Abstoßungskraft zu tun, sondern beruht auf einer Einschränkung des Mehr-Teilchen-Zustandsraums (vgl. Kasten 5.1 auf S. 120), die ihrerseits mit einer Symmetrie der Mehr-Teilchen-Wellenfunktion für Teilchen derselben Sorte begründet wird. Für Elektronen (und alle Fermionen) muss die Funktion beim Vertauschen zweier identischer Teilchen ihr Vorzeichen wechseln. Mit diesen Formeln ist es daher schlicht unmöglich (sozusagen ein „Tabu"), sich mehr als ein Elektron im selben Zustand überhaupt nur *vorzustellen*. Diese bemerkenswerte Eigenschaft identischer Teilchen ist uns bei den Interferenz-Phänomenen in der Streuung in Abschn. 5.7 schon begegnet und wird in Abschn. 7.1.5 und 9.3.3 weiter vertieft.

**Experiment.** Das Experiment hierzu ist denkbar einfach: Ausgehend davon, dass $\beta$-Teilchen sich zumindest äußerst ähnlich verhalten wie Elektronen, müssen auch sie nach dem Abbremsen in Materie von Atomen eingefangen werden. Die Frage ist nun: Unterliegen sie danach hinsichtlich der Hüllen-Elektronen dem Pauli-Prinzip oder nicht? Wenn nicht, könnten sie bis zu der ihnen entsprechenden – für sie freien – $K$-Schale herunter springen und müssten dabei Photonen emittieren – mit Energien wie wenn Elektronen die charakteristische Röntgenstrahlung erzeugen. Bei einer gezielten Suche ist aber diese Strahlung nicht gefunden worden. Einzige Erklärung: $\beta^-$-Teilchen finden ihre Zustände in der Atomhülle schon von „gewöhnlichen" Elektronen besetzt. Also sind sie von der gleichen Sorte.

Wo steckt hier die Unsicherheit, die bei Schlussfolgerungen aus Experimenten doch prinzipiell ganz unvermeidlich ist? Bei der Messung wurde $\beta$-Strahlung von $^{14}$C in Blei gestoppt [84]. Die fraglichen Röntgenquanten ($K$-Strahlung, 73–87 keV) sollten durch einen Geiger-Zähler angezeigt werden. Trotz sorgfältiger Abschir-

[71] Mit Masse $m$ ist in diesem Buch immer eine unveränderliche Eigenschaft des Teilchens gemeint, nach älterem Sprachgebrauch also die „Ruhemasse". Wegen $(mc^2+E_{\text{kin}})^2 = E^2 = (mc^2)^2+(pc)^2$ und $v/c = pc/E$ ist $p = mv/\sqrt{1-v^2/c^2}$ und $E = mc^2/\sqrt{1-v^2/c^2}$. Das Teilchen mit (Ruhe-)Masse $m$ bewegt sich nach der Relativitätstheorie so wie ein Teilchen der klassischen Mechanik mit Masse $m+\Delta m = m+E_{\text{kin}}/c^2$. Siehe auch Kasten 2.1 auf S. 45.

mung gegen Strahlung aus anderen Richtungen hat er natürlich während des Experiments getickt, aber viel seltener als nach der theoretischen Vergleichs-Zählrate für eine entsprechende Anzahl von Elektronen-Einfängen in die $K$-Schale zu erwarten gewesen wäre. Nach Abzug der Untergrundzählrate und Berücksichtigung der bei Zählratenmessungen auftretenden statistischen Schwankungen war der eventuelle Netto-Effekt nicht signifikant, und sicher nicht höher als 3% der theoretischen Vergleichs-Zählrate. Die quantitative Aussage heißt also genau: Mindestens 97% der von $^{14}C$ emittierten $\beta$-Teilchen unterliegen dem Pauli-Prinzip mit Atomelektronen von Blei. Der Schluss auf *alle* $\beta^-$-Teilchen *aller* radioaktiven Quellen ist (induktive) Verallgemeinerung.

Zur weiteren Illustration dieses Experiments betrachten wir ein Kontroll-Beispiel aus dem Bereich der *myonischen Atome* – einem modernen Feld der Atom- und Kernphysik. Negative Myonen (Ladung $Q_\mu = -e$, Masse $m_\mu = 206\, m_e$, siehe Abschn. 10.3.1) werden z. B. von der Höhenstrahlung erzeugt. In Materie abgebremst und von Atomen eingefangen verursachen sie dann tatsächlich die erwartete charakteristische Röntgenstrahlung. Abbildung 6.15 zeigt ein Energie-Spektrum des letzten Sprunges in die $K$-Schale an drei Isotopen von Fe (weitere Erläuterungen in der Legende).

### 6.5.2 *β-Teilchen werden im Emissionsakt neu erzeugt*

**β-Teilchen aus den Kernen?** Wo kommen die Elektronen der $\beta$-Strahlung her? Im Unterschied zu den Konversions-Elektronen, die ein angeregter Kern aus seiner eigenen Atomhülle hinausschießen kann (siehe Abschn. 6.4.7), und die vom Begriff $\beta$-Strahlen ausgeschlossen werden, müssen die $\beta$-Elektronen direkt aus dem Kern kommen, denn es ist die *Kern*ladung $Ze$, die bei der $\beta$-Umwandlung um 1 zunimmt. Die erst einmal nächstliegende Annahme, die Elektronen hätten sich im Kern aufgehalten, hatte Rutherford zu seinem ersten Proton-Elektron-Modell des Kerns geführt ($A$ Protonen und $N = A - Z$ Elektronen, vgl. Abschn. 4.1.4), wobei sich je ein Elektron mit einem Proton zu einem Neutron vereinigt hätte. Dies war noch um 1932 allgemein akzeptiert, während andererseits längst klar geworden war, dass die schon überaus erfolgreiche Quantenmechanik mit der Anwesenheit von Elektronen im Kern nicht vereinbar ist. Hier noch einmal drei der Gegenargumente:[72]

1. Die kinetische Energie und die räumliche Ausdehnung eines gebundenen Teilchenzustands unterliegen einem fundamentalen Zusammenhang. So passt z. B. die mittlere kinetische Energie des 1s-Elektrons im Wasserstoff $\langle E_{\text{kin, 1 s}} \rangle = 13{,}6\,\text{eV}$, die nicht zufällig gleich der Bindungsenergie ist,[73] gerade zum Radius

[72] Das zweite und dritte Argument setzen Erkenntnisse voraus, die hier erst in Kap. 7 behandelt werden.

[73] Beim Coulomb-Potential ist die mittlere kinetische Energie gleich der Bindungsenergie $E_B = |\langle E_{\text{kin}} \rangle + \langle E_{\text{pot}} \rangle|$, weil nach dem Virialsatz für gebundene Zustände immer $\langle E_{\text{kin}} \rangle = -\frac{1}{2} \langle E_{\text{pot}} \rangle$ gilt.

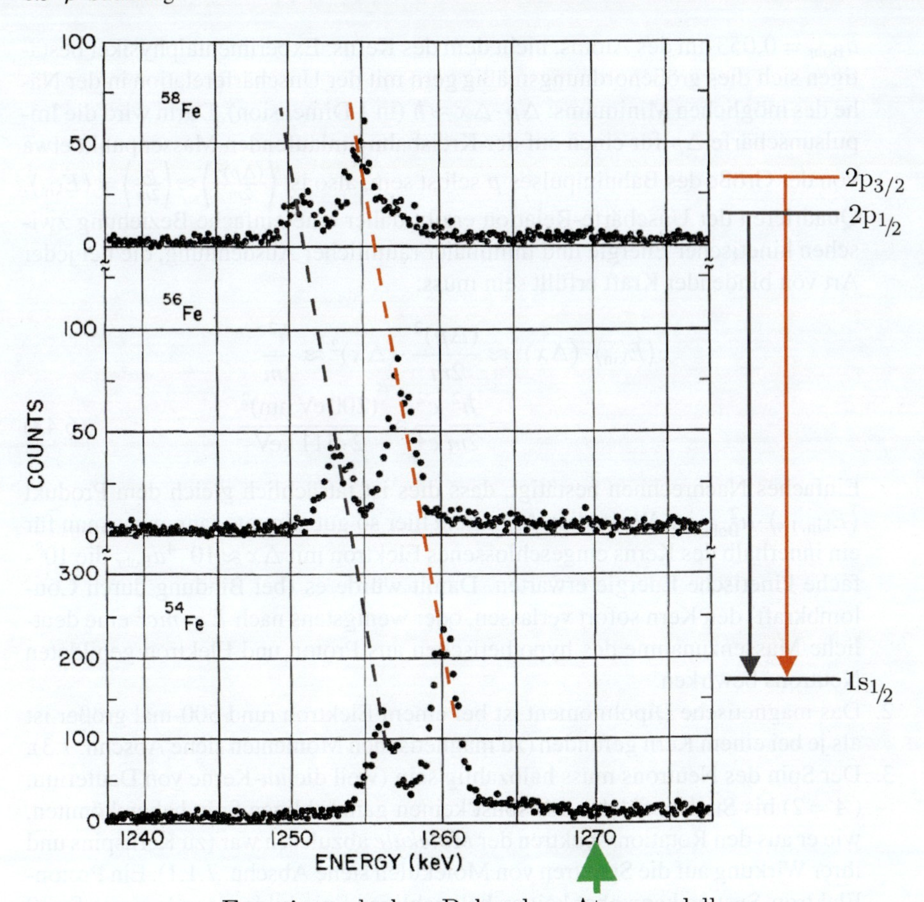


**Abb. 6.15** Myonen-Einfang an drei Eisen-Isotopen ($Z = 26$, $A = 54$, 56, 58). *Links:* Spektren der charakteristischen $K$-Röntgenstrahlung beim letzten Sprung des Myons vom 2p- ins 1s-Niveau (aufgenommen mit einem Halbleiter-Detektor für $\gamma$-Quanten, vgl. Abschn. 6.4.8, Abbildung nach [178]). *Rechts:* Niveauschema der $K$- und $L$-Schale mit den beobachteten Übergängen. Die Feinstruktur des 2p-Niveaus ist in den Spektren deutlich sichtbar. Die Aufspaltung um immerhin etwa 10 keV in zwei Peaks ist die Feinstruktur aufgrund der Spin-Bahn-Wechselwirkung. Das $2p_{\frac{3}{2}}$-Niveau ist 4fach entartet, das $2p_{\frac{1}{2}}$-Niveau nur 2fach – daher die doppelte Fläche im höherenergetischen Peak. Zur Energie: der 2p-1s-Übergang hat im H-Atom die Energie $13{,}6\,\text{eV} \cdot (\frac{1}{1^2} - \frac{1}{2^2}) = 10{,}2\,\text{eV}$ (Bohrsche Formel, der Wert entspricht harter UV-Strahlung). Mit zwei zusätzlichen Faktoren wird daraus eine Vorhersage für die hier erwartete Energie: Für $Z = 26$ ist mit $Z^2$ zu multiplizieren; für die Myonenmasse $m_\mu = 206 m_\text{e}$ mit dem Faktor 184 (Verhältnis der reduzierten Massen im H-Atom und im myonischen Atom, zu berechnen mit $m_\text{p} = 1836 m_\text{e}$, vgl. Bohrsche Formel für die Bindungsenergie im H-Atom mit punktförmigem Kern, Gl. (2.15) in Kap. 2). Erwartet sind also $10{,}2\,\text{eV} \cdot 26^2 \cdot 184 = 1\,270\,\text{keV}$ (siehe *grünen Pfeil*). Warum sind die Energien bei allen drei Isotopen systematisch nach unten verschoben, am stärksten beim größten der Kerne? Das ist eine Folge ihrer endlichen Ausdehnung. Alle Bindungsenergien sind etwas verringert, weil das Potential im Innern nicht weiter wie $(-1/r)$ tiefer wird sondern endlich bleibt. Dieser Effekt nimmt mit zunehmendem Kernradius erwartungsgemäß zu. (Daraus lässt sich der Kernradius ermitteln, in guter Übereinstimmung mit den Ergebnissen der anomalen Rutherford-Streuung und der Hofstadter-Experimente – siehe Abschn. 3.4 und 5.6.)

$a_{\text{Bohr}} = 0{,}053$ nm des Atoms, nicht dem des Kerns. Experimentalphysiker bestätigen sich dies größenordnungsmäßig gern mit der Unschärferelation in der Nähe des möglichen Minimums: $\Delta p \cdot \Delta x \approx \hbar$ (in 1 Dimension). Darin wird die Impulsunschärfe $\Delta p$ für einen auf der Kreisbahn umlaufenden Massenpunkt etwa von der Größe des Bahnimpulses $p$ selbst sein, also ist $\left\langle \frac{(\Delta p)^2}{2m} \right\rangle \approx \left\langle \frac{p^2}{2m} \right\rangle = \langle E_{\text{kin}} \rangle$. Quadrieren der Unschärfe-Relation ergibt daher eine einfache Beziehung zwischen kinetischer Energie und minimaler räumlicher Ausdehnung, die bei jeder Art von bindender Kraft erfüllt sein muss:

$$\begin{aligned} \langle E_{\text{kin}} \rangle \cdot (\Delta x)^2 &\approx \frac{(\Delta p)^2}{2m} \cdot (\Delta x)^2 \approx \frac{\hbar^2}{2m} \\ &= \frac{\hbar^2}{2m} \frac{c^2}{c^2} \approx \frac{(200\,\text{eV nm})^2}{2 \cdot 511\,\text{keV}} \,. \end{aligned} \tag{6.43}$$

Einfaches Nachrechnen bestätigt, dass dies ist tatsächlich gleich dem Produkt $\langle E_{\text{kin, 1 s}} \rangle \cdot a_{\text{Bohr}}^2$ ist. Wenn dies Argument hier so gut stimmt, dann muss man für ein innerhalb des Kerns eingeschlossenes Elektron mit $\Delta x \approx 10^{-4} a_{\text{Bohr}}$ die $10^8$-fache kinetische Energie erwarten. Damit würde es (bei Bindung durch Coulombkraft) den Kern sofort verlassen, oder wenigstens nach $E = mc^2$ eine deutliche Massenzunahme des hypothetischen aus Proton und Elektron gebildeten Neutrons bewirken.

2. Das magnetische Dipolmoment ist bei einem Elektron rund 500-mal größer ist als je bei einem Kern gefunden (zu magnetischen Momenten siehe Abschn. 7.3).
3. Der Spin des Neutrons muss halbzahlig sein (weil die *uu*-Kerne von Deuterium ($A = 2$) bis Stickstoff ($A = 14$) sonst keinen ganzzahligen Spin haben könnten, wie er aus den Rotationsspektren der *Moleküle* abzulesen war (zu Kernspins und ihrer Wirkung auf die Spektren von Molekülen siehe Abschn. 7.1.1). Ein Proton-Elektron-System kann aber keinen halbzahligen Spin bilden, sondern nur $S = 0$ oder $S = 1$. (Das sieht man leicht schon bei den möglichen Eigenwerten zur $z$-Komponente des Gesamtspins $\hat{S}_z$: $M_S = m_{s,\text{Proton}} + m_{s,\text{Elektron}} = \pm\frac{1}{2} \pm \frac{1}{2}$, das ist entweder $\pm 1$ oder 0, aber nie halbzahlig.)

Doch selbst Heisenberg hätte damals eher die ganze Quantenmechanik (für die er 1932 gerade den Nobelpreis erhalten hatte) aus der Kernphysik verbannt als vom Proton-Elektron-Modell des Neutrons zu lassen. Der Widerstand gegen die Vorstellung des Neutrons als eines eigenständigen Teilchens blieb so stark, dass z. B. James Chadwick, im Jahr 1932 der Entdecker des Neutrons als frei fliegendes Teilchen (Nobelpreis 1935), von einem „in ein Elektron eingebetteten Proton" sprach. Auch Niels Bohr spekulierte lieber darüber, dass bei so kleinen Abmessungen nicht nur die Quantenmechanik versage, sondern ganz prinzipiell auch der Energiesatz. Erst nachdem die Vorstellung von der unzerstörbaren *Materie* (im Sinne von „Teilchen" mit $mc^2 > 0$) durch die Elektron-Positron-Erzeugung und -Vernichtung ins Wanken geraten war, und eine grundsätzliche Ähnlichkeit von Materie mit *Strahlung* (im Sinne von „Quanten" mit $mc^2 = 0$) deutlich zu werden begann, konnten die bei Photonen bekannten Erzeugungs- und Vernichtungsprozesse gedanklich auf massebehaftete Teilchen übertragen werden.

**$\beta$-Teilchen entstehen neu.** Der Durchbruch kam 1934 mit Fermis „Versuch einer Theorie der $\beta$-Strahlen" (so der Original-Titel der auf Deutsch erschienenen Veröffentlichung [68]).[74] Darin ist das Neutron ein Teilchen eigener Sorte, das sich als Baustein eines $\beta$-radioaktiven Kerns in ein Proton umwandeln kann, und das Elektron ist ein Teilchen, das in diesem Prozess neu erschaffen wird. Die ausführlichere Ausarbeitung dieses Gedankens wird ab Abschn. 6.5.7 dargestellt.

Allerdings kommt aus Fermis Theorie zugleich heraus, dass auch schon das einzelne Neutron gar nicht stabil sein dürfte, sondern in Elektron und Proton zerfallen kann (plus ein weiteres neues Teilchen, siehe Abschn. 6.5.6). Seine Lebensdauer wurde erst 12 Jahre später im Experiment bestimmt, nachdem langsame Neutronen in Kernreaktoren erzeugt werden konnten (siehe Abschn. 8.2). Es ergab sich $\tau_n = 886\,\mathrm{s}$, im Einklang mit einer Vorhersage aus dem allgemeinen Zusammenhang zwischen Energie und Lebensdauer bei $\beta$-Strahlern (s. u. Abb. 6.17). Dieser besonders einfache Umwandlungsprozess wird im Folgenden als Beispiel herangezogen.

### 6.5.3 *$\beta$-Energie-Spektrum kontinuierlich: Energiesatz verletzt?*

In Rutherfords Labor versuchte Chadwick 1914 vergeblich, die damals vermuteten *diskreten* Energien der $\beta$-Teilchen nachzuweisen. In allen Fällen fand er ein

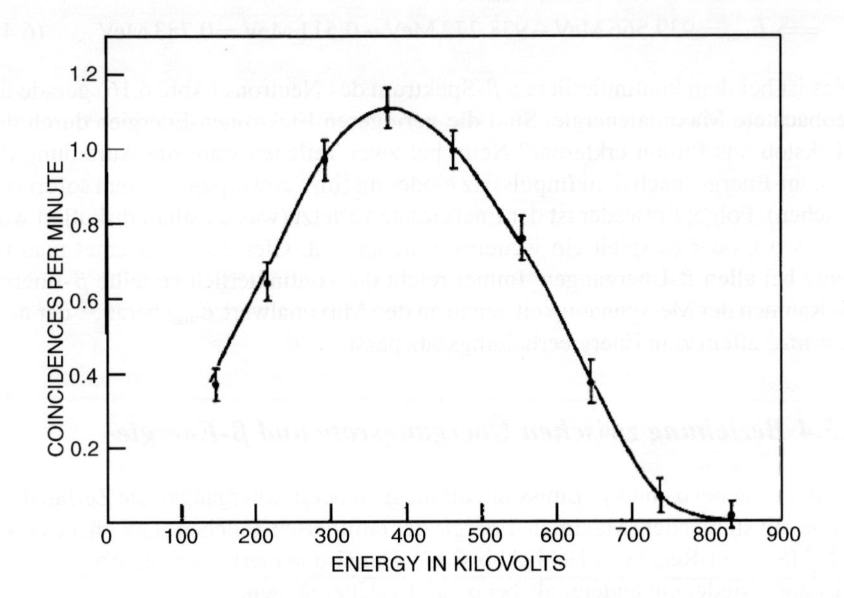


**Abb. 6.16** Energie-Spektrum der Elektronen beim Neutronzerfall [156]

[74] Die international renommierte englische Zeitschrift *Nature* hatte die Publikation als zu hypothetisch zurückgewiesen (nach [176, S. 202]).

kontinuierliches Spektrum, stets in einer Art Glockenkurve mit einer bestimmten (wenn auch experimentell nicht leicht genau bestimmbaren) Maximalenergie $E_{\mathrm{max}}$. Abb. 6.16 zeigt das am Beispiel des 1951 gemessenen $\beta$-Spektrums beim Zerfall des freien Neutrons.

Manche $\beta$-Strahler zeigten zusätzlich auch Spektrallinien mit scharfen Elektronen-Energien. Wenn es mehrere waren, stimmten die Energie-*Differenzen* zwischen ihnen immer genau mit den Energien von Röntgen-Quanten des Atoms mit nächst höherer Kernladungszahl $Z+1$ überein. Das konnte (richtig) so erklärt werden, dass dem Kern, der *nach* der Emission des negativen $\beta$-Teilchens nun Kernladung $Z+1$ hat, noch ein fester Energiebetrag zur Verfügung stand, mit dem er eins der inneren Elektronen aus der eigenen Hülle herausschlagen konnte. Diese *Konversions-Elektronen* (siehe Abschn. 6.4.7), die im übrigen nicht von $\beta$-Teilchen zu unterscheiden waren, bildeten die scharfen Spektrallinien. Dies war der erste und lange Zeit einzige Hinweis auf diskrete Anregungsenergien im Kern, wie sie analog für die Hülle in den Bohrschen Postulaten (1913), dem Moseley-Gesetz (1914) und dem Franck-Hertz-Versuch (1914) angenommen bzw. demonstriert wurden.

Sollte die Umwandlung des Neutrons nach dem Schema $n \rightarrow p + e^-$ ablaufen, lässt sich leicht die Energie-Erhaltung prüfen:

$$\begin{aligned} & m_{\mathrm{n}}c^2 = m_{\mathrm{p}}c^2 + m_{\mathrm{e}}c^2 + E_{\mathrm{kin}} \\ \Longrightarrow\ & E_{\mathrm{kin}} = 939{,}566\,\mathrm{MeV} - 938{,}272\,\mathrm{MeV} - 0{,}511\,\mathrm{MeV} = 0{,}783\,\mathrm{MeV}\,. \end{aligned} \tag{6.44}$$

Dies ist bei dem kontinuierlichen $\beta$-Spektrum des Neutrons (Abb. 6.16) gerade die beobachtete Maximalenergie. Sind die geringeren Elektronen-Energien durch den Rückstoß ans Proton erklärbar? Nein, bei zwei Teilchen wäre die Aufteilung der Gesamt-Energie nach dem Impulssatz eindeutig (im Schwerpunktsystem sofort einzusehen). Folge: Entweder ist der Energiesatz verletzt (was ernsthaft diskutiert wurde – s. o.), oder es spielt ein weiteres Teilchen mit. Gleiches beobachtet man bis heute bei allen $\beta$-Übergängen: Immer reicht die kontinuierlich verteilte $\beta$-Energie im Rahmen der Messgenauigkeit genau an den Maximalwert $E_{\mathrm{max}}$ heran,[75] der nach $E = mc^2$ allein zum Energieerhaltungssatz passt.

## 6.5.4 Beziehung zwischen Übergangsrate und β-Energie

Ähnlich wie bei $\alpha$- und $\gamma$-Emission nimmt auch bei $\beta$-Übergängen die Zerfallskonstante mit steigender (Maximal-)Energie der emittierten Teilchen stark zu, etwa wie $E_{\mathrm{max}}^{4\ldots5}$ (Sargent-Regel von 1934, Abb. 6.17). Der Grund hierfür – siehe Abschn. 6.5.7 – ist aber wieder ein anderer als bei $\alpha$- und $\gamma$-Übergängen.

[75] Für ein neues Präzisions-Experiment hierzu siehe letzten Absatz von Abschn. 6.5.7.

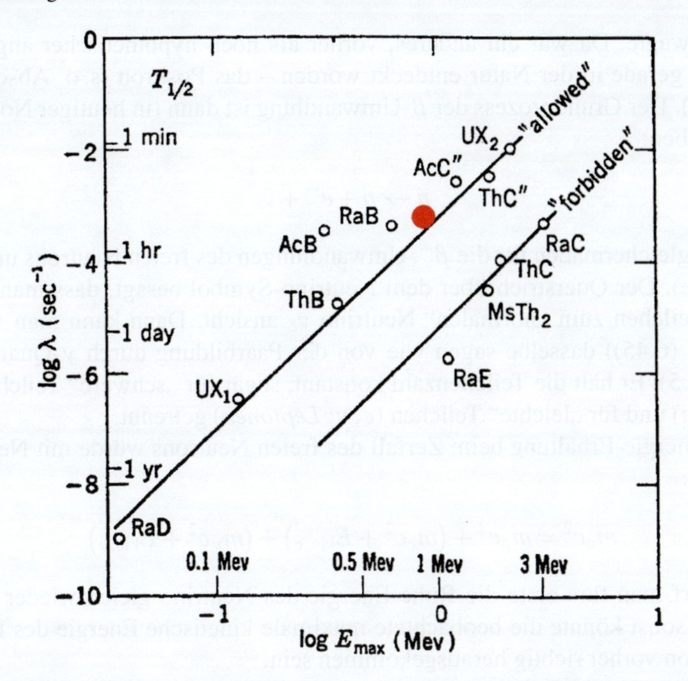


**Abb. 6.17** Sargent-Diagramm: Zerfallskonstante $\lambda$ gegen die Zerfallsenergie (log-log mit 4fach gestauchter Ordinate) für verschiedene natürliche $\beta$-Strahler (hier mit den alten radiochemischen Namen, Abb. nach [66]). *Roter Punkt*: das freie Neutron. Man erkennt zwei Gruppen, die den gleichen allgemeinen Zusammenhang $\lambda \propto E_{\max}^{4\ldots5}$ zeigen. Bei den „verbotenen" Übergängen müssen die emittierten Teilchen einen Bahndrehimpuls $1\hbar$ mitbekommen (bei „erlaubten" Übergängen $0\hbar$), das ist der Grund für ca. 100fach verlängerte Halbwertzeiten (ähnlich für $\alpha$- und auch $\gamma$-Strahlung, siehe z. B. Abschn. 6.4.7)

### 6.5.5 Drehimpuls-Erhaltung verletzt?

Das Neutron hat den Spin $\frac{1}{2}$. Aber Elektron und Proton zusammen können weder in einem gebundenen noch in einem ungebundenen Zustand einen halbzahligen Spin bilden (s. o.). Der einfache 2-Teilchen-Zerfall $n \to p + e^-$ würde also die Drehimpulserhaltung verletzen.

### 6.5.6 Neutrino-Hypothese 1930

Um all die genannten Schwierigkeiten auf einen Schlag gegen eine einzige neue einzutauschen, hatte Pauli schon 1930 in einem launigen Brief an die „lieben radioaktiven Damen und Herren" bemerkt, man könne sämtliche Erhaltungssätze retten, wenn ein bis dahin unentdeckt gebliebenes neues Teilchen alle fehlenden Eigenschaften hätte: das Neutrino. Diese Hypothese spiegelt einerseits die Unsicherheiten wieder, mit denen sich die Physik der Kerne damals herumschlug, und war andererseits so gewagt, dass Pauli sie erst drei Jahre später wissenschaftlich offiziell zu machen wagte. Da war ein anderes, vorher als noch hypothetischer angesehenes Teilchen gerade in der Natur entdeckt worden – das Positron (s. o. Abschn. 6.4.5 und 10.2). Der Grundprozess der $\beta$-Umwandlung ist dann (in heutiger Notation) so zu schreiben:

$$n \to p + e^- + \bar{\nu}_e \tag{6.45}$$

(das gilt gleichermaßen für die $\beta^-$-Umwandlungen des freien Neutrons und größerer Kerne). Der Querstrich über dem Neutrino-Symbol besagt, dass man es heute als Antiteilchen zum „normalen" Neutrino $\nu_e$ ansieht. Dann kann man vom Prozess (Gl. (6.45)) dasselbe sagen wie von der Paarbildung durch $\gamma$-Quanten (Abschn. 6.4.5): Er hält die Teilchenzahl konstant, sogar für „schwere" Teilchen ($n$, $p$: *Baryonen*) und für „leichte" Teilchen ($e$, $\nu$: *Leptonen*) getrennt.

Die Energie-Erhaltung beim Zerfall des freien Neutrons würde mit Neutrino so aussehen:

$$m_n c^2 = m_p c^2 + \left(m_e c^2 + E_{\text{kin,e}}\right) + \left(m_\nu c^2 + E_{\text{kin},\nu}\right) . \tag{6.46}$$

Darin darf man fürs erste die Ruhe-Energie des Neutrino gleich wieder vernachlässigen, sonst könnte die beobachtete maximale kinetische Energie des Elektrons nicht schon vorher richtig herausgekommen sein.

Erwartete Eigenschaften des Neutrino:

- Keine mit damaligen Methoden nachweisbare Wechselwirkung mit Materie,
- also insbesondere elektrisch neutral.
- Gar keine oder sehr geringe Masse (jedenfalls $\ll m_e$).
- Spin $\frac{1}{2}$.

Ein „direkter" Neutrino-Nachweis gelang erst 23 Jahre später, als die Kernstrahlungsmesstechnik erheblich weiter war und zudem intensive Neutrino-Quellen in Gestalt von Kernreaktoren existierten (Clyde Cowan/Frederick Reines 1956, Nobelpreis Reines erst 1995(!)). Dies Experiment wird als frühes Beispiel aufwändiger Szintillator-Spektroskopie in Abschn. 6.5.11 besprochen. Zweifel an der Existenz des Neutrino waren aber schon kurz nach seiner theoretischen Geburt erloschen – aufgrund des Durchbruchs in dem Verständnis des $\beta$-Zerfalls durch Fermis Theorie von 1934.

### 6.5.7 Fermi-Theorie des β-Zerfalls I: Form des kontinuierlichen Spektrums

Mit der Neutrino-Hypothese und der Goldenen Regel (Gl. (6.11))

$$\lambda = \frac{2\pi}{\hbar} \left|M_{\text{fi}}\right|^2 \rho_E$$

zur Berechnung von Umwandlungsraten – beide von Pauli – gelang Enrico Fermi 1934 die erste richtige Erklärung des $\beta$-Zerfalls. Schon der Phasenraumfaktor

$\rho_E = \mathrm{d}N/\mathrm{d}E$ allein kann einen wesentlichen Teil der Beobachtungen erklären. Hier eine kurze Herleitung aus dem Phasenraum-Volumen der klassischen Statistischen Physik und der einfachen zugehörigen Quantisierungsregel, entlang dem in Kasten 5.1 auf S. 120 beschriebenen Verfahren.

**Phasenraum, unkorreliert.** Der Zustand eines klassischen Massenpunkts ist ein Punkt mit den Koordinaten $(\vec{r}, \vec{p})$ in einem 6-dimensionalen Raum. Darin füllen alle möglichen Zustände, die mit Impulsen $p' \leq p$ im räumlichen Volumen $V_{\text{Ortsraum}}$ liegen, ein Volumen $\Omega$:

$$\Omega = V_{\text{Ortsraum}} \cdot V_{\text{Impulsraum}} = V_{\text{Ortsraum}} \cdot \tfrac{4\pi}{3} p^3 .$$

$V_{\text{Impulsraum}} = \frac{4\pi}{3} p^3$ heißt auch Fermi-Kugel. Die Größe von $V_{\text{Ortsraum}}$ ist für die weitere Rechnung belanglos – sie kürzt sich nämlich am Ende gegen die Normierung der Wellenfunktionen im Matrixelement heraus und wird daher ab jetzt gleich weggelassen. Der Übergang zur Quantenmechanik ist denkbar einfach: Zur Zahl $N$ der (linear unabhängigen) quantenmechanischen Zustände kommt man einfach durch Division mit dem Volumen der Phasenraumzelle $(2\pi\hbar)^3$:

$$N = \frac{\Omega}{(2\pi\hbar)^3} ,$$

denn ein Zustand beansprucht für jede Dimension des Ortsraums die Phasenraumzelle $2\pi\hbar$ – das entspricht gerade der Unschärferelation $\Delta x \cdot \Delta p_x \geq \hbar/2$.[76] Der gesuchte Phasenraum-Faktor ist daher:

$$\rho_{\mathrm{E}} = \frac{\mathrm{d}N}{\mathrm{d}E} = \frac{1}{(2\pi\hbar)^3} \frac{\mathrm{d}\Omega}{\mathrm{d}p} \frac{\mathrm{d}p}{\mathrm{d}E} \propto p^2 \frac{\mathrm{d}p}{\mathrm{d}E} . \tag{6.47}$$

Für ein relativistisches Teilchen ist $E = pc$, die Ableitung $\mathrm{d}p/\mathrm{d}E$ also konstant und damit der statistische Faktor $\rho_{\mathrm{E}} \propto p^2$. So gilt die Formel z. B. für die Emission von $\gamma$-Quanten (Abschn. 6.4.7). Bei den $\beta$-Übergängen gilt sie für das Neutrino (wenn masselos angesetzt) streng, für das Elektron nehmen wir sie jetzt als Näherung, gut jedenfalls bei relativistischen Energien.

Für den 2-Teilchen-Phasenraum für Elektron und Neutrino zusammen, *wenn sie unabhängig voneinander jeden Zustand bis zur Maximal-Energie $E_{\max}$ einnehmen könnten*, wäre einfach das Produkt anzusetzen:

$$\Omega(0 \leq E_{\mathrm{e}}, E_\nu \leq E_{\max}) = \Omega_{\mathrm{e}} \Omega_\nu = \frac{4\pi}{3} p^3_{\mathrm{e},\max} \frac{4\pi}{3} p^3_{\nu,\max}$$
$$\text{und } N = \frac{\Omega_{\mathrm{e}} \Omega_\nu}{(2\pi\hbar)^6} . \tag{6.48}$$

[76] So für Spin Null, bei Spin $\frac{1}{2}$ ist in allen Formeln $N$ hier noch zu verdoppeln. – Dieselbe Zahl von Zuständen kommt natürlich auch heraus, wenn man mit der Schrödinger-Gleichung im Potentialtopf der Größe $V_{\text{Ortsraum}}$ die Eigenzustände eines Teilchens bis zur Energie $E = p^2/(2m)$ ausrechnet, oder die stehenden Wellen bis zur Wellenzahl $k_{\max} = p/\hbar$ in einem gleich großen Hohlraum abzählt.

In der Näherung, dass die Elektronen relativistisch sind, ist neben $p_{\nu,\max} = E_{\max}/c$ auch $p_{\mathrm{e},\max} = E_{\max}/c$, also $\Omega \propto E_{\max}^6$ und damit

$$\rho_E(0 \le E_\mathrm{e}, E_\nu \le E_{\max}) = \frac{\mathrm{d}N}{\mathrm{d}E_{\max}} \propto E_{\max}^5 \,. \tag{6.49}$$

Das wäre schon eine gute Erklärung für den $E_{\max}$-abhängigen Faktor, den man im allgemeinen Trend der Umwandlungsrate mit der Energie (Abb. 6.17) sieht. Das (bis hier noch völlig unbekannte) Matrixelement der Wechselwirkung in der Formel für die Goldene Regel könnte dann näherungsweise energieunabhängig sein. Die kürzeren Lebensdauern bei $\beta$-Übergängen höherer Energie würden sich allein dadurch erklären, dass der Natur dann entsprechend mehr Endzustände offen stehen, jeder einzelne mit der gleichen Wahrscheinlichkeit der Realisierung.

Aber die Begründung bis hierher krankt noch an der Annahme unkorrelierter Teilchen, nach der in Gl. (6.48) jede der Elektronen-Energien $0 \le E_\mathrm{e} \le E_{\max}$ mit jeder Neutrino-Energie $0 \le E_\nu \le E_{\max}$ kombiniert wurde. Richtig dürfen zu einem gegebenen Intervall der Elektronenenergie nur die Neutrinozustände mit der entsprechenden Restenergie mitgezählt werden. Der gemeinsame Phasenraum ist also nur ein Bruchteil von Gl. (6.48), aber – und das rettet uns hier – ein *konstanter* Bruchteil: die eben gefundene Proportionalität zu $E^5$ bleibt gültig.

Sie bleibt sogar bis in den GeV-Bereich hinein gültig, wie man viel später in $\beta$-Zerfällen sehr schwerer Elementarteilchen – der $\tau$-Leptonen (Abschn. 10.3) – gefunden hat.

**Phasenraum, korreliert.** Fermi hat in seiner Original-Arbeit die Zustandsdichte gleich mit den richtig abgestimmten Energien $E_\mathrm{e} + E_\nu = E_{\max}$ berechnet. Er konnte daraus sogar die theoretische Form des Energie-Spektrums bestimmen und so einen noch viel schärferen Test auf Konstanz des Matrixelements gewinnen. Die Goldene Regel gibt ja immer die gesamte Übergangsrate in irgendeinen derjenigen Endzustände an, die im Faktor Zustandsdichte mitgezählt worden sind (gleich großes Matrixelement für alle angenommen). So kann man die erwartete Verteilung der Übergänge auf die verschiedensten Unter-Gruppen von Endzuständen berechnen, also z. B. die Häufigkeitsverteilung für die kontinuierlich variierende Elektronen-Energie – eben das $\beta$-Spektrum (wie z. B. in Abb. 6.16). Dazu muss nur die Phasenraumdichte der beobachteten Endzustände entsprechend eingeschränkt werden: Für $\rho_\mathrm{E}$ dürfen nur Endzustände des Elektrons im jeweilig gewählten Intervall der Energie bzw. des Impulsbetrags mitgezählt werden, und für das Neutrino auch nur die dazu passenden Endzustände. Was aber mit den Impuls*richtungen*? Die kann man – anders als die Energien – gut als unabhängig ansehen, weil das dritte Teilchen (der Restkern) sehr viel schwerer ist und daher praktisch jeden fehlenden Impuls energetisch „zum Nulltarif" beisteuern kann. Nach Gl. (6.47) folgt dann das einfache Ergebnis[77]

$$\rho_\mathrm{E}(E_\mathrm{e} + E_\nu = E_{\max}) \quad \propto \quad p_\mathrm{e}^2 p_\nu^2 \quad \propto \quad p_\mathrm{e}^2 (E_{\max} - E_\mathrm{e})^2 \,. \tag{6.50}$$

[77] Die genaue Herleitung ist besonders einfach in [121].

Wenn das Matrixelement der $\beta$-Wechselwirkung nicht noch eine eigene Energieabhängigkeit beisteuert, so sollte diese Formel allein die Form des $\beta$-Spektrum angeben.

Die in Gl. (6.50) angegebene Phasenraumdichte ergibt sich als Anzahl der Zustände pro *Impuls*intervall $\mathrm{d}p_\mathrm{e}$ des Elektrons (nicht Energie-Intervall $\mathrm{d}E_\mathrm{e}$) und passt daher direkt zu den Messungen des Spektrums in einem magnetischen Spektrometer. Dort bestimmt der feste Abstand der Blenden im Austrittsspalt ein festes Intervall $\Delta p_\mathrm{e}$ (nicht $\Delta E_\mathrm{e}$)[78], und für die beobachtete Zählrate gilt $N(p) \propto |M_\mathrm{fi}|^2 \rho_E \Delta p$. Die Verteilung der Zählrate über die verschiedenen Elektron-Impulse wird bei konstantem Matrixelement also ausschließlich von der Form der Zustandsdichte bestimmt.[79]

Zur Beurteilung dieser Theorie (Gl. (6.50)) im Vergleich mit der Messung – z. B. Abb. 6.16 – wählt man zweckmäßig eine Auftragung, die Linearität erwarten lässt. Gemäß

$$\frac{\sqrt{N}}{p_\mathrm{e}} \propto |M_\mathrm{fi}| \, (E_\mathrm{max} - E_\mathrm{e}) \tag{6.51}$$

soll man also aus der Zählrate $N$ des (bei konstantem Impulsintervall $\Delta p_\mathrm{e}$ genommenen) Elektronen-Spektrums die Wurzel ziehen, durch den jeweiligen Impuls $p_\mathrm{e}$ dividieren, und dies gegen die Energie $E_\mathrm{e}$ auftragen (Fermi- oder Kurie-Plot). Es ergibt sich bei leichten Kernen und nicht zu kleinen Elektronenenergien tatsächlich meistens eine Gerade (Abb. 6.18).

Mit dieser durchschlagend guten Erklärung hat Fermi gezeigt, dass es nicht der Wechselwirkungsoperator $\hat{H}_\mathrm{WW}$ im Matrixelement $|M_\mathrm{fi}|$ ist, der die Form des $\beta$-Spektrums bewirkt (z. B. bevorzugte Emission von Elektronen und Neutrinos bei mittleren Energien, wie man nach Abb. 6.16 auch zunächst vermuten könnte). Vielmehr ist $\hat{H}_\mathrm{WW}$ offenbar nur für die eigentliche Erzeugung dieser beiden Teilchen zuständig, während die Glockenform des Spektrums durch die statistisch gleichmäßige Besetzung aller Zustände verursacht wird, in denen Elektron und Neutrino sich die vorhandene Energie $E_\mathrm{max}$ teilen können. Demnach sind Elektronen bei kleinen kinetischen Energie (kleines $p_\mathrm{e}^2$ in Gl. (6.50)) deswegen selten, weil sie nur wenige Zustände finden, und bei hohen Energien sind sie wieder selten (kleines $(E_\mathrm{max} - E_\mathrm{e})^2$), weil es dann das Neutrino ist, für das es nur wenige mögliche Zustände ($\propto p_\nu^2$) zu besetzen gibt.

**Neutrinomasse Null?** Ob die Neutrinos wirklich die Ruhemasse Null haben oder nicht, macht für das Standard-Modell der Elementarteilchen einen bedeutenden Un-

---

[78] Vergleiche die allgemeine Bemerkung zur Ablenkung im Magnetfeld im Anschluss an Frage 4.4 auf S. 79.

[79] Will man die Zählrate pro Energieintervall $\mathrm{d}E_\mathrm{e}$ auftragen statt pro Impulsintervall $\mathrm{d}p_\mathrm{e}$, dann muss man noch gemäß $\rho_E \, \mathrm{d}E = \mathrm{d}N = \rho_p \, \mathrm{d}p$ die Dichten umrechnen, d. h. durch $\mathrm{d}E_\mathrm{e}/dp_\mathrm{e}$ dividieren. Dazu braucht man den bei freien Teilchen immer gültigen Zusammenhang zwischen Impuls und *kinetischer* Energie $E_\mathrm{e}$ des Elektrons: $(E_\mathrm{e} + m_\mathrm{e}c^2)^2 = (cp_\mathrm{e})^2 + (m_\mathrm{e}c^2)^2$. So entstehen in verschiedenen Büchern recht unterschiedliche Formeln, die alle den gleichen Sachverhalt meinen.

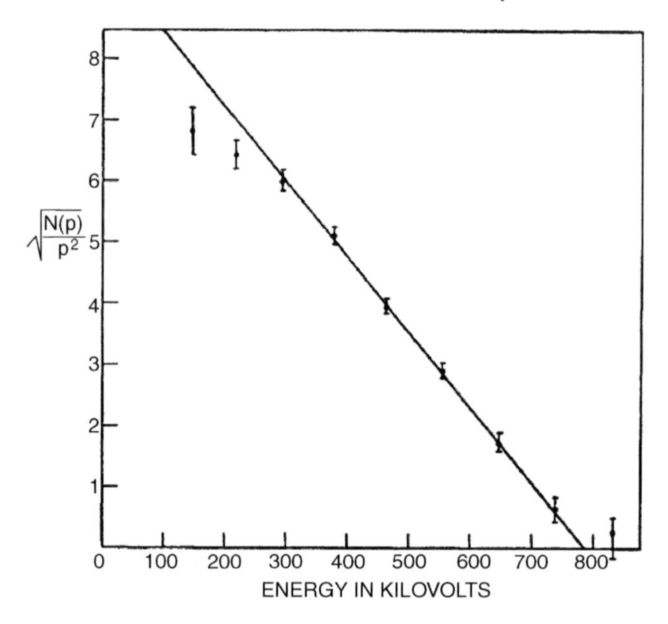


**Abb. 6.18** Das $\beta$-Energiespektrum des Neutrons von Abb. 6.16, dargestellt als *Fermi-* oder *Kurie-Plot* gemäß Gl. (6.51) [156]. Die Linearität zeigt, dass das Spektrum durch die statistischen Faktoren geformt wird, nicht durch den Erzeugungsprozess von Elektron und Neutrino in der $\beta$-Wechselwirkung. Die Abweichungen bei den kleineren Energien wurden den begrenzten Möglichkeiten der damaligen Messtechnik zugeschrieben (1951)

terschied (siehe Abschn. 10.4). Aus dem Kurie-Plot (Abb. 6.18) kann man zwar $E_{\max}$ als Schnittpunkt einer Geraden mit der Abszisse viel genauer bestimmen als aus dem Spektrum (Abb. 6.16) selber. Trotzdem kann man aus diesem Schnittpunkt die Obergrenze für eine eventuelle Ruheenergie $m_\nu c^2$ des Neutrinos nur ungenau abschätzen, denn trotz der enormen Messgenauigkeit bei der Massenbestimmung weiß man nicht genügend genau, wo er (nach Gl. (6.44)) bei $m_\nu c^2 = 0$ liegen müsste. Viel empfindlicher als die genaue *Lage* des Schnittpunkts reagiert die *Form* der bei $E_{\max}$ auslaufenden Glockenkurve (oder des Kurie-Plots) auf eine endliche Neutrinomasse.[80]

Im Forschungs-Zentrum Karlsruhe begann 2007 diesbezüglich die genaueste Messung aller Zeiten, um am Endpunkt $E_{\max} = 18{,}6\,\mathrm{keV}$ des $\beta$-Spektrums von Tritium ($^3$H) die Messunsicherheit auf 0,2 eV herunter zu bringen. Dafür wurde (in Süddeutschland) ein 20 m langes und 200 t schweres Spektrometer gebaut und einmal um das halbe Europa herum verschifft, weil es auf dem

[80] Dies aber auch nur für die nicht-relativistischen Neutrinos, auf der Energieachse also nur im entsprechend engen Bereich $E_{\max} - m_\nu c^2 \lesssim E_e \leqq E_{\max}$, denn in weiterem Abstand, also für relativistische Zustände ist $E_\nu \approx p_\nu c$ und die Zustandsdichte hängt von $m_\nu$ gar nicht mehr ab (siehe Gl. (6.47)).

kurzen Landweg nach Karlsruhe nicht unter den Brücken hindurch gepasst hätte.[81]

Dabei soll die Messgenauigkeit relativ gerade einmal $0{,}2\,\mathrm{eV}/18{,}6\,\mathrm{keV} \approx 10^{-5}$ erreichen. Man vergleiche mit der um Größenordnungen höheren Genauigkeit, die man mit Interferenz- oder Resonanztechniken erzielen kann, wenn es gelingt, die Messgröße in eine Frequenz oder eine Wellenlänge zu übersetzen (zur Massenbestimmung z. B. in Abschn. 4.1.7, zum magnetischen Moment Abschn. 7.3.3).

### *6.5.8 Fermi-Theorie des β-Zerfalls II: Wechselwirkung mit Reichweite Null*

**Die nächste Näherung.** Die vorstehende Erklärung der *Form* der $\beta$-Spektren zeigt gute, aber nicht perfekte Übereinstimmung mit den Messungen. Besonders bei schweren Kernen und geringen $\beta$-Energien finden sich oft große Abweichungen von der Linearität im Fermi-Kurie-Plot, also von der einfachen Glockenform nach Gl. (6.50): Es gibt zu viel niederenergetische Elektronen. Fermis Erklärung, die seinen Erfolg mit dem „Versuch einer Theorie der $\beta$-Strahlen“ erst abrundete, setzt nun am Matrixelement an.

**4-Teilchen-Matrixelement.** Das Matrixelement der Wechselwirkung ist ein Raumintegral über das Produkt von einem Wechselwirkungsoperator $\hat{H}_{\mathrm{WW}}$ mit den Wellenfunktionen der am Prozess beteiligten Teilchen im Anfangs- und im Endzustand. Im Beispiel für Coulomb-Wechselwirkung von zwei geladenen Teilchen (allgemeinster Fall mit verschiedenen Anfangs- und End-Zuständen):

$$\begin{aligned} M_{\mathrm{fi}} &= \langle \psi_{1f}\,\psi_{2f}\,|\hat{H}_{\mathrm{WW}}|\,\psi_{1i}\,\psi_{2i}\rangle \\ &= \iint \psi_{1f}^{*}(\vec{r}_1)\psi_{2f}^{*}(\vec{r}_2)\frac{e^2/(4\pi\varepsilon_0)}{|\vec{r}_2-\vec{r}_1|}\psi_{1i}(\vec{r}_1)\psi_{2i}(\vec{r}_2)\,\mathrm{d}^3\vec{r}_1\,\mathrm{d}^3\vec{r}_2\,. \end{aligned} \tag{6.52}$$

Das Integral ist ein doppeltes Volumenintegral, ist also über alle Punktepaare $\vec{r}_1, \vec{r}_2$ unabhängig voneinander zu erstrecken. Die Paare mit größeren Abständen $|\vec{r}_2-\vec{r}_1|$ bekommen dabei durch die Form des Wechselwirkungsoperators $\frac{e^2/(4\pi\varepsilon_0)}{|\vec{r}_2-\vec{r}_1|}$ immer weniger Gewicht.

Beim Zerfall $n \to p + e^- + \bar{\nu}_{\mathrm{e}}$ haben wir vier verschiedene Teilchen, zwar nur eins im Anfangs- und drei im Endzustand, doch immerhin zusammen genug Wellenfunktionen für ein Matrixelement. Neutron und Proton haben ihre Wellenfunktion innerhalb des Kernradius (bzw. beim Zerfall des freien Neutrons: die ebenen Wellen von freien Teilchen); für das Neutrino kann man wegen extrem schwacher Wechselwirkung immer eine ebene Welle wie für ein freies Teilchen nehmen. Das erzeugte Elektron muss aber durch eine vom Coulomb-Feld des (Tochter-)Kerns verzerrte Wellenfunktion beschrieben werden, die besonders bei großem $Z$ und ge-

[81] Siehe Experiment KATRIN (http://www-ik.fzk.de/∼katrin).

ringer Energie des Elektrons stark am Kern konzentriert ist, dort also eine höhere Amplitude hat als eine ebene Welle. Diese am Kern erhöhte Amplitude würde für das gesamte Integral einen größeren Wert liefern und damit schon wie gewünscht die höhere Zahl niederenergetischer $\beta$-Teilchen erklären, wenn das Raumintegral auf den Bereich dieser höheren Werte, also z. B. das Kernvolumen selbst, beschränkt wäre. Wie begründet Fermi dies? (Noch sind Annahmen über die Form der Wechselwirkung frei.):

- Rechnerisch gesprochen: Wenn man alle 4 Wellenfunktionen immer an derselben gemeinsamen Ortskoordinate nimmt, dann ist das Integral einfach der gemeinsame Überlapp von ihnen und damit wegen der Nukleonen-Funktionen automatisch auf das Kernvolumen beschränkt. Man erhält so gerade den richtigen Effekt, wenn der Wechselwirkungsoperator das doppelte Raum-Integral auf ein einfaches reduziert. Dazu braucht man ihm nur die Form der Deltafunktion $\hat{H}_{\mathrm{WW}} = \delta(\vec{r}_1 - \vec{r}_2)$ zu geben. Das Betragsquadrat dieses Überlapp-Integrals heißt „Fermi-Funktion des $\beta$-Übergangs" und wurde für alle Kerne als $F(Z, E)$ tabelliert.
- Physikalisch betrachtet: Der Wechselwirkungsoperator $\hat{H}_{\mathrm{WW}}$ muss es machen, dass die Amplituden der 4 Teilchen nur zählen, wenn sie sich alle am selben Ort einfinden. $\hat{H}_{\mathrm{WW}}$ wirkt also nicht auf Abstand wie etwa das Coulomb-Potential. Die $\beta$-Wechselwirkung mit Teilchen-Erzeugung und -Umwandlung ist eine punktuelle Wechselwirkung, oder jedenfalls eine von extrem kurzer Reichweite.

**Die neue Wechselwirkung.** Damit ist zum ersten Mal seit der Entdeckung der Gravitation und des Elektromagnetismus eine neue Art Kraft in die Physik eingeführt worden. Neben ihrer extrem kurzen Reichweite brachte sie etwas völlig neues mit sich (und nicht nur für die Physik): Umwandlung und Erzeugung materieller Teilchen. Welche weiteren Eigenschaften sie hat, blieb noch herauszufinden. Jedenfalls aber ist sie schwach – um viele Zehnerpotenzen schwächer als die elektromagnetische Wechselwirkung, wie man an der vergleichsweise langen Lebensdauer von $\beta$-Strahlern nun ablesen kann. Man vergleiche nur die erlaubten $\beta$-Übergänge nach Abb. 6.17 mit den erlaubten $\gamma$-Übergängen (E1) in Abb. 6.13: Bei gleicher Übergangsenergie (z. B. 1 MeV) ist das Verhältnis der Lebensdauern $10^3\,\mathrm{s}:10^{-15}\,\mathrm{s}$ – ein Unterschied von 18 Größenordnungen. Daher ihr Name: „Schwache Wechselwirkung".

### *6.5.9 $\beta^+$-Radioaktivität*

**Entdeckung.** Fast zugleich mit der Entdeckung der Schwachen Wechselwirkung, und nur ein Jahr nach dem Nachweis der $e^+e^-$-Paarerzeugung durch hochenergetische $\gamma$-Quanten aus der Höhenstrahlung, wurde auch die $\beta^+$-Radioaktivität entdeckt, bei der statt Elektronen Positronen emittiert werden. Irène Joliot-Curie (Maries Tochter) und Frédéric Joliot hatten leichte Kerne wie Bor und Aluminium mit den hochenergetischen $\alpha$-Teilchen des Poloniums beschossen und anhand der neuen Halbwertzeiten (3 bzw. 11 min) entdeckt, dass dabei neue Aktivitäten entstanden waren. Chemisch konnten sie sie den Elementen Stickstoff und Phosphor zuordnen (gemeinsamer Nobelpreis für Chemie 1935, kurz nach Marie Curies Tod an – vermutlich strahlenbedingter – Leukämie).

Die Bildungsreaktionen hatten zu Protonen-reichen Kernen geführt:

$\alpha + {}^{10}_{5}\mathrm{B} \to {}^{13}_{7}\mathrm{N} + n$ (zum Vergleich: stabiles Isobar zu $A = 13$ ist ${}^{13}_{6}\mathrm{C}$)

$\alpha + {}^{27}_{13}\mathrm{Al} \to {}^{30}_{15}\mathrm{P} + n$ (stabiles Isobar zu $A = 30$ ist ${}^{30}_{14}\mathrm{Si}$)

Der von Joliot-Curie beobachtete Zerfall beseitigt diesen Protonenüberschuss (hier mit heutigen Werten für die Halbwertzeiten und in heutiger Notation, vgl. Bemerkung zum Neutrino in Gl. (6.45)):

$$ {}^{13}_{7}\mathrm{N} \xrightarrow{T_{1/2}=10{,}0\ \mathrm{min}} {}^{13}_{6}\mathrm{C} + e^{+} + \nu_{\mathrm{e}}\,, $$

$$ {}^{30}_{15}\mathrm{P} \xrightarrow{T_{1/2}=2{,}5\ \mathrm{min}} {}^{30}_{14}\mathrm{Si} + e^{+} + \nu_{\mathrm{e}}\,. $$

**Proton stabil?** Zieht man auf beiden Seiten der Zerfallsgleichungen die erhalten gebliebenen Protonen und Neutronen ab, hat sich offensichtlich der Prozess

$$ p \to n + e^{+} + \nu_{\mathrm{e}} \tag{6.53} $$

ereignet. Für ein freies Proton wäre die Umwandlung in das (schwerere) Neutron vom Energiesatz her verboten,[82] denn nur die umgekehrte Umwandlung $n \to p + e^{-} + \bar{\nu}_{\mathrm{e}}$ lässt positive kinetische Energie übrig (Gl. (6.46)). Bei Kernumwandlungen muss man in die Energiebilanz aber die gesamte Bindungsenergie mit einschließen. Daher lässt sich durch die Verringerung der Protonenzahl des Kerns immer Coulomb-Energie einsparen (siehe das Tröpfchenmodell in Abschn. 4.2.3, insbesondere Gl. (4.15) auf S. 105), und bei Protonen-reichen Nachbarkernen der stabilen Nuklide ist das genug, um den Massenzuwachs vom Proton zum Neutron zu decken, das Positron (und das Neutrino, falls es Masse hat) zu bilden und noch kinetische Energie für deren Emission übrig zu behalten. So wird, wie schon zu Abb. 4.14 (S. 114) angeführt, das Tal der stabilen Isotope von der einen Seite durch $\beta^{-}$-Radioaktivität, von der anderen durch $\beta^{+}$-Radioaktivität begrenzt.

### *6.5.10 Elektronen-Einfang und zwei weit reichende Konsequenzen*

**Ein Deutungsversuch.** Fermi hatte für die $\beta^{-}$-Radioaktivität den Schritt getan, die Erzeugung eines vorher nicht existenten Elektrons einzuführen. Muss man für das Erscheinen der Positronen in der $\beta^{+}$-Radioaktivität nun gleich einen weiteren neuartigen Schöpfungsprozess annehmen? Schon 1935 wurde eine einfachere Deutung

[82] Sonst würde es z. B. uns selber gar nicht geben.

nach Diracs Unterwelt-Theorie (siehe Abschn. 6.4.5) gefunden. Danach zeigt das in Gl. (6.53) neu auftauchende Positron (positiver Energie) ja nichts Anderes an, als dass in der voll besetzten Unterwelt ein Loch entstanden ist, also eins der dort (mit negativer Energie) vorhandenen Elektronen nun fehlt. Aber wo ist es hin? Es ist ja nicht (mit positiver Energie) in der Oberwelt aufgetaucht wie bei der Paarbildung durch $\gamma$-Quanten. Doch seine Ladung kann verraten, wohin es verschwunden ist: Sie erscheint nun auf das Proton übertragen und macht es zum Neutron. Der eigentlich fundamentale Prozess der $\beta^+$-Radioaktivität wäre dann dieser Einfang eines Elektrons negativer Energie durch ein Proton. Er produziert ein Loch, also das beobachtete Positron, und zur Energie- und Drehimpulserhaltung muss noch ein Neutrino ausgestoßen werden:[83]

$$e^- + p \rightarrow n + \nu_e\,. \tag{6.54}$$

**Konsequenz I: Gibt es stabile Materie?** Eine gute Erklärung, aber eigentlich mit einer bestürzenden Konsequenz: Wenn Elektronen negativer Energie sich mit einem Proton „zerstrahlen" können, sollte das auch den Elektronen positiver Energie möglich sein. Proton und Elektron wären dann auch instabil, mit dem Neutron also *alle* drei damaligen Grundbausteine der stabilen Materie. In der $\beta^+$-Radioaktivität scheint sich genau dies zu zeigen. Kann es die Reaktion (6.54) etwa auch in der freien Natur mit „normalen" Elektronen geben?

Beruhigend (im Gedanken an die Beständigkeit der Alltagsmaterie) ist immerhin, dass dazu Energiezufuhr nötig ist, denn auch die Ruhemasse von $e$ und $p$ zusammen reicht noch nicht ganz für ein $n$ (sonst wäre ja auch der Neutronenzerfall $n \rightarrow p + e^- + \bar{\nu}_e$ unmöglich). Das spontane Zerstrahlen eines isolierten $(e^- + p)$-Systems – also unserer H-Atome – ist daher verboten.

In protonenreichen Kernen jedoch greift dies energetische Verbot nicht unbedingt, weil, wie eben schon diskutiert, die fehlende Energie aus dem Wegfall der Coulomb-Abstoßung gegen die übrigen Protonen des Kerns gedeckt werden kann. Nur müsste, weil die Schwache Wechselwirkung punktuell ist, das Elektron schon bis in den Kern hineinreichen, damit es sich einfangen lassen kann. Aber auch solche Elektronen gibt es, alle s-Elektronen ($\ell = 0$) haben eine endliche Aufenthaltswahrscheinlichkeit im Kern, am stärksten die der 1s-Schale schwerer Atome. Ist also die gemeinsame Umwandlung von Elektron und Proton in Neutron und Neutrino doch möglich?

**Elektronen-Einfang.** Nach kurzer Suche wurde dieser Elektronen-Einfang-Prozess (engl. *electron capture, EC*) tatsächlich schon 1938 entdeckt [6]. Dazu war durch Bestrahlung von ${}^{66}_{30}\mathrm{Zn}$ mit Deuteronen von 5 MeV kinetischer Energie das protonenreiche künstliche Radionuklid ${}^{67}_{31}\mathrm{Ga}$ in einem eigenen Experiment hergestellt worden.[84] Strahlenquelle: einer der ersten Teilchenbeschleuniger, das Zyklotron der Universität Berkeley/Californien, ab 1935 entwickelt von Ernest O. Law-

[83] Das alte Bild vom aus $p$ und $e$ zusammengesetzten Neutron scheint hier noch im Hintergrund zu stehen. Nach heutiger Ansicht wird das Elektron nicht vom Proton eingefangen, sondern liefert mittels des $W^-$-Teilchen nur seine Ladung ab und fliegt als Neutrino weiter, siehe Kap. 12.

[84] Kernreaktion ${}^{66}_{30}\mathrm{Zn} + d \rightarrow {}^{67}_{31}\mathrm{Ga} + n$.

rence (Nobelpreis 1939). Das erzeugte ${}^{67}_{31}$Ga-Präparat (also $Z = 31$) emittiert mit 78 h Halbwertzeit eine weiche $\gamma$-Strahlung, *keine* Positronen, aber die charakteristische $K$-Röntgenstrahlung des *Nachbar*elements Zn ($Z = 30$). Nach Ausschluss aller anderen Erklärungsversuche blieb übrig: Der ${}^{67}_{31}$Ga-Kern muss sich ein Elektron aus seiner Hülle einverleibt haben, womit er zu einem ${}^{67}_{30}$Zn-Kern geworden ist (zunächst angeregt, daher die $\gamma$-Strahlung), während die Hülle nun erstmal ein Loch in der $K$-Schale hat und damit die charakteristische $K$-Strahlung von Zink aussendet. Da dieselben Teilchenarten beteiligt sind wie bei der $\beta$-Radioaktivität, wird auch dieser Elektronen-Einfang als eine $\beta$-Umwandlung bezeichnet.

Ein später identifiziertes Beispiel für EC-Übergang ist das natürlich vorkommende Radioisotop ${}^{40}_{19}$K. Mit 11% Wahrscheinlichkeit fängt es eins seiner $K$-Elektronen ein und sendet ein Neutrino aus, womit es zu einem angeregten Kern ${}^{40}_{18}\mathrm{Ar}^*$ wird, der dann noch ein $\gamma$-Quant von 1,460 MeV emittiert. In den übrigen 89% der Fälle wandelt ${}^{40}_{19}$K sich durch $\beta^-$-Übergang in ${}^{40}_{20}$Ca um.

**Lehrsätze.** Eine (lehrreiche) Kuriosität: Ein nackter Kern ${}^{67}_{31}$Ga wäre stabil. *EC*-Übergänge werden durch die Einbettung der Kerne in ihre Elektronenhülle erst möglich und hängen daher von der Elektronendichte im Inneren des Kerns ab. Sie sind deshalb auch durch Veränderung dieser Dichte, wie sie in verschiedenen chemischen Verbindungen auftritt, beeinflussbar (die Lebensdauer kann um ‰ bis % variieren). Der ursprüngliche Lehrsatz von Marie Curie, Radioaktivität sei chemisch nicht zu beeinflussen (siehe Abschn. 2.1 und 6.1.2), ist also doch nur näherungsweise richtig. Nichtsdestoweniger leitete dieser Lehrsatz die Untersuchungen von Anfang an in die richtige Richtung, die Ursachen der Radioaktivität in den einzelnen Atomen zu suchen.

Auch die Diracsche Unterwelt (mit ihrer unendlichen Energie- und Ladungsdichte) ist heute nicht mehr Stand der Wissenschaft (zu den Gründen siehe Kap. 9 zur Quanten-Feldtheorie, 10.2.6 zu Antiteilchen und 12 zur Schwachen Wechselwirkung). Die Positronen sind nach heutiger Ansicht auch Teilchen, die erzeugt und vernichtet werden können. Doch kam zu ihrer Zeit diese Theorie der Wahrheit offenbar nahe genug, um zahlreiche Phänomene konsistent zu deuten (wie hier den $EC$-Prozess) und darüber hinaus zu weiteren wichtigen Fragen und richtigen Hypothesen anzuregen. Eine Eigenschaft, die für den aktuellen Stand der Erkenntnisse in einer fortschreitenden Wissenschaft eigentlich der Normalfall ist und leicht dazu führt, ihn genau dadurch veralten zu lassen.

**Konsequenz II: Symmetrien Teilchen-Antiteilchen und vorwärts-rückwärts.** Damit waren um 1938 drei Umwandlungen gefunden, bei denen ein Neutrino auftritt:

$$\begin{aligned} n &\rightarrow p + e^- + \bar{\nu}_\mathrm{e} && (\beta^-)\,, \\ p &\rightarrow n + e^+ + \nu_\mathrm{e} && (\beta^+)\,, \\ e^- + p &\rightarrow n + \nu_\mathrm{e} && (EC)\,. \end{aligned} \tag{6.55}$$

Betrachtet man sie alle als Folge einer gemeinsamen Ursache, nämlich der von Fermi beschriebenen Schwachen Wechselwirkung, liegt die Annahme nahe, dass hier mehrere Symmetrien (bzw. Invarianzen, Erhaltungssätze) gelten:

- Das Entstehen eines Teilchens kann durch das Verschwinden seines Antiteilchen ersetzt werden (und natürlich auch umgekehrt).
- Alle Prozesse sind auch umgekehrt möglich.
- Die Teilchenzahlen (Teilchen mit $+1$ gerechnet, Antiteilchen mit $-1$) bleiben erhalten, sogar getrennt für die Nukleonen und die leichten Teilchen. (Dies ist das Motiv für die bei den Neutrinos vereinbarten Zuordnungen Teilchen/Antiteilchen).

Mit genauso guter Begründung wurde angenommen, dass das Neutrino ein für die Schwache Wechselwirkung unverzichtbares Teilchen ist und deshalb bei all ihren Prozessen auftaucht.[85] Auf solchen Beobachtungen und deren induktiven Verallgemeinerungen baut die weitere und tiefere Entwicklung bei der Erforschung der Schwachen und anderer Wechselwirkungen auf (siehe Kap. 11, 12 und 13). Ein entscheidender Test der Tragfähigkeit dieses Vorgehens wird im folgenden Abschnitt über den Neutrino-Nachweis beschrieben.

Die Fermi-Theorie der $\beta$-Radioaktivität kann all die nach Gl. (6.55) möglichen Reaktionsweisen mühelos mit demselben Typ von Matrix-Element beschreiben, in dem die eben genannten Symmetrien sich auf sehr einfache Weise widerspiegeln. Stets werden darin (s. o. Gl. (6.52)) vier Wellenfunktionen miteinander multipliziert – zwei für die schweren und zwei für die leichten Teilchen, und jeweils je eine davon in komplex konjugierter Form.[86] (Egal ist dabei, welche Teilchen vorher und welche hinterher vorhanden sind, dies beeinflusst nur den anderen Faktor der Goldenen Regel, die Dichte der Endzustände.)

### *6.5.11 Neutrino-Nachweis 1955*

So geht auch die Suche nach einer Reaktion, mit der man die Neutrinos wirklich nachweisen könnte, von einer Umstellung der obigen Umwandlungsgleichungen aus, so dass das Neutrino im Anfangszustand links steht, und der Endzustand rechts eine möglichst beweiskräftige Kombination leicht beobachtbarer Teilchen (den *Fingerabdruck*) enthält. Als Nachweis-Reaktion für Neutrinos (genauer: Antineutrinos) kommt durch Umstellung der obigen Reaktionen

$$\bar{\nu}_{\mathrm{e}} + p \rightarrow n + e^{+} \tag{6.56}$$

---

[85] Das stellte sich erst 1953 als falsch heraus, siehe Abschn. 11.3.2.

[86] Für solche Produkte von zwei Wellenfunktionen, wenn sie den Übergang eines Teilchens in ein anderes (oder auch nur in einen anderen Zustand) bedeuten sollen, hat sich die Bezeichnung „Strom“ eingebürgert (siehe Abschn. 10.2.5). Vorbild ist hier der wellenmechanische Ausdruck für die Stromdichte $\hat{\vec{j}} = \frac{\hbar}{2mi} \psi^* \vec{\nabla} \psi (+\text{konjug. komplex})$, worin zweimal dieselbe Wellenfunktion vorkommt.

in Betracht – eine Reaktion, die zwei instabile Teilchen erzeugt, deren weiterer Zerfall sich eindeutig nachweisen lassen müsste.

**Bethe-Abschätzung.** Allerdings muss der Wirkungsquerschnitt $\sigma_{\nu p}$ dieser Neutrino-Nukleon-Reaktion extrem klein sein, sonst hätten sich die Neutrinos ja in den genauen Experimenten zur (letztlich erfolglosen) Überprüfung des Energiesatzes beim $\beta$-Zerfall schon bemerkbar machen müssen. *Wie* klein $\sigma_{\nu p}$ wohl sein könnte, das versuchte Hans Bethe schon 1934 abzuschätzen. Seine kurze Überlegung war gewagt, zeigt aber, mit welchen Hilfsmitteln man sich vorantasten kann, wenn besser fundierte Argumente (noch) fehlen. Begriffliche Grundlage ist, dass nach der Quantenmechanik zwischen den Lebensdauern instabiler Systeme und den Wirkungsquerschnitten für die Reaktionen ihrer Zerfallsprodukte eine Beziehung existiert, in der das Matrixelement der betreffenden Wechselwirkung die Brücke bildet (siehe Erklärung zu Gl. (6.12) im Abschnitt über die Goldene Regel):

Zweifellos drückt sich die Stärke (besser „Schwäche") der Schwachen Wechselwirkung in der langen Lebensdauer des freien Neutrons aus, $\tau_{\mathrm{n}} \approx 10^3$ s (damals erst vermutet, vgl. Schlussbemerkungen Abschn. 6.5.2 und 6.5.8). Die gesuchte effektive Trefferfläche $\sigma_{\nu p}$ nach Gl. (6.12) wird zur Übergangsrate $\lambda_{\mathrm{n}} = 1/\tau_{\mathrm{n}}$ proportional sein. Der Faktor zwischen $\sigma_{\nu p}$ und $1/\tau_{\mathrm{n}}$ muss die Dimension [Länge$^2 \cdot$ Zeit] = [Länge$^3$/Geschwindigkeit] haben, und für [Länge] und [Geschwindigkeit] „bieten sich als charakteristische Parameter an":

- die de Broglie-Wellenlänge des Neutrinos (bei angenommen $E_\nu = 1\,\mathrm{MeV}$):

$$\lambda_\nu = \frac{h}{p} = 2\pi\frac{\hbar c}{E_\nu} \approx 6 \cdot \frac{200\,\mathrm{MeV\,fm}}{1\,\mathrm{MeV}} \approx 10^3\ \mathrm{fm}$$

- die Geschwindigkeit des Neutrinos, d. h. die Lichtgeschwindigkeit:

$$c \approx 3 \cdot 10^8 \mathrm{m/s} = 3 \cdot 10^{23}\ \mathrm{fm/s}$$

Resultat:

$$\sigma_{\nu p} \approx \frac{\lambda_\nu^3}{c}\frac{1}{\tau_{\mathrm{n}}} \approx \frac{10^9\ \mathrm{fm}^3}{3 \cdot 10^{26}\ \mathrm{fm}} \approx 3 \cdot 10^{-18}\ \mathrm{fm}^2\ (= 3 \cdot 10^{-48}\ \mathrm{m}^2) \tag{6.57}$$

– eine Fläche, so unvorstellbar viel kleiner als die geometrische Querschnittsfläche des Nukleons ($\approx 3\,\mathrm{fm}^2$), wie diese verglichen mit der Fläche von $10^4 \cdot 10^4$ Atomen (oder ein Fingerabdruck im Verhältnis zur Erdoberfläche, oder ein Suppenteller innerhalb der Fläche der Erdumlaufbahn). Nützlicher als solche mehr oder weniger geglückten Vergleiche ist die Berechnung der mittleren freien Weglänge von Neutrinos in Materie $\ell = 1/(n_{\mathrm{A}}\sigma_{\nu p})$ (vgl. Gl. (6.26)). Mit üblichen Nukleonendichten[87] von $n_{\mathrm{A}} \approx 10^{31}\ \mathrm{m}^{-3}$ (für Blei):

$$\ell = 1/(n_{\mathrm{A}}\sigma_{\nu p}) \approx 10^{-31} \cdot 10^{48}\ \mathrm{m} = 10^{17}\mathrm{m} \approx 10^4\ \text{Lichtjahre}\,.$$

[87] Für Wasser: 18 kg ist 1 kmol mit $N_{\mathrm{A}}$ Molekülen $H_2O$ zu je 18 Nukleonen. 18 kg ist 1 kmol mit $N_{\mathrm{A}}$ Molekülen $H_2O$ zu je 18 Nukleonen. Sie füllen ein Volumen von 18 l = 0,018 m$^3$. Die

Die Wechselwirkungswahrscheinlichkeit in 1 m Blei wäre demnach also 1 m/$10^4$ Lichtjahre $\approx 10^{-17}$, die in 1 m Wasser (wegen geringerer Nukleonendichte) noch 20-mal schwächer. Da erschien es aussichtslos, ein Experiment zum Neutrino-Nachweis zu planen, bis in den 1950er Jahren Kernreaktoren als potente Neutrino-Quellen (genauer: von Antineutrinos $\bar{\nu}_e$) mit einer Quellstärke von größenordnungsmäßig $10^{20}$/s verfügbar wurden.[88]

**Experiment von Cowan und Reines.** Für das Experiment wurden ab 1951 von Frederick Reines und Clyde Cowan extra-große $\gamma$-Detektoren entwickelt, Tanks mit mehreren $m^3$ Flüssigszintillator und großen Photomultipliern. Drei Stück wurden übereinander aufgebaut, mit zwei Wannen dazwischen, die mit wässriger $CdCl_2$-Lösung gefüllt waren, in der die Nachweis-Reaktion stattfinden sollte. Dies alles hinter meterdicken Wänden, zur Abschirmung gegen die $\gamma$- und $n$-Strahlung des Reaktors. (Die erste Idee, das Experiment in der Nähe einer explodierenden Atombombe zu versuchen, war 1953 aufgegeben worden.) Erzeugt ein Antineutrino nach Gl. (6.56) ein Positron und ein Neutron in der Lösung, sind folgende Signale zu erwarten (siehe Abb. 6.19 aus der Nobelpreisrede 1995 von Reines):

- Nach (damals) unmessbar kurzer Zeit (ns) macht das Positron durch Paarvernichtung zwei $\gamma$-Quanten von 511 keV in entgegen gesetzter Flugrichtung.
- Nach etwa einigen µs ist das Neutron durch Stöße mit den H-Kernen so weit abgebremst, dass es zu einer Kern-Einfangreaktion am Cd kommt, das wegen seines besonders großen Wirkungsquerschnitts für Neutronen-Einfang beigemischt worden war (vgl. auch Abschn. 8.2.4 – Reaktorregelung). Dabei wird die Bindungsenergie des Neutrons frei, insgesamt ca. 9 MeV, die in Form eines praktisch gleichzeitigen Schauers von $\gamma$-Quanten in alle Richtungen emittiert werden.[89]

Eine Neutrino-Reaktion (Gl. (6.56)) in einer der Wannen sollte immer dann als zweifelsfrei nachgewiesen behauptet werden können, wenn beide Szintillationsdetektoren darüber und darunter koinzident 2 Paare von Signalen geben würden, das erste Paar schwächer (je $E_\gamma = 511$ keV), das zweite, im Abstand von wenigen µs, stärker (zusammen mehrere MeV). In der Praxis ergaben sich jedoch immer viele Koinzidenzen, verursacht von den Myonen der Höhenstrahlung, die mühelos alle drei Szintillatoren mit den beiden Wasserwannen dazwischen durchschlagen.[90] Genau dadurch sollten sie sich aber auch verraten: Koinzidenzen zwischen allen drei Detektoren wurden als Ausschlusskriterium (*Anti-Koinzidenz-Schaltung*) genommen. Dadurch reduzierte sich die Rate der Signalpaare mit dem erwarteten zeitlichen Muster. Nach 100 Tagen(!) Messzeit hatte sich das Ergebnis für die Netto-Zählrate und ihre statistische Unsicherheit auf das Intervall 3,0±0,2 *Reaktionen pro Stunde* eingependelt, die nun den Neutrinos zugeschrieben wurden. Um das

Nukleonendichte ist $n_{\text{Nukl., Wasser}} = 18 \cdot 6 \cdot 10^{26}/(18 \cdot 10^{-3}\ \text{m}^3) = 6 \cdot 10^{29}\ \text{m}^{-3}$. Für Blei mit 20fach höherer Dichte also das 20fache: $n_{\text{Nukl., Blei}} \approx 10^{31}\ \text{m}^{-3}$.

[88] Näheres zu Kernreaktoren in Abschn. 8.2.

[89] Das Neutron würde auch spontan zerfallen, aber mit einer für ein Koinzidenz-Experiment wie dieses unerträglich langen mittleren Verzögerung von $10^3$ s $\approx$ 20 min und überdies ohne jede leicht nachweisbare $\gamma$-Strahlung.

[90] Näheres zum Myon und seiner Entstehung in der Höhenstrahlung in Abschn. 10.3.1.

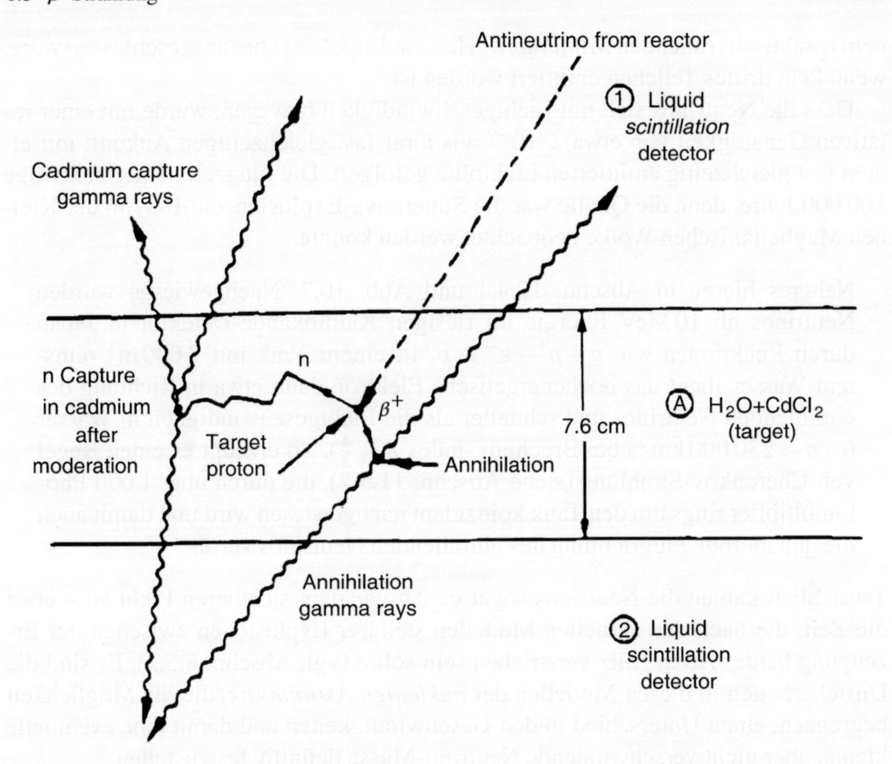


**Abb. 6.19** Schema des Nachweises Neutrino-induzierter Reaktionen 1955 (aus der Nobelpreisrede von Reines 1995)

abzusichern, mussten alle erdenklichen Kontrollexperimente durchgeführt werden (trivial: An- und Abschalten des Reaktors, weniger trivial: z. B. Erhöhung der Protonendichte im Reaktionsvolumen, Beeinflussung der durchschnittlichen Verzögerungszeit des $n$-Einfang-Signals durch Variation der Cd-Konzentration, etc.). Die beobachtete Reaktionsrate ergab (mit Fehlergrenzen)

$$\sigma_{\nu p} = 12^{+7}_{-4} \cdot 10^{-48}\ \mathrm{m}^2\,, \tag{6.58}$$

in erstaunlicher Übereinstimmung mit Bethes allererster (noch reichlich „gefühlsmäßiger") Abschätzung von 1934. Erst 1995 erhielt Reines den Nobelpreis (Cowan lebte schon nicht mehr).

**Mehr Neutrino-Experimente.** Nach diesem ersten experimentellen Nachweis seiner Existenz wurden auch die anderen Eigenschaften des Neutrinos mehr oder weniger direkt demonstriert. Der Impuls u. a. durch einen berühmten Zufallsfund, eine Nebelkammer-Aufnahme des $\beta$-Zerfalls ${}^6_2\mathrm{He} \to {}^6_3\mathrm{Li} + e^- + \bar{\nu}_\mathrm{e}$, wo das Elektron und der Tochterkern mit hoher Energie deutlich sichtbar *nicht* antiparallel auseinander geflogen sind, sondern etwa im rechten Winkel (Csikay und Szalay, 1958, siehe [58, Abb. 3.2] aus [179]). Ihr Gesamtimpuls war daher ungleich Null, was bei einem (praktisch) ruhenden Mutterkern ${}^6_2$He vom Impulssatz her ausgeschlossen wäre, wenn kein drittes Teilchen emittiert worden ist.

Dass die Neutrinos sich mit Lichtgeschwindigkeit bewegen, wurde mit einer relativen Genauigkeit von etwa $2 \cdot 10^{-9}$ aus ihrer fast gleichzeitigen Ankunft mit einem fast gleichzeitig emittierten Lichtblitz gefolgert. Die Flugzeit betrug beiläufige 160 000 Jahre, denn die Quelle war die Supernova-Explosion, die 1987 in der Kleinen Maghellanischen Wolke beobachtet werden konnte.

Näheres hierzu in Abschn. 10.4.1 und Abb. 10.7. Nachgewiesen wurden Neutrinos ab 10 MeV Energie im riesigen Kamiokande-Detektor in Japan durch Reaktionen wie $\nu + n \rightarrow e^- + p$. In einem Tank mit 2 000 m$^3$ reinstem Wasser fliegt das hochenergetische Elektron dann etwa in Richtung des einfallenden Neutrinos und schneller als die Lichtgeschwindigkeit in Wasser ($c/n \approx 230\,000$ km/s bei Brechungsindex $n \approx \frac{4}{3}$). So erzeugt es einen Kegel von Cherenkov-Strahlung (siehe Abschn. 11.5.2), die durch über 1 000 Photomultiplier rings um den Tank koinzident nachgewiesen wird und damit auch die annähernde Flugrichtung des einfallenden Neutrinos verrät.

Tatsächlich kamen die Neutrinos sogar ca 3 h *vor* dem sichtbaren Licht an – etwa die Zeit, die nach den aktuellen Modellen stellarer Explosionen zwischen der Erzeugung beider Arten Blitz verstrichen sein sollte (vgl. Abschn. 8.5.3). Es sind die Unsicherheiten in diesen Modellen der *nuklearen Astrophysik*, die die Möglichkeit begrenzen, einen Unterschied in den Geschwindigkeiten und damit eine eventuelle kleine, aber nicht verschwindende Neutrino-Masse definitiv festzustellen.

Sogar die Polarisation der Neutrinos hat man bestimmen können.[91] Nach dem „Goldhaber-Experiment“ (so das allgemein gebräuchliche Zitat [83]) haben Neutrinos ihren Spin immer genau entgegen ihrer Flugrichtung: Man sagt sie sind zu 100% „chiral linkshändig“ bzw. haben „negative Helizität“ (= Vorzeichen von $(\vec{s} \cdot \vec{p})$).

Weiteres zu den Neutrinos in Kap. 10 und 12.

[91] Goldhaber 1958, das Experiment wurde mit Neutrinos aus dem Elektronen-Einfang (Gl. (6.54)) gemacht und ist zu fein ausgetüftelt, um es hier schon vorzustellen (vgl. aber Abschn. 12.2.5).

# Kapitel 7
# Struktur der Kerne: Spin, Parität, Momente, Anregungsformen, Modelle

## Überblick

In diesem und dem folgenden Kapitel verlassen wir vorübergehend den Weg zur Identifizierung und Erforschung immer fundamentalerer Bausteine der Welt, um kurz die Kernphysik im engeren Sinne darzustellen. Das wissenschaftliche Ziel dieser „Niederenergie-Kernphysik“ war die Charakterisierung der Struktur der Kerne in ihren verschiedenen Energieniveaus, sowie ihrer typischen Reaktionsmechanismen.[1] Die Teilchenzahl $A$ liegt hier meist deutlich zwischen „wenigen“, z. B. $A=2$ (wo man im 2-Körper-Problem noch alle Einzelheiten nachrechnen kann), und „vielen“ bzw. sogar $A\rightarrow\infty$ (wie in der Vielteilchenphysik üblich: Festkörper, Elektronengas, Plasma, ...), so dass man mit steigendem $A$ an den Kernen den allmählichen Übergang von dem einem zum anderen Gebiet studieren konnte.

Ähnlich kann man die Atomhülle als ein „$Z$-Elektronen-Problem“ ansehen, wobei diese $Z$ Teilchen sich in einem durch die Kernladung vorgegebenen starken Zentralfeld befinden. Hier dauerte es nach der Entdeckung der Quantenmechanik (1925) nur ein halbes Jahrzehnt, bis die Atomhülle im Grundsatz verstanden war. In der Kernphysik hingegen war man noch um 1935 nicht weiter gekommen, als lediglich ein phänomenologisches Tröpfchenmodell aufstellen zu können. Es brauchte noch weitere Jahrzehnte intensiver Bemühungen, den Kern als gebundenes quantenmechanisches System einer Anzahl von wechselwirkenden Teilchen verstehen zu lernen. Was machte die Kernphysik um so viel schwieriger? Hier gab es weder für die Wechselwirkung der $A$ Nukleonen untereinander ein wohlbekanntes Kraftgesetz, noch gab ihnen ein dominantes Kraftzentrum eine gewisse Ordnung vor.[2]

---

[1] In Abgrenzung zur *Hochenergie-(Kern-)Physik*, wo es um die Erzeugung neuer schwerer Teilchen geht – siehe Kap. 11ff.

[2] Auf teilweise vergleichbare Schwierigkeiten stößt man in der Physik der Moleküle: Dort gibt es trotz der genauen Kenntnis der Wechselwirkung (das Coulomb-Gesetz) und einer Fülle schon früh geklärter Probleme auch heute noch manche offene Frage.

J. Bleck-Neuhaus, *Elementare Teilchen*
DOI 10.1007/978-3-540-85300-8, © Springer 2010

Dieser Weg wird auch deshalb hier näher beschrieben, weil er ein Prüffeld für grundlegende Prinzipien der Quantenmechanik darstellte. Die dabei herausgearbeiteten Eigenschaften des Drehimpulses, des Austauschs identischer Teilchen und der Spiegelsymmetrie sind auch für die folgenden Kapitel wichtig, die sich wieder mit den elementaren Teilchen beschäftigen.

Die Niederenergie-Kernphysik ist aber auch für ihre vielfältigen und weit reichenden Anwendungsmöglichkeiten bekannt, deretwegen in der Öffentlichkeit sogar immer wieder einmal der Beginn des „Atomzeitalters“ ausgerufen wurde. Damit ist zunächst der Energiegewinn aus der Kern-Spaltung gemeint, der bis in die jüngste Gegenwart viele Regierungen zum Bau großer Kernforschungszentren motivierte.[3] Wichtig ist aber auch die „künstliche“[4] Radioaktivität, die mit ausgesuchten Strahlungseigenschaften vielfältige Anwendungen gefunden hat: z. B. als Marker für fast jede Art von Stofftransport und Stoffwechsel – sei er biologisch, ökologisch, geophysikalisch, technisch etc., aber auch zur gezielten Material-Beeinflussung durch Bestrahlung, wozu in der Medizin z. B. die möglichst lokale Abtötung von Tumoren zählt (in Abschn. 2.2.2 gestreift). Darüber hinaus gibt es auch Anwendungen, die nichts mit dem großen Energieumsatz typischer kernphysikalischer Vorgänge zu tun haben. Im vorliegenden Kapitel wird als Beispiel die magnetische Kernresonanz näher dargestellt, auch eine aus der Kernphysik hervorgegangene Technik, die schon seit den 1960er Jahren aus der chemischen Analytik und heute auch aus der medizinischen Diagnostik nicht mehr weg zu denken ist.

## 7.1 Drehimpuls, Spin und Statistik

Schon in Abschn. 6.4.7 wurde das Bonmot zitiert, allein der Drehimpulserhaltungssatz mache die halbe Kernphysik aus. Dieser wichtigen Rolle entsprechend wird der Drehimpuls hier in seinen verschiedenen physikalischen Zusammenhängen beleuchtet. In den Kästen 7.1–7.6 ist zusammengefasst, was als Vorwissen für das Verständnis dieses Kapitels hilfreich ist (wobei manches im Text noch einmal aufgerollt wird). Auch musste in verschiedenen früheren Kapiteln schon mehrfach auf die Eigenschaften Drehimpuls, Spin und Statistik Bezug genommen werden, z. B. bei der Streuung identischer Teilchen, der Einführung des Neutrons, den Vorgängen beim radioaktiven Zerfall. Tatsächlich konnten die entsprechenden Entdeckungen alle auch nur in gegenseitiger Wechselwirkung und zeitlicher Verschränkung gemacht werden, denn oft führte eine Erkenntnis dort erst zur richtigen Fragestellung und Lösung hier.

[3] Zu Spaltung und Fusion siehe das eigene Kap. 8.

[4] Warum „künstlich“ in Anführungsstrichen gesetzt ist, dazu siehe Fußnote 38 auf S. 184.

**Kasten 7.1 Bahndrehimpuls (Erinnerung in Stichworten)**

**Klassisch:** $\vec{\ell}_{klass.} = \vec{r} \times \vec{p}$. Damit steht $\vec{\ell}$ senkrecht auf $\vec{r}$ und $\vec{p}$ und hat gleiche Dimension wie $\hbar$ (was deshalb die „natürliche Einheit" für Drehimpulse ist, wie $e$ für die elektrische Ladung). Messen wir alle Drehimpulse also ab jetzt in Einheiten $\hbar$.

**Quantenmechanischer Operator:** $\hat{\vec{\ell}} = \frac{1}{\hbar}\hat{\vec{r}} \times \hat{\vec{p}}$. Gültig bleibt $\left(\hat{\vec{\ell}} \cdot \hat{\vec{r}}\right) = \left(\hat{\vec{\ell}} \cdot \hat{\vec{p}}\right) = 0.$

**Bahndrehimpuls und räumliche Drehung:**
Es gilt bezüglich einer beliebigen Drehachse (nennen wir die Drehachse „$z$" und den Drehwinkel „$\phi$"):

$$\hat{\ell}_z = \frac{1}{\mathrm{i}}\frac{\partial}{\partial \phi}\,.$$

Das heißt, der Operator $\hat{\ell}_z$ misst, *ob* und *wie* die Wellenfunktion sich bei fortschreitender Drehung um die $z$-Achse verändert. Daher ist $\hat{D}(\Delta\phi) = \left(1 - \mathrm{i}\Delta\phi\,\hat{\ell}_z\right) \equiv \left(1 - \Delta\phi\,\frac{\partial}{\partial\phi}\right)$ der Operator für die infinitesimale Drehung um den Winkel $\Delta\phi$, denn er macht aus einer Funktion $\psi(r,\vartheta,\phi)$ die gedrehte Funktion $\psi(r,\vartheta,\phi-\Delta\phi)$ (in 1. Näherung).
Operator für endliche Drehung um den Winkel $\phi$: $\hat{D}(\phi) = \exp(-\mathrm{i}\phi\hat{\ell}_z)$.
[Impuls verhält sich ganz analog bezüglich Fortschreiten in $z$-Richtung: $\hat{p}_z/\hbar = (1/\mathrm{i})\,\partial/\partial z$.]

Für $\hat{\ell}_x$, $\hat{\ell}_y$ gilt das gleiche bzgl. der $x$- und $y$-Achse.

Drehungen um zwei verschiedene Achsen sind nicht vertauschbar. Bei kleinen Drehwinkeln unterscheiden sich die Ergebnisse durch eine Drehung um die dazu senkrechte Achse. In Operatoren:

$$[\hat{\ell}_x, \hat{\ell}_y] \equiv \hat{\ell}_x\hat{\ell}_y - \hat{\ell}_y\hat{\ell}_x = \mathrm{i}\hat{\ell}_z \qquad \text{(und (xyz) zyklisch vertauscht).}$$

[Impuls verhält sich anders: Translationen in verschiedener Richtung *sind* vertauschbar:

$$[\hat{p}_x, \hat{p}_y] \equiv \hat{p}_x\hat{p}_y - \hat{p}_y\hat{p}_x = 0 \qquad \text{(etc.)]}$$

**Eigenwerte und Eigenfunktionen:** $\hat{\vec{\ell}}^2$, $\hat{\ell}_z$ sind miteinander vertauschbar, gemeinsame Eigenfunktionen sind $f(r)\,Y_\ell^m(\vartheta,\phi)$ mit den Eigenschaften:

- Winkelabhängigkeit der *Kugelfunktionen* $Y_\ell^m(\vartheta,\phi)$ hierdurch vollständig bestimmt: $Y_0^0 = 1/\sqrt{4\pi}$, $Y_1^0 = \sqrt{3/4\pi}\,\cos\vartheta$, $Y_1^{\pm1} = \sqrt{3/4\pi}\,\sin\vartheta\,\exp(\pm i\varphi)$, ... (Radialfunktion $f(r)$ beliebig).
- Eigenwerte $\hat{\vec{\ell}}^2\,Y_\ell^m(\vartheta,\phi) = \ell(\ell+1)\,Y_\ell^m(\vartheta,\phi)$; $\quad \hat{\ell}_z\,Y_\ell^m(\vartheta,\phi) = m\,Y_\ell^m(\vartheta,\phi)$
- Indizes $\ell$, $m$ immer GANZzahlig:
  *Bahndrehimpuls* $\ell = 0, 1, \ldots$,
  *magnetische Quantenzahl* $m = -\ell \ldots +\ell$ immer in UNGERADER Anzahl $(2\ell+1)$.
- Drehung um die $z$-Achse bewirkt Phasenfaktor $\mathrm{e}^{-\mathrm{i}m\phi}$ (also Faktor $+1$ bei $\phi = 2\pi$)
- Parität (= Vorzeichen bei Spiegelung): $Y_\ell^m(\pi-\vartheta, \phi+\pi) = (-1)^\ell\,Y_\ell^m(\vartheta,\phi)$
- häufige Schreibweise als Zustandsvektor: $|\ell, m\rangle$ (oder, wenn $\ell$ vom Kontext her festliegt, einfach: $|m\rangle$)

**Kasten 7.2 Spindrehimpuls (Erinnerung in Stichworten)**

**Erweiterung der Definition:** $\hat{\vec{j}} = (\hat{j}_x, \hat{j}_y, \hat{j}_z)$ gilt als Drehimpulsoperator, wenn seine Komponenten

- sich bei Drehung im Raum so verändern wie die jedes anderen Vektors
- und dieselben Vertauschungsregeln wie $\hat{\vec{\ell}}$ erfüllen:

$$[\hat{j}_x, \hat{j}_y] = \mathrm{i}\, \hat{j}_z \qquad \text{(und } (xyz) \text{ zyklisch vertauscht).} \tag{7.1}$$

(Weitere Übereinstimmung mit $\hat{\vec{\ell}}$ wird nicht verlangt, z. B. darf $(\hat{\vec{j}} \cdot \hat{\vec{p}}) \neq 0$ sein.)

**Folge**:

- Eigenwerte von $\hat{\vec{j}}^2$ sind $j(j+1)$, können auch halbzahlig sein $j = 0, \frac{1}{2}, 1, \frac{3}{2}, \ldots$
- Eigenwerte von $\hat{j}_z$: $m_j = -j, \ldots, +j$, also für halbzahliges $j$ die $m_j$ auch halbzahlig und in GERADER Anzahl $(2j+1)$.
- Drehung um $\phi = 2\pi$ bewirkt bei halbzahligem $j$ den Phasenfaktor $\mathrm{e}^{-\mathrm{i}m_j\phi} = -1$.

**Spin $\frac{1}{2}$** bei Fermionen (Elektron, Proton, Neutron, Quark, ... ):
Ein Fermion hat zusätzlich zu seinem Bahndrehimpuls *immer* den Eigen-Drehimpuls $s = \frac{1}{2}$ (auch wenn es *ruht* mit $E_{\text{kin}} = 0$, $\vec{p} = 0$!).
Sein Gesamtdrehimpuls ist $\hat{\vec{j}} = \hat{\vec{\ell}} + \hat{\vec{s}}$.

- Jeder denkbare Zustand ist Eigenzustand zu $\hat{\vec{s}}^{\,2}$
- Eigenwert: $s(s+1) = \frac{1}{2}\left(\frac{1}{2}+1\right) = \frac{3}{4}$.
- Mit $s$ ist auch die *magnetische Spin-Quantenzahl* $m_s$ HALBzahlig: $m_s = \pm\frac{1}{2}$.

Weder der Spindrehimpuls als solcher noch seine Halbzahligkeit haben eine klassisch oder makroskopisch verständliche Interpretation.

**Pauli-Spinor:** Wellenfunktion des Fermions hat 2 Komponenten

$$\Psi(t, \vec{r}) = \begin{pmatrix} \psi_{m_s=+\frac{1}{2}}(t, \vec{r}) \\ \psi_{m_s=-\frac{1}{2}}(t, \vec{r}) \end{pmatrix}.$$

Ein Fermionenzustand besteht also aus zwei räumlichen $\psi$-Funktionen; möglicherweise zwei völlig verschiedenen (im Stern-Gerlach-Versuch werden sie sogar räumlich getrennt). Nur wenn eine von ihnen gleich Null ist, hat das Fermion einen der Eigenzustände zu $m_s = \pm\frac{1}{2}$. Bei Wahl einer anderen $z$-Achse besteht der *selbe* Zustand $\Psi(t, \vec{r})$ aus zwei *anderen* Funktionen $\psi'_{\pm 1/2}(t, \vec{r})$, bestimmten Linearkombinationen der alten.

### *7.1.1 Drehimpuls von Elektron, Hülle, Kern, Atom, Molekül: Grundlagen*

**Quantenmechanik und Drehimpuls.** Der Drehimpuls bzw. die Drehimpulsquantenzahl spielen in der Molekül-, Atom-, Kern- und Elementarteilchenphysik deshalb

**Kasten 7.3 Addition von Drehimpulsen (Vorbereitung)**

**Auf-/Absteige-Operator, ein allgemeines Werkzeug:** Der Operator

$$\hat{J}_{\pm} = \hat{J}_x \pm \hat{J}_y$$

verändert die magnetische Quantenzahl um $\Delta m_J = \pm 1$ („dreht den Drehimpuls mehr zur $z$-Achse hin oder von ihr weg"):

$$\hat{J}_{\pm} |J, m_J\rangle = \sqrt{J(J+1) - m_J(m_J \pm 1)}\, |J, m_J \pm 1\rangle$$

Beim Schritt über die Grenzen $|m_J| \leq J$ liefert der Vorfaktor Null, d. h. den Nullvektor.

**Einzel-Drehimpulse:** Verschiedene Teile des betrachteten Systems können eigene Drehimpulse haben. Beispiele (mit den typischen Bezeichnungen für Operator und Basiszustände in Klammern angegeben):

Atom : Hülle $(\hat{\vec{J}}, |J, m_J\rangle)$ und Kern $(\hat{\vec{I}}, |I, m_I\rangle)$.
1 Teilchen : Bahndrehimpuls $(\hat{\vec{\ell}}, |\ell, m_\ell\rangle)$ und Spin $(\hat{\vec{s}}, |s, m_s\rangle)$.
2 Teilchen : Spins $(\hat{\vec{s}}_i, |s_i, m_{si}\rangle)$ für zwei Elektronen $(i = 1, 2)$ in einem Atom oder zwei Kerne in einem Molekül.

**Gesamtdrehimpuls:** Die (Vektor-)Operatoren werden einfach addiert, z. B. $\hat{\vec{F}} = \hat{\vec{I}} + \hat{\vec{J}}$, damit auch $\hat{F}_z = \hat{I}_z + \hat{J}_z$. Im Folgenden sollen für die Teilsysteme die Quantenzahlen $I$ und $J$ festliegen (und werden nicht mehr mitgeschrieben). Alle $(2I+1) \cdot (2J+1)$ Kombinationen von deren Basiszuständen bilden eine Basis $|m_I, m_J\rangle$ für den Zustandsraum des Gesamtsystems. Derselbe Zustandsraum muss sich aus der Basis $|F, m_F\rangle$ ergeben, wenn $F$ alle möglichen Quantenzahlen für $\hat{\vec{F}}^2$ und $m_F = F, (F-1), \ldots, -F$ die jeweils dazugehörigen Eigenwerte von $\hat{F}_z$ durchläuft. Die Basiszustände $|m_I, m_J\rangle$ sind mit $m_F = m_I + m_J$ gleichzeitig $\hat{F}_z$-Eigenzustände. Daher sind die $m_F$ entweder alle ganzzahlig oder alle halbzahlig, und die möglichen $F$ damit auch. Folglich wird bei Addition eines ganzzahligen und eines halbzahligen Einzeldrehimpulses der Gesamtdrehimpuls halbzahlig, sonst ganzzahlig.

eine so große Rolle, weil praktisch alle Eigenzustände zur Energie gleichzeitig Eigenzustände zum Drehimpuls sind. Alle Elementarteilchen, Kerne, *freien* Atome und Moleküle haben im Grundzustand und jedem angeregten Niveau einen Drehimpuls wohldefinierter Größe und verhalten sich damit auch wie mechanische Kreisel[5] – mit ihren nicht immer intuitiv anschaulichen Bewegungsformen wie Präzession, Torkeln etc. Gleichzeitig hat der Drehimpuls in der Quantenmechanik eine Bedeutung, die weit über die mechanische Vorstellung einer Drehbewegung hinaus-

[5] Das letzte gilt natürlich nur für Drehimpuls ungleich Null. Anders als beim Spielzeugkreisel verringert sich der Drehimpuls eines Teilchens aber nicht allmählich „von selber" (d. h. durch Reibung etc.). Er kann sich überhaupt nur in Form *relativ großer* Sprünge verändern, typischerweise beim Übergang in ein anderes Energieniveau (siehe übernächsten Absatz).

**Kasten 7.4 Addition von Drehimpulsen (im Einzelnen)**

**Parallelstellung:** Der maximale Gesamtdrehimpuls ist $F_{max} = I + J$, abzulesen am höchsten vorkommenden $m_F = m_I + m_J$ (s. Kasten 7.3). Der Zustand zum maximalen $m_F$

$$|m_I = I, m_J = J\rangle \equiv |F_{max}, m_F = F_{max}\rangle$$

entspricht der einfachen Vorstellung, dass alle drei Drehimpulse ihre maximale Ausrichtung parallel zur $z$-Achse annehmen. Der Absteigeoperator $\hat{F}_- = \hat{I}_- + \hat{J}_-$ erzeugt (mit einem Faktor $\sqrt{2F}$) den von der $z$-Achse etwas weggedrehten Zustand mit $m_F = F_{max} - 1$:

$$\sqrt{2F_{max}}\,|F = F_{max},\, m_F = F_{max} - 1\rangle = \sqrt{2I}\,|m_I = I - 1,\, m_J = J\rangle + \sqrt{2J}\,|m_I = I,\, m_J = J - 1\rangle$$

Wiederholte Anwendung von $\hat{F}_-$ ergibt alle Zustände mit $m_F = F_{max}, \ldots, -F_{max}$.

**Der zweitgößte Gesamtdrehimpuls:** Denkt man sich diese $(2F_{max} + 1)$ Basiszustände zu $F_{max}$ (und alle ihre Linearkombinationen) aus dem Zustandsraum weg, ist $m_F = F_{max} - 1$ der größte verbleibende Wert, gültig für die zu $|F = F_{max},\, m_F = F_{max} - 1\rangle$ orthogonale Linearkombination, also $\sqrt{2J}\,|m_I = I - 1,\, m_J = J\rangle - \sqrt{2I}\,|m_I = I,\, m_J = J - 1\rangle$. Dies ist (mit Normierungsfaktor $\sqrt{2F_{max}}$) der Zustand zum zweitgrößten Drehimpuls $F = F_{max} - 1$ und seiner maximalen z-Komponente: $|F = F_{max} - 1,\, m_F = F\rangle$.

**Weitere Gesamtdrehimpulse:** Wiederholt man diese Schritte von $|F, m_F\rangle$ zu $|F, m_F = m_F - 1\rangle$ und von $|F, m_F = F - 1\rangle$ zu $|F - 1, m_F = F - 1\rangle$, ergeben sich nacheinander alle möglichen Zustände $|F, m_F\rangle$ als Linearkombinationen der Basis $|m_I,\, m_J\rangle$ (die Faktoren heißen *Clebsch-Gordan-Koeffizienten*).

**Anti-Parallelstellung:** Nach Erreichen von $F_{min} = |I - J|$ sind alle Dimensionen des Zustandsraums verbraucht. Kleinere $F$ gibt es nicht. Die Grenzen $F_{min} \leq F \leq F_{max}$ garantieren die Dreiecks-Ungleichung, d. h. die Möglichkeit, aus den Erwartungswerten der Drehimpulsvektoren $\langle\hat{\vec{F}}\rangle = \langle\hat{\vec{I}}\rangle + \langle\hat{\vec{J}}\rangle$ ein Dreieck zu bilden (oder aus Strecken der Länge $F$, $I$, $J$, einschließlich der Grenzfälle mit Winkel 0° und 180°). Diese Anti-Parallelstellung zu $F_{min}$ hat hier aber eine unanschauliche Bedeutung. Zum Beispiel (für $I \geq J$) ist auch der Zustand „mit dem Drehimpuls parallel zur $z$-Achse" $|F_{min} = I - J,\, m_F = I - J\rangle$ keine einfache Kombination mit „entgegengesetzten Drehimpulsen" $|m_I = I,\, m_J = -J\rangle$, sondern eine Linearkombination aller $(2J + 1)$ Basiszustände mit $m_I + m_J = I - J$.

geht.[6] Er bestimmt das statistische Gewicht des betreffenden Niveaus und, bei Austausch zweier gleichartiger Teil-Systeme, den Symmetrie-Charakter der Gesamt-Wellenfunktion. Beides kann sich, völlig unabhängig von der Stärke eventueller Wechselwirkungen, bis zu makroskopischen Effekten hin auswirken, bei Gasen z. B. in einer um Größenordnungen veränderten Wärmeleitung und in dem Ausfall ganzer Serien von Spektrallinien (siehe Abschn. 7.1.4).

[6] Wohl jedes Lehrbuch der Quantenmechanik widmet ihm ein eigenes Kapitel, und es gibt auch ganze Bücher zum Thema Drehimpulse in der Quantenmechanik, z. B. [63].

**Kasten 7.5 Addition von zwei gleichen Drehimpulsen**

**Der einfachste Fall:** Zwei Spins $s = \frac{1}{2}$. (Beispiel: Proton und Elektron im H-Atom im 1s-Grundzustand.)
Die Zustände $|m_s = \pm\frac{1}{2}\rangle$ der 1-Teilchen-Basis (hier immer nur im Raum des Spin-Freiheitsgrads betrachtet) werden mit $|\uparrow\rangle$ und $|\downarrow\rangle$ bezeichnet.
Die 2-Teilchen-Basis, nach absteigendem $m_F = m_{s1} + m_{s2}$ (s. Kästen 7.3, 7.4) geordnet:

$$\begin{aligned} m_F = +1 &: \text{ 1 Zustand } |\uparrow\uparrow\rangle \\ 0 &: \text{ 2 Zustände } |\uparrow\downarrow\rangle;\ |\downarrow\uparrow\rangle \\ -1 &: \text{ 1 Zustand } |\downarrow\downarrow\rangle \end{aligned}$$

Höchstwert für $m_F$ und damit für $F$ ist 1: $|F = 1,\ m_F = 1\rangle \equiv |\uparrow\uparrow\rangle$. Dieser Zustand geht beim Vertauschen der beiden Teilchen in sich selber über: „positive Austausch-Symmetrie“. Der Absteige-Operator ergibt $|F = 1,\ m_F = 0\rangle = 1/\sqrt{\frac{1}{2}}\,(|\uparrow\downarrow\rangle + |\downarrow\uparrow\rangle)$. Nochmal angewendet ergibt sich $|F = 1,\ m_F = -1\rangle \equiv |\downarrow\downarrow\rangle$. Diese drei *Triplett*-Zustände und alle ihre Linearkombinationen sind symmetrisch gegenüber Vertauschung der Teilchen. Denkt man sie sich aus dem $2\times 2$-dimensionalen Zustandsraum alle weg, bleibt nur eine Dimension übrig, und ihr Basisvektor $\sqrt{\frac{1}{2}}\,(|\uparrow\downarrow\rangle - |\downarrow\uparrow\rangle) \equiv |F = 0,\ m_F = 0\rangle$ ist daher der *Singulett*-Zustand (denn der Entartungsgrad ist 1). Er ist antisymmetrisch bei Teilchenvertauschung.

**Symmetrie bei Teilchenvertauschung:** Bei Addition von zwei gleichen Drehimpulsen $I$ ist immer der Zustand mit maximalem Gesamtdrehimpuls $I_{\text{gesamt}} = 2I$ symmetrisch, der nächste (zu $I_{\text{gesamt}} = 2I - 1$) antisymmetrisch, und abwechselnd weiter (insgesamt $2I$ Vorzeichenwechsel) bis hinunter zum Singulett $I_{\text{gesamt}} = 0$. Ein Singulett-Zustand aus zwei Teilchen ist daher bei Vertauschung ihrer Koordinaten immer antisymmetrisch, wenn sie gleichen halbzahligen Drehimpuls haben, und immer symmetrisch, wenn sie gleichen ganzzahligen Drehimpuls haben.

**Bahn- und Spindrehimpuls in der Atomhülle.** Entdeckt wurden die quantenmechanischen Eigenschaften des Drehimpulses – wie ab 1925 die ganze Quantenmechanik selbst – natürlich bei der Atomhülle, insbesondere in der Analyse ihrer angeregten Zustände und der optischen Übergänge zwischen ihnen, wobei auch deren Beeinflussbarkeit durch magnetische Felder von entscheidender Hilfe war (Zeeman- und Paschen-Back-Effekt, Stern-Gerlach-Experiment, siehe auch weiter unten).

Demnach gibt es vom Drehimpuls zwei Sorten (s. Kästen 7.1–7.2):

- den durch Quantisierung der klassischen Drehbewegung definierten *Bahn-Drehimpuls* (mit ganzzahligen Eigenwerten in Einheiten $\hbar$),
- und den Eigendrehimpuls oder *Spin* eines Teilchens. Er ist klassisch schon deshalb nicht zu veranschaulichen, weil er sogar punktförmig angenommen Teilchen zugeschrieben werden muss, und zwar selbst dann, wenn ihre kinetische Energie Null ist. (Der Spin hat ganzzahlige Eigenwerte für Bosonen, halbzahlige für Fermionen. Weiteres zum Spin $\frac{1}{2}$ und seiner Darstellung in der Quantenmechanik in Abschn. 7.1.2, zu seiner tieferen Deutung in Abschn. 10.2 – Diracsche Elektronen-Theorie.)

**Kasten 7.6 Addition von Drehimpulsen – das nächst einfachste Beispiel**

**Ein interessanterer Fall:** Kopplung von $\ell = 1$ und $s = \frac{1}{2}$ (Beispiel: Spin-Bahn-Kopplung $\hat{\vec{j}} = \hat{\vec{\ell}} + \hat{\vec{s}}$ in einem p-Niveau.)
Die 2-Teilchen-Basis $|m_\ell, m_s\rangle$ hat je 1 Zustand für $m_j = \pm\frac{3}{2}$ und je 2 Zustände für $m_j = \pm\frac{1}{2}$. Nach absteigendem $m_j$ geordnet:

$$\begin{aligned} m_j = +\tfrac{3}{2} &: \text{ 1 Zustand } |+1, \uparrow\rangle \\ +\tfrac{1}{2} &: \text{ 2 Zustände } |0, \uparrow\rangle,\ |+1, \downarrow\rangle \\ -\tfrac{1}{2} &: \text{ 2 Zustände } |0, \downarrow\rangle,\ |-1, \uparrow\rangle \\ -\tfrac{3}{2} &: \text{ 1 Zustand } |-1, \downarrow\rangle \end{aligned}$$

**Parallelstellung:** Nach derselben Argumentation wie eben muss es in diesem 6-dimensionalen Zustandsraum zunächst die vier Zustände $|j = \frac{3}{2}, m_j = \frac{3}{2}, \ldots, -\frac{3}{2}\rangle$ geben. Hier die ersten beiden:

$$\begin{aligned} |j = \tfrac{3}{2}, m_j = \tfrac{3}{2}\rangle &= |+1, \uparrow\rangle \\ |j = \tfrac{3}{2}, m_j = \tfrac{1}{2}\rangle &= \sqrt{\tfrac{1}{3}}\ \hat{j}_-\, |+1, \uparrow\rangle \quad = \quad \sqrt{\tfrac{2}{3}}\ |0, \uparrow\rangle + \sqrt{\tfrac{1}{3}}\ |+1, \downarrow\rangle \end{aligned}$$

**Antiparallelstellung:** Nach Abzug des zu $j = \ell + s = \frac{3}{2}$ gehörenden Unterraums bleiben zwei Dimensionen übrig, die den Zustandsraum zu $j = \ell - s = \frac{1}{2}$ bilden. Anschaulich wird dieser Zustand oft so beschrieben: „Der Spin steht antiparallel zum Bahndrehimpuls", was im quantenmechanischen Formalismus aber nur zum Teil zutrifft, wie man an diesen Zuständen selbst sieht (einfach die zu $|j = \frac{3}{2}, m_j = \frac{1}{2}\rangle$ orthogonale Linearkombination wählen):

$$|j = \tfrac{1}{2}, m_j = \tfrac{1}{2}\rangle = \sqrt{\frac{1}{3}}\,|0, \uparrow\rangle - \sqrt{\frac{2}{3}}\,|+1, \downarrow\rangle\,.$$

Im ersten Term kann man schlecht von „antiparalleler Stellung" sprechen. (Im Fall $\ell > 1$ würden *beide* $z$-Komponenten positiv sein, die Drehimpulse also eher parallel stehen.)

Dass der Spin $\hbar\hat{\vec{s}}$ und Bahndrehimpuls[7] $\hbar\hat{\vec{l}} = \hat{\vec{r}} \times \hat{\vec{p}}$ eines Elektrons wirklich Formen derselben physikalischen Größe sind, kann man auch daran sehen, dass sie sich (als Operatoren wie als Erwartungswerte) addieren lassen zum physikalischen Gesamtdrehimpuls $\hbar\hat{\vec{j}} = \hbar\hat{\vec{l}} + \hbar\hat{\vec{s}}$.

**Bezeichnungen und Überblick.** Im Vorgriff auf viele erst weiter unten beschriebene Details hier eine Anmerkung zur Bezeichnungsweise von Bahn- und Spin-Drehimpulsen, weil oft der Buchstabe schon ausdrücken soll, worum es sich handelt. Gewöhnlich (aber nicht zwingend) werden kleine Buchstaben $l, s, j$ für Bahn-, Spin- und Gesamtdrehimpuls eines einzelnen Teilchens benutzt, große Buchstaben für Mehr-Teilchen-Systeme: $L, S, J$ für die Hülle, $I$ für den ganzen Kern, $F$ für das ganze Atom, und wieder $I$ für die Rotation des ganzen Moleküls.

[7] Die Operatoren $\hat{\vec{s}}$ und $\hat{\vec{l}}$ haben reine Zahlen zu Eigenwerten; die physikalischen Größen ergeben sich durch Multiplikation mit $\hbar$.

Während die Zusammensetzung mehrerer Drehimpulse zu einem Gesamtdrehimpuls in der klassischen Physik einfach und eindeutig durch eine (kommutative) Summe von Vektoren gegeben ist, gibt es in der Quantenmechanik verschiedene Kopplungs-Schemata, sobald mehr als zwei Drehimpulse addiert werden. In einem Eigenzustand zum Quadrat des Gesamtdrehimpulses (z. B. $\hat{\vec{L}}^2 = (\hat{\vec{\ell}}_1 + \hat{\vec{\ell}}_2 + \hat{\vec{\ell}}_3)^2$) kann auch das Quadrat der einen oder anderen Teilsumme (im Beispiel entweder $\hat{\vec{L}}^2_{1+2} = (\hat{\vec{\ell}}_1 + \hat{\vec{\ell}}_2)^2$ oder $\hat{\vec{L}}^2_{2+3} = (\hat{\vec{\ell}}_2 + \hat{\vec{\ell}}_3)^2$ etc.) einen wohldefinierten Eigenwert haben, aber nicht für alle Teilsummen gleichzeitig. Bei mehreren Teilchen mit Spin ist der Gesamtdrehimpuls $\hat{\vec{J}} = \sum \hat{\vec{\ell}}_i + \sum \hat{\vec{s}}_i$. Bei der Kopplung dieser Einzeldrehimpulse zur Quantenzahl $J$ eines Energieniveaus sind zwei Grenzfälle wichtig:

- In der Hülle leichter Atome (bis $Z = 10$ jedenfalls) setzt sich der Gesamtdrehimpuls $J$ jedes Niveaus in guter Näherung aus wohlbestimmten Quantenzahlen $L$ (für $\hat{\vec{L}}^2 \equiv \left(\sum \hat{\vec{\ell}}_i\right)^2$) und $S$ (für $\hat{\vec{S}}^2 \equiv \left(\sum \hat{\vec{s}}_i\right)^2$) zusammen. Dies ist die $LS$-oder Russel-Saunders-Kopplung. $J$ kann dabei genau einen der Werte $L+S$, $L+S-1, \ldots, |L-S|$ annehmen. Die Energieniveaus zu verschiedenem $J$ liegen eng beieinander und zeigen die *Feinstruktur* des Niveauschemas. Für die einzelnen Teilchen bedeutet die $LS$-Kopplung, dass ihre Zustände aus beiden möglichen Anteilen $j = \ell \pm \frac{1}{2}$ gemischt sind.
- Bei schweren Atomen und Kernen spürt jedes einzelne Teilchen eine starke Spin-Bahn-Wechselwirkung ($\propto (\hat{\vec{\ell}}_i \cdot \hat{\vec{s}}_i)$), die schon eine deutliche, aber ebenfalls „Feinstruktur" genannte Energieaufspaltung für die beiden Fälle $j = \ell \pm \frac{1}{2}$ bewirkt. Daher schreibt man jedem Teilchen besser erst genau eine dieser beiden Möglichkeiten, d. h. eine Quantenzahl $j$ zu und bildet den Gesamtdrehimpuls gemäß $\hat{\vec{J}} = \sum \hat{\vec{j}}_i$. Dies ist die $jj$-Kopplung.

Eigene Quantenzahlen $L$ und $S$ für den gesamten Bahn- bzw. Spinanteil des Gesamtdrehimpulses existieren nur bei $LS$-Kopplung. Im Fall der $jj$-Kopplung ist eine entsprechende Aufteilung unmöglich. Da für Kerne überwiegend $jj$-Kopplung nachgewiesen werden konnte (siehe Abschn. 7.6 – Schalenmodell), wird bei Kernen der Gesamtdrehimpuls kurzerhand *Kernspin* genannt, schließlich handelt es sich, wie beim echten Teilchen-Spin, um den Drehimpuls bezogen auf den eigenen Schwerpunkt, der auch bei (Gesamt-)Impuls $\vec{P} = 0$ noch vorhanden ist.

**Drehimpuls-Quantelung universell.** In den ersten Jahren der neuen Quantenmechanik konnte darüber nur spekuliert werden, ob auch der Kern einen Drehimpuls hat, und ob dieser dann in denselben Einheiten gequantelt ist wie beim Elektron (immerhin ist der Kern zigtausendmal kleiner als das Atom), und ob er auch sonst dieselben Regeln befolgt. Überhaupt wurde die Gültigkeit der Quantenmechanik bei Kernen ja noch um 1930 grundsätzlich bezweifelt (vgl. Abschn. 4.1.5: Proton-Neutron-Modell und Abschn. 6.3 und 6.5: $\alpha$- und $\beta$-Radioaktivität).

Der gegenteilige Gedanke einer universellen Geltung der Einheit $\hbar$ bei der Quantelung *aller* Drehimpulse fand eine starke Stütze in der Tatsache, dass damit die Größenordnungen der typischen Energiestufen von Molekülen, Atomen und Kernen

– d. h. meV, eV, MeV – zwanglos gedeutet werden können. Was die Drehimpuls-Quantelung für Atome und Moleküle bedeutet, haben wir mit Hilfe der klassischen Formel für die Rotationsenergie

$$E_{\mathrm{rot}} = \frac{(\hbar\ell)^2}{2\Theta}$$

schon einmal grob abgeschätzt (Abschn. 1.1.1, Gl. (1.1) und Frage 1.3, S. 11). Quantenmechanisch korrekt müsste diese Formel natürlich etwas anders lauten:

$$E_{\mathrm{rot}} = \frac{\hbar^2\ell(\ell+1)}{2\Theta}\,. \tag{7.2}$$

Doch für das größenordnungsmäßige Verständnis der Zusammenhänge ist dies wieder unerheblich. Wenn nun (bei universell gleicher Quantelung aller Dehimpulse) die möglichen Werte hier im Zähler immer die gleichen sind, sollten sich die typischen Anregungsenergien einfach umgekehrt proportional zum Trägheitsmoment $\Theta$ verhalten. Ausgehend von $\Theta = m_{\mathrm{e}}r^2$ für ein Elektron im Abstand eines Atomradius ist das Trägheitsmoment eines ganzen Moleküls (zwei ganze Atome mit $10^{4-5}$-facher Masse im doppelten Abstand) um etwa 4–5 Zehnerpotenzen größer, das eines Nukleons (2 000fache Elektronenmasse im Abstand eines Kernradius, d. h. etwa $10^{-4}$ Atomradien) aber um einen ähnlich großen Faktor kleiner. So ergeben sich aus ca. 10 eV als typische Anregungsenergie für ein Elektron in der Hülle tatsächlich schon die typischen Bereiche um meV für Moleküle, und MeV für Nukleonen in Kernen. MeV ist die für die Niederenergie-Kernphysik charakteristische Energieskala, auch sie kann also allein aus der universellen Gültigkeit der Quantelung des Drehimpulses verstanden werden.

Diese einfache Abschätzung der Energiestufen führt für die Kerne zwar richtig in den MeV-Bereich hinein, scheint aber völlig unabhängig von der Stärke der dort herrschenden Bindungskräfte zustande gekommen zu sein – was zu Recht unverständlich wäre. Doch erst die Kernkraft führt zu dem extrem kleinen Wert des Kernradius, der das richtige Ergebnis maßgeblich bestimmt.

Im Vorgriff auf Kap. 11 und 13: Diese Abschätzung versagt selbst vor den Anregungsstufen des Nukleons nicht: Mit $m_{\mathrm{red}}c^2 \approx 120\,\mathrm{MeV}$ (reduzierte Masse des Pion-Nukleon-Systems) und Abstand $R \approx 0{,}8\,\mathrm{fm}$ ist $(\hbar c)^2/(2mc^2R^2) \approx 500\,\mathrm{MeV}$. Diese Anregungsenergie liegt richtig mitten in den in Abb. 11.7 sichtbaren Resonanzen der Pion-Nukleon-Streuung.

**Verknüpfung von Drehimpuls und Energieinhalt.** Die eben gefundene größenordnungsmäßige Übereinstimmung zwischen den gequantelten Energien der Rotationsenergie und den wirklich beobachteten Niveauabständen bedeutet nun, dass eine Änderung der Größe des Drehimpulses meist auch eine Änderung des Energieinhalts in der jeweils typischen Größenordnung erfordert.[8] Je kleiner das System,

[8] sofern diese nicht durch eine entgegensetzte Änderung der mit der Radialkoordinate $r$ verbundenen Energie kompensiert wird – siehe weiter unten *Drehimpulsentartung*.

desto größer die typischen Energieabstände, und desto markanter die Bedeutung der Erhaltung der Drehimpulsquantenzahl.[9]

**Drehimpuls und Kugelsymmetrie.** Den tieferen Grund für die universelle Quantelung des Drehimpulses kann man in der engen Beziehung zwischen räumlicher Drehung[10] und dem Operator für den (*Gesamt*)-Drehimpuls sehen, der nämlich für die quantenmechanischen Zustände diese Drehung in die Operator-Sprache übersetzt (siehe Kasten 7.1 auf S. 251). Demnach gilt: Wenn die Definition des physikalischen Systems gegenüber allen räumlichen Drehungen invariant ist (*kugelsymmetrisches System*), dann ist sein Hamilton-Operator $\hat{H}$ auch mit allen Komponenten des Operators für den Gesamt-Drehimpuls (hier mit $\hat{\vec{I}}$ bezeichnet) längs beliebiger Achsen vertauschbar, und daher auch mit $\hat{\vec{I}}^2 = \hat{I}_x^2 + \hat{I}_y^2 + \hat{I}_z^2$:

$$[\hat{H}, \hat{I}_z] = [\hat{H}, \hat{I}_x] = [\hat{H}, \hat{I}_y] = [\hat{H}, \hat{\vec{I}}^2] = 0 .$$

Dann gehört zu jedem Energie-Niveau auch eine meistens eindeutig bestimmte Drehimpuls-Quantenzahl[11] $I$, die wegen der algebraischen Gruppen-Eigenschaften der Dreh-Operation genau einen der Werte $I = 0, \frac{1}{2}, 1, \frac{3}{2}, 2, \ldots$ annehmen kann.[12] Im Hilbertraum entspricht dem Energie-Niveau ein ganzer Unterraum der quantenmechanischen Zustände, die sich anschaulich gesprochen nur darin unterscheiden, dass der Drehimpulsvektor[13] in alle mögliche Richtungen im 3-dimensionalen Raum zeigt. Bei Kugelsymmetrie des Systems sind sie energetisch alle gleichwertig, d. h.„entartet“. Nach der Algebra hat dieser Unterraum die Dimension $(2I+1)$,

---

[9] In großen oder sogar makroskopischen Systemen hingegen kann es Anregungen mit sehr viel größeren Wellenlängen und entsprechend sehr viel kleineren Energien geben, im Festkörper z. B. langwellige akustische Phononen, die *Schallwellen.*

[10] In der klassischen Mechanik ist es die kontinuierlich *fortschreitende Drehbewegung* mit bestimmter Winkelgeschwindigkeit $\omega$, die den Drehimpuls $L = \Theta\omega$ ausmacht. Die quantenmechanische Definition des Drehimpulses beruht auf der Frage, wie sich ein Zustand ändert, wenn er um einen *bestimmten Drehwinkel* $\phi$ gedreht worden ist (oder gleichbedeutend: wie seine Wellenfunktion sich ändert, wenn sie in einem entgegengesetzt verdrehten Koordinatensystem ausgedrückt werden soll). Ändert er sich z. B. nur um einen Phasenfaktor $e^{im\phi}$, dann hat er bezüglich der Drehachse den Drehimpuls $m\hbar$. – Genau so verhält sich der Impuls zur fortschreitenden Bewegung.

[11] Die berühmteste Ausnahme ist die $\ell$-Entartung im H-Atom nach Bohr oder Schrödinger (d. h. gebundene Zustände eines spinlosen Teilchens im Coulomb-Feld einer Punktladung, in nichtrelativistischer Näherung): Zu einem Niveau mit einer Hauptquantenzahl $n\,(=1,2,\ldots)$ gehören Zustände zu allen $\ell = 0,1,\ldots,n-1$. Je höher $\ell$, desto geringer die mit der Radialkoordinate verbundenen Energie (die Radialfunktion $f(r)$ hat $n-\ell-1$ Nullstellen). Hier kompensieren die verschiedenen Anregungsstufen in der Radialkoordinate die mit dem Drehimpuls verbundene Energieänderung exakt. Das gleiche gilt auch im Oszillatorpotential und spielt deshalb im Schalenmodell der Kernphysik (Abschn. 7.6.2) eine Rolle. Diese $\ell$-Entartung zieht auch Besonderheiten hinsichtlich der Spiegelsymmetrie nach sich, siehe Frage 7.13 auf S. 282.

[12] Über den innigen Zusammenhang von *Quantenmechanik und Gruppentheorie* gibt es eigene Lehrbücher, das erste schon 1928 unter genau diesem Titel von H. Weyl [191].

[13] Genauer: der 3-dimensionale Vektor aus den Erwartungswerten der einzelnen Komponenten: $\langle\hat{\vec{I}}\rangle = (\langle\hat{I}_x\rangle, \langle\hat{I}_y\rangle, \langle\hat{I}_z\rangle)$

und dies ist deshalb auch die maximale Anzahl von unterschiedlichen Energien, in die ein Niveau aufspaltet, wenn eine kleine äußere Störung die vollständige Kugelsymmetrie aufhebt. $(2I+1)$ ist der Entartungsgrad des Niveaus. $(2I+1)$ Basis-Zustände (geeignet für die Darstellung aller *möglichen* Zustände durch Linearkombinationen) können durch den Operator $\hat{I}_z$ definiert werden. Er hat die $(2I+1)$ verschiedenen Eigenwerte $m_I = -I,\ -(I-1),\ \ldots,\ +(I-1),\ +I$, die anschaulich die „Richtungsquantelung" in Bezug auf den Anstellwinkel $\vartheta$ zur $z$-Achse bedeuten und bei Anlegen eines Felds in $z$-Richtung auch verschiedene Energie bedeuten:

$$\cos\vartheta = \frac{\langle \hat{I}_z \rangle}{\sqrt{\langle \hat{\vec{I}}^2 \rangle}} = \frac{m_I}{\sqrt{I(I+1)}} . \tag{7.3}$$

Feinere Unterteilungen – z. B. eine weitere Richtungsquantelung in $x$-Richtung – kann es dann schon aufgrund dieser begrenzten Zahl linear unabhängiger Zustände nicht mehr geben. Als Eigenzustand zu $\hat{I}_z$ geht auch jeder von ihnen bei Drehungen um die $z$-Achse in sich selbst über[14] und kann folglich keine Richtung quer dazu auszeichnen. Ihre Erwartungswerte $\langle \hat{I}_x \rangle$ und $\langle \hat{I}_y \rangle$ müssen daher verschwinden.

**Frage 7.1.** *Wie rechnet man dies (d. h. $\langle m_I | \hat{I}_x | m_I \rangle = \langle m_I | \hat{I}_y | m_I \rangle = 0$) nach?*

**Antwort 7.1.** *Man benutzt die Auf- und Absteige-Operatoren (siehe Kasten 7.3 auf S. 253)*

$$\hat{I}_\pm \equiv (\hat{I}_x \pm \mathrm{i}\hat{I}_y) ,$$

*die aus einem $\hat{I}_z$-Eigenzustand zu $m_I$ einen zu $m_I \pm 1$ machen:*[15] $\hat{I}_\pm |m_I\rangle \propto |m_I \pm 1\rangle$ *und daher* $\langle m_I | \hat{I}_\pm | m_I \rangle = 0$.

*Mit*

$$\hat{I}_x \equiv \tfrac{1}{2}\left(\hat{I}_+ + \hat{I}_-\right) ; \quad \hat{I}_y \equiv \frac{1}{2i}\left(\hat{I}_+ - \hat{I}_-\right)$$

*ist dann*

$$\langle m_I | \hat{I}_{x\,\text{bzw.}\,y} | m_I \rangle \propto \Big( \langle m_I | \hat{I}_+ | m_I \rangle \pm \langle m_I | \hat{I}_- | m_I \rangle \Big) = 0 .$$

**Entartungsgrad $(2I+1)$.** In der atomaren Welt ist der Entartungsgrad $(2I+1)$ eine der wichtigsten Eigenschaften des Drehimpulses überhaupt. Er spielt bei der Erklärung weit gestreuter Phänomene eine maßgebliche Rolle. Ein Beispiel ist etwa die spezifischen Wärme von Gasen (siehe Abschn. 7.1.4). Hier jedoch soll es zunächst darum gehen, dass der Entartungsgrad oft auch die einfachste Methode ist, die Drehimpulsquantenzahl $I$ zu bestimmen.[16]

---

[14] mit einem Phasenfaktor $\exp(\mathrm{i}m\phi)$

[15] Nur wenn es diesen noch gibt, und bis auf einen Normierungsfaktor. Wird der Bereich $|m_I| \leq I$ verlassen, kommt Null heraus.

[16] Andere Indikatoren für Drehimpuls, zur Vollständigkeit angemerkt:

**Niveau-Aufspaltung.** Begrifflich einfach ist die Bestimmungs-Methode, die Entartung eines Niveaus durch eine Beeinträchtigung der Kugelsymmetrie etwas zu stören und damit $(2I+1)$ benachbarte Niveaus zu erzeugen. Übergänge zwischen zwei Niveaus zeigen sich dann in einem (bei genügend hoher Auflösung) gemessenen Emissions- oder Absorptionsspektrum in mehrere Linien aufgespalten, die einfach abgezählt werden können. Eine solche Aufspaltung wird z. B. durch ein Magnetfeld $\vec{B}$ erzeugt, weil zu jedem Drehimpuls $\vec{I}(\neq 0)$ auch ein magnetisches Dipolmoment gehört (siehe Abschn. 7.3), das eine Zusatzenergie proportional zum Skalarprodukt $(\vec{B}\cdot\hat{\vec{I}})$ erhält, also proportional zur „magnetischen" Quantenzahl $m_I$, wenn man die Feldrichtung als Definition der $z$-Achse wählt. Mit einem *äußeren* Magnetfeld ist dies der Zeeman-Effekt, durch Pieter Zeeman an optischen Spektrallinien schon 1892 entdeckt (Nobelpreis 1902).[17]

Die Aufspaltung kann aber auch durch ein „inneres" Magnetfeld entstehen, d. h. durch die Wechselwirkung mit dem Dipolmoment eines zweiten Drehimpulses, der wie der erste quantenmechanisch betrachtet werden muss. Anschaulich: Die Energie hängt dann vom Winkel zwischen den beiden Dipolmomenten ab und kann durch das Skalarprodukt der beiden Drehimpulse ausgedrückt werden; oder: Der größere der beiden Drehimpulse erzeugt durch sein magnetisches Moment ein Feld, in dem der kleinere (es sei $I$) seine $(2I+1)$ Einstell-Möglichkeiten hat, alle mit verschiedenem Winkel und daher unterschiedlicher Energie. Man sagt dann, die Einzeldrehimpulse sind „gekoppelt". Die so entstehenden Energieunterschiede sind meistens um Größenordnungen kleiner als bei verschiedenen Werten für die Einzeldrehimpulse selbst.[18]

Statt durch das Skalarprodukt kann man diese Zusatzenergie auch durch die Größe des Gesamtdrehimpulses ausdrücken, der die Vektorsumme der beiden Einzeldrehimpulse ist.

---

- 1. Quantenmechanische Effekte:
  - Die starke $\ell$-Abhängigkeit der Übergangsraten bei Emissionsprozessen durch Faktoren wie $(kR)^{2\ell+1}$ (vgl. Abschn. 6.4.7 und 6.5.4).
  - Die Form der Winkelverteilung: Bei genügend genauer Spezifizierung von Anfangs- und Endzustand des Streu- oder Emissionsprozesses muss sie einer der Kugelfunktionen $Y_\ell^m(\vartheta,\phi)$ entsprechen. (Ein schönes Beispiel in „The Feynman Lectures on Physics" [71, Bd. III Kap. 18-5].)
- 2. Makroskopisch sichtbarer Drehimpuls als Summe von quantenmechanischen Drehimpulsen:
  - Einstein-de Haas-Effekt (Umklappen der Elektronen-Spins bei Ummagnetisierung versetzt Eisenstab in Drehung [65]).
  - Absorption zirkular polarisierter Photonen versetzt Absorber in Drehung ([27], beschrieben auch in [127, Kap. 6.2]).

[17] Die ersten beobachteten Aufspaltungen in genau drei Niveaus konnten von H.A. Lorentz (Nobelpreis 1902) im Rahmen des Thomsonschen „Rosinenkuchen-Modells" gebundener Elektronen noch klassisch genau erklärt werden (siehe auch Abschn. 1.1.2). Die anderen wurden deshalb „anomal" genannt; die 2-fache oder geradzahlige Aufspaltung war der Auslöser für den Stern-Gerlach-Versuch (1922) und die Einführung des halbzahligen Spins der Elektronen (1925).

[18] Wenn durch magnetische Aufspaltung bei steigender Feldstärke diese Bedingung verletzt wird, geht der Zeeman-Effekt in den Paschen-Back-Effekt über.

**Frage 7.2.** *Wie lässt sich das Skalarprodukt von zwei Vektoren allein durch Beträge von Vektoren ausdrücken, und was heißt das für die entsprechenden Drehimpuls-Quantenzahlen?*

**Antwort 7.2.** *Nennen wir die beiden Teildrehimpulse* $\hat{\vec{I}}$ *und* $\hat{\vec{J}}$ *und* $\hat{\vec{I}} + \hat{\vec{J}} = \hat{\vec{F}}$. *Quadrieren und Umstellen der letzten Gleichung ergibt* $(\hat{\vec{I}} \cdot \hat{\vec{J}}) = \frac{1}{2}[\hat{\vec{F}}^2 - \hat{\vec{I}}^2 - \hat{\vec{J}}^2]$. *Ein Zustand mit wohldefinierten Quantenzahlen* $I$, $J$, $F$ *ist also auch Eigenzustand zum Skalarprodukt* $(\hat{\vec{I}} \cdot \hat{\vec{J}})$ *mit dem Eigenwert* $\frac{1}{2}[F(F+1) - I(I+1) - J(J+1)]$ *(Landé-Formel).*

**Frage 7.3.** *Wie könnte eine korrekte Herleitung der Anzahl aufgespaltener Niveaus lauten, wenn zwei Drehimpulse* $\vec{I}$ *und* $\vec{J}$ *durch eine Wechselwirkung* $\propto (\vec{I} \cdot \vec{J})$ *gekoppelt sind?*

**Antwort 7.3.** *Da die Energie von der jeweiligen Gesamtdrehimpuls-Quantenzahl F abhängt (Frage 7.2), ist nach der Anzahl verschiedener möglicher Werte F gefragt. Ein Weg zur Antwort ist im Kasten 7.3 gegeben. Er scheint mit der dynamischen Bedeutung von Drehimpulsen gar nichts zu tun zu haben, sondern beruht vollständig auf dem Abzählen der Entartungsgrade, die zu* $I$, $J$, *und den einzelnen Werten* $m_F = m_I + m_J$ *gehören.*

**Feinstruktur.** So entstehen Gruppen von eng benachbarten Niveaus, wobei deren Anzahl durch den Entartungsgrad des kleineren der beiden Drehimpulse bestimmt wird. In der Atomhülle hat man so die *Feinstrukturaufspaltung* durch die Kopplung von Spin- und Bahndrehimpuls. Legt man zusätzlich ein Magnetfeld an, spalten sich die Linien durch den Zeeman-Effekt weiter auf. Dies durch die Gesetze der quantenmechanischen Drehimpulse begründete Schema wurde an zahllosen Zuständen erprobt und zur Bestimmung der Quantenzahlen genutzt. Für die Atome mit kleiner Kernladung (etwa bis $Z = 10$) ergab sich, dass die Niveaus innerhalb einer Gruppe durch je eine Quantenzahl $L$ für den gesamten Bahndrehimpuls der Elektronen und eine Quantenzahl $S$ für ihren gesamten Spin beschrieben werden konnten, daher der Name $LS$-Kopplungsschema.[19] Der für die Feinstruktur verantwortliche Operator ist $(\hat{\vec{L}} \cdot \hat{\vec{S}})$. Bei hoher Kernladung hingegen passen die Aufspaltungen gut zu dem Schema, in dem jedes der äußeren Elektronen die Quantenzahl $j = \ell \pm \frac{1}{2}$ zu seinem Gesamtdrehimpuls $\hat{\vec{j}} = \hat{\vec{\ell}} + \hat{\vec{s}}$ hat, der aus Bahn- und Spindrehimpuls mittels des Operators $(\hat{\vec{\ell}} \cdot \hat{\vec{s}})$ gekoppelt ist, und sich weiter bei mehreren Elektronen diese Drehimpulse $\vec{j}_i$ zum Gesamtdrehimpuls $J$ der Hülle koppeln ($jj$-Kopplung).

**Hyperfeinstruktur und der erste Kernspin.** Bei noch höherer spektraler Auflösung erscheint die 1 000fach kleinere *Hyperfeinaufspaltung*, die durch die Kopplung des Hüllendrehimpulses $J$ mit dem Kernspin $I$ durch den Operator $(\hat{\vec{I}} \cdot \hat{\vec{J}})$

[19] Tatsächlich brauchte man hier „nur" die wenigen Elektronen außerhalb abgeschlossener Schalen zu berücksichtigen, weil die übrigen sich nur zu $L = S = 0$ koppeln können.

zum Gesamtdrehimpuls des Atoms $F$ entsteht. An eine entsprechende Analyse der Hyperfeinstruktur wagte man sich erst heran, als die Feinstrukturaufspaltungen in der Hülle detailliert erklärt werden konnten, und insbesondere die Quantenzahlen $J$ feststanden. Aus der Hyperfeinaufspaltung (und ihrem Zeeman-Effekt) konnte erstmals 1927/28 ein Kern-Spin zweifelsfrei bestimmt werden: $I = \frac{9}{2}$ beim Wismut ($^{209}_{83}$Bi), nach damaligem Wissen ein sensationell großer Wert, zumal für ein so viel kleineres System als das Atom, und obendrein in seinem energetischen Grundzustand.

### 7.1.2 *Spin $\frac{1}{2}$ und Pauli-Spinor*

Der Spin des Elektrons mit seinen zwei Orientierungsmöglichkeiten im äußeren Feld ist nicht nur klassisch unverständlich, sondern war zunächst auch in der Quantenmechanik nicht unterzubringen. Jedoch machten deren Grundbegriffe (siehe Kasten 5.1 auf S. 120) eine unvorhergesehene formale Erweiterung möglich, mit der Pauli 1927 die einfache Lösung fand [147]: Man kann die Wellenfunktion statt von drei auch von vier Koordinaten des Teilchens abhängen lassen – $\psi(x, y, z, s_z)$ – und darüberhinaus verfügen, dass diese 4. Koordinate nur zwei verschiedene Werte annehmen kann: $s_z = \pm\frac{1}{2}$. Damit erweitert Pauli den Zustandsraum des Massenpunkts. Die drei räumlichen *äußeren* Freiheitsgrade $\vec{r} = (x, y, z)$ ergänzt er um einen *inneren*. Mit seinem eingeschränkten Wertebereich ist hierbei eine absolute Untergrenze erreicht, denn bei weniger als 2 möglichen Werten könnte man nicht mehr von einer Variablen oder einem Freiheitsgrad sprechen.[20]

Für die vollständige Wellenfunktion $\psi(\vec{r}, s_z)$ wählt man meist die Darstellung in Form von zwei Funktionen $\psi_{\pm\frac{1}{2}}(\vec{r}) \equiv \psi(\vec{r}, s_z = \pm\frac{1}{2})$, die man gerne als einen Spaltenvektor schreibt, den *Pauli-Spinor*:

$$\Psi(\vec{r}) = \begin{pmatrix} \psi_{+\frac{1}{2}}(\vec{r}) \\ \psi_{-\frac{1}{2}}(\vec{r}) \end{pmatrix} = \psi_{+\frac{1}{2}}(\vec{r}) \begin{pmatrix} 1 \\ 0 \end{pmatrix} + \psi_{-\frac{1}{2}}(\vec{r}) \begin{pmatrix} 0 \\ 1 \end{pmatrix} . \tag{7.4}$$

Darin bilden die beiden einfachen Vektoren $\binom{1}{0}$ und $\binom{0}{1}$ im Zustandsraum des Spins die Basisvektoren zu den $\hat{s}_z$-Eigenwerten $m_s = +\frac{1}{2}$ bzw. $m_s = -\frac{1}{2}$. Der Operator $\hat{s}_z$ ist in dieser Darstellung also durch die Diagonal-Matrix aus seinen Eigenwerten gegeben:

$$\hat{s}_z \mathrel{\widehat{=}} \begin{pmatrix} \frac{1}{2} & 0 \\ 0 & -\frac{1}{2} \end{pmatrix} . \tag{7.5}$$

[20] Fast möchte man sagen – wenn auch in übertragenem Sinn: „Die Moderne Physik stößt nach und nach auf die kleinsten Einheiten der Welt, die Elementarquanten. Nun ist unter den Freiheitsgraden auch der gefunden, der nur über das Elementarquantum an möglichen Werten verfügt.“

Auch die beiden Matrizen für Auf- bzw. Absteige-Operator $\hat{s}_+ \mathrel{\hat{=}} \binom{01}{00}$ und $\hat{s}_- \mathrel{\hat{=}} \binom{00}{10}$ sind leicht zu finden, und damit die für $\hat{s}_x$ und $\hat{s}_y$ (explizit angegeben weiter unten).

Die physikalischen Eigenschaften des Spins als (Drehimpuls-)Vektor werden nun dadurch ausgedrückt, dass der innere Freiheitsgrad mit den äußeren etwas zu tun bekommt:[21] Bei einer räumlichen Drehung des Elektronenzustands ändert er sich mit. Zum Beispiel dreht eine 180°-Drehung um die $y$-Achse die beiden anderen Koordinatenachsen genau um, und das Elektron von Gl. (7.4) soll sich nun im Zustand

$$\begin{pmatrix} \psi_{-\frac{1}{2}}(-x,y,-z) \\ -\psi_{+\frac{1}{2}}(-x,y,-z) \end{pmatrix} = \begin{pmatrix} 0 & 1 \\ -1 & 0 \end{pmatrix} \begin{pmatrix} \psi_{+\frac{1}{2}}(-x,y,-z) \\ \psi_{-\frac{1}{2}}(-x,y,-z) \end{pmatrix}. \tag{7.6}$$

befinden, der durch die angegebene Matrix aus dem ursprünglichen hervorgeht. Außer der Transformation der drei Raumkoordinaten $(x,y,z) \to (-x,y,-z)$ in den beiden Ortswellenfunktionen $\psi_{\pm\frac{1}{2}}(\vec{r})$ müssen also auch diese selbst umgerechnet werden. In diesem Beispiel werden die obere und untere Komponente einfach (mit 1 Vorzeichenwechsel) vertauscht, im allgemeinen entstehen Linearkombinationen aus beiden. Auch das kann man immer durch eine $2\times 2$-Matrix ausdrücken, eine *Drehmatrix* aus der Gruppe der (komplexen unitären) $2\times 2$-Matrizen, die eine Darstellung der Gruppe aller Drehungen des 3-dimensionalen Raums bilden.[22] In Gl. (7.6) hat sie entsprechend der sehr einfach gewählten Drehung eine sehr einfache Form.[23]

Für viele Berechnungen ist es zweckmäßig, diese Matrizen als Linearkombinationen von 4 speziellen Basis-Matrizen

$$\sigma_x = \begin{pmatrix} 0 & 1 \\ 1 & 0 \end{pmatrix} \quad \sigma_y = \begin{pmatrix} 0 & -\mathrm{i} \\ \mathrm{i} & 0 \end{pmatrix} \quad \sigma_z = \begin{pmatrix} 1 & 0 \\ 0 & -1 \end{pmatrix} \quad \mathbf{1} = \begin{pmatrix} 1 & 0 \\ 0 & 1 \end{pmatrix} \tag{7.7}$$

---

[21] Wenn ein innerer Freiheitsgrad von den äußeren unabhängig ist, hat er den Charakter einer Ladung. Beispiel: Die elektrische Ladung als zusätzliche Variable des Nukleons, um Proton und Neutron formal als zwei Zustände desselben Teilchens auffassen zu können (wie schon erwähnt in Abschn. 4.1.5). Das wiederum ermöglicht, sich diese Variable als eine Koordinate eines eigenen – völlig abstrakten – Raums zu denken und ihr bei ebenso abstrakten Drehungen dieses Raums ein solches Verhalten vorzuschreiben, dass gewisse beobachtete Eigenschaften verschiedener Teilchen sich in ein gemeinsames Schema fügen. Gemeinsamer Name für solche Freiheitsgrade: *Isospin* (vgl. Abschn. 11.2, 11.3.4 und 12.5.3).

[22] Diese Tatsache macht aus jedem 2-Zustandssystem der Quantenmechanik ein Analogon zum Zustands-System $m_s = \pm\frac{1}{2}$ eines Spins $s = \frac{1}{2}$. Die Gruppe heißt $SU(2)$. Sie ist größer als die Drehgruppe des $\mathbb{R}^3$ und macht erst dadurch einen halbzahligen Drehimpuls möglich. (Eine volle Umdrehung ergibt nicht die Einheitsmatrix $\mathbf{1}$, sondern $-\mathbf{1}$. Siehe z. B. den Faktor $\exp(\mathrm{i}m_s)$ bei Drehung des Eigenzustands zu $\hat{s}_z$.) – Hätte man dem inneren Freiheitsgrad einen Wertebereich von 3 Werten gegeben – z. B. $\zeta = 1,2,3$ mit einer Wellenfunktion $\beta(\vec{r},\zeta)$ –, wäre bei diesem Vorgehen ein gewöhnliches Vektorfeld $\vec{B}(\vec{r})$ herausgekommen, dessen drei Komponenten $B_x(\vec{r})$, $B_y(\vec{r})$, $B_z(\vec{r})$ durch die drei Funktionen $\beta(\vec{r},\zeta)$ mit festem $\zeta = 1,\ldots$ gegeben sind.

[23] Für den Fall beliebiger Drehungen und ihre Drehmatrizen siehe spezielle Lehrbücher, einführend z. B. [24, Kap. 2.2].

darzustellen. Die $\sigma$-Matrizen darin heißen *Paulische Spin-Matrizen*, denn bis auf einen Faktor $\frac{1}{2}$ entsprechen sie (in der oben gewählten Darstellung des Spinors) dem Spin-$\frac{1}{2}$-Operator (vgl. etwa $\sigma_z$ mit $\hat{s}_z$):

$$\hat{\vec{s}} \mathrel{\hat{=}} \tfrac{1}{2}\vec{\sigma}\,. \tag{7.8}$$

Zu ihren weiteren Eigenschaften gehören die einfachen Gleichungen

$$\sigma_x^2 = \sigma_y^2 = \sigma_z^2 = 1\,, \tag{7.9}$$

$$\sigma_x\sigma_y \equiv -\sigma_y\sigma_z \equiv \mathrm{i}\sigma_z \text{ (und } (x,y,z) \text{ zyklisch vertauscht)}\,. \tag{7.10}$$

Wie erwähnt, gelang Pauli die Einführung des Spins in die Quantenmechanik, indem er eine der rein formalen Möglichkeiten zur Erweiterung der quantenmechanischen Grundformeln ausnutzte. Es sei hier hervorgehoben, dass diese Möglichkeiten nicht beliebige physikalische Erweiterungen zulassen, sondern doch engen Grenzen unterliegen. Wenn man sich z. B. fragt, ob es einen 2-wertigen Freiheitsgrad auch mit einem Drehimpuls anderer Größe geben kann, heißt die Antwort nein.

**Frage 7.4.** *Würde denn z. B. ein verdoppelter Spinoperator, also der direkt aus den Pauli-Matrizen gebildete Vektor $\vec{\sigma}$, keinen quantenmechanischen Drehimpuls darstellen?*

**Antwort 7.4.** *Nein, denn die drei Matrizen $\frac{1}{2}\vec{\sigma}$ erfüllen richtig die Vertauschungsregeln (7.1) des Drehimpulses*

$$[s_x, s_y] = \mathrm{i}s_z \textit{ (und zyklisch vertauscht)}\,,$$

*und deshalb können das die Pauli-Matrizen selbst nicht auch (s. Gl. 7.8):*

$$[\sigma_x, \sigma_y] = 2\mathrm{i}\sigma_z \textit{ (und zyklisch vertauscht)}\,.$$

An der Nichtlinearität der für jeden Drehimpuls zwingenden Vertauschungsregeln (Gl. (7.1)) erkennt man, dass es hier keinen freien Faktor gibt. Der einzige mögliche Faktor in Gl. (7.8) ist $\frac{1}{2}$, sonst geht der Zusammenhang mit den Drehungen im 3-dimensionalen Raum und damit der gewünschte physikalische Sinn des Operators verloren.

### 7.1.3 Der unanschauliche Drehimpuls in Beispielen

Einige Anmerkungen zu den Schwierigkeiten, denen sich aussetzt, wer quantenmechanischen Drehimpuls anschaulich verstehen möchte:

$\underline{I = 0}$:

Hier gibt es nur einen einzigen Zustand, $m_I = 0$. Solch ein quantenmechanisches System ist vollständig kugelsymmetrisch – ganz gleich, wie kompliziert der innere

Aufbau sein mag. Man kann es (in Gedanken!) drehen und wenden wie man will – es bleibt doch immer im selben quantenmechanischen Zustand, und die Energie wird in keinem äußeren Feld aufgespalten (daher der Name *Singulett*).

Ein erstes Beispiel für dies mit der Anschauung nicht leicht verträgliche Verhalten ist der Singulett-Zustand, in dem zwei Spins $s=\frac{1}{2}$ sich antiparallel zu $S=0$ gekoppelt haben. Ganz gleich, ob es die $z$-Achse, $x$-Achse oder irgendeine andere Achsenrichtung ist, zu der die zwei orthogonalen Basis-Zustände der einzelnen Spins mit $m_s=\pm\frac{1}{2}$ ausgerichtet sind: einmal zum Singulett $S=0$ zusammengesetzt, ist dieser Unterschied verloren gegangen; der Zustandsvektor ist jedesmal derselbe und lässt sich auch nach Wahl einer beliebigen neuen Achse rückwärts in das Paar der dazugehörigen neuen Basiszustände zerlegen (und nach derselben Formel auch wieder zusammensetzen).

$I=\frac{1}{2}$: (jetzt weiter mit dem eher vertrauten Buchstaben $s=\frac{1}{2}$ bezeichnet)

Immerhin repräsentiert der Zustandsraum, das ist, mit komplexen Koeffizienten $\alpha$ und $\beta$, die Menge aller Linearkombinationen $|\chi\rangle=\alpha\,|\uparrow\rangle+\beta\,|\downarrow\rangle$, gerade alle möglichen Richtungen eines realen Vektors im 3-dimensionalen Raum. Soll heißen: zu jedem beliebigen Zustand eines Systems mit Spin $s=\frac{1}{2}$ kann man genau eine Richtung im Raum angeben, zu der dieser Spin gerade so „parallel" steht wie im Zustand $|\uparrow\rangle$ zur $z$-Achse.

Andererseits und geometrisch fast widersinnig gilt die in der folgenden Aufgabe beschriebene Eigenschaft:

**Frage 7.5.** *Kann das sein? Jeder mögliche Spin-$\frac{1}{2}$-Zustand ist gleichzeitig Eigenzustand zu $\hat{s}_x^2$, $\hat{s}_y^2$, $\hat{s}_z^2$, und zu jeder beliebigen anderen Achse $\hat{s}_\Lambda^2$. Dabei hat der Eigenwert immer den gleichen und größtmöglichen Wert $\left(\frac{1}{2}\right)^2$.*

**Antwort 7.5.** *Zunächst für $\hat{s}_z^2$: Da $\hat{s}_z$ nur zwei Eigenwerte hat und deren Quadrate gleich sind, erfüllt ein beliebiger Zustand $|\chi\rangle=\alpha\,|\uparrow\rangle+\beta\,|\downarrow\rangle$ immer die fragliche Eigenwertgleichung:*

$$\hat{s}_z^2\,|\chi\rangle=\alpha\hat{s}_z^2\,|\uparrow\rangle+\beta\hat{s}_z^2\,|\downarrow\rangle=\alpha(+\tfrac{1}{2})^2\,|\uparrow\rangle+\beta(-\tfrac{1}{2})^2\,|\downarrow\rangle=(\tfrac{1}{2})^2\,|\chi\rangle\ .$$

*Für irgendeine andere Richtung $\vec{\Lambda}$ gibt es die Basiszustände $|m_\Lambda=\pm\frac{1}{2}\rangle$ zur $\Lambda$-Komponente $\hat{s}_\Lambda$ von $\hat{\vec{s}}$. Mit diesen lässt sich der Zustand $|\chi\rangle$ als Linearkombination genau so ausdrücken wie eben mit der Basis $|m_z=\pm\frac{1}{2}\rangle$, nur mit anderen Koeffizienten $\alpha',\beta'$. Formal sieht $|\chi\rangle$ dann auch genau so aus wie eben, und daher die entsprechende Eigenwertgleichung zu $\hat{s}_\Lambda^2$ auch.*

**Frage 7.6.** *Noch einmal: Kann* das *sein? Ein Vektor hat den Betrag $\frac{1}{2}$, und jede seiner drei kartesischen Komponenten auch?*

**Antwort 7.6.** *Für gewöhnliche* Vektoren *$\vec{a}$ mit $\vec{a}^2=a_x^2+a_y^2+a_z^2$ natürlich nicht. Für den* Vektor-Operator *$\hat{\vec{s}}$ hat $\hat{\vec{s}}^2$ aber den Wert $s(s+1)=\frac{1}{2}\cdot\frac{3}{2}=3\cdot(\frac{1}{2})^2$. Der quantenmechanische kleine Unterschied zwischen $j^2$ und $j(j+1)$ macht sich nirgendwo so stark bemerkbar wie für $j=\frac{1}{2}$.*

Dies sonderbare Resultat hätte man auch sofort mit den Paulischen Spin-Matrizen (Gl. (7.10)) ausrechnen können, denn sie sind gerade das doppelte der Spin-Komponenten und ihre drei Quadrate jeweils gleich der Einheitsmatrix.

Und es geht noch weiter: Wenn man sich zum Spin-*Operator* einen Vektor denken möchte, müsste der in alle Richtungen des Raums gleichzeitig zeigen.[24] Das sieht man am Skalarprodukt mit einem beliebigen normalen Vektor, z. B. $\vec{p}$. Für dessen Komponente in „Richtung des Spins" (also das Skalarprodukt mit $\vec{\sigma} \mathrel{\hat{=}} 2\hat{\vec{s}}$) ergibt sich nämlich immer die volle Länge des Vektors selbst, denn in quadrierter Form gilt die Identität (mit den Pauli-Matrizen sofort auszurechnen):

$$(\vec{p} \cdot \vec{p}) \equiv (\vec{\sigma} \cdot \vec{p})^2 \tag{7.11}$$

Dass der Spin-Operator in diesem Sinne „parallel" zu jedem beliebigen Vektor erscheint,[25] eröffnete Dirac 1927 den Weg zu seiner relativistischen Wellengleichung (siehe Abschn. 10.2). Er suchte einen rein *linearen* Operator für die Energie, obwohl in der Formel $p^2 \mathrel{\hat{=}} (\hat{\vec{p}} \cdot \hat{\vec{p}})$ vorkommt. Indem er mit Gl. (7.11) aus diesem Quadrat die Wurzel ziehen konnte, fand er den Operator, der dem Wert des Impuls*betrags* entspricht:

$$\widehat{|\vec{p}|} \Rightarrow \sqrt{\hat{\vec{p}}^2} \Rightarrow (\vec{\sigma} \cdot \hat{\vec{p}})$$

Das macht den Spin $\frac{1}{2}$ zu einem zentralen Element in der relativistischen Quantenmechanik (siehe Abschn. 10.2.2 und 10.2.5).

Um einen möglicherweise tieferen Grund für diese zunächst sicher sonderbar erscheinenden Formeln zu erkennen, kann man sie auch (unabhängig von der speziellen Wahl der Paulischen Spin-Matrizen) direkt mit dem quantenmechanischen Drehimpuls-Operator ausrechnen. Dabei stellt sich als entscheidend heraus, dass das Quadrat von Auf- und Absteige-Operator der Null-Operator ist, $\hat{s}_+^2 \equiv \hat{s}_-^2 \equiv 0$, denn zweimaliges Erhöhen oder Erniedrigen von $m_z$ führt auf jeden Fall über die Grenzen $\pm\frac{1}{2}$. Dies ist eine besondere Eigenschaft, die nur für $s = \frac{1}{2}$ gilt. Es hat also tiefgehende Folgen, wenn es einen Freiheitsgrad mit nur zwei möglichen Werten gibt.[26]

$I \geq 1$.

Hier wird die Veranschaulichung fast noch schwieriger. Außer in den beiden Zuständen mit $m_I = \pm I$ kann man nie eine Raumrichtung angeben, zu der man sich den Drehimpulsvektor „parallel" vorstellen darf, auch nicht in Zuständen wie $|\chi\rangle = \alpha|m_I = +I\rangle + \beta|m_I = -I\rangle$. Andererseits erwartet man doch, sich im Grenzfall

[24] Das ist sonst das untrügliche Kennzeichen des Nullvektors.

[25] Das ist hier für den Impulsvektor notiert, gilt aber für jeden Vektor und auch jeden Vektor-Operator, dessen Komponenten miteinander vertauschbar sind, z. B. für das Skalarprodukt $(\hat{\vec{\sigma}} \cdot \hat{\vec{p}})$, aber eben nicht für $(\hat{\vec{\sigma}} \cdot \hat{\vec{\ell}})$: dieser Operator bewirkt die Niveau-Aufspaltung durch Spin-Bahn-Kopplung.

[26] siehe auch Fußnote 22 auf S. 264

großer Quantenzahlen dem Gültigkeitsbereich klassischer Vorstellungen zu nähern. Nun ist für ganzzahliges $I$ aber die Ortsabhängigkeit der Drehimpulseigenzustände $|I,m\rangle$ hinsichtlich der Winkel $\vartheta$ und $\phi$ durch Kugelfunktionen $Y_I^m(\vartheta,\phi)$ gegeben, die den Drehwinkel $\phi$ immer nur als $\exp(im\phi)$ enthalten. Deren Betragsquadrat ist also von $\phi$ ganz unabhängig, alle $\phi$ kommen mit gleicher Wahrscheinlichkeit vor, eine Dreh-„Bewegung“ um die $z$-Achse kann man (außer an der quantenmechanischen Phase) überhaupt nicht erkennen. Makroskopische Kreisel (Tennisball, Erde, ...) hingegen erlauben immer das Anbringen einer Markierung, um ihre momentane Orientierung (oder Rotation mit bestimmter Winkelgeschwindigkeit) zu verfolgen. Sie sind daher *nie* in einem Drehimpuls-Eigenzustand, sondern immer in einer Überlagerung vieler davon. Das gilt auch schon für ein auf einer großen Kreisbahn kreisend vorgestelltes Elektron, sei es um das Proton herum im H-Atom, in der magnetischen Elektronenfalle oder im Kreisbeschleuniger. Quantenmechanisch muss es als Wellenpaket durch eine Überlagerung vieler Eigenzustände mit verschiedenen $I$ dargestellt werden. (Genauso wie ein freies Teilchen immer durch ein aus vielen Impuls-Eigenzuständen zusammengesetztes Wellenpaket dargestellt werden muss, wenn Ort *und* Geschwindigkeit mehr oder minder genau bekannte Werte haben sollen.)

### 7.1.4 Proton: Spin $\frac{1}{2}$

**Gesucht und auf Umwegen gefunden.** Da man sich in den 1920er Jahren die beiden vermeintlich einzigen materiellen Teilchen Proton und Elektron gerne als spiegelbildlich gleich vorstellen wollte (leider abgesehen von ihren Massen), wurde auch beim Proton nach experimenteller Evidenz für Spin und magnetisches Moment gesucht. Für das H-Atom musste danach eine Hyperfeinstruktur (wie oben beschrieben) erwartet werden. Diese konnte direkt allerdings erst 1947 beobachtet werden, 20 Jahre nachdem man dem Proton den Spin $s=\frac{1}{2}$ schon aufgrund ganz anderer Beobachtungen zugeschrieben hatte. Es waren sonderbare Eigenschaften der $H_2$-*Moleküle* wie periodische Intensitätswechsel bei den Spektrallinien und anomale Temperaturabhängigkeit der spezifischen Wärme des gasförmigem $H_2$, die sich anders nicht erklären ließen. Gerade weil diese beiden Effekte weitab liegen und auf den ersten Blick nichts miteinander oder gar mit den Atomkernen und ihrem Spin zu tun haben können, werden hier die weiter reichenden Bedeutungen des Drehimpulses besonders deutlich. Um zu zeigen, wie eine zunächst nur vermutete Eigenschaft von mikroskopischen Teilchen überzeugend herausgearbeitet wurde, weil sie anomale Phänomene aus verschiedenen Gebieten der makroskopischen Physik miteinander zu verzahnen gestattete, folgt hier eine detaillierte Darstellung, auch wenn wir dazu etwas ausholen müssen.

**Moleküle: Rotierende Hanteln.** Molekülspektren haben, ganz anders als die Atomspektren, bei hoher Auflösung immer regelmäßige Serien von Linien mit (fast) konstanten Abständen und gleichmäßiger Variation der Intensität. Abb. 7.1 zeigt ein Beispiel vom $N_2$-Molekül.

Die Erklärung dieser regelmäßigen Spektren durch die Quantisierung der Rotationsbewegung (Friedrich Hund 1926ff) gehört zu den großen Anfangserfolgen der Quantenmechanik. Man braucht dazu nur Gl. (7.2) ernst zu nehmen und hat für die Energie des mit dem Drehimpuls $I$ „rotierenden" Moleküls

$$E_{\text{rot}} = \frac{\hbar^2 I(I+1)}{2\Theta} . \tag{7.12}$$

Das physikalische Bild zu diesem Ansatz ignoriert ersichtlich alle inneren Freiheitsgrade. Einzig die kollektive Rotation des (z. B. hantelförmig vorgestellten) Moleküls ist hier gemeint. Die Energien der Niveaus steigen mit laufender Quantenzahl $I = 0, 1, 2, \ldots$ quadratisch an, ihre Abstände folglich linear:

$$\Delta E_{\text{rot}} = \frac{\hbar^2}{2\Theta} I(I+1) - \frac{\hbar^2}{2\Theta}(I-1)I = \frac{\hbar^2}{2\Theta} 2I . \tag{7.13}$$

So entsteht ein Spektrum mit äquidistanten Linien: eine *Rotationsbande*, wie in Abb. 7.1 zu sehen. Die Zuordnung der richtigen Werte für $I$ erfolgt durch einfaches Abzählen.

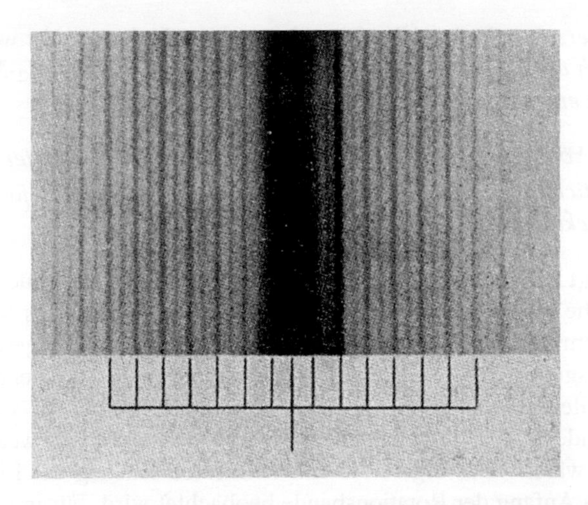

**Abb. 7.1** Ein typisches Molekülspektrum, hier an Stickstoff $^{14}N_2$ im Raman-Effekt* gemessen: In der Mitte stark überstrahlt die Spektrallinie des mit großer Intensität eingestrahlten Lichts, daneben die Linien der von den bestrahlten Molekülen ausgesandten Strahlung größerer und kleinerer Wellenlängen (oder Energien), offensichtlich etwa äquidistant (aus [72]).

* Raman-Effekt (nach Venkata Raman, Nobelpreis 1930): Ein Molekül geht beim Stoß durch ein Photon in ein (eng benachbartes) anderes Niveau über. Die Energie des Photons ändert sich entsprechend. Die im Bereich optischer Photonen erreichte hohe Genauigkeit der Wellenlängenbestimmung machte so schon vor 1930 möglich, auch die Vibration und Rotation der Moleküle zu untersuchen, die mit ihren sehr viel niedrigeren Übergangsenergien sonst im Bereich Infrarot/Mikrowellen liegen

**Kern-Abstände und Isotopie-Effekt.** Aus Gl. (7.13) und den gemessenen Energieabständen kann man die Größe $\hbar^2/(2\Theta)$ ermitteln, für $H_2$ ist $\hbar^2/(2\Theta) \approx 7$ meV. Daraus ergibt sich der Abstand der Protonen (die *Bindungslänge*) im $H_2$-Molekül zu 75 pm. Solche Daten (auch für andere Moleküle) waren Orientierungshilfe und wichtiges Prüffeld für die wenig später folgende Entwicklung und Bestätigung der Quantentheorie der chemischen Bindung.

**Frage 7.7.** *Wie ergibt sich der Abstand der Kerne im* $H_2$*-Molekül?*

**Antwort 7.7.** *Für eine symmetrische Hantel aus zwei Massen m im Abstand R ist das Trägheitsmoment um den Schwerpunkt* $\Theta = 2m(\frac{1}{2}R)^2 = \frac{1}{2}mR^2$*. Daher* $\hbar^2/(2\Theta) = (\hbar^2c^2)/(R^2mc^2) \approx (200\,\text{eV nm})^2/(R^2 10^9\,\text{eV}) = 4\cdot 10^{-5}\,\text{eV}(R/nm)^{-2}$. *Dies gleich* 0,007 eV *gesetzt, folgt sofort* $R = 0{,}075$ nm.

Darf man in atomaren Dimensionen so einfache mechanische Modelle machen? Ein kleiner Konsistenztest beruht darauf, dass man dem Faktor $\Theta$ in der Formel (Gl. (7.2)) verschiedene Werte geben kann, ohne dass sich an der chemischen Bindung, insbesondere dem Abstand $R$ viel verändern sollte. Je nach eingebautem Isotop werden die Moleküle deutlich veränderte Linienabstände in den Rotationsbanden haben, was experimentell leicht zu bestätigen war.

**Frage 7.8.** *Hierzu noch eine Übung in klassischer Mechanik: Um welchen Faktor verändern sich die Linienabstände, wenn man ein* $^1$H*-Atom im* $^1H_2$*-Molekül durch Deuterium* $^2$H *ersetzt?*

**Antwort 7.8.** *Vom Schwerpunkt ist das leichtere Atom nun* $\frac{2}{3}R$ *entfernt, das schwerere* $\frac{1}{3}R$*. Folglich ist* $\Theta = m(\frac{2}{3})^2 + 2m(\frac{1}{3})^2 = \frac{2}{3}mR^2$*. Das ist das* $\frac{4}{3}$*-fache vom einfachen* $^1H_2$*-Molekül.*

**Intensität zeigt Entartungsgrad und Besetzung der Niveaus.** Auch die beobachtete allmähliche Variation der Linien-Intensitäten wird durch dies Modell erklärt. Ausgehend vom tiefsten Niveau mit $I = 0$ steigt mit $I$ für die angeregten Niveaus der Entartungsgrad $(2I+1)$. Alle $(2I+1)$ Zustände gleicher Energie werden im thermischen Gleichgewicht zum gleichen Prozentsatz besetzt. Die von diesem Niveau ausgehende Spektrallinie ist daher $(2I+1)$-mal stärker, als wenn das Niveau nicht entartet wäre.[27] Das ergibt den mit $I$ linearen Anstieg der Linienintensitäten, wie er am Anfang der Rotationsbande beobachtet wird. Für immer größere $I$, d. h. mit quadratisch weiter steigender Anregungsenergie $E_{\text{rot}}$, überwiegt aber irgendwann aufgrund des Boltzmann-Faktors $\exp(-E_{\text{rot}}/(k_B T))$ die Abnahme des Besetzungsgrades, und die Intensitäten nehmen allmählich wieder ab.

[27] Das ist einer der Gründe, warum der Entartungsgrad eines Energie-Niveaus auch als sein *statistisches Gewicht* bezeichnet wird.

**Intensitätswechsel bei Molekülen aus zwei identischen Atomen.** Diese gleichmäßige Variation der Linienintensitäten wird tatsächlich genau so beobachtet, aber nur bei Molekülen aus unterscheidbaren Atomen. Sind die Atome hingegen *un*-unterscheidbar – d. h. auch ihre Kerne vom selben Isotop desselben Elements – so beobachtet man zusätzlich einen periodischen Intensitätswechsel in aufeinander folgenden Linien. Im Fall ${}^{14}_{7}N_2$ ist er in der Abb. 7.1 deutlich zu sehen. Die Intensitäten oszillieren hier um einen genau ausgemessenen Faktor 2, wobei die starken Linien von Niveaus mit geradzahligen $I$ ausgehen.

Eine messtechnische Anmerkung: Linienintensitäten absolut zu bestimmen ist eine schwierige Aufgabe. Beim einfachen Vergleichen der benachbarten Linien (wie in Abb. 7.1) heben sich aber alle ungenau bekannten Parameter der Messapparatur heraus. Daher waren die Bandenspektren von Molekülen besonders geeignet, die Intensitätswechsel zu entdecken und die anomale Verteilung der Besetzungszahlen genau auszumessen.

Bei normalem Wasserstoff ${}^{1}H_2$ wechseln die Intensitäten sogar um einen Faktor 3, und es sind hier die Rotations-Niveaus mit ungeradem $I$, die 3-mal kräftiger strahlen als die mit geradem $I$. Für $H_2$ muss es daher im statistischen Gleichgewicht 3-mal mehr Moleküle mit ungeradem als geradem $I$ geben. In beiden Fällen erscheint das Gas, obwohl chemisch homogener reiner Stickstoff bzw. Wasserstoff, wie die Mischung aus zwei fast gleichen Gasen in wohlbestimmten Mengenverhältnissen 1:2 oder 1:3. Bei einem der Bestandteile kann das gleiche symmetrische Hantel-Molekül nur mit geraden, bei dem anderen nur mit ungeraden Drehimpulsen angeregt werden, weshalb ihre regelmäßigen Linienspektren auf Lücke liegen. Bei Wasserstoff wurde die dreimal häufigere Sorte (ungerades $I$) Ortho-Wasserstoff genannt (ortho (griech.) = richtig), die andere Para-Wasserstoff (para (griech.) = gegen, neben).

Dieselben „Vor-Namen“ hatte man früher schon den beiden Sorten Helium gegeben, die man an Hand zweier (fast völlig) voneinander getrennter Niveausysteme im optischen Spektrum dieses Gases identifiziert hatte, wobei auch hier das Mischungsverhältnis konstant 3:1 war. Es wurde deshalb sogar schon nach einem neuen, dem Helium äußerst ähnlichen Element gesucht, bis Heisenberg 1926 fand, dass im Formalismus der neuen Quantenmechanik Raum für eine einfache Erklärung ist. Die Orts-Wellenfunktionen des 2-Elektronen-Systems können danach klassifiziert werden, ob sie bei Vertauschung der beiden Elektronen ihr Vorzeichen wechseln (Ortho-Helium) oder nicht (Para-Helium). Zwischen beiden Typen von Ortszuständen sind Übergänge sehr selten, weil dazu ein Elektronenspin umklappen müsste, denn im Ortho-Helium stehen beide Spins parallel ($S = 1$), im Para-Helium antiparallel ($S = 0$). Teilt man die beiden Entartungsgrade $2S + 1$ durcheinander, kommt genau der Faktor des Intensitätswechsels 3:1 heraus.

Beim He-Atom liegen aber die Übergangsenergien nicht auf Lücke wie im Molekülspektrum, sondern sind sehr verschieden. Denn obwohl die beiden Elektronen im symmetrischen wie antisymmetrischen Ortszustand dieselben Orbitale besetzen, wirkt sich die Coulomb-Abstoßung zwischen ihnen ganz verschieden stark aus (weiteres siehe Abschn. 9.3.3 – Frage 9.2 und Abschn. 7.1.5 – Austauschsymmetrie).

**Kernspins lassen Molekülniveaus entarten.** Heisenberg bemerkte (auch schon 1926), dass der Intensitätswechsel bei Molekülen mit gleichen Atomen sich zu einem Argument für den Spin ihrer Kerne entwickeln lässt, auch wenn sie im Hantelmodell nur als Massenpunkte für das Trägheitsmoment sorgen und ihre Spins gar nicht an dem ganzen Geschehen teilnehmen. Die Kernspins haben eine vernachlässigbare Wirkung auf die Energie der Moleküle, und bilden eben deshalb in sehr guter Näherung ein entkoppeltes Teilsystem. Es hat unter der Annahme von zwei Kernspins $s=\frac{1}{2}$ einen 4-dimensionalen Zustandsraum, denn jeder Kern hat mit seinem Spin-Freiheitsgrad dann zwei Basiszustände zur Verfügung. Zusammen können sie einen Triplett-Zustand ($S=1$) oder einen Singulett-Zustand ($S=0$) mit 3 bzw. 1 Basiszuständen bilden. Mangels jeden Einflusses auf die Energien $E_{\rm rot}$ bleibt dies auch ohne Einfluss auf den Boltzmann-Faktor $\exp(-E_{\rm rot}/(k_{\rm B}T))$, der den im thermodynamischen Gleichgewicht gleichmäßigen Besetzungsgrad aller (linear unabhängigen) Zustände derselben Energie angibt. Folglich sind 75% der Protonenpaare im Triplett- und 25% im Singulett-Zustand.[28]

Damit wäre ein möglicher Grund für den beim $H_2$-Molekül beobachteten Faktor 3 gegeben, wenn man den Kernen, also Protonen, den Spin $s=\frac{1}{2}$ zuschreibt und zusätzlich noch erklären kann, warum beide Protonen ihre Spins parallel stellen müssen, damit die ganze Hantel mit ungeradem $I$ rotieren kann, und antiparallel für gerades $I$. Diese Frage wird im nächsten Abschnitt weiter behandelt, denn sie erweist sich als Schlüssel zur Bestimmung der „Statistik des Protons", das ist der Symmetrie-Charakter der Gesamt-Wellenfunktion bei Austausch zweier Protonen.

**Zwei Gase Wasserstoff?** Grundlage dieser Argumentationskette war die oben genannte Auffassung, eine homogene, nach allen Regeln der Kunst rein präparierte Menge Wasserstoffgas sei in Wirklichkeit ein Gemenge zweier verschiedener Gase. Dieser Gedanke erschien problematisch, bewährte sich aber bei einem anderen Phänomen ganz außerordentlich und galt damit als „bewiesen".

Es geht hier um die spezifische Wärme von gasförmigem Wasserstoff, insbesondere bei Temperaturen, wo die Rotation einfriert (vgl. auch Frage 1.3 auf S. 11). Die Messpunkte in Abb. 7.2 zeigen einen besonderen Verlauf, der nicht aus der Folge der Rotationsniveaus nach Gl. (7.12) mit Entartungsgraden $(2I+1)$ ausgerechnet werden kann, auch dann nicht, wenn man Niveaus mit ungeradem $I$ zusätzlich immer dreifach zählt (siehe die gepunktete Kurve mit dem starken Maximum in der Abb.). Nach einigen Fehlschlägen gelang David Dennison 1927 dann die Erklärung mit einer neuen, extremen Zusatz-Annahme über die „Gasmischung": Ortho- und Para-Wasserstoff sollen sich auch insofern wie zwei verschiedene Gase verhalten, dass zwischen ihnen keine Moleküle ausgetauscht werden können (jedenfalls nicht

[28] Dieselbe Rechnung wurde schon bei der Streuung von identischen Spin-$\frac{1}{2}$-Teilchen auf S. 153 zu Gl. (5.26) dargestellt, wo in 75% der Fälle eine antisymmetrische und für die anderen eine symmetrische Ortswellenfunktion gebildet werden muss, um die Interferenzphänomene in der Winkelverteilung zu erklären.

innerhalb der Zeit, die die Experimente zur spezifischen Wärme benötigen, d. h. etliche Stunden typischerweise).

Erst dann darf man für jede der beiden Sorten Wasserstoffgas von einer eigenen spezifischen Wärme sprechen und ihre jeweils eigene Temperaturabhängigkeit berechnen (gestrichelte Kurven *ortho/para* in Abb. 7.2). Deren gewichtete Summe kann mit den Messwerten übereinstimmend gemacht werden (durchgezogene Kurve), wenn die Mischung dem theoretischen Wert entspricht (75% zu 25% mit nicht mehr als ±3% Abweichung). In der Literatur wird gewöhnlich diese Arbeit [59] als Beweis für den Protonen-Spin zitiert.

**Frage 7.9.** *Im Detail: Warum haben Ortho- und Para-Wasserstoff verschiedene spezifische Wärme?*

**Antwort 7.9.** *Für Para-*$H_2$ *mit dem Grundzustand* $I = 0$ *liegt das erste angeregte Niveau (*$I = 2$*, mit* $2I + 1 = 5$ *zu besetzenden Zuständen) bei*

$$E = \frac{\hbar^2}{2\Theta} I(I+1) = 7\,\text{meV} \cdot 2 \cdot (2+1) = 42\,\text{meV}\,.$$

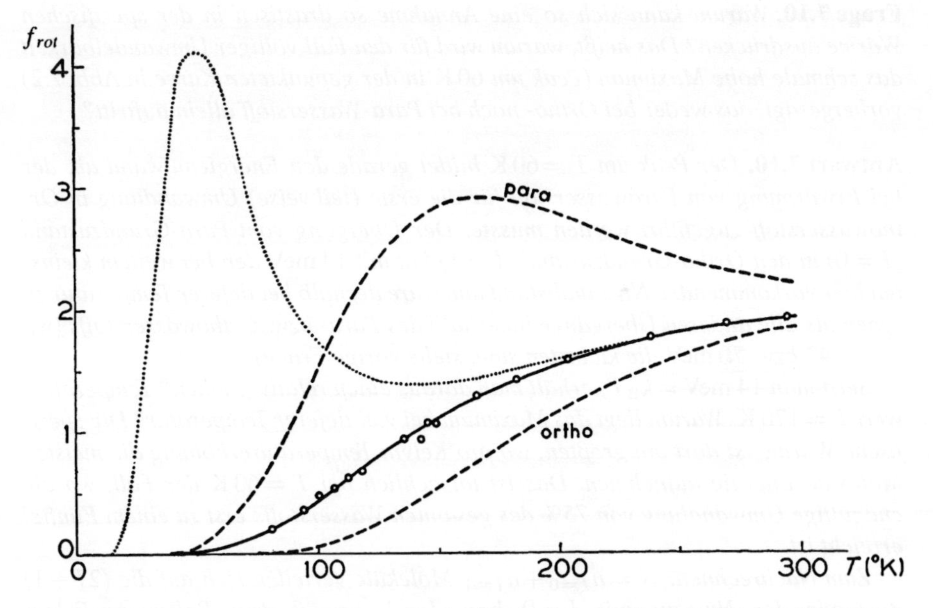


**Abb. 7.2** Der Temperatur-Verlauf der spezifischen Wärme $c_V$ von Wasserstoff, ausgedrückt durch die Anzahl $f_{\text{rot}}$ der beteiligten Freiheitsgrade. Die *Messpunkte* zeigen nur den Rotations-Anteil, der konstante Betrag der Tanslationsbewegung ($f_{\text{trans}} = 3$) ist von den Messwerten schon abgezogen. Der klassische Wert nach der kinetischen Gastheorie ist konstant $f_{\text{rot}} = 2$, was ab etwa Raumtemperatur erfüllt ist („Auftauen" der Rotations-Freiheitsgrade). Die *gestrichelten Kurven* zeigen die verschiedenen quantenmechanischen Vorhersagen für Para- und Ortho-Wasserstoff, wenn man sie als stabile Gase ohne gegenseitige Umwandlung auffasst. Die *gepunktete Kurve* würde gelten, wenn es den Molekülen bei jedem Stoß offen stünde die Sorte zu wechseln. Die *richtige Kurve* durch die Messwerte ist das gewichtete Mittel (1:3) aus den Kurven „para" und „ortho". Das Gas verhält sich wie eine Mischung zweier Gase. (Abbildung nach [96])

*Für Ortho-*$H_2$ *ist der Grundzustand* $I = 1$ *und das erste angeregte Niveau (*$I = 3$*, mit* $2I + 1 = 7$ *zu besetzenden Zuständen) liegt um*

$$E = 7\,\text{meV} \cdot (3(3+1) - 1(1+1)) = 70\,\text{meV}$$

*höher. Bei* $T = 85\,\text{K}$ *ist der Boltzmann-Faktor für die erste Anregungsstufe von Para-*$H_2$ *demnach* $e^{-42\,\text{meV}/7\,\text{meV}} = e^{-6}$*, und für Ortho-*$H_2$ $e^{-70\,\text{meV}/7\,\text{meV}} = e^{-10}$*. Beide Faktoren sind winzig klein, unterscheiden sich aber um* $e^4 \approx 400$*. Um diesen Faktor ist bei Para-*$H_2$ *das erste angeregte Niveau stärker besetzt als bei Ortho-*$H_2$*, was das* $e^4 \cdot (5 \cdot 42)/(7 \cdot 70) \approx 200$*-fache an Energie kostet. Folge: Die spezifische Wärme ist bei Para-*$H_2$ *deutlich höher als bei Ortho-*$H_2$ *(bis beide durch zunehmende Beteiligung weiterer Niveaus ab etwa* 250 K *demselben klassischen Wert näher kommen).*

Um diese schlichte, aber erfolgreiche Mischungsrechnung zu begründen, war also die Annahme nötig, dass die Moleküle auch bei ihren Zusammenstößen nicht vergessen, zu welcher Sorte sie gehören – jedenfalls nicht für die stundenlange Dauer der Messung der Temperaturabhängigkeit der spezifischen Wärme.

**Frage 7.10.** *Warum kann sich so eine Annahme so drastisch in der spezifischen Wärme ausdrücken? Das heißt, warum wird für den Fall völliger Umwandelbarkeit das schmale hohe Maximum (Peak um* 60 K *in der gepunkteten Kurve in Abb. 7.2) vorhergesagt, das weder bei Ortho- noch bei Para-Wasserstoff allein auftritt?*

**Antwort 7.10.** *Der Peak um* $T = 60\,\text{K}$ *bildet gerade den Energieaufwand ab, der bei Erwärmung von Parawasserstoff für die erste (teilweise) Umwandlung in Orthowasserstoff zugeführt werden müsste. Der Übergang vom Para-Grundzustand (*$I = 0$*) in den Ortho-Grundzustand (*$I = 1$*) hat mit* 14 meV *den bei weitem kleinsten hier vorkommenden Niveauabstand und wäre deshalb bei tieferer Temperatur zu sehen als alle anderen Übergänge innerhalb des Para- bzw. Orthowasserstoffs (wo* $\Delta E = 42$ *bzw.* 70 meV *die kleinsten sind, siehe vorige Frage).*

*Setzt man* $14\,\text{meV} = k_B T$*, erhält man daraus einen relativ „hohen" Temperaturwert* $T = 170\,\text{K}$*. Warum liegt das Maximum bei viel tieferer Temperatur? Die spezifische Wärme ist dort am größten, wo pro Kelvin Temperaturerhöhung die meisten Moleküle Energie aufnehmen. Das ist tatsächlich bei* $T = 60\,\text{K}$ *der Fall, wo die endgültige Umwandlung von 75% des gesamten Wasserstoffs erst zu einem Fünftel erreicht ist.*

*Zum Nachrechnen:* $N = n_{I=0} + n_{I=1}$ *Moleküle verteilen sich auf die* $(2I+1)$ *Zustände der Niveaus mit* $I = 0$ *bzw.* $I = 1$ *gemäß dem Boltzmann-Faktor* $\exp(-\Delta E/(k_B T))$*. Mit dem 3-fachen Entartungsgrad des höheren Niveaus folgt* $n_1/N = 3/(3 + \exp(170\,\text{K}/T))$*. Diese Funktion steigt am schnellsten bei* $T = 60\,\text{K}$*.*

So müssen z. B. auch bei den tiefsten Temperaturen die Moleküle des Orthowasserstoffs im Zustand $I = 1$ verharren, obwohl sie nach dem Boltzmann-Faktor längst alle in den 14 meV tieferen Zustand $I = 0$ des Parawasserstoffs hätten übergehen können.

**Makroskopischer Nachweis der unterschiedlichen Formen $H_2$.** Dies Verhalten war schwer vorstellbar und musste natürlich durch andere Experimente überprüft werden. Karl Friedrich Bonhöffer und Paul Harteck versuchten, bei tiefen Temperaturen die ausgebliebene Umwandlung von Ortho- in Para-$H_2$ doch herbeizuführen, indem sie ein für seine katalytischen Eigenschaften bekanntes Material einbrachten: Aktivkohle. Sie fanden sofort den gesuchten Effekt in Form einer sprunghaften Erhöhung der makroskopischen Wärmeleitfähigkeit des Gases.

Parawasserstoff mit seinen dichter liegenden tiefen Rotationsniveaus kühlt bei diesen Temperaturen um vieles besser als Orthowasserstoff. Um den Zuwachs an Parawasserstoff nachzuweisen, genügte es, einen Platin-Draht durch das Gasvolumen zu führen und ihn elektrisch etwas zu heizen. Die Wärmeleitfähigkeit des Gases bestimmt dann die Gleichgewichtstemperatur des Drahts, die mittels seines eigenen (temperaturabhängigen) elektrischen Widerstands leicht gemessen werden konnte (Pt-*Draht-Widerstandsthermometer*).

Ermöglicht wird die enorme Beschleunigung der Umwandlung durch einen typischen katalytischen Effekt von Oberflächen. Moleküle werden an ihr gebunden und dissoziieren dabei; einzeln diffundieren die Atome dann auf der Oberfläche umher und können nach Regeln des Zufalls mit einem anderen Atom wieder ein Molekül bilden und wegfliegen, alles in Form eines Fließgleichgewichts. Der durch die Spin-Entartung bestimmte statistische Faktor 3:1 würde die ortho-Form bevorzugen, aber der viel größere Boltzmann-Faktor entscheidet zugunsten der para-Form.

Para-Wasserstoff, somit einmal rein hergestellt, blieb in kaltem Zustand für Monate erhalten; selbst bei Zimmertemperatur immerhin noch für Wochen. Im optischen Spektrum des (fast) reinen Para-Wasserstoffs waren die vormals starken Linien zu ungeraden Drehimpulsen $I$ (fast) völlig unterdrückt, geblieben waren dagegen, wie erwartet, die Linien zu geraden $I$. Das thermodynamische Gleichgewicht, d. h. die Mischung 3 Teile Ortho auf 1 Teil Para, stellte sich schneller nur bei sehr hoher Temperatur, sehr hohem Druck, bei katalytischen Reaktionen an warmen Behälterwänden oder in einer Gasentladung wieder her.

Auch im flüssigen Zustand (bei Atmosphärendruck: unter $T = 20\,\mathrm{K}$) geht die Umwandlung schneller vor sich als im Gas, besonders bei Anwesenheit von Verunreinigungen. Wird normaler Wasserstoff verflüssigt, beginnt die Ortho-Fraktion sofort in die Paraform überzugehen. Dabei wird der große Energie-Inhalt, der sich in der Fläche des Peaks unter der gepunkteten $c_V$-Kurve in Abb. 7.2 ausdrückt, frei und lässt einen Teil des gerade verflüssigten Gases gleich wieder verdampfen.

**Die extreme Isolation der Kernspins.** Dies Verhalten der Moleküle im gasförmigen Wasserstoff ist in mehrfacher Hinsicht erstaunlich und wäre in der makroskopischen Welt kaum vorstellbar:

- Die Kernspins sind von allen Einflüssen so extrem abgeschirmt, auch bei den zahllosen Stößen des Moleküls im Gas, dass ihre Umgebung für Monate nicht ihre Orientierung zueinander verändern kann.

- Allein durch die Parallelstellung ihrer Spins, die sich energetisch nur um peV von der Antiparallelstellung unterscheidet, verwehren die beiden Kerne der von ihnen gebildeten Hantel (das ist das rotierende Molekül), das $10^9$fach größere, letzte Quantum (14 meV) eben dieser Rotationsenergie abzugeben.
- Dabei üben die Kernspins (praktisch) keine äußeren Kräfte aus[29] und spüren auch keine (schließlich gilt Kraft = Gegenkraft), wirken aber durch ihre relative Stellung zueinander bis in makroskopische Material-Eigenschaften des Gases hinein.

Doch das Experiment von Bonhöffer und Harteck belegte diese Effekte so überzeugend, dass Rutherford es in seinem Rückblick auf das Jahr 1929 als *die* besonders wichtige Entdeckung lobte. An der oben dargestellten Argumentation für einen Protonenspin $s = \frac{1}{2}$ blieb kein Zweifel. Es wurde im Ergebnis akzeptiert, dass Existenz und Größe eines Drehimpulses allein durch die erhöhte Anzahl an Basiszuständen zu beweisen waren, wie sie ihm nach den Regeln der Quantenmechanik zustehen.[30]

### *7.1.5 Austauschsymmetrie und Statistik des Protons*

**Antisymmetrie bei Vertauschung von Elektronen.** 1926 hatten Heisenberg und Dirac gefunden, dass der Formalismus der neuen Quantenmechanik bei mehreren ununterscheidbaren Teilchen nur solche Wellenfunktionen zulassen darf, die sich bei Austausch der Teilchenvariablen (*aller* Variablen, d. h. neben Ort gegebenenfalls auch Spin) entweder immer symmetrisch oder immer antisymmetrisch verhalten (sonst gibt es auf dem Papier mehr Zustände, als in der Natur zu finden sind).[31]

> Darauf gründet sich die wohlbestimmte Besetzungszahl abgeschlossener Schalen, woraus u. a. das chemische Periodensystem und die räumliche Stabilität der Atome und aller gewöhnlichen Materie folgt.

---

[29] Die Abwesenheit von Kräften könnte in der makroskopischen Welt als erschwerende Zutat aufgefasst werden, ist aber nach der Quantenmechanik geradezu die Voraussetzung der Erklärung. Müssten solche Kräfte überhaupt berücksichtigt werden, würden sie viel eher andersherum wirken und einen der Spins umklappen lassen (wozu nicht mehr als peV Energie nötig sind) als das ganze Molekül zu beeinflussen. Die Quantenmechanik beschreibt dies Verhalten vollkommen anders, nämlich durch eine Einschränkung des Zustandsraums: Bei parallelen Protonenspins ($S = 1$) gibt es einfach keinen Molekülzustand mit $I = 0$; und wenn die Spins nicht umklappen – warum sollten sie auch? –, bleibt das so. – Wie man die Kräfte zwischen den Kernen benachbarter Atome trotz ihrer extremen Kleinheit doch messen kann, dazu siehe Abb. 7.4 im Abschnitt über magnetische Kernresonanz.

[30] Der Vollständigkeit halber: Auch der statistische Faktor in der Goldenen Regel (Gl. (6.11)) enthält stets den Faktor $(2I + 1)$ für den Endzustand, wenn im zugehörigen Experiment Übergänge in alle Zustände eines entarteten Niveaus mit Spin $I$ mitgezählt werden. Allein durch dies statistische Gewicht schon kann z. B. der Spin von kurzlebigen Elementarteilchen bestimmt werden (siehe Abschn. 11.1.5 – Pionen).

[31] In Abschn. 5.7.2 und 5.7.3 wurden die quantenmechanischen Gründe und Folgen der Ununterscheidbarkeit gleicher Teilchen schon einmal vorbereitend angesprochen.

**Frage 7.11.** *Wie folgt aus der Antisymmetrie das Pauli-Prinzip, nach dem zwei Elektronen nur orthogonale Zustände besetzen können (d. h. Zustände, die zu mindestens einem Operator verschiedene Eigenwerte haben)?*

**Antwort 7.11.** *Hat man ein Elektron mit Wellenfunktion $\psi_1(\vec{r}_1, s_{z1})$ und ein zweites mit $\psi_2(\vec{r}_2, s_{z2})$, dann kann die (bei Vertauschung $\vec{r}_1 \Leftrightarrow \vec{r}_2$ sowie $s_{z1} \Leftrightarrow s_{z2}$) antisymmetrische gemeinsame Wellenfunktion nur*

$$\Psi^a(\vec{r}_1, s_{z1}, \vec{r}_2, s_{z2}) = N\left(\psi_1(\vec{r}_1, s_{z1})\psi_2(\vec{r}_2, s_{z2}) - \psi_1(\vec{r}_2, s_{z2})\psi_2(\vec{r}_1, s_{z1})\right)$$

*(Oberer Index $\Psi^a$ für „antisymmetrisch")* (7.14)

*heißen, wobei N der Normierungsfaktor*[32] *ist. Im Fall zweier Elektronen im gleichen Zustand gilt $\psi_1(\vec{r}, s_z) \equiv \psi_2(\vec{r}, s_z)$, folglich $\Psi^a(\vec{r}_1, s_{z1}, \vec{r}_2, s_{z2}) \equiv 0$. Das ist keine Wellenfunktion eines Zustands.*

**Austauschsymmetrie der Protonen.** Ob diese quantenmechanische Regel über Elektronenaustausch auch für Protonen gilt, und ob dann auch für sie die antisymmetrischen Zustände gelten, kann nun beantwortet werden.

Aus der oben geschilderten Entdeckung des Protonenspins übernehmen wir: $H_2$-Moleküle in Para-Form können nur Rotationszustände mit geraden $I$ einnehmen und haben ihre beiden Protonen-Spins zu $S = 0$ gekoppelt, während es für die Ortho-Form mit $S = 1$ (deshalb sind sie die dreimal häufigeren) nur die ungeraden $I$ gibt. Zusammengefasst: die Natur kennt für $H_2$-Moleküle nur den Fall

$$S + I = \text{gerade}. \tag{7.15}$$

Nun gehören zu bestimmten Werten von $S$ und $I$ auch immer wohlbestimmte Vorzeichenregeln der Wellenfunktion, wenn man *nur* die Spins oder *nur* die Orte der Protonen vertauscht:

- Vertauscht man nur die Protonenspins, bleibt im Fall $S = 1$ der Zustand sich gleich, während er im Fall $S = 0$ sein Vorzeichen wechselt (vgl. Kasten 7.5 auf S. 255). Zusammengefasst: Spin-Vertauschung ergibt den Faktor $-(-1)^S$.
- Vertauscht man nur die Protonen-Orte, wechselt ihre Relativkoordinate $\vec{R} = \vec{R}_2 - \vec{R}_1$ ihr Vorzeichen, und für den zugehörigen Anteil der Wellenfunktion,

$$\Psi(\vec{r}) = f(R)Y_I^{m_I}(\vartheta_R, \phi_R) \tag{7.16}$$

bedeutet das die Spiegelung am Ursprung (oder Drehung um 180° um den Mittelpunkt, das läuft hier einmal auf das gleiche hinaus). Dabei ändert sich diese Wellenfunktion genau um den Faktor $(-1)^I$ (vgl. Kasten 7.1).

Fazit: In allen in der Natur wirklich vorkommenden Zuständen, charakterisiert durch die Bedingung $S + I = \textit{gerade}$, ergibt sich für den Zustand stets der Faktor

[32] Wenn beide Funktionen orthogonal sind, ist der Normierungsfaktor $N = \sqrt{\frac{1}{2}}$. Was dann passiert, wenn man zwei Elektronen in nicht-orthogonalen Zuständen unterbringen will, ist äußerst lehrreich im Hinblick auf ihre Ununterscheidbarkeit (siehe Abschn. 9.3.3).

$-(-1)^S(-1)^I = -(-1)^{S+I} = -1$, wenn man beide Protonen darin vertauscht. Damit haben auch Protonen eine antisymmetrische Wellenfunktion, genau wie Elektronen.

### *7.1.6 Weitere Kernspins*

**Spin Null und Boson-Statistik bei *gg*-Kernen.** Am Hauptisotop $^{16}_{8}O$ des Sauerstoffs findet man keine Anzeichen von Hyperfeinstrukturaufspaltung. Das bedeutet Kernspin $s(^{16}O) = 0$. In seinen $O_2$-Molekülen beobachtet man nur Rotationszustände zu geradem $I(O_2) = 0, 2, 4, \ldots$ (Hier wieder der kleine Buchstabe $s$ für den einzelnen Kernspin, um Verwechslung mit $I$ für die kollektive Molekülrotation zu vermeiden.) Beim Vertauschen beider Kerne des Moleküls braucht man daher nur die Ortskoordinate zu betrachten, wobei sich die Wellenfunktion nach Gl. (7.16) um den Faktor $(-1)^I$ ändert, wegen der Geradzahligkeit von $I$ also gar nicht. Daher ist $^{16}_{8}O$ ein Boson. Es stellte sich weiter heraus, dass alle *gg*-Kerne Boson-Symmetrie und (in ihrem Grundzustand) den Kernspin Null haben.

**Spin und Statistik der *uu*-Kerne.** Im Hinblick auf *uu*-Kerne war um 1930 das Stickstoff-Molekül $N_2$ der erste gut untersuchte Fall (weil gasförmig). Die Rotationsspektren (Abb. 7.1) zeigten, dass $^{14}_{7}N$ einen ganzzahligen Kernspin und die Vertauschungssymmetrie eines Bosons hat.

Im Detail: Die Rotationsspektren von $^{14}_{7}N_2$ zeigen einen Intensitätswechsel um einen Faktor 2, wobei die *geraden* $I$ stärker besetzt sind (umgekehrt zu $H_2$). Beides zusammen ermöglicht wieder die Bestimmung von Spin und Statistik des Kerns.

1. Zum Verhältnis 2:1 passt nur der Kernspin $s = 1$. Dann ist $2s + 1 = 3$ und die zwei Kerne im Molekül können insgesamt $3 \cdot 3 = 9$ einzelne Zustände bilden. Die möglichen Gesamtspins sind $S = 2, 1, 0$, ihre statistischen Gewichte $(2S + 1) = 5, 3, 1$. Bei Vertauschung symmetrisch sind immer die Zustände zum maximalen Gesamt-Drehimpuls $S = s_1 + s_2$, antisymmetrisch die zum nächst kleineren $S = s_1 + s_2 - 1$. Mit weiter abnehmendem $S$ geht es abwechselnd weiter, der Symmetrietyp ist folglich $+(-1)^S$ (d. h. umgekehrt wie bei den zwei Kernen mit $s = \frac{1}{2}$ im $^1H_2$-Molekül). Daher sind die 6 Zustände zu $S = 2$ und $S = 0$ symmetrisch, und die restlichen 3 Zustände, also gerade halb so viel, wegen $S = 1$ antisymmetrisch. Mit keinem anderen Kernspin $s$ kann sich das Verhältnis 2:1 ergeben. (Eine einfache allgemeine Herleitung ergibt für dies Verhältnis die Formel $(s+1)/s$.)
2. Um die Austauschsymmetrie der $^{14}_{7}N$-Kerne herauszufinden, war zu bestimmen, welche Kombinationen von $I$ und $S$ in der Natur vorkommen und welche nicht. Die mit doppelter Intensität besetzten Rotations-Zustände haben der Beobachtung nach *gerades* $I$ und der Theorie nach

*gerades* $S$. Die anderen Rotations-Zustände haben aus dem gleichen Grund ungerades $I$ und ungerades $S$. Es kommen also nur Zustände mit $I+S=$ geradzahlig vor;[33] die anderen, für die man die Wellenfunktion genau so leicht hinschreiben könnte, gibt es nicht.

3. Vertauscht man in einem ${}^{14}_{7}N_2$-Molekül mit Quantenzahlen $I$ und $S$ die Kerne, ergibt sich für die Orte ein Faktor $(-1)^I$ (Gl. (7.16)), für die Spins ein Faktor $(-1)^S$ (s. o. Nr. 1, umgekehrt wie bei $H_2$), zusammen also $(-1)^{I+S}$.

Fazit: Da die Natur bei ${}^{14}_{7}N_2$ die Regel $I+S=$ *geradzahlig* befolgt, ergibt sich beim vollständigen Austausch (Ort und Spin) beider Kerne in jedem Fall den Faktor $+1$. So wurde entdeckt, dass die ${}^{14}_{7}N$-Kerne Spin 1 haben und Bosonen sind.

Der ganzzahlige Kernspin war auch eins der wichtigsten Gegenargumente gegen das damals noch vorherrschende Kernmodellvon Rutherford, wonach ${}^{14}_{7}N$ aus 14 Protonen und 7 Elektronen bestehen sollte, also aus einer ungeraden Anzahl Spin-$\frac{1}{2}$-Teilchen (vgl. Abschn. 4.1.4). Im Proton-Neutron-Modell hingegen hat man hier 7 Protonen und 7 Neutronen, und der ganzzahlige Kernspin war ein starkes Indiz dafür, auch dem Neutron richtig $s=\frac{1}{2}$ zuzuschreiben. Ganzzahliger Spin und Boson-Symmetrie wurden dann auch für die anderen stabilen (und später für alle) *uu*-Kerne gefunden.

**Spin und Statistik der ungeraden Kerne.** Demgegenüber sind alle *ug*- und *gu*-Kerne Fermionen und haben halbzahligen Spin (vgl. Verhalten bei Streuung identischer Kerne in Abb. 5.8 auf S. 151).

**Spin-Statistik-Theorem.** Aus diesen Beobachtungen entwickelte sich – zunächst als vage Vermutung – ein äußerst wichtiger Grundsatz:

**Spin-Statistik-Theorem:** Vertauscht man in einem Zustand zwei identische Teilchen miteinander:

- muss die Wellenfunktion genau ihr Vorzeichen ändern, wenn die Teilchen halbzahligen Spin $I=\frac{1}{2},\frac{3}{2},\ldots$ haben (Fermionen);
- muss die Wellenfunktion exakt gleich bleiben, wenn die Teilchen ganzzahligen Spin $I=0,1,\ldots$ haben (Bosonen).

Das Theorem gilt in dieser Formulierung sowohl für „elementare" als auch zusammengesetzte Teilchen.[34] So begegnete es uns schon bei den Anomalien der Streuung identischer Kerne (Abschn. 5.7). Es hat seinen Namen von dem engen

[33] Das ist wie beim $H_2$, hat aber jetzt die umgekehrte Konsequenz, weil die Formel für die Symmetrie bei Spin-Vertauschung das Vorzeichen gewechselt hat.

[34] Vertauscht man ein *Paar* identischer Fermionen, ergibt sich das Vorzeichen $(-1)^2=+1$, wie beim Boson. Zwischen elementaren Bosonen und solchen, die aus zwei Fermionen zusammengesetzt sind, bleibt jedoch ein wichtiger Unterschied: Mehrere (identische) „echte" Bosonen (z. B.

Zusammenhang zwischen dem Vorzeichen $\pm 1$ bei Teilchenvertauschung und der Zuständigkeit der Bose-Einstein- bzw. Fermi-Dirac-Statistik für das thermodynamische Gleichgewicht bei Systemen vieler solcher Teilchen.[35] Ende der 1930er Jahre konnte das Theorem für die elementaren Teilchen aus der Dirac-Theorie tiefer begründet werden (weiteres in Abschn. 10.2).

## 7.2 Parität

**Spiegelsymmetrie.** In diesem Teil-Kapitel werden die grundlegenden Eigenschaften der Spiegelsymmetrie eingeführt. Dass alle Naturvorgänge in ihrem Spiegelbild genau so gut möglich wären, hielt man bis 1956 für eins der Grundgesetze der Natur. Der Bruch mit dieser als selbstverständlich betrachteten Vorstellung ist eines der auffallendsten Ergebnisse, die bei der Erforschung der elementaren Teilchen gefunden wurden. Bis die Entwicklung zu diesem einschneidenden Schritt in einem eigenen Abschn. 12.2 besprochen wird, nehmen wir im folgenden jedoch die Spiegelsymmetrie als gegeben an. Für die überwältigende Mehrzahl der Naturvorgänge ist dies eine sehr gute Näherung.[36] Formal ist diese Spiegelsymmetrie darin begründet, dass die jeweilig anzuwendenden Bewegungsgleichungen (nach Newton, Maxwell, Schrödinger etc.) sich gleich bleiben, wenn man alle Koordinaten $\vec{r}$ durch $-\vec{r}$ ersetzt, also eine Raumspiegelung vornimmt.

**Paritäts-Operator.** Auch bei der Raumspiegelung, wie schon beim Drehimpuls, erweitert die Quantenmechanik die Bedeutung erheblich über die klassische Anschauung hinaus. Sie erlaubt uns wieder, sozusagen eine Ebene tiefer zu gehen und den Vorgang mit der Wellenfunktion zu formulieren statt mit Messwerten oder direkten Beobachtungen.[37] Ein System mit der Wellenfunktion $\psi$ ist nach der Raumspiegelung in einem Zustand mit der neuen Wellenfunktion $\overline{\psi}$, die durch

$$\overline{\psi}(\vec{r}) = \psi(-\vec{r}) \tag{7.17}$$

definiert ist. Da es sich hier um eine lineare Transformation handelt,[38] kann man sie einfach durch einen Operator ausdrücken, den *Paritätsoperator* $\hat{P}$, der durch $\overline{\psi} = \hat{P}\psi$ (für alle Zustände $\psi$) definiert wird. Aufgrund der Eigenschaften von $\hat{P}$ ergibt sich dann auch eine neue Quantenzahl $P$, die allen stationären Zuständen

Photonen) nehmen wirklich „gerne" denselben Zustand ein*, mehrere aus (identischen) Fermionen zusammengesetzte Bosonen jedoch nicht. Sie können das gar nicht, denn Fermionen kann man nie (mit allen ihren Freiheitsgraden) zu mehreren in denselben Zustand setzen. Da hilft auch nicht, sie vorher in Gedanken zu Paaren zusammenzufassen.
(* d. h. diese Konfiguration hat eine höhere statistische Wahrscheinlichkeit als bei unterscheidbaren, klassischen Teilchen (siehe Spin und Statistik in Abschn. 10.2.8).)

[35] Dazu siehe weiterführende Lehrbücher über Statistische Physik.

[36] Sonst hätte die Paritätsverletzung nicht so lange unentdeckt bleiben können.

[37] Vergleiche Anmerkung 1 zum Kasten 5.1 auf S. 119.

[38] denn $\overline{(\alpha\psi_1 + \beta\psi_2)} = \alpha\overline{\psi_1} + \beta\overline{\psi_2}$

zugeschrieben werden kann und einfach deren „Parität" genannt wird. (Die einfache Begründung folgt weiter unten.)

**Gespiegelte Drehbewegung?** Zuvor noch eine naheliegende Frage: Muss die Spinkoordinate in die Paritäts-Definition nicht mit einbezogen werden? Nein, denn wie der Bahndrehimpuls $\vec{\ell} = \vec{r} \times \vec{p}$ (und die Vektoren für den Dreh*sinn*, die Winkelgeschwindigkeit oder die orientierte Flächennormale) bleibt der Spin bei Raumspiegelung völlig gleich.

**Frage 7.12.** *Wie verträgt sich diese Behauptung mit der Alltagsbeobachtung, dass eine Drehbewegung im Spiegel betrachtet sich mal umkehrt und mal nicht,*[39] *je nachdem ob die Drehachse parallel bzw. senkrecht zur Spiegelebene liegt?*

**Antwort 7.12.** *Bei Spiegelung an einer Ebene bekommt nur eine von den drei Raum-Koordinaten ein anderes Vorzeichen: die Richtung der Flächen-*Normale. *So wird nur „vorne" mit „hinten" vertauscht, nicht „oben" mit „unten" und auch nicht (die Richtung) „rechts" mit „links". Um, wie in der Paritätsoperation gefordert, auch die anderen beiden Koordinaten umzudrehen, muss man zusätzlich eine Drehung um* $180°$ *ausführen (Drehachse: die Flächen-Normale).*[40] *Erst danach stimmt die einfache Aussage, dass Drehbewegungen um beliebige Achsen nach der Spiegelung wieder gleich aussehen. – Bei der ebenen Spiegelung geht übrigens eine schräg liegende Drehachse in eine ganz andere über, weder parallel noch antiparallel zum Original. Diese Komplikation spricht sehr dafür, die Symmetrie-Argumente mit der Raumspiegelung zu formulieren.*

Vektoren wie $\vec{\ell}$, die bei Raumspiegelung invariant bleiben, werden „axial" genannt, im Unterschied zu den normalen „polaren" Vektoren der linearen Bewegung wie $\vec{r}$, $\vec{p}$, $\vec{v}$, $\vec{a}$, die bei Raumspiegelung ihr Vorzeichen wechseln (und gerade deshalb $\vec{\ell} = \vec{r} \times \vec{p}$ unverändert belassen).

**Der Paritäts-Operator $\hat{P}$ und seine Quantenzahl $P$.** Da doppelte Spiegelung alles unverändert lässt, ist $\hat{P}^2 = \hat{1}$ der Einheitsoperator, und die Eigenwerte von $\hat{P}$ können nur die Zahlen $P = \pm 1$ sein. Daher gilt weiter: $\hat{P} = \hat{P}^\dagger = \hat{P}^{-1}$, d. h. $\hat{P}$ ist hermitesch und unitär. Den zugehörigen Eigenzuständen[41] $\hat{P}|\psi\rangle = P|\psi\rangle$ entspricht

---

[39] Wer das anders gelernt hat, mache die Probe (oder stelle sie sich auch einfach nur vor, denn unsere Anschauung betrügt uns hier nicht): Mit dem Zeigefinger senkrecht auf einen Spiegel tippen und die Hand drehen. Der Finger und sein Spiegelbild drehen sich gemeinsam, *nicht* gegeneinander. Vergleiche aber *Pseudo-Skalar* in Frage 7.18 und 12.1 (S. 298 u. 538).

[40] Andere Methode: insgesamt 3 Spiegel rechtwinklig zueinander aufstellen (Katzenauge). Darin sieht sich jeder vollständig gespiegelt (nicht nur „auf den Kopf gestellt"). – Im 2-dimensionalen ist die „Raum"-Spiegelung $(x, y) \rightarrow (-x, -y)$ eine gewöhnliche Drehung (Determinante $+1$). Deshalb lassen sich die Probleme der Raumspiegelung in 3 Dimensionen mit einer ebenen Skizze nur dann veranschaulichen, wenn sie beim Betrachter einen räumlichen Eindruck erzeugt. Genauso auch bei der Wiedergabe eines Drehsinns. Beispiele finden sich in vielen Lehrbüchern (etwa [87, Abb. 4.11]).

[41] Auch klassische Felder können eine Parität haben, und daran kann man sehen, dass „antisymmetrische Parität" anschaulich keine Verletzung der Symmetrie ist. Zum Beispiel sieht das elektrische

entweder eine symmetrische Funktion

$$\overline{\psi^{(+)}(\vec{r})} \equiv \left(\hat{P}\psi^{(+)}\right)(\vec{r}) \equiv \psi^{(+)}(-\vec{r}) = (+1)\psi^{(+)}(\vec{r})$$

oder eine antisymmetrische Funktion

$$\overline{\psi^{(-)}(\vec{r})} \equiv \left(\hat{P}\psi^{(-)}\right)(\vec{r}) \equiv \psi^{(-)}(-\vec{r}) = (-1)\psi^{(-)}(\vec{r}) .$$

Die Spiegel-Symmetrie der Bewegungsgleichungen übersetzt sich in der Quantenmechanik in den Kommutator $[\hat{H}, \hat{P}] = 0$. Demnach gehört zu jedem Energie-Eigenwert eine definierte Parität, außer vielleicht im Fall zufälliger Energie-Entartung von zwei Zuständen verschiedener Parität.

**Frage 7.13.** *Ein Beispiel für Paritäts-Entartung?*

**Antwort 7.13.** *Im einfachen Ansatz für das* H*-Atom (ein spinloses Teilchen im Coulomb-Potential einer Punktladung) hat das Niveau $n = 2$ die entarteten Orbitale 2s ($\ell = 0$) und 2p ($\ell = 1$) mit entgegen gesetzten Paritäten $(-1)^\ell$ (siehe Fußnote 11 auf S. 259). Elektronen in Atomen zeigen hier in Wirklichkeit eine Aufspaltung. Die ist aber so gering, dass in einem äußeren $\vec{E}$-Feld sich diese Zustände leicht zu neuen Eigenzuständen – polaren Orbitalen mit gemischter Parität – kombinieren. Dies wird s-p-Hybridisierung genannt und ist z. B. beim* H*-Atom für den* linearen *Stark-Effekt des ($n = 2$)-Niveaus verantwortlich. Beim* C*-Atom erzeugt sie die Tetraeder-Struktur seiner vier äquivalenten Valenzelektronen in der ($n = 2$)-Schale, und ermöglicht damit u. a. die uns bekannte organische Chemie, auch die der (meist nicht spiegelsymmetrischen) Bio-Moleküle.*

Für die Wellenfunktion eines Energie-Eigenzustandes eines 1- oder Mehr-Teilchensystems kann man also (praktisch) immer entweder Spiegel-Symmetrie oder -Antisymmetrie erwarten:

$$\psi(-\vec{r}_1, -\vec{r}_2, -\vec{r}_3, \ldots) = P\,\psi(\vec{r}_1, \vec{r}_2, \vec{r}_3, \ldots) \quad (P = \pm 1) .$$

**Bestimmung der Parität.** Die Parität ist zwar mathematisch eine einfache und klare Eigenschaft, aber nur sehr indirekt zu beobachten. Der Paritäts-Eigenwert $P$ bleibt bei allen Prozessen $|\psi_{\text{ini}}\rangle \longrightarrow |\psi_{\text{fin}}\rangle$ erhalten, wenn deren Ursache eine die Parität erhaltende Wechselwirkung ist (d. h. der Störoperator $\hat{H}_{\text{WW}}$ erfüllt $[\hat{H}_{\text{WW}}, \hat{P}] = 0$). Beispiel: Ein System mit Parität $P_{\text{ini}}$ teilt sich durch Emission eines Teilchens in zwei Systeme, die mit einer räumlichen Wellenfunktion $\Psi(\vec{r}_2 - \vec{r}_1)$ auseinander fliegen. Paritätserhaltung heißt nun $P_{\text{ini}} = P_{\text{fin}}$. Für sich genommen haben die zwei Teilsysteme, wenn sie sich in definierten Niveaus befinden, die dazugehörigen Paritäten $P_1'$, $P_2'$. Damit nun der ganze Endzustand auch eine wohldefinierte Parität besitzt, muss auch $\Psi(\vec{r})$ eine genau bestimmte Parität $P_\Psi$ haben. Dann

---

Feld $\vec{E}(\vec{r})$ einer Punktladung vollkommen symmetrisch aus (d. h. man kann das Spiegelbild nicht vom Original unterscheiden), hat aber negative Parität: $\vec{E}(-\vec{r}) = -\vec{E}(\vec{r})$ . Siehe auch die verschiedenen Paritäten von elektrodynamischen Multipolfeldern in Abschn. 6.4.7.

ist $P_{\text{fin}} \equiv P_1' P_2' P_\Psi$. Bei $P_\Psi = +1$ kann die räumliche Wellenfunktion nur gerade Bahndrehimpulse enthalten, bei $P_\Psi = -1$ nur ungerade. Das lässt sich im Experiment oft anhand der verschiedenen Winkelverteilungen eindeutig unterscheiden[42] und ermöglicht so Rückschlüsse auf das Produkt $P_1' P_2'$ oder auf $P_{\text{ini}}$.

Nur durch solche oder ähnliche Prozesse ist die Parität eines einzelnen Niveaus überhaupt experimentell zugänglich, d. h. sie kann nicht absolut gemessen werden, sondern immer nur relativ zu der eines anderen Niveaus, zu dem es einen Übergangsprozess gibt (vermittelt durch $\alpha$-, $\beta$- oder $\gamma$-Radioaktivität oder durch eine Kernreaktion mit anderen Teilchen etc.). Dazu ist die detaillierte Theorie der Wechselwirkung mit der betreffenden Strahlung nötig, wie etwa am Beispiel der $\gamma$-Übergänge schon in Abschn. 6.4.7 zu sehen war. Übergangsrate und Winkelverteilung hängen oft stark davon ab, ob Anfangs- und End-Niveau die gleiche oder entgegengesetzte Parität haben.

So ist im Laufe einiger Jahrzehnte (und ungezählter Examensarbeiten) ein konsistentes System von Paritätsquantenzahlen aller Kerne (und Atome, Moleküle, Elementarteilchen) erarbeitet worden, wobei als Ausgangspunkt dem einzelnen Proton, Neutron und Elektron für sich positive Parität zugeschrieben wurde. In Abschn. 11.1.6 wird dies Vorgehen am Beispiel der negativen Parität des Pions vorgeführt.

Der Bruch mit der Paritätsinvarianz kündigte sich an, als bei einer auf diese Weise bestimmten Paritäts-Quantenzahl eines kurzlebigen Teilchens Widersprüche auftauchten, d. h. entgegengesetzte Ergebnisse je nach Auswahl des Experiments (siehe Abschn. 12.2.2). Dabei darf die Verletzung dieser Symmetrie sonst meistens in sehr guter Näherung vernachlässigt werden.

**Symmetrien und Quantenzahlen.** Abschließend zu Abschn. 7.1 und 7.2 ist anzumerken, dass in der Kernphysik ein Energie-Niveau wenigstens zwei sichere Quantenzahlen hat, die beide in der Symmetrie oder Invarianz des physikalischen Systems gegen eine Gruppe von Transformationen begründet sind. Invarianz gegenüber Drehungen sichert jedem Niveau die Quantenzahl $I$ für den Kernspin, Invarianz gegenüber Spiegelung die Quantenzahl $P$ für die Parität. Im Term-Symbol schreibt man $I^P$, setzt für $P$ aber nur das Vorzeichen ein. Zum Beispiel sind die Grundzustände aller $gg$-Kerne $0^+$-Zustände. Einige Folgen der Existenz der Quantenzahl $P$ werden in Abschn. 7.4 besprochen (siehe Fragen 7.17 und 7.18 auf S. 296, 298).[43]

## 7.3 Magnetisches Moment

In den vorigen Kapiteln waren die Wechselwirkungen der Kerne mit einem statischen Feld auf die Coulomb-Kraft beschränkt geblieben. Jetzt geht es um den Einfluss eines Magnetfelds. Das nötige Vorwissen ist (mit einigen weiteren Angaben) im Kasten 7.7 „Magnetisches Moment“ umrissen.

---

[42] siehe Fußnote 16 auf S. 260

[43] Zu der tief liegenden Beziehung zwischen Symmetrien, Quantenzahlen und Erhaltungssätzen siehe auch Abschn. 11.2.1, Kap. 14 und 15.11

**Kasten 7.7 Magnetisches Moment (Erinnerung in Stichworten)**

**Klassisch:**

**Kreisendes Elektron:** Der Kreisstrom $I = Q/t = (-e)\omega/2\pi$ bildet einen **magnetischen Dipol:** $\mu = \text{Strom} \times \text{Fläche} = I\pi r^2 \equiv -(e/2m_e)(m_e r^2\omega)$.
Erweitern mit $\hbar$ ergibt: $\mu = -(e\hbar/2m_e) \cdot m_e r^2\omega/\hbar \equiv -\mu_{\text{Bohr}}\ell$ (darin Drehimpuls $m_e r^2\omega \equiv \hbar\ell$).

Nach der klassischen Physik gilt die Gleichung $\vec{\mu} = -\mu_{\text{Bohr}}\vec{\ell}$ auch vektoriell, und ausnahmslos für das gesamte magnetische Moment und den gesamten Drehimpuls eines jeden beliebigen Mehrelektronensystems. (Drehimpuls $\hbar\ell = m_e r^2\omega$ und Bohrsches Magneton $\mu_{\text{Bohr}} = e\hbar/2m_e$ sind hier nur als Abkürzungen gebraucht, $\hbar$ kürzt sich heraus.)

Der Dipol $\vec{\mu}$ im **homogenen Magnetfeld** $\vec{B}$ erfährt die resultierende Kraft $\vec{F}$=0, aber ein Kräftepaar mit Drehmoment $\vec{M} = \vec{\mu} \times \vec{B}$. Daher potentielle Energie $E = -(\vec{\mu} \cdot \vec{B}) = -\mu B \cos\vartheta$. („$\vec{B}$ will $\vec{\mu}$ in Feldrichtung drehen," z. B. die Kompassnadel).

Das Drehmoment $\vec{M}$ bewirkt die Präzession von $\vec{\ell}$ um die Feldrichtung bei konstantem Einstellwinkel $\vartheta$. Die Präzessionsfrequenz ist (unabhängig von $\vartheta$ und $\ell$) $\omega_{\text{Larmor}} = \frac{e}{2m}B$.
$\Longrightarrow$ Hierauf beruhte die klassische Erklärung von Lorentz für den normalen Zeeman-Effekt (1902).

Der Dipol $\vec{\mu}$ im **inhomogenen Magnetfeld (Feldgradient** $\partial B/\partial z$) spürt eine Nettokraft $F_z \propto \mu \cos\vartheta (\partial B/\partial z)$. Ein Teilchenstrahl wird dadurch je nach Einstellwinkel $\vartheta$ abgelenkt.
$\Longrightarrow$ Stern-Gerlach-Versuch mit Nachweis der Richtungs-Quantelung (1922).

**Übersetzt in die Quantenmechanik: Dipol-Operator**: $\hat{\vec{\mu}} = -\mu_{\text{Bohr}}\hat{\vec{\ell}}$, Erwartungswert $\langle\hat{\vec{\mu}}\rangle = -\mu_{\text{Bohr}}\langle\hat{\vec{\ell}}\rangle$

**Homogenes Magnetfeld:** $\hat{H}_{\text{WW}} = -(\hat{\vec{\mu}} \cdot \vec{B}) = \mu_{\text{Bohr}} B \hat{\ell}_z$ (wenn $\vec{B} \parallel z$-Achse):

- Niveau $E_0$ mit Bahndrehimpuls $\ell$ zeigt nun $(2\ell + 1)$-fache Aufspaltung:
  $E(m_\ell) = E_0 + \mu_{\text{Bohr}} B m_\ell$, Niveauabstand $\Delta E = \mu_{\text{Bohr}} B = \hbar\omega_{\text{Larmor}}$
- Ab $\ell \geq 1$: Aufspaltung, immer ungeradzahlig (bei $\ell = 1$ „normaler" Zeeman-Effekt).

Häufig aber auch der „anomale Zeeman Effekt":

- Aufspaltung der Niveaus in *gerader* Anzahl
- Aufspaltung auch bei $\ell = 0$, in 2 Niveaus, entsprechend Spin $s = \frac{1}{2}$ und $m_s = \pm\frac{1}{2}$
  - Betrag der Aufspaltung aber so groß wie erst für $\ell = 1$ erwartet.
- Erfolgreicher Ansatz $\hat{\vec{\mu}} = \hat{\vec{\mu}}_{\text{Bahn}} + \hat{\vec{\mu}}_{\text{Spin}} = -\mu_{\text{Bohr}}\hat{\vec{\ell}} - g_e\mu_{\text{Bohr}}\hat{\vec{s}}$
  mit $g_e$=2 („anomaler Spin-$g$-Faktor des Elektrons").

**Messwerte für die Spin-$g$-Faktoren von Elektron, Proton und Neutron:**

| | | | |
|---|---|---|---|
| Elektron | $g_e = 2{,}0023\ldots$ | $\vec{\mu}_e = -\mu_{\text{Bohr}} g_e \hat{\vec{s}}$<br>$g$-Faktor bezogen auf das Bohrsche Magneton<br>$\mu_{\text{Bohr}} = \frac{e\hbar}{2m_e} \approx 58\ \mu\text{eV/T}$ | ‰-Abweichung von $g_e = 2$:<br>*Quantenelektrodynamik*<br>(siehe Kap. 10) |
| Nukleon | $g_p = 5{,}58556\ldots$<br>$g_n = -3{,}8256\ldots$ | $\vec{\mu}_{p,n} = \mu_{\text{Kern}} g_{p,n} \hat{\vec{s}}$<br>$g$-Faktor bezogen auf das Kern-Magneton<br>$\mu_{\text{Kern}} = \frac{e\hbar}{2m_p} \approx 31\ \text{neV/T}$ | echte Diskrepanz zu $g_p = 2$ bzw. $g_n = 0$:<br>*Aufbau aus Quarks*<br>(siehe Kap. 13) |

### *7.3.1 Das magnetische Moment des Protons*

**Erwarteter Wert.** Die relativistische Quantentheorie für ein punktförmiges Teilchen (Dirac 1928, genaueres in Abschn. 10.2) ergab automatisch genau die beiden bis dahin unverständlichen Eigenschaften des Elektrons: einen Eigendrehimpuls, der mit $s = \frac{1}{2}$ zudem nur die halbe Größe des Drehimpulsquantums $\hbar$ hatte, und ein dazu paralleles magnetisches Moment $\mu_e$ mit exakt dem vollen Wert

$$\text{Bohrsches Magneton } \mu_{\text{Bohr}} = \frac{e\hbar}{2m_e} \approx 58\,\mu\text{eV/T}\,, \tag{7.18}$$

wie er für bewegte Ladungen nach der klassisch zwingend gültigen Formel $\vec{\mu} = -\mu_{\text{Bohr}}\vec{\ell}$ erst einem ganzen Drehimpulsquantum $\hbar$ zukäme. Für das gesamte magnetische Moment des Elektrons schreibt man seitdem $\vec{\mu}_e = -\mu_{\text{Bohr}}\vec{\ell} - g_e\mu_{\text{Bohr}}\vec{s}$ mit dem *Spin-g-Faktor* $g_e = 2$.

Für das Proton wurde entsprechend $g_p = 2$ erwartet, nun aber multipliziert mit dem wegen der Teilchenmasse im Nenner der Formel (7.18) fast 2 000-mal kleineren Faktor

$$\text{Kernmagneton } \mu_{\text{Kern}} = \frac{e\hbar}{2m_p} \approx 31\,\text{neV/T}\,. \tag{7.19}$$

Am H-Atom in einem äußeren Magnetfeld wäre diese Zusatzenergie neben der von $\mu_e$ kaum zu messen.[44] Der erste Nachweis des Protonenmoments gelang dann auch (in einer verbesserten Stern-Gerlach-Apparatur) nicht an H-Atomen, sondern an $H_2$-Molekülen: die beiden Elektronenspins darin sind zu $S = 0$ verbunden und daher zu keiner magnetischen Wechselwirkung mehr fähig. Das gleiche gilt für die beiden Protonen, wenn sie ihre Spins zu $S = 0$ koppeln (Parawasserstoff, vgl. Abschn. 7.1.4). Sie können ihre Spins aber auch parallel stellen ($S = 1$, Orthowasserstoff) und damit auch ihre magnetischen Dipole addieren. Normaler Wasserstoff besteht zu 75% aus Molekülen mit $S = 1$.

**Frage 7.14.** *Warum können die beiden Elektronen im $H_2$ ihre Spins nicht auch parallel stellen?*

**Antwort 7.14.** *Kurz gesagt: dann zerfällt das Molekül. Dies aber nicht, weil die Elektronen sich jetzt stärker abstoßen (die magnetische Abstoßung der parallel gestellten Dipole ist hier völlig zu vernachlässigen), sondern weil sie die elektrostatische Anziehung durch die Kerne dann nur noch ungenügend ausnutzen können. Die Coulomb-Wechselwirkung erlaubt den vier Teilchen des $H_2$-Moleküls nämlich nur einen einzigen (mit 2,1 eV) gebundenen Zustand. Darin sitzen beide Elektronen (ihrer gegenseitigen elektrischen Abstoßung zum Trotz) gemeinsam im tiefsten möglichen Molekül-Orbital. Folglich ist die Ortswellenfunktion der Elektronen symmetrisch und damit automatisch ihre Spinfunktion antisymmetrisch, d. h. (elektronischer) Gesamtspin $S = 0$.*

---

[44] Ab 1960 machte die überragende Energieauflösung des Mössbauereffekts (vgl. Abb. 6.6, S. 171) die direkte Messung für manche Kerne möglich, wenn sie den inneren Feldern von Ferromagneten mit Größenordnungen um 30 T (typisch) ausgesetzt waren.

*Für zwei Elektronen im symmetrischen Spinzustand* $S = 1$ *muss die Ortswellenfunktion antisymmetrisch sein und kann daher nicht beide in demselben Orbital enthalten. In diesem Fall existiert der einzige bindende Zustand überhaupt nicht. Für einen Prozess, der im gebundenen* $H_2$*-Molekül einem Elektron den Spin umklappen würde (Absorption von M1-Strahlung käme in Frage), gibt es daher unter den möglichen Endzuständen kein gebundenes Molekül.*

*Wie sieht diese Argumentation aus, angewandt auf die Protonen? Für sie gibt es die beiden im Abstand von* 75 pm *gut lokalisierten Ortszustände, praktisch ohne räumlichen Überlapp der Aufenthaltswahrscheinlichkeiten und allein daher schon orthogonal, ganz unabhängig von den Spins. Daher können sie von den Protonen in antisymmetrischer oder symmetrischer Form besetzt sein, und alle Coulomb-Wechselwirkungen sind die gleichen. Nur die Rotationsquantenzahl I des Moleküls muss (nach Abschn. 7.1.4) im einen Fall gerade, im anderen ungerade sein, aber das ist für die chemische Bindung keine merkliche Einschränkung.*

> *Denn mit einer Rotationskonstante* $\hbar^2/(2\Theta) \approx 7\,\text{meV}$ *(siehe Frage 7.7 auf S. 270) passen sowohl mit geradem wie mit ungeradem I viele Niveaus* $I(I+1)(\hbar^2/(2\Theta))$ *unter die genannte Schwelle von* 2,1 eV, *bei der die Zentrifugalkraft das Molekül zerreißen würde.*

**Eine starke Anomalie.** Otto Stern wiederholte (mit O. Frisch und I. Estermann) den nach ihm benannten Stern-Gerlach-Versuch mit immer besser kollimierten $H_2$-Strahlen und konnte 1933 (bei 0,05 mm(!) Strahldurchmesser) erstmals die Andeutung einer Aufspaltung beobachten. Sie entsprach nur etwa dem Doppelten der Strahlbreite, übertraf damit aber die Voraussage nach $g_p = 2$ schon um das 2,5-fache, entsprechend einem 2,5-fachen $g$-Faktor von etwa $g_p \approx 5$ (Nobelpreis 1943 an O. Stern). Das sprach stark gegen die bis dahin vermutete Verwandtschaft des Protons zum Elektron und stellte für fast 40 Jahre einen der größten offenen Widersprüche zur sonst so erfolgreichen Dirac-Theorie der Spin-$\frac{1}{2}$-Teilchen dar. Die (relativ simple) Erklärung fand sich erst nach 1970 mit dem Quark-Modell (Kap. 13).

**Resonanzmethoden.** Die erwünschte Steigerung der Genauigkeit ist bei dieser Art von Messung aber kaum möglich. Die gesuchte Größe $g_p$ ist hier proportional zu einer nur geringen Aufspaltung von verwaschenen Strahlprofilen, die auch theoretisch nicht genauer zu berechnen war, weil das in der Stern-Gerlach-Apparatur notwendigerweise inhomogene Feld die Trajektorien je nach ihrer genauen Lage im einfallenden Strahl unterschiedlich ablenkt. Mit einer Epoche machenden Idee gelang es aber Isidor I. Rabi, die Bestimmung von $g_p$ auf die Beobachtung einer Resonanz zurückzuführen und die Genauigkeit damit auf „spektroskopische" Höhe zu treiben (Nobelpreis 1944). Während die Aufspaltung des Teilchenstrahls je nach Quantenzahl $M_z$ (des ganzen Ions, Atoms, oder Moleküls) in der originalen Stern-Gerlach-Apparatur der Größe nach genau ausgemessen werden muss, hat sie in der *Rabi-Apparatur* nur noch die Aufgabe, alle bis auf einen dieser Teilstrahlen ausblenden zu können. Nur Teilchen mit gleichem $M_z$ werden durchgelassen, fliegen dann durch ein starkes homogenes Magnetfeld und danach durch eine zweite Stern-Gerlach-Apparatur mit ebensolchen Blenden, die genau wie die erste nur die Teilchen mit demselben $M_z$ bis zum Detektor hindurch lassen. Weiter kommt es auf die

Größe der Strahl-Aufspaltung nicht an, man braucht sie noch nicht einmal genau zu wissen, und die Ausblendung aller anderen $M_z$-Werte muss auch nicht perfekt sein. Die beiden Stern-Gerlach-Apparaturen hintereinander wirken wie je ein (mehr oder weniger effizienter) Polarisator und Analysator in einem optischen Experiment zur Polarisation des Lichts. Eventuelle Änderungen von $M_z$ zwischen Polarisator und Analysator werden am Detektor als eine Änderung der Zählrate deutlich sichtbar. Solche Übergänge $\Delta M_z = \pm 1$ werden absichtlich durch ein zusätzliches schwaches Hochfrequenzfeld induziert, das die Teilchen spüren, während sie durch das mittlere homogene Magnetfeld genau bekannter Stärke fliegen. Passt ihre Larmor-Frequenz in diesem Feld zur eingestrahlten Hochfrequenz, erfolgt durch Resonanzabsorption der Übergang und bewirkt die einfach zu beobachtende Änderung der Zählrate.

Nach der gleichen Grundidee konnten Felix Bloch und Luis Alvarez 1940 auch das magnetische Moment des freien Neutrons messen. Als Polarisator und Analysator verwendeten sie aber nicht Stern-Gerlach-Magnete, sondern die Streuung langsamer Neutronen an den polarisierten Elektronen eines magnetisierten Ferromagneten wie Eisen. Wegen des vermuteten (quantitativ ja noch gar nicht bekannten) magnetischen Moments der Neutronen müsste die Winkelverteilung etwas von dessen Spin-Richtung abhängen.

Moderne Werte für die magnetischen Momente [8] und $g$-Faktoren von Proton und Neutron – im Wesentlichen nach den gleichen Methoden gemessen – spiegeln die so erreichbare Genauigkeit wieder:[45]

$$\mu_p = +2{,}792847351(\pm 23)\mu_{\text{Kern}}\,, \qquad g_p = +5{,}585694703(\pm 46)\,,$$
$$\mu_n = -1{,}9130427(\pm 5)\mu_{\text{Kern}}\,, \qquad g_n = -3{,}8260854(\pm 9)\,. \qquad (7.20)$$

## 7.3.2 *Magnetische Momente anderer Kerne*

**Deuteron.** Magnetische Momente zahlreicher anderer stabiler Kerne wurden mit der Rabi-Apparatur bestimmt. Einer der ersten darunter war das Deuteron. Heutiger Wert:

$$\mu_d = +0{,}857438230(\pm 24)\mu_{\text{Kern}} \qquad (\text{bei Spin } I_d = 1)\,. \qquad (7.21)$$

Das lässt sich gut erklären, wenn Proton und Neutron in einem Zustand mit parallelen Spins ($s_p + s_n = S = 1$) und Bahndrehimpuls $\ell = 0$ (für ihre Relativkoordinate) gebunden sind. Dann sind Spin $I_d$ und magnetisches Moment $\mu_d$ des Deuterons einfach die Summe der Spins bzw. magnetischen Spin-Momente von Proton und Neutron: $I_d = S = 1$, und $\mu_d = \mu_p + \mu_n$. Doch die letzte Gleichung stimmt nur *fast* genau: $\mu_d$ ist um $0{,}0022\mu_{\text{Kern}}$ kleiner als $(\mu_p + \mu_n)$. Erklärt wird diese Verringerung um 2‰ so: Unter dem Gesamtdrehimpuls des Deuterons $I_d = 1$ kann sich außer dem eben genannten ein zweiter Zustand mit höherem Bahndrehimpuls ver-

[45] Die Unsicherheitsbereiche beziehen sich auf die letzten angegebenen Dezimalstellen.

bergen. Da $\ell = 1$ die Paritätsquantenzahl verletzen würde, kommt nur noch $\ell = 2$ in Frage, damit $\ell$ und $S$ zusammen noch $I_\mathrm{d} = 1$ bilden können. Dabei muss (klassisch gesprochen) der Spin also antiparallel zum Bahndrehimpuls $\ell = 2$ stehen, und das zum Spin gehörende magnetische Moment $(\mu_\mathrm{p} + \mu_\mathrm{n})$ zeigt nun „entgegengesetzt" zum Gesamtdrehimpuls $I_\mathrm{d}$. Quantenmechanisch ist eine Richtungsangabe in so einfacher geometrischer Form nur bei der Parallelstellung von Einzeldrehimpulsen zum maximalen Gesamtdrehimpuls ganz am Platze, doch bleibt richtig, dass das resultierende magnetische Moment für das Deuteron nun kleiner herauskommt. Eine Beimischung von 4% dieses $\ell = 2$-Zustands genügt für die Erklärung des gemessenen Werts $\mu_\mathrm{d}$.

**Ungerade Kerne.** Für Kerne mit ungerader Protonen- oder Neutronenzahl entdeckte man schon Ende der 1930er Jahre zwischen Kernspins $I$ und magnetischen Momenten $\mu$ zwar keine eindeutige Abhängigkeit, aber doch eine klare Korrelation. Sie erlaubte weit reichende Schlüsse auf die Kernstruktur und war daher für die Entwicklung detaillierter Kernmodelle in den 1950er Jahren wichtig. Abbildung 7.3 zeigt die Werte für die stabilen Kerne (und das Neutron), die damals schon weitgehend bekannt waren. (Weitere ca. 1 300 seitdem bestimmte Momente für *instabile* Kernzustände fügten sich hier gut ein.)

**Ungerades Proton.** Für die Kerne mit ungerader Protonenzahl liegen die Momente in einem Band, das mit dem Kernspin linear ansteigt, für jedes $\Delta I = 1$ um 1 Kernmagneton $\mu_\mathrm{Kern}$ (Abb. 7.3 links). Genau dieses Anwachsen des Moments ist erwartet, wenn das Anwachsen des Kernspins über $I = \frac{1}{2}$ hinaus nicht durch (parallel gestellte) Spins, sondern nur durch *Bahn*drehimpuls bewirkt wird *und* wenn dafür nur die Protonen aufkommen (egal, wie sie ihre Bahndrehimpulse zusammensetzen). Die in der Abbildung als schwarze Linie angegebene Obergrenze entspricht dabei dem magnetischen Moment $\mu = (\ell + \frac{1}{2} g_\mathrm{p})\mu_\mathrm{Kern}$ eines einzelnen Protons, das mit Bahndrehimpuls $\ell$ und parallel gestelltem Spin $s = \frac{1}{2}$ den Gesamtdrehimpuls $I = \ell + \frac{1}{2}$ hat. Mit einer roten gestrichelten Geraden $\mu = (\ell - \frac{1}{2} g_\mathrm{p})\mu_\mathrm{Kern}$ ist für die Antiparallelstellung $I = \ell - \frac{1}{2}$ eine entsprechende Untergrenze für das Moment eines einzelnen Protons angegeben.

**Ungerades Neutron.** Auf der Seite der Kerne mit ungerader Neutronenzahl erfährt dieses einfache Bild Unterstützung (siehe Abb. 7.3 rechts). Die Momente zeigen keinen Trend mit dem Kernspin, die begrenzenden Linien gehören zu denselben beiden Möglichkeiten $j = l \pm \frac{1}{2}$ wie eben, die wirklichen Werte liegen (*meist*)[46] dazwischen.

**Schmidt-Linien.** Es fällt auf, dass in Abb. 7.3 die Messwerte von der roten gestrichelten Linie systematisch Abstand halten. Das ist ein sichtbares Indiz für die nicht intuitive quantenmechanische Besonderheit, wenn zwei Drehimpulse nicht zum maximal möglichen Gesamtdrehimpuls $j = \ell + \frac{1}{2}$ koppeln. Wie im Kasten 7.6

[46] Die Ausnahme bei $I = \frac{1}{2}$ ist ${}^3_2\mathrm{He}$. Analog liegt das magnetische Moment für ${}^3_1\mathrm{H}$ knapp außerhalb der Grenzlinien (nicht in Abb. 7.3 eingetragen weil radioaktiv: Tritium ${}^3_1\mathrm{H} \to {}^3_2\mathrm{He} + e^- + \bar{\nu}_\mathrm{e}$ mit 12 Jahren Halbwertzeit).

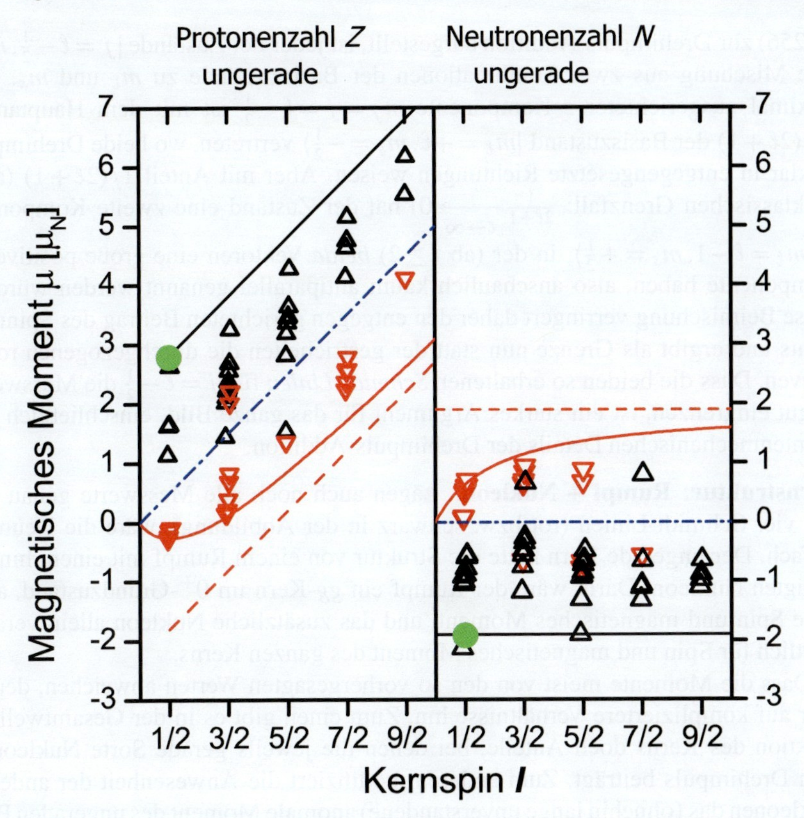


**Abb. 7.3** Magnetische Momente von Proton und Neutron (*grüne Punkte*) und von stabilen Kernen mit ungerader Massenzahl $A = Z + N$ (*rote und schwarze Dreiecke*), aufgetragen über dem Kernspin $I$. (Stabile Kerne mit geradem $A \geq 16$ haben $I = 0$, $\mu = 0$). Die *durchgezogenen roten und schwarzen Linien* sind die *Schmidt-Linien* (siehe Text). Die Streuung der einzelnen Werte ist erheblich, dennoch verrät ihre Anordnung in zwei Bändern vieles über den Aufbau der Kerne:
1.) Für ungerades $Z$ hat das Band die Steigung $1\,\mu_{\text{Bohr}}$ pro $1\hbar$ Zunahme des Spins, für ungerades $N$ die Steigung Null (*blaue Linien* $\mu/\mu_{\text{Kern}} = g_{\text{klass.}} \cdot I$, wobei $g_{\text{klass.}}$ der klassische $g$-Faktor der Kreisbewegung ist, mit Werten 1 bzw. 0 je nach Ladung des ungeraden Nukleons). Folgerung: Hohe Kernspins rühren überwiegend von *Bahn*drehimpulsen $\ell$ der *ungeraden* Nukleonensorte her, nicht von parallel gestellten Spins oder von der Nukleonensorte mit gerader Anzahl.
2.) Vom magnetischen Moment der Bahnbewegung allein (*blaue Linien*) entfernen sich die Messwerte nicht weiter als maximal 1 Spinmoment $\mu_{\text{p}}$ bzw. $\mu_{\text{n}}$ (*schwarze Gerade und gestrichelte rote Gerade*). Diese Grenzen entsprechen klassisch der parallelen bzw. antiparallelen Stellung genau eines Spinmoments zum Bahndrehimpuls. Folgerung: wie unter 1.
Beides spricht für einen Aufbau der ungeraden Kerne aus einem *gg*-Kern als Rumpf (mit $A-1$, $I = 0$, $\mu = 0$) und einem weiteren Nukleon (in einem Zustand mit $j = \ell \pm \frac{1}{2}$), welches sowohl den Spin $I = j$ als auch das magnetische Moment $\mu = \mu_{\text{Bahn}} \pm \mu_{\text{Spin}}$ des ganzen Kerns bildet.
Doch wegen der beträchtlichen Abweichungen der Linien von den Messwerten kann dies Modell nur als eine erste Annäherung gelten. Immerhin aber hat der Beitrag des Spinmoments meistens das richtige Vorzeichen, denn die *schwarzen Dreiecke* sind die Messwerte für Kerne, bei denen die Paritätsquantenzahl $(-1)^{\ell}$ für den Fall der Parallelstellung $j = \ell + \frac{1}{2}$ spricht, die *roten* für $j = \ell - \frac{1}{2}$.
Der Unterschied zwischen den *durchgezogenen* und den *gestrichelten roten Kurven* zeigt die Wirkung der quantenmechanischen Korrektur bei der „Antiparallelstellung" der Drehimpulse

(S. 256) zur Drehimpuls-Addition dargestellt, ist jeder der Zustände $|j = \ell - \frac{1}{2}, m_j\rangle$ eine Mischung aus zwei Kombinationen der Basiszustände zu $m_\ell$ und $m_s$. Bei maximal ausgerichteter $z$-Komponente $m_j = j = \ell - \frac{1}{2}$ ist mit dem Hauptanteil $2\ell/(2\ell+1)$ der Basiszustand $|m_\ell = +\ell, m_s = -\frac{1}{2}\rangle$ vertreten, wo beide Drehimpulse klar in entgegengesetzte Richtungen weisen. Aber mit Anteil $1/(2\ell+1)$ (also im klassischen Grenzfall: $\frac{1}{2\ell+1} \xrightarrow[\ell\to\infty]{} 0$) hat der Zustand eine zweite Komponente $|m_\ell = \ell - 1, m_s = +\frac{1}{2}\rangle$, in der (ab $\ell \geq 2$) *beide* Vektoren eine große positive $z$-Komponente haben, also anschaulich kaum antiparallel genannt werden würden. Diese Beimischung verringert daher den entgegen gerichteten Beitrag des Spinmoments und ergibt als Grenze nun statt der gestrichelten die durchgezogenen roten Kurven. Dass die beiden so erhaltenen *Schmidt-Linien* für $j = \ell - \frac{1}{2}$ die Messwerte so gut eingrenzen, ist ein starkes Argument für das ganze Bild, einschließlich der quantenmechanischen Details der Drehimpuls-Addition.

**Kernstruktur: Rumpf + Nukleon.** Lägen auch noch alle Messwerte genau *auf* den vier Schmidt-Linien (rot bzw. schwarz in der Abbildung), wäre die Deutung einfach. Der ungerade Kern hätte die Struktur von einem Rumpf mit einem hinzugefügten Nukleon. Darin wäre der Rumpf ein *gg*-Kern im $0^+$-Grundzustand, also ohne Spin und magnetisches Moment, und das zusätzliche Nukleon allein verantwortlich für Spin und magnetisches Moment des ganzen Kerns.

Dass die Momente meist von den so vorhergesagten Werten abweichen, deutet aber auf kompliziertere Verhältnisse hin. Zum einen gibt es in der Gesamtwellenfunktion des Kerns doch Anteile, bei denen die jeweils gerade Sorte Nukleonen zum Drehimpuls beiträgt. Zum anderen modifiziert die Anwesenheit der anderen Nukleonen das (ohnehin lange unverstandene) anomale Moment des ungeraden Protons oder Neutrons.

Doch ein weiterer Test bestätigt wiederum dies Bild von einem stummen $0^+$-Rumpf und einem einzigen „Leucht-“ Nukleon in einem $(j\ell)$-Orbital. Weil der Spin im Fall $j = \ell + \frac{1}{2}$ parallel, im Fall $j = \ell - \frac{1}{2}$ antiparallel zum Bahndrehimpuls steht, sollten die Kernmomente vom reinen Bahnmoment (blaue gestrichelte Linien in Abb. 7.3) in entgegengesetzte Richtung abweichen. Bei gegebenem $j = I$ gehören zu den beiden möglichen $\ell = j \pm \frac{1}{2}$ entgegengesetzte Paritätsquantenzahlen $(-1)^\ell = \pm 1$, zwischen denen man durch Kernreaktionen oder Strahlungsübergänge experimentell unterscheiden kann. In Abb. 7.3 gehören die schwarzen Messwerte zum Fall $j = \ell + \frac{1}{2}$, die roten zu $j = \ell - \frac{1}{2}$. Fast alle liegen auf der richtigen Seite.

Nach dieser Vorstellung verraten Kernspin, magnetisches Moment und Parität eindeutig, in welches $(j\ell)$-Orbital um den gg-Rumpf das letzte (ungerade) Nukleon aufgenommen wurde. Die systematische Ausarbeitung dieses Bildes führte 1950 zum erfolgreichen Schalen-Modell der Kerne (siehe Abschn. 7.6.2).

### *7.3.3 Anwendung: Magnetische Kern-Resonanz (Prinzip)*

Die allgemeine Beobachtung, dass Messungen mit Resonanz-Methoden eine wesentlich höhere Genauigkeit erreichen lassen als sonst möglich, wurde schon einige

Male erwähnt (Abschn. 1.1.1 – spezifische Wärme, Abschn. 4.1.7 – Ionenmasse, Abschn. 6.1.3 – Mössbauer-Effekt, Abschn. 7.3.1 – Rabi-Methode). Bei den Messungen von magnetischen Kernmomenten konnte auf diesem Weg die Messgenauigkeit derartig gesteigert werden, dass millionenfach schwächere Störeffekte quantitativ beobachtbar wurden, wie sie am Ort eines Kerns z. B. durch die benachbarten Atome verursacht werden. Die experimentelle Technik der magnetischen Kernresonanz wurde damit für Chemie, Biologie und Medizin zu einer Standard-Methode. Ihre physikalischen Grundlagen sollen hier kurz besprochen werden.[47] Apparative Grundlage war die im 2. Weltkrieg erfolgte rasante Entwicklung von Elektronik und Hochfrequenztechnik,[48] die 1946 die resonante Beobachtung des Kern-Zeeman-Effekts in einem äußeren Magnetfeld ermöglichte (Felix Bloch, Edward. M. Purcell, Nobelpreis 1952).

**Zeeman-Effekt am Proton.** Je nachdem, ob ein Wasserstoff-Kern nach $m_s = \pm\frac{1}{2}$ seinen magnetischen Dipol „parallel" zum Magnetfeld oder „entgegengesetzt" einstellt, erhöht oder erniedrigt sich seine Energie, die Niveau-Aufspaltung ist (siehe Kasten 7.7, S. 284) gerade

$$\Delta E = \hbar\omega_{\mathrm{Larmor}} = g_{\mathrm{p}}\mu_{\mathrm{Kern}} B\,. \tag{7.22}$$

Mit $g_{\mathrm{p}} \approx 5{,}6$ entspricht dies bei einem in den 1950er Jahren technisch einfach herzustellenden[49] Feld von $B = 0{,}1\,\mathrm{T}$ nur $\Delta E = 15\,\mathrm{neV}$: Als Energiebetrag (damals) unmessbar klein, aber im Frequenzmaßstab mit

$$\nu_{\mathrm{Larmor}} = \frac{\Delta E}{2\pi\hbar} = 4{,}2\,\mathrm{MHz}$$

technisch bequem zugänglich. Wenn Protonen in einem Magnetfeld zwischen diesen beiden Zeeman-Niveaus wechseln, emittieren oder absorbieren sie demnach elektromagnetische Strahlung dieser Frequenz $\nu_{\mathrm{Larmor}}$. Allerdings wird man auf spontane Emission lange warten müssen – vergleiche nur die Übergangsraten der $\gamma$-Übergänge (Bethe-Weißkopf-Abschätzung in Abb. 6.13, Strahlungstyp hier: M1, Energie im Bereich einiger 10 neV). Für realistische Messzeiten muss man daher eine makroskopische Anzahl Protonen ($\sim 1\,\mathrm{g}$) nehmen, ein relativ starkes externes Wechselfeld erzeugen und die Resonanzfrequenz für Absorption suchen. Genügende Konstanz und Genauigkeit bei der Erzeugung und Messung sowohl des Magnetfelds als auch der Frequenz vorausgesetzt, ist dann bei $B = 0{,}1\,\mathrm{T}$ schon in 1 s Messzeit eine Genauigkeit von $1{:}(4 \cdot 10^6)$ zu erreichen.

**Resonanz beobachtbar?** Woran kann man im Experiment das Eintreten der Resonanz erkennen? Prinzipielle Antwort: Wird ein eingestrahltes Quant absorbiert, kann der angeregte Zustand diese Energie auf verschiedene Weise wieder abgeben. Tut er

[47] Für detailliertere Darstellungen siehe weiterführende Literatur, z. B. [1].

[48] Zum Beispiel RADAR – RAdio Detecting And Ranging

[49] Heute sind durch Verwendung supraleitender Spulen 100fach stärkere Felder Stand der Technik.

es durch Re-Emission, erfolgt sie meist in einer anderen Ausstrahlungsrichtung[50]. Das wird etwa im typischen Aufbau zur Beobachtung von Absorptionsspektren in Transmission ausgenutzt, vgl. Mössbauer-Effekt (Resonanz-Absorption von $\gamma$-Quanten, Abb. 6.6) oder die ganze Atom- und Molekül-Absorptions-Spektroskopie. Diese Methode scheidet aber hier aus, denn elektromagnetische 1 MHz-Wellen haben Wellenlängen von 300 m und sind deshalb im Labor nicht zu bündeln und auszurichten. An Stelle der Re-Emission kann die Energie aber auch in andere Freiheitsgrade abfließen, letztlich also in Wärme.[51]

Der einfache Gedanke, dass die Materie bei resonanter Absorption elektromagnetischer Wellen Energie aufnimmt, steht aber auf den ersten Blick im Widerspruch zum Phänomen der induzierten Emission (vgl. Abschn. 6.4.6). Danach ist der Prozess, der ein Proton aus dem unteren in das obere Zeeman-Niveau hebt, genau so wahrscheinlich wie der entgegengesetzte. Einen Netto-Effekt kann es nur geben, wenn die Besetzungszahlen beider Niveaus verschieden sind, die Kerne also mit einem Polarisationsgrad $\langle \hat{I}_z \rangle / I \neq 0$ polarisiert sind. Bei der Kernresonanz ist die für diesen Unterschied typische Größenordnung aber sehr klein: $10^{-6}$ beim als Beispiel genannten Feld $B = 0{,}1$ T.

**Frage 7.15.** *Wie berechnet man diesen Unterschied der Besetzungszahlen?*

**Antwort 7.15.** *Die Besetzung richtet sich nach dem Boltzmann-Faktor* $\exp(-\Delta E/(k_B T))$.

*Bei* $\frac{\Delta E}{k_{\mathrm{B}} T} \approx \frac{\textit{einige}\ 10\ \mathrm{neV}}{\textit{einige}\ 10\ \mathrm{meV}} \approx 10^{-6}$ *ist der Unterschied der Besetzungszahlen*

$$\mathrm{e}^{(-\Delta E/(k_{\mathrm{B}} T))} = \mathrm{e}^{(-10^{-6})} \approx 1 - 10^{-6} .$$

Diese ohnehin winzige Differenz würde in der Resonanz sofort auf Null schrumpfen, womit das schwache Absorptionssignal auch noch verschwinden würde.

**Frage 7.16.** *Wieviel Energie können die polarisierten Protonen in* 1 g *Wasser bei* $B = 0{,}1$ T *einmalig aufnehmen?*

**Antwort 7.16.** 1 g $H_2O$ *mit dem Molekulargewicht* $18 = 2 \cdot 1 + 16$ *enthält* $2 \cdot N_A \cdot 10^{-3}/18 \approx 6 \cdot 10^{22}$ H-*Kerne. Beim relativen Unterschied* $10^{-6}$ *sind davon* $6 \cdot 10^{16}$ *mehr im tieferen als im höheren Zeeman-Niveau. Bis zur Gleichbesetzung kann jedes zweite einmal* 15 neV *absorbieren, insgesamt* 20 MeV *oder* $3 \cdot 10^{-12}$ W s*: als einmaliger Energieumsatz in dieser Form unmessbar klein.*

Bloch und Purcell hatten deshalb selber starke Zweifel, ob ihr Versuch überhaupt gelingen könnte.

**Relaxationszeiten.** Da der ursprüngliche Unterschied der Besetzungszahlen dem thermodynamischen Gleichgewicht entspricht, gibt es Relaxationsprozesse, die diesen Unterschied ständig wiederherzustellen versuchen. Nun wissen wir aber aus

[50] Wenn nicht gerade durch induzierte Emission LASER-Verstärkung eintritt.

[51] Einschlägige Beispiele aus dem Alltag: Mikrowellenherd, Gewebe-Erwärmung durch Elektrosmog (Grundlage der Grenzwerte für Belastung durch Mobiltelefonie etc.).

der Diskussion um Ortho- und Parawasserstoff-Moleküle, wie gering die Wechselwirkung der Kernspins mit den anderen Atomen ist. Schneller kann die von den Kernen absorbierte Energie nicht in andere Freiheitsgrade abfließen, der Fluss absorbierter Energie ist demnach umgekehrt proportional zu dieser Zeitkonstante. In Gasen kann die Relaxationszeit für die Annäherung des Kernspin-Systems ans thermische Gleichgewicht Monate betragen, und ein Energiefluss der Größenordnung pW s/Monat ist natürlich unmessbar klein. In Flüssigkeiten und festen Körpern sind die Relaxationszeiten immer noch lang im Vergleich zu typischen atomphysikalischen Prozessen, aber viel kürzer als in Gasen, nämlich msec bis min, und damit gerade ausreichend kurz. Sie hängen überdies stark davon ab, ob umgebende Moleküle elektrische oder magnetische Störfelder erzeugen können. Die Ausgangssituation war für die Beobachtung der Kernspinresonanz also ungünstig, indes erwuchs gerade daraus eine ihrer wichtigsten Anwendungen. Die Relaxationszeit verrät etwas über die Umgebung der Protonen. In der medizinischen Diagnostik liest man daran ab, ob sie mehr Wasser (polare Moleküle) oder mehr Fett (unpolar) enthält. Das ermöglicht u.a. Rückschlüsse auf gesundes oder krankes Gewebe.

**Etwas Messtechnik.** An welcher Stelle lässt sich messtechnisch ein so kleiner Energietransfer von größenordnungsmäßig pW am besten detektieren? Sicher nicht durch eine messbare Erwärmung der Probe. Bloch und Purcell nutzten die Tatsache, dass ein schwacher Oszillator noch schwächer wird, wenn das von ihm erzeugte Wechselfeld absorbiert wird. Sie legten den Schwingkreis für das Wechselfeld absichtlich so schwach aus, dass seine Amplitude im Resonanzfall deutlich gedämpft wird.

In weit ausgefeilteren modernen Verfahren werden die Protonen (oder andere Kerne mit magnetischem Moment) zunächst durch ein starkes Feld polarisiert. Zusammen bilden sie dann einen schwachen, aber makroskopisch bemerkbaren, also klassischen magnetischen Dipol mit allen Eigenschaften, die dem Erwartungswert des Operators $\hat{\vec{\mu}} = g_{\mathrm{P}}\mu_{\mathrm{Kern}}\hat{\vec{s}}$ zukommen. Von seiner Larmor-Präzession ist aber nichts zu bemerken, solange er parallel zum Feld ausgerichtet ist. Um sie makroskopisch zu beobachten, muss man nur den Dipol verkippen (durch ein kurz eingeschaltetes Zusatzfeld) oder die Feldrichtung ändern (im Wettlauf mit dem Aufbau der zu der neuen Feldrichtung gehörenden Polarisation, also schnell verglichen mit der Relaxationszeit). Die Larmorpräzession dieses makroskopischen magnetischen Dipols induziert dann in einer Antennenspule einen Wechselstrom, an dem man alle Einzelheiten von Aufbau und Zerfall der Polarisation der Protonen beobachten kann.[52] Dies wurde mittels inhomogener Felder seit 1970 auch zu den ortsauflösenden bildgebenden Verfahren der *Magnetischen Resonanz-Tomographie (MRT)* weiterentwickelt, mit großer Anwendung in der medizinischen Diagnostik (Paul C. Lauterbur, Peter Mansfield, Nobelpreis für Medizin 2003).

---

[52] Ausgedrückt durch die kohärente Überlagerung der beiden Energieeigenzustände mit ihren um $\hbar\omega_{\mathrm{L}}$ verschiedenen Energien, ergeben sich periodisch Maxima der Polarisation senkrecht zum Feld – ein Phänomen, das von den Schwebungen gekoppelter Pendel her gut bekannt ist und hier *Quanten-Beat* genannt wird.

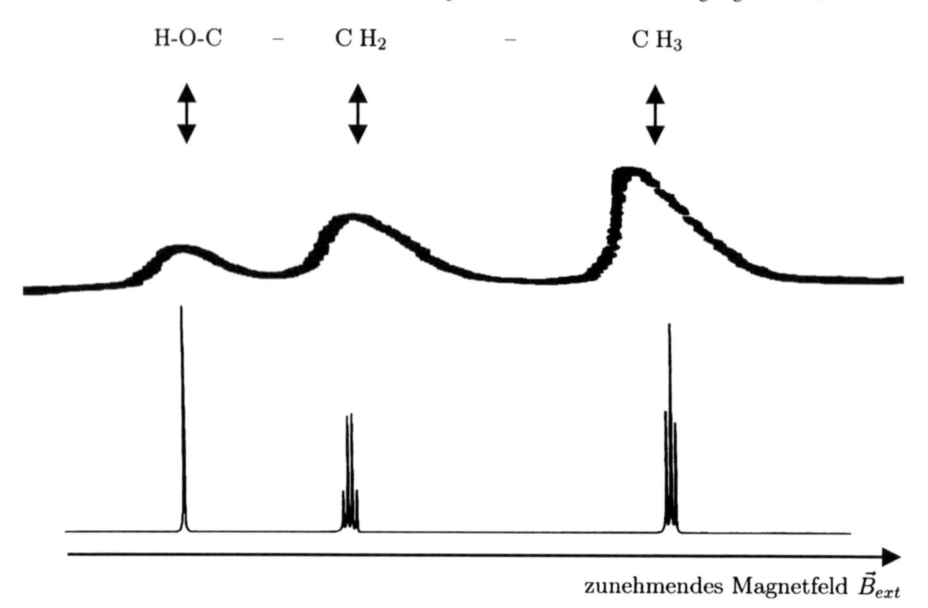


**Abb. 7.4** Spektrum der magnetischen Protonen-Resonanz in Ethanol $CH_3$–$CH_2$–COH mit deutlich sichtbarer chemischer Verschiebung. *Obere Kurve* aus der Nobelpreisrede von E. Purcell (1952), *unten* eine moderne Messung bei weit höherer Auflösung (aus einem verbreiteten Lehrbuch der Physikalischen Chemie [14]). Technisch wird bei festgehaltener Frequenz des Wechselfelds das Magnetfeld variiert, in der Abbildung von links nach rechts ansteigend um insgesamt nur ca. 10 ppm ($=10^{-5}$). Die Resonanz beim niedrigsten Feld stammt von den einzelnen Protonen der OH-Gruppe, dann die der mittleren $CH_2$-Gruppe und zuletzt der äußeren $CH_3$-Gruppe. Die Gesamtflächen der Linien(-Gruppen) stehen im Verhältnis 1:2:3 – daraus kann man direkt die jeweilige Zahl der H-Atome in chemisch gleicher Position ablesen.

## *7.3.4 Magnetische Kern-Resonanz (Beispiel)*

Durch präzise Konstruktion der Apparatur kann die spektrale Auflösung der magnetischen Kernresonanz leicht über $1{:}10^{-8}$ gesteigert werden. Die Beobachtung der Resonanzkurve erfolgt dabei meistens bei festgehaltener Frequenz des eingestrahlten Wechselfelds mittels Variation des externen Magnetfelds. Bei dieser Genauigkeit erscheinen die Resonanzlinien der Protonen in verschiedenen chemischen Verbindungen gegeneinander deutlich verschoben und zeigen häufig auch eine Feinstrukturaufspaltung.

Ursache dieser *chemischen Verschiebung* ist die Abschirmung des äußeren Magnetfelds $\vec{B}_{\text{ext}}$ am Kernort durch die (diamagnetische)[53] Elektronenhülle. Die Ab-

[53] Warum diamagnetisch? Überwiegend haben stabile Moleküle abgeschlossene Elektronenschalen, folglich Gesamtdrehimpuls $J=0$, kein magnetisches Moment und können auf den ersten Blick überhaupt nicht auf ein Magnetfeld reagieren. Die quantenmechanische Erklärung des Diamagnetismus beruht darauf, dass das Magnetfeld die volle Kugelsymmetrie des Systems verletzt und gemäß der Störungstheorie eine geringe Beimischung angeregter Elektronenzustände mit

schwächung ist proportional zur Elektronendichte am Kernort, die je nach chemischer Umgebung verschieden sein kann.

Abbildung 7.4 zeigt dies für eine Probe Ethanol. Das Molekül $CH_3$–$CH_2$–OH hat H-Atome an drei chemisch unterschiedlichen Positionen. Die obere Messkurve mit dem deutlich sichtbaren Beweis unterschiedlicher chemischer Verschiebungen wurde von Purcell schon 1952 in seiner Nobelpreisrede gezeigt. Die kleinste der drei Linien stammt von dem einzelnen H-Atom, das über ein O-Atom gebunden ist. Sauerstoff zieht besonders stark die benachbarten Elektronen an sich (große *Elektronegativität* oder *Oxidationskraft*), und lässt dadurch im Zentrum des H-Atoms die Elektronendichte am stärksten sinken. Daher wird die Resonanz, d. h. das zu der eingestrahlten Hochfrequenz passende Magnetfeld am Kernort, beim schwächsten externen Feld erreicht. Die stärker abgeschirmten Protonen der $CH_2$- und $CH_3$-Gruppe können, je nach ihrer Entfernung vom Sauerstoff, erst bei dem (relativ) um ca. einige $10^{-6}$ erhöhten äußeren Feld Energie aus dem Wechselfeld fester Frequenz absorbieren. Die Flächen der Linien stehen im Verhältnis 1:2:3 und geben damit genau die Anzahlen äquivalenter H-Atome im Molekül an. Für die Aufklärung chemischer Strukturen ist dies Messverfahren so wertvoll, dass seine Genauigkeit in der Folgezeit noch um weitere Größenordnungen gesteigert wurde. Unter der Kurve von 1952 ist eine moderne Messung gezeigt, in der die Linien nun so schmal sind, dass man eine weitere kleine Aufspaltung erkennt. Sie wird – klassisch gesprochen – durch die sehr kleinen zusätzlichen Magnetfelder verursacht, die die Protonen der benachbarten chemisch gleichwertigen H-Atome je nach Stellung ihrer magnetischen Momente erzeugen (die anderen Protonen präzedieren mit unterschiedlichen Larmorfrequenzen, ihre Felder mitteln sich zu Null). Abzählen der Komponenten dieser Linien und Ausmessen ihrer Höhen und Abstände ergibt eine Fülle weiterer aussagekräftiger Daten über das untersuchte Molekül.

## 7.4 Elektrische Momente

### *7.4.1 Elektrisches Dipolmoment?*

**Kein statisches elektrisches Dipol-Moment.** Wird das magnetische Dipolmoment am einfachsten durch einen Kreisstrom (Strom $I$, Flächenvektor $\vec{F}$) realisiert, so das elektrische Dipolmoment durch zwei entgegengesetzte Ladungen[54] $\pm q$, räumlich versetzt um einen Vektor $\vec{R}$. In größerem Abstand wird das Feld dann vollständig

$J = 1$ verursacht, die das *induzierte magnetische Moment* hervorrufen. – Paramagnetismus hingegen setzt ein magnetisches Moment voraus, also auch $J \neq 0$. Das ist bei Molekülen selten. Wenn es sich nicht um einen der Sonderfälle handelt wie das $O_2$-Molekül, wo das letzte Elektronenpaar seine Spins parallel ausrichtet, müssen sie ein *ungepaartes Elektron* enthalten. Solche Moleküle können einem weiteren Elektron also einen energetisch günstigen Platz bieten und sind damit chemisch so aggressiv, dass sie „freies Radikal" genannt werden.

[54] In diesem Teilkapitel wird die elektrische Ladung mit dem Kleinbuchstaben $q$ bezeichnet, weil das große $Q$ für das Quadrupolmoment verwendet wird.

durch das Produkt $\vec{\mu} = I\vec{F}$ bzw. $\vec{D} = q\vec{R}$ bestimmt, diese Vektoren tragen deshalb zu Recht den Namen magnetisches bzw. elektrisches Dipolmoment. (Für punktförmige Körper muss man sich hilfsweise noch einen Grenzübergang vorstellen, bei dem die räumliche Ausdehnung beliebig klein gemacht, der Vektor $\vec{\mu}$ bzw. $\vec{D}$ aber konstant gehalten wird.)

*Magnetische* Momente gibt es bei quantenmechanischen Systemen häufig, mit Sicherheit immer dann, wenn Ladung und Drehimpuls ungleich Null sind. In den beobachtbaren Energie-Eigenzuständen zeigt sich aber nie ein *elektrisches* Dipolmoment (das auf ein äußeres elektrisches Feld genau so reagieren würde wie das magnetische Moment auf ein Magnetfeld). Dies kann damit begründet werden, dass trotz der fast gleichlautenden Definitionsgleichungen ein fundamentaler Unterschied zwischen den beiden Dipol-Momenten besteht: zu $\vec{\mu}$ gehört ein axialer Vektor (Fläche $\vec{F}$), zu $\vec{D}$ ein polarer (Ort $\vec{R}$). $\vec{F}$ und $\vec{\mu}$ bleiben sich nach Raumspiegelung gleich, während $\vec{R}$ und $\vec{D}$ dabei ihr Vorzeichen wechseln. In Operatoren sieht dies Transformationsverhalten so aus: $\hat{P}\hat{\vec{\mu}}\hat{P} = +\hat{\vec{\mu}}$, bzw. $\hat{P}\hat{\vec{D}}\hat{P} = -\hat{\vec{D}}$ (mit dem Paritäts-Operator $\hat{P}$, siehe Abschn. 7.2).[55]

Damit kann man formal sofort folgende Fragen beantworten:

**Frage 7.17.** *Warum ist der Erwartungswert von $\hat{\vec{D}}$ in einem Zustand $\Psi$, der eine definierte Parität $P$ hat, gleich Null: $\langle\Psi|\hat{\vec{D}}|\Psi\rangle = 0$?*

**Antwort 7.17.** *Der gespiegelte Zustand sei $|\overline{\Psi}\rangle = \hat{P}|\Psi\rangle$, und das ist nach Voraussetzung $\hat{P}|\Psi\rangle = P|\Psi\rangle$ mit dem Eigenwert $P = \pm 1$. Nun die Umformung des Dipolmoments $\langle\overline{\Psi}|\hat{\vec{D}}|\overline{\Psi}\rangle$ mit Hilfe der Paritäts-Eigenwertgleichung auf zwei Wegen:*

- *Weg 1: Paritätsquantenzahl nutzen:*
  $\langle\overline{\Psi}|\hat{\vec{D}}|\overline{\Psi}\rangle = \langle\hat{P}\Psi|\hat{\vec{D}}|\hat{P}\Psi\rangle = P^*\langle\Psi|\hat{\vec{D}}|\Psi\rangle P = P^2\langle\Psi|\hat{\vec{D}}|\Psi\rangle = \langle\Psi|\hat{\vec{D}}|\Psi\rangle$.
- *Weg 2: Transformation des Operators nutzen:*
  $\langle\overline{\Psi}|\hat{\vec{D}}|\overline{\Psi}\rangle = \langle\hat{P}\Psi|\hat{\vec{D}}|\hat{P}\Psi\rangle = \langle\Psi|\hat{P}^\dagger\hat{\vec{D}}\hat{P}|\Psi\rangle = \langle\Psi|-\hat{\vec{D}}|\Psi\rangle = -\langle\Psi|\hat{\vec{D}}|\Psi\rangle$.

*Resultat: $\langle\Psi|\hat{\vec{D}}|\Psi\rangle = -\langle\Psi|\hat{\vec{D}}|\Psi\rangle = 0$, wie in der Frage behauptet.*

*Nach dieser Formulierung mit Zustandsvektoren und Matrixelementen zur Veranschaulichung hier auch einmal die alternative Formulierung mit Wellenfunktionen und Volumenintegralen (wobei als Operator zwischen den Wellenfunktionen statt des Vektors $\vec{r}$ auch jede seiner Komponenten einzeln eingesetzt sein kann):*

$$\langle\overline{\Psi}|\hat{\vec{D}}|\overline{\Psi}\rangle \equiv \int \overline{\Psi}^*(\vec{r})e\vec{r}\,\overline{\Psi}(\vec{r})\,\mathrm{d}^3\vec{r} = e\int |\overline{\Psi}(\vec{r})|^2\vec{r}\,\mathrm{d}^3\vec{r}\,.$$

*Mit Wellenfunktion $\overline{\Psi}(\vec{r}) \equiv \Psi(-\vec{r}) \equiv \pm\Psi(\vec{r})$ folgt $|\overline{\Psi}(\vec{r})|^2 \equiv |\Psi(-\vec{r})|^2 = |\Psi(\vec{r})|^2$. $|\overline{\Psi}(\vec{r})|^2$ ist daher eine* gerade *Funktion. Wieder zwei Wege der Berechnung:*

---

[55] Stillschweigend wurde dabei vorausgesetzt, dass die elektrische Ladung bei Spiegelung ihr Vorzeichen behält. Eine Selbstverständlichkeit? Kann man das überhaupt experimentell oder logisch überprüfen? (Siehe auch Abschn. 12.2).

*1.* $\int |\overline{\Psi}(\vec{r})|^2 \vec{r}\, \mathrm{d}^3\vec{r} = P^2 \int |\Psi(\vec{r})|^2 \vec{r}\, \mathrm{d}^3\vec{r} = \int |\Psi(\vec{r})|^2 \vec{r}\, \mathrm{d}^3\vec{r}$,

2. $\int |\overline{\Psi}(\vec{r})|^2 \vec{r}\, \mathrm{d}^3\vec{r} = \int |\Psi(-\vec{r})|^2 \vec{r}\, \mathrm{d}^3\vec{r} \mathrel{\hat{=}} \int |\Psi(\vec{r})|^2 (-\vec{r})\, \mathrm{d}^3\vec{r}$
$= -\int |\Psi(\vec{r})|^2 \vec{r}\, \mathrm{d}^3\vec{r}$
*(bei $\hat{=}$ wurde nur die Integrationsvariable von $\vec{r}$ nach $-\vec{r}$ umbenannt)*.

*Resultat wie oben: entgegengesetzte Ergebnisse.*
$|\Psi(\vec{r})|^2 \vec{r} \equiv -|\Psi(-\vec{r})|^2 (-\vec{r})$ *ist eine* ungerade *Vektor-Funktion, daher verschwindet das Integral über den ganzen Raum.*

Folgerung: Systeme mit definierter Parität können kein statisches elektrisches Dipolmoment haben. Die derzeitigen Messwerte für Neutron und Proton

$$|D_\mathrm{n}| < 0{,}29 \cdot 10^{-12} e\,\mathrm{fm}, |D_\mathrm{p}| < 0{,}54 \cdot 10^{-10} e\,\mathrm{fm}$$

bestätigen das aufs beste (die Einheit $1e\,\mathrm{fm}$ entspräche einem Dipol aus zwei Elementarladungen $\pm e$ im Abstand 1 fm, etwas größer als der Nukleonenradius 0,8 fm.)

**Elektrisches Übergangsmoment.** Spielt das elektrische Dipolmoment deshalb in der Quantenphysik gar keine Rolle? Doch, es ist eine der wichtigsten Größen überhaupt, wenn es um Übergänge von einem Zustand $\Psi_\mathrm{ini}$ in einen Zustand $\Psi_\mathrm{fin}$ geht. Zur Berechnung benutzt man die Goldene Regel (Gl. (6.11) in Abschn. 6.1.2),[56] wo als Störoperator die Energie des Systems in einem äußeren Feld einzusetzen ist. In einem homogenen Feld $\vec{E}_0$ (und welches äußere Feld wäre über den Durchmesser eines Atoms oder gar Kerns nicht als homogen anzusehen?)[57] ist das elektrostatische Potential $V_\mathrm{e}(\vec{r}) = -(\vec{E}_0 \cdot \vec{r})$, und der Operator für die Störenergie eines Teilchens mit $+e$ Ladung ist $\hat{H}_\mathrm{WW} = e V_\mathrm{e}(\vec{r})$. Der Erwartungswert dieses Störoperators gibt dann genau das klassische Ergebnis wieder:

$$\langle \Psi | \hat{H}_\mathrm{WW} | \Psi \rangle = -\int |\Psi(\vec{r})|^2 e(\vec{E}_0 \cdot \vec{r})\, \mathrm{d}^3\vec{r} = \int \rho_\mathrm{e}(\vec{r}) V_\mathrm{e}(\vec{r})\, \mathrm{d}^3\vec{r}$$

(wobei mit $\rho_\mathrm{e}(\vec{r}) = e|\Psi(\vec{r})|^2$ die *elektrische* Ladungsdichte gemeint ist).

Für die Übergangsrate ist nach der Goldenen Regel aber nun kein Erwartungswert für einen Zustand zu bilden, sondern ein Matrixelement zwischen zwei Zuständen:

$$M_\mathrm{fin,ini} = \langle \Psi_\mathrm{fin} | \hat{H}_\mathrm{WW} | \Psi_\mathrm{ini} \rangle = e\vec{E}_0 \langle \Psi_\mathrm{fin} | \hat{\vec{r}} | \Psi_\mathrm{ini}\ . \rangle$$

Das muss – nach dem Rechenweg in Antwort 7.17 – gleich Null sein, wenn $\Psi_\mathrm{fin}$ und $\Psi_\mathrm{ini}$ gleiche Parität haben, sonst aber nicht. Dies ist die Paritäts-Auswahlregel für elektrische Dipolstrahlung (E1). In der Atom- und Molekülphysik nennt man $e\langle \Psi_\mathrm{fin} | \hat{\vec{r}} | \Psi_\mathrm{ini} \rangle$ das Übergangselement des (elektrischen) Dipoloperators, oder schlicht den Übergangsdipol (und kürzt ihn häufig mit $\vec{\mu}_\mathrm{fin,ini}$ ab).

---

[56] Vergleiche Abschn. 6.4.6 für die Emission von $\gamma$-Quanten.

[57] Siehe Abschn. 7.5.2 für ein Gegenbeispiel.

Die *Drehimpuls*-Auswahlregel für Dipolstrahlung

$$|I_{\text{fin}} - I_{\text{ini}}| \leq 1, \qquad \text{aber nie } 0 \to 0 \tag{7.23}$$

folgt aus demselben Matrixelement: $\Psi_{\text{fin}}, \Psi_{\text{ini}}$ sind Zustände mit definierten Drehimpulsen $I_{\text{fin}}, I_{\text{ini}}$, und die drei Komponenten von $\vec{r}$ kann man als $rY_{\ell=1}^{m=0,\pm 1}(\vartheta, \varphi)$ gerade mit (Linearkombinationen der) drei Kugelfunktionen zu $\ell = 1$ ausdrücken[58]. Im Matrixelement entstehen für jede Komponente von $\hat{\vec{r}}$ daher Produkte der Endzustandswellenfunktion mit einer Kugelfunktion $Y_{\ell=1}^{m}$, formal gerade so, als ob man den Drehimpuls $\ell = 1$ und den Enddrehimpuls $I_{\text{fin}}$ zu einem Gesamtdrehimpuls zusammenfügen würde. Die Anfangs-Wellenfunktion zu $I_{\text{ini}}$ steuert einen dritten Faktor bei, und durch das Matrixelement (z. B. als Volumen-Integral) wird geprüft, mit welcher Amplitude dieser Gesamtdrehimpuls $I_{\text{ini}}$ im Produkt der beiden anderen Faktoren vorkommt. In dem Vorgehen ist leicht der Drehimpuls-Erhaltungssatz $\vec{I}_{\text{ini}} = \vec{\ell} + \vec{I}_{\text{fin}}$ zu erkennen. Die Ergebnisse müssen mit der Dreiecks-Ungleichung verträglich sein. Als Resultat kommen daher nur die $I_{\text{fin}}$ in Frage, die der obigen Auswahlregel genügen.

**Welcher Dipol kehrt sich nicht bei Spiegelung um?** Zum Abschluss und als Vorbereitung zur Diskussion der Verletzung der Paritäts-Invarianz (Abschn. 12.2) hier in Form einer Zwischenfrage noch ein Hinweis darauf, *wie* sorgsam mit dem Unterschied von axialen und polaren Vektoren bei der Paritätsoperation umzugehen ist:

**Frage 7.18.** *(Eine nahe liegende Querfrage:) Warum wird das magnetische Dipolmoment immer mit einer Stromschleife veranschaulicht statt mit einem Stabmagneten (Nordpol rot, Südpol grün markiert)? Die Felder und alle Wechselwirkungen (in großem Abstand) sind doch dieselben!*
*(Das Problem liegt darin, dass ein Pfeil von der roten zur grünen Markierung sicher ein normaler polarer Vektor ($\vec{R}$) wäre und bei Raumspiegelung selbstverständlich seine Richtung umkehren würde. Und dabei soll trotzdem die Richtung vom Nordpol zum Südpol des Magneten (als axialer Vektor $\vec{\mu}$) die gleiche bleiben wie vorher? Widerspricht das nicht aller praktischen Erfahrung mit den kleinen Stabmagneten im Wergzeugkasten oder im Spielzeug?)*

**Antwort 7.18.** *Der Hinweis auf die praktischen Erfahrung kann sich wohl nur darauf beziehen, dass man bei einem Stabmagneten Nord- und Südpol vertauschen kann, indem man ihn ganz einfach einmal um-**dreht**. Aber noch hat niemand einen Stabmagneten wirklich **gespiegelt**. Hierbei würde sich offensichtlich (so wenig anschaulich das sein mag) auch die Zuordnung der Farben zu den Magnetpolen verkehren müssen, – oder mathematisch verallgemeinerbar ausgedrückt:*

> *Das Skalarprodukt $h = (\vec{R} \cdot \vec{\mu})$ eines polaren mit einem axialen Vektor ändert bei Raumspiegelung sein Vorzeichen: Es ist ein* Pseudo-Skalar, *und damit eine für die Überprüfung der Spiegelsymmetrie brauchbare Größe.*

[58] $z = \sqrt{4\pi/3}\, rY_{\ell=1}^{m=0}(\vartheta, \varphi)$, $\sqrt{\frac{1}{2}}(x \pm \mathrm{i}y) = \sqrt{4\pi/3}\, rY_{\ell=1}^{m=\pm 1}(\vartheta, \varphi)$.

### 7.4.2 Elektrische Quadrupolmomente

**Kerne nicht kugelförmig.** In den einfachsten Kernmodellen wurden die Kerne als kugelförmig angenommen (Abschn. 4.2 und 5.6), und von ihrer Deformation wurde nur als Vorstufe der Spaltung gesprochen. Dass Kerne ab $I \geq 1$ aber außer ihrer Ladung („elektrischer Monopol") und ihrem magnetischen Dipolmoment weitere elektromagnetische Momente haben müssen, ging ab 1935 aus anomalen Niveauabständen bei der Hyperfeinstruktur der Atomniveaus hervor. Es gibt Beiträge zur Energieaufspaltung, die nicht proportional zur Richtungsquantenzahl $m_I$ sind, sondern zu $m_I^2$.

Die einfachste Erklärung hierfür erhält man mit der neuen Annahme, die Ladungsverteilung $\rho_K(\vec{r})$ im Kern zeige eine permanente Abweichung von der Kugelgestalt in Form eines Rotationsellipsoids – etwas in die Länge gezogen (*prolat*, Football oder Zigarre), oder flachgedrückt (*oblat*, „platt", Diskus oder manche Seifenstücke).

**Extremfall Hantel.** Zur Veranschaulichung der zu erwartenden Effekte kann man gut den fiktiven Extremfall dieser Deformation nehmen: eine Hantel aus zwei *gleichnamigen* Punkt-Ladungen $+q$ mit festem Abstand $2R$ an den Orten $\pm\vec{R}$. Um die Folgen der Deformation isoliert zu erkennen, neutralisieren wir die Anordnung noch durch eine Ladung $-2q$ im Ursprung. Zusammen sind das zwei entgegen gerichtete Dipole, also mit Gesamt-Ladung und Gesamt-Dipolmoment Null. In einem *inhomogenen* Feld, das längs der $z$-Achse linear ansteigt, wird auf diesen Doppel-Dipol keine Netto-Kraft ausgeübt (so wenig, wie in einem homogenen Feld auf einen Dipol), sondern ein Drehmoment (wieder wie im homogenen Feld auf einen Dipol). Das Drehmoment wird die beiden Ladungen zur Achse des Feldgradienten ziehen (hier die $z$-Achse), denn dabei wird – anschaulich gesprochen – bei der einen Ladung $+q$ auf der Seite größerer Feldstärke mehr potentielle Energie frei, als die andere Ladung $+q$ bei ihrer Bewegung gegen die – dort geringere – Feldstärke verbraucht. Die potentielle Energie der einzelnen Ladungen hängt im inhomogenen Feld nun nicht mehr nur linear sondern quadratisch von ihrer $z$-Koordinate ab. Wegen $z = \pm R \cos\vartheta$ ist ihre Winkelabhängigkeit $\propto \cos^2\vartheta$. Nach der quantenmechanischen Deutung $\cos\vartheta \hat{=} m_I/\sqrt{I(I+1)}$ ergibt sich so schon die $m_I^2$-Abhängigkeit der zusätzlichen Energieaufspaltung.

**Quadrupolmoment.** In der allgemeinen Formel, anwendbar für eine ausgedehnte Ladungsverteilung $\rho_K(\vec{r})$, wird deren mittlere quadratische Ausdehnung in einer Richtung $(z)$ mit der mittleren quadratischen Ausdehnung senkrecht dazu $(x, y)$ verglichen.

$$\begin{aligned} Q &= 2\langle z^2\rangle - (\langle x^2\rangle + \langle y^2\rangle) \\ &\equiv \int (3z^2 - r^2)\rho_K(\vec{r})\,\mathrm{d}^3r \equiv \int r^2(3\cos^2\vartheta - 1)\rho_K(\vec{r})\,\mathrm{d}^3r\,. \end{aligned} \tag{7.24}$$

(Normierung: $\int \rho_K(\vec{r})\,\mathrm{d}^3r = q_{\text{gesamt}}$, die elektrische Gesamtladung.) Da hier gerade die Abweichung von der Kugelsymmetrie interessiert, kann je nach Orientierung der $z$-Achse dies Integral verschiedene Werte haben. Man bezeichnet als *das Quadrupolmoment* den (absolut) größtmöglichen dieser Werte, und die entsprechende $z$-Achse als Hauptachse der Ladungsverteilung. Bei axialer Rotationssymmetrie ist es die Symmetrieachse.

Ähnlichkeiten mit dem Verhalten des Trägheitsmoments $\Theta = \langle x^2 + y^2 \rangle$ bei verschiedener Wahl der Orientierung der Achse sind kein Zufall. Wegen $2z^2 - (x^2 + y^2) \equiv 2r^2 - 3(x^2 + y^2)$ unterscheiden sich beide nur um eine skalare (kugelsymmetrische) Größe.[59]

In quantenmechanischer Schreibweise ist das Quadrupolmoment (für ein einzelnes Proton) der Erwartungswert des Quadrupoloperators $\hat{Q} = er^2(3\cos^2\vartheta - 1)$:

$$Q = \int \psi^* \hat{Q} \psi \, \mathrm{d}^3 r \equiv \langle \psi | \, \hat{Q} \, | \psi \rangle \; ; \tag{7.25}$$

und für den ganzen Kern mit Spin $I$ die Summe über alle Protonen, geschrieben als:

$$Q = \langle \psi_I | \, \hat{Q} \, | \psi_I \rangle \; . \tag{7.26}$$

Seine Hauptachse ist parallel zum Drehimpulsvektor $\langle \hat{\vec{I}} \rangle$.

**Frage 7.19.** *Berechne $Q$ für das obige Hantelmodell extremer Deformation.*

**Antwort 7.19.** *Bei diskreten Punktladungen muss man das Integral entweder mit Diracschen $\delta$-Funktionen auswerten ($\rho(\vec{r}) = q\delta(\vec{r} - \vec{r}) + q\delta(\vec{r} + \vec{r}) - 2q\delta(\vec{r})$, wobei unter dem Integral wegen der Multiplikation mit $r^2$ der letzte Term nichts beiträgt) oder einfacher gleich die Summe mit exakt derselben Bedeutung draus machen: $Q = 3qR^2 + 3qR^2 = 6qR^2$.*

**Quadrupolmoment und Deformation.** Bei Kugelsymmetrie ist

$$\int x^2 \rho_K(\vec{r}) \, \mathrm{d}^3 r = \int y^2 \rho_K(\vec{r}) \, \mathrm{d}^3 r = \int z^2 \rho_K(\vec{r}) \, \mathrm{d}^3 r \, ,$$

daher wegen $r^2 = x^2 + y^2 + z^2$ das Quadrupolmoment Null. Ein Wert $Q > 0$ bedeutet offenbar, dass die Ladungsverteilung sich in $\pm z$-Richtung weiter erstreckt als senkrecht dazu – also prolate Form hat (siehe Hantel-Modell in der vorigen Frage), entsprechend $Q < 0$ für oblat (so immer für positive Ladung, sonst umgekehrt).

Will man einen Parameter zur Veranschaulichung der Abweichung der Kern*form* von der Kugelgestalt haben, ist $Q$ nach Gl. (7.24) noch nicht geeignet. Es wechselt nicht nur mit der Ladung sein Vorzeichen, sondern würde z. B. doppelt so große Werte annehmen, wenn bei gleicher Form nur die Gesamtladung $q_{\text{gesamt}}$ oder das mittlere Abstandsquadrat $\langle r^2 \rangle$ verdoppelt würden. Man betrachtet dafür besser ein

[59] wenn Ladung und Masse die gleiche Verteilung haben.

durch Skalierung dimensionslos gemachtes *reduziertes Quadrupolmoment*

$$Q_{\text{red}} = \frac{Q}{q_{\text{gesamt}} \langle r^2 \rangle} . \tag{7.27}$$

Mögliche Werte liegen zwischen $Q_{\text{red}} = -1$ und $+3$.

**Frage 7.20.** *Berechne $Q_{\text{red}}$ für den extremsten Fall einer prolaten Deformation, d. h. das obige Hantelmodell.*

**Antwort 7.20.** $Q_{\text{red,max}} = \frac{6qR^2}{2qR^2} = 3$.

**Frage 7.21.** *Berechne $Q_{\text{red}}$ für extreme oblate Deformation.*

**Antwort 7.21.** *Alle Ladungen liegen (egal in welcher Verteilung) in der x-y-Ebene, d. h. bei $z = 0$. Folglich $Q = \int (-r^2)\rho_K(\vec{r})\,\mathrm{d}^3r = -q_{\text{gesamt}}\langle r^2 \rangle$, also $Q_{\text{red,min}} = \frac{-q_{\text{gesamt}}\langle r^2 \rangle}{q_{\text{gesamt}}\langle r^2 \rangle} = -1$.*

**Quadrupol-Energie.** Das inhomogene elektrische Feld am Kernort kann in einem Kristall durch Ionen auf benachbarten Gitterplätzen erzeugt werden, wenn sie nicht kubisch symmetrisch verteilt sind. Zu seiner Charakterisierung braucht man die Richtung mit maximalem Feldgradienten, Hauptachse genannt und üblicherweise auch mit $z$-Achse bezeichnet, und die Stärke der Inhomogenität selbst, $\frac{\partial E_z}{\partial z}$. In Abhängigkeit vom Winkel $\theta$ zwischen diesen beiden $z$-Achsen (der Symmetrieachse des Kerns und der Hauptachse des Feldgradienten) ist die potentielle Energie nach klassischer Berechnung

$$\Delta E_Q = \frac{Q}{4} \frac{\partial E_z}{\partial z} \frac{3\cos^2\theta - 1}{2} . \tag{7.28}$$

Nach Übersetzung in Operatoren entsteht aus dieser Zusatzenergie eine Aufspaltung je nach dem Quadrat der Quantenzahl $m_I$ längs der Hauptachse des Kristallfelds. In einem freien Atom erzeugen die Elektronen in nicht abgeschlossenen Schalen (ab $j \geq \frac{3}{2}$) ein inhomogenes inneres Feld. Seine Hauptachse steht nicht fest im Raum sondern ist zum Hüllendrehimpuls $\vec{J}$ parallel. Quantenmechanisch muss die Wechselwirkungsenergie durch das Quadrat $(\hat{\vec{I}} \cdot \hat{\vec{J}})^2$ des Skalarprodukts beschrieben werden. So entsteht eine Kopplung von Kern- und Hüllendrehimpuls zum Atomdrehimpuls, $\hat{\vec{I}} + \hat{\vec{J}} = \hat{\vec{F}}$, wobei ein durch $J$ und $I$ gegebenes Niveau je nach Quantenzahl $F$ eine Hyperfeinaufspaltung zeigt, die sich charakteristisch von der magnetischen Kopplung unterscheidet.

In beiden Fällen muss die Größe des Feldgradienten aus atom- bzw. festkörperphysikalischen Modellen berechnet werden, um aus der beobachteten Hyperfeinstruktur die statischen Quadrupolmomente der Kerne zu bestimmen.

**Beobachtete Quadrupolmomente.** Es zeigte sich: Nur Kerne mit $I \geq 1$ haben ein $Q \neq 0$. Erklärung:

- $I = 0$ bedeutet absolute Rotationssymmetrie um jede Achse, also $Q = 0$.
- Ein Drehimpuls $I = \frac{1}{2}$ ist das genaue Äquivalent zu einem Vektor und kann daher genau ein Dipolmoment repräsentieren. Man braucht aber mindestens zwei Dipole, um einen Quadrupol zu bilden – vgl. das Hantelmodell.

Alternativ kann man auch nach Gl. (7.3) den Wert $\cos^2\vartheta = \frac{1}{3}$ (für $I = \frac{1}{2}$) nehmen und direkt in Gl. (7.24) einsetzen. Es folgt wieder $Q = 0$.

Die wirklich überzeugende Erklärung dafür, dass es ein Quadrupolmoment $Q \neq 0$ erst ab Drehimpuls $I \geq 1$ geben kann, geht von der Beobachtung aus, dass im Integral für $Q$ (Gl. (7.24)) eine Kugelfunktion zu $\ell = 2$ steht: $Y_{\ell=2}^{m=0} = \sqrt{(2l+1)/16\pi}\,(3\cos^2\vartheta - 1)$. Das ist kein Zufall. Die Reihenfolge Monopol-Dipol-Quadrupol-... ist auch der Anfang einer Reihenentwicklung der Ladungsdichte nach Kugelfunktionen. Die Faktoren heißen allgemein *Multipolmomente*. Der Quadrupol-Operator wird wegen $\ell = 2$ auch als Tensor-Operator 2. Stufe bezeichnet und zeigt – eben weil er aus einer Kugelfunktion gebildet ist – bei Rotation dasselbe Verhalten wie ein Drehimpulseigenzustand mit $\ell = 2$. Der Erwartungswert oder allgemein das Matrixelement dieses Operators zwischen Zuständen $|j_i, m_i\rangle (i = 1, 2)$ mit bestimmten Drehimpulsen ist dann proportional zum Überlapp dieser insgesamt drei Drehimpulseigenfunktionen, genau so, als ob man einen von ihnen als Summe der beiden anderen darstellen wollte (*Wigner-Eckart-Theorem*). Wie bei der Drehimpulsaddition muss $\ell = 2$ nun zusammen mit den Drehimpulsen der beiden Wellenfunktionen die Dreiecks-Ungleichung erfüllen, sonst kommt auf jeden Fall Null heraus. Für das Quadrupolmoment in Gl. (7.26) müssen also die zwei Spins $I$ zum Drehimpuls $\ell = 2$ koppeln können, was erst ab $I \geq 1$ möglich ist. Das ist das gleiche Argument wie oben bei der Begründung der Auswahlregel für Dipolstrahlung (Gl. (7.23)).

Ganz allgemein können bei der Darstellung einer räumlichen Richtungsabhängigkeit

$$R(\vartheta, \varphi) = \sum_{\ell,m} R_{\ell,m} Y_\ell^m(\vartheta, \varphi)$$

die Kugelfunktionen mit zunehmendem $\ell$ immer feinere Details wiedergeben, genau so wie das im 1-dimensionalen im Intervall $0 \leq \alpha \leq 2\pi$ die Basis-Funktionen $\sin(n\alpha)$ und $\cos(n\alpha)$ der Fourier-Analyse mit steigendem $n$ können. Eine reine Kugelform ist schon durch $\ell = 0$ wiedergegeben: $R_{\text{Kugel}}(\vartheta, \varphi) = R_{00} Y_0^0 (\equiv \text{const.})$. Ist $R(\vartheta, \varphi)$ die Oberfläche eines Kerns, fallen wegen Spiegelsymmetrie (Paritätsquantenzahl!) alle ungeraden $\ell$ weg, und bei Rotationssymmetrie um die $z$-Achse auch noch alle $m$ außer $m = 0$. Die Reihe beginnt also wie

$$R(\vartheta, \varphi) = R_{00} Y_0^0(\vartheta, \varphi) + R_{20} Y_2^0(\vartheta, \varphi) \mathrel{\hat{=}} b(1 + \delta\cos^2\vartheta)\,. \tag{7.29}$$

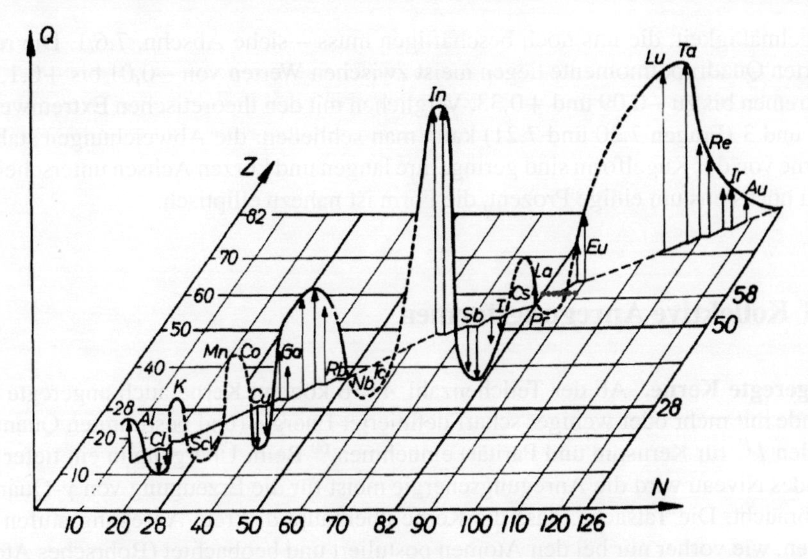


**Abb. 7.5** Kern-Quadrupolmomente $Q$ für die stabilen Kerne mit Spin $I \geq 1$, auf der $(N, Z)$-Isotopenkarte als Höhe eingetragen (für die leichtere Hälfte der Nuklide bis einschließlich In ($Z = 49$, $N = 68$) 10fach überhöht, aus [113]). Demnach sind *fast alle* Kerne deformiert, aber den Zahlenwerten nach ist die Abweichung von der Kugelgestalt meist im Bereich weniger Prozent. Es zeigt sich eine regelmäßige Abhängigkeit von der Teilchenzahl, die erst im asphärischen Schalenmodell gedeutet werden kann. (Die Nulldurchgänge von + nach − markieren gerade die Schalenabschlüsse, siehe Abschn. 7.6.1.) *Rot markiert*: Die Neodym-Isotope ($Z = 60$, $N = 82$–$90$), die in Abb. 7.6 die Dipol-Riesenresonanz mit ihrer deformationsbedingten Aufspaltung zeigen

Bei $\hat{=}$ ist eine einfache Umformung gemacht, durch die sich aus $R_{00}$, $R_{20}$ neue Koeffizienten $b, \delta$ ergeben, wobei ersichtlich $b$ die (halbe) Länge der beiden Nebenachsen ($\cos\vartheta = 0$) und $b(1+\delta) = a$ die (halbe) Länge der Hauptachse ($\cos\vartheta = \pm 1$) ist. $\delta$ heißt auch *Deformationsparameter*.

**Frage 7.22.** *Oft wird diese Fläche $R(\vartheta, \varphi) = b(1 + \delta \cos^2 \vartheta)$ ein Rotations-Ellipsoid genannt. Ist das richtig?*

**Antwort 7.22.** *In der z-x-Ebene erhält man die Ellipse mit den Halbachsen $a$, $b$ aus $\frac{z^2}{a^2} + \frac{x^2}{b^2} = 1$. Polarkoordinaten $z = R\cos\vartheta$, $x = R\sin\vartheta$ eingesetzt, folgt $\frac{1}{R^2} = \frac{1}{b^2} + (\frac{1}{a^2} - \frac{1}{b^2})\cos^2\vartheta \equiv \ldots \equiv \frac{1}{b^2}\left(1 - \delta\frac{2+\delta}{(1+\delta)^2}\cos^2\vartheta\right)$. Das sieht, wenn man sich die Auflösung nach R vorstellt, doch recht verschieden von Gl. (7.29) aus.*

*Indes ist für kleine Deformation, d. h. $\delta \ll 1$, auch der Koeffizient vor dem $\cos^2 \ll 1$ und proportional zu $\delta$. In erster Näherung darf man daher an den übrigen Stellen dort überall $1+\delta \cong 1$ setzen. Zieht man dann nach $\sqrt{1-2\varepsilon} \cong 1-\varepsilon$ die (in 1. Näherung richtige) Wurzel aus der ganzen Gleichung, nimmt nach $1/(1-\varepsilon) \cong 1+\varepsilon$ noch den (in 1. Näherung richtigen) Kehrwert, dann erhält man tatsächlich Gl. (7.29).*

*Ergebnis: Übereinstimmung nur bis zur 1. Potenz von $\delta$.*

Die an den Kernen mit Kernspins $I \geq 1$ gemessenen Quadrupolmomente (Abb. 7.5) schwanken zwischen positiven und negativen Werten mit einer gewissen

Regelmäßigkeit, die uns noch beschäftigen muss – siehe Abschn. 7.6.1. Die reduzierten Quadrupolmomente liegen meist zwischen Werten von $-0{,}01$ bis $+0{,}1$, mit Extremen bis zu $-0{,}09$ und $+0{,}33$. Verglichen mit den theoretischen Extremwerten $-1$ und 3 (Fragen 7.20 und 7.21) kann man schließen: die Abweichungen stabiler Kerne von der Kugelform sind gering. Ihre langen und kurzen Achsen unterscheiden sich höchstens um einige Prozent, die Form ist nahezu elliptisch.

## 7.5 Kollektive Anregungsformen

**Angeregte Kerne.** Ab der Teilchenzahl $A = 6$ können Kerne auch angeregte Zustände mit mehr oder weniger scharf definierter Energie (und bestimmten Quantenzahlen $I^P$ für Kernspin und Parität) einnehmen.[60] Beim Übergang in ein tiefer liegendes Niveau wird die Anregungsenergie meist für die Erzeugung von $\gamma$-Quanten verbraucht. Die Tatsache, dass die Kerne überhaupt diskrete Anregungsstufen besitzen, wie vorher nur bei den Atomen postuliert und beobachtet (Bohrsches Atommodell 1913, Franck-Hertz-Versuch 1914), wurde in den 1920er Jahren anhand der Konversionselektronen[61] entdeckt, denn die direkte Spektroskopie von $\gamma$-Strahlung wurde erst ab den 1950er Jahren zur einfachen Routine. Es können im Prinzip, sofern nicht durch Erhaltungssätze verboten, auch alle anderen Strahlen entstehen. Jedoch sind für verschiedene Strahlungsarten die Übergangsraten meist so extrem unterschiedlich, dass von allen möglichen Übergängen doch nur der wahrscheinlichste beobachtet wird (vgl. die früheste Bestimmung der Halbwertzeiten bei $\gamma$-Zerfall aus dem Verzweigungsverhältnis zum $\alpha$-Zerfall, Abschn. 6.4.7). Die jahrzehntelange Vermessung dieser Zustände füllt mit ihren detaillierten Ergebnissen zu Energie, Drehimpuls, Parität, Bildungs- und Zerfallsweise, Verwandschaft zu anderen Zuständen desselben oder anderer Nuklide etc. inzwischen große Datenbanken.

**„Mittlere" Teilchenzahl – unterschiedliche Anregungstypen.** Wie eingangs zum Kap. 7 erwähnt, ist die Kernstruktur auch deswegen sowohl kompliziert als auch physikalisch interessant, weil es sich hier um „mittlere" Teilchenzahlen handelt – zwischen den in vieler Hinsicht leichter zugänglichen Systemen mit sehr kleinen Zahlen, wie im 2- oder 3-Körper-Problem, und den „beliebig" großen, wie in den typischen Viel-Teilchen-Systemen Gas, Festkörper, Flüssigkeit oder Plasma. Von diesen beiden Seiten aus versuchte man seit den 1930er Jahren, dem physikalischen Verständnis der Kerne näher zu kommen. Ein Gesamtbild entstand erst in den 1960er Jahren, und es wurde schon kurz darauf mit einem eigenen Nobelpreis gefeiert – dem letzten, der der eigentlichen Kernphysik gewidmet wurde. Aage N. Bohr (Sohn von Niels B.), Ben R. Mottelson und James Rainwater erhielten ihn 1975 für „die Entdeckung der Beziehung zwischen kollektiver Bewegung und der

---

[60] Bei kleinerem $A$ ist die energetisch niedrigste Anregung immer schon die Separation eines Nukleons.

[61] siehe Abschn. 6.4.1 und 6.4.7

Bewegung einzelner Teilchen im Kern und die Entwicklung der darauf gegründeten Theorie der Kernstruktur".

Im Unterschied zu den unendlich ausgedehnten Viel-Teilchen-Systemen der theoretischen Physik haben die endlichen (und natürlich auch alle realen) Systeme eine begrenzende Oberfläche.[62] Diese ist für Kerne in ihren stabilen Grundzuständen im vorigen Abschnitt Abschn. 7.4.2 diskutiert worden. Aus ihrer endlichen Größe und der Abweichung von der Kugelgestalt ergeben sich einfach zu verstehende Möglichkeiten der Anregung. Sie sind typisch, weil sie in ganz ähnlicher Weise bei vielen Kernen auftreten. Ihren Namen „kollektive Anregungen" haben sie von der charakteristischen Eigenschaft, dass mehr oder minder alle Nukleonen dazu beitragen, und das macht ihre (jedenfalls angenäherte) Beschreibung durch pauschale Parameter wiederum leicht: Man kann an den Vorstellungen zum Tröpfchen-Modell für die Bindungsenergie (Abschn. 4.2) anknüpfen. Das andere Extrem bilden die Anregungstypen, bei denen es im wesentlichen auf ein einziges (oder nur wenige) Teilchen ankommt. Da sie bei Atomen die häufigsten sind, hat sich hier der Begriff des „Leuchtelektrons" eingebürgert. Solche Anregungen sind besser im Einzelteilchen-Modell (Abschn. 7.6) zu beschreiben.

In diesem Buch können nur diese beiden Ausgangspunkte zu der erwähnten, in den 1960er Jahren erreichten Synthese besprochen werden, hier im Abschn. 7.5 das Modell kollektiver Bewegungsformen, im nächsten Abschnitt das Modell einzelner Teilchen in einem Potentialtopf.

### *7.5.1 Kollektive Schwingungen: Dipol-Riesenresonanz*

**Eine vermutete Anregungsform.** Elektrische Dipolmomente können, wie in Abschn. 7.4.1 entwickelt, bei stabilen Kernen mit definierter Parität nicht vorkommen. Sie würden einer permanenten (statischen) Verschiebung des Schwerpunkts aller Protonen gegenüber dem aller Neutronen des Kerns entsprechen. Jedoch kann man die anschauliche Vorstellung hegen, dass solche Verschiebungen dynamisch vorkommen können, d. h. dass die beiden Teilchensorten im Kern kollektiv gegeneinander schwingen (um den ruhenden gemeinsamen Schwerpunkt).

Wie hoch wäre die Anregungsenergie? Welche messbaren Wirkungen lassen sich erwarten? Wie könnte man diese Schwingung anzuregen versuchen? Ein grobes Modell zur Beantwortung der ersten Frage, hier auch als eine weitere Übung im Abschätzen ungefähr realistischer Größenordnungen eingefügt: Grundüberlegung ist, dass die Vorstellung von einem klassischen harmonischen Oszillator mit Fre-

[62] Welche wichtige Rolle bei makroskopischen Substanzmengen die Oberflächen (oder Grenzflächen) spielen, ist detailliert erst erforschbar geworden, als man sie im atomaren Maßstab leicht sauber herstellen und bewahren konnte: mit dem Aufkommen von Ultrahoch-Vakuum-Kammern im Gefolge der Raumfahrttechnik in den 1960er Jahren. Vorher war es, nach den Worten des für seine „Untersuchungen an chemischen Reaktionen an metallischen Oberflächen" mit dem Chemie-Nobelpreis 2007 ausgezeichnete Physikers Gerhard Ertl, „Hexerei", die in manchen Anwendungen aber auch problemlos funktionierte, wie das Beispiel Aktivkohle zeigt (siehe Umwandlung Ortho/Para-Wasserstoff in Abschn. 7.6).

quenz $\omega/(2\pi)$ gut auf quantenmechanische Systeme zu übertragen ist. Kleinste Anregungsenergie ist dann $E = \hbar\omega$.

Ansatz aus der Mechanik: zwei gleiche Massen $m$, die durch eine Feder (Federkonstante $k$) verbunden sind, schwingen um ihren Schwerpunkt mit der Frequenz $\omega = \sqrt{k/m_{\text{red}}}$; darin $m_{\text{red}} = m/2$ die reduzierte Masse des 2-Teilchensystems. Zur Abschätzung der Federkonstante versuchen wir die potentielle Energie $E_{\text{Auslenkung}} = \frac{1}{2}kd^2$ für die Auslenkung um eine Strecke $d$ zu schätzen.

Zahlenwerte (alles grobe Schätzwerte!): Für $m$ die halbe Masse $A/2$ des Kerns, also $m_{\text{red}}c^2 \approx (A/4)$ GeV. Für die Auslenkung den doppelten Nukleonenradius $d =$ 1,6 fm, damit man sich vorstellen kann, die beiden Kugeln aus allen Protonen bzw. allen Neutronen seien gerade so weit gegeneinander verschoben, dass alle Nukleonen an der Oberfläche ihre Bindungspartner der jeweils anderen Art verloren haben. Das kostet pro betroffenem Nukleon etwa 8 MeV, die Hälfte der Volumen-Energie nach dem Tröpfchen-Modell. Nehmen wir als Beispiel $A = 160$, dann sind etwa 100 Nukleonen betroffen.[63] Die für diese Auslenkung um 1,6 fm aufzuwendende Energie ist demnach $E_{\text{Auslenkung}} \approx 100 \cdot 8$ MeV. Alles eingesetzt ergibt $\hbar\omega \approx 25$ MeV.

Obwohl man bei dieser gewagten Abschätzung für die Anregungsenergie einer kollektiven Dipolschwingung Abweichungen von der Wirklichkeit um eine ganze Größenordnung wohl nicht ausschließen sollte, kann man sagen: diese Anregungsform sollte den Kernen möglich sein. Sie würde bei (ungefähren!) 25 MeV einen mit der Frequenz $\omega/(2\pi) = 25\,\text{MeV}/(2\pi\hbar) \approx 6 \cdot 10^{21}$ Hz schwingenden elektrischen Dipol darstellen, sollte also durch ein elektrisches Wechselfeld gleicher oder ähnlicher Frequenz anzuregen sein, gerade so wie die Resonanz jeder (gedämpften) erzwungenen Schwingung. Solche Wechselfelder gibt es wirklich: $\gamma$-Quanten im Energiebereich um (wegen $E_\gamma = \hbar\omega$ nicht zufällig dieselben) 25 MeV.

**Bestätigung im Experiment.** Unterstellt, man hätte erfolgreich einen solchen Zustand im Kern angeregt, woran würde man das experimentell erkennen können? Sicher an einer erhöhten Absorption von $\gamma$-Quanten der richtigen Energie. Aber auch Re-Emission in anderer Richtung ist zu erwarten – also ein Absorptions- oder ein Streuvorgang mit resonanzartig erhöhtem Wirkungsquerschnitt. Weiter ist auch die Emission eines einzelnen Nukleons möglich, die Energie jedenfalls reicht (bei einer *mittleren* Bindungsenergie von 7–8 MeV je Nukleon) bei weitem dazu aus. Aber da die Anregungsenergie der kollektiven Schwingung nicht auf ein Nukleon konzentriert ist, sondern auf alle Nukleonen verteilt und daher im Durchschnitt etwa von der Größenordnung 25 MeV/$A \approx 0{,}2$ MeV ($A \approx 160$ angesetzt) ist, könnte ein Nukleon nur nach interner Umverteilung der Energie heraus kommen. Dass dies tatsächlich vorkommt, zeigen die in Abb. 7.6 dargestellten experimentellen Ergebnisse.

Das Experiment [25]: $\gamma$-Quanten verschiedener Energie (erzeugt durch die Zerstrahlung von Positronium im Fluge, vgl. Abschn. 6.4.5) treffen auf isotopenreine Targets des Elements Neodym (ein Element der Seltenen Erden). Gemessen wur-

[63] vgl. die Abschätzung der Anzahl der Nukleonen an der Oberfläche in Abschn. 4.2.4 (S. 112): Bei $A = 60$ beginnt – nach der dort benutzten simplen geometrischen Vorstellung über die Anordnung von Kugeln in Schalen – nach der 2. „Zwiebelschale“ mit 48 Plätzen die dritte mit $3^2/2^2 \cdot 48 \approx 110$ Plätzen.

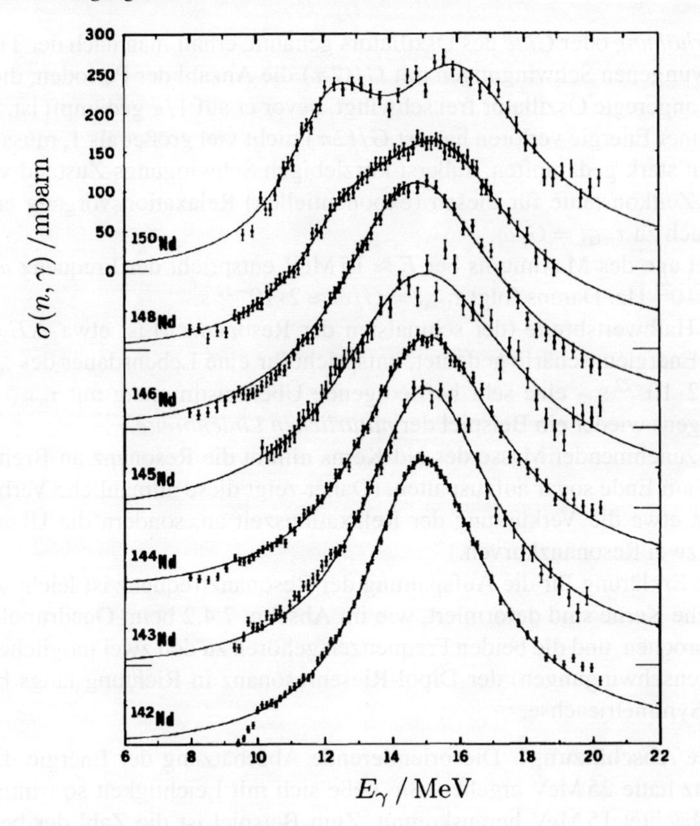


**Abb. 7.6** Neutronenausbeute nach Bestrahlung von Neodym-Isotopen ($Z = 60$, $N = 82–90$) mit monoenergetischer $\gamma$-Strahlung im Bereich der Dipol-Riesenresonanz (Protonen schwingen gegen Neutronen). Die Kurven sind für bessere Sichtbarkeit versetzt gezeichnet. Das leichteste Isotop zeigt eine reine Resonanzkurve um 15 MeV, aus deren Lage und Breite man als Schwingungsfrequenz $\nu = \omega/(2\pi) = 3{,}6 \cdot 10^{21}$ Hz und als Lebensdauer $\tau = 2 \cdot 10^{-22}$ s entnehmen kann. Im Mittel wird daher schon nach einer Periode ein Neutron emittiert. Beim schwersten Isotop sieht man eine Aufspaltung in zwei Frequenzen. (Abb. aus [25])

de die Ausbeute an Neutronen, die in Abb. 7.6 nach Umrechnung in den totalen Wirkungsquerschnitt angegeben ist, in den (immer noch gebräuchlichen) Einheiten mbarn $= 0{,}1$ (fm)$^2$ (siehe Gl. (3.23)).

**Die Dipol-Riesenresonanz im Einzelnen.** Beobachtungen an Abb. 7.6:

1. Innerhalb des erwarteten Energiebereichs zeigt sich wirklich eine Resonanzkurve (bei manchen Isotopen zwei – s. u.). Das ist eine Bestätigung des erwarteten Prozesses, der den Namen *Dipol-Riesenresonanz* erhält.
2. Gegenüber dem sehr kleinen Wert außerhalb des Resonanzbereichs ist der Wirkungsquerschnitt in der Resonanzspitze um einen Faktor ca. 30 erhöht. Da der Wirkungsquerschnitt dem Quadrat der quantenmechanischen Amplitude entspricht, ist diese selbst nur um ca. $G \approx \sqrt{30} \approx 5$ erhöht. Aus $G$, auch *Resonanz-*

*überhöhung* oder *Güte* des Oszillators genannt, erhält man nach der Theorie der erzwungenen Schwingungen mit $G/(2\pi)$ die Anzahl der Perioden, die der einmal angeregte Oszillator frei schwingt, bevor er auf $1/e$ gedämpft ist, also etwa $\frac{3}{2}$ seiner Energie verloren hat. Ist $G/(2\pi)$ nicht viel größer als 1, muss man sich einen stark gedämpften, äußerst kurzlebigen Schwingungs-Zustand vorstellen. Die Zeitkonstante für diesen (exponentiellen) Relaxationsvorgang ergibt sich einfach zu $\tau_{\text{relax}} = G/\omega$.

3. Die Lage des Maximums bei $E \approx 15\,\text{MeV}$ entspricht der Frequenz $\omega/(2\pi) \approx 3{,}6 \cdot 10^{21}$ Hz. Daraus folgt $\tau_{\text{relax}} = G/\omega \approx 2 \cdot 10^{-22}$ s.
4. Die Halbwertsbreite (der schmalsten der Resonanzen) ist etwa $\Delta E = 4\,\text{MeV}$. Als Energieunschärfe gedeutet, entspricht ihr eine Lebensdauer des „Niveaus" $\tau \approx 2 \cdot 10^{-22}$ s – eine sehr befriedigende Übereinstimmung mit $\tau_{\text{relax}}$. (Dies ist übrigens wieder ein Beispiel der *natürlichen Linienbreite*.)
5. Mit zunehmender Masse des Nd-Kerns nimmt die Resonanz an Breite zu, um sich am Ende sogar aufzuspalten. (Daher zeigt diese allmähliche Verbreiterung nicht etwa die Verkürzung der Relaxationszeit an, sondern die Überlagerung von zwei Resonanzkurven.)
   Eine Erklärung für die Aufspaltung der Resonanzfrequenz ist leicht gefunden: Solche Kerne sind deformiert, wie im Abschn. 7.4.2 beim Quadrupol-Moment besprochen, und die beiden Frequenzen gehören zu den zwei möglichen Moden (Eigenschwingungen) der Dipol-Riesenresonanz in Richtung längs bzw. quer zur Symmetrieachse.

**Gewagte Abschätzung?** Die orientierende Abschätzung der Energie der Dipol-Resonanz hatte 25 MeV ergeben. Sie ließe sich mit Leichtigkeit so trimmen, dass wie beobachtet 15 MeV herauskommt. Zum Beispiel ist die Zahl der betroffenen Nukleonen zu hoch angesetzt, denn diejenigen in der Nähe des „Äquators" haben bei dem Auseinanderrücken in Richtung der „Pole" ja neue Bindungspartner der anderen Art gefunden. Das hätte aber quantitativ gesehen wenig Erklärungswert, denn von einer so groben Grundvorstellung her darf man gar nicht mehr als den Hinweis auf einen unscharf definierten, eben größenordnungsmäßigen Bereich erwarten.[64] Jedoch lohnt es sich, das zu Grunde gelegte physikalische Bild auf weitere Details zu prüfen:

- Allgemeiner Trend von $\omega = \sqrt{k/m_{\text{red}}}$ mit der Massenzahl: Mit steigendem $A$ wächst $m_{\text{red}}$ proportional, das aus $E_{\text{Auslenkung}} = \frac{1}{2}kd^2$ gewonnene $k$ aber nur proportional zur aufzuwendenden $E_{\text{Auslenkung}}$, also schwächer, weil schon die Zahl der Nukleonen an der Oberfläche nur mit $A^{\frac{2}{3}}$ ansteigt und der darin betroffene Anteil (genügend weit vom „Äquator") eher noch langsamer. Zusammen ergibt sich die Vorhersage, dass die Energie der Dipol-Riesenresonanz mit steigendem $A$ langsam abfällt. Das ist richtig: Beobachtet ist im großen und ganzen eine Abnahme etwa wie $A^{-\frac{1}{3}}$.
- Dasselbe Bild lässt verstehen, warum bei der allmählichen Aufspaltung in Abb. 7.6 die ursprüngliche Resonanz energetisch etwas nach oben strebt, die hinzu-

[64] Man würde sich sonst – schonungslos gesagt – nur selber „etwas in die Tasche lügen".

kommende aber den Peak nach unten aufspaltet: Man muss nur den Beginn einer oblaten (d. h. plattgedrückten) Deformation annehmen, etwa so wie die Erde. Dann wächst der Umfang am Äquator, nimmt auf den Meridianen aber ab. Von den drei Normalschwingungen liegt eine parallel zur der Erdachse, die beiden anderen senkrecht dazu. Für die erste nimmt $E_{\text{Auslenkung}}$ und damit die Federkonstante $k$ dann eher ab, denn mit dem Äquatorumfang steigt auch relativ die Zahl der Nukleonen, die bei der Auslenkung weniger Energie verbrauchen. Umgekehrt für die Schwingungen senkrecht dazu: Diese erhalten ein höheres $k$ und damit höhere Energie $\hbar\omega$. Weil es zwei unabhängige Eigenschwingungen sind, verschiebt sich die ganze Resonanzkurve zunächst nach oben, bis sich die Resonanz der Schwingung längs der Erdachse sichtbar nach unten abspaltet. Die gesamte Fläche unter der Resonanzkurve bleibt dabei etwa gleich und verteilt sich wie 2:1 auf die beiden Eigenfrequenzen. – Wie gewagt eine so detaillierte Interpretation auch erscheinen mag, sie passt zu der Tatsache, dass nach Abb. 7.5 zu dem betreffenden Massenbereich negative Quadrupolmomente (also oblate Deformationen) gehören.

Zum Schluss noch ein Test auf Übertragbarkeit in andere Größenordnungen:

**Frage 7.23.** *Stimmen diese simplen mechanischen Vorstellungen zufällig für Kerne so gut? Was würden sie für die analoge Anregungsform von Molekülen vorhersagen?*

**Antwort 7.23.** *Bei einem 2-atomigen Molekül könnte man mit gleicher Erwartung auf größenordnungsmäßige Richtigkeit die Änderung der Federkonstante $k \propto E/d^2$ so abschätzen: Auslenkung etwa um $d \sim$* Atomdurchmesser *(*0,1 nm*) führt zum Bruch des Moleküls, kostet also die Bindungsenergie $E_{\text{Auslenkung}} \sim$* eV. *Verglichen mit den Kernen ist $E_{\text{Auslenkung}}$ um* 8 *Zehnerpotenzen kleiner, $d$ um* 5 *Zehnerpotenzen größer, somit die Federkonstante $k_{\text{Molekül}} \sim 10^{-18} k_{\text{Kern}}$. Für die Frequenz folgt (bei gleicher Masse wie die Nd-Kerne – z. B. im Molekül $^{79}\text{Br}_2$): $\omega_{\text{Molekül}} \sim 10^{-9}\omega_{\text{Kern}} \approx 10^{13}$* Hz. *Das ist gerade richtig für die Vibrationsanregungen zweiatomiger Moleküle im infraroten Spektralbereich.*[65]

## 7.5.2 Kollektive Rotation

**Eine vermutete Anregungsform.** Deformierte Kerne und zweiatomige Moleküle haben eins gemeinsam: eine ausgezeichnete Achse längs der größten (oder kleinsten) räumlichen Ausdehnung. Für die Moleküle folgt daraus die Möglichkeit, angeregte Rotations-Zustände zu bilden, mit ihrer charakteristischen Niveaufolge gemäß $E_{\text{rot}} = \hbar^2 I(I+1)/(2\Theta)$ (siehe Gl. (7.12)).

---

[65] Allerdings würde das als Beispiel gewählte Molekül $^{79}\text{Br}_2$ die Riesenresonanz nicht zeigen, weil bei solchen spiegelsymmetrischen Systemen kein elektrischer Dipol entstehen kann (siehe Abschn. 7.4.1). Das gleiche gilt auch für $N_2$ und $O_2$, also Luft. Zu unserem Glück, denn anderenfalls wären beides nicht nur Treibhausgase, die die Abstrahlung der Erdwärme behindern, sondern sogar Absorber für eine direkte Beheizung der Atmosphäre durch die Sonne.

Solch eine Rotationsbande ist im Emissions-Spektrum leicht an einer Folge äquidistanter Linien zu erkennen, aus deren Abständen man z. B. das Trägheitsmoment $\Theta$ ermitteln kann (vgl. Frage 7.7 und die nähere Diskussion der Molekül-Spektren in Abschn. 7.1.4). Das sollte es für deformierte Kerne auch geben.

**Bestätigung im Experiment.** Abbildung 7.7 zeigt so ein Beispiel: Uran-Kerne $^{238}_{92}\mathrm{U}$ wurden an einem Schwer-Ionen-Beschleuniger mit den Kernen von $^{208}_{82}\mathrm{Pb}$ (Blei) beschossen. Aufgrund ihrer hohen elektrischen Ladung ($Z = 82$) machen diese Projektile, wenn sie dicht am Uran-Kern vorbei fliegen (aber noch weit außerhalb der Reichweite der Kernkräfte), starke elektrische Felder. Zerlegt man ihre starke Variation (zeitlich) in Frequenzen $\omega$ und (räumlich) in Kugelfunktionen $Y_\ell^m$, dann kommen Werte $\hbar\omega$ bis zu mehreren MeV und Drehimpulse $\ell$ bis weit in den zweistelligen Bereich vor. Der Anregung von Rotationsniveaus des Urankerns mit entsprechenden Energien und Spins steht also nichts im Wege. Dieser theoretisch gut verstandene Prozess heißt Coulomb-Anregung und ist eins der typischen Untersuchungsinstrumente für angeregte Kernniveaus. In Abb. 7.8 ist das beobachtete $\gamma$-Spektrum gezeigt, das dabei entsteht. Die deutlich erkennbare Rotationsbande bestätigt das Bild sehr gut.

Dass die Linienabstände für höhere Energien kleiner werden, kann man mit Blick auf Gl. (7.12) durch größer werdendes Trägheitsmoment erklären, als ob der Kern in die Länge gezogen würde. Dieser Effekt ist auch bei Molekülen bekannt, er heißt – ganz anschaulich – Zentrifugal-Aufweitung.

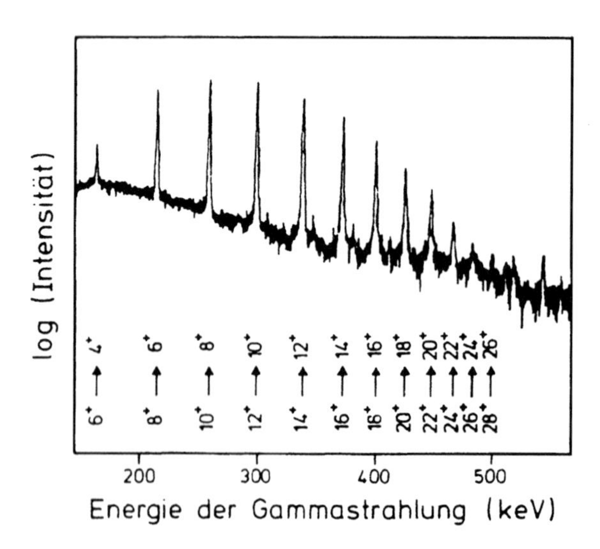


**Abb. 7.7** Beobachtetes $\gamma$-Spektrum beim Beschuss von $^{238}_{92}\mathrm{U}$ mit $^{208}_{82}\mathrm{Pb}$-Kernen hoher Energie. Die (ungefähr) äquidistanten Spektrallinien zeigen, dass eine Rotationsbande angeregt wurde. Die Zuordnung der Drehimpuls-Quantenzahlen entspricht dem Niveau-Schema in der folgenden Abbildung. (Abbildung aus [128])

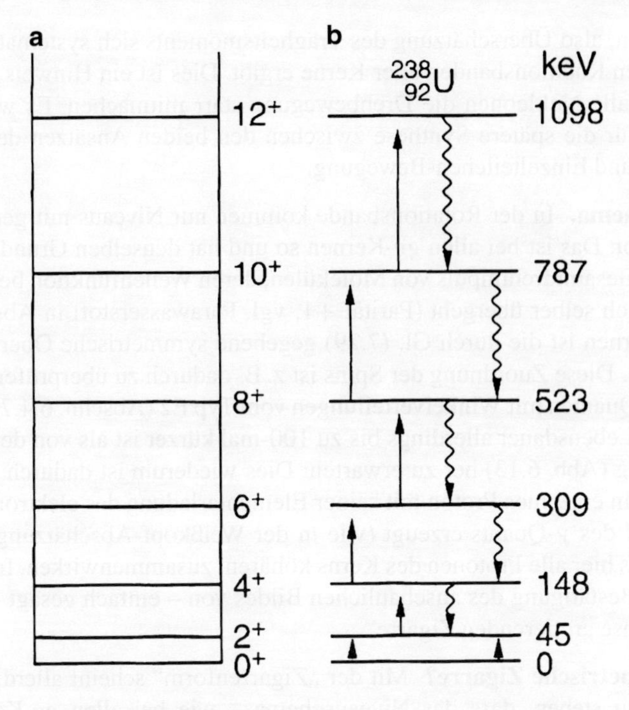


**Abb. 7.8** Niveauschema zur vorigen Abbildung (aus [58])

Um die Zulässigkeit dieser halbklassischen Modellvorstellung weiter zu testen, kann man versuchen, mit ihr die Übergangsenergien auszurechnen.

**Frage 7.24.** *Welcher Niveauabstand wäre für einen starren Rotator von der Größe eines Uran-Kerns zu erwarten? (In Abb. 7.7 abgelesener Messwert: $\Delta E = 300\,\mathrm{keV}$ für den Übergang $I = 12 \rightarrow I = 10$.)*

**Antwort 7.24.** *Die kleine Abweichung von der Kugelgestalt ermöglicht zwar erst, von Rotation zu sprechen, kann aber hier für die Abschätzung des Trägheitsmoments $\Theta$ vernachlässigt werden. Für eine Kugel ist $\Theta c^2 = \frac{3}{5} M c^2 R^2$ (darin Masse $Mc^2 \approx A\,\mathrm{GeV}$, Radius $R \approx 1{,}2 A^{\frac{1}{3}}\,\mathrm{fm}$, $A = 238$). Der Niveauabstand ($I = 12 \rightarrow 10$): $\Delta E_{\mathrm{rot}} = (12 \cdot (12+1) - 10 \cdot (10+1))(\hbar c)^2 / (2\Theta c^2) \approx 230\,\mathrm{keV}$. Das unterschätzt die beobachtete Energie (nur) um 25%.*

Die gute Übereinstimmung muss beeindrucken, obwohl sie bei weitem nicht so gut trifft wie bei der Rotation der Moleküle, wo sie für detaillierte Studien der Form und der Atomabstände eingesetzt werden kann (siehe in Abschn. 7.1.4, Stichwort Kern-Abstände und Isotopie-Effekt). Hier aber zeigt sich die Grenze des einfachen Modells der kollektiven Rotation bei Kernen auch darin, dass die Unterschätzung der Energien, also Überschätzung des Trägheitsmoments sich systematisch bei den beobachteten Rotationsbanden aller Kerne ergibt. Dies ist ein Hinweis darauf, dass doch nicht alle Nukleonen die Drehbewegung starr mitmachen. Es war einer der Prüfsteine für die spätere Synthese zwischen den beiden Ansätzen der Kollektiv-Bewegung und Einzelteilchen-Bewegung.

**Niveau-Schema.** In der Rotationsbande kommen nur Niveaus mit geradzahligem Kernspin vor. Das ist bei allen $gg$-Kernen so und hat denselben Grund wie der geradzahlige Gesamtdrehimpuls von Molekülen, deren Wellenfunktion bei Raumspiegelung in sich selber übergeht (Parität $+1$, vgl. Parawasserstoff in Abschn. 7.1.4). Bei den Kernen ist die durch Gl. (7.29) gegebene symmetrische Oberflächenform die Ursache. Diese Zuordnung der Spins ist z. B. dadurch zu überprüfen, dass diese Niveaus $\gamma$-Quanten mit Winkelverteilungen vom Typ E2 (Abschn. 6.4.7) emittieren, wobei ihre Lebensdauer allerdings bis zu 100-mal kürzer ist als von der Weißkopf-Abschätzung (Abb. 6.13) her zu erwarten: Dies wiederum ist dadurch zu erklären, dass nicht ein einzelnes Proton mit seiner Elementarladung das elektromagnetische Wechselfeld des $\gamma$-Quants erzeugt (wie in der Weißkopf-Abschätzung angesetzt), sondern dass hier alle Protonen des Kerns kohärent zusammenwirken. Insgesamt eine erneute Bestätigung des anschaulichen Bildes von – einfach gesagt – einer quer zu ihrer Achse „rotierenden Zigarre".

**Kugelsymmetrische Zigarre?** Mit der „Zigarrenform" scheint allerdings im Widerspruch zu stehen, dass das Niveauschema – wie bei allen $gg$-Kernen – mit $I=0$ beginnt, einem Zustand, der vollkommen kugelsymmetrisch ist (siehe Abschn. 7.1.1) und sicher keine ausgezeichnete Achse hat. Dies Problem verweist wieder auf die unanschaulichen Eigenschaften des quantenmechanischen Drehimpulses. Man hätte es auch schon beim Grundzustand $I=0$ des Para-Wasserstoff ansprechen können, denn immer wenn man sich das Molekül als Hantel veranschaulicht, gibt man dem Abstandsvektor $\vec{R}$ der beiden Kerne eine bestimmte Richtung. Andererseits ist $\vec{R}$ als Relativkoordinate der Kerne in der Gesamt-Wellenfunktion des Moleküls die Variable, die durch ihre Winkelabhängigkeit den Drehimpuls der Molekülrotation festlegt. Diese muss also eine der Kugelfunktionen $Y_\ell^m(\vartheta_R, \varphi_R)$ sein und keine $\delta$-Funktion, die nur eine einzige Richtung auszeichnet. Vielmehr sind in einem Zustand mit definiertem Drehimpuls $I$ *alle* Orientierungen im Raum präsent, jede mit einer Amplitude $Y_I^m(\vartheta_R, \varphi_R)$, und im Grundzustand $I=0$ sogar alle mit gleicher Amplitude (und Phase).

Das mag befremdlich klingen, ist aber nur Ausdruck der für die Quantenmechanik grundlegend wichtigen Möglichkeit, dass ein Zustand immer auch als eine Linearkombination vieler anderer Zustände betrachtet werden kann. Wenn das analoge Problem, sich die gleichzeitige Präsenz des punktförmigen Elektrons an verschiedenen Raumpunkten $\vec{r}$ vorzustellen, weniger befremdlich erscheint, liegt das wohl nur am Grad der Gewöhnung. Einen Elektronen-Zustand mit einer bestimmten Wellenfunktion, z. B. eins der wohlbekannten $n\ell m$-Orbitale $\psi_{nlm}(\vec{r}) = f_{nl}(r)Y_\ell^m(\vartheta, \varphi)$, kann man sich als Linearkombination punktförmig lokalisierter Basis-Zustände $\delta(\vec{r} - \vec{r}_{\text{Basis}})$ aufgebaut denken, wobei jeder mit einem Koeffizienten $\psi_{nlm}(\vec{r}_{\text{Basis}})$

versehen darin vorkommt:

$$\psi_{nlm}(\vec{r}) = \int \psi_{nlm}(\vec{r}_{\text{Basis}})\delta(\vec{r}-\vec{r}_{\text{Basis}})\,\mathrm{d}^3(\vec{r}_{\text{Basis}})\,. \tag{7.30}$$

Diese Gleichung ist ja als die definierende Eigenschaft der $\delta$-Funktion bekannt. Physikalisch bedeutet das Integral die Überlagerung der verschiedenen scharf lokalisierten Basiszustände, wobei die gewünschte Wellenfunktion als Amplitude fungiert. Dies Bild ist leicht auf deformierte Kerne und Moleküle übertragbar. Die Basis wird hier durch alle Zustände gebildet, in denen die Hantel oder Zigarre bei festgehaltenem Schwerpunkt mit ihrer Achse in eine beliebige Richtung $\vartheta_R, \varphi_R$ zeigt. Mit der Amplitude $Y_I^m(\vartheta_R, \varphi_R)$ multipliziert und über alle Richtungen summiert (wegen der kontinuierlichen Variablen besser: integriert wie in Gl. (7.30)), entsteht daraus ein Gebilde, das sich (mathematisch) bei Drehungen im Raum genau so verhält wie die Kugelfunktion, also auch die gewünschten Eigenwertgleichungen zu $\hat{\vec{I}}^2$ und $\hat{I}_z$ erfüllt und damit einen Zustand beschreibt, der „äußerlich" die entsprechenden Quantenzahlen $I, m$ besitzt, „innen" (*intrinsisch*) aber die ursprünglich angenommene Struktur hat. Selbst ein äußerlich isotropes Gebilde kann so entstehen, jedenfalls im formalen Raum der Quantenmechanik. Dazu muss die Amplitude $Y_I^m(\vartheta, \varphi)$ für alle Richtungen gleich groß gewählt werden, was gerade mit der Kugelfunktion $Y_{I=0}^{m=0} = 1/\sqrt{4\pi} = \text{const.}$ möglich ist.

**Frage 7.25.** *Könnte man mit dieser Bauanleitung etwa auch Zustände mit ungeradem I konstruieren, wenn die intrinsische Struktur positive Parität hat wie das Molekül des Parawasserstoffs oder das Rotationsellipsoid des deformierten gg-Kerns?*

**Antwort 7.25.** *Das wäre eine schwere Inkonsistenz, denn solche Zustände gibt es in der Natur nicht. Tatsächlich kommt aber bei dem Versuch, solchen Zustand zu konstruieren, aus der Linearkombination automatisch Null heraus. Wie aber kann aus einer Linearkombination von Basisvektoren Null herauskommen, ohne dass alle Koeffizienten verschwinden? Hier kommen bei der Integration über alle Raumrichtungen alle Basiszustände zweimal vor, denn wegen der positiven Parität der intrinsischen Struktur ist der Basiszustand zu einer Richtung und zur gespiegelten Richtung ein und derselbe. Für ungerade I hat aber $Y_I^m(\vartheta_R, \varphi_R)$ negative Parität, so dass die Summe der je zwei Amplituden für jeden Basiszustand Null ergibt. (Genau so verschwindet das Raumintegral über ein Produkt von zwei Funktionen verschiedener Parität.)*

Hier liegt der Unterschied zu den $n\ell m$-Orbitalen der Elektronen im H-Atom, bei denen ungerade $\ell$ ja vorkommen: Die aus Proton und Elektron gebildete intrinsische Struktur (wiederum eine Hantel, ein elektrischer Dipol) hat keine wohldefinierte Parität, denn sie geht bei Spiegelung im Schwerpunkt weder in sich selbst noch in ihr negatives über.

**Statische Deformation.** Permanente Abweichungen von der Kugelgestalt können für Kerne also in zwei Formen nachgewiesen werden:

- *statisch* mittels der Hyperfeinstruktur der Atom-Spektren durch ein elektrisches Quadrupolmoment,
- *dynamisch* durch die Formen der Anregung – eine Aufspaltung der Dipol-Riesenresonanz oder eine Rotationsbande im Niveauschema.

Die erste Form setzt einen Kernspin $I \geq 1$ voraus, der im Grundzustand (mit den wenigen Ausnahmen der *uu*-Kerne) nur bei *gu*- und *ug*-Kernen auftreten kann[66] und nach Ausweis der magnetischen Momente im wesentlichen einer 1-Teilchen-Bewegung zuzuordnen ist (siehe Abschn. 7.3.2, Stichwort Kernstruktur: Rumpf + Nukleon). Die kollektive Rotation wurde bei *gg*-Kernen mit Grundzustandsspin $I = 0$ vorgestellt, die nur intrinsisch deformiert sind. Auch die deformierten Kerne mit Grundzustandsspin $I > 0$ können Rotationsbanden zeigen, wobei sich in jedem der angeregten Zustände der gesamte Kernspin aus dem Drehimpuls der kollektiven Rotation und dem intrinsischen Spin des Grundzustands zusammensetzt. Diese kombinierten Bewegungen, also Rotationsbanden bei ungeraden Kernen, sind wieder Prüfsteine für die Synthese zwischen den Ansätzen der Kollektiv-Bewegung und der Einzelteilchen-Bewegung gewesen.

### 7.5.3 Kollektive Schwingungen: Oberflächen-Vibration

**Eine vermutete Anregungsform.** Die stabile Deformation, wie sie nun bei vielen Kernen zum Vorschein kommt, ist mit dem Tröpfchen-Modell von Abschn. 4.2 nicht zu verstehen. Falls eine Abweichung von der Kugelgestalt energetisch günstig ist, müsste sie sich bis zur spontanen Spaltung weiter entwickeln (siehe Kap 4.2.4, Stichwort Spaltung). Nun kommen stabile Deformationen häufig, aber nicht durchgängig vor (vgl. Abb. 7.5). Über der Nukleonenzahl aufgetragen, gibt es Nulldurchgänge des Quadrupolmoments, und in deren Nähe muss es Kerne geben, die zwar im Grundzustand sphärische Form haben, bei denen aber schon eine mäßig große Anregungsenergie eine oszillierende Deformation auszulösen vermag. Könnte man diese Anregungsform am Spektrum der Energie-Niveaus erkennen?

Um eine erste Modellvorstellung hierfür zu entwickeln, sehen wir die Form der stabilen Quadrupol-Deformation nach Gl. (7.29) an: $R(\vartheta,\varphi) = R_{00}Y_0^0(\vartheta,\varphi) + R_{20}Y_2^0(\vartheta,\varphi) \equiv b(1+\delta\cos^2\vartheta)$. Wegen des Index 2 in der Kugelfunktion hat der 2. Summand das Rotationsverhalten eines Drehimpulszustands $I = 2$. Das legt die Vermutung nahe, dass dies auch der Drehimpuls einer um die Kugelgestalt ($I = 0$) schwingenden Quadrupol-Deformation sein müsste. Ein makroskopisches Bild dieser Schwingung lässt sich an großen Seifenblasen beobachten (bei denen sich aber

[66] Daher enthält Abb. 7.5 nur Daten zu ungeraden Kernen. Die Nd-Isotope, an denen in Abb. 7.6 die Herausbildung der statischen Deformation zu sehen ist, sind sämtlich *gg*-Kerne. Auf der Isotopenkarte in Abb. 7.5 liegen sie am Beginn des letzten Gebiets deformierter Kerne ab $N = 82$ (rot markiert).

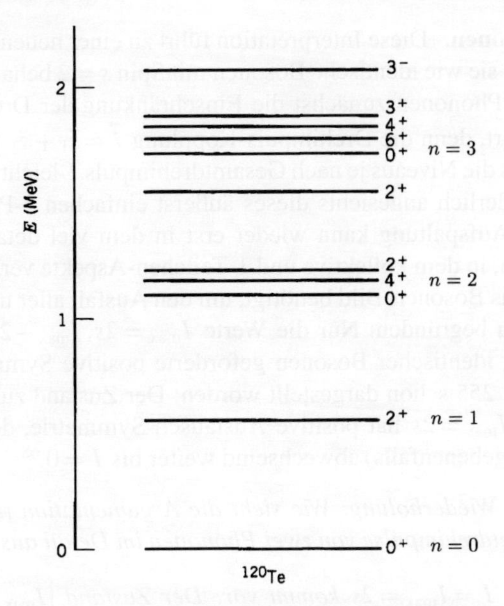


**Abb. 7.9** Das Niveauschema von $^{120}_{52}$Te zeigt die Anregung von Quadrupol-Schwingungen mit $n = 1, 2, 3$ Quanten und ein $3^-$-Niveau, das einer Oktupolschwingung entspricht (Abbildung aus [114])

oft auch Schwingungen höherer Multipolordnungen und zusätzlich Rotationen überlagern).[67]

**Bestätigung im Experiment.** Wenn der Spin im Grundzustand $I = 0$ ist, erwartet man also als erste Anregungsstufe einen Zustand mit $I = 2$ (und gleicher Parität $P$ wie der Grundzustand, denn die Deformation selber ist auch spiegelsymmetrisch mit $P = +1$). Das Merkmal $I^P = 2^+$ am ersten angeregten Niveau kommt aber bei den Kernen viel zu häufig vor (z. B. in Rotationsspektren von *gg*-Kernen – s. o.), als dass es als Evidenz für diese spezielle Vibrations-Anregung anerkannt werden könnte. Man muss auch die höher angeregten Zustände suchen, wo 2 oder 3 dieser (ganz allgemein *Phonon* genannten) Schwingungsquanten angeregt sind.

Um deren Energie abzuschätzen, ist eine weitere Annahme nötig. Die einfachste ist natürlich die des harmonischen Oszillators mit (Anregungs-)Energien $E = n\hbar\omega$, was äquidistante Niveaus ergibt. Damit können wir Verwechslungen mit Rotationsbanden schon ausschließen, ein Beispiel ist in Abb. 7.9 gezeigt. Über dem ersten $I^P = 2^+$-Zustand liegen die nächsten Niveaus tatsächlich bei der doppelten Anregungsenergie und zeigen eine Aufspaltung nach $I^P = 0^+, 2^+, 4^+$ – die als „Feinstruktur" des Schwingungsniveaus mit $n = 2$ Quanten gedeutet werden muss. Analog bei etwa der dreifachen Anregungsenergie die Gruppe zu $n = 3$.

---

[67] In der Geophysik betrachtet man auch Schwingungen des ganzen Erdballs und entwickelt sie nach Multipolen.

**Identische Phononen.** Diese Interpretation führt zu einer neuen Sicht auf die Phononen: Man kann sie wie identische Bosonen mit Spin $s=2$ behandeln. Dann ist bei zwei angeregten Phononen zunächst die Einschränkung der Drehimpulse auf $0 \leq I \leq 4$ leicht erklärt, denn die Drehimpuls-Kopplung $\vec{I}=\vec{s}_1+\vec{s}_2$ liefert genau diese Spannweite. Dass die Niveaus je nach Gesamtdrehimpuls $I$ leicht aufgespalten sind, ist nicht verwunderlich angesichts dieses äußerst einfachen 2-Phononen-Modells. (Die Größe der Aufspaltung kann wieder erst in dem viel detaillierteren Modell analysiert werden, in dem kollektive und 1-Teilchen-Aspekte verknüpft werden.)

Weiter wird das Bosonen-Bild benötigt, um den Ausfall aller ungeraden Gesamtdrehimpulse $I$ zu begründen: Nur die Werte $I_{\max}=2s, I_{\max}-2, \ldots, 0$ zeigen die für Vertauschung identischer Bosonen geforderte positive Symmetrie. Das ist im Kasten 7.5 auf S. 255 schon dargestellt worden: Der Zustand zum maximalen Gesamtdrehimpuls $I_{\max}=2s$ hat positive Austausch-Symmetrie, der zu $I=I_{\max}-1$ negative, und (gegebenenfalls) abwechselnd weiter bis $I=0$.[68]

**Frage 7.26.** *Eine Wiederholung: Wie sieht die Argumentation für das Ausbleiben ungerader Gesamtdrehimpulse von zwei Phononen im Detail aus?*

**Antwort 7.26.**
- *$I=I_{\max}=2s$ kommt vor: Der Zustand $|I_{\max}, M_I=I_{\max}\rangle$ wird von den beiden gleichen 1-Teilchenzuständen $|m_1=s\rangle$ und $|m_2=s\rangle$ gebildet, hat also bei Teilchenvertauschung die richtige Symmetrie für Bosonen.*

  *(Zwei gleiche Fermionen können den maximalen Gesamtdrehimpuls nur bilden, wenn sie hinsichtlich einer weiteren Koordinate in orthogonalen Zuständen sind.)*

  *Damit kommen auch alle $|I_{\max}, M_I=I_{\max}, \ldots, -I_{\max}\rangle$ vor.*
- *$I=2s-1$ fällt aus: Für $M_I=I_{\max}-1$ gibt es zunächst zwei Basiszustände $m_1=s, m_2=s-1$ und $m_1=s-1, m_2=s$. Da es sich aber um identische Teilchen handelt, beschreiben beide den gleichen Zustand und dürfen nur als einer gezählt werden.*

  *(Genauer: Dieser eindeutig bestimmte Zustand ist für Bosonen die symmetrische Linearkombination mit dem Pluszeichen, bei Fermionen die antisymmetrische mit dem Minuszeichen; der jeweils andere Zustand ist für diese Teilchen nicht „verboten", er existiert dann überhaupt nicht.)*

  *Die Dimensionen für identische Teilchen erhält man also richtig, wenn man nur die Kombinationen $s \geq m_1 \geq m_2 \geq -s$ abzählt.*

  *(Bei identischen Fermionen davon nur Kombinationen $m_1 > m_2$. Für Bosonen und Fermionen zusammen sind das gerade genau so viele Kombinationen, wie es Paare $s \geq m_1, m_2 \geq -s$ überhaupt gibt: $(2s+1)^2$.)*

---

[68] Die abwechselnde Austauschsymmetrie bei Addition gleicher Drehimpulse hat viele ähnliche Konsequenzen für die Spektren von Systemen mehrerer identischer Teilchen. Vor kurzem wurde entdeckt, dass sie auch zur Begründung des Spin-Statistik-Theorems beitragen kann (Abschn. 10.2.8).

*Da es einen Zustand mit $M_I = I_{\max} - 1$ sicher gibt (den zu $I = I_{\max} = 2s$), bleibt für $I = I_{\max} - 1$ kein Basiszustand übrig.*

- *$I = 2s - 2$ ist möglich: Erst im nächsten Schritt zu $M_I = I_{\max} - 2$ gibt es zwei wirklich verschiedene Kombinationen der Basiszustände: $(m_1, m_2) = (s, s-2)$ und $(s-1, s-1)$. Daher kommt $I = I_{\max} - 2$ im Niveauschema für 2 identische Bosonen wieder vor.*
- *$I = 2s - 3$ fällt wieder aus: Zu $M_I = m_1 + m_1 = 2s - 3$ gibt es auch wieder nur zwei wirklich verschiedene Basiszustände $(m_1, m_2) = (s, s-3)$, $(s-1, s-2)$. Das ist die gleiche Anzahl wie oben beim nächst höheren $M_I$ gefunden, und daher schon „verbraucht" für die Zustände $|I, M_I\rangle$ zu den bereits etablierten Drehimpulsen $I$.*

Die nächste Niveaugruppe in Abb. 7.9 hat etwa die dreifache Energie eines Vibrationsquants und die Spins $I = 0, 2, 3, 4, 6$ – vollständig im Einklang mit der Energie und den Quantenzahlen der Feinstruktur in einem $n = 3$-Phononen-Niveau.

**Frage 7.27.** *(für die Leser, die über das Niveau $I = 3$ stutzig werden): Zeigen, dass es für drei Quadrupol-Phononen zum Eigenwert $M_I (= m_1 + m_2 + m_3) = 3$ einen Basiszustand $|m_1, m_2, m_3\rangle$ mehr gibt als für $M_I = 4$.*

**Antwort 7.27.** *Nur Kombinationen $2 \geq m_1 \geq m_2 \geq m_3 \geq -2$ zulassen und einfach abzählen.*

Das auf die 3-Phononen-Gruppe ($I^P = 0^+, 2^+, 3^+, 4^+, 6^+$) dann folgende Niveau fällt aber aus dem Rahmen: $I^P = 3^-$. Die einfachste Erklärung ist eine Oberflächenvibration mit $I^P = 3^-$, statt mit Gl. (7.29) also mit

$$R(\vartheta, \varphi) = R_{00} Y_0^0(\vartheta, \varphi) + R_{30} Y_3^0(\vartheta, \varphi).$$

Das wird Oktupol-Vibration genannt und entspricht einer „birnenförmigen" Schwingung, die an sehr großen Seifenblasen auch gut zu beobachten ist.

**Anregungstypen.** Wie bisher gezeigt wurde, können kollektive Rotation und Vibration der Nukleonen schon zwei verbreitete Typen von Anregungsspektren hervorbringen. Abbildung 7.10 zeigt zum Vergleich einen ganz anderen Typ. Seine Erklärung erfordert den gegensätzlichen Ansatz, die Bewegung einzelner Teilchen in gebundenen Zuständen zu betrachten. Dies wird im folgenden ausgeführt. Darüber hinaus gibt es zahlreiche komplizierte Mischformen, deren Behandlung über den Rahmen dieses Buchs hinaus geht.

## 7.6 Einzelteilchen-Modell

**Schalenmodell, einfach.** In seiner einfachsten Form verfolgt man mit einem Einzelteilchen-Modell den Ansatz, wichtige Eigenschaften des ganzen Systems durch das Verhalten eines einzigen (oder nur sehr weniger) seiner Teilchen zu verstehen.[69]

[69] Mit Ausnahme natürlich von rein kumulativen Größen wie Masse, Ladung etc.

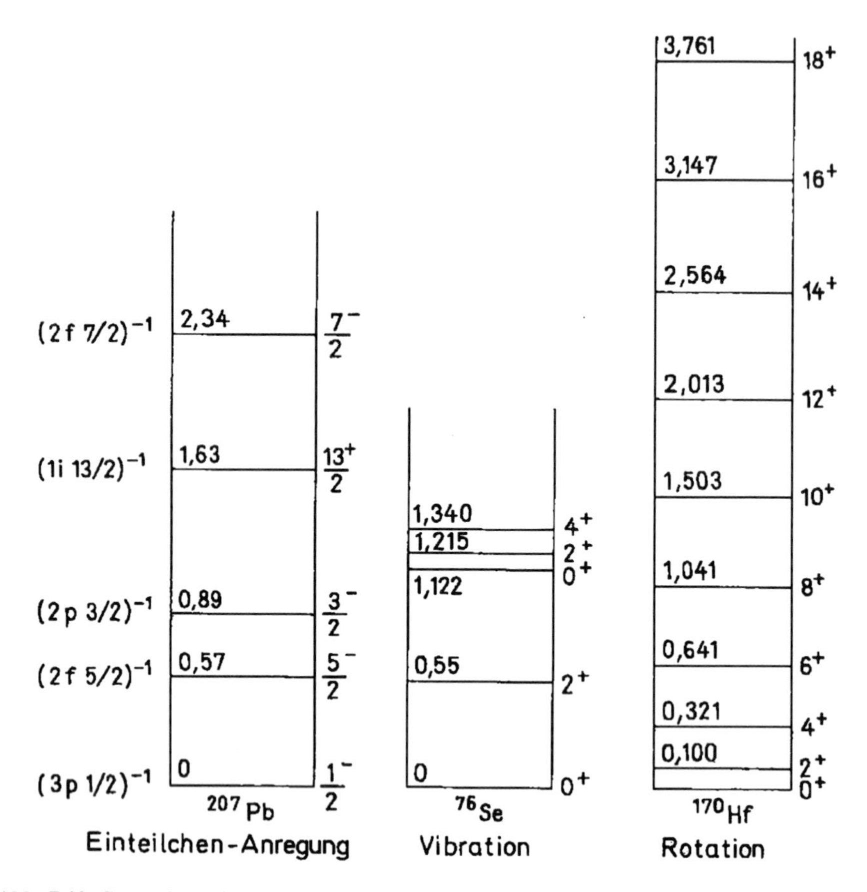


**Abb. 7.10** Gegenüberstellung von drei typischen Anregungsspektren (Energie in MeV) von Kernen (Abbildung aus [128])

Beispiel: Die näherungsweise gelungene Deutung der magnetischen Kernmomente im Rahmen der Schmidt-Linien (Abschn. 7.3.2). Voraussetzung ist dabei offensichtlich, dass sich alle übrigen Teilchen zu einem weitgehend passiven Rumpf zusammenschließen. Für die Atomhülle war diese Vorstellung schon in den 1920er Jahren außerordentlich erfolgreich in der Erklärung des chemischen Verhaltens, der Niveauschemata und Übergänge, besonders bei Elektronenzahlen in der Nähe abgeschlossener Schalen (Begriff „Leuchtelektron"). Da durch den Kern ein unabhängiges starkes und an den Schwerpunkt des ganzen Systems gebundenes Zentralfeld vorgegeben ist, kann man die Orbitale der einzelnen Elektronen schon in guter Näherung berechnen, selbst wenn ihre Wechselwirkung mit den anderen Elektronen nur pauschal berücksichtigt wird (Hartree-Fock-Methode 1930). Das Schalenmodell in einfachster Form hatte sich sogar schon aus den Zuständen des H-Atoms ergeben, also unter völliger Vernachlässigung ihrer gegenseitigen Beeinflussung durch elektromagnetische Wechselwirkung.[70] Für das Verhältnis mehrerer Elektronen zueinander ist nämlich zunächst das Pauli-Prinzip wichtig, das schon allein für ihre Anordnung in Schalen mit bestimmter Zahl von Plätzen sorgt. Erst im zweiten Schritt ist mit kleineren zusätzlichen Effekten ihre gegenseitige elektrostatische Abstoßung zu berücksichtigen. Nur für noch höhere Genauigkeit oder bestimmte 2-Teilchen-Effekte muss man in die Rechnung mit einbeziehen, wie die Elektronen (über das Pauli-Prinzip hinaus) ihre Bewegungen paarweise aufeinander abstimmen.[71] Unter dem Begriff Einzelteilchen-Modell versteht man daher weitergehend, dass man den Zustand des Ganzen durch Angabe des Zustands jedes einzelnen seiner unabhängigen Teilchen beschreibt.

**Schalenmodell, schwierig.** Gegen die erhoffte Übertragbarkeit dieses Erfolgs auf den Kern mit seinen *A* Nukleonen sprechen zwei grundlegende Unterschiede:

- Nukleonen sind nicht punktförmig, sondern sind im Kern gerade so dicht gepackt wie möglich. Wie sollen sie sich dann im wesentlichen unabhängig voneinander im Kern bewegen?
- Es fehlt an einem für alle Nukleonen gemeinsam vorgegebenen Potential. Es ist auch nicht gerade nahe liegend anzunehmen, ein solches könnte sich aus der kurzreichweitigen Nukleon-Nukleon-Wechselwirkung „effektiv" herausbilden. Und selbst in diesem Fall wäre es schlecht vorstellbar, dass die direkte Wechselwirkung je zweier Nukleonen hinter dem „effektiven" gemeinsamen Potential so weit zurück tritt wie bei den Elektronen.

Dennoch war die Hoffnung groß, ein solches Einzel-Teilchenmodell würde eine ähnliche Fülle experimenteller Daten und Vorgänge bei Kernen interpretieren können wie sein Vorbild bei der Atomhülle: Niveau-Schemata mit Energien, Drehimpulsen, Paritäten, die magnetischen Momente, Übergangsraten bei Emission und Absorption verschiedener Strahlungen, Verhalten bei Stößen mit anderen Kernen (bzw. Atomen) hinsichtlich Umlagerungen oder Teilchenübertragung, usw.

Daher entstand das schließlich doch erfolgreiche Schalen-Modell des Kerns erst um 1950 (Nobelpreis 1963 an Maria Goeppert-Mayer und J. Hans D. Jensen). Das war andererseits aber immer noch deutlich vor dem eigentlich einfacheren, in Abschn. 7.5 besprochenen Kollektiv-Modell. Als Grund für diese Abfolge lässt sich anführen, dass außer der Deutung der magnetischen Momente durch das 1-Teilchen-Bild auch deutliche Hinweise auf „abgeschlossene Schalen" schon vorlagen, als man mangels empirischer Daten noch weit davon entfernt war, typische Anregungsformen herausarbeiten zu können, um für sie eine Systematik aufzustellen, wie sie

[70] Vergleiche auch das Ergebnis der Abschätzung für die totale Bindungsenergie der Hülle in Frage 4.6 auf S. 99.

[71] Beispiel Auger-Effekt: Zwei im selben Atom gebundene Elektronen führen einen Stoß mit großem Energieübertrag aus. Ein Elektron besetzt danach einen energetisch tieferen Zustand (der vorher frei gewesen sein muss), das andere fliegt als freies *Auger-Elektron* davon. Die Übergangsraten dieser Prozesse hängen stark von der paarweisen Korrelation der Elektronenbewegung ab (klassisch gesprochen: von der Häufigkeit besonders kleiner Stoßparameter). Auger-Prozesse sind sehr häufig, denn sie laufen, wenn ein geeigneter Endzustand überhaupt zur Verfügung steht, wesentlich schneller ab als der Konkurrenzprozess, die Erzeugung eines Photons.

dem Kollektiv-Modell zu Grunde liegt. Anders als die optische Spektroskopie für die Atomphysik (man denke etwa an die Balmer-Formel 1885), kam nämlich die $\gamma$-Spektroskopie für die Kernphysik nicht zuerst, sondern zuletzt (ab ca. 1950, siehe Abschn. 6.4.8).

## *7.6.1 Evidenz für abgeschlossene Schalen bei Kernen: Die Magischen Zahlen*

Erste Hinweise, dass es beim Aufbau der Kerne aus einer zunehmenden Anzahl von Protonen und Neutronen zu Regelmäßigkeiten kommt, die mit einem pauschalen Bild wie dem Tröpfchenmodell (Abschn. 4.2) nicht beschrieben werden können, sah man schon früh an der Bindungsenergie, sowie den damit zusammenhängenden Phänomenen wie Häufigkeit des Vorkommens, Anzahl stabiler Isotope (Protonenzahl $Z$ konstant) oder Isotone (Neutronenzahl $N$ konstant).

Beim Blick auf die Bindungsenergie pro Nukleon (Abb. 4.8 und 4.9) fallen grundsätzlich die Spitzenwerte bei $gg$-Kernen auf (z. B. die mit $\Delta Z = \Delta N = 2$ periodischen Maxima für $A = 4$, 8, 12 usw. bei leichten Kernen). Weiter zeigen sich deutliche Abweichungen vom Tröpfchenmodell in Bereichen um die Zahlen $Z$ oder $N \approx 20$, 28, 50, 82. Die genaue Identifikation der *Magischen Zahlen* gelingt sofort, wenn man nicht nach der mittleren Bindungsenergie, sondern nach der eines zusätzlichen Teilchens fragt. Am einfachsten zu messen ist sie beim Einfang eines langsamen Neutrons, weil sie dann genau der Energie der dabei emittierten $\gamma$-Quanten entspricht.

**Frage 7.28.** *Dies Experiment ist für Protonen kaum durchführbar – warum?*

**Antwort 7.28.** *Protonen geringer Energie kommen wegen der Coulomb-Abstoßung gar nicht erst in die Reichweite der anziehenden Kernkräfte. Protonen ausreichend hoher Energie hingegen lösen oft auch eine Vielzahl weiterer Reaktionen aus, unter denen die Fälle des einfachen Einfangs in den Grundzustand nur mit guten spektroskopischen Methoden zu identifizieren sind. Die Bindungsenergie des letzten Protons ist besser durch Energiebilanzen bei $\beta$-Übergängen oder Kernreaktionen mit Teilchenübertrag bestimmbar.*

Diese *Separationsenergie* von im Mittel etwa 8–10 MeV zeigt als Funktion der Protonen- oder Neutronenzahl einen etwa sägezahnartigen Verlauf, der noch deutlicher wird, wenn man jeweils die Differenz zum vorigen Wert aufträgt. Diese Differenz steigt auf bis zu 2 MeV an, um beim Überschreiten der nächsten magischen Zahl abrupt um einige MeV abzufallen (Abb. 7.11). Ganz ähnlich steigen die Ionisierungsenergien von Atomen beim Auffüllen einer Schale bis zu einem Edelgas und fallen abrupt bei dem darauf folgenden Schritt zu einem Alkali-Metall. Die so beobachtete Folge magischer Zahlen ist für Protonen und für Neutronen dieselbe und lautet: $N_{\mathrm{mag}} = 2, 8, 20, 28, 50, 82, 126$ (die letzte nur noch für Neutronen).

Es waren allein diese Beobachtungen, die entgegen der damals vorherrschenden Skepsis Goeppert-Mayer und Jensen dazu brachten, die Idee eines Schalenmodells wieder aufzunehmen und (übrigens völlig unabhängig voneinander) nach

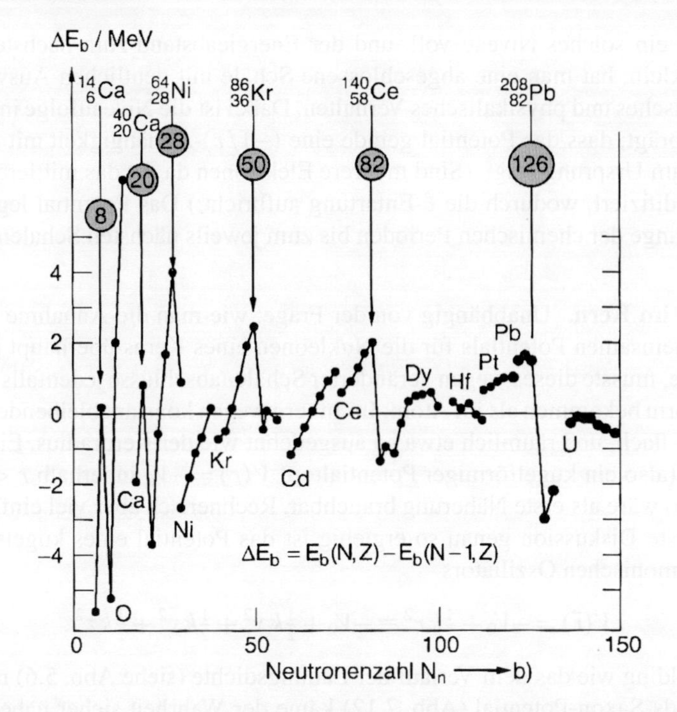


**Abb. 7.11** Die Differenz der Abtrennarbeiten (Separations-Energien) des ersten und zweiten Neutrons. Die für Abtrennung nötige Energie erreicht bei magischen Zahlen (im Kreis) ein Maximum und fällt dann abrupt ab. (Abbildung aus [58])

Möglichkeiten zu suchen, ein zu diesen Schalenabschlüssen passendes quantenmechanisches System zu konstruieren.

Rückblickend auf die Abschn. 7.4.2 und 7.5.2 über Deformationen der Kernoberfläche und die damit verbundenen kollektiven Anregungsformen fällt auf, dass diese sich nur *zwischen* den magischen Zahlen entfalten, während die *magischen Kerne* gerade als kugelförmig herauskommen.

## 7.6.2 Schalenmodell mit Oszillator-Potential

**Potential im Atom.** Zur Erinnerung die Frage: Wie kommen die magischen Zahlen der Atomhülle zustande? Man betrachtet ein einzelnes Elektron im Coulomb-Feld des Kerns und findet eine Folge von Energieniveaus $E_n$ ($E_n \propto -1/n^2, n = 1,2,\ldots$), jedes mit wohl definiertem Entartungsgrad $2n^2$, d. h. mit einer bestimmten Anzahl linear unabhängiger Zustände, die mit je genau einem Elektron besetzt werden können.[72] Ist ein solches Niveau voll, und der Energieabstand zum nächsten Niveau nicht zu klein, hat man eine abgeschlossene Schale mit deutlichen Auswirkungen auf chemisches und physikalisches Verhalten. Dabei ist die Niveaufolge in der Hülle davon geprägt, dass das Potential gerade eine $(-1/r)$-Abhängigkeit mit einer Singularität am Ursprung zeigt. (Sind mehrere Elektronen da, ist das mittlere Potential leicht modifiziert, wodurch die $\ell$-Entartung aufbricht.) Das Potential legt also die genaue Länge der chemischen Perioden bis zum jeweils nächsten Schalenabschluss fest.[73]

**Potential im Kern.** Unabhängig von der Frage, wie man die Annahme eines solchen gemeinsamen Potentials für die Nukleonen eines Kerns überhaupt rechtfertigen wollte, musste dieses wegen veränderter Schalenabschlüsse jedenfalls eine ganz andere Form bekommen als im Atom: Im Innern wegen konstant bleibender Nukleonendichte flach, und räumlich etwa so ausgedehnt wie der Kernradius. Ein Kasten-Potential (also ein kugelförmiger Potentialtopf $V(r) = -V_0$ innerhalb $r < R_0$, Null außerhalb) wäre als erste Näherung brauchbar. Rechnerisch aber viel einfacher und für die erste Diskussion genau so ergiebig ist das Potential eines kugelsymmetrischen harmonischen Oszillators

$$V(\vec{r}) = -V_0 + \tfrac{1}{2}kr^2 \equiv -V_0 + \tfrac{1}{2}kx^2 + \tfrac{1}{2}ky^2 + \tfrac{1}{2}kz^2 . \tag{7.31}$$

Ein Mittelding wie das dem Verlauf der Ladungsdichte (siehe Abb. 5.6) nachgebildete Woods-Saxon-Potential (Abb. 7.12) käme der Wahrheit sicher näher, ist aber mathematisch weniger leicht handhabbar.

**Oszillator-Potential: Niveaus und Eigenzustände.** Für die Diskussion der allgemeinen Eigenschaften des harmonischen Oszillators ist $V_0$ unwichtig und wird jetzt weggelassen. Der Hamilton-Operator eines einzelnen Teilchens ist:

$$\begin{aligned}\hat{H} &= \frac{\hat{p}^2}{2m} + \frac{1}{2}kr^2 \\ &\equiv \left(\frac{\hat{p}_x^2}{2m} + \frac{1}{2}kx^2\right) + \left(\frac{\hat{p}_y^2}{2m} + \frac{1}{2}ky^2\right) + \left(\frac{\hat{p}_z^2}{2m} + \frac{1}{2}kz^2\right) .\end{aligned} \tag{7.32}$$

Durch die beiden Schreibweisen in dieser Gleichung ist schon angedeutet, dass man wahlweise einen 3-dimensionalen Oszillator in Polarkoordinaten oder 3 (entkoppelte) 1-dimensionale Oszillatoren in den 3 Achsen durchrechnen kann, wovon wir ausgiebig Gebrauch machen werden (siehe Kasten 7.8).

Aufgrund der einfachen Eigenschaften des harmonischen Oszillators steht das Energiespektrum mit seinen Entartungsgraden schon fest: Die drei 1-dimensiona-

[72] Für jede Hauptquantenzahl $n$ durchläuft der Bahndrehimpuls die $n$ Werte $\ell = 0, 1, \ldots, (n-1)$ und jeweils $m_\ell$ die $2\ell + 1$ Werte $-\ell, \ldots, +\ell$. Die Gesamtzahl der Orbitale: $\sum_{\ell=0}^{n-1}(2\ell + 1) = 2\frac{n(n-1)}{2} + (n-1) = n^2$. Dazu ein Faktor 2 für den Spin $\frac{1}{2}$.

[73] Es sorgt auch für eine über das Periodensystem zunehmende Elektronendichte und damit für einen etwa gleich bleibenden Atomdurchmesser, mit entscheidenden Folgen für die vielfältigen Arten und Möglichkeiten der Bildung von Molekülen.

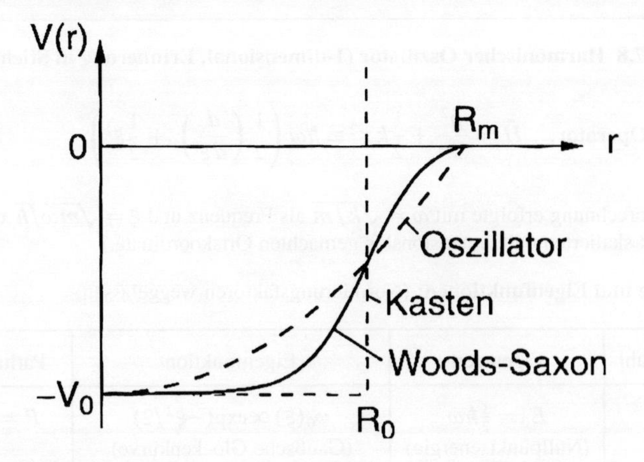


**Abb. 7.12** Verschiedene Annahmen für die Form gemeinsamen Potentials im Schalenmodell für Kerne (Abbildung aus [58])

len Oszillatoren können unabhängig von einander mit Quantenzahlen $n_x, n_y, n_z (= 0, 1, 2, \ldots)$ angeregt sein und haben dann zusammen die Energie $E_{n_x,n_y,n_z} = E_n = (n + \frac{1}{2})\hbar\omega$, mit $\omega = \sqrt{k/m}$ und der „Hauptquantenzahl" $n = n_x + n_y + n_z$. Diese Niveaus sind äquidistant, und jedes $n$ definiert eine eigene Schale. Wir brauchen bloß noch die Entartungsgrade abzuzählen, um die zu diesem Potential vorausgesagten Schalenabschlüsse zu bekommen. Auch Basis-Wellenfunktionen für ein Teilchen im Niveau $E_n$ sind nun bekannt: es sind die Produkte aus den drei Eigenfunktionen für jede Koordinate einzeln (siehe Kasten 7.8):

$$\Phi_{n_x,n_y,n_z}(x, y, z) = \varphi_{n_x}(\xi) \cdot \varphi_{n_y}(\eta) \cdot \varphi_{n_z}(\zeta), \tag{7.33}$$

wobei $(\xi, \eta, \zeta) = \sqrt{m\omega/\hbar}\,(x, y, z)$ die dimensionslosen skalierten Ortsvariablen sind.

**(Nur) drei magische Zahlen richtig.** Der Grundzustand hat $n = 0$, was nur mit $n_x = n_y = n_z = 0$ zu realisieren ist, er ist also bezüglich der Ortswellenfunktion nicht entartet. Wegen des Spins $\frac{1}{2}$ passen zwei gleiche Nukleonen in dies Niveau: die erste magische Zahl $N_{\text{mag}} = 2$ ist erklärt. Der erste doppelt magische Kern ist das $\alpha$-Teilchen.

Das erste angeregte Niveau $n = n_x + n_y + n_z = 1$ bildet die nächste Schale. Es gibt drei Realisierungsmöglichkeiten (je eine der 3 einzelnen $n_x, \ldots$ kann 1 sein). Mit Spin $\frac{1}{2}$ passen also $2 \cdot 3 = 6$ weitere Teilchen hinein. Addiert zu den 2 Plätzen auf der untersten Schale kommt für die zweite magische Zahl damit richtig $N_{\text{mag}} = 8$ heraus.

Auch die folgende magische Zahl 20 $(= 8 + 12)$ wird noch richtig vorhergesagt, denn zur Hauptquantenzahl $n = n_x + n_y + n_z = 2$ gibt es 6 verschiedene Kombinationsmöglichkeiten der $n_x, n_y, n_z$, also 12 Plätze. Die folgende magische Zahl ist 28, es wird dafür eine Schale mit nur 8 Plätzen gebraucht, also mit nur 4 Reali-

**Kasten 7.8 Harmonischer Oszillator (1-dimensional, Erinnerung in Stichworten)**

**Hamilton-Operator:** $\hat{H} = \frac{\hat{p}^2}{2m} + \frac{1}{2}kx^2 \equiv \hbar\omega \left( \frac{1}{2} \left( \frac{d}{d\xi} \right)^2 + \frac{1}{2}\xi^2 \right)$

(Die Umrechnung erfolgte mit $\omega = \sqrt{k/m}$ als Frequenz und $\xi = \sqrt{m\omega/\hbar}\, x$ als der geeignet skalierten und dimensionslos gemachten Ortskoordinate.)

**Eigenwerte und Eigenfunktionen:** (Normierungsfaktoren weggelassen)

| Quantenzahl | Eigenwert | Eigenfunktion | Parität $P$ |
|---|---|---|---|
| $n=0$ | $E_0 = \frac{1}{2}\hbar\omega$ (Nullpunktsenergie) | $\varphi_0(\xi) \propto \exp(-\xi^2/2)$ (Gaußsche Glockenkurve) | $P=+1$ |
| $n=1$ | $E_1 = \frac{3}{2}\hbar\omega$ | $\varphi_1(\xi) \propto \xi \exp(-\xi^2/2)$ | $P=-1$ |
| $n=2$ | $E_2 = \frac{5}{2}\hbar\omega$ | $\varphi_2(\xi) \propto (2\xi^2-1)\exp(-\xi^2/2)$ | $P=+1$ |
| $n$ | $E_{\mathrm{n}} = (n+\frac{1}{2})\hbar\omega$ | $\varphi_n(\xi) \propto \left[\xi - \frac{d}{d\xi}\right] \varphi_{n-1}(\xi)$ | $P=(-1)^n$ |

**Auf- und Absteige-Operator:**

$\hat{a}^\dagger = \frac{1}{\sqrt{2}}\left[\xi - \frac{d}{d\xi}\right]$ verwandelt einen Zustand $\varphi_{\mathrm{n}}$ in den nächst höheren $\varphi_{n+1}$ und heißt deshalb *Aufsteige-Operator*.

$\hat{a} = \frac{1}{\sqrt{2}}\left[\xi + \frac{d}{d\xi}\right]$ ist der dazu inverse *Absteige-Operator*. ($\hat{a}\,\varphi_0 = 0$)

Ausgedrückt durch $\hat{x}$ und $\hat{p} = \frac{\hbar}{i}\frac{\partial}{\partial x}$ (bis auf einen gemeinsamen Faktor):

$$\hat{a}^\dagger = \hat{p} + \mathrm{i}m\omega^2\hat{x}; \quad \hat{a} = \hat{p} - \mathrm{i}m\omega^2\hat{x}\,.$$

Auf- und Absteige-Operator sind zueinander hermitesch konjugiert.

Vertauschungsrelation: $[\hat{a}, \hat{a}^\dagger] = 1$

Hamilton-Operator nun: $\hat{H} = \frac{\hat{p}^2}{2m} + \frac{1}{2}kx^2 \equiv (\hat{a}^\dagger\hat{a} + \frac{1}{2})\hbar\omega$

sierungsmöglichkeiten durch die $n_x, \ldots$ Das kann es beim Oszillatorpotential nicht geben, hier endet sein Anwendungsbereich. Die Suche nach dem richtigen Modell wird nun wesentlich erleichtert, wenn man an den drei richtig vorhergesagten Schalen lernt, weitere Eigenschaften der Niveaus abzulesen.

**Parität.** Die Parität jedes 1-Teilchen-Niveaus ist wohlbestimmt, nach Gl. (7.33) genau:

$$P_{\mathrm{n}} = (-1)^{n_x}(-1)^{n_y}(-1)^{n_z} \equiv (-1)^n.$$

Jedes Teilchen im Niveau $n$ steuert zur Parität des gesamten Kerns diesen Faktor bei, Paare von Teilchen in der gleichen Schale also immer nur den Faktor $+1$. Daher wird man bei $ug$- oder $gu$-Kernen erwarten, dass die Parität des ganzen Kernniveaus durch das eine ungerade Nukleon bestimmt wird. So wird z. B. in der Schale $n = 1$ (d. h. $3 \leq Z, N \leq 8$) für die ungeraden Kerne im Grundzustand negative Parität vorausgesagt. Das ist richtig: Die stabilen ungeraden Kerne ${}^{7}_{3}\mathrm{Li}$, ${}^{9}_{4}\mathrm{Be}$, ${}^{11}_{5}\mathrm{B}$ haben $I^P = \frac{3}{2}^-$, die beiden folgenden (${}^{13}_{6}\mathrm{C}$, ${}^{15}_{7}\mathrm{N}$) $I^P = \frac{1}{2}^-$. Bei den Kernen mit $9 \leq Z, N \leq 20$ wird demnach die $(n = 2)$-Schale besetzt. Wie vom Modell vorausgesagt, haben sie alle im Grundzustand positive Parität.

**Drehimpuls.** Das Modell legt auch schon die Bahndrehimpulse fest. Weil der Hamilton-Operator $\hat{H}$ (Gl. (7.32)) kugelsymmetrisch ist, gehört (nach Abschn. 7.1.1) zu jedem Eigenzustand eine Drehimpulsquantenzahl (oder, bei zufälliger Entartung, mehrere). Da $\hat{H}$ nur auf die Ortskoordinaten wirkt, gilt diese Aussage auch schon für den Bahndrehimpuls allein.

Welcher Bahndrehimpuls gehört zum 1-Teilchen-Grundzustand $n = 0$? Da dies Niveau (im Ortsraum) nicht entartet ist, kommt nur $\ell = 0$ in Frage. Dazu passt, dass nach Gl. (7.33) die Wellenfunktion kugelsymmetrisch ist und positive Parität hat:

$$\Phi_{000}(r) = \varphi_0(\xi)\,\varphi_0(\eta)\,\varphi_0(\zeta) \propto \exp[-(\xi^2 + \eta^2 + \zeta^2)/2] = \exp[-\tfrac{1}{2}(m\omega/\hbar)r^2]\,.$$

**Die 1p-Schale ($n = 1$).** Das erste angeregte Niveau $n = 1$ ist 3fach entartet und hat negative Parität. Wenn der Entartungsgrad $2\ell + 1$ ist, kann es sich nur um $\ell = 1$, also ein p-Niveau handeln. Eine kleine Kontrollrechnung:

**Frage 7.29.** *Durch direktes Nachrechnen zeigen, dass für $n = n_x + n_y + n_z = 1$ die drei Funktionen $\Phi_{n_x,n_y,n_z}(x, y, z)$ Linearkombinationen von drei Funktionen $f(r)Y^m_{\ell=1}(\vartheta, \phi)$ für $m = 0, \pm 1$ sind (d. h. mit einer gemeinsamen geeignet zu wählenden Radialfunktion $f(r)$).*

**Antwort 7.29.** *Zunächst für die Schwingung in z-Richtung ($n_z = 1$): Nach Kasten 7.8 ergibt sich $\Phi_{0,0,1}(x, y, z) \propto z\Phi_{0,0,0}(x, y, z) \equiv \cos\vartheta\,(r\Phi_{0,0,0}(r))$. Wegen $\cos\vartheta \propto Y^0_1(\vartheta, \phi)$ ist mit $r\Phi_{0,0,0}(r) =: f(r)$ die Behauptung schon gezeigt. Für die Schwingungen in x- und y-Richtung muss man hierin nur $(x \pm \mathrm{i}y) \propto rY^{\pm 1}_1(\vartheta, \varphi)$ benutzen.*

Die Spins der ungeraden Kerne in der Schale $n$=1 wurden oben schon angegeben: $I^P = \frac{3}{2}^-$ oder $\frac{1}{2}^-$. Das ist genau das erwartete Ergebnis, wenn das ungerade Nukleon mit Bahndrehimpuls $\ell = 1$ und Gesamtdrehimpuls $j = \ell \pm \frac{1}{2}$ für den gesamten Kernspin aufkommt. Diese Zustände werden in der Kernphysik mit dem Termsymbol $1\mathrm{p}_{\frac{1}{2}}$ und $1\mathrm{p}_{\frac{3}{2}}$ bezeichnet.

**Die 2s1d-Schale ($n = 2$).** Das folgende Oszillator-Niveau zu $n = 2$ hat wieder positive Parität, weshalb für $\ell$ nur gerade Werte möglich sind. Den Spin nicht mitgerechnet, ist es 6-fach entartet, was keinem möglichen $2\ell + 1$ entspricht. Lösung: In dem Niveau steckt eins zu $\ell = 2$ (5 Zustände) und eins zu $\ell = 0$ (nur 1 Zustand). Dies ist ein Fall zufälliger $\ell$-Entartung, die bei Veränderungen der Potentialform aufgehoben werden kann – z. B. im Woods-Saxon- oder im Kasten-Potential. Darüber hinaus kann es die Aufspaltung nach dem Gesamtdrehimpuls $j = \ell \pm \frac{1}{2}$ jedes Nukleons geben. So können die 1-Teilchen-Niveaus $1d_{\frac{5}{2}}$, $1d_{\frac{3}{2}}$ und $2s_{\frac{1}{2}}$ entstehen. Im Oszillator-Modell sind sie entartet, aber was sagen die Beobachtungen? Die ungeraden Kerne der $(n = 2)$-Schale beginnen bei $^{17}_{8}$O mit einem Grundzustand $I^P = \frac{5}{2}^+$, und enden bei $^{39}_{19}$K mit dem Grundzustand $I^P = \frac{3}{2}^+$. Dazwischen liegen ab $^{29}_{14}$Si einige Kerne mit $I^P = \frac{1}{2}^+$. Das passt genau zum Modell, wenn ein zusätzlicher Effekt für eine Energieaufspaltung in der Reihenfolge $1d_{\frac{5}{2}}$, $2s_{\frac{1}{2}}$, $1d_{\frac{3}{2}}$ sorgt.

**Die anderen Potentialformen.** Ein kurzer Blick auf die Niveaufolge in den anderen oben vorgestellten Potentialtöpfen. Ausgangspunkt sind in Abb. 7.13 links die äquidistanten Niveaus des Oszillators (mit den vorausgesagten magischen Zahlen in eckigen Klammern). Im Woods-Saxon-Potential (Mitte) und im Kastenpotential (rechts) spalten die Oszillator-Niveaus je nach Bahndrehimpuls $\ell$ auf. Die in der Kernphysik üblichen Termsymbole $(n\ell)$ sind im Schema für das Woods-Saxon-Potential eingetragen, zusammen mit der maximalen Besetzungszahl für identische Spin-$\frac{1}{2}$-Teilchen (in runden Klammern). Die Bindungsenergie innerhalb eines aufgespaltenen Oszillator-Niveaus nimmt immer mit steigendem Bahndrehimpuls $\ell$ zu. Das ist einfach zu deuten: Im Vergleich zum Oszillator-Potential mit seiner $\ell$-Entartung weichen die anderen Potentialtöpfe in Abb. 7.12 für nicht zu große Abstände $r$ nach *unten* ab. Davon profitieren vor allem Teilchen, deren Wellenfunktion sich entsprechend ihrem größeren Bahndrehimpuls weiter außen konzentriert. Alle drei Potentialformen geben die ersten drei magischen Zahlen 2, 8, 20 richtig wieder, aber auch nur diese.

**Die zu große Schale zu $n = 3$.** Das Oszillatormodell sagt für das nächste Niveau mit $n = 3$ negative Parität und 20 Plätze für jede Nukleonensorte voraus (Faktor 2 für den Spin schon berücksichtigt). Das entspricht gerade einem p-Niveau ($\ell = 1$, Anzahl Plätze $2 \cdot 3$) und einem f-Niveau ($\ell = 3$, Anzahl Plätze $2 \cdot 7$). Es versagt also bei der Erklärung der jetzt benötigten Schale mit nur 8 Plätzen, um die magische Zahl $N_{\text{mag}} = 28$ zu erklären. Die Diskussion der $(n = 2)$-Schale hat uns aber schon den Weg zum realistischen Schalenmodell von Goeppert-Mayer und Jensen geebnet.

### *7.6.3 Schalen-Modell mit Spin-Bahn-Wechselwirkung*

Die Lösung für die Erklärung der magischen Zahlen liegt, wie in der 2s1d-Schale schon angedeutet, in der Einführung einer starken Spin-Bahn-Wechselwirkung. Wie von der Hülle her bekannt, bewirkt ein zusätzlicher Summand $V_{\ell s}(r)(\hat{\vec{\ell}} \cdot \hat{\vec{s}})$ im Hamiltonoperator (Gl. 7.32) eine Energieaufspaltung der 1-Teilchen-Terme $\ell$ in zwei

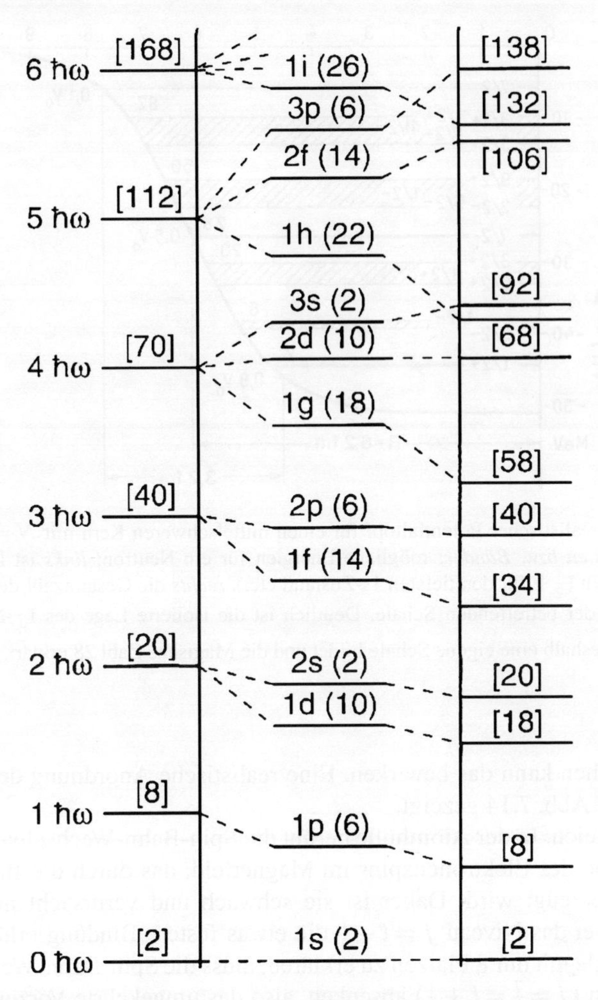


**Abb. 7.13** Termschema für 1 Teilchen in den Potentialen von Abb. 7.12. Oszillator (*links*), Kasten (*rechts*), jeweils mit der Gesamtzahl von Protonen oder Neutronen bis zum jeweiligen Schalenabschluss [in eckigen Klammern]. Beim Woods-Saxon-Potential (*Mitte*) sind auch die in der Kernphysik üblichen Termsymbole angegeben, und in runden Klammern die Anzahl der Plätze in jedem Orbital. (Abbildung aus [58])

Niveaus mit $j = \ell \pm \frac{1}{2}$, die je $2(2j+1)$ Plätze haben.[74] Ausgehend vom $(n=3)$-Niveau des Oszillator-Modells sind Niveaus $p_{\frac{1}{2}}$, $p_{\frac{3}{2}}$, $f_{\frac{5}{2}}$, $f_{\frac{7}{2}}$ zu erwarten. Der gesuchte Schalenabschluss nach nur 8 weiteren Teilchen würde sich ergeben, wenn sie zuerst die $f_{\frac{7}{2}}$-Zustände besetzen und der Energieabstand zu den anderen Niveaus genügend groß ist. Eine Spin-Bahn-Wechselwirkung mit geeigneter Stärke und dem rich-

---

[74] Vergleiche das Spektrum des myonischen Atoms in Abb. 6.15 auf S. 229.

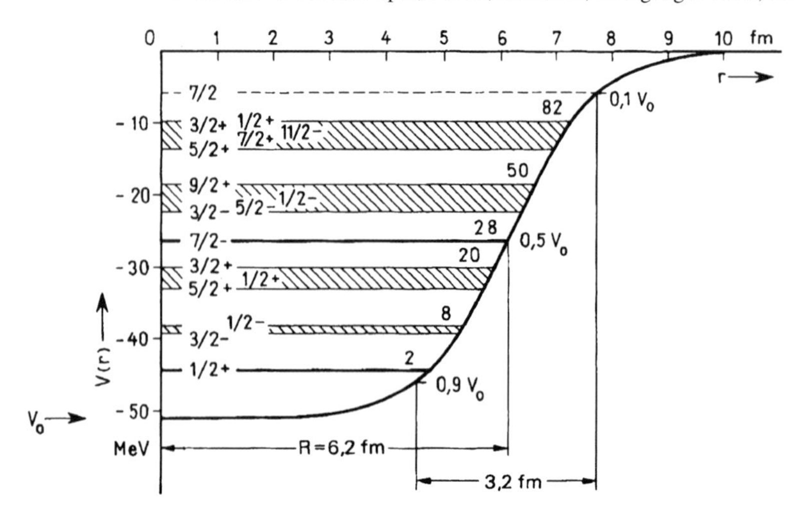


**Abb. 7.14** Ein realistischer Potentialtopf für einen mittelschweren Kern mit $N = 82$ Neutronen. *Horizontale Linien bzw. Bänder*: mögliche Energien für ein Neutron; *links* ist Drehimpuls und Parität angegeben ($\frac{1}{2}+$ für den tiefsten 1s-Zustand etc.), *rechts* die Gesamtzahl der Neutronen bis zur Auffüllung der betreffenden Schale. Deutlich ist die isolierte Lage des $f_{\frac{7}{2}}$-Niveaus ($\frac{7}{2}$-) zu erkennen, das deshalb eine eigene Schale bildet und die Magische Zahl 28 erklärt. (Abbildung aus [128])

tigen Vorzeichen kann das bewirken. Eine realistische Anordnung der 1-Teilchen-Niveaus ist in Abb. 7.14 gezeigt.

Zum Vergleich: In der Atomhülle beruht die Spin-Bahn-Wechselwirkung auf der Einstellenergie des Elektronenspins im Magnetfeld, das durch die Bahnbewegung der Ladung erzeugt wird. Daher ist sie schwach und verursacht nur eine *Fein*-Struktur, wobei das Niveau $j = \ell - \frac{1}{2}$ die etwas festere Bindung erhält. Um beim Kern die Schale mit nur 8 Plätzen zu erklären, muss die Spin-Bahn-Wechselwirkung das $f_{\frac{7}{2}}$-Niveau ($j = \frac{7}{2} = \ell + \frac{1}{2}$) absenken, also das umgekehrte Vorzeichen bekommen, und des weiteren mit so großer Stärke angesetzt werden, dass dies Orbital allein schon eine eigene Schale bildet. Schließlich muss dies noch in gleicher Weise für beide Nukleonensorten gelten. Diese Spin-Bahn-Wechselwirkung kann also nicht magnetischen Ursprungs sein wie beim Elektron.[75] Für ihre genaue Ursache im Rahmen der Erklärung der Kernkraft im Quark-Modell (siehe Abschn. 13.3.4) muss auf speziellere Lehrbücher verwiesen werden. Jedenfalls gilt wegen ihrer Stärke in Kernen ganz überwiegend das $jj$-Kopplungsschema für die Addition der Einzeldrehimpulse.

[75] Zumal die magnetischen Momente der beiden Nukleonen noch drei Größenordnungen kleiner als das des Elektrons sind und unterschiedliches Vorzeichen haben. Ein früherer Beweis für die Existenz und Stärke der Spin-Bahn-Wechselwirkung im Potential zwischen einem Kern und einem zusätzlichen Teilchen beruhte schon darauf, dass sie die Winkelverteilung bei Streuexperimenten beeinflusst.

### 7.6.4 Zur Begründung des Einzel-Teilchen-Modells

Die konkrete Ausgestaltung des angenommenen Potentials mit seiner speziellen Spin-Bahn-Wechselwirkung ist noch nicht einmal die ungewöhnlichste Voraussetzung des Schalenmodells. Viel stärker waren die Zweifel an seiner modelltheoretischen Basis: Kann es denn eine brauchbare Näherung sein, die Bewegung eines jeden Teilchens unabhängig von allen anderen in einem für alle gleichen Potentialtopf zu berechnen? Dieser Ansatz liegt jedem Einzel-Teilchen-Modell zu Grunde, bei Elektronen z. B. nicht nur dem Schalen-Modell der Atomhülle sondern auch dem Bänder-Modell des Festkörpers. Bei einer Reichweite der anziehenden Nukleon-Nukleon-Wechselwirkung, die viel kleiner ist als der Kerndurchmesser, und die bei noch kleineren Abständen in starke Abstoßung umschlägt, ist schon das Zustandekommen eines pauschalen Potentials schwer nachzuvollziehen.

Das zweite große begriffliche Problem, weswegen sich lange Zeit niemand an die Ausarbeitung eines Schalenmodells für Kerne setzen mochte, taucht aber sogleich auf, wenn man diesen Potentialtopf doch einmal als gegeben annimmt. Ohne Schwierigkeiten kann man in einem gegebenen Potentialtopf zunächst ein *einzelnes* Teilchen betrachten (damit es frei von Störungen durch die anderen angenommen werden kann) und, wie oben durchdiskutiert, die möglichen 1-Teilchen-Energien und -Zustände darin ausrechnen. Hat man ein $A$-Nukleonen-System zu beschreiben, darf man weiter auf dem Papier alle $A$ Teilchen (das Pauli-Prinzip befolgend) in diesen 1-Teilchen-Zuständen unterbringen. Die so gebildeten $A$-Nukleonen-Zustände heißen *reine Konfigurationen*. Abgesehen vom Pauli-Prinzip gibt es hier keine Korrelationen zwischen den Teilchen, jedes bewegt sich entsprechend seinem 1-Teilchen-Zustand in dem für alle gleichen Potentialtopf unabhängig davon, was die anderen Teilchen machen. Genau so wurde im vorigen Abschnitt argumentiert. Diese reinen Konfigurationen können mit Sicherheit als Basiszustände genutzt werden, um in Form von Linearkombinationen (*Konfigurationsmischung*) die gesuchten und physikalisch richtigen stationären $A$-Teilchen-Zustände zu bilden. Aber wie nahe kommen sie selbst schon der Realität? Die richtige Linearkombination soll Eigenzustand zum richtigen Hamilton-Operator für alle $A$ Teilchen mit allen ihren paarweisen Wechselwirkungen (aber eben ohne das pauschale Potential) sein. Für je zwei Teilchen einer reinen Konfiguration in ihren wohlbestimmten 1-Teilchen-Zuständen erzeugt dieser vollständige Hamilton-Operator Übergänge in Form von Stoßprozessen, nach denen sich die beiden Teilchen in anderen 1-Teilchen-Zuständen wiederfinden, also eine andere reine Konfiguration bilden. Davon gibt es im Prinzip eine Unzahl, die alle in ausgewogener Überlagerung vorkommen müssen, damit aus ihrer Linearkombination ein stationärer Zustand werden kann, in dem sich alle diese Übergangsamplituden gegenseitig ausbalancieren.

Um diesen Einwand richtig zu würdigen, braucht man sich nur in Abb. 7.15 den in Streuversuchen ermittelten Wirkungsquerschnitt der Nukleonen anzusehen, wie er durch die reinen Kernkräfte verursacht wird.

Demnach müsste es zwischen den im Kern (mit Radius von der Größenordnung $R_{\text{Kern}} \approx 6\,\text{fm}$) eingepferchten Nukleonen (Dichte $n \approx 1/(7\,\text{fm}^3)$, siehe Gl. (3.21) auf S. 69) ständig zu Zusammenstößen mit Energie- und Impulsaustausch kommen, also

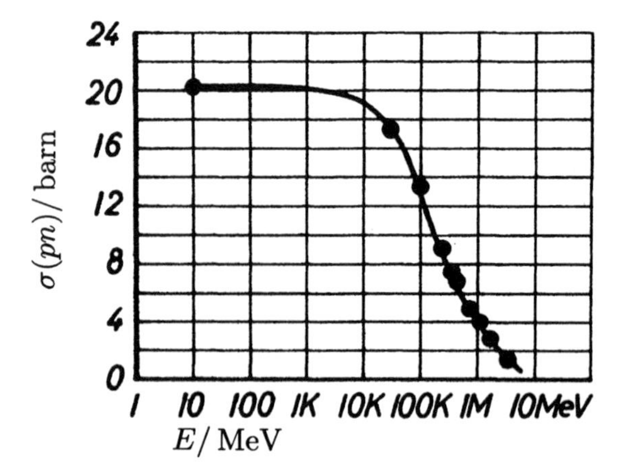


**Abb. 7.15** Totaler Wirkungsquerschnitt für Proton-Neutron-Streuung in Abhängigkeit von ihrer kinetischen Energie (in logarithmischer Skala von 1 keV bis 10 MeV). Bis ca. 10 keV ist die Trefferfläche 20 barn und scheint damit etwa den 25fachen Radius des Nukleons zu haben: 20 barn $\equiv$ $20 \cdot 10^{-24}$ cm$^2 \cong \pi(25\,\text{fm})^2$. (Abbildung aus [113])

zu Übergängen in andere Konfigurationen. $\sigma$ nimmt zu höherer Relativ-Energie der Nukleonen hin ab, ist aber selbst um 1 MeV noch so groß, dass die mittlere freie Weglänge $1/(n\sigma) \approx 0{,}02$ fm sehr viel kleiner als der Kerndurchmesser ist.

Ein 1-Teilchen-Modell ist aber nur dann erfolgreich, wenn tatsächlich schon eine einzelne reine Konfiguration eine gute Näherung an einen wahren Energie-Eigenzustand darstellt. Seine Gesamt-Energie ist dann auch in guter Näherung einfach die Summe der Energien der besetzten 1-Teilchen-Zustände. Dann können die Wechselwirkungen zwischen je zwei Teilchen als „Restwechselwirkung" bezeichnet werden und spielen nur noch die Rolle einer kleinen Störung, jedenfalls wenn das pauschale Potential optimal gewählt worden war.[76] Ist dies schon beim erfolgreichen Schalen-Modell der Atomhülle auch nachträglich nicht leicht intuitiv einzusehen,[77] erschien es für die Nukleonen im Kern erst recht als ausgeschlossen. Das Erstaunen war groß, als Goeppert-Mayer und Jensen 1949 zeigen konnten, wie einfach man mit dem Modell unabhängiger Nukleonen in einem pauschalen Potentialtopf viele bis dahin ungeordnet erscheinende Eigenschaften der Kerne erklären konnte.

Dieser Erfolg brauchte eine Erklärung. Sie wurde 1951 von Viktor Weisskopf nachgeliefert. Die tiefere Rechtfertigung für den 1-Teilchen-Ansatz bei Kernen ist vom Pauli-Prinzip abgeleitet, also von der Anwesenheit vieler anderer Nukleonen.

[76] Andererseits ist diese Restwechselwirkung dann der einzige Schlüssel zum Studium der der eigentlichen 2-Teilchen-Wechselwirkung.

[77] Immerhin begegnen sich Elektronenpaare im gleichen Atom ja häufig und üben dann starke elektrostatische Kräfte aufeinander aus, wie man u. a. an den hohen Übergangsraten für den *Auger-Effekt* sieht, der als Coulomb-Streuung von zwei gebundenen Elektronen aneinander genau nachgerechnet werden kann.

In dieser *Kernmaterie* verhindern sie durch ihre bloße Gegenwart Stöße mit kleinem Impuls-Übertrag. Ein Stoß zwischen zwei Nukleonen kann ganz einfach gar nicht stattfinden, wenn nicht für beide ein freier Endzustand bereit steht. Für sanfte Stöße, die den größten Teil des Wirkungsquerschnitts ausmachen, wären aber (in den allermeisten Fällen) die möglichen Endzustände schon von den anderen Nukleonen des Kerns besetzt.

Erst hiermit ist auch der Erfolg des Schalenmodells in der Atomhülle nachvollziehbar. Dieses wichtige Argument gilt natürlich genau so für jedes Fermi-Gas in der Nähe des Grundzustands. Für die Leitungselektronen in Metallen z. B. begründet es deren große freie Weglänge und damit die hohe Leitfähigkeit für Strom und Wärme.

# Kapitel 8
# Nukleare Energie, Entwicklung der Sterne, Entstehung der Elemente

## Überblick

Schon die ersten Beobachtungen einer scheinbar „ewig" anhaltenden enormen Energiefreisetzung aus natürlichen $\alpha$-Strahlern zeigten, dass dort eine millionenfach stärkere Energiequelle zu finden sein würde als in chemischen Reaktionen oder irgend einem anderen bekannten Prozess. Um 1900 herum rief dies allgemein ungläubiges Erstaunen hervor, auch bei vielen Naturwissenschaftlern, war doch gerade erst der Energieerhaltungssatz fest in die Physik aufgenommen worden. In der Tat macht es allein die Größenordnung dieser Energiefreisetzung möglich, das physikalische Weltbild auf Phänomene auszuweiten, die sich außerhalb irdischer Maßstäbe in den Sternen abspielen. In gewisser Weise wiederholt sich hier auf fortgeschrittenem Niveau erfolgreich ein Ansatz, der die exakte Naturwissenschaft schon von Anfang an charakterisierte: die Vermutung einheitlicher Gesetze für die Vorgänge auf der Erde und am Himmel, erstmalig durch Galilei, Newton (und andere) im 17. Jahrhundert.

Hinsichtlich dieser kosmischen Bedeutung der Kernenergie beginnt das Kapitel mit einer frühen Spekulation Rutherfords (1904) über die Energiequelle der Sterne, und endet mit einer gedrängten Darstellung der heute erreichten kernphysikalischen Erklärung über das Entstehen der chemischen Elemente, d. h. der Materie in der uns gewohnten Form.

Die erwähnte Spekulation Rutherfords war in mehrfachem Sinne mutig – u. a. riskierte er einen Streit mit dem weltberühmten Lord Kelvin. Sie war auch richtungweisend, obwohl sie zunächst in die Irre führte. Ihre spätere Ausarbeitung zu einer Bahn brechenden Theorie hat Rutherford gerade nicht mehr erleben können, denn davor lagen die Mühen der detaillierten Erforschung der Atomkerne und ihrer möglichen Umwandlungen (Kap. 4–8). Erst in Rutherfords Todesjahr 1938 konnte Hans Bethe die Energiequelle der Sonne richtig beschreiben: die Fusion von Protonen zu $\alpha$-Teilchen. Schnell wurde Bethes Modell Ausgangspunkt weit reichender Folgerungen für die zeitliche Entwicklung der Sterne. Die Kernphysik konnte nun z. B. erklären, welche Sterntypen nachts (und zuweilen auch tags als Supernova) am Himmel zu sehen sind. Das wiederum führte 1957 zu der legendär gewordenen Standard-Arbeit „$B^2FH$" (nach den Autoren Burbidge, Burbidge, Fowler und


DOI 10.1007/978-3-540-85300-8, 

Hoyle), in der vorgerechnet wird, wie alle chemischen Elemente unserer Umwelt in kernphysikalischen Vorgängen in den Sternen aus Wasserstoff entstehen konnten. Obwohl mit diesen Entdeckungen eigentlich „nur“ die damals 140 Jahre alte Hypothese von William Prout (siehe Abschn. 1.1 und 4.1) bestätigt wurde, dürften sie die konkreten Erwartungen an die Reichweite naturwissenschaftlicher Erklärungen mancherorts doch weit übertroffen haben.

Indes standen diese Entdeckungen auch schon etwas im Schatten des inzwischen angebrochenen „Atomzeitalters“, das gekennzeichnet ist durch die Fähigkeit zur gezielten Freisetzung gigantischer Mengen von nuklearer Energie, in ebenso gigantischen technischen Anlagen, und mit globalen Auswirkungen in allen Lebensbereichen, von der häuslichen Stromversorgung bis zur möglichen Selbstvernichtung der ganzen Menschheit. Hierzu geben die mittleren Abschnitte dieses Kapitels einen – ebenfalls gedrängten – Überblick. (Für vollständigere und systematische Information muss auf die weitere Literatur verwiesen werden.)

Rutherford selber, der die Kernphysik begründet und ihr mit weit reichenden Spekulationen immer wieder die Richtung gewiesen hatte, wäre von diesen Entwicklungen wohl mehr als überrascht gewesen. Noch 1934 kanzelte er entsprechende Ideen gerade so ab, wie er es 1904 von seiten Kelvins selber zu befürchten hatte:

> “Anyone who expects a source of power from the transformation of these atoms [*gemeint ist* nuclei] is talking moonshine.“

## 8.1 Größenordnung der Kernenergie

### *8.1.1 Ist die Sonne radioaktiv? Eine Anekdote*

**Wie alt ist die Erde? Eine Kontroverse.** Einer der hartnäckigsten Zweifler in den Diskussionen um die neuen Phänomene der Radioaktivität war Lord Kelvin, der große alte Mann (*1824, †1907) der klassischen Physik. Schon 1862 war er gebeten worden, mit seiner Autorität in Fragen der Thermodynamik und ihrer Hauptsätze endgültig Stellung zu nehmen in einer (auch heute noch hier und da aufflackernden[1]) Kontroverse zwischen Weltanschauung und Naturwissenschaft: Wie alt können die Erde und das Leben auf ihr sein? Kelvin kam auf ein mögliches Höchstalter in der Größenordnung von einigen $10^{7-8}$ Jahren, und rückte nie wieder von dieser Abschätzung ab.

Seine zweifach gesicherte Schlussweise: 1. Wäre die feste Erdkruste viel älter, müsste sie sich (ausgehend von der hypothetischen Glutflüssigkeit) bereits unter die gegenwärtig erreichte Temperatur abgekühlt haben. 2. Aber auch die Sonne kann ihre gegenwärtige Strahlungsleistung nicht länger als einige $10^{7-8}$ Jahre aus der bei einer hypothetischen Kontraktion freiwerdenden Gravitationsenergie decken. Im Hintergrund dieser Kontroverse stand ersichtlich die Hoffnung auf eine wissenschaftliche Klärung der Frage, ob es ein kurzer *Schöpfungsakt* gewesen sein musste

---

[1] siehe Legende zu Abb. 6.7 auf S. 174

oder eine lang andauernde *Evolution*, der wir den gegenwärtigen Zustand der Erde (physikalisch) und des Lebens auf ihr (biologisch) verdanken. Kelvins Abschätzung sprach zwar nicht direkt für den Schöpfungsakt (der je nach Religion meist vor einigen $10^{3...4}$ Jahren angenommen wird), aber sicher gegen die Evolution. Denn $10^8$ Jahre sind um Größenordnungen zu kurz für ein naturwissenschaftliches Verständnis von Gebirgsfaltungen, Sedimenten, Fossilien und die *Entstehung der Arten* (Charles Darwin 1859), für die sich damals einerseits immer mehr wissenschaftliche Evidenz ansammelte, während andererseits die dafür nötigen geophysikalischen und biologischen Prozesse nur Gegenstand von Spekulationen sein konnten und die dabei diskutierten *geologischen Zeiträume* jeden vorstellbaren Rahmen sprengten.[2]

Kelvin hatte seinerzeit auch in wissenschaftlich korrekter Formulierung eine Schlussfolgerung für die Zukunft gezogen: An der Sonne werde sich die Erdbevölkerung nicht noch weitere viele Jahrmillionen erfreuen können, es sei denn, die Schöpfung halte andere, bisher unbekannte Energiequellen bereit.[3]

Kelvins Schätzungen waren längst zum wissenschaftlichen Allgemeingut geworden, als Rutherford, der junge voranstürmende Erforscher, ja Namensgeber der „radio activity“, es wagen wollte, aus diesen neuen Entdeckungen gegenteilige Schlussfolgerungen zu ziehen. In einem Vortrag vor der Royal Society of London (der ältesten Wissenschaftsgesellschaft im modernen Sinn, mit u. a. Sir Isaac Newton und Lord Kelvin in der Reihe ihrer Präsidenten) wollte er am Ende auf die Möglichkeit eines weit höheren Alters von Erde und Sonne zu sprechen kommen. Es war zu befürchten, dass der 80jährige Kelvin kommen und diesen jungen Forscher öffentlich angreifen würde. Als Rutherford seinen berühmten Zuhörer dann tatsächlich erblickte, drehte er einer spontanen Eingebung folgend den Spieß um und begann (etwa) so:

> „Wie schon der hier anwesende Lord Kelvin ausgeführt hat, lässt sich das Alter des Lebens auf der Erde nur durch eine weitere, weitaus stärkere Energiequelle erklären als alle bisher bekannten. Diese prophetische Voraussage bezieht sich auf die Radioaktivität, über die ich Ihnen jetzt berichten werde.“

Das war 1904. Kelvin soll dann zwar vor Freude gestrahlt haben, wollte sich aber doch nicht nachträglich zum Entdecker dieser angeblichen Energiequelle ernannt sehen, sondern blieb bis zu seinem Tod (1907) bei seinen Schätzungen.

**30 Jahre Irrlehre.** Rutherfords kühne Spekulation wurde durch die folgenden 30 Jahre auf eine harte Probe gestellt, denn sie führte zunächst in die Irre. Zum Beispiel wurden ihretwegen die zahlreichen Spektrallinien im Sonnenspektrum schweren

---

[2] Historische Marke: Alfred Wegeners Idee der Kontinental-Verschiebung (heutiger Name: *Plattentektonik*) stammt erst von 1912 und blieb noch lange eine höchst umstrittene Hypothese. Erst ein halbes Jahrhundert später wurde sie zum akzeptierten „Standard-Modell“ der modernen Geophysik. Einstein (†1955) war unter den letzten prominenten Gegenern.

[3] „It seems, therefore, on the whole most probable that the sun has not illuminated the earth for 100 000 000 years, and almost certain that he has not done so for 500 000 000 years. As for the future, we may say, with equal certainty, that inhabitants of the earth can not continue to enjoy the light and heat essential to their life for many million years longer unless sources now unknown to us are prepared in the great storehouse of creation.“ [107]

radioaktiven Elementen zugeordnet. Voreilig, denn bei fortschreitender Genauigkeit und Erkenntnis stimmten sie besser mit Übergängen in hochionisierten leichten Atomen überein, unter anderem C, N, O. Radioaktive Elemente schieden damit als Energiequelle der Sonne aus. Der richtige Gedanke an den Energiegewinn aus der Fusion von Protonen zu $\alpha$-Teilchen lag zwar nahe, die erste Spekulation in dieser Richtung (Eddington 1920) kam sogleich nach der Entdeckung des %-großen Massendefekts bei Helium durch Aston (1919, siehe Abschn. 4.1.3). Sie konnte sich aber trotzdem erst 20 Jahre später durchsetzen, denn es widersprach einfach der mit der Autorität Rutherfords herrschenden Lehre (siehe [85, S. 605]), dass in den Sternen überhaupt nennenswerte Mengen Wasserstoff (bzw. freie Protonen im Plasma) vorkommen könnten. Das änderte sich grundlegend erst, *nachdem* die Protonen-Fusion theoretisch 1938 richtig als mögliche Quelle der Sonnenenergie durchgerechnet worden war. Daher musste Hans Bethe in dieser für die Astrophysik klassisch gewordenen Arbeit (siehe weiter unten Abschn. 8.4.1) auch noch von falschen maximal 35% Wasserstoff ausgehen [29]. Erst in den 1950er Jahren stieg der akzeptierte Wert auf ca. 90%, und die Zusammensetzung des Sonnensystems (Planeten einbegriffen) aus ca. 250 einzelnen Nukliden, wie sie durch Spektralanalyse nachgewiesen und durch Isotopenanalyse von Meteoriten ergänzt wurde, ist heute gut bekannt. Die *Häufigkeitskurve der Elemente*, die sich durch die Projektion dieser Nuklid-Verteilung auf die $Z$-Achse ergibt, haben wir schon in Kap. 3 gezeigt (Abb. 3.13 auf S. 72).

Auch für die Erde und ihre Oberflächentemperatur lagen die Argumente sowohl von Kelvin als auch von Rutherford falsch. Worin irrten beide Kontrahenten? Nach heutiger Kenntnis beträgt der Netto-Wärmestrom aus dem Erdinneren ca. $60\,\mathrm{mW/m^2}$, wozu Abkühlung des Erdkerns und Radioaktivität etwa zu gleichen Teilen beitragen. Auf die Temperatur an der Erdoberfläche hat das aber kaum Einfluss, denn sie stellt sich durch das Strahlungsgleichgewicht mit der $10^4$fach stärkeren Einstrahlung durch die Sonne (im Mittel über die ganze Erdoberfläche $342\,\mathrm{W/m^2}$) auf $-19\,°\mathrm{C}$ ein. Am Erdboden ist die Durchschnittstemperatur dann noch einmal angenehme 35 °C höher, weil die Sonnenenergie überwiegend den Umweg über den festen Erdboden nimmt, indem sie diesen direkt beheizt und ihn damit in eine globale Fußbodenheizung verwandelt, während die untere Atmosphäre (Troposphäre) trotz des Wettergeschehens doch ein schlechter Wärmeleiter ist (natürlicher Treibhauseffekt, größtenteils durch die 0–3% $H_2O$-Moleküle in der Luft, aber mit einem Zusatzbeitrag durch $CO_2$ und anderen Treibhausgase, der durch menschliche Tätigkeiten gegenwärtig spürbar anwächst). Die oben genannte Temperatur des Strahlungsgleichgewichts wird erst in Höhe der Stratosphäre erreicht.

### 8.1.2 Größenordnungen und Bedeutung von Energie-Umsätzen

Der Massendefekt der Kerne erreicht im Maximum knapp 1% (relativ zur Gesamtmasse); damit ist die Bindung der Nukleonen zu Kernen ca. $10^7$-mal stärker als die der Atome zu Molekülen. Eine Übersichtstabelle:

| | Typisch | Bereich |
|---|---|---|
| Ruheenergie des Nukleons | 930 MeV | |
| Bindungsenergie pro Nukleon im Kern | 8 MeV | 2,2 MeV ($^{2}_{1}$H) |
| | | ... 8,5 MeV ($^{62}_{28}$Ni) |
| Natürliche Radioaktivität (pro Teilchen) | ∼5 MeV | ∼keV−15 MeV |
| Ruheenergie des Elektrons | 0,5 MeV | |
| Photon sichtbaren Lichts | ∼1,6 eV rot | 1,5−3 eV |
| | ∼2,6 eV grün | |
| Chemische Bindungsenergie (pro Molekül) | um 3 eV | 1−11 eV |
| Kondensation/Verdampfung (pro Molekül) | um 0,1 eV | |
| thermische Energie $k_B T$ (bei 300 K) | $\frac{1}{40}$ eV | |

**Versuch – Einige physikalisch inspirierte Anmerkungen zur praktischen Bedeutung des physikalischen Begriffs Energie:**

- Lebensvorgänge (Stoffwechsel als Energiequelle zur Aufrechterhaltung der Körperwärme und für Bewegung, z. B. bei Nahrungssuche, Jagd und Flucht; aber auch Sinneswahrnehmungen etc.) bedürfen der ständigen Zufuhr von Energie, maximal wenige eV pro Elementarprozess, typischerweise weit darunter.
- Vom Altertum bis zum Beginn der industriellen Revolution (ca. um 1800 herum) wurde der Energie-Bedarf vor allem durch die Sonnenstrahlung und die daraus entstandenen Brenn- (auch Nahrungs-)Stoffe (Holz- und Kohlefeuer, Ackerbau, ...) gedeckt.
- Der Zugang zu Energiequellen (auch zu den für ihre Erschließung nötigen Mitteln wie Bewässerung) ist daher nötig und war seit den ältesten Hochkulturen ein wichtiger politischer Faktor, häufig auch Kriegsgrund.
- Die Fähigkeit, große Energiemengen *auf wenige mechanische Freiheitsgrade* zu konzentrieren, ist möglicherweise zuerst von militärischem Interesse gewesen, zum Beispiel zwecks gezielter Zerstörung durch Rammböcke, Steinschleudern, Kanonenkugeln etc.
- Die Fähigkeit, große Energiemengen auf die wenigen Freiheitsgrade *mechanischer Maschinen* zu bündeln, war ein wesentlicher Faktor der industriellen Revolution, mit einem positiven Rückkopplungseffekt, d. h. der Tendenz zu immer größeren und schnelleren Maschinen und daher einem immer größeren Bedarf. Beispiele (mit entscheidenden Entwicklungen um 1800 herum):
  - Webstühle
  - Transportanlagen
    - vertikal: Lastenkräne, Förderung im Bergbau
    - horizontal: Lokomotive, Dampfschiffe
  - Schmieden und Pressen von Metallen

  etc.
- Technisch-wissenschaftliche Voraussetzungen dazu: Wärmekraftmaschinen
  - Dampfmaschine (u. a. 1769 James Watt),
  - idealer Wirkungsgrad (1824 Sadi Carnot),
  - Energie-Erhaltungssatz (1842 Julius Mayer und 1847 Hermann v. Helmholtz).

- Einige Folgen: Wachstum von Industriegebieten rund um Kohle-Vorkommen (z. B. Ruhrgebiet, ab 1800), politische Umwälzungen, Migration (Ruhrgebiet: Einwanderung aus Polen ab 1800, aus Südeuropa ab 1955).

Schon angesichts dieser Auswahl von Gesichtspunkten kann einleuchten, welche Bedeutung eine ganz neue Energiequelle von größter Ergiebigkeit und höchster Konzentration haben würde für Politik, Wirtschaft, Militär und weiter bis zu den Kategorien der Moral und des Weltbilds[4] hin.

## 8.2 Kern-Spaltung

### 8.2.1 Physikalische Grundlagen

**Schwere Kerne instabil.** Aus dem abnehmenden Teil der Kurve $E_{\mathrm{B}}/A$ der Bindungsenergien (Abb. 4.8, S. 100) ist unmittelbar abzulesen, dass aus einem schweren Kern durch Spaltung in zwei Teile ca. 1 MeV/Nukleon zu gewinnen ist (genauer: 0,9 MeV/Nukleon, deutlich z. B. in Abb. 4.12). Bei ${}^{238}_{92}\mathrm{U}$, dem schwersten als Mineral abbaubaren Nuklid, insgesamt also um $\Delta E_{\mathrm{B}} \cong 220\,\mathrm{MeV}$.

Spontane Spaltung ist demnach energetisch erlaubt und daher im Prinzip möglich. Sie ist, wie die $\alpha$-Emission, aber durch einen Potentialberg behindert, kann also nur über den Tunneleffekt geschehen. Spontane Spaltung wird bei den schwersten in der Natur vorkommenden Kernen tatsächlich auch beobachtet, ist aber um $10^{6-9}$fach seltener als die $\alpha$-Emission (deutlich weniger unterdrückt erst bei den künstlich erzeugten Transuranen).

**Eine Art Potential-Barriere.** Erinnert sei auch ans Tröpfchenmodell (siehe Abschn. 4.2.4, Spaltparameter): Bei $Z^2/A \geq$ (ca.) 50 ist ein kugelförmiger Kern nicht mehr stabil, er würde sich unter Energiegewinn deformieren, weil der Aufwand für die Vergrößerung der Oberfläche durch den Gewinn beim Auseinanderrücken der Protonen überkompensiert wird. In diesem Bild ist auch für $Z^2/A < 50$ der Ablauf der Spaltung $(A, Z) \rightarrow (A_1, Z_1) + (A_2, Z_2)$ bis zur „Energieerzeugung durch Kernspaltung“ leicht zu veranschaulichen (Abb. 8.1).

Zunächst wird der Kern deformiert bis zur Einschnürung und Trennung. Für die letzte Berührung der Tochterkerne kann man als Abstand der Mittelpunkte die Summe der Radien $R_i = 1{,}3\,\mathrm{fm}\,A_i^{\frac{1}{3}}$ ansetzen, und die Kernkräfte sind sicher vernachlässigbar ab $R_1 + R_2 + 2\,\mathrm{fm}$ (dem *Scissionspunkt*). Für einen ersten Überblick über die Energieverhältnisse kann man hier die potentielle Coulomb-Energie $E_{\mathrm{pot}}$ der beiden Kerne abschätzen. Würde Uran (im einfachsten Beispiel) symmetrisch spalten:

[4] Hierzu siehe z. B. C.F. v.Weizsäcker: *Die Verantwortung der Wissenschaft im Atomzeitalter* [190], *Atomenergie und Atomzeitalter* [189].

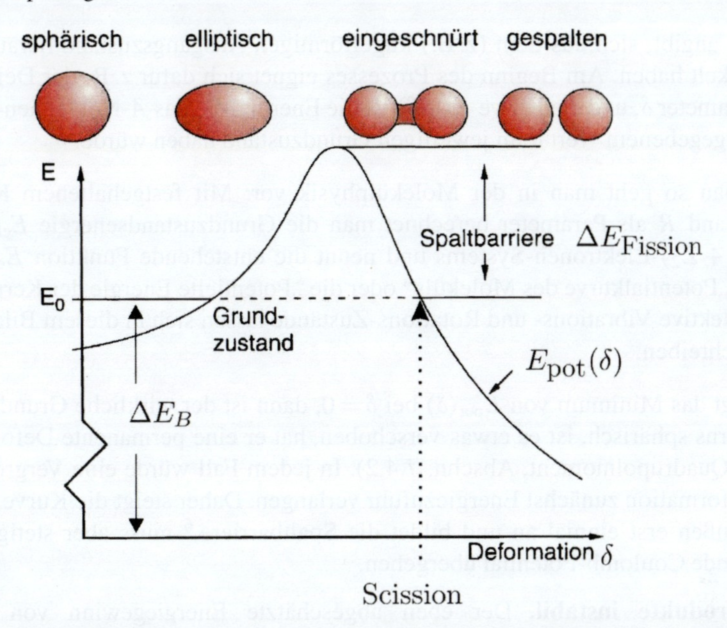


**Abb. 8.1** Ablauf der Kernspaltung nach dem Tröpfchenmodell, stark vereinfacht. Der sphärische Kern im Grundzustand $E_0$ ist genau genommen gar nicht stabil, sondern kann durch Tunneleffekt in den gespaltenen Zustand übergehen (bei gleichem Eigenwert der Gesamt-Energie!). Im Vergleich zur natürlichen $\alpha$-Radioaktivität ist hier die Potential-Barriere aber höher und die Übergangswahrscheinlichkeit viel geringer (außer bei manchen experimentell hergestellten superschweren Kernen). Eine sofortige Spaltung tritt erst aus einem angeregten Zustand oberhalb der Spaltbarriere $E_0 + \Delta E_{\text{Fission}}$ ein, wie er bei ${}^{235}_{92}\text{U}$ schon durch Neutroneneinfang gebildet wird. (Abb. nach [58])

$1 \cdot {}^{238}_{92}\text{U} \rightarrow 2 \cdot {}^{119}_{46}\text{Pd}$, dann wäre

$$E_{\text{pot}} = \frac{e^2}{4\pi\varepsilon_0} \cdot \frac{Z_1 Z_2}{R_1 + R_2 + 2\,\text{fm}} \approx 1{,}4\,\text{MeV fm} \cdot \frac{46 \cdot 46}{1{,}3\,\text{fm} \cdot (5+5) + 2\,\text{fm}}$$
$$\approx 200\,\text{MeV} \qquad (8.1)$$

Dass diese gewaltige potentielle Energie der nebeneinander liegenden Tochterkerne durch die Teilung der 238 Nukleonen des Mutterkerns tatsächlich gespeist werden kann, ergibt sich aus obiger Abschätzung für die Vergrößerung der Kernbindungsenergie $\Delta E_{\text{B}}$. Diese (schon annähernd befriedigende) Übereinstimmung zeigt, dass die „gewonnene Kernenergie" nun bei den Tochterkernen *(fast)* vollständig als elektrostatische potentielle Energie vorliegt, die sich wegen der Abstoßung gleichnamiger Ladungen in kinetische Energie der Bruchstücke umsetzt und anschließend in der umgebenden Materie durch Ionisationsspuren, Strahlenschäden, … und schließlich Erwärmung aufgezehrt wird.

Um den ganzen Prozess in einem Energie-Diagramm wie Abb. 8.1 darstellen zu können, muss die Variable, die *nach* der Spaltung den Abstand der beiden Mittelpunkte angibt, sich aus dem (z. B.) kugelförmigen Ausgangszustand heraus stetig entwickelt haben. Am Beginn des Prozesses eignet sich dafür z. B. der Deformationsparameter $\delta$, und die Kurve $E_{\mathrm{pot}}(\delta)$ ist die Energie, die das $A$-Nukleonen-System bei vorgegebenem Wert $\delta$ im jeweiligen Grundzustand haben würde.

Genau so geht man in der Molekülphysik vor: Mit festgehaltenem Kernabstand $R$ als Parameter berechnet man die Grundzustandsenergie $E_{\mathrm{el}}$ des $(Z_1+Z_2)$-Elektronen-Systems und nennt die entstehende Funktion $E_{\mathrm{el}}(R)$ die „Potentialkurve des Moleküls“ oder die „Potentielle Energie der Kerne“.[5] Kollektive Vibrations- und Rotations-Zustände lassen sich in diesem Bild gut beschreiben.

Liegt das Minimum von $E_{\mathrm{pot}}(\delta)$ bei $\delta = 0$, dann ist der wirkliche Grundzustand des Kerns sphärisch, ist es etwas verschoben, hat er eine permanente Deformation (siehe Quadrupolmoment, Abschn. 7.4.2). In jedem Fall würde eine Vergrößerung der Deformation zunächst Energiezufuhr verlangen. Daher steigt die Kurve $E_{\mathrm{pot}}(\delta)$ nach außen erst einmal an und bildet die Spaltbarriere,[6] muss aber stetig in das abfallende Coulomb-Potential übergehen.

**Spaltprodukte instabil.** Der eben abgeschätzte Energiegewinn von $E_{\mathrm{pot}} \approx 200\,\mathrm{MeV}$ ist etwas kleiner als der Gewinn an Bindungsenergie $\Delta E_{\mathrm{B}} \approx 220\,\mathrm{MeV}$. Diese Differenz ist diesmal nicht der ungenauen Überschlagsrechnung geschuldet; vielmehr ist sie in Wirklichkeit eher noch etwas größer. Wo ist der Überschuss geblieben? Die Isotopenkarte zeigt, dass zwei Bruchstücke eines schweren Kerns nicht beide im Tal der stabilen Isotope zu liegen kommen. Dafür müssten sie einen geringeren Neutronen-Überschuss aufweisen als den, den sie vom schweren Mutterkern geerbt haben (siehe Abb. 8.2). Die Spaltprodukte liegen in jedem Fall auf der Seite mit zu vielen Neutronen, und dies gilt selbst dann noch, wenn – wie alsbald nach der Entdeckung der Spaltung beobachtet – einige Neutronen schon während der Spaltung davon geflogen sind (2–3 prompte Spaltneutronen, mit einigen MeV kinetischer Energie).

Neue Spaltprodukte sind daher $\beta^-$-Strahler (verschiedenster Halbwertzeiten von unter $10^{-3}$ s bis über $10^7$ Jahre). Sie können im Mittel zusammen weitere ca. 25 MeV Energie abgeben, bis sie zu den stabilen Kernen geworden sind, deren Bindungsenergien $E_{\mathrm{B}}/A$ in Abb. 4.8 aufgetragen sind und mit denen der mögliche Gewinn $\Delta E_{\mathrm{B}}$ oben abgeschätzt wurde.

Etwa die Hälfte dieser verzögert freiwerdenden Bindungsenergie entweicht mit Antineutrinos ($\bar{\nu}_{\mathrm{e}}$, vgl. Abschn. 6.5.11 zum ersten erfolgreichen Nachweis dieser Teilchen mit einem Reaktor als Neutrino-Quelle). Die andere Hälfte erscheint als ionisierende Strahlung ($\beta^-$, $\gamma$). Diese Energie kann (bei frühzeitiger Emission) zur Wärmeentwicklung und damit zur technischen Energieausbeute beitragen, ist andernfalls aber der Hauptgrund für die (durch Kernspaltung verursachte) radiologische Umweltbelastung und Atommüll-Problematik.

---

[5] $E_{\mathrm{el}}(R)$ enthält auch die *kinetische* Energie der Elektronen in diesem Zustand.

[6] die von außen gesehen die Fusionsreaktionen behindert und *Coulomb-Wall* genannt wird.

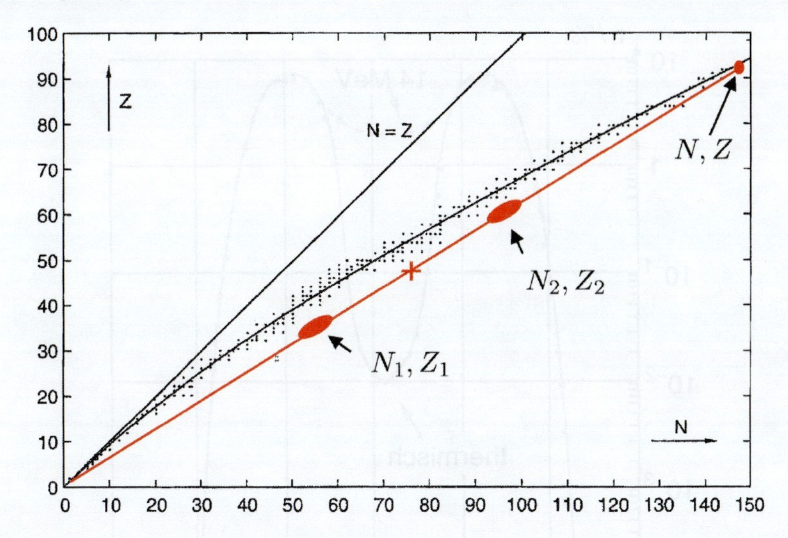


**Abb. 8.2** Auf der Isotopenkarte müssen nach der Spaltung eines schweren Kerns $(N,Z) = (N_1,Z_1)+(N_2,Z_2)$ die Spaltprodukte symmetrisch zum Halbierungspunkt (*rotes Kreuz*) liegen, d. h. auf oder beidseitig der *geraden roten Linie*. Die beiden *roten Gebiete* kennzeichnen die häufigsten Kombinationen der Spaltprodukte. Wegen der Krümmung der Linie der stabilen Nuklide liegen sie auf der neutronenreichen Seite und sind daher $\beta^-$-radioaktiv. (nach [58])

In wenigen Fällen ergeben sich auf dem Weg ins Tal der stabilen Isotope auch Zwischenprodukte, die ein Neutron emittieren (Anteil bei ${}^{235}_{92}$U: 0,65%). Diese um einige Sekunden „verzögerten Neutronen" ermöglichen erst die technische Reaktorregelung (Abschn. 8.2.4).

**Massen der Spaltprodukte.** Für die erste Energie-Schätzung wurde oben das Beispiel einer symmetrischen Spaltung gewählt. Bei einer rein statistischen Verteilung der Massen der beiden Spaltprodukte sollte dies der häufigste Fall sein, weil er auf die größte Anzahl verschiedener Wege realisiert wird (so wie beim Ausmultiplizieren von $(p+q)^A$ die Häufigkeit der Glieder $(p^k q^{A-k})$ ihr Maximum bei $k = A/2$ erreicht – der Binomialkoeffizient $\binom{A}{k}$, vgl. auch Abschn. 6.1.5).

Bei Spaltungen mit hoher zugeführter Anregungsenergie (z. B. durch ein Projektil hoher Energie ausgelöst) trifft dies auch zu. Bei geringer oder gar keiner Energiezufuhr (d. h. thermische oder sogar spontane Spaltung) sind es dagegen die Spaltbruchstücke mit Massen um $A_1 \approx 90$ und $A_2 \approx 140$, (in Abb. 8.2 durch rot markierte Bereiche angedeutet) die mehr als 100fach häufiger auftreten. Aus Abb. 4.12 (S. 110) ist zu ersehen, dass bei dieser Kombination von Massenzahlen beide Spaltprodukte in Gebieten besonders fest gebundener Kerne (in der Nähe magischer Neutronenzahlen) zu liegen kommen. Die charakteristische „Doppelhöcker-Kurve" der Spaltproduktverteilung in Abb. 8.3 kann in der Tat erst durch das Schalen-Modell (Abschn. 7.6) erklärt werden.

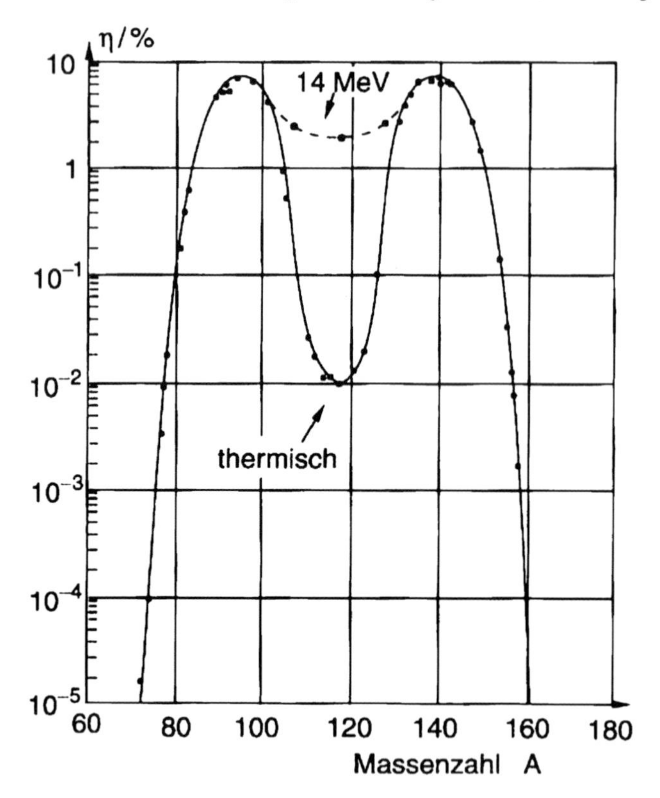


**Abb. 8.3** Massenspektrum (logarithmisch aufgetragen) der Bruchstücke von $^{235}_{92}$U nach Spaltung durch Neutronen mit Energie < 1 eV („thermisch") bzw. 14 MeV. Der charakteristische Doppelhöcker hängt mit Unterschieden in der Bindungsenergie der Spaltprodukte zusammen: in den Maxima ist sie (im Mittel) höher als dazwischen (siehe auch Abb. 4.12 sowie Abschn. 7.6.1 – Schalenmodell). Mit zunehmender Energie des Neutrons wird dies weniger wichtig; oberhalb etwa 25 MeV setzt sich allmählich die rein statistische Verteilung in Form einer einzigen Glocken-Kurve durch (in logarithmischer Darstellung eine Parabel). (Abb. aus [58])

**Neutronen-induzierte Spaltung.** Für energietechnische Nutzung ist die spontane Spaltung offensichtlich belanglos, weil der Tunneleffekt durch den Potentialberg hindurch erstens zu selten und zweitens nicht zu manipulieren ist. Genügend Energiezufuhr kann aber die sofortige Spaltung auslösen (in weniger als $10^{-14}$ s). Die Spaltbarriere ist bei schweren Nukliden niedrig. Wenn z. B. (das natürlich vorkommende) $^{235}_{92}$U ein Neutron einfängt, ist der gebildete *gg*-Kern $^{236}_{92}$U allein schon durch die Bindungsenergie $S_n = 6{,}4$ MeV dieses letzten Neutrons genügend hoch angeregt, denn seine Spaltbarriere ist nur $\Delta E_{\text{Fission}} = 5{,}3$ MeV. So können freie Neutronen thermischer Energie in $^{235}_{92}$U also Spaltungen induzieren. (Nicht so bei dem anderen natürlich vorkommenden Isotop $^{238}_{92}$U: der Einfang eines Neutrons lässt $^{239}_{92}$U mit geringerer Anregungsenergie $S_n = 5{,}0$ MeV entstehen ($^{239}_{92}$U ist ein *gu*-Kern), die Spaltbarriere ist hier mit 6,1 MeV sogar etwas höher. Spaltung durch Tunneleffekt ist möglich, zur sofortigen Spaltung fehlen jedoch 1,1 MeV.)

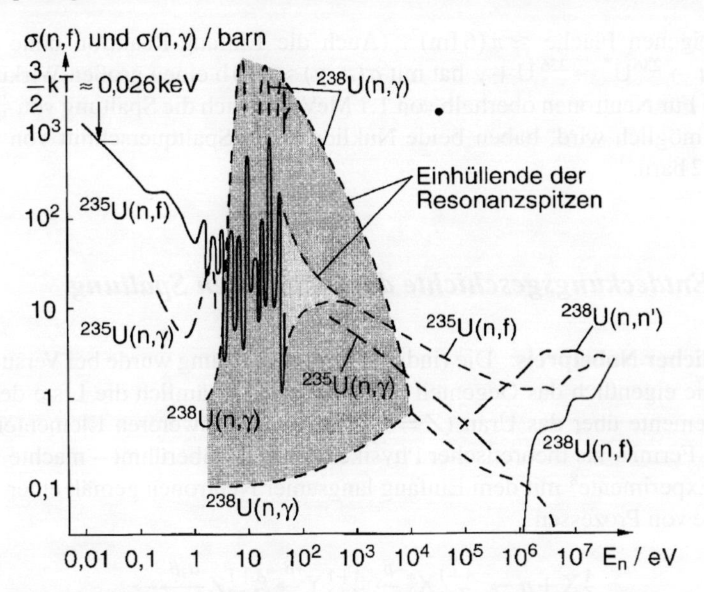


**Abb. 8.4** Wirkungsquerschnitte für Reaktionen von Uran-Isotopen mit Neutronen verschiedener Energie (logarithmische Skalen). Die Symbole sind in der Kernphysik üblich: 1 barn $= (10\,\mathrm{fm})^2$; $\mathrm{U}(n, f)$ : U wird durch Neutroneneinfang gespalten (*fission*); $\mathrm{U}(n, n')$ : Neutronenstreuung an U; $\mathrm{U}(n, \gamma)$ : U fängt ein Neutronen ein und emittiert ein $\gamma$ (ohne Spaltung). Bei einigen MeV Neutronenenergie sind die Spaltquerschnitte für beide Uran-Isotope etwa von der Größenordnung des geometrischen Querschnitts des Kerns (1–2 barn). Der *gg*-Kern $^{238}_{92}\mathrm{U}$ lässt sich von einem Neutron unterhalb 1 MeV nicht mehr spalten. Für den *ug*-Kern $^{235}_{92}\mathrm{U}$ steigt der Spaltungs-Querschnitt zu kleineren $E_\mathrm{n}$ hin stark an, etwa proportional zu $1/\sqrt{E_\mathrm{n}} \propto 1/v_\mathrm{n}$. (Abb. aus [58])

Der Wirkungsquerschnitt für $^{235}_{92}\mathrm{U}$-Spaltung nach Neutronen-Einfang hängt stark von der Energie bzw. Geschwindigkeit der Neutronen ab (Abb. 8.4), im Großen und Ganzen wie $E_\mathrm{kin}^{-0,5}$ oder $v_\mathrm{n}^{-1}$. Zwei einfache Erklärungen bieten sich für diese generelle Abhängigkeit an, sind aber so gegensätzlich wie die beiden Aspekte des Welle-Teilchen-Dualismus:

- Die Durchflugzeit des (punktförmig gedachten) Neutrons durch den Kern variiert wie $v_\mathrm{n}^{-1}$, und damit ebenso die Wahrscheinlichkeit einer Reaktion.
- Die de-Broglie-Wellenlänge des Neutrons variiert wie $v_\mathrm{n}^{-1}$, und damit ebenso die Größe des Wellenpakets, das man sich für das Neutron vorstellen kann. Anschaulich gesagt ist das seine Reichweite beim Testen, ob es in seiner Umgebung einen Kern zum Einfangenlassen gibt.

Jedenfalls bietet der $^{235}_{92}\mathrm{U}$-Kern den thermischen Neutronen ($\mathrm{E_{kin}} \approx k_\mathrm{B}T$) allein für Spaltung eine Trefferfläche[7] von $580\,\mathrm{b} \approx \pi(140\,\mathrm{fm})^2$, also schon das 500fache

[7] $b = \mathrm{barn} = 10^{-24}\,\mathrm{cm}^2 = (10\,\mathrm{fm})^2$, die alte Einheit des Wirkungsquerschnitts in der Kernphysik. Der Name bedeutet „Scheunentor" und verdankt sich dem Erstaunen über so große Eintrittstore (siehe Abschn. 3.4.2).

seiner eigenen Fläche $\approx \pi(6\,\text{fm})^2$. (Auch die Einfang-Reaktion ohne Spaltung $^{235}\text{U} + n \rightarrow {}^{236}\text{U}^* \rightarrow {}^{236}\text{U} + \gamma$ hat mit $\sigma(n,\gamma) \approx 100\,\text{b}$ einen großen Wirkungsquerschnitt.) Für Neutronen oberhalb von 1,1 MeV, wo auch die Spaltung von $^{238}_{92}\text{U}$ energetisch möglich wird, haben beide Nuklide einen Spaltquerschnitt von etwa nur noch 1–2 barn.

### 8.2.2 *Entdeckungsgeschichte der induzierten Spaltung*

**Irrtümlicher Nobelpreis.** Die (induzierte) Kernspaltung wurde bei Versuchen entdeckt, die eigentlich das Gegenteil zum Ziel hatten: nämlich die Liste der natürlichen Elemente über das Uran ($Z = 92$) hinaus zu schwereren Elementen zu verlängern. Fermi – als theoretischer Physiker schon hochberühmt – machte seit 1934 solche Experimente[8] mit dem Einfang langsamer Neutronen gemäß einer vermuteten Kette von Prozessen

$$^{A}_{Z}\text{X} + n \rightarrow {}^{A+1}_{Z}\text{X}^* \xrightarrow{\beta} {}^{A+1}_{Z+1}\text{Y} \xrightarrow{\beta} {}^{A+1}_{Z+2}\text{Z} \xrightarrow{\alpha,\beta} \rightarrow \ldots \tag{8.2}$$

Er hatte auch mehrere $\beta$-Strahler mit neuen Halbwertzeiten gefunden, die er nach ihrem chemischen Verhalten den neu erzeugten Transuranen Nr. 93 und 94 zuschrieb – wofür er schon 1938 den Nobelpreis bekam.

Unbeachtet geblieben – wohl weil „physikalisch auszuschließen" – war die frühe Spekulation der Chemikerin Ida Noddack (1925 Entdeckerin des Elements $Z = 43$ Rhenium): Sie hatte Fermis *chemische* Identifizierung des Elements $Z = 93$ als nicht beweiskräftig beurteilt und hielt es für „denkbar, dass bei der Beschießung schwerer Kerne mit Neutronen diese Kerne in mehrere größere Bruchstücke zerfallen ...".

**Spaltung chemisch nachgewiesen.** Zudem blieben Unklarheiten bei der Zuordnung der beobachteten Aktivitäten zu bestimmten Isotopen der vermeintlich neuen Elemente hartnäckig bestehen und beschäftigten auch Hahn, Meitner und Strassmann in Berlin. Ihr Experimentiertisch mit den Gerätschaften, die zum Nachweis der induzierten Kernspaltung genügten, ist in seiner Schlichtheit weltberühmt geworden (Abb. 8.5).

Wie kann man mit einem Zählrohr, das nur pauschal $\beta$-Aktivität feststellt, neue Elemente identifizieren? Durch extrem saubere chemische Analyse. Mit *nasschemischen* Methoden (d. h. praktisch im Reagenzglas) gelang es Hahn und Strassmann zu klären, ob die durch ihre neuen Halbwertzeiten erkennbaren Aktivitäten zu neuen oder zu schon bekannten Elementen gehörten. Bei einem (durch 86 min Halbwertzeit identifizierten) Strahler stand bald fest, dass es sich um ein Erdalkali-Metall handeln musste (2. Hauptgruppe des Periodensystems: $_{4}\text{Be}$, $_{12}\text{Mg}$, $_{20}\text{Ca}$, $_{38}\text{Sr}$, $_{56}\text{Ba}$, $_{88}\text{Ra}$). Da dies aber aus $_{92}\text{U}$ nicht durch eine kleine *Erhöhung* der Protonen-

[8] Das brachte ihm einen Glückwunsch von Rutherford ein, der Sphäre der theoretischen Physik erfolgreich entkommen zu sein ([145, S. 401]).

**Abb. 8.5** Der legendäre Arbeitstisch mit den Geräten, die Hahn und Strassmann 1938 für den Nachweis genügten, dass aus ${}_{92}$U und Neutronen u. a. das Element Barium ($Z = 56$) entsteht (nachgestellt im Deutschen Museum, München). Rechts im runden Paraffin-Block: die Neutronen-Quelle [eine *Radium-Beryllium-Quelle*: 4,8 MeV-$\alpha$-Teilchen von ${}^{226}_{88}$Ra lösen nach ${}^{9}_{4}\mathrm{Be} + \alpha \rightarrow {}^{12}_{6}\mathrm{C} + n$ Neutronen von ca. 10 MeV aus. Im Paraffin-Block werden sie durch elastische Stöße mit H moderiert.]. Daneben Zählrohre mit der damaligen Elektronik, unterm Tisch die Anoden-Batterien für die Röhrenverstärker (Abb. aus [62])

zahl um 1 oder 2 entstanden sein könnte, dachten sie an ein neues Radium-Isotop, das aus dem bestrahlten Uran durch Neutronen-Einfang und Emission von zwei $\alpha$-Teilchen ($Z = 92 \rightarrow 90 \rightarrow 88$) entstanden wäre. Zur Kontrolle fügten sie der nächsten Uran-Probe nach der Bestrahlung einen *Indikator* hinzu, eine bekannte Menge eines anderen Radium-Isotops (aus der Thorium-Zerfallsreihe, daher durch seine andere Halbwertzeit leicht unterscheidbar) und trennten dann chemisch *sämtliches* Radium ab (bestätigt anhand des Indikators). Zu ihrem Erstaunen stellten sie fest, dass der unbekannte Strahler nicht mit abgetrennt worden war sondern sich vollständig im Rest wiederfand, also chemisch kein Radium sein konnte. Ihre Verblüffung war aber vollständig, als sie den Versuch wiederholten, nur statt Radium jetzt (stabiles) Barium hinzu setzten und wieder abtrennten: Der neue Strahler ging mit dem Barium, es *war* Barium ($Z = 56$), entstanden in Uran ($Z = 92$).[9]

**Spaltung physikalisch nachgewiesen.** An Lise Meitner (die bis vor kurzem engste Mitarbeiterin, die vor dem deutschen Rassenwahn gerade noch rechtzeitig ins Ausland geflüchtet war) schrieb Hahn (19.12.1938) [144]:

> „Ich habe mit Strassmann verabredet, dass wir vorerst nur Dir dies sagen wollen. Vielleicht kannst Du irgendeine phantastische Erklärung vorschlagen.“[10]

---

[9] Hahn und Strassmann hatten den $\beta$-Zerfall ${}^{139}_{56}\mathrm{Ba} \xrightarrow{T_{1/2}=83\ \mathrm{min}} {}^{139}_{57}\mathrm{La}$ beobachtet.

[10] Hahn und Strassmann veröffentlichten ihren Befund am 6.1.1939 [144].

Meitner (mit O. Frisch) gelang es innerhalb von zwei Wochen, aus dem kurz vorher entdeckten Tröpfchen-Modell (siehe Abschn. 4.2) die noch heute gültige Deutung der Kern-Spaltung zu entwickeln (wie oben dargestellt in Abschn. 8.2.1). Jedoch war – wie bei Bahn brechenden Befunden immer – Bestätigung durch unabhängige Methoden gefragt. Nur weitere zwei(!) Wochen später veröffentlichte Frisch (unter dem bezeichnenden Titel[11] „*Physikalische* Evidenz der Spaltung ..." [74]), dass im Zählrohr die für die auseinander fliegenden Spaltprodukte erwarteten elektrischen Riesen-Impulse beobachtet worden waren, und zwar zweifelsfrei als Folge der Bestrahlung von Uran mit langsamen Neutronen.

Bei zahlreichen früheren Experimenten mit demselben Aufbau war das bestrahlte Uran immer mit einer dünnen Folie abgedeckt worden, um störende Impulse aus seinem spontanen $\alpha$-Zerfall zu vermeiden. Darin waren aber auch die Spaltprodukte stecken geblieben.

Der erste richtige Nachweis eines Transurans gelang übrigens nicht vor 1940 [129], damals schon im Vorfeld des Manhattan-Projekts (siehe Abschn. 8.2.6) in den USA. Das neue Element mit $Z = 93$ wurde Neptunium (Np) getauft, es hat eine ganz andere Halbwertzeit als all die vorher entdeckten Kandidaten. Fermi erhielt den Nobelpreis 1938 also für einen großen Irrtum, aber das geriet schnell in Vergessenheit angesichts der Tatsache, dass er schon weit mehr als nur einen wirklich nobelpreiswürdigen Beitrag zur Physik geleistet hatte und weitere leisten würde (darunter den ersten Kernreaktor – siehe folgenden Abschnitt).

### *8.2.3 Technische Umsetzungen: Reaktor und Bombe*

**Kritische Masse.** Schon im selben Jahr 1939 wurde gezielt danach gesucht, ob bei der Spaltung auch freie Neutronen entstehen. Der Grund zu dieser Vermutung liegt darin, dass Uran einen größeren (relativen) Neutronenüberschuss als die stabilen Formen seiner Spaltprodukte mittlerer Massenzahlen aufweist. Anlass war die Spekulation über die Möglichkeit einer Kettenreaktion von Spaltungen, die den Weg zur massiven Freisetzung des Gewinns an Bindungsenergie ebnen könnte. Ergebnis: Im Mittel werden $\nu \approx 2\text{–}3$ Neutronen frei, zum kleinen Teil sogar als „verzögerte Neutronen", d. h. noch nach Entfernen der externen Neutronenquelle.

Für die Entwicklung einer Kettenreaktion ist entscheidend, wie viele der so freigesetzten Neutronen eine neue Spaltung auslösen. Sind es im Mittel $k$, ist nach $n$ Generationen der gesamte Multiplikationsfaktor $k^n$ (sowohl für die Zahl der Neutronen wie für die Rate der Spaltungen). Ist $k < 1$, ist die Kettenreaktion *unterkritisch* und erlischt exponentiell, ist sie „überkritisch" – d. h. $k > 1$ – steigert sie sich exponentiell. Um Kritikalität ($k = 1$) herzustellen oder zu übertreffen, muss eine Mindestmenge spaltbaren Materials (*kritische Masse*) in geeignet konzentrierter Anordnung (*kritische Anordnung*) vorliegen. Weder dürfen zu viele der Spaltneutronen

[11] *Hervorhebung* nicht im Original

einfach entweichen, noch dürfen sie auf ihrem Weg zur Herbeiführung der nächsten Spaltung durch andere Reaktionen mit U oder anderen Kernen abgefangen werden. Günstig sind also hohe Werte für den Wirkungsquerschnitt für neutroneninduzierte Spaltung. Nach Abb. 8.4 gilt das für das ungerade Uran-Isotop $^{235}_{92}$U in Verbindung mit Neutronen möglichst geringer Energie. $^{235}_{92}$U kommt im Natururan aber nur zu 0,7% vor, und die freien Neutronen entstehen bei der Spaltung mit hohen Energien.

Die Energieverteilung der Spaltneutronen hat bei etwa 1,5 MeV ihr Maximum und sieht zu höherer Energie aus wie eine Boltzmann-Verteilung bei $k_B T \sim 1$ MeV (entsprechend $T \sim 10^{10}$ K). Die Neutronen oberhalb 1,1 MeV können auch $^{238}_{92}$U-Kerne spalten und tragen damit zur Aufrechterhaltung der Kettenreaktion bei. Viel häufiger aber erleben sie einen elastischen Stoß mit (jedes Mal nur geringem) Energieverlust, und schließlich bei Energien unter 10 keV den Einfang $^{238}\text{U} + n \to {}^{239}\text{U}^* \to {}^{239}\text{U} + \gamma$. (Zum weiteren Schicksal der $^{239}$U-Kerne s. u. Stichwort Plutonium.)

Als Folge ist mit natürlichem Uran (zu 99,3% $^{238}_{92}$U) in reiner Form eine kritische Anordnung überhaupt unmöglich. Vielmehr muss dazu:

- der Anteil $^{235}_{92}$U erhöht werden (*Isotopenanreicherung*)
- und/oder die Energie der Neutronen verringert werden, aber außerhalb des Urans, damit sie im Bereich mittlerer Energien nicht vom $^{238}_{92}$U abgefangen werden können (*heterogener Reaktor* mit *Moderation*).

Beide Methoden sind technisch umgesetzt worden und werden hier kurz vorgestellt.

**Moderation.** Als Moderator eignet sich ein Stoff mit geringem Absorptionsquerschnitt für Neutronen und mit leichten Kernen, damit bereits wenige elastische Stöße das Neutron in den Bereich geringer Energie bringen. Besonders geeignet sind *Schweres Wasser* ($^2_1D_2O$), und natürlicher Kohlenstoff (98,9% $^{12}_{6}$C, 1,1% $^{13}_{6}$C). Es genügt dann sogar schon Natururan für eine kritische Anordnung. Bedingung ist eine besonders hohe chemische Reinheit des Moderators, denn gerade die Spurenelemente haben oft besonders hohe Querschnitte für Neutronen-Einfang.[12]

**Die ersten Kern-Reaktoren.** Reaktoren mit Natururan ermöglichen den Zugang zur (zivilen wie militärischen) Atomtechnik, ohne zuvor die aufwändige Isotopen-Anreicherung aufbauen zu müssen. Mit Kohlenstoff-Moderator liefen die ersten überhaupt funktionierenden Reaktoren: am 02.12.1942 in Chicago, und ab 1944 in Hanford/USA, wo das Plutonium für die 1945 auf Nagasaki abgeworfene Bombe hergestellt wurde. Auch die Sowjetrussische Baulinie RMBK (u. a. Tschernobyl) ist von diesem Typ.[13] Die Konstruktion mit dem Moderator $^2_1D_2O$ wurde während des 2. Weltkriegs in Deutschland vorangetrieben (u. a. durch Harteck, Heisenberg, von Weizsäcker), konnte wegen der gezielten Zerstörung der Schwerwasser-Fabrik in Norwegen durch die Alliierten aber nicht fertig werden. In den 1950er Jahren

[12] Nicht zufällig, denn gerade dadurch wurden sie zu Spurenelementen (siehe Legende zu Abb. 8.14 im Abschn. 8.5 über die Entstehung der Elemente).

[13] wurde aber später meist mit leicht angereichertem Uran betrieben

entstand daraus die kanadische Baulinie der CANDU-Reaktoren, die auch in viele weitere Länder geliefert wurde (Indien, Pakistan, China, Argentinien, ...). Auch der erste ab 1961 ganz in der BRD konstruierte *Mehrzweck-Forschungsreaktor* im damaligen *Kernforschungszentrum Karlsruhe KFK* war von dieser Bauart.

Normales „leichtes" Wasser ($^{1}_{1}H_2O$) ist zwar viel billiger zu bewirtschaften, hat jedoch wegen

$$^{1}_{1}\mathrm{H} + n \rightarrow {}^{2}_{1}\mathrm{D} + \gamma(2{,}2\,\mathrm{MeV})$$

einen so großen Einfangquerschnitt für Neutronen, dass das $^{235}_{92}U$ auf mindestens ca. 3% angereichert werden muss, damit eine kritische Anordnung entstehen kann. Dies ist die Baulinie der Leichtwasser-Reaktoren, nach dem 2. Weltkrieg von den USA für Atom-U-Boote entwickelt mit besonderem Augenmerk auf kompakte Bauweise, hohe Leistungsdichte und auch auf guten gegenseitigen Schutz zwischen Reaktor und Umgebung, danach deshalb Vorreiter für die zivile Nutzung der Kernenergie in Gestalt kommerzieller Stromerzeugung.

**Isotopen-Anreicherung.** Eine Vorbemerkung: Unterschiedliche *Atom*-Sorten werden am leichtesten (und historisch zuerst) durch die chemische Analyse voneinander getrennt. Das Prinzip der chemischen Analyse beruht letztlich, einmal extrem kernphysikalisch ausgedrückt, auf Unterschieden in der Kern*ladung* $Z$, denn diese bestimmt, welches die äußersten besetzten Elektronenorbitale sind, die ihrerseits die jeweils spezifischen Möglichkeiten der Bindung mit anderen Atomen determinieren, also das chemische Verhalten. Um aber Atomsorten zu separieren, die im chemischen Periodensystem auf dem gleichen Platz stehen (vgl. den Namen *Iso-tope*, Abschn. 4.1.3) und sich nur durch andere Eigenschaften ihrer Kerne (wie Masse, Spin, ...) unterscheiden, müssen andere Methoden angewandt werden. Einige Beispiele:

- *Massenspektrometer* (vgl. Abb. 4.1, S. 81): Jedes Massenspektrometer sortiert die Teilchen nach ihrer Masse, allerdings gewöhnlich nur in unwägbar geringer Menge. Für die Gewinnung in makroskopischer Größenordnung war daher eine besondere Auslegung von Ionenquelle, Auffänger und Stromversorgung(!) erforderlich. So wurden schon um 1940 die ersten Nanogramm-Mengen von reinem $^{235}_{92}U$ in den USA hergestellt ([118, S. 52/53]), und 1944/45 auch die ca. 60 kg hochangereichertes $^{235}_{92}U$ für die erste Atombombe: Dafür wurden (nach leichter Voranreicherung) etwa $10^3$ kg Uran Atom für Atom ionisiert, und jedes einzelne davon auf seine Masse geprüft (s. u. *Manhattan-Projekt*).
- *Diffusionsmethode*: Die Molekül-Masse $M$ hat Einfluss auf die mittlere Geschwindigkeit $v$ im Gas. Nach der kinetischen Gastheorie ist die mittlere kinetische Energie $E_{\mathrm{kin}} = \frac{1}{2}Mv^2 = \frac{3}{2}k_{\mathrm{B}}T$ für alle Teilchen gleich. Daher sind die schwereren Teilchen im Mittel langsamer (aber nur um z. B. $\sqrt{1+3/235} \approx 1 + 1{,}5/235 = 1{,}006$, wenn die Uran-Atome ein Gas bilden würden). Das macht sich z. B. bei der Diffusion bemerkbar (Diffusionskoeffizient $D = \frac{1}{3}v\ell$, darin $\ell =$ mittlere freie Weglänge). Zur technischen Ausnutzung muss man das Uran in eine gasförmige Verbindung bringen – $UF_6$ – und mit großer Druckdifferenz

durch poröses Material (hitze- und chemiebeständige Keramik) diffundieren lassen. Man erhält dann eine Anreicherung um einen Faktor ca. 1,004. In der Praxis muss man tausende Diffusionszellen hintereinander betreiben um eine technisch nennenswerte Anreicherung zu erhalten. (Im Manhattan-Projekt wurden so die ersten Anreicherungsprozente für die Uran-Bomben erzielt.)

- *Zentrifuge:* In der kinetischen Gastheorie erscheint die Teilchenmasse $M$ auch in der barometrischen Höhenformel: $n(h) = n_0 \exp(-Mgh/(k_B T))$, daher nimmt die Konzentration leichterer Teilchen mit der Höhe langsamer ab.[14] Durch Vervielfachung der Schwerebeschleunigung auf $\sim 10^6 g$ mittels einer Ultra-Zentrifuge erzielt man (mit $UF_6$) Anreicherungen um einen Faktor ca. 1,2. Auch hier müssen viele Einheiten hinter einander geschaltet werden.
- *Laserverfahren:* Die Rotations- und Vibrationsspektren von Gasmolekülen zeigen eine deutliche Abhängigkeit von den Kernmassen (siehe Abschn. 7.1.4). Dies kann man dazu ausnutzen, mit Hilfe intensiver Laserstrahlung nur die Moleküle eines bestimmten Isotops anzuregen und sogar aufzubrechen oder gar zu ionisieren, was eine nachfolgende chemische oder elektrische Abtrennung ermöglicht.

  Erwähnt seien (zur Vervollständigung des physikalischen Bildes) weitere massenabhängige Effekte:

  - Die Abscheiderate bei Elektrolyse (Anwendungsbeispiel: Isotopen-Anreicherung z. B. für Deuterium und Tritium).
  - Die Geschwindigkeitskonstanten aller chemischen Reaktionen (Beispiel: biogene Isotopen-Fraktionierung).
  - Sowohl Temperatur als auch Geschwindigkeit von Phasenumwandlungen (Anwendungsbeispiel: Paläo-Thermometer, basierend auf den Isotopenverhältnissen $^{18}O/^{16}O$ in eiszeitlichen Ablagerungen, z. B. in [142].)

**Zündung.** Sind die Voraussetzungen einer Kettenreaktion gegeben, bedarf es im Prinzip keiner besonderen Zündung, weil ein erstes freies Neutron immer schon durch die spontanen Spaltungen vorhanden ist. (Praktisch benutzt man doch eine Neutronenquelle, um definierte und gleichmäßige Verhältnisse zu schaffen.) Um dann die Reaktionsrate aber von etwa Null auf die gewünschte Intensität zu bringen, muss die Anordnung eine Zeit lang überkritisch gemacht werden. Hier beginnt der wesentliche Unterschied zwischen Bombe und Reaktor.

**Bombe.** In der „Atombombe" wird möglichst schlagartig[15] eine möglichst große Überkritikalität herbeigeführt, z. B. durch Zusammenschießen zweier knapp unterkritischer Massen, die vorher nur aufgrund ihres räumlichen Abstands keine nennenswerte Kettenreaktion entwickeln konnten, oder Kompression einer Hohlkugel. Die Reaktion steigt dann explosionsartig an, bis die ganze Anordnung wieder unterkritisch wird, weil

[14] Mit diesem Effekt hatte z. B. Perrin am Sedimentationsgleichgewicht mikroskopisch sichtbarer Partikel die Boltzmann-Konstante bestimmen können und damit die Avogadro-Zahl (siehe Abschn. 1.1.1).

[15] Das muss so schnell erfolgen, dass eine eigene neue Sprengtechnik dazu nötig ist.

- vom spaltbaren Material schon zu viel gespalten wurde, und/oder
- die dabei gebildeten Spaltprodukte zuviel der Neutronen einfangen, und/oder
- die entstehende Hitze- und Druckwelle die räumlichen Voraussetzungen der Kritikalität beeinträchtigt (vulgo: explodieren lässt).

Als Spaltstoff gut geeignet ist hochangereichertes ${}^{235}_{92}\mathrm{U}$ (typisch $\sim 95\%$), oder ${}^{239}_{94}\mathrm{Pu}$ (s. u. sowie Abschn. 8.2.6).

**Reaktor.** Auch der Kern-Reaktor wird unterkritisch aufgebaut, meist indem man außer dem Uran auch große Mengen *Steuerstäbe* aus einem Material mit großem Wirkungsquerschnitt für Neutronen-Einfang mit einbaut (z. B. Cadmium: es besteht zu 12% aus ${}^{113}_{47}\mathrm{Cd}$ mit $\sigma_{\mathrm{n}} > 20\,000$ barn für Neutronen unterhalb 0,25 eV). Der Kritikalität nähert man sich unter großer Vorsicht, indem man die Stäbe herauszieht. So setzte Fermi (persönlich) schon 1942 in Chicago den ersten Reaktor in Betrieb und erreichte einen Kritikalitätsfaktor $k = 1{,}0006$. (Eine andere Möglichkeit bei aktiv gekühlten Reaktoren ist z. B., dem zirkulierenden Kühlmittel einen starken Neutronen-Absorber beizumischen und dessen Konzentration dann langsam zu verdünnen. So wird die langfristige Abnahme der Reaktivität in Kraftwerksreaktoren ausgeglichen.)

**Plutonium.** ${}^{239}_{94}\mathrm{Pu}$ entsteht aus der im Reaktor häufigen Neutronen-Einfang-Reaktion an ${}^{238}_{92}\mathrm{U}$ nach zwei $\beta$-Übergängen (vgl. auch Fermis frühere Versuche nach Gl. (8.2)):

$$ {}^{238}_{92}\mathrm{U} + n \rightarrow {}^{239}_{92}\mathrm{U} \xrightarrow[T_{1/2}=23\text{ min}]{\beta} {}^{239}_{93}\mathrm{Np} \xrightarrow[T_{1/2}=2{,}3\text{ d}]{\beta} {}^{239}_{94}\mathrm{Pu}\,. \tag{8.3} $$

Es wurde nach Neptunium ${}^{239}_{93}\mathrm{Np}$ als zweites Transuran auch schon 1940 nachgewiesen. ${}^{239}_{94}\mathrm{Pu}$ ist als ungerader Kern wie ${}^{235}_{92}\mathrm{U}$ durch thermische Neutronen spaltbar und trägt daher schon während der normalen Reaktor-Betriebszeit erheblich zur Kettenreaktion bei. Sich selbst überlassen, geht ${}^{239}_{94}\mathrm{Pu}$ durch $\alpha$-Zerfall mit $T_{\frac{1}{2}} = 24\,000$ Jahre in ${}^{235}_{92}\mathrm{U}$ über. Bei längerem Reaktorbetrieb aber geschehen weitere Neutronen-Einfänge und das Pu-Inventar besteht dann etwa zur Hälfte aus schwereren Isotopen, ebenfalls $\alpha$-Strahlern mit langen Halbwertzeiten, von denen das ungerade ${}^{241}_{94}\mathrm{Pu}$ wieder durch thermische Neutronen spaltbar ist.

Da bei ${}^{239}_{94}\mathrm{Pu}$ sowohl der Wirkungsquerschnitt für neutroneninduzierte Spaltung[16] als auch die Neutronenausbeute noch deutlich höher ausfällt als bei ${}^{235}_{92}\mathrm{U}$, eignet es sich noch besser als Spaltstoff, sowohl für den Reaktor wie für die Bombe. Zur seiner Erzeugung aus ${}^{238}_{92}\mathrm{U}$ braucht man einen Reaktor. Um es daraus in reiner Form zu gewinnen, genügen zur Abtrennung aus dem gebrauchten Kernbrennstoff dann aber chemische Methoden. Daher kann der ganze Aufwand für die Isotopenanreicherung umgangen werden, wenn man über einen Natururan-Reaktor (s. o.) und eine Wiederaufarbeitungsanlage verfügt. Auf dieser Idee beruhen nicht nur die Kernwaffen-Programme mancher Länder, sondern auch die lange Zeit verfolgten Pläne, in Re-

---

[16] bei kleinem Wirkungsquerschnitt für $n$-Einfang

aktoren mit spezieller Auslegung (*Schneller Brüter*) aus dem reichlichen ${}^{238}_{92}$U mehr leicht spaltbare Isotope zu erbrüten als in derselben Zeit verbraucht werden.

### 8.2.4 Geregelte Kettenreaktion

Für eine detailliertere Betrachtung der Kettenreaktion – z. B. die berühmte „Fermi Four Factor Formula" – muss auf die weiterführende Literatur verwiesen werden.[17] Hier soll es nur darum gehen, durch welche kernphysikalische Besonderheit ihre technische Regelbarkeit erst möglich wird. Insbesondere ist zu fragen, wie schnell man reagieren muss, um im Reaktor ein bombenartiges Anwachsen der Spaltrate auszuschließen.

**Ein Schritt der Kettenreaktion.** Ein Spalt-Neutron „lebt" in Uran bis zur nächsten Spaltung im Mittel $\tau_\mathrm{n} \sim 10^{-6\ldots-7}$ s, wenn es nicht auf thermische Energie moderiert wird. In einem mit Wasser moderierten Reaktor ist die Lebensdauer rund 100-mal länger, $\tau_\mathrm{n} \sim 3 \cdot 10^{-5}$ s.

Eine genaue Berechnung dieser Zeitkonstante ist fast unmöglich, eine Abschätzung der Größenordnung aber einfach: In Wasser ergibt sich die mittlere freie Weglänge für thermische Neutronen ($v \approx 2\,000$ m/s) aus der räumlichen Dichte der wichtigsten Stoßpartner (H-Kerne in $H_2O$: $n \approx 7 \cdot 10^{28}$ m$^{-3}$) und dem Wirkungsquerschnitt[18] ($\sigma_{np} \approx 20\,\mathrm{barn} = 20 \cdot 10^{-28}$ m$^2$) zu $\ell = 1/(n\sigma) \approx$ 7 mm, entsprechend einer Flugzeit $\Delta t = \ell/v = 1/(n\sigma v) \approx 10^{-6}$ s. Die Abbremsung eines Spalt-Neutrons von einigen MeV auf thermische Energie verlangt etwa 20–30 Stöße (Energieübertrag beim Stoß mit einem Partner gleicher Masse im Mittel über die Winkelverteilung etwa 60%). Die Stöße folgen anfangs bei höheren Geschwindigkeiten natürlich schneller aufeinander als am Ende. Insgesamt sind $10\,\Delta t \approx 10^{-5}$ s realistisch. Anschließend diffundiert das thermische Neutron eine gleiche Zeit im Uran herum, bis es eine Reaktion macht. Die Generationsdauer insgesamt: $\tau_\mathrm{n} \sim$ einige $10^{-5}$ s.

**Zeitkonstante des Reaktors.** Da $k = 1$ konstant bleibende Intensität bedeutet, ist bei der exponentiell an- oder abschwellenden Lawine die *Zuwachsrate* durch $\lambda_\mathrm{R} = (k-1)/\tau_\mathrm{n}$ gegeben. Der Kehrwert $\tau_\mathrm{R} = 1/\lambda_\mathrm{R} = \tau_\mathrm{n}/(k-1)$ wird *Reaktorperiode* genannt, obwohl er keinen periodischen Vorgang beschreibt, sondern die Zeit für ein Anwachsen oder Abnehmen um den Faktor *e* angibt. Erträgliche Regelzeiten erfordern Reaktorperioden nicht unter einigen Sekunden. Bei $\tau_\mathrm{n} \sim 10^{-5}$s müsste demnach die Kritikalität $k$ auf einen Bereich $|k-1| <$ einige $10^{-6}$ eingeschränkt bleiben (ohne Moderator, wie im Schnellen Brüter, noch 100fach enger) – technisch schwierig.

Die Lösung besteht darin, dass man die Kritikalität $k$ nur so weit über 1 erhöhen darf, dass immer noch die verzögert emittierten Neutronen, die erst Sekunden später

[17] Einen Einstieg findet man schon in [58, Kap 8.3].

[18] siehe Abb. 7.15 auf S. 330

im Laufe der Zerfallskette einiger Spaltprodukte auftauchen, benötigt werden um die Kettenreaktion überhaupt aufrecht zu erhalten.

**Verzögerte Neutronen.** Mit einer deutlichen Verzögerung um durchschnittlich 36 s kommen bei thermischer Spaltung $^{235}_{92}\mathrm{U}$ etwa 0,15% der Neutronen. Sie stammen von den mit 7% besonders häufigen Spaltprodukten $A = 137$, allerdings nur aus einem 7%igen Nebenzweig ihrer Zerfallsreihe:[19]

$$^{235}_{92}\mathrm{U} + n \xrightarrow{(7\%)} {}^{137}_{53}\mathrm{I} \xrightarrow[36\,\mathrm{s}]{\beta(7\%)} {}^{137}_{54}\mathrm{Xe}^*(E > 4\,\mathrm{MeV}) \xrightarrow[\text{sofort}]{n} {}^{136}_{54}\mathrm{Xe}(+\gamma' s)\,.$$

Hauptsächlich mündet diese Kette aber in den langlebigen $\beta$-$\gamma$-Strahler $^{137}_{55}\mathrm{Cs}$, der deshalb seit den 1950er Jahren in allen Umweltproben auftaucht und auch eine der Standard-Strahlenquellen in der Kernstrahlungsmesstechnik ist (siehe $\gamma$-Spektrum in Abb. 7.15, S. 330):

$$^{235}_{92}\mathrm{U} + n \xrightarrow{(7\%)} {}^{137}_{53}\mathrm{I} \xrightarrow[36\,\mathrm{s}]{\beta(93\%)} {}^{137}_{54}\mathrm{Xe} \xrightarrow[4\,\mathrm{min}]{\beta} {}^{137}_{55}\mathrm{Cs}(+\gamma' s) \xrightarrow[43\,\mathrm{a}]{\beta} {}^{137}_{56}\mathrm{Ba}^*(E = 662\,\mathrm{keV})\,.$$

**Prompte oder verzögerte Kritikalität?** Auch weitere 0,5% der Neutronen entstehen verzögert, allerdings mit viel kleinerer Verzögerungszeit. Eine ratsame Obergrenze für beherrschbares Anwachsen der Kettenreaktion ist daher die Kritikalität $k \approx 1 + 0{,}15\% = 1{,}0015$ – technisch eine Herausforderung, aber realisierbar. (Bei einem Reaktor mit $^{239}_{94}\mathrm{Pu}$ ist die Grenze noch enger, denn hier sind insgesamt nur 0,2% der Neutronen verzögert.)

> Fermi konnte dies nicht wissen, als er 1942 den ersten Reaktor überkritisch machte. Zum Glück hörte er bei $k = 1{,}0006$ auf, sonst hätten die beiden bereitgehaltenen Wassereimer mit Cd-Lauge vielleicht auch nichts mehr genützt.

Oberhalb von $k = 1{,}0065$ halten die prompten Spaltneutronen allein schon die Kettenreaktion aufrecht. Man spricht von „prompter Kritikalität" – ein Zustand, der, wenn er anhält, die Kettenreaktion ähnlich wie in der Bombe anwachsen lassen und den Reaktor schnell zerstören würde. Als *inhärente Reaktorsicherheit* bezeichnet man das Konstruktionsprinzip, bei dem ein Reaktor durch rein physikalische Antwort seine Reaktivität von selber wieder absenkt, sollte ein (prompt) überkritischer Zustand eingetreten sein. Ein einfaches Beispiel: Würde das Kühlwasser zu sieden beginnen, wird die Reaktivität durch zwei Prozesse beeinflusst, die beide allein von der geringeren Dichte der gebildeten Dampfblasen herrühren, aber gegensätzlich wirken. Zum einen werden die Neutronen nun schlechter moderiert, zum anderen aber weniger von ihnen am Kühlwasser weggefangen. Es kommt auf den Netto-Effekt an, ob die überkritische Kettenreaktion eine positive oder negative Rückkopplung auslöst. Im Druckröhren-Reaktor mit Graphit-Moderator (z. B. Tschernobyl) überwiegt die Verringerung des Neutronen-Einfangs – er ist nicht inhärent sicher. Im Druck- oder Siedewasserreaktor hingegen gibt es außer dem Kühlwasser keinen

[19] Zeitangaben in den Formeln hier sind Lebensdauern $\tau$.

weiteren Moderatorstoff, hier überwiegt die Verschlechterung der Moderation und bewirkt eine negative Rückkopplung – ein Beispiel inhärenter Sicherheit.

### *8.2.5 Aufbau eines Kraftwerks und Nukleare Stromwirtschaft*

Dieser Abschnitt gibt einen knappen Überblick am Beispiel existierender Druckwasserreaktoren, wie sie in Deutschland(West) seit den 1970er Jahren von den Energie-Unternehmen eingesetzt werden. (Alle Zahlenangaben sind angenähert.)

**Leistungs-Reaktor.** Um eine Wärmeerzeugung in der heute typischen Größenordnung 4 GW zu erreichen, werden 100 t Uran, auf 3–4% U-235 angereichert, in einem Würfel von 4,5 m Kantenlänge angeordnet, zusammen mit einigen hundert Steuerstäben. Für effiziente Neutronen-Moderation außerhalb des Urans sowie Abtransport der im Uran entstehenden Wärme (bei möglichst vollständiger Rückhaltung der Spaltprodukte) ist das Uran in fingerdicken Metallhülsen gekapselt, die von Wasser umströmt sind. (Ein *Brennelement* ist ein Bündel von ca. 200 solcher *Brennstäbe.*) Wegen der enormen Leistungsdichte[20] $4\,\mathrm{GW}/(4{,}5\,\mathrm{m})^3 \approx 40\,\mathrm{kW/l}$ sind hohe Strömungsgeschwindigkeiten erforderlich, die durch Pumpen mit 30 MW Leistung aufrechterhalten werden. Erwünscht ist eine möglichst hohe Betriebstemperatur, um aus der nun schon in Wärmeenergie umgewandelten Kern-Bindungsenergie noch möglichst viel mechanische bzw. elektrische Energie extrahieren zu können (*Carnotscher Wirkungsgrad*). Andererseits darf das Kühlwasser seinem kritischen Punkt (374 °C, 221 bar, 0,3 kg/l) nicht zu nahe kommen, denn nur im Zustand einer näherungsweise inkompressiblen Flüssigkeit lässt es sich effizient pumpen. Die üblichen Betriebsbedingungen liegen um 320 °C und 165 bar (Wasserdichte 0,8 kg/l). Das ganze ist daher in einem großen Druckkessel untergebracht, der wegen seiner Größe und Belastung neue Techniken für Fertigung und Qualitätsprüfungen erforderlich machte.

> Zum Vorwärmen der ganzen Anlage (notwendig dafür, dass der Stahl des Druckkessels mechanisch standhält) genügt es übrigens, für einen Tag die Pumpen einzuschalten. Die innere Reibung des Wassers sorgt für die Umwandlung der Strömungsenergie in Wärme.

Insbesondere muss einer Kesselexplosion vorgebeugt werden, weil ihre mechanische Zerstörungskraft den ganzen Reaktor mit seinem Inventar an radioaktiven Spalt- und Aktivierungsprodukten in der weiteren Umgebung verteilen und sie damit unbewohnbar machen könnte. Das denkbare Gefährdungspotential durch das Inventar eines Leistungsreaktors kann man – trotz ganz anderer Bauart – an der Reaktor-Katastrophe ersehen, die 1986 von Tschernobyl aus die Ukraine und andere Länder in Mitleidenschaft zog.

**Nachkühlung.** Das Kühlwasser hat zusätzlich zur Neutronenmoderation und zum Energietransport zur Turbine die für die Sicherheit eminent wichtige Aufgabe der

[20] entspricht wie vielen Tauchsiedern in einem Wassereimer?

*Nachkühlung*. Selbst nach dem Erlöschen der Kettenreaktion bleibt aktive Kühlung nämlich für längere Zeit nötig, weil auch der abgeschaltete Reaktor erst einmal mit jenem Teil seiner Wärmeleistung aktiv weiter heizt, die aus der anhaltenden Radioaktivität der angesammelten Spaltprodukte stammt. Anfangs sind das immerhin ca. 6% der vollen Leistung (nämlich pro Spaltung 12 MeV der 200 MeV, siehe Abschn. 8.2.1, im 4 GW-Leistungsreaktor entsprechend 240 MW), nach einem Tag noch ca. 1%. Anders als heiße Asche, die nach Verlöschen des Kohlefeuers nur noch abkühlen kann, würde diese *Nachzerfallswärme* ohne fortgesetzte aktive Kühlung die Temperatur im Reaktor *erhöhen*. Sie könnte ihn nach kurzer Zeit sogar zum Schmelzen bringen, mit verheerenden Folgen für die Anlage und die Umgebung.

Daher muss aktive Nachkühlung unter allen Umständen gewährleistet werden, besonders auch dann, wenn durch Ausfall von Pumpen oder Bruch von Wasserrohren die normale Kühlung des Reaktors ausfallen sollte (sog. GAU, der *Größte* bei der Planung der Anlagensicherheit *Anzunehmende Unfall*, auch *Auslegungsstörfall* genannt). Das macht neben einer eigens entwickelten Sicherheitstechnik (strukturelle Mehrfachauslegung von Überwachungsinstrumenten und Kühlvorrichtungen) das ständige Bereithalten eines sofort einsatzbereiten Notkühlsystems notwendig.

**Kraftwerk.** Die Hauptkomponenten eines Kraftwerks mit Druckwasserreaktor aus energietechnischer Sicht sind in Abb. 8.6 wiedergegeben. Zur (durchaus beidseitig zu sehenden) Abschirmung zwischen Reaktor und Umwelt ist nicht nur der Reaktor von einem Druckbehälter (Nr. 1) umgeben, sondern der ganze *Primär-Kreislauf* (Nr. 1–7) von einer massiven Betonumschließung. Der Energiefluss nach außen geschieht im *Sekundär-Kreislauf* (Nr. 6, 8, 10, 11, 14, 16, 17), der aufgrund der Trennung vom Primär-Kreislauf im Idealfall frei von radioaktiven Stoffen aus dem Reaktor ist. Er wird im Dampferzeuger beheizt (280 °C, 65 bar) und leitet die Energie zur Dampfdruck-Turbine weiter, einer Wärmekraftmaschine, deren kaltes Ende (33 °C, 50 mbar) durch einen *Tertiär-Kreislauf* (19, 14, 15) mit Flusswasser und/oder Kühltürmen realisiert wird. Aus den angegebenen Temperaturen ermittelt sich der Carnotsche Wirkungsgrad zu 44%. Dies wird praktisch zu drei Vierteln erreicht. Die extrahierte mechanische Energie (1,3 GW, also ca. 33%) wird dem Generator (12, 13) zugeleitet, die Abwärme (die restlichen ca. 67%) der Umwelt.

Als weitere Baulinien von Leistungsreaktoren seien erwähnt: Siedewasser-Reaktor, gasgekühlte Reaktoren, Brüter, Fortgeschrittene Druckwasser-Reaktoren.

Für den praktischen Betrieb sind zahlreiche Hilfssysteme notwendig, zu deren Aufgaben auch die ständig nötige Säuberung der Luft und der Wasserkreisläufe der ganzen Anlage (auch des Sekundärkreislaufs) von radioaktiven Verunreinigungen gehören. (Daher haben z. B. auch nukleare Kraftwerke einen hohen Schornstein, um radioaktive Gase abzugeben.)[21]

---

[21] Einige weitere der vielen Faktoren, die für eine Diskussion oder Bewertung der zivilisatorischen radiologischen Umweltbelastung zu berücksichtigen sind: Aus fast allen Baumaterialien entweicht das Edelgas Radon; auch Kohlekraftwerke geben radioaktive Stoffe aus den natürlichen Zerfallsreihen in die Atmosphäre ab; zur Kernenergienutzung gehören außer den Kraftwerken u. a. auch

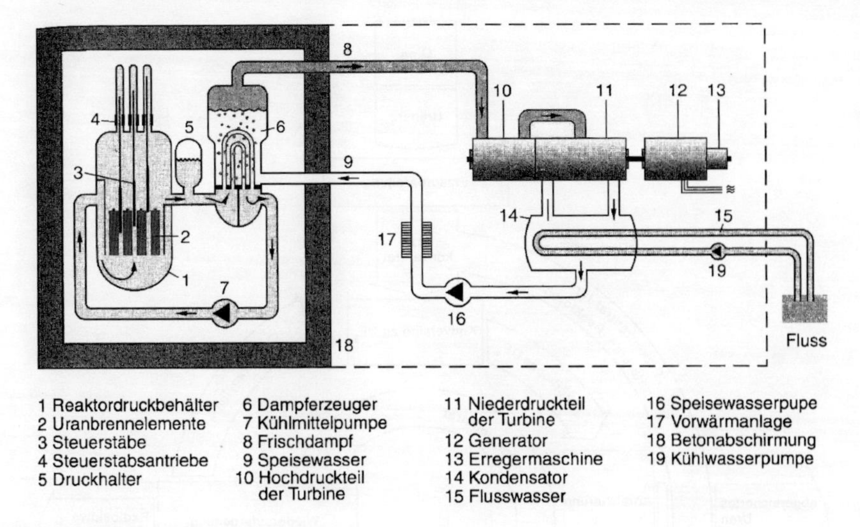


**Abb. 8.6** Schema eines Kraftwerks mit Druckwasser-Reaktor. (Abb. aus [58])

**Brennstoff-Kreislauf.** Im Leistungsbetrieb sinkt der Gehalt an ${}^{235}_{92}$U-Kernen, während der Anteil an Spaltprodukt-Kernen (doppelt so schnell) steigt – beides Ursachen für abnehmende Kritikalität und zunehmenden Druck in den Brennstäben. Jährlich einmal wird der Reaktor-Druckbehälter geöffnet, um die Brennstäbe auf Dichtheit zu überprüfen, umzusetzen und etwa jedes dritte oder vierte von ihnen durch solche mit neuem Kernbrennstoff zu ersetzen.

Die heraus genommenen Brennstäbe enthalten außer den Spaltprodukten und dem Rest an Uran auch neu gebildetes Plutonium, genug für Aufarbeitung zu einem brauchbaren Kernbrennstoff. Wegen der viel versprechenden Möglichkeit, diese spaltbaren Anteile abzutrennen und erneut zu nutzen, wurde in den 1960er Jahren der Begriff des *nuklearen Brennstoff-Kreislaufs* in den Vordergrund gestellt, während die Aspekte der unvermeidlichen Entsorgung überwiegend als unproblematisch dargestellt wurden. Abbildung 8.7 zeigt eine entsprechende zeitgenössische Darstellung.

**Radioaktive Abfälle** Die *abgebrannten Brennelemente* verursachen den Hauptteil der Atommüllproblematik. Sie sind so stark radioaktiv, dass sie unter zunächst aktiver Kühlung für Monate oder sogar Jahre in einem *Zwischenlager* aufbewahrt werden. Die früher im Brennstoff-„Kreislauf" fest eingeplante Trennung von Spaltprodukten, Uran und Plutonium hat sich wegen der enormen und teuren Sicherheitsvorkehrungen zunehmend als problematisch herausgestellt. Sie wird daher (in einer der wenigen zivilen *Wiederaufarbeitungsanlagen* auf der ganzen Welt) weniger zum Zweck der Wiederverwendung des Kernbrennstoffs als zur Verringerung des „Restmülls" durchgeführt. Für diesen wird wegen seiner viele Jahrtausende an-

---

die Uran-Gewinnung im Tagebau, die Behandlung der Abfälle und ihre unbefristete Lagerung, sowie das Risiko eines schweren Unfalls oder Terroranschlags.

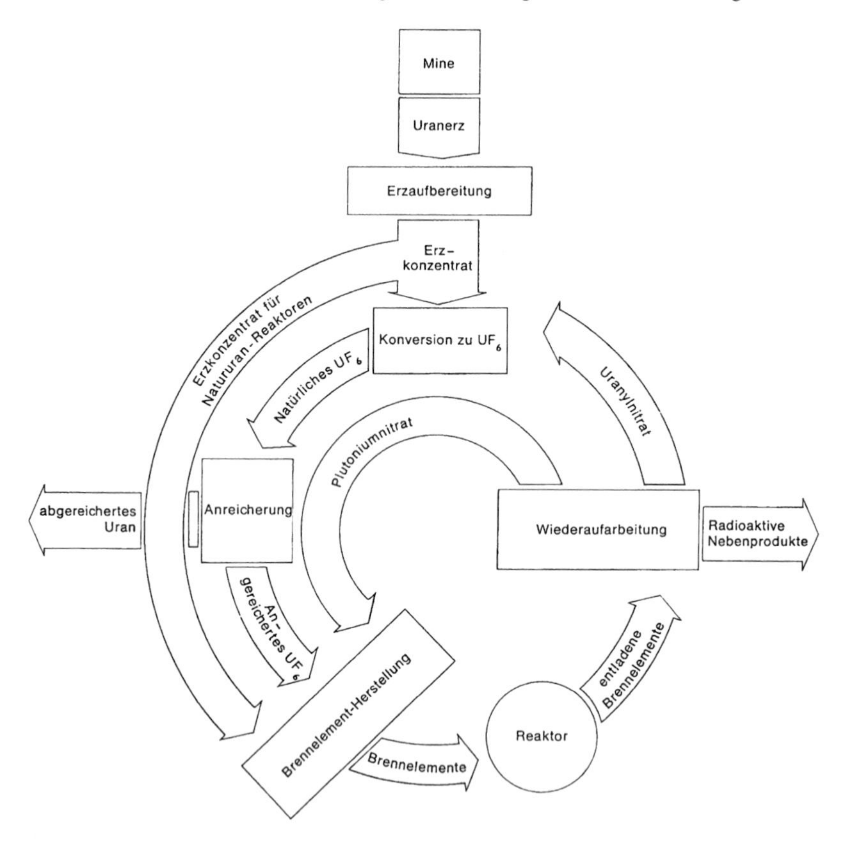


**Abb. 8.7** Ein Bild des Nuklearen Brennstoff-Kreislaufs (aus einem Fachbuch der 1970er Jahre, mit grafischer Betonung der Aspekte des Recycling gegenüber den Inputs und Outputs [141]. Atommüll heißt hier noch *Radioaktive Nebenprodukte*)

haltenden radiologischen Gefahr eine auf entsprechend lange Sicht sichere Endlagerstätte allerdings noch immer gesucht.[22] Zusätzlich und ebenso lange geht von dem abgetrennten Plutonium die Gefahr der *Proliferation von spaltbarem Material* aus: Es könnte entwendet und für den Bau von Bomben (oder die Drohung damit) missbraucht werden.

## 8.2.6 Die „Atom"-Bombe

**Manhattan-Projekt – Beginn.** Dass Kernspaltungen in Kettenreaktion theoretisch zu einer Explosion nie gekannter Stärke führen könnten, rief schon bald nach der

[22] Erst zwei Jahrzehnte nach dem ersten Inkrafttreten des *Atomgesetzes* der Bundesrepublik Deutschland, wurde es 1978 um die staatliche Pflicht zur Vorsorge für die Abfallbeseitigung ergänzt.

Entdeckung durch Hahn, Strassmann und Meitner unter den Wissenschaftlern und Politikern in Europa und Amerika sowohl Interesse als auch Besorgnis hervor. Einige der ab 1933 vor den Deutschen geflohenen Physiker, darunter Albert Einstein und Edward Teller, hatten dem US-Präsidenten in einem Brief schon am 02.08.1939 (siehe [118, S.80]), vier Wochen vor dem deutschen Einfall in Polen, dem Beginn des 2. Weltkriegs, nahe gelegt, man müsse den sich in Deutschland bereits abzeichnenden Bemühungen zum Bau einer Atombombe um jeden Preis zuvor kommen.

Als zwei Jahre später nach weiteren Untersuchungen (deren Ergebnisse bald der Geheimhaltung unterworfen wurden) die Grundlagen und technischen Merkmale einer Kernwaffe in etwa umrissen werden konnten, beschloss die US-Regierung den schnellstmöglichen Bau der Atombombe durch eine noch nie da gewesene konzentrierte Anstrengung von Wissenschaft und Industrie unter Führung des Militärs, das *Manhattan-Projekt* (07.12.1941, siehe [118, S. 66]). Die finanzielle und organisatorische Unterstützung überstieg alle gewohnten Größenordnungen, die Fülle der noch ungelösten wissenschaftlichen, technischen und organisatorischen Probleme aber auch, und ebenso der – technisch gesprochen – eindrucksvolle und eindrucksvoll schnelle *Erfolg* des Manhattan-Projekts, der nicht zuletzt durch die erfolgreiche Führung und Koordinierung zahlloser hochkarätiger Wissenschaftler durch einen der ihren zustande kam: J. Robert Oppenheimer, der daher „Vater der Atom-Bombe" genannt wurde. Bis Mitte 1945 (kurz nach der Kapitulation Deutschlands) waren drei Bomben fertig. In der amerikanischen Wüste (Testexplosion 16.07.1945 bei Alamogordo/Nevada) und in den zwei japanischen Großstädten Hiroshima und Nagasaki (06. und 09.08.1945) zeigten sie die theoretisch erwartete Zerstörungskraft.

Vor der ersten Testexplosion lagen im Manhattan-Projekt allgemein die Nerven blank, nicht nur wegen der Spannung über den Ausgang dieser extremen wissenschaftlich-technischen Anstrengung. Einige Physiker hegten gewisse Zweifel, ob sie damit etwa eine weltweite Kettenreaktion auslösen würden, die (exotherme) Fusions-Reaktion ${}^{14}_{7}\mathrm{N} + {}^{14}_{7}\mathrm{N} \to {}^{28}_{14}\mathrm{Si}$ in der Luft.[23] Die Atmosphäre wäre dann herabgeregnet – als Quarzsand $SiO_2$ (siehe [118, S. 167]). Nicht so Fermi: Er ließ kurz nach der Testexplosion Papierschnipsel fallen, beobachtete, dass sie durch die hitzebdingte Ausdehnung der Atmosphäre um 30 cm davon getragen wurden, und schätzte daraus die Stärke der Explosion größenordnungsmäßig richtig und sogar besser als auf einen Faktor 2 genau ab [188].

**Manhattan-Projekt – einige Folgen.** Durch die beiden folgenden Abwürfe über Japan erfuhr die Welt von der neuen Waffe. Die Wissenschaftler waren zum Teil entsetzt (nicht alle), welche Entwicklung sie mit angerichtet hatten. Die zuständige Öffentlichkeitsabteilung wählte das Wort *atomic bomb*, weil die Verwendung von *Kern (nucleus)* eventuell zu sehr an die Zellkerne der Biologie hätte denken lassen. Das so getaufte *Atom*-Zeitalter zog nach dieser Eröffnung ungeheure Auswirkungen in militärischer, politischer, wirtschaftlicher, technischer, wissenschaftlicher, ethischer und philosophischer Hinsicht nach sich, natürlich auch für die daran beteiligten Wissenschaftler, vor allem aber für die Opfer, darunter zuvorderst die Bewohner der beiden bombardierten Städte.

[23] Weiteres zur Fusion im folgenden Abschn. 8.3.

Für eine angemessene Darstellung muss auf die vielfältige Literatur verwiesen werden. Nur zwei wichtige, aber meist weniger beachtete Aspekte seien hier genannt: Das Manhattan-Projekt zeigte zum ersten Mal, *dass* und *wie* ein großer wissenschaftlich-technischer Fortschritt gezielt machbar ist im Zusammenwirken von staatlicher Programmatik, militärischer Führung, wirtschaftlicher Leistungskraft und Konzentration von wissenschaftlich-technischem Erfindungsreichtum, und: – was er kosten kann. In der Folge nahmen verschiedene Staaten eine eigentliche Forschungspolitik erst auf, mit einem „Atom-Minister" und großen staatlich finanzierten („Atom-" oder „Kern-") Forschungszentren. Dies spiegelt sich z. B. auch in den ursprünglichen Namen (1955) des heutigen Bundesministeriums für Bildung und Forschung und der ab 1956 gegründeten deutschen Forschungszentren in Karlsruhe, Jülich, Geesthacht, Rossendorf und Berlin(West). Neben diesen Zentren wurde in der BRD der Aufbau einer eigenen Kompetenz in Atomenergie mit einem beispiellosen Einsatz staatlicher Förderung für Forschung und Ausbildung in Wissenschaft und Industrie vorangetrieben. Neben der Aussicht auf wirtschaftlichen Erfolg in der Elektrizitätserzeugung wurde dabei auch unverblümt die Aussicht auf militärische Stärke benannt, in befremdlichem Kontrast zu der (damals wie heute bindenden) Selbstverpflichtung der deutschen Bundesregierung, auf die Entwicklung und Produktion von Kernwaffen auf deutschem Boden zu verzichten. In einem Aufsehen erregenden Manifest verweigerten 1958 die meisten führenden Kernforscher (die *Göttinger Achtzehn*, darunter Heisenberg, v. Weizsäcker) vorsorglich und öffentlich, in irgendeiner Weise daran mitzuarbeiten.

Zugleich sahen sich kleinere Länder wegen der immensen Kosten solcher Projekte zu einer neuen Art von Zusammenarbeit gezwungen. Im Nachkriegs-Europa entstand so *CERN* (nahe Genf 1954, ursprünglicher Namen *Conseil Européen pour la Recherche Nucléaire*, heute das weltgrößte Labor für Elementarteilchenforschung), und EURATOM (1957, Europäische Atom-Gemeinschaft). Beides gehörte zu den ersten Schritten hin zu dem, was heute die Europäische Union ist.

## 8.3 Kern-Fusion

### *8.3.1 Physikalische Grundlagen*

Kern-Fusion ist die Verschmelzung leichter Kerne zu schwereren. Aus dem ansteigenden Teil der Kurve $E_\mathrm{B}/A$ der Bindungsenergien (Abb. 4.8 auf S. 100) ist unmittelbar abzulesen, dass dabei im Prinzip bis zu 8 MeV pro Nukleon zu gewinnen sind, also noch eine Größenordnung mehr als bei der Spaltung der schweren Kerne. Schon bei der Bildung des $\alpha$-Teilchens wird pro Nukleon eine Bindungsenergie von 7 MeV frei.

**Coulomb-Barriere.** Auch wenn nur ein Neutron mit einem Kern verschmilzt, wird, wie schon mehrfach erwähnt, Bindungsenergie von 2–12 MeV frei. Verschmelzungsprozesse zwischen *zwei* geladenen Kernen erhalten aber durch die

Coulomb-Abstoßung ein so verändertes Erscheinungsbild, dass der Begriff Kernfusion nur hierfür verwandt wird.

Die einfachsten Fusionsreaktionen sind daher (in Klammern die Differenz der Bindungsenergien, die als kinetische Energie[24] „freigesetzt" wird):

$$p + d \to {}^3_2\mathrm{He} + \gamma(+5{,}5\,\mathrm{MeV})\,, \tag{8.4a}$$

$$d + d \to {}^4_2\mathrm{He} + \gamma(+24\,\mathrm{MeV})\,, \tag{8.4b}$$

$$d + d \to {}^3_2\mathrm{He} + n(+3{,}3\,\mathrm{MeV})\,, \tag{8.4c}$$

$$d + {}^3_1\mathrm{H} \to {}^4_2\mathrm{He} + n(+17{,}5\,\mathrm{MeV})\,, \tag{8.4d}$$

$${}^3_2\mathrm{He} + {}^3_2\mathrm{He} \to {}^4_2\mathrm{He} + p + p(+12{,}9\,\mathrm{MeV})\,. \tag{8.4e}$$

Alle Fusionsreaktionen setzen voraus, dass die beiden Kerne sich überhaupt bis auf die Reichweite der Kernkraft nahe kommen. Dort aber hat die Barriere des Coulomb-Potentials selbst zwischen zwei einzelnen Protonen schon Werte um $E_{\mathrm{Barriere}} \sim \mathrm{MeV}$.

**Frage 8.1.** *Die Coulomb-Energie im Abstand der Reichweite der Kernkräfte grob abschätzen.*

**Antwort 8.1.** *Abstand (nur ungefähr!)* $r \approx 2\,\mathrm{fm}$,

$$E_{\mathrm{pot}} = \frac{e^2}{4\pi\varepsilon_0}\frac{1}{r} \approx \frac{1{,}44\,\mathrm{MeV\,fm}}{2\,\mathrm{fm}} \approx 0{,}7\,\mathrm{MeV} \tag{8.5}$$

*(für die Reaktion zwischen zwei* ${}^3_2\mathrm{He}$ *ist* $E_{\mathrm{Barriere}}$ *noch deutlich höher).*

Doch ist der Wirkungsquerschnitt unterhalb $E_{\mathrm{Barriere}}$ trotzdem nicht Null, denn durch den Tunneleffekt erstreckt sich die Wellenfunktion immer von außen her durch den Potentialberg hinein bis zum anziehenden Potentialtopf, allerdings mit einer extrem energieabhängigen Amplitude.[25] Entsprechend ausgeprägt ist im Energiebereich unter der Barriere der Anstieg des Wirkungsquerschnitts um mehrere Zehnerpotenzen. Wir betrachten genauer zwei wichtige Beispiele in Abb. 8.8.

**Resonanz.** Der Wirkungsquerschnitt für $d + d \to {}^3_2\mathrm{He} + n$ folgt in seiner Energieabhängigkeit praktisch direkt der Tunnel-Wahrscheinlichkeit, also dem aus der $\alpha$-Radioaktivität bekannten Gamov-Faktor, der außerordentlich stark anwächst, je näher die Teilchen-Energie an das Maximum des Potentialbergs heranreicht (siehe Abschn. 6.3.2 – Tunneleffekt beim $\alpha$-Zerfall). Der Wirkungsquerschnitt für $d + {}^3_1\mathrm{H} \to {}^4_2\mathrm{He} + n$ unterscheidet sich in zweierlei Hinsicht. Er ist grundsätzlich schon deshalb größer, weil die wegfliegenden Teilchen nach Gl. (8.4a–d) etwa die 5fache kinetische Energie haben, was einer $\sqrt{5}$fachen Erhöhung der Zustandsdichte entspricht (vgl. den statistischen Faktor in der Goldenen Regel (6.11)). Weiter

[24] inklusive der Energie emittierter $\gamma$-Quanten

[25] Die Fusion stellt daher in etwa den Umkehrprozess zur $\alpha$-Radioaktivität dar. Vergleiche die starke Abhängigkeit der Halbwertzeit von der Energie in Abb. 6.9.

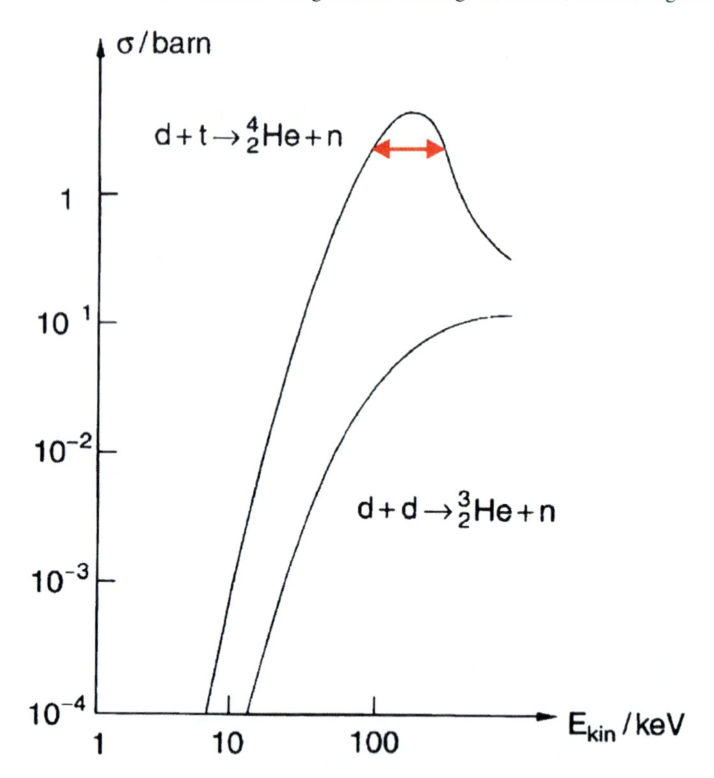


**Abb. 8.8** Wirkungsquerschnitte für Fusionsreaktionen von Deuterium ($d$) und Tritium ($t$ bzw. $^3_1$H), in Abhängigkeit von der Energie im Schwerpunktsystem (logarithmische Skala). Die $d+t$-Reaktion zeigt bei 110 keV eine Resonanz von der Breite $\Delta E = 40$ keV (*rote Linie* bei der halben(!) Höhe des Maximums) (Abb. nach [58])

zeigt sich ein ausgeprägtes Maximum bei 110 keV. Dies ist eine *Resonanz*. Für etwa $10^{-21}$ s hat sich ein „metastabiler" Zustand des aus $d$ und $^3_1$H entstandenen *Compound-Kerns* $^5_2$He gebildet, der den Teilchen mehr Zeit zum Reagieren lässt und daher die Wahrscheinlichkeit für die Emission des Neutrons erhöht, hier etwa 10fach. Für die $d+d$-Reaktion wäre der Compound-Kern das $\alpha$-Teilchen $^4_2$He, da gibt es keine solchen metastabilen angeregten Zustände.

Um die Fusion durch thermische Zusammenstöße in Gang zu bringen, wären demnach Temperaturen um $10^9$ K entsprechend 100 keV ideal. Bei weniger hoher Temperatur können nur die Teilchen im hochenergetischen Ausläufer der Maxwellschen Geschwindigkeitsverteilung zur Reaktion beitragen (Abb. 8.9).[26]

**Teilchen nur umgruppiert oder neu erzeugt?** Neben diesen Gemeinsamkeiten der fünf Fusionsreaktionen in Gl. (8.4a) gibt es einen ganz grundsätzlichen Unter-

---

[26] Genauere Rechnung zeigt allerdings, dass sich schon ab $k_B T \approx 20$ keV kaum noch etwas verbessert – s. Abb. 8.10.

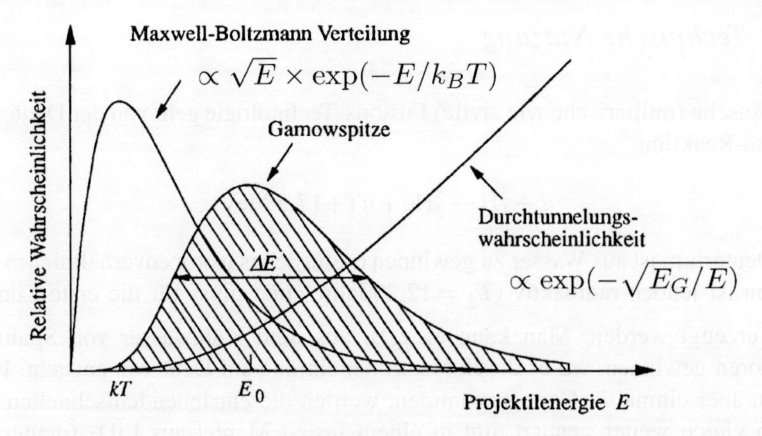


**Abb. 8.9** Verhältnisse bei der thermonuklearen Fusion geladener Teilchen (schematisch). Je höher die kinetische Energie $E$ zweier Teilchen (in ihrem Schwerpunktsystem), desto höher ihre Reaktionswahrscheinlichkeit (Tunneleffekt), desto seltener aber kommen sie im Plasma vor (Maxwell-Boltzmann-Verteilung). Das Produkt beider Kurven gibt die Reaktionsrate im Plasma. Sie hat bei einer Energie $E_0$, die (sehr) groß ist gegen die thermische Energie $k_B T$, ein *Gamov-Spitze* genanntes Maximum. Die gesamte Reaktionswahrscheinlichkeit (*schraffierte Fläche*) stammt im wesentlichen von Teilchenpaaren mit Energien um $E_0$. (Abb. nach [139], mit Korrekturen)

schied zwischen ihnen: Bei den letzten drei brauchen sich die schon vorhandenen Teilchen nur umzulagern, um eine insgesamt größere Bindungsenergie zu ermöglichen. In den beiden ersten Reaktionen hingegen bleibt die Gesamtzahl der Teilchen nicht konstant, denn es wird ein Photon erzeugt. Allein deshalb sind sie schon ca. 100-mal seltener als reine Umlagerungen.

**Frage 8.2.** *Geht es in den beiden Fusionsreaktionen (Gl. 8.4a,b) nicht auch ohne $\gamma$-Quant? Makroskopische Körper z. B. können doch nach einem Zusammenstoß einfach aneinander haften bleiben.*

**Antwort 8.2.** *Nein, dann würde nur ein einziges Teilchen entstehen und müsste daher den* Gewinn *an Bindungsenergie als innere Energie unterbringen können (im Schwerpunktsystem des entstandenen Teilchens sofort einzusehen). Verschmelzung zu einem einzigen Teilchen ohne Emission eines zweiten (und sei es ein Photon) kann es daher prinzipiell nur bei Reaktionen ohne Energiefreisetzung geben. Wenn die Stoßpartner zusammen gerade die richtige Energie mitbringen, bildet sich kurzzeitig dies eine angeregte Teilchen, was sich im Wirkungsquerschnitt durch eine resonanzartige Erhöhung ausdrückt. Die Breite der Resonanzspitze ergibt sich gemäß der endlichen Lebensdauer aus der Energie-Zeit-Unschärferelation. – Makroskopisch aber ist der vollständig inelastische Zusammenstoß zweier Massen kein Problem. Hier gibt es mit Verformung und Erwärmung genug Freiheitsgrade (im Schwerpunktsystem) für die Überschussenergie.*

### *8.3.2 Technische Nutzung*

Die typische (militärische wie zivile) Fusions-Technologie geht von der Deuterium-Tritium-Reaktion

$$d + {}^{3}_{1}\mathrm{H} \rightarrow {}^{4}_{2}\mathrm{He} + n\ (+17{,}5\,\mathrm{MeV})$$

aus. Deuterium ist aus Wasser zu gewinnen (natürliches Isotopenverhältnis 1:5 000), Tritium ist jedoch radioaktiv ($T_{\frac{1}{2}} = 12{,}23$ Jahre) und muss für die erste Zündung extra erzeugt werden. Man kann es z. B. aus dem Kühlwasser von Spaltungs-Reaktoren gewinnen, wo es durch Neutroneneinfang am Deuteron entsteht. Ist die Fusion aber einmal in Gang gekommen, werden die entstehenden schnellen Neutronen gleich weiter genutzt, um in einem festen Mantel aus $LiD_2$ (deuteriertes Lithium-Hydrid) für Nachschub von Brennstoff zu sorgen. Tritium entsteht dort durch die Kernreaktion ${}^{6}_{3}\mathrm{Li} + n \rightarrow {}^{4}_{2}\mathrm{He} + {}^{3}_{1}\mathrm{H} + 4{,}8\,\mathrm{MeV}$, die als Folge natürlich auch das chemisch gebunden gewesene Deuterium freisetzt.

**H-Bombe.** Als Zünder für die Fusion in einer Bombe wird eine „kleine“ Spaltungs-Bombe benutzt, speziell dafür ausgelegt, außer der unvermeidlichen Druckwelle ein Plasma als Quelle besonders intensiver und harter Röntgenstrahlung zu erzeugen. Der Fusions-Teil wird etwas entfernt davon angeordnet, damit noch vor seiner Zerstörung durch die Druckwelle die Strahlung ihn so über alle Maßen erhitzen kann (daher „thermo-nukleare“ Bombe), dass in ihm eine regelrechte Schockwelle erzeugt wird, die von allen Seiten nach innen läuft und durch extreme Kompression und Erhitzung im Zentrum die Fusion auslöst.[27]

**Drei Bemerkungen zur Geschichte: I.** Die Idee zur thermo-nuklearen Bombe entstand – offenbar unabhängig – 1951 in den USA, wo sie Edward Teller zugeschrieben wurde („Vater der H-Bombe“), und 1952 auf der anderen Seite bei Andrej Sacharow. Vom schnellen Gleichziehen der Sowjetunion (schon zum zweiten Mal nach der Spaltungsbombe 1949) aufgeschreckt, verstärkte sich in den USA die öffentliche Hetze gegen vermeintliche Kommunisten (McCarthy-Ära, Aussage von E. Teller gegen J.R. Oppenheimer). Sacharow hingegen wandelte sich bald zum Atombomben-Gegner und Menschenrechts-Kämpfer, was ihm erst den Friedensnobelpreis (1975) und dann die Verbannung nach Sibirien (1980) eintrug.

**II.** Als die Sowjetunion 1957 auch noch mit ihrem Erdsatelliten „Sputnik“ Erster im Weltraum wurde, löste dies in den USA und vielen befreundeten Staaten den „Sputnik-Schock“ aus. Folge war u. a. eine bis dahin ungekannte Erneuerung der naturwissenschaftlichen Bildung in Schulen und Hochschulen mit dem Ziel, insbesondere die Begeisterung für die moderne Physik zu

[27] So die öffentlich zugänglichen Quellen, andere hatte ich auch nicht. An Heftigkeit werden diese Vorgänge dann wirklich nur noch in Sternen übertroffen, bei einer Supernova dann auch gleich um viele Größenordnungen.

wecken. So widmeten sich die berühmtesten Physiker den Anfängervorlesungen und es entstand eine ganze Reihe bahnbrechend neuartiger Lehrbücher, aus denen „The Feynman Lectures on Physics" (ab 1962) herausragen [71].

**III.** Für weitere Steigerung im Wettrüsten des *Kalten Krieges* wurde die oben beschriebene 2-stufige Fission-Fusion-Bombe zur 3-Stufen-Super-Bombe ausgebaut. Als 3. Stufe der Explosion sollten in einem tonnenschweren Fission-Mantel aus ${}^{238}_{92}$U die äußerst zahlreichen schnellen Neutronen aus der zweiten Stufe eine noch viel größere Anzahl weiterer Spaltungen auslösen. Erst als Anfang der 1960er Jahre die lokale Sprengkraft das ca. $10^4$fache der Hiroshima-Bombe (das ist das $10^8$fache(!) einer großen Fliegerbombe des 2. Weltkriegs) und die globale radiologische Umweltbelastung schon alarmierende Werte erreicht hatten, wurde ein Teststopp-Abkommen vereinbart, zunächst allerdings nur oberirdisch. Es blieb Teller vorbehalten, das Abkommen mit dem Vorschlag zu begrüßen, die weiteren „unbedingt notwendigen" Testexplosionen dann eben unterirdisch in 1 Fuß Tiefe zu zünden. Seit 1996 existiert ein weltweites Abkommen, nach dem jede nukleare Explosion mit mehr als 1 kt TNT-Äquivalent[28] verboten ist; allerdings fehlen (Stand April 2009) unter den Vollmitgliedern dieses *Comprehensive Test Ban Treaty* noch Staaten wie USA, China, Nord-Korea, Indien, Pakistan, Iran, Irak, Syrien, Israel, Somalia, Cuba und andere.

**Reaktor.** Um ein Deuterium-Tritium-Plasma für Fusion bei $10^7$ K überhaupt längere Zeit zusammenzuhalten, kann man es nicht einfach in einen Behälter sperren, denn jeder Werkstoff ist auch nur aus Atomen und ihren Bindungen aufgebaut und würde sich daher ebenfalls in Plasma verwandeln. Da es sich aber um geladene Teilchen handelt, können kompliziert geformte Magnetfelder den direkten Kontakt des Plasmas mit den Wänden für eine gewisse Zeit näherungsweise verhindern. Damit das Plasma dann durch Fusion mehr Energie abgeben kann als zu seiner Aufheizung aufzuwenden war, muss es mit möglichst hoher Dichte möglichst heiß möglichst lange am Brennen gehalten werden. Diese drei Forderungen sind eher als miteinander unvereinbar einzuschätzen. Wie sie sich gegeneinander abwägen lassen, kann man durch die folgende einfach zu gewinnende Abschätzung sehen, an der sich schon seit den 1950er Jahren die Bemühungen der Konstrukteure orientieren.

**Lawson-Kriterium.** Aus Dichte, Geschwindigkeit und Wirkungsquerschnitt der Teilchen kann man die Zahl ihrer Reaktionen pro Sekunde und $\mathrm{m}^3$ leicht ausrechnen: Sei $n$ die räumliche Dichte der Kerne – je zur Hälfte $d$ und $t$ – , sowie $v$ ihre (Relativ-)Geschwindigkeit und $\sigma_\mathrm{f}$ der Wirkungsquerschnitt für die Fusion, dann geschehen $(n/2)^2 \cdot \sigma_\mathrm{f} \cdot v$ Fusions-Reaktionen pro Volumen- und Zeiteinheit. Da $\sigma_\mathrm{f}$ stark von $v$ abhängt, muss man im thermischen Gleichgewicht eine Maxwellsche Geschwindigkeitsverteilung ansetzen und den Mittelwert $\overline{\sigma_\mathrm{f} v}$ berechnen (siehe den Gamov-Peak in Abb. 8.9). Ist $E_\mathrm{f}$ der Energiegewinn pro einzelner Fusion, dann ist der Energiegewinn pro Volumen während der Zeit $\Delta t$ insgesamt

---

[28] TNT ist ein chemischer Sprengstoff, „Kilotonne" kt $= 10^6$ kg. Die Hiroshima-Bombe entsprach etwa 13 kt TNT.

$E_{\text{out}} = (n/2)^2 \cdot \overline{\sigma_\text{f} v} \cdot E_\text{f} \cdot \Delta t$. Veranschlagt man für den nötigen Energie-Aufwand vereinfacht zunächst nur die Aufheizung, dann gilt $E_{\text{in}} = 2n \cdot \frac{3}{2} k_\text{B} T = \frac{3}{2} P$ (Energiedichte $E_{\text{in}}$ und Druck $P$ im idealen Gas aus $2n$ Teilchen: $n$ Kerne und $n$ Elektronen). Die Forderung $E_{\text{out}} > E_{\text{in}}$ führt sofort auf das Lawson-Kriterium in seiner einfachsten Form:

$$n\Delta t > \frac{12 k_\text{B} T}{E_\text{f} \overline{\sigma_\text{f} v}} . \tag{8.6}$$

Verfeinerungen des Lawson-Kriteriums berücksichtigen dann etwa, dass die gewonnene Energie nur teilweise zur Aufheizung verwendet wird etc. Üblich ist, die Abschätzung (8.6) noch mit $T$ zu multiplizieren ($nT$ ist – s. o. – proportional zum Druck bzw. zur Energiedichte). In Präzisierung der drei zu kombinierenden Wünsche ist nun zu erkennen: Das einfache Produkt aus Teilchendichte $n$, Temperatur $T$ und Einschlusszeit $\Delta t$ auf der linken Seite muss größer sein als – auf der rechten Seite – eine bestimmte Funktion der Temperatur $T$, die ihrerseits wegen der Zunahme des Fusionsquerschnitts $\sigma_\text{f}$ mit steigender Temperatur (nach Abb. 8.8 über die thermischen Energien gemittelt) zunächst stark *fällt*, ab ca. 20 keV ($2 \cdot 10^8$ K) aber wieder ansteigt. In Abb. 8.10 wird sie durch das mittlere schraffierte Band („$Q = 1{,}0$“) wiedergegeben.

**Technischer Fortschritt.** Abb. 8.10 zeigt die im Laufe jahrzehntelanger Entwicklung erreichten Werte $nT\Delta t$, aufgetragen über $T$ als Parameter. Der Anstieg von links unten bis rechts oben umfasst die Jahre 1960–2000 und beträgt damit grob eine Zehnerpotenz pro Jahrzehnt. Das ist immerhin ca. die Hälfte der Zuwachs-Rate, die man als Mooresches Gesetz bei der ungeheuren Steigerung der Leistungsfähigkeit der Mikro-Elektronik (PC etc.) kennt.

Das Lawson-Kriterium ist durch das mittlere der drei Bänder gegeben („$Q = 1{,}0$“). Es wurde in der europäischen Versuchsanlage *JET* (in Culham/England) 1997 zum ersten Mal erreicht. Mit der nächsten Anlage *ITER* (2005 von 32 Ländern finanziert und beschlossen, Baubeginn 2008 in Cadarache/Frankreich, Fusionsplasma geplant für 2016) soll der Durchbruch zur technischen Machbarkeit kontinuierlicher Energieerzeugung aus Kernfusion („$Q = \infty$“) geschafft werden.

## 8.4 Stern-Energie, Stern-Entwicklung

### *8.4.1* pp-*Fusion*

**Fusion mit Schwacher Wechselwirkung.** In der Auflistung (Gl. (8.4)) der einfachsten Fusionsreaktionen fehlte ausgerechnet diejenige, aus der sich eine physikalische Erklärung der Sonnenenergie ergeben könnte: die direkte Fusion von zwei Protonen.[29] Weil das einzige gebundene System aus zwei Nukleonen das Deuteron

[29] Mit der Fusion von zwei Deuteronen zu einem $\alpha$-Teilchen konnte man den Prozess nicht beginnen lassen, denn wegen der Seltenheit von Deuterium im Wasserstoff der Erde konnte man schlecht annehmen, auf der Sonne sei es umgekehrt.

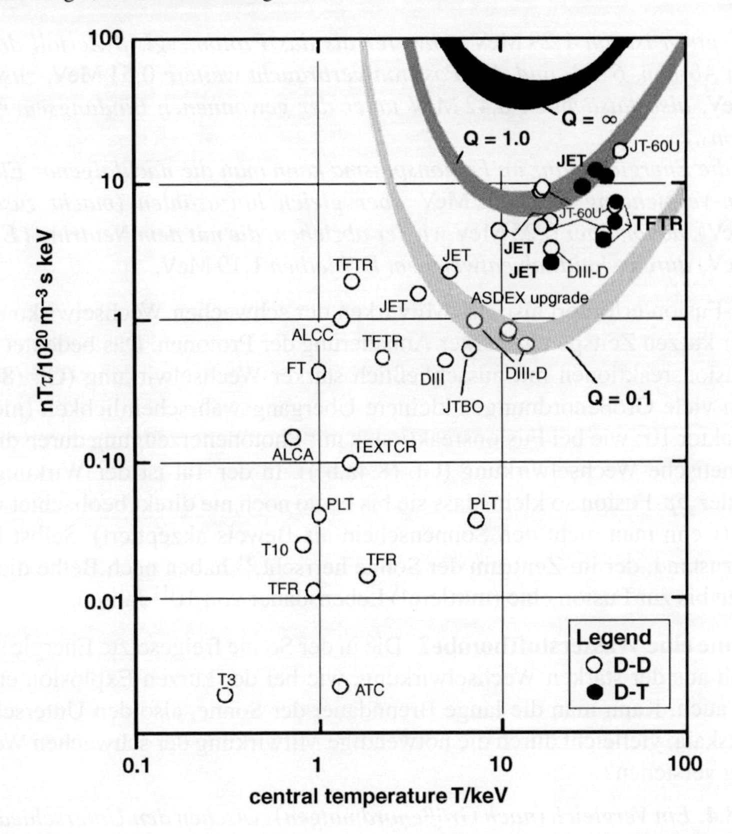


**Abb. 8.10** Entwicklung der Fusions-Experimente von 1960 (*links unten*) bis 2000 (*rechts oben*) hinsichtlich der zentralen Temperatur im Plasma (ausgedrückt in keV) und dem Produkt aus Einschlusszeit $\tau$ und Energiedichte (ausgedrückt als $nT\tau$). Der Parameter $Q$ ist der Netto-Energiegewinn relativ zur am Anfang eingesetzten Energie. Das *mittlere* der drei *getönten Bänder* gibt mit $Q = 1{,}0$ das Lawson-Kriterium an. (nach [169])

ist, muss die *pp*-Fusion die Umwandlung eines Protons in ein Neutron beinhalten, und das geht[30] nur über die schwache Wechselwirkung (siehe Fermis Theorie des $\beta$-Zerfalls von 1934, Abschn. 6.5.9 und Gl. (6.53)). Die richtige Reaktion wurde erst 1938 von Hans Bethe (Nobelpreis 1967) und C.L. Critchfield detailliert vorgestellt:

$$p + p \to d + \nu_{\mathrm{e}} + e^{+} (+0{,}42\,\mathrm{MeV})\,. \tag{8.7}$$

**Frage 8.3.** *Die Bindungsenergie des Deuterons ist doch nicht* 0,42 *sondern* 2,22 MeV*? Und in Büchern über Astrophysik wird der Energiegewinn mit* 1,19 MeV *angegeben. Erklären!*

**Antwort 8.3.** *Die hier angegebenen* 0,42 MeV *entsprechen genau dem Massendefekt: Masse der 2 Teilchen vor der Reaktion minus Masse der 3 Teilchen nachher.*

[30] Mitwirkung von Pionen – vgl. Abschn. 11.1 kann man hier ausschließen.

*(Das Neutron ist um* 1,29 MeV *schwerer als das Proton, vgl. $\beta$-Zerfall des Neutrons in Abschn. 6.5.3, und das Positron verbraucht weitere* 0,51 MeV, *zusammen* 1,80 MeV, *also tatsächlich* 0,42 MeV *unter der gewonnenen Bindungsenergie des Deuterons.)*

*Für die Energie-Bilanz im Fusionsplasma kann man die nachfolgende Elektron-Positron-Vernichtung mit* 1,02 MeV *aber gleich hinzuzählen (macht zusammen* 1,44 MeV*), davon aber* 0,25 MeV *wieder abziehen, die mit dem Neutrino (*$E_{\nu,\max} =$ 0,42 MeV*) durchschnittlich entweichen. Es bleiben* 1,19 MeV.

Die $pp$-Fusion erfordert also das Mitwirken der schwachen Wechselwirkung während der kurzen Zeitspanne starker Annäherung der Protonen. Das bedeutet gegenüber Fusionsreaktionen mit ausschließlich starker Wechselwirkung (Gl. (8.4c–e)) eine um viele Größenordnungen kleinere Übergangswahrscheinlichkeit (nicht nur einen Faktor $10^2$ wie bei Fusionsreaktionen mit Photonenerzeugung durch die elektromagnetische Wechselwirkung (Gl. (8.4a,b))). In der Tat ist der Wirkungsquerschnitt der $pp$-Fusion so klein, dass sie bis heute noch nie direkt beobachtet werden konnte (wenn man nicht den Sonnenschein als Beweis akzeptiert). Selbst in dem Plasmazustand, der im Zentrum der Sonne herrscht,[31] haben nach Bethe die freien Protonen bis zur Fusion eine (mittlere!) Lebensdauer von $10^{11}$ Jahren.

**Die Sonne eine Wasserstoffbombe?** Die in der Sonne freigesetzte Energie stammt natürlich aus der starken Wechselwirkung, wie bei der kurzen Explosion einer H-Bombe auch. Kann man die lange Brenndauer der Sonne, also den Unterschied in der Zeitskala, vielleicht durch die notwendige Mitwirkung der schwachen Wechselwirkung verstehen?

**Frage 8.4.** *Ein Vergleich (nach Größenordnungen) zwischen den Unterschieden von starker und schwacher Wechselwirkung einerseits und den Brenndauern einer Fusionsbombe und der Sonne andererseits.*

**Antwort 8.4.** *Zwischen den grob geschätzten* $10^{10}$ Jahren $\approx 3 \cdot 10^{17}$ s *für die Brenndauer der Sonne und (grob veranschlagten)* $10^{-3}$ s *der Fusion in der* H*-Bombe liegen 20 Zehnerpotenzen. Zwischen den Wirkungsquerschnitten des Protons für Neutrinos* $\sigma_{\nu p} \approx 10^{-17}\,\text{fm}^2$ *(siehe Bethes Abschätzung 1934 zum Neutrino-Nachweis (Gl. 6.57)) und für Neutronen* $\sigma_{np} \approx 0{,}4 \cdot 10^3\,\text{fm}^2$ *(siehe Abschn. 7.6.4, Abb. 7.15, jeweils für* 1 MeV*) liegen erstaunlicherweise etwa ebenso viele Zehnerpotenzen.*

*Auch wenn dies wieder nur als Vergleich der Größenordnungen gemeint ist, ist es sicher eine gewagte Abschätzung, denn viele weitere Faktoren (Masse, Dichte, Gravitation, Temperatur, ... ) sind außen vor geblieben. Das gute Ergebnis zeigt aber auch, dass diese eben vernachlässigten Faktoren vergleichsweise geringen Einfluss haben – jedenfalls zusammengenommen: Möglicherweise heben sich starke Einflüsse auch nur gegenseitig auf:*

**Frage 8.5.** *Hierzu ein Beispiel: Hätte bei der Abschätzung in Frage 8.4 nicht der in der Reaktionsrate auch enthaltene Tunneleffekt noch Verschiebungen um viele*

[31] $\frac{3}{2}k_{\mathrm{B}}T = 16$ keV bzw. $T = 19 \cdot 10^6$ K, $\rho = 80$ g/ml, diese Daten kann man im wesentlichen aus der abgegebenen Strahlungsleistung mit Hilfe der Wärmeleitungsgleichung von außen nach innen hin hochrechnen.

*Größenordnungen verursachen können? (Vgl. die Spannweite der Halbwertzeiten von $\alpha$-Strahlern in Abschn. 6.3.1, Abb. 6.9).*

**Antwort 8.5.** *Für sich genommen: ja, denn nur die Teilchen im hochenergetischen Ausläufer der Maxwellschen Geschwindigkeitsverteilung können Fusionen machen (vgl. die Coulomb-Barriere in Gl. (8.5) und die Wirkungsquerschnitte in Abb. 8.8). Aber hier wirkt der Tunneleffekt sich (offenbar) in beiden Fällen ähnlich aus, ein Anzeichen für ähnliche Temperaturen in Sonne und Bombe (vgl. auch im nächsten Abschnitt die extreme Temperatur-Abhängigkeit des* CNO*-Zyklus).*

Den Abschätzungen in den vorstehenden beiden Antworten zufolge darf man sich den Unterschied zwischen schwacher und starker Wechselwirkung durchaus am Verhältnis der Brenndauern von Sonne und H-Bombe veranschaulichen.

**Die Energie der Sonne.** Die *pp*-Fusion, obwohl (wie erwähnt) noch nie im Labor beobachtet, ist fester Bestandteil des heutigen astrophysikalischen Standard-Modells. Sie bildet das Nadelöhr für die Reaktionskette, aus der sich die Leuchtkraft unserer Sonne speist.

Weitere 0,25% der Deuteronen werden durch $p+e^-+p \to d+\nu_e$ (+1,44 MeV) gebildet. Auch dieser *pep*-Prozess benötigt starke *und* schwache Wechselwirkung, hat also einen ähnlich kleinen Wirkungsquerschnitt, ist als *Dreier*stoß aber noch seltener als die 2-Teilchen-Fusion (Gl. (8.7)).

Haben sich einmal Deuteronen gebildet, schließen sich Reaktionen wie in Gl. (8.4a–e) an. Insgesamt werden jeweils vier Protonen zu Helium verschmolzen, was nach Abzug der (erwähnten geringen) Verluste durch jeweils zwei davon fliegende Neutrinos eine Energiefreisetzung von 6,5 MeV je Proton bringt.

Es gibt einige viel seltenere Nebenzweige. Bei diesen entstehen als weitere $\beta^+$-Strahler ${}^{7}_{4}$Be und ${}^{8}_{5}$B, die seit etwa 1985 wegen ihrer Neutrino-Emission interessant geworden sind (Stichwort: Problem der fehlenden Sonnen-Neutrinos, Neutrino-Oszillationen, Abschn. 10.4.4).

Mit diesem Modell, das mit den in den folgenden Abschnitten besprochenen Vorstellungen das *Standard-Modell der Astrophysik* bildet, ist die Energiefreisetzung der Sonne im Wesentlichen erklärt.

### 8.4.2 Katalytischer CNO-Zyklus

**Möglichkeiten durchgespielt.** Auf der Suche nach weiteren möglichen Fusionsprozessen, die den Sternen Energie liefern könnten, fand Bethe 1938 den CNO-Zyklus (zeitgleicher Vorschlag auch von C.F. v.Weizsäcker). Er bekam seinen Namen aufgrund der Teilnahme von Kohlenstoff-, Stickstoff- und Sauerstoff-Kernen und erwies sich alsbald als ein Schlüssel:

- zur physikalischen Deutung der beobachteten Vielfalt unter den Sternen,
- zu einer Theorie ihrer zeitlichen Entwicklung,

$$
\begin{array}{ll}
{}^{12}_{6}\mathbf{C}+p \rightarrow {}^{13}_{7}\mathrm{N}+\gamma & (2.5 \times 10^6\ Jahre) \\
{}^{13}_{7}\mathrm{N} \xrightarrow{\beta} {}^{13}_{6}\mathrm{C} + e^+ + \nu_e & (T_{1/2} = 10\ min) \\
{}^{13}_{6}\mathrm{C}+p \rightarrow {}^{14}_{7}\mathrm{N}+\gamma & (5 \times 10^4\ Jahre) \\
{}^{14}_{7}\mathrm{N}+p \rightarrow {}^{15}_{8}\mathrm{O}+\gamma & (5 \times 10^7\ Jahre) \\
{}^{15}_{8}\mathrm{O} \xrightarrow{\beta} {}^{15}_{7}\mathrm{N} + e^+ + \nu_e & (T_{1/2} = 2\ min) \\
{}^{15}_{7}\mathrm{N}+p \rightarrow {}^{12}_{6}\mathbf{C}+{}^{4}_{2}\mathrm{He} & (2 \times 10^3\ Jahre)
\end{array}
$$

**Abb. 8.11** Der CNO-Zyklus, ein durch ${}^{12}_{6}\mathrm{C}$ katalysierter Kreisprozess für die Fusion von 4 Protonen zu Helium, komplettiert durch 2 $\beta$-Zerfälle. In *Klammern* die durchschnittliche Verweilzeit für jeden Schritt bei Bedingungen wie im Sonnenzentrum ($T = 19 \cdot 10^6$ K, $\rho = 80$ g/ml), nach [29]). Beim Durchlaufen des Kreisprozesses bleiben die C, N, und O-Isotope in ihren Gleichgewichtskonzentrationen erhalten. Sie katalysieren die Brutto-Reaktion $4p \rightarrow {}^{4}_{2}\mathrm{He} + 2e^+ + 2\nu_e +$ 26,2 MeV

- und in den 1950er Jahren auch zum Verständnis der Entstehung der Elemente aus Wasserstoff in bestimmten Entwicklungsstadien der Sterne.

Dabei musste nun das Vorhandensein von Kohlenstoff ${}^{12}_{6}\mathrm{C}$ erst einmal vorausgesetzt werden, denn er soll als Katalysator wirken. Die Existenz geringer Mengen der Elemente ab $Z = 6$ in der Sonne (und in vielen anderen Sternen, zusammen *Population I* genannt) war durch ihre Spektrallinien gesichert, insbesondere die hier nötigen Promille-Anteile von C, N, O (siehe folgende Abschnitte). Inmitten des stellaren Wasserstoff-Plasmas kann es dann zu einem geschlossenen Zyklus von vier Protonen-Einfängen und zwei $\beta$-Zerfällen kommen, bei dem im Endeffekt nur Protonen zu Helium verschmolzen werden.

**Katalyse wirkt beschleunigend.** Die Coulomb-Abstoßung von Protonen an ${}_{6}\mathrm{C}$ und ${}_{7}\mathrm{N}$ ist viel stärker als die an ${}_{1}\mathrm{H}$, was bei den thermischen Energien im Sonneninnern die Reaktionen im CNO-Zyklus viel stärker behindert als bei der $pp$-Fusion. Der (über die zur herrschenden Temperatur gehörige Geschwindigkeitsverteilung gemittelte) Gamov-Faktor für die Tunnel-Wahrscheinlichkeit ist daher nicht nur extrem abhängig von der Temperatur (z. B. etwa wie $T^{18}$), er liegt auch noch um viele Größenordnungen unter den schon ungeheuer kleinen Werten, an die man sich bei der Interpretation der $\alpha$-Radioaktivität gewöhnt hatte (vgl. Gamovs erfolgreiche Theorie von 1928, Abschn. 6.3.2). Die Anwendung auf diesen neuen Fall stellt daher eine riesengroße Extrapolation dar, wie man sie gewöhnlich zu vermeiden sucht, weil sich in solchen Fällen eigentlich immer ein vorher zu Recht vernachlässigter (im Labor-Jargon so genannter „Dreck"-) Effekt nun als Hauptsache herausstellt und ein völlig anderes Ergebnis hervorbringt. Jedoch gibt es hier neben dem extrem unterdrückten Tunneleffekt offenbar wirklich keinen anderen Reaktionsmechanismus, der ihn übertreffen könnte. Das heißt ohne den Tunneleffekt würde sich (wahrscheinlich) gar nichts abspielen. Dabei ergeben sich trotz der „astronomisch hohen" Stoßraten im heißen, dichten stellaren Plasma immer noch die in Abb. 8.11 angegebenen ebenfalls „astronomisch langen" Wartezeiten. Dagegen nehmen sich selbst die Halbwertzeiten der zwischendurch gebildeten $\beta$-Strahler kurz aus, obwohl sie der schwachen Wechselwirkung zuzurechnen sind. Trotzdem ist aus den von Bethe abgeschätzten Zeiten zu ersehen, dass die Anwesenheit von C-, N- und O-Kernen eine um Größenordnungen beschleunigte Brutto-Reaktion für die Bildung von Helium ermöglicht, wobei sie selbst sich zyklisch erneuern. Beim angenommenen Alter der Sonne z. B. konnte im Gegensatz zur direkten $pp$-Fusion der CNO-Zyklus schon viel Male durchlaufen werden.

**Katalyse ist temperaturabhängig.** Sollte nach dieser Theorie die Sonne nicht schon längst ausgebrannt sein? Nein, denn wegen der erwähnten extremen Temperaturabhängigkeit ist der CNO-Zyklus in der Sonne außerhalb ihres heißesten Bereichs (bis $\frac{1}{10}$ des Sonnenradius, d. h. 1/1 000 ihres Volumens) schon zu vernachlässigen, während die $pp$-Fusion bis zum halben Sonnenradius ($\cong \frac{1}{10}$ des Volumens) anhält und damit für ca. 99% der Sonnenenergie sorgt (was auch etwa dem Verhältnis der beiden Volumina entspricht).

Richtig wichtig wird der CNO-Zyklus daher für Sterne mit höherer Zentraltemperatur, wo er dann auch dementsprechend noch schneller abläuft. Als Folge brennen paradoxerweise Sterne mit mehr Brennstoffvorrat (d. h. größerer Masse) kürzer, denn ihre stärkere Gravitation bewirkt durch Kontraktion eine stärkere Erhitzung und damit im Zentrum ein Überwiegen des CNO-Prozesses, wodurch diese Kontraktion sich schneller fortsetzen kann, weil im Zentrum die Zahl der Teilchen abnimmt – nicht die Zahl der Nukleonen, sondern die Zahl (bzw. Dichte $n$) der für den Gasdruck $P = nk_{\mathrm{B}}T$ verantwortlichen Teilchen: Aus je vier einzelnen Protonen wird ein einziges $\alpha$-Teilchen. Thermodynamisch ausgedrückt, lässt die Fusion $\frac{3}{4}$ der Freiheitsgrade für Translation einfrieren (und die für die Spins dazu).

## 8.5 Entstehung der chemischen Elemente aus Wasserstoff

### *8.5.1 Häufigkeit der Elemente und Nuklide*

Eine erste Übersicht über die Zusammensetzung der Materie des Sonnensystems nach Elementen $Z$ wurde schon in Abb. 3.13 auf S. 72 gegeben. Für eine Diskussion möglicher Entstehungsprozesse ist aber eine Auftragung über der Massenzahl $A$ eher angemessen, denn $Z$ kann sich auch nach der Bildung des Kerns noch durch $\beta$-Umwandlungen ändern, $A$ aber nicht. Tatsächlich zeigen die beiden Verteilungen (Abb. 8.12) viele Übereinstimmungen, aber auch charakteristische Unterschiede, die für die Identifizierung verschiedener Typen von Entstehungsprozessen wichtig waren.

**Von Wasserstoff zu Helium – und wie weiter?** Zunächst zu den auffallenden Strukturen bei den leichtesten Nukliden: Wasserstoff und Helium zeigen ein Verhältnis 100:8 in ihrer (Atom-)Häufigkeit, was gut zu dem Sonnen-Modell nach Bethe passt, d. h. $pp$-Fusion und anschließenden Reaktionen nach Gl. (8.4a)ff. Nun finden diese (und andere) Ketten von 2-Teilchen-Fusionen keine Fortsetzung zum nachhaltigen Aufbau schwererer stabile Kerne, jedenfalls bei weitem nicht in den

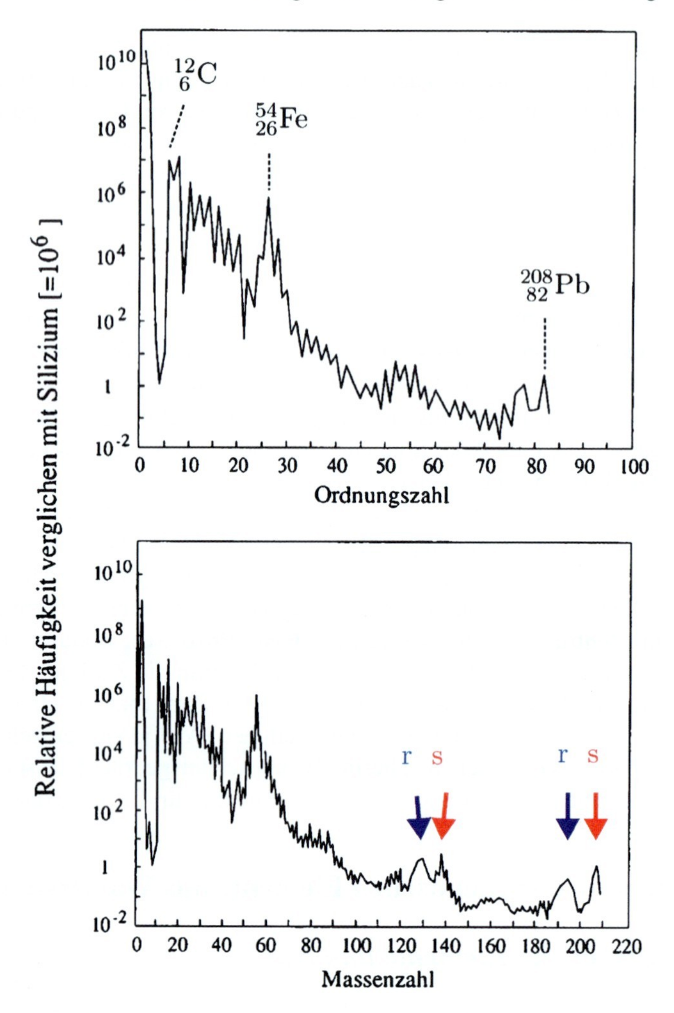


**Abb. 8.12** Häufigkeit der Nuklide in Abhängigkeit von der Ordnungszahl $Z$ (*oben*) bzw. der Massenzahl $A$ (*unten*) im Kosmos, normiert auf $10^6$ bei $^{28}_{14}$Si (nach [139]). *Rote Pfeile*: Häufigkeitsmaxima in der Verteilung über $A$, die auf den langsamen s-Prozess der Nuklid-Entstehung hinweisen. *Blaue Pfeile*: der äußert schnelle r-Prozess. (siehe Abb. 8.14)

spektroskopisch beobachteten Mengen um $10^{-3\dots-4}$. Das liegt im wesentlichen daran, dass es weder zu $A = 5$ noch $A = 8$ überhaupt ein stabiles Nuklid gibt (siehe Isotopenkarte Abb. 4.3), und dass die anderen Kerne, die in diesem Bereich bis $A = 11$ durch Zweier-Stöße gebildet werden können, bei weiteren Reaktionen immer wieder $\alpha$-Teilchen abspalten.

Zu $A = 5$: Bei $N = Z = 2$ ist im Schalenmodell (Abschn. 7.6.3) die 1s-Schale abgeschlossen. Das 5. Nukleon kommt in die 1p-Schale und hat dort schon eine so hohe kinetische Energie, dass selbst die Kernkraft es nicht binden kann. So entsteht übrigens der Resonanzzustand des Compound-Kerns $^{5}_{2}$He in Abb. 8.8. Erst ab zwei zusätzlichen Nukleonen, die sich auch gegenseitig binden, gibt es wieder ein stabiles das System: $^{6}_{3}$Li.

Der steile Abfall der Häufigkeit bei $A = 5$ ist damit leicht erklärt. Es fehlt aber ein Argument, warum es dann überhaupt – und sprunghaft gerade ab $A = 12$ – wieder Nuklide mit größerer Häufigkeit gibt.

### *8.5.2 Entstehung von* $^{12}$C *aus* $^{4}$He

**Eine Zeit vor der Sonne.** Keine Kombination der denkbaren Zwei-Teilchen-Reaktionen im H-He-Plasma kann das Vorkommen von $^{12}_{6}$C auch nur größenordnungsmäßig erklären. Bethe schloss daraus, dass $^{12}_{6}$C und alle schwereren Kerne schon vorhanden gewesen sein müssen, bevor die Sonne sich gebildet hat: Der erste physikalische Blick auf eine Zeit vor der Sonne.

**Urknall.** Hieran knüpfte George Gamov 1946 eine weitere mutige Spekulation, die *Theorie des Urknalls* [76]. Demnach hatte das Universum einen Anfangszustand in Form eines extrem heißen und dichten Plasmas, in dem sich aus den einzelnen Nukleonen die Kerne aller bekannten Elemente gebildet haben könnten [5]. Dass die leichteren Elemente viel häufiger und die schwereren viel seltener vorkommen als dem thermodynamischen Gleichgewicht entsprechen würde, kann durch schnelle Expansion und Abkühlung des Ur-Universums erklärt werden, wodurch der gerade erreichte Zustand als Ungleichgewicht eingefroren wurde und heute unsere Welt darstellt. Auch das (relative) Maximum der Häufigkeitsverteilung um die Massenzahl 60 herum könnte einfach aus dem Boltzmann-Faktor eines heißen Gleichgewichtszustands gefolgert werden[32]: Die energetisch günstigsten Verbindungen zu je 60 oder 62 Nukleonen kommen am häufigsten vor, die mit einigen Nukleonenpaaren[33] mehr oder weniger – energetisch nicht ganz so günstig – entsprechend weniger häufig. Ein dazu passender Boltzmann-Faktor ergibt sich aus der Kurve der Bindungsenergie pro Nukleon (Abb. 4.8), wenn für die Temperatur ca. $T = 10^{10}$ K angesetzt wird (das entspricht $k_\mathrm{B}T \approx 1$ MeV, daher sind dort auch $e^+e^-$-Paare nicht selten).

Auch das Verhältnis 8:100 von He zu H lässt sich hierin genau verstehen: In einem dichten $e^+e^-$-Plasma können sich Protonen und Neutronen durch Elektronen- bzw. Positroneneinfang leicht ineinander umwandeln. Im Gleichgewicht ist ihr Konzentrationsverhältnis daher gleich dem Boltzmann-Faktor $\exp(-1{,}29\,\mathrm{MeV}/(k_\mathrm{B}T))$.[34] Bei $7{,}5\cdot 10^9$ K ($k_\mathrm{B}T \approx 650$ keV, unser Weltall war gerade 3 s alt) beginnt die thermische Erzeugung von $e^+e^-$-Paaren zu versiegen, und das $n$-$p$-Verhältnis friert bei dem erreichten Wert von etwa 14 Neutronen auf je 100 Protonen ein. Bei weiterer „Abkühlung" auf $T < 9\cdot 10^8$ K (250 s) haben die 14 Neutronen durch $p+$

---

[32] Dieselben Autoren wiesen aber auch nach, dass den Gleichungen der Allgemeinen Relativitätstheorie zufolge die Expansion nach dem Urknall bei weitem zu schnell erfolgte, als dass dies Häufigkeitsmaximum sich hätte bilden können.

[33] Die festesten Nuklide sind immer *gg*-Kerne, siehe Abschn. 4.2.3 – Paarungsenergie

[34] $(m_\mathrm{n} - m_\mathrm{p})c^2 = 1{,}29$ MeV steht für die Massendifferenz

$n \rightarrow d + \gamma$ Protonen eingefangen, und diese 14 Deuteronen fusionieren über die Reaktionen (8.4c–e) schnell zu sieben $^4_2$He (und einer sehr kleinen Beimischung von $^3_1$H, $^3_2$He, $^7_3$Li und $^7_4$Be, noch weniger als beobachtet). Sieben Kerne $^4_2$He für je 86 übrig gebliebene Protonen – so ergibt das Urknall-Modell genau das beobachtete Zahlenverhältnis von Atomen He:H = 7:86 ≈ 8:100 (entspricht 24% He-Anteil an der *Masse*).

Gamovs Urknall-Hypothese ist ein grandioser Entwurf, aber im Detail schwer mit den weiteren Beobachtungen in Einklang zu bringen. Zum Beispiel wurden (vor allem außerhalb galaktischer Spiralarme) Sterne gefunden, die neben der gewohnten He-H-Mischung von 8:100 fast gar keine höheren Elemente zeigten (genannt *Population II)*. Die Suche nach einer Idee, wie der schrittweise Aufbau-Prozesses der weiteren 90 Elemente über Helium hinaus sich vollzogen haben könnte, dauerte insgesamt fast zwei Jahrzehnte an, unter anderem deshalb, weil erst 1953 verstanden wurde, wie drei He-Kerne zu Kohlenstoff fusionieren.

**Warum nicht He–He-Fusion?** Schon der erste Schritt der He–He-Fusion geht ins Leere, denn er führt zum Ausgangspunkt zurück:

$$^4_2\text{He} + ^4_2\text{He} \rightarrow \left(^8_4\text{Be}\right) \rightarrow ^4_2\text{He} + ^4_2\text{He}\,. \tag{8.8}$$

Obwohl ein hypothetisches Nuklid $^8_4$Be das stabilste Isobar zu $A = 8$ wäre, kommt es in der Natur so nicht vor, denn in Form zweier getrennter $\alpha$-Teilchen ist die Bindungsenergie noch günstiger (zu Abb. 4.9 auf S. 102 schon angemerkt).

**Eine Resonanz.** Nun war wegen der Leichtigkeit, Streuversuche mit $\alpha$-Teilchen an Helium zu machen, dies 2-Teilchen-System schon früh gut untersucht worden.[35] Bei $E_{\text{kin}} \approx 100$ keV (im Schwerpunktsystem) gibt es eine interessante Abweichung von der Rutherfordformel: Der Wirkungsquerschnitt $\sigma$ zeigt eine Resonanzspitze, eine Erhöhung um einen *Gütefaktor* $G \approx 10^5$, und die Winkelverteilung $\mathrm{d}\sigma/\mathrm{d}\Omega$ wird fast isotrop. Das zeigt die Bildung eines metastabilen Zwischenzustands $^8_4$Be* an, diesmal mit nur 1 eV natürlicher Linienbreite (vgl. Abschn. 6.1.2 zum Begriff eines metastabilen Zustands, und Abschn. 7.5.1 zur Analyse der äußerst kurzlebigen Dipol-Riesenresonanz mit den Begriffen Güte, Breite, Lebensdauer).

Zur Veranschaulichung dieses Zustands: Mit $\Delta E \approx 1$ eV folgt für die Resonanzgüte $G \approx 100\,\text{keV}/1\,\text{eV} = 10^5$, und für den metastabilen Compound-Kern $^8_4$Be* die Lebensdauer $\tau \approx \hbar/\Delta E \approx 10^{-16}$ s. Wie soll man sich diese $10^5$ Perioden in $10^{-16}$s vorstellen? Die beiden $\alpha$-Teilchen haben je $E_{\text{kin}} = 50$ keV und damit die Geschwindigkeit $v \approx 0{,}5\% \cdot c \approx 10^{21}$ fm/s (siehe Abschätzung für 5-MeV-$\alpha$-Strahlen in Abschn. 2.1 und Gl. (2.1)). Wie weit kommen sie damit in einer Periode $\tau/G \approx 10^{-21}$ s? Eine Strecke $\Delta x = v \cdot \Delta t \approx (10^{21}\,\text{fm/s}) \cdot 10^{-21}\,\text{s} = 1$ fm, also gerade ihre eigene Abmessung. Demnach tauschen sie in jeder Periode einmal ihre Plätze, man kann man sich den metastabilen Resonanzzustand „gut" als zwei $\alpha$-Teilchen vorstellen, die umeinander tanzen – immerhin (im Mittel) $10^5$ Takte lang.

[35] Zum Beispiel wurde schon 1930 bei $E_{\text{kin}} \approx 400$ keV die theoretisch behauptete Interferenz von Target- und Projektil-Wellenfunktion identischer Teilchen hieran erstmals nachgewiesen – siehe Abschn. 5.7.

Im thermischen Gleichgewicht kann man für die ${}^{8}_{4}\mathrm{Be}^*$-Systeme daher von einer geringen, aber stationären Konzentration ausgehen, die ca. $G$-fach höher ist als wenn dieser Resonanzzustand nicht existierte.[36] Daher gibt es auch eine ums $G$-fache erhöhte Stoßrate für die Bildung von stabilem ${}^{12}_{6}\mathrm{C}$ gemäß der exothermen Reaktion

$$\alpha + {}^{8}_{4}\mathrm{Be}^* \rightleftharpoons {}^{12}_{6}\mathrm{C}^* \rightarrow {}^{12}_{6}\mathrm{C} + \gamma(7{,}65\,\mathrm{MeV})\,.$$

**Eine zweite Resonanz.** Doch leider liefert auch dieser Weg wieder eine um Größenordnungen zu geringe Bildungsrate für Kohlenstoff, außer wenn auch noch das ${}^{12}_{6}\mathrm{C}^*$ in dieser Reaktionsgleichung ein solcher Resonanzzustand mit erhöhter Lebensdauer wäre. Das motivierte 1953 den Astronomen Fred Hoyle, einen der eifrigsten Verfechter der Idee der Element-Entstehung in den Sternen, mal zu den Kernphysikern hinüberzugehen und sie unter genauer Angabe der Energie aufzufordern, nach diesem fehlenden Resonanzzustand ${}^{12}_{6}\mathrm{C}^*$ zu suchen. Sie fanden ihn bald, just bei der von Hoyle gewünschten Energie. Er hat ebenfalls eine Güte von etwa $G = 10^5$, und damit eine Lebensdauer, die mit hinreichend großer Wahrscheinlichkeit die Erzeugung eines $\gamma$-Quants ermöglicht, wodurch der ${}^{12}_{6}\mathrm{C}$-Kern in ein tieferes Niveau übergeht und somit gegen den Zerfall zurück in $\alpha + {}^{8}_{4}\mathrm{Be}^*$ stabilisiert ist. He-*Brennen*, d. h. massive ${}^{12}_{6}\mathrm{C}$-Produktion, ist auf diesem Weg möglich. Verlangt sind dafür aber Temperaturen von etwa $10^8$ K.

**He-Brennen in der Sonne.** Diese Temperaturen hat es in der Sonne nie gegeben. Sie werden aber in einigen $10^9$ Jahren erreicht sein, wenn der Wasserstoff-Vorrat im Sonnen-Zentrum sich dem Ende zuneigt, der innere Strahlungsdruck sinkt und damit eine weitere Kontraktion mit (adiabatischer) Aufheizung ermöglicht. Dann setzt He-Brennen ein. Wenn schließlich auch das Helium zu Ende geht, zuerst ganz innen, gerät die Sonne in einen instabilen Zustand. Das weiter außen in zwei getrennten Schalen fortgesetzte Helium- bzw. Wasserstoff-Brennen kann nun Konvektion erzeugen, dadurch eine stärkere Wärmeabfuhr, Abkühlung und Abschwächung der Fusion, damit Kontraktion, erneute Aufheizung und Verstärkung der Fusion etc. Ein *veränderlicher Stern* (Typ *Mira-Stern*) ist entstanden, schlecht für das Leben auf der Erde.

### 8.5.3 Stern-Entwicklung und Entstehung der Elemente

**Fusion bis zum Maximum.** In einem Stern mit mehr als der 2,5fachen Sonnenmasse erzeugt der Fusions-Prozess im zentralen Bereich nicht die Instabilität des Mira-Sterns sondern verläuft stabil. Er lässt die Zahl der herumfliegenden Teilchen ständig abnehmen und erlaubt damit dem Gravitationsdruck, durch eine fortgesetzte Kontraktion mit adiabatischer Erhitzung die Temperatur weiter zu stei-

[36] Wäre ${}^{8}_{4}\mathrm{Be}$ ein stabiler Kern, würde sich eine größere Konzentration aufbauen, schon in 1s das $10^{16}$fache. Genug, um die weitere Fusion kräftig anzuheizen. Daher ist die Existenz und genaue Lage dieser Resonanzenergie, wie sie sich der aus genauen Bilanz von Kernkräften und Coulomb-Abstoßung bildet („Feinabstimmung"), ein wichtiger Parameter der Entwicklung unseres Universums, eingeschlossen uns selbst.

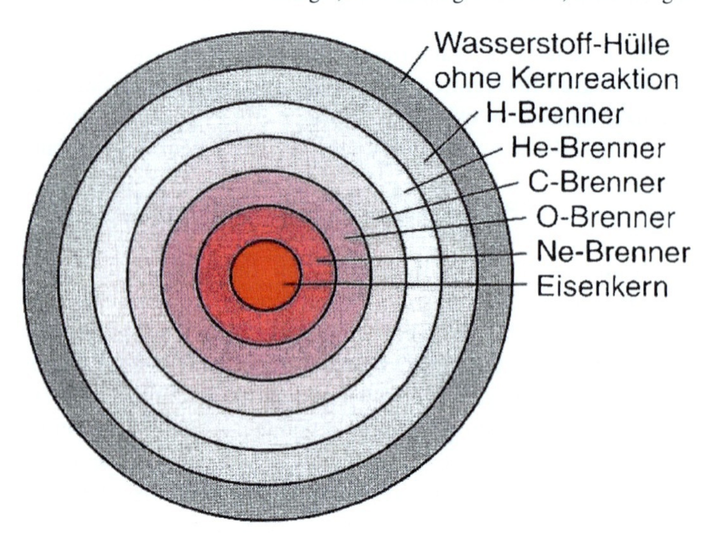


**Abb. 8.13** Zwiebelschalenstruktur eines massereichen Sterns nach Erlöschen der letzten Fusionsenergiequelle im Zentrum (Abb. aus [58])

gern. Schon bevor das Helium verbraucht ist, werden (jeweils im Zentrum) weitere Fusionsprozesse gezündet: zuerst $^{12}\text{C}+{}^{4}\text{He}\rightarrow{}^{16}\text{O}$, später $^{12}\text{C}+{}^{12}\text{C}\rightarrow{}^{24}\text{Mg}$, $^{16}\text{O}+{}^{16}\text{O}\rightarrow{}^{32}\text{Si}$ usw. bis $^{32}\text{Si}+{}^{32}\text{Si}\rightarrow{}^{56}\text{Ni}(+\text{X})$, mit vielen weiteren Zwischenstufen und Nebenprodukten. Die Entwicklung wird dabei zunehmend hektischer. Das Si-Brennen dauert (bei einem Stern mit 15 Sonnenmassen) nur noch 1 Stunde(!), und danach ist im Wortsinne „der Ofen aus". Bei Massenzahlen um $A=60$ ist das Maximum der Bindungsenergie pro Nukleon erreicht. Fusion zu höheren Massenzahlen setzt keine Energie mehr frei, die Materie ist hier in ihrem endgültig energieärmsten Aggregatzustand angekommen. Dieser Zentralbereich des Sterns wird *Eisen/Nickel-Kern* genannt.

**Kollaps.** Das ist jedoch nicht das Ende der Geschichte, eher der Anfang eines neuen Kapitels. Denn noch gibt es die Gravitationsenergie der äußeren Teile des Sterns. Des stabilisierenden Strahlungsdrucks von unten schlagartig beraubt, stürzen sie praktisch im freien Fall dem Mittelpunkt entgegen und komprimieren den zentralen Bereich des Sterns.

Wodurch könnte die Verdichtung dort aufgehalten werden? Beginnen wir bei der gewohnten Materie, deren Stabilität gegenüber Kompression man leicht im Bild der wohldefinierten atomaren Orbitale beschreibt: In guter Näherung weisen sie den Elektronen die möglichen Plätze zu und halten damit die Atome auf Abstand. Im Plasmazustand ist das aber ein schlechter Ausgangspunkt, denn hier fliegen Elektronen und Kerne ungeordnet durcheinander. Auch mit der gegenseitigen elektrischen Abstoßung der Elektronen kann man hier nicht argumentieren, denn die wird durch die (im Mittel) gleiche Dichte der Protonen aufgehoben.

**Entartungsdruck.** Es bleibt aber das Pauli-Prinzip. Es macht die Elektronen zu einem Fermigas mit der Eigenschaft, sich nur mit überproportional steigendem Energieaufwand komprimieren zu lassen. Dies würde selbst dann gelten, wenn es überhaupt keine elektrische Abstoßung gäbe und das Gas die Temperatur $T = 0$ hätte (entartetes ideales Fermigas). Für die Elektronen ist das Zentrum des Sterns (aus positiv geladenen Protonen etc.) ein *endlicher* Potentialtopf, auch bei immer noch vielen km Durchmesser, in dem sie diskrete Energieniveaus besetzen. Diese müssen bis zu einer Mindesthöhe (Fermi-Energie $E_{\text{F}}$) voll besetzt sein, um alle Elektronen unterzubringen. Wird der Potentialtopf räumlich kleiner, steigt der Abstand aller einzelnen Niveaus, und damit auch die innere Energie des Elektronengases. Volumenverringerung kostet also Energie, und dieser Widerstand wird Entartungsdruck genannt.[37] Bei kleineren Sternen vom Typ *Weißer Zwerg* kann er den Kollaps tatsächlich aufhalten.

Bei dem hier betrachteten Stern mit mindestens 2,5 Sonnenmassen jedoch steigt die Fermi-Energie im Innern so weit an, dass sich für die Elektronen ein Schlupfloch eröffnet: bei (kinetischer) Energie oberhalb $(m_{\text{n}} - (m_{\text{p}} + m_{\text{e}}))c^2 = 782\,\text{keV}$ können sie sich mittels des inversen $\beta$-Zerfalls $p + e^- \to n + \nu_{\text{e}}$ in Neutrinos umwandeln,[38] die den Zentralbereich des Sterns verlassen und dabei 99% der Umwandlungsenergie mitnehmen. Die Protonen werden zu Neutronen, das Plasma bleibt elektrisch neutral und wird weiter komprimiert, bis die Dichte der Kernmaterie erreicht ist. Hier findet die Kompression zunächst ein Ende,[39] weil außer dem Pauli-Prinzip, das auch für Nukleonen gilt, die bei so geringen Abständen extrem starke abstoßende Komponente der Kernkraft (der *hard core*) dagegen halten kann.[40]

**Supernova.** Das Ende der Kompression wird jedoch so abrupt erreicht, dass durch Reflexion wiederum eine Schockwelle nach außen entsteht, die die gesamte Materie praktisch „aufkocht“ und dabei auch vor der thermischen Zersetzung der schon gebildeten Nuklide nicht Halt macht. Bei Temperaturen um $10^{10}$ K bildet sich (in grober Annäherung) eine Boltzmann-Verteilung, mit maximaler Besetzung der Zustände mit maximaler Bindungsenergie, und entsprechend etwas schwächerer Besetzung der weniger fest gebundenen. Folge ist ein deutliches Häufigkeitsmaximum um die Eisen/Nickel-Nuklide herum mit Flanken zu beiden Seiten, gerade wie in der Verteilung der Elemente oder der Isobare beobachtet (siehe Eisen-Peak in Abb. 8.12). Die Materie wird dabei durch die Schockwelle derart verdichtet, dass sie schon eher der Kernmaterie ähnlich und damit sogar für Neutrinos undurchsichtig wird. Sie kommen aus dem Inneren nicht mehr ohne weiteres nach außen hindurch und verstärken den Binnendruck noch, so dass der Stern förmlich explodiert und einen großen Teil der äußeren Schale in den Raum abstößt. Er leuchtet dann als

[37] Genau genommen beruht auch die Stabilität das Atome auf nichts anderem: Wenn man zwei Atome so eng zusammenbringt, dass besetzte Orbitale sich überlappen, ist zusätzlich Energie nötig, um die Elektronen darin zum Teil auf unbesetzten, also höheren Energiezuständen unterzubringen. Ihre elektrische Abstoßung spielt dabei eine untergeordnete Rolle. – Unabhängig von diesem Argument zeigt sich auch im Thomas-Fermi-Modell des Atoms, dass man die Größe des Atoms ganz ohne Orbitale allein schon im Modell eines im Coulombfeld gefangenen Fermi-Gases ausrechnen kann.

[38] vgl. Elektronen-Einfang, Gl. (6.54) auf S. 242

[39] Nur für Elektronen gibt es das Schlupfloch der Umwandlung in Neutrinos.

[40] Auch dieser abstoßende Teil der Kernkraft geht auf den Entartungsdruck eines Fermigases zurück: den der im Nukleon eingeschlossenen Quarks (siehe Abschn. 13.3.4).

Supernova für einige Stunden oder Tage möglicherweise heller als die ganze Galaxie und ist in manchen Fällen sogar am Tage mit bloßem Auge zu sehen gewesen (Kepler allein sah zwei).

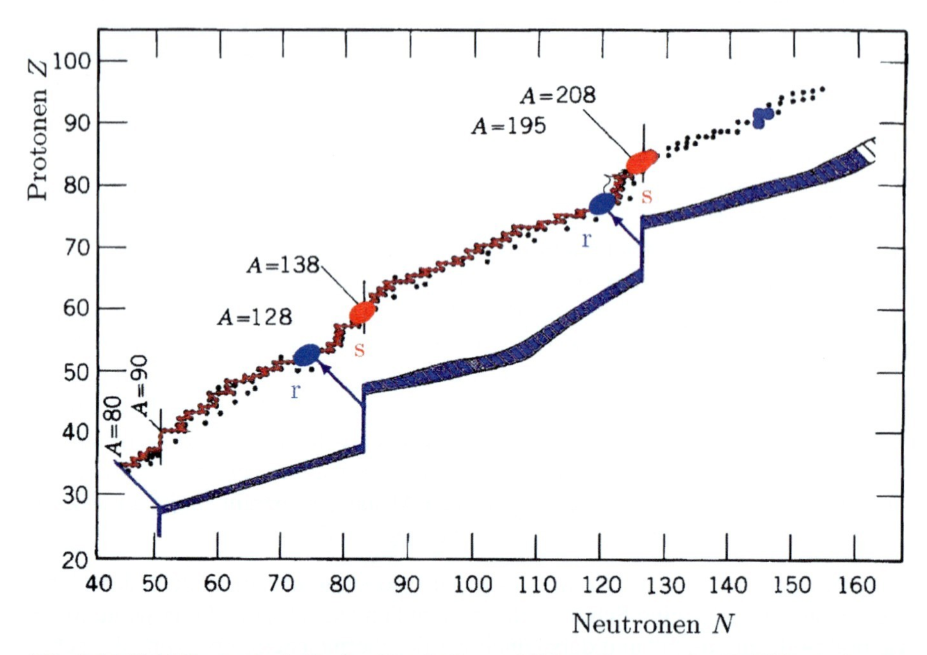


**Abb. 8.14** Nuklidkarte oberhalb $A = 80$ mit den natürlich vorkommenden Nukliden (*schwarze Punkte*). Nuklide in den mit r und s bezeichneten Gebieten um $A = 128$ und 195 bzw. $A = 138$ und 208 sind besonders häufig (siehe Abb. 8.12). *Blau* und *rot* die beiden (hauptsächlichen) Pfade der Nuklid-Synthese durch Neutronen-Einfang in der Supernova-Hülle (nach [114]). *Rote Linie* (längs des Tals der stabilen Isotope): $s$-Prozess (*s-low*), d. h. sukzessiver Aufbau der Nuklide mit jeweils optimaler Bindungsenergie, weil nach jedem $n$-Einfang genügend Zeit für einen $\beta$-Übergang ist, um gegebenenfalls wieder das optimale $p$-$n$-Verhältnis zu erreichen. Der $s$-Prozess kann Nuklide nur bis $A = 209$ hervorbringen, weil danach $\alpha$-Emission einsetzt. Im Fließgleichgewicht sind Nuklide mit kleinem Einfangquerschnitt $\sigma_n$ häufiger (besonders bei den magischen Zahlen $N = 50$, 82, 126 nach Abschluss einer Neutronenschale). Umgekehrt kommen Nuklide mit besonders großem Einfangquerschnitt meist nur als Spurenelemente vor. Diese Häufigkeitsverteilung friert mit Ausbleiben der Neutronen ein und verursacht die mit s bezeichneten Maxima. *Blaues Band*: $r$-Prozess (*r-apid*), bei dem die Neutronen-Einfänge so schnell aufeinander folgen, dass sich ein großer Überschuss aufbaut, bis ein weiteres Neutron nicht mehr gebunden würde. Das ist (Modellrechnungen zufolge) wieder beim Abschluss der jeweiligen Neutronen-Schale der Fall. Das Nuklid hat dann Zeit für einen $\beta$-Übergang, fängt danach aber sofort wieder ein Neutron ein. So steigt bei konstant bleibender Neutronenzahl die Protonenzahl und bewirkt daher die senkrechten Anstiege der *blauen Kurve* bei $N = 50$, 82, 126. Sie enden jeweils bei dem Nuklid, bei dem ein $(N + 1)$-tes Neutron und weitere wieder gebunden werden können. Im Fließgleichgewicht des $r$-Prozesses sind diese geraden Stücke $N = \text{const}$ ihrer (durch die $\beta$-Umwandlungen) größeren Verweildauer wegen relativ stärker besetzt. Nach plötzlichem Versiegen der Neutronen verursachen sie durch eine Kette von $\beta$-Übergängen ins Tal der stabilen Isotope die mit $r$ bezeichneten Häufigkeitsmaxima. Der $r$-Prozess führt über die schwersten auf der Erde zu findenden Nuklide $^{232}_{90}\text{Th}$ und $^{235,238}_{92}\text{U}$ (*blaue Punkte*) weit hinaus. Die so gebildeten Transurane sind aber kurzlebig und spielen heute auf der Erde keine Rolle mehr

**Neutronenstern.** Zurück bleibt ein Neutronenstern von wenigen km Durchmesser, d. h. ein makroskopisches „Nuklid“ mit astronomisch hoher „Massenzahl“ ($A = Z + N \approx 10^{\cdots 58 \cdots}$, wobei ca. $N{:}Z = 10{:}1$), neutralisiert durch $Z$ Elektronen. Es weist einen Massendefekt von nicht weniger als $\delta M/M \approx 20\%$ auf.[41] Diese enorme abgegebene Bindungsenergie entstammt der Gravitation, der bei weitem schwächsten der vier fundamentalen Wechselwirkungen.

**Höhenstrahlung.** Hatte der Stern vorher eine gewisse Rotation und entsprechend ein Magnetfeld, erhöht die Kontraktion seines Zentralbereichs auf einen ca. $10^4$fach kleineren Radius nicht nur die Rotationsgeschwindigkeit auf (typische) 30 Umdrehungen pro Sekunde. Auch das Magnetfeld konzentriert und bündelt sich ($\sim 10^8$fach) und rotiert mit, was in dem umgebenden interstellaren Plasma ungeheure Beschleunigungen geladener Teilchen bewirkt: Quelle sowohl der Pulsar-Strahlung (an der das Phänomen 1968 überhaupt entdeckt worden ist)[42] als auch (vermutlich) der hochenergetischen kosmischen Strahlung.

**Synthese schwerer Elemente.** Die hinausfliegende Wolke aus der äußeren Materie des Eisen/Nickel-Kerns des Sterns aber ist mit derartig viel Neutronen versetzt, dass nun aus Neutronen-Einfang-Prozessen, unterbrochen durch $\beta$-Umwandlungen, auch alle höheren Elemente gebildet werden, bis zum Uran und auch noch darüber hinaus bis zur Grenze der spontanen Spaltung. Im Detail kann man aus der Häufigkeitsverteilung der Isobare zwei Prozesse heraus destillieren (siehe Abb. 8.14 und die Erläuterung dort), bei denen die Neutronen-Einfänge entweder wesentlich schneller oder wesentlich langsamer aufeinander folgten als die jeweilige Lebensdauer des gebildeten Nuklids gegen $\beta$-Zerfall.

Dieses sind die wichtigsten Prozesse des gegenwärtigen, durch Rechnungen gestützten Stern-Modells (klassische Veröffentlichung „$B^2FH$“ [46] von E.M. und G.R. Burbidge, W.A. Fowler, F. Hoyle, Nobelpreis 1983 an Fowler). Mit einigen zusätzlichen Prozessen kann es die gesamte Häufigkeitsverteilung der Nuklide oberhalb des Kohlenstoffs in der beobachteten Materie in praktisch allen Einzelheiten erklären. Die Hypothese von William Prout (1815), alle Elemente seien aus Wasserstoff aufgebaut, ist bestätigt.

**Die Lücke zwischen Helium und Kohlenstoff.** Unerklärt bleibt aber hiernach, warum es überhaupt, wenn auch vergleichsweise selten, die leichten Elemente zwischen Helium und Kohlenstoff gibt (über die im Urknall gebildeten Spuren hinaus). Man erklärt dies durch die Zertrümmerung (*Spallation*) schwerer Nuklide im interstellaren Plasma, ausgelöst von den hochenergetischen Teilchen der kosmischen Strahlung. In der Tat zeigen die Kerne, die als Bestandteil der kosmischen Strahlung auf die obere Atmosphäre treffen, eine Zusammensetzung mit kräftig erhöhten Anteilen dieser leichten Massenzahlen.

[41] Bei Massen oberhalb 8 Sonnenmassen kollabiert der Neutronenstern weiter zu einem Schwarzen Loch.

[42] wobei der Nobelpreis dafür 1974 nicht der eigentlichen Entdeckerin Jocelyn Bell, sondern ihrem Doktorvater Anthony Hewish allein zugesprochen wurde. Anders als bei dem Nobelpreis 1961 für den nach dem Doktoranden Rudolf Mössbauer benannten Effekt (siehe ein Beispiel in Abschn. 6.1.3, Abb. 6.6), wo der Doktorvater und Ideengeber Heinz Maier-Leibnitz leer ausging.

**Urknall bestätigt.** Als Folge der $B^2FH$-Theorie (1957) über die Elementsynthese verlor die ganze Urknall-Theorie zeitweilig an Gewicht, bis 1964 die den Weltraum erfüllende Hintergrundstrahlung aus Mikrowellen entdeckt und als „Echo" des Urknalls interpretiert wurde. Für die Entdeckung ging der Nobelpreis 1978 an Arno Penzias und Robert W. Wilson, für die äußerst genaue Vermessung der winzigen Richtungsabhängigkeit der Nobelpreis 2006 an John C. Mather und George F. Smoot.

# Kapitel 9
# Photon und Elektron – was Elementarteilchen sind und wie sie wechselwirken: Die Quantenelektrodynamik

## Überblick

Ab dem 9. Kapitel konzentriert sich der Text auf die Darstellung des einheitlichen, überaus erfolgreichen, aber nicht unmittelbar anschaulichen Bildes, das in der Physik entwickelt wurde, um sowohl die innerste Beschaffenheit der Materie als auch die fundamentalen Schritte aller ihrer möglichen Prozesse physikalisch zu beschreiben. In seiner heutigen Form, die seit den 1970er Jahren erarbeitet wurde, wird es einfach das Standard-Modell der Elementarteilchen-Physik genannt.

Ausgangspunkt und zentraler Begriff hierbei ist der Welle-Teilchen-Dualismus, d. h. die Aufgabe, zwei anschaulich so unvereinbar daherkommende Modellvorstellungen wie *ausgedehnte Wellen* einerseits und *punktförmige Teilchen* andererseits zusammenzuführen. Dies Problem war zuerst durch Entdeckungen an der elektromagnetischen Strahlung (Photon, ca. 1900–1923) und danach am Elektron (de Broglie-Welle, ca. 1923–1928) aufgetaucht. Es wurde damals (unter Nobelpreisträgern) wie heute (in Lehrbüchern zur Quantenmechanik) in aller Breite diskutiert, z. B. unter dem Stichwort Doppelspalt-Experiment.[1] Wo es aber nicht mehr nur um schon vorhandene Teilchen geht, sondern auch um deren Entstehen und Vergehen, unterscheiden sich die Konzepte Welle und Teilchen nicht nur hinsichtlich Ausgedehntheit oder Punktförmigkeit. Im Welle-Teilchen-Dualismus mussten daher mehr Gegensätze vereint werden als nur dieser eine.

Erster Markstein der darauf gegründeten Entwicklung war die Behandlung der Erzeugung und Vernichtung der Photonen als Quanten des elektrodynamischen Feldes (Dirac, Jordan, Heisenberg, Fermi 1926–1932). Ihr Verfahren wurde als Feld-Quantisierung, Quanten-Feldtheorie oder 2. Quantisierung bekannt. Es folgte 1934,

---

[1] Der Doppelspaltversuch wurde mit Licht Anfang des 19. Jahrhunderts durchgeführt, mit Elektronen (und auch ganzen Atomen und großen Molekülen wie $C_{60}$) im 20. Jahrhundert zunächst als Gedanken- und heute als wirkliches Experiment: Die Strahlung fällt durch zwei sehr enge und eng benachbarte Spalte auf einen Schirm. Während dieser durch jeden einzelnen Spalt schwach, aber einigermaßen gleichmäßig bestrahlt wird, verursacht das Öffnen des benachbarten Spaltes Interferenz-Streifen, in denen sich vierfache Intensität und absolute Dunkelheit abwechseln. Vergleiche Abschn. 5.7.2 und [71, Bd. III], [89].

J. Bleck-Neuhaus, *Elementare Teilchen*
DOI 10.1007/978-3-540-85300-8, © Springer 2010

nicht weniger spektakulär, die Anwendung dieses Gedankens auf die Erzeugung und Vernichtung von Elektronen und Neutrinos (Fermis „Versuch einer Theorie der $\beta$-Strahlen").[2] Der weitere Ausbau dieser viel versprechenden Vorstellungen stockte jedoch, denn die Rechnungen führten unweigerlich zu Absurditäten in Form unendlich großer Zwischenwerte (darin vergleichbar der Diracschen Unterwelt der Elektronen, siehe Abschn. 6.4.5). Deren Beseitigung war auch nach mehr als zehn Jahren intensiver Bemühungen nur ansatzweise gelungen. Doch als ab 1946 an der elektrostatischen und der magnetischen Wechselwirkung des Elektrons zwei kleine Anomalien gemessen wurden (s. u.) und nun erklärt werden mussten, lernte man, mit diesen Singularitäten umzugehen. So entstand als erste der Quanten-Feldtheorien[3] die Quanten-Elektrodynamik (*QED*), die um 1950 vor allem von Richard Feynman[4] vollendet wurde. Seine Bildersprache in Form der Feynman-Diagramme gehört heute zum physikalischen Allgemeinwissen.

Das vorliegende Kapitel soll von der Struktur dieser Theorie einen ersten Eindruck geben, notgedrungen einen oberflächlichen. Gleichzeitig bemüht sich die Darstellung, auch die spätere Ausweitung auf die Quanten-Feldtheorien der Starken und Schwachen Wechselwirkung verständlich werden zu lassen, die zusammen zu den tragenden Pfeilern des Standard-Modells wurden.

Das Standard-Modell geht zunächst davon aus, dass neben der Annahme der Unteilbarkeit auch die weiteren grundlegend neuartigen Eigenschaften der elementaren Teilchen, wie sie Schritt für Schritt und anhand einzelner Beispiele gefunden worden waren, allgemeine Gültigkeit haben:

1. Alle Elementarteilchen können erzeugt und vernichtet werden (vgl. Abschn. 6.4.6, 6.5.2 und 6.5.7).
2. Alle Elementarteilchen (des gleichen Typs) sind vollständig ununterscheidbar (vgl. Abschn. 5.7.2 und 7.1.4).
3. Zu allen Teilchen gibt es Antiteilchen (vgl. Abschn. 6.4.5, 6.5.9 und 10.2).

Als Essenz der Quanten-Feldtheorien kann man dann zusammenfassen:

1. Materie ist (wie Strahlung) eine Form der Manifestation von Wellen, allgemeiner: von „Feldern".
2. Diese Wellenfelder können im leeren Raum existieren und angeregt oder abgeschwächt werden.
3. Die Wellenfelder sind „quantisiert".

   (Dieser Begriff hat wohl keine anschauliche Bedeutung, sondern meint die spezielle mathematische Methode der 2. Quantisierung: den Gebrauch von Operatoren statt Amplituden, wodurch Anregung und Abschwächung nur in diskreten Schritten geschehen können.)

4. Die einzelnen Feldquanten der Wellenfelder sind die Elementarteilchen –

[2] Diese Anfänge der Quanten-Feldtheorie wurden in Abschn. 6.4 und 6.5 schon angedeutet.

[3] Nach erfolgter Eingewöhnung wird ab dem folgenden Kapitel, wie allgemein üblich, *Quantenfeldtheorie* und *Quantenelektrodynamik* ohne Bindestrich geschrieben.

[4] und Bernard Lippman, Julian Schwinger, Freeman Dyson, Sin-Itiro Tomonaga u. a.

5. womit deren Ununterscheidbarkeit eine einfache Deutung findet.
6. Prozesse zwischen Elementarteilchen (bei denen diese also neue Zustände einnehmen), beruhen ausschließlich darauf, dass die Teilchen selber die Wellenfelder anderer Teilchensorten anregen (oder abschwächen), also andere Elementarteilchen erzeugen und vernichten (oder eben emittieren und absorbieren).
7. Jede Wechselwirkung zwischen zwei Teilchen entsteht so, dass eins von ihnen ein drittes Teilchen emittiert, das von dem anderen absorbiert wird.

   Denn durch dies Austauschteilchen wird Energie und Impuls übertragen, in der Sprechweise der klassischen Physik also eine Kraft ausgeübt.

   Im Fall der Quanten-Elektrodynamik ist das Austauschteilchen das Photon. Damit auf diesem Weg aber alle elektrodynamischen Kräfte herauskommen, auch z. B. das elektrostatische Coulomb-Potential, muss man dem Photon neue Freiheiten geben. Allgemein:

8. Die ausgetauschten Teilchen müssen sog. „virtuelle Zustände" einnehmen können, in denen die nach der Relativitätstheorie zwingende Beziehung $E^2 = p^2c^2 + (mc^2)^2$ zwischen Energie, Impuls und (Ruhe-) Masse[5] aufgehoben ist.

   Da diese Verletzung aber nur bei Zwischenschritten der Berechnungen auftaucht, nie im messbaren Endergebnis, kann man diese virtuellen Zustände, ohne zur beobachtbaren Realität in Widerspruch zu geraten, als prinzipiell unbeobachtbar deklarieren.

Durch sorgfältige Definition der genauen Eigenschaften und Rechenverfahren ließ sich tatsächlich erreichen, dass auf diese Weise alle bekannten Teilchen und (mit Ausnahme der Gravitation) alle bekannten Wechselwirkungen und Effekte herauskommen, in der Quanten-Elektrodynamik sogar mit einer Genauigkeit, die in der Physik vorher nie erreicht worden war.[6]

Indes sind nicht nur Teilchen in virtuellen Zuständen schwer zu veranschaulichen, zumal wenn sie gerade dabei sind, selber weitere virtuelle oder auch reelle Teilchen zu emittieren oder zu absorbieren. Noch problematischer erschienen (und erscheinen) vielleicht zwei Folgerungen aus dieser Erweiterung denkbarer Vorgänge, die aber im Rahmen des Formalismus unabweisbar sind:

9. Ein Teilchen muss die von ihm erzeugten virtuellen Feldquanten auch selber wieder absorbieren können (Stichworte: Selbstenergie, Vakuum-Polarisation, Strahlungskorrektur). Jedes Teilchen erscheint daher wie mit einer Wolke von Teilchen *aller* anderen möglichen Arten umgeben, ist dann zeitweise ebenfalls in einem virtuellen Zustand. Somit reagiert es anders auf äußere Felder (Stichworte: Renormierung von Massen und Ladungen).
10. Selbst dem Vakuum muss die Fähigkeit zugesprochen werden, spontan Teilchen in virtuellen Zuständen hervorzubringen (Stichwort: Vakuum-Fluktuationen).

[5] In diesem Buch ist mit Masse immer Ruhemasse gemeint, also eine von der Schwerpunktsbewegung unabhängige, relativistisch invariante Eigenschaft des Teilchens oder Systems.

[6] Zu einigen der Fragen, die weiterhin offen sind, siehe Abschn. 14.6.

Als Nebenergebnis dieser Entwicklung gibt es nun überhaupt kein physikalisches Problem mehr, das sich in geschlossener Form und exakt lösen lässt. Alles, was man berechnen kann, sind Näherungswerte für Energie-Niveaus und Übergangsraten[7] (incl. Wirkungsquerschnitte), die schrittweise auf einander aufbauen und sich (im Erfolgsfall) der Realität immer besser anpassen. Der Grund liegt in der unbeschränkten Möglichkeit, ein virtuelles Teilchen nach dem anderen zu erzeugen und mitwirken zu lassen, wobei diese selber auch weitere reelle oder virtuelle Teilchen hervorbringen können. Selbst der Zustand ohne jedes reelle Teilchen, also das absolute Vakuum, ist in der Quanten-Feldtheorie kein stabiler Zustand mehr, denn er ist kein Eigenzustand zu dem Hamiltonoperator, der (unter anderem) einzelne Erzeugungsoperatoren enthält.

Es sei wiederholt: diese imaginierten Vorgänge sind Veranschaulichungen von *Zwischenschritten*, die zunächst den Theoretikern bei der quantenelektrodynamischen Berechnung messbarer Größen auffielen. Sie führten übrigens regelmäßig zu den erwähnten unendlich großen, also sinnlosen Zwischen-Ergebnissen und verwehrten damit der Quanten-Elektrodynamik lange Zeit die Anerkennung. Jedoch zeigten sich in den 1940er Jahren in neuen Experimenten (z. T. erst möglich geworden durch die im 2. Weltkrieg für Funk und Radar entwickelte Mikrowellen-Technik) zwei winzige Abweichungen vom bisherigen Bild der elektromagnetischen Wechselwirkung, die innerhalb kürzester Zeit mit Hilfe dieser problematischen Vorstellungen – und *nur* mit ihnen – quantitativ erklärt werden konnten:

- Am magnetischen Moment des Elektrons wurde 1946 überraschend eine Abweichung um 1,1‰ vom Wert $g = 2$ der Dirac-Theorie (siehe Abschn. 10.2) entdeckt. Sie konnte sogleich richtig aus der Strahlungskorrektur errechnet werden. Seither ist in einem ständigen Wettlauf zwischen Theorie und Experiment die Genauigkeit von 3 auf 12 Dezimalstellen gesteigert worden – bislang übereinstimmend.
- Zugleich wurde zwischen den Niveaus $2s_{\frac{1}{2}}$ und $2p_{\frac{1}{2}}$ des H-Atoms eine winzige Aufspaltung gefunden, die *Lamb-Shift* von etwa $10^{-6}$ der Bindungsenergie. Hier brauchte es zwei Jahre, bis die Theorie so weit war, dies richtig zu berechnen.

Ob sich so genaue Ergebnisse einst auch in Bildern und Begriffen erreichen lassen werden, die mit der Anschauung leichter zu versöhnen sind, ist nicht bekannt. Vorläufig kann vielleicht die Unschärfe-Relation (siehe Abschn. 6.1.2, Gl. (6.14)) aushelfen: Einer der möglichen Sichtweisen zufolge sind Verletzungen der Energieerhaltung ja „virtuell erlaubt“, aber eben nur für so kurze Zeiten, dass sie nicht beobachtbar sind. (Es sei denn, man sieht z. B. die erwähnte Übereinstimmung

[7] Beides sind messbare Größen. Der explizit ausgedrückte Vorsatz, sich bei der Theoriebildung möglichst auf die *messbaren* Größen zu beschränken (statt z. B. wie im Bohrschen Atommodell auf *Ort* und *Impuls* des gebundenen Elektrons auf seiner *Bahn*), hatte 1925 schon Heisenberg geholfen, die richtige Formulierung der Quantenmechanik zu finden. Ohne einen neuen unbeobachtbaren und daher beliebigen komplexen Phasenfaktor an jedem Zustand ging es dann aber doch nicht. In der Wellenmechanik von Schrödinger wurde gar eine unbeobachtbare, komplexe Wellen-Funktion eingeführt.

bis zur 12. Dezimalstelle als eine Beobachtung an, die diese Vorstellung legitimiert.)

Zum ehemals prinzipiell erschienenen Unterschied zwischen (Wellen-) Strahlung und Materie aber ist festzustellen, dass er offenbar nur in den uns zugänglichen makroskopischen Beobachtungen existiert.

## 9.1 Welle-Teilchen-Dualismus

Bis Ende des 19. Jahrhunderts bildeten *Welle*[8] und *Materie* noch ein Paar unverwechselbar verschiedener Begriffe; und mit dem Alltagsverstand betrachtet und umgangssprachlich ausgedrückt, gilt das auch noch heute. Wellen waren nicht denkbar ohne die Materie, in der sie als einer der möglichen Bewegungszustände existieren und sich ausbreiten. So wurde auch für die elektromagnetischen Wellen über die Eigenschaften einer geeigneten Träger-Substanz geforscht, bis dieser „Licht-Äther" durch Einsteins Relativitätstheorie als ein – schonungslos ausgedrückt – gegenstandsloses Produkt der physikalischen Vorstellungskraft entlarvt wurde. Den Licht-Wellen genügt demnach schon das Vakuum, um darin zu existieren und Energie, Impuls und Drehimpuls zu transportieren.[9]

Dass in dieser vermeintlich reinsten Form von Wellen aber auch charakteristische Eigenschaften von Teilchen entdeckt wurden, angefangen vom Energiequant (Planck) 1900, Einstein 1905, 1909 und 1917) bis zur Fähigkeit zu elastischen Stößen mit „richtigen" Teilchen (Compton 1923), erschien als ein großer, unerklärbarer Gegensatz: Ein Phänomen mit räumlicher Ausdehnung, das dennoch nur als ganzes und nur punktförmig wirkt, die erste Feststellung des *Welle-Teilchen-Dualismus*.

Erst danach, aber noch mitten in den nicht enden wollenden Schwierigkeiten des Bohrschen Atommodells, wenn es mehr als nur ein Elektron im Atom behandeln sollte, wurde auch der umgekehrte Gedanke als Hypothese ins Spiel gebracht: Der Bewegung eines Teilchens könne man widerspruchsfrei auch eine Welle zuordnen, fand Louis de Broglie 1923 heraus (Nobelpreis 1929), denn die Bewegungs-Gleichungen für Massenpunkte (in der Form der Hamiltonschen Mechanik von 1833) gelten genau so gut auch für Wellen. Am Beispiel des Übergangs von der Wellen- zur Strahlen-Optik kann man sich klar machen, warum (bzw. unter welchen Bedingungen) die beiden unterschiedlichen Begriffsbildungen experimentell ununterscheidbar sein können: Auch Licht verhält sich wie ein Teilchenstrahl, solange Interferenzerscheinungen näherungsweise vernachlässigt werden können: im Gebiet der geometrischen Optik.[10] Die populärste Manifestation des Welle-Teilchen-

---

[8] Häufig wird für fortschreitende Wellen auch der Begriff (*reine*) *Strahlung* gewählt, unbeschadet der Existenz von durchaus materiellen Wasser-, Sand- oder $\alpha$-Strahlen.

[9] Dass Wellen im Vakuum existieren können, ist auch eine entscheidende begriffliche Voraussetzung für die Einführung der Materie-Wellen (de Broglie 1923, Schrödinger 1925, und die ganze Quanten-Feldtheorie).

[10] Andernfalls hätte Newtons Korpuskulartheorie des Lichts (1675) ja nicht erst durch die Interferenzversuche von Thomas Young (1802) widerlegt zu werden brauchen.

Dualismus ist wohl das Paradox des Doppelspalt-Experiments.[1] Gleich, von welchem Ausgangspunkt her gefragt wird:

- Entweder: wie kann ein unteilbarer Körper auf zwei getrennten Wegen (durch die beiden Spalte) gleichzeitig von A nach B gekommen sein?
- Oder: wie kann eine ausgedehnte Welle auf Materie (am Schirm) räumlich so konzentriert einwirken wie ein einziges punktförmiges Teilchen?

– anschaulich verstehen lässt sich das nicht. Doch der Welle-Teilchen-Dualismus fordert die Anschauung noch durch weitere Gegensätze heraus:

| **typische materielle Körper ...** | ***typische Wellen ...*** |
|---|---|
| können nur mit (Ruhe-)Masse $m > 0$ gedacht werden (transportieren bei nicht-relativistischer Geschwindigkeit Energie und Impuls proportional zu $m$); | *haben anschaulich gedacht gar keine Masse (können aber Energie und Impuls transportieren);* |
| können als Massenpunkte gedacht werden; | *müssen räumliche Ausdehnung zeigen;* |
| können weder entstehen noch vergehen; | *lassen sich leicht dabei beobachten, wie sie entstehen und vergehen ...* |
| haben diskrete, atomistische Struktur; | *... und zwar auf kontinuierliche Weise;* |
| können nicht denselben Raum einnehmen ... | *können sich überlagern (Superposition) ...* |
| ... und können daher erst recht nicht miteinander interferieren; | *... und interferieren dann zwangsläufig* (Addition *der Amplituden);* |
| lassen sich daher im Prinzip immer einzeln wiedererkennen (selbst wenn es völlig gleiche Teilchen sind, denn sie bewegen sich auf lückenlosen individuellen Trajektorien und sind nie zugleich am selben Ort). | *haben im Allgemeinen keine wiedererkennbaren Teile (z. B. kann die zu einem Interferenzmaximum transportierte Energie (*Betragsquadrat *der Gesamt-Amplitude) nicht entlang von Trajektorien zu den Quellen zurück verfolgt werden, ebenso wenig wie deren Auslöschung in einem Minimum).* |

Gegen den Welle-Teilchen-Dualismus spricht daher einfach der Alltagsverstand, und zwar allen Versuchen zum Trotz, ihm durch Begriffe wie „Komplementarität" (Bohr 1927) oder die Wahrscheinlichkeitsdeutung der Wellenmechanik (Max Born 1927, Nobelpreis 1954) beizukommen.

## 9.2 Das Photon: Ein Teilchen, das erzeugt und vernichtet werden kann

### *9.2.1 Vom Wellenquant zum Teilchen*

Als erstes Anzeichen des kommenden Welle-Teilchen-Dualismus wurde bekanntlich die „Körnigkeit" der Lichtwellen entdeckt. 1900: Plancks Formel für die Wärmestrahlung (also auch alles gewöhnliche Licht) mit der Quantenbedingung

$E = h\nu(\equiv \hbar\omega)$ (Nobelpreis 1918); 1905: Einsteins Deutung des photoelektrischen Effekts (Nobelpreis 1921) mittels seiner Gleichung $h\nu = E_{\text{kin}} +$ Austrittsarbeit. Es dauerte dann noch bis 1926, dass Dirac die Formeln für die Quantisierung des elektromagnetischen Felds fand und die Photonen nun als dessen Feldquanten identifiziert werden konnten. Wesentliche Zwischenschritte waren:

**Die statistischen Schwankungen des Lichts (Einstein 1909).** Statistisches Fluktuieren in einem System verrät viel über seine Bestandteile, auch wenn diese selber durch ihre Kleinheit unsichtbar sind. Für Fluktuationen gilt bei inkohärent zusammengesetzten Wellenfeldern (z. B. Lärm, rauer Seegang) eine andere Formel als bei umher fliegenden Teilchen.[11] Tatsächlich konnte Einstein 1909 schon aus der Planckschen Formel allein die Größe solcher Schwankungen berechnen. Ergebnis: Beim Licht *addieren* sich die Fluktuationen mit Wellencharakter zu denen mit Teilchencharakter. Einstein schreibt, jetzt sei eine Theorie nötig, die die Maxwellsche Wellentheorie mit der Newtonschen Korpuskulartheorie des Lichts verbinde. Dies ist der erste vollständige Ausdruck des Welle-Teilchen-Dualismus (dessen oben angedeutete Lösungsansätze Einstein übrigens nie akzeptieren mochte).[12]

**Quanten-Modell für Emission und Absorption von Photonen (Einstein 1917).** Das Spektrum von Strahlung im thermodynamischen Gleichgewicht – am Ende der Klassischen Physik als *das* theoretische Problem schlechthin angesehen, und mit der berühmten Planckschen Formel von 1900 mehr parametrisiert als physikalisch erklärt – ist mit einem gequantelten Strahlungsfeld (einem „Photonen-Gas") überraschend leicht zu deuten. Es musste nur jemand einmal darauf kommen. In einem seiner ebenso berühmten wie lehrreichen Geniestreiche diskutiert Einstein das Plancksche Strahlungsgesetz in einer Welt, in der man nur von Oszillatoren und Lichtquanten spricht, nicht von Wellen (siehe Kasten 9.1). Nebenbei bringt er hier wesentliches über die vorher vollkommen rätselhaften „Quantensprünge" bei Emissions- und Absorptionsprozessen in Erfahrung.

Noch im selben Jahr 1917 analysierte Einstein in seinem Modellsystem (durch eine recht komplizierte Berechnung von statistischen Schwankungen) die Impulsbilanz. Vereinfacht zusammengefasst: Bei jeder Absorption überträgt ein Photon einen bestimmten Impuls $\vec{p}$ bekannter Richtung ans Atom. Im Mittel summieren sich alle übertragenen Photonen-Impulse natürlich zu Null, das Prinzip des detaillierten Gleichgewichts verlangt aber eine ausgeglichene Bilanz nicht nur für jede Frequenz, sondern auch für jede Impulsrichtung einzeln. Daher muss das emittierende Atom schon bei der Emission einen gleich großen Rückstoß $(-\vec{p})$ erhalten haben. Photonen müssen folglich schon bei der Emission den Impuls haben, den sie bei der Absorption abgeben. Einstein wörtlich: „Ausstrahlung in Kugelwellen gibt es nicht". Für den Betrag ergibt sich übrigens ganz unabhängig, dass er die schon aus den Maxwellschen Gleichungen für Wellenfelder abzuleitende Gleichung $|\vec{p}| = E/c$ erfüllen muss.[13]

[11] Für ein Beispiel zur Fluktuation nach Teilchenart siehe Abschn. 6.1.5 – Poisson-Statistik.

[12] Zugespitzt z. B. in seinem berühmten „Einstein-Podolsky-Rosen-Paradoxon".

[13] Das ist eine ernste Prüfung der Konsistenz beider Denkweisen. – Eine Anwendung in der modernen Experimentalphysik: LASER-Kühlung von Atomen im Temperaturbereich $\sim$mK (einführend in [109]).

**Kasten 9.1 Einsteins Quanten-Modell für Emission und Absorption von Photonen**

Einstein baut sich ein *parametrisches* Modell (wie das Tröpfchenmodell der Bindungsenergie eins ist), um das thermodynamische Gleichgewicht zwischen Materie und Strahlung zu untersuchen. Sein System besteht aus:

– Oszillatoren (Atome, Moleküle, ...):
  - teils im Grundzustand (Anzahl $N_1$),
  - teils im angeregten Zustand (Anzahl $N_2$, feste Anregungsenergie $\Delta E$),
– und einem Strahlungsfeld:
  - $u(\nu)\,\mathrm{d}\nu$ ist die (mittlere) räumliche Energiedichte im Frequenzintervall $\mathrm{d}\nu$.

Für die Teilsysteme bei der Temperatur $T$ gilt einzeln:

**1. Boltzmann-Faktor:** $$\frac{N_2}{N_1} = \mathrm{e}^{-\frac{\Delta E}{k_\mathrm{B}T}}$$

**2. Plancks Strahlungsgesetz:** $$u(\nu) = \frac{8\pi h\nu^3}{c^3}\frac{1}{\mathrm{e}^{\frac{h\nu}{k_\mathrm{B}T}}-1}\,.$$

Beides gilt auch im thermodynamischen Kontakt, wenn die Systeme durch Energieaustausch verbunden sind. Mögliche Prozesse sind die Quantensprünge der Oszillatoren bzw. Erzeugung und Vernichtung von Strahlungsenergie, die verknüpft werden durch die

**3. Quantenbedingung:** $$\Delta E = h\nu\ (\equiv \hbar\omega)\,.$$

An Prozessen setzt Einstein zunächst an:

**spontane Emission:** $\mathrm{d}N_2 = -AN_2\,\mathrm{d}t$ (Rate unabhängig vom Strahlungsfeld)

**(induzierte) Absorption:** $\mathrm{d}N_2 = +Bu(\nu)N_1\,\mathrm{d}t$ (Rate proportional zum Strahlungsfeld)

Die zwei Modell-Parameter $A$, $B$ werden seitdem „**Einstein-Koeffizienten**" genannt. Erstmalig modelliert Einstein hier die Emission von Strahlungsquanten, und zwar als *spontanen* Vorgang, d. h. unabhängig von der Existenz und Stärke des Strahlungsfelds. Dabei beruft er sich ausdrücklich auf Rutherford und nimmt damit an, das Licht entstehe so, wie jener sich nach der Entdeckung des exponentiellen Zerfalls 1900 die spontane Emission der Quanten der Radioaktivität denken musste: zufällig.

Im Gleichgewicht müssen sich alle Prozesse ausbalancieren, und zwar für jede Frequenz einzeln:

**4. Prinzip des detaillierten Gleichgewichts:** $$\Sigma(\mathrm{d}N_2) = 0\,.$$

Wenn es nur die beiden schon genannten Prozesse gäbe, müsste also $AN_2 = Bu(\nu)N_1$ sein und damit $u(\nu) = \frac{A}{B}\frac{N_2}{N_1} = \frac{A}{B}\mathrm{e}^{-\frac{h\nu}{k_\mathrm{B}T}}$. Das kann mit dem Planckschen Gesetz nur im Grenzfall $h\nu \gg k_\mathrm{B}T$ übereinstimmen, und auch nur dann, wenn die Koeffizienten für Absorption und spontane Emission so miteinander verknüpft sind:

$$\frac{A}{B} = \frac{8\pi h\nu^3}{c^3}$$

Doch durch einen dritten Prozess kann das Modell mit allen Bedingungen kompatibel gemacht werden. Man findet ihn, wenn man alles in die Gleichung $\Sigma(\mathrm{d}N_2) = 0$ einsetzt. So entdeckt Einstein die

**induzierte Emission:** $$\mathrm{d}N_2 = -Bu(\nu)N_2\,\mathrm{d}t\,.$$

(*Emission*, weil $\mathrm{d}N_2 < 0$; *induziert*, weil die Rate $\mathrm{d}N_2/\mathrm{d}t \propto u(\nu)$.)

Anmerkungen zum Kasten 9.1

- Setzt Einsteins Gedankengang nicht doch Wellenvorstellungen voraus – siehe die Frequenz $\nu$ in den Formeln? – Nein, man könnte auf $\nu$ hier völlig verzichten, indem man es *überall* durch $E/h$ ersetzt, also durch die Größe der Energiepakete ausdrückt. Die Energiedichte $u(\nu)\,d\nu$ des Strahlungsfelds hat dann die einfache kinematische Bedeutung: Teilchendichte (*durchschnittliche* Anzahl Photonen pro $cm^3$) mit Energie im Intervall $dE = h\,d\nu$, multipliziert mit der Energie $E = h\nu$ eines jeden.
- Die hier auftauchende induzierte Emission gilt als eine der großen Entdeckungen Einsteins. Für Reaktionen zwischen Teilchen ist sie wirklich überraschend, nicht aber für eine Welle, die mit periodisch oszillierender Kraft auf einen schwingenden Oszillator gleicher Frequenz einwirkt. Seine Schwingungsenergie wird sich – je nach der Phasenlage der Welle bzw. Kraft – erhöhen ($\sim$ Absorption von Energie) oder *erniedrigen ($\sim$ induzierte Emission von Energie)*. Das sieht man schon an jeder Kinderschaukel, wenn man sie durch periodisches, synchronisiertes Eingreifen (von außen) *je nach Phasenlage* entweder höher anregt oder abbremst. Außer dem Hinweis auf diesen Vorgang brauchte Einstein 1917 daher überhaupt kein weiteres Argument, um diesen Teil seines neuartigen Ansatzes zu verteidigen, denn obwohl er wesentliches zum Teilchencharakter der Strahlung herausfand, hatte er den Energieaustausch noch ganz in Wellenbegriffen beschrieben.
- Induzierte Emission ist der grundlegende Prozess der Lichtverstärkung im LASER (Theodore Maiman, 1960, aus unerforschlichen Gründen nicht mit dem Nobelpreis gewürdigt). Dabei ist ganz wesentlich, dass alle Quanten kohärent und parallel emittiert werden, wovon allerdings 1917 bei Einstein (noch) nichts steht. Deshalb erscheint es auch etwas weit her geholt, ihn mit dieser Arbeit als theoretischen Erzvater des Lasers zu feiern. Im Wellenbild ist die Erklärung nämlich recht trivial: Beim eben beschriebenen Abbremsen wirkt der Oszillator auf die Bremse ohne Zweifel periodisch mit seiner eigenen Frequenz und Phase (und gegebenenfalls auch Ausbreitungsrichtung und Polarisation), kann also im Quantenbild neue Quanten nur in genau demselben Zustand erzeugen wie die, die gerade auf ihn einwirken.

Einstein bekam seinen Nobelpreis erst 1921, und zwar für „alle seine bisherigen Leistungen", aber insbesondere für seine 1905 gefundene Anwendung der Lichtquanten-Hypothese auf den Photo-Effekt an Metallen. Völlig unerwähnt blieb dabei, was er weiter bahnbrechendes geleistet hatte in der Fundierung des Photons als eines **Teilchens**, wenn auch eines mit befremdlichen Eigenschaften: Es hat keine Masse, befolgt die Energie-Impuls-Beziehung für die Maxwellschen Wellen, kann entstehen und verschwinden – im Vakuum.

**Photon-Elektron-Stöße (Compton 1923).** Die breitere Anerkennung des Photons als Teilchen ließ denn auch weiter auf sich warten, bis Beobachtungen an einzelnen Photonen die nötige Überzeugungskraft entwickelten: Die mit einem Energieverlust verbundene Streuung von Röntgenstrahlung, von A. H. Compton 1923 beobachtet und als elastischer Stoß des Photons mit einem Elektron interpretiert (näheres siehe Abschn. 6.4.3). Niels Bohr war einer der letzten Gegner dieser Auffassung. Er versuchte sich an Theorien mit nur statistischer Erhaltung von Energie und Impuls bei Quantenprozessen, bis Compton 1925 *ein kinematisch vollständiges Experiment* veröffentlichen konnte, d. h. koinzidente Messung der Winkel des gestreuten Photons und des gestoßenen Elektrons bei einzelnen Stößen in der Nebelkammer (Nobelpreis 1927).

### *9.2.2 Vom Teilchen zum Feldquant*

**Harmonischer Oszillator.** Heisenberg erfand 1925 die Quantenmechanik in Matrizen-Form am Beispiel des harmonischen Oszillators, indem er dessen äquidistante Energieniveaus, die ja schon bei Planck am Beginn aller Quantenphysik gestanden hatten, nun erstmalig von einer anderen Grundlage aus *herleiten konnte.*[14] Erster Anwendungsfall der Matrizenmechanik (Born, Heisenberg, Jordan [36]) wurde das elektromagnetische Feld, weil bei festgehaltener Frequenz $\omega$ die Maxwell-Gleichungen aussehen können wie die eines harmonischen Oszillators.

> Kurze Begründung: Die Gesamtenergie des Felds ist die Summe von zwei quadrierten Größen $\vec{E}$ und $\vec{B}$, die außerdem wechselseitig und mit verschiedenem Vorzeichen die Zeitableitung voneinander sind – ganz wie Ort und Impuls eines Massenpunkts, wenn eine rücktreibende Kraft linear mit der Auslenkung ansteigt.

Der Erfolg war umwerfend: Die Fluktuationen, die Einstein 1909 für das Strahlungsfeld aus der Planckschen Formel abgeleitet hatte und die sowohl Teilchen- als auch Welleneigenschaften zeigten, kamen automatisch richtig heraus. Folgerichtig wurde das mit $\Delta E = n\hbar\omega$ angeregte Niveau dieses Oszillators jetzt als Zustand $|n\rangle$ mit $n$ Photonen angesehen, und der Zustand mit $n = 0$ als Vakuum. Wegen der Ununterscheidbarkeit der einzelnen Photonen folgte dann mit der üblichen thermodynamischen Statistik auch schon das ganze Plancksche Strahlungsgesetz.

**„Zweite Quantisierung“.** Die Quantenmechanik des Harmonischen Oszillators, die hier schon in Abschn. 7.6.2 vorgestellt wurde (siehe Kasten 7.8 auf S. 324), ist grundlegend für die ganze Quanten-Feldtheorie. Die nützlichen Auf- und Absteige-Operatoren, hier $\hat{c}^\dagger$ und $\hat{c}$ genannt, mit denen man ein Energieniveau $|n\rangle$ in das nächst höhere bzw. niedrigere (sofern nicht $n = 0$) umwandeln kann, werden dann hier zu Erzeugungs- bzw. Vernichtungs-Operatoren eines Photons. Der Operator

$$\hat{n} = \hat{c}^\dagger \hat{c} \tag{9.1}$$

entpuppt sich als der Anzahl-Operator, denn er hat im Zustand mit $n$ Photonen den Eigenwert $n$. Die Teilchen-Zahl wurde so zu einer Observablen mit diskreten Eigenwerten, daher entstand für diese Darstellungsweise der (nicht ganz glücklich gewählte) Name „Zweite Quantisierung“.

**Diracs Quanten-Elektrodynamik.** Dirac arbeitete bis 1927 die Quantisierung des vollständigen elektromagnetischen Felds aus (alle Frequenzen $\omega$ von Null bis unendlich, alle Richtungen der Wellenvektoren $\vec{k}$ (wobei $|\vec{k}| = \omega/c$), beide Polarisationen $\sigma = \pm 1$) – der Beginn der Quanten-Feldtheorie. Die Energie des freien Maxwell-Felds ist dann durch einen Hamilton-Operator auszudrücken (mit Summe – besser Integral – über die vollständige Basis aller möglichen Zustände eines

[14] Es gibt in der Quantenmechanik außer dem harmonischen Oszillator (und den ebenen Wellen für freie Teilchen) nur sehr wenige exakt lösbare Probleme. Eins davon ist das ungestörte Wasserstoff-Spektrum, von Schrödinger zur ersten Demonstration *seiner* Wellenmechanik gewählt.

Photons), der in Erinnerung an „Strahlung" (*radiation*) oft $\hat{H}_{\mathrm{rad}}$ genannt wird:

$$\hat{H}_{\mathrm{rad}} = \sum_{k\sigma} \left(\hat{n}_{k\sigma} + \tfrac{1}{2}\right) \hbar\omega_k \,. \tag{9.2}$$

Tatsächlich blieb Dirac nicht bei dem „ungestörten" Hamilton-Operator des Atoms stehen (d. i. $\hat{H}_{\mathrm{rad}}$ für das freie Maxwell-Feld plus dem Hamilton-Operator für ein Elektron im Coulomb-Potential). Er ging gleich noch einen großen Schritt weiter und fügte einen „Stör-Operator" an, worin $\hat{c}^{\dagger}$ und $\hat{c}$ nicht in der Kombination des Photonenzählers $\hat{n}_{k\sigma} = \hat{c}^{\dagger}_{k\sigma}\hat{c}_{k\sigma}$ auftauchen, sondern einzeln, aber mit den Elektronenkoordinaten multipliziert („gekoppelt"). Solche Terme im Hamilton-Operator bedeuten ***Erzeugung oder Vernichtung eines Photons im Zusammenhang mit der Zustands-Änderung eines Elektrons***. Diracs Erfolg: die theoretische Beschreibung des „Quantensprungs". Wir kommen in Abschn. 9.4.2 darauf zurück, aber dann gleich in modernerer Ausdrucksweise, nachdem auch die Elektronen zu Feldquanten geworden sind.

## 9.3 Das Elektron (und andere Elementarteilchen): Erste Merksätze

Aus den bisher dargestellte Befunden lassen sich schon einige allgemeine Eigenschaften der Elementarteilchen ablesen, von denen wir bis heute keine Ausnahme kennen:

### *9.3.1 Alle Elementarteilchen können erzeugt und vernichtet werden*

Das gilt nicht nur für die Quanten der „Strahlung", also z. B. (masselose) Photonen mit ihren altbekannten Prozessen der Emission und Absorption, sondern auch für „richtige Teilchen mit Masse". Am Beispiel der Elektronen, Positronen und (Anti-)-Neutrinos wurde in Abschn. 6.4 und 6.5 gezeigt, wie man zu dieser Erkenntnis gekommen ist.

### *9.3.2 Zu Teilchen gibt es Antiteilchen*

Zu jedem Typ Fermion gibt es ein Antiteilchen. Erstes Beispiel war wieder das Paar Elektron/Positron. Teilchen und Antiteilchen haben die gleiche Masse, aber entgegen gesetzte Ladungen. Sie erfahren daher alle Wechselwirkungen in gleicher Stärke, aber mit umgekehrtem Vorzeichen (ob einschließlich der Gravitation ist bis heute ungeklärt!).

Ein Teilchen und sein Antiteilchen können sich gemeinsam „vernichten". Übrig bleibt dann nur, was durch die Erhaltung von Energie, Impuls und Drehimpuls diktiert wird – und zwar, wie denn sonst, in Gestalt irgendwelcher anderer Elementarteilchen: Häufig z. B. als Photonen (also Ruhemasse Null) oder andere Bosonen. Aber auch Paare Teilchen/Antiteilchen aller anderen Teilchenarten sind möglich, soweit die Energie zu der Erzeugung ihrer Ruhemassen ausreicht.

Gleichzeitig gilt ein absoluter Erhaltungssatz: Die Zahl der Fermionen (Teilchen positiv, Antiteilchen negativ gezählt) bleibt konstant. Wo also ein Fermion erzeugt wird, muss entweder eins vernichtet oder ein Antifermion erzeugt werden. Genau so gibt es Antiteilchen zu den Bosonen. Hier spielt dieser Begriff aber eine vergleichsweise geringe Rolle, denn Bosonen können auch ohne ihre Antiteilchen erzeugt und vernichtet werden (Beispiel: Emission und Absorption einzelner Photonen).[15]

### *9.3.3 Elementarteilchen der gleichen Sorte sind vollständig ununterscheidbar*

**Identische Wellenquanten.** Bei Photonen wurde die Ununterscheidbarkeit schon in der Einleitung zu diesem Kapitel begründet: Wie sollte man denn in einem elektromagnetischen Strahlungsfeld aus $E$- und $B$-Feldern die Lichtquanten einzeln benennen und unterscheiden können. Schon der Versuch, ihnen gedanklich Namen oder Nummern zu geben, scheint abwegig. Die Beschreibung des elektromagnetischen Felds in der Zweiten Quantisierung[16] kommt denn auch vollkommen ohne Nummerierung der Photonen oder ihrer Koordinaten aus. Dass daraus die Gültigkeit des Planckschen Strahlungsgesetzes (Bose-Einstein-Statistik) für Photonen folgt (siehe Abschn. 9.2.2) war sofort als weiterer Pluspunkt dieser neuen Theorie-Entwicklung vermerkt worden.

**Identische Körperchen.** Wenn aber mehrere „echte" Teilchen (gemeint ist mit Masse $m > 0$) zugegen sind, ist die Anschauung immer wieder versucht, jedes individuell zu benennen und sein Schicksal zu verfolgen. Das ist jedoch falsch und in der Elementarteilchenphysik sogar verboten. Dies klassisch unverständliche Verbot war uns zuerst bei der Streuung von zwei $\alpha$-Teilchen aneinander begegnet (Abschn. 5.7). Dort zeigt die Messung in direkter Weise, dass die Amplituden von Target- und Projektil-Teilchen miteinander interferieren – von der vollkommenen gegenseitigen Auslöschung der einzelnen Intensitäten bis zu ihrer Verstärkung auf das Vierfache. Die Fähigkeit zur Interferenz erfordert für die 2-Teilchen-Wellenfunktion $\Psi(\text{Koordinatensatz}_1, \text{Koordinatensatz}_2)$ eine Form, in der der Zustand jedes der beiden Teilchen sich in jedem der beiden Koordinaten-Sätze niederschlägt, mithin keine Zuordnung der Nummern 1 bzw. 2 zu Projektil bzw. Target mehr möglich ist.

Normalerweise, und das bleibt für unterschiedliche Teilchen richtig, hätte man für die Wellenfunktion das Produkt $\Psi(1,2) = \psi(1) \cdot \varphi(2)$ anzusetzen, wenn man in einem 2-Teilchen-System ein Teilchen (z. B. das Projektil) im Zustand $\psi$ und das andere (z. B. Target) im Zustand $\varphi$ präpariert hat. Darin gehört der Koordinatensatz „1" zum Zustand $\psi$ und macht die zeitliche Entwicklung des

[15] mehr zu Antiteilchen in Abschn. 9.7.6 und 10.2.6

[16] Siehe auch folgenden Abschn. 9.4.

ersten Teilchens mit, und der Koordinatensatz „2" in der Funktion $\varphi$ ebenso für Teilchen 2.

**Formalismus.** In den Formalismus der Quantenmechanik können diese neuen Beobachtungen sämtlich durch eine einzige einfache Symmetrie-Regel eingebaut werden: Die Mehrteilchenwellenfunktion muss bei Vertauschung von zwei Teilchen (d. h. von zwei vollständigen Koordinatensätzen), wenn es sich um identische Teilchen handelt:

- entweder gleich bleiben (symmetrisch sein) – so bei Bosonen,
- oder ihr Vorzeichen wechseln (antisymmetrisch sein) – so bei Fermionen.

Andere Funktionen $\Psi(\text{Koordinatensatz}_1, \text{Koordinatensatz}_2)$ kann man zwar hinschreiben, sie kommen in der Wirklichkeit aber schlicht nicht vor. Hat man zwei identische Teilchen zu betrachten, die einzeln in Zuständen $\psi$ und $\varphi$ präpariert wurden, dann entsteht die richtige Wellenfunktion je nach Teilchentyp entweder durch Symmetrisierung oder durch Anti-Symmetrisierung:[17]

$$\Psi^{s,a}(1,2) = \frac{1}{\sqrt{2}}\left[\psi(1)\,\varphi(2) \pm \psi(2)\,\varphi(1)\right]. \tag{9.3}$$

In Abschn. 7.1.5 ist bereits diskutiert worden, dass Wellenfunktionen dieser *verschränkten* Form für die beiden identischen Kerne eines 2-atomigen Moleküls große Konsequenzen hinsichtlich des Spektrums der Rotationszustände und sogar der (makroskopischen) spezifischen Wärme haben.

**Ausschließungsprinzip.** Aus Gl. (9.3) folgt für zwei gleiche Fermionen sofort, dass sie nicht denselben 1-Teilchen-Zustand besetzen können (denn $\Psi^a(1,2) \equiv 0$ wenn $\varphi = \psi$). Eine anschauliche räumliche Folge ist:

**Frage 9.1.** *Ist richtig, dass sich zwei Elektronen mit parallelem Spin im Raum automatisch von allein aus dem Weg gehen, ohne dass irgendwelche Kräfte wirken müssten?*

**Antwort 9.1.** *Zwei Elektronen besetzen immer einen antisymmetrischen Zustand (Gl. (9.3)). Bei parallelem Spin haben sie einen symmetrischen Spinzustand, sie müssen also eine antisymmetrisch verschränkte Ortswellenfunktion haben:* $\Psi^a(\vec{r}_1,\vec{r}_2) = 1/\sqrt{2}\left[\psi(\vec{r}_1)\,\varphi(\vec{r}_2) - \psi(\vec{r}_2)\,\varphi(\vec{r}_1)\right]$. *Die Aufenthaltswahrscheinlichkeitsdichte für beide Teilchen am selben Ort* $\vec{r}_1 = \vec{r}_2$ *ist daher immer* $\left|\Psi^a(\vec{r}_1,\vec{r}_2)\right|^2 = 0$. *Das würde auch richtig bleiben, wenn eine beliebig starke anziehende Kraft wirkte.*

Diese formale Erklärung nach der Quantenmechanik hat wohlgemerkt gar nichts mit einer besonderen Abstoßungskraft zu tun, sondern beruht auf der antisymmetrischen Struktur der Mehr-Teilchen-Wellenfunktion. Es ist in diesen Formeln schlicht unmöglich, sich mehr als ein Elektron in einem Zustand überhaupt nur *vorzustellen* (sozusagen ein „Tabu", aber eins, das nicht gebrochen werden kann).

---

[17] Oberer Index an $\Psi^{s,a}$ für symmetrisch/antisymmetrisch. Statt „Koordinatensatz" ist nur noch der Index 1 bzw. 2 geschrieben. Der Faktor $1/\sqrt{2}$ sorgt für die richtige Normierung $\langle\Psi|\Psi\rangle = 1$, wenn $\psi$ und $\varphi$ orthogonale 1-Teilchen-Zustände sind.

**Ein „bisschen" Ausschließung?** Das wird besonders deutlich, wenn man sich fragt, „wie verschieden" zwei 1-Teilchen-Zustände denn mindestens sein müssen, damit man zwei Elektronen darin unterbringen darf, und was für 2-Elektronen-Zustände dabei herauskommen können. Zum Test nehmen wir zwei orthogonale Zustände $|\psi\rangle, |\varphi\rangle$ an und setzen ein Elektron in den Zustand $|\psi\rangle$, das andere aber in eine (schon richtig normierte) Linearkombination

$$|\phi_\beta\rangle = \sqrt{1-\beta^2}\,|\psi\rangle + \beta|\varphi\rangle\,.$$

Für $\beta = 1$ ist dieser Testzustand $|\phi_\beta\rangle$ orthogonal zu $|\psi\rangle$. Mit abnehmendem $\beta = 1 \to 0$ können wir beide allmählich immer ähnlicher werden lassen. Die richtige 2-Teilchen-Wellenfunktion dazu erhält man immer aus der antisymmetrischen Verschränkung von $|\psi\rangle$ mit $|\phi_\beta\rangle$, die leicht in $|\psi\rangle$ und $|\varphi\rangle$ umzuschreiben ist:

$$\widetilde{|\psi^a}(1,2)\rangle = |\psi(1)\rangle\,|\phi_\beta(2)\rangle - |\psi(2)\rangle\,|\phi_\beta(1)\rangle \equiv \beta[|\psi(1)\rangle\,|\varphi(2)\rangle - |\psi(2)\rangle\,|\varphi(1)\rangle]\,.$$

Für $\beta = 0$ ist das Ergebnis Null, dem Pauli-Prinzip entsprechend. Für alle anderen Werte wird die Wellenfunktion $|\widetilde{\psi^a}\rangle$ durch Multiplikation mit $1/(\beta\sqrt{2})$ normiert. Dabei entsteht gerade die Wellenfunktion $|\psi^a(1,2)\rangle$ von Gl. (9.3), bezeichnet also für jeden Wert von $\beta \neq 0$ jedesmal denselben 2-Elektronen-Zustand, als hätte man das zweite Elektron gleich ganz in den zu $|\psi\rangle$ orthogonalen Zustand $|\varphi\rangle$ gesetzt.

Fazit: Baut man einen 2-Elektronen-Zustand aus zwei 1-Elektronen-Zuständen, wird er ausschließlich durch die orthogonalen Anteile dieser beiden gebildet. Daher hätte sich auch derselbe Zustand $|\psi(1,2)\rangle$ ergeben, wenn wir statt $|\psi\rangle$ und $|\varphi\rangle$ zwei beliebige andere ihrer linear unabhängigen Linearkombinationen mit je einem Teilchen besetzt hätten.

> Beispiel: Bildet man gemäß $|S=0\rangle = \left|+\tfrac{1}{2}\right\rangle\left|-\tfrac{1}{2}\right\rangle - \left|-\tfrac{1}{2}\right\rangle\left|+\tfrac{1}{2}\right\rangle$ den Singulett-Zustand von zwei Spin-$\tfrac{1}{2}$-Teilchen, ist die Wahl der $z$-Achse, mit der die Basis $|m = \pm\tfrac{1}{2}\rangle$ definiert wurde, völlig beliebig: Es kommt immer[18] derselbe Zustandsvektor heraus.

Das gleiche gilt für jedes Paar Elektronen in einem $n$-Elektronen-System. Für die einzelnen Elektronen müssen daher immer genau so viele paarweise orthogonale (Basis-)Zustände zur Verfügung stehen, wie es Elektronen im System gibt. Nachdem sie alle besetzt sind, sind automatisch auch alle ihre Linearkombinationen besetzt. Dieser ganze Teilraum der möglichen 1-Teilchen-Zustände ist für weitere Elektronen gesperrt. Statt zu sagen, $n$ Elektronen besetzen $n$ bestimmte 1-Teilchen-Zustände im gesamten Raum aller 1-Teilchen-Zustände, sollte man genauer sagen, sie besetzen einen bestimmten $n$-dimensionalen Unterraum davon. Welche Basis man zur näheren Beschreibung darin ausgewählt hat, bleibt sich völlig gleich. Mathematischer Grund für all dies ist (siehe lineare Algebra): $|\psi^a(1,2)\rangle$ kann man in Form einer Determinante aus Spaltenvektoren $\binom{|\psi(1)\rangle}{|\psi(2)\rangle}$ und $\binom{|\varphi(1)\rangle}{|\varphi(2)\rangle}$ schreiben. Determinanten sind invariant gegen Linearkombinationen ihrer Spaltenvektoren und auch gegen orthogonale Transformationen von ihnen.

---

[18] wenn die Ortswellenfunktionen festliegen

Anmerkung: Vertauscht man in einem Viel-Elektronen-System nicht zwei einzelne Elektronen sondern zwei Elektronen*paare*, dreht sich das Vorzeichen zweimal um. Insofern hat eine antisymmetrische Viel-Elektronen-Wellenfunktion immer auch einen teilweise symmetrischen Charakter.

**Austauschintegral.** Es ist nun deutlich geworden, dass diese Verschränkung zu antisymmetrischen Zuständen nicht als Folge einer Kraft oder physikalischen Wechselwirkung, die die Teilchen auf einander ausüben, angesehen werden darf.[19] Vielmehr hat die Verschränkung selber Auswirkungen darauf, wie eine gegebene Kraft sich auswirken kann. Messbare Konsequenzen hat sie z. B. für die gegenseitige Coulomb-Abstoßung von je zwei Elektronen im selben Orbital der Atomhülle. Anhand dieser Konsequenz wurde die (Anti-)Symmetrisierung der Wellenfunktionen für gleiche Teilchen von Heisenberg 1926 überhaupt aufgespürt. Sie hat große Bedeutung für Feinheiten des Atomaufbaus, und damit für die optischen Spektren und nicht zuletzt die chemischen Reaktionen.[20]

**Frage 9.2.** *Zeigen Sie: Die abstoßende Coulomb-Kraft zwischen zwei Elektronen ist durch die Orbitale, die sie besetzen, noch nicht vollständig festgelegt. Wenn die Orbitale räumlichen Überlapp haben, hängt sie dann zusätzlich noch von der Vertauschungssymmetrie ihrer Ortsfunktion ab. Die Abstoßung wirkt sich im räumlich antisymmetrischen Zustand von Frage 9.1 weniger stark aus als nach klassischer Rechnung, sonst stärker.*

**Antwort 9.2.** *Berechnet man für ein Potential $V(\vec{r}_1,\vec{r}_2)$ den Erwartungswert der potentiellen Energie, bekommt man (mit Vereinfachung durch geeignetes Umtaufen der Integrationsvariablen an einigen Stellen):*

$$\begin{aligned}
E_{\text{pot}} &= \left\langle \Psi(\vec{r}_1,\vec{r}_2) \right| V(\vec{r}_1,\vec{r}_2) \left| \Psi(\vec{r}_1,\vec{r}_2) \right\rangle \\
&= \tfrac{1}{2} \iint \left[ \psi^*(\vec{r}_1)\varphi^*(\vec{r}_2) - \psi^*(\vec{r}_2)\varphi^*(\vec{r}_1) \right] V(\vec{r}_1,\vec{r}_2) \\
&\quad \cdot \left[ \psi(\vec{r}_1)\varphi(\vec{r}_2) - \psi(\vec{r}_2)\varphi(\vec{r}_1) \right] d^3\vec{r}_1 d^3\vec{r}_2 \\
&= \iint \left|\psi(\vec{r})\right|^2 \left|\varphi(\vec{r}\,')\right|^2 V(\vec{r},\vec{r}\,') d^3\vec{r} d^3\vec{r}\,' \\
&\quad - \iint \left[ \psi^*(\vec{r})\varphi(\vec{r}) \right] \left[ \psi(\vec{r}\,')\varphi^*(\vec{r}\,') \right] V(\vec{r},\vec{r}\,') d^3\vec{r} d^3\vec{r}\,' \\
&= E_{\text{pot}}(\text{direkt}) - E_{\text{pot}}(\text{ausgetauscht})\,.
\end{aligned}$$

---

[19] Obwohl manche Konsequenzen daraus ganz ähnlich aussehen mögen, siehe z. B. die Frage 4.6 auf S. 99, ob die Coulomb-Abstoßung oder das Pauli-Prinzip die wichtigere Rolle in der Verringerung der totalen Bindungsenergie der Atomhülle spielt.

[20] Heisenberg konnte mit Hilfe symmetrischer bzw. antisymmetrischer Ortswellenfunktionen für die beiden Elektronen des Heliums erklären, warum dies Element zwei verschiedene, fast völlig unverbundene Termschemata aufweist, die Ortho- und Para-Helium genannt wurden. Ortho-Helium kommt dreimal häufiger vor und zeigt weniger Einfluss der gegenseitigen Abstoßung der Elektronen; den Grundzustand mit beiden Elektronen im 1s-Orbital gibt es nur im Para-Helium.

*Das „direkte“ Integral* $E_{\text{pot}}(\text{direkt})$ *hier ist genau die klassische potentielle Energie der beiden zu* $\varphi(\vec{r})$ *und* $\psi(\vec{r})$ *gehörenden Ladungsverteilungen* $e\,|\varphi(\vec{r})|^2$ *und* $e\,|\psi(\vec{r})|^2$. *Das Austauschintegral* $E_{\text{pot}}(\text{ausgetauscht})$ *ist die quantenmechanische Korrektur dazu (hier mit einem Minus-Zeichen für den in* $\vec{r}_1 \leftrightarrow \vec{r}_2$ *antisymmetrischen Zustand von Frage 9.1, bei symmetrischem Zustand mit Plus). Sein Wert hängt ersichtlich vom Ausmaß des räumlichen Überlapps beider Wellenfunktionen ab. Im Fall räumlich getrennter Aufenthaltswahrscheinlichkeiten (d. h. im ganzen Raum gilt* $|\psi(\vec{r})|^2\,|\varphi(\vec{r})|^2 \equiv 0$, *oder gleichbedeutend* $\psi^*(\vec{r})\,\varphi(\vec{r}) \equiv 0$), *spielt die (Anti-)Symmetrie der 2-Teilchenwellenfunktion also gar keine Rolle. Wenn es aber Überlapp gibt, d. h. einen Bereich mit* $\psi^*(\vec{r})\,\varphi(\vec{r}) \neq 0$, *dann ergibt sich* $E_{\text{pot}}(\text{ausgetauscht})$ *ungleich Null, und mit einem positiven Vorzeichen aufgrund der positiven Singularität des Coulomb-Potentials zwischen zwei gleichen Ladungen. Insgesamt folgt (bei Antisymmetrie der räumlichen Wellenfunktion) also eine Absenkung von* $E_{\text{pot}}$ *gegenüber dem klassisch erwarteten Wert.*

**Identitätseffekte beobachtbar?** Wie aus Antwort 9.2 mit herauszulesen ist, gibt es ein allgemein gültiges Kriterium dafür, dass der Austauschterm verschwindet, womit die Anti- bzw. Symmetrisierung für alle Beobachtungen folgenlos bleibt. Dafür genügt:

- dass die beiden 1-Teilchen-Zustände $\psi$ und $\varphi$ keinen Überlapp haben, und zwar in irgendeiner Koordinate – egal ob sie z. B. räumlich völlig getrennt sind oder festliegende unterschiedliche Spin-Einstellungen haben,[21]
- *und* dass der betrachtete Prozess (d. h. der Operator im Erwartungswert oder Matrix-Element) keine Übergänge dazwischen hervorrufen kann.[22]

In diesen Fällen kann man immer mit dem einfachen, *reduziblen* (aber prinzipiell gesehen „falschen“) Produkt-Zustand $\Psi(1,2) = \psi(1)\,\varphi(2)$ rechnen, denn es kommt das gleiche heraus wie mit dem „richtigen“, symmetrisch bzw. antisymmetrisch verschränkten Zustand.

**Identität makroskopisch folgenlos?** Damit kann auch verständlich werden, warum das bei Elementarteilchen so wichtige Phänomen der Ununterscheidbarkeit, mit seinen auch bis ins philosophische reichenden Konsequenzen, in der makroskopischen Welt nicht vorkommt. Zwei „Alltags-Teilchen“, auch wenn sie „mikroskopisch kleine“ Staubkörnchen sind, haben weit über (sagen wir, um eine Zahl zu greifen:) $10^{15}$ Atome. Da kann man mit dem gesunden Menschenverstand ausschließen, dass man sie in den gleichen inneren Zustand (analog dem parallelen Spin der beiden Elektronen in Frage 9.2) versetzen könnte, auch wenn sie sich makroskopisch gesehen ähneln mögen „wie ein Ei dem anderen“. Es genügt ja schon,

---

[21] Damit ist nicht der Fall mit Gesamtspin Null gemeint (der Singulett-Zustand), denn dort hat kein Teilchen eine feste Spinkoordinate, *beide* Teilchen müssen mit *beiden* Spin-Quantenzahlen $m_s = \pm\frac{1}{2}$ vorkommen (vgl. Drehimpuls-Kopplung, Kasten 7.5 auf S. 255).

[22] Das Coulomb-Potential kann z. B. in der nicht-relativistischen Schrödingerschen Wellenmechanik den Spin nicht umklappen.

dass ein einziger Operator, z. B. der für die Anzahl der Atome, für beide Körnchen verschiedene Eigenwerte annimmt. Ihre (inneren) Zustände sind dann nicht nur verschieden, sondern haben in dieser Koordinate auch keinen Überlapp. Und das bleibt auch so, denn keine normale Wechselwirkung kann sie wechselseitig mit kontrollierter Phase ineinander übergehen lassen, also verschränken. Das ist außer wegen der großen Teilchenzahl auch deswegen extrem unwahrscheinlich, weil solche Staubkörnchen eine ungeheuer große Anzahl innerer Freiheitsgrade haben, die sich (wegen der genau genommen doch schon makroskopischen Ausdehnung) auch noch mit vernachlässigbar geringer Energie anregen lassen (verglichen z. B. mit den $k_B T \approx \frac{1}{40}$eV im Alltag).

Es ist demnach die schiere Vielzahl verschiedener innerer Zustände, weshalb wir bei makroskopischen Dingen *sicher* sein dürfen, dass wir sie auch bei „völlig gleichem Aussehen" eindeutig auseinander halten können. Wie schon bei der statistischen Deutung des 2. Hauptsatzes der Thermodynamik, erweist sich hier eine weitere grundlegende Denkform in physikalischer Sicht als lediglich durch Wahrscheinlichkeiten abgesichert: Damals die Unumkehrbarkeit irreversibler Prozesse, also die Richtung des Zeitpfeils, nun die Unverwechselbarkeit der materiellen Dinge, also die Eindeutigkeit der Benennung.[23]

Sollte es aber dereinst möglich werden, den quantenmechanischen Zustand makroskopischer Objekte zu kontrollieren und damit solche Interferenzen auch im Alltag zu produzieren – kaum auszudenken! Der bereits viel genannte Quantencomputer wäre dann möglich. Die schon gelungenen Beispiele einer Bose-Einstein-Kondensation von $10^6$ Atomen bei $T = 10^{-9}$ K oder einer Quanten-Teleportation einzelner Photonen weisen in diese Richtung.[24]

Andererseits ist im Umkehrschluss eine beruhigende Anmerkung zu machen: *Dass* die mit der Ununterscheidbarkeit verknüpften Phänomene bei Photonen und Elektronen so deutlich werden, kann man als einen Hinweis darauf lesen, dass wir uns wirklich der unteren Grenze der Zahl der Freiheitsgrade und damit der Teilbarkeit der Materie nähern.

**Was heißt identisch? Physikalisch:** Diese ganze Behandlung wäre aber inkonsistent, wenn aufgrund der Bewegungsgleichung (nach Schrödinger, Dirac, ...) in einer symmetrischen Wellenfunktion ein antisymmetrischer Anteil entstehen könnte, oder umgekehrt. In einem konsistenten Bild muss dies dadurch ausgeschlossen sein, dass der Hamiltonoperator $\hat{H}$ mit dem Teilchenvertauschungsoperator $\hat{X}$ vertauschbar ist (damit der einmal vorhandene Eigenwert $+1$ oder $-1$ von $\hat{X}$ für alle Zeiten erhalten bleibt). Man hat dies als eine *Super-Auswahlregel* bezeichnet, weil sie einfach *alle* widersprechenden Prozesse verbietet.[25] Was heißt das für den Hamilton-

---

[23] z. B. auch die Eindeutigkeit von „deins" oder „meins"; oder noch einen großen Schritt weiter: die Eindeutigkeit von „ich" und „du", insoweit wir uns selbst ebenfalls als physikalische Objekte ansehen.

[24] einführend z. B. [90], [109]

[25] Es hätte auch das Wort *Erhaltungssatz* getan, denn der Symmetriecharakter $\pm 1$ bei Vertauschung identischer Teilchen ist eine Erhaltungsgröße wie Energie, Drehimpuls, Ladung etc. auch.

operator genauer? Dass seine Summanden für die einzelnen identischen Teilchen *mathematisch gleich* sein müssen (einschließlich ihrer Wechselwirkungen miteinander, aber natürlich abgesehen von der laufenden Nummerierung der Koordinaten). Daraus ergibt sich, dass der Begriff „Identische Teilchen" genau für die Teilchen zutrifft, für die selbst der vollständigste Hamiltonoperator der Welt (der also sämtliche möglichen Prozesse beschreiben könnte) keine unterschiedlichen Summanden enthalten würde:

Identisch ist, was sich durch *keinen Prozess* unterscheiden lässt.

**Was heißt identisch? Logisch:** Eigenschaften zusätzlich zu denen, die im Hamiltonoperator schon auftauchen, kann bzw. darf so ein Teilchen dann auch nicht haben, noch nicht einmal eine „lfd. Nummer". Auch folgt hieraus, dass verschiedene Exemplare identischer Teilchen in ihren Eigenschaften wie Masse, Ladung, $g$-Faktor etc. nicht nur im Rahmen der Messgenauigkeit übereinstimmen, sondern *mathematische Gleichheit* erfüllen müssen. Ein „fast gleich" kann es nicht geben [7]. (Da mag einen dann z. B. auch die bis zur 12. Dezimalstelle nachgewiesene Übereinstimmung der Anregungsenergien von Mössbauer-Kernen, die vielleicht aus verschiedenen Erdteilen stammen, nicht mehr so wundern, vgl. Abb. 6.6 auf S. 171.)

Die Antisymmetrie der Wellenfunktion hat zur Folge, dass die beiden Teilchen sich in *jeder nur denkbaren* Hinsicht gegenseitig vertreten können. Das ist auch in philosophischer Strenge der höchste Beweis der Identität, und stellt die Philosophie gleichzeitig vor ein Problem: Nach einem von G.W. Leibniz (Zeitgenosse Newtons und Erfinder der Differential-Rechnung in ihrer heute gewohnten Schreibweise) gefundenen logischen Prinzip **kann** es von derart „identischen" Dingen logisch gesehen gar nicht zwei „verschiedene" Exemplare geben.[26]

[26] Das *Prinzip der Identität der Ununterscheidbaren* – lat. *principium identitatis indiscernibilium* (*pii*) – wird so bewiesen (hier ohne den Formalismus umgangssprachlich ausgedrückt, formaler Beweis z. B. in [106]): Gegeben seien zwei Dinge $A$ und $B$, die bei Beobachtung *jeder* beliebigen Eigenschaft „$f$" identische Ergebnisse liefern. Schreibt man die Bestimmung der Eigenschaft wie eine mathematische Funktion, heißt das: $f(A) = f(B)$ *für jede beliebige Funktion* $f$. Das nehmen wir für diejenige Funktion $f_{\text{haec}}$ in Anspruch, die jedem Ding *es selbst und nur es selbst* zuordnet: $f_{\text{haec}}(X) = X$. Aus der Voraussetzung folgt $f_{\text{haec}}(A) = f_{\text{haec}}(B)$, und daraus dann $A = B$, oder: $A$ und $B$ ist *dasselbe* Ding. – Was kann daran „falsch" sein? Für die identischen Teilchen gibt es so ein $f_{\text{haec}}$ nicht. „*Genau dieses und kein anderes*" zu sein, ist keine ihrer Eigenschaften. Dass es in unserer Welt so etwas geben könne, hat man für undenkbar gehalten. Auch nach der Entdeckung dieser Tatsache (in Gestalt der identischen Teilchen mit nur symmetrischen oder antisymmetrischen Wellenfunktionen) vergingen noch Jahrzehnte, bis die Verletzung von *pii* (jedenfalls in seiner bis dato verstandenen Form) anerkannt wurde. *Haec* ist lateinisch für „*genau dieses da*", und diese den Elementarteilchen ermangelnde Eigenschaft heißt Häcceität. Daher ist genau genommen sogar schon der Eingangssatz der Frage unmöglich formuliert: Wenn von zwei (gleichen) Elementarteilchen die Rede ist, darf man sie nicht „$A$" und „$B$" nennen. Dies Verbot gilt dann übrigens auch für alle aus solchen Objekten zusammengesetzten Systeme. Das macht im Alltag nur deswegen keine Probleme, weil Alltagsdinge sich „immer" – wie oben schon angemerkt – in unterscheidbaren Zuständen befinden.

## 9.4 Zweite Quantisierung/Anfänge der Quanten-Feldtheorie

**Vakuum.** Nach den Vorbereitungen in Abschn. 9.2 können wir nun daran gehen, für die Welt ein so grundlegendes theoretisches Modell zu entwerfen, dass wir zunächst nur absolut leeren Raum voraussetzen und alles, was darin möglich sein soll, explizit einführen müssen. Zunächst haben wir also die Welt in ihrem Grundzustand zu benennen: Das „Vakuum" wird durch einen eigenen Zustandsvektor[27] $|\mathbf{O}\rangle$ gegeben.

### 9.4.1 Freie Teilchen im Vakuum

**Teilchen.** Als nächstes soll es Teilchen geben. So wie von den Photonen her schon etwas gewohnt, und bei der Quantenmechanik des Harmonischen Oszillators mit den Auf- und Absteigeoperatoren zum ersten Mal ausgeführt,[28] werden Elementarteilchen als gequantelte Anregungs-Zustände eines Feldes in diesem leeren Raum begriffen – daher der Name „Quanten-Feldtheorie". In welchem Zustand $|k\rangle$ sich ein erzeugtes Teilchen befinden soll, wird durch einen entsprechenden Erzeugungsoperator $\hat{a}_k^\dagger$ festgelegt: $|k\rangle = \hat{a}_k^\dagger\,|\mathbf{O}\rangle$. Mehrere Teilchen erhält man durch Anwenden weiterer Erzeugungsoperatoren. Vernichtung eines Teilchens im Zustand $|k\rangle$ wird – analog zum Absteigeoperator des Harmonischen Oszillators – durch den (zu $\hat{a}_k^\dagger$ hermitesch konjugierten) Vernichtungsoperator $\hat{a}_k^\dagger$ beschrieben. (Weitere Formeln siehe Kasten 9.2.)

Damit ist von Anfang an eingeführt: Elementarteilchen sind absolut ununterscheidbar und können überdies erzeugt und vernichtet werden.

**Boson oder Fermion?** Der ganze Unterschied Boson/Fermion ist in diesem Formalismus auf einfachste Weise darzustellen. Die Vertauschungsregeln (Kommutatoren bzw. Antikommutatoren), die man beim Rechnen mit diesen Operatoren ständig braucht, gelten einfach mit verschiedenen Vorzeichen:

Für Bosonen –, für Fermionen + :

$$\left[\hat{a}_A^\dagger, \hat{a}_B^\dagger\right]_\pm \equiv \hat{a}_A^\dagger \hat{a}_B^\dagger \pm \hat{a}_B^\dagger \hat{a}_A^\dagger = \begin{cases} 1 \text{ wenn } A = B \\ 0 \text{ wenn } A \neq B \end{cases}$$
$$\text{und} \left[\hat{a}_A^\dagger, \hat{a}_B^\dagger\right]_\pm = 0 \tag{9.4}$$

*A* und *B* sind zwei Zustände einer orthonormierten Basis. Ein Ergebnis 0 ist der Null-Operator, der jeden Zustandsvektor zum Nullvektor macht (nicht zum Vakuum-Zustand).

---

[27] Damit ist immer ein normierter Hilbertraum-Vektor gemeint, also $\langle\mathbf{O}|\mathbf{O}\rangle = 1$. Im Gegensatz dazu gibt es den Nullvektor $|0\rangle$, der aus jedem Vektor durch Multiplikation mit der Zahl Null hervorgeht und folglich die Norm $\langle 0|0\rangle = 0$ hat. In Formeln ist es daher gleich, ob $|0\rangle$ oder nur 0 geschrieben wird.

[28] Abschn. 7.6.2

**Kasten 9.2** Quanten-Feldtheorie – Basis-Zustände

Der Raum in seinem Grundzustand („Vakuum"): Zustandsvektor $|\mathbf{O}\rangle$, Normierung $\langle \mathbf{O}|\mathbf{O}\rangle = 1$

Anregung von 1 Teilchen durch Erzeugungsoperator: $|k\rangle = \hat{a}_k^\dagger\,|\mathbf{O}\rangle$
(Index $k$ sagt, in welchem Zustand $\varphi_k$ einer 1-Teilchen-Basis sich das erzeugte Teilchen befinden soll)

Ortsbasis: $\hat{\psi}^\dagger(\vec{r})$ erzeugt ein Teilchen am Ort $\vec{r}$: $|\vec{r}\rangle = \hat{\psi}^\dagger(\vec{r})\,|\mathbf{O}\rangle$
($|\vec{r}\rangle$ ist Eigenzustand zum Ortsoperator, das Teilchen soll die Wellenfunktion $\psi(\vec{r}\,') = \delta(\vec{r}\,' - \vec{r})$ haben.)

Wellenfunktion des Zustands $|k\rangle$ in alter Sprechweise: $\varphi_k(\vec{r}) = \langle \vec{r}|\vec{k}\rangle = \langle \mathbf{O}|\,\hat{\psi}(\vec{r})a_k^\dagger\,|\mathbf{O}\rangle$

Anregung eines weiteren Teilchens im Zustand $k'$: $|k', k\rangle = \hat{a}_{k'}^\dagger\,\hat{a}_k^\dagger\,|\mathbf{O}\rangle$, etc.

Vernichtung durch den zu $\hat{a}_k^\dagger$ hermitesch konjugierten Operator $\hat{a}_k$: $\hat{a}_k\,|k\rangle = |\mathbf{O}\rangle$

Vernichtung eines Teilchens, das gar nicht angeregt war: $\hat{a}_{k'}\,|k\rangle = 0$ (wenn $\varphi_k$ und $\varphi_{k'}$ orthogonal); immer gilt: $\hat{a}_k\,|\mathbf{O}\rangle = 0$ (= Null-Vektor bzw. Zahl Null).

Das Pauliprinzip z. B. ergibt sich dann so: Der untere Anti-Kommutator in Gl. (9.4) heißt ausgeschrieben

$$\hat{a}_A^\dagger \hat{a}_B^\dagger + \hat{a}_B^\dagger \hat{a}_A^\dagger = 0\,.$$

Setzt man hierin $A = B$, um zwei Fermionen im selben Zustand zu erzeugen, folgt $2\hat{a}_A^\dagger \hat{a}_A^\dagger = 0$. Das Ergebnis ist: $\hat{a}_A^\dagger \hat{a}_A^\dagger$ ist der Null-Operator.

**Nichts als Teilchen-Erzeugung und -Vernichtung.** Die weitere Ausarbeitung der 2. Quantisierung geht von der Idee aus, dass man den gesamten Hamiltonoperator (einschließlich Wechselwirkungen) durch die $\hat{a}$ und $\hat{a}^\dagger$ ausdrücken kann. Dann braucht man den Teilchen(-Koordinaten) keine Nummerierung zu geben, ja noch nicht einmal vorher festzulegen, wie viele Teilchen es im betrachteten System geben soll. Die Besetzungszahl $n_A$ eines bestimmten Zustands $A$ ist einfach eine weitere Messgröße; dafür gibt es den Teilchenzahloperator, der (für Fermionen und Bosonen) bequemerweise einfach $\hat{n}_A = \hat{a}_A^\dagger \hat{a}_A^\dagger$ heißt (aufgrund der genauen Normierungsfaktoren). Der Operator $\hat{n}_{\text{gesamt}}$ für die gesamte Teilchenzahl $n_{\text{gesamt}}$ fragt einfach alle Basiszustände ab. Er heißt (unabhängig von der Wahl der Basis): $\hat{n}_{\text{gesamt}} = \sum_A \hat{n}_A$.

## *9.4.2 Der Hamilton-Operator für freie Teilchen*

Wenn als 1-Teilchen-Zustände $|k\rangle$ gerade die Energie-Eigenzustände des 1-Teilchen-Systems gewählt werden – Eigenwerte mit $E(k)$ bezeichnet – , und $\hat{n}_k = \hat{a}_k^\dagger \hat{a}_k$ der Operator für die Besetzungszahlen dieser Zustände ist, und ferner von jeder

Wechselwirkung der Teilchen untereinander abgesehen wird,[29] dann ist

$$\hat{H}_{\text{freie Teilchen}} = \sum_k E(k)\, \hat{a}_k^\dagger \hat{a}_k \tag{9.5}$$

offenbar schon der Operator für die Gesamtenergie. Mithin ist dies der Hamilton-Operator für alle Systeme beliebig vieler freier Teilchen (einer Sorte) in beliebiger Verteilung auf die 1-Teilchen-Niveaus. Dabei muss die Summation in Gl. (9.5) über eine vollständige Basis der 1-Teilchen-Zustände laufen, damit beim Abzählen jeder Basiszustand genau einmal aufgerufen wird. Um Übereinstimmung mit der Realität freier Elektronen zu erhalten, wählt man z. B. die Basis der Impulseigenzustände ($\vec{p} = \hbar\vec{k}$, $E(k) = ((pc)^2 + (mc^2)^2)^{\frac{1}{2}}$). Die Summe in Gl. (9.5) meint dann natürlich zwei 3-dimensionale Integrale über all $\vec{k}$-Vektoren, je eins für die beiden Richtungen des Spins bezüglich einer beliebig gewählten $z$-Achse.

Genauso würde auch der Hamiltonoperator für freie Photonen aussehen, die als Quanten eines *anderen* Feldes im *selben* Vakuum erzeugt werden können und zur Unterscheidung mit einem anderen Buchstaben bezeichnet werden müssen:

$$\hat{H}_{\text{rad}} = \sum_p \hbar\omega_p\, \hat{c}_p^\dagger \hat{c}_p\,. \tag{9.6}$$

Der Laufindex aller Basis-Zustände ist mit $p$ abgekürzt und schließt auch die beiden Polarisationsrichtungen $\sigma$ ein. Im Vergleich zu Gl. (9.2) ist die Nullpunktsenergie $\sum \hbar\omega_p/2$ einfach weggelassen – sonst würde schon hier fürs Vakuum eine zwar konstante, aber unendliche Energie herauskommen: Eine erste Andeutung der noch bevorstehenden Schwierigkeiten des Verfahrens.

Für eine Welt, in der es Elektronen und Photonen, aber (noch) keine Wechselwirkung zwischen ihnen geben soll, wäre der Hamiltonoperator $\hat{H}_0 = \hat{H}_{\text{freie Elektronen}} + \hat{H}_{\text{rad}}$ richtig. Kein Elektron oder Photon würde jemals neu erzeugt oder vernichtet oder auch nur seinen Zustand ändern: Das Modell ist noch etwas realitätsfern.

### 9.4.3 *Mögliche Prozesse und der Hamilton-Operator mit Wechselwirkungen*

**Übergangsoperator.** Alle Prozesse, die in unserer Modell-Welt möglich sein sollen, müssen durch zusätzliche Summanden in den Hamilton-Operator eingeführt werden. Als Resultat eines Prozesses müssen Teilchen ihren Zustand geändert, d. h. *einen Übergang gemacht* haben. Dafür hält die 2. Quantisierung eine bestechend elegante Formulierung bereit, die vollständig auf zwei der grundlegenden Eigenschaften der Elementarteilchen beruht: ihrer Ununterscheidbarkeit und der Möglichkeit der Erzeugung und Vernichtung. Selbst wenn ein Teilchen sich nur von $A$

[29] auch nicht mit einem äußeren Feld (das ohnehin in diesem Gedankengang nicht vorkommen soll)

nach $B$ bewegen soll, beschreibt man das so, dass man bei $A$ eins vernichtet und bei $B$ eins (dasselbe?? – egal: ein identisches) erzeugt. Mit dem Vernichtungsoperator $\hat{a}_A$ und dem Erzeugungsoperator $\hat{a}_B^\dagger$ ist $\hat{H}_{\mathrm{WW}} = \hat{a}_B^\dagger \hat{a}_A$ der *Übergangs-Operator*, der ein Teilchen vom Zustand „$A$" in den Zustand „$B$" übergehen lässt.

Dies natürlich nur, wenn $\hat{H}_{\mathrm{WW}}$ auf einen Zustand angewendet wird, wo der Zustand $A$ mit mindestens einem Teilchen besetzt ist – sonst kommt schlicht Null heraus (als Zahl oder Nullvektor, nicht etwa das Vakuum mit seinem normierten Zustandsvektor).

**Quantensprung.** Erfreuliches Nebenergebnis: Mit der Formulierung durch den Übergangsoperator ist der mysteriöse „Quantensprung" in eine Form gebracht, in der es keine („überflüssigen") Fragen mehr geben kann, wo das Teilchen denn wohl *während* des Übergangs gewesen sei. Will man es wissen, muss man nachschauen – und dann spielt der Ort, wo man in dem betreffenden Teil des Experiments nachschaut, für den Übergang die Rolle des Endzustands „$B$".

**Wechselwirkungen einbauen.** Nun muss ein geeigneter Hamilton-Operator gefunden werden, der festlegt, welche Prozesse möglich sein und mit welchen Übergangsraten sie geschehen sollen. Es sei erinnert, dass in der Quantenmechanik in der vorher gewohnten Form der Hamilton-Operator gleichzeitig zwei Bedeutungen hat. Er drückt einerseits die Gesamt-Energie aus, und er bestimmt andererseits die zeitliche Entwicklung des Zustands, auf den er angewendet wird, z. B. die Übergangsamplitude zu einem beliebigen Endzustand, woraus die Goldenen Regel folgt (siehe Abschn. 6.1.2).

Um einen geeigneten Hamilton-Operator zu finden, wird in der früheren Form der Quantenmechanik gewöhnlich von der energetischen Bedeutung ausgegangen. Man fügt z. B. für je zwei geladene Teilchen einen Summanden $e^2/|\hat{\vec{r}}_1 - \hat{\vec{r}}_2|$ für die Coulomb-Energie hinzu, für die magnetische Wechselwirkung ein Glied[30] $e(\hat{\vec{j}} \cdot \vec{A})$ – Terme, wie sie aus den klassischen Formeln für die Energie eines Mehrteilchen-Systems abgelesen werden können.

In der 2. Quantisierung geht man von dem anderen Ansatzpunkt aus: Welche Prozesse sollen möglich sein? So stellte sich Fermi diese Frage 1933 bei der Suche nach einer Formulierung seiner neuen *Schwachen Wechselwirkung* in seiner Theorie des $\beta$-Zerfalls (siehe Abschn. 6.5.7). Nun gibt es aber eine so unüberschaubare Vielzahl möglicher Prozesse, insbesondere wenn viele Teilchen beteiligt sind, dass dies Vorgehen zunächst hoffnungslos erscheinen muss. Aber sehen wir uns trotzdem einmal an, wie solche Wechselwirkungs-Operatoren in den beiden einfachsten Fällen aussehen müssten.

**1 Elektron macht einen Quantensprung und sendet 1 Photon aus.** Der Übergangsoperator dazu ist

$$\hat{H}_{\mathrm{Emission}} = \hat{a}_{A'}^\dagger \hat{a}_A \hat{c}_p^\dagger \,. \tag{9.7}$$

[30] Skalarprodukt von Stromdichte und Vektorpotential

Er lässt das Elektron vom Zustand $A$ in den Zustand $A'$ springen und erzeugt dabei das Photon $p$. Soll das Elektron $A$ verschiedene Photonen emittieren können, muss der Hamiltonoperator eine Summe aller entsprechenden Übergangsoperatoren enthalten, jeder einzelne mit einem jeweils passend gewählten Endzustand $A'$ und einem passenden Gewichts-Faktor davor für die Übergangsamplitude. Summiert wird über die Photonen-Zustände $p$. Und sollen auch Elektronen, die gerade in anderen Zuständen als $A$ sitzen, Photonen emittieren dürfen, muss auch noch über alle solche Anfangszustände $A$ summiert werden. Der gesamte Wechselwirkungsoperator für den Vorgang Emission ist also eine Doppelsumme über Summanden wie Gl. (9.7), summiert über Indizes $p$ und $A$ (wobei $A'$ jeweils passend ergänzt wurde).

Zur Absorption gehört ebenso die Doppelsumme über alle Operatoren

$$\hat{H}_{\text{Absorption}} = \hat{a}_A^\dagger \hat{a}_{A'} \hat{c}_p \,. \tag{9.8}$$

**2 geladene Teilchen werden aneinander gestreut.** Aus ihren Anfangszuständen $A$, $B$ (z. B. wenn sie mit bestimmten Impulsen aufeinander zu fliegen) gehen sie dabei in Endzustände $A'$, $B'$ über, also muss der Übergangsoperator etwa wie

$$\hat{H}_{\text{Stoß}} = \hat{a}_{B'}^\dagger \hat{a}_B \hat{a}_{A'}^\dagger \hat{a}_A \tag{9.9}$$

aussehen. Halten wir zunächst die Anfangszustände $A$ und $B$ fest, muss natürlich wieder die Möglichkeit vieler verschiedener Endzustände in den Hamilton-Operator eingebaut werden. Das geschieht durch eine Summation über die Indizes $A'$ und $B'$, die so ausgewählt werden müssen, dass jeder einzelne der Summanden die Erhaltung von Energie und Impuls garantiert. Um auch den Teilchen in anderen Anfangszuständen als $A$ und $B$ die Erlaubnis zur Wechselwirkung zu erteilen, muss man auch über $A$ und $B$ summieren.

Da es sich um einen elastischen Stoß handelt,[31] entsprechen die Endzustände einfach verschiedenen Ablenkwinkeln $\vartheta$ bzw. Impuls-Überträgen $\Delta\vec{p} = \hbar\Delta\vec{k} = 2p\sin\vartheta$ (siehe Abschn. 2.2.1 und 5.1). In der Wirklichkeit treten sie mit verschiedenen Wahrscheinlichkeiten auf, müssen hier also verschiedene Übergangsamplituden bekommen. Jeder Summand der Form (9.9) muss daher noch mit einem geeigneten Faktor versehen werden, nämlich der aus Abschn. 5.3 schon bekannten Streuamplitude $f(\Delta p)$. Zusammen:

$$\hat{H}_{\text{Stoß}} = \sum_{\substack{A,A',B,B' \\ (\vec{p}_{A'}-\vec{p}_A=\vec{p}_B-\vec{p}_{B'}=\Delta\vec{p})}} f(\Delta p)\hat{a}_{B'}^\dagger \hat{a}_B \hat{a}_{A'}^\dagger \hat{a}_A \,. \tag{9.10}$$

Wirkt zwischen zwei (verschiedenen) Teilchen die Coulombkraft, wissen wir die Streuamplitude schon: $f(\Delta p) \propto 1/\Delta p^2$ (siehe Gl. (5.14) auf S. 130) Dies nehmen wir im nächsten Abschnitt zum Testfall für die ganze Entwicklung. Es zeigt sich nämlich bei näherer Ausarbeitung, dass man Wechselwirkungsoperatoren wie

---

[31] Für wirklich elementare Teilchen, für die hier das Vorgehen entwickelt wird, kann es ja keine inneren Anregungen, also inelastische Stöße geben.

Gl. (9.9) (und kompliziertere) im Hamiltonoperator gar nicht braucht, wenn man nur die beiden erstgenannten für Emission und Absorption (Gln. (9.7), (9.8)) nimmt und alles weitere der konsequenten Anwendung der quantenmechanischen Störungstheorie überlässt.

## 9.5 Der grundlegende Prozess der elektromagnetischen Wechselwirkung

**Das Vorhaben.** Wie sieht der Zusatz zum Hamilton-Operator der freien Teilchen aus, der die elektromagnetische Wechselwirkung beschreibt? Wie sich jetzt herausstellen wird, genügt das Einfügen eines elementaren Prozesses:

> Der elementare Prozess der elektromagnetischen Wechselwirkung ist das Erzeugen oder Vernichten eines Photons.

Alles Weitere, sogar auch das *elektrostatische Feld*, ergibt sich daraus. Dies bedeutet nichts weniger als die Behauptung, die moderne Physik könne erklären, *auf welche Weise* eine Ladung den umgebenden Raum so verändert, wie es der klassische Feldbegriff der Physik von Faraday seit 1835 postuliert.

**Erster Schritt.** Ausgangspunkt der Begründung ist, dass Absorption und Emission von Lichtquanten zweifellos zu den elektromagnetischen Wechselwirkungen von Elektronen gehören. Folglich muss ein für die Beschreibung geeigneter Hamilton-Operator *mindestens* den Prozess enthalten, dass ein Photon *entsteht* oder *verschwindet*, wobei ein Elektron, das schon vorhanden sein muss, seinen Zustand *ändert*, um die Erhaltung von Energie, Impuls und Fermionenzahl zu gewährleisten. Ein realistischer Hamilton-Operator muss für die elektromagnetischen Wechselwirkung demnach die oben eingeführten Terme $\hat{H}_{\text{Emission}} = \hat{a}_B^{\dagger} \hat{a}_A \hat{c}_p^{\dagger}$ und $\hat{H}_{\text{Absorption}} = \hat{a}_A^{\dagger} \hat{a}_B \hat{c}_p$ enthalten, mindestens. Photonenzustände $p$ und Elektronenzustände $A$ und $B$ müssen dabei alle physikalisch denkbaren Kombinationen durchlaufen. Denn was wir in diesem Hamilton-Operator nicht vorkommen lassen, wäre in der von uns modellierten Natur ausgeschlossen.

Für diese einzelnen Summanden nehmen wir – wie bei den freien Teilchen im vorigen Abschnitt – die Basis aller jeweiligen Impulseigenzustände (von Elektron und Photon) und lassen davon aber nur die Kombinationen zu, die dem Impuls- und Energie-Erhaltungssatz gehorchen. (Bei der gewählten Notation also für Emission und Absorption beide Male $\vec{p}_A = \vec{p}_B + \vec{p}_\gamma$ und $E_A = E_B + E_\gamma$. Genau genommen müssen auch alle Polarisation- bzw. Spin-Zustände mit durchlaufen werden, aber das wird hier zwecks Vereinfachung der Darstellung weg gelassen.) Außerdem muss noch eine *Kopplungskonstante* g eingefügt werden, die überhaupt die Stärke der Wechselwirkung angibt; schwerer nachzuvollziehen ein weiterer Faktor $(p_\gamma c)^{-\frac{1}{2}}$, der sich aus der länglichen Umrechnung der freien elektromagnetischen

Felder in Erzeugungs- und Vernichtungsoperatoren von Photonen ergibt (d. h. aus der „Quantisierung des freien Maxwell-Feldes").

Damit lautet der bisherige Ansatz, nun etwas vollständiger ausgeschrieben:

$$\hat{H}_{\mathrm{WW}} = \mathrm{g} \sum_{A,B,p}{}' \frac{1}{\sqrt{p_\gamma c}} (\hat{a}^\dagger_B \hat{a}_A \hat{c}^\dagger_p + \hat{a}^\dagger_A \hat{a}_B \hat{c}_p) \,. \tag{9.11}$$

Der Akzent am Summenzeichen soll daran erinnern, dass nur über die Kombinationen von Zuständen $A, B, p$ summiert wird, die der Energie-Impuls-Erhaltung genügen.

In jedem Summanden ist der Absorptionsterm das hermetisch konjugierte des Emissionsterms, so dass $\hat{H}_{\mathrm{WW}}$ und damit der ganze Hamiltonoperator $\hat{H} = \hat{H}_{\text{freies Elektron}} + \hat{H}_{\mathrm{rad}} + \hat{H}_{\mathrm{WW}}$ hermitesch wird, wie es sein muss.[32]

**Am Ziel.** Das ist alles. Es hat sich gezeigt, dass weitere Wechselwirkungsoperatoren nicht benötigt werden, um die beobachteten elektrodynamischen Vorgänge aller Art berechnen zu können (z. B. Emission, Absorption und Streuung von Licht und Gammastrahlung, magnetische Kräfte bis hin zur Anomalie der magnetischen Momente von Elektron und Myon, letzteres auf 12 Stellen genau). Auch das klassische Coulomb-Potential ergibt sich, wenn man mit diesem Hamiltonoperator die Energie zweier ruhender Ladungen ausrechnet. In quantenfeldtheoretischer Sichtweise ist das klassische elektrostatische Potential also eine *effektive Wechselwirkung*.

Schon mit diesem minimalen Ansatz ergibt sich die ***Quanten-Elektrodynamik*** (***QED***), eine Theorie, deren Genauigkeit in der Physik bisher unübertroffen ist. Dabei wird der Anschauung aber auch ein Problem zugemutet, das vielleicht genau so schwierig zu verdauen ist wie vorher der Welle-Teilchen-Dualismus der einfachen Quantenmechanik: Man muss die Teilchen neben den bisher bekannten „reellen" Zuständen auch in „virtuellen Zuständen" betrachten. Trotzdem ein großer Erfolg der Elementarteilchen-Physik! Der Weg dahin soll im Folgenden skizziert werden (siehe auch Kasten 9.3 „Quanten-Elektrodynamik (*QED*) –vereinfachter Einstieg, einfachste Prozesse").

## 9.6 Virtuelle Photonen

**Realer Ausgangspunkt.** Jedes reelle (d. h. „wirkliche", d. h. beobachtete) Teilchen mit Energie $E$, Impuls $\vec{p}$ und (Ruhe-)Masse $m$ befolgt stets und in Strenge die Energie-Impuls-Beziehung aus der Speziellen Relativitätstheorie:[33]

$$E^2 = (\vec{p}c)^2 + (mc^2)^2 \,. \tag{9.12}$$

[32] Das heißt alle seine Eigenwerte sind reell, und alle Prozesse können genau so schnell rückwärts ablaufen.

[33] Umgestellt gemäß $m^2c^2 = (E/c)^2 - (\vec{p})^2$ bedeutet diese Gleichung: Für jedes physikalische System kann man aus Energie $E$ und Impuls $p$ die Masse $m$ ermitteln. Sie ist die Norm des 4-Vektors $(E/c, \vec{p})$, eine Lorentz-invariante Größe.

**Kasten 9.3 Quanten-Elektrodynamik (vereinfachter Einstieg, einfachste Prozesse)**

**Ansatz:**
Zum Hamiltonoperator für freie Teilchen $\hat{H}_0$ tritt ein Wechselwirkungsoperator $\hat{H}_{\text{WW}}$, der die Möglichkeit der Erzeugung/Vernichtung ( $\hat{c}_p^\dagger/\hat{c}_p$) von Photonen beschreibt, wobei ein Elektron seinen Zustand ändern (*einen Übergang machen*) muss – sonst nichts. Operator für Übergänge zwischen Elektronen-Basiszuständen: $\varphi_A \to \varphi_{A'}$: $\hat{a}_{A'}^\dagger \hat{a}_A$
(„als ob das Elektron im Zustand $A$ kurz vernichtet und im Zustand $A'$ neu erzeugt worden wäre")

**Bestandteile** von $\hat{H}_{\text{WW}}$, offenbar notwendig:

$$\hat{H}_{\text{Emission}} = \hat{a}_{A'}^\dagger \hat{a}_A \hat{c}_p^\dagger \text{ und } \hat{H}_{\text{Absorption}} = \hat{a}_A^\dagger \hat{a}_{A'} \hat{c}_p$$

Dabei sind alle Kombinationen mit $\vec{p}_A = \vec{p}_{A'} + \vec{p}_\gamma$ und $E_A = E_{A'} + E_\gamma$ zugelassen (Energie/Impulserhaltung). Außerdem: eine (dimensionslose) Kopplungskonstante $\mathrm{g} = \sqrt{e^2/(4\pi\varepsilon_0\hbar c)} = \sqrt{1/137{,}036\ldots} \approx 0{,}08$,
sowie ein Faktor $1/\sqrt{p_\gamma c}$ (aus der Normierung der Wellenfunktionen).

**Minimaler Wechselwirkungsoperator:**

$$\hat{H}_{\text{WW}} = \mathrm{g} \sum_{A,B,p} \frac{1}{\sqrt{p_\gamma c}} (\hat{a}_{A'}^\dagger \hat{a}_A \hat{c}_{p^\dagger} + \hat{a}_A^\dagger \hat{a}_{A'} \hat{c}_p)$$

**Testfall 1: Rutherford-Streuung** $|A, B\rangle \to |A', B'\rangle$.

Mit Gliedern von $(\hat{H}_{\text{WW}})^2$ nur so zu erhalten: $\hat{H}_{\text{Absorption}} \hat{H}_{\text{Emission}} = \hat{a}_{B'}^\dagger \hat{a}_B \hat{c}_{\Delta p} \hat{a}_{A'}^\dagger \hat{a}_A \hat{c}_{\Delta p}^\dagger$

Das Photon ist nicht real zu sehen, sein Impuls $\Delta\vec{p} = \vec{p}_{A'} - \vec{p}_A = \vec{p}_B - \vec{p}_{B'}$ ist der Impulsübertrag.

Streuamplitude: $f = \sum_{X,Y,p} \frac{\langle A',B'|\hat{H}_{\text{WW}}|X,Y,p\rangle\langle X,Y,p|\hat{H}_{\text{WW}}|A,B\rangle}{E_{X,Y,p} - E_{\text{AB}}}$ (2. Ordnung Störungstheorie)

Darin sind nur 2 Summanden ungleich Null: $|X, Y, \vec{p}\rangle = |A', B, \Delta\vec{p}\rangle$ bzw. $|X, Y, \vec{p}\rangle = |A, B', -\Delta\vec{p}\rangle$
Resultat: $f = \mathrm{g}^2/(\Delta p)^2$. Das ist – wie es sein muss – die Fourier-Transformierte des Coulomb-Potentials (vgl. Born'sche Näherung Abschn. 5.4).

**Fazit**: $\hat{H}_{\text{WW}}$ enthält bereits die Wirkung des Coulomb-Potentials. (Für ruhende lokalisierte Teilchen kommt auch die klassische Coulomb-Energie richtig heraus.)

**Problem**: $\hat{H}_{\text{WW}}$ (in 1. Ordnung) enthält nur verbotene Prozesse, erst $\hat{H}_{\text{WW}}^2$ wieder erlaubte. Eine Beobachtung des Systems in einem der Zwischenzustände $|X, Y, \vec{p}\rangle$ würde den Energiesatz widerlegen. Das Photon darin kann nicht $E = pc$ gehorchen. Daher der Name „virtueller Zustand" bzw. „virtuelles Photon": es steht nur auf dem Papier, hat „virtuelle Realität". (Die virtuellen Photonen, die das Coulomb-Feld machen, sind z. B. longitudinal polarisiert.)

**Testfall 2: Compton-Effekt** $|A, p_\gamma\rangle \to |A', p'_\gamma\rangle$.

Zuständiger Summand von $\hat{H}_{\text{WW}}^2$: $\hat{H}_{\text{Compton}} = \hat{H}_{\text{Emission}} \hat{H}_{\text{Absorption}} = \hat{a}_{A'}^\dagger \hat{a}_B \hat{c}_{p'_\gamma}^\dagger \hat{a}_B^\dagger \hat{a}_A \hat{c}_{p_\gamma}$

Im Zwischenzustand $|B\rangle$ ein „virtuelles Elektron": $E_B^2 \neq (p_B c)^2 + (m_e c^2)^2$.

Trotzdem (*genauer gesagt: deswegen*) ergibt sich die richtige Begründung für die Klein-Nishina-Formel (1928).

Daher haben die einfachen Ansätze für $\hat{H}_{\text{Emission}}$ und $\hat{H}_{\text{Absorption}}$ aus dem vorigen Abschnitt einen gravierenden Konstruktionsfehler: Dort soll ein frei fliegendes Elektron ($m_{\text{e}} \neq 0$) ein Photon ($m_\gamma = 0$) absorbieren oder emittieren. Das kann aber in der Wirklichkeit nicht passieren, denn wenn das Elektron den Photonen-Impuls $p_\gamma$ aufnehmen (oder abgeben) soll, kann sich seine Energie nicht um $E = p_\gamma c$ ändern, wie vom Photon angeboten (das gilt immer – vgl. Compton- und Photo-Effekt in Abschn. 6.4.3 und 6.4.4 – , ist am einfachsten zu sehen im speziellen Bezugssystem eines einzelnen ruhenden Elektrons). Damit in $\hat{H}_{\text{Emission}}$ oder $\hat{H}_{\text{Absorption}}$ jeweils die Erhaltung von Energie und Impuls gewährleistet ist, können von den drei darin angesprochenen Zuständen (ein Zustand fürs Photon, zwei fürs Elektron) immer nur zwei im Einklang mit der Energie-Impuls-Beziehung der betreffenden Teilchenart gewählt werden, der dritte nicht. Das Matrixelement eines solchen Operators zwischen einem realen Anfangszustand und einem realen Endzustand ist immer Null; die erste Näherung der Störungstheorie, in der man den gesuchten Effekt mit den unveränderten Zuständen (also denen der Nullten Näherung) zu berechnen versucht (siehe Kasten S. 36), bringt hier kein Ergebnis. Wie erklärt sich, dass man trotzdem etwas Richtiges ausrechnen kann, wenn die Quanten-Elektrodynamik doch von so unmöglichen Grundlagen ausgeht? So:

**Näherung 2. Ordnung.** Man nimmt den Hamilton-Operator wie oben in Gl. (9.11) angegeben und berechnet damit aus der Schrödinger- (oder – siehe Abschn. 10.2 – aus der Dirac-) Gleichung die zeitliche Änderung eines Zustands, aber nun nicht nur bis zur linearen ersten Näherung, sondern weiter. Die Taylor-Entwicklung enthält ja auch höhere Ableitungen:

$$\Psi(t+\Delta t) = \Psi(t) + \frac{i}{\hbar}\hat{H}\Psi(t)\Delta t + \frac{1}{2!}\left(\frac{i}{\hbar}\hat{H}\right)^2 \Psi(t)\,(\Delta t)^2 + \ldots \tag{9.13}$$

Schon bei der 2. Ordnung, im Operator $\hat{H}^2 = (\hat{H}_0 + \hat{H}_{\text{WW}})(\hat{H}_0 + \hat{H}_{\text{WW}})$, tritt $\hat{H}_{\text{WW}}$ zweimal in Aktion. Dazwischen liegt die neue Welt der virtuellen Zustände.

**Ein virtuelles Photon …** $\hat{H}_{\text{WW}}$ ist nach Gl. (9.11) eine unendliche Summe *aller möglichen* Wechselwirkungs-Operatoren $\hat{H}_{\text{Emission}}$ und $\hat{H}_{\text{Absorption}}$. Wird sie mit sich selber multipliziert, treten *alle möglichen* Produkte von je zwei von ihnen auf. Betrachten wir z. B. den Summanden, in dem das Produkt

$$\hat{H}_{\text{Absorption}}\hat{H}_{\text{Emission}} = \hat{a}^\dagger_{B'}\hat{a}_B\hat{c}_{p\gamma}\hat{a}^\dagger_{A'}\hat{a}_A\hat{c}^\dagger_{p\gamma} \tag{9.14}$$

vorkommt (man beachte, dass die Zustands-Indizes fürs Photon gleich, für die Elektronen verschieden gewählt sind). Angewandt auf einen beliebigen Anfangszustand, wird hier in einem Zug ein Photon $p_\gamma$ erst erzeugt und gleich wieder vernichtet (Produkte von Operatoren muss man von rechts her lesen, das hat aber nicht direkt etwas mit einer zeitlichen Reihenfolge zu tun). Dies „intermediäre“ Photon taucht also in der Außenwelt gar nicht auf – ist „virtuell“ geblieben. Ohne in Widerspruch zu den beobachteten Tatsachen zu geraten darf man ihm gestatten, die Grundgleichung $E = p_\gamma c$ der *reellen* Photonen zu verletzen, und dann können alle 4 Elektronenzustände $A$, $B$, $A'$, $B'$ ohne weiteres im Einklang mit der Energie-Impuls-Beziehung

(Gl. (9.12)) gewählt werden – also reelle Elektronen beschreiben. Wozu kann das gut sein?

**... und seine reale Wirkung.** Der Stör-Operator in Gl. (9.14) enthält für Elektronen in den Zuständen $A$ und $B$ Vernichtungsoperatoren. Wenn er bei Anwendung auf einen 2-Teilchen-Zustand nicht eine Null erzeugen soll, muss er auf zwei Elektronen in genau diesen Zuständen treffen. Er enthält weiter zwei Elektronen-Erzeugungsoperatoren. Demnach beschreibt er den Prozess, in dem zwei Elektronen aus den (freien) Zuständen $A$ und $B$ in die (freien) Zustände $A'$ und $B'$ übergehen. Wegen der Verabredung, die Summe in $\hat{H}_{\text{WW}}$ (Gl. (9.11)) nur im Einklang mit Impuls- und Energie- Erhaltung zu bilden, gilt $\vec{p}_A = \vec{p}_{A'} + \vec{p}_\gamma$ und $\vec{p}_{B'} = \vec{p}_B + \vec{p}_\gamma$ , d. h. die Impulsänderungen $\Delta\vec{p} = \vec{p}_A - \vec{p}_{A'} \equiv \vec{p}_\gamma \equiv -(\vec{p}_{B'} - \vec{p}_B)$ sind entgegengesetzt gleich, und die Energieänderungen ebenso. Gesamt-Impuls $\vec{P} = \vec{p}_A + \vec{p}_B \equiv \vec{p}_{A'} + \vec{p}_{B'}$ und Gesamt-Energie sind folglich erhalten geblieben. Der ganze Prozess ist also nicht unmöglich. Vielmehr entspricht er ganz und gar der Elektronenstreuung, einer Standardsituation vieler Experimente. Nur hätte man das Ergebnis bis jetzt eher so ausgedrückt, dass zwischen den Teilchen ein Kraft-Feld existiert, das für den beobachteten Impulsübertrag $\Delta\vec{p}$ verantwortlich ist, während hier das intermediäre Photon $\vec{p}_\gamma = \Delta\vec{p}$, das nur auf dem Papier existiert hat, diese Rolle übernimmt. Näheres Ausrechnen zeigt nun, dass die Elektronen vermittels dieses intermediären Photons genau so aufeinander einwirken, *als ob* wirklich das Coulomb-Feld zwischen ihnen herrschte. Dabei hat – um es noch einmal zu sagen – der Hamilton-Operator gar keinen Summanden $V(r)$ für potentielle Energie enthalten.

**In Formeln.** Um dies nachzuprüfen, berechnet man die Übergangsamplitude $f$, die der Wechselwirkungsterm $\hat{H}_{\text{WW}}$ durch zweimaliges Anwenden zwischen den zwei „ungestörten" $\hat{H}_0$ -Eigenzuständen bewirken kann: zwischen dem Anfangszustand $|\Psi_{\text{ini}}\rangle = |A, B\rangle$ mit den beiden freien Elektronen (Zustände $A$ und $B$, Eigenwertgleichung $\hat{H}_0|\tilde{\Psi}_{\text{ini}}\rangle = E_{\text{ini}}|\tilde{\Psi}_{\text{ini}}\rangle$) und einem beliebig festgelegten Endzustand $|\Psi_{\text{fin}}\rangle = |A', B'\rangle$ zur selben Energie. Die Formel für diese Übergangs-Amplitude[34] ist in 2. Ordnung Störungstheorie

$$f = \sum_{\tilde{\Psi}_{\text{intermediär}}} \frac{\langle\Psi_{\text{fin}}|\hat{H}_{\text{WW}}|\tilde{\Psi}_{\text{intermediär}}\rangle\langle\tilde{\Psi}_{\text{intermediär}}|\hat{H}_{\text{WW}}|\Psi_{\text{ini}}\rangle}{E_{\text{intermediär}} - E_{\text{ini}}} . \tag{9.15}$$

Der Summationsindex ist hier mit $\tilde{\Psi}_{\text{intermediär}}$ bezeichnet und muss irgendeine Basis aller denkbaren $\hat{H}_0$-Eigenzustände durchlaufen, also die Zustände zu allen seinen möglichen reellen Energie-Eigenwerten gemäß

$$\hat{H}_0|\tilde{\Psi}_{\text{intermediär}}\rangle = E_{\text{intermediär}}|\tilde{\Psi}_{\text{intermediär}}\rangle .$$

---

[34] Im Fall $\Psi_{\text{ini}} = \Psi_{\text{fin}}$ ergibt die gleiche Formel (9.15) die durch $\hat{H}_{\text{WW}}\hat{H}_{\text{WW}}$ bewirkte Energieverschiebung $\Delta E$ des Niveaus $E_{\text{ini}}$, auch *Selbstenergie* genannt. Zur Herleitung dieser Formel konsultiere man ein Lehrbuch der Quantenmechanik.

Formal kommen sie *alle* als „Zwischenzustände" in Frage. Ihre Beiträge werden mit steigender Energiedifferenz ($E_{\text{intermediär}} - E_{\text{ini}}$) im Nenner immer geringer. Die meisten der Summanden in Gl. (9.15) sind allerdings ohnehin Null, weil mindestens eins der Matrixelemente im Zähler verschwindet. Nur solche Zwischenzustände tragen bei, die durch $\hat{H}_{\text{WW}}$ aus dem Anfangszustand $\Psi_{\text{ini}}$ erst hervorgebracht und dann, wiederum durch $\hat{H}_{\text{WW}}$, in den Endzustand $\Psi_{\text{fin}}$ übergeleitet werden können.[35] Hierzu müssen sie zusätzlich zu den beiden beteiligten Elektronen ein Photon enthalten, alle anderen scheiden aus. Auch die beiden Faktoren $\hat{H}_{\text{WW}}$ sind unendliche Summen (siehe Gl. (9.11)), und jeder ihrer Summanden kann immer nur an einem der beiden Elektronen den Impuls ändern. Um so von $\Psi_{\text{ini}}$ über $\tilde{\Psi}_{\text{intermediär}}$ nach $\Psi_{\text{fin}}$ zu kommen, muss das zusätzliche Photon in $\tilde{\Psi}_{\text{intermediär}}$ genau den Impuls haben, der von einem aufs andere Elektron übertragen werden soll. Daher bleibt von der ganzen Summe am Ende doch nur ein einziger Summand übrig, genauer: zwei Summanden, denn das intermediäre Photon kann den Impuls $\Delta\vec{p} = \vec{p}_A - \vec{p}_{A'}$ vom Teilchen $|A\rangle$ nehmen und zu $|B\rangle$ „bringen", oder den umgekehrten Impuls $-\Delta\vec{p} = \vec{p}_{A'} - \vec{p}_A$ von $|B\rangle$ zu $|A\rangle$. Im ersten Fall heißen die beiden relevanten Summanden der $\hat{H}_{\text{WW}}$ genau so wie in Gl. (9.9), im anderen Fall haben die Operatoren mit Indizes $A$, $A'$ ihre Plätze mit denen für $B$, $B'$ vertauscht.[36]

**Entstehung des Coulomb-Felds.** Rechnet man die Streu-Amplitude (9.15) aus, zeigt sich eine charakteristische Abhängigkeit vom Impulsübertrag. Im Nenner steht $E_{\text{intermediär}} - E_{\text{ini}} = E_\gamma = \Delta p\, c$, und zwei weitere Faktoren $\sqrt{\Delta p\, c}$ werden noch von den beiden Operatoren $\hat{H}_{\text{WW}}$ beigesteuert, siehe Gl. (9.11). Genau durchgerechnet ergibt sich die Übergangsamplitude zu

$$f = \mathrm{g}^2 \frac{1}{(\Delta p)^2} . \tag{9.16}$$

In Worten: Wenn virtuelle Photonen eine Wechselwirkung zweier geladener Teilchen vermitteln, dann wird dabei der Impuls $\Delta p$ mit einer Amplitude proportional zu $(\Delta p)^{-2}$ übertragen. Das ist aber genau das Charakteristikum des Coulomb-Potentials (vgl. Abschn. 5.4.2). Der Streuwirkungsquerschnitt z. B. wird dann $\mathrm{d}\sigma/\mathrm{d}\Omega \propto |f|^2 \propto (\Delta p)^{-4} \propto \sin^{-4}(\vartheta/2)$, wie beim Rutherford-Versuch. Damit auch quantitativ das gleiche herauskommt wie in Abschn. 5.4, muss die Kopplungskonstante $\mathrm{g} = \sqrt{\alpha}$ gesetzt werden, und die Feinstrukturkonstante $\alpha = \frac{e^2/(4\pi\varepsilon_0)}{\hbar c} = 1/137{,}036\ldots$ erweist sich endgültig als der charakteristische Parameter für die Stärke der elektromagnetischen Wechselwirkung.

Fazit: Die Rechnung mit dem Austausch virtueller Photonen stimmt vollständig mit den bekannten Folgen eines Coulomb-Felds überein. Fermi hat dies 1931 alles als erster ausgerechnet [69], nicht nur für den Fall der Streuung freier Teilchen sondern auch für lokalisierte Teilchen in Ruhe. Für die elektrostatische Energie er-

---

[35] Hier sieht man deutlich, wie die 2. störungstheoretischer Näherung von denjenigen Zuständen ausgeht, die der Störoperator in 1. Näherung aus den Zuständen der Nullten Näherung hervorbringt.

[36] Da nicht nur einer sondern zwei Operatoren die Plätze wechseln, ändert sich das Vorzeichen dieser zweiten Übergangsamplitude auch für Fermionen nicht.

hielt er dabei genau das Coulomb-Potential, einschließlich des durch die Ladungen bestimmten Vorzeichens.

**Identische Teilchen.** Ein kurzer Seitenblick auf die identischen Teilchen, deren eigentümliches Verhalten wir bisher noch ignoriert haben. Seit Abschn. 5.7 wissen wir, dass in diesem Fall auch die Rutherford-Formel nicht mehr stimmt, sondern durch Interferenzterme zwischen den beiden aufeinander einwirkenden Teilchen ergänzt werden muss. In der neuen Berechnungsweise mit der störungstheoretischen Summe (Gl. (9.15)) ergibt sich das von selbst. Bei verschiedenen Teilchen $A$ und $B$ sind als intermediäre Zustände mit einem virtuellen Photon nur $|A, B'\rangle$ und $|A', B\rangle$ möglich, bei identischen Teilchen aber auch die beiden Zustände $|A, A'\rangle$ und $|B, B'\rangle$, denn es kann ja mit gleichem Ergebnis das Elektron von $B$ in $A'$, und das von $A$ in $B'$ übergegangen sein. An Stelle der intermediären Photonen mit Impulsen $\Delta\vec{p} = \pm(\vec{p}_{A'} - \vec{p}_A)$ sind dann Photonen mit $\Delta\vec{p}_{\text{exch}} = \pm(\vec{p}_{B'} - \vec{p}_A)$ ausgetauscht worden. Daher tragen in Gl. (9.15) weitere zwei Summanden bei. Hieraus entsteht automatisch die kohärente Überlagerung der Streuamplitude von Target und Projektil, wie in Abschn. 5.7 mit Begriffen der einfachen Wellenmechanik dargestellt. Die beiden zusätzlich zuständig gewordenen Summanden aus der Doppelsumme $\hat{H}_{\text{WW}}\hat{H}_{\text{WW}}$ unterscheiden sich von den beiden früheren nur dadurch, dass die beiden Erzeugungsoperatoren $\hat{a}^{\dagger}_{A'}$ und $\hat{a}^{\dagger}_{B'}$ die Plätze vertauscht haben. Da dies bei Fermionen gleichbedeutend mit einem Vorzeichenwechsel ist (siehe Kommutator (9.3)), wird schon dadurch die Amplitude $f$ zu einer kohärenten *Differenz* aus zwei Gliedern (bei Bosonen: Summe), und es kommt am Ende die richtige Winkelverteilung heraus, als ob man mit den (anti-)symmetrisierten Wellenfunktionen von Abschn. 5.7 gerechnet hätte.

**Klassisches Feld?** Das ganze ermöglicht nun eine fundamentale Umdeutung der klassischen Begriffe von Kraftfeld und Potential. Als grundlegend erscheint die Fähigkeit der Elektronen, Photonen zu erzeugen und zu vernichten (nichts Anderes steht im Wechselwirkungsoperator (9.11) explizit drin). Das klassisch bekannte Coulombsche Kraftfeld bzw. elektrostatische Potential ergibt sich dann aus der Quanten-Feldtheorie schon von selbst.

**Frage 9.3.** *Aber: die Coulomb-Kraft wird doch* nicht wirklich *durch hin- und her fliegende Photonen erzeugt, oder? Die hätte man doch mal beobachten müssen?*

**Antwort 9.3.** *Völlig richtig. Auch in der obigen Darstellung fliegen die Photonen* nicht wirklich, *sondern treten nur in der Formel für Übergänge (und Verschiebung der Energieerwartungswerte) auf, soweit die elektromagnetische Wechselwirkung dafür verantwortlich ist. Da sich aber so anschaulich mit diesen Photonen argumentieren lässt, übersetzt man das* „nicht wirklich“ *ins Latein und nennt sie: „virtuelle Photonen“ oder „Photonen in virtuellen Zuständen“.*

Dabei haftet den virtuellen Photonen keinerlei Mangel an, wenn man von der Verletzung der für reelle Photonen gültigen Energie-Impuls-Beziehung absieht. Die Erzeugungs- und Vernichtungs-Operatoren machen nämlich keinen Unterschied zwischen ihnen.

**Compton-Effekt und Erzeugung reeller Photonen.** Dies kann man z. B. am Compton-Effekt sehen, der auch in der großen Doppelsumme für $\hat{H}_{\text{WW}}\hat{H}_{\text{WW}}$ mit Gliedern nach Gl. (9.14) steckt, nur dass man sich jetzt auf das Produkt anderer Summanden konzentrieren muss. Es müssen ja ein Elektron $A$ und ein Photon $p_{\gamma 1}$ erst vernichtet und dann (in anderen Zuständen $(B, p_{\gamma 2})$ neu erzeugt werden:

$$\hat{H}_{\text{Compton}} = \hat{H}_{\text{Emission}}\hat{H}_{\text{Absorption}} = \hat{a}^{\dagger}_{B}\hat{a}_{C}\hat{c}^{\dagger}_{p\gamma 2}\hat{a}^{\dagger}_{C}\hat{a}_{A}\hat{c}_{p\gamma 1}\,. \tag{9.17}$$

Je einer der Elektronen-Operatoren $\hat{a}$ und $\hat{a}^{\dagger}$ muss folglich die Indizes $A$ bzw. $B$ tragen, und die Indizes der beiden anderen müssen einander gleich sein, damit dieser ganze Operator nicht stets Null ergibt. Denn es muss das im ersten Schritt erzeugte Elektron $\hat{a}^{\dagger}_{C}$ sein (Operatorenprodukte von rechts lesen!), was im zweiten Schritt vernichtet wird ($\hat{a}_{C}$). Dies Elektron ist hierbei das intermediäre Teilchen, das nur auf dem Papier existiert und einen virtuellen Zustand $C$ einnehmen darf (und muss). Es überträgt Energie und Impuls der beiden vernichteten auf die beiden neu erzeugten Teilchen und man beachte, dass es immer dieselben Operatoren sind wie oben bei der Coulomb-Streuung, die in diesen Formeln je nach den Umständen reelle oder virtuelle Teilchen – seien es Elektronen oder Photonen – erzeugen und vernichten.

Allerdings muss wieder gesagt werden, dass die Darstellung hier in vielem vereinfacht ist. Die mit den Messungen so gut übereinstimmenden Ergebnisse kommen erst heraus, wenn man für die Elektronen statt der schlichten Wellenfunktion den 4-komponentigen Dirac-Spinor ansetzt (siehe Abschn. 10.2), und auch alle virtuellen Zustände negativer Energie mitnimmt. Dann sind Spin und magnetische Wechselwirkung und vor allem die Möglichkeit von Antiteilchen schon automatisch mit berücksichtigt. Überflüssig zu sagen, dass hieraus die Klein-Nishina-Formel für Wirkungsquerschnitt und Winkelverteilung der Photonen folgt [184], die erste, die exakt mit den Messungen am Compton-Effekt übereinstimmte (Abschn. 6.4.3), was seinerzeit (1930) mit erheblichem Gewicht dafür sprach, dass man die in Diracs Theorie unvermutet aufgetauchten Zustände negativer Energie nicht ignorieren sollte. Mit dieser Erweiterung kommt auch für gestreute Elektronen die Winkelverteilung gegenüber der Rutherford-Formel etwas modifiziert heraus (*Mott-Streuung*), genau so wie sie mit wirklichen Elektronen auch wirklich beobachtet wird.[37]

**Auch ohne virtuelle Austausch-Teilchen?** Auch die Quantisierung des Maxwell-Felds sieht im Einzelnen komplizierter aus als oben vorgestellt: Nur wenn man sie streng relativistisch durchrechnet (*Lorentz-Eichung* $c\,\text{div}\vec{A} - \partial\Phi/\partial t = 0$), ergeben sich auch die Feldquanten, die das Coulomb-Feld „machen". Es sind Photonen, die longitudinal polarisiert oder sogar skalar sind, also als freie (transversale) elektromagnetische Wellen wirklich nicht vorkommen können.

Häufig wird in Lehrbüchern und Original-Arbeiten stattdessen die *Coulomb-Eichung* $\text{div}\vec{A} = 0$ benutzt, die diese Photonen von vornherein ausschließt. Dann

[37] Die Rutherford-Formel gilt nach wie vor exakt, aber nur für voneinander verschiedene, spinlose, nicht-relativistische Teilchen.

muss man im Hamilton-Operator das elektrostatische Potential $\Phi(\vec{r}, t)$ extra aufführen, wie früher. Dass man bei der Elektrodynamik diese zwei gleichwertigen Konzepte nutzen kann, ist aber eher die Ausnahme. Als das grundlegende von beiden ist das Konzept der Wechselwirkung der elementaren Fermionen durch Austausch von virtuellen Bosonen anzusehen, denn es hat sich auch in der Schwachen und der Starken Wechselwirkung bewährt, wo das Potential ein nur noch näherungsweise brauchbarer Begriff ist (siehe Kap. 12 und 13).

**Pferdefuß.** Es kann als ein großer Erfolg der Modernen Physik gelten, auf diese Weise das Kraft-Feld, einen der grundlegenden Begriffe der klassischen Physik, neu zu verstehen. Dennoch vergingen bis zur breiteren Anerkennung weitere 20 Jahre, denn diese Erklärung war mit gravierenden Inkonsistenzen erkauft. Eine von ihnen liegt auf der Hand: Von der Störungstheorie wurden bisher nur einige der Glieder der 2. Ordnung betrachtet, der niedrigsten, die überhaupt ein Resultat bringt. Es wäre aber unlogisch, nicht auch nach den anderen Gliedern und denen der höheren Näherungen zu fragen. Ob deren Beiträge klein ausfielen oder groß – in jedem Fall wäre das gute Zwischenergebnis gefährdet. Tatsächlich stellten sich diese Summanden schon sehr bald als *unendlich groß* heraus.

Eine Ursache hierfür ist an der entsprechenden Fortsetzung der Taylor-Entwicklung der Schrödinger-Gleichung (9.13) über das quadratische Glied hinaus zu erkennen. Bei höheren Näherungen bekommt man es mit höheren Potenzen der Absorptions- und Emissions-Operatoren zu tun, also mit der Möglichkeit von noch mehr und komplizierteren virtuellen Zwischenzuständen. Zusammenfassend werden sie *Strahlungs-Korrekturen* genannt. Die Vielfach-Integrale, die bei ihrer Berechnung vorkommen, divergieren. Doch auch schon in der 2. Ordnung tauchten unendliche Resultate auf, wenn man nach Gl. (9.15) die Strahlungskorrektur für die Energie eines ruhenden Elektrons oder sogar nur des Vakuumzustands ausrechnete. Ungeachtet der Sinnlosigkeit solcher insgesamt unendlicher Zahlenwerte zeigte sich an einzelnen Summanden der divergierenden Formeln, dass sich die Strahlungskorrekturen auf verschiedene Zustände unterschiedlich auswirken, also zu möglicherweise beobachtbaren Verschiebungen oder Aufspaltungen von Energie-Niveaus führen ***könnten***. Dies war ein Ansporn zu immer genaueren Messungen am theoretisch wie experimentell am besten zugänglichen System, dem H-Atom. 1946 wurden auf der ersten, nur dreitägigen Physiker-Konferenz nach dem 2. Weltkrieg in den USA gleich zwei Beobachtungen vorgestellt, die solche Abweichungen von der bisherigen Theorie zeigten. Es begann eine fieberhafte Suche nach den geeigneten Methoden, aus den divergierenden Integralen genau die Anteile heraus zu filtern, die diese neuen Ergebnisse richtig wiedergaben. Dafür wurde auch eine intuitive graphische Sprache entwickelt: die im folgenden Abschnitt beschriebenen Feynman-Diagramme. Sowohl die bald erzielte Präzision bei der Erklärung der beobachteten Anomalien als auch die Anschaulichkeit ihrer Bildersprache waren sensationell und machten die Quanten-Elektrodynamik schnell berühmt.

## 9.7 Feynman-Graphen

Für die Wechselwirkungsprozesse in der Quanten-Feldtheorie führte Richard Feynman 1950 eine exakte Bildersprache ein. Diese Feynman-Graphen oder Feynman-Diagramme sind so anschaulich, dass man schon den Ablauf des Prozesses darin zu erkennen glaubt, obwohl sie genau genommen nur die Operatoren $\hat{H}_{\text{Emission}}$ und $\hat{H}_{\text{Absorption}}$ und alle ihre möglichen Produkte graphisch darstellen. Mit Hilfe einfacher Regeln (den „Feynman-Regeln", s. u. Abschn. 9.7.5) kann aus diesen Diagrammen auch die vollständige Formel für die betreffende quantentheoretische Übergangsamplitude abgelesen werden, und dies in jeder störungstheoretischen Ordnung.

### 9.7.1 Elementare Prozesse

Zunächst in Abb. 9.1a die Symbole für die beiden Arten von Teilchen in einem ihrer stationären ungestörten Basiszustände. Welcher der Zustände gemeint ist, wird oft durch einen Index $p$ bzw. $q$ angegeben, der bei freien Teilchen immer den Impuls (genau genommen, den 4-Impuls $(E/c, \vec{p})$ etc.) und gegebenenfalls auch alle anderen inneren Quantenzahlen enthält, z. B. für den Spin. Die beiden Diagramme (b) und (c) stehen für die elementaren Prozesse der elektromagnetischen Wechselwirkung. (b) zeigt den Feynmangraph für $\hat{H}_{\text{Emission}} = \hat{a}^\dagger_{p-q}\hat{a}_p\hat{c}^\dagger_q$. Das einlaufende

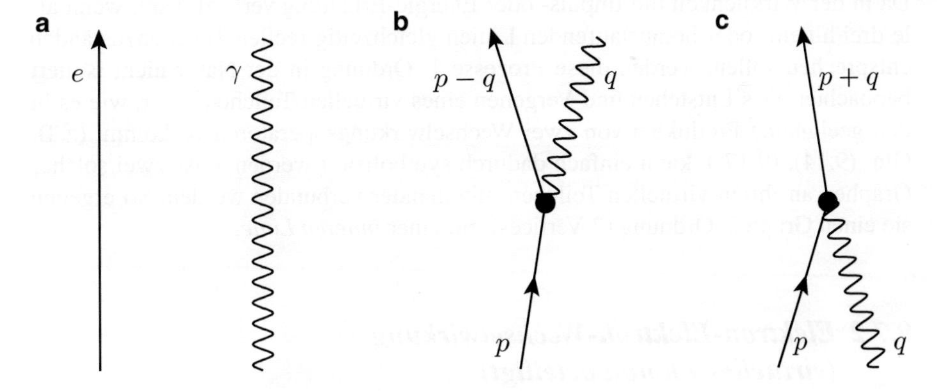


**Abb. 9.1** Die einfachsten Feynman-Diagramme. Der Zeitverlauf ist von unten nach oben zu denken, d. h. unten ist der Anfangszustand, oben der Endzustand. **a**: Die Diagramme der ungestörten Zustände („Nullte Ordnung Störungstheorie"): Eine *gerade Linie* repräsentiert ein Elektron (allgemein: ein Fermion) in einem bestimmten Zustand, eine Wellenlinie ein Photon. **b**: Emission: Der *dicke Punkt – Vertex* – symbolisiert eine Wechselwirkung. Das Elektron $p$ erzeugt ein Photon $q$ und geht dabei in ein Elektron $p-q$ über. **c**: Absorption: Das Elektron $p$ absorbiert im Vertex ein Photon $q$ und geht dabei in ein Elektron $p+q$ über. Die letzten beiden Diagramme gehören zur Störungstheorie 1. Ordnung. Die Indizes $p \pm q$ sollen an die Nebenbedingung der Erhaltung von Energie und Impuls erinnern

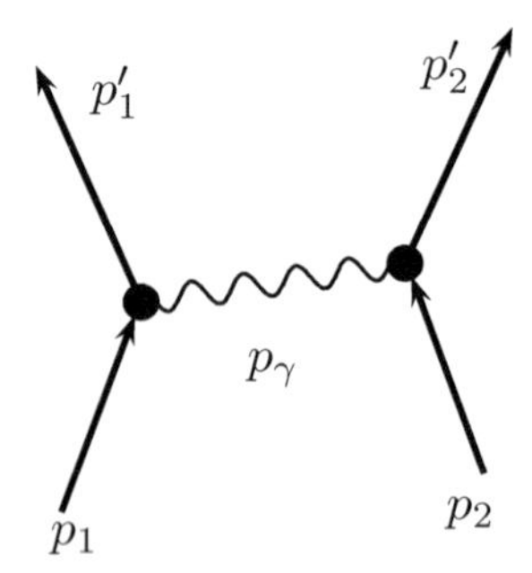


**Abb. 9.2** Das Photon hat eine ***innere Linie***. Sie erstreckt sich von einem Vertex zum anderen und charakterisiert das Austausch-Teilchen in seinem virtuellen Zustand, wo die Bedingung $E_\gamma = cp_\gamma$ ungestraft missachtet werden darf. Sein Impuls und seine Energie erfüllen die Erhaltungssätze an jedem Vertex, $\vec{p}_1' - \vec{p}_1 = \vec{p}_\gamma = \vec{p}_2 - \vec{p}_2'$ und $E_1' - E_1 = E_\gamma = E_2 - E_2'$. Nur die oben und unten in das Diagramm hinein- oder aus ihm herauslaufenden ***äußeren Linien*** müssen reellen Teilchen entsprechen!

Elektron $(p)$ erzeugt im Vertex ( • ) ein Photon $(q)$ und fliegt im Zustand $(p-q)$ weiter. (c) zeigt den Feynmangraph für $\hat{H}_{\text{Absorption}} = \hat{a}^\dagger_{p+q}\hat{a}_p\hat{c}_q$. Symbolisiert wird die Reaktion eines einlaufenden Elektrons $(p)$ mit einem einlaufenden Photon $(q)$. Im Vertex wird das Photon absorbiert, das Elektron läuft mit Impuls $(p+q)$ aus. Die Diagramme sollen von unten nach oben gelesen werden: Unten sieht man den Anfangszustand, am *Vertex*-Punkt den Prozess oder die Wechselwirkung, und oben das Resultat.[38]

Dies sind die beiden Graphen 1. Ordnung (weil sie genau 1 Vertex enthalten). Da in der Wirklichkeit die Impuls- oder Energie-Erhaltung verletzt wäre, wenn alle drei hinein- oder herauslaufenden Linien gleichzeitig reellen Teilchenzuständen entsprechen sollen, werden diese Prozesse 1. Ordnung in der Natur nicht isoliert beobachtet. Das Entstehen und Vergehen eines virtuellen Teilchens aber, wie es in den geeigneten Produkten von zwei Wechselwirkungsoperatoren vorkommt (z. B. Gln. (9.14), (9.17)), kann einfach dadurch symbolisiert werden, dass zwei solcher Graphen an ihrem virtuellen Teilchen miteinander verbunden werden. So ergeben sie einen Graph 2. Ordnung (2 Vertices) mit einer *inneren Linie*.

### 9.7.2 Elektron-Elektron-Wechselwirkung (virtuelles Photon beteiligt)

Das Photon überträgt in Abb. 9.2 auf der inneren Linie genau die Energie und den Impuls auf das zweite Teilchen, die es vom ersten Teilchen erhalten hat. Die Neigung der Photonen-Linie deutet an, dass es erst vom Teilchen $p_1$ erzeugt und dann vom Teilchen $p_2$ absorbiert wurde. Natürlich muss man für die Berechnung auch die Übergangsamplitude desjenigen Diagramms berücksichtigen, in dem das Photon

[38] In manchen Büchern ist der Zeitverlauf in den Feyman-Graphen von links nach rechts.

den umgekehrten Weg nimmt, mit entgegengesetzt großem Energie- und Impuls-Übertrag, um denselben Endzustand herbeizuführen. In der Praxis werden solche Paare von Feynman-Graphen daher in einem einzigen mit einer horizontalen Wellenlinie für das Austauschteilchen zusammengefasst. Mit diesem Diagramm kann man nicht nur die Streuung von geladenen Teilchen aneinander berechnen, sondern auch – bei zwei Ladungen mit verschiedenem Vorzeichen – ihre gebundenen Zustände, also z. B. das H-Atom.

Wenn man im Diagramm die Indizes $p'_1$, $p'_2$ vertauschen würde, hätte man im Fall identischer Teilchen denselben Endzustand. Die zu diesem *Austausch*-Diagramm gehörende Übergangsamplitude muss durch kohärente Überlagerung berücksichtigt werden, das sichern die Feynman-Regeln, die bei Fermionen auch das richtige Minus-Zeichen ergeben (vgl. oben und Abschn. 5.7).

## 9.7.3 Elektron-Photon-Wechselwirkung (virtuelles Elektron beteiligt)

Als drittes Beispiel realer Prozesse wird in Abb. 9.3 der Compton-Effekt dargestellt, also die Streuung von Elektronen und Photonen aneinander.

## 9.7.4 Photonen-Emission (virtuelles Elektron und virtuelles Photon beteiligt)

Abbildung 9.4 zeigt den einfachsten Graphen für den Prozess, der am Anfang der ganzen Konstruktion stand, die Erzeugung eines (reellen) Photons ($p_\gamma$) durch die Zustandsänderung eines Elektrons. Der Prozess muss deshalb so kompliziert konstruiert werden, weil die beiden Teilchen im Endzustand beobachtbar, also reell sind, und folglich im letzten Vertex mit einem virtuellen Teilchen verbunden sein („gekoppelt") sein müssen. Dieses kann nur durch eine vorhergehende Wechselwir-

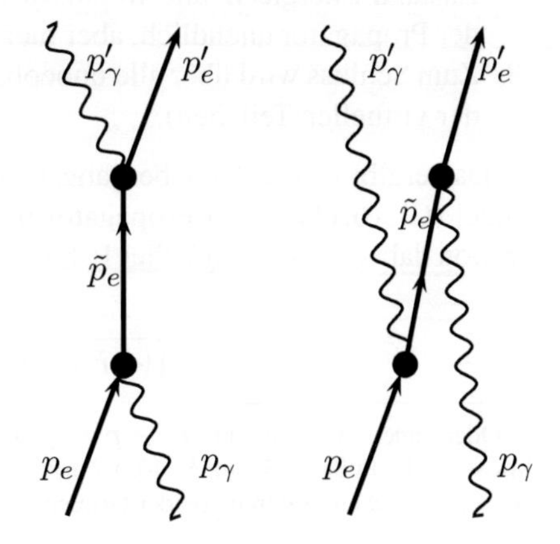


**Abb. 9.3** Compton-Effekt: Zwei Feynman-Diagramme vom selben Anfangszustand ($p_e$, $p_\gamma$) zum demselben Endzustand ($p'_e$, $p'_\gamma$). Beide Amplituden müssen addiert werden. Das Elektron durchläuft einen virtuellen Zustand $\tilde{p}_e$

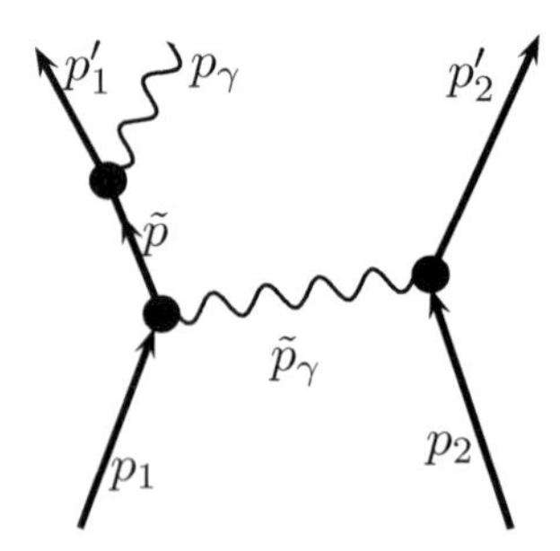


**Abb. 9.4** Erzeugung eines reellen Photons. Das Diagramm gilt sowohl für Bremsstrahlung als auch für Emission im gebundenen System aus einem angeregten Zustand heraus. Photonen-Emission ist also ein Prozess 3. Ordnung und benötigt mindesten 2 Teilchen. Auch hier gibt es mehrere äquivalente Diagramme zu berücksichtigen

kung mit einem weiteren Feld entstanden sein, hier durch das Feld eines anderen Teilchens ($p_2$) – ein elementares Teilchen allein kann eben kein Photon emittieren (siehe auch Abschn. 6.4).

### *9.7.5 Feynman-Regeln*

**Einfaches Rezept.** Die Feynman-Regeln, mit denen man die Graphen in die Formeln zur Berechnung der Übergangsamplitude übersetzt, sehen in einfachster Näherung ausgedrückt wirklich simpel aus (zur nächst genaueren Stufe der Formulierung siehe z. B. [87, Abschn. 6.3]):

1. Jeder Vertex bringt den Faktor *Kopplungskonstante* g und eine $\delta$-Funktion, die bei der späteren Integration in Regel 3 die Erhaltung von Energie und Impuls erzwingt.
2. Jede innere Linie bringt einen Faktor namens *Feynman-Propagator* $[(E^2 - p^2c^2) - m^2c^4)]^{-1}$.
   (Darin $m$ die (reelle) Masse des Austauschteilchens, das in seinem virtuellen Zustand Energie $E$ und Impuls $p$ hat. Für Teilchen in reellen Zuständen wäre der Propagator unendlich, aber hier gilt ja $E^2 \neq p^2c^2 + m^2c^4$![39])
3. Zum Schluss wird über alle unbeobachteten Variablen integriert (z. B. über $E$, $p$ der virtuellen Teilchen).

Das ergibt schon das Übergangsmatrix-Element zum Einsetzen in die Goldene Regel (Gl. (6.11)). Vom Propagator bleibt wegen der $\delta$-Funktionen nach der Integration dabei nur ein einfacher Faktor übrig, der **Energie-Nenner**:

$$\frac{1}{\left[(\Delta E)^2 - (\Delta \vec{p})^2 c^2\right] - m^2c^4} . \tag{9.18}$$

[39] Oder anders ausgedrückt: $E^2 - p^2c^2 \neq m^2c^4$, d. h. die zu $E$, $p$ gehörige Lorentz-invariante Masse (siehe Fußnote 33 auf S. 403) stimmt mit $m$ nicht überein, der Propagator ist der Kehrwert der quadratischen Differenz beider Größen.

Darin ist $m$ die Masse des Austauschteilchens und $\Delta E$ und $\Delta \vec{p}$ die wirklichen Überträge von Energie und Impuls zwischen den beiden reellen wechselwirkenden Teilchen.

**Feynman-Propagator.** Der Feynman-Propagator (oder einfach Propagator) ist zu einem Schlüsselbegriff zur Beschreibung einer Wechselwirkung geworden, z. B. für die Form und Reichweite der wirkenden Kraft. Man sieht das schnell bei der Winkelverteilung nach einem elastischen Stoß, weil dann (im Schwerpunkt-System) $\Delta E = 0$ festliegt und bei Beobachtung unter einem bestimmten Winkel $\vartheta$ auch $\Delta \vec{p}$ nur einen bestimmten Wert haben kann: $|\Delta \vec{p}| = 2p \sin(\vartheta/2)$ (siehe Abb. 3.7 auf S. 62). Bis auf konstante Faktoren (die Kopplungskonstanten) gibt also der Propagator selbst schon die Streuamplitude $f(\Delta p)$ an, die wir (in Gl. (5.10), S. 128) als die Fourier-Transformierte des wirkenden Potentials kennen gelernt haben.

Zwei Beispiele sind hier von grundlegender Bedeutung:

- Erfolgt die Wechselwirkung durch ein masseloses Austauschteilchen, ist in Gl. (9.18) $m = 0$, und folglich
$$f(\Delta p) \propto \frac{1}{(\Delta p)^2}\,.$$
Das war (in Abschn. 5.4.2 und Gl. (5.14)) gerade für den Rutherford-Versuch, also Streuung an einem Coulomb-Potential, herausgekommen.
- Erfolgt die Wechselwirkung durch ein massives Austauschteilchen, ist $m > 0$, und aus Gl. (9.18) folgt
$$f(\Delta p) \propto \frac{1}{(\Delta p)^2 + m^2c^2}\,. \tag{9.19}$$
Das war (in Abschn. 5.4.2 und Gl. (5.13)) gerade für die Streuung an einem abgeschirmten Coulomb-Potential herausgekommen, wenn dessen Reichweite-Parameter $a = \hbar/(mc)$ gesetzt wird. (Das ist – nicht zufällig – die zur Masse $m$ gehörende Compton-Wellenlänge, siehe Gl. (6.29) auf S. 200).
In dieser Argumentation deutet sich an, wie die Formeln der Quanten-Elektrodynamik sich modifizieren lassen und dann Wechselwirkungen beschreiben können, die scheinbar ganz andere Eigenschaften haben: die Schwache und die Starke Wechselwirkung.[40]

**Höhere Näherungen.** Die oben gezeigten Beispiele einfacher Graphen sind leicht durch weitere – komplizierter vor allem aufgrund größerer Anzahl von Vertices – zu erweitern. Zur Berechnung der gesamten Übergangsamplitude von einem (vorgegebenen) Anfangs- zu einem (vorgegebenen) Endzustand müssen grundsätzlich *alle* erdenklichen Graphen berücksichtigt werden, die diese beiden Zustände miteinander verbinden. Dazu gehören sogar auch solche Graphen, wo ein einzelnes Elektron zwischendurch sein selbst erzeugtes virtuelles Photon wieder einfängt. Anfangs- und Endzustand selbst müssen natürlich reellen Teilchen entsprechen, alles dazwischen darf (oder muss sogar) virtuell sein.

---

[40] Siehe z. B. in Abschn. 11.1.1, wie sich aus dieser Beobachtung die Yukawa-Hypothese zur kurzreichweitigen Kernkraft entwickelt.

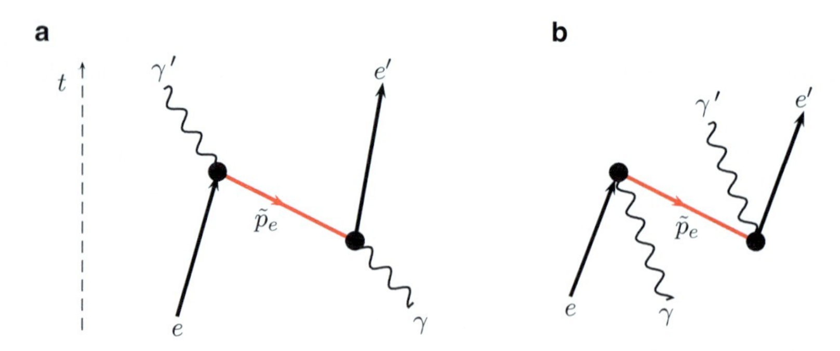


**Abb. 9.5** Feynman-Diagramme für den Compton-Effekt $\gamma + e \rightarrow \gamma' + e'$ mit Einschluss virtueller Antiteilchen. Der *rote Teil der Fermionen-Line* bedeutet ein in der Zeit *vorwärts* laufendes Positron in einem virtuellen Zustand. Nur wenn auch solche Bilder (nach den Feynman-Regeln in Formeln übersetzt) mitgerechnet werden, wird Übereinstimmung mit den Experimenten erreicht. **a**: Der *links* dargestellte Prozess beginnt mit der Erzeugung eines Elektron-Positron-Paars durch das einlaufende reelle Photon $\gamma$. Im späteren Vertex vernichtet sich das (virtuelle) Positron mit dem einlaufenden Elektron $e$, wobei ein(!) Photon $\gamma'$ entsteht. **b**: Der *rechts* dargestellte Prozess beginnt im früheren Vertex (siehe Zeitpfeil $t$) mit einer ***Vakuum-Fluktuation***, der spontanen Erzeugung eines Elektrons $e'$, eines Photons $\gamma'$ und eines Positrons aus dem Nichts. Elektron und Photon bilden den beobachteten Endzustand des Compton-Prozesses. Das (virtuelle) Positron vernichtet sich im späteren Vertex mit den beiden einlaufenden Teilchen $e$ und $\gamma$

**Eine Warnung.** Ein Feynman-Graph lässt in verführerischer Anschaulichkeit den physikalischen Prozess aussehen wie ein Bild von Trajektorien mit Wechselwirkungen an wohlbestimmten Orten und Zeiten. Aber Vorsicht: Jede Linie vertritt eine in Ort und Zeit unendlich ausgedehnte ebene Welle, und für die Berechnung muss über alle Örter, Zeiten und mögliche Reihenfolgen der Vertices integriert werden. Zum Beispiel heißt das für die beiden Diagramme zum Compton-Effekt in Abb. 9.3, dass sie auch in den Formen mitgezählt werden müssen, in denen die beiden Vertices wie in Abb. 9.5 ihre zeitliche Reihenfolge umgekehrt haben.

## 9.7.6 Antiteilchen

**Wenn Teilchen rückwärts laufen.** In Abb. 9.5 scheint das Elektron in seinem virtuellen Zwischenzustand gegen die normale Zeitrichtung zu laufen. Das kann aber auch anders gedeutet werden: Da in der Schrödinger-Gleichung die Größen $E$ und $t$ immer im Produkt vorkommen, kann das negative Vorzeichen der Zeit ersatzweise als negative Energie dieses Zwischenzustands gesehen werden. Dass es solche Zustände negativer Energie geben könnte, war von Dirac in der relativistischen Quantenmechanik schon 1928 entdeckt worden (siehe auch Abschn. 6.4.3 und 10.2). Um zu erklären, warum nicht alle Elektronen in diesen tiefer liegenden Zuständen verschwänden, erfand er (1930) die vollbesetzte Unterwelt und fand heraus, dass man einzelne unbesetzte Zustände darin als Antiteilchen bemerken würde. Tatsächlich stellte sich um 1950 heraus, dass man auf dies Bild besser verzichtet und stattdessen – auf Feynmans Vorschlag – die Antiteilchen als eigene Teilchensorte einführt, deren mögliche Zustände sich durch die Spiegelung von *Ladung, Raum und Zeit* (Operation $\hat{C}\,\hat{P}\,\hat{T}$) aus den Zuständen der Teilchen ergeben. Das wird in Abschn. 10.2.6 ausführlich dargestellt. In den elementaren Wechselwirkungsoperatoren für Emission und Absorption eines Photons (Gln. (9.7), (9.8)) muss man dazu die Vernichtung eines Elektrons ($\hat{a}$) durch die Erzeugung eines Positrons ($\hat{b}^\dagger$) ersetzen, und/oder analog $\hat{a}^\dagger$ durch $\hat{b}$. In den Feynman-Diagrammen wird daher jedes Stück einer Fermionen-Linie mit abwärts gerichtetem Pfeil als ein Antiteilchen interpretiert, das sich mit *positiver* Energie und – entgegen dem intuitiven grafischen Symbol – in der Zeit „ganz normal" *vorwärts* bewegt.

**Vakuum-Fluktuationen.** Die beiden Graphen zur Compton-Streuung in Abb. 9.5a,b geben daher folgende Abläufe wieder:

(a) Erst verwandelt sich ein Photon $\gamma$ in ein $e^+e^-$-Paar, wobei das Positron in einem virtuellen Zustand landet und sich danach mit dem einlaufenden Elektron in ein neues reelles Photon $\gamma'$ (nur eins!) vernichtet. Dieses Photon und das reelle Elektron aus dem im ersten Schritt erzeugten Paar bilden den beobachtbaren Endzustand.

(b) Im Vakuum entstehen spontan ein Photon *und* ein $e^+e^-$-Paar. Das Photon und das Elektron werden als $\gamma'$ und $e'$ im Endzustand beobachtet, müssen also in reellen Zuständen sein. Virtuell ist daher wieder das Positron, welches mit den beiden einlaufenden (reellen) Teilchen $\gamma$ und $e$ den umgekehrten Prozess durchmacht, womit nun richtig alle drei verschwunden sind.

Nicht nur Teilchen in virtuellen Zuständen müssen für möglich erachtet werden, sondern also auch solche *Vakuum-Fluktuationen*, soll die Theorie zur Übereinstimmung mit den Messwerten gebracht werden. Es sei noch einmal gesagt: Die vollständigen Formeln der Störungstheorie (Integrale über Zeit und Raum) geben nur dann die experimentell gefundenen Ergebnisse wieder, wenn auch Prozesse wie die hier gezeigten mit eingerechnet werden. Man hat sich daher daran gewöhnt (gewöhnen müssen), von ihnen so zu sprechen als ob sie *wirklich vorkämen* – aber in prinzipiell nicht isoliert beobachtbarer Form. Dass dies eines gedanklichen Kraftakts bedarf, ist schon ein Jahrzehnt vorher am ganz ähnlichen Problem des Tunneleffekts lange hin und her bewegt worden. Alle *Gedanken-Experimente*, die in Göttingen (Heisenberg, Born), Kopenhagen (Bohr) und auf vielen Konferenzen durchdiskutiert wurden, endeten damit, dass man keinen Widerspruch zu *beobachtbaren Tatsachen* konstruieren konnte. Schwierigkeiten bestanden zweifellos, aber eben nur in den Köpfen.

**Vernichtungsstrahlung.** Damit können wir jetzt auch den Prozess der Teilchen-Antiteilchen-Vernichtung als Feynman-Diagramm zeichnen, (Abb. 9.6). Man beachte, dass die Fermionenlinie in Pfeilrichtung zusammenhängt, wobei das mittlere Stück als innere Linie einen virtuellen Zustand beschreibt, der je nach zeitlicher Orientierung von dem Teilchen oder dem Antiteilchen eingenommen wird. Da man für die Berechnung der Übergangsamplitude ohnehin beide Möglichkeiten berücksichtigen muss, findet man diese beiden Graphen fast immer gleich zu einem zusammengefasst (mit einer horizontalen inneren Linie, um jede Präferenz einer der beiden Interpretationen zu verwischen).

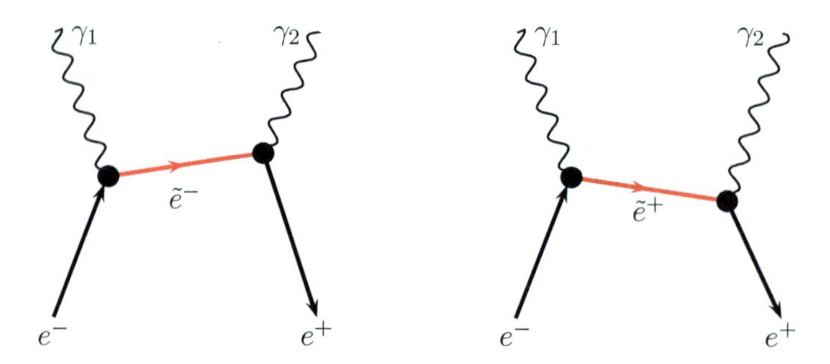


**Abb. 9.6** Feynman-Diagramme für Paar-Vernichtung $e^+ + e^- \to \gamma_1 + \gamma_2$. Der *rote Teil der Fermionen-Line* bedeutet je nach Orientierung des Pfeils zur Zeitachse ein virtuelles Elektron bzw. Positron. In die Berechnung der Übergangsamplitude müssen beide Fälle eingehen

**Paar-Erzeugung.** Für die Paar-Erzeugung braucht man die Graphen von Abb. 9.6 nur auf den Kopf zu stellen (oder den gedachten Zeitpfeil umzudrehen). Dann entstehen hier aus zwei Photonen zwei geladene Fermionen, die sich (wegen der durchlaufenden Fermionen-Linie) zueinander verhalten wie Teilchen und Antiteilchen. Was hat das mit der Elektron-Positron-Paarbildung durch ein *einzelnes* $\gamma$-Quant ab $E_\gamma = 2m_e c^2 = 1{,}02$ MeV zu tun, die in Abschn. 6.4.5 ausführlich diskutiert wurde? Es ist tatsächlich genau dieser Prozess; das zweite $\gamma$-Quant wird von der nahen Kernladung $Ze$ beigesteuert. Es hat keine Energie, aber Impuls; es ist ein virtuelles Photon. Könnte man es nur bewerkstelligen, (reelle) hochenergetische $\gamma$-Quanten in genügender Dichte genügend scharf zu fokussieren, dann wäre dieser Prozess zweifellos auch nachweisbar: ein folgenreicher Stoß zweier $\gamma$-Quanten im Vakuum.

**Gelenkige Feynman-Graphen.** Die beiden elementaren Diagramme der Wechselwirkung (Abb. 9.1b,c) unterschieden sich nur in der Zeitrichtung für das Photon. Nun haben wir gesehen, dass man auch die anderen beiden Arme am Vertex nach unten oder oben klappen darf, wobei ein nach unten gerichteter Pfeil als das Erkennungsmerkmal für das entsprechende Antiteilchen zu nehmen ist. Für drei Arme in je zwei Stellungen gibt es insgesamt $2^3 = 8$ Kombinationen. In den voranstehenden Abbildungen können sechs von ihnen an den einzelnen Vertices wiedererkannt werden.

**Frage 9.4.** *Welche zwei der acht elementaren Diagramme kommen in Abb. 9.1–9.5 noch nicht vor?*

**Antwort 9.4.** *Die beiden mit einem Positron als durchlaufendem Teilchen. Sie unterscheiden sich von den ersten beiden Graphen (Abb. 9.1b,c) nur dadurch, dass die Pfeile an den Elektronen-Linien nach unten weisen.*

In jedem dieser acht Diagramme können die beiden Fermionen-Linien längs der Pfeile in einem Sinn durchlaufen werden, in zusammengesetzten Diagrammen daher ebenso – das entspricht exakt der Erhaltung der Fermionen-Anzahl (Teilchen minus Antiteilchen).

**Ein symmetrischer Hamilton-Operator.** Wegen der Symmetrie zwischen Teilchen und Antiteilchen müssen zu allen acht elementaren Diagrammen (jeweils mit gleicher Energie-Impuls-Bilanz gewählt) exakt die gleichen Übergangsamplituden gehören. Für den Hamilton-Operator der Wechselwirkung heißt die absolute Gleichwertigkeit der Prozesse mit Erzeugung bzw. Vernichtung von Teilchen bzw. Antiteilchen, dass man die gemeinsame Kopplungskonstante ausklammern und die acht Summanden so zusammenfassen kann (zur Vereinfachung einmal ohne die Indizes für die Zustände geschrieben, über die noch zu summieren ist):

$$\hat{H}_{\mathrm{WW}} = \mathrm{g}(\hat{a}^\dagger + \hat{b})(\hat{c}^\dagger + \hat{c})(\hat{a} + \hat{b}^\dagger) \tag{9.20}$$

$\hat{a}^\dagger, \hat{a}$ : Erzeugung/Vernichtung eines Elektrons,

$\hat{b}^\dagger, \hat{b}$ : Erzeugung/Vernichtung eines Positrons,

$\hat{c}^\dagger, \hat{c}$ : Erzeugung/Vernichtung eines Photons,

g : Stärkefaktor für den Typ der Wechselwirkung ,

Beobachtbar sind diejenigen Kombinationen der elementaren Prozesse, die mit Teilchen in reellen Zuständen beginnen und enden (die unteren Anfänge bzw. oberen Enden äußerer Linien im Feynman-Diagramm). Am Pfeil (nach oben oder unten) ist zu erkennen, ob es sich dabei um Teilchen oder Antiteilchen handelt.

**Konvergenz der höheren Näherungen.** Alle diese Feynman-Diagramme können nach den Feynman-Regeln eindeutig (zurück-)übersetzt werden in Formeln für die Übergangsamplitude aller möglichen Prozesse, die von der elektromagnetischen Wechselwirkung verursacht werden. Für die Berechnung einer messbaren Übergangswahrscheinlichkeit muss das Absolutquadrat der Amplitude gebildet und noch mit dem statistischen Faktor multipliziert werden, der die Zahl der im Experiment mitgezählten möglichen Endzustände bemisst (vgl. Goldene Regel, Gl. (6.11) auf S. 166). Jeder Vertex bringt (für die Amplitude) den Faktor $\mathrm{g} = \sqrt{\alpha} = \sqrt{1/137{,}036\ldots} \approx 0{,}08$. Das Hinzufügen weiterer, durch innere Linien verbundener Vertices entspricht dann einfach der Berücksichtigung einer höheren störungstheoretischen Ordnung. Die Zahl möglicher Diagramme zwischen denselben Anfangs- und Endzuständen steigt mit jedem weiteren Vertex schnell an, jedoch wird der Beitrag des Graphen mit jedem zusätzlichen Faktor $\mathrm{g} \ll 1$ kleiner.[41] Die überragend genauen Ergebnisse der Quanten-Elektrodynamik kommen zustande, indem man z. Zt. bis etwa zur 8. Ordnung rechnet, und dabei alles, aber wirklich alles, was die Teilchen machen können (einschließlich virtueller Prozesse der Schwachen und der Starken Wechselwirkung siehe Kap. 12 und 13), mitnimmt. Für das anomale magnetische Moment von Elektron und Positron ist so bereits eine 12-stellige Genauigkeit erreicht worden (siehe Abschn. 14.1).

[41] sofern das Integral nicht divergiert – siehe folgenden Abschnitt *Renormierung*

## *9.7.7 Renormierung*

**Eine zweifelhafte Theorie?** Mit Einführung der Antiteilchen als eigener Sorte Teilchen ist die naive Diracsche Unterwelt zwar aus den Formeln verschwunden, die Probleme aber nicht. Statt der Unterwelt voller reeller Teilchen mit Energien bis $-\infty$ und daher auch unendlicher Dichte sind es nun dieselben Teilchen in virtueller Gestalt, die in den Berechnungen von Übergangsamplituden und Energieniveaus in allen Ordnungen der Störungstheorie zu divergierenden Integralen führen. Schon die drei einfachsten Feynman-Graphen für ein einzelnes Teilchen enthalten *Schleifen*, die unendliche Integrale ergeben (siehe Abb. 9.7). Wie oben erwähnt, verhinderte dieser Missstand fast 20 Jahre lang die Anerkennung der elektrodynamischen Quanten-Feldtheorie, trotz der vielversprechenden Teilergebnisse.

**Abhilfe 1: „Gekonntes Ignorieren“.** Um diesen Unendlichkeiten beizukommen, wurde schon 1934 das mathematisch-physikalische Konzept der *Renormierung* vorgeschlagen und Ende der 1940er Jahre wesentlich von Julian Schwinger und Richard Feynman vervollkommnet (Nobelpreise 1965). Der Grundgedanke kann hier nur angedeutet werden: Die bloße *Möglichkeit* zur elektromagnetischen Wechselwirkung hat Rückwirkungen auf die Eigenschaften eines einzelnen isolierten Elektrons; die Eigenschaften eines nicht wechselwirkenden Elektrons kann man folglich eigentlich gar nicht kennen. Daher ist nicht gesagt, dass die einfache Linie für das Elektron, wenn es keine Wechselwirkung macht (Abb. 9.1a, aber auch die hinein- oder hinauslaufenden Elektronen-Linien bei den anderen Graphen), genau

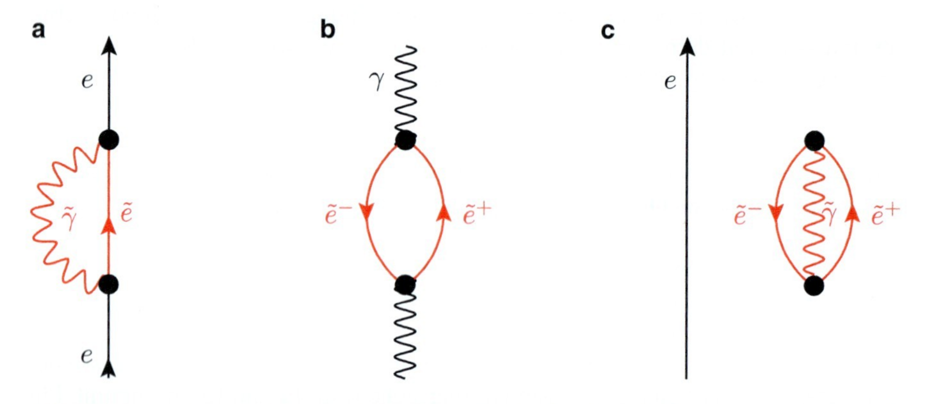


**Abb. 9.7** Die einfachsten Feynman-Diagramme für ein einzelnes Teilchen. Bei Anwendung der Feynman-Regeln führen solche *Schleifen-Diagramme* zu divergierenden Integralen. **a**: Selbstenergie (2. Ordnung): Das einzelne Elektron $e$ geht in ein virtuelles Elektron $\tilde{e}$ und ein virtuelles Photon $\tilde{\gamma}$ über, die sich anschließend wieder zum Elektron in seinem ursprünglichen Zustand zurückverwandeln. **b**: Vakuumpolarisation (2. Ordnung): Das einzelne Photon $\gamma$ geht in ein virtuelles Elektron-Positron-Paar über, das sich anschließend wieder zum Photon in seinem ursprünglichen Zustand zurückverwandelt. **c**: Vakuum-Fluktuation (2. Ordnung): Im Vakuum entstehen spontan ein Elektron, ein Positron und ein Photon, alle in virtuellen Zuständen, und vernichten sich wieder. Das auch anwesende (reelle) Elektron $e$ bleibt unbeeinflusst

das Elektron bezeichnet, wie wir es kennen; diese Linien könnten ein fiktives Teilchen bedeuten, das „nackte Elektron“. Es gibt aber kein Elektron, bei dem man die elektromagnetische Wechselwirkung abgeschaltet hätte um den „wahren“ Wert seiner („nackten“) Masse und Ladung zu messen.[42] Wir können ja nur „angezogene“ Elektronen kennen, inmitten der von ihnen selbst oder spontan im Vakuum erzeugten Wolke virtueller Quanten um sich herum, wie sie in Abb. 9.7a,c dargestellt sind. Gemessene Werte für Masse und Ladung beziehen sich folglich nicht auf die einfache Elektronen-Linie in Nullter Ordnung Störungstheorie, sondern schließen die Beiträge solcher Graphen wie Abb. 9.7a,c mit ein, und alle dazugehörigen höheren Ordnungen (mit 4, 6, ... Vertices in beliebiger Verbindung) auch.

Nun können wir aber daraus immer noch nicht auf die Eigenschaften des „nackten“ Elektrons zurückschließen, denn die Berechnung der entsprechenden Integrale ergibt unendlich. Dennoch liegt die Lösung überraschend nahe, wenn man sich vergegenwärtigt, auf welch fundamentalem Niveau der Konstruktion von Teilchen und Wechselwirkungen wir uns hier bewegen. Dann kann man das Problem nämlich vom Kopf auf die Füße stellen: Wenn eine isolierte Linie der Nullten Ordnung ein wechselwirkungfreies Elektron wiedergeben soll, kann sie nicht dem wirklichen („angezogenen“) Elektron entsprechen. Die Linien für wirkliche Elektronen müssten die Diagramme 9.7a,c bereits enthalten, und zwar in dieser 2. Ordnung und allen höheren auch. All diese Diagramme braucht man demnach gar nicht mehr zu berücksichtigen, wenn man in den übrigen Diagrammen die Elektronen-Linien immer als schon angezogene Elektronen interpretiert. Für das Photon, das nach Abb. 9.7b „zeitweilig“ die Gestalt eines virtuellen Elektron-Positron-Paares annimmt, gilt das gleiche. Weil hier – wenn auch nur im virtuellen Zustand – im Vakuum elektrische Ladungen auftauchen, nennt man dies die *Vakuum-Polarisation*.

Der erste Schritt der Renormierung besagt folglich: Lasse einfach alle Diagramme unbeachtet, in denen Teile wie in Abb. 9.7 vorkommen. Der begriffliche Ausgangspunkt dieser Überlegung ist offenbar: Wir sind auf dem Weg zu den elementaren Prozessen der Wechselwirkung so weit vorgedrungen, dass wir deren Objekte (die Elektronen und Photonen) nicht mehr einfach als gegeben und unabhängig von ihren Möglichkeiten zur Wechselwirkung ansehen dürfen.[43] In die fundamentale Theorie der elektromagnetischen Wechselwirkung, die wir aufstellen wollen, dürfen wir als elementaren Baustein nicht das Elektron einsetzen, wie wir es in Messungen kennen gelernt haben, denn seine messbaren Eigenschaften kommen z. T. nur so zustande, weil es diese Wechselwirkung gibt.

**Abhilfe 2: „Intelligentes Abschneiden“.** In Abb. 9.7b,c verbinden die Schleifen-Diagramme zwei äußere Linien, also zwei reelle Zustände. Auf solche Schleifen-

[42] Das wäre ein Widerspruch in sich: Ohne Wechselwirkung auch kein messbarer Effekt, aus dem man Masse oder Ladung ablesen könnte.

[43] In gewissem Sinn analog, aber bei weitem nicht so tief gehend sind die früheren Erfahrungen in der Atomphysik: Dort durfte der Einfluss des Messapparats oder des Messprozesses auf das untersuchte Objekt prinzipiell nicht mehr, wie in der klassischen Physik üblich, vernachlässigt werden. Schließlich bestehen die Apparate selber auch aus Atomen, und jede Wechselwirkung des einen Atoms mit dem anderen, ohne die ein Messprozess nicht vorstellbar ist, verändert den Zustand beider.

Diagramme trifft man aber auch, wenn man die einfachsten Graphen für die Prozesse in Abb. 9.2–9.5 zur nächst höheren Ordnung der Störungstheorie erweitert, d. h. zwei weitere Vertices einfügt. Liegen beide Vertices in derselben äußeren oder inneren Linie, entsteht hier auch ein Schleifen-Diagramm, nur dass es an einem oder sogar beiden Enden nun selber an eine innere Linie ankoppelt. Auch dies führt nach den Feynman-Regeln zu divergierenden Integralen, also eigentlich zu unendlichen Werten. Hier muss man einen konvergenzerzeugenden Faktor einsetzen, der das Integral *regularisiert.*

Ein schon bekanntes Vorbild ist die Regularisierung der Streuamplitude für das Coulomb-Potential in Abschn. 5.4.1 mit Hilfe der Abschirmlänge $a$, die die Fourier-Transformierte erst berechenbar macht (Kasten 5.2 auf S. 129).

Nach den Feynman-Regeln sind *Energie und Impuls des virtuellen Teilchens* die Integrationsvariablen, und hier übernimmt z. B. eine (sanfte) Abschneide-Grenze diese Aufgabe der Regularisierung. Diese Grenze wird auch *Renormierungsskala* genannt und oft mit $\Lambda$ bezeichnet. Man sucht dann nach solchen Ergebnissen oder Relationen, die von dem Wert von $\Lambda$ unabhängig sind, oder die zumindest nicht divergieren, wenn man die Skala ins unendliche wachsen lässt.

Im Beispiel des Coulomb-Potentials ist der Reichweite-Parameter $a$ die sanfte Abschneide-Grenze. Der Übergang $a \to \infty$ lässt (außer bei einer einzigen Stelle: Impulsübertrag $\Delta p = 0$) das Ergebnis „vernünftig" bleiben.

Für die fraglichen Graphen entwickelt sich bei der Integration über die unbeobachteten Impulse die Divergenz etwas unterschiedlich je nachdem es sich um virtuelle oder freie Teilchen handelt, und dieser *Unterschied* selber bleibt endlich. Er kann im Endeffekt durch eine kleine Korrektur von Ladung und Masse des Teilchens ausgedrückt werden, die nun *renormierte Ladung bzw. Masse* heißen. Insbesondere konnten die überraschenden Abweichungen von den bis dahin für exakt gehaltenen Ergebnissen der Dirac-Theorie, die mit steigender Messgenauigkeit 1946 gefunden worden waren, hiermit ausgerechnet werden: die Aufspaltung zwischen dem $2s_{\frac{1}{2}}$- und dem $2p_{\frac{1}{2}}$-Niveau im Wasserstoff-Spektrum (Lamb-Shift), und die Anomalie des magnetischen Moments des Elektrons. Damit war etwas gelungen, das sich bildlich gesprochen so ausdrücken lässt: Das Tor, mit dem das Inferno der Unendlichkeiten verschlossen ist, wurde einen Spalt weit geöffnet, gerade groß genug, um die wertvollen Beiträge in wohldosierter Form herauskommen zu lassen, aber auch so schmal, so dass das Übrige nicht gefährlich werden konnte. Erst nach diesen Erfolgen gewann die Quanten-Elektrodynamik verbreitete Anerkennung. Pauli, noch in seinem Nobelpreis-Vortrag 1946 äußerst kritisch mit Theorien, die sich „hypothetische Welten" erfinden müssen, um ihre Formeln von Unendlichkeiten zu befreien, schuf 1949 das oben erwähnte relativistisch korrekte Werkzeug der Regularisierung (mit Villars, [149]). Dirac aber mochte sich nie mit dieser Entwicklung anfreunden.

Eine Theorie heißt *renormierbar*, wenn das ganze Konzept mit wenigen renormierten Parametern für alle Ordnungen der Störungstheorie gewissermaßen „auf einen Schlag" funktioniert. Dass dies in der Quanten-Elektrodynamik zum ersten Mal gelang, begründet bis heute ihre Spitzenstellung unter den Quanten-Feldtheorien.[44] Eine nicht renormierbare Theorie aber liefert Resultate, die von der Art und Weise des Abschneidens abhängen und deshalb niemanden überzeugen können. Noch weitere 20 Jahre lang erwiesen sich die feldtheoretischen Ansätze für die Schwache und die Starke Wechselwirkung als nicht renormierbar. Ob es außer der Quanten-Elektrodynamik weitere renormierbare Quanten-Feldtheorien überhaupt geben kann, war bis 1971 unbekannt (siehe Kap. 12 und 13).

## 9.8 Deutung der Austauschwechselwirkung

In diesem Kapitel wurde ein theoretisch anspruchsvoller Mechanismus entwickelt, um eine Wechselwirkung durch Austausch virtueller Teilchen entstehen zu lassen. Schon 1938 fand Gian Carlo Wick eine Deutung, die man umgangssprachlich formulieren kann.[45] Wick verschiebt die Bedeutung von „virtuell" hin zu „unbeobachtbar auf Grund der Unschärfe-Relation". Hier sein Bild:

Die Erzeugung eines virtuellen Photons mit Energie $E$ verletzt die Energieerhaltung und ist deshalb nur für Zeiten $\Delta t \simeq \hbar/E$ „erlaubt". In dieser Zeit kann das Photon sich gerade um $r = c\Delta t = \hbar c/E$ entfernt haben, was durch simples Umstellen für die Energie $E = \hbar c/r$ und den Impuls $\Delta p = E/c = \hbar/r$ ergibt. Das entspricht einer Kraft $\Delta p/\Delta t = \hbar/(r\Delta t) = (\hbar c)/r^2$ – schon mit der charakteristischen „langreichweitigen" $r$-Abhängigkeit des Coulomb-Gesetzes.[46] Quantitative Übereinstimmung erhält man durch Einfügen eines (dimensionslosen!) Faktors, der die Stärke der Wechselwirkung richtig einstellt und als ein Maß für die Entstehungs- und Absorptionsrate dieser virtuellen Photonen angesehen werden könnte. Was muss man wohl als „Stärkeparameter der elektromagnetischen Wechselwirkung" einsetzen? Natürlich die Sommerfeldsche Feinstrukturkonstante

$$\alpha = \left(\frac{1}{4\pi\varepsilon_0}\right)\frac{e^2}{\hbar c} \approx \frac{1}{137{,}036\ldots}$$

denn so wird $F(r) = \alpha\Delta p/\Delta t$ wirklich … zum Coulomb-Gesetz für zwei Elementarladungen.

[44] Bei der Entwicklung des Verfahrens stellte sich als besonders wichtig heraus, in jedem Schritt der Rechnungen eine strikt relativistische, also Lorentz-invariante Darstellung zu benutzen.

[45] Also nicht zu wörtlich nehmen!

[46] die u. a. für das Skalenverhalten des Coulomb-Gesetzes und die $1/E^2$-Abhängigkeit aller elektromagnetischen Wirkungsquerschnitte verantwortlich ist – siehe Abbn. 3.5, 10.6, 14.7 auf S. 60, 468 und 644.

# Kapitel 10
# Das Elektron als Fermion und Lepton

## Überblick

Von den *elementaren Teilchen* war das Elektron nicht nur das erste nach heutiger Ansicht richtig identifizierte, es hat auch zu der Herausbildung des Begriffs, den die Physik sich heute zu den Grundbausteinen der Materie macht, durch seine nach und nach ermittelten Eigenschaften in besonderer Weise beigetragen. Angefangen hatte dies mit den Beobachtungen seines universellen Vorkommens in aller Materie, seiner Kleinheit selbst gegenüber Atomen, seiner einheitlichen Quantisierung von elektrischer Ladung und Masse und seiner elementaren Wechselwirkung mit dem Photon im Photo- und Compton-Effekt. Nach langen Zeiten großer theoretischer Schwierigkeiten mit den Elektronen in der Atomhülle gelang 1925 der Durchbruch zur Quantenmechanik, die zu recht am Anfang oft als „Elektronen-Theorie" bezeichnet wurde. Neben einer unglaublichen Fülle dadurch gefundenener Erklärungen für weit auseinander liegende Phänomene – z. B. von der charakteristischen Röntgenstrahlung der Elemente bis zu den verschiedenen Arten der chemischen Bindung – ermöglichte das Elektron auch weiterhin den Weg zu neuen Entdeckungen. Viele waren rätselhaft und kamen als Überraschung einher. In diesem Kapitel geht es um drei von ihnen, alle um 1925 herum entdeckt, und so charakteristisch, dass sie die ganze Teilchenklasse der Fermionen definieren.[1] Ihre erfolgreiche Beschreibung in Gestalt der relativistischen Quantenmechanik stellte einen weiteren „Quantensprung" mit bleibender Bedeutung in der Modernen Physik dar:

- Das klassisch unerklärbare *Ausschließungs-Prinzip*, von Wolfgang Pauli 1925 formuliert. (Es wird oft auch als *Fermi-Dirac-Statistik* bezeichnet, wovon sich der Name *Fermion* ableitet.)

[1] Es ließ sich in diesem Buch nicht vermeiden, die drei nun näher beschriebenen Entdeckungen mit und an Elektronen auch an früheren Stellen schon zu erwähnen oder sogar vorläufig einzuführen. Gleiches gilt für manche der späteren Entdeckungen, die ebenso weitreichende Folgen hatten – z. B. die Möglichkeit von Erzeugung und Vernichtung von Teilchen, die Existenz von Antiteilchen, die Existenz neuer Arten verwandter Teilchen (Neutrino, Myon) usw.

J. Bleck-Neuhaus, *Elementare Teilchen*
DOI 10.1007/978-3-540-85300-8, © Springer 2010

- Ein halbzahliger Spin $\frac{1}{2}\hbar$, unverträglich mit der natürlichen Einheit $\hbar$ für den mechanischen Drehimpuls $\vec{r} \times \vec{p}$ in quantenmechanischer Deutung.
- Ein magnetisches Moment, das aus Sicht der klassischen Physik um ein mehrfaches zu groß ist: Beim Elektron (nach damaliger Kenntnis) genau um einen Faktor $g_e = 2$. (Die noch viel stärker abweichenden Momente von Proton und Neutron wurden erst Mitte der 1930er Jahre bestimmt, die ‰-Abweichung von $g_e = 2$ beim Elektron erst 1946.)

So wenig auch diese drei Eigenschaften miteinander verknüpft zu sein scheinen, haben sie doch eine gemeinsame Grundlage, die 1928 von Paul Dirac gefunden wurde, beim „Spielen mit Formeln", wie er sagte [61]. Indem er lediglich das Einsteinsche Relativitätsprinzip in die Schrödinger-Gleichung der Wellenmechanik einführen wollte,[2] war er auf die Notwendigkeit gestoßen, die mathematischen Werkzeuge noch einmal zu erweitern: Jetzt waren zur Beschreibung des Zustands eines einzigen Elektrons nicht mehr zwei sondern schon vier komplexe Wellenfunktionen nötig, zusammen als *Dirac-Spinor* bezeichnet, und die Bewegungsgleichung musste entsprechend modifiziert werden. Zur allgemeinen Verblüffung erklärte diese neue *Dirac-Gleichung* auf einen Schlag die beiden letztgenannten Anomalien des Elektrons. Einige Jahre später wurde entdeckt, dass auch die erste Eigenschaft in gewissem Sinn aus dieser Gleichung folgt: Die Antisymmetrie der Wellenfunktion bei Vertauschung zweier Teilchen, aus der sich das Ausschließungsprinzip sofort ergibt, ist notwendig, um mathematisch inkonsistente Resultate zu vermeiden. (Dies ist ein Teil des *Spin-Statistik-Theorems*.) Heute basiert die theoretische Behandlung aller fundamentalen Fermionen – das sind die Leptonen und die Quarks – vollständig auf der Dirac-Gleichung.

Diese Gleichung sagte aber zugleich etwas voraus, was damals abwegig erschien: das Antiteilchen. Das bildete für einige Jahre ein gewisses Handikap für die Anerkennung der Theorie – bis sie 1932 überraschend und triumphal bestätigt wurde durch die Entdeckung des Positrons ($e^+$) in der Höhenstrahlung, die schon seit zwei Jahrzehnten als Quelle vieler neuartiger Erscheinungen bekannt war und damals mit Geigerzählern, Fotoplatten oder kompletten automatisierten Nebelkammern in Ballons oder hochgelegenen Labors intensiv untersucht wurde.

Indes traten zu den Rätseln, die von der Dirac-Gleichung schon mit ihrem Erscheinen gelöst worden waren, schnell neue hinzu: Insbesondere die unerwartete Existenz weiterer Teilchen, dem Elektron als Fermion eng verwandt, und überdies genauso blind gegenüber der Starken Wechselwirkung. Diese Unterklasse der Fermionen wird seit 1946 unter dem Namen *Leptonen* (die „Leichten, Dünnen") zusammengefasst.

Die Geschichte ihrer Entdeckung begann 1930 mit der Spekulation über das elektronische Neutrino $\nu_e$ als Träger der fehlenden Energie im $\beta$-Zerfall radioaktiver Kerne, und zieht sich bis 1990 hin, als das schon lange vermutete Tau-Neutrino $\nu_\tau$ experimentell nachgewiesen wurde. Dazwischen liegen die überraschenden Entdeckungen zweier geladener Leptonen: 1937 das Myon $\mu^\pm$ als Komponente der

[2] Die Schrödinger-Gleichung ist eine nicht-relativistische Näherung, z. B. weil die kinetische Energie als $\hat{p}^2/(2m)$ auftritt.

Höhenstrahlung, zuerst als *das* Teilchen der Starken Wechselwirkung laut begrüßt und erst 10 Jahre später in seiner Natur als Lepton erkannt, und 1974 das Tauon $\tau^{\pm}$ in Experimenten am Hochenergiebeschleuniger (das fast doppelt so viel wiegt wie ein Proton und deshalb den Gattungsnamen „Lepton" Lügen straft). Dass zu jedem geladenen Lepton ein eigenes Neutrino gehört, wurde 1962 durch den Nachweis der Verschiedenheit von elektronischen und myonischen Neutrinos $\nu_e$, $\nu_\mu$ gezeigt.

Wegen ihrer Bedeutung für die Suche nach den elementaren Teilchen werden die Leptonen schon in diesem Kapitel im Anschluss an die Dirac-Theorie behandelt, obgleich diese Funde zum Teil erst gemacht wurden, nachdem die Erforschung der stark wechselwirkenden Teilchen – *Hadronen* – nicht nur die Wirren des „Teilchen-Zoos" heraufbeschworen hatte, sondern diese sich in den 1970er Jahren schon wieder aufzulösen begannen. Der Grund für diese Reihenfolge ist, dass – bei allem Respekt! – die Leptonen als Elementarteilchen doch einfacher zu haben sind als die Quarks. Die Gattung der Leptonen besteht nun aus drei Paaren: den elektrisch negativ geladenen Teilchen $e^-$, $\mu^-$, $\tau^-$ mit ihren jeweiligen ungeladenen Neutrinos. Dazu kommen die entsprechenden sechs Antiteilchen. Sie gelten als punktförmig in jedem überprüfbaren Sinn, werden von der Starken Wechselwirkung überhaupt nicht bemerkt und unterliegen bei bei der elektromagnetischen und der Schwachen Wechselwirkungen exakt den gleichen und inzwischen wohlverstandenen Gesetzen.[3]

Über einen möglichen inneren Zusammenhang unter den Leptonen herrscht allerdings auch heute noch Unklarheit, z. B. darüber, nach welchem Gesetz sich ihre Massen bilden. Diese Situation kann man durchaus mit der Zeit vor der Entdeckung der Balmer-Formel (1885) für die Wellenlängen der Spektrallinien des H-Atoms vergleichen, denn sowohl Massen wie Wellenlängen sind Chiffren für Energien, also Eigenwerte eines Hamilton-Operators. Zur möglichen Anzahl verschiedener Leptonen hingegen gibt es einen deutlichen experimentellen Hinweis. Er wurde schon in Abb. 6.5 (S. 169) gezeigt: die genaue Lebensdauer des $Z^0$-Teilchens (eines Bosons). Wie später in Kap. 12 und 14 zur Schwachen Wechselwirkung und zum Standard-Modell dargestellt, braucht man nach dieser Messung nicht mehr über die mögliche Existenz von weiteren Leptonen zu spekulieren.[4]

## 10.1 Spin und Magnetisches Moment: Die frühen Befunde

**Zwei besondere Eigenschaften.** Der anomale (weil halbierte) Drehimpuls und das anomale (weil verdoppelte) magnetische Dipolmoment des Elektrons wurden 1925 endgültig aus der Feinstruktur der Atomspektren, dem Stern-Gerlach-Experiment und dem anomalen Zeeman-Effekt herausgelesen.

Ein altberühmtes Beispiel für den halbzahligen Drehimpuls ist die geradzahlige Linienaufspaltung im gelben Licht von Natrium-Atomen, wie es von jeder Flamme

[3] Nur die Gravitation macht also einen Unterschied zwischen ihnen.

[4] Es sei denn, sie hätten Massen oberhalb 45 Protonenmassen, was zumindest für eine vierte Sorte Neutrino praktisch auszuschließen sei.

ausgeht, die Spuren von Kochsalz enthält.[5] Das Licht enthält die zwei Wellenlängen 589,0 und 589,6 nm. Wie beim Zeeman-Effekt im äußeren Magnetfeld kann man die Ursache der Aufspaltung in einem Magnetfeld sehen, das diesmal im Innern des Atoms selbst erzeugt wird. (Das angeregte Elektron in *seinem* Ruhesystem sieht sich vom Na-Kern umkreist, also im Mittelpunkt einer Stromschleife.) Eine geradzahlige Aufspaltung zeigt sich auch im Stern-Gerlach-Experiment (siehe Abschn. 7.3) an Strahlen von Atomen mit genau einem äußeren Elektron. Dass dies durch ein intrinsisches magnetisches Moment des Elektrons, gekoppelt an einen Eigendrehimpuls mit halbzahliger Quantenzahl (und deshalb *zwei* Einstellmöglichkeiten $m_s = \pm\frac{1}{2}$), erklärt werden kann, wurde 1925 durch George Goudsmith und Samuel Uhlenbeck ausgearbeitet. Es sei daran erinnert (siehe Kasten 7.1 auf S. 251), dass aus der Quantisierung von $\vec{r} \times \vec{p}$ – dem (einzigen) klassischen Drehimpuls – nicht zu verstehen ist, dass es den Drehimpuls auch in halben Quanten $1/2\hbar$ gibt. Weiter war unerklärlich, dass er dann trotz seiner Halbierung dasselbe magnetische Moment $1\mu_{\text{Bohr}}$ erzeugt wie $1\hbar$ klassischer Drehimpuls, was durch den Spin-$g$-Faktor $g_s = 2$ ausgedrückt wird (vgl. Kasten 7.7 auf S. 284).

**Frage 10.1.** *Zwei Beispiele zur Übung: Kann sich eine Kugel von der Größe des klassischen Elektronenradius $r_\text{e}$ so schnell drehen, dass der Spindrehimpuls klassisch herauskommt?*

**Antwort 10.1.** *Man kann der Kugel großzügig den Drehimpuls $m_\text{e} r_\text{e}^2 \omega$ geben (der bei keiner Massenverteilung erreicht werden kann) und setzt ihn mit $\frac{1}{2}\hbar$ gleich. Der klassische Elektronenradius ist $r_\text{e} = \alpha\hbar c / m_\text{e} c^2$ (siehe Gl. (6.32)). Für die Umfangsgeschwindigkeit am Äquator ergibt sich sofort $v = r_\text{e}\omega = c/2\alpha \approx 70c$, was mit der klassischen Physik unvereinbar ist.*

**Frage 10.2.** *Wie groß müsste ein Elektron denn mindestens sein, um den Spin als klassischen Drehimpuls verstehen zu können?*

**Antwort 10.2.** *Mit $\frac{1}{2}\hbar \approx m_\text{e} R^2 \omega$ für den großzügig abgeschätzten Drehimpuls und mit einer ebenso großzügigen Obergrenze $v = R\omega \leq c$ für die Äquatorgeschwindigkeit folgt $R \geq \hbar c / (2 m_\text{e} c^2) \approx 200\,\text{meV fm} / (2 \cdot 0{,}5\,\text{MeV}) = 200\,\text{fm}$. Ist das nicht klein genug? Bei weitem nicht: Wenn zwei solche Jumbo-Elektronen sich gerade berühren, wäre ihre Coulomb-Abstoßung nur $\alpha\hbar c / 2R \leq \alpha m_\text{e} c^2 \approx 4\,\text{keV}$. Stoßversuche bei höheren Energien hätten also schon längst Abweichungen von der Rutherford-(bzw. quantenmechanischen Mott-)Formel zeigen müssen.*

Eine Erklärung für einen *Eigen*-Drehimpuls eines Teilchens, und dann noch einen *halb*-zahligen, ist weder klassisch noch aus der Schrödinger-Gleichung zu erhalten, eine für den doppelten $g$-Faktor auch nicht. Beides ergibt sich aber aus „einem der größten Erfolge der Physik des 20. Jahrhunderts“:[6] der relativistischen Wellengleichung von Paul Dirac 1928, die ihm 1933 den Nobelpreis eintrug.

---

[5] z. B. beim Anbraten in der offenen Pfanne auf dem Gasherd

[6] so Abraham Pais in seinem besonders empfehlenswerten Buch über die Entwicklung der Modernen Physik [145]

## 10.2 Diracsche Elektronentheorie (1928)

### 10.2.1 Weg zur relativistischen Wellengleichung

**Relativistisch inkorrekt.** Die Suche gilt einer relativistisch invarianten Wellengleichung. Die Schrödinger-Gleichung kann es nicht sein, weil die Ableitungen nach den vier Koordinaten $(t, x, y, z)$ in unterschiedlichen Ordnungen vorkommen. Von einem bewegten Bezugssystem aus gesehen, d. h. nach einer Lorentz-Transformation in den neuen Koordinaten ausgedrückt, wäre dieselbe Gleichung kaum noch wiederzuerkennen. Sie würde andere Prozesse vorhersagen und damit im Gegensatz zum Relativitätsprinzip eine absolute Unterscheidung von Inertialsystemen erlauben.

**Eine relativistische Wellengleichung.** Ein Beispiel für relativistische Invarianz bietet die Maxwell-Gleichung für das vierkomponentige 4-Vektorpotential[7] $\mathbf{A}^\mu(t,\vec{r}) = (A^0, A^1, A^2, A^3) = (\Phi/c, \vec{A})$:

$$\frac{1}{c^2}\frac{\partial^2 A^\mu}{\partial t^2} = \frac{\partial^2 A^\mu}{\partial x^2} + \frac{\partial^2 A^\mu}{\partial y^2} + \frac{\partial^2 A^\mu}{\partial z^2} \quad (\equiv \Delta A^\mu)\,. \tag{10.1}$$

Sie würde nach der Lorentz-Transformation genau so aussehen. Quantenmechanisch uminterpretiert (d. h. $\frac{\hbar}{i}\frac{\partial}{\partial t} = \hat{E}$, $\frac{\hbar}{i}\frac{\partial}{\partial x} = \hat{p}_x \ldots$) ergibt sie für die möglichen Eigenwerte von Energie und Impuls $E^2/c^2 = p_x^2 + p_y^2 + p_z^2 = p^2$. Das ist die korrekte relativistische Energie-Impuls-Beziehung für freie Teilchen ohne Masse.

**Wie aber für freie Teilchen *mit* Masse?** Ausgangspunkt muss sein:

$$\frac{E^2}{c^2} = p^2 + m^2c^2\,. \tag{10.2}$$

Nimmt man hierin dieselbe quantenmechanische Interpretation von $E$ und $p$ vor, ergeben sich überall Ableitungen 2. Ordnung. So entsteht die *Klein-Gordon-Gleichung*, die wie die Maxwellgleichung aussieht, erweitert um einen neuen konstanten Zusatzterm mit dem Quadrat der Masse. Sie ist relativistisch korrekt, aber die nähere Analyse zeigt, dass solche Materiewellen keine positiv definite Dichte haben, oder aber – was auf das gleiche hinausläuft – dass sie Teilchen mit wahlweise positiver oder negativer Ladung beschreiben.[8]

Außerdem ist vorrangig ein Operator für die Energie $E$ gesucht, nicht für $E^2$. Für Teilchen mit $m = 0$, näherungsweise also auch für *alle* hoch-relativistischen Teilchen, kann man aus der klassischen Gleichung einfach die Wurzel ziehen: $E = pc$. Die Übersetzung ins Quantenmechanische verlangt dann, aus dem Ope-

---

[7] Der Zusammenhang mit den Feldern $\vec{E}(t,\vec{r}), \vec{B}(t,\vec{r})$ ist: $\vec{E} = -\vec{\nabla}\Phi - \partial\vec{A}/\partial t$, $\vec{B} = \vec{\nabla}\times\vec{A}$. Die Wellengleichung (10.1) gilt nur in Lorentz-Eichung $\partial\Phi/\partial t + c(\vec{\nabla}\cdot\vec{A}) = 0$.

[8] Sie kann z. B. für Pionen $\pi^\pm$ benutzt werden, Teilchen ohne Spin und in zwei Ladungszuständen.

rator $\hat{\vec{p}}$ für den Impulsvektor einen Operator $\widehat{|p|}$ für dessen Betrag zu machen. Mit $p = \sqrt{(\vec{p}\cdot\vec{p})}$ und den üblichen Differential-Operatoren ist das unmöglich.

**Dirac spielt mit Formeln.** Dirac stolperte 1927 beim Herumprobieren mit den neuen Paulischen Spin-Matrizen $\sigma_x$, $\sigma_y$, $\sigma_z$ über die Beziehung[9] $(\vec{\sigma}\cdot\vec{p})^2 \equiv (\vec{p}\cdot\vec{p})$ und bemerkte, dass man damit die gesuchte Wurzel ziehen konnte. Zumindest für ein masseloses Teilchen gab es nun einen linearen Hamilton-Operator für die Energie in 1. Potenz:

$$\hat{H} = (\vec{\sigma}\cdot\hat{\vec{p}})c\,. \tag{10.3}$$

Um die Masse einzubeziehen, erweiterte er versuchsweise diese lineare Gleichung,

$$\hat{H}_\mathrm{D} = (\vec{\alpha}\cdot\hat{\vec{p}})c + \beta mc^2\,, \tag{10.4}$$

(Index $D$ für Dirac)

und probierte, ob die vier „wildcards“ $\vec{\alpha} = (\alpha_x, \alpha_y, \alpha_z)$ und $\beta$ so bestimmt werden können, dass sich beim Quadrieren gerade die zwei Summanden $\hat{p}^2c^2 + m^2c^4$ richtig ergeben. Für den ersten Summanden muss $(\vec{\alpha}\cdot\hat{\vec{p}})^2 \equiv \hat{p}^2$ sein, also wäre $\vec{\alpha} = \vec{\sigma}$ eine gute Wahl. Der zweite Summand erfordert $\beta^2 = 1$, und die gemischten Glieder müssen zum Verschwinden gebracht werden: $\vec{\alpha}\beta + \beta\vec{\alpha} = 0$. Die einfachste mathematische Struktur, um dies alles zu erfüllen,[10] kann durch $4\times 4$-Matrizen dargestellt werden:

$$\vec{\alpha} = \begin{pmatrix} 0 & \vec{\sigma} \\ \vec{\sigma} & 0 \end{pmatrix}, \quad \beta = \begin{pmatrix} \mathbf{1} & 0 \\ 0 & -\mathbf{1} \end{pmatrix}. \tag{10.5}$$

**Frage 10.3.** *Ist auch mit dieser Form noch $(\vec{\alpha}\cdot\hat{\vec{p}})^2 = \hat{p}^2$ gesichert?*

**Antwort 10.3.** *Ja, weil es sich um einfach zusammengesetzte Stufenmatrizen handelt:*

$$\begin{aligned}(\vec{\alpha}\cdot\hat{\vec{p}})^2 &= \begin{pmatrix} 0 & (\vec{\sigma}\cdot\hat{\vec{p}}) \\ (\vec{\sigma}\cdot\hat{\vec{p}}) & 0 \end{pmatrix}\begin{pmatrix} 0 & (\vec{\sigma}\cdot\hat{\vec{p}}) \\ (\vec{\sigma}\cdot\hat{\vec{p}}) & 0 \end{pmatrix} \\ &= \begin{pmatrix} (\vec{\sigma}\cdot\hat{\vec{p}})^2 & 0 \\ 0 & (\vec{\sigma}\cdot\hat{\vec{p}})^2 \end{pmatrix} = \begin{pmatrix} (\hat{\vec{p}}\cdot\hat{\vec{p}}) & 0 \\ 0 & (\hat{\vec{p}}\cdot\hat{\vec{p}}) \end{pmatrix} = (\hat{\vec{p}}\cdot\hat{\vec{p}})\,.\end{aligned}$$

Fazit: Der Hamilton-Operator $\hat{H}_\mathrm{D}$ sichert Teilchen in Impulseigenzuständen jetzt die relativistisch richtige Beziehung von Energie und Impuls.[11]

---

[9] wie schon in Abschn. 7.1.3 erwähnt, siehe Gl. (7.11) auf S. 267

[10] Es gibt tatsächlich keine andere Form, die sich wesentlich hiervon unterscheidet. Die fett gedruckte **1** in $\beta$ ist die $2\times 2$-Einheits-Matrix.

[11] Das allein garantiert genau genommen noch nicht, dass die Dirac-Gleichung relativistisch korrekt wird, sondern ist nur eine *notwendige* Bedingung. Sie reicht aber aus, die Notwendigkeit

**Dirac-Gleichung.** Mit einer Wellenfunktion $\Psi$ (deren genauere Form gleich noch zu diskutieren ist) haben wir dann die berühmte Dirac-Gleichung

$$\text{zeitabhängig:} \quad \frac{\hbar}{i}\frac{\partial}{\partial t}\Psi(t,\vec{r}) = \hat{H}_\mathrm{D}\Psi(t,\vec{r}),$$

$$\text{als Eigenwertgleichung:} \quad \hat{H}_\mathrm{D}\Psi(t,\vec{r}) = E\Psi(t,\vec{r}). \tag{10.6}$$

**Standard-Darstellung der Dirac-Matrizen.** Es ist üblich, die drei Komponenten von $\hat{\vec{\sigma}}$ in Form der *Paulischen Spinmatrizen*[12] auf Zahlen zurückzuführen:

$$\sigma_x = \begin{pmatrix} 0 & 1 \\ 1 & 0 \end{pmatrix}, \quad \sigma_y = \begin{pmatrix} 0 & -i \\ i & 0 \end{pmatrix}, \quad \sigma_z = \begin{pmatrix} 1 & 0 \\ 0 & -1 \end{pmatrix}, \quad \mathbf{1} = \begin{pmatrix} 1 & 0 \\ 0 & 1 \end{pmatrix} \tag{10.7}$$

Beim Einsetzen in Gl. (10.5) werden aus $\vec{\alpha}$ und $\beta$ dann $4\times 4$-Matrizen, genannt die *vier Dirac-Matrizen in ihrer Standardform.* Für die folgende Diskussion brauchen wir diese Matrizen aber nicht voll auszuschreiben.

Die Pauli-Matrizen wurden hier übrigens nur ihrer mathematischen Eigenschaften wegen gebraucht, vom Spin war gar nicht die Rede. Es wird sich aber gleich herausstellen, wie ihr Auftritt in der Dirac-Gleichung dazu führt, dass man den zugehörigen Teilchen einen Spin $s=\frac{1}{2}$ zuschreiben muss. Der Spin gewinnt damit in der relativistischen Quantenmechanik eine ebenso unerwartete wie unanschauliche, sehr mathematische Begründung.

## *10.2.2 Spin*

**Der Spin wird erschaffen.** Die von $\hat{H}_\mathrm{D}$ beschriebenen Prozesse würden die Drehimpulserhaltung in gewohnter Form verletzen, denn dieser Operator ist – das kann nicht überraschen – nicht invariant gegen Rotation. Wirklich gedreht wird dabei nämlich nur der Vektor $\vec{p}$ (man denke z. B. an einen Impulseigenzustand, dessen Impuls von der $x$- in die $y$-Richtung geschwenkt wird), während der andere Faktor in dem leichthin „Skalarprodukt" genannten Ausdruck $(\vec{\alpha}\cdot\hat{\vec{p}})$ nach wie vor aus

---

dieses neuen Formalismus deutlich zu machen. Für den vollen Beweis der Lorentz-Invarianz siehe Abschn. 10.2.5.

[12] Ausführlich dargestellt in Abschn. 7.1.2. Kurze Erinnerung: Der Operator $\hat{\vec{s}} = \frac{1}{2}\hat{\vec{\sigma}}$ gibt in der (früher phänomenologisch eingeführten) zweikomponentigen Wellenfunktion des Elektrons den Spin $s=\frac{1}{2}$ wieder. Zum Beispiel ist $\frac{1}{2}\sigma_z$ eine Diagonal-Matrix mit den Eigenwerten $m_s = \pm\frac{1}{2}$. Die Vertauschungsrelationen der Pauli-Matrizen entsprechen genau den algebraischen Regeln, die $\hat{\vec{s}}$ zu erfüllen hat, um (wie alle Drehimpuls-Operatoren) als Erzeuger von Drehungen im 3-dimensionalen Raum zu funktionieren (vgl. Kasten 7.2 auf S. 252). Wegen des Spezialfalls $s=\frac{1}{2}$ gilt hier zusätzlich: Produkte verschiedener Komponenten sind antikommutativ: $\sigma_x\sigma_y = -\sigma_y\sigma_x$ etc.; die Quadrate sind die $2\times 2$-Einheitsmatrix, $\sigma_x^2 = \sigma_y^2 = \sigma_z^2 = \mathbf{1}$ etc. Genau dadurch kommt die einzigartige Eigenschaft $(\hat{\vec{\sigma}}\cdot\vec{p})^2 \equiv (\vec{p}\cdot\vec{p})$ zustande.

**Kasten 10.1 Diracsche Theorie der Fermionen (erste Schritte)**

**Ansatz**: Lorentz-invarianter Hamiltonoperator (freies Teilchen): $\hat{H}_{\mathrm{D}} = (\vec{\alpha} \cdot \hat{\vec{p}})c + \beta mc^2$

($\alpha_x, \alpha_y, \alpha_z, \beta$ so festlegen, dass $\hat{H}_{\mathrm{D}}^2 = \hat{\vec{p}}^2 c^2 + m^2 c^4$ und damit $E^2 = p^2c^2 + m^2c^4$ wird).

**Lösung:** $4 \times 4$-Matrizen (in Stufenform) $\vec{\alpha} = \begin{pmatrix} 0 & \vec{\boldsymbol{\sigma}} \\ \vec{\boldsymbol{\sigma}} & 0 \end{pmatrix}, \quad \beta = \begin{pmatrix} \mathbf{1} & 0 \\ 0 & -\mathbf{1} \end{pmatrix}$

mit der $2 \times 2$-Einheitsmatrix und den drei Paulischen Spin-Matrizen

$$\mathbf{1} = \begin{pmatrix} 1 & 0 \\ 0 & 1 \end{pmatrix}, \quad \boldsymbol{\sigma}_x = \begin{pmatrix} 0 & 1 \\ 1 & 0 \end{pmatrix}, \quad \boldsymbol{\sigma}_y = \begin{pmatrix} 0 & -i \\ i & 0 \end{pmatrix}, \quad \boldsymbol{\sigma}_z = \begin{pmatrix} 1 & 0 \\ 0 & -1 \end{pmatrix}.$$

**Spin**: *Damit* $\hat{H}_{\mathrm{D}}$ bei räumlichen Drehungen invariant bleibt ($\Leftrightarrow$ Drehimpulserhaltung), muss der erzeugende Operator für Drehungen von $\hat{\vec{\ell}} = (\hat{\vec{r}} \times \hat{\vec{p}})/\hbar$ zu $\hat{\vec{j}} = \hat{\vec{\ell}} + \hat{\vec{s}}$ ergänzt werden, wobei:

$$\hat{\vec{s}} = \frac{1}{2} \begin{pmatrix} \vec{\boldsymbol{\sigma}} & 0 \\ 0 & \vec{\boldsymbol{\sigma}} \end{pmatrix}.$$

$\vec{s}$ gehört mit in die Drehimpuls-Bilanz, ist ein stets vorhandener Drehimpuls mit $s = \frac{1}{2}$, $m = \pm\frac{1}{2}$, auch wenn Impuls $p = 0$ oder ***Bahn***drehimpuls $\ell = 0$.

**Dirac-Spinor**: In Gleichungen wie $\hat{H}_{\mathrm{D}}\Psi = E\Psi$ müssen die $4 \times 4$-Matrizen auf eine Wellenfunktion mit 4 Komponenten treffen: $\Psi(t, r) = \begin{pmatrix} \psi_1(t, \vec{r}) \\ \psi_2(t, \vec{r}) \\ \psi_3(t, \vec{r}) \\ \psi_4(t, \vec{r}) \end{pmatrix}$ (Dirac-Spinor).

**Deutung**: Im Zustand mit $\vec{p} = 0$ ist $\hat{H}_{\mathrm{D}} = \hat{\beta} mc^2$ und hat die Eigenwerte

- $E = +mc^2$ (nur die 2 oberen Komponenten $\neq 0$ )
- $E = -mc^2$ (nur die 2 unteren Komponenten $\neq 0$ ).

Für $\vec{p} \neq 0$ müssen im Spinor oben *und* unten Werte $\neq 0$ stehen, aber im nicht-relativistischen Gebiet $|\vec{p}| \ll mc$ sind die zum jeweils „falschen Energie-Vorzeichen" gehörenden vernachlässigbar klein; näherungsweise bleibt ein Pauli-Spinor: $\tilde{\Psi}(t, r) = \begin{pmatrix} \psi_1(t, r) \\ \psi_2(t, r) \end{pmatrix}$. Die Wellenfunktionen $\psi_1, \psi_2$ darin sind genau die für $m_s = \pm\frac{1}{2}$.

**Anomaler $g$-Faktor $g_{\mathrm{Spin}}$=2**: Für magnetische Wechselwirkung ($\vec{B} = \vec{\nabla} \times \vec{A}$) ist in $\hat{H}_{\mathrm{D}}$ nur $\hat{\vec{p}}$ durch $\left(\hat{\vec{p}} - e\vec{A}\right)$ zu ersetzen (Vorbild: *klassische Hamilton-Funktion*). Nicht-relativistische Näherung ausrechnen ergibt die Zusatzenergie $\mu_{\mathrm{Bohr}}(\hat{\vec{\sigma}} \cdot \vec{B}) \equiv g_s \mu_{\mathrm{Bohr}}(\hat{\vec{s}} \cdot \vec{B})$ mit exakt $g_s = 2$.

**Abweichung von $g_s = 2$**: wird erklärt durch virtuell erzeugte Begleiter des Elektrons bzw. Positrons (Störungstheorie mit Einschluss *sämtlicher* bekannter Teilchen):

| | | |
|---|---|---|
| $g_{\mathrm{e}^\pm} = \pm$ | $2$ | nacktes Dirac-Teilchen |
| | $\cdot(1 + 0{,}001159647794$ | virtuelle Photonen (el-mag. WW) |
| | $+ 0{,}000000002721$ | virtuelle Leptonen (schwache WW) +... |
| | $+ 0{,}000000001671)$ | virtuelle Hadronen (el-mag. + schwache + starke WW) |
| $= \pm$ | $2(1 + 0{,}001159652186(\pm 4))$ | Quelle: [8] |
| $g_{\exp} = \pm$ | $2(1 + 0{,}0011596521883(\pm 43))$ | Quelle: [186]. |

denselben drei Matrizen $\vec{\alpha}$ mit denselben Zahlen gebildet werden soll.[13] Zur Wiederherstellung des ursprünglichen Werts dieses eigenartigen Skalarprodukts ist eine weitere Transformation nötig.

Man erinnere sich (Abschn. 7.1.1): Nur ein Hamilton-Operator, der rotationsinvariant ist, sichert die Erhaltung des Drehimpulses. Beides drückt sich durch die Vertauschbarkeit mit dem Drehimpuls-Operator aus.

Direktes Ausrechnen mit dem Bahndrehimpulsoperator $\hbar\hat{\vec{\ell}} = \hat{\vec{r}} \times \hat{\vec{p}}$ ergibt $[\hat{\vec{\ell}}, \hat{H}_\mathrm{D}] = i\vec{\alpha} \times \hat{\vec{p}}$ für den Kommutator, der verschwinden soll. Was tun? Radikale Lösung: Dirac *definiert* einen neuen Drehimpulsoperator $\hat{\vec{j}} = \hat{\vec{\ell}} +$ *„Ergänzung* $\hat{\vec{s}}$" dadurch, *dass* er dann mit $\hat{H}_\mathrm{D}$ vertauschbar sein soll: $[\hat{\vec{j}}, \hat{H}_\mathrm{D}] \stackrel{!}{=} 0$. Die geeignete Ergänzung ist ein *konstantes* Zusatzglied

$$\hat{\vec{s}} = \frac{1}{2}\begin{pmatrix} \vec{\sigma} & 0 \\ 0 & \vec{\sigma} \end{pmatrix}. \tag{10.8}$$

Physikalische Ausdeutung:[14] Ein Teilchen im Zustand eines Dirac-Spinors hat zusätzlich zu seinem *Bahn*-Drehimpuls $\hat{\vec{\ell}}$ immer (auch wenn es ruht!) einen *Spin*-Drehimpuls $\hat{\vec{s}}$ vom Betrag $\sqrt{s(s+1)}$ mit der Quantenzahl $s = \frac{1}{2}$.

Man darf spekulieren, ob diese Argumentation jemanden vom Elektronen-Spin überzeugt hätte, wäre er nicht mit genau diesem Wert vorher aus den Experimenten herausgelesen und als großes Rätsel empfunden worden. So aber machte dies Ergebnis Dirac ein weiteres Mal[15] berühmt, nicht zuletzt auch durch die Demonstration, wie richtig Schlüsse sein können, und seien sie in der Alltagswelt noch so schwer nachzuvollziehen, wenn sie in einfachen Symmetrie-Forderungen[16] begründet sind. Denn der neue Drehimpuls hat mit dem, was man sich unter diesem Namen als mechanische Größe vorstellen kann, nichts mehr gemein. Er entsteht aus keiner Bewegung, sondern aus dem Zusammenwirken eines räumlichen Vektors wie $\vec{p}$ mit den Dirac-Matrizen in dem Raum ihrer vier abstrakten Dimensionen.

**Dirac-Spinor.** Wie sieht der zu dem Formalismus passende Zustand $\Psi$ aus? In Gleichungen wie $\hat{H}_\mathrm{D}\Psi = E\Psi$ müssen die $4\times4$-Matrizen $\alpha_x, \ldots, \beta$ auf eine Wellenfunktion wirken, die sinnvollerweise auch 4 Komponenten haben muss, den

[13] Das ist auch der Grund, weshalb die Lorentz-Invarianz extra zu beweisen ist, wie in Fußnote 11 auf S. 430 angemerkt.

[14] Auch nach der Erweiterung auf 4 Dimensionen erfüllen die Matrizen $s_x, s_y, s_z$ dieselben Vertauschungsregeln und haben dieselben Eigenwerte wie ihre Gegenstücke $\frac{1}{2}\vec{\sigma}$ in 2 Dimensionen. Die ganze Rechnung steht z. B. bei [155, S. 124].

[15] Nach seiner Abhandlung über die Berechnung von spontanen und induzierten Quantensprüngen im elektromagnetischen Feld, Abschn. 9.4.3.

[16] Lorentz-Invarianz, Rotations-Invarianz

*Dirac-Spinor*:

$$\Psi(t,r) = \begin{pmatrix} \psi_1(t,\vec{r}) \\ \psi_2(t,\vec{r}) \\ \psi_3(t,\vec{r}) \\ \psi_4(t,\vec{r}) \end{pmatrix} . \tag{10.9}$$

Diese vier Komponenten haben aber nichts mit den 4-dimensionalen Raum-Zeit-Koordinaten $(t,r)$ der Relativitätstheorie zu tun sondern müssen davon getrennt betrachtet werden. Sie bereichern den Zustandsraum des Teilchens um den 4-dimensionalen *Dirac-Raum*, ähnlich wie mit zwei Dimensionen die kurz vorher von Pauli für den Spin-Freiheitsgrad eingeführte Darstellung einer 2-komponentigen Wellenfunktion (Pauli-Spinor, siehe Abschn. 7.1.2). Alle vier Funktionen tragen zur Aufenthaltswahrscheinlichkeitsdichte des Teilchens bei:

$$|\Psi(t,\vec{r})|^2 = \Psi(t,\vec{r})^\dagger \, \Psi(t,\vec{r}) = |\psi_1(t,\vec{r})|^2 + |\psi_2(t,\vec{r})|^2 + |\psi_3(t,\vec{r})|^2 + |\psi_4(t,\vec{r})|^2 .$$

Eine charakteristische Eigenschaft der vier Komponenten kann man schon aus dem eben gefundenen Spin-Operator von Gl. (10.8) ablesen: Die Matrix $\hat{s}_z$ multipliziert die Komponenten Nr. 1 und 3 des Spinors mit $+\frac{1}{2}$, die anderen beiden mit $-\frac{1}{2}$. Jeweils zu zweien gehören die Komponenten also zu den beiden möglichen Eigenwerten $m_s$.

### 10.2.3 Negative Energie?

**Verirrt in 4 Dimensionen?** Für spinlose Teilchen genügt *eine* Orts-Wellenfunktion, bei Spin $s = \frac{1}{2}$ brauchte man bislang *zwei* (den Pauli-Spinor) – wozu hat der Dirac-Spinor vier? Sehen wir uns den Spinor in einem Bezugssystem an, in dem das Elektron einen besonders einfachen Energie-Eigenzustand einnimmt: in seinem eigenen Schwerpunktsystem. Dort hat der Impulsoperator den Eigenwert $\vec{p} = 0$ und Diracs Hamilton-Operator (Gl. (10.4)) reduziert sich auf $\hat{H}_D = \beta mc^2$. Wenn dies auf den Spinor angewandt wird ($\hat{H}_D \Psi = mc^2 \beta \Psi$), werden dessen zwei obere Komponenten mit $+mc^2$ multipliziert, die beiden unteren mit $-mc^2$ (siehe die Standardform der Matrix $\beta$ in Gl. (10.5)). Um die Eigenwertgleichung $mc^2 \beta \Psi = E\Psi$ mit einem einzigen Faktor $E$ zu erfüllen, müssen entweder die beiden unteren oder die beiden oberen Null sein, und der gemeinsame Faktor ist entsprechend im einen Fall $E = +mc^2$, im anderen $E = -mc^2$. Beides muss hier als möglicher Energie-Eigenwert eines ruhenden Elektrons gelten. Es gibt demnach – ohne jedes äußere Feld! – zwei verschiedene Energien, und als weitere Unmöglichkeit:[17] eine davon ist negativ. Das war die schwer verdauliche Beigabe zum relativistischen Elektron in der Quantenmechanik.

[17] Der Energie-Nullpunkt ohne Potential ist in der Relativitätstheorie ja absolut festgelegt.

**Große und kleine Komponenten.** Kann man diese Zustände und Spinor-Komponenten zu negativen Energien nicht einfach ignorieren, wie in der klassischen relativistischen Mechanik früher schon immer die negative Wurzel aus Gl. (10.2)? Nein – denn bei einem Spinor für ein bewegtes Elektron ($\vec{p} \neq 0$) kommen nun auch die $\alpha_x, \ldots$-Matrizen zum Tragen, mit ihren Elementen (ungleich Null) in den Nebendiagonalen. Daher mischt Diracs Hamilton-Operator die oberen beiden mit den unteren beiden Komponenten des Spinors. Dabei wirkt er auf die beiden oberen Amplituden so, dass sie mit $+mc^2$ multipliziert oben bleiben, und mit Faktoren wie $\pm p_x c$ oder $\pm \mathrm{i}\, p_x c$ multipliziert zu den unteren Komponenten addiert werden (für $x$, $y$ analog). Ausgehend von einem Elektron in Ruhe und mit $E = +mc^2$, bekommt dies bei Bewegung zwangsläufig untere Komponenten ungleich Null, und zwar im Größenverhältnis $|\vec{p}|c/(mc^2) = p/(mc)$ zu den oberen. Bevor wir das gleich genauer betrachten, kann man hier sehen, dass die beiden unteren Komponenten im nicht-relativistischen Fall $|\vec{p}| \ll mc$ wenigstens sehr klein sein werden. Wenn man sie näherungsweise ganz weglässt, gewinnt man einen Pauli-Spinor zurück:

$$\Psi_{\text{Pauli}}(t, r) = \begin{pmatrix} \psi_1(t, \vec{r}) \\ \psi_2(t, \vec{r}) \end{pmatrix}.$$

Die Wellenfunktionen $\psi_1, \psi_2$ darin sind – wie oben gezeigt – tatsächlich genau die für die beiden Spin-Orientierungen $m_s = \pm\frac{1}{2}$. Das mag beruhigen, es wird aber gleich ein Beispiel gezeigt, in dem wir uns selbst im nicht-relativistischen Grenzfall mit dieser Vereinfachung ein ganz wesentliches Ergebnis entgehen ließen.

### *10.2.4 Anomales magnetisches Moment*

**Doppelte magnetische Wechselwirkung.** Rechnet man für solche nicht-relativistischen Zustände die Wechselwirkung der Teilchen mit einem Magnetfeld aus, bringen die beiden großen oberen Komponenten des Spinors allein gerade soviel wie für einen klassischen Kreisstrom zum selben Drehimpuls $\frac{1}{2}\hbar$ erwartet wird, also einen $g$-Faktor $g = 1$. Das ist für sich allein schon sensationell: Hier tritt eine ruhende elektrische Punktladung, der aus eher formalen Gründen ein Eigen-Drehimpuls zugeschrieben wurde, wie ein echter Kreisstrom in Erscheinung. Es geht aber noch weiter: Der Hamilton-Operator (mit Magnetfeld) multipliziert die unteren Komponenten – ganz gleich wie klein sie sind – jetzt mit Faktoren, die den Größenunterschied zu den oberen exakt ausgleichen. So tragen sie zur Energie noch einmal genau soviel bei wie die großen Komponenten, es ergibt sich $g_s = 2$. Ohne jede weitere Annahme kommt (als nicht-relativistische Näherung) aus der Dirac-Gleichung die anomale magnetische Wechselwirkung des Spins richtig heraus.

Demnach ist der 4-dimensionale Raum der Dirac-Spinoren die Quelle nicht nur für eine neue Art von Drehimpuls, der nichts mehr mit einer sich drehenden Massenverteilung zu tun hat, sondern auch für eine magnetische Wechselwirkung, ohne dass es einen Strom gibt, und die (im Verhältnis zu diesem neuartigen Drehimpuls) richtig die anomale, nur hier beobachtete verdoppelte Größe hat. Nach dieser sensationellen theoretischen Deutung wurden (weitestgehend) auch endlich die ohnehin erfolglosen Versuche aufgegeben, mit exotischen Zusatzannahmen Spin und anomales magnetisches Moment des Elektrons doch durch die rasche Drehung einer kleinen (geladenen) Kugel zu erklären.

Für die eigentliche Berechnung geht Dirac genau nach dem Vorbild der *klassischen Hamilton-Funktion* für einen geladenen Massen*punkt* (ohne Drehimpuls und Dipolmoment) in einem Magnetfeld $\vec{B}=\vec{\nabla}\times\vec{A}$ vor: In $\hat{H}_{\mathrm{D}}$ ist nur $\hat{\vec{p}}$ durch $(\hat{\vec{p}}-e\vec{A})$ zu ersetzen[18] („Dirac-Kopplung"). Dabei wird $\vec{A}$ noch nicht (wie in Abschn. 9.4.3 beschrieben) als Operator sondern einfach wie ein klassisches äußeres Feld behandelt. Nach Ausmultiplizieren (und Anwenden der nicht-relativistischen Näherung $E+mc^2\approx 2mc^2$) entsteht für die beiden oberen Komponenten der von früher bekannte Hamilton-Operator für den Pauli-Spinor, und zeigt eine Zusatzenergie $(\mu_{\mathrm{Bohr}}\vec{\sigma})\cdot(\vec{\nabla}\times\vec{A})$, also genau wie für einen magnetischen Dipol $(\mu_{\mathrm{Bohr}}\vec{\sigma}\cdot\vec{B})$, denn $\vec{\nabla}\times\vec{A}$ ist ja das Magnetfeld $\vec{B}$. Im Unterschied zur älteren Schrödinger-Gleichung wird hier aber das Skalarprodukt nicht mit $\mu_{\mathrm{Bohr}}\vec{s}$ gebildet, sondern mit $\mu_{\mathrm{Bohr}}\vec{\sigma}=2\mu_{\mathrm{Bohr}}\vec{s}$. Der Vorfaktor ergibt den gesuchten anomalen Spin-$g$-Faktor $g_{\mathrm{s}}=2$. Das wurde und wird als ein Triumph der Vereinigung von Quantentheorie und Relativitätstheorie angesehen, doch hierzu drei Bemerkungen:

- In der Begeisterung wurde vermutlich übersehen, dass die verdoppelte magnetische Wechselwirkung auch schon richtig herausgekommen wäre, wenn man den „Zauberschlüssel" $(\hat{\vec{\sigma}}\cdot\vec{p})^2\equiv(\vec{p}\cdot\vec{p})$ einfach in den nicht-relativistischen Hamilton-Operator eingeführt hätte, also mit $\hat{H}_{\mathrm{n.r.}}=(\hat{\vec{\sigma}}\cdot\hat{\vec{p}})^2/(2m)$ gerechnet und dort $\hat{\vec{p}}\rightarrow(\hat{\vec{p}}-e\vec{A})$ eingesetzt. Im Unterschied zum Spin als solchem ist sein doppelter $g$-Faktor also nichts, das ohne die Relativitätstheorie nicht zu erklären ist.[19] Diese Bemerkung soll keine Zweifel an der Richtigkeit der relativistischen Erklärung wecken, sondern nur an die allgemeine Tatsache erinnern, dass – bildlich – einzelne Streben, die im theoretischen Gerüst der Physik wichtige Aussagen miteinander verbinden, nicht so belastbar sind wie das Ganze, weshalb sie unter Umständen auch revidiert werden könnten. Zum Beispiel im Zusammenhang mit der Schwachen Wechselwirkung ist das mehrmals mit vermeintlich gut abgesicherten Zusammenhängen vorgekommen (siehe Abschn. 12.2ff).
- Mit der hier gefundenen Erklärung einer magnetischen Wechselwirkung ohne elektrischen Strom löste sich eins der alten Probleme in den Fundamenten der klassischen Physik auf. Ihr zufolge dürfte es nämlich in einer Welt aus Massenpunkten überhaupt keinen makroskopischen Magnetismus geben. Grund: Da das Magnetfeld nur den Impuls, aber nicht die Energie von (elektrisch geladenen) Massenpunkten beeinflusst, kommt es in der (klassischen) Hamilton-Funktion

[18] So einfach sieht die Formel nur in dem in der Atom- und Elementarteilchen-Physik üblichen Maßsystem aus, in dem das Coulomb-Potential $e^2/r$ heißt.

[19] Als Anregung: Achten Sie einmal darauf, wie oft in Lehrbüchern die erfolgreiche Erklärung von $g_s=2$ allein der relativistischen Quantenmechanik zugeschrieben und als eine Art Beleg für ihre Richtigkeit dargestellt wird, zweifellos mit der Folge, dass diese etwas geschönte Aussage sich auch im physikalischen Grundwissen verwurzelt hat. Auch der Schreiber dieser Zeilen gesteht ein, erst bei den Recherchen für das vorliegende Buch über das Gegenbeispiel gestolpert zu sein (in [177]).

gar nicht vor und kann dann auch keine Auswirkungen auf den wahrscheinlichsten Zustand, das thermodynamische Gleichgewicht haben.[20]

- In Abschn. 9.7.7 ist schon besprochen worden, dass der $g$-Faktor knapp 20 Jahre später doch um 1.1‰ größer gemessen wurde, und dass die theoretische Erklärung – die bald danach durch eine verbesserte Behandlung der Wechselwirkung mit dem statischen Magnetfelds im Rahmen der entstehenden Quanten-Feldtheorie gelang – wiederum den Ruhm der *Quantenelektrodynamik* begründete. Der $g$-Faktor ist also doch keine kleine natürliche Zahl und schon von daher „gequantelt", sondern eine auf weitere Effekte reagierende Messgröße. Das macht ihn auch auf einem ganz anderen Gebiet für einen empfindlichen Test interessant: für den Vergleich Teilchen/Antiteilchen (s. u. Abschn. 10.2.6).

### 10.2.5 Wie die Dirac-Gleichung Lorentz-invariant wird

**Etwa nicht einmal spiegelinvariant?** Beim ersten Hinsehen scheint die Dirac-Gleichung (10.4) skalare Größen miteinander zu verbinden, wie man es von einer gegen Koordinaten-Transformationen invarianten Gleichung auch erwartet. Doch der Schein trügt, wie oben schon angemerkt.

Wie das zu beheben ist, kann man am einfachsten bei der Raumspiegelung ($\vec{r} \to -\vec{r}$) sehen, gegen die die Dirac-Gleichung natürlich auch invariant sein soll. Im Dirac-Operator $\hat{H}_\mathrm{D}$ dreht sich bei der Spiegelung nur das Vorzeichen von $\hat{\vec{p}}$ um, während die $\vec{\alpha}$-Matrizen gleich bleiben: Dieser Operator $\hat{H}_\mathrm{D}$ ist *nicht* invariant.

**Abhilfe: im Dirac-Raum mitspiegeln.** Um das Vorzeichen wieder zurückzudrehen und alles wieder so aussehen zu lassen wie vorher, multipliziert man den Spinor gleichzeitig mit der Dirac-Matrix $\beta$, die mit den $\vec{\alpha}$-Matrizen antikommutiert. Für den so transformierten Spinor $\overline{\Psi}(t,\vec{r}) = \beta\Psi(t,-\vec{r})$ ergibt sich mit dem gespiegelten Dirac-Operator die alte Dirac-Gleichung, also die gewünschte Invarianz.

Diese Transformation des Spinors führt zu einer weiteren unanschaulichen Konsequenz, denn die Matrix $\beta$ behandelt nun obere und untere Komponenten mit verschiedenen Vorzeichen, gibt also dem Antiteilchen immer die entgegengesetzte Parität wie einem normalen Teilchen mit derselben Ortswellenfunktion. Das stimmt aber tatsächlich mit den Beobachtungen überein. Am Positronium – dem „Atom" aus Elektron und Positron, in seinem 1s-Grundzustand mit Parität $+1$ in der räumlichen Wellenfunktion – konnte man nachweisen, dass die gesamte Parität doch $-1$ ist. Die beiden $\gamma$-Quanten der Vernichtungsstrahlung bilden nämlich zusammen ein elektromagnetisches Strahlungsfeld mit negativer Parität (d. h. $\vec{E}$ wechselt bei Spiegelung das Vorzeichen), erkennbar am Verhältnis ihrer beiden Polarisationen, die durch Compton-Streuung auseinander gehalten werden können. Die bei-

[20] Ausführlich dargestellt z. B. in den *Feynman Lectures on Physics* [71, Bd. II].

den Quanten sind nicht nur durch ihre (immer genau entgegen gesetzten) Flugrichtungen miteinander verschränkt, sondern auch hinsichtlich ihrer (immer orthogonalen) Polarisationen. – Die gleiche Umkehrung der Parität gemäß der Dirac-Theorie wird auch bei den *pseudoskalaren Mesonen* in Abschn. 11.1.5 gebraucht, die aus einem Quark und einem Antiquark zusammengesetzt sind.

**Bewegung.** Wie bei der Spiegelung geht man auch beim Übergang in ein bewegtes Bezugssystem vor, bei dem die Komponenten jedes 4-Vektors $(t, \vec{r})$ sich nach der Lorentz-Transformation miteinander mischen müssen, und die entsprechenden Ableitungsoperatoren $\frac{\hbar}{i}\frac{\partial}{\partial t} = \hat{E}$, $\frac{\hbar}{i}\frac{\partial}{\partial x} = \hat{p}_x \ldots$ genauso. Da der Dirac-Operator $\hat{H}_\mathrm{D}$ dagegen nicht invariant ist, wird die Aufgabe, die ganze Gleichung aus Operator und Spinor invariant zu machen, auf den Spinor abgewälzt.

Dafür lohnt es sich, zunächst den Dirac-Operator $\hat{H}_\mathrm{D}$ selbst in eine Lorentz-konforme Gestalt umzuschreiben, also durch Invarianten auszudrücken. Eine davon muss dann die Masse sein. Aus Gl. (10.4) wird (wegen $\beta^2 = \mathbf{1}$, und dividiert durch $c$):

$$mc = \beta \hat{H}_\mathrm{D}/c - (\beta\vec{\alpha} \cdot \hat{\vec{p}})\,.$$

Auf der rechten Seite erkennt man die Operatoren $(\hat{H}_\mathrm{D}/c, \hat{\vec{p}})$ in derselben Form zusammengefasst wie in der Relativitätstheorie der 4-Vektor für Energie und Impuls $p^\mu = (E/c, \vec{p})$, $(\mu = 0, 1, 2, 3)$.[21] Da links eine Lorentz-Invariante steht, muss es sich insgesamt um ein Skalarprodukt mit einem anderen 4-Vektor handeln. Der besteht offenbar aus den vier Matrizen $(\gamma^0, \gamma^1, \gamma^2, \gamma^3) = (\beta, \beta\alpha_x, \beta\alpha_y, \beta\alpha_z)$, die zusammenfassend als die vier $\gamma^\mu$-Matrizen der Dirac-Theorie bezeichnet werden. Nur, dieser Vektor ist sicher kein 4-Vektor im Sinne der Lorentz-Transformation, denn er bleibt ja immer gleich. Der Ausweg besteht darin, sich darauf zu besinnen, dass eine Theorie nur die *messbaren* Größen richtig wiedergeben muss, und die sind in der Quantenmechanik immer durch das Skalarprodukt zweier Zustandsvektoren mit einem Operator dazwischen gegeben (siehe Kasten 5.1 auf S. 120). Man muss also verlangen, dass die vier Größen

$$j^\mu_\mathrm{BA} = \left(\Psi^\dagger_\mathrm{B} \gamma^\mu \Psi_\mathrm{A}\right)\,, \tag{10.10}$$

wenn $\Psi_\mathrm{A}, \Psi_\mathrm{B}$ zwei Dirac-Spinoren sind, sich wie ein Lorentz-Vektor verhalten. Dazu muss sich jeder Spinor in einer wohlbestimmten Weise mit transformieren, wenn er denselben Zustand von einem bewegten Bezugssystem aus bezeichnen soll (oder, logisch dasselbe und in den Formeln nur durchs Vorzeichen der Bewegung unterschieden: wenn er statt eines ruhenden ein bewegtes Teilchen beschreiben soll).[22]

[21] Der hochgestellte Index $\mu$ bezeichnet immer einen 4-Vektor mit den vier Dimensionen $(t, \vec{r})$ der Raum-Zeit, auch wenn der Hinweis „$(\mu = 0, 1, 2, 3)$“ fehlt. Das Symbol $\vec{p}$ bzw. $p = |\vec{p}|$ allein steht weiter für den räumlichen Impuls.

[22] Diese Herleitung wird vielerorts logisch andersherum dargestellt: Erst Eigenspinoren der Dirac-Gleichung (10.4) mit $p \neq 0$ suchen und mit ihnen dann beweisen, dass sich – sozusagen „glückli-

**Das Teilchen ruht.** Ausgehend von einem ruhenden Teilchen ($p = 0$) soll das Ergebnis dieser Prozedur erläutert werden (ohne die Rechnung im einzelnen vorzuführen). Bei positiver Energie $E = +mc^2$ und $m_s = +\frac{1}{2}$ ist der Spinor einfach:

$$\Psi_{p=0}(t, \vec{r}) = \mathrm{e}^{-\frac{\mathrm{i}}{\hbar}Et} \begin{pmatrix} 1 \\ 0 \\ 0 \\ 0 \end{pmatrix} . \qquad (10.11)$$

Für das ruhende Teilchen darf die 1 auch an jeder der drei anderen Stellen im Spinor stehen, wobei sich von oben abwechselnd $m_s = \pm\frac{1}{2}$ ergibt und ab der 3. Komponente negative Energie $E = -mc^2$. Wie sich jetzt aber zeigen wird, sind dies schon die einzigen vier Eigenzustände der Dirac-Gleichung, in denen jeder der Komponenten (in Standarddarstellung) eine einfache und messbare Bedeutung zukommt, nämlich je eine der vier Kombinationen aus $m_s = \pm\frac{1}{2}$ und $E = \pm mc^2$.

**Lorentzboost.** In allen bewegten Zuständen ist eine so anschauliche Beschreibung der einzelnen Komponenten bestenfalls eine Näherung, was einen intuitiven Zugang zu diesem Formalismus durchaus schwer machen kann. Den Spinor für ein bewegtes Teilchen gewinnt man durch einen „Lorentzboost" („$\Rrightarrow$" in Gl. 10.12), d. h. man setzt sich in ein mit der entsprechenden Geschwindigkeit[23] entgegengesetzt bewegtes Koordinatensystem und berechnet mit der für die Lorentz-Invarianz erforderlichen Transfomation des Spinors, wie er nun von dort gesehen aussieht. Der Spinor ist natürlich wieder ein Eigenzustand zum Hamilton-Operator $\hat{H}_\mathrm{D}$ (der schließlich für eine Lorentz-invariante Theorie konstruiert worden ist). Er bekommt nun nicht nur eine Ortsabhängigkeit nach Art einer ebenen Welle, sondern auch neue Komponenten (wir überschlagen die Rechnung[24] und lassen Normierungsfaktoren fort):

$$\Psi_{p=0}(t, \vec{r}) = \mathrm{e}^{-\frac{\mathrm{i}}{\hbar}Et} \begin{pmatrix} 1 \\ 0 \\ 0 \\ 0 \end{pmatrix} \Rrightarrow \Psi_p(t, \vec{r}) = \mathrm{e}^{-\frac{\mathrm{i}}{\hbar}(Et - (\vec{p}\cdot\vec{r}))} \begin{pmatrix} 1 \\ 0 \\ \frac{cp_z}{E+mc^2} \\ \frac{cp_x + \mathrm{i}cp_y}{E+mc^2} \end{pmatrix}$$

$$\begin{bmatrix} \bullet \text{ Teilchen ruht} \\ \bullet\ E = +mc^2 \\ \bullet\ m_s = +\frac{1}{2} \end{bmatrix} \underset{(\mathit{Lorentzboost})}{\Rrightarrow} \begin{bmatrix} \bullet \text{ Teilchen hat Impuls } \vec{p} \\ \bullet\ E = +\sqrt{p^2c^2 + m^2c^4} \\ \bullet\ m_\mathrm{s} = +\frac{1}{2} \text{ (wenn } \vec{p}\,||\,z) \end{bmatrix} . \qquad (10.12)$$

---

cherweise" – insgesamt die Lorentz-Invarianz ergibt. Die oben beschriebene Richtung bringt den Zusammenhang m.E. klarer zum Ausdruck. Die Rechnung dazu, hier überschlagen, findet man im Detail durchgeführt z. B. in dem seit Jahrzehnten unübertroffenen Standardlehrbuch von A. Messiah [132, Kap. XX §11].

[23] $v/c = pc/E$ ist die Geschwindigkeit des mit Impuls $p$ fliegenden Teilchens, das dann die Energie $E = \sqrt{p^2c^2 + m^2c^4}$ hat. Dies folgt aus der populären Formel für die „relativistische Massenzunahme" $E = mc^2/\sqrt{1-(v/c)^2}$ leicht, indem man sie quadriert.

[24] nachzulesen z. B. in [24, S. 175], [87, S. 243]

Zu einem normalen bewegten *Teilchen* mit ganz normaler Energie $E = +\sqrt{p^2c^2+m^2c^4}$ gehört demnach ein Spinor, der unweigerlich auch Komponenten hat, die bei einem ruhenden Teilchen zur negativen Energie gehören würden.

**Mehr zur Verquickung von Impuls und Spin.** Dies ist nicht die einzige nicht recht intuitive Verbindung zwischen den Dimensionen des Dirac-Raums und des Ortsraums. Wie an Gl. (10.12) zu sehen ist, kann der Spinor des bewegten Teilchens im allgemeinen kein Eigen-Spinor zu $m_s = +\frac{1}{2}$ mehr sein, es sei denn, die $z$-Achse liegt zufällig in Richtung des Impulses (oder entgegengesetzt dazu). Nur dann fällt der Beitrag zum „falschen" $m_s$ (hier die 4. Spinor-Komponente) weg. Folge: Nur in Bezug auf die Flugrichtung des Teilchens kann man dem Spin einen seiner beiden Eigenzustände parallel/antiparallel zuweisen. Statt wie früher üblich „Spin auf" und „ab" sagt man für diese Basiszustände daher besser „Spin vorwärts" (rechtsdrehend) oder „rückwärts" (linksdrehend)[25] oder *Helizität* $h = +1$ bzw. $h = -1$. Dies sind die Eigenwerte zu dem (mit dem Hamilton-Operator vertauschbaren!) Helizitäts-Operator $\hat{h} = (\hat{\vec{\sigma}} \cdot \hat{\vec{p}})/p$. Natürlich darf man aus den beiden Eigenzuständen beliebige Linearkombinationen bilden, es kommt dabei aber eben nie ein Energieeigenzustand mit dem Spin in einer bestimmten Richtung schräg zur Flugbahn heraus.

Wie kann eine solche Einschränkung der Spin-Orientierung bei der Wahl des Energie-Eigenzustands möglich sein, ohne dass es hier eine spinabhängige Kraft gibt? Das ist zunächst rein formal einfach zu sagen: Die Operatoren $\hat{H}_\text{D}$ und $\hat{s}_z$ sind nicht vertauschbar.[26] Dann können sie keine vollständige Basis aus Eigenzuständen gemeinsam besitzen. Aber auch „physikalisch" gibt es ein gutes Argument, denn es wirft ein Licht darauf, wie sich Phänomene aus der klassischen Relativitätstheorie in dieser neuen Welt auswirken. Zunächst wird hier einerseits wieder ein Gegensatz zur klassischen Mechanik deutlich: Klassisch *kann* ein Drehimpuls $\vec{\ell} = \vec{r} \times \vec{p}$ nie parallel oder antiparallel zum Impuls $\vec{p}$ stehen.[27] Überdies kann ein Massenpunkt einen Drehimpuls ($\neq 0$) nicht in Bezug auf seinen eigenen Ort haben. Denkt man sich daher statt des Punktes einen ausgedehnten Kreisel, dessen Drehimpuls zunächst schräg zu seinem Impuls $\vec{p}$ liegt, dann kommt seine Drehachse mit zunehmender Geschwindigkeit der Flugrichtung tatsächlich immer näher. Seine Bestandteile bewegen sich nämlich auf Kreisbahnen mit Geschwindigkeitskomponenten orthogonal und parallel zu $\vec{p}$, und nur letztere werden durch die Lorentz-Kontraktion reduziert. Übrig bleiben die orthogonalen, womit sich die Drehachse immer stärker zur Flugrichtung hin neigt und im hoch relativistischen Fall parallel (oder antiparallel) zu ihr ist.

Immerhin sieht man in Gl. (10.12) noch einmal, dass beide unteren Komponenten für nicht-relativistische Teilchen klein sind und sich auch bei höchsten Energien

---

[25] wobei die Verwendung des Worts „drehend" eine ziemlich fragwürdige Anleihe bei der Anschaulichkeit zu machen versucht, denn beim Spin dreht sich ja nichts.

[26] Das gilt auch für $\hat{s}_x, \hat{s}_y$. Schließlich sollte $[\hat{H}, \vec{s}] = -[\hat{H}, \vec{\ell}] \neq 0$ sein, damit $\hat{H}_\text{D}$ mit $(\hat{\vec{\ell}} + \hat{\vec{s}})$ vertauschbar wird.

[27] sondern nur senkrecht zu ihm. Auch das signalisiert einen grundsätzlichen Unterschied zum Spin.

($E \gg mc^2$, d. h. $E \approx pc$) den oberen Komponenten nur annähern, sie aber nicht übersteigen können. Mit diesem Verhalten schlagen sie sich in vielen Berechnungen nieder und bringen sie dadurch erst mit den beobachteten Effekten in Übereinstimmung (wie z. B. zu der Klein-Nishina-Formel für den Compton-Effekt in Abschn. 6.4.3 und 9.6 schon angemerkt wurde).

**Wechselwirkung relativistisch invariant einbauen.** Auch nach Einfügen von Wechselwirkungen $\hat{H}_{\mathrm{WW}}$ muss der Hamilton-Operator (d. h. die *Bewegungsgleichung*) noch Lorentz-invariant sein. Die erfolgreiche Ankopplung an das magnetische Vektorpotential nach dem klassischen Vorbild $\vec{p} \to (\vec{p} - e\vec{A})$ (s. o.) ist ein Glücksfall, der so nicht auf Prozesse wie den $\beta$-Zerfall übertragbar ist. Damit der Operator $\hat{H}_{\mathrm{WW}}$ relativistisch richtig wird, muss auch er sich ganz durch Lorentz-invariante Größen ausdrücken lassen, z. B. durch das Skalarprodukt von zwei 4-Vektoren. Der 4-Vektor für das elektromagnetische Feld ist schon bekannt (Gl. (10.1)), und welchen 4-Vektor man aus dem Zustand $\Psi$ des Elektrons gewinnen kann, ist oben (Gl. 10.10) schon klar geworden: Man nennt $j^{\mu}_{\mathrm{BA}}$ den *Übergangsstrom* vom Zustand $A$ in den Zustand $B$.

Der Name erklärt sich so, dass im Fall $\Psi_{\mathrm{A}} = \Psi_{\mathrm{B}} = \Psi$ gerade die Stromdichte des Teilchens im Zustand $\Psi$ herauskommt: $j^{\mu} = (\Psi^{\dagger}\gamma^{\mu}\Psi)$. Die nullte Komponente $j^0 = \rho$ ist die räumliche Dichte, die anderen drei $(j^1, j^2, j^3) \equiv \vec{j}$ bilden die räumliche Stromdichte.[28] Zusammen mit der Dirac-Gleichung ist die Kontinuitätsgleichung erfüllt, also die Erhaltung der Norm bzw. Teilchenzahl.

Für beliebige $\Psi_{\mathrm{A}}$, $\Psi_{\mathrm{B}}$ spielt $j^{\mu}_{\mathrm{BA}}$ unter dem Namen *Vektorstrom* eine zentrale Rolle bei der Fomulierung von Wechselwirkungen. So ist sein Skalarprodukt mit dem elektromagnetischen 4-Potential $A^{\mu}$ nun wirklich Lorentz-invariant und vermittelt als Störoperator $\hat{H}_{\mathrm{WW}}$ den elektromagnetischen Übergang $\Psi_{\mathrm{A}} \to \Psi_{\mathrm{B}}$. Um einen Übergang zu beschreiben, bei dem ein Teilchen vernichtet und eins erzeugt wird – wie Elektron $e^-$ und Neutrino $\nu$ bei der $\beta$-Radioaktivität (z. B. $p + e^- \to n + \nu$) – gibt man dem einen den Zustand $\Psi_{\mathrm{e}}$ und dem anderen $\Psi_{\nu}$ und bezeichnet $j^{\mu}_{\mathrm{e}\nu}$ als Übergangsstrom. Da immer auch ein weiterer Vernichtungs-/Erzeugungsprozess ablaufen muss, hat man einen zweiten Übergangsstrom (im Beispiel $j^{\mu}_{\mathrm{pn}}$), und für den Gesamtprozess ist es das nächstliegende, den Wechselwirkungsoperator als Skalarprodukt dieser beiden 4-Vektoren anzusetzen. So hat schon Fermi in seiner bahnbrechenden Theorie der $\beta$-Strahlen gerechnet. Als allgemeines Konzept wurde es 1958 von Murray Gell-Mann unter dem Namen Strom-Strom-Kopplung eingeführt und hat sich auch für die anderen Wechselwirkungen äußerst erfolgreich bewährt.

Außer dem Skalarprodukt von zwei Vektorströmen bieten die Spinoren formal noch genau vier weitere Möglichkeiten, eine Lorentz-Invariante zu bilden. Nur eine davon kommt nach gegenwärtiger Kenntnis noch als Wechselwirkung vor, der *axiale Vektorstrom*, der im übernächsten Abschn. 10.2.7 vorgestellt wird.

---

[28] Der gleiche Buchstabe $j$ für Drehimpuls eines Teilchens und Stromdichte ist Tradition und sollte nicht zu Verwirrungen führen.

### *10.2.6 Anti-Teilchen.*

Wie soll man mit einer neuen Theorie umgehen, bei der die überraschendsten Erfolge von absurdesten Voraussagen begleitet sind? Am Anfang versuchte selbst Dirac, die geisterhaften Zustände negativer Energie einfach zu ignorieren. Doch ohne sie kam die neue, bald durch Experimente gut bewährte Formel von Klein und Nishina zum Wirkungsquerschnitt des Compton-Effekts nicht zum richtigen Ergebnis (siehe Abschn. 6.4.3), noch nicht einmal – und das verstörte unter vielen Physikern z. B. auch Heisenberg – im klassischen Grenzfall großer Wellenlänge, für den schon vor Jahrzehnten J.J. Thomson die richtige Formel klassisch hergeleitet hatte (siehe Gl. (6.31) auf S. 203). Als nächstes versuchte Dirac seine Theorie zu retten, indem er die negativ geladenen Teilchen negativer Energie zu positiv geladenen mit positiver Energie umdeutete und die Protonen damit identifizierte. Doch das ließ sich auch nicht halten, weil dann nicht nur die Massen gleich sein müssten sondern gegenseitige Vernichtung eintreten würde. Oppenheimer errechnete mit der inzwischen entwickelten Theorie der Emission von Photonen (die erst 1926 auch von Dirac begründet worden war, siehe Abschn. 9.5), dass kein H-Atom dies länger als $10^{-10}$ s überleben würde. Diracs neuer (waghalsiger) Ausweg: Alle diese Zustände negativer Energie sind schon von Elektronen besetzt, Übergänge in diese Unterwelt also durch das Pauli-Prinzip verboten. Dies sei aber das „Normale" und daher nicht zu bemerken. Brilliant, aber mit einem Pferdefuß. Es müsste sich immerhin um unendlich viele Elektronen mit Energien bis minus unendlich handeln, also auch um eine unendliche Ladungs- und Energie-Dichte und so weiter.[29] Der richtige Ausweg aus dem Dilemma wäre die Vorhersage eines neuen Teilchens gewesen, unerhört im damaligen Gedankengebäude der Physik.[30] Erst drei Jahre nach der ersten Publikation seiner Gleichung schlägt Dirac dies vor, und niemand glaubt das, auch nicht Carl Anderson, als er Ende 1931 solche Teilchen in der Höhenstrahlung entdeckt[31] und *Positronen* nennt (Nobelpreis 1936). Doch nur kurz darauf galt das Positron schon selbstverständlich als das Diracsche Anti-Elektron, und Dirac bekam den Nobelpreis 1933. Nur ein Jahr später konnte Fermi seine erfolgreiche Theorie des $\beta$-Zerfalls vorstellen (siehe Abschn. 6.5.8), in der er ausgiebig von den Dirac-Spinoren Gebrauch machte und sie auch für das geheimnisvolle Paulische Neutrino ansetzte, nur eben mit der Teilchenmasse Null. Damit erstarb auch das Interesse, weiter nach Alternativen zur Dirac-Theorie zu suchen (vgl. [125]).

In Italien hatte E. Majorana 1932 einen alternativen, relativistisch korrekten Ansatz vorgeschlagen (und 1937 noch einmal voll ausgearbeitet), in dem das Elektron als sein eigenes Antiteilchen erscheint. Im Gegensatz zur Dirac-Theorie würden sich hier auch zwei Elektronen miteinander vernichten, wenn

---

[29] So weit wurde Diracs Theorie schon in Abschn. 6.4.5 umrissen, im Zusammenhang mit einer weiteren experimentellen Beobachtung aus denselben Jahren, der Paar-Erzeugung, die damit einfach erklärbar wird.

[30] Siehe die Anmerkungen zur Vorhersage des Neutrons in Abschn. 4.1.5 und des Neutrinos in Abschn. 6.5.6.

[31] und noch ein Jahr später in seiner ersten Veröffentlichung hierzu [9] kein Wort über Diracs Theorie verliert.

nur der Erhaltungssatz der elektrischen Ladung das nicht verbieten würde. Majoranas Theorie hatte aber den für damaliges Denken entscheidenden Fehler, nicht gegen Raumspiegelungen invariant zu sein. Es würde dann stabile Zustände ohne Paritätsquantenzahl geben. In Abschn. 12.2 wird ausführlich behandelt, wie dies Denkverbot in den 1950er Jahren aus dem Weg geräumt wurde. Als dann mit Neutrino und Antineutrino ein ungeladenes Teilchen/Antiteilchen-Paar etabliert worden war und die Frage der Erhaltung der Leptonenzahl auch unabhängig von der Erhaltung der elektrischen Ladung neu gestellt werden konnte, wurde Majoranas Theorie allmählich wieder aufgegriffen. Ob es neben Dirac-Teilchen auch Majorana-Teilchen gibt, ist bis heute die aktuellste offene Frage der Forschung an den Leptonen (siehe Abschn. 10.4.3).

Doch schon nach der experimentellen Manifestation des Positrons und der Paarerzeugung war überall klar, dass man die beiden unteren Komponenten des Dirac-Spinors, obwohl sie Zustände negativer Energie voraussagten, nicht ignorieren durfte. Das hübsche Bild von der vollbesetzten Unterwelt (mit vereinzelten Löchern namens „Positron“) wurde etwa 10 Jahre später durch die *Quantisierung des Dirac-Felds* (also die 2. Quantisierung für die Elektronen wie in Abschn. 9.4) abgelöst – allerdings um den Preis, auch das Positron als richtiges Elementarteilchen mit eigenen Erzeugungs- und Vernichtungsoperatoren anzuerkennen. Das wiederum schwächte die vorher selbstverständliche Begründung dafür, dass Teilchen und Antiteilchen bis aufs Vorzeichen der Ladung exakt übereinstimmen sollten. Diese Übereinstimmung ist daher überall dort, wo es möglich war, mit bewundernswürdiger Genauigkeit getestet worden.

**Ein Test mit 12stelliger Genauigkeit.** Prädestiniert für Präzisionsmessungen sind Resonanzphänomene bei hohen Frequenzen. Ein gutes Beispiel ist die Larmor-Präzession magnetischer Dipole, wie schon bei der magnetischen Kernresonanz in Abschn. 7.3.3 besprochen. Damit wurden die $g$-Faktoren von Positron und Elektron mit einer Genauigkeit von 12 Dezimal-Stellen bestimmt [186]. Hier die Ergebnisse (ausgedrückt in der Form $g_s = 2(1+a)$, die die Anomalie $a$ deutlich erkennen lässt, und ausnahmsweise mit dem korrekten Vorzeichen versehen):

$$g_s(e^-) = -2\cdot(1+0{,}0011596521884(\pm 43))\,,$$
$$g_s(e^+) = +2\cdot(1+0{,}0011596521879(\pm 43))\,. \tag{10.13}$$

Also bis auf das erwartete Vorzeichen kein Anzeichen einer Differenz zwischen Teilchen und Antiteilchen.

**Etwas Messtechnik.** Es lohnt ein Blick darauf, wie diese fantastische Genauigkeit erreicht wurde. Allein drei Dezimalstellen werden dadurch gewonnen, dass man nicht den ganzen $g$-Faktor misst, sondern gleich die Anomalie $a = \frac{1}{2}(g-2)$ selber zur Erzeugung des Messsignals ausnutzt. Das gelingt, wenn man das magnetische Moment $\mu_\ell = \ell\mu_{\text{Bohr}}$ der Bahnbewegung eines kreisenden Elektrons als Bezugspunkt nehmen kann, um nur noch die Abweichung im Verhalten des Elektronenspins zu beobachten. Da beide Momente $\mu_\ell$ und $\mu_s$ sich bei Anlegen eines

Magnetfelds in der Lage der Energieniveaus äußern, geht es also darum, eine kleine Aufspaltung oder Frequenzverstimmung dort zu finden (und genau zu vermessen, hier auf 9 Stellen!), wo bei $g_s \equiv 2$ Entartung vorläge. Für die genauesten Messungen dieser Art fängt man ein einziges Elektron (oder Positron) in einer magnetischen Flasche ein, wo man es monatelang dabei beobachten kann, wie es mit Radius $R$ und der (von $R$ nicht abhängigen) Zyklotronfrequenz $\omega_c = eB/m_e$ senkrecht zum Magnetfeld seine Kreise zieht.[32] Dann ist die Energie der Bahnbewegung in Stufen $\Delta E_c = \hbar\omega_c = (e\hbar/m_e)B \equiv 2\mu_{\text{Bohr}}B$ gequantelt (sog. *Landau-Niveaus*).

**Frage 10.4.** *Woher der Faktor 2 im Abstand der Landau-Niveaus, der aussieht wie der Spin-g-Faktor, obwohl vom Spin noch gar nicht die Rede war?*

**Antwort 10.4.** *Der Kreisstrom macht ein magnetisches Dipolmoment $g_\ell \ell \mu_{\text{Bohr}} B$ mit dem klassisch wie quantenmechanisch (für Bahndrehimpuls) richtigen g-Faktor $g_\ell$=1. Seine potentielle Energie im Magnetfeld ist richtig $E_{\text{mag}} = \ell\mu_{\text{Bohr}}B$ (Niveauabstand $\Delta E_{\text{mag}} = \pm\mu_{\text{Bohr}}B$ wie z. B. bei $\Delta m_\ell = \pm 1$ im normalen Zeeman-Effekt). Allerdings entsprechen die Landau-Niveaus gar nicht den verschiedenen Zeeman-Niveaus, die bei einem festen (durch ein Atom- oder Kernniveau bestimmten) Bahndrehimpuls $\ell$ die Energieaufspaltung durch Richtungsquantelung wiedergeben, sondern der Zu- oder Abnahme von $\ell$ um $\Delta\ell = \pm 1$ (bei stets paralleler oder antiparalleler Ausrichtung $m_\ell = \pm\ell$). Zum mechanischen Drehimpuls $\hbar\ell$ gehört die kinetische Energie $E_{\text{kin}} = \frac{1}{2}m_e R^2\omega_c^2 \equiv \frac{1}{2}(\hbar\ell)\omega_c \equiv \ell\mu_{\text{Bohr}}B$. Sie ändert sich also auch, und genau um den gleichen Betrag $\Delta E_{\text{kin}} = \Delta E_{\text{mag}}$, was den Niveauabstand exakt verdoppelt.*

Dazu kommt die Energie des Spinmoments im selben Feld, die das Niveau je nach seiner Einstellung ($m_s = \pm\frac{1}{2}$) um $E_s = \pm\frac{1}{2}g_s\mu_{\text{Bohr}}$ erhöht oder erniedrigt, also jedes Landau-Niveau um $\Delta E_s = g_s\mu_{\text{Bohr}}$ aufspaltet. Im Endeffekt liegt dann dicht neben jedem Niveau ein zweites, das nach Erhöhung um $\Delta\ell = 1$ und Umkehr des Spins um $\Delta m_s = -1$ (oder umgekehrt) wie gewünscht nur um $\Delta E_s - \Delta E_c = (g_s - 2)\mu_{\text{Bohr}}B = 2a\mu_{\text{Bohr}}B$ abweicht. Um diesen Abstand zu beobachten, muss man natürlich Übergänge induzieren, d. h. die Niveaus stören. Durch eine über Jahrzehnte hindurch entwickelte trickreiche Anordnung von magnetischen und elektrischen Feldern (mit absichtlichen kleinen Inhomogenitäten) sind 1987 die Messungen von $a$ mit einer Präzision von 9 Dezimalstellen gelungen, die in den oben angegebenen Werten eine Genauigkeit im $g$-Faktor von $1{:}10^{12}$ bedeuten. Ganz wesentlich ist dabei, systematische Fehler ausschließen oder wenigstens begrenzen zu können. Hier ist z. B. der Umstand wichtig, dass es sich um Messungen an einem einzigen Elektron (oder Positron) handelt, so dass das auf die Bahn- und Spin-Bewegungen wirkende Magnetfeld wirklich immer dasselbe war [185].

**Frage 10.5.** *Muss man für diese Genauigkeit dann nicht wenigstens das Magnetfeld auf 9 Dezimalstellen genau wissen?*

**Antwort 10.5.** *Nein, jedenfalls nicht in absoluten Einheiten sondern nur in Form einer anderen Frequenzmessung: Man beobachtet gleichzeitig die Resonanz für Über-*

---

[32] Siehe Gl. (4.3) auf S. 79.

*gänge, bei denen sich nur der Bahndrehimpuls ändert, so dass die Frequenz ausschließlich durch $g_\ell = 1$ bestimmt ist. Im Quotienten beider Frequenzen hebt sich das Magnetfeld heraus. Er gibt den Quotienten der betreffenden Aufspaltungen an, also $a/g_\ell$, mit der Genauigkeit der Frequenzmessungen relativ zueinander. Man braucht dazu noch nicht einmal eine Uhr; zwei (elektronische) Zählwerke für die Perioden würden genügen.*

Die von Hans G. Dehmelt mit dieser Methode gewonnenen Daten zeigten eine so herausragende Genauigkeit, dass er dafür schon 1989 den Nobelpreis erhielt. Trotzdem konnte auch diese Präzision noch gesteigert werden. Mit einer noch weiter verbesserten Apparatur konnte eine andere Gruppe im Jahr 2006 die Genauigkeit wieder um eine Dezimalstelle erhöhen, bislang aber erst am Elektron [140]. Der neue Wert:

$$g_s(e^-, 2006) = 2 \cdot (1 + 0{,}0011596521811(\pm 7)) . \tag{10.14}$$

Hier ist also doch einmal der Fall zu sehen, dass das neue und wahrscheinlich genauere Ergebnis gerade knapp außerhalb der einfachen Standardabweichung liegt,[33] mit der (siehe oben Gl. (10.13)) das Ergebnis von 1987 angegeben wurde.[34]

Auf jeden Fall aber konnte die Übereinstimmung zwischen dem Elektron und seinem Antiteilchen bis zur 12. Dezimalstelle des $g$-Faktors gesichert werden.

Die Untersuchungen am anomalen $g$-Faktor von Elektron und Positron sind bis hierher nur unter der Fragestellung der exakten Teilchen-Antiteilchen-Symmetrie beschrieben worden. Sie sind auch aus einem anderen Grund zu Recht berühmt: Nachdem sie bei zunächst dreistelliger Messgenauigkeit 1946 erstmals aufgetaucht waren und damit den Weg zur Durchsetzung der Quantenelektrodynamik ebnen halfen (siehe Abschn. 9), wurden sie bei steigender Mess- *und* Rechengenauigkeit zu einem ihrer härtesten Prüfsteine, und ab der 9. Dezimalstelle auch zu einem Testfall für das gesamte Standard-Modell der Elementarteilchen-Physik. Das wird in Abschn. 14.1 weiter dargestellt.

Über eine Möglichkeit, die Symmetrie eines Teilchen-Antiteilchen-Paars noch um sechs Stellen genauer zu prüfen, wird in Abschn. 12.3.3 berichtet. Die Leitidee für so ein Experiment dürfte nach diesem Abschnitt schon auf der Hand liegen: Einen messbaren Effekt suchen, der als ganzes zur fraglichen Differenz direkt proportional ist. Dort ist es die (hypothetische) Differenz der Massen von Teilchen und Antiteilchen.

**Frage 10.6.** *Gibt es bei den magnetischen Momenten keinen Effekt, der auf eine eventuelle Asymmetrie zwischen Teilchen und Antiteilchen direkt ansprechen würde?*

[33] Siehe auch die Kritik an Millikans Bestimmung der Elementarladung (Fußnote 22 auf S. 15).

[34] Eine alternative Erklärung möglich? Etwa: Könnten die beiden an der Ost- bzw. Westküste der USA untersuchten Elektronen-Exemplare vielleicht zufällig aus verschiedenen Chargen stammen, die bei der Produktion doch nicht ganz exakt gleich ausgefallen sind? So ein Einwand fiele bis auf weiteres unter die Kategorie „Denkverbot", mit guten Gründen (siehe Identische Teilchen, Abschn. 9.3.3).

**Antwort 10.6.** *Ein Beispiel: Ein eventuell nicht verschwindendes magnetisches Moment von Positronium, wenn Elektron und Positron ihre Spins parallel, ihre Momente also antiparallel ausgerichtet haben. Dies Objekt gibt es – Triplett-Positronium – es zerfällt aber leider mit Lebensdauer* $\tau \approx 140\,\text{ns}$ *in drei* $\gamma$*-Quanten (siehe Fußnote 59 auf S. 211). Ein Experiment zum Nachweis eines Netto-Moments nicht größer als* $10^{-12}\mu_{\text{Bohr}}$ *erscheint undenkbar.*

**Untere Komponenten und die Antiteilchen.** Für die von Diracs Gleichung neu ins physikalische Weltbild gesetzten Teilchen, die in ihrem Ruhesystem $E = -mc^2$ haben, müssen wir jetzt eine bessere Interpretation finden als die von ihm seinerzeit vorgeschlagene vollbesetzte Unterwelt. Wie schon in Abschn. 9.7.6 angekündigt, deuten wir sie nach Feynmans Vorschlag zu Objekten mit positiver Energie um. Gleichung (10.15) zeigt das für einen Spinor zu $m_\text{s} = -\frac{1}{2}$, wenn so ein Teilchen negativer Energie den Impuls $\vec{p}$ bekommt:

$$\Psi_{p=0} = \mathrm{e}^{-\frac{\mathrm{i}}{\hbar}Et}\begin{pmatrix}0\\0\\0\\1\end{pmatrix} \Rightarrow \Psi_p = \mathrm{e}^{-\frac{\mathrm{i}}{\hbar}(Et-(\vec{p}\cdot\vec{r}))}\begin{pmatrix}\frac{cp_x-\mathrm{i}cp_y}{E-mc^2}\\ \frac{-cp_z}{E-mc^2}\\0\\1\end{pmatrix}$$

$$\Rightarrow \overline{\Psi_{\overline{p}}} = \mathrm{e}^{+\frac{\mathrm{i}}{\hbar}(\overline{E}t-(\overline{\vec{p}}\cdot\vec{r}))}\begin{pmatrix}\frac{c\overline{p_x}-\mathrm{i}c\overline{p_y}}{\overline{E}+mc^2}\\ \frac{-c\overline{p_z}}{\overline{E}+mc^2}\\0\\1\end{pmatrix},$$

$$\begin{bmatrix}\bullet\ \text{Teilchen ruht}\\ \bullet\ E=-mc^2\\ \bullet\ m_\text{s}=-\frac{1}{2}\end{bmatrix} \Rightarrow \begin{bmatrix}\bullet\ \text{Teilchen hat Impuls } \vec{p}\\ \bullet\ E=-\sqrt{p^2c^2+m^2c^4}\\ \bullet\ m_\text{s}=-\frac{1}{2}\ (\text{wenn } \vec{p}\,||z)\end{bmatrix}$$

$$\Rightarrow \begin{bmatrix}\bullet\ \text{Antiteilchen hat Impuls } \overline{\vec{p}}=-\vec{p}\\ \bullet\ \overline{E}=-E=+\sqrt{\overline{\vec{p}}^2c^2+m^2c^4}\\ \bullet\ \overline{m_\text{s}}=+\frac{1}{2}\ (\text{wenn } \overline{\vec{p}}\,||z)\end{bmatrix}. \tag{10.15}$$

Die rot markierten Umbenennungen lassen den Spinor zur negativen Energie jetzt aussehen wie einen zur positiven Energie, nur dass das Größenverhältnis von unteren und oberen Komponenten sich umgekehrt hat und die Phase im Exponentialfaktor, die das Fortschreiten der ebenen Welle beschreibt, das falsche Vorzeichen hat. Ihre normale Bedeutung erlangt die Exponentialfunktion wieder, wenn man jetzt auch noch die Vorzeichen von $t$ und $\vec{r}$ umdreht – d. h., dies Teilchen würde sich in einer zeit- und raumgespiegelten Welt normal verhalten.[35] Damit es ein Positron wird, muss nur noch die Ladung umgekehrt werden.

Zusammen haben wir damit eine kombinierte Spiegelung von Raum, Zeit und Ladung vorgenommen, um vom Zustand eines realen Teilchens zum entsprechenden Zustand seines Antiteilchens zu gelangen. Warum aber sollte es dann nicht auch eine andere Masse, einen anderen $g$-Faktor etc. haben können? Seit den 1950er Jahren weiß man, dass die Invarianz des Hamilton-Operators gerade gegenüber dieser kombinierten 3-fach-Spiegelung eine besonders tief liegende Symmetrie der Natur ausdrückt ($CPT$-Theorem, Abschn. 12.4.2). Damit begründet man die – bis auf Vorzeichen – perfekte Übereinstimmung von Teilchen und Antiteilchen aller Teilchenarten.[36]

### *10.2.7 Chiralität*

**Spiel mit Formeln II.** Die vier neuen Dimensionen für die Dirac-Spinoren lassen sich für zahllose weitere Einteilungen benutzen. Wir kennen bisher die zwei Unterscheidungen, die in der Standarddarstellung die Vorzüge der Unabhängigkeit voneinander und einer gewissen (wenn auch nur relativen) Anschaulichkeit bieten: die Unterscheidung nach oberen und unteren Komponenten (sprich: positive/negative Energie), und nach Komponenten mit ungerader oder gerader Nummer („Spin auf" oder „Spin ab"). Viel weniger anschaulich – aber von der Natur offenbar mit höchster Priorität ausgestattet – ist die *chirale* Unterscheidung, die mit Hilfe einer neuen $4 \times 4$-Matrix

$$\gamma^5 = \begin{pmatrix} 0 & \mathbf{1} \\ \mathbf{1} & 0 \end{pmatrix} \qquad (\equiv \alpha_x \sigma_x \equiv \alpha_y \sigma_y \equiv \alpha_z \sigma_z \equiv i\gamma^0\gamma^1\gamma^2\gamma^3) \tag{10.16}$$

formuliert wird.[37]

Offensichtlich vertauscht $\gamma^5$ die oberen mit den unteren Komponenten des Spinors (deshalb $\gamma^5\gamma^5 = 1$). Eigenspinoren zu $\gamma^5$ müssen sich dabei bis auf einen Faktor reproduzieren und daher gleich große obere wie untere Komponenten haben. Das gibt es bei den Energie-Eigenzuständen freier Teilchen im allgemeinen gar nicht (siehe Gln. (10.12) und (10.15)), es sei denn, sie hätten Masse $m = 0$. Für diese sind die möglichen Eigenwerte $\lambda = \pm 1$. Diese Quantenzahl heißt *Chiralität* des Zustands. Nur masselose Teilchen können also eine wohldefinierte Chiralität haben, und dann haben sie auch gleich dieselbe in allen ihren möglichen Zustän-

---

[35] aber wegen der Zeitumkehr die umgekehrte Spin-Orientierung haben – siehe Gl. (10.15). Für die genaueren Zusammenhänge muss hier wieder auf die speziellen Lehrbücher verwiesen werden.

[36] Zu der Teilchen-Antiteilchen-Symmetrie von Nukleonen und anderen Hadronen siehe Abschn. 11, insbesondere Abb. 11.4, Abschn. 11.3.3 (neutrale Kaonen) und Abschn. 11.4 (Antiproton).

[37] Gesprochen „gamma 5". Der Index 5 erklärt sich daraus, dass $\gamma^5$ das Produkt aller vier $\gamma^\mu$-Matrizen ist. Die in Gl. (10.16) explizit angegebene Matrix gilt in der Standarddarstellung, die **1** bedeutet wieder die $2 \times 2$-Einheitsmatrix.

den zu verschiedenen Impulsen, denn diese gehen durch Lorentz-Transfomation (in Koordinaten $t, x, y, z$ des normalen Raums, einschließlich Drehungen) auseinander hervor, und dabei bleibt der Operator $\gamma^5$ (in den vier Koordinaten des Dirac-Raums) ungeändert. Aber worin würde sich diese feste Eigenschaft masseloser Teilchen ausdrücken? Lediglich in der schon bekannten Helizität[38] $h$, denn für $m = 0$ kann man auch $\gamma^5 \equiv (\hat{\vec{\sigma}} \cdot \hat{\vec{p}})/p = \hat{h}$ ausrechnen. Daher erklärt sich auch der Name: Chiralität bedeutet Händigkeit, den Unterschied von links herum und rechts herum. Also wozu das ganze?

**Bedeutung.** Der neue Begriff Chiralität erlaubt, den Begriff Helizität in relativistisch invarianter Weise für Teilchen mit Masse zu verwenden, d. h. in das Gebiet von Geschwindigkeiten $v < c$ fortzusetzen. Die relativistische Invarianz bedeutet dabei, dass man von einer Eigenschaft des Teilchens spricht, die nicht von jedem Koordinatensystem aus anders beurteilt würde. Für die Helizität $h$ gilt das nämlich nicht (nur für Teilchen mit $m = 0$ stimmen beide Operatoren überein): Ein Elektron mit Spin in Flugrichtung bei halber Lichtgeschwindigkeit hat zweifelsfrei $h = +1$. Überhole ich es aber in meinem Koordinatensystem, hat sich für mich (nur) sein Impuls umgedreht, also sehe ich ein Teilchen mit $h = -1$. Die Chiralität aber ist durch ihre Definition im Dirac-Raum dagegen geschützt: Sie ist eine Lorentz-Invariante (ob sie nun als ein reiner Eigenwert vorliegt oder – bei Teilchen mit Masse immer – als Überlagerung mehrerer). Doch auch bis hier wäre alles noch formale Spielerei „im Geäst" der vier Koordinatenachsen des Dirac-Raums, wenn nicht eine der Grundkräfte der Natur hier einen wesentlichen Unterschied machen würde. Nach allem, was wir wissen, greift die Schwache Wechselwirkung nur an chiral linkshändigen Teilchen (und rechtshändigen Antiteilchen) an.

Noch einmal etwas genauer formuliert, im Hinblick auf die Bedeutung, die die Schwache Wechselwirkung und insbesondere die einseitige Bevorzugung einer Chiralität im physikalischen Weltbild einnimmt:[39]

Ein Teilchen oder Antiteilchen im jeweils falschen chiralen Eigenzustand macht nach heutiger Kenntnis einfach keine Schwache Wechselwirkung. Wenn es nicht ganz in dem richtigen Eigenzustand vorliegt, sondern als Linearkombination beider Chiralitäten, dann beteiligt sich nur die richtige Komponente an der Wechselwirkung. Man kann sie mit dem entsprechend gewählten der beiden Projektionsoperatoren $\hat{\Pi}^{\pm} = \frac{1}{2}(1 \pm \gamma^5)$ aus jedem Zustand herauspicken.

Konkret: Was ist der Unterschied zwischen Helizität und Chiralität eines Elektrons, das mit Energie $E$ und Impuls $p$ parallel zur $z$-Achse fliegt? Nehmen wir eins mit Spin „rechts herum", also Helizität $h = +1$, dann hat es den Spinor wie in Gl. (10.12, mit $p_x = p_y = 0$), und seine Chiralität ist der Erwar-

[38] Dieser Umstand stiftet oft Verwirrung zwischen beiden Begriffen.

[39] Die Konsequenz ist die Verletzung der Spiegelsymmetrie der Naturgesetze, der in Abschn. 12.2 eine eigene Darstellung gewidmet wird.

tungswert des Operators $\gamma^5$ hierfür. Das Ergebnis[40] ist $\langle\gamma^5\rangle = pc/E \equiv v/c$. Da die chiralen Eigenwerte $\pm 1$ sind und der Erwartungswert ihr gewichteter Mittelwert, besteht dies Elektron zu $\frac{1}{2}(1-v/c)$ aus einem Anteil mit linkshändiger Chiralität, und zu $\frac{1}{2}(1+v/c)$ rechtshändiger. Da solche Linearkombinationen von zwei Basiszuständen sich immer trivial umdrehen lassen,[41] gilt genau so: Für ein rein rechts-chirales Elektron ist der Erwartungswert der Helizität $h = v/c$. D. h. bei Messung der Polarisation in $z$-Richtung kommt mit Wahrscheinlichkeit $\frac{1}{2}(1+v/c)$ das Ergebnis „Spin nach vorne", zu $\frac{1}{2}(1-v/c)$ „Spin nach hinten". Die Messwerte an $\beta$-Teilchen aus radioaktiven Zerfällen ergaben immer $h = -v/c$ (siehe Abschn. 12.2.5). Das passt genau zu dem oben erwähnten Befund: Die Schwache Wechselwirkung erzeugt Elektronen nur mit dem Merkmal links-chiral. Umgekehrt bedeutet dies, dass man ohne Bezug auf die vier Dimensionen des Dirac-Raums die Schwache Wechselwirkung prinzipiell nicht zutreffend beschreiben kann.

### *10.2.8 Spin, Statistik, Symmetrie*

**Klassische Statistik mit identischen Teilchen.** Mit Beginn der Quantenmechanik wurde ab 1926 herausgearbeitet, dass zwei mikroskopische Teilchen einander so sehr gleichen können, dass man sich bereits in Widersprüche verwickelt, wenn man sie nur symbolisch mit verschiedenen Namen eindeutig kennzeichnen will.[42] Einen Hinweis auf dieses Problem hatte es schon in der klassischen Physik gegeben, nämlich in der vor allem von Boltzmann erarbeiteten statistischen Deutung des thermodynamischen Gleichgewichts (vgl. Abschn. 1.1.1). Diese Deutung beruht auf dem einfachen Abzählen aller derjenigen genauen (Mikro-)Zustände eines Viel-Teilchensystems, die sich im Großen, also mit makroskopischen Messwerten charakterisiert, gar nicht unterscheiden lassen. Dieses erfolgreiche Rezept enthielt allerdings die als Gibbs'sches Paradoxon bezeichnete Anweisung, an Stelle von zwei Mikrozuständen immer nur einen zu sehen, wenn beide sich nur durchs Vertauschen zweier *gleicher* Teilchen unterscheiden, mithin *invariant* gegenüber der Teilchenvertauschung sind. Versieht man jedes Teil-

[40] Das Elektron hat den Spinor $(1, 0, \frac{p}{E+mc^2}, 0)$ aus Gl. (10.12). Für den Erwartungswert muss man zwei Skalarprodukte ausrechnen: Erstens das Skalarprodukt des Spinors mit sich selbst (die Norm): $(1, 0, \frac{p}{E+mc^2}, 0) \cdot (1, 0, \frac{p}{E+mc^2}, 0) = 1 + (\frac{p}{(E+mc^2)})^2$. Zweitens das Skalarprodukt des Spinors selbst mit dem durch $\gamma^5$ transformierten Spinor (das unnormierte Matrixelement): $(1, 0, \frac{p}{E+mc^2}, 0) \cdot (\frac{p}{E+mc^2}, 0, 1, 0) = \frac{2p}{E+mc^2}$. Der Quotient beider Werte gibt den Erwartungswert $\langle\gamma^5\rangle$ an, er ist gleich $pc/E$. Die Umrechnung in $v/c$ ergibt sich einfach mit Hilfe von $E = mc^2/\sqrt{1-(v/c)^2}$ und $E^2 = p^2c^2 + m^2c^4$.

[41] Geometrisch ausgedrückt: Hat man zwei Einheitsvektoren mit einem Winkel $\vartheta$ dazwischen, und projiziert man den einen auf den anderen, heißt das Ergebnis immer $\cos\vartheta$, ganz gleich welcher auf welchen projiziert wurde.

[42] Siehe die Interferenz von Target- und Projektil in Stößen identischer Teilchen in Abschn. 5.7.2, die Austauschsymmetrie des Protons und anderer Kerne in Molekülen, Abschn. 7.1.5, und den Abschnitt über die Identität von Elementarteilchen, Abschn. 9.3.3.

chen mit einer eigenen Nummer, kommt so für den wahrscheinlichsten aller Makrozustände die klassische Boltzmann-Verteilung heraus. 1924 fand Bose, dass man so auch die Plancksche Formel für die Photonen der Wärmestrahlung gewinnen kann, wenn man Ununterscheidbarkeit der Teilchen ansetzt, Ruhemasse Null und die Eigenschaft, sich in beliebiger Anzahl im selben 1-Teilchen-Zustand aufhalten zu können [37]. Einstein erweiterte Boses Methode auf Teilchen mit beliebiger Masse und kam so zur *Bose-Einstein-Statistik* [64]. Die wurde auch gleich für Elektronen als gültig angenommen, bis Pauli 1925 zeigen konnte, dass es für die variierenden Eigenschaften der Atomhüllen bis hin zu ihrem periodischen chemischen Verhalten im wesentlichen einen einzigen Grund gibt: dass beim sukzessiven Aufbau aus Elektronen jeder einmal besetzte Zustand für alle weiteren ausgeschlossen ist [146]. Ein Jahr später machte Fermi dies Paulische Ausschließungsprinzip zum Ausgangspunkt einer neuen Berechnung des statistischen Gleichgewichtszustands und fand dabei die nach ihm benannte Statistik [67].[43] In beiden Fällen sah man in den neuen Statistiken Abweichungen vom klassischen Verhalten mit wichtigsten Konsequenzen für die Beschaffenheit unserer Welt.

**Frage 10.7.** *Die Auswirkungen werden oft so beschrieben: Bosonen ziehen sich an, Fermionen stoßen sich ab. Ist das an einem einfachen Beispiel nachzuvollziehen?*

**Antwort 10.7.** *Der allereinfachste Fall überhaupt: 2 Teilchen verteilen sich auf 2 Zustände. Im klassischen Normalfall gibt es 4 Mikrozustände, die bei völliger Unordnung (also höchsten Temperaturen) demnach jeder mit 25% Wahrscheinlichkeit anzutreffen sind. Einen gepaarten Mikro-Zustand, d. h. mit beiden Teilchen im selben 1-Teilchen-Zustand, gibt es darunter zweimal, also zu 50%. Die übrigen Mikro-Zustände – bei klassischer Zählung zwei – werden nun für identische Teilchen nur als einer gezählt. Folglich steigt der Anteil der beiden gepaarten Zustände für zwei gleiche Bosonen auf 67%. Für Fermionen aber gibt es gerade diese zwei gepaarten Zustände gar nicht, man findet sie zu 100% voneinander getrennt.*

**Frage 10.8.** *Welche Begriffsverwirrung ist an der Formulierung der vorigen Frage zu kritisieren?*

**Antwort 10.8.** *Wenn zwei Dinge einander an**ziehen** oder ab**stoßen**, dann ist (schon von den Worten her) immer das Wirken einer Kraft gemeint. Damit hat das unterschiedliche Verhalten von Bosonen und Fermionen aber gar nichts zu tun; über*

---

[43] Später mit dem Doppelnamen *Fermi-Dirac-Statistik* benannt, weil Dirac sie ein paar Monate später noch einmal erfand. Nach Fermis Hinweis, dass er das alles schon einmal bei ihm gelesen haben musste, räumte Dirac ein, dass ihm das wohl entfallen sei, weil er seinerzeit noch nicht so weit gewesen war, die grundlegende Bedeutung dieser neuen Statistik zu würdigen. (Ein Seitengedanke: Vielleicht aber verdankt sich die allgemeine Verbreitung dieses Doppelnamens auch einer neuen, ganz andersartigen Vorliebe für Symmetrie: nämlich in der Namensgebung, weil ja die andere Quanten-Statistik auch einen Doppelnamen trägt?) Dirac schlug dann 1940 vor, die entsprechende grundsätzliche Klassifizierung physikalischer Teilchen durch die Namen Boson und Fermion zu beschreiben.

*die Energie der gepaarten bzw. verteilten Anordnungen wurde ja nichts gesagt. Andererseits muss man dem Alltagsverstand diese Verwirrung nachsehen: Dass z. B. auch bei stärkster Anziehungskraft oder größtem äußeren Druck zwei gleiche Fermionen nicht in denselben Zustand kommen können, kann er sich nur durch das Wirken einer noch stärkeren Abstoßungskraft vorstellen. Wenn das aber so wäre, dann könnte man sie mit wiederum noch höherem „Kraftaufwand" doch zusammenzwingen – echte Fermionen aber eben nie.*[44] *Fazit: Für das, was in der modernen Physik „Ununterscheidbarkeit identischer Teilchen" heißt, gibt es in der vom Alltagsleben bestimmten Anschauung keine Entsprechung (vgl. auch Abschn. 9.3.3).*

**Frage 10.9.** *In Antwort 10.7 klingt eine Erhöhung von 50% auf 67% für das paarweise Auftreten der Bosonen nicht gerade nach Phasenübergang. Wie geht daraus etwas so dramatisches wie z. B. die Supraleitung oder die Bose-Einstein-Kondensation in Gasen hervor?*

**Antwort 10.9.** *Die statistische Bevorzugung der gemeinsamen Besetzung einer Zelle entsteht bei $N$ identischen im Vergleich zu $N$ unterscheidbaren Bosonen allein dadurch, dass die Bezugsgröße (die Zahl* **aller** *Mikrozustände) schrumpft, und zwar um einen Faktor $N!$. Für $N \approx 10^{20}$ ($\sim 1$ mg Substanz) ist $N! \approx N^{(N-\frac{1}{2})} \approx 10^{20^{(10^{20})}}$. Bei dieser immensen Größe spielt es dann auch keine Rolle mehr, wenn bei der Supraleitung (und den anderen Bose-Einstein-Kondensationen) dieser gigantische Faktor gar nicht voll zum Tragen kommen kann, weil die kondensierenden Bosonen (nämlich Paare aus Elektronen –* Cooper-Paare *– oder geradzahlige Kombinationen anderer Fermionen) gar keine* richtigen *Bosonen sind, eben weil sie aus Fermionen bestehen und deshalb doch nicht zu mehreren den exakt gleichen Zustand einnehmen können. Es genügt, dass sie annähernd die für Bosonen geltenden Vertauschungsregeln (s. u.) erfüllen.*

Es wird aufgefallen sein, dass bis hierher von der Quantenmechanik nicht die Rede sein musste. In der Tat war es gerade die statistische Physik mit ihren bei vielen Phänomenen überzeugenden Begründungen,[45] die dem neuen Zustandsbegriff der Quantenmechanik und den darauf aufbauenden Quantisierungsregeln zu Ansehen verhalf (siehe Kasten 5.1 auf S. 120 und Anmerkungen dort). Wie aber die Rezepte der statistischen Physik, hier insbesondere die beiden Rezepte zur Ununterscheidbarkeit mit ihren für Bosonen und Fermionen so gegensätzlichen möglichen Folgen, näher zu verstehen wären, das blieb zunächst vollständig im Dunkeln.

---

[44] Hinzu kommt beim Versuch, das anschaulich auszudrücken, möglicherweise eine unbedachte Gleichsetzung von „Zustand" mit „Ort" (oder kleinem Raumgebiet). Das Pauli-Prinzip oder die antisymmetrische Wellenfunktion verhindert das Zusammentreffen zweier Elektronen an einem mathematischen Punkt des Raums (vgl. Frage 9.1 auf S. 391) nur, wenn sie auch noch gleichen Spin haben sollen. In einem noch so kleinen Volumen hingegen kann man beliebig viele Elektronen mit parallelem Spin unterbringen, sie müssen sich nur in Energie, Bahn-Drehimpuls oder in irgendeiner anderen messbaren Größe unterscheiden. Sind die tieferen Niveaus schon besetzt, kostet das Hinzufügen weiterer Elektronen daher zunehmend mehr Energie. Dies aber nicht, um ihre Zustände irgendwie ähnlicher zu machen: die sind und bleiben orthogonal.

[45] angefangen mit der Planckschen Strahlungsformel 1900

**Quanten-Statistik.** Der nächste Schritt gelingt, indem die neuen Begriffe, die die Quantenmechanik für Zustände allgemein vorschreibt – Zustands-Vektoren oder Wellenfunktionen – auf Zwei-Teilchen-Zustände angewandt werden (Heisenberg und (unabhängig) Dirac 1926, [60, 94, 95]).

Den wesentlichen Unterschied zur klassischen Mechanik macht hier wieder einmal der Welle-Teilchen-Dualismus. Aus zwei Zuständen $(\vec{r}, \vec{p})$ desselben Massenpunkts kann man dort keinen Überlagerungszustand bilden, hier aus zwei Wellenfunktionen oder Zustandsvektoren aber doch. Umgekehrt kann man einen quantenmechanischen Zustand in Komponenten zerlegen, z. B. immer in eine symmetrische und eine antisymmetrische, bezogen auf irgendeine Art von Vertauschung.

**Frage 10.10.** *Gilt das für jede Art Vertauschung? Zum Beispiel für die Spiegelung* $x \rightleftharpoons -x$*?*

**Antwort 10.10.** *Ja. Zerlege* $f(x) \equiv f^+(x) + f^-(x)$*, wobei die symmetrische bzw. antisymmetrische Komponente einfach durch* $f^\pm(x) = \frac{1}{2}[f(x) \pm f(-x)]$ *gegeben ist. Ist* $f$ *schon eine symmetrische Funktion, kommt für die antisymmetrische Komponente dabei Null heraus, und umgekehrt.*

Hat eine Funktion zwei Variable – im interessierenden Fall die Koordinaten von zwei gleichen Teilchen –, kann man diese miteinander vertauschen und dann statt über Symmetrie bzw. Antisymmetrie im Spiegel (wie in Frage 10.10) über Symmetrie bzw. Antisymmetrie bei Vertauschung reden. Das sind schon zwei Alternativen, genauso viel wie man für die Entscheidung zwischen Bose-Einstein und Fermi-Dirac-Statistik braucht, und weitere Möglichkeiten gibt es in diesem Formalismus auch nicht. Es ergibt sich sofort, dass eine antisymmetrische Funktion (wenn sie für beliebige zwei Teilchen des Systems gelten soll) automatisch das Pauli-Prinzip und damit die Fermi-Statistik zur Folge hat, während eine symmetrische Funktion genau so direkt zur Bose-Einstein-Statistik führt.

Zum Ende der 1920er Jahre hin häufte sich die experimentelle Evidenz, die schließlich im Spin-Statistik-Theorem zusammengefasst wurde:[46]

> **Spin-Statistik-Theorem:** Symmetrie und Spin sind nicht beliebig kombiniert. Alle Wellenfunktionen von je zwei identischen Teilchen, Kernen, Atomen etc. mit halbzahligem Spin zeigen bei Vertauschung die Antisymmetrie $(-1)$, und die mit ganzzahligem Spin die Symmetrie $(+1)$.

**Spin-Statistik-Theorem.** Muss sich nicht ein tieferer Grund finden lassen, wenn die Natur eine so einfache und offenbar allgemein gültige Auswahl von zwei der vier möglichen Kombinationen trifft?

Philosophisch gesehen nicht. Ein häufig vorliegender und gar nicht so tiefer Grund ist, dass der benutzte Formalismus einfach noch an einem Überschuss

[46] wobei Vertauschung sich immer auf alle Koordinaten erstreckt, Spin eingeschlossen

an Möglichkeiten krankt, also „rein formal" mehr zulässt als der Wirklichkeit entspricht. Beispiele dafür gibt es viele, etwa den beliebigen konstanten Phasenfaktor an der Wellenfunktion. Interessanter ist vielleicht das Beispiel der negativen Wurzel aus der relativistischen Energie-Impuls-Beziehung, die erst durch Dirac und Feynman doch eine unverzichtbare Bedeutung erhielt. In dem Bereich der überschüssigen formalen Möglichkeiten gedanklich zu spekulieren, kann bis zur *science fiction* reichen, ist aber auch immer wieder fruchtbar für den Fortschritt der Wissenschaft gewesen. Auch die folgenden Kapitel sind voll von weiteren Beispielen.

Kein Beweis für einen ausreichenden Grund, aber ein naheliegender Gedanke:

- Wenn ein klassisches Feld (Beispiel: das elektromagnetische Feld $(\Phi/c, \vec{A})$) mit messbarer Feldstärke vorliegt, ist das nach dem Vorgehen der Zweiten Quantisierung durch die Anwesenheit vieler Feldquanten im selben Zustand zu interpretieren (Beispiel: das kohärente Licht des Lasers, aber auch jede Radiowelle).[47] Automatisch ergeben sich bei dieser Deutung sowohl die ganzzahlige Quantelung des Drehimpulses[48] als auch die positive Symmetrie der Wellenfunktionen (aufgrund der Vertauschungsregeln für Erzeugungs- und Vernichtungsoperator, s. u.), also Feldquanten vom Typ Boson.
- Da bleibt für Feldquanten mit halbzahligem Spin nur übrig, dass sie kein klassisches Feld bilden dürfen, also nicht in großer Zahl denselben Zustand bevölkern können, was in der Sprache der Wellenfunktion zu der einzigen Alternative zwingt, der Antisymmetrie.

Ein echter Beweis des Spin-Statistik-Theorems ist außerordentlich schwer zu führen. 1940 vollendete Pauli den ersten unter Zuhilfenahme tief liegender Argumente aus der relativistischen Quanten-Feldtheorie. Nach mehrfachen Verbesserungen durch andere Forscher konnte man 1958 feststellen: Die Vertauschungssymmetrie ist festgelegt durch die vereinten Forderungen nach Lorentz-Invarianz, nach Existenz eines Zustands niedrigster Energie, nach positiv definiter Metrik des Zustandsraums, und nach dem Verbot gegenseitiger Beeinflussung der Felder schneller als die Lichtgeschwindigkeit. Doch beklagte noch in 1960er Jahren Feynman, man habe das Problem offenbar nicht richtig verstanden, denn niemand könne die Argumentation einfach formulieren. Daran hat sich erst kürzlich ein wenig geändert, als ein Teil des Beweises auf eine einfache Beobachtung bei der Addition von Drehimpulsen zurückgeführt werden konnte. Diese wurde schon in Kasten 7.5 auf S. 255 hervorgehoben: Addiert man zwei gleiche Drehimpulse $I$ zum Gesamtdrehimpuls Null, dann ist für $I=\frac{1}{2}$ (und alle halbzahligen Werte) dieser Singulett-Zustand antisymmetrisch bei Vertauschung, bei ganzzahligem $I=0,\ 1,2\ldots$ aber

---

[47] Dabei schließen Eigenzustände zur Feldstärke und zur Photonenzahl sich übrigens gegenseitig aus, denn der Operator zur Feldstärke hat die Form einer Summe aus Erzeugungs- und Vernichtungsoperator $\hat{A} \propto (\hat{a}^\dagger + \hat{a})$, genau so wie beim Vorbild des Verfahrens, dem harmonischen Oszillator, Eigenzustände zur Ortskoordinate $\hat{x} \propto (\hat{a}^\dagger + \hat{a})$ und zur Phononenzahl einander ausschließen (siehe Kasten 7.8 auf S. 324).

[48] Siehe Abschn. 7.6.2 – 3-dimensionaler harmonischer Oszillator.

symmetrisch.[49] Wie überträgt sich diese ziemlich spezielle Vorzeichenfrage in das allgemeine Spin-Statistik-Problem? Dazu muss es hier bei Andeutungen bleiben: In dem feldtheoretischen Ausdruck für die Energiedichte tauchen (das ist eine der Voraussetzungen, die man machen muss) Produkte von jeweils zwei Feldoperatoren des betreffenden Teilchens auf. Dieser Ausdruck muss im Ergebnis rotationsinvariant sein (z. B. wie in der Strom-Strom-Kopplung in Form eines Skalarprodukts), sonst würde er die Drehimpulserhaltung stören. Dazu müssen diese Produkte so zusammengefügt werden wie bei der Addition der beiden Teilchenspins zum Gesamtspin Null. Damit stehen die je nach Halb- oder Ganzzahligkeit des Spins verschiedenen Vorzeichen beim Austausch nun in dieser Gleichung für die Energiedichte, aus der sich alles weitere richtig wie beobachtet ergeben kann – wenn denn das Vorzeichen bei Vertauschung zweier Feldoperatoren gerade richtig gewählt wird.

Hiermit ist der Überblick über die Dirac-Theorie beendet. Sie wurde für das Elektron entwickelt, gilt aber ohne Einschränkung für alle elementaren Teilchen mit Spin $\frac{1}{2}$: die Leptonen und Quarks. Mit den weiteren Entdeckungen in der Gruppe der Leptonen, zu der auch das Elektron gehört, beschäftigt sich der Rest dieses Kapitels.

## 10.3 Die weiteren Leptonen[50]

### *10.3.1 Myonen*

**Überraschung im Nulleffekt.** Alle Detektoren für ionisierende Strahlung zeigen einen *Nulleffekt*, der sich auch bei bester Abschirmung (1 km Meerestiefe z. B.) nicht ganz unterdrücken lässt. Im Jahr 1937 wurde nach langem Vermuten die Ursache identifiziert [182]: Es sind hochenergetische geladene Teilchen aus der Höhenstrahlung, mit einer Masse um etwa 100 MeV, also zwischen Elektron und Proton und deshalb erst Barytron genannt, dann Mesotron, Meson, $\mu$-Meson und jetzt seit langem Myon ($\mu$). Sie entstehen in den oberen Schichten der Atmosphäre um ca. 15 km Höhe. Nur zwei Monate später wies Oppenheimer auf eine sonst unbekannt gebliebene japanische Veröffentlichung von Hideki Yukawa hin, der schon zwei Jahre vorher über so ein Teilchen spekuliert hatte, um die kurzreichweitige Kraft

[49] Die Ursache hierfür liegt wirklich im elementaren Bereich der natürlichen Zahlen: (1) Der Zustand zum maximalen Gesamtdrehimpuls $I_{\text{gesamt}} = 2I$ muss immer symmetrisch sein. (2) Beim Herabsteigen um $\Delta I = -1$ muss sich die Symmetrie bei jedem Schritt ändern, um orthogonale Zustände zu erhalten. (3) Die Zahl der Schritte bis $I_{\text{gesamt}} = 0$ ist bei ganzzahligem $I$ eine gerade Zahl, bei halbzahligem $I$ eine ungerade. (4) Folglich ist der Zustand zu $I_{\text{gesamt}} = 0$ für Teilchen mit ganzzahligem Spin $I$ symmetrisch, für die anderen antisymmetrisch.

[50] Vielerlei experimentelle und theoretische Verzahnungen mit der Erforschung der Hadronen werden hier mit Querverweisen auf kommende Kapitel angeführt. Beim ersten Lesen braucht man ihnen nicht zu folgen.

zwischen Proton und Neutron analog zur Quantenelektrodynamik als Austauschkraft verstehen zu können.

Wieder waren also, wie schon fünf Jahre zuvor beim Positron, die Experimentalphysiker über ein neues Teilchen gestolpert, ohne die einschlägigen Ansätze der Theoretiker in irgendeiner Weise genutzt zu haben oder überhaupt zu kennen. Dies Verhältnis änderte sich nun aber grundlegend und dauerhaft, wollte man doch endlich dem Rätsel der Kernkräfte auf die Spur kommen.

**Bestätigte Theorie I.** Konkrete theoretische Vorüberlegungen gaben den weiteren Forschungen und Interpretationen die Richtung vor. Als Messungen der Intensitätsverteilungen der Myonen in verschiedener Höhe und nach Durchdringen verschiedenen Materiedicken (z. B. schräg durch die Atmosphäre) ein unerwartetes Verhalten zeigten, schlug Heisenberg die nach Yukawas Theorie nächstliegende Deutung vor: Das Teilchen könnte instabil sein, in etwa 1 μs von allein zerfallen. So wurde 1940 mit einer elektronischen Verzögerungsschaltung zwischen Geiger-Zählern die statistische Verteilung der Zeitdifferenz zwischen dem Signal für Ankunft (d. h. Abbremsung) eines Myons in einer Messingplatte und dem nachfolgenden Signal der in seinem Zerfall entstehenden hochenergetischen Strahlung aufgenommen (Abb. 10.1). Die Voraussage bestätigte sich. Die erste Beobachtung eines instabilen Elementarteilchens war gelungen, sie zeigte ein exponentielles Zerfallsgesetz mit $\tau = 2{,}15 \pm 0{,}07\,\mu\text{s}$ Lebensdauer.[51] Die beim Zerfall entstehenden Teilchen wurden durch ihre Ionisationsspuren als Elektronen bzw. Positronen identifiziert. Auch das passte gut zur Yukawa-Theorie, die von Austauschteilchen positiver und negativer Ladung ausgeht. Damit war auch die Beobachtung erklärt, warum von den im Messing abgebremsten Myonen immerhin etwa 50% überhaupt noch soviel Zeit haben für ihren freien Zerfall (bei dem das hochenergetische $e^+$ bzw. $e^-$ entsteht): Es sind nur die positiven unter ihnen, denn die negativen werden durch die langreichweitige Coulombkraft zu den Kernen hingezogen und können dann (und sicher viel schneller) von einem Proton absorbiert werden (das sich im Sinne der angenommenen starken Austauschwechselwirkung dabei unter ebenfalls ca. 100 MeV Energiefreisetzung nach $p + \mu^- \to n$ in ein Neutron umwandelt).

Jedoch warf die relativ große Anzahl der auf Meereshöhe nachgewiesenen Myonen im Zusammenhang mit dem Ort ihrer Entstehung sogleich zwei neue Probleme auf; eines in Bezug auf ihre kurze Lebensdauer, wozu schnell eine befriedigende Lösung gefunden wurde, das andere in Bezug auf die angenommene Rolle als Vermittlerteilchen der Kernkräfte, was ein vollständiges Umdenken nötig machte.

**Bestätigte Theorie II.** Während ihrer kurzen Lebensdauer könnten Myonen selbst bei Lichtgeschwindigkeit nur ca. 600 m weit fliegen. Da sie in etwa 15–20 km Höhe erzeugt werden, müsste ihre Anzahl eine starke Höhenabhängigkeit zeigen: Je 4 km entsprechen 7 Lebensdauern oder 10 Halbwertzeiten, also einem Faktor $e^7 \approx 2^{10} \approx 1\,000$. Im Gegensatz zu dieser Abschätzung kommen die Myonen aber

[51] Damaliger Wert. Heute: $\tau = 2{,}197019(\pm 21)\,\mu\text{s}$ [8].

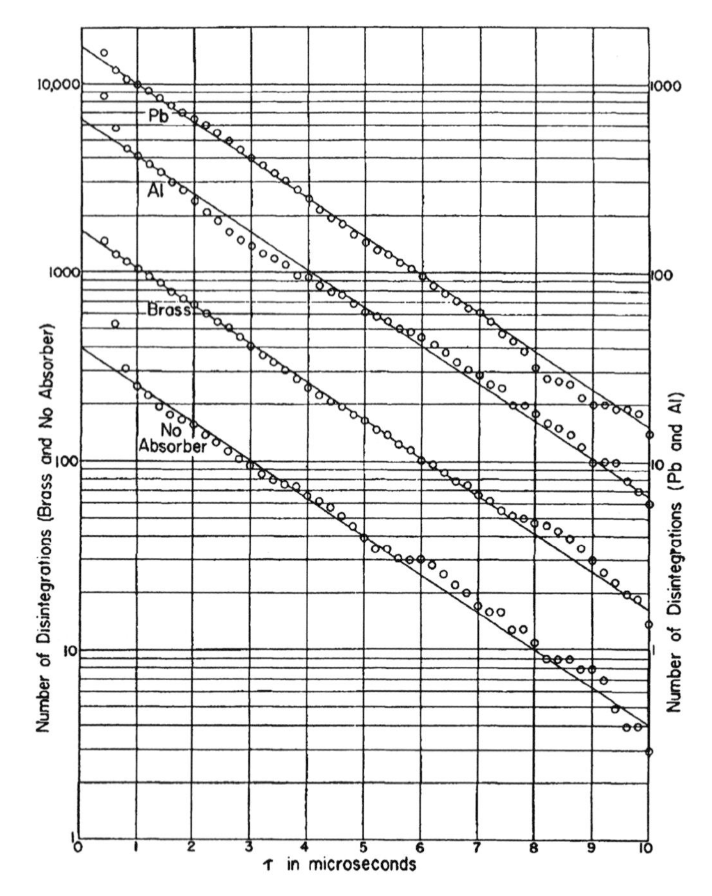


**Abb. 10.1** Die erste elektronische Lebensdauermessung: Die Zahl der beobachteten Koinzidenzen als Funktion der Mindestzeit zwischen Ankunft eines Teilchens im Absorber und seinem Zerfallssignal. Die vier Messkurven entsprechen verschiedenen Absorber-Materialien (*unten*: ohne Absorber, abgesehen vom Konstruktionsmaterial der Zählrohre). Alle verlaufen exponentiell mit der gleichen Lebensdauer. (Abbildung aus [137])

zahlenmäßig nur wenig abgeschwächt bis auf die Erdoberfläche herunter. Dies Phänomen wurde anfangs als ein Rätsel wahrgenommen, wurde aber nach der schnell gefundenen Deutung zur ersten erfolgreichen Demonstration der relativistischen Zeitdilatation. Bei typischer Energie $E \sim 1\,\mathrm{GeV}$ (es gibt aber auch viel langsamere Myonen) und einer Ruhemasse von rund $m_\mu c^2 = 100\,\mathrm{MeV}$ ist der Lorentz-Faktor $\gamma = 1/\sqrt{1 - v^2/c^2} = E/m_\mu c^2 \approx 10$ und die Lebensdauer um genau soviel länger (für uns als Beobachter; denn vom Myon aus gesehen ist die Lebensdauer nur 2 µs, aber der Weg zur Erde um denselben Faktor $\gamma$ kürzer).

**Ungeliebte Überraschung.** Yukawas Vorschlag erwies sich als so grundlegend wichtig, dass ihm im folgenden Kapitel über die Teilchen mit starker Wechselwirkung (*Hadronen*) ein ganzer Abschnitt gewidmet ist. Für die Myonen aber ging die Geschichte anders weiter als erwartet: Sie können nicht Yukawas Teilchen sein, denn dann dürften sie nicht bis auf Meereshöhe herunter kommen. Das kann man eigentlich einfach abschätzen:

**Frage 10.11.** *Wieviel Atomkerne hat ein Myon auf seinem Weg durch die Atmosphäre schon durchschlagen, wenn es unten ankommt?*

**Antwort 10.11.** *Für die Kerne (Stickstoff und Sauerstoff):* $A = 15 \pm 1$, *somit Radius und Querschnitt:* $R \approx 1{,}2\,\mathrm{fm} A^{\frac{1}{3}} \approx 3\,\mathrm{fm}$, $\sigma = \pi R^2 \approx 30\,\mathrm{fm}^2$. *Die Atmosphäre hat pro* $\mathrm{cm}^2$ *die Masse* $1\,\mathrm{kg}$ *(„Druck"-Einheit im Alltag:* $1\,\mathrm{atm} \approx 1\,\mathrm{kg/cm}^2$*).* $1\,\mathrm{kmol}$ *Atome (*$\hat{=}\, A\,\mathrm{kg}$*) reicht also für die ganze Atmosphäre über* $15\,\mathrm{cm}^2$ *Bodenfläche. Die gesamte Querschnittsfläche aller* $N_\mathrm{A}$ *Kerne darin beträgt* $N_\mathrm{A}\sigma = 6 \cdot 10^{26} \cdot 30\,\mathrm{fm}^2 \approx 180\,\mathrm{cm}^2$. *Die Kerne allein überdecken die Erdoberfläche also ca. 12-fach.*

Doch die Physiker brauchten fast 10 Jahre, um nach stetig anwachsender Verunsicherung von der schönen Bestätigung der Yukawa-Theorie durch das Myon Abschied zu nehmen. Die Enttäuschung darüber, dass dieses neue Teilchen die ihm zugedachte Rolle in der Welt nicht ausfüllen konnte, drückte Rabi mit dem legendär gewordenen Seufzer aus: „Wer hat denn das bestellt?" Den Ausschlag ergab 1947 die genaue Prüfung, ob der oben erwähnte (zunächst nur angenommene) Einfluss des Ladungsvorzeichens auf das weitere Schicksal der abgebremsten Myonen wirklich besteht und ob er vom Material abhängt [49]. Das Experiment überzeugte besonders durch seinen vergleichenden Charakter, der alle sonst leicht möglichen systematischen Fehler weitgehend ausschließt. Es bestand aus einer Messreihe mit zwei Abbremsmaterialien (Eisen und Kohlenstoff) und jeweils beiden Myonensorten ($\mu^\pm$) bei sonst gleichbleibender Apparatur. Der Wechsel des Ladungsvorzeichens wurde durch bloßes Umpolen eines Magneten erreicht (stark genug, um immerhin die Myonen, die sich in der anschließenden 3 cm dicken Platte auch abbremsen lassen würden, gut sortieren zu können), der Wechsel des Materials durch einfachen Austausch der Platten. Mit einer Koinzidenzschaltung mehrerer Zählrohre vor und nach den Platten konnte eindeutig identifiziert werden, ob das Myon wirklich gestoppt worden war und – wenn ja – ob es dann im Rahmen der erwarteten Verzögerung das Signal seiner Umwandlung in Elektron oder Positron erzeugt hatte. Ergebnis: In Eisen ($Z_\mathrm{Fe} = 26$) kommen diese Signale tatsächlich nur von den positiven Myonen, in Kohlenstoff ($Z_\mathrm{C} = 6$) aber auch von den negativen! Das erste Resultat bestätigt, dass der Versuch richtig durchgeführt wurde, das zweite zeigt, dass die negativen Myonen mit den Kohlenstoffkernen, von deren Coulomb-Feld sie eingefangen wurden, nicht reagieren. Als Verursacher der Kernkraft konnten die Myonen danach nicht mehr angesehen werden.

Aber mit Eisenkernen reagieren sie doch? Wie kann man den Unterschied zwischen beiden Materialien interpretieren? Als nächstliegende Ursache kommt die Schwache Wechselwirkung in Frage. Sie wurde schon in Fermis Theorie der $\beta$-Strahlen als kurzreichweitig erkannt, ermöglicht aber auch den Elektronen-Einfang (*EC*), hierher übertragen also den Prozess $\mu^- + p \rightarrow \nu_\mu + n$. Die eingefangenen $\mu^-$ Myonen bilden erst ein myonisches Atom und springen auf das 1s-Orbital hinunter (unter Aussendung von charakteristischer Röntgenstrahlung im entsprechenden Energiebereich, wie später richtig gefunden wurde, siehe z. B. Abb. 6.15). Im Vergleich zu Elektronen kommen sie dem Kern zwar viel näher, aber ihr Bohrscher Radius ist immer noch viel größer als der Kernradius. Jedoch haben die Wellenfunktionen zu $\ell = 0$ im Kern keine Nullstelle, sondern eine endliche Dichte. Diese variiert wie $Z^3$, denn die lineare Skala (Bohrscher Radius) variiert wie $Z^{-1}$. Im Eisenkern ist die Myonendichte daher $(Z_{\mathrm{Fe}}/Z_{\mathrm{C}})^3 = (26/6)^3 \approx 80$-mal größer als im Kohlenstoffkern. Außerdem ist das Kernvolumen im Verhältnis der Massenzahlen größer ($A_{\mathrm{Fe}}/A_{\mathrm{C}} = \frac{56}{12} \approx 4{,}5$), zusammen ein Unterschied um einen Faktor fast 400 für die Aufenthaltswahrscheinlichkeit des Myons in Kernmaterie. Um den gleichen Faktor unterscheidet sich dann die Reaktionsrate mit den Protonen. Für $Z = 6$ ist sie offenbar noch zu gering, um sich gegenüber dem freien Zerfall in ein hochenergetisches Elektron bemerkbar zu machen, bei $Z = 26$ ist es schon umgekehrt.

**Was ist das Myon?** Wenn es nicht das erwartete Yukawa-Teilchen ist, was ist das Myon dann? Seine Masse war durch die Ionisationsspuren (vgl. Theorie der Abbremsung nach Bohr, Bethe und Bloch, Abschn. 2.2) zu etwa 200 Elektronenmassen bestimmt (entsprechend ca. 100 MeV). Weiteres konnten nur die Zerfallsprodukte verraten. Aus den Spuren der entstandenen Elektronen oder Positronen in der Nebelkammer oder Fotoplatte war lediglich abzulesen, dass ihr Energiespektrum kontinuierlich ist wie bei der $\beta$-Radioaktivität, aber schon etwa bei der Hälfte der Maximalenergie endet [120]. Abb. 10.2 zeigt dies an einem Spektrum, wie es mit ganz anderer Technik und erst 15 Jahre später aufgenommen werden konnte; doch selbst die ältere unpräzise Beobachtung allein erlaubte schon weitreichende Schlüsse: Das kontinuierliche Spektrum beweist einen Zerfall in (mindestens) drei Teilchen, seine Obergrenze bei $\frac{1}{2}m_\mu c^2$ zeigt, dass alle drei nur geringe Masse haben, so dass sie hoch-relativistisch sind. Dann nämlich folgt diese Obergrenze (mit dem Ansatz $\mu \rightarrow e +$ *zwei ungeladene leichte Teilchen*, hier vorläufig als $\nu_1 + \nu_2$ bezeichnet) sofort aus der Energie- und Impuls-Erhaltung:

Das Elektron hat maximale Energie $E_{\max}$ bei maximalem Impuls, und dazu müssen $\nu_1$ und $\nu_2$ parallel zueinander in entgegengesetzter Richtung zum Elektron wegfliegen. Damit heißt der Impulssatz in *Beträgen* $p_{\mathrm{e}} = p_{\nu 1} + p_{\nu 2}$, und für die Gleichung zur Energieerhaltung folgt:[52]

$$m_\mu c^2 = E_{\max} + E_{\nu 1} + E_{\nu 2} \approx c p_{\mathrm{e}} + c p_{\nu 1} + c p_{\nu 2} = 2 c p_{\mathrm{e}} = 2 E_{\max} \,.$$

**Das Myon ein schweres Elektron?** Ein *angeregtes* Elektron konnte das Myon jedenfalls nicht sein, weil dann der elektromagnetische Übergang $\mu \rightarrow e + \gamma$ (mit nur zwei leichten Zerfallsprodukten und daher festliegender Energieverteilung) möglich sein und die Lebensdauer auch sehr viel kürzer sein müsste. Daher können

[52] Am Unterschied zu einem $\beta$-Spektrum wie in Abb. 6.16 sieht man hier schön die Rolle, die ein schwerer Reaktionspartner spielt: Er würde den fehlenden Impuls energetisch zum Nulltarif beisteuern.

die beiden entstehenden leichten Teilchen nur noch Neutrinos sein, was den Zerfall mit der $\beta$-Radioaktivität verwandt macht. Hier verbindet dieser Prozess nun aber nicht die Änderung eines Nukleons mit zwei (entstehenden/vernichteten) Leptonen, sondern vier Leptonen miteinander. Um die beobachteten und die nicht beobachteten Umwandlungen (z. B. nach dem Einfang am Kern *niemals* $\mu^- + p \to e^- + p$) zu deuten, wurde versuchsweise ein neuer Erhaltungssatz ausprobiert [112]: Jedes Lepton trägt eine Einheit *Leptonenladung* (Antiteilchen negativ), und die gesamte Leptonenladung bleibt konstant. Kurioserweise wurde dabei das $\mu^-$ im Gegensatz zu heute als Antilepton mit negativer Leptonenladung angesehen, um die oben erwähnte Abwesenheit des elektromagnetischen Übergangs $\mu^- \to e^- + \gamma$ zu begründen.[53] Von solchen Anfangsirrtümern abgesehen, bedeutet dies Bild jedoch einen konzeptuellen Durchbruch: Eine neue Art Ladung wird in die Physik eingeführt, zusammen mit ihrem Erhaltungssatz. Der Zerfall des Myons muss so aussehen:

$$\mu^\pm \to e^\pm + \nu + \bar{\nu} \tag{10.17}$$

Mit dem Elektron sind es dann drei Fermionen als Zerfallsprodukte, daher muss auch der Spin des Myons halbzahlig sein. Das Myon ist also ein geladenes Teilchen mit Spin $\frac{1}{2}$, das nicht an der Starken Wechselwirkung teilnimmt, genau wie das Elektron. Ist es auch ein Dirac-Teilchen, nur mit anderer Masse? Unterscheidet es sich sonst irgendwie vom Elektron?

**Myonen nun auf Bestellung.** Solche Fragen erfordern genauere Messungen als mit den Myonen der Höhenstrahlung möglich sind. Den dazu erforderlichen Quantensprung schaffte die experimentelle Elementarteilchenphysik mit dem Bau von Hochenergie-Beschleunigern.[54] Ein so genaues Energiespektrum wie das der Positronen in Abb. 10.2 aus dem Jahr 1965 hätte man aus den unscharfen Nebelkammer-Aufnahmen Ende der 1940er Jahre nicht ermitteln können. Dass man Myonen (und andere Elementarteilchen) jetzt wirklich „auf Bestellung" geliefert bekommen konnte, eröffnete den Experimentatoren neue Welten. In enger Verzahnung vieler experimenteller (und nun auch theoretischer) Arbeiten wurden in verschiedenen Teilen der Elementarteilchenphysik gleichzeitig große Fortschritte erreicht; nur für die Darstellung in einem Buch muss dies teilweise schon verwirrende Geflecht etwas in Einzelstränge zerlegt werden. Daher siehe genauer „Zerfall des Pions" in Abschn. 11.1.3 für die Erklärung, wie man nun Myonen herstellen kann (für die Herstellung der dabei erforderlichen Pionen siehe Abschn. 11.1.7). Daraus übernehmen wir für das folgende (wobei die genaue Bezeichnung der Neutrinos erst weiter unten motiviert wird):

$$\pi^+ \to \mu^+ + \nu_\mu \,, \qquad \pi^- \to \mu^- + \bar{\nu}_\mu \,. \tag{10.18}$$

**Ein Test mit 10stelliger Genauigkeit. Experimentierkunst.** Einer ähnlich genauen Messung des $g$-Faktors, wie sie oben beim Vergleich Elektron/Positron beschrie-

[53] Zur heutigen Erklärung siehe Abschn. 10.3.2.

[54] Zu Beschleunigern und Detektoren siehe einen kurzen Abriss in Abschn. 11.5.

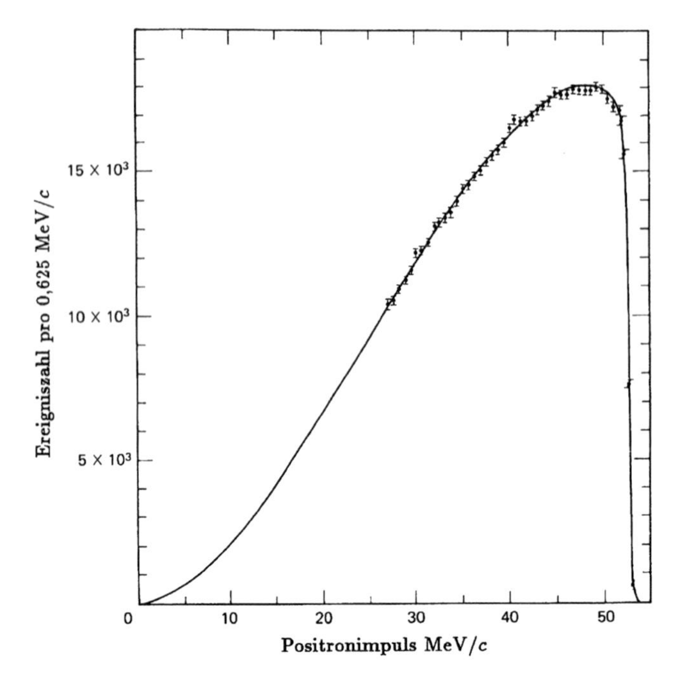


**Abb. 10.2** Impuls-Spektrum der Positronen aus dem Myonen-Zerfall (zusammen mit einer theoretischen Kurve nach der Fermi-Theorie der Schwachen Wechselwirkung (siehe Abschn. 6.5.7), von 1965). In dem gezeigten Energiebereich gilt für Positronen schon $E \approx pc$, die Abszisse gibt daher auch ihre Energie an. Die höchste Energie entspricht nur der Hälfte der Ruheenergie des Myons $m_\mu c^2 = 106$ MeV. (Abb. aus [87] nach [20])

ben wurde, steht beim Myon die kurze Lebensdauer im Wege. Wenn man innerhalb einiger Lebensdauern, also z. B. $\Delta t \sim 10\,\mu\text{s}$, die Larmorfrequenz $\nu_\text{L}$ bestimmen will, ist eine größere Genauigkeit als $\Delta\nu_\text{L} \sim \pm(1/\Delta t) \sim \pm 0{,}1$ MHz jedenfalls nicht mehr durch Abzählen ganzer Perioden zu erzielen. Für die Abschätzung der damit erreichbaren relativen Genauigkeit wird die Larmorfrequenz des Myons bei einem (damals) sehr starken Feld $B = 10\,\text{T}$ aus der des Elektrons ($\nu_\text{Larmor}(e) \approx 280\,\text{GHz}$) wegen 200facher Masse des Myons zu $\nu_\text{Larmor}(\mu) \approx 1\,400\,\text{MHz}$ geschätzt, nur 4 Zehnerpotenzen über der typischen Ungenauigkeit der Frequenzbestimmung. Ganz konkret wäre ein Myon auch schon längst zerfallen, bevor man es in einer magnetischen Falle einfangen und auf einem tiefen Landau-Niveau stabilisiert hat. Was tun? Die Larmor-Präzession drückt sich nicht nur als Niveau-Aufspaltung aus, sondern (immer) auch ganz anschaulich als Präzessionsbewegung des (Erwartungswerts des) Spinvektors. Für die Emission des beim Zerfall entstehenden Elektrons gibt es eine bevorzugte Richtung, und die dreht sich mit. Diese zwei Bemerkungen zusammen genommen ergeben, dass ein Detektor eine pulsierende Zählrate abgibt, wenn er die Elektronen von einer großen Anzahl polarisierter Myonen in einem Magnetfeld auffängt. Natürlich nimmt wegen des Zerfalls diese Zählrate auch exponentiell ab. Wo

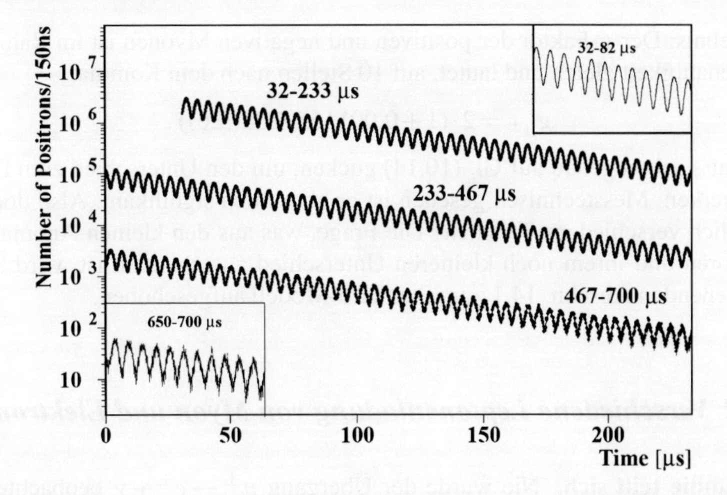


**Abb. 10.3** Zählratenverlauf der Positronen aus dem Zerfall polarisierter Myonen im Magnetfeld (halblogarithmisch). Die gesamte Messkurve über 700 µs ist in drei Abschnitten zu je 233 µs dargestellt, die aneinandergefügt zu denken sind. Dann sieht man insgesamt einen exponentiellen Abfall, überlagert von einer Modulation von etwa 4 µs Periode. Die Lebensdauer der Myonen wurde durch relativistische Zeitdilatation um einen Faktor $\sim 30$ gestreckt. Die Oszillation zeigt nicht die Larmorfrequenz der präzedierenden Spinmomente, sondern die Differenz zur Zyklotronfrequenz, mit der die Myonen im Magnetfeld Kreisbahnen beschreiben. (Abb. aus [44])

„bestellt" man nun *polarisierte* Myonen? Sie kommen schon so aus der Reaktion (10.18) heraus, in der sie erzeugt wurden.[55]

Wegen der grundsätzlichen Bedeutung der Frage, wie nah oder entfernt die Verwandtschaft von Myon und Elektron ist, wurde dies Experiment seit den 1960er Jahren mit steigendem Aufwand und steigender Genauigkeit erst im *CERN*, dann in Brookhaven(USA) wiederholt. Die experimentelle Kurve von 1999 [44] ist in Abb. 10.3 gezeigt. Nach den vorangehenden Bemerkungen zu den Schwierigkeiten muss diese Messkurve überraschen. Tatsächlich wurden zwei besondere Kunststücke der Experimentatoren auch noch gar nicht genannt:

- Die Lebensdauer der Myonen wurde künstlich verlängert, indem sie bei $E \approx 3\,\text{GeV}$ beobachtet wurden, das bedeutet Zeitdilatation um einen Faktor $\gamma = E/m_\mu c^2 \sim 30$ (der jedoch nach der Relativitätstheorie die Larmorperiode nicht verlängert!).
- Das Magnetfeld ($B = 1{,}6\,\text{T}$) verursacht nicht nur die Larmorpräzession der Myonen, sondern zwingt sie auch zu einer Kreisbewegung mit der Zyklotronfrequenz – in entgegegesetztem Drehsinn. Die sichtbare Modulation zeigt daher die kleine Differenzfrequenz. Es handelt sich also wieder um ein $(g-2)$-Experiment, in dem die Anomalie $a = \frac{1}{2}(g-2)$ direkt gemessen wird.

[55] Wie auch die Elektronen aus dem $\beta$-Zerfall: Ausdruck der Paritätsverletzung durch die Schwache Wechselwirkung (Abschn. 12.2.5).

Ergebnis: Der $g$-Faktor der positiven und negativen Myonen ist im Rahmen der Messgenauigkeit gleich und lautet, auf 10 Stellen nach dem Komma:

$$g_{\mu^\pm} = 2 \cdot (1 + 0{,}0011659208(\pm 6)) .$$

Man muss schon genau auf Gl. (10.14) gucken, um den Unterschied zum Elektron zu bemerken. Messtechnisch gesehen ist er aber hoch signifikant. Also doch zwei wesentlich verschiedene Teilchen? Die Frage, was aus den kleinen Anomalien der $g$-Faktoren und ihrem noch kleineren Unterschied zu schließen ist, wird bis zum abschließenden Abschn. 14.1 zum Standard-Modell aufgeschoben.

### *10.3.2 Verschiedene Leptonenladung von Myon und Elektron*

**Die Familie teilt sich.** Nie wurde der Übergang $\mu^\pm \to e^\pm + \gamma$ beobachtet, noch nicht einmal als seltenes Ergebnis von Prozessen, wie sie in höherer Ordnung der Störungstheorie vorstellbar wären (experimentelle obere Schranke für den Anteil heute: $< 10^{-11}$ [8]). Dies sprach für die Hypothese, dass es einen Unterschied zwischen den beiden Leptonen gibt, der über die Verschiedenheit des Energieinhalts, also der Ruhemasse, hinausgeht und durch keine Wechselwirkung abgebaut werden kann. Dann könnte die Notwendigkeit der Emission von *zwei* Neutrinos auch so verstanden werden, dass das Myon sich gar nicht in das Elektron (oder Positron) umwandelt (wie der Weg der elektrischen Ladung nahelegen würde), sondern in ein ihm verwandtes Neutrino $\nu_\mu$, und dass das Elektron im Paar mit dem ihm zugeordneten Anti-Neutrino erzeugt wird ($e^- + \overline{\nu}_\mathrm{e}$, oder umgekehrt $e^+ + \nu_\mathrm{e}$, je nach Ladung des Myons) – immer unter Erhaltung der Teilchenzahl, jetzt *getrennt* für die elektronische und myonische Familie.[56] Das bedeutet die Unterteilung der oben erst eingeführten einheitlichen Leptonenladung $L$ in eine elektronische (Quantenzahl $L_\mathrm{e} = +1$ für Elektron und Neutrino, $L_\mathrm{e} = -1$ für Positron und Antineutrino) und eine myonische ($L_\mu = \pm 1$ analog dazu, wobei in Parallele zum Elektron das negative Myon als Teilchen eingeordnet wird, hier noch willkürlich[57]). Deutung der Zerfallsgleichungen mit ihren drei erhaltenen Ladungen jetzt:

$$\begin{array}{rrrrr} & \mu^- \to & e^- + & \overline{\nu_e} + & \nu_\mu \\ q: & -1 = & (-1) + & 0 + & 0 \\ L_\mathrm{e}: & 0 = & (+1) + & (-1) + & 0 \\ L_\mu: & +1 = & 0 + & 0 + & (+1) \end{array} \tag{10.19}$$

[56] Damit erklärt sich die Schreibweise der Neutrinos, wie sie oben in Gl. (10.18) und auch schon in Abschn. 6.5 benutzt wurde.

[57] Aus einem tieferen Grund ist diese Zuordnung wichtig für die Konsistenz des Standard-Modells, siehe Abschn. 14.4.

$$
\begin{array}{rrrrr}
 & \mu^+ \rightarrow & e^+ + & \nu_e + & \overline{\nu_\mu} \\
q: & +1 = & (+1)+ & 0+ & 0 \\
L_e: & 0 = & (-1)+ & (+1)+ & 0 \\
L_\mu: & -1 = & 0+ & 0+ & (-1)
\end{array}
\tag{10.20}
$$

Die Verschiedenheit der Leptonenladungen allein erklärt auch schon die Abwesenheit der direkten Umwandlung eines am Kern eingefangenen Myons gemäß $\mu^- + p \rightarrow e^- + p$ (s. o.), für die vorher eine bestimmte Zuordnung zu Teilchen und Antiteilchen verantwortlich gemacht werden musste. Das ist nur eins der vielen Beispiele dafür, dass es oft verschiedene Erklärungen geben kann, hier sogar von ähnlicher Einfachheit, und man keine davon als *bewiesen* ansehen soll, bevor nicht alle anderen ausgeschlossen sind.

***experimentum crucis.*** Lässt sich aus dem Ansatz unterschiedlicher Leptonenladungen eine Voraussage ableiten, deren experimentelle Prüfung ihn je nach Ergebnis widerlegen könnte? So ein Beispiel ist:

> „Das myonische Neutrino kann in seinen Wechselwirkungen in nichts Anderes übergehen als in ein $\mu^-$, und das myonische Antineutrino analog immer in ein $\mu^+$, beide aber insbesondere nicht in $e^\pm$."

Zum Beispiel beim myonischen Analogon zum inversen $\beta^+$-Zerfall des Neutrons würde nur $\overline{\nu}_\mu + p \rightarrow n + \mu^+$ erlaubt sein, und $\overline{\nu}_\mu + p \rightarrow n + e^+$ verboten. Dieser Test wurde an hochenergetischen myonischen Neutrinos ($\sim$ GeV) gemacht, die aus den Zerfällen der am Brookhaven-Zyklotron erzeugten $\pi^-$ gewonnen wurden und hinter 13 m dicken Stahlwänden[58] – zur Abschirmung gegen alle anderen Strahlungen – auf 10 t Detektormaterial treffen sollten, das die Ionisationsspuren etwa entstehender geladener Teilchen fotografisch aufzeichnen konnte. Nach acht Monaten hatten sich aus den statistischen Schwankungen des dennoch unvermeidlichen Untergrunds ganze 29 Signale herausgeschält, die als die Spuren eines einzelnen, mitten im Detektor neu erzeugten $\mu^+$ von entsprechend hoher Energie interpretiert werden mussten, gegenüber Null Signalen für die Entstehung eines hochenergetischen Positrons, das sich (wie in der Höhenstrahlung) als Elektron-Positron-Schauer angezeigt hätte. Seitenlang wird in der Veröffentlichung von 1962 [51] analysiert, ob die Spuren nicht doch von anderen Ereignissen herrühren könnten. Für diesen Existenzbeweis der zweiten Neutrinosorte[59] bekamen Leon M. Lederman, Melvin Schwartz und Jack Steinberger den Nobelpreis 1988. Seither

---

[58] aus einem abgewrackten Schlachtschiff der USA, denn neuer Stahl wäre aufgrund der massiven Atomwaffenversuche mit radioaktivem Kobalt verunreinigt und würde durch seine eigene Strahlung in allen Detektoren den Untergrund erhöhen.

[59] und für den „Eintritt ins Zeitalter der Experimente mit Neutrinostrahlen". Warum es dem Nobelpreis-Komitee und vor allem seinen Beratern entgangen war, dass mit der experimentellen Entdeckung der ersten Neutrinosorte durch Cowan und Reines dies Zeitalter schon fast 10 Jahre früher begonnen hatte, wird man erst nach Öffnung der Archive ersehen können. Immerhin wurde dies Versäumnis erkannt und 1995 durch die Preisverleihung an den noch lebenden der beiden Entdecker geheilt (vgl. Abschn. 6.5.11), zusammen mit dem Preis an den Entdecker der dritten Leptonen-Familie.

muss man die Leptonenladung für die myonische und die elektronische Familie getrennt bilanzieren. Erst die Entdeckung der schwachen *Neutrino-Oszillationen* zwang ab 1995 hier noch einmal zu einer neuen Betrachtungsweise (siehe Abschn. 10.4.4).[60]

### 10.3.3 Die dritte Leptonen-Familie

**Neuer Erhaltungssatz gleich wieder verletzt?** Die getrennte Erhaltung der Leptonenzahl für jeweils Myonen und Elektronen verbietet Reaktionen wie $e^+ + e^- \rightarrow e^+ + \mu^-$ (oder $\rightarrow e^- + \mu^+$). Dass sie 1975 trotzdem überraschend beobachtet wurden, führte aber nicht zur Revision dieses Erhaltungssatzes, sondern zur Entdeckung einer dritten Familie von Leptonen, genannt *Tauonen* $\tau^\pm$ (griechisch „das dritte"). Die beobachteten $e^\pm\mu^\mp$-Paare hatten nämlich zu wenig Energie (alle anderen Erhaltungssätze waren erfüllt), folglich musste etwas mehr entstanden und unbemerkt durch die riesigen Detektoren hindurch geflogen sein, also fast sicher Neutrinos.[61] Die vervollständigte Reaktion wäre dann z. B. $e^+ + e^- \rightarrow e^+ + \nu_\mathrm{e} + \mu^- + \overline{\nu}_\mu$. Aber wie entsteht daraus das Argument für ein neues Teilchen? Antwort: Die Häufigkeit dieser Reaktion, also ihr Wirkungsquerschnitt (obwohl nur einige 10 Picobarn), ist viel zu groß für die direkte Erzeugung der Neutrinos durch die Schwache Wechselwirkung, wie man 1975 schon sicher wusste,[62] und sie zeigt eine Energieschwelle bei ca 4 GeV. Die Abbildung aus der Original-Veröffentlichung [152] ist tatsächlich ein untrüglicher Beleg, obwohl sie nur auf 86 Einzelbeobachtungen beruht und entsprechend große Fehlerbalken für die rein statistische Unsicherheit zeigt. Doch diese 86 Ereignisse bilden, bei einem geschätzten Untergrund von 22 zufälligen, ähnlich aussehenden aus anderen Ursachen, ein hochsignifikantes Ergebnis: Ab 4 GeV haben sich neue Teilchen gebildet, und zwar nicht durch Schwache Wechselwirkung.

**Wieder ein unerwünschtes Lepton.** Aber handelte es sich bei dem neuen Teilchen um ein Lepton, also um den ersten Vertreter einer dritten Familie von Leptonen? Gegen diese Interpretation gab es jahrelangen Widerstand [151] – aus Gründen, die erst mit dem Quark-Modell der stark wechselwirkenden Teilchen verständlich werden: Es sollte nicht mehr Leptonen als Quarks geben, und diese *Quark-Lepton-Symmetrie* war durch die (als große Überraschung gefeierte) Entdeckung des vierten Quark gerade erfüllt worden, *bevor* dies neue Teilchen entdeckt wurde. Viele weitere Untersuchungen (z. B. zur Energie- und Winkelverteilung der entstandenen Elektronen und Myonen, und zur Beobachtungen zur Häufigkeit anderer Zerfalls-

---

[60] Damit kam zur Unterscheidung der Leptonen-Familien auch das bei den Quarks entlehnte Wort *flavor* in Gebrauch (siehe Abschn. 13.1.1).

[61] Es müssen zwei (oder jedenfalls eine gerade Anzahl) sein, um mit den halbzahligen Spins nicht in Widerspruch zu geraten.

[62] Zum Entstehen der hier angedeuteten, viel gebrauchten Argumentation anhand der sehr unterschiedlichen Stärken der Wechselwirkungen mehr in Abschn. 11.3.

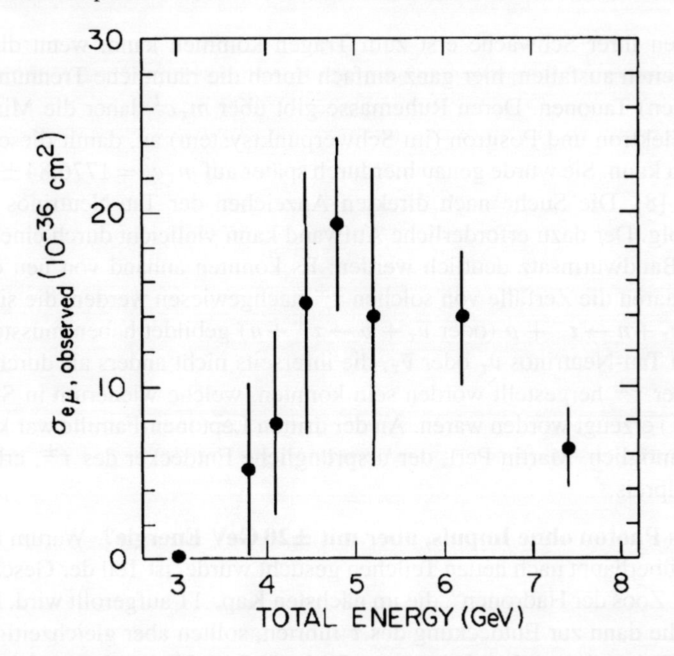


**Abb. 10.4** Der gültige erste Nachweis einer dritten Familie von Leptonen. Aufgetragen ist die Häufigkeit von 86 Elektron-Myon-Paaren, die sich nach Zusammenstößen von Elektronen und Positronen gebildet haben, über der Energie. Der Wirkungsquerschnitt hat die Einheit Picobarn ($1\,\text{pb} = 10^{-12}\,\text{b} = (10^{-5}\,\text{fm})^2$). Typische Kernreaktionen sind um viele Größenordnungen häufiger (z. B. $10^9$fach, siehe Abb. 11.7), Reaktionen der Schwachen Wechselwirkungen um eben so viel seltener. (Abb. aus [152])

produkte wie z. B. Pionen und andere Hadronen) sicherten dann aber diese leptonische Interpretation. Das neue Teilchen verhält sich ganz wie ein Lepton, denn es stimmt abgesehen von der Masse völlig mit Elektron und Myon überein. Die Reaktionsgleichung, die zur seiner Entdeckung anhand der $e\mu$-Paare geführt hatte, konnte damit um weitere zwei Neutrinos ergänzt werden und lautet nun vollständig:

$$\begin{aligned} &e^+ + e^- \to \tau^+ + \tau^- \\ &\qquad \tau^+ \to \overline{\nu}_\tau + e^+ + \nu_e \quad \text{oder} \quad \tau^+ \to \overline{\nu}_\tau + \mu^+ + \nu_\mu \\ &\qquad \tau^- \to \nu_\tau + \mu^- + \overline{\nu}_\mu \quad \text{oder} \quad \tau^- \to \nu_\tau + e^+ + \nu_e \,. \end{aligned} \tag{10.21}$$

Darin ist die Erzeugung des $\tau^+\tau^-$-Paars ein Prozess, der nicht nur durch die Schwache Wechselwirkung, sondern durch die viel stärkere elektromagnetische zustande kommen kann,[63] im Einklang mit der Häufigkeit der Reaktion. Das wird weiter unten näher beleuchtet, denn es bietet die Möglichkeit, die Quanten-Elektrodynamik einem scharfen Test zu unterwerfen. Die Entstehung der Neutrinos im weiteren Verlauf verweist hingegen eindeutig auf die Schwache Wechselwirkung, die ge-

[63] denn alle Teilnehmer dieser Reaktion sind elektrisch geladen

rade wegen ihrer Schwäche erst zum Tragen kommen kann, wenn die anderen Möglichkeiten ausfallen, hier ganz einfach durch die räumliche Trennung der beiden (reellen) Tauonen. Deren Ruhemasse gibt über $m_\tau c^2$ daher die Mindestenergie von Elektron und Positron (im Schwerpunktsystem) an, damit diese Reaktion stattfinden kann. Sie wurde genau hierdurch später auf $m_\tau c^2 = 1776{,}84 \pm 0{,}17$ MeV bestimmt [8]. Die Suche nach direkten Anzeichen der Tau-Neutrinos hatte erst 1990 Erfolg. Der dazu erforderliche Aufwand kann vielleicht durch einen entsprechenden Bandwurmsatz deutlich werden: Es konnten anhand von neu entstandenen $e\mu$-Paaren die Zerfälle von solchen $\tau^\pm$ nachgewiesen werden, die sich in Stößen wie $\nu_\tau + n \to \tau^- + p$ (oder $\overline{\nu}_\tau + p \to \tau^+ + n$) gebildet haben mussten, ausgelöst durch Tau-Neutrinos $\nu_\tau$ oder $\overline{\nu}_\tau$, die ihrerseits nicht anders als durch den Zerfall anderer $\tau^\pm$ hergestellt worden sein konnten, welche wiederum in Stößen wie Gl. (10.21) erzeugt worden waren. An der dritten Leptonen-Familie war kein Zweifel mehr möglich. Martin Perl, der ursprüngliche Entdecker des $\tau^\pm$, erhielt 1995 den Nobelpreis.

**Virtuelles Photon ohne Impuls, aber mit ±20 GeV Energie?** Warum bei diesen Energien überhaupt nach neuen Teilchen gesucht wurde, ist Teil der Geschichte des „Teilchen-Zoos der Hadronen", die im nächsten Kap. 11 aufgerollt wird. Die Experimente, die dann zur Entdeckung des $\tau$ führten, sollten aber gleichzeitig auch die Quanten-Elektrodynamik auf eine harte Probe stellen. Sie beruhen auf dem Grundgedanken, dass bei einem genügend großen Angebot von Energie sich jedes Paar von Teilchen und Antiteilchen bilden könnte. Damit die Erhaltungssätze für elektrische oder sonstige Ladungen diese Reaktionen nicht unnötig komplizieren, schießt man dazu in großen Beschleuniger-Anlagen zwei Strahlen aus Teilchen und Antiteilchen gegeneinander.[64] Sind die Projektile elektrisch geladene Teilchen ohne starke Wechselwirkung (im wirklichen Experiment also Elektronen und Positronen), dann entsteht bei der Vernichtung ein virtuelles Photon,[65] wie in den Feynman-Diagrammen der *QED* in Abb. 10.5 dargestellt. Es hat dann – in den Gleichungen der *QED*! – im Schwerpunktsystem den Impuls Null, aber die ganze Energie (je nach Richtung im Diagramm positiv oder negativ) und kann (nein: muss) sie seinerseits an ein beliebiges anderes Paar aus Teilchen und Antiteilchen weitergeben (d. h. sie entstehen lassen), sofern sie nur elektrisch geladen sind (denn für ungeladene gibt es keinen Vertex mit dem Photon). In niedrigster Ordnung ergibt die *QED* daher kompromisslos für die Erzeugung aller (mit $\pm e$ geladenen) Paare Teilchen-Antiteilchen dieselbe schlichte Formel ohne jeden freien Parameter:

$$\sigma = \frac{4\pi\alpha^2}{3E^2}(\hbar c)^2 \,. \tag{10.22}$$

---

[64] Collider-Prinzip: Das Laborsystem ist näherungsweise auch das Schwerpunktsystem, mithin der Gesamtimpuls ungefähr Null. Für die Bildung neuer Teilchen steht dann die gesamte kinetische und Ruhe-Energie $2(E_{\text{kin}} + mc^2)$ beider Projektile zur Verfügung.

[65] sofern die Energie nicht zu nahe an der Ruheenergie des neutralen Austauschteilchen der Schwachen Wechselwirkung ist, siehe Abschn. 12.5.4 und Abb. 14.7.

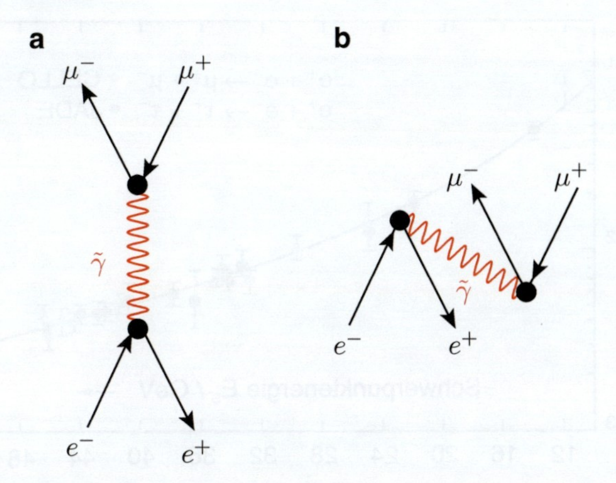


**Abb. 10.5** Feynman-Diagramme für Umwandlung eines ankommenden Elektron-Positron-Paars in ein auslaufendes Myon-Antimyon-Paar, vermittelt durch die elektromagnetische Wechselwirkung. **a**: Durch Annihilation des $e^+e^-$-Paars im ersten Vertex entsteht ein (einziges!) virtuelles Photon, das danach am zweiten Vertex an ein $\mu^+\mu^-$-Paar „ankoppelt", mit anderen Worten: es entstehen lässt. Im Schwerpunktsystem betrachtet (bei Experimenten am $e^+e^-$-Collider ist es auch das Laborsystem) überträgt das Photon den Impuls Null, aber die gesamte Energie. Das Diagramm **b** ist nach den Feynman-Regeln schon in **a** mit enthalten. Es ist hier extra angeführt um zu erinnern, dass in die Berechnungen auch Prozesse einbezogen werden müssen, die mit Worten ganz anders zu beschreiben wären: Spontane Entstehung eines (reellen) $\mu^+\mu^-$-Paars zusammen mit einem (virtuellen) Photon, welches danach erst zusammen mit dem ankommenden (reellen) $e^+e^-$-Paar komplett verschwindet. Dies virtuelle Photon überträgt also wieder keinen Impuls, diesmal aber die *negative* Gesamtenergie

Gleichung (10.22) verdient wegen ihrer Einfachheit ein näheres Hinsehen: Als einzige physikalische *Variable* des konkreten Systems tritt $E$ auf, die Energie im Schwerpunktsystem. Warum die (Ruhe-)Massen nicht darin vorkommen, kann man an der Goldenen Regel erkennen: Sie beeinflussen das Matrixelement der Wechselwirkung gar nicht und sind im vorliegenden hoch relativistischen Fall auch für die Kinematik irrelevant, denn der Faktor Zustandsdichte ist dann immer nach derselben Gleichung $E = pc$ zu behandeln. Spin und magnetisches Moment kommen auch nicht vor, denn sie sind in der Ankopplung des elektromagnetischen Felds an die Punktladung $e$ des Dirac-Spinors schon voll berücksichtigt. Die Kopplungskonstante zwischen Ladung und Photon, $\alpha = e^2/(4\pi\varepsilon_0)$, dimensionslos und für alle mit einer Elementarladung geladenen Teilchen gleich, steht im Quadrat, weil das (für das Quadrat des Matrixelements) in der störungstheoretischen Übergangsamplitude mit zwei Vertices immer so ist. Weitere Parameter gibt es nicht in der elektromagnetischen Wechselwirkung, alles übrige sind universelle Konstanten. Die Proportionalität $\sigma \propto E^{-2}$ findet dann ihre ebenso einfache Erklärung darin, dass es aus Gründen der physikalischen Dimensionen nur einen Weg gibt, al-

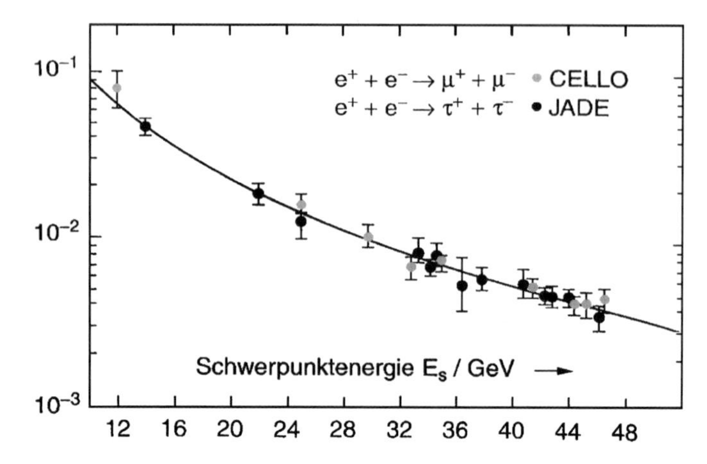


**Abb. 10.6** Erzeugung der schweren Leptonen $\mu$ und $\tau$ in Teilchen-Antiteilchen-Paaren durch Elektron-Positron-Vernichtung bei Energien weit oberhalb ihrer Ruhemasse [22, 23]. Der Wirkungsquerschnitt ist in nb aufgetragen. Er ist für beide Teilchensorten gleich und bestätigt auch quantitativ hervorragend die parameterfreie Vorhersage der *QED* (durchgezogene Linie nach Gl. (10.22))

lein aus einer Energie $E$ eine Fläche zu berechnen: indem man die Konstante $(\hbar c)^2 = (200\,\mathrm{MeV\,fm})^2$ durch $E^2$ teilt.[66]

Im tieferen Sinn ist es damit die Skalen-Invarianz der elektromagnetischen Wechselwirkung (also das $1/r^2$-Gesetz der Coulomb-Kraft), auf die dieses einfache und für die Reaktionen mit verschiedensten Teilchen gültige Verhalten zurückgeht. Alles zusammen eine starke Voraussage, und durch die Datenpunkte in Abb. 10.6 glänzend bestätigt.

**Ein guter physikalischer Punkt.** Die Übereinstimmung dieser Vorhersage mit den Messergebnissen in Abb. 10.6 ist frappierend. Das ganze Konzept der *QED* wird bestätigt und ihr enormer Gültigkeitsbereich demonstriert. Ihre Genaugkeitsgrenze drückt man gerne durch eine Längenskala aus, als Maß für die Annäherung, ab der doch noch messbare Abweichungen auftreten könnten. Nimmt man – fiktiv – ein exponentiell abgeschwächtes Zusatzpotential an, kann man aus diesen Messergebnissen (und denen für die Winkelverteilung, die noch empfindlicher reagieren würde) für den Reichweiteparameter eine Obergrenze von $10^{-18}$ m entnehmen, etwa ein Tausendstel des Nukleonenradius oder des klassischen Elektronenradius. Das ist dann auch derzeit die experimentelle Obergrenze für eine eventuelle Ausdehnung der (geladenen) Leptonen. Ob Elektronen deshalb wirklich Punkte sind, kann man nun leider immer noch nicht wissen, aber größer als der milliardste Teil eines

[66] Elementarteilchenphysikern springen Ähnlichkeiten zur Rutherford-Formel ins Auge (genauer: zu ihrem Vorfaktor $\rho_0^2$ nach Gl. (3.3) auf S. 54, denn um die Winkelverteilung geht es hier ja nicht): $\sigma \propto E^{-2}$; $\sigma \propto e^4$. (Vergleiche den Hinweis im Abschn. 3.2.4 über die Prüfung der Rutherford-Formel.)

milliardstel Meters können sie jedenfalls nicht sein. Dies Ergebnis, das schon 1987 erzielt wurde, ist wohl nicht dringend verbesserungsbedürftig.

**Noch ein guter physikalischer Punkt.** Auch in anderer Hinsicht ergibt sich der Eindruck, dass die Erforschung der Leptonen ihr Ziel erreicht haben könnte. Sollte es weitere Familien von Leptonen geben, wäre die Ähnlichkeit mit den drei bekannten nicht sehr groß. Diese Einschätzung ist damit begründet, dass der Lebensdauer des $Z^0$-Teilchens, das mit allen bisher bekannten Fermionen Wechselwirkung machen kann, mit Hilfe des Standard-Modells zu entnehmen ist, dass es unter den möglichen Endzuständen des Zerfalls nur drei Sorten Neutrinos geben kann (sonst wäre sie kürzer). Das $Z^0$ hat eine Ruhemasse von ca. 90 GeV. Ein $\nu\overline{\nu}$-Paar einer eventuellen vierten Neutrinosorte müsste mindestens so schwer sein. Das wäre aber reine Spekulation, denn die drei Massen der bekannten Neutrinos, selbst wenn sie nicht Null sind, haben sich ihrer Kleinheit wegen bisher jeder Messung entzogen. Allerdings ist Vorsicht angebracht: Gerade zu Neutrinos gibt es noch erheblichen Klärungsbedarf.

## 10.4 Neutrinos

Was für Teilchen sind Neutrinos? Um was für eine seltsame Sorte Materie oder Strahlung handelt es sich hier? Zwei Jahrzehnte lang durften sie in der Physik nur den Lückenbüßer für Fehlbeträge in den Bilanzen von Energie, Impuls, Drehimpuls und Leptonenladung geben. Dafür, dass dieser 1930 entstandene Gedanke von Pauli überhaupt stimmig sein konnte, war eine extreme Schwäche ihrer Wechselwirkung mit normaler Materie geradezu die Vorbedingung. Doch seit man ab den 1950er Jahren immer besser gelernt hat, die von Neutrinos ausgelösten Reaktionen gezielt aus dem „Lärm" der anderen herauszufiltern, sind sie allmählich zu einer der interessantesten Arten der Materie geworden. Eine Hauptrolle spielen sie sogar in so wichtigen und mächtigen Prozessen wie dem, in dem die Kerne der chemischen Elemente unserer gewohnten Materie in explodierenden Sternen erzeugt werden (siehe Abschn. 8.5.3). Möglicherweise tragen sie auch zu der *Dunklen Materie* bei, deren Existenz man bisher nur durch ihre Gravitationswirkung auf astronomischen Längenskalen indirekt erschlossen hat, wonach es von ihr sogar ein Vielfaches mehr geben muss als von aller sichtbaren Materie zusammen.

### 10.4.1 Neutrino-Reaktionen

Um mit Neutrinos experimentieren zu können, muss man sie an charakteristischen Prozessen erkennen. Im ersten gelungenen Nachweis ihrer Existenz war das der inverse $\beta$-Zerfall des Neutrons

$$\overline{\nu}_{\mathrm{e}} + p \rightarrow n + e^{+} \tag{10.23}$$

der sich unter Nutzung der umgebenden Materie durch schnell erfolgende Vernichtungsstrahlung des Positrons mit einem Elektron und leicht verzögerte Einfangsstrahlung des Neutrons an einem Kern nachweisen ließ (ausführlich in Abschn. 6.5.11). Zur selben Zeit wurde dieser Prozess auch mit umgekehrten Ladungen probiert:

$$\nu_{\mathrm{e}} + n \rightarrow p + e^{-} . \tag{10.24}$$

Um ihn mit der nötigen Empfindlichkeit nachweisen zu können, machte man sich quasi die (damals unerreicht hohe) Empfindlichkeit der radioaktiven Markierung zunutze, ließ das Neutrino dabei also ein Radionuklid erzeugen, um dessen Strahlung nachzuweisen. Eine solche Reaktionskette ist:

$$\begin{aligned} \nu_{\mathrm{e}} + {}^{37}_{17}\mathrm{Cl} &\rightarrow {}^{37}_{18}\mathrm{Ar} + e^{-} \quad \text{(a)} \\ e^{-} + {}^{37}_{17}\mathrm{Ar} &\rightarrow {}^{37}_{18}\mathrm{Cl} + \nu_{\mathrm{e}} \quad \text{(b)} \end{aligned} \tag{10.25}$$

Das durch Reaktion (a) gebildete Argon-Isotop zerfällt durch Elektronen-Einfang (b) mit 35 Tagen Halbwertzeit zurück in Chlor. (Die Energie für diesen ganzen Kreisprozess muss das Neutrino mitbringen: mindestens 814 keV.) Da das in (b) neu entstandene Neutrino mit großer Sicherheit spurlos davon fliegt, wird der Elektronen-Einfang durch den Argon-Kern nur dadurch bemerkbar, dass die Hülle nun ein Loch in der $K$-Schale hat. Es entsteht also keine Radioaktivität im engeren Sinne, doch repräsentiert das Loch einen Energieinhalt von 2,8 keV, der sich durch die für Chlor charakteristische Röntgenstrahlung oder Emission eines oder mehrerer äußerer Elektrons abbaut (Auger-Effekt, häufiger als Röntgenstrahlung). Nicht eben viel Energie, daher muss man aus dem notwendigerweise großen Tank mit einer chlorhaltigen Flüssigkeit die wenigen Argon-Atome, die sich innerhalb der sinnvollen Zeit von einigen Halbwertzeiten des ${}^{37}_{17}\mathrm{Ar}$ gebildet haben, erst herausholen um sie zu zählen. Das ist nicht ganz aussichtslos, denn als Edelgas lässt Argon sich mit einem Trägergas herausspülen – jedenfalls wenn man ihm Spuren von stabilem Argon beigemischt hat.[67] Auf diese Weise probierte R. Davis 1955 den Neutrino-Nachweis an einem Reaktor, zeitgleich etwa mit dem Team Cowan/Reines (siehe Abschn. 6.5.11), aber im Gegensatz dazu natürlich ergebnislos [53].

**Frage 10.12.** *War der Misserfolg nicht vorherzusehen?*

**Antwort 10.12.** *Nur wenn man 1955 schon sicher gewusst hätte, dass $\nu_{\mathrm{e}}$ und $\overline{\nu}_{\mathrm{e}}$ wirklich verschiedene Teilchen sind.*

Davis ließ sich von dem Fehlschlag nicht entmutigen, der übrigens erheblich dazu beitrug, dass die Unterschiedlichkeit von $\nu_{\mathrm{e}}$ und $\overline{\nu}_{\mathrm{e}}$ allgemein anerkannt wurde. 10 Jahre später wies er mit einem größeren Tank, zur Abschirmung tief im Bergwerk *Homestake* (USA) aufgestellt, wirklich Neutrinos $\nu_{\mathrm{e}}$ nach: nämlich die, die bei den

[67] Man nimmt als Trägergas Helium, aus dem man die geringe Menge vorher zugesetzten stabilen Argons, nach dem Durchspülen des Tanks nun vermehrt um (zahlenmäßig) eine Handvoll ${}^{37}_{18}\mathrm{Ar}$-Atome, durch Ausfrieren wieder abtrennen und damit räumlich konzentrieren kann.

Fusionsprozessen in der Sonne entstehen (s. u.). Für die Methode und die damit im Laufe von Jahrzehnten gemachten Entdeckungen erhielt er 2002 den Nobelpreis.

**Kamiokande.** Nach einem ganz anderen Prinzip arbeiten Neutrino-Detektoren, die in den 1980er Jahren ursprünglich für die Beobachtung eines Zerfalls des Protons gebaut wurden, wie er im Rahmen der Suche nach *dem* großen vereinheitlichten Theoriegebäude der Physik damals in die Diskussion gebracht wurde. Der größte ist *Kamiokande* in Japan.[68] Der Detektor enthält nichts als 2 000 $m^3$ reinsten Wassers, umgeben von anfangs tausend, heute über 11 000 besonders großen Photomultipliern,[69] um etwaiges Szintillationslicht nachzuweisen. Energiereiche Neutrinos machen sich darin bemerkbar, falls sie sich durch Wechselwirkung mit (hauptsächlich) einem Nukleon in ein geladenes Lepton umgewandelt haben (siehe Gln. (10.23) und (10.24) oben), und wenn dieses sich mit über 75% der Vakuum-Lichtgeschwindigkeit durchs Wasser bewegt. Es erzeugt dann Cherenkov-Strahlung (siehe Abschn. 11.5.2). Daneben kann genau so die einfache Streuung eines Neutrinos an einem Elektron nachgewiesen werden, wenn es dadurch einen Rückstoß oberhalb einiger MeV erleidet. Auch myonische Neutrinos werden so nachgewiesen.

**Frage 10.13.** *Doch nicht durch dieselben Reaktionen?*

**Antwort 10.13.** *Nein. Streuung an einem Elektron ist hier auch möglich, aber Umwandlung in ein Elektron nicht. Es heißt hier* $\nu_\mu + n \rightarrow p + \mu^-$ *bzw.* $\overline{\nu}_\mu + n \rightarrow p + \mu^+$*, um die sortenspezifischen Erhaltung der Leptonenladung zu erfüllen. Allein dazu ist natürlich vom Neutrino mindestens* $m_\mu c^2 \approx 106\,\text{MeV}$ *aufzubringen.*

Außer dem ungeheuren Vorteil eines sofortigen Nachweises der Neutrinos kann aus Öffnungswinkel und Achse des Lichtkegels bestimmt werden, welchen Impuls (nach Richtung und Betrag) das entstandene oder nur gestoßene geladene Lepton hat. Bei diesen Stößen hoher Energie stimmt er gut mit dem Impuls des Neutrinos überein. Erst damit konnte z. B. gezeigt werden, dass die von Davis gezählten Neutrinos wirklich aus Richtung der Sonne kommen. Auch lässt sich an der Form des Cherenkov-Kegels mit einiger Sicherheit ablesen, ob das schnell fliegende Teilchen im Vergleich zu den meisten seiner Stoßpartner (Elektronen) erheblich schwerer (Myon) oder gleich schwer ist: Das schwerere Teilchen fliegt besser geradeaus (vgl. Stoß-Kinematik, Abschn. 2.2), das Elektron erzeugt schnell einen ganzen Schauer von sekundären Elektronen und Positronen.

### *10.4.2 Neutrinos von der Sonne und der Supernova*

Der Zufall bescherte am 23.02.1987 den rund um die Uhr laufenden Neutrino-Detektoren eine sensationelle Entdeckung: einen wahren „Neutrino-Schauer" von

---

[68] Der Name erinnert an das frühere Ziel: An den Ortsnamen *Kamioka* wurde *-nde* für *nucleon decay experiment* angehängt.

[69] Eindrucksvolle Bilder siehe z. B. unter http://hepwww.rl.ac.uk/public/groups/t2k/super_kamiokande.html

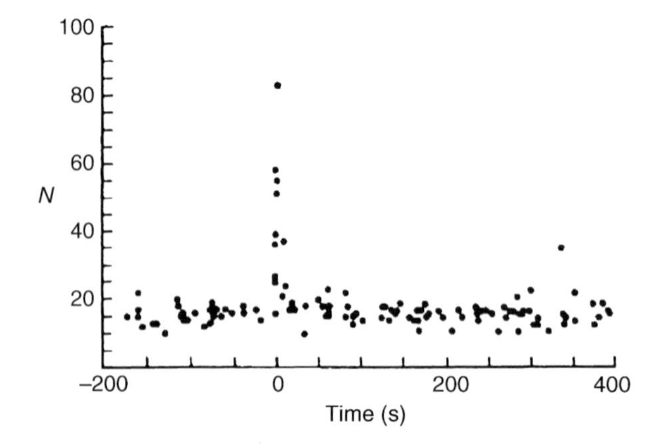


**Abb. 10.7** Neutrino-Beobachtungen im Kamiokande-Detektor am 23.02.1987. Jeder Punkt markiert ein Ereignis, als Ordinate aufgetragen ist die Zahl der gleichzeitig auf die Cherenkov-Strahlung ansprechenden Photomultiplier rings um das Wasserbassin, ein grobes Maß für die Energie. Während normalerweise alle paar Sekunden ein Neutrino nachgewiesen wird, kamen im Schauer allein neun (sehr hochenergetische) innerhalb 2 s. Ihre Quelle war eine 160 000 Lichtjahre entfernte Supernova in der Kleinen Maghellanischen Wolke [183]

einer Supernova-Explosion (siehe Abb. 10.7). Etwa zur selben Zeit ($\pm 3$ h) leuchtete sie auch im sichtbaren Licht auf, was bei gleichzeitigem Start eine Übereinstimmung der beiden Laufzeiten von $2 \cdot 10^{-9}$ bedeutet [122] – einer schärfsten Tests der Annahme gleicher Geschwindigkeiten masseloser Teilchen im Vakuum bislang. Umgekehrt kann man aus der Energie-Impuls-Beziehung dann schließen, dass die Masse der Neutrinos kaum über 11 eV liegen kann (nach [11, S. 660]).

Von den Neutrinos aus den Fusions-Prozessen in der Sonne hat nur ein sehr kleiner Teil genügend Energie für diese Art von kinematischem Nachweis, denn der Großteil stammt direkt aus dem $pp$-Zyklus und hat damit höchstens 420 keV (siehe Abschn. 8.4.1). Die radiochemische Chlor-Argon-Methode ist mit einer unteren Schwelle von 814 keV schon günstiger als der Cherenkov-Detektor, aber auch nur für wenige % der Sonnen-Neutrinos empfindlich. Der Strahlungsfluss ist allerdings so hoch, dass Davis doch ein Signal erhielt.

**Frage 10.14.** *Wie kann man die Größenordnung des Neutrino-Flusses im Verhältnis zum Sonnenlicht abschätzen?*

**Antwort 10.14.** *Bei der Fusion* $4p \to \alpha$ *werden* 27 MeV *und zwei Neutrinos frei, die je etwa* 1% *der Energie wegtragen. Energetisch bringen uns die Neutrinos also etwa* 2% *der übrigen Sonnenstrahlung, die nach ihrer Thermalisierung als UV, Licht und Infrarot (mit dem spektralen Maximum bei etwa* 1 eV*) ankommt. Als Größenordnung kann man folglich* $27 \cdot 10^6$ *emittierte Photonen (wenn sie alle* 1 eV *hätten) pro* 2 *Neutrinos annehmen. Die Energie-Flussdichte der Sonnenstrahlung an der oberen*

*Atmosphäre beträgt* 1,3 kW/m$^2$*, was umgerechnet schließlich für die Flussdichte der Neutrinos etwa* $6 \cdot 10^{10}$ cm$^{-2}$ s$^{-1}$ *ergibt.*[70]

Hier beginnt das Rätsel der fehlenden Sonnen-Neutrinos, das von Davis 1968 aufgedeckt wurde und drei Jahrzehnte lang Grund für Aufregung in der Physik bildete: Die Messungen, an vielen Orten wiederholt auch mit empfindlicheren Methoden, ergaben ein beständiges Defizit von ca. 45–67% im Vergleich zu den besten Modellrechnungen. Alle kernphysikalischen Faktoren, auch das astrophysikalische Standard-Modell für die Vorgänge in der Sonne wurde aufgrund dieser Diskrepanz angezweifelt, intensiv geprüft und in Details verbessert. Abgesehen von dem Problem für eine Wissenschaft, die für ihre quantitativen Aussage zu den Naturvorgängen bekannt ist, konnten die fehlenden Sonnen-Neutrinos auch sonst alarmierend wirken: Sie stammen direkt aus dem Fusionsbereich der Sonne und erreichen den Detektor in ca. 8 min, während die Energie für die Wärmestrahlung, von der wir jetzt leben, diesen Bereich vor größenordnungsmäßig $10^3$ Jahren verlassen hat. Sollte das Messergebnis etwa heißen, dass die Sonne im Zentrum schon am Erlöschen ist? Jedenfalls schrieb Davis [54] schon nach der ersten Probemessung an den Astrophysiker William Fowler:[71] „Willy, schalte die Sonne an!" Zur Erklärung wurde früh die gewagte theoretische Hypothese einer Umwandlung der elektronischen Neutrinos in eine andere Sorte (*Neutrino-Oszillation*) aufgebracht [86], aber als so exotisch empfunden, dass es (jenseits der Forderung nach verbesserten Messungen und Modellen) an weiteren ebenbürtig erscheinenden Vorschlägen nicht mangelte.[72] 1998 wurde sie bestätigt – siehe Abschn. 10.4.4.

### 10.4.3 Dirac-Teilchen oder doch nicht?

Im Bild, das die Physik von der materiellen Welt entwickelt, wäre wichtig zu wissen, ob man die Neutrinos nicht doch in eine eigene, neu zu definierende Teilchengattung einordnen muss. So etwas soll man dem Prinzip der wissenschaftlichen Sparsamkeit[73] folgend zwar nicht ohne guten Grund tun, aber über solche Gründe wird seit den 1970er Jahren im Zusammenhang mit der oben kurz erwähnten Suche nach einem großen vereinheitlichten Theoriegebäude spekuliert. Es geht dabei insbesondere darum, dass auch die Leptonenzahl vielleicht doch nicht immer erhalten ist, wofür die strikte Unterscheidung von Teilchen und Antiteilchen etwas aufgeweicht werden müsste. Einen Namen für die geeignete Gattung gibt es schon: Statt Dirac-Teilchen würde man sie dann Majorana-Teilchen nennen, nach dem Autor der in

[70] „Jede Sekunde 60 Milliarden durch den Daumennagel". Die Zahl mag hoch erscheinen, entspräche bei Photonen sichtbaren Lichts aber nur einer schwach wahrnehmbaren Beleuchtung.

[71] Nobelpreisträger für die Erklärung der Entstehung der chemischen Elemente in den Sternen, siehe Abschn. 8.5.3.

[72] Zum Beispiel Schwarzes Loch im Sonnenzentrum, Neutrino zerfällt in ein Boson, ... (nach [17])

[73] auch als *Occams Rasiermesser* bekannt

Abschn. 10.2.3 kurz erwähnten theoretischen Alternative zur Dirac-Theorie. Darin sind die Fermionen mit ihren Antiteilchen identisch.[74]

**Frage 10.15.** *Bei den Bosonen ist das Photon ein Teilchen, das mit seinem Antiteilchen identisch ist. Es kann einzeln erzeugt oder vernichtet werden. Würde das auch für solche Majorana-Teilchen möglich sein?*

**Antwort 10.15.** *Nein. Auch wenn sie elektrisch ungeladen sind, würde die Drehimpulserhaltung das verbieten: Majorana-Teilchen sind Fermionen. Das Entstehen eines einzelnen Spins $\frac{1}{2}$ kann durch keine Änderung des Bahn- oder Spindrehimpulses der anderen Teilchen ausgeglichen werden.*

Tatsächlich lassen die Experimente (bis heute!) die Frage offen, ob Neutrino und Antineutrino wirklich verschiedene Teilchen sind und ob sie sich nur in dieser Paarung miteinander vernichten können, zwei Neutrinos (oder zwei Antineutrinos) aber nicht. Bei den extrem kleinen Wirkungsquerschnitten aller Neutrino-Reaktionen ist eine direkte experimentelle Überprüfung natürlich ausgeschlossen.[75] Warum die beobachtete Einteilung in erlaubte und verbotene Reaktionen, die sich so einfach in Worten der Leptonenzahl-Erhaltung wiedergeben ließ wie in diesem ganzen Kapitel bisher ausgiebig praktiziert, doch keinen Beweis für diese Quantenzahl abgeben, ist einfach zu sagen: Schon die Drehimpulserhaltung würde dieselben Reaktionen verbieten wie die Leptonenzahl-Erhaltung, jedenfalls für Neutrinos mit Masse Null. Das folgt aus der Eigenschaft der Schwachen Wechselwirkung, die bei den geladenen Leptonen nur die chiral-linkshändigen Teilchen und rechtshändigen Antiteilchen sehen kann, und selber die Chiralität nicht verletzt.[76] Dann muss ein Neutrino, das in ein Elektron umgewandelt wird, auch chiral links sein (und umgekehrt fürs Positron). Die Chiralität eines Neutrinos, die im Zeitpunkt seines Entstehens (durch einen Prozess der Schwachen Wechselwirkung!) festgelegt wird, ist aber eine absolute Invariante seiner weiteren Bewegung, nämlich gleich der Helizität – sofern es sich mit Lichtgeschwindigkeit bewegt, also die Masse Null hat (vgl. Abschn. 10.2.7). Unter dieser Voraussetzung kann man zwischen Dirac- und Majorana-Neutrinos also nur auf dem Papier unterscheiden. Nach der genannten wissenschaftlichen Grundregel würde man dann auf die Majorana-Theorie verzichten und die Neutrinos endgültig den Dirac-Teilchen zuschlagen. Aber allein um zu wissen, *ob* es sich um eine experimentell prüfbare Frage handelt, muss man herausfinden, ob die Neutrinos die Masse Null haben.

### 10.4.4 Neutrino-Oszillation

Eine Bestimmung der Neutrino-Masse aus der Form des $\beta$-Spektrums (Abschn. 6.5.6) oder mit den Methoden wie bei anderen Elementarteilchen (z. B. beim Zerfall des

[74] Für eine genauere Darstellung ziehe man ein einschlägiges Lehrbuch zu Rate, z. B. [24, 170].

[75] Dieselben kleinen Wirkungsquerschnitte verhindern auch schon, einen Neutrinostrahl im Beschleuniger herzustellen und fokussiert auf ein Target zu richten.

[76] Chiralität ist bei allen drei Wechselwirkungen erhalten.

Pions, 11.1.3) hat bisher immer nur eine obere Grenze ergeben: $m_{\nu_e}c^2 < 2\,\text{eV}$, $m_{\nu_\mu}c^2 < 190\,\text{keV}$, $m_{\nu_\tau}c^2 < 18.2\,\text{MeV}$ [8]. Bis auf die Theoretiker, die sich mit den hypothetischen Neutrino-Oszillationen befassten, ging man daher allgemein von $m_{\nu_e} = m_{\nu_\mu} = m_{\nu_\tau} = 0$ aus. Verständlich daher das Aufsehen im Jahr 1998, als Neutrino-Oszillationen nachgewiesen werden konnten, womit klar war, dass es zwischen den Neutrinomassen Unterschiede gibt.

Der Nachweis gelang mit dem Kamiokande-Detektor anhand der hochenergetischen Neutrinos aus der Höhenstrahlung. Sie entstehen durch den Zerfall der Pionen und der dabei entstandenen Myonen:

$$\pi \to \mu + \nu_\mu, \quad \mu \to e + \nu_e + \nu_\mu . \tag{10.26}$$

Diese Schreibweise ist vereinfacht, ohne Rücksicht auf Unterscheidung nach Ladung und (Anti-)Teilchen, denn auch der Detektor macht da keinen Unterschied. Elektronische und myonische Neutrinos (einschließlich Antineutrinos) entstehen nach Gln. (10.26) also in einem bestimmten Zahlenverhältnis (1:2) und müssten mangels nennenswerter Wechselwirkung genau so am Detektor ankommen.[77] Ihre freie Weglänge in Materie ist bei diesen hohen Energien zwar nicht mehr in Lichtjahren zu bemessen wie bei den Neutrinos aus der Radioaktivität (vgl. Bethe-Abschätzung von 1935, Gl. (6.57) auf S. 245), aber im Vergleich z. B. zum Erddurchmesser immer noch um viele Größenordnungen länger. Das genannte Zahlenverhältnis sollte daher auch nicht davon abhängen, wo die Neutrinos in der Atmosphäre entstanden sind, egal ob über Japan oder über seinen Antipoden. Genau diese Abhängigkeit zeigte sich aber schon in den Messungen der ersten, 400 Tage dauernden Datensammlung: Die winkelabhängigen Intensitäten von elektronischen und myonischen Neutrinos variieren stark unterschiedlich. Während von „oben" (d. h. praktisch: alle Richtungen oberhalb des Horizonts) zu $110\nu_e$ etwa richtig $256\nu_\mu$ gekommen waren (nahe am vorausgesagten Verhältnis 1:2), waren es von „unten" (bei gleicher Anzahl $\nu_e$) nur $139\nu_\mu$. Auf dem längeren Weg verschwindet fast die Hälfte der myonischen Neutrinos. Das war am 5.8.1998 der *New York Times* eine Meldung auf der Titelseite wert.

Eine Anmerkung zum Experiment: Wieder ist es die Methode der Relativ-Messung, die das Ergebnis so überzeugend macht. Absolute Werte für die Neutrinoflüsse aus verschiedenen Richtungen sind mit viel größeren Unsicherheiten behaftet als ihr Verhältnis, weil sich viele der schlecht bekannten apparativen Parameter (einschließlich der möglichen Fehler bei der Auswahl und Auswertung der Ereignisse) aus dem Quotienten wegheben.

Jetzt fehlt noch das verbindende Argument zwischen dem Fehlen von ein paar Neutrinos und der an Wichtigkeit kaum zu unterschätzenden Schlussfolgerung, das müsse an ihrer unterschiedlichen Masse liegen. Dies war von den Theoretikern, die über möglicherweise massebehaftete Neutrinos schon seit Jahren nachgedacht hatten, längst durchgerechnet. Man muss annehmen, dass die Neutrinos so, wie sie

[77] Abgesehen von dem Anteil, der den am Erdboden noch nicht zerfallenen Myonen entspricht, durch deren Entdeckung die Geschichte der „überflüssigen" Leptonen begonnen hatte – siehe Abschn. 10.3.1.

eindeutig (d. h. in orthogonalen Zuständen) als $\nu_e$, $\nu_\mu$ oder $\nu_\tau$ entstanden sind, nicht ganz den Eigenzuständen des Hamilton-Operators für freie Neutrinos entsprechen. Sie haben dann auch genau genommen keine scharf definierte Masse, denn diese kommt nur den richtigen Eigenzuständen zu, die nun mit $\nu_1$, $\nu_2$, $\nu_3$ bezeichnet werden. Unsere Teilchen sind also Linearkombinationen davon.[78] Zur Erklärung, wie daraus eine Oszillation entsteht, vereinfachen wir das auf die zwei Teilchen $\nu_\mu$ und $\nu_\tau$ und nur zwei Basiszustände $\nu_1$ und $\nu_2$.[79]

Dann haben wir wieder einmal ein quantenmechanisches 2-Zustandssystem vor uns, in dem sich mangels weiterer „mathematischer Freiheitsgrade“ alles ganz genau so abspielen muss wie in jedem anderen 2-Zustandssystem, also z. B. wie für einen Spin $\frac{1}{2}$ im Magnetfeld. Die Energieeigenzustände $\nu_1$ und $\nu_2$ entsprechen Spin $\pm\frac{1}{2}$ in Feldrichtung, und unsere $\nu_\mu$ und $\nu_\tau$ sind zwei andere orthogonale Zustände, entsprechen also zwei Zuständen, die mit ihren Spins $\pm\frac{1}{2}$ längs einer anderen, schräg liegenden Achse ausgerichtet sind. Im wirklichen Fall des Spins im Magnetfeld setzt dann sofort die Larmorpräzession ein, d. h. die beiden Zustände präzedieren bei konstantem Winkel mit der Larmorfrequenz um die Magnetfeldrichtung, stets längs ihrer gemeinsamen schrägen Achse ausgerichtet, die nun genau so präzediert. Nehmen wir den extremen Fall der *maximalen Mischung*, in dem diese Achse senkrecht zur Feldrichtung steht, dann haben $+\frac{1}{2}$ und $-\frac{1}{2}$ nach einer halben Periode genau ihre Orientierungen vertauscht, und nach einer ganzen Periode sind sie wieder am alten Platz.[80] Da die mathematischen Umformungen dieselben sind, ist dies Verhalten 1:1 auf die Neutrinosorten zu übertragen: Ein Teilchen mit Anfangszustand $\nu_\mu$ verschwindet zeitweilig im Zustand $\nu_\tau$ und müsste bei genügendem Zuwarten wieder als $\nu_\mu$ auftauchen – wenn denn die Voraussetzung gegeben ist, dass die eigentlich wohldefinierten Energien bzw. Massen zu anderen Teilchen gehören als denen, die bei den Zerfällen erzeugt werden, und: dass diese Massen *verschieden* sind (denn ohne Energieaufspaltung, d. h. Magnetfeld, auch keine Larmorpräzession). Die genaue Durchrechnung dieses Verhaltens (siehe z. B. [24, Abschn. 7.9]) ergibt, dass ein Neutrino mit Energie $E$ während einer Periode die Flugstrecke

$$L = 4\pi\hbar c \frac{E}{|m_1^2c^4 - m_2^2c^4|} \tag{10.27}$$

zurückgelegt. Den Beobachtungen ist diese periodische Wiederkehr nicht anzusehen, sie zeigen nur Verluste an. Der beobachtete Verlust an myonischen Neutrinos wird als Anfang der ersten Periode der Oszillation zum tauonischen Neutrino gedeutet. Unter Einschluss von drei Neutrinosorten ergibt sich z. Zt. (2006) ein Schätzwert für die größte der drei Differenzen der Massenquadrate der energetischen Eigenzu-

---

[78] Der Gedanke, das Superpositionsprinzip der Quantenmechanik auf die kohärente Überlagerung verschiedener Teilchen auszuweiten, war in den 1950er Jahren entstanden und hatte zunächst weithin Unverständnis hervorgerufen. Diese Entwicklung wird in Abschn. 12.3.2 und 12.3.3 anhand der damals entdeckten seltsamen Eigenschaften der neutralen $K$-Mesonen dargestellt.

[79] Das ist auch physikalisch eine gute Näherung, wenn z. B. der dritte Eigenzustand eine (relativ) weit entfernt liegende Masse hat.

[80] Dies Phänomen heißt auch *Quanten-Beat*.

stände der drei Neutrinos [102]:

$$\Delta(m^2c^4) = 2{,}5 \cdot 10^{-3}(\mathrm{eV})^2$$

Die beobachteten $\nu_\mu$ und $\nu_\tau$ müssen stark gemischte Linearkombinationen daraus sein. Damit ist sicher, dass ihre Massen verschieden sind! Mehr als $0{,}1\ \mathrm{eV}/c^2$ dürfen sie demnach allerdings nicht auseinanderliegen. Noch gibt es keinen anderen Effekt, mit dem sich diese Tatsache belegen ließe. Im Rest des Buches wird daher wieder, weil es eine sehr gute Näherung ist, für alle Neutrinos $m_\nu = 0$ angenommen.

# Kapitel 11
# Teilchenzoo der Hadronen

## Überblick

Nicht nur musste es neben Proton und Elektron weitere materielle Teilchen, sondern neben Elektromagnetismus und Gravitation auch noch andere physikalische Naturkräfte geben, das wurde in den 1930er Jahren allmählich zu gesichertem Wissen. Die stärkste von ihnen, die die Protonen (und mit dem Wissensstand ab 1932 auch Neutronen) im Kern zusammenhält, erhielt bald den Namen *Starke Wechselwirkung*, doch die Suche nach einem zutreffenden Bild von dieser Kraft dauerte noch über vier Jahrzehnte an und förderte am Ende eine noch um vieles stärkere Naturkraft zu Tage – so viel stärker, dass selbst die Kernkräfte nur als ihr matter Abglanz erscheinen. Diese Suche brachte zwischenzeitlich auch hunderte neuer Sorten kurzlebiger Teilchen ans Tageslicht, eine so unübersichtliche Fülle, dass sie zusammen halb offiziell „der Teilchen-Zoo" genannt wurden. Offiziell werden alle Teilchen, die an der Starken Wechselwirkung teilnehmen, seit 1962 als *Hadronen* bezeichnet, unterteilt in *Baryonen* (Spin halbzahlig) und *Mesonen* (Spin ganzzahlig).[1]

Je mehr Exemplare der meistens überraschend entdeckten Teilchensorten den Zoo bevölkerten, desto dringender wurde die Suche nach einem Ordnungsprinzip darin, das auch als Vorstufe zu einer Theorie der Hadronen und ihrer Wechselwirkung dienen könnte. Versuchsweise wurden Teilchen mit ähnlichen oder zumindest systematisch variierenden Eigenschaften in geometrischen Schemata zusammengefasst, die durch symmetrisches Aussehen Hinweise auf ihre verborgenen Bildungsgesetze versprachen. Tatsächlich konnte daraus abgelesen werden, dass die den Hadronen zu Grunde gelegte Starke Wechselwirkung in bestimmter Weise invariant gegenüber Änderungen der elektrischen Ladung ist (Stichwort Drehungen im Iso-

[1] Schon die bloße Vergabe eines eigenen Sammelnamens für eine Untergruppe von Teilchen zeigt, dass man diese nun als physikalisch ähnlich zusammenfassen will. Hadron (1962 vorgeschlagen von Okun) erinnert an das griechische Wort für *stark*, Baryon (1953 vorgeschlagen von Pais) an *schwer* (mindestens eine Nukleonenmasse), *Meson* an mittel (weil die ersten Hadronen mit ganzzahligem Spin sämtlich leichter als die Nukleonen waren). Das lange Zeit „$\mu$-Meson" genannte Teilchen verlor nun, weil es nicht an der Starken Wechselwirkung teilnimmt, seinen Nachnamen und heißt seitdem nur *Myon*.

J. Bleck-Neuhaus, *Elementare Teilchen*
DOI 10.1007/978-3-540-85300-8, © Springer 2010

Raum), gerade so wie ein „normaler" Hamilton-Operator invariant ist gegenüber Drehungen im 3-dimensionalen Raum. Doch als ein neuer Typ Ladung entdeckt wurde, der das Isospin-Schema sprengte, dauerte es 10 Jahre, bis die geschickte Anordnung genügend vieler (alter und neuer) Teilchen wieder eine zumindest angenäherte Invarianz gegenüber Drehungen anzeigte, diesmal aber in einem 3-dimensionalen komplexen Raum (Stichwort $SU(3)$), was im Reellen soviel wie acht unabhängige Drehachsen bedeutet. War die neue Art Ladung schon mit „Seltsamkeit" benannt worden, taufte Murray Gell-Mann diese neue Symmetrie nun als „Der Achtfache Weg" – beides Namen, die für sich sprechen.[2]

Der Teilchenzoo hat die Physik der elementaren Teilchen in einem solchen Ausmaß geprägt, dass den Entwicklungen während dieser Epoche hier ein eigenes Kapitel gewidmet wird.[3] Einige der wichtigen Ergebnisse aus dieser Zeit:

- Es gibt wesentlich mehr Teilchen, als zur Erklärung der normalen Umwelt nötig scheinen.
- Es gibt neben Elektrizität (und Masse) weitere Arten von „felderzeugenden Ladungen".
- Es gibt genau drei[4] Wechselwirkungen, und sie sind deutlich voneinander verschieden: die Starke, die Elektromagnetische und die Schwache Wechselwirkung.
- Das Entstehen einer Wechselwirkung durch Teilchen-Austausch ist nicht auf den Elektromagnetismus beschränkt.
- Die Natur befolgt Symmetrie-Gesetze in abstrakten Räumen (aus denen sich fast alle Erhaltungssätze und Invarianzen ergeben).
- Manche Symmetrien oder Erhaltungssätze sind nur näherungsweise erfüllt, manche überhaupt nur in Prozessen der Elektromagnetischen oder der Starken Wechselwirkung.
- Zwei besonders wichtige und (bislang) strikt gültige Erhaltungssätze aber sind bisher rein empirisch und konnten noch von keiner Symmetrie-Forderung her begründet werden: die Sätze von der getrennten Erhaltung der Zahl der Baryonen und Leptonen.

Und noch ein Gesichtspunkt aus dem Umfeld:

- Je tiefer die experimentelle Elementarteilchen-Physik in die Struktur der kleinsten Systeme hinein sehen will, desto größere Beschleuniger, Detektoren und damit auch Finanzmittel braucht sie. Das erfordert „*big science*" in internationaler Kooperation, eingebunden in entsprechende politische Entwicklungen. Und es bringt quasi nebenher Ergebnisse hervor wie beispielsweise das Internet.

Rückblickend lässt sich sagen, dass die Eigenschaften der Starken Wechselwirkung und ihrer fundamentalen Teilchen nicht anders zu entschlüsseln waren als durch das möglichst umfassende Studium aller erreichbaren Anregungsformen und

---

[2] Im Buddhismus soll der *Edle Achtfache Weg* zur Erlösung von irdischem Leiden führen.

[3] Wichtige Überschneidungen mit der gleichzeitigen Entwicklung der Physik der Leptonen (Kap. 10) und der Schwachen Wechselwirkung (Kap 12) hat es natürlich vielfach gegeben.

[4] Neben der Gravitation, die in den Reaktionen der Elementarteilchen keine Rolle spielt.

Umwandlungsprozesse der an ihr mitwirkenden Teilchen – sozusagen durch einen ausgedehnten Besuch im Teilchenzoo. Das erinnert an vergangene Epochen des Suchens nach einem System, um die Vielfältigkeit der Erscheinungen ordnen und deuten zu können. Beispiele:

- Die Identifizierung der chemischen Elemente als Grundstoffe in nur geringer Zahl, die allein durch ihre Kombinationsmöglichkeiten die große Vielgestaltigkeit der Materialien hervorbringen sollten (etwa ab 1800).
- Die Entdeckung des Periodensystems der (bald immer mehr gewordenen) chemischen Elemente, in dem die beobachteten Regelmäßigkeiten in ihrem Verhalten zusammengefasst werden konnten (um 1869). Übrigens klingen die Argumente von damals teilweise ganz ähnlich zu denen, mit denen Gell-Mann fast 100 Jahre später seinen Achtfachen Weg begründete.
- Nach der Entdeckung der Kerne (1911) die Entschlüsselung des regelmäßigen Aufbaus der Atomhülle (samt Erklärung der chemischen Reaktionen), anhand der Analyse der komplizierten Energie-Spektren der Atome und Moleküle (ab 1913, mit einem besonders markanten Fortschritt durch die Quantenmechanik ab 1925).
- Die Zusammenfassung all dieser Entdeckungen in dem einfachen Modell, in dem die ganze Materie aus dem Zusammenwirken von nur noch drei elementaren Teilchensorten Elektron, Proton, Neutron erklärt wird (um 1932). Dass dies einfache Bild – eigentlich das „Standard-Modell der 1930er Jahre" – nur „fast" gültig sei, wusste man aber schon damals. Weitere Teilchen waren bereits entdeckt (Positron 1932, Neutrino – zunächst nur theoretisch – um 1933) oder kamen bald hinzu (wie das Myon 1937), und ab dem nächsten Jahrzehnt schwoll unerwartet der Teilchenzoo der Hadronen an.

Alle Hadronen reagieren in vielfältiger Weise miteinander und wandeln sich dabei in andere Hadronen um, oder lassen bei Stößen einfach nur so auch einmal einige neue Hadronen entstehen. Das zeigte einerseits ihre starke innere Verwandschaft, brachte aber andererseits den herkömmlichen Begriff eines elementaren Teilchens in Misskredit. Es konnte nämlich kein Hadron gefunden werden, auf das die Rolle „elementarer Baustein der anderen" gepasst hätte. Jeder Versuch, solche hypothetischen Bausteine durch heftige Stoßprozesse aus dem getroffenen Hadron heraus zu schießen (wie Elektronen aus dem Atom oder Protonen und Neutronen aus dem Kern) endete mit der Erzeugung weiterer (nicht immer schon bekannter) Hadronen in beliebiger Anzahl, begrenzt nur durch die verfügbare Energie. Insofern ein physikalischer Beweis für die Möglichkeit, dass ein Zauberer ein Kaninchen nach dem anderen aus seinem Zylinder holt.

In einer gewissen Ratlosigkeit wurde daher genau dieses Merkmal zur definierenden Eigenschaft der Elementarteilchen erhoben: Ein Teilchen galt nun als elementar, wenn es auch unter heftigster Einwirkung keine (räumlich) isolierbaren Bestandteile preisgibt, aus denen man es aufgebaut denken könnte. Von der normalen Bedeutung des Begriffs „elementar" wich diese Bedeutung vielleicht wieder einmal weiter ab als erhofft, aber sicher nicht weiter als sich in der modernen Physik schon öfter als notwendig gezeigt hatte (etwa im Welle-Teilchen-Dualismus). Jedenfalls wurde auf dieser Grundlage als endgültig auszuschließen erklärt – selbst in Standard-Lehrbüchern für das Grundstudium Physik in den 1960er–1980er Jahren (z. B. [193]) – dass sich mit Proton und Neutron wiederholen könne, was man mit den Atomen und Kernen erlebt hatte: nämlich dass in ihnen drin noch elementarere Bausteine entdeckt würden. Ein voreiliger Schluss, wie sich mit dem Quark-Modell schon Ende der 1960er Jahre herausstellte (siehe Kap. 13).

## 11.1 Pionen

Mit den Pionen, den ersten nach Proton und Neutron entdeckten Hadronen, eröffnet sich schon fast die ganze Vielfalt des Teilchenzoos[5] mit den Facetten:

- Theoretische Vorhersagen, darunter durchaus auch irrtümliche und sogar irrtümlich bestätigte.
- Instabilität der Teilchen, Zerfallsweisen, Lebensdauer.
- Weitere Eigenschaften wie Spin, innere Parität.
- Beginn der systematischen Unterscheidung der fundamentalen Wechselwirkungen.
- Erweiterte Rolle von Symmetrien: Isospin, Antiteilchen, $SU(3)$.

Die Untersuchungen an den Pionen sollen hier genauer dargestellt werden, als Beispiel für viele andere.

### *11.1.1 Vorhersage und Entdeckung der geladenen Pionen*

**Eine Austauschkraft für die Chemie.** Für die kurzreichweitigen Kernkräfte zwischen Proton und Neutron probierte Heisenberg 1932 einen neuartigen Ansatz nach dem Vorbild der kurz zuvor entdeckten quantenmechanischen Erklärung der chemischen Bindung. Dort bindet sich beim $H_2^+$, dem einfachsten aller Moleküle, ein geladenes Teilchen (Proton) mit einem neutralen Teilchen (H-Atom aus Proton und Elektron), und die Anziehung kommt in der quantenmechanischen Rechnung dadurch zustande, dass sich das Elektron mal bei einem, mal beim anderen Proton aufhalten kann.[6] Formal gesagt, bewirkt es damit die gegenseitige Umwandlung beider Teilchen: $\mathrm{H}p \rightarrow p\mathrm{H}$.

Die Reichweite $a_{\text{chem. Bindung}}$ der Kraft ist kurz, weil das Elektron dazu einen Tunneleffekt machen muss. Dieser wiederum macht den Zustand des Elektrons zwischen den beiden positiven Ladungen prinzipiell unbeobachtbar. Es ist damit genau so virtuell wie die Photonen in jenen Zuständen, in denen sie im Rahmen der schon

---

[5] bis auf Effekte der fast zugleich entdeckten *strangeness* („Seltsamkeit", siehe Abschn. 11.3) und der erst viel später entdeckten noch höheren Quark-*flavors* (Kap. 13).

[6] Mit der Unschärfe-Relation allein kann man sich schon klar machen, dass mit der Vergrößerung des Ortsraums eine Energie-Absenkung des Grundzustands einhergeht (siehe Abschn. 6.5.2).

damals erfolgreichen Quantenelektrodynamik das Coulomb-Feld entstehen lassen (vgl. Abschn. 9.6).

Im Unterschied zu den ungeladenen und masselosen Photonen sind die Elektronen geladen und massiv, lassen sich aber genau wie diese als die Austauschteilchen einer Kraft ansehen, nämlich der (kovalenten) chemischen Bindung. Im Vergleich zur Proton-Neutron-Kraft ist deren Stärke natürlich um ca. 6 Größenordnungen geringer (chemische Energie statt Kernenergie), und ihre Reichweite um ca. 4 Größenordnungen größer ($a_{\text{chem. Bindung}} \sim$ *Atomabstand* in Molekülen statt $a_{\text{NN}} \sim$ *Nukleonenabstand* in Kernen[7]).

**Yukawas Spekulation.** Ein für die starke Proton-Neutron-Kraft passendes Austauschteilchen war aber nicht in Sicht. Da drehte der japanische Doktorand Hideki Yukawa 1935 die Frage um und wagte es, über ein Teilchen mit den geforderten Eigenschaften einfach zu spekulieren [199]. Um die gegenseitige Umwandlung von Protonen und Neutronen zu ermöglichen, musste es eine Ladung $\pm e$ haben wie das Elektron, aber der Drehimpuls musste Null oder jedenfalls ganzzahlig sein. Die „richtige“ Masse konnte Yukawa aus der erwünschten kurzen Reichweite (er nahm $a_{\text{NN}} \approx 2$ fm an, richtiger wären ca. 1,4 fm) zu $mc^2 \approx 100$ MeV abschätzen. Dieser Zusammenhang hat grundlegende Bedeutung. Es lohnt sich, ihn von vier verschiedenen Seiten zu beleuchten:

1. **Dimensionsbetrachtung:** Um mit Hilfe der universellen Naturkonstanten eine Länge $a$ und eine Masse $m$ miteinander zu verknüpfen, gibt es nur eine Möglichkeit: die Compton-Wellenlänge (Abschn. 6.4.3, vgl. auch den klassischen Elektronen-Radius):

$$a_{\text{NN}} = \frac{\hbar}{mc} \left( \equiv \frac{\hbar}{mc}\frac{c}{c} \equiv \frac{\hbar c}{mc^2} \approx \frac{200\,\text{MeV fm}}{mc^2} \right) . \tag{11.1}$$

   Zu $a_{\text{NN}} \approx 2$ fm gehört dann

$$mc^2 = \frac{\hbar c}{a_{\text{NN}}} \approx \frac{200\,\text{MeV fm}}{2\,\text{fm}} \approx 100\,\text{MeV}\,.$$

2. **Energie-Zeit-Unschärfe-Relation:** Analog zur Deutung des Austauschs virtueller Photonen, wie sie Wick 1938 gefunden hatte (Abschn. 9.8), kann man hier sagen: Bei der Erzeugung des Teilchens aus dem Nichts muss der Energiesatz um mindestens $\Delta E = mc^2$ verletzt werden. Für Zeiten $\Delta t \approx \hbar/\Delta E = \hbar/mc^2$ darf man diese Verletzung hingehen lassen. Wie weit könnte das virtuelle Teilchen sich dann bei Maximalgeschwindigkeit $c$ entfernen? Um seine eigene Compton-Wellenlänge (– was denn sonst). Ergo

$$c\,\Delta t \approx \frac{\hbar c}{\Delta E} = \frac{\hbar c}{mc^2} = a_{\text{NN}}\,.$$

[7] Index NN für „Nukleon–Nukleon-Kraft“, denn wenig später stellte sich durch Streuversuche heraus, dass zwischen zwei Protonen (nach Abzug der Coulomb-Abstoßung) sowie zwischen zwei Neutronen dieselbe Kernkraft wirkt wie zwischen Proton und Neutron.

3. **Wellenfunktion eines gebundenen Teilchens:** Man stelle sich vor, die Nukleon-Nukleon-Kraft werde durch ein Austauschteilchen erzeugt, das seinerseits durch eine punktförmige Kraft an ein Nukleon gebunden ist, aber vermöge des Tunnel-Effekts „Ausflüge" in die nähere Umgebung machen kann, um dort wieder punktförmig mit einem anderen Nukleon zu wechselwirken. Die Form seiner Wellenfunktion in diesem gebundenen Zustand überträgt sich auf die ortsabhängige Stärke dieser Wechselwirkung, also auf eine potentielle Energie, die das andere Nukleon spürt. So ergibt sich das nach außen exponentiell abgeschwächte *Yukawa-Potential*:

$$V(r) = \frac{g}{r} e^{-r/a_{\mathrm{NN}}} \tag{11.2}$$

(mit einer geeignet zu bestimmenden Kopplungskonstante g).

**Frage 11.1.** *Wie begründet sich die Funktion (11.2) aus der Schrödinger-Gleichung? Man probiere den Ansatz $\psi(r) = (1/r)\exp(-r/a)$ und bestimme das geeignete $a$. (So ein Teilchen erreicht im Mittel einen Abstand $a$ vom Zentrum.)*

**Antwort 11.1.** *Das Teilchen der Masse $m$ soll so gebunden sein, dass die Energie $mc^2$ für seine Erzeugung gerade durch die Bindungsenergie $E_{\mathrm{B}}$ gedeckt würde: $E_{\mathrm{B}} = mc^2$. Gesucht ist eine Lösungsfunktion $\psi(x, y, z)$, die der Energie-Eigenwertgleichung $\hat{H}\psi = E\psi$ mit $E = -E_{\mathrm{B}}$ genügt. In differentieller Form heißt diese Gleichung im potentialfreien Raum (also überall außerhalb des Ursprungs) und in nicht-relativistischer Näherung:*

$$-\frac{\hbar^2}{2m}\Delta\psi(x, y, z) = E\psi(x, y, z)\,.$$

*Nun ist der Laplace-Operator in Radialkoordinaten*

$$\begin{aligned}\Delta\psi &= \frac{\partial^2\psi}{\partial x^2} + \frac{\partial^2\psi}{\partial y^2} + \frac{\partial^2\psi}{\partial z^2} \\ &\equiv \frac{1}{r}\frac{\partial^2}{\partial r^2}(r\psi) + \begin{pmatrix} \text{Ableitungen nach den Winkeln,} \\ \text{die bei dem radialsymmetrischen} \\ \text{Ansatz für } \psi \text{ alle wegfallen} \end{pmatrix}.\end{aligned}$$

*Darin den Ansatz $r\psi(r) = \exp(-r/a)$ eingesetzt und zweimal nach $r$ abgeleitet, erzeugt den Vorfaktor $(-1/a)^2$. Alles eingesetzt, ergibt sich die gewünschte Eigenwertgleichung in der Form*

$$-\frac{\hbar^2}{2m}\left(-\frac{1}{a}\right)^2 \psi(x, y, z) = E\psi(x, y, z)\,.$$

*Probiert man $a = a_{NN}$, folgt*

$$E = -\frac{\hbar^2}{2m}\left(-\frac{1}{a_{NN}}\right)^2 = -\frac{\hbar^2}{2m}\left(\frac{mc}{\hbar}\right)^2 = -\frac{1}{2}mc^2\,.$$

*Das ist nur die Hälfte der angestrebten Bindungenergie, also müsste man:*

- *entweder als räumliche Abkling-Länge in der obigen Wellenfunktion* $a = a_{NN}/\sqrt{2}$ *einsetzen,*
- *oder richtigerweise gleich relativistisch rechnen, also z. B. mit der* Klein-Gordon-Gleichung

$$-\hbar^2 c^2 \Delta\psi(x,y,z) + (mc^2)^2 \psi(x,y,z) = E^2 \psi(x,y,z)\,.$$

*Die Klein-Gordon-Gleichung ist aus der korrekten Beziehung* $p^2c^2 + (mc^2)^2 = E^2$ *abzulesen und war schon vor der Dirac-Gleichung als Grundgleichung einer relativistischen Quantentheorie ausprobiert worden (siehe Abschn. 10.2). Sie gilt tatsächlich, aber nur für spinlose Teilchen. Als Gesamt-Energie des obigen Zustands kommt dabei übrigens korrekt* $E = 0$ *heraus – denn die Bindungsenergie soll die Ruhe-Energie ja gerade kompensieren. Yukawa hat 1935 in seiner Original-Veröffentlichung [199] so gerechnet.*

4. **Feynman-Propagator:** Den fundiertesten Zugang zum Zusammenhang zwischen Reichweite der Wechselwirkung und Masse der Austauschteilchen findet man über die Feynman-Graphen. In Abschn. 9.7.5 wurde schon der „Energie-Nenner" $\{[(\Delta E)^2 - (\Delta\vec{p})^2c^2] - m^2c^4\}^{-1}$ beschrieben, der sich dort als Fourier-Transformation des Potentials entpuppt. Darin ist $m$ die Masse des Austauschteilchens, das die Energie $\Delta E$ und den Impuls $\Delta\vec{p}$ überträgt. Nach Gl. (9.19) erzeugt ein Austauschteilchen der Masse $m$ eine Wechselwirkung mit einem Yukawa-Potential der Reichweite $\hbar/(mc)$.

**Voraussage eingetroffen(?)!** Wie schon im vorigen Kapitel angedeutet, erlebte Yukawas Vorschlag 1937 einen sensationellen Durchbruch, als das Myon entdeckt wurde. Er kam allerdings irrtümlich zustande, weil man es vorschnell mit dem Yukawa-Teilchen identifiziert hatte. Abgesehen von der Ladung und der Masse $m_\mu c^2 = 106\,\mathrm{MeV}$ zeigt das Myon wenig von den für das Yukawa-Teilchen vorausgesagten Eigenschaften. Erwartet wurde, dass das Austauschteilchen der starken Kernkraft sich einem Nukleon nur bis auf die Reichweite dieser Kraft zu nähern braucht, um sofort zu reagieren. Die beobachtete Reaktionsrate zwischen Myonen und Nukleonen blieb aber um 10 bis 20 Größenordnungen dahinter zurück (siehe auch Frage 10.11 auf S. 457). Schlussfolgerung nach 10 Jahren wachsender Zweifel: Myonen zeigen keine starken Wechselwirkungen, nur elektromagnetische und schwache.

Doch 1947 konnte Cecil Powell tatsächlich das Yukawa-Teilchen durch dessen Ionisationsspuren (also in reellen Zuständen) nachweisen. Es kam in beiden Ladungszuständen vor und wurde von ihm $\pi$-Meson ($\pi^\pm$) getauft.[8] Stapel von speziellen Fotoplatten, die monatelang auf einem Berg in den Anden der Höhenstrahlung ausgesetzt gewesen waren, zeigten einzelne Spuren der Pionen und, wenn diese durch Abbremsung endeten, den Beginn einer neuen Myonen-Spur, an deren Ende wiederum eine Elektronenspur begann (Abb. 11.1). Powell hatte diese

[8] und das andere nun $\mu$-Meson ($\mu^\pm$) – das waren die beiden griechischen Buchstaben auf Powells Schreibmaschine.

**Abb. 11.1** Teilchenspuren in Fotoplatten in 5 000 m Höhe bei La Paz (Bolivien), 1949. Sie zeigen die Kaskade $\pi^+ \to \mu^+ \to e^+$: Eine kurze Pionenspur unten, gefolgt von langer Myonenspur nach oben, dann eine kurze Spur des Positrons. (Die beiden $\gamma$-Quanten aus dem Positronenzerfall haben keine Spur hinterlassen.) (Aus der Nobelpreisrede von C. Powell)

Identifizierungen zweifelsfrei vornehmen und die Masse des neuen Teilchens zu $m_\pi c^2 \approx 150\,\text{MeV}$ bestimmen können,[9] nachdem er auf der Grundlage der ursprünglich auf Niels Bohr zurückgehenden Theorie der Abbremsung geladener Teilchen in Materie (siehe Abschn. 2.2) die Auswertung dieser Spuren verfeinert hatte. Nach dieser experimentellen Demonstration der Hypothese von den Austauschkräften gab es einen doppelten Nobelpreis: je einen ganzen für Yukawa (1949) und Powell (1950).

**Höhenstrahlung.** Die jahrelange Erforschung weiterer Einzelheiten über Entstehung, Zerfall und Eigenschaften der Pionen wird in den folgenden Abschnitten be-

[9] genauer: $\approx 140\,\text{MeV}$ (s. u.)

schrieben. Demnach entstehen die freien Pionen in der oberen Atmosphäre (meist um etwa 20 km Höhe, aber in seltenen Fällen – siehe Powells Aufnahmen – auch tiefer), wenn extrem hochenergetische Protonen aus dem Weltraum mit Atomkernen zusammenstoßen. Nach einigen 10 ns (bzw. einigen Metern Flugstrecke[10]) sind die $\pi^{\pm}$ schon in je ein Myon und ein myonisches Neutrino ($\mu^{+}+\nu_{\mu}$ oder $\mu^{-}+\overline{\nu}_{\mu}$) umgewandelt, und zwar allein durch Schwache Wechselwirkung, denn anders kann das Neutrino gar nicht entstehen. Die Myonen sind ebenfalls hochenergetisch. Da sich ihre Lebensdauer (einige µs, das entspricht selbst bei Lichtgeschwindigkeit nur einigen 300 m) durch die relativistische Zeitdilatation verlängert, *und weil sie nicht stark wechselwirken*, schaffen sie es teilweise bis auf die Erdoberfläche. Unten angekommen bilden diese hochenergetischen Myonen die „harte Komponente" der Umgebungsstrahlung und verursachen als geladene Teilchen in jedem Detektor, selbst bei bester Abschirmung, einen Nulleffekt.[11]

Die Neutrinos können als ungeladene Leptonen nur noch die Schwache Wechselwirkung ausüben und durchqueren daher praktisch unbemerkt gleich die ganze Erde. Erst in den 1990er Jahren wurden sie systematisch untersucht – siehe Abschn. 10.4 zu Neutrino-Oszillationen.

Durch Powells Entdeckung aufgescheucht stellte man fest, dass schon seit 1946 auch am Synchro-Zyklotron in Berkeley (USA), dem mit 380 MeV (für $\alpha$-Teilchen) damals leistungsfähigsten Teilchen-Beschleuniger der Welt, an einem Kohlenstoff-Target massenhaft Pionen erzeugt worden waren. Man hatte dies für unmöglich gehalten (s. u.) und die entsprechenden Signale schlicht übersehen. Erst die genauere Auswertung der Ionisationsspuren in Fotoplatten durch Mitglieder aus Powells Arbeitsgruppe ermöglichte auch hier den Nachweis.

### *11.1.2 Erzeugung von Pionen*

**Virtuell/reell.** Wie macht man virtuelle Austauschteilchen zu reellen Teilchen? Genau wie bei der Erzeugung reeller Photonen durch Bremsstrahlung, also durch einen energiereichen Stoß zwischen (reellen) Teilchen, die die betreffende Wechselwirkung ausüben können.
Beispiel: Nukleon-Nukleon-Stoß $p+n \rightarrow n+n+\pi^{+}$. Die einfachsten Feynman-Graphen hierzu (siehe Abb. 11.2) sind analog zur Erzeugung reeller Photonen (Abb. 9.4). Sie enthalten drei Vertices, also zwei innere Linien, die hier je ein virtuelles Nukleon und Pion darstellen. Auch Graphen mit Kombinationen anders geladener Nukleonen und Pionen sind erlaubt und sehen ganz ähnlich aus, wobei immer an jedem Vertex die elektrische Ladung erhalten bleiben muss.

**Energieschwelle.** Welche Energie ist für diesen Prozess mindestens nötig? Um den Anteil der trivialer Weise immer erhaltenen Schwerpunktsenergie aus der Rech-

---

[10] durch die relativistische Zeit-Dilatation bzw. Längen-Kontraktion verlängert, wie beim Myon

[11] vgl. Zählrohr Abschn. 6.1.4, Neutrino-Nachweis Abschn. 6.5.11, Gammaspektrum Abschn. 6.4.8

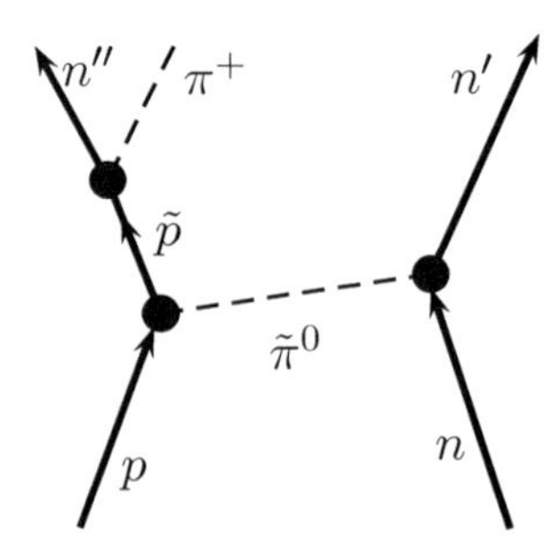


**Abb. 11.2** Feynman-Graph für ein Beispiel der Erzeugung reeller Pionen. Reaktion: $p+n \to n+n+\pi^+$. Die virtuellen Teilchen sind hier (wie in Abb. 9.4) durch ein *Symbol mit Tilde* gekennzeichnet

nung fern zu halten, betrachtet man den Prozess zunächst im Schwerpunktsystem. Dort laufen Proton und Neutron mit gleichen Impulsen, also praktisch gleichen Geschwindigkeiten und Energien, aufeinander zu. Um ein zusätzliches Pion $\pi^\pm$ zu erzeugen, ist mindestens dessen Ruheenergie $m_\pi c^2 \approx 140\,\text{MeV}$ nötig, alles darüber würde sich als kinetische Energie der drei auslaufenden Teilchen wiederfinden. Proton und Neutron müssen also je $\frac{1}{2}m_\pi c^2 \approx 70\,\text{MeV}$ kinetische Energie haben. Da dies noch gut unter dem wirklich relativistischen Bereich liegt ($m_\text{p}c^2 \approx 1\,\text{GeV}$), darf man ihre Geschwindigkeiten noch addieren, relativ zueinander bewegen sie sich also doppelt so schnell wie im Schwerpunkt-System. In einem Bezugssystem, wo eins der Teilchen ruht, ist die kinetische Energie des anderen demnach das vierfache, 280 MeV. Dies ist die Energie-Schwelle zur protoneninduzierten Pionen-Erzeugung an einem ruhenden Target-Nukleon. Im Beschleuniger in Berkeley fliegen die Nukleonen zu viert als $\alpha$-Teilchen von 380 MeV, einzeln also nur mit $\frac{380}{4} = 95\,\text{MeV}$, was definitiv zu wenig ist. Die trotzdem beobachtete Pionen-Erzeugung gilt als erster Beweis dafür, dass die Nukleonen in den Kernen nicht ruhen, sondern sich mit bis zu etwa $E_\text{F} = 30\,\text{MeV}$ (Fermi-Energie) kinetischer Energie bewegen, im Einklang mit der in der Kernphysik gemachten Annahme eines ca. 40 MeV tiefen Potentialtopfs bei nur ca. (40–30 =)10 MeV Ablösearbeit für das erste Nukleon (vgl. Abschn. 7.6.3).

**Frage 11.2.** *Kann sich durch die Berücksichtigung von* 30 MeV *eigener kinetischer Energie von zwei Nukleonen (sowohl im $\alpha$-Teilchen als auch im Targetkern) die Stoß-Energie von* 95 MeV *auf über* 280 MeV *erhöhen?*

**Antwort 11.2.** *Für maximalen Effekt nehmen wir zunächst für das Projektil-Nukleon die Geschwindigkeit im $\alpha$-Teilchen ($v_\text{p}$) parallel zu der des $\alpha$-Teilchens im Labor ($v_\alpha$) an. Falsch wäre es natürlich, für das Projektil-Nukleon dann $E_\text{kin} = (95+30)\text{MeV}$ anzusetzen. Werte der kinetischen Energie aus verschiedenen Bezugssystemen (Bewegung mit dem $\alpha$-Teilchen $E_\text{kin}(v_\alpha) = 95\,\text{MeV}$, Bewegung im $\alpha$-Teilchen $E_\text{kin}(v_\text{p}) = 30\,\text{MeV}$) darf man noch nicht einmal in der klassischen Mecha-*

*nik addieren. Richtig gilt dort:*

$$
\begin{aligned}
E_{\mathrm{kin}}(\textit{Nukleon im Projektil bewegt, Bezugssystem: ruhender Target-}\underline{\textit{Kern}}) &= \\
&= \frac{m}{2}(v_\alpha + v_\mathrm{p})^2 \\
&= E_{\mathrm{kin}}(v_\alpha) + E_{\mathrm{kin}}(v_\mathrm{p}) + 2\sqrt{E_{\mathrm{kin}}(v_\alpha)E_{\mathrm{kin}}(v_\mathrm{p})} \\
&\approx (95 + 30 + 2\sqrt{95 \cdot 30})\,\mathrm{MeV} \approx 231\,\mathrm{MeV}\,.
\end{aligned}
$$

*Da dies immer noch unter der Pionen-Schwelle von* 280 MeV *liegt, nehmen wir als nächstes das Ruhesystem eines Nukleons ein, das sich im Target-Kern mit entgegen gerichteter Geschwindigkeit bewegt, und wenden dieselbe Formel noch einmal an:*

$$
\begin{aligned}
E_{\mathrm{kin}}(\textit{Nukleon im Projektil bewegt, Bezugssystem: ruhendes Target-}\underline{\textit{Nukleon}}) \\
= 231 + 30 + 2\sqrt{231 \cdot 30} \approx 428\,\mathrm{MeV}\,.
\end{aligned}
$$

*Die Schwelle* 280 MeV *ist deutlich überschritten (sogar schon ab* 12 MeV *statt* $E_\mathrm{F} =$ 30 MeV *kinetischer Energie der beiden gebundenen Nukleonen. Nach Berechnung mit dem relativistischen Additionstheorem der Geschwindigkeiten genügen sogar* 11 MeV*).*

Zur Illustration der Vielfalt anderer möglicher Erzeugungsreaktionen seien weitere Beispiele[12] erwähnt (mit ungefährer Energieschwelle beim Stoß gegen ein gebundenes ***Nukleon*** in einem ruhenden Target***kern***):

$$
\begin{aligned}
&\gamma + p \to \pi^+ + n && (\text{ab } E_\gamma \approx 150\,\mathrm{MeV})\,, \\
&\gamma + n \to \pi^- + p && (\text{ab } E_\gamma \approx 150\,\mathrm{MeV})\,, \\
&p + p \to \pi^0 + p + p && (\text{ab } E_\mathrm{p} \approx 180\,\mathrm{MeV})\,, \\
&p + p \to \pi^+ + \pi^0 + p + n && (\text{ab } E_\mathrm{p} \approx 600\,\mathrm{MeV})\,, \\
&p + p \to \pi^+ + \pi^- + \pi^0 + p + p && (\text{ab } E_\mathrm{p} \approx 800\,\mathrm{MeV})\,, \\
&(\text{und viele weitere})\,.
\end{aligned}
$$

Bei allen diesen Reaktionen stellte sich heraus, dass Anzahl und Ladung der erzeugten Pionen nur durch Erhaltung von Gesamt-Energie und elektrischer Gesamt-Ladung beschränkt sind, während die Zahl der Nukleonen (später: der *Baryonen*, siehe Abschn. 11.2) absolut konstant bleiben muss. Zur Erhaltung der Baryonen-Zahl kennt man auch heute keine einzige Ausnahme. Für sie und für die Anzahl der Leptonen scheint ein strikter Erhaltungssatz zu gelten.

[12] Zu den hier schon mit aufgeführten neutralen Pionen $\pi^0$ s. ausführlicher Abschn. 11.1.4

### *11.1.3 Schwacher Zerfall, Masse und Lebensdauer der geladenen Pionen*

**Zerfalls-Kinematik.** Die Bilder von den Ionisationsspuren der Pionen (Abb. 11.1) verraten, dass die beobachteten Teilchen zur Ruhe gekommen sind, bevor sie sich in ein Myon mit der elektrischen Ladung des Pions und der immer gleichen Energie $E_{\text{kin, Myon}} \approx 4\,\text{MeV}$ umgewandelt haben. Allein daraus kann man den Prozess recht genau rekonstruieren:

- Impulserhaltung verlangt, dass mindestens ein zweites Teilchen erzeugt wurde, das aber keine Spuren macht.
- Es gibt nur *ein* zweites Teilchen, sonst hätte das Myon nicht immer gleiche Energie (und gleichen Impuls).
- Ladungs- und Drehimpulsbilanz verlangen dann, dass dies Teilchen ungeladen ist und halbzahligen Spin hat (denn der Spin des Pions ist ganzzahlig, sonst könnte es gar nicht zwischen den Spin-$\frac{1}{2}$-Teilchen Proton und Neutron ausgetauscht werden, und der des Myons halbzahlig).
- Der Impuls des 4 MeV-Myons ist $29\,\text{MeV}/c$ (der des zweiten Teilchens dann auch, aber in entgegen gesetzter Richtung), die Energie (mit $E_\nu$ bezeichnet) des zweiten Teilchens ist 29 MeV.

**Frage 11.3.** *Wie kann man Impuls und Energie des zweiten Teilchens ausrechnen?*

**Antwort 11.3.** *Zum Myon mit* $m_\mu c^2 \approx 106\,\text{MeV}$ *und* $E_{\text{kin}} \approx 4\,\text{MeV}$ *gehört* $(106+4=110)\text{MeV}$ *als Gesamtenergie* $E_\mu$. *Daraus folgt zunächst der Wert für den Impuls (beider Teilchen):* $p^2c^2 = E_\mu^2 - (m_\mu c^2)^2 \approx (29\,\text{MeV})^2$, *sowie* $E_\nu = m_\pi c^2 - E_\mu \approx (140\text{–}110=30)\,\text{MeV}$, *was bei dieser Genauigkeit als mit* 29 MeV *übereinstimmend anzusehen ist.*

- Für das zweite Teilchen gilt also $E \approx pc$, d. h. es hat eine vernachlässigbare Ruhemasse. Da der Spin halbzahlig und die Ladung Null ist, bleibt als einziger bekannter Kandidat das Neutrino. Im Kap. 10 wurde bereits beschrieben, dass 1962 diese *myonischen* Neutrinos $\nu_\mu$ oder $\overline{\nu}_\mu$ als nicht identisch mit den *elektronischen* $\nu_e$ bzw. $\overline{\nu}_e$ aus der $\beta^\pm$-Radioaktivität erkannt wurden.

Resultat der kinematischen Analyse: $\pi^\pm \rightarrow \mu^\pm + \nu_\mu$ (bzw. $\overline{\nu}_\mu$).

**Schwache Wechselwirkung.** Der Zerfall der Pionen (jedenfalls dann, wenn sie nicht gerade mit einem Nukleon wechselwirken können – siehe Abschn. 11.1.5–11.1.7) muss wegen der Beteiligung eines Neutrinos ein Prozess der Schwachen Wechselwirkung sein.

Dann muss man sich aber wundern, dass die ebenfalls möglichen Zerfälle $\pi^+ \rightarrow e^+ + \nu_e$ bzw. $\pi^- \rightarrow e^- + \overline{\nu}_e$ nicht viel häufiger vorkommen. Das wäre zu erwarten, weil es wegen der geringeren Elektronenmasse hierbei mehr kinetische Energie zu verteilen gäbe und daher die Dichte der Endzustände im statistischen Faktor der Goldenen Regel viel größer wäre (vgl. Fermis Theorie des $\beta$-Zerfalls, Abschn. 6.5.7). Elektronen oder Positronen treten aber nur in etwa $10^{-4}$ aller Zerfälle auf. Die Erklärung liegt in einer der Besonderheiten der Schwachen Wechselwirkung, der Paritätsverletzung, wie in Abschn. 12.2.5 näher erklärt wird.

**Masse.** In dieser Analyse des Zerfallsprozesses wurde die Masse des Pions benötigt (siehe Antwort 11.3). Für $\pi^-$ und $\pi^+$ war sie aus Auswertungen der Ionisationsspuren gleich groß heraus gekommen, wenn auch nur mit etwa $\pm 10\%$ Genauigkeit. Schon früh wurde daher (richtig) vermutet, dass $\pi^-$ und $\pi^+$ sich wie Teilchen und Antiteilchen zueinander verhalten, obwohl sie ja einzeln erzeugt und vernichtet werden, weshalb nicht die einen die Löcher in der Diracschen Unterwelt der anderen sein können wie bei Elektronen und Positronen. Es war die erste Entdeckung eines Teilchen-Antiteilchen-Paares von Hadronen. Da Teilchen und Antiteilchen sich nach der $CPT$-Invarianz, einer der für die Physik ganz grundlegenden Symmetrieforderungen (siehe Abschn. 12.4.2), in Eigenschaften wie Masse, Lebensdauer etc. exakt gleichen sollten, waren genauere Messungen sehr interessant. Eine sehr genaue Massenbestimmung, wenn auch nur für $\pi^-$, ist über die Energie-Niveaus des *pionischen Atoms* möglich, welches das negative Pion kurzzeitig mit einem Atomkern bildet, wenn es nach der Abbremsung in Materie von ihm eingefangen wird. (Für die Abbremsung wird die sehr kurze Zeit von größenordnungsmäßig $10^{-11}$ s benötigt, wie nach Frage 2.1 auf S. 30 abzuschätzen ist.) Für die Energieniveaus im pionischen Atom kann man die Formel des Bohrschen Atommodells nehmen, in dem die reduzierte Masse aus Kern und Pion steht (vgl. auch myonisches Atom, Abb. 6.15). Die Übergänge zwischen höheren Quantenzahlen (z. B. $n=4 \to n=3$) erzeugen gut messbare Röntgenstrahlung, denn erst in den tiefsten Schalen kommt das Pion dem Kern so nahe, dass es Starke Wechselwirkung machen kann und vernichtet wird. Solche Messungen ergaben $m_{\pi^-}c^2 = 139{,}5675 \pm 0{,}0009$ MeV. Zusammen mit genaueren Messungen der kinetischen Energie (und Masse) der aus diesem Energievorrat erzeugten Myonen wurde der Zerfallsprozess $\pi^- \to \mu^- + \overline{\nu}_\mu$ bestätigt. Dies war dann wiederum eine Stütze für den spiegelbildlichen Ansatz $\pi^+ \to \mu^+ + \nu_\mu$ für die positiven Pionen, was schließlich auf umgekehrtem Weg über die Kinematik der Zerfälle eine genaue Bestimmung der Masse von $\pi^+$ ermöglichte. Resultat $m_{\pi^+}c^2 = 139{,}5658 \pm 0{,}0018$ MeV, also tatsächlich die erwartete „Gleichheit" (genauer gesagt: keinerlei Anzeichen von Ungleichheit).

**Lebensdauer.** Die endliche Lebensdauer freier Pionen wurde 1950 am Beschleuniger in Berkeley erstmals genau vermessen, und zwar zunächst die von positiven Pionen, denn die negativen enden ja überwiegend durch Wechselwirkung mit den Kernen. Die Pionen waren durch die Reaktion $\gamma + p \to \pi^+ + n$ erzeugt worden, die Photonen $\gamma$ ihrerseits durch Bremsstrahlung von 340 MeV-$\alpha$-Teilchen in einem dicken Target. Die Pionen wurden zur Beobachtung in einem Szintillatorkristall abgebremst, was gleichzeitig die relativistische Zeitdilatation ihres Zerfalls beendete. Das Pion selbst erzeugt bei seiner Abbremsung den ersten Lichtblitz, der als Signal für den Nullpunkt der Zeitmessung dient. Der nächste Blitz kommt (wenn nicht zufällig aus anderer Ursache) von der Abbremsung seiner Zerfallsprodukte, die statistische Verteilung der Zeitdifferenzen zeigt daher seine mittlere Lebensdauer. Das Experiment ist in Abb. 11.3 genauer beschrieben. Ergebnis: $\tau_\pi = (26 \pm 1)$ ns.

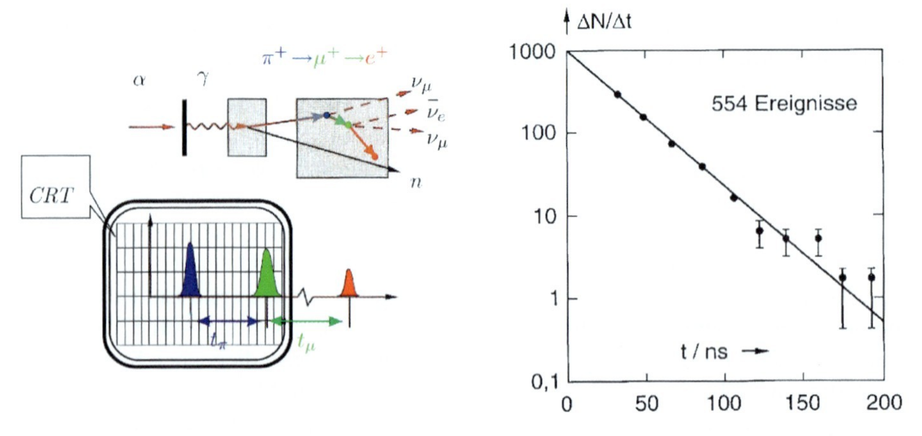


**Abb. 11.3** Erste genaue Messung der Lebensdauer von Pionen (1950). *Links* der prinzipielle Aufbau des Experiments: Ein $\alpha$-Teilchen erzeugt durch Bremsstrahlung ein hochenergetisches Photon (siehe Wellenlinie) und dieses durch $\gamma + p \to \pi^+ + n$ ein Neutron (*schwarze Linie* $n$) und ein Pion $\pi^+$ (*blau markiert*). Die Abbremsung des $\pi^+$ in einem Szintillatorkristall verursacht das 1. Signal, das als Beginn der beobachteten „Lebenszeit" $t_\pi$ des Pions benutzt wird. Das ruhende Pion wandelt sich nach im Mittel einigen 10 ns in ein Myon $\mu^+$ um (*grün markiert*), das durch seine sofortige Abbremsung einen 2. Lichtblitz erzeugt, der das Zeichen für das Ende des Pions ist. (Das unbeobachtet wegfliegende Neutrino $\nu_\mu$ ist *gestrichelt* angedeutet.) Das $\mu^+$ wandelt sich (nach im Mittel etwa $t_\mu = 2$ µs) in ein Positron $e^+$ um (*rot markiert*), dessen Abbremsung den 3. Lichtblitz verursacht. (*Zwei weitere gestrichelte Linien* für die beiden dabei entstandenen Neutrinos.) Die drei Lichtblitze erzeugen in einem Photomultiplier (siehe Abschn. 6.4.8) eine Folge von drei elektrischen Impulsen, die auf die $y$-Ablenkung eines Elektronenstrahl-Oszillographen (*CRT*) gegeben werden. Der erste Impuls startet auch die $x$-Ablenkung, die in ca. 200 ns den Schirm überstreicht. Der Schirm wird immer dann fotografiert, wenn es innerhalb dieser 200 ns einen zweiten Impuls gegeben hat *und* einen späteren dritten im „Zeitfenster" von 0,5–2,5 µs. So werden nur zu vollständigen Folgen aus je drei Szintillationen Bilder aufgenommen, bei denen der Zeitabstand der beiden ersten Szintillationen auf dem Schirm klar zu sehen ist. Bei diesem Experiment waren es insgesamt 554 solcher Ereignisse. Der Schirm wird in Zeitintervalle von $\Delta t = 18$ ns Breite (etwa 1 cm) eingeteilt. Es wird abgezählt und halblogarithmisch aufgetragen (*rechtes Teilbild*), wie oft der zweite Impuls im ersten, zweiten, ... Zeitfenster nach dem Start lag (etwa $\Delta N = 300$-mal im ersten, nur je $\Delta N = 2$-mal in den beiden letzten Zeitfenstern, wie die Höhe der einzelnen Datenpunkte in der Abbildung verrät). Die Anzahl $\Delta N$ nimmt exponentiell ab, was sich übrigens auch deutlich in der Zunahme der relativen statistischen Schwankungsbreiten ausdrückt, die nach der theoretischen Formel $\sigma = \sqrt{\Delta N}$ für die Poisson-Statistik (vgl. Abschn. 6.1.5) durch die (im log-Maßstab) größer werdenden „Fehlerbalken" graphisch mit angegeben sind. Die angepasste gerade Linie entspricht dem exponentiellen Zerfall der ruhenden Pionen mit einer Lebensdauer von $\tau_\pi = (26 \pm 1)$ ns. (Abbildung nach [58])

Die freie Lebensdauer der negativen Pionen $\pi^-$ kann man so nicht messen, denn Abbremsung, Einfang in Atome, Herunterspringen in den 1s-Grundzustand dieser *pionischen Atome* und Reaktion mit den Nukleonen – d. h. Vernichtung des $\pi^-$ – vollziehen sich wesentlich schneller (vgl. auch Reaktion 11.6). Andere, ungenauere Methoden ergaben um 1970 widersprüchliche Ergebnisse für die Lebensdauern von $\pi^-$ und $\pi^+$, was prinzipielle Fragen nach der Teilchen-Antiteilchen-Symmetrie aufwarf. Es wurde daher ein besonders genaues Vergleichsexperiment gemacht, um den Zerfall beider Pionensorten im Vakuum zu beobachten:

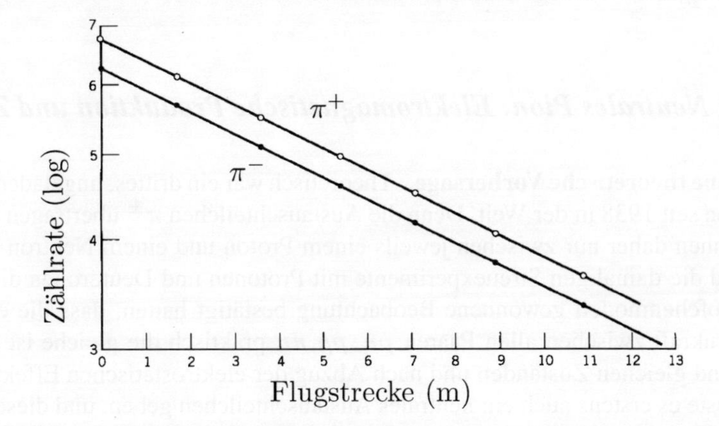


**Abb. 11.4** Genaue Messung der Lebensdauern von Pionen $\pi^-$ und ihren Antiteilchen $\pi^+$ bei 92% der Lichtgeschwindigkeit durch Abnahme ihrer Zerfallsrate längs einer Flugstrecke von bis zu 12 m. (Abbildung aus [114])

Lebensdauern von $\tau_\pi = (26 \pm 1)$ ns reichen bei hochenergetischen Teilchen schon für einige Meter Flugstrecke aus.[13] Daher kann man die Lebensdauer auch durch die Abnahme der Zerfallsrate längs eines Strahls schneller $\pi^-$ bzw. $\pi^+$ bestimmen. Abbildung 11.4 zeigt den Vergleich der beiden so erhaltenen Zerfallskurven, wobei systematische Fehlerquellen mit größter Sorgfalt getestet und ausgeschlossen worden waren. Insbesondere wurden nur Pionen möglichst gleicher Geschwindigkeit $v/c = 0{,}920 \pm 0{,}009$ gezählt, was durch den Winkel ihrer Cherenkov-Strahlung (siehe Abschn. 11.5.2) beim Durchqueren eines dünnen Wasser-Targets kontrolliert wurde.

Abgesehen von der vorherigen Auswahl der Pionenladung durch magnetische Ablenkung brauchten die apparativen Einstellungen beim Wechsel zwischen $\pi^+$ und $\pi^-$ nicht verändert zu werden, es handelt sich insofern wieder um ein Experiment vom Typ Relativmessung, wohlbekannt für Unempfindlichkeit gegen systematische Fehler. Als Resultat ergab sich zwischen den Steigungen der beiden Geraden ein Quotient $1{,}00055 \pm 0{,}00071$, also die theoretisch erwartete Gleichheit.

**Frage 11.4.** *Wenn man in Abb. 11.4 die Längenskala mit $v/c = 0{,}92$ in eine Zeitskala umwandelt, erhält man aus der Steigung eine Zeitkonstante $\tau \approx 64$ ns (nachprüfen!). Ist das ein Widerspruch zur früheren Angabe $\tau = (26 \pm 1)$ ns?*

**Antwort 11.4.** *Nein, man sieht hier nur den Lorentz-Faktor $\gamma = 1/\sqrt{1-(v/c)^2} = 2{,}44$ der relativistischen Zeitdilatation. Damit ergibt sich aus eben diesen Messungen, genauer als bisher, die Lebensdauer der Pionen in Eigenzeit zu $\tau_{\pi^\pm} =$*

[13] Man kann die erzeugten Pionen sogar als Projektile für die Untersuchung weiterer Reaktionen nutzen, siehe Abschn. 11.1.7.

(26,02 ± 0,04) ns. – *Der relative Fehler ist hier* 1,5‰, *gegenüber nur* 0,07‰ *bei dem oben angegebenen Quotienten der Lebensdauern. Das illustriert den Gewinn an Genauigkeit bei einer Relativmessung.*

## 11.1.4 Neutrales Pion: Elektromagnetische Produktion und Zerfall

**Noch eine theoretische Vorhersage.** Theoretisch war ein drittes, ungeladenes Pion $\pi^0$ schon seit 1938 in der Welt. Denn die Austauschteilchen $\pi^\pm$ übertragen Ladung und können daher nur zwischen jeweils einem Proton und einem Neutron wirken, während die damaligen Streuexperimente mit Protonen und Deuteronen die schon am Tröpfchenmodell gewonnene Beobachtung bestätigt hatten, dass die eigentliche Kernkraft zwischen allen Paaren $pn$, $pp$, $nn$ praktisch die gleiche ist (in entsprechend gleichen Zuständen und nach Abzug der elektrostatischen Effekte). Daher musste es erstens auch ein neutrales Austauschteilchen geben, und dieses sollte zweitens die Starke Wechselwirkung nicht stärker oder schwächer ausüben können als die geladenen, also auch gleich häufig erzeugt werden. Mangels elektrischer Ladung würde dies $\pi^0$ sich danach aber sehr verschieden verhalten. Zutreffend wurde vorausgesagt:

- Das $\pi^0$ macht keine Ionisationsspuren und wird deshalb nicht abgebremst.
- Das $\pi^0$ ist wie die geladenen Pionen instabil, weil es wie diese in leichtere Teilchen zerfallen kann. Es muss aber dabei keine elektrische Ladung weitergeben. Bevorzugt ($>99\%$) zerfällt das $\pi^0$ daher in zwei $\gamma$-Quanten.[14] (Deren Flugrichtungen sind wegen Impulserhaltung in seinem Schwerpunkt-System einander entgegen gesetzt, vgl. Vernichtungsstrahlung Abschn. 6.4.5.) Da für diese Umwandlung die elektromagnetische Wechselwirkung sorgen kann, wurde die Lebensdauer schon 1940 fast richtig auf $10^{-16}$ s abgeschätzt, als das $\pi^0$ noch vollkommen hypothetisch war.

Der Unterschied im Vergleich zum viel langsameren Schwachen Zerfall der geladenen Pionen – um den Faktor $10^8$! – war ein lehrreiches weiteres Beispiel, wie leicht man (bei etwa gleichen Energieumsätzen) die fundamentalen Wechselwirkungen an der unterschiedlichen Rate der von ihnen verursachten Prozesse identifizieren und auseinanderhalten kann.

**Höhenstrahlung und Beschleuniger.** Der experimentalphysikalische Nachweis der $\pi^0$ wurde 1950 am Beschleuniger in Berkeley erbracht, in den gleichen Reaktionen, die auch die geladenen Pionen erzeugt hatten. Die $\pi^0$ wurden durch die koinzidenten beiden $\gamma$-Quanten ihres Zerfalls identifiziert – der erste Nachweis eines neuen Teilchens durch ein Beschleuniger-Experiment.[15]

Mit seinen Eigenschaften war das ungeladene Pion auch der richtige Kandidat für die Erklärung der *weichen Komponente* der Höhenstrahlung, die aus Schauern

[14] Das fehlende knappe Prozent sind Zerfälle $\pi^0 \to e^+e^-\gamma$.

[15] wenn man die 55 Jahre ältere Erzeugung der Quanten der Röntgenstrahlung nicht mitzählen will

von Elektronen, Positronen und $\gamma$-Quanten besteht. (Vgl. Entdeckung des Positrons 1932, Abschn. 6.4.5 und 10.2.) Sie heißt „weich", weil sie verglichen mit der harten Komponente (das sind die Myonen aus den Zerfällen der geladenen Pionen, siehe Abschn. 10.3.1) viel weniger durchdringend ist und z. B. durch 10 cm Blei weitgehend abgeschirmt werden kann. So einen Schauer erklärt man sich dadurch, dass von der kosmischen Strahlung in der oberen Atmosphäre durch Starke Wechselwirkung ein ungeladenes Pion erzeugt wird, das zunächst in zwei hochenergetische $\gamma$-Quanten zerfällt, die ihrerseits schnell je ein hochenergetisches Paar $e^+$ und $e^-$ erzeugen, die wiederum beim Abbremsen Bremsstrahlung erzeugen, also wieder $\gamma$-Quanten immer noch hoher Energie, diese wieder $e^+e^-$-Paare und so weiter. Der Prozess setzt sich lawinenartig fort und lässt am Ende einen der erwähnten Schauer aus Elektronen, Positronen und Photonen auf die Erde niedergehen.

**Masse.** Die Masse der $\pi^0$ ist $m_{\pi^0}c^2 = 134{,}5675 \pm 0{,}0016$ MeV und damit etwa 5 MeV unter dem Wert der beiden geladenen Pionen. Diese genaue Bestimmung der Masse beruht auf der Reaktion $\pi^- + p \to \pi^0 + n$, die einem abgebremsten $\pi^-$ nach Einfang an einem H-Atom und der kurzzeitigen Bildung eines pionischen Atoms die anschließende Umwandlung in ein $\pi^0$ ermöglicht. Das Proton wandelt sich dabei in ein Neutron um, das mit ca. 0,42 MeV kinetischer Energie davon fliegt, genügend langsam, um die Energie durch die Flugzeit auf einigen Metern Flugstrecke sehr genau messen zu können. Daraus kann man, da der Schwerpunkt des 2-Teilchen-Systems aus $\pi^0$ und $n$ im Labor praktisch ruht, die gesamte Energie- und Impuls-Bilanz aufstellen, worin die $\pi^0$-Masse die einzige Unbekannte ist.

Trotz der etwas abweichenden Energie (d. h. Masse) des $\pi^0$ versuchte man gleich, alle drei Pionen-Arten als ein *Triplett* aufzufassen, d. h. als drei verschiedene, fast entartete Zustände der gleichen Grundstruktur. Welches diese damals unbekannte Grundstruktur wäre, kam erst 25 Jahre später durch das Quark-Modell ans Licht.

**Lebensdauer.** Der heute akzeptierte Messwert für die Lebensdauer der $\pi^0$ ist $\tau_{\pi^0} = (8{,}4 \pm 0{,}6) \cdot 10^{-17}$ s. Das ist nahe bei der ersten theoretischen Abschätzung von 1940, aber doch unbefriedigend: Inzwischen hatte die Berechnung mit der Quantenelektrodynamik, die beim Vorbild des Positronium-Zerfalls nach Abb. 9.6 nur wenige % Abweichung vom Messwert zeigt, für das $\pi^0$ theoretisch eine um einen Faktor 20 zu kurze Lebensdauer ergeben.

Die Ursache dieser Diskrepanz wird im prinzipiellen Ansatz der Störungsrechnung gesehen, der immer von freien Teilchen ausgeht. Das ist für das Elektron und das Positron, wenn sie mit gerade einmal 7 eV Bindungsenergie das Positronium bilden, gut gerechtfertigt, aber nicht für das Quark-Antiquarkpaar, das nach heutiger Ansicht das $\pi^0$ bildet (siehe Abschn. 13.1.7). Vor der Entwicklung des Quarkmodells musste gar angesetzt werden, dass das $\pi^0$, um überhaupt Photonen erzeugen zu können, sich virtuell erst in ein Paar geladener Teilchen zerlegen muss, z. B. $\pi^0 \to p + \bar{p}$, die dann durch Annihilation die beiden Photonen erzeugen. Nachdem es zwischenzeitlich schon einmal als theoretisch unmöglich galt, dass das $\pi^0$ überhaupt zerfallen kann, wurde – als Vorbote des Standardmodells – eine tief liegende Querverbindung zur Schwachen Wechselwirkung entdeckt, nach der die so genannte *PCAC-Anomalie* [4] diesen Zerfall erlaubt und sogar eine geschlossene Formel[16] für die Lebensdauer ergibt (siehe auch Abschn. 14.4). Eine weitere Querverbindung zur Starken Wechselwirkung steuert darin noch einen Faktor $3^2 = 9$ bei (das Quadrat der Anzahl verschiedener Farbladungen der Quarks, siehe Abschn. 13.1.5). So wurde $\tau_{\pi^0} = 8{,}6 \cdot 10^{-17}$ s vorhergesagt, ein sensationelles Ergebnis genau im bisherigen Unsicherheitsbereich der Messung und damit gleichzeitig eine Herausforderung an die Experimentatoren, diesen weiter zu verkleinern.

Daher wird seit langem an einer Verbesserung dieses Messwerts gearbeitet. Für die genaue direkte Messung, wie sie an den geladenen Pionen möglich war, sind $10^{-16}$ s viel zu kurz, für indirekte Messung über die Energie-Zeit-Unschärferelation aber viel zu lang.

**Frage 11.5.** *Welche Energie-Unschärfe haben die $\gamma$-Quanten aus dem Zerfall $\pi^0 \to \gamma + \gamma$?*

**Antwort 11.5.** $\Delta E = \hbar/\tau = \hbar c/(c\tau) \approx 200\,\mathrm{eV\,nm}/(3 \cdot 10^8 \frac{\mathrm{m}}{\mathrm{s}} 8 \cdot 10^{-17}\,\mathrm{s}) \approx 8\,\mathrm{eV}$. *Diese geringe Linienbreite lässt sich bei $E_\gamma = \frac{1}{2} m_{\pi^0} c^2 \approx 67{,}5\,\mathrm{MeV}$ mit keinem Detektor beobachten, geschweige denn genau vermessen.*

Wie also kann man die Lebensdauer der $\pi^0$ überhaupt messen? Nach anfänglichen (sogar teils erfolgreichen) Versuchen, die Flugstrecken von 0,0001 mm (!) zwischen Entstehung und Zerfall doch in Photoemulsionen zu bestimmen, geht man seit etwa 1970 den Umweg über die inverse Reaktion $\gamma + \gamma \to \pi^0$, deren Wirkungsquerschnitt genauso direkt mit dem gesuchten Matrixelement zusammen hängt wie die Lebensdauer. Nun ist es kein großes Problem, einen Strahl hochenergetischer $\gamma$-Quanten zu präparieren, aber welches „Target" aus $\gamma$-Quanten kann man damit beschießen? Nach dem Kapitel über die Quantenelektrodynamik (besonders Abschn. 9.6) dürfte eine mutige Antwort auf der Hand liegen: Man nehme ein Target aus *virtuellen* Photonen, nämlich das Feld, das eine elektrische Ladung um sich herum erzeugt (z. B. eine Kernladung $Ze$). Nach ihrem Entdecker heißt diese Reaktion *Primakoff-Effekt* und wurde schon in den 1950er Jahren beobachtet. Als Marker der Erzeugung von $\pi^0$ dienten dabei wieder die beiden koinzidenten Zerfalls-$\gamma$-Quanten, denen man durch den experimentell feststehenden Impuls des $\pi^0$ (im Labor-System) auch noch eine bestimmte (verzerrte) Richtungskorrelation geben kann (weil sie im Schwerpunktsystem des $\pi^0$ immer in entgegen gesetzte Richtungen fliegen müssen).

Die Unterscheidung von anderen Prozessen mit Erzeugung mehrerer $\gamma$-Quanten ist trotzdem schwierig. Ein neues Experiment am Jefferson Laboratory (USA), jahrelang von 70 Wissenschaftlern aus 21 Instituten vorbereitet und durchgeführt, kündigte kürzlich ein in der Genauigkeit um den Faktor 5 verbessertes Zwischen-Ergebnis an: $\tau_{\pi^0} = (8{,}44 \pm 0{,}11) \cdot 10^{-17}$ s [117].

---

[16] die also nicht das oder die ersten Glieder einer störungstheoretischen Reihenentwicklung darstellt

### 11.1.5 Spin der Pionen

Die grundsätzlichen Anmerkungen zur Bedeutung des Drehimpulses in der Quantenphysik sind bereits im Abschn. 7.1.1 bei der Betrachtung der Kernspins gemacht wurden. Sie gelten auch für alle Elementarteilchen und sollen hier nicht wiederholt werden.

**Drehimpuls aus Abzählung der Zustände.** Die Pionen können keinen anderen Spin als $I_\pi = 0$ oder 1 haben, sonst könnten sie von den Nukleonen mit Spin $\frac{1}{2}$ (ohne dass diese, z. B. im Deuteron und $\alpha$-Teilchen, ihren Bahndrehimpuls $\ell = 0$ ändern müssen) nicht erzeugt oder absorbiert werden. Ein Experiment zur Entscheidung zwischen den Möglichkeiten $I_\pi = 0$ und $I_\pi = 1$ beruht darauf, dass ein quantenmechanischer Drehimpuls auch immer den Entartungsgrad des Niveaus angibt, also die Anzahl der unabhängigen Basiszustände darin. Diese Anzahl macht sich bei Reaktionen, wenn das Experiment nicht einen bestimmten dieser Basiszustände auswählt, direkt in der Übergangsrate bzw. im Wirkungsquerschnitt bemerkbar. Man vergleicht nun die gemessenen Übergangsraten für beide Richtungen einer Reaktion, die man auch experimentell in beiden Richtungen herbeiführen kann:

$$p + p \rightleftharpoons d + \pi^+ . \tag{11.3}$$

Bei der Auswertung setzt man für die Übergangsraten die Goldene Regel (Gl. (6.11) auf S. 166) an. Die berücksichtigt in ihrem statistischen Faktor den Entartungsgrad $\rho$ des jeweiligen Endzustands:

$$\begin{aligned} \rho_{\to d+\pi} &= (2I_\mathrm{d}+1)(2I_\pi+1) && \text{für die „Hin“-Reaktion } p+p \to d+\pi\,, \\ \rho_{p+p\leftarrow} &= (2I_\mathrm{p}+1)(2I_\mathrm{p}+1)\cdot\tfrac{1}{2} && \text{für die „Rück“-Reaktion } p+p \leftarrow d+\pi\,. \end{aligned} \tag{11.4}$$

($I_\mathrm{p} = \frac{1}{2}$, $I_\mathrm{d} = 1$. Der zusätzliche Faktor $\frac{1}{2}$ bei der Rück-Reaktion ergibt sich daraus, dass die entstehenden Teilchen identisch sind, so dass eine Vertauschung gar keinen neuen Basis-Zustand ergibt, wie es bei verschiedenen Teilchen der Fall wäre.)

Außerdem enthält die Übergangsrate noch das Quadrat des Matrixelements für den Übergangsprozess – schwierig zu berechnen, aber bei einem hermiteschen (d. h. zeitumkehrinvarianten) Wechselwirkungsoperator sicher gleich groß für beide Richtungen der Reaktion (bei gleicher Energie im Schwerpunktsystem). Im Quotienten $f$ beider Übergangsraten hebt es sich dann einfach heraus, $f$ wird allein von den statistischen Gewichten bestimmt:

$$f(I_\pi) = \frac{(p_\mathrm{p}/\hbar)^2 \sigma_{\to d+\pi}}{(p_\pi/\hbar)^2 \sigma_{p+p\leftarrow}} = \frac{\rho_{\to d+\pi}}{\rho_{p+p\leftarrow}} = \begin{cases} \frac{3}{2} \text{ bei } I_\pi = 0\,, \\ \frac{9}{2} \text{ bei } I_\pi = 1\,. \end{cases} \tag{11.5}$$

Warum der zusätzliche Faktor $(p/\hbar)^2$ in Gl. (11.5)? Gemessen werden nicht Übergangsraten, sondern Wirkungsquerschnitte $\sigma_{\to d+\pi}$ und $\sigma_{p+p\leftarrow}$. Die sind auf die Stromdichten der einlaufenden Teilchen bezogen – siehe Abschn. 5.3 – und enthalten gegenüber der Übergangsrate deshalb noch einen Faktor $(\hbar/p)^2$.

**Das Experiment.** Für die Hin-Reaktion in Gl. (11.3) schießt man Protonen bei etlichen 100 MeV auf Protonen (Wasserstoff), beobachtet die positiven Pionen und muss diejenigen von ihnen identifizieren und zählen, bei denen sich die anderen Reaktionsprodukte – Proton und neu gebildetes Neutron – trotz ihrer meist hohen Relativenergie zum Deuteron verbunden haben. Zahlenmäßig weit mehr positive Pionen entstehen aber gleichzeitig aus der Reaktion $p+p \to p+n+\pi^+$. Dies ist wieder eine Folge des statistischen Faktors: Proton und Neutron im ungebundenen Zustand ermöglichen wesentlich mehr Endzustände als wenn sie zum Deuteron gebunden sind. Die Bindung lässt Freiheitsgrade einfrieren. Woran kann man unter den $\pi^+$ nun die „richtigen" erkennen, wo sie alle doch identische Teilchen sind? Die gesuchten stammen aus einem 2-Körper-System, haben im Schwerpunktsystem also eine konstant festgelegte Energie (die im Laborsystem aber in Abhängigkeit von der Flugrichtung variiert). Nach (winkelabhängiger!) Umrechnung ins Schwerpunktsystem zeigen sie sich im Energiespektrum als schmale Spektral-Linie. Diese Linie sitzt auf dem breiten Untergrund der vielen anderen $\pi^+$, die einem 3-Körper-System angehören und deshalb trotz gleicher Gesamt-Energie aller drei Teilchen eine breite kontinuierliche Energieverteilung haben. (Als Beispiel kann Abb. 11.8 dienen. Dort ist die Linie auf einem Kontinuum allerdings nicht schmal, sondern selber recht breit. Zur Möglichkeit der Entstehung des Kontinuums bei drei Teilchen vgl. auch die Energieverteilung der Elektronen aus der $\beta$-Radioaktivität – Abschn. 6.5.3.) Man kann also auch bei der „richtigen" Energie nicht die einzelnen Pionen nach ihrer Entstehung unterscheiden, wohl aber den Anteil der „falschen" von den Zählraten bei benachbarten Energien her interpolieren und abziehen.

Für die Rückreaktion $p+p \leftarrow d+\pi^+$ braucht man einen Strahl aus Pionen, die natürlich erst während des Experiments durch eine extra Reaktion (z. B. wie oben Gl. (11.1.2)) mit der gewünschten Energie erzeugt worden sein müssen. Sie treffen auf ein Deuterium-Target, und man beobachtet die Zahl der nun entstehenden freien Protonen.

**Frage 11.6.** *Welche Stör-Reaktion kann hier nun die Zählrate verfälschen?*

**Antwort 11.6.** $\pi^+ + d \to \pi^+ + p + n$*, die simple Spaltung des Deuterons in Proton und Neutron macht das 2-Teilchen-System zum 3-Teilchen-System. Doch auch die so freigesetzten Protonen haben eine breite Energieverteilung, so dass man die (Zahl der) „richtigen" wieder an einem kleinen zusätzlichen Peak erkennen kann.*

Die Zählraten (normiert auf die Teilchenströme, Nachweisempfindlichkeiten etc.) ergeben dann die Messwerte für die beiden Wirkungsquerschnitte. Sie sind in Abb. 11.5 so aufgetragen, dass ihr konstantes Verhältnis deutlich wird. Der Wert spricht nach Gl. (11.5) eindeutig dafür, dass das $\pi^+$ den Spin $I=0$ hat.

**Skalare Teilchen.** Den gleichen Spin muss man (nach jeweils eigens konzipierten Experimenten) auch $\pi^-$ und $\pi^0$ zuschreiben. Weil $I=0$ die völlige Invarianz des

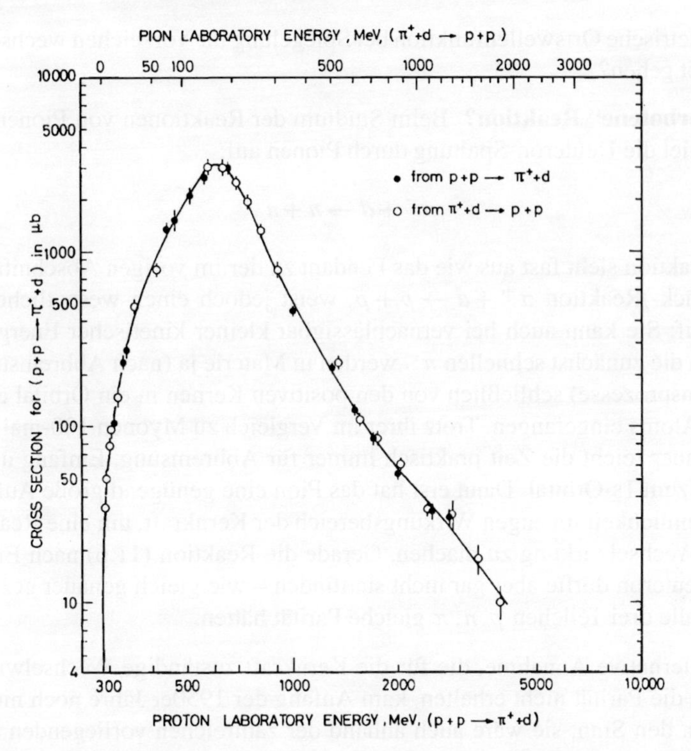


**Abb. 11.5** Vergleich der Wirkungsquerschnitte der Reaktion $p+p \rightleftharpoons d+\pi$ in beiden Richtungen, in Abhängigkeit von der Energie im Schwerpunktsystem. Obere und untere Abszisse geben die Energien im jeweiligen Laborsystem an. *Dicke Punkte*: Hin-Reaktion. *Offene Kreise*: Rück-Reaktion, der Wirkungsquerschnitt multipliziert mit $f=\frac{3}{2}$ (für $I_{\pi^-}=0$, siehe Gl. (11.5)). Die Werte liegen genau auf einer gemeinsamen Linie. Die *kleinen Striche* geben die experimentelle Unsicherheit an. Die exzellente Übereinstimmung beider Datensätze zeigt, dass $I_{\pi^-}=0$ richtig ist (bei $I_{\pi^-}=1$ lägen die Kurven um einen Faktor 3 auseinander). Darüber hinaus demonstriert die Übereinstimmung auch die Zeitumkehrinvarianz der Starken Wechselwirkung. (Abbildung aus [114])

Teilchens gegenüber Drehungen bedeutet, ist der Sammelname hier „skalare Teilchen" (zunächst, vgl. folgenden Abschnitt!).

### *11.1.6 Parität der Pionen*

Auch die Bedeutung der Parität, d. h. des Eigenwerts ±1 bei Spiegelung des Zustands im Raum, wurde schon bei der Diskussion der Kernzustände in Abschn. 7.2 allgemein beleuchtet. Was aber ist die Parität eines einzelnen ruhenden Elementarteilchens? Kann es Teilchen mit negativer Eigen-Parität, d. h. wo selbst eine spiegelsymmetrische Ortswellenfunktion bei Spiegelung ihr Vorzeichen wechseln muss, überhaupt geben?

**Eine „verbotene" Reaktion?** Beim Studium der Reaktionen von Pionen mit Nukleonen fiel die Deuteron-Spaltung durch Pionen auf:

$$\pi^- + d \rightarrow n + n\,. \tag{11.6}$$

Diese Reaktion sieht fast aus wie das Pendant zu der im vorigen Abschnitt betrachteten (Rück-)Reaktion $\pi^+ + d \rightarrow p + p$, weist jedoch einen wesentlichen Unterschied auf: Sie kann auch bei vernachlässigbar kleiner kinetischer Energie ablaufen, denn die zunächst schnellen $\pi^-$ werden in Materie ja (nach Abbremsung durch Ionisationsprozesse) schließlich von den positiven Kernen in ein Orbital eines pionischen Atoms eingefangen. Trotz ihrer im Vergleich zu Myonen 100-mal kürzeren Lebensdauer reicht die Zeit praktisch immer für Abbremsung, Einfang und Abregung bis zum 1s-Orbital. Dann erst hat das Pion eine genügend große Aufenthaltswahrscheinlichkeit im engen Wirkungsbereich der Kernkraft, um eine Reaktion der Starken Wechselwirkung zu machen. Gerade die Reaktion (11.6) nach Einfang an einem Deuteron dürfte aber gar nicht stattfinden – wie gleich genauer gezeigt wird –, wenn alle drei Teilchen $p, n, \pi$ gleiche Parität hätten.

Die alternative Annahme, die für die Kernkraft zuständige Wechselwirkung würde die Parität nicht erhalten, kam Anfang der 1950er Jahre noch niemandem in den Sinn, sie wäre auch anhand der zahlreichen vorliegenden Streuversuche der Niederenergie-Kernphysik sofort und richtig widerlegt worden.

*Wie* fern ein solcher Gedanke auch 1956 noch lag, lässt sich z. B. daran erkennen, dass allein der qualifizierte Denkanstoß, Paritätsverletzung – im Fall der Schwachen Wechselwirkung – überhaupt in Betracht zu ziehen, schon 1957 den Nobelpreis wert war, allerdings auch erst nach der experimentellen Bestätigung (siehe Abschn. 12.2).

**Berechnung der Parität.** Zwischen Anfangs- und Endzustand der Reaktion (11.6) gilt also Erhaltung der Parität: $P_{\text{ini}} = P_{\text{fin}}$. Nehmen wir zunächst an, die Nukleonen hätten positive innere Paritäten $P_{\text{p}} = +1$, $P_{\text{n}} = +1$. (Diese Annahmen sind geltende Konvention, aber kurioserweise beide willkürlich, denn Paritäten verschieden geladener Teilchen lassen sich eben so wenig absolut messen wie z. B. die Vorzeichen-Definition der elektrischen Ladung.) Die Parität eines 2-Teilchen-Systems ist das Produkt der beiden inneren Paritäten mit der Parität der Bahndrehimpuls-Wellenfunktion. Parität des Anfangszustands daher: $P_{\text{ini}} = P_{\text{d}} P_{\pi} (-1)^{l_{\pi d}}$. Das bedeutet

$$P_{\text{ini}} = P_{\pi}\,,$$

denn das Deuteron hat $P_{\text{d}} = P_{\text{n}} P_{\text{p}} (-1)^{\ell_{\text{pn}}} = +1$ (wegen $\ell_{\text{pn}} = 0$, Abschn. 7.3.2), und der Bahndrehimpuls des $\pi^-$ im 1s-Zustand des pionischen Atoms aus Pion und Deuteron ist auch $\ell_{\pi\text{d}} = 0$. Parität des Endzustands, genau so:

$$P_{\text{fin}} = P_{\text{n}} P_{\text{n}} (-1)^{\ell_{\text{nn}}} = (-1)^{\ell_{\text{nn}}}\,.$$

Hier nun kann (zufällig) der Bahndrehimpuls $\ell_{\mathrm{nn}}$ eindeutig ermittelt werden, weil die Wellenfunktion der beiden Neutronen eine zusätzliche Bedingung erfüllen muss: Wie bei identischen Fermionen immer, muss sie antisymmetrisch bei deren Vertauschung sein. Damit können von den mit der Drehimpulsaddition verträglichen Werten $\ell_{\mathrm{nn}}$ alle bis auf einen Wert ausgeschlossen werden. Beginnen wir mit dem Anfangszustand der Reaktion: Das Pion trägt weder Spin noch Bahndrehimpuls bei, also ist allein der Spin des Deuterons schon der Gesamtdrehimpuls $J_{\mathrm{ini}} = I_{\mathrm{d}} = 1$, und dieser Wert gilt dann auch für den Endzustand: $J_{\mathrm{fin}} = 1$. Hier setzt sich $\vec{J}_{\mathrm{fin}} = \vec{I}_{\mathrm{nn}} + \vec{\ell}_{\mathrm{nn}}$ vektoriell aus dem Bahndrehimpuls $\vec{\ell}_{\mathrm{nn}}$ und dem Gesamtspin $\vec{I}_{\mathrm{nn}}$ der beiden Neutronen zusammen. Die Quantenzahl $I_{\mathrm{nn}}$ für den Spin des Neutronen-Paares kann 0 oder 1 sein. Mit $\ell_{\mathrm{nn}} = 0, 1, 2, \ldots$ ergeben sich wegen der Dreiecksungleichung überschaubare vier Möglichkeiten, den geforderten Gesamtdrehimpuls $J_{\mathrm{fin}} = 1$ zu erzeugen:

| $J_{\mathrm{fin}}$ | $I_{\mathrm{nn}}$ | $\ell_{\mathrm{nn}}$ | Vorzeichen bei Teilchenvertauschung $(-1)^{I_{\mathrm{nn}}+1} \cdot (-1)^{\ell_{\mathrm{nn}}}$ | Vorzeichen gefordert bei Vertauschung von 2 Fermionen |
|---|---|---|---|---|
| 1 | 0 | 1 | $(-1)\cdot(-1) = +1$ | $-1$ |
| | 1 | 0 | $(+1)\cdot(+1) = +1$ | |
| | **1** | **1** | $\boldsymbol{(+1)\cdot(-1) = -1}$ | |
| | 1 | 2 | $(+1)\cdot(+1) = +1$ | |

In allen vier Zeilen dieser Tabelle lässt sich sofort angeben, was bei Vertauschung der beiden Neutronen passieren würde.[17] Das geforderte Minuszeichen entsteht einzig in der dritten Zeile und legt damit $I_{\mathrm{nn}} = 1$ *und* $\ell_{\mathrm{nn}} = 1$ fest. Dies in die Gleichung für die Parität des Endzustands eingesetzt und über $P_{\mathrm{fin}} = P_{\mathrm{ini}} = P_{\pi}$ zurück verfolgt ergibt, wie oben angekündigt, am Ende $P_{\pi} = (-1)^{\ell_{\mathrm{nn}}} = -1$.

**Pseudoskalare Teilchen.** Auch $\pi^+, \pi^0$ haben negative innere Parität. Daher heißen die Pionen genauer *pseudoskalare Teilchen.* Die schwierige Frage, wie man sich ein elementares Teilchen mit negativer Parität vorstellen kann, ist erst 10 Jahre später durch das Quark-Modell (siehe Kap. 13) auf die simpelste mögliche Art erklärt worden: Pionen sind gar nicht elementar, sondern bestehen aus einem Quark-Antiquark-Paar, und das allein gibt (nach der Dirac-Theorie) der Parität immer ein zusätzliches Minuszeichen.[18]

Zum Abschluss eine Testfrage:

**Frage 11.7.** *Warum diese komplizierte Fallunterscheidung beim n-n-System? Ist nicht bei zwei identischen Teilchen Vertauschung $\vec{r}_1 \rightleftharpoons \vec{r}_2$ dasselbe wie Spiegelung $(\vec{r}_1 - \vec{r}_2) \rightleftharpoons (\vec{r}_2 - \vec{r}_1)$, so dass zwei identische Fermionen schon von daher nur Zustände negativer Parität einnehmen können?*

[17] Zur Erinnerung: Vertauschung der halbzahligen Spins ergibt $(-1)^{I_{\mathrm{nn}}+1}$, des Orts $(-1)^{\ell_{\mathrm{nn}}}$ (siehe Kästen 7.1 und 7.5 auf S. 251 und 255).

[18] Siehe Abschn. 10.2.5.

**Antwort 11.7.** *Nein, denn Vertauschung schließt den Spin ein, Spiegelung nicht. Das bei Fermionen-Vertauschung geforderte Minuszeichen kann bei symmetrischer Ortsfunktion (z. B. $\ell = 0$) durch den antisymmetrischen Spinzustand $S = 0$ gewährleistet werden. Beispiel: 2 Elektronen im* He-*Atom.*

### *11.1.7 Pionen als Sonden: Resonanzen in der Pion-Nukleon-Streuung*

**Experimente mit kurzlebigen Teilchen.** Sobald Ende der 1940er Jahre die Möglichkeit gezeigt worden war, Pionen jeder Sorte in großer Menge und wählbarer Energie durch Kernreaktionen am Beschleuniger herzustellen, wurden sie selber als Projektile zur Erkundung der Starken Wechselwirkung eingesetzt – gerade so wie die $\alpha$-Teilchen ein halbes Jahrhundert zuvor zur Erkundung des Atominneren.[19] Einer der Pioniere war Fermi, der 1952 in Chicago ein Protonen-Zyklotron mit 450 MeV Endenergie in Betrieb nehmen konnte. Nicht untypisch für die Rolle, die die Kernphysik in der beginnenden „Epoche des Wettkampfs der (politischen) Systeme" spielte, entstanden in der Sowjet-Union ähnliche Anlagen (Abb. 11.6).

Einer der ersten Erfolge der Pion-Nukleon-Streuung wurde schon in Abb. 6.4 gezeigt (genauer dargestellt in Abb. 11.7): Eine Resonanzspitze im Wirkungsquerschnitt, die die Entdeckung eines neuen Teilchens bedeutet, $\Delta$-Teilchen genannt. Es ist mit $m_\Delta c^2 = 1\,232$ MeV schwerer als das Nukleon (939 MeV), hat den Spin $\frac{3}{2}$ und existiert mit vier möglichen elektrischen Ladungen von $+2$ bis $-1$. Die Größe des Wirkungsquerschnitts (in der Resonanz etwa 10-fache Protonen-Fläche) zeigt, dass das Pion einem Proton nur bis auf die Reichweite der Kernkraft nahe zu kommen braucht, um zu reagieren. Das $\Delta$-Teilchen kann dann aber keine Trajektorie sichtbarer Länge zurücklegen, denn seine Lebensdauer ist lediglich $\tau = 6 \cdot 10^{-24}$ s. Sie kann nur noch durch die Energie-Unschärfe der Resonanzspitze im Wirkungsquerschnitt ermittelt werden und zeigt durch ihre Größenordnung, dass auch der Zerfall ein Prozess der Starken Wechselwirkung ist. Dazu passt, dass das $\Delta$-Teilchen meist in Nukleon und Pion zerfällt. Nur in 0,6% der Fälle kommt die elektromagnetische Wechselwirkung zum Zuge, was sich im Zerfall in Nukleon und $\gamma$-Quant ausdrückt.

Das illustriert einerseits den Unterschied zwischen der Stärke beider Wechselwirkungen und rechtfertigt gleichzeitig, das $\Delta$ als „angeregtes Nukleon" zu bezeichnen.

Ein Photon würde in $6 \cdot 10^{-24}$ s knapp 2 fm zurücklegen, kaum mehr als den Durchmesser eines Nukleons ($\sqrt{\langle r^2 \rangle} = 0{,}8$ fm). Dennoch kann das $\Delta$-Teilchen nicht nur als ein flüchtiger Durchgangszustand des Pion-Nukleon-Stoßes angesehen werden, sondern wurde als eigenständiges Teilchen geführt, denn es kann auf verschiedene Weisen erzeugt werden (z. B. auch durch Stoß mit einem Elektron oder Photon entsprechender Energie) und zeigt doch immer gleiche Masse, Lebensdauer und Zerfallsarten.

---

[19] Siehe Abschn. 2.3.

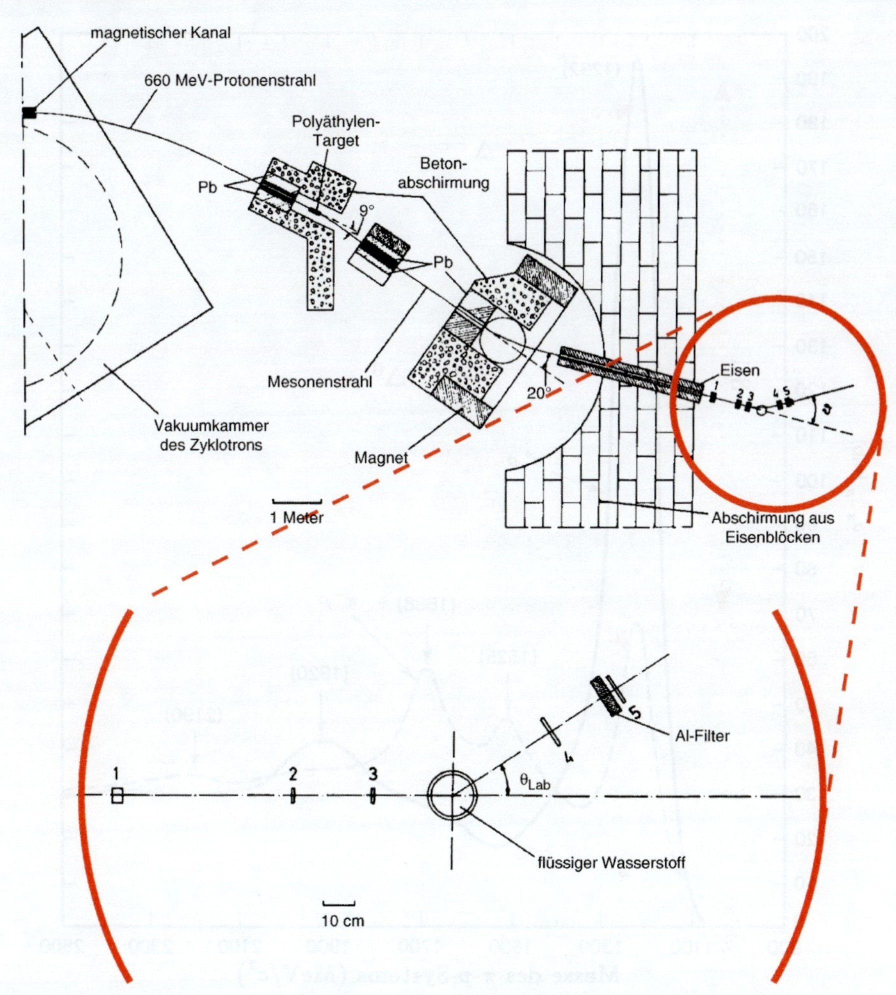


**Abb. 11.6** Aufbau zur Pion-Nukleon-Streuung am 660 MeV-Synchrozyklotron in Serpuchov (UdSSR), 1954. Das eigentliche Experiment findet innerhalb des *roten Kreises* statt, der unten vergrößert wiedergegeben ist. Alles andere dient der Erzeugung eines nach Richtung und Impuls (bzw. Energie) wohldefinierten Pionenstrahls bei möglichst effizienter Abschirmung gegen alle anderen Arten Strahlung. Trotzdem sind fünf unabhängige Detektoren (Nr. 1–5) zum Herausfiltern der gewünschten Ereignisse nötig: Nr. 1–4 müssen (praktisch) gleichzeitige Signale abgeben (Koinzidenz-Schaltung), Nr. 5 muss still bleiben (Anti-Koinzidenz-Schaltung), denn die Aluminiumplatte ist so dimensioniert, dass kein gestreutes Pion hindurch kommen kann. (Abbildung nach [32])

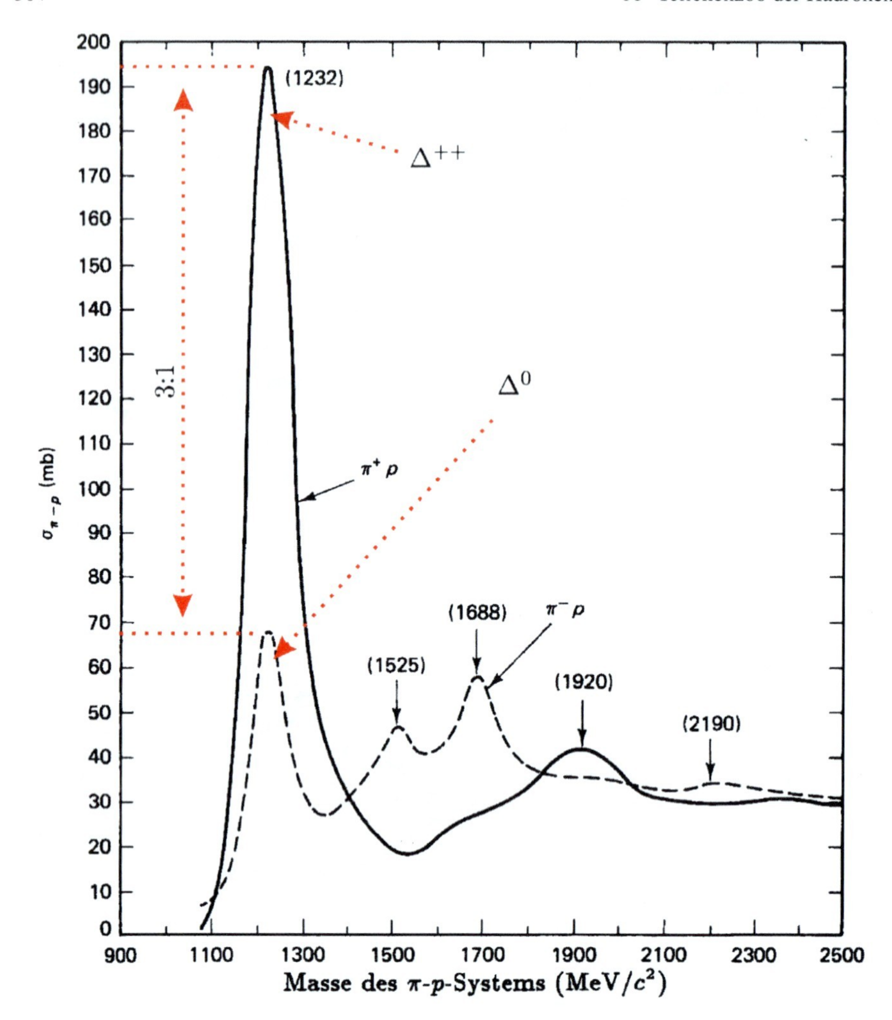


**Abb. 11.7** Wirkungsquerschnitte der Reaktionen $\pi^+ + p \rightarrow$ alle Prozesse (*durchgezogen*) und $\pi^- + p \rightarrow$ alle Prozesse (*gestrichelt*). Der Maximalwert in der Resonanzspitze ist 195 mb $\approx \pi(2{,}3\,\text{fm})^2$: etwa ein Kreis mit Radius des Protons ($\sim 0{,}8$ fm) zuzüglich der Reichweite der Kernkraft ($\sim 1{,}4$ fm). Übereinstimmend die Lage und Halbwertsbreite der Resonanzspitze für das $\Delta^{++}$ bzw. $\Delta^0$ bei 1 232 MeV, bei einem Intensitätsverhältnis von recht genau 3:1. Andere sichtbare Resonanzen sind durch ihre Energie markiert. Sie werden wie das $\Delta$ als Anregungsstufen des Nukleons interpretiert, hier bis zum Spin $\frac{7}{2}$. Mit $\pi^+ + p$ (*durchgezogene Kurve*) können nur Resonanzen mit Isospin $T \geq \frac{3}{2}$ angeregt werden, nicht zu $T = \frac{1}{2}$. (Abbildung nach [87])

**Frage 11.8.** *Mit welchen Projektil/Target-Kombinationen erhält man die vier unterschiedlichen Ladungszustände des $\Delta$-Teilchens, und wie können diese jeweils zerfallen?*

**Antwort 11.8.** *Es gibt sechs Kombinationen aus Pion und Nukleon:*

$$
\begin{array}{ccccc}
\pi^+ + p & \rightarrow & \Delta^{++} & \rightarrow & \pi^+ + p\ (100\%) \\
\left.\begin{array}{l}\pi^0 + p \\ \pi^+ + n\end{array}\right\} & \rightarrow & \Delta^+ & \rightarrow & \left\{\begin{array}{l}\pi^0 + p\ (67\%) \\ \pi^+ + n\ (33\%)\end{array}\right. \\
\left.\begin{array}{l}\pi^- + p \\ \pi^0 + n\end{array}\right\} & \rightarrow & \Delta^0 & \rightarrow & \left\{\begin{array}{l}\pi^- + p\ (33\%) \\ \pi^0 + n\ (67\%)\end{array}\right. \\
\pi^- + n & \rightarrow & \Delta^- & \rightarrow & \pi^- + n\ (100\%)\,.
\end{array}
\tag{11.7}
$$

*(In Klammern angemerkt sind die relativen Übergangsraten, gültig jeweils unabhängig sowohl bei der Bildung als auch beim Zerfall.)*

Die Absolutwerte der Wirkungsquerschnitte bei der Bildung und die Verzweigungsverhältnisse bei den Zerfallsarten des $\Delta$-Teilchens sind allerdings bei den sechs möglichen Pion-Nukleon-Kombinationen doch sehr verschieden (Daten in Antwort 11.8 und bei Abb. 11.7). Das scheint auf den ersten Blick dagegen zu sprechen, dass die Starke Wechselwirkung von der elektrischen Ladung unabhängig ist, wie es doch aus dem Tröpfchenmodell (Abschn. 4.2.4) und noch deutlicher aus der Streuung von Nukleonen an Kernen in der Niederenergie-Kernphysik hervorging. Doch wieder einmal löst hier die Quantenmechanik ein scheinbares Paradox. In der Formulierung der *Isospin-Invarianz* ist es gerade diese Ladungs-Unabhängigkeit, die die Unterschiede der Wirkungsquerschnitte und Verzweigungsverhältnisse erst hervorbringt – siehe unten Abschn. 11.2.2.

**Resonanz-Teilchen.** Von solchen Resonanz-Teilchen folgten noch einige hundert weitere – die erste Abteilung im *Teilchen-Zoo* der Hadronen, diejenige mit den nächsten Verwandten zu Proton und Neutron. Nur zur Illustration zeigt Abb. 11.8 die Entdeckung des $\rho$-Mesons beim Beschuss von Protonen mit Pionen oder $\gamma$-Quanten. Von den zahlreichen möglichen Teilchenkombinationen im Endzustand wurden hier nur die Aufnahmen ausgewertet, die außer dem erhalten gebliebenen Proton genau zwei Pionen zeigten. Damit handelt es sich insgesamt um mehr als zwei Teilchen, weshalb die Aufteilung der Energie durch die Erhaltung von Gesamt-Impuls und -Energie wieder nicht festliegt. Die Energie sollte sich in statistischer Weise auf alle drei Teilchen verteilen. Jedoch zeigt die Summe der Energien der beiden Pionen ein auffälliges Maximum in der Häufigkeitsverteilung. Genauer: nicht die Summe ihrer kinetischen Energien in irgendeinem Bezugssystem, sondern die Summe ihrer relativistischen Energien $E_{1,2} = (p_{1,2}^2 c^2 + (m_\pi c^2)^2)^{\frac{1}{2}}$ in ihrem gemeinsamen Schwerpunktsystem, also mit Gesamtimpuls Null. Diese Größe wird die *invariante Masse*[20] genannt, weil sie tatsächlich genau die Bedeutung der (Ruhe-)Masse dieses 2-Körper-Systems aus zwei Pionen hat, ganz gleich ob es einen gebundenen Zustand bildet oder nicht.

Interpretation: Dieses Häufigkeits-Maximum entsteht bei geeigneter Energie durch eine 2-stufige Reaktion: (1) $\pi(\text{bzw.}\gamma) + p \rightarrow p + \rho$; (2)$\rho \rightarrow \pi + \pi$. Die breite

[20] nach $E = mc^2$, also bis auf den Faktor $c^2$

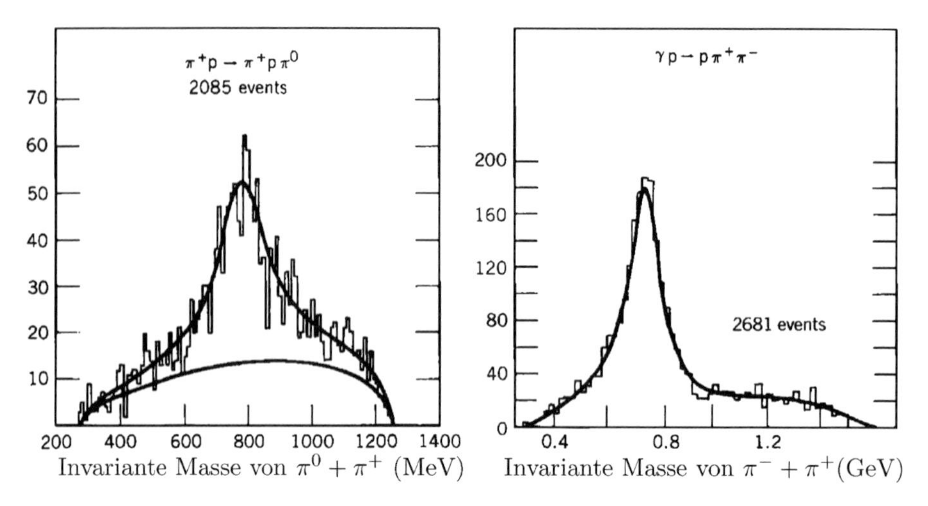


**Abb. 11.8** Experimentelle Demonstration des $\rho^{+,0}$-Mesons durch seinen Zerfall $\rho \to \pi + \pi$. *Links*: Bildung des $\rho^+$ durch $\pi^+ + p \to p + \rho^+$ (Pionen-Energie $\approx 2$ GeV). *Rechts*: Bildung des $\rho^0$ durch $\gamma + p \to p + \rho^0$ ($\gamma$-Energie $\approx 2{,}8$ GeV). Die Abszissen geben die *Invarianten Massen* $E_{\text{inv}}$ der beobachteten Paare von Pionen an. Aufgetragen ist die Häufigkeitsverteilung ($N$) der Werte $E_{\text{inv}}$ innerhalb gleicher Energieintervalle ($\Delta E_{\text{inv}} \approx 10$ MeV *links*, bzw. 20 MeV *rechts*). Gut sichtbar sind auch die statistischen Schwankungen von der (mittleren) Größe $\pm\sigma = \pm\sqrt{N}$ um den von der durchgezogenen Kurve her zu erwartenden Wert $\langle N \rangle$. Hätte sich kein $\rho$-Meson gebildet, müssten die Häufigkeiten der invarianten Massen eine strukturlose Kurve bilden (nur links eingezeichnet). Das darüberliegende breite, aber deutliche Maximum zeigt das $\rho$-Meson im Zustand $\rho^+$ bzw. $\rho^0$ mit übereinstimmender Masse bei $E_{\text{inv}} = m_\rho c^2 \approx 770$ MeV. Die Halbwertsbreite von $\approx 150$ MeV zeigt die kurze Lebensdauer ($\tau = 4 \cdot 10^{-24}$ s) dieser Mesonen. Sie ist für den Zerfall durch Starke Wechselwirkung typisch. (Abbildung links aus [104], rechts aus [18].)

„Spektrallinie" über dem noch breiteren Untergrund zeigt die mittlere Masse und Energie-Unschärfe des mit $\tau = 4 \cdot 10^{-24}$ s äußerst kurzlebigen Teilchens $\rho$ an. Aus den Winkelverteilungen folgt der Spin $I_\rho = 1$. Die $\rho$-Mesonen entstehen je nach Ladung des einfliegenden Pions in drei möglichen Ladungszuständen $\rho^{0,\pm}$, immer bei der gleichen Masse. Sie bilden ein *Triplett*.

## 11.2 Ordnung im Teilchenzoo (1): Symmetrien und Isospin

### *11.2.1 Symmetrien der Wechselwirkung*

**Hadronen – verschieden und doch ähnlich.** Mit den drei Pionen begann schon vor 1950 nicht nur die Epoche des immer verwirrender werdenden Teilchenzoos der Hadronen, sondern auch die intensive Suche nach Ordnungsprinzipien darin.

Die nächstliegende Idee ist natürlich, direkt nach den leichteren Bausteinen von Hadronen zu suchen. Da kamen zunächst nur die Mesonen in Frage. Doch dieser Ansatz war zum Scheitern verurteilt, wie sich schon bei den Pionen durch die Vielfalt der möglichen Erzeugungs-Reaktionen zeigte, und bei anderen Mesonen genau so. Nicht nur wurden Anzahl und Art der in Stößen produzierten Pionen (siehe Gl. (11.1.2)) offenbar nur durch die Erhaltungssätze für Energie, Impuls und elektrische Ladung eingeschränkt, sondern die Nukleonen, aus denen sie – wenn man so formulieren wollte – „extrahiert" worden waren, befanden sich danach im gleichen intakten Zustand wie vorher. Man kann sich etwa vorstellen, die beiden Beispielreaktionen $\gamma + p \rightarrow \pi^+ + n$ und $\gamma + n \rightarrow \pi^- + p$ zyklisch zu wiederholen und damit aus einem Proton eine beliebige Anzahl (reeller!) Pionen herauszuholen, ohne dass das Proton darunter irgendwie leidet. (Nicht abwegig hier der Gedanke an den Zylinder, aus dem der Magier auf der Bühne ein Kaninchen nach dem anderen hervorzaubert.)

Im Vergleich zu den Elektronen, also den Bestandteilen der Atomhülle und Austauschteilchen der chemischen Bindung, bildet die Beliebigkeit der Erzeugung von Hadronen einen prinzipiellen Unterschied (solange man im Bereich chemischer oder atomarer Energien bleibt und nicht etwa zur $e^+e^-$-Paarbildung greift). Ein anderer wesentlicher Unterschied zu den Leptonen besteht in der schieren Menge verschiedener Hadronenarten und ihrer vielfältigen Umwandlungsmöglichkeiten ineinander. Es musste so scheinen, dass sie alle irgendwie aus dem gleichen „Zeug" bestanden und ihre wohldefinierten Unterschiede in Masse, Spin etc. dadurch bekamen, von welcher Art die Kraft sei, die dieses „Zeug" zusammen hält. Diese Kraft könnte auch die eigentliche Form der Starken Wechselwirkung sein, und damit schließlich die Ursache der Kernkräfte zwischen Protonen und Neutronen.

**Teilchen und Wechselwirkung.** Mit diesem Leitgedanken gewann die Suche nach Ordnungsprinzipien unter den Teilchen eine erweiterte Bedeutung. Sie war gleichzeitig die Suche nach den Regeln, denen die Starke Wechselwirkung unterworfen ist. Hierfür gab es aus der klassischen Physik bedeutende Vorbilder, insbesondere zum Zusammenhang zwischen einer Symmetrie oder Invarianz des herrschenden Kraft-Gesetzes und einer dazu korrespondierenden physikalischen Größe, die bei allen von dieser Kraft verursachten Prozessen erhalten bleibt:

- Ist die Wechselwirkung gegen Verschiebungen im Raum invariant („symmetrisch gegenüber Translation im Ort"), dann folgt die Erhaltung des Impulses.
- Ist die Wechselwirkung gegen Verschiebungen in der Zeit invariant („symmetrisch gegenüber Translation in der Zeit"), folgt Erhaltung der Energie.
- Ist die Wechselwirkung gegen Drehungen im Raum invariant („symmetrisch gegenüber Rotation des Orts"), folgt Erhaltung des Drehimpulses.

Die Quantenmechanik ist invariant gegen eine weitere einfache „Translation", die auch einen bedeutenden Erhaltungssatz nach sich zieht:

- Daraus, dass die ganze Quantenmechanik gegen einen beliebigen konstanten Phasenfaktor am Zustandsvektor invariant ist, folgt die Erhaltung der elektrischen Ladung.[21]

[21] Einfache Herleitung nach Weyl z. B. in [73, Abschn. 7.2].

**Noether-Theorem.** Dahinter steckt ein mathematisches Theorem, das in seiner Allgemeinheit erst 1918 von Emmy Noether erkannt und bewiesen wurde und nach ihr benannt ist. In der Quantenmechanik hat es noch bedeutendere Konsequenzen als in der klassischen Physik. Invarianz der Wechselwirkung bedeutet Vertauschbarkeit des Hamilton-Operators mit dem Operator der entsprechenden Transformation, die dann auch Symmetrie-Transformation oder einfach Symmetrie genannt wird. Wenn ein beliebiger Eigenzustand des Hamilton-Operators einer dieser Symmetrie-Transformationen (Verschiebung, Drehung, Spiegelung etc.) unterworfen wird, behält er seine wohldefinierte Energie. Wenn er nicht schon selber dabei invariant bleibt (wie zum Beispiel bei räumlichen Drehungen die kugelsymmetrische Wellenfunktion zum Bahndrehimpuls $\ell = 0$), dann hat man durch diese Transformation einen anderen Eigenzustand zur selben Energie gewonnen. Wendet man nacheinander *alle* Symmetrie-Transformationen des Hamilton-Operators an, erhält man *sämtliche* Eigenzustände zur selben Energie.[22] (Wohlgemerkt: So erhält man aus einem Eigenzustand nicht nur alle $N$ Basiszustände eines $N$-fach entarteten Niveaus, sondern auch alle ihre (normierten) Linearkombinationen, also den ganzen $N$-dimensionalen Zustandsraum zu diesem Niveau.) Da die Symmetrie-Transformationen mathematisch eine *Gruppe* bilden, ist die Gruppen-Theorie zu einem der wichtigsten Werkzeuge der theoretischen Physik geworden.

**Sammeln und Ordnen.** Für die Erforschung der Verhältnisse im Teilchenzoo der Hadronen ist man – in Ermangelung einer Alternative – den eben beschriebenen Weg rückwärts gegangen, nämlich von den Beobachtungen an einzelnen Teilchen hin zu den grundlegenden Strukturen. Die Wegbeschreibung könnte so lauten:

- Man fasse die beobachteten Teilchensorten als Eigenzustände des herrschenden (aber unbekannten) Hamilton-Operators auf.
- Diese Eigenzustände sind natürlich zueinander orthogonal, denn durch irgend eine messbare Größe müssen sich verschiedene Teilchensorten ja unterscheiden.
- Liegen sie energetisch eng beieinander, stammen sie vielleicht aus einem einzigen entarteten Niveau eines näherungsweise richtigen Hamilton-Operators (und bilden für dies Niveau eine Schar von Basiszuständen). Sie heißen dann „ein Multiplett“.
- Ihre beobachtete Energie-Aufspaltung käme nun durch einen zusätzlichen Störoperator zustande.
- Man versuche, aus den Eigenschaften dieser Basis (z. B. Anzahl der Basiszustände, und in welchen Quantenzahlen sie sich unterscheiden) auf die Eigenschaften dieses näherungsweise richtigen Hamilton-Operators zu schließen, und aus der beobachteten Aufspaltung auf die Eigenschaften der zusätzlichen Störung.

Auf der Grundlage dieses Konzepts von Ordnung und Symmetrie wurden in den 1960er Jahren dann doch die Bausteine der Hadronen und die Grundprozesse der Starken Wechselwirkung gefunden; und mit dem so entstehenden *Quark-Modell*

[22] Sogar die Bahndrehimpuls-Entartung („Nebenquantenzahl“ $\ell = 0, \dots, n-1$) im einfachen Niveauschema des Wasserstoffs wurde nun als Folge einer vorher übersehenen Symmetrie des Coulomb-Potentials erkannt. Die Konstante der Bewegung ist die Bahnebene, mathematisch ausgedrückt durch den *Lenzschen Vektor*, der die Orientierung der Keplerellipse angibt.

begann das Gewimmel im Teilchenzoo sich endlich zu lichten. Zunächst aber funktionierte diese Anleitung nur in Bezug auf die neue Quantenzahl *Isospin*, die also zu dem eben erwähnten ungestörten Hamilton-Operator gehört. Denn darüber hinaus ist die Energie-Aufspaltung so groß gegen den „Niveau-Abstand" (d. h. die Massen der Hadronen aus verschiedenen Isospin-Multipletts sind so unterschiedlich, die (unterstellte) „Symmetrie ist massiv gebrochen"), dass das schließlich erfolgreiche Ordnungsschema („$SU(3)$") nur sehr angenähert gültig ist und erst nach vielen Versuchen gefunden wurde.

### 11.2.2 Isospin

Das erste dieser Symmetrie-Konzepte, der *Isospin*, wird hier der begrifflichen Wichtigkeit wegen vorgestellt, obwohl, wie man heute weiß (siehe Abschn. 13.3.4 – Quarks), es doch keiner fundamentalen Symmetrie entspricht und seine Bedeutung nun im Abnehmen scheint.

**Ein abstrakter Raum für einen weiteren Freiheitsgrad.** Vorreiter bei dieser fruchtbaren Begriffsbildung war Heisenberg schon 1932 gewesen, als es überhaupt erst zwei Hadronen gab: Proton und Neutron. In seinem oben (Abschn. 11.1.1) erwähnten Austausch-Ansatz für die Proton-Neutron-Kraft sah er (nur formal) die *zwei Teilchen* als *zwei Zustände* desselben Teilchens an, dem er den Sammel-Namen *Nukleon* gab. Die Umwandlung des einen in das andere entspricht dann einfach einem Übergang im Niveauschema des Nukleons. Da es sich um ein 2-Zustands-System handelt, besteht eine genaue formale Analogie zu den Basis-Zuständen $m_s = \pm\frac{1}{2}$ eines Teilchens mit dem Freiheitsgrad „Spin $\frac{1}{2}$". Natürlich hat dieser neue Freiheitsgrad keine räumliche Bedeutung, jedenfalls keine im normalen Orts-Raum, weshalb er in einem eigenen abstrakten „Isoraum" angesiedelt und als *Isospin* bezeichnet wird.[23] Daher schreibt man dem Nukleon die Isospin-Quantenzahl $T = \frac{1}{2}$ zu. In Analogie zur „$z$-Komponente des Spins" wählt man zur Festlegung einer Basis willkürlich die „3. Komponente des Isospins" und erklärt die beiden Basiszustände mit $T_3 = \pm\frac{1}{2}$ zu Proton bzw. Neutron. Die Umwandlung von Proton zu Neutron entspricht jetzt also dem Umklappen des Isospin-Vektors oder, allgemeiner gesagt, einer Drehung im Isoraum. Gleichzeitig lässt sich die elektrische Ladung von Neutron und Proton (Quantenzahl $q = 0, +1$) aus dem Eigenwert $T_3$ zum Operator $\hat{T}_3$ berechnen:

$$q = T_3 + \tfrac{1}{2}A\,. \tag{11.8}$$

So gilt diese Formel auch für die Mesonen, wenn die *Baryonenzahl* $A$ darin für Proton, Neutron[24] (und andere Hadronen mit halbzahligem Spin) mit $A = 1$, aber

---

[23] Die mathematische Grundlage dieser Analogie besteht darin, dass die Menge der (komplexen) Basis-Transformationen im 2-Zustands-Systems – gruppentheoretisch $SU(2)$ – gleichzeitig eine Darstellung der Drehgruppe im normalen Ortsraum $\mathbb{R}^3$ darstellt, mit einer Einschränkung: Eine Drehung um 360° lässt nicht alles unverändert, sondern kehrt das Vorzeichen um, was bei Zustandsvektoren ja unerheblich ist. (Siehe auch Kasten 7.2 auf S. 252.)

[24] in Übereinstimmung mit der früheren Bedeutung von $A$ als Massenzahl, siehe Abschn. 4.1.3.

für Mesonen (die Hadronen mit ganzzahligem Spin) unabhängig von ihrer Masse mit $A=0$ definiert wird.

**Die ersten Multipletts der Starken Wechselwirkung.** Anzeichen dafür, dass dies mehr als eine formale Spielerei ist, kann man an drei Beobachtungen sehen:

- Nach den zwei Nukleonen als Isospin-Dublett ($T=\frac{1}{2}$; $T_3=-\frac{1}{2},+\frac{1}{2}$; $A=1$) haben wir um 1950 bei den drei Pionen schon ein vollständiges Isospin-Triplett ($T=1$; $T_3=q=-1,0,+1$; $A=0$).
- Um 1953 erscheint mit *dem* $\Delta$-Teilchen (oder – im Plural – mit *den* $\Delta$-Teilchen?) das erste Isospin-Quartett ($T=\frac{3}{2}$; $T_3=-\frac{3}{2},-\frac{1}{2},+\frac{1}{2},+\frac{3}{2}$; $A=1$; $q=2,1,0,-1$).
- Verglichen mit dem Massenunterschied von einem der drei Multipletts Pion, Nukleon und $\Delta$-Teilchen zum nächsten sind die Differenzen (die „Aufspaltung“) innerhalb eines jeden Multipletts etwa zwei Größenordnungen geringer.

Das stärkte die weit reichende und fruchtbare Vermutung, dass alle Teilchen mit starker Wechselwirkung sich in solchen Isospin-Multipletts gruppieren lassen würden. Teilchen eines Multipletts sollten sich dabei vorrangig nur in ihrer elektrischen Ladung (und deren Konsequenzen) unterscheiden, sonst aber ganz ähnliche Eigenschaften haben bezüglich Spin, Energie (bzw. Masse), und Reaktionsweisen in der Starken Wechselwirkung. Das würde weiter bedeuten, dass die Starke Wechselwirkung selber nicht simpel unabhängig von der elektrischen Ladung ist, sondern *invariant gegenüber Drehungen im Isoraum.*

Diese Formulierung ist als genaue Parallele zu den Viel-Elektronen-Niveaus in der schon damals vergleichsweise *sehr* gut bekannten Atomphysik gemeint: Auch die elektrostatische Wechselwirkung (das Coulomb-Feld des Kerns und der Elektronen untereinander) ist invariant gegenüber Drehungen, diesmal solchen im gewöhnlichen Ortsraum. Soweit die Coulomb-Wechselwirkung die stärkste Kraft ist und die Lage und Struktur der Energie-Niveaus bestimmt, hat deshalb jedes Energieniveau der Atomhülle eine wohlbestimmte Drehimpulsquantenzahl $L$ mit $2L+1$ einzelnen Basiszuständen (wir sehen vom Spin kurz einmal ab). Diese lassen sich durch Drehungen im Ortsraum ineinander umwandeln und haben, weil der Hamilton-Operator rotationsinvariant ist, deshalb alle genau die gleiche Energie. Tritt aber zum Coulomb-Feld eine Störung hinzu, die die vollständige Drehsymmetrie aufhebt, z. B. in Form eines Magnetfelds, so spaltet das Niveau auf und bildet ein (Zeeman-)Multiplett.

Im Fall der vermuteten Isospin-Invarianz der Starken Wechselwirkung haben wir immer so eine Störung, nämlich durch die zusätzliche Coulomb-Wechselwirkung, die sich je nach Ladung – d. h. je nach „Orientierung des Isospins im Isoraum“ – verschieden auswirkt. Das lässt sich leider nicht zu Testzwecken abschalten, im Gegensatz zum Magnetfeld beim Zeeman-Effekt in der Atomphysik. Selbst wenn die Starke Wechselwirkung eine exakte Isospin-Invarianz hätte (was doch nicht ganz erfüllt ist, siehe Abschn. 13.3), wäre diese Symmetrie in der Natur durch die allgegenwärtige Coulomb-Wechselwirkung immer gebrochen.

**Wieder einmal: Drehimpuls-Addition.** Damit bekäme der bisher nur als formale Größe betrachtete Isospin auf einmal alle formalen Eigenschaften eines quantenmechanischen Drehimpulses (ohne mit dem Bahn- oder Spin-Drehimpuls irgend etwas Anderes als den Formalismus gemein zu haben). Zum Beipsiel müssten sich in einem 2-Teilchensystem die Isospins beider Teilchen nach den bekannten Regeln der Drehimpuls-Addition zu verschiedenen Isospins des Gesamt-Systems verbinden lassen. Genau dies wurde bei den Bildungs- und Zerfallsreaktionen des $\Delta$-Teilchens (und später auch bei vielen anderen Teilchen) bestätigt gefunden, was in den 1950er Jahren dem Isospin-Konzept zur allgemeinen Anerkennung verhalf.

Man darf tatsächlich die vom Drehimpuls her bekannten Gleichungen anwenden. Der erste interessante Fall tritt auf, wenn (Iso-)Spin 1 und (Iso-)Spin $\frac{1}{2}$ zusammengesetzt werden um ein Teilchen mit Gesamt-(Iso-)Spin $\frac{3}{2}$ zu bilden: Genau dies passiert bei der Pion-Nukleon-Streuung im Bereich der $\Delta$-Resonanz. Die Rechnung für Drehimpulse ist in Kasten 7.6 auf S. 256 – Drehimpuls-Addition – explizit angegeben (Kopplung von $\ell = 1$ und $s = \frac{1}{2}$ zu $j = \frac{3}{2}$ bzw. $j = \frac{1}{2}$), und kann hier für die Isospin-Kopplung wörtlich übernommen werden. Es werden nur die beiden Teilsysteme statt durch ihre $\hat{j}_z$-Quantenzahlen $m_{1,2}$ nun mit ihrer $\hat{T}_3$-Quantenzahl $T_3$ charakterisiert, also mit ihrer elektrischen Ladung, oder noch anschaulicher gleich durch ihren Teilchennamen: $\pi^+, \pi^0, \pi^-$ bzw. $p, n$.

**Im Einzelnen:** Die sechs experimentell realisierbaren Kombinationen von Pion und Nukleon (siehe Frage 11.8 auf S. 504) entsprechen nun denjenigen sechs Basis-Zuständen des Zwei-Teilchen-Systems, in denen die beiden Einzeldrehimpulse jeweils wohldefinierte Quantenzahlen für $\hat{j}_z$ bzw. $\hat{T}_3$ haben. Um das zusammengesetzte System mit einem der Extremwerte $T_3 = \pm\frac{3}{2}$ zu erhalten, müssen die beiden einzelnen $T_3$-Werte der Bestandteile ihre maximalen positiven bzw. negativen Werte haben. Hierfür gibt es jeweils nur eine einzige Möglichkeit. Die extremen Ladungszustände des $\Delta$ entsprechen daher nur jeweils einem einzigen dieser sechs Basis-Zustände: $\Delta^{++} \Leftrightarrow |\pi^+ p\rangle$, $\Delta^- \Leftrightarrow |\pi^- n\rangle$.

Aber für den zu $T = \frac{3}{2}$ *zweit*höchsten $T_3$-Wert $\left(T_3 = \pm\frac{1}{2}\right)$ ist der richtige Eigenzustand immer eine Linearkombination von zwei Basis-Zuständen, in denen jeweils einer der beiden Bestandteile seinen höchsten, der andere nun seinen *zweit*höchsten $T_3$-Wert annimmt: $\Delta^+ \Leftrightarrow \sqrt{\frac{2}{3}}|\pi^0 p\rangle + \sqrt{\frac{1}{3}}|\pi^+ n\rangle$, analog $\Delta^0 \Leftrightarrow \sqrt{\frac{2}{3}}|\pi^0 n\rangle + \sqrt{\frac{1}{3}}|\pi^- p\rangle$.[25]

Wenn die Wechselwirkung, die das $\Delta$ wieder in Pion und Nukleon zerfallen lässt, Isospin-invariant ist, lässt sie die Quantenzahl *Gesamt-Isospin T* unangetastet. Pion und Nukleon bilden dann, auch wenn sie räumlich weit getrennt sind, im Isoraum immer noch einen Zustand mit $T = \frac{3}{2}$. Das Experiment als quantenmechanischer Messprozess respektiert aber nicht diese Überlagerung zum Gesamt-Isospin, sondern bestimmt (durch magnetische Ablenkung und Ionisationsspur) für die beiden Teilchen einzeln den Ladungszustand, projiziert den Überlagerungszustand also auf

[25] Die Beträge der Koeffizienten und ihre relativen Phasen sind durch die Gruppeneigenschaften von Drehungen völlig festgelegt (Clebsch-Gordan-Koeffizienten). Die jeweils orthogonale zweite Linearkombination gehört mit gleichem $T_3 = \pm\frac{1}{2}$ zu einem anderen Gesamt-Isospin, $T = \frac{1}{2}$.

einen der sechs oben genannten Basiszustände. Dann kann man aus den Absolutquadraten der obigen Koeffizienten eindeutig ablesen, dass der Zustand nach dem Zerfall des $\Delta^+$ zu $\frac{2}{3}$ Wahrscheinlichkeit die Kombination $\pi^0 p$, und zu $\frac{1}{3}\pi^+ n$ ergibt. Für $\Delta^0$ analog: $\pi^0 n$ zu $\frac{2}{3}$, und $\pi^- p$ zu $\frac{1}{3}$. Das sind genau die beim Zerfall aller vier $\Delta$-Teilchen beobachteten Verzweigungsverhältnisse (siehe Daten in Antwort 11.8, S. 504). Bei der Bildung gilt das gleiche: Mit der Kombination $|\pi^- p\rangle$ erreicht man die oben angegebene Wellenfunktion des $\Delta^0$ nur zu $\frac{1}{3}$, während die Kombination $|\pi^+ p\rangle$ 100%ig zu $\Delta^{++}$ passt. Das entspricht dem Verhältnis 1:3 der beobachteten Wirkungsquerschnitte im Resonanzgebiet, wie in Abb. 11.7 zu sehen.

## 11.3 Ordnung im Teilchenzoo (2): Die Ladung „Seltsamkeit" und die Hierarchie der Wechselwirkungen

### *11.3.1 Entdeckung „seltsamer" Teilchen*

**Teilchenzoo, 2. Abteilung.** Schon seit 1947 waren in der Höhenstrahlung auch immer wieder Spuren von instabilen Teilchen gefunden worden, die sich dem Isospin-Konzept entzogen. Sie zeigten eine wiederum so neuartige Eigenschaft, dass ihr der offizielle Name *strangeness* (Seltsamkeit) gegeben wurde. Wie an ihrer immer noch beträchtlichen Häufigkeit (ca. 1% der Pionen-Erzeugung) zu sehen, musste ihre Entstehung der Starken Wechselwirkung zugeschlagen werden. Damit waren es vom Typ her also Hadronen, und sie zerfielen auch wieder in Hadronen (z. B. leichtere Pionen, Nukleonen), aber erst nach einer Flugstrecke von mehreren cm Länge, was selbst bei Lichtgeschwindigkeit ($\sim$0,3 m/ns) eine „seltsam lange" Lebensdauer von im Mittel einigen zehntel ns zeigt. Die neutralen unter diesen Teilchen, die zuerst entdeckt wurden, machten sich durch den Zerfall in zwei geladene Teilchen bemerkbar, deren sichtbare Ionisationsspuren also in einigen cm Abstand vom Ende einer anderen Spur gemeinsam ihren Anfang nahmen (siehe Abb. 11.9).

Was war daran „seltsam"? Bisher waren so lange Lebensdauern bei instabilen Teilchen – auch bei Hadronen – nur vorgekommen, wenn bei ihrem Zerfall Neutrinos erzeugt werden mussten, um die Erhaltung von Energie, Drehimpuls, elektrischer Ladung und Baryonenzahl zu gewährleisten (vgl. auch die teilweise langen Lebensdauern bei $\beta$-Radioaktivität, Abb. 6.17). Neutrinos galten daher als *das* Anzeichen für Wirkungen der Schwachen Wechselwirkung.

**Frage 11.9.** *Einige Beispiele für solche leptonischen Zerfälle von Hadronen angeben.*

**Antwort 11.9.** *(mit Massen und Lebensdauern)*

$$\begin{aligned} n &\to p + e^- + \overline{\nu}_e \,(932\,\text{MeV}, \tau = 887\,\text{s})\,, \\ \pi^+ &\to \quad \mu^+ + \nu_\mu \,(140\,\text{MeV}, \tau = 26\,\text{ns})\,. \end{aligned} \tag{11.9}$$

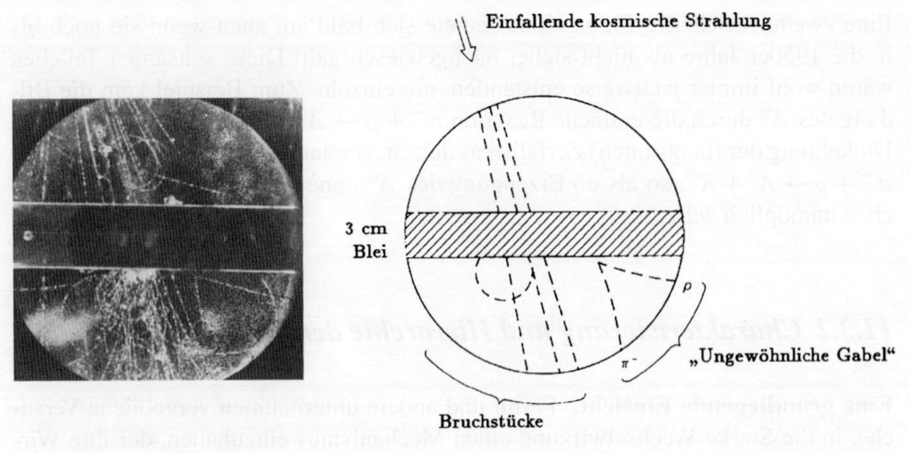


**Abb. 11.9** Erste Beobachtung eines „seltsamen“ Teilchens ($\Lambda^0$), in einer automatischen Nebelkammer mit Magnetfeld, 1947. Das $\Lambda^0$ wird in einem Schauer der Höhenstrahlung erzeugt, der eine 3 cm dicke(!) Bleiplatte durchquert (und dabei zahlreiche weitere Teilchen erzeugt, meist Pionen, und die Photographie auslöst). Das $\Lambda^0$ ist elektrisch neutral und macht selbst keine Ionisationsspur, sondern verrät sich durch seine geladenen Zerfallsprodukte $\pi^- + p$, die anhand der Ionisations-Dichte und entgegengesetzten Krümmung ihrer Spuren identifiziert wurden. Die scheinbar aus dem Nichts entstandene Gabel dieser Spuren ist charakteristisch für ihr unsichtbares Vorläuferteilchen, weshalb ihm der etwas ähnlich aussehende griechische Buchstaben $\Lambda$ zum Namen gegeben wurde. Ein zweites neutrales seltsames Teilchen, das so gut wie sicher mit dem $\Lambda^0$ im Paar erzeugt wurde, kann in diesem Bild nicht mehr identifiziert werden. Wahrscheinlich war es ein $K^0$-Meson. (Abbildung links aus [175], rechts aus [87])

In allen Fällen hingegen, wo sich auch ein Zerfall in leichtere Hadronen anbot, wären die Lebensdauern um mehr als ca. 10 Größenordnungen kürzer gewesen und als sicheres Kennzeichen der Starken Wechselwirkung interpretiert worden.

**Frage 11.10.** *Einige Beispiele für solche hadronischen Zerfälle angeben.*

**Antwort 11.10.** *(mit Massen und Lebensdauern, vgl. Abschn. 11.1.7)*

$$\begin{aligned} \Delta \to\ & p + \pi^{\pm}\ (1\,232\,\mathrm{MeV}, \tau = 6 \cdot 10^{-24}\,\mathrm{s})\,, \\ \rho^{\pm} \to\ & \pi^0 + \pi^{\pm}\ (770\,\mathrm{MeV}, \tau = 4 \cdot 10^{-24}\,\mathrm{s})\,. \end{aligned} \qquad (11.10)$$

Die seltsamen Teilchen aber zeigten beides: Sie konnten in ausschließlich Hadronen zerfallen und hatten trotzdem die langen Lebensdauern:[26]

$$\begin{aligned} \Lambda^0 \to\ & p + \pi^-\ (1\,116\,\mathrm{MeV}, \tau = 2{,}6 \cdot 10^{-10}\,\mathrm{s})\,, \\ K^{0,\pm} \to\ & \pi^{0,\pm} + \pi^{0,\pm}\ (494\ldots498\,\mathrm{MeV}, \tau = 10^{-10\ldots-8\,\mathrm{s}})\,. \end{aligned} \qquad (11.11)$$

[26] Genauere Daten zu den $K$-Mesonen s. u.

Eine zweite rätselhafte Eigenschaft deutete sich bald an, auch wenn sie noch bis in die 1950er Jahre als nicht sicher nachgewiesen galt: Diese seltsamen Teilchen waren wohl immer paarweise entstanden, nie einzeln. Zum Beispiel kam die Bildung des $\Lambda^0$ durch die einfache Reaktion $\pi^- + p \rightarrow \Lambda^0$ nie vor, obwohl es nur die Umkehrung der (langsamen) Zerfallsreaktion ist, sondern nur durch Reaktionen wie $\pi^- + p \rightarrow \Lambda^0 + K^0$, so als ob Erzeugung des $\Lambda^0$ ohne ein zweites seltsames Teilchen unmöglich wäre.

### *11.3.2 Charakterisierung und Hierarchie der Wechselwirkungen*

**Eine grundlegende Einsicht.** Fermi und andere unternahmen vergebliche Versuche, in die Starke Wechselwirkung einen Mechanismus einzubauen, der ihre Wirkung um 10 Größenordnungen behindern könnte (analog z. B. zur Drehimpuls-Auswahlregel in der $\beta$- und $\gamma$-Strahlung radioaktiver Kerne, vgl. Abschn. 6.4.7 und 6.5.4). Die richtige Lösung verlangte aber einen viel tiefer greifenden Wandel in der Betrachtung der Wechselwirkungen. Sie wurde von Abraham Pais 1952 gefunden: Bei den seltsamen Teilchen sind die Starke und die elektromagnetische Wechselwirkung nicht nur graduell, sondern vollständig an der Mitwirkung bei der Umwandlung verhindert; für ihre Zerfälle ist nur die Schwache Wechselwirkung verantwortlich. Das war einerseits deshalb neu, weil die Schwache Wechselwirkung jetzt für einen Prozess nur zwischen Hadronen angesetzt wurde, ohne dass überhaupt ein Neutrino vorkam. Zum anderen aber sollte sie dann eine Umwandlung ermöglichen, die den beiden anderen Wechselwirkungen verwehrt war, obwohl sie doch „viel stärker“ waren. Im Jargon der Daten-Sammlungen für Elementarteilchen-Physiker wurde daraufhin jahrzehntelang jedes Teilchen schon als „stabil“ bezeichnet, wenn es nicht innerhalb $10^{-17}$ s zerfiel.

Mit diesen Überlegungen, die sich als richtig herausstellten, machte die Erforschung der Wechselwirkungen einen entscheidenden Schritt voran. In den folgenden Jahren lernte man, sie nach ihrer Stärke *und* ihren Invarianzen zu charakterisieren, und *alle* bekannten physikalischen Prozesse auf *nur* vier fundamentale Kräfte zurückzuführen: die Starke, die Elektromagnetische, die Schwache Wechselwirkung, sowie die Gravitation (hier nur der Vollständigkeit halber erwähnt, denn für die Reaktionen der Teilchenphysik ist sie bis heute irrelevant).

Bei fast allen beobachteten Prozessen sieht man verhältnismäßig eindeutig das Wirken nur einer einzigen der drei Wechselwirkungen, weshalb man sie recht sauber getrennt untersuchen konnte. Doch ihre physikalischen Interpretationen entwickelten sich natürlich in inniger Verschränkung, sowohl auf experimenteller als auch auf theoretischer Seite. Es gab häufig Parallelen und Überschneidungen, die sich auch in der nach Wechselwirkungen gegliederten Darstellung dieses und der folgenden Kapitel nicht vermeiden lassen. In ihnen drückt sich die – recht erfolgreiche – Suche nach gemeinsamen Grundlagen der Physik der elementaren Teilchen aus.

### *11.3.3 Physikalische Eigenschaft „Seltsamkeit“*

**Eine neue Art Ladung.** Wie können die Phänomene um die seltsamen Teilchen als physikalisches Gesetz formuliert werden? Im Rahmen der sich andeutenden Ordnung unter den Wechselwirkungen führte Murray Gell-Mann 1953 die oben schon erwähnte neue Eigenschaft *strangeness* $S$ („Seltsamkeit“) ein, zusammen mit der Auswahlregel, dass *strangeness* nur durch die Schwache Wechselwirkung geändert werden könne.

Genauer ausgedrückt: Alle „normalen“ Teilchen haben $S=0$, die seltsamen $S=+1$ oder $S=-1$. Prozesse der Starken und der elektromagnetischen Wechselwirkung unterliegen der strikten Auswahlregel $\sum S = \text{const}$. Vom Zerfall eines einzelnen Teilchens mit *strangeness* $S \neq 0$ sind diese beiden Wechselwirkungen ausgeschlossen, und erzeugen können sie sie nur in Paaren mit entgegen gesetzter *strangeness* $S=\pm 1$. Seltsame Teilchen für sich allein wären stabil, wenn es nicht die Schwache Wechselwirkung gäbe.

**Frage 11.11.** *Ist nun die Umkehrreaktion* $p+\pi^- \to \Lambda^0$ *des Schwachen Zerfalls* $\Lambda^0 \to p+\pi^-$*, obwohl noch nie beobachtet, prinzipiell möglich oder nicht?*

**Antwort 11.11.** *Ja, sie ist möglich, aber auch nur durch die Schwache Wechselwirkung. Deshalb ist sie in der ca.* $10^{10}$*-fachen Überzahl von Prozessen der Starken Wechselwirkung nicht zu finden. Man sieht daher die Erzeugung seltsamer Teilchen im Experiment (und in der Höhenstrahlung) nur paarweise, z. B.* $\pi^- + p \to \Lambda^0 + K^0$.

Ist die *strangeness* eine Art Ladung? Einerseits gilt für sie, anders als für die Baryonenzahl und die elektrische Ladung, nur ein eingeschränkter Erhaltungssatz: Schwache Wechselwirkung darf $S$ erzeugen und vernichten, die Starke und die elektromagnetische Wechselwirkung nicht.

**Eine neue Auswahlregel für die Schwache Wechselwirkung.** Andererseits stellt die *strangeness* aber wie eine „richtige“ Ladung eine additive Größe dar. Das wurde besonders durch die Entdeckung von Hadronen deutlich, die *zwei* Schwache Zerfälle nacheinander brauchen, um Zustände mit $S=0$ zu erreichen. Das wurde so formuliert, dass solche *Kaskaden-Teilchen* (Symbol $\Xi$) eine *strangeness*-Ladung $S=\pm 2$ haben, die nur in zwei Schritten von je $\Delta S=\pm 1$ abgebaut werden kann. Die Schwache Wechselwirkung gehorcht also der Auswahlregel $|\Delta S| \leq 1$.

**Frage 11.12.** *Warum nicht Auswahlregel* $|\Delta S|=1$*? Gibt es bei Hadronen tatsächlich auch „Schwachen Zerfall“ mit* $\Delta S=0$*?*

**Antwort 11.12.** *Die beiden deutlich sichtbaren Beispiele zu* $\Delta S=0$ *stehen schon in Gl. (11.9): Neutron und geladene Pionen.*

Fast alle Zerfälle, bei denen sich die *strangeness* nicht ändern muss, gehen durch elektromagnetische oder Starke Wechselwirkung von statten, sie müssen aber auch alle einen Beitrag der Schwachen Wechselwirkung enthalten. Dieser bewirkt eine

*Verkürzung* der Lebensdauer um einen winzigen Bruchteil, so viele Zehnerpotenzen kleiner, dass er experimentell natürlich nicht nachweisbar wäre. Beim Neutron und den geladenen Pionen kann aber weder die Starke noch die elektromagnetische Wechselwirkung etwas ausrichten, weil es ohne Neutrino hier keine Kombination aus leichteren Teilchen gäbe, bei denen die Ladungs- und Drehimpulserhaltung gewährleistet werden könnte. Daher bleiben hier nur rein Schwache Zerfälle. Dagegen kann z. B. das neutrale Pion schon elektromagnetisch zerfallen ($\pi^0 \to \gamma + \gamma$, siehe 11.1.4), und bis heute wurde daneben kein alternativer Schwacher Zerfallsweg (etwa $\pi^0 \to \nu + \overline{\nu}$) nachgewiesen.

**Vorschau auf allerhand „seltsames".** Mit der *strangeness* standen der Physik noch weitere überraschende Beobachtungen ins Haus, die insbesondere an den *K-Mesonen* oder *Kaonen* gewonnen wurden. Diese Art seltsamer Teilchen kommt in drei Ladungszuständen vor und hat wie die drei (nicht seltsamen) Pionen den Spin $I_\mathrm{K} = 0$, negative innere Parität $P_\mathrm{K} = -1$, und untereinander fast die gleichen Massen ($K^\pm$: 494 MeV, $K^0$: 498 MeV). Auch bilden $K^+$ und $K^-$ ein Teilchen-Antiteilchen-Paar wie $\pi^+, \pi^-$. Jedoch ist das $K^0$ nicht identisch mit seinem Antiteilchen $\overline{K^0}$, wobei der Unterschied einzig im Vorzeichen seiner *strangeness*-Ladung liegt. Die Kaonen und Anti-Kaonen bilden daher nicht ein einziges Isospin-Triplett wie die Pionen, sondern zwei Isospin-Dubletts mit $T = \frac{1}{2}$ , Baryonenzahl $A = 0$ und Seltsamkeit $S = +1$ bzw. $S = -1$. Auch die Zerfallsweisen der Kaonen sind auffällig. Für ein positiv geladenes Kaon (in Klammern die gemessenen Verzweigungsverhältnisse):

$$\begin{aligned} K^+ \to & \quad \pi^+ + \pi^0 \ (21\%) \\ \to & \quad \pi^+ + \pi^+ + \pi^- (6\%) \\ \to & \quad \pi^+ + \pi^0 + \pi^0 \ (2\%) \\ \to & \quad \pi^0 + \mu^+ + \nu_\mu \ (3\%) \\ \to & \quad \pi^0 + e^+ + \nu_\mathrm{e} \ (5\%) \\ \to & \quad \mu^+ + \nu_\mu (63\%) \\ \to & \quad e^+ + \nu_\mathrm{e} (0{,}0015\%) \\ & (+ \text{ weitere 16 nachgewiesene Möglichkeiten}) . \end{aligned} \tag{11.12}$$

Ein neutrales Kaon:

$$\begin{aligned} K^0, \overline{K^0} \to & \quad \pi^+ + \pi^- (34\%) \\ \to & \quad \pi^0 + \pi^0 \ (16\%) \\ \to & \quad \pi^0 + \pi^0 + \pi^0 \ (11\%) \\ \to & \quad \pi^+ + \pi^- + \pi^0 \ (6\%) \\ \to & \quad \pi^+ + e^- + \nu_\mathrm{e} \ (10\%) \\ \to & \quad \pi^- + e^+ + \overline{\nu}_\mathrm{e} \ (10\%) \end{aligned} \tag{11.13}$$

$$\begin{pmatrix} \text{+ weitere 10 nachgewiesene Möglichkeiten,} \\ \text{darunter aber \underline{nicht}} \\ \to \mu^+ + \mu^- \; (< 10^{-4})\% \\ \to e^+ + e^- \; (< 10^{-4})\% \end{pmatrix}.$$

Die erwähnten Überraschungen betreffen sämtlich „Regel-Verstöße“ der Schwachen Wechselwirkung und werden hier nur kurz angedeutet (genauer dann in Abschn. 12.2–12.4):

- $K^+$ kann sowohl in zwei als auch in drei Pionen zerfallen, siehe die ersten drei Zeilen in Gl. (11.12). (Das gleiche gilt für sein Antiteilchen $K^-$.) Allein das Nebeneinanderbestehen beider Zerfalls-Möglichkeiten widerspricht der Erhaltung der Parität. Der Sturz der vollkommenen Paritäts-Invarianz der Naturgesetze im Jahr 1956 gilt als eine der bedeutenden Erschütterungen, die das Lehrgebäude der Physik auszuhalten hatte (siehe Abschn. 12.2).

  Bis dahin hatte man bei den Kaonen denken müssen, es gäbe zwei verschiedene positive Sorten, die „zufällig“ gleiche Masse, Lebensdauer etc. haben und sich nur in ihrer inneren Parität unterscheiden.

- Auch das $K^0$ kann sowohl in zwei als auch in drei Pionen zerfallen, ebenfalls unter Paritätsverletzung (siehe die ersten vier Zeilen in Gl. (11.13)). Anders als bei einem geladenen Kaon (und bei jedem wohldefinierten metastabilen Anfangszustand) gibt es hier jedoch nicht eine einzige Lebensdauer, durch die Existenz zweier möglicher Zerfallsweisen verkürzt, sondern zwei sehr verschiedene. Sie müssen zu zwei verschiedenen Teilchen gehören. Das – nach seiner Bildungsreaktion eigentlich absolut reine – Teilchen $K^0$ ist offenbar aus beiden zusammengemischt. Das Antiteilchen $\overline{K^0}$ ist ihm hierin vollkommen gleich. Als dies nun schon „mehr als seltsame“ Verhalten 1954 von Gell-Mann und Pais vorhergesagt wurde, „hielten viele der hervorragendsten Theoretiker dies für richtigen Blödsinn“ (wörtlich so James Cronin[27] – einer, der es wissen musste: siehe übernächsten Stichpunkt). Dabei ist diese Vorhersage einfach herzuleiten. Man muss „nur“ den Anwendungsbereich des quantenmechanischen Superpositionsprinzips etwas ausweiten: auf die Überlagerung eines Teilchens mit seinem eigenen Antiteilchen (siehe *CP*-Eigenzustände und *CP*-Erhaltung bei der Schwachen Wechselwirkung, Abschn. 12.3.3).
- $K^0$ und sein Antiteilchen $\overline{K^0}$ haben die gleichen Zerfallsprodukte. Ihr einziges Unterscheidungsmerkmal, die verschiedene *strangeness*-Ladung $S = \pm 1$, verschwindet daher beim Zerfall. Da nach der Goldenen Regel (oder allgemeiner: nach der Zeitumkehr-Symmetrie) alle Reaktionen auch rückwärts laufen können (auch als virtuelle Prozesse in Feynman-Graphen), kann die Schwache Wechselwirkung sogar ein $K^0$ von allein in ein $\overline{K^0}$, also ein Teilchen in sein Antiteilchen umwandeln. Auch diese Vorhersage von Gell-Mann und Pais (1955) wurde wirklich bestätigt (siehe *strangeness*-Oszillationen Abschn. 12.3.3).

---

[27] zitiert nach [87] S. 38

- Am Zerfall der langlebigen Komponente von $K^0$ in drei *oder selten doch einmal in zwei* Pionen zeigte sich 1964, dass die Naturgesetze nicht einmal die Zeitumkehr-Invarianz ganz genau einhalten (James Cronin und Val Fitch, Nobelpreis 1980). Die Verletzung ist nur *geringfügig,* aber eine weitere Erschütterung des aus vermeintlich absolut exakten Symmetrie-Prinzipien konstruierten Fundaments der Physik (siehe Bruch der *CP*-Invarianz, Abschn. 12.3.4).
- Einer der Versuche, die Schwache Wechselwirkung als Folge eines Austauschs von virtuellen Teilchen zu verstehen, sagte in den 1960er Jahren die Möglichkeit von Zerfällen $K^0 \to \mu^+ + \mu^-$ und $K^0 \to e^+ + e^-$ voraus. Sie wurden allerdings nicht beobachtet, bis heute nicht. Um die Theorie mit den Experimenten zu versöhnen, wurde 1970 eigens ein neues Teilchen postuliert, das diesen Zerfall durch destruktive Interferenz der Übergangsamplituden verhindern sollte. Es war das vierte Quark im noch mehr als hypothetischen damaligen 3-Quark-Modell. Dass es als vollkommene Überraschung schon Ende 1974 wirklich gefunden wurde, wird in der Geschichte der Quark-Hypothese als die „November-Revolution" bezeichnet, denn erst hiermit erreichte sie schlagartig weitere Anerkennung (siehe Abschn. 13.2.3 – *charm*-Quark).
- Es gibt nicht-seltsame Teilchen ($S = 0$), die trotzdem bevorzugt in seltsame Teilchen zerfallen ($S = \pm 1$). Ein Beispiel ist das neutrale Meson $\Phi^0$ mit einer Masse 1 019 MeV und Spin 1. Zu 85% verwandelt es sich in zwei Kaonen (beide geladen oder beide ungeladen): $\Phi^0 \to K + \overline{K}$. Dabei bleiben gut 100 MeV übrig, die sich beide Kaonen als kinetische Energie im Schwerpunktsystem exakt teilen. Für viel wahrscheinlicher müsste man den Zerfall $\Phi^0 \to \pi + \pi + \pi$ halten, bei dem sogar 500 MeV kinetische Energie in beliebiger Weise auf drei Teilchen zu verteilen sind, weshalb es eine ungleich höhere Anzahl möglicher Endzustände gibt. Er findet aber nur zu 15% statt.[28]

### 11.3.4 Isospin, strangeness, und die SU(3)-Symmetrie

*Strangeness* $S$ und Isospin $T$ erwiesen sich in dem Inventar des Teilchenzoos als nicht ganz unabhängig voneinander. Zunächst konnte 1956 die simple Beobachtung von Gl. (11.8) zur *Gell-Mann-Nishijima-Relation* erweitert werden:

$$q = T_3 + \tfrac{1}{2}A + \tfrac{1}{2}S\,. \qquad (11.14)$$

In dieser Form[29] deutet sich schon an, dass die uns bekannte, einheitliche elektrische Ladung aus Komponenten zusammengesetzt ist, wovon eine die *strangeness* $S$ ist – ein sehr weitreichender Gedanke (siehe Abschn. 12.5.3).

---

[28] Warum $\Phi^0 \to \pi + \pi$ nicht vorkommt, kann mit der Isospin-Invarianz der Starken Wechselwirkung begründet werden. Siehe Fußnote 8 auf S. 591.

[29] Das Vorzeichen der *strangeness* ist daher so definiert, dass das erste entdeckte seltsame Teilchen $\Lambda^0$-Teilchen mit $q = 0$, $T = 0$, $A = 1$ gerade $S = -1$ bekommt.

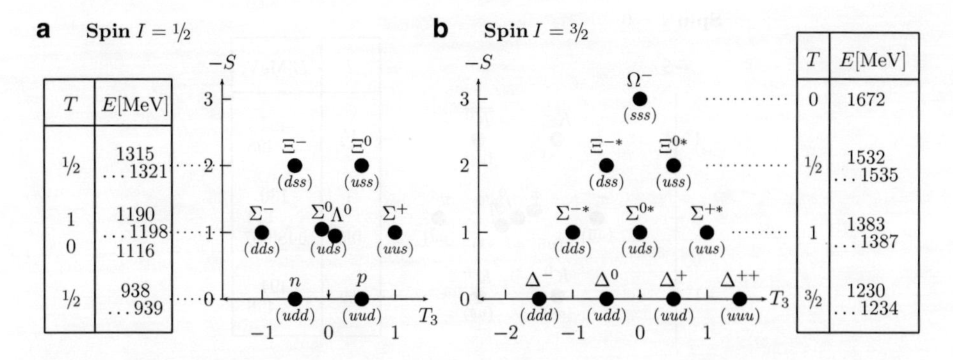


**Abb. 11.10** Die beiden ersten Super-Multipletts der Baryonen (Baryonenzahl $A = 1$) im Koordinatensystem aus Isospin (3-Komponente $T_3$) und *strangeness* $S$. **a**: Ein Oktett für die Grundzustände mit Spin $I = \frac{1}{2}$; **b**: Ein Dekuplett für angeregte Zustände (Resonanzen) mit Spin $I = \frac{3}{2}$. In der untersten Zeile ($S = 0$) finden sich Proton ($p$) und Neutron ($n$) sowie die $\Delta$-Resonanz in ihren vier Ladungszuständen. Ganz oben ($S = -3$) das im Zeitpunkt der Aufstellung dieses Diagramms noch unbekannte $\Omega^-$. Die elektrische Ladung (oberer Index am Teilchensymbol) ist $q = T_3 + \frac{1}{2}A + \frac{1}{2}S$, die Auftragung über $T_3$ ist um Null symmetrisch. Jede Zeile (d. h. bestimmte Quantenzahl $S$) ist gleichzeitig ein Isospin-Multiplett mit wohldefinierter Quantenzahl $T = 0, \frac{1}{2}, 1$, oder $\frac{3}{2}$ (siehe kleine Tabellen, in einem Fall liegen zwei Teilchen zu $T = 1$ und $T = 0$ übereinander). Die $2T + 1$ verschiedenen Zustände jedes Multipletts haben bis auf ca. 1% die gleiche Masse (als $E = mc^2$ in der kleinen Tabelle mit angegeben). (In Klammern erscheint unter jedem Teilchensymbol im Vorgriff auf Abschn. 13.1.7 die Zusammensetzung aus drei Quarks)

Die Gleichung gilt für alle Baryonen ($A = 1$) und Mesonen ($A = 0$).[30]

Ein viel weiter führender Zusammenhang zeigte sich bei der Suche nach Symmetrien unter den Hadronen. Entsprechend dem in Abschn. 11.2 beschriebenen Leitgedanken versuchte man, den angewachsenen Teilchenzoo so zu gliedern, dass Teilchen möglichst ähnlicher innerer Eigenschaften und möglichst nicht allzu verschiedener Massen in Multipletts zusammengefasst wurden, die den mutmaßlichen Symmetrien der Starken Wechselwirkung entsprechen könnten. Pais hatte schon beim Herausarbeiten der Eigenschaft „Seltsamkeit“ einen schönen Vergleich zu dem Schwierigkeitsgrad dieses Vorhabens gegeben: Als ob man aus dem chemischen Verhalten einiger weniger (und womöglich falsch identifizierter[31]) Elemente das ganze Periodensystem, ja den inneren den Aufbau der Atome herauszulesen hätte – und (wie man heute hinzufügen kann) auch die genaue Form der Wechselwirkung finden sollte, die das alles so bewirkt (also bei den Atomen das Coulomb-Gesetz, hier die Starke Wechselwirkung).

[30] In Kap. 13 wird beschrieben, dass sich das „seltsame“ Verhalten der Teilchen mit *strangeness* mittlerweile in drei weiteren Varianten gezeigt hat. Sie werden ebenso vielen unterschiedlichen Typen von Quarks zugeschrieben. Man unterscheidet alle Quarks durch ihren *flavor*, und die drei *flavor-Ladungen* der höheren Quarks kamen mit den Symbolen $C, B, T$ eine nach der anderen zu Gl. (11.14) hinzu (siehe Abschn. 13.4).

[31] 1963 z. B. gab es 26 Mesonen auf der Liste, von denen sich später 19 als falsch identifiziert herausstellten ([87, S. 38]).

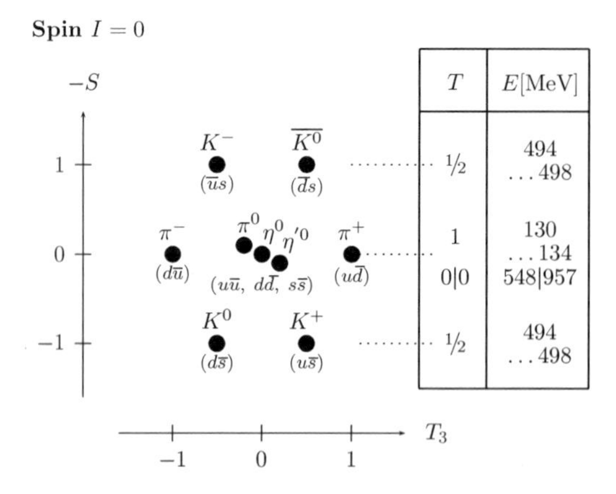


**Abb. 11.11** Das $SU(3)$-Multiplett der leichten (pseudoskalaren) Mesonen mit Spin $I = 0$ im selben Koordinatensystem wie Abb. 11.10. Es ist ein Nonett mit dem Isospin-Triplett der Pionen in der mittleren Zeile. Jedes Paar Teilchen-Antiteilchen liegt zum Mittelpunkt $S = T_3 = 0$ symmetrisch. Dieser Punkt ist (immer nach Vorhersage der $SU(3)$-Symmetrie) außer mit dem $\pi^0$ noch mit zwei weiteren Mesonen besetzt, die auch ihre eigenen Antiteilchen sind. Die elektrische Ladung (oberer Index am Teilchensymbol) ist wieder $q = T_3 + \frac{1}{2}A + \frac{1}{2}S$ (mit $A = 0$). Jede Zeile (d. h. bestimmte Quantenzahl $S$) ist gleichzeitig ein Isospin-Multiplett mit wohldefinierter Quantenzahl $T = 0$, $\frac{1}{2}$ oder 1. Die $2T + 1$ verschiedenen Zustände jedes Isospin-Multipletts haben bis auf ca. 1% die gleiche Masse (als $E = mc^2$ in der kleinen Tabelle mit angegeben). Dagegen liegen die Massen der beiden Singulett-Mesonen im Mittelpunkt bei stark veränderten Werten. (In Klammern erscheint unter den Teilchensymbolen im Vorgriff auf Abschn. 13.1.7 die Zusammensetzung aus je einem Quark und Antiquark).
Ein ganz ähnliches Nonett wird von der $SU(3)$-Symmetrie für die (Vektor-) Mesonen mit Spin $I = 1$ vorhergesagt. Darin bilden z. B. die $\rho$-Mesonen mit 770 MeV das Triplett zu $S = 0$. Die beiden anderen Mesonen zu $S = T_3 = 0$ sind das $\omega^0$ mit 783 MeV und das $\Phi^0$ mit 1 019 MeV, das bevorzugt in zwei Kaonen, also Teilchen mit *strangeness* zerfällt

Es sei daran erinnert, dass der Isospin mit der Gruppe der Drehungen im 3-dimensionalen Raum zusammenhängt, genau so wie auch der Spin und der Bahndrehimpuls. Bei einer physikalischen Größe „Drehimpuls" handelt es sich bei den Drehungen um solche im normalen Raum unserer Anschauung, beim Isospin aber um einen völlig abstrakten Raum. Der Isospin bekommt seine Bedeutung dadurch, dass die Starke Wechselwirkung (wenigstens näherungsweise) gegen Drehungen darin invariant ist (so wie das ganz exakt für das Coulomb-Feld einer Punktladung gegen Drehungen im normalen Raum gilt), mit der Folge, dass die Eigenzustände zur Starken Wechselwirkung, also die Hadronen, immer eine bestimmte Quantenzahl $T$ haben und ein Multiplett von $2T + 1$ Teilchen verschiedener Werte $T_3$ (bzw. elektrischer Ladung $qe$), aber recht ähnlicher Massen bilden. Gell-Mann erweiterte 1961 dies Bild um eine neue Dimension für die *strangeness* $S$. In der graphischen Auftragung ergaben sich größere „Super-Multipletts" (siehe Abb. 11.10 für Baryonen, 11.11 für die pseudoskalaren Mesonen), in denen Hadronen mit gleichem Spin, gleicher Parität und (bis auf Isospin und *strangeness*) auch sonst „ähnlichen" Eigenschaften versuchsweise gruppiert werden konnten. In ihnen fanden sich die früheren

Isospin-Multipletts nun als Zeilen ($S = \text{const}$) wieder. Insbesondere ergaben sich bei Baryonen je ein Multiplett mit 8 oder 10 Teilchen (Oktett bzw Dekuplett), bei Mesonen zweimal 9 (Nonetts).

Dabei fielen so viele Regelmäßigkeiten auf, dass Gell-Mann (und Yuval Ne'eman) aus diesen Supermultipletts eine Symmetrie in einem noch abstrakteren Raum herausdestillieren konnten. Sie würde der Invarianz des Hamilton-Operators gegenüber den Drehungen in einem 3-dimensionalen komplexen Raum entsprechen.[32] Schnell wurde sie unter dem gruppentheoretischen Namen $SU(3)$ berühmt, aber auch als „Achtfacher Weg“ (Gell-Mann), in Anlehnung an die Buddhistische Lehre zur Überwindung irdischer Leiden, wohl wegen des dringenden Wunsches, vielleicht hier einen systematischen Weg durch den Teilchenzoo gewiesen zu bekommen.

Dass diese versuchsweise Zusammenfassung manchmal doch recht unterschiedlich aussehender Teilchen auch diesmal keine formale Spielerei war, wurde bald an einer spektakulären Vorhersage sichtbar: Als die $SU(3)$-Super-Multipletts zum ersten Mal versuchsweise aufgestellt wurden, gab es für das Dekuplett (Abb. 11.10b) nur neun Teilchen. Es fehlte eins für die obere Spitze, wo die *strangeness*-Ladung den nie zuvor beobachteten Wert $S = -3$ haben sollte (der folglich eine Kaskade von drei der „seltsam langsamen“ Umwandlungen zur Rückkehr ins Gebiet der normalen Teilchen mit $S = 0$ nötig machen würde). Zur Vervollständigung müsste es dies Teilchen geben, wobei die weiteren Quantenzahlen mit $I = \frac{3}{2}$, $T = 0$, $q = -1$ fest vorhergesagt wurden. Zugleich ergab sich, dass es (außer dem Antiteilchen) kein weiteres Teilchen mit $|S| = 3$ und erst recht keines mit $|S| > 3$ geben sollte (dies allenfalls in anderen, noch größeren Multipletts mit sicher sehr verschiedener Masse). Innerhalb des Dekupletts konnte man auch die Masse des fehlenden Teilchens vorhersagen, obwohl bei strenger Invarianz des Hamilton-Operators gegen die $SU(3)$-Transformationen ja alle Energien (Massen) desselben Multipletts entartet sein müssten. Doch hatte sich überall eine kräftige Aufspaltung je nach der *strangeness* gezeigt. Für die fehlende Spitze des Dekupletts ergab sich aus den die fast äquidistanten Massen der drei schon bekannten unteren Zeilen durch eine einfache Extrapolation die Vorhersage $\approx 1\,680\,\text{MeV}$.

1964 wurde das vorhergesagte Teilchen nahe der erwarteten Masse gefunden (die erste Blasenkammer-Aufnahme in Abb. 11.14). Es wurde $\Omega^-$ genannt, nach dem letzten Buchstaben des griechischen Alphabets – als Ausdruck der Hoffnung, mit dem fertig ausgefüllten Schema des $SU(3)$-Dekupletts einen Abschluss gefunden zu haben. Ein triumphaler Erfolg auf dem Weg der Strukturierung des Teilchenzoos.

---

[32] $SU(3)$ ist die Gruppe der *komplexen* Transformationen $\hat{U}$ in einem 3-dimensionalen Raum, die unitär sind ($\hat{U}^{-1} = \hat{U}^\dagger$) und die Determinante $+1$ haben, also als Drehungen in höherer Dimension anzusprechen sind. Eine reelle Drehung im normalen Orts-Raum kann immer durch die Lage der räumlichen Drehachse (Einheitsvektor $\vec{\Lambda}_0$) und einen Drehwinkel $\Phi$ ausgedrückt werden, zusammengefasst zu $\vec{\Lambda}_\Phi = \Phi\vec{\Lambda}_0$, dem Dreh-Vektor. Die entsprechende Transformation des Zustandsvektors ist $U = \exp\left(-\mathrm{i}(\vec{\Lambda}_\Phi \cdot \hat{\vec{\ell}})\right)$, lässt sich also als Skalarprodukt durch die jeweils drei Komponenten des Dreh-Vektors und des für Drehungen zuständigen Operators $\hat{\vec{\ell}}$ ausdrücken. Für die Drehungen der $SU(3)$ braucht man ein Skalarprodukt aus jeweils acht Komponenten.

Es vergingen immerhin 10 Jahre mit der Entdeckung zahlreicher weiterer Hadronen, bis auch der Rahmen der $SU(3)$ durch ein neues Teilchen gesprengt wurde – durch das $J/\Psi$-Meson. Es trägt eine von der *strangeness* wieder unterschiedliche Art Ladung, die ebenfalls nur durch die Schwache Wechselwirkung abgebaut werden kann. Seine Entdeckung im Jahr 1974 (gleichzeitig in zwei Labors, daher auch die doppelte Namensgebung) ging als „November-Revolution" in die Geschichte der Elementarteilchenphysik ein. Denn dies Teilchen beseitigte auf einen Schlag die verbreitete Skepsis gegenüber dem Quark-Modell und den beiden gerade im Entstehen begriffenen Quantenfeldtheorien der Schwachen und der Starken Wechselwirkung: $J/\Psi$ zeigte das damals schon erdachte,[33] aber von vielen nicht wirklich erwartete vierte Quark mit Namen *charm* (genauer in Abschn. 13.2.3).

## 11.4 Antiprotonen

**Prinzipienfrage.** Eine für die Prinzipien der Elementarteilchenphysik wichtige Frage war die nach der Existenz von Antiteilchen. Die Dirac-Theorie kommt ohne sie nicht aus (vgl. Abschn. 10.2.6), und in den Feynman-Graphen der Quantenfeldtheorie ist jede zeitlich rückwärts laufende Linie ein (in der Natur zeitlich vorwärts laufendes) Antiteilchen (vgl. Abschn. 9.7.6). Im Falle der Photonen macht das keinen Unterschied, bei allen geladenen (oder aus geladenen zusammengesetzten) Teilchen aber trägt dann das Antiteilchen eine exakt gleich große Ladung mit entgegen gesetztem Vorzeichen (und zwar für jeden Typ von Ladung), und macht daher (z. B. an den Vertices der Feynman-Graphen) bis aufs Vorzeichen exakt die gleichen Wechselwirkungen wie das Teilchen. Für die Fermionen erfordert auch der strikt gültige Satz von der Erhaltung ihrer Anzahl die Existenz von Antiteilchen, denn ohne sie könnte es sonst keine Erzeugungsprozesse geben, auch nicht virtuell.

Im theoretischen Fundament der Quantenfeldtheorie ist es die Invarianz jedes denkbaren („vernünftigen") Hamilton-Operators gegenüber der vereinigten Spiegelung der Vorzeichen von Raum, Zeit und Ladungen, die die Existenz von Antiteilchen garantiert (siehe Abschn. 10.2.6 und das $CPT$-Theorem in Abschn. 12.4.2).

Direkte Beobachtungen von Antiteilchen hatten sich lange auf die Paar-Erzeugung und Annihilation bei Elektronen und Positronen beschränkt (vgl. Abschn. 6.4.5) und auf die Pionen $\pi^{\pm}$. Weitere Antiteilchen, nun allgemein durch einen Querstrich über dem Teilchensymbol bezeichnet, tauchten vor allem in den Bilanzgleichungen für Reaktionen und Zerfälle im Teilchenzoo auf, um die Erhaltungssätze für Baryonen- und Leptonenzahlen in Ordnung zu halten. Die gezielte Erzeugung von weiteren Teilchen-Antiteilchen-Paaren war daher eine Herausforderung an die Experimente.

**Planung des Experiments.** Wie kann man ein Antiproton $\overline{p}$, d. h. also ein Paar $p\overline{p}$, erzeugen? Mindestenergie ist $E = 2m_{\mathrm{p}}c^2 \approx 2\,\mathrm{GeV}$ – und zwar im Schwerpunktsystem. Die besten Erzeugungsraten konnte man sich von Prozessen der Starken Wech-

[33] wie oben bei den Besonderheiten der Kaonen erwähnt

selwirkung erwarten. Die aussichtsreichste Reaktion ist demnach

$$p + p \to p + p + p + \overline{p} \,. \tag{11.15}$$

**Frage 11.13.** *Welche Energie $E_{\mathrm{kin}}$ muss das Projektil-Proton im Laborsystem haben, damit diese Reaktion an einem ruhenden Target-Proton ablaufen kann?*

**Antwort 11.13.** *Man betrachte die Energie- und Impuls-Erhaltung. In relativistischer Schreibweise als 4-Vektor:*

$$\begin{pmatrix} E_{\mathrm{p(projektil)}} + E_{\mathrm{p(target)}} \\ \vec{p}_{\mathrm{p(projektil)}} + \vec{p}_{\mathrm{p(target)}} \end{pmatrix} = \begin{pmatrix} E_{(3p+\overline{p})} \\ \vec{p}_{(3\mathrm{p}+\overline{\mathrm{p}})} \end{pmatrix} \tag{11.16}$$

[ (vor dem Stoß) = *(nachher) ]*

*Diese Gleichung gilt sowohl im Labor- als auch im Schwerpunktsystem, nur mit jeweils anderen Werten für die einzelnen Einträge. Was aber in jedem System gleich heraus kommen muss, ist die* invariante Masse, *d. h. der Lorentz-invariante Betrag des Energie-Impuls-Vektors oder schlicht die (Ruhe-) Masse $M$ des Gesamtsystems:*

$$E^2 - \vec{p}^2 c^2 = (Mc^2)^2 \tag{11.17}$$

*(vgl. die Beschreibung der Entdeckung der ρ-Mesonen in Abb. 11.8).*

*Bei der minimalen Energie bleibt für die vier Teilchen nach der erfolgreichen Reaktion keine Energie fürs Auseinanderfliegen übrig. Sie bilden im Schwerpunktsystem zusammen ein ruhendes System aus vier ruhenden Teilchen, folglich mit der Ruhemasse* $4m_{\mathrm{p}}$. *In diesem Fall steht daher in Gl. (11.17) auf der rechten Seite* $(4m_{\mathrm{p}}c^2)^2$. *Da diese Gleichung in jedem Bezugssystem gilt, kann man die linke Seite einfach im Laborsystem durchrechnen:*

$$(E_{\mathrm{p(projektil)}} + E_{\mathrm{p(target)}})^2 - (\vec{p}_{\mathrm{p(projektil)}} + \vec{p}_{\mathrm{p(target)}})^2 c^2 = (4m_{\mathrm{p}}c^2)^2 \,.$$

*Man kann eintragen:*

$$\vec{p}_{\mathrm{p(target)}} = 0,\, E_{\mathrm{p(target)}} = m_{\mathrm{p}}c^2,\, E^2_{\mathrm{p(projektil)}} - p^2_{\mathrm{p(projektil)}}c^2 = m^2_{\mathrm{p}}c^4 \,.$$

*Einsetzen ergibt* $(E_{\mathrm{p(projektil)}} + m_{\mathrm{p}}c^2)^2 - p^2_{\mathrm{p(projektil)}}c^2 = 16m^2_{\mathrm{p}}c^4$, *ausmultipliziert:*

$$2E_{\mathrm{p(projektil)}}m_{\mathrm{p}}c^2 = 14(m_{\mathrm{p}}c^2)^2 \Rightarrow E_{\mathrm{p(projektil)}} = 7m_{\mathrm{p}}c^2 \,.$$

*Daher nun die Antwort: Die Mindestenergie zur Erzeugung von Antiprotonen in p-p-Stößen ist*

$$E_{\mathrm{kin}} = E_{\mathrm{p(projektil)}} - m_{\mathrm{p}}c^2 = 6m_{\mathrm{p}}c^2 \approx 5{,}7\,\mathrm{GeV}\,.$$

*(Bei Berücksichtigung einer kinetischen Energie von z. B.* 25 MeV, *die die in einem größeren Target-Kern gebundenen Target-Protonen haben können, sinkt diese Min-*

*destenergie um nicht weniger als* 1,4 GeV*! Vergleiche den analogen Effekt bei der Erzeugung von Pionen* 10 *Jahre vorher, Frage 11.2).*

**Big science.** So einfach diese Berechnung, so groß die nun erforderlichen experimentellen Anstrengungen. In Berkeley (nahe San Francisco/Kalifornien) wurden eigens ein neuer Beschleuniger für so hohe Energie und ein neues Detektorsystem gebaut, um die erwarteten Antiprotonen unter vieltausendfacher Überzahl anderer Reaktionsprodukte, vor allem Pionen, eindeutig zu identifizieren. 1956 konnten in hochenergetischen Stößen aus Protonen mit Protonen ab 5 GeV die ersten 60 erzeugten Antiprotonen nachgewiesen werden (Emilio Segrè, Owen Chamberlain, Nobelpreis 1959).

Identifizierungsmerkmal war negative Ladung $q < 0$ in Verbindung mit einer Masse $m \approx m_{\mathrm{p}}$. Magnetische Ablenkung sortierte nach Ladungsvorzeichen und Impuls (siehe Abschn. 4.1.2). Zur Identifizierung der richtigen Masse wurde dann durch den Öffnungswinkel der Cherenkov-Strahlung (siehe Abschn. 11.5.2) die Geschwindigkeit festgelegt.

**Frage 11.14.** *Kann man die Antiprotonen nicht einfach an ihren Zerfallsprodukten erkennen?*

**Antwort 11.14.** *Nein, denn sie sind stabil. „Zerstrahlen" tun sie sich nur in Reaktion mit Protonen, genau wie bei Positronen und Elektronen.*

Nur 25 Jahre später konnten im $Sp\overline{p}S$-Beschleuniger im *CERN* Tag für Tag $10^{10}$-mal mehr Antiprotonen erzeugt, zu einem Strahl gebündelt, noch einmal auf bis 275 GeV beschleunigt und einem Protonenstrahl entgegen geschossen werden, der auf die gleiche Energie beschleunigt worden war. Aus der im Schwerpunktsystem vorhandenen Energie von 550 GeV konnten sich in $\overline{p} + p$-Stößen die Teilchen bilden, die man als Austausch-Teilchen der Schwachen Wechselwirkung theoretisch erwartete: die $W^{\pm}$- und $Z^0$-Bosonen (siehe Abschn. 12.5).

## 11.5 Die Instrumente: Beschleuniger und Detektoren

Ein kurzer Überblick über die Art und Größe der Apparate, mit denen die in den vorangehenden und folgenden Kapiteln beschriebenen Erkenntnisse über die Elementarteilchen und ihre Reaktionen gewonnen wurden. In eindrucksvoller Weise demonstrieren sie die Tatsache, dass wir zu immer größeren Apparaturen gedrängt werden, je kleiner die untersuchten Strukturen werden sollen. Auch darin kann man einen Ausdruck des Welle-Teilchen-Dualismus sehen, dem zufolge Impuls und Wellenlänge der Quanten umgekehrt proportional zueinander sind. Höhere Ortsauflösung verlangt damit unweigerlich nach Quanten mit höheren Impulsen bzw. Energien, was sowohl für die Erzeugung als auch für die Detektion immer größere Apparaturen erfordert.

### *11.5.1 Beschleunigerentwicklung – Ein kurzer Eindruck*

Wir beginnen mit der Entdeckung der Röntgen-Bremsstrahlung (1895) mittels eines Experiments, das man für den Zweck dieses Abschnitts rückblickend in heutiger Sprechweise so klassifizieren könnte:

> *Erzeugung eines neuen Elementarteilchens* (Photon) *durch einen Stoßprozess zwischen einem im Vakuum auf hohe Energie beschleunigten Projektil* (Elektron) *und einem ruhenden Target* (einem Kern in der Antikathode), *mit Nachweis desselben durch einen geeigneten Detektor* (Fotoplatte).

Für diesen Typ von Experimenten ist Röntgens Entdeckung ein frühes (wenn nicht überhaupt das erste[34]) Beispiel. Das Prinzip ist geblieben und stellt bis heute eine zentrale Achse der Elementarteilchen-Physik dar. Bis in die 1950er Jahre war man dabei auf die beschleunigten Projektile angewiesen, die von der Höhenstrahlung bereit gestellt wurden. Danach begann die Entwicklung der Hochenergie-Beschleuniger.[35] Dazu musste Röntgens Aufbau mit gewaltigen Faktoren „skaliert" werden. Einige dieser Faktoren sind hier – nur zur Veranschaulichung von Größenordnungen[36] – einmal gesammelt:

- Die Projektil-Energie wuchs um einen Faktor $10^9$ (von – größenordnungsmäßig! – $10^4$ eV bei Röntgen zu $7 \cdot 10^{12}$ eV $\equiv 7 \cdot 10^3$ GeV $\equiv$ 7 TeV im *Large Hadron Collider LHC*, der 2008 im *CERN* in Probebetrieb ging, um das *Higgs-Teilchen* zu erzeugen, siehe Abschn. 12.5.3 und Kap. 14).
- Die Projektil-Masse wuchs um einen Faktor $4 \cdot 10^5$ (vom $e^-$ zum ${}^{238}_{92}U$).
- Die Ruhemasse der erzeugten Elementarteilchen wuchs von Null (Photon) auf bisher 172 GeV (Masse des 1995 gefundenen *top*-Quark).
- Die lineare Ausdehnung der Apparatur wuchs um einen Faktor $10^5$ (von – größenordnungsmäßig! – weniger als 1 m bei Röntgen zu 27 km Länge des ringförmigen Strahlrohrs im *LHC*).
- Die Qualität des Vakuums, in dem die Teilchen fliegen, stieg um einen Faktor $10^8$ (von – geschätzten – $10^{-3}$ mbar bei Röntgen zu $10^{-11}$ mbar im $Sp\overline{p}S$, um dort eine störungsfreie Speicherung der beiden Teilchenstrahlen für 100 h zu ermöglichen).
- Die Stromdichte der beschleunigten Teilchen stieg um einen Faktor $10^{15}$ (von – geschätzten – $1\,\mathrm{mA/cm^2} \approx 10^{16}$ Teilchen$/(\mathrm{cm^2\,s})$ bei Röntgen auf (geplante) $10^{31}/(\mathrm{cm^2\,s})$ im Strahlfokus des *LHC* (der aber nur 0,1 mm Durchmesser haben soll).
- Der technische Energie-Bedarf wuchs um einen Faktor $10^6$ (von – geschätzten – 100 W bei Röntgen auf 100 MW für den *LHC*).

---

[34] „Offiziell" gilt das $\pi^0$ als das erste mit einem Beschleuniger gefundene Elementarteilchen.

[35] Genaueres findet man in vielen Lehrbücher der Kern- und Elementarteilchen-Physik, die den Beschleunigern und Detektoren ausführliche Kapitel widmen (z. B. [24]).

[36] Fast alle der nun folgenden Skalierungs-Faktoren sind grob geschätzt, denn die genaueren Daten aus Röntgens Labor sind in Tabellen nicht zu finden – *mit Ausnahme natürlich der konstant gebliebenen Eigenschaften der beiden betroffenen Elementarteilchen Elektron und Photon.*

- Das Gewicht der Detektoren wuchs um einen Faktor $10^8$ (von – geschätzten – 10 g für Fotoplatten zu $10^3$ t = 1 Gg des *LHC*-Detektors ATLAS).
- Die Zahl der beschäftigten Wissenschaftler und Techniker stieg um einen Faktor $10^4$ (von zwei Personen – Röntgen selber und sein Laborant, der durch Heben und Senken von schweren Quecksilbergefäßen (die mit Schläuchen und Ventilen mit der Röhre und der Außenwelt verbunden waren) hydraulisch das Vakuum erzeugen musste – auf ca. 10 000 beim *LHC*).
- Die Kosten stiegen um einen Faktor – ???

Der Anstieg der erreichbaren Projektil-Energie wird aus unmittelbar einleuchtenden Gründen gerne halblogarithmisch aufgetragen (siehe Abb. 11.12). Ermöglicht wurde er vor allem durch ingeniöse, manchmal auch mit dem Nobelpreis für Physik ausgezeichneten Leistungen der Elektrotechnik (und auch der Vakuum-Technik). Auf Einzelheiten muss hier verzichtet werden, obwohl die Erforschung der elementaren Teilchen ohne diese Erfindungen kaum möglich gewesen wäre.

### *11.5.2 Detektoren – ein kurzer Überblick mit Beispielen*

Die große Rolle, die der Fotoplatte, der Nebelkammer, dem Szintillator und dem Halbleiter-Detektor bei der Entdeckung und Erforschung neuer Teilchen zukam, ist in den vergangenen Abschn. 2.1, 3.1 und 6.4.8 schon schon ausführlich gewürdigt worden. Ab Mitte des 20. Jahrhunderts wuchsen die Anforderungen an die Detektoren sprunghaft an, um Teilchen immer höherer Energie und Anzahl schnell und genau vermessen zu können. Wichtige Stufen der Entwicklung werden hier kurz dargestellt.

**Blasen-Kammer.** Die meisten der Teilchen-Spezies, die ab den 1950er Jahren den Teilchenzoo bevölkern halfen, wurden mit der Blasen-Kammer entdeckt (Donald A. Glaser, Nobelpreis 1960). Die Aufnahmen sehen aus wie Nebelkammer-Aufnahmen (vgl. Abb. 2.3) und beruhen auch auf dem gleichen Prinzip: Ein ionisierendes Teilchen erzeugt in einem Medium Kondensationskeime für den durch Übersättigung überfällig gemachten Phasenübergang. Bei der Nebelkammer war es ein feuchtes Gas, bei der Blasenkammer eine Flüssigkeit.

Zu Beginn nahm man flüssiges Propan, dann meist flüssigen Wasserstoff, um Stöße mit einzelnen Protonen zu untersuchen, und flüssiges Deuterium, um die Reaktionen mit einzelnen Neutronen wenigstens aus dem Vergleich mit normalem Wasserstoff ermitteln zu können. Schließlich bei der Neutrino-Forschung wieder schwerere Stoffe wie Freon, um durch höhere Nukleonen-Dichte mehr Neutrinos zur Reaktion zu bringen.

Die Überkritikalität wird durch rasche Expansion herbeigeführt. Im Gas der Nebelkammer sorgt das für adiabatische Abkühlung, genug, um trotz der gleichzeitig abnehmenden Dichte den Taupunkt zu unterschreiten. In der Blasenkammer mit der überhitzten Flüssigkeit ist nicht die adiabatische Abkühlung der entscheiden-

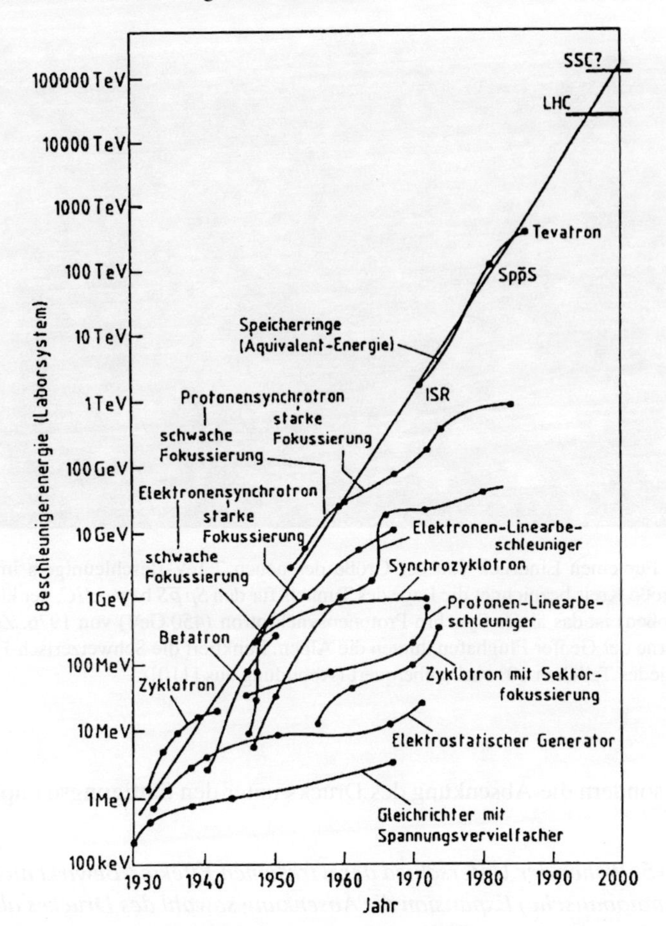


**Abb. 11.12** Der nahezu exponentielle Anstieg der Projektil-Energie in Teilchenbeschleunigern seit 1930. Die Steigung zeigt eine Verdopplungszeit von 2,1 Jahren (übrigens ähnlich dem Mooreschen Gesetz für die Leistungssteigerung in der Mikro-Elektronik seit den 1970ern). Jede neue Linie markiert den technischen Durchbruch eines neuen Konzepts. Oberhalb 1 TeV sind dies die Collider-Anlagen, in denen zwei Strahlen gegeneinander geschossen werden (z. T. nach vorheriger Ansammlung und Speicherung in Speicherringen), um die volle Endenergie der Beschleunigungsstrecken als Energie im Schwerpunktsystem zur Verfügung zu haben. Für diese Anlagen ist die Grafik insofern geschönt, als anstelle der Leistung der beiden Beschleuniger für die einander entgegen gerichteten Strahlen die „Äquivalent-Energie" aufgetragen wurde, die die Teilchen des einen Strahls haben, wenn sie vom Ruhesystem des anderen Strahls aus gesehen werden. Sie liegt um ein Vielfaches über den im Laborsystem erreichten Energien. Die für den 2008/2009 in Probebetrieb gegangenen *Large Hadron Collider (LHC)* im *CERN* angegebene Äquivalentenergie $10^4$ TeV wird z. B. durch Beschleunigung auf je 7 TeV erreicht. Der mit Fragezeichen eingetragene „Superconducting Super-Collider" wurde zur gleichen Zeit in den USA geplant, war aber nicht finanzierbar. (Abbildung nach [110])

**Abb. 11.13** Für einen Eindruck von der Größe des neuen 7 TeV-Beschleunigers im *CERN* bei Genf. Der große Kreis bezeichnet die Lage des Tunnels für den $Sp\overline{p}S$ bzw. *LHC*, der kleinere Kreis (links im großen) ist das ältere Synchro-Protonensynchrotron (450 GeV) von 1976. Zum Größenvergleich vorne der Genfer Flughafen, hinten die Alpen. Punktiert die Schweizerisch-Französische Grenze, die jedes Teilchen $10^4$-mal/s überquert (Abbildung aus [110])

de Effekt, sondern die Absenkung des Drucks unter den Sättigungsdampfdruck der Flüssigkeit.

**Frage 11.15.** *Woher der Unterschied der wirksamen Effekte? Bewirkt nicht jede rasche (also adiabatische) Expansion die Absenkung sowohl des Druckes als auch der Temperatur?*

**Antwort 11.15.** *Richtig. Nur leistet ein Gas (nahe den Normalbedingungen wie in der Nebelkammer) dabei erheblich mehr äußere Arbeit als der geringe Dampfdruck über der Flüssigkeit. Daher überwiegt in der Nebelkammer die Abkühlung gegenüber der Verdünnung der Luftfeuchte im vergrößerten Volumen, während im Tank der Blasenkammer nun das vergrößerte Dampf-Volumen gefüllt werden will. (Umgekehrt kann man ja eine Flüssigkeit auch nicht so leicht durch Kompression erhitzen wie ein Gas.)*

Die neue stabile Phase – kondensierte Tröpfchen bzw. dampfgefüllte Bläschen – bildet sich um die ionisierten Atome. Der große Fortschritt der Blasenkammer gegenüber der Nebelkammer beruht grundsätzlich auf der um 2–3 Größenordnungen höheren Dichte der Flüssigkeit gegenüber dem Füllgas, also entsprechend höheren Reaktionsraten sowohl bei den eigentlichen Hochenergie-Prozessen als auch bei der Ausbildung stärkerer Ionisationsspuren. Es lohnte sich nun, bei jedem eintreffenden Teilchenpaket aus dem Beschleuniger den Expansionsmechanismus und kurz danach die Stereo-Kameras auszulösen. Über die Jahre ist die Anzahl der Stereo-

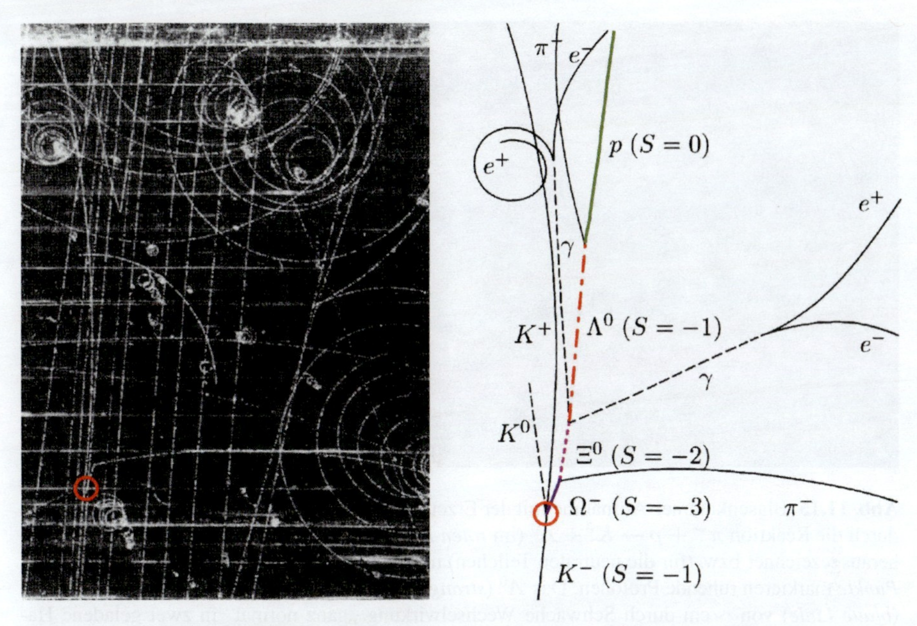


**Abb. 11.14** Die Blasenkammeraufnahme von der Entdeckung des vorhergesagten $\Omega^-$, des einzigen Teilchens mit dreifacher *strangeness*-Ladung $S = -3$ (siehe Abschn. 11.3.4). *Rechts* herausgezeichnet die relevanten Ionisationsspuren, ergänzt um die unsichtbar gebliebenen Wege der neutralen Teilchen (*gestrichelt*). Im *roten Kreis* die Stelle, an der das von unten einfliegende $K^-$ mit einem Proton drei Teilchen erzeugt: $K^- + p \rightarrow \Omega^- + K^0 + K^+$. Entlang der *farbig* gekennzeichneten Trajektorie wandelt sich das $\Omega^-$ über ein $\Xi^0$ und ein $\Lambda^0$ in ein Proton $p$ um, wobei die *strangeness* in jedem Schritt um $\Delta S = 1$ abgebaut wird. (Abbildung nach [87])

Aufnahmen sicher in die Milliarden gegangen, die alle durch direkte Inaugenscheinnahme analysiert werden mussten. (Zum Beispiel 1,4 Millionen im *CERN* 1973 für das Aufspüren von 3(!) Ereignissen des „neutralen schwachen Stroms" – vgl. Abschn. 12.5).

Abbildungen 11.14 und 11.15 zeigen Beispiele (aus der Zeit des Teilchenzoos).

**Große elektronische Detektoren.** Deutlich ist auf den Blasenkammer-Aufnahmen zu sehen, an welche Grenze diese Detektionstechnik stößt: Es werden in gewaltiger Zahl Spuren von Teilchen aufgenommen, die alle mit physikalischem Sachverstand ausgewertet werden müssen um dann in den allermeisten Fällen festzustellen, dass nichts Neues daraus zu lernen ist. Dies Problem verschärfte sich weiter in dem Maße, wie die Beschleuniger mehr Teilchen mit höherer Energie und schnellerer Pulsfolge liefern konnten, während sich gleichzeitig das Interesse auf immer seltenere Reaktionen konzentrierte. So musste die große Blasenkammer *Gargamelle* am *CERN* mit etwa 12 $m^3$ Volumen, mit der 1973 die elastische Streuung von Neutrinos nachgewiesen werden konnte, 1979 außer Betrieb genommen werden und nun den Detektoren mit elektronischer Erkennung der Spuren weichen. An ihrem früheren Standort wurde in den letzten Jahren der Detektor *ATLAS* aufgebaut, ein Mitglied

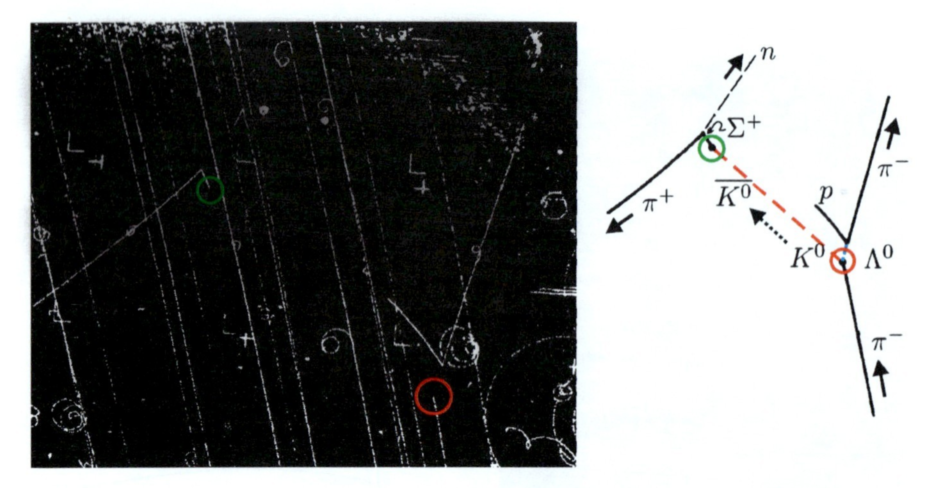


**Abb. 11.15** Blasenkammer-Aufnahme mit der Erzeugung eines Paars neutraler *seltsamer* Teilchen durch die Reaktion $\pi^- + p \to K^0 + \Lambda^0$ (im *roten Kreis*). *Rechts* sind die relevanten Trajektorien herausgezeichnet bzw. (für die neutralen Teilchen) mit *gestrichelten Linien* ergänzt; die *schwarzen Punkte* markieren ruhende Protonen. Das $\Lambda^0$ (*strangeness* $S = -1$) zerfällt nach einer Flugstrecke (*blaue Linie*) von $\sim$cm durch Schwache Wechselwirkung „ganz normal" in zwei geladene Hadronen ($\Lambda^0 \to p + \pi^-$). Das $K^0$ ($S = +1$) reagiert mit einem Proton (*grüner Kreis*), muss sich zuvor aber schon in $\overline{K^0}$ ($S = -1$) umgewandelt haben, denn dort entsteht ein $\Sigma^+$ (mit $S = -1$!); die Reaktion muss $\overline{K^0} + p \to \Sigma^+ + \pi^0$ sein (Starke Wechselwirkung erhält $S$). (Das $\pi^0$ zerfällt sogleich in zwei $\gamma$, nicht sichtbar in dem Bild.) Das $\Sigma^+$ seinerseits zerfällt nach kurzer, aber sichtbarer Spur (d. h. durch Schwache Wechselwirkung) gemäß $\Sigma^+ \to n + \pi^+$. (Die anderen geraden Spuren sind von anderen Pionen des einfallenden Teilchenstrahls, die in der Blasenkammer nur ionisierende Stöße gemacht haben. In einigen Fällen hat das gestoßene Elektron dabei soviel Energie erhalten, dass es seinerseits eine längere Spur macht, die sich wegen des Magnetfelds und der Abbremsung spiralig krümmt.) (Abbildung nach [175])

der Generation neuer Detektoren für den *LHC*, die nicht nur wegen ihrer Größe (*ATLAS*: wie ein fünfstöckiges Haus) alles bis dahin bekannte in den Schatten stellen.

*ATLAS* ist um eine der vier Wechselwirkungszonen des *LHC* herum gebaut, wo sich alle 25 ns unter fast 180° zwei Protonenpakete der beiden submillimeterfein fokussierten Strahlen begegnen und etwa ein Dutzend heftiger $p$-$p$-Stöße auftreten, die zusammen einige tausend neue Teilchen aus dem Strahlrohr heraus in den Detektor schicken. Jede Spur wird verfolgt, was einem Rohdatenfluss von (äquivalent) ca. $10^5$ CD-ROM in jeder Sekunde entspricht, der durch schnelles elektronisches Aussortieren auf weniger als 1 CD-ROM reduziert wird. Darin sollen sich die ca. $10^2$ in jeder Sekunde erwarteten interessanten Ereignisse konzentrieren, die zur weiteren Auswertung über ein neues Rechnernetz *GRID* mit gegenüber dem Internet um mehrere Größenordnungen vervielfachter Leistungsfähigkeit in die ca. 170 weltweit verstreuten Institute der *ATLAS*-Collaboration verteilt werden.

Der Detektor soll (bis auf Neutrinos) jedes hochenergetische Teilchen nachweisen und nach Art, Impuls bzw. Energie identifizieren.[37] Dazu ist er aus mehreren Schichten zusammengesetzt, von denen jede einzeln die Wechselwirkungszone möglichst vollständig umgibt und für eine bestimmte Aufgabe ausgelegt ist. Alles befindet sich in einem großen supraleitenden Magneten, um aus der Bahnkrümmung spezifische Ladung und Impuls geladener Teilchen bestimmen zu können. Es sind die um Größenordnungen verschiedenen Stärken der Wechselwirkungen selber, die eine verhältnismäßig einfache Unterscheidung der Teilchen in Hadronen und Leptonen ermöglichen. Die innerste Schicht – der *Spurdetektor* für geladene Teilchen – ist ein Halbleiterdetektor aus mehreren Lagen mit 80 Megapixeln (50/mm$^2$) und $6\cdot 10^6$ feinen Streifen, der den gemeinsamen Ursprung mehrerer Spuren in oder nahe der Wechselwirkungszone millimetergenau festlegen soll. (Liegt er etwas außerhalb der Wechselwirkungszone, entstammen die Spuren dem Zerfall eines Teilchens, das lange genug lebte, um bis zu diesem Ort zu kommen.) Es folgt ein *elektromagnetisches Kalorimeter*, so genannt weil es jedes leichte Teilchen (Elektron, Positron, Photon) durch elektromagnetische Wechselwirkung mit den Elektronen des Materials abfängt und seine Energie bestimmt. In einer dichten Abfolge von Schichten aus Blei und flüssigem Argon machen diese Teilchen $e^+e^-$-Schauer in einer energieproportionalen Intensität, die kurze Ionisationsströme im Argon erzeugen, wobei zwischen $2\cdot 10^5$ verschiedenen Flugrichtungen des Teilchens unterschieden werden kann. Die schwereren Teilchen (Myonen, Pionen etc) fliegen vergleichsweise ungehindert hindurch und in das *hadronische Kalorimeter* hinein, das aus vielen Schichten Eisen und Szintillator besteht. Aufgrund seiner Materialdicke wandeln sich hier die stark wechselwirkenden Teilchen in hadronische Schauer um, aus deren Szintillationsblitzen die Energie (und auch wieder die Flugrichtung) des Teilchens bestimmt werden. Noch weiter fliegen nur noch die schweren Leptonen,[38] deren Ionisationsspuren in dem 5 m dicken äußeren Myonenspektrometer vermessen werden, um wieder aus der Krümmung den Impuls zu bestimmen. Insgesamt gibt der Detektor auf $10^8$ Leitungen Signale, die in einem Kurzzeitspeicher innerhalb weniger µs daraufhin analysiert werden, ob sie *Fingerabdrücke* der erwarteten Reaktionen enthalten.[39] Wenn ja, werden die Daten sofort über das *GRID* zur weiteren Auswertung verschickt, andernfalls durch neue überschrieben.

**Cherenkov-Detektor.** Bewegt sich ein geladenes Teilchen in einem Medium schneller, als das Licht sich darin fortpflanzt ($v > c_n = c/n$, $n$ Brechungsindex, $c$ Vakuum-Lichtgeschwindigkeit), erzeugt es einen Lichtkegel mit dem Öffnungswinkel $\sin\theta = c_n/v$. Für diese schon 1934 an Rückstoß-Elektronen nach dem Compton-Effekt beobachtete Erscheinung bekam Pavel A. Cherenkov den Nobelpreis 1958, denn nun

[37] d. h. ein *kinematisch vollständiges* Experiment ermöglichen

[38] und die Neutrinos, die überhaupt nur indirekt nachgewiesen werden können mittels Fehlbeträgen in der Energie- und Impulsbilanz

[39] Ein Vergleich mit einem unserer Sinnesorgane: Vom Auge (Gesamtmasse einige Gramm) gehen genauso viele gleichzeitige Signale ans Gehirn und werden dort in Echtzeit verarbeitet. Allerdings beruhen sowohl Übermittlung als auch Analyse dieser Daten auf chemischen Prozessen und sind daher erheblich langsamer. Ab etwa 25 Bildern pro Sekunde „sehen" wir – wenn die Bilder dazu passen – eine kontinuierliche Bewegung – sowohl zeitlich wie räumlich.

war daraus eine in der Hochenergie-Physik wichtige Nachweistechnik entstanden. Sie ist technisch aufwändig, bietet aber mehrere große Vorteile:

- Auf Teilchen zu geringer Geschwindigkeit spricht sie gar nicht an, was den Untergrund an unerwünschten Registrierungen erheblich verringert.
  Dies wurde z. B. beim Nachweis des Antiprotons eingesetzt (Abschn. 11.4).
- Mit geeigneten Blenden für das Cherenkov-Licht kann man sogar den Öffnungswinkel festlegen und damit die Geschwindigkeit der registrierten Teilchen auf ein bestimmtes Intervall festlegen.
  Dies wurde bei der Bestimmung der $\pi^{\pm}$-Lebensdauern eingesetzt (Abb. 11.4).
- Mit einer großen Anordnung vieler Lichtdetektoren (und moderner Datenverarbeitung) kann man sowohl die Achse des Lichtkegels bestimmen als auch den Öffnungsswinkel, also Richtung und Betrag der Geschwindigkeit.
  Dies wurde im Kamiokande-Detektor (Abschn. 10.4.1) eingesetzt, mit dem die Neutrino-Astronomie begann.

## 11.6 Ausgang aus dem Teilchenzoo

Bis 1970 war die Zahl der Hadronen (einschl. Anti-Hadronen) im Teilchenzoo auf mehrere hundert angewachsen, mit Massen von 135 MeV bis 3 GeV, Spin-Drehimpulsen von $I = 0, \frac{1}{2}, 1, \ldots \frac{11}{2}$, Isospin $T = 0, \frac{1}{2}, 1, \frac{3}{2}$, elektrischen Ladungen von $q = -2, -1, \ldots, +2$ und *strangeness*-Ladungen von $S = -3, -2, \ldots, +3$. Nur ein einziges unter ihnen zeigte sich stabil, das Proton (und sein Antiteilchen), das damit für alle Hadronen mit halbzahligem Spin den Endpunkt aller Umwandlungen bildete. Alle Mesonen (Hadronen mit ganzzahligem Spin) aber „zerstrahlten" schließlich zu Leptonen-Paaren oder $\gamma$-Quanten. Sofern man in Streuversuchen den mittleren Radius der Hadronen bestimmen konnte, erwiesen sie sich als ähnlich ausgedehnt wie Proton und Neutron. Alle gemessenen magnetischen Momente lagen weit abseits der von der Dirac-Theorie geforderten und bei den Leptonen theoretisch so gut verstandenen Werte. Klar war auch, dass keins der Hadronen besonders „elementar" war, so dass man es vielleicht als Baustein aller anderen hätte ansprechen können. Angesichts vielfältiger Umwandlungsmöglichkeiten der Hadronen untereinander wurde deshalb sogar auch immer wieder einmal bezweifelt, dass das Proton wirklich stabil sei.[40]

Immerhin hatte sich um 1970 bei den elementaren Naturkräften das Bild schon etwas weiter aufgeklärt. Die drei in der Teilchenphysik relevanten Wechselwirkungen (Stark, elektromagnetisch, Schwach) waren nach ihrer Stärke und ihren Erhaltungssätzen sauber getrennt, wenn auch ein detaillierteres Verständnis bisher nur bei der elektromagnetischen Wechselwirkung schon erreicht worden war. Es hatten

[40] Zumal keine Symmetrie gefunden wurde (bis heute nicht), die die Erhaltung der Baryonenzahl zur Folge hätte. Es ist, trotz gelegentlicher Ankündigungen, allerdings auch noch kein experimenteller Gegenbeweis zur Stabilität des Protons aufgetaucht.

sich drei strikte Erhaltungssätze abgezeichnet (neben den kinematischen für Energie, Impuls, Drehimpuls):

- Die Summe der Baryonen (d. h. Teilchen hat halbzahligen Spin und nimmt an der Starken Wechselwirkung teil) bleibt immer konstant.
- Die Summe der Leptonen (d. h. Teilchen hat halbzahligen Spin und ist von der Starken Wechselwirkung ausgeschlossen) bleibt immer konstant.
- Die Summe der elektrischen Ladung (d. h. die $T_3$-Komponente des Isospins) bleibt immer konstant.

Dazu kamen Erhaltungssätze mit Ausnahmen:

- *strangeness*-Ladungen bleiben bei Prozessen der Starken und der elektromagnetischen Wechselwirkung erhalten, können aber durch die Schwache Wechselwirkung erzeugt oder vernichtet werden, jeweils in Schritten von $\Delta S = \pm 1$.
- Der Betrag des Isospins bleibt in der Starken Wechselwirkung erhalten,[41] kann aber durch Schwache und elektromagnetische Wechselwirkung um $\Delta T = \pm 1$ verändert werden.

  Dazu kam eine Reihe weiterer Regeln über die graduelle Unterdrückung mancher theoretisch möglicher Zerfallsarten (hier nicht weiter ausgeführt).

Der nächste große Schritt in der Entwicklung des physikalischen Weltbilds kam ab den 1970er Jahren:

- Für die (um 1970 bekannten) Hadronen wurde die (schon 1964 vermutete) Bauanleitung mit nur drei Bausteinen bestätigt: das im Kap. 13 besprochene Quark-Modell, aus dem später auch eine detaillierte Theorie der Starken Wechselwirkung hervorging.
- Für die Schwache und die elektromagnetische Wechselwirkung wurde trotz ihrer gewaltigen Unterschiede eine gemeinsame Formulierung gefunden, in der beide als unterschiedliche Aspekte einer einzigen Naturkraft erscheinen. Deren neue Voraussagen wurden durch Experimente erfolgreich getestet. Diese „elektroschwache Vereinheitlichung“ wird im Zusammenhang mit der genaueren Beschreibung der Schwachen Wechselwirkung in Abschn. 12.5.3 und wegen ihrer zentralen Rolle im Standard-Modell in Kap. 14 besprochen.

Damit war – um im Bilde zu bleiben – der Ausgang aus dem Teilchenzoo gefunden.

---

[41] Dies gilt allerdings doch nur näherungsweise, wie sich endgültig erst mit dem Quark-Modell herausgestellt hat.

# Kapitel 12
# Schwache Wechselwirkung und gebrochene Symmetrien

## Überblick

$\alpha$-, $\beta$-, $\gamma$-Strahlung waren schon 1900, fünf Jahre nach der Entdeckung der Radioaktivität, phänomenologisch gut von einander unterschieden. Dass es auch drei grundverschiedene Naturkräfte sind, denen diese Strahlen ihre verschiedenen Charakteristika verdanken, wurde erst ab den 1930er Jahren schrittweise entdeckt: die Starke, die Schwache, und die elektromagnetische Wechselwirkung. Zur gleichen Zeit setzte sich die Erkenntnis durch, dass – von den Atomen an aufwärts – alle Eigenschaften der alltäglichen Materie allein durch die elektromagnetische Wechselwirkung erzeugt werden: chemische Verbindungen, Aggregatzustände, Kristallgitter, Leitfähigkeit für Wärme und elektrischen Strom, mechanische Festigkeit, Farbe, Geschmack, ...

Dabei gab es auch Hinweise auf eine enge Beziehung zwischen Schwacher und elektromagnetischer Wechselwirkung. Einerseits in formaler Hinsicht schon in Fermis berühmter Theorie von 1934, andererseits durch die empirische Beobachtung, dass alle elektrisch geladenen Teilchen auch an der Schwachen Wechselwirkung teilnehmen, und zwar immer mit gleicher Stärke, als ob es auch hierfür eine Art Elementarladung geben würde. Die Unterschiede beider Wechselwirkungen waren aber auch deutlich: Die Schwache Wechselwirkung erschien um mindestens 10 Größenordnungen schwächer, und ihre Wirkung, anders als beim langreichweitigen Coulomb-Potential, punktförmig. Weitere gravierende Unterschiede betreffen die Symmetrie (oder Invarianz) der Natur gegenüber Spiegelungen. In der alltäglichen (d. h. von Gravitation und elektromagnetischer Wechselwirkung beherrschten) Welt dürfen alle Vorgänge räumlich und/oder zeitlich gespiegelt werden und/oder alle Ladungen ihr Vorzeichen wechseln, ohne dass man das überhaupt bemerken könnte.

Der 2. Hauptsatz der Thermodynamik, der für die makroskopischen und genau genommen ausnahmslos *irreversiblen* Prozesse eine positive Zeitrichtung auszuzeichnen scheint, gilt ja nach Boltzmann nur durch das ungeheure statistische Übergewicht des *makroskopischen* Endzustands (der mikroskopisch gesehen nur ungenau definiert ist). Da eine Spiegelung der Zeitachse an die-

J. Bleck-Neuhaus, *Elementare Teilchen*
DOI 10.1007/978-3-540-85300-8, © Springer 2010

sem Gewichtsverhältnis gar nichts ändern würde, und da das persönliche Zeitempfinden wohl auch auf solchen irreversiblen Prozessen beruht, würde die gespiegelte Zeitrichtung wieder als die „positive" identifiziert werden.

Doch für die Prozesse der Schwachen Wechselwirkung gelten diese Symmetrien auch auf der Ebene der elementaren Prozesse nicht: Die Invarianzen bei Raumspiegelung und Ladungsumkehr sind hier sogar im theoretisch maximalen Ausmaß gestört, die Zeitumkehr-Invarianz „nur" zu einigen Promille. Diese Entdeckungen datieren aus den Jahren 1957 und 1964 und wurden als tief gehende Erschütterungen des gültigen physikalischen Weltbilds wahrgenommen. Die Konsequenzen reichen bis in die Kosmologie: Die Verletzung der Zeitumkehr-Invarianz wäre der einzige bekannte Grund dafür, dass es in unserer Welt nicht gleich viel Teilchen und Antiteilchen gibt, obwohl sie im Urknall doch immer zusammen erzeugt worden sein müssten.

Trotz dieser Unterschiede wurde nach dem erfolgreichen Vorbild der Quantenelektrodynamik (Kap. 9) ein Weg gesucht, auch die Schwache Wechselwirkung aus dem Austausch virtueller Teilchen heraus detailliert zu erklären. Nach weiter gehenden Analysen gab es offenbar auch gar keinen Weg daran vorbei. Der richtige Vorschlag von Abdus Salam, Sheldon Glashow und Steven Weinberg (1967) machte dann eine besondere Art der Verwandtschaft zur elektromagnetischen Wechselwirkung sogar zur Grundlage: Beide seien nur als verschiedene Erscheinungsformen einer einzigen fundamentalen Naturkraft anzusehen, der „*Elektroschwachen Wechselwirkung*".

Ein Ansatz, der in seiner wissenschaftlichen Tragweite (fast) vergleichbar ist mit der Vereinigung der magnetischen und elektrischen Erscheinungen im Maxwellschen Elektromagnetismus Mitte des 19. Jahrhunderts. Wie damals zur neuen Elektrodynamik,[1] so ergaben sich auch hier nun zahlreiche neue Voraussagen zur Schwachen Wechselwirkung, und es wurde kein Aufwand gescheut, diese im Experiment zu überprüfen. Dabei gab es zwei große Durchbrüche: 1973 wurde der Nachweis des „neutralen schwachen Stroms"[2] publiziert. 1983 konnten die Austauschteilchen $W^{\pm}$, $Z^0$ in Form reeller Teilchen genau bei den vorhergesagten Massen von ca. 80 bzw. 90 GeV erzeugt und nachgewiesen werden. Diese großen Massen erklären, was die Schwache Wechselwirkung bei den für die $\beta$-Radioaktivität typischen Energien (einige MeV, die gegenüber den 80–90 GeV praktisch vernachlässigbar sind) so punktuell und schwach erscheinen lässt. Die Reichweite der Austauschteilchen in ihren virtuellen Zuständen ist nach Yukawas Theorie (Kap. 11.1.1) ja zu ihrer Masse umgekehrt proportional, hier also um ca. ebenso viele Größenordnungen kleiner als die Reichweite der auch schon kurzreichweitigen Kernkraft, die von den um fast drei Größenordnungen leichteren Pionen erzeugt wird. Allein diesem Umstand verdankt die *Schwache* Wechselwirkung ihren Namen; zu höheren Energien hin aber wird sie immer stärker und nähert sich der elektromagnetischen an.

---

[1] Die spektakulärste Vorhersage: elektromagnetische Wellen.

[2] durch den z. B. ein Neutrino nur gestreut wird ohne sich in ein Teilchen mit elektrischer Ladung umzuwandeln

Neben vielen weiteren Erfolgen gibt es zur Elektroschwachen Wechselwirkung eine große noch offene Frage. Ihr theoretisches Fundament setzt die Existenz eines bestimmten weiteren Teilchens voraus, weil anderenfalls für alle Teilchen die Masse Null angenommen werden müsste. Dieses von Peter Higgs in einer theoretischen Spekulation 1964 erdachte und nach ihm schon benannte Teilchen ist noch nicht gefunden. Der neue Beschleuniger *LHC* im *CERN* (wo Protonen mit Energien bis $2 \cdot 7\,\text{TeV} = 14\,000\,\text{GeV}$ im Schwerpunktsystem kollidieren werden) soll das in den nächsten Jahren ändern.

## 12.1 Frühgeschichte (bis 1956)

Schon in Kap. 6.5 wurden einige der Erschütterungen beschrieben, welche die Wechselwirkung, die der $\beta$-Radioaktivität zu Grunde liegt, im Theorie-Gebäude der Physik ausgelöst hat.

- Am Anfang hatte fast 20 Jahre lang das Rätsel des kontinuierlichen Energie-Spektrums der emittierten Elektronen gestanden, was manchen großen Physiker daran zweifeln ließ, ob die Erhaltungssätze für Energie und Impuls hier noch gültig seien. Nicht so Wolfgang Pauli. Er erfand 1930 die Hypothese vom Neutrino, dem ersten „zusätzlichen" Teilchen im Bild von der Materie (siehe Kap. 6.5.6).
- Dann die Frage, woher die emittierten Elektronen kommen, wenn nicht aus den Kernen, wo sie nach den Regeln der Quantenmechanik aber nicht gebunden gewesen sein können. Da wurde die Gültigkeit der Quantenmechanik bezweifelt, auch noch nachdem Fermi 1934 in seinem „Versuch einer Theorie der $\beta$-Strahlen" erstmalig die Neu-Erschaffung einzelner materieller Teilchen (nicht als Elektron-Loch-Paar aus der Diracschen Unterwelt) postuliert hatte (siehe Kap. 6.5.2).

Die extrem geringe Stärke dieser exotisch schwachen Wechselwirkung wurde für die folgenden 20 Jahre an der Beteiligung eines bestimmten Teilchens fest gemacht: am Neutrino. (Dies übrigens ohne jeden weiteren Beweis seiner Existenz, vgl. die ungeheure freie Weglänge von mehreren Lichtjahren bei den Neutrinos der $\beta$-Strahlung in Blei – Kap. 6.5.11.) Erst als im Teilchenzoo die Seltsamen Hadronen auftauchten (siehe Abschn. 11.3), deren lange Lebensdauern von Pais und Gell-Mann derselben Wechselwirkung zugerechnet wurden, obwohl hier keine Neutrinos mitspielten, begannen im Bild von der Schwachen Wechselwirkung ihre Stärken hervorzutreten. Heute wird sie mehr dadurch als durch alles andere charakterisiert, denn sie ermöglicht Prozesse, bei denen die übrigen Wechselwirkungen versagen. Zur Veranschaulichung ihrer Schwäche und Stärke noch einmal eine Gegenüberstellung am Beispiel der zwei Hadronen $\Delta$ und $\Lambda$: Sie haben ähnliche Masse ($m_\Delta c^2 = 1\,232\,\text{MeV}$, $m_\Lambda c^2 = 1\,116\,\text{MeV}$) und zerfallen in die gleichen Teilchen: $\Delta, \Lambda \rightarrow \text{Pion} + \text{Nukleon}$. Gebildet werden sie in Pion-Nukleon-Stößen im Verhältnis von ca. $10^3$:1 (das $\Lambda$ immer zusammen mit einem anderen seltsamen Teilchen); beim Zerfall zurück in Pion und Nukleon ist die Übergangsrate des $\Delta$-Teilchen aber im Verhältnis $10^{14}$:1 schneller als die des $\Lambda$ – und ohne die Schwache Wechselwirkung könnte dies überhaupt nicht mehr frei zerfallen.

In derselben Zeit, Mitte der 1950er Jahre, gelang auch der erste unabhängige Nachweis des Neutrinos (siehe Abschn. 6.5.11), aber schon musste der Schwachen Wechselwirkung eine neue, noch nie dagewesene Stärke zugesprochen werden: die Fähigkeit zur Verletzung der Spiegel-Symmetrie der Natur.

## 12.2 Gebrochene Spiegelsymmetrien (I): Parität

### 12.2.1 Raumspiegelung $\hat{P}$

**Spiegelsymmetrie physikalisch (Kurze Erinnerung an die Einführung in Abschn. 7.2).** Die meisten Naturvorgänge wären in ihrem Spiegelbild genau so möglich (einschließlich ihrer spiegelbildlichen Folgen). Bis 1956 dachte man, das gelte für alle. Formal kann man diese Spiegel-Symmetrie oder *Paritäts-Invarianz* darauf zurückführen, dass die jeweilig anzuwendenden Bewegungsgleichungen (nach Newton, Maxwell, Schrödinger etc.) sich selbst völlig gleich bleiben, wenn man alle Koordinaten $\vec{r}$ durch $-\vec{r}$ ersetzt, d. h. den Paritätsoperator $\hat{P}$ anwendet. Dann ist garantiert, dass ein gespiegelter Anfangszustand aufgrund der gleichen Gesetze in den gespiegelten Endzustand übergeht.

Orts-Vektoren (und ihre zeitliche Ableitungen) kehren sich unter $\hat{P}$ in ihr Negatives um, sie werden *polare* Vektoren genannt. Alle Strecken, Winkel, Skalarprodukte (zwischen polaren Vektoren) bleiben erhalten, sie heißen *Skalare*. Anders beim Drehsinn (d. h. Richtung des Vektors Winkelgeschwindigkeit) oder allgemein beim Kreuzprodukt (aus polaren Vektoren). Zum Beispiel kehrt der Vektor $\vec{\ell} = \vec{r} \times \vec{p}$ sich nicht um: $(-\vec{r}) \times (-\vec{p}) \equiv \vec{\ell}$. Solche Vektoren heißen *axial*. Auch die orientierte Flächennormale und das Magnetfeld $\vec{B}$ sind axiale Vektoren (man denke nur an einen Kreisstrom). Für das Skalarprodukt eines polaren mit einem axialen Vektor gilt daher: bei Spiegelung wechselt es sein Vorzeichen. Eine solche Größe heißt *pseudoskalar*.

**Linksschrauben.** Die Welt der klassischen Physik ist paritätsinvariant, und trotzdem gibt es Alltagsgegenstände wie eine normale Schraube mit Rechtsgewinde (oder einen rechten Handschuh oder eine normale Schere für Rechtshänder etc.), an denen man durch bloßes Hinsehen erkennen kann, ob man sie direkt oder im Spiegel betrachtet. Woran bemerkt man hier so schnell den Unterschied? Er liegt immer im Vorzeichen eines Pseudoskalars.

**Frage 12.1.** *Woran unterscheidet man Schrauben mit Links- und Rechtsgewinde? Wo ist hier der Pseudo-Skalar?*

**Antwort 12.1.** *Bei jeder Umdrehung „rechts herum" schraubt sich eine Rechtsschraube um eine Ganghöhe D nach „vorne", eine Linksschraube nach „hinten". Bei Drehung mit der Winkelgeschwindigkeit $\vec{\omega}$ (axialer Vektor) ist die Geschwindig-*

*keit der Spitze folglich $\vec{v} = +D\vec{\omega}/2\pi$ für Rechtsschrauben bzw. $\vec{v} = -D\vec{\omega}/2\pi$ für Linksschrauben. $\vec{v}$ ist ein polarer Vektor parallel bzw. antiparallel zu einem axialen Vektor $\vec{\omega}$. Das Vorzeichen des Skalarprodukts $(\vec{\omega} \cdot \vec{v})$ entscheidet über den Gewindetyp. $p = (\vec{\omega} \cdot \vec{v})$ ist der gesuchte Pseudo-Skalar.*

In normierter Form $h = (\vec{\omega} \cdot \vec{v})/\omega v$ würde $h = +1$ Rechtsschraube und $h = -1$ Linksschraube bedeuten. Die normierte Größe $h$ heißt auch *Helizität*. Die Polarisation von zirkular polarisiertem Licht ist ein Beispiel.

Ein Pseudo-Skalar wechselt nicht erst bei der Umkehrung aller drei Koordinatenachsen sein Vorzeichen, sondern schon in einem ebenen Spiegel (es fehlt zur vollen Spiegelung aller drei Dimensionen dann ja nur noch die 180°-Drehung um die Flächennormale, die wie alle Drehungen jedes Skalarprodukt ganz ungeändert lässt). Daher geht im Spiegel jedes Rechtsgewinde in ein Linksgewinde über (und die rechte Hand – der Form nach – in die linke usw.), ganz gleich wie die Orientierung zum Spiegel ist. Das macht im Alltag die Tatsache der Spiegelung so leicht erkennbar und den Pseudo-Skalar zu einem für die Überprüfung der Spiegelsymmetrie brauchbaren Größe.

**Ist Paritätsverletzung vorstellbar?** Die Paritätsinvarianz der Naturgesetze bedeutet in diesem Beispiel also, dass eine Rechtsschraube im Spiegel nicht nur wie eine Linksschraube aussieht, sondern sich auch in allem so verhält, z. B. wenn man sie durch ein Stück Holz schraubt. Sie schraubt sich – im Spiegel beobachtet – in diejenige Richtung voran, die – immer im Spiegel beobachtet – für Rechtsschrauben die falsche ist. Etwas Anderes wäre auch gar nicht auszudenken.[3] Die Vorstellung von der Spiegelsymmetrie der Naturgesetze ist in unserer Anschauung fest verankert.

Um dies weiter zu verdeutlichen, hier noch ein Beispiel, entnommen aus dem Lehrbuch [119] von T.D. Lee, einem der Entdecker der Verletzung der Paritätsinvarianz, und noch etwas weiter zugespitzt:

> *Sie fahren in Ihrem Auto an einer langen Spiegelfassade entlang. Dann sehen Sie Ihr Spiegelbild*[4] *in einem spiegelbildlich aufgebauten Auto neben sich herfahren (d. h. Steuerrad und Fahrersitz sind* rechts, *Gas wird mit dem* linken *Fuß gegeben, am Schaltknüppel (mit H-Schaltung) schaltet Ihr Spiegelbild mit der* linken *Hand für den 1. Gang nach vorne* rechts *etc). Jetzt stellen Sie sich bitte vor, man hätte diese vollkommene, aber spiegelbildliche Kopie Ihres Autos inklusive aller technischen Details (nicht nur das Lenkrad rechts wie in englischen Autos, sondern bis hin zu spiegelbildlich gewickelten Spulen in der Lichtmaschine) wirklich gebaut. Kein Zweifel, dass es exakt gleich funktionieren würde – oder? Wenn es die ganze Zeit hinter der Spiegelfassade an genau*

[3] Wer mag, versuche es einmal – aber auf eigene Gefahr! – sich vorzustellen, was sich zwischen dem Gewinde einer Schraube und seinem Gegenstück im Holz (oder in der Schraubenmutter) abspielen müsste, damit sie beim normalen Vorgang des **Hinein**drehens **heraus**kommt! – Ein Beispiel für diese Zumutung: der paritätsverletzende Raketen-Antrieb auf S. 545 und seine experimentelle Realisierung (Fußnote 19 auf S. 546).

[4] übrigens in der Optik als *virtuelles Bild* bezeichnet

*der Stelle fährt, an der Sie das Spiegelbild Ihres eigenen Autos sehen, und diese Fassade wäre plötzlich zu Ende, und Sie würden plötzlich die reale, materielle Spiegel-Kopie Ihres Autos sehen, dann könnten Sie den Unterschied nicht bemerken (außer an der Person des Fahrers, wenn das nicht auch ein spiegelbildlicher Klon von Ihnen sein sollte). Das spiegelbildlich konstruierte Auto funktioniert bei spiegelbildlicher Bedienung – aufgrund der gleichen Naturgesetze wie in Ihrem Auto – exakt gleich.*

Dieses Gleichnis wird unten fortgeführt. Zur Verschärfung kann man sich noch vorstellen, es handele sich um ein Raketen-Auto, so dass der Antrieb auf dem Rückstoßprinzip basiert, bei dem sich gar nichts dreht.

**Was ist rechts (I)?** Umgekehrt folgt aus der Paritäts-Symmetrie, dass es überhaupt kein physikalisches Phänomen gibt, das eine eindeutige Definition von Rechts oder Links ermöglichen würde.

**Frage 12.2.** *(Eine unter Physikern beliebte Scherzfrage im science-fiction-Fieber des beginnenden Satelliten-Zeitalters in den 1960er Jahren): Sie haben Kontakt zu ET, einem Außerirdischen, können einander allerdings nicht sehen, sondern lediglich Botschaften austauschen. Wie würden Sie ET allein mit Worten erklären, welche unserer beiden Hände wir zur Geste der höflichen Begrüßung benutzen?*

**Antwort 12.2.** *Das geht nicht ohne Verweis auf ein für beide sichtbares Beispiel (entferntes Sternbild etwa – das Sie beide von derselben Seite her betrachten! –, oder ein Bild von Ihnen, oder ein Signal mit zirkular polarisierter Strahlung, das sicher ohne Änderung der Polarisation – also ohne Spiegelung! – bei ihm ankommt).*

**Spiegelung ohne zu spiegeln.** Drehungen[5] und Spiegelungen haben als gemeinsames definierendes Merkmal, dass alle Strecken und damit auch alle Winkel nachher die gleichen sind wie vorher. Daher muss die Matrix dieser linearen Transformation im $\mathbb{R}^3$ eine Determinante vom Betrag 1 haben. Der Unterschied zwischen Drehung und Spiegelung besteht dann eindeutig in ihrem Vorzeichen $+1$ bzw. $-1$, ein stetiger Übergang zwischen beiden scheint unmöglich. Wie er trotzdem vonstatten gehen kann, zeigt sich am Handschuh. Ein einfacher rechter Latex-Handschuh, leicht aufgeblasen, hat in seinem glatten (d. h. energieärmsten) Zustand eine Form, an der man auch sofort erkennt, dass er auf die rechte Hand gehört. An der Linken würde er mit Sicherheit Falten werfen. Kann man das vermeiden (und zwar real, nicht im „virtuellen" Spiegelbild)? Dazu müsste ein linker Handschuh draus werden, was durch bliebiges Hin- und Herdrehen natürlich nicht gelingen will. Die hier verlangte Transformation käme einem Übergang zwischen Drehung und Spiegelung gleich, der auch noch stetig sein muss, um den Handschuh nicht zu zerreißen. Lösung: einfach umkrempeln, d. h. die Zuordnung von Innen- und Außenfläche vertauschen.[6] Geht dabei die Eigenschaft „rechts" stetig in „links" über? Nein, man kann aber sagen, dass die Eigenschaft „rechts" während des Vorgangs von 100% auf 0 abnimmt,

[5] eingeschlossen Drehwinkel Null, wobei sich überhaupt nichts verändert

[6] Es wird idealisierend angenommen, dass das Material beliebig dünn und die Oberfläche überall gleich ist.

und „links“ entsprechend von 0 auf 100% zunimmt, ein bisschen so, wie es das Superpositionsprinzip von Basiszuständen erlaubt. Gleichzeitig sieht man hieran, dass „rechts“ und „links“ für den Handschuh gar keine festen Eigenschaften sind, sondern die von zweien seiner vielen möglichen Zustände, die sozusagen seine beiden chiralen Eigenzustände bilden. Der „Handschuh als solcher“ ist paritätsinvariant. Denkt man sich als willkürliche Nebenbedingung (wie eingangs angedeutet) noch einen leichten Überdruck im Innern dazu, kann man jeden dieser beiden Zustände sogar als einen „Grundzustand“ ansprechen (zu dem ein noch nicht vollständig umgekrempelter Handschuh leicht einen „Übergang“ macht, indem man stärker hineinpustet, um das Umkrempeln unter Energieabgabe zum Ende zu bringen). Der paritätsinvariante Handschuh hat also zwei miteinander entartete Grundzustände, die jeder für sich nicht spiegelsymmetrisch sind, und zwischen denen es bei der richtigen Art von Energiezufuhr (d. h. Anregung in bestimmte, energetisch jedenfalls hochliegende Zustände) zu Übergängen kommen kann. (Dies Beispiel soll auch helfen, die *Spontane Symmetriebrechung* zu veranschaulichen, siehe Fußnote S. 570.)

## 12.2.2 Paritätsinvarianz in der Quantenmechanik

**Kurze Erinnerung an Abschn. 7.2 (Forts.).** In der Quantenmechanik wird der Paritätsoperator $\hat{P}$ anhand der Raum-Spiegelung der Wellenfunktion $\psi$ definiert: Die transformierte Wellenfunktion $\overline{\psi} = \hat{P}\,\psi$ ist die Funktion, die am Ort[7] $\vec{r}$ denselben Wert hat wie $\psi$ am Ort $-\vec{r}$:

$$\overline{\psi}(\vec{r}) = \hat{P}\psi(\vec{r}) = \psi(-\vec{r})\,. \tag{12.1}$$

Da doppelte Spiegelung alles unverändert lässt, ist $\hat{P}^2 = \hat{1}$ (Einheitsoperator), und die Eigenwerte von $\hat{P}$ können nur $P = \pm 1$ sein.[8] Weiter gilt: $\hat{P} = \hat{P}^\dagger = \hat{P}^{-1}$ (hermitesch und unitär).

Die Transformation eines beliebigen Operators $\hat{O}$ zu $\overline{\hat{O}}$ wird (wie immer) durch $\overline{\hat{O}}\left(\overline{\psi}(\vec{r})\right) = \hat{P}\left(\hat{O}\psi(\vec{r})\right)$ definiert. Nach Einsetzen von $\overline{\psi}$ sieht man die Operator-Identität $\overline{\hat{O}}\,\hat{P} = \hat{P}\,\hat{O}$, also $\overline{\hat{O}} = \hat{P}\,\hat{O}\,\hat{P}$. Beim Operator für einen polaren Vektor (z. B. $\hat{\vec{r}} = (\hat{x}, \hat{y}, \hat{z})$) wechseln alle Komponenten das Vorzeichen, beim axialen Vektor (z. B. $\hat{\vec{\ell}} = (\hat{\ell}_x, \hat{\ell}_y, \hat{\ell}_z)$) behalten sie es. Daher wechselt auch der Operator für einen Pseudoskalar bei Spiegelung sein Vorzeichen. In einem Zustand mit definierter Parität $P = 1$ oder $P = -1$ ist der Erwartungswert eines Pseudoskalars dann automa-

[7] Die Spinkoordinate braucht man in die Paritäts-Definition nicht mit einzubeziehen. Der Spin ist wie der Bahndrehimpuls $\vec{\ell} = \vec{r} \times \vec{p}$ *axial*.

[8] Mit zu großer Bescheidenheit hat Eugene Wigner, 1927 der Entdecker dieser Quantenzahl, aus der geringen Anzahl möglicher Eigenwerte das Urteil abgeleitet, es könne sich nicht um eine wichtige Größe handeln (siehe [145, S. 526]).

tisch Null, genau wie der eines polaren Vektors.[9] Die Spiegel-Symmetrie der Bewegungsgleichungen übersetzt sich in der Quantenmechanik in die Vertauschungsrelation $[\hat{H}, \hat{P}]=0$. Demnach gehört zu jedem Energie-Eigenwert, also auch zu jedem Elementarteilchen, eine definierte Parität.[10]

### *12.2.3 Bruch der Paritätsinvarianz*

**Eine gewagte Idee.** Nach der Feststellung der negativen Eigenparität des Pions[11] ($P_\pi=-1$) gab der Zerfall der elektrisch geladenen Kaonen (mit *strangeness*-Ladung $S=\pm 1$) zu denken. Es hatte sich gezeigt, dass diese Teilchen mal in zwei, mal auch in drei Pionen zerfallen (siehe Gl. (11.12)). Nach ihrer (isotropen) Winkelverteilung hatten alle diese Pionen den Bahndrehimpuls $\ell=0$, in der Ortswellenfunktion $\psi(\vec{r}_1,\vec{r}_2)$ bzw. $\psi(\vec{r}_1,\vec{r}_2,\vec{r}_3)$ also positive Parität $P_\psi=+1$. Die Parität für die Gesamt-Wellenfunktion des Endzustands ist mit $P_{\text{fin}}\equiv P_\pi\, P_\pi\, P_\psi$ bzw. $P_{\text{fin}}\equiv P_\pi\, P_\pi\, P_\pi\, P_\psi$ dann einmal positiv und das andere Mal negativ. Das kann es, wenn die Wechselwirkung die Spiegelsymmetrie befolgt, nur geben, wenn vor dem Zerfall schon beide Paritäts-Werte vorlagen. Dann müssen sie zu zwei verschiedene Teilchen gehören, deren Zerfälle hier beobachtet worden waren – mit zufälliger Gleichheit von Masse, Lebensdauer und allen weiteren Eigenschaften eines Teilchens (siehe Abschn. 11.3.3). Es war die Spekulierfreude von Chen Ning Yang und Tsung-Dao Lee, zwei theoretischen Physikern in ihrem Urlaub 1956 am Strand in Kalifornien, die zum Ausweg aus diesem Dilemma wies: Wenn man die Schwache Wechselwirkung (seit der Hypothese von Pais und Gell-Mann 1953, siehe Abschn. 11.3.2 und 11.3.3) schon alleine für den Abbau der Seltsamkeit $S=\pm 1$ des Kaons verantwortlich macht, warum nicht auch noch für die Verletzung der Parität? Dann könnte sie aus dem Anfangszustand $K^\pm$ (definierte Parität $P_{\text{ini}}=-1$) einen Endzustand mit gemischter Parität werden lassen. Dieser wäre eine Linearkombination von zwei Basis-Zuständen mit verschiedenen, aber jeweils wohldefinierten Paritäten, einer mit zwei und der andere mit drei Pionen. Das Experiment, d. h. die Bestimmung der Anzahl der Pionenspuren in der Nebelkammer oder Fotoplatte, ist ein *quantenmechanischer Messprozess,* in dem sich – wie immer – *entweder* der eine *oder* der andere der zu dieser Messung gehörigen Basiszustände zeigt.

Diese Spekulation war deshalb mutig, weil die vollkommene Spiegelsymmetrie der Naturgesetze ja nicht nur ein schöner Gedanke, sondern eine in klassischer und moderner Physik hochgradig bestätigte Erfahrung war, die noch nie jemand ernsthaft in Zweifel gezogen hatte.

Im Gegenteil: Die schon vorher hin und wieder aufgetauchten theoretischen Ansätze, die nicht der Paritätserhaltung entsprachen, waren aus genau diesem Grund

---

[9] Rechnung dazu: siehe Antwort 7.17 auf S. 296.

[10] Außer im Fall zufälliger Energie-Entartung von zwei Zuständen verschiedener Parität, weil dann auch beliebige Linearkombinationen von ihnen Energie-Eigenzustände sind. Beispiel: das $n=2$-Niveau im (nicht-relativistischen) H-Atom, siehe Frage 7.13 auf S. 282.

[11] Siehe Abschn. 11.1.6

verworfen worden.[12] Auch der einzige experimentelle Hinweis – schon aus den 1920er Jahren[13] – war als „Dreck-Effekt" ignoriert und vergessen worden.

Yang und Lee konnten aber belegen, dass bei diesen Erfahrungen bzw. Prüfungen auf Spiegelsymmetrie die Prozesse der Schwachen Wechselwirkung (v. a. die $\beta$-Radioaktivität) noch nie genauer betrachtet worden waren. Sie konnten auch realisierbare Experimente vorschlagen, um diese Lücke zu schließen. Allein für diese qualifizierte Anzweifelung einer vermeintlichen Selbstverständlichkeit oder eines Denkverbots erhielten die beiden schon 1957 den Nobelpreis – gleich nachdem die Experimente von C.S. Wu ihnen Recht gegeben hatten.

### 12.2.4 Das Wu-Experiment: $\beta^-$-Strahlen werden bevorzugt entgegen der Spin-Richtung ausgesandt

**Das Experiment.** Wie könnte man die kühne Vermutung der Paritätsverletzung experimentell überzeugend prüfen? Umgangssprachlich gesagt, muss man an zwei spiegelbildlich aufgebauten Experimenten beobachten, ob auch die Ergebnisse spiegelbildlich sind, bei reinen Zahlen also die gleichen Werte ergeben. Damit man überhaupt einen Widerspruch erwarten kann, empfiehlt sich die Messung einer physikalischen Größe, die vom Vorzeichen eines Pseudoskalars abhängt, aber ihrer Natur nach nicht selber bei Raumspiegelung das Vorzeichen wechseln würde. Dafür kommen also echte Skalare in Frage wie z. B. eine Zeit, eine Zeigerstellung auf der Skala oder eine reine Zahl oder Zählrate. Zum Beispiel könnte man die Zählrate der von einem $\beta$-Strahler emittierten Elektronen in einer Flugrichtung $\vec{v}$ relativ zur Richtung der Kernspins $\vec{I}$ messen, d. h. in Abhängigkeit vom Pseudoskalar $(\vec{I}\cdot\vec{v})$. Im gespiegelten Aufbau hätte der Kernspin die gleiche Richtung, aber die Flugrichtung wäre nun umgekehrt ($\vec{v} \to -\vec{v}$, bzw. der Winkel dazwischen statt $\theta$ nun $\pi - \theta$). Die Zählrate jedoch müsste die gleiche sein, wenn denn Spiegelsymmetrie herrschte.

Dies anspruchsvolle Experiment ist von C.S. Wu schon wenige Monate nach der Hypothese von Lee und Yang mit dem künstlichen $\beta$-Strahler ${}^{60}_{29}\mathrm{Co}$ durchgeführt worden. Es ergab einen deutlichen Zählraten-Unterschied (etwa 1:1,5 bei $\theta \approx 30°$). Weitere Messungen zeigten, dass 70% (statt bei Paritätserhaltung 50%) der Elektronen in den Halbraum entgegen der Richtung des Kernspins emittiert werden.

Für dies Experiment muss man die Kerne polarisieren, also ihre Spins in einer vorgegebenen Richtung orientieren können. Das ist bei tiefsten Temperaturen

---

[12] Zum Beispiel Weyls Elektronen-Theorie 1929 [192], von Pauli [148] abgelehnt. Pauli, so erzählt Viktor Weisskopf, bot ihm noch kurz vor dem erfolgreichen Nachweis der Paritätsverletzung an, mit einer großen Summe auf die Paritätserhaltung zu wetten ([138, S. 397]).

[13] Artikel „Scheinbare longitudinale Polarisation der Elektronen aus der $\beta$-Radioaktivität" [50]. Das war bei Untersuchungen zur Elektronen-Streuung störend als Rechts-Links-Asymmetrie aufgefallen. Die Experimente wurden dann mit den *besser geeigneten* Elektronen aus einem Glühdraht fortgesetzt.

durch ein starkes Magnetfeld wenigstens teilweise möglich[14]. Wu erreichte durch Kühlung auf 0,01 K immerhin $\langle I_z \rangle / I = 0{,}6$. Bei der praktischen Durchführung des ganzen Experiments wurde natürlich keine zweite Apparatur spiegelbildlich aufgebaut, noch nicht einmal der Detektor für die Elektronen zu dem neuen Winkel geschwenkt, sondern einfach das Magnetfeld umgepolt, was die Umkehr der Kernspins bewirkte, aber (nach genauem Test) keinen störenden direkten Einfluss auf die emittierten Elektronen oder den Detektor hatte. Der Wechsel $\vec{B} \to -\vec{B}$ entspricht vollständig dem gespiegelten Aufbau. Experimentalphysikalisch ausgedrückt, hat Wu getestet, ob das Vorzeichen von $(\vec{B} \cdot \vec{v})$ einen Einfluss auf die Zählrate hat. Da $\vec{B}$ ein Axialvektor ist (siehe Kreisstrom, oder Schraubensinn der Spule) ist auch $(\vec{B} \cdot \vec{v})$ ein Pseudoskalar.

Das Wu-Experiment ist ein Klassiker der Kernphysik, und es blieb weithin unverstanden und Gegenstand von Spekulationen, warum *Frau* Wu nicht an dem Nobelpreis 1957 für die sensationelle Entdeckung der Paritätsverletzung beteiligt worden war.

### Was ist rechts (II)?

**Frage 12.3.** *(Fortsetzung von Frage 12.2 auf S. 540:) Wie würden Sie nun (ohne eine Abbildung zu benutzen) dem Außerirdischen ET aus der Ferne erklären, welche Ihrer beiden Hände die rechte ist?*

**Antwort 12.3.** *Dazu müssen Sie ET drei Dinge vermitteln: den Sinn von „oben", von „vorne" und vom „Drehsinn rechts herum". Danach können Sie ihm sagen: meine* **rechte** *Hand ist die, die nicht nach* **vorne** *kommt, wenn ich mich (mit hängenden Armen) von* **oben** *gesehen* **rechts** *herum drehe.*

*„Oben" und „vorne" in Bezug auf Ihre Person lässt sich an Hand von Kopf und Füßen bzw. Nase und Hinterkopf erklären. Den Drehsinn „rechts" muss ET am Drehimpuls der* $^{60}_{29}$Co-*Kerne ablesen, indem* ES *das Wu-Experiment bei sich macht und zur Festlegung von Richtung und Orientierung der Drehachse diejenige (eindeutige) Richtung benutzt, wo die Zählrate der Elektronen am kleinsten ist. – Viel einfacher geht es nicht.*

Um das Beunruhigende an dieser Entdeckung besser würdigen zu können[15], setzen wir hier das von T.D. Lee inspirierte Auto-Gleichnis fort (S. 539):

> *Angenommen, in der Konstruktion des Antriebs Ihres Autos sei als Motor die Wu-Apparatur eingebaut, mit dem Magnetfeld parallel zur Straße (und damit auch parallel zum Spiegel), und es seien die von den polarisierten* $^{60}_{29}$Co-*Kernen ins Freie emittierten Elektronen, die durch ihren Rückstoß das Auto in Fahrt bringen. (Nur durch die Paritätsverletzung können sie überhaupt einen*

[14] Vergleiche Abschn. 7.3.3 – Magnetische Kernresonanz, wo aber der Polarisationsgrad typischerweise $\langle I_z \rangle / I = 10^{-6}$ ist, viel zu wenig für einen messbaren Effekt auf die Winkelverteilung der Elektronen.

[15] Damals war sie z. B. eine Schlagzeile der *New York Times* wert, während man heute befürchten kann, sie würde in der Vielzahl technologischer Wunder der Modernen Physik untergehen.

*Netto-Rückstoß $\langle\vec{p}\rangle \neq 0$ ergeben.) Genauso in der spiegelbildlich nachgebauten Kopie, dem perfekten Ebenbild des Spiegelbildes Ihres Autos. Sie fahren laut hupend los: Dann würde dies (virtuelle) Spiegelbild Ihres Autos natürlich weiterhin mit Ihnen mitfahren, die materielle spiegelbildliche Kopie aber* in die entgegen gesetzte Richtung, *obwohl sie innen und außen vollkommen gleich sind.*
*(Grund: Der – gleiche – elektrische Strom würde in der spiegelbildlich gewickelten Magnetspule das entgegen gesetzte Feld zur Polarisierung der* ${}^{60}_{29}$Co-*Kerne erzeugen, die dann auch den entgegengesetzten Rückstoß $-\vec{p}$ erfahren. Im dazu parallelen (!) Spiegel hingegen hätte sich zwar der axiale Vektor $\vec{B}$ genauso umgekehrt, der polare Vektor $\vec{p}$ aber nicht. Im Spiegel-*Bild *wechselt der Pseudo-Skalar $(\vec{B}\cdot\vec{p})$ richtig das Vorzeichen, in der materiellen Spiegel-*Wirklichkeit *aber nicht, denn der Prozess bricht die Paritätssymmetrie.)*

Fazit: Hier wäre das virtuelle Spiegelbild doch von dem realen spiegelbildlichen Nachbau zu unterscheiden, sogar ohne Hingucken, nämlich an der Tonhöhe der Hupe: Für einen straßenabwärts stehenden Beobachter klingt Ihre Hupe höher, die des Nachbaus tiefer.[16]

### 12.2.5 Polarisation von β-Strahlen und Neutrinos

**Das Merkmal.** Die beobachtete Paritätsverletzung hat einen begrifflich relativ einfach zu beschreibenden Effekt darin, dass die in der Schwachen Wechselwirkung entstehenden Fermionen – bezogen auf die Richtung ihres Impulses $\vec{p}$ – longitudinal polarisiert sind.[17] Damit ist gemeint, dass der Erwartungswert $\langle(\hat{\vec{s}}\cdot\hat{\vec{p}})\rangle$ der Spin-Komponente der Elektronen und Neutrinos längs ihrer Flugrichtung nicht Null ist. Normiert durch Division mit $(s\cdot p)$ liegt diese Polarisation zwischen den Grenzen $\pm 1$ und heißt hier *Helizität h*. Dabei sind die emittierten *Teilchen* (Elektronen $e^-$, Myonen $\mu^-$, Neutrinos $\nu_e, \ldots$) immer negativ polarisiert (überwiegend „Spin nach hinten“, $m_s = -\frac{1}{2}$), die *Anti-Teilchen* (Positronen $e^+$, Myonen $\mu^+$, Anti-Neutrinos $\overline{\nu}_e, \ldots$) immer positiv (überwiegend „Spin nach vorn“, $m_s = +\frac{1}{2}$). Der Polarisationsgrad liegt auch fest: $h = -v/c$ (Teilchen) bzw. $h = +v/c$ (Antiteilchen). Ein Teilchen aus dem $\beta$-Zerfall mit Ruhemasse Null hat immer $v = c$, d. h. Polarisationsgrad 100%. Die Neutrinos haben daher $h = -1$ (sind „linkshändig“), die Antineutrinos $h = +1$ („rechtshändig“). Bis zur Entdeckung aus den 1990er Jahren, dass auch die Neutrinos eine winzige Masse haben müssen (siehe Abschn. 10.4), konnte man diese Helizität als eindeutiges Merkmal zur Unterscheidung von Teilchen und Antiteilchen nehmen. Obwohl dies einfache Argument nun doch nur in einer – al-

[16] Das Experiment ist gemacht worden (siehe Fußnote 19 auf S. 546). Nur, dass das Auto auf die Größe eines Kerns verkleinert war, dass der beobachtete Rückstoß von der Emission des Neutrinos herrührte, und dass die Dopplerverschiebung nicht an einer Schallwelle sondern an einer elektromagnetischen Welle beobachtet wurde.

[17] wie schon in Abschn. 10.2.7 erwähnt

lerdings extrem guten – Näherung gilt, wird es im Folgenden beibehalten (außer, wo ausdrücklich angemerkt).

**Goldhaber-Experiment.** Die negative Helizität des Neutrinos $\nu_e$ konnte 1958 durch das ingeniöse *Goldhaber*-Experiment „direkt" nachgewiesen werden: Im Fall des K-Einfangs $e^- + {}^{152}_{63}\mathrm{Eu} \rightarrow \nu_e + {}^{152}_{62}\mathrm{Sm}^*$ hat der entstandene Tochterkern ${}^{152}_{52}\mathrm{Sm}$ Spin und Rückstoß, die genau entgegengesetzt zu Spin und Flugrichtung des Neutrinos sind. Er sendet ein $\gamma$-Quant (${}^{152}_{62}\mathrm{Sm}^* \rightarrow {}^{152}_{62}\mathrm{Sm} + \gamma$) aus und überträgt ihm diese beiden Informationen: An der Zirkularpolarisation des $\gamma$-Quants konnte man das Vorzeichen der Polarisation des Neutrinos ablesen, denn sie macht sich bei einer nachfolgenden Compton-Streuung an magnetisiertem Eisen in einer Links-Rechts-Unsymmetrie der Zählrate bemerkbar. An der Energie des $\gamma$-Quants konnte man ganz grob die Flugrichtung des Neutrinos ablesen, denn der Rückstoß verursacht einen winzigen Doppler-Effekt, der durch die Methode der Resonanz-Streuung an stabilen ${}^{152}_{62}\mathrm{Sm}$-Kernen[18] untersucht werden konnte. Die messbaren Effekte waren klein, bestätigten das *Vorzeichen* der Helizität des Neutrinos aber eindeutig.[19]

**Paritätsverletzung auf den Punkt gebracht.** Den Bruch in der Paritäts-Invarianz der Natur konnte man nun die folgenden vier Jahrzehnte hindurch[20] so ausdrücken: Ein reales Neutrino hätte nach Raumspiegelung noch den gleichen Spin (Axialvektor), aber die umgekehrte Flugrichtung (Polarvektor), also die umgekehrte und damit falsche Helizität. So ein Teilchen kommt in der Natur nicht vor. Das unterscheidet auf physikalische Weise eindeutig die reale Welt von ihrem Spiegelbild, also links von rechts.

**Sterile Teilchen?** Wenn die Existenz solcher „falsch" polarisierten Neutrinos nicht überhaupt ganz verboten sein sollte, könnten sie doch noch nicht einmal mehr die Schwache Wechselwirkung ausüben, also weder emittiert noch absorbiert werden. Deswegen werden sie *steril* genannt. Teilchen und Antiteilchen mit Masse, wie die Elektronen oder Positronen, können in allen möglichen Polarisationsrichtungen existieren. An der Schwachen Wechselwirkung nimmt aber bei Teilchen nur die chiral linkshändige Komponente ihrer Wellenfunktion teil, bei Antiteilchen die rechtshändige. Diese ist bei Teilchengeschwindigkeit $v$ mit dem Anteil $\frac{1}{2}(1 + v/c)$ in dem longitudinal polarisierten Zustand $m_s = -\frac{1}{2}$ (bzw. $m_s = +\frac{1}{2}$ bei Antiteilchen)

[18] ganz wie im etwas später(!) gefundenen Mössbauer-Effekt, siehe Abb. 6.6

[19] Als Nebenergebnis finden wir die Bestätigung, dass T.D. Lees Auto mit dem Wu-Antrieb, spiegelbildlich nachgebaut, wirklich entgegengesetzt zu seinem Bild im Spiegel fährt (vgl. letzten Absatz im vorangehenden Abschn. 12.2.4). Nur wurden die polarisierten Kerne hier nicht durch den Zeeman-Effekt bei tiefsten Temperaturen präpariert, sondern aus einem unpolarisierten Gemisch anhand der Zirkularpolarisation der von ihnen nach dem Neutrino emittierten $\gamma$-Quanten ausgewählt. Gleichzeitig zeigte die durch Resonanz-Streuung feststellbare Dopplerverschiebung dieser Quanten an, in welche Richtung der Kern durch den Rückstoß bei der Neutrinoemission beschleunigt worden war. Ergebnis: Bei Umkehr der Polarisationsrichtung (axialer Vektor) kehrte sich auch der Rückstoß (polarer Vektor) um – im genauen Gegensatz zu dem Verhalten, das bei Paritätserhaltung erwartet wird.

[20] bis zur Entdeckung der Neutrino-Oszillationen, s. folgenden Absatz

vertreten.[21] „Links"- und „Rechtshändigkeit" sind Eigenschaften, die mit Hilfe der Dirac-Matrizen definiert werden. Sie sind daher Lorentz-Invarianten, anders als die Helizität (außer bei masselosen Teilchen). Teilchen mit Masse könnte man ja überholen, so dass ihre Flugrichtung nun umgekehrt erschiene und deren Skalarprodukt mit dem Spin das Vorzeichen gewechselt hätte. Nach der Entdeckung der Neutrino-Oszillationen 1995 (siehe Abschn. 10.4.4) weiß man, dass nicht alle drei Neutrinosorten die Masse Null haben können. Allerdings sind die Massen zu klein, als dass man bisher irgendeinen konkreten Messwert erhalten konnte. Im Prinzip aber muss man nun sagen: Es gibt es auch Neutrinos mit $v < c$, und die würden von einem noch schnelleren Teilchen aus gesehen die falsche Helizität haben und daher schwächer bis praktisch gar nicht an der Schwachen Wechselwirkung teilnehmen. Immerhin bleibt für sie nun aber die Gravitation übrig, denn sie haben ja Masse.[22]

**Warum Pionen kaum jemals in Elektronen zerfallen.** Damit kann jetzt die Frage beantwortet werden, warum die $\pi^-$ bevorzugt in $\mu^- + \overline{\nu}_\mu$ zerfallen, während der Zerfall in $e^- + \overline{\nu}_e$ um den Faktor $(\pi \to e)/(\pi \to \mu) = 1{,}23 \cdot 10^{-4}$ unterdrückt ist (siehe Abschn. 11.1.3).[23] Beide Zerfallsarten produzieren ein Teilchen und ein Antiteilchen mit entgegengesetzten Impulsen $\vec{p}_1 = -\vec{p}_2$ und Spins $\vec{s}_1 = -\vec{s}_2$ (Erhaltung von Gesamtimpuls Null und Gesamtdrehimpuls Null im Ruhesystem des Pions). Daraus folgt $(\vec{s}_1 \cdot \vec{p}_1) = (\vec{s}_2 \cdot \vec{p}_2)$, also gleiche Helizität für beide. Das Antineutrino kann nur rechtshändig (und mit Helizität $+1$) entstanden sein. Das gleiche schreiben diese Erhaltungssätze also dem anderen Teilchen vor, das aber kein Antiteilchen ist und daher linkshändig erzeugt wurde. Es hat jedoch Masse, d. h. $v < c$, weshalb diese vorgeschriebene „falsche" Helizität in seinem Zustand immerhin mit einer Komponente $\frac{1}{2}(1 - v/c)$ vertreten ist. Um diesen Faktor ist der Zerfall behindert, und das wirkt sich beim Elektron (wegen seiner höheren Geschwindigkeit) viel stärker aus als beim Myon. Denn das Myon entsteht mit einer geringen kinetischen Energie von 4 MeV (vgl. kinematische Analyse des Pion-Zerfalls in Abschn. 11.1.3), daher $1 - v_\mu/c \approx 0{,}7$, während das Elektron mit ca. 70 MeV schon hoch relativistisch ist, $1 - v_e/c \approx 0{,}3 \cdot 10^{-4}$. Allein damit ergibt sich für das Verhältnis der beiden Hinderungsfaktoren $\frac{1}{2}(1 - v/c)$ ein Wert $0{,}4 \cdot 10^{-4}$, der sich durch Berücksichtigung der größeren Zustandsdichte des Elektrons auf $0{,}6 \cdot 10^{-4}$ erhöht – *nur* um einen Faktor 2 neben dem experimentellen Verzweigungverhältnis $(\pi \to e)/(\pi \to \mu) = 1{,}23 \cdot 10^{-4}$. Die Goldene Regel (Gl. (6.11) mit Dirac-Spinoren) liefert in genauer Rechnung für dieses Verhältnis den Faktor $\frac{m_e^2}{m_\mu^2} \left[ \frac{m_\pi^2 - m_e^2}{m_\pi^2 - m_\mu^2} \right]^2 = 1{,}28 \cdot 10^{-4}$, der (in Erinnerung an die Berechnungen für den $\beta$-Zerfall in Abschn. 6.5.7) seine Herkunft aus dem statistischen Faktor entfernt erkennen lässt und schon bemerkenswert genau mit dem Messwert übereinstimmt.

**Universalität und „Schwache Elementar-Ladung".** Diese hervorragende Übereinstimmung mit dem gemessenen Wert – ohne jede weitere Anpassung – ist auch

[21] Die formale Grundlage für Chiralität wurde schon in Abschn. 10.2.7 genauer dargestellt.

[22] Wie schon oben und in Kap. 10 angemerkt, bleibt die Darstellung in diesem Buch – wo nicht extra anders hervorgehoben – auf den einfacheren Fall masseloser Neutrinos beschränkt.

[23] Bei $\pi^+ \to e^+ + \nu_e$ genau so.

ein deutlicher Hinweis darauf, dass die Schwache Wechselwirkung mit gleicher Stärke an Myonen und Elektronen angreift – ganz wie die elektromagnetische Wechselwirkung an der überall gleichen elektrischen Elementar-Ladung $e$. Diese Beobachtung wurde als so wichtig eingestuft, dass sie den Namen „Universalität der Schwachen Ladung" erhielt. Sie hat sich bisher überall bestätigt, jedenfalls nachdem man die Gleichungen bei Beteiligung von Hadronen unter diesem Gesichtspunkt entsprechend modifiziert hat.[24]

**Zweifache Rolle des Hamilton-Operators.** Die Einzigartigkeit der Paritätsverletzung ermöglicht es wieder einmal, eins der Grundkonzepte der Quantenmechanik auf den Prüfstand zu stellen: Ist es beide Male derselbe Hamilton-Operator $\hat{H}$, der sowohl die stabilen Energie-Niveaus festlegt als auch über die physikalischen Prozesse regiert? Prozesse werden ja immer als Übergänge zwischen solchen Zuständen aufgefasst, die selber keine stabilen Eigenzustände zu $\hat{H}$ sind (dem wirklich vollständigen Hamilton-Operator), sondern nur zu einem angenäherten $\hat{H}_0$ (siehe Abschn. 5.1, 6.1 und 9.4.3). Zum Beispiel werden die seltsamen Teilchen als Eigenzustände der Starken Wechselwirkung gebildet und wandeln sich dann durch die Schwache Wechselwirkung um. Ganz allgemein bestimmt die Differenz $\hat{H}' = \hat{H} - \hat{H}_0$, der „Störoperator", die Übergangsrate. Wenn dies Konzept richtig ist, kann der Summand, der in $\hat{H}'$ für die Schwache Wechselwirkung steht, nicht nur seltene Prozesse zwischen solchen Zuständen bewirken, die im wesentlichen ohne ihre Mitwirkung präpariert worden sind, sondern muss auch über die Energie und Form aller wirklichen Energie-Niveaus, also der Eigenzustände zu $\hat{H}$, mit bestimmen. Da dieser Summand nicht mit dem Paritäts-Operator vertauschbar ist, ist es auch $\hat{H}$ nicht. Daher können genau genommen auch die Atom-Niveaus (und Kern-Niveaus) nicht Eigenzustände zum Paritätsoperator sein. Die Beimischung der „falschen" Parität ist sehr klein (mit Anteilen $10^{-6}$) und daher nicht leicht nachzuweisen. Sie wurde aber an angeregten Zuständen verschiedener Atome (besonders Cs) tatsächlich gefunden (an einigen Kernen auch), denn die emittierten Photonen waren (auch ohne jede vorherige Ausrichtung der Quelle) longitudinal polarisiert,[25] allerdings wegen der Kleinheit der Beimischung nur äußerst schwach, anders als die $\beta$-Elektronen oder gar Neutrinos, die einem reinen Prozess der Schwachen Wechselwirkung entstammen.

## 12.3 Gebrochene Spiegelsymmetrien (II): Ladungskonjugation

### *12.3.1 Ladungskonjugation* $\hat{C}$

**Eine Symmetrie der Klassischen Physik...** Wenn alle elektrischen Ladungen auf einmal ihr Vorzeichen wechseln würden – könnte man das bemerken? Nach der klassischen Physik nicht, denn der Elektromagnetismus der Maxwellschen Gleichungen zusammen mit den Kraftgesetzen (Coulomb, Lorentz) ist *ladungsumkehr-*

---

[24] Siehe Abschn. 14.3.1.

[25] Statt *longitudinal* sagt man von alters her bei Photonen meistens *zirkular* polarisiert.

*invariant.* (Es würden sich einfach mit den Ladungen auch alle von ihnen erzeugten Felder umkehren, und damit wären die Kräfte, Beschleunigungen, Bewegungen ... die gleichen wie vorher.) Überhaupt ist die Vorzeichenwahl, die auf die Zeiten der Reibungselektrizität von Benjamin Franklin (einem der Wegbereiter auch der amerikanischen Revolution 1776) zurückgehen soll, ja ein bloßer Zufall. Wenn aber die Vorzeichenumkehr der elektrischen Ladung nicht einfach eine Umbenennung sein soll, sondern eine physikalische Operation, dann müsste dabei z. B. aus einem Elektron ein Positron werden.

**... im Licht der Quantenmechanik.** Es wird daher die Ladungskonjugation mit einem neuen Operator $\hat{C}$ so definiert, dass *alle* ladungsartigen Quantenzahlen ihr Vorzeichen wechseln. Das sind neben der elektrischen Ladung auch *strangeness* $S$, Leptonenzahl $L$, Baryonenzahl $A$. Aus einem Teilchen wird dabei auf jeden Fall sein Antiteilchen. Nicht betroffen von $\hat{C}$ sind alle anderen messbaren Größen wie Ort, Impuls, Drehimpuls, Energie etc. Zu einer Umkehrung des Isospin (Abschn. 11.2) besteht der Unterschied, dass diese sich nur auf die *elektrische* Ladung auswirkt. Beide Transformationen haben als wichtige begriffliche Gemeinsamkeit, dass ganz verschiedene Teilchen durch Operatoren miteinander verbunden werden, was in der Quantenmechanik immer gleichbedeutend mit einer linearen Transformation von einem Vektor eines Vektorraums in einen Vektor eines anderen oder *desselben* Vektorraums ist. Im Prinzip wird damit die formale Möglichkeit angedeutet, über beobachtbare Zustände nachzudenken, die als Linearkombinationen solcher Zustandsvektoren auch *Linearkombinationen verschiedener Teilchensorten* sind. Dieser Gedanke spielte schon beim Isospin im Hintergrund eine gewisse Rolle (siehe die Zerlegung der $\Delta$-Resonanz in verschiedene Kombinationen von Pion+Nukleon in Abschn. 11.2.2), ist aber zur Erklärung des seltsamen Benehmens der neutralen Kaonen tatsächlich ganz unverzichtbar (siehe weiter unten Abschn. 12.3.2 und 12.3.3).

Ladungsumkehr-*Invarianz* ist dann gleichbedeutend damit, dass der Hamilton-Operator mit $\hat{C}$ vertauschbar ist. Heißt das nun, dass:

1. alle Energie-Eigenzustände auch $\hat{C}$-Eigenzustände sind (wie bei der Parität argumentiert wurde), und dass
2. ein $\hat{C}$-Eigenwert durch alle Prozesse hindurch erhalten bleibt (wie bei der Parität, wenn es die Schwache Wechselwirkung nicht gäbe)?

Zu (1): Wegen $\hat{C}^2 = \hat{1}$ wären auch hier als Eigenwerte nur $C = \pm 1$ möglich, genannt die *Ladungsparität.* Da so ein Eigenzustand nach der Anwendung des Operators $\hat{C}$ bis auf diesen Faktor $C = \pm 1$ der gleiche wie vorher sein soll, kann es sich nur um ein System mit Gesamt-Ladung Null handeln, denn $\hat{C}$ dreht ja alle Ladungen um. Es gibt Beispiele:

- Das Photon ($C_\gamma = -1$, weil alle elektromagnetischen Felder sich mit umdrehen),
- das neutrale Pion ($C_\pi = +1$, sonst könnte es nicht in *zwei* Photonen zerfallen; denn mit einer $\hat{C}$-invarianten Wechselwirkung folgt aus diesem Übergang $C_\pi = C_\gamma^2$),

- das Positronium ($C_{e^+e^-} = \pm 1$ je nach Gesamtspin und Bahndrehimpuls des $e^+e^-$-Paares).[26]

Aber die beiden elektrisch ungeladenen Kaonen $K^0$ und $\overline{K^0}$ gehören schon nicht mehr zu den $\hat{C}$-Eigenzuständen (Unterschied: $S = \pm 1$), und erst recht keins der elektrisch geladenen Teilchen. Daher ist das Konzept der Quantenzahl Ladungsparität nur von eingeschränkter Anwendung.

Zu (2): Die elektromagnetische und die Starke Wechselwirkung (sowie die Gravitation) sind ladungsumkehrinvariant. Eine eventuell vorhandene eindeutige Ladungsparität bleibt erhalten. Die Schwache Wechselwirkung bricht jedoch diese klassische Symmetrie, wie tatsächlich sofort mit der Entdeckung der Paritätsverletzung erkannt wurde:

**Schwache Wechselwirkung bricht Ladungsumkehrsymmetrie.** Denn z. B. haben bei $\beta^+$-Zerfällen die Positronen nicht nur umgekehrte Ladung wie die $\beta^-$-Elektronen, sondern auch umgekehrte Helizität. Noch drastischer sieht man das an den Neutrinos: Bloße Ladungskonjugation $\hat{C}$ würde das linkshändige Neutrino durch Umkehr der Leptonenzahl nicht in ein (richtiges) rechtshändiges Antineutrino verwandeln, sondern wieder in ein linkshändiges, also in ein bisher nicht beobachtetes Teilchen. Gleiches gilt auch in allen anderen Prozessen der Schwachen Wechselwirkung.

### *12.3.2 Heilung der Paritätsverletzung durch CP-Invarianz*

**Eine höhere Symmetrie...** Die Gravitation, Starke und elektromagnetische Wechselwirkung sind gegen die Transformationen der Ladungsspiegelung $\hat{C}$ und Raumspiegelung $\hat{P}$ einzeln invariant, die Schwache Wechselwirkung gegen keine von beiden, aber möglicherweise gegen ihr Produkt. Den letzten Beispielen zufolge kann man die volle Übereinstimmung zwischen gespiegelten und real möglichen Prozessen wieder herstellen, indem zusätzlich zur Ladungsspiegelung $\hat{C}$ (mindestens) noch die Raumspiegelung $\hat{P}$ ausgeführt wird. Dann laufen auch die Prozesse der Schwachen Wechselwirkung genau so ab wie vorher.

Nachdem also gefunden worden war, dass weder die $\hat{P}$-Invarianz noch die $\hat{C}$-Invarianz allein allgemeine Gültigkeit beanspruchen kann, konnte nun um 1960 herum die $\hat{C}\,\hat{P}$-Invarianz aller Wechselwirkungen festgestellt werden, und damit schien die Symmetrie des physikalischen Weltbilds wieder in Ordnung gebracht zu sein.

Ein wenig wie zur Erinnerung an einen überstandenen Schrecken erfreute man sich an einer Gruselfrage:

**Frage 12.4.** *(Fortsetzung von Frage 12.3 auf S. 544:) Wie würden Sie reagieren, wenn ET, das Außerirdische, nach Ihrer erfolgreich übermittelten Erklärung von „rechts" und „links" bei der ersten persönlichen Begrüßung erfreut nach Ihrer* linken *Hand greifen will?*

[26] Der bekannte $2\gamma$-Quanten-Zerfall (siehe Abschn. 6.4.5) erfolgt aus dem Singulett-Grundzustand ($L = S = 0$) mit $C_{e^+e^-} = +1$; das Triplett ($L = 0$, $S = 1$) mit $C_{e^+e^-} = -1$ erfordert eine ungerade Anzahl $\gamma$-Quanten, also mindestens drei, und hat deshalb die 1 000fache Lebensdauer.

**Antwort 12.4.** *Sie sollten sofort das Weite suchen, denn offenbar bestehen ET und seine Welt aus Antimaterie. Nur mit* $^{60}_{29}\overline{\mathrm{Co}}$*-Kernen könnte ihm das Wu-Experiment den falschen Drehsinn gezeigt haben.*

Doch die nächste Erschütterung dieses Bildes ließ nur wenige Jahre auf sich warten (siehe folgenden Abschn. 12.4). Da hatte die *CP*-Invarianz, obwohl nur näherungsweise gültig, aber schon zu erstaunlichen Beobachtungen geführt.

**… mit den erstaunlichsten Konsequenzen.** Aus den einfachen formalen Regeln der Quantenmechanik hatten Pais und Gell-Mann (übrigens schon kurz vor der Entdeckung der $\hat{P}$- und $\hat{C}$-Verletzung 1957) für die beiden neutralen Kaonen $K^0$ und $\overline{K^0}$ so ungewöhnliche Schlussfolgerungen gezogen [78], dass selbst viele Spezialisten ihnen zunächst nicht vertrauen mochten:[27]

- Jedes dieser beiden Teilchen könnte eine kurzlebige und eine langlebige Komponente bilden.
- Im Zusammenhang damit würde ein Teilchen zwischen seiner ursprünglichen und der jeweiligen Anti-Teilchen-Art oszillieren.

Diese Voraussagen trafen aber (wieder einmal in der Geschichte der Quantenmechanik) genau so ein. Aus dem sind Formalismus sind sie leicht abzuleiten.

**1 Teilchen mit 2 Lebensdauern?** Hier der Gedankengang (unter dem Gesichtspunkt der $\hat{C}\hat{P}$-Invarianz dargestellt): Die beiden neutralen Kaonen $K^0$ und $\overline{K^0}$ sind Eigenzustände zum *strangeness*-Operator $\hat{S}$. Ihr Eigenwert ist gerade die *strangeness*-Quantenzahl $S = \pm 1$:

$$\hat{S}|K^0\rangle = +|K^0\rangle \quad \text{und} \quad \hat{S}|\overline{K^0}\rangle = -|\overline{K^0}\rangle\,. \tag{12.2}$$

Da $K^0$ und $\overline{K^0}$ die leichtesten Teilchen mit *strangeness* sind, und da die Starke Wechselwirkung die *strangeness* nicht ändern kann, wären sie für die Starke Wechselwirkung stabil, also Eigenzustände zum entsprechenden Hamilton-Operator, und energetisch entartet, weil Teilchen und Antiteilchen.

> Ihre Erzeugung durch Starke Wechselwirkung ist durchaus möglich, aber immer nur zusammen mit einem anderen seltsamen Teilchen entgegengesetzter *strangeness*. Das kann ein zweites Kaon sein oder z. B. ein seltsames Baryon wie in $\pi^- + p \to \Lambda^0 + K^0$ (siehe Abschn. 11.3.1, das $\Lambda^0$ hat $S = -1$, die gesamte *strangeness* bleibt so erhalten).

Die Schwache Wechselwirkung spielt bei dem Starken Erzeugungsprozess erstmal keine bemerkbare Rolle. Sie wird aber zur einzigen noch wirksamen Wechselwirkung, sobald ein solches Teilchen ihr allein ausgeliefert ist, schlicht deshalb, weil es sich von anderen Hadronen zu weit entfernt hat, um noch Starke Wechselwirkung ausüben zu können.

---

[27] Wie schon bei ihrer Ankündigung in Abschn. 11.3.3 mit Jim Cronins drastischen Worten angedeutet wurde (S. 517).

**Frage 12.5.** *Wagemutig und nur größenordnungsmäßig abgeschätzt: Ab welcher Entfernung wäre die Starke Wechselwirkung (mit einem anderen Hadron) gegenüber der Schwachen Wechselwirkung des Teilchens im Vakuum zu vernachlässigen?*

**Antwort 12.5.** *Aus dem typischen Unterschied der Lebensdauern von Schwachen und Starken Zerfällen entnimmt man als typische Größenordnung für die Starke Wechselwirkung, dass sie im Bereich eines Hadronen-Radius ca.* $10^{\cdots 14 \cdots}$*-fach stärker ist als die Schwache. Für ihren Abfall mit größerer Entfernung könnte man das Yukawa-Potential* $(1/r)\exp(-r/1{,}4\,\mathrm{fm})$ *nehmen. Der Exponentialfaktor allein verursacht eine Abschwächung ums* ($10^{14} \approx \mathrm{e}^{32}$)*-fache bei* $r \approx 32 \cdot 1{,}4\,\mathrm{fm} \approx 45\,\mathrm{fm}$. *Bei so unmessbar kleinen Abständen sind weitere Feinheiten des Arguments unerheblich (z. B. ob die Lebensdauer laut der Goldenen Regel nicht etwa quadratisch mit der Wechselwirkungsstärke variiert).*

**Einfache Quantenmechanik.** Zum Hamilton-Operator der Schwachen Wechselwirkung sind $K^0$ und $\overline{K^0}$ keine Eigenzustände (sonst würden sie ja z. B. nicht schwach zerfallen). Doch zeigten Gell-Mann und Pais, wie man aus ihnen genäherte Eigenzustände konstruieren kann. Dazu wird aufbauend auf dem vorigen Abschnitt angesetzt, dass sie als Teilchen-Antiteilchenpaar wechselseitig durch die $\hat{C}\,\hat{P}$-Transformation ineinander übergehen:

$$|\overline{K^0}\rangle = \hat{C}\,\hat{P}\,|K^0\rangle \quad \text{und} \quad |K^0\rangle = \hat{C}\,\hat{P}\,|\overline{K^0}\rangle\,. \tag{12.3}$$

Damit sind die Zustände $K^0$ und $\overline{K^0}$ auch zu Basiszuständen in einem möglicherweise gemeinsamen Zustandsraum gemacht worden! Es mag weit hergeholt erscheinen, aus diesen Basiszuständen jetzt auch noch Linearkombinationen bilden zu wollen, doch genau diese „ultimative logische Konsequenz des Superpositionsprinzips“[28] führt zum Ziel.

Wir haben dann das in der Quantenmechanik wohlbekannte entartete 2-Zustands-System. Wenn sich darin auch keine exakten Eigenzustände zum Hamilton-Operator der Schwachen Wechselwirkung bilden lassen, so doch beste Annäherungen: Es sind diejenigen Linearkombinationen,[29] die auch Eigenzustände zum Operator $\hat{O} = \hat{C}\,\hat{P}$ mit Eigenwerten[30] $X_{CP} = \pm 1$ sind, denn dieser Operator ist nach Voraussetzung ja mit der Schwachen Wechselwirkung vertauschbar:

$$\begin{aligned} |K_{X_{CP}=+1}\rangle &= \sqrt{\tfrac{1}{2}}\left(|K^0\rangle + |\overline{K^0}\rangle\right)\,, \\ |K_{X_{CP}=-1}\rangle &= \sqrt{\tfrac{1}{2}}\left(|K^0\rangle - |\overline{K^0}\rangle\right)\,. \end{aligned} \tag{12.4}$$

---

[28] Feynmans Worte 1961 in [70]

[29] Genannt *angepasste nullte Näherung*. So gilt das bei jeder Störung eines entarteten 2-Zustands-Systems durch eine kleine Zusatz-Wechselwirkung. Vergleiche Lehrbücher der Quantenmechanik, einführend auch z. B. die „Feynman Lectures on Physics“ [71, Bd. III].

[30] Das Symbol $X_{CP}$ soll nur den Eigenwert zu $\hat{O} = \hat{C}\,\hat{P}$ bezeichnen. Nicht gemeint ist ein Produkt aus einzelnen $\hat{P}$- und $\hat{C}$-Eigenwerten, die hier gar nicht vorliegen.

Die beiden neuen Teilchen $|K_{X_{\text{CP}}=\pm 1}\rangle$ sind als *CP*-Eigenzustände beide ihre eigenen Antiteilchen.

Wer solche kohärente Superposition eines Teilchens mit seinem eigenen Antiteilchen doch für zu gewagt hält, hat – im Nachhinein gesehen – recht. Im Abschn. 15.12 wird im allerletzten Abschnitt diskutiert, wie es auf der Basis des Quark-Modells auch ohne diese Grenzüberschreitung geht. Doch zunächst hatte dieser Ansatz Erfolg und war somit gerechtfertigt.

**Die zwei Lebensdauern.** $|K_{X_{\text{CP}}=\pm 1}\rangle$ sind die zwei am besten an die Schwache Wechselwirkung angepassten Linearkombinationen in der Basis der (ohne Schwache Wechselwirkung entarteten) Zustände $K^0$ und $\overline{K^0}$. Ihre Eigenwerte $X_{\text{CP}}$ müssen erhalten bleiben, d. h. der Zerfall kann nur in Zustände erfolgen, die jeweils denselben $CP$-Eigenwert haben.

Das erklärt sehr schön die Verzweigung des Zerfalls in Endzustände mit 2 bzw. 3 Pionen, die nämlich auch *CP*-Eigenzustände zu verschiedenen Eigenwerten sind: Einzelne Pionen mit Bahndrehimpuls $\ell = 0$ haben die Quantenzahlen $P_\pi = -1$ (siehe Abschn. 11.1.6) und $C_\pi = +1$ (s. o.). Zu zweit haben sie daher als *CP*-Eigenwert $X_{\text{CP}} = (C_\pi P_\pi)^2 = +1$, zu dritt $X_{\text{CP}} = (C_\pi P_\pi)^3 = -1$. Der Überlagerungszustand $|K_{X_{\text{CP}}=+1}\rangle$ kann daher nur in 2 Pionen zerfallen (oder in eine höhere gerade Anzahl), $|K_{X_{\text{CP}}=-1}\rangle$ aber nicht, sondern nur in 3 Pionen (oder in eine höhere ungerade Anzahl, denn 1 ist wegen Energie- und Impulserhaltung verboten). Für die beiden Übergangsraten dieser Kombinations-Zustände, also auch ihre Lebensdauern, muss man sehr unterschiedliche Werte erwarten.

Grund: Die Erzeugung des dritten Pions erfordert nicht nur einen weiteren Akt der Schwachen Wechselwirkung, sondern reduziert auch die zur Verteilung auf den Phasenraum der Pionen verfügbare kinetische Energie um weitere $m_\pi c^2 \approx 140\,\text{MeV}$. Andererseits bringt die Erhöhung der Teilchenzahl von 2 auf 3 auch eine Vergrößerung des Phasenraums mit sich.

Daher sollte es zwei metastabile Zustände $|K_{X_{\text{CP}}=\pm 1}\rangle$, also zwei neutrale Kaonen mit sehr verschiedenen Halbwertzeiten geben – ganz im Gegensatz zu 10 Jahren Erfahrung in der Beobachtung dieser Teilchen, wo sie sich immer mit einer einzigen Lebensdauer um 0,1 ns gezeigt hatten. Das war 1954 die erste der Prognosen von Pais und Gell-Mann [78], die auf großen Unglauben stießen.[31] Nach einer gezielten Suche mit einer metergroßen Nebelkammer wurde die zweite, lange Lebensdauer aber 1956 experimentell bestätigt [116]: Die Lebensdauern sind $\tau_{\text{short}} = 0{,}09\,\text{ns}$ und $\tau_{\text{long}} = 52\,\text{ns}$, der Unterschied ist größer als 1:500.

(Die längere der beiden Lebensdauern war vorher ausgerechnet ihrer Länge wegen übersehen worden. Zu viele der langlebigen (und ungeladenen) Kaonen hatten die Nebelkammern durchquert ohne Spuren zu hinterlassen und waren erst außerhalb zerfallen.)

[31] Mehr als nur Unglauben – siehe Cronins drastische Bemerkung auf S. 517.

Nun sind aber bei der Erzeugung der Kaonen weder $|K_{X_{\mathrm{CP}}=+1}\rangle$ noch $|K_{X_{\mathrm{CP}}=+1}\rangle$ entstanden, sondern – wegen der *strangeness*-Erhaltung in der Starken Wechselwirkung – $K^0$ und/oder $\overline{K^0}$, jedenfalls zu Beginn. Das ist zwar ein Unterschied, aber in der Quantenmechanik eben kein Gegensatz: Im Vertrauen auf das Superpositionsprinzip können wir Gl. (12.4) umdrehen zu

$$
\begin{aligned}
|K^0\rangle &= \sqrt{\tfrac{1}{2}}\,(|K_{X_{\mathrm{CP}}=+1}\rangle + |K_{X_{\mathrm{CP}}=+1}\rangle)\ ,\\
|\overline{K^0}\rangle &= \sqrt{\tfrac{1}{2}}\,(|K_{X_{\mathrm{CP}}=+1}\rangle - |K_{X_{\mathrm{CP}}=+1}\rangle)\ .
\end{aligned}
\tag{12.5}
$$

Wie ein $K^0$ auch immer erzeugt wurde, es hat demnach automatisch zwei gleich starke Komponenten der beiden *CP*-Eigenzustände $|K_{X_{\mathrm{CP}}=\pm 1}\rangle$. Ebenso das $\overline{K^0}$, nur mit anderem Vorzeichen oder *relativer Phase* in der Linearkombination. Die 2-Pionen-Zerfälle in der Liste der Zerfallsarten (Gl. (11.13)) des $K^0$ machen daher zusammen genau die 50% der Komponente zu $X_{\mathrm{CP}} = +1$ aus.[32] Die andere Komponente mit $X_{\mathrm{CP}} = -1$ kann außer in drei Pionen auch gemäß $K^0 \to \pi^{\pm} + e^{\mp} + \nu_{\mathrm{e}}(\overline{\nu}_{\mathrm{e}})$ und $K^0 \to \pi^{\pm} + \mu^{\mp} + \nu_{\mu}(\overline{\nu}_{\mu})$ zerfallen, zusammen auch 50%.

**Muss man nun die Physik aller Teilchen neu schreiben?** Warum tritt das Phänomen der Überlagerung „verschiedener" Teilchen nur bei $K^0$ und seinem Antiteilchen $\overline{K^0}$ auf, und nicht – z. B. – auch schon bei $K^+$ und seinem Antiteilchen $\overline{K^+} \equiv K^-$? Auch diese haben exakt gleich Masse, sind für sich keine *CP*-Eigenzustände, müssen aber schwach zerfallen. Sicher darf man aus ihnen analog zu Gl. (12.4) Linearkombinationen bilden und nach deren physikalischen Eigenschaften fragen. Man würde hierbei aber Basis-Zustände mit verschiedener elektrischer Ladung überlagern, deren Entartung folglich durch geringste elektromagnetische Wechselwirkung aufgespalten wird. Aufgrund ihrer nun verschiedenen Energie bekommen sie praktisch sofort unkontrollierbare quantenmechanische Phasendifferenzen, lange bevor die Messung in der Nebelkammer durch den Messprozess „Ionisation" eine der beiden Möglichkeiten auswählen würde. Folgen der kohärenten Überlagerung sind dann nicht mehr zu bemerken (vgl. Bemerkung zur Beobachtbarkeit quantenmechanischer Interferenzen am Ende von Abschn. 5.5.4). $K^0$ und $\overline{K^0}$ ist das erste Teilchen-Paar mit genügend langer Lebensdauer und Zerfall durch Schwache Wechselwirkung, wo Teilchen und Antiteilchen elektrisch ungeladen und trotzdem unterscheidbar sind – durch die Ladung *strangeness*.

### 12.3.3 Strangeness-Oszillationen

**Genäherte Eigenzustände.** $K^0$ und $\overline{K^0}$ als Teilchen und Antiteilchen sind (wie mehrfach gesagt) Eigenzustände des Hamilton-Operators der Starken Wechselwir-

---

[32] Ihre weitere Aufteilung nahe am Verhältnis 34%:16% $\approx$ 2:1 folgt einfach aus dem statistischen Gewicht: $\pi^-$ und $\pi^+$ sind zwei verschiedene Teilchen, die bei Vertauschung einen neuen Zustand ergeben, $\pi^0$ und $\pi^0$ nicht: sie sind *identische* Teilchen.

kung und müssen für ihn exakt den gleichen Eigenwert haben, also die gleiche Energie, sprich Masse. Schwache Wechselwirkung als Störoperator hinzugenommen, sind sie nicht mehr stabil und haben infolgedessen eine etwas unscharfe Massenverteilung $\Delta m$.[33] Für deren Breite ergibt die Abschätzung mithilfe der Energie-Zeit-Unschärferelation (und der kürzeren der beiden Lebensdauern):

$$\Delta mc^2 \approx \frac{\hbar c}{\tau c} \approx \frac{200\,\text{eV nm}}{0{,}09\,\text{ns} \cdot 3 \cdot 10^8\,\text{m/s}} \approx 10^{-5}\,\text{eV}$$

(oder relativ: $\Delta m/m \approx 10^{-5}\,\text{eV}/500\,\text{MeV} \approx 10^{-14}$).

Diese Unschärfe der Massen von $K^0$ und $\overline{K^0}$ verwandelt sich in eine echte Aufspaltung in zwei verschiedene Massen, wenn beide Teilchen zu den beiden der Schwachen Wechselwirkung angepassten *CP*-Eigenzuständen $|K_{X_{\text{CP}}=\pm 1}\rangle$ kombiniert werden. Die Aufspaltung ist von derselben Größenordnung wie vorher die Unschärfe. Warum? In der Quantenmechanik ist es ein- und derselbe Hamilton-Operator, der die Niveaus (Massen) und die Übergangsraten (Lebensdauern) bestimmt.[34] Hat man (aus dem Hamilton-Operator der Starken Wechselwirkung) einen Eigenwert für die Masse und nimmt eine weitere Wechselwirkung hinzu, dann kann man in Störungstheorie sowohl neue Übergangsraten als auch Massen berechnen. In beiden Berechnungen spielen (in der Sprache der Feynman-Graphen) alle virtuellen Prozesse mit, die durch das neue Glied im Hamilton-Operator möglich werden. Welche Prozesse das hier sind, ist in Abb. 12.1 dargestellt. Der elementare Vertex enthält insbesondere die Möglichkeit der Erzeugung und Absorption von Pionen (gleichermaßen für $K^0$ und $\overline{K^0}$).

**Übergang.** Mit solchen Graphen 1. Ordnung werden sowohl die Zerfallsraten (Abb. 12.1a) berechnet als auch – indem man zwei zusammensetzt – die Korrekturen zur Masse.[35] In diesem Graphen 2. Ordnung (Abb. 12.1c) ist aber auch schon ein völlig neuer möglicher Prozess zu sehen. Da der virtuelle Zwischenzustand sowohl an $K^0$ als auch an $\overline{K^0}$ „ankoppelt", kann er das eine in das andere übergehen lassen. Die Schwache Wechselwirkung erzeugt damit eine nicht-verschwindende Übergangsamplitude $K^0 \leftrightarrow \overline{K^0}$. Anders ausgedrückt: Ein ursprünglich als $K^0$ erzeugtes Teilchen bekommt im Lauf der Zeit eine $\overline{K^0}$-Komponente, und umgekehrt. Hiernach ist der Übergang zwischen reellen Teilchen und reellen Antiteilchen wirklich möglich, und er ist fließend. Die in Gl. (12.4) benutzte formale Möglichkeit, Wellenfunktionen zu überlagern (oder Zustandsvektoren im Hilbertraum zu addieren), hat eine Entsprechung in der Natur, auch wenn man so verschiedene Dinge zusammenfügen will wie Teilchen und Antiteilchen. Es muss nicht erstaunen, dass Pais und Gell-Mann auch für diese Voraussage ihrer hellsichtigen Veröffentlichung [78] Unglauben ernteten. Sie wurde aber bald im Experiment bestätigt. Abbildung 11.15 zeigt eine solche Aufnahme.

---

[33] Dabei stimmen die *Mittelwerte* beider Verteilungen experimentell besser als $1{:}10^{-18}$ überein – siehe *CPT*-Invarianz Abschn. 12.4.2.

[34] Siehe Hinweis am Ende von Abschn. 12.2.5.

[35] Selbstenergie genannt, vgl. Fußnote 34 auf S. 406.

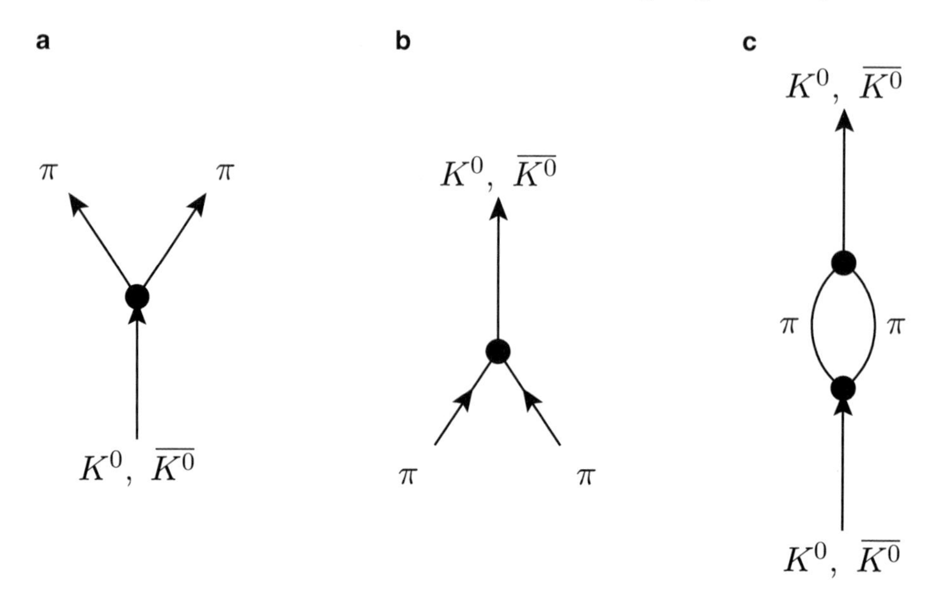


**Abb. 12.1** Feynman-Diagramme (schematisch) für den Zerfall (**a**) und die Bildung (**b**) eines neutralen Kaons. Mögliche Kombinationen der Pionen sind (um die elektrische Ladung zu erhalten) $\pi^0 + \pi^0$ und $\pi^+ + \pi^-$, gleich ob für $K^0$ oder $\overline{K^0}$. Beide Prozesse zusammen sind auch mit virtuellen Pionen möglich (**c**) und erlauben damit u. a. die Umwandlung $K^0 \to \overline{K^0}$ oder umgekehrt

**Oszillation.** Die Quantenmechanik des 2-Zustands-Systems macht für die zeitliche Entwicklung solcher Umwandlungen eine eindeutige allgemeine Aussage: Haben die beiden Eigenzustände die Energie-Aufspaltung $\Delta E$ (bei Teilchen $\Delta m = \Delta E/c^2$), wandelt sich ihre symmetrische Linearkombination mit der Frequenz $\omega = \Delta E/\hbar$ periodisch in die antisymmetrische um, und zurück (Quanten-Beat). Symmetrische bzw. antisymmetrische Linearkombination von $|K_{X_{\mathrm{CP}}=+1}\rangle$ und $|K_{X_{\mathrm{CP}}=-1}\rangle$ sind gerade $K^0$ und $\overline{K^0}$, es handelt sich also um Oszillationen Teilchen $\leftrightarrow$ Antiteilchen oder solche der *strangeness* $S = +1 \leftrightarrow S = -1$. Die Periode liegt nahe bei der kürzeren der beiden Lebensdauern (siehe das obige allgemeine Argument zu Unschärfe und Aufspaltung), so dass man etwa die erste halbe Schwingung verfolgen kann. Aus vielen Aufnahmen wie Abb. 11.15 konnte man die Periode ermitteln und daraus $\Delta mc^2 = (3{,}483 \pm 0{,}006) \cdot 10^{-6}$ eV [8] bestimmen. So gering ist der Energie-Unterschied, den der Summand für die Schwache Wechselwirkung im vollständigen Hamilton-Operator bewirkt.

Solche Oszillationen treten bei jedem 2-Zustands-System auf und heißen allgemein Quanten-Beat. Das klassische Analogon ist die Schwebung. Beispiel: zwei gleiche gekoppelte Pendel. Stößt man nur eins von beiden an – das entspricht der Erzeugung entweder eines $K^0$ oder eines $\overline{K^0}$ – , überträgt sich die Schwingung auf das andere Pendel und kommt wieder zurück – diese Schwebung entspricht der *strangeness*-Oszillation $K^0 \to \overline{K^0} \to K^0 \to \ldots$ Die (quasi-)stationären Zustände – d. h. die Eigenschwingungen des Systems „Gekoppeltes Pendel" (unter Vernachlässigung der Dämpfung) – sind das gleich- bzw. gegenphasige Schwingen beider Pendel gleichzeitig – das entspricht den beiden Linearkombinationen $K_{X_{\mathrm{CP}}=\pm 1}$. Diese Eigenschwingungen haben verschiedene Frequenzen – entsprechend der geringen Energie-Aufspaltung von $K_{X_{\mathrm{CP}}=+1}$ und $K_{X_{\mathrm{CP}}=-1}$. Deren Differenz ist die Frequenz der vorher genannten Schwebung – entsprechend der Frequenz der *strangeness*-Oszillation. Genau so groß ist die Frequenzunschärfe, wenn man die Bewegung jedes einzelnen Pendels im Schwebungsfall analysiert – entsprechend der Massen-Unschärfe von $K^0$ und $\overline{K^0}$.

**Warum nicht bei allen Teilchen?** Wenn dies Phänomen aber ein so allgemeines ist, noch einmal zurück zur Frage, warum es bei $K^0$ und $\overline{K^0}$ zum ersten Mal in der Elementarteilchenphysik auftrat. Was zeichnet dieses Paar Teilchen-Antiteilchen denn aus? Die Energieaufspaltung der Zustände $K_{X_{\mathrm{CP}}=\pm 1}$ ist:

1. von besonderer Kleinheit, und
2. bei den vielen Blasenkammeraufnahmen mit einzelnen Beobachtungen von $K^0$ oder $\overline{K^0}$ immer exakt dieselbe, denn es waren ja identische Teilchen.

Anderenfalls wäre:

1. die Schwebungsfrequenz höher (bei 1 eV schon unbeobachtbar schnell: $10^{17}$ Hz), und
2. die geringste Variabilität dieser Aufspaltung schon Grund zur Bildung von beliebigen Phasenverschiebungen der überlagerten Eigenschwingungen, so dass nur deren inkohärente Mischung beobachtbar bleibt (vgl. kohärente vs. inkohärente Addition von Streuamplituden, Abschn. 5.5.3).

Beide Bedingungen sind nur erfüllt, wenn für zwei Elementarteilchen außer der Schwachen Wechselwirkung alles andere gleich ist. Gleichheit der Massen erfordert praktisch ein Paar Teilchen-Antiteilchen. Gleichheit der elektrischen Ladung (weil sonst die allgegenwärtige elektromagnetische Wechselwirkung die Konstanz der Energie-Aufspaltung zunichte machen würde) heißt dann Ladung Null. Außerdem müssen sie genügend langlebig sein, um den Effekt überhaupt beobachtbar zu machen. Daher waren die neutralen Kaonen lange Zeit das einzige experimentell zugängliche Beispiel. Erst 1977 fand man nach der Entdeckung des fünften Quark (*bottom*, $b$) ein ähnliches System neutraler $B$-Mesonen ($B^0$, $\overline{B^0}$, $m_{\mathrm{B}}c^2 \approx 5{,}3\,\mathrm{GeV}$). Es zeigt – tatsächlich – dieselben seltsamen Phänomene.

**Fazit:** Der Formalismus der Quantenmechanik hat sich (zum wievielten Male?) in vorher kaum vorstellbarer Weise bewährt, bis hin zur Superposition verschiedener Teilchensorten. Das wirft natürlich erneut die Frage auf, was denn ein Teilchen *überhaupt* sei.[36] Im Fall der neutralen Kaonen hat man sich darauf verständigt, die durch ihre verschiedenen Lebensdauern identifizierten Objekte als die „Teilchen" $K_{\mathrm{short}}$ und $K_{\mathrm{long}}$ anzusprechen,[37] und die aus Reaktionen der Starken Wechselwirkung hervorgehenden $K^0$ und $\overline{K^0}$ als deren Überlagerungszustände.

---

[36] Mit den Zusatzfragen, wann zwei Teilchen eigentlich noch als *verschieden* anzusehen sind (siehe Abschn. 15.12, S. 677) und was ein *elementares* Teilchen sei – siehe Abschn. 11.6.

[37] Im folgenden Abschnitt wird erklärt, warum man sie nicht $K_{X_{\mathrm{CP}}=\pm 1}$ nennen darf.

### 12.3.4 Brechung der CP-Invarianz

**Erneute Überraschung.** Im Jahr 1964 stellte sich nun heraus, und diesmal wieder als absolute Überraschung, dass die Schwache Wechselwirkung doch nicht ganz *CP*-invariant ist. Das Experiment ist leicht geschildert, die Konsequenzen aber tiefgehend.

Wie im vorigen Abschnitt beschrieben, stellen neutrale Kaonen, die durch Starke Wechselwirkung entweder als $K^0$ oder $\overline{K^0}$ erzeugt und dann einzeln sich selbst überlassen und damit der Schwachen Wechselwirkung ausgeliefert wurden, eine Überlagerung der beiden *CP*-Eigenzustände $|K_{X_{\text{CP}}=\pm 1}\rangle$ dar, denen die Schwache Wechselwirkung verschiedene Massen, Zerfallsweisen und Lebensdauern zuweist. Nach wenigen ns Flugzeit (einige cm Flugstrecke, das entspricht auch etwa einer vollständigen *strangeness*-Oszillation) ist die kurzlebige Komponente durch Zerfall in zwei Pionen praktisch völlig abgeklungen. Übrig bleiben die langlebigen Kaonen (mit entsprechend der Lebensdauer ca. 500fach verlängerter Flugstrecke) und zerfallen zu 1/3 in drei Pionen. Die Überraschung bestand darin, dass hier neben 99,8% richtiger 3-Pionen-Zerfälle ($X_{\text{CP}} = -1$) auch 0,2% auftraten, bei denen doch nur zwei Pionen ($X_{\text{CP}} = +1$) gefunden wurden, die bereits die gesamte Energie und Impuls-Bilanz ausschöpften (James Cronin, Val Fitch 1964, Nobelpreis 1980). Wieder (wie bei der Entdeckung der Paritätsverletzung am geladenen Kaon, siehe Abschn. 12.2.3) bedeutet allein die Existenz beider Möglichkeiten des Zerfalls des langlebigen $K^0$ die Verletzung einer Symmetrie, diesmal der *CP*-Invarianz. Konsequenterweise darf man es nicht mehr ganz mit $K_{X_{\text{CP}}=-1}$ identifizieren, denn es muss auch eine kleine Beimischung $K_{X_{\text{CP}}=+1}$ haben. Das mit der Lebensdauer $\tau_{\text{long}}$ beobachtete physikalisch reale Kaon muss daher einen eigenen Namen bekommen: $K_{\text{long}}$, das andere (dazu orthogonale) entsprechend $K_{\text{short}}$.

**Materie oder Antimaterie?** Auch bei den beiden anderen Zerfallsarten des langlebigen neutralen Kaons (die in Gl. (11.13) genannt wurden) zeigt sich diese geringe *CP*-Verletzung. Es sind die Zerfälle in $\pi^+ + e^- + \overline{\nu}_{\text{e}}$ und $\pi^- + e^+ + \nu_{\text{e}}$, deren Endprodukte durch den Operator $\hat{C}\hat{P}$ ineinander übergehen. Beide Zerfallsarten müssten bei exakt geltender *CP*-Symmetrie daher gleiche Übergangsraten haben. Positronen-Emission ist aber um 0,33% häufiger als Elektronen-Emission. Das ergibt – erstmals ! – ein eindeutiges Erkennungssignal zur Identifizierung von Antimaterie (gegenüber Materie) und positiver (gegenüber negativer) elektrischer Ladung:

Antimaterie ist die Sorte *elektrisch geladener* Leptonen, die beim Zerfall des *langlebigen* neutralen Kaons *häufiger* auftritt als die andere. (Man beachte, dass sich diese drei kursiv geschriebenen Eigenschaften unabhängig von der gesuchten Unterscheidung formulieren lassen.)

Damit ist nun auch die Frage 12.2 von S. 540 gelöst. Diese beobachtete Ungleich-Behandlung von Teilchen und Antiteilchen durch die Schwache Wechselwirkung ist auch von grundlegender Bedeutung für die Kosmologie des Urknall-Modells. Nur die Verletzung dieser Symmetrie kann erklären, wie sich das Übergewicht der „normalen Materie“ gegenüber der Antimaterie herausgebildet hat, nachdem die Starke Wechselwirkung im angenommenen Quark-Gluon-Plasma nach dem Urknall erst beide Arten gleich stark hervorgebracht haben müsste. Bei diesem winzigen Effekt an einem seltsamen Teilchen geht es also wortwörtlich ums Prinzip.

**Noch rätselhafter.** Gegenüber der *CP*-Verletzung konnte selbst der Bruch der Paritäts-Symmetrie noch verhältnismäßig harmlos erscheinen:

- Die Paritätsverletzung konnte durch Hinzufügen einer weiteren Spiegelung geheilt werden, und die so erhaltene *CP*-Symmetrie hatte auch die vollkommene Symmetrie zwischen Teilchen und Antiteilchen wieder hergestellt (glaubte man jedenfalls).
- Die Paritätsverletzung hatte nicht irgendeinen möglichen Wert, sondern den denkbar maximalen: *Alle* Neutrinos waren linkshändig, nicht nur 99,8%.

Nachdem die Experimente an den langlebigen Kaonen anderswo wiederholt und alle erdenklichen Fehlerquellen bei den nicht unkomplizierten Auswertungen ausgeschlossen worden waren, wurde daher zunächst darüber spekuliert, ob sich im Bruch der *CP*-Symmetrie eine fünfte fundamentale Naturkraft zeigt. Einerseits wäre sie noch schwächer als die Schwache Wechselwirkung (daher der geringe Effekt von relativ nur 0,2%), andererseits wäre sie eben die stärkste von allen (erkennbar daran, dass sie sogar die *CP*-Symmetrie brach). Da dieser Effekt aber später auch bei den neutralen $B$-Mesonen nachgewiesen und dort sogar feiner studiert werden konnte, wobei er immer nur im Zusammenhang mit der Schwachen Wechselwirkung auftrat, wurde er doch als zu ihr gehörig eingestuft. Mit der Entdeckung dieses winzigen Effekts, auch wenn es (zunächst) nur „strange particles" betrifft, ist nun eine weitere Konsequenz größter Tragweite verbunden: Die Zeitumkehrinvarianz ist gebrochen.

## 12.4 Gebrochene Spiegelsymmetrien (III): Zeitumkehr

### 12.4.1 Zeitumkehr $\hat{T}$

**Eine Symmetrie der klassischen Physik...** Es widerspricht auf den ersten Blick aller Alltagserfahrung, dass die Naturgesetze gegenüber einer Spiegelung der Zeitrichtung symmetrisch sein könnten. Jedoch wurde schon seit Newton immer deutlicher herausgearbeitet, dass es in der gesamten Physik allein die irreversiblen thermodynamischen Prozesse sind, die die positive Zeitrichtung auszeichnen. Alle anderen Vorgänge würden, indem man einfach im Endzustand alle Geschwindigkeiten, Ströme u. ä. umkehrt, durch dieselben Naturgesetze in derselben Zeit den ursprünglichen Anfangszustand wieder herstellen. Das würde sich nicht von einem rückwärts abgespulten Film des Originals unterscheiden lassen. Die Naturgesetze selber sind also invariant gegenüber Zeitumkehr. Die thermodynamische Auszeichnung einer bestimmten Zeitrichtung wird gewöhnlich als das Gesetz vom Anwachsen der Entropie formuliert, $\mathrm{d}S/\mathrm{d}t \geq 0$, was äquivalent zum 2. Hauptsatz der Thermodynamik ist. Dies gilt auch im persönlichen Bewusstsein, wenn wir subjektiv die beiden Zeitrichtungen dadurch unterscheiden, dass wir uns an die Zukunft nicht erinnern können sondern nur an die Vergangenheit. Denn auch diese Definition ist nicht absolut, sondern relativ zu der Richtung, in der die irreversiblen (neurophysiologischen) Prozesse, auf denen unser Gedächtnis basiert, in unserem Körper ablaufen.

Dass aber auch der thermodynamischen Irreversibilität keine ursprüngliche Unsymmetrie der Zeitrichtung zugrunde liegt, war Ende des 19. Jahrhunderts vor allem durch Boltzmann herausgearbeitet worden. Die maßgeblich von ihm entwickelte statistische Physik kommt zu dem Ergebnis, dass alle im stabilen (makroskopischen) Gleichgewichtszustand ablaufenden (mikroskopischen) Prozesse sich mit ihren jeweiligen Umkehrungen genau ausbalancieren müssen (Prinzip des Detaillierten Gleichgewichts). Die Irreversibilität der Annäherung an dies Gleichgewicht erweist sich dann als Ausdruck der überwältigend viel größeren Wahrscheinlichkeit, mit der die Entropie anwächst statt abnimmt. Die Richtung dieser makroskopischen Vorgänge wird aber erst wirklich eindeutig, wenn die Teilchenzahlen beliebig groß sind und wenn zur Beschreibung von Anfangs- und Endzustand gemittelte makroskopische Größen (Temperatur, Druck etc.) genommen werden, die im mikroskopischen Sinn den Zustand aller Teilchen gar nicht richtig festlegen. Das für die Festlegung der Zeitrichtung entscheidende statistische Übergewicht schrumpft daher zusammen, je kleiner die Anzahl beteiligter Teilchen ist. (Das eröffnet das Gebiet der statistischen Schwankungen, auf dem u. a. Einstein ein großer Meister war, siehe Abschn. 1.1 und 9.2.1).

**... im Licht der Quantenmechanik.** Selbstverständlich wurde auch die Quantenmechanik zeitumkehrinvariant aufgebaut. In der Schrödinger-Gleichung (mit zeitlich konstantem Potential) tritt die Variable $t$ nur im Produkt mit $i$ auf, so dass die Zeitspiegelung $t \to -t$ (Operator: $\hat{T}$) dasselbe bedeutet wie die komplexe Konjugation. Die zeitumgekehrte Wellenfunktion zu $\psi(\vec{r},t)$ ist also $\psi^*(\vec{r},-t)$ und gehorcht der komplex konjugierten Schrödinger-Gleichung. Bei Operatoren $\hat{O}$ bedeutet dies den Wechsel zum hermitesch adjungierten Operator $\hat{O}^\dagger$. (Dessen Definition garantiert, dass für Übergangsamplituden oder Matrixelemente stets die Gleichung $\langle\psi|\hat{O}|\varphi\rangle = \langle\varphi|\hat{O}^\dagger|\psi\rangle^*$ erfüllt ist.) Nun sind alle messbaren Größen (*Observablen*) durch selbst-adjungierte (kurz: *hermitesche*) Operatoren $\hat{O}^\dagger = \hat{O}$ dargestellt, denn allein das sichert, dass deren Eigenwerte, d. h. alle möglichen Messwerte, reelle Zahlen sind. Das gilt auch für den Hamilton-Operator $\hat{H} = \hat{H}^\dagger$, weil er für die messbare Größe Energie steht. Da er auch die Richtung und Geschwindigkeit der zeitlichen Entwicklung von $\psi(\vec{r},t)$ bestimmt, gilt die Schlussfolgerung: Die zeitgespiegelte Wellenfunktion folgt derselben Schrödinger-Gleichung, nur rückwärts. Die Theorie ist zeitumkehrinvariant.

Die Invarianz gegen Zeitumkehr ist auch gut an der Übergangsamplitude nach Fermis Goldener Regel (Gl. (6.11) auf S. 166) zu erkennen: Umkehrung des Prozesses bedeutet Vertauschung von Anfangs- und Endzustand, und dabei bleibt das Absolutquadrat des Matrixelements (eines jeden hermiteschen Operators) gleich. Der statistische Faktor in der Gleichung bezieht sich allerdings nur auf den jeweiligen Endzustand und wird sich daher bei der Vertauschung ändern, so dass die *be-*

*obachteten* Übergangsraten für Hin- und Rück-Reaktion durchaus verschieden sein können (zumal bei Fermionen nur die noch unbesetzten Endzustände mitgezählt werden dürfen).[38] Das spricht aber ebenso wenig gegen die intrinsische Zeitumkehr-Invarianz der Bewegungsgleichungen wie der 2. Hauptsatz, der ja (nach Boltzmann) auch auf solchen statistischen Faktoren beruht.

**Frage 12.6.** *Wie verträgt sich diese Darstellung mit dem exponentiellen Zerfallsgesetz samt konstanter Übergangsrate, wie es einerseits aus der Goldenen Regel hervorgeht und andererseits doch das Muster-Beispiel überhaupt für einen irreversiblen Relaxations-Prozess bildet (vgl. Abschn. 6.1.2)?*

**Antwort 12.6.** *Das ist in der Tat eine Frage, deren Antwort – entgegen der Ankündigung im Vorwort – nicht „in Reichweite liegt". Sie scheint noch nicht einmal abschließend geklärt zu sein. Strengere mathematische Ableitungen als die 1. störungstheoretische Näherung (auf der die Goldene Regel beruht) zeigen veränderte Übergangsraten für sehr kleine und sehr große Zeiten nach der Präparation des metastabilen Zustands, allerdings nur für Bereiche, die bisher außerhalb der Messbarkeit liegen.*[39]

*Jedoch lässt sich das Problem auf einen anderen Fall von Irreversibilität in der Quantenmechanik zurückführen, den – allerdings ebenso schwer erklärbaren – Messprozess. Er hinterlässt das Objekt in einem festliegenden Zustand, der abgesehen von der Wahrscheinlichkeit, mit der er (oder ein anderer) eintritt, von der Vorgeschichte völlig unabhängig ist.*[40] *Er ist schon von daher ein irreversibler Prozess. Bei Beobachtung des radioaktiven Zerfalls (eines einzelnen Kerns) nun „misst" man zu jedem Zeitpunkt t, ob er schon stattgefunden hat („ja") oder noch nicht („nein"). Danach befindet sich das System eindeutig im entsprechenden Zustand, im Falle von „nein" also wieder im ursprünglichen Ausgangszustand des ganzen Experiments. Folge: konstant bleibende Übergangsrate, also das exponentielle Zerfallsgesetz.*

Die Zeitumkehr-Invarianz der quantenmechanischen Prozesse wurde dennoch ausgiebig überprüft. Abb. 11.5 zeigte schon ein (einfaches) Beispiel. Noch nie ist direkt eine Verletzung beobachtet worden. Dennoch steht seit der Entdeckung der

[38] Zwei Beispiele: (1) Die Wirkungsquerschnitte der Hin- und Rückreaktion $p+p \rightleftharpoons d+\pi$ in Abb. 11.5 stimmen nach Skalierung mit dem konstanten statistischen Faktor exakt überein. Um sie beobachten zu können, brauchte es allerdings entsprechend hohe Stromdichten der Reaktionspartner. – (2) Auch der radioaktive Zerfall kann rückwärts ablaufen. Für die $\gamma$-Strahlung sieht man das z. B. ganz direkt an der resonanten Absorption im Mössbauer-Effekt (Abb. 6.6); für die Umkehrung des $\alpha$-Zerfalls kann man auf die Analogie mit den Fusionsreaktionen in den Sternen verweisen (Abschn. 8.3.1); nur die vollständige Umkehrung der $\beta$-Radioaktivität (also $p+e^-+\bar{\nu}_e \rightarrow n$) entzieht sich der Beobachtung, weil sie bei besonders kleinem Wirkungsquerschnitt und geringer erreichbarer $\nu_e$-Stromdichte auch noch einen Dreierstoß erfordert. Dass der radioaktive Zerfall also immer nur fortschreitet (und für Zeiträume von Milliarden Jahren als Uhr benutzt werden kann, siehe Abschn. 6.1.3), liegt daran, dass die Bedingungen für seine Umkehrung auf der Erde praktisch nirgends gegeben sind.

[39] Näheres z. B. in [145, Kap. 6].

[40] Deshalb entspricht logisch auch die Präparation eines jeden experimentellen Anfangszustands einem Messprozess. Z.B. ist selbst die Festlegung des Orts bei Herstellung eines kollimierten Strahls eine Ortsmessung, hier einmal in Form des freien Durchtritts durch eine enge Blende.

$\hat{C}\,\hat{P}$-Verletzung fest, dass die Prozesse der Schwachen Wechselwirkung auch die $\hat{T}$-Invarianz verletzen. Denn die Invarianz gegenüber dem Produkt $\hat{C}\,\hat{P}\,\hat{T}$ hat nach heutiger Ansicht absoluten Vorrang.

## *12.4.2 Erhaltung von $\hat{C}\,\hat{P}\,\hat{T}$*

**Derzeit ein Grundstein der Physik:** Sehr fundamentale theoretische Gründe sprechen dafür, dass $\hat{C}\,\hat{P}\,\hat{T}$ eine in allen Prozessen exakt befolgte Symmetrie sein muss. D. h. jeder physikalische Prozess wäre genau so möglich und würde genau so ablaufen, wenn man (übrigens in beliebiger Reihenfolge):

- alle Ladungen umgedreht hätte ($\hat{C}$),
- alle (räumlichen) Koordinatenachsen umgedreht hätte ($\hat{P}$),
- alles zeitlich rückwärts laufen würde ($\hat{T}$).

Als dies Theorem Mitte der 1950er Jahre erstmals formuliert wurde [123], schenkte man ihm noch nicht sehr große Beachtung. Denn zuerst galten ohnehin alle drei Symmetrien für sich allein schon als gewährleistet, und nach dem Sturz der Parität (1956) schien wenigstens die $\hat{C}\,\hat{P}$-Symmetrie exakt erfüllt. Die minutiöse Suche nach den *CP*-verbotenen 2-Pionen-Zerfällen der langlebigen Kaonen war genau zu diesem Zweck unternommen worden, eine genauere *experimentelle* Obergrenze für eine *fiktive* Verletzung der Zeitumkehr-Invarianz angeben zu können. Erst als statt dieser Erwartung 1964 eine messbare *CP*-Verletzung auftrat und folglich auch die $\hat{T}$-Invarianz im gleichen Umfang verletzt sein musste, wurde erkannt, wie bemerkenswert allgemein die minimalen Voraussetzungen für den Beweis der kombinierten *CPT*-Invarianz waren (siehe z. B. das Lehrbuch von Lee [119]): Verlangt wird dabei lediglich, dass eine Quantenfeldtheorie Lorentz-invariant sei (also relativistisch), die Kausalität respektiere (keine Auswirkungen erzeugter Felder an Raum-Zeit-Punkten, die nicht durch Licht erreichbar wären), lokal sei (d. h. dass die Felder an einem Ort nur mit der genau dort herrschenden Amplitude wirken), und dass es wirklich einen Zustand minimaler Energie gebe (das Vakuum).

**Fundamentale Konsequenzen.** Die *CPT*-Invarianz sichert zu jedem Teilchen die mögliche Existenz eines Antiteilchens in einem entsprechend gespiegelten Zustand. Die Ladungskonjugation $\hat{C}$ allein kehrt in einem Teilchen zwar schon alle Ladungen um, aber es braucht $\hat{C}\,\hat{P}\,\hat{T}$, um aus den physikalisch realen Zuständen des Teilchens die entsprechenden physikalisch möglichen Zustände seines Antiteilchen zu machen, und aus den Prozessen unserer Welt die Prozesse in der Spiegelwelt aus Antimaterie. So erklärt sich auch, dass man die Feynman-Graphen nach Belieben drehen und wenden kann und jeweils solche Linien, die nun zeitlich rückwärts laufen, einfach als (zeitlich vorwärts laufendes) Antiteilchen verstehen darf (siehe Feynman-Regeln Abschn. 9.7.6 und 10.2.6).

Energien (d. h. Massen und Niveauschemata), magnetische Momente, Lebensdauer, erlaubte Zerfallsarten etc. von Teilchen und Antiteilchen müssen exakt übereinstimmen. Seltsamerweise erstreckt sich die Übereinstimmung aber nicht auf die *relativen* Häufigkeiten der Zerfallsarten (siehe das Gegenbeispiel der leicht verschiedenen $e^+/e^-$-Häufigkeiten beim Zerfall des langlebigen neutralen Kaons im vorigen Abschnitt), denn nur für die endgültige Lebensdauer (das Reziproke der Summe *aller* Übergangsraten in Zerfallsprodukte) liefert die Theorie das Ergebnis, dass sie bei Teilchen und Antiteilchen gleich groß ist.

**Das am genauesten geprüfte Gesetz der Physik.** Ungeachtet seiner minimalen Voraussetzungen steht auch das $CPT$-Theorem auf dem Prüfstand der Experimentatoren. Ein Testfall ist die Gleichheit der Massen von $K^0$ und $\overline{K^0}$, die sich durch das genaue Studium der *strangeness*-Oszillationen und CP-verletzenden Zerfallsarten besonders fein prüfen lässt. Die derzeitige Obergrenze für eine eventuelle Massendifferenz ist $1{:}10^{-18}$ und wird wohl künftig weiter gesenkt werden. Damit ist das *CPT*-Theorem das zur Zeit bestbestätigte Gesetz der Physik.

## 12.5 Die Austauschteilchen $W$, $Z$

Zunächst ein kurzer und oberflächlicher Blick auf die Lage in theoretischer Hinsicht.

### *12.5.1 Fermi-Wechselwirkung nicht renormierbar*

**Ohne Austauschteilchen.** Übersetzte man die erfolgreiche Fermi-Theorie des $\beta$-Zerfalls von 1934 (Abschn. 6.5.7) in die graphische Sprache der Quantenelektrodynamik,[41] dann sähen z. B. der Neutronen-Zerfall $n \rightarrow p + e^- + \overline{\nu}_e$ und der Elektronen-Einfang $e^- + p \rightarrow n + \nu_e$ so aus wie in Abb. 12.2.

Der charakteristische Unterschied zu den Graphen der Quantenelektrodynamik (z. B. Abschn. 9.7) ist die „direkte Kopplung" aller vier Fermionen hier, d. h. das Fehlen eines Austauschteilchens.[42] Spätestens seit den ersten großen Erfolgen der *QED* und der verallgemeinerten Konzeption der Schwachen Wechselwirkung (nach der sie auch ohne Neutrinos in Erscheinung treten kann, siehe Abschn. 11.3.2) wurde auch hier über mögliche Austauschteilchen spekuliert. Es war nämlich inzwischen bekannt, dass eine Feldtheorie ohne Austauschteilchen nicht renormierbar ist und daher die guten Ergebnisse der Fermi-Theorie (Abschn. 6.5.7), also einer 1. störungstheoretischen Näherung, kein verlässlicher Boden für höhere Näherungen waren (siehe Abschn. 9.7.7).

[41] Zur Erinnerung: Feynman-Diagramme beschreiben einen Prozess (Vertex •), der von einem Anfangszustand (unter dem Vertex) zum betrachteten Endszustand (über dem Vertex) führt. Mit den Feynman-Regeln lässt sich daraus die störungstheoretische Übergangsamplitude ermitteln.

[42] So ein Vertex wird als *Fermi-Wechselwirkung* bezeichnet. Für die Berechnung des Matrix-Elements bedeutet er, dass die vier Wellenfunktionen unter dem Integral an derselben Ortskoordinate zu nehmen sind, die Wechselwirkung also die Reichweite Null hat (siehe Abschn. 6.5.8).

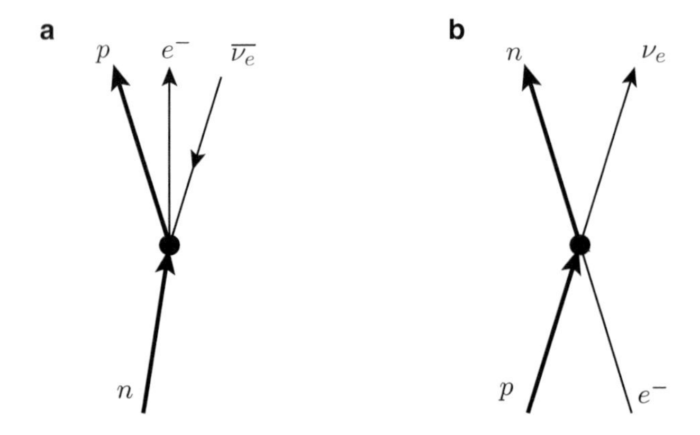


**Abb. 12.2** Feynman-Diagramme für Prozesse der Schwachen Wechselwirkung nach Fermis Theorie (1934): **a** $\beta$-Zerfall des Neutrons; **b** Elektronen-Einfang.

**Mit Austauschteilchen.** Zur Vorbereitung der weiteren Entwicklung sind in Abb. 12.3 schon einmal dieselben beiden Prozesse in Diagrammen *mit* Austauschteilchen abgebildet. Sie werden mit dem Buchstaben $W$ (für *weak interaction*) bezeichnet.

Hieraus ist bereits abzulesen, dass die $W$ elektrische Ladung vom Nukleon zum Lepton tragen (oder umgekehrt). Weiter müssen sie Spin 1 haben, weil der Austausch eines Spin-Null-Teilchens eine „skalare Kopplung"[43] bewirken würde, die, wie bereits Fermi in seiner Theorie gezeigt hatte, mit den Beobachtungen zur $\beta$-Radioaktivität nicht vereinbar war. Aus Diagrammen wie in Abb. 12.3 kann man mit Hilfe der Feynman-Regeln (siehe Abschn. 9.7.5) sogar schon Formeln für die Wirkungsquerschnitte von Streuung oder für die Lebensdauern bei schwachen Zerfällen herleiten. Für den genauen Vergleich mit dem Experiment eignen sich diese Prozesse mit Nukleonen aber nicht so gut, weil ihre Struktur aus mehreren Quarks aufgrund der Stärke ihrer Wechselwirkung untereinander doch Störungen verursacht. Beliebter Testfall ist daher der Zerfall des Myons ($\mu \rightarrow \nu_\mu + e + \nu_e$) mit einem Feynman-Diagramm wie in Abb. 12.3a, nur dass die beiden durchlaufenden Linien für die „Zuschauer"-Quarks einfach entfallen und die übrig bleibende Fermionen-Linie am Vertex statt der Umwandlung $d \rightarrow u$ jetzt $\mu \rightarrow \nu_\mu$ bezeichnet. Natürlich enthalten die Formeln dann immer noch zwei unbekannte Parameter: die Masse $m_{\mathrm{W}}$ des Austauschteilchens und die Kopplungskonstante g für jeden Vertexpunkt im Diagramm. Die Formel für die Lebensdauer ist:

$$(m_\mu c^2)^5 \, \tau_\mu = (8\pi)^3 12\hbar \left(\frac{m_{\mathrm{W}} c^2}{\mathrm{g}}\right)^4 . \tag{12.6}$$

[43] d. h. unabhängig von der Einstellung der Spins beider Teilchen zueinander

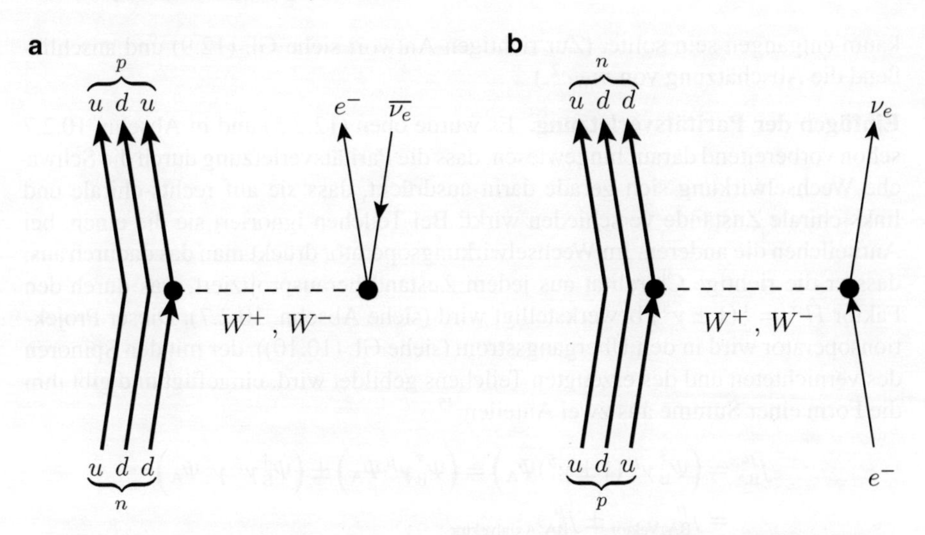


**Abb. 12.3** Die Diagramme der Schwachen Wechselwirkung aus Abb. 12.2 nach Einfügen der Austauschbosonen. (In 2. Ordnung Störungstheorie. Je nach Richtung des Austauschs ist das virtuelle Teilchen ein $W^+$ oder ein $W^-$ gewesen, entsprechend der Erhaltung der elektrischen Ladung an jedem Vertex. In den Berechnungen müssen ohnehin beide Möglichkeiten berücksichtigt werden.) Im Vorgriff auf Kap. 13 sind hier die Nukleonen durch die drei Linien ihrer Quarks wiedergegeben. Nur eins nimmt an einer Wechselwirkung teil und ändert dabei seinen *flavor* $u \leftrightarrow d$. Die Teilchenzahl-Erhaltung der Fermionen wird dadurch repräsentiert, dass für jedes die Linie längs der Pfeile zusammenhängend ist

Diese Formel kann hier nicht hergeleitet werden. Wiedererkennen lässt sich immerhin die aus der $\beta$-Radioaktivität bekannte Proportionalität zwischen der Zerfallsenergie zur 5. Potenz und der Übergangsrate $1/\tau$ (siehe Abb. 6.17): Links steht das Produkt $E^5 \cdot \tau$, rechts eine Konstante.

**Ein neues Rätsel.** Diese Formel hat auch eine überraschende Konsequenz für die Masse $m_\mathrm{W}$, oder alternativ für die Kopplungskonstante g. Wenn die Schwache Wechselwirkung wirklich um Größenordnungen schwächer ist als die elektromagnetische (wie z. B. beim Verhältnis der Zerfallsraten $(\pi^\pm \to \mu + \nu)/(\pi^0 \to \gamma + \gamma)$ zu sehen, siehe Abschn. 11.1.4), dann sollte sich das doch in ähnlicher Weise im Verhältnis ihrer Kopplungskonstanten[44] ausdrücken. Zu erwarten wäre dann so etwas wie $\mathrm{g}^2 \approx 10^{-8} \cdot 4\pi\alpha$. Setzt man das in Gl. (12.6) zusammen mit den Daten des Myons ein, erhält man eine Masse von nur $m_\mathrm{W}c^2 \approx 370\,\mathrm{eV}$, im völligen Widerspruch zur extrem kurzen Reichweite der Schwachen Wechselwirkung und zum Vertrauen in die Experimente, denen ein so leichtes (geladenes!) Teilchen jahrzehntelang wohl

[44] Das genaue elektrodynamische Pendant zur Kopplungskonstanten g ist $\sqrt{4\pi\alpha} \equiv e/\sqrt{\varepsilon_0 \hbar c} \approx 0{,}3$, wegen der in Gl. (12.6) benutzten Konvention über die Feynman-Regeln. Im in der Elementarteilchenphysik gebräuchlichen Einheitensystem gilt überdies $\varepsilon_0 = \hbar c = 1$, die ganze elektrodynamische Kopplungskonstante ist also einfach die (dimensionslos gemachte) Elementarladung $e \approx 0{,}3$.

kaum entgangen sein sollte. (Zur richtigen Antwort siehe Gl. (12.9) und anschließend die Abschätzung von $m_W c^2$.)

**Einfügen der Paritätsverletzung.** Es wurde oben (12.2.5) und in Abschn. 10.2.7 schon vorbereitend darauf hingewiesen, dass die Paritätsverletzung durch die Schwache Wechselwirkung sich gerade darin ausdrückt, dass sie auf rechts-chirale und links-chirale Zustände verschieden wirkt: Bei Teilchen ignoriert sie die einen, bei Antiteilchen die anderen. Im Wechselwirkungsoperator drückt man das dadurch aus, dass er die richtige Chiralität aus jedem Zustand herausprojiziert, was durch den Faktor $\hat{\Pi}^{\pm} = \frac{1}{2}(1 \pm \gamma^5)$ bewerkstelligt wird (siehe Abschn. 10.2.7). Dieser Projektionsoperator wird in den Übergangsstrom (siehe Gl. (10.10)), der mit den Spinoren des vernichteten und des erzeugten Teilchens gebildet wird, eingefügt und gibt ihm die Form einer Summe aus zwei Anteilen:[45]

$$\begin{aligned} j^{\mu}_{\mathrm{BA}} &= \left(\Psi^{\dagger}_{\mathrm{B}} \gamma^{\mu} (1 \pm \gamma^5) \Psi_{\mathrm{A}}\right) = \left(\Psi^{\dagger}_{\mathrm{B}} \gamma^{\mu} \Psi_{\mathrm{A}}\right) \pm \left(\Psi^{\dagger}_{\mathrm{B}} \gamma^{\mu} \gamma^5 \Psi_{\mathrm{A}}\right) \\ &= j^{\mu}_{\mathrm{BA,Vektor}} \pm j^{\mu}_{\mathrm{BA,Axialvektor}} \,. \end{aligned}$$

Der erste Summand ist der in Abschn. 10.2.5 bekannte *Vektorstrom*, weil sich die vier Komponenten $j^{\mu}_{\mathrm{BA,Vektor}}$ wie ein normaler 4-Vektor verhalten, bei dem die drei räumlichen Komponenten einen polaren Vektor bilden, der sich richtig bei Raumspiegelung umkehrt.[46] Der zweite Summand heißt axialer Vektorstrom, weil er wegen der zusätzlichen $\gamma^5$-Matrix bei Raumspiegelung sein Vorzeichen *nicht* wechselt. Die Paritäts-Verletzung durch die Schwache Wechselwirkung kommt gerade dadurch zustande, dass beide Anteile einfach addiert werden. So bekommt der entstehende Spinor $\Psi_B$ einen Anteil mit der gleichen Parität wie $\Psi_A$ und einen *gleich großen* mit der entgegengesetzten. „Schlimmer" kann die Verletzung der Paritätsinvarianz nicht sein, daher nennt man sie maximal.

Eine Komplikation mit großer Tragweite: Dieser *V-A-Theorie* genannte Ansatz ist für Übergänge zwischen Leptonen der richtige, während bei Hadronen der axiale Anteil mit etwa 30% stärker gewichtet werden muss, als ob hierbei eine etwas stärkere Ladung zuständig wäre. Im Zusammenhang damit zeigt sich eine weitere Besonderheit: Der Vektorstrom der Schwachen Wechselwirkung befolgt einen Erhaltungssatz: Er erhält die Schwache Ladung,[47] der Axialvektorstrom nicht. Dies mit *CVC* (*conserved vector current*) bzw. *PCAC* (*partially conserved axial vector current*) bezeichnete Verhalten erlaubt es, allen Teilchen nun wieder eine Schwache Ladung derselben universellen Größe zuzuschreiben.

Die Nichterhaltung der Schwachen Ladung wird im Bereich der Quantenfeldtheorie auch *Anomalie* genannt. Sie entsteht durch die Quantisierung der

---

[45] Erinnerung: der hochgestellte Index $\mu$ durchläuft die Werte (0, 1, 2, 3) und signalisiert, dass es sich um einen relativistischen 4-Vektor handelt.

[46] Die Nullte Komponente ist die räumliche Dichte der Schwachen Ladung.

[47] Wie der 4-Vektorstrom $j^{\mu}_{\mathrm{elektr.}} = (\rho_{\mathrm{elekt.}}, \vec{j}_{\mathrm{elekt.}})$, der in der elektromagnetischen Wechselwirkung die elektrische Ladung erhält.

Feldgleichungen, sobald Schwache und elektrodynamische Wechselwirkung zusammen darin vorkommen ([81]). Sie taucht in zwei weit entfernt liegenden Zusammenhängen wieder auf und ist dann von höchster Bedeutung: Das neutrale Pion könnte erstens ohne diese Anomalie theoretisch gar nicht zerfallen (obwohl der Prozess $\pi^0 \rightarrow \gamma + \gamma$ wie ein rein elektromagnetischer Prozess aussieht). Zweitens ist die Renormierbarkeit des Standard-Modells[48] definitiv verhindert, es sei denn, die Anomalien aller fundamentalen Teilchen miteinander heben sich gerade gegenseitig auf. Das macht die genaue Messung der $\pi^0$-Lebensdauer so interessant (siehe Abschn. 11.1.4).

### *12.5.2 Konstruktion von Austauschteilchen als Eichbosonen*

**Methode der Wahl.** Als Leitlinie bei der Suche nach möglichen Formulierungen neuer Phänomene bedient sich die theoretische Physik natürlich gerne älterer Konzepte. Die Quantenmechanik nach Heisenberg und Schrödinger (1925) knüpft an die Hamiltonsche Formulierung der klassischen Mechanik (1833) an (und sichert damit u. a., dass die klassische Mechanik als Näherung in der Quantenmechanik enthalten ist). Die Quantenfeldtheorie der Wechselwirkungen wird auf dem (noch älteren: 1788) Lagrange-Formalismus der 2. Art aufgebaut. Ohne das genaue Vorgehen hier darlegen zu wollen, sei gesagt, dass (wie die Hamilton-Funktion) auch diese Lagrange-Funktion eine Kombination aus kinetischer und potentieller Energie des Felds ist, und dass es keine bessere Methode gibt, vom Ansatz her schon die Forderungen nach erhaltenen Symmetrien oder Invarianzen für die Felder und die Wechselwirkungen strikt und konsistent einzubauen (von der Dreh- und Translationsinvarianz über das Relativitätsprinzip bis zu Isospin und $SU(3)$ – und so weiter).

Nun ist es einfach, mit den Feldfunktionen einer oder mehrerer Teilchensorten die Lagrange-Funktion hinzuschreiben, solange die Teilchen nicht aufeinander einwirken (vgl. die Einfachheit des Hamilton-Operators für freie Teilchen in Kap. 9.4.2). Für die eigentlich interessante Aufgabe, hier eine Wechselwirkung einzubauen, hat sich ein (offenbar allgemein brauchbares) Verfahren namens *lokale Eichinvarianz* gefunden. Es besteht in der zusätzlichen Forderung, dass die Lagrange-Funktion ungeändert (*invariant*) bleiben soll, wenn die Feldfunktionen darin *umgeeicht*, d. h. mit einer beliebigen komplexen Phase (die auch von Ort und Zeit abhängen darf!) multipliziert werden. Diese Forderung nach Invarianz erzwingt eine Erweiterung der einfachen Lagrangefunktion um weitere Glieder, die sich nun als Wechselwirkungen mit einem neu hinzugefügten Feld neuer Art lesen lassen. Mit einem weiteren Summanden für die in den Quanten dieses neuen Feldes selber gespeicherte Energie ist die Lagrange-Funktion mit Wechselwirkung dann komplett.

**Eichbosonen.** Sind die ursprünglich wechselwirkungsfreien Teilchen Fermionen (nach der Dirac-Gleichung – Kap. 10), kommt für das Zusatzfeld automatisch ein Bosonenfeld heraus, dessen Feldquanten den Spin 1 haben. Daher werden sie auch

[48] Siehe Abschn. 14.3.2.

häufig als *Eichbosonen* bezeichnet. Es ergibt sich auch, dass diese Bosonen die Ruhemasse Null haben müssen. Mit einem Wort: All das passt perfekt zur Quanten-Elektrodynamik, wie es sie schon seit 1930 gibt.

**Die großen Hindernisse.** Jedoch wollte bis etwa 1970 die Übertragung auf die anderen beiden fundamentalen Wechselwirkungen nicht gelingen. Zwischen den gleichzeitigen Forderungen nach der Einhaltung bestimmter Symmetrien (darunter immer die Lorentz-Invarianz), der Renormierbarkeit (damit die Störungstheorie mit den Feynman-Graphen überhaupt angewandt werden kann), und der Bedingung einer nicht verschwindenden Masse für die Austauschteilchen (sonst hätten Kernkraft und Schwache Wechselwirkung die unendliche Reichweite des Coulomb-Gesetzes) gab es keinen Kompromiss. Quantenfeldtheorie wurde – abgesehen von der Quanten-Elektrodynamik – lange Zeit wieder als zweifelhaft angesehen. Doch die Versuche mit völlig anderen Ansätzen ergaben auch keine Lösung.

Aus der Rückschau ist es leicht, unter den vielen in dieser Zeit unternommenen Anläufen die zu benennen, die die Quantenfeldtheorie so weiter entwickelten, dass sie den 1970er Jahren doch auf die Schwache und die Starke Wechselwirkung ausgeweitet werden konnte, was den erfolgreichen Aufbau des Standard-Modells ermöglichte. Hier beschränken wir uns darauf, drei Marksteine von 1954, 1964 und 1971 zu nennen:[49]

1. 1954: C.N. Yang und R.L. Mills legen ein verallgemeinertes Modell für die Quantenfeldtheorie einer möglichen Wechselwirkung zwischen zwei Typen Fermionen vor [198]. Sie zeigen, dass es dann drei Sorten Austauschbosonen geben muss, die anders als die Photonen auch selber mit der entsprechenden neuen felderzeugenden Ladung geladen sind und daher miteinander wechselwirken (mathematisch gesehen eine Folge des neuen, nicht *abelschen* (d. h. nicht kommutativen) Charakters der Eichgruppe). Außerdem müssen sie ein Isospin-Triplett mit elektrischen Ladungen 0, $\pm e$ bilden und daher auch elektromagnetisch miteinander wechselwirken. Also ein Isospin-Triplett wie die drei Pionen $\pi^{0,\pm}$, aber eben nicht wie diese mit Spin 0, sondern mit Spin 1. Die beiden Fermionen sollten Proton und Neutron sein, denn dies Modell war einer der vielen (vergeblichen) Versuche, mit dem damaligen Kenntnisstand die Starke Wechselwirkung genauer zu verstehen. Ein solches Hadronen-Triplett mit Spin 1 wurde 1961 tatsächlich gefunden (die $\rho^{0,\pm}$-Mesonen, siehe Abb. 11.8). Es, schied wegen seiner beträchtlichen Masse (770 MeV) als Kandidat für die masselosen Austauschbosonen aber aus.
   Die Yang-Mills-Theorie versank daher für ein Jahrzehnt in der Schublade, hatte aber eine Spur in den Bemühungen um ein Verständnis der Schwachen Wechselwirkung hinterlassen: Sollte sie einmal als Austauschwechselwirkung formuliert werden können, dann müssten auch die dafür nötigen zwei geladenen Eichbosonen $W^\pm$ (vgl. Abb. 12.3) durch ein drittes zum Isospin-Triplett vervollständigt werden. Es müsste also ein Austauschboson $W^0$ geben, elektrisch ungeladen wie das Photon und auch mit Spin 1.

[49] ohne den Anspruch auf eine nachvollziehbare Erklärung zu erheben.

2. 1964: Peter Higgs kann einen allgemeinen theoretischen Ausweg angeben, nach dem die Austausch-Teilchen in Yang-Mills-Modellen doch eine Masse haben dürfen, ohne die Eichinvarianz zu zerstören. Er muss dazu „nur" ein weiteres, noch nie beobachtetes Feld einführen, das sogar im Grundzustand (Vakuum) allgegenwärtig sein sollte, weil, aufgrund der Vorzeichenwahl der Feldenergie in der Lagrange-Funktion, seine *Abwesenheit* einen angeregten Energiezustand bedeuten würde.
Dieser theoretische Mechanismus wird als *spontane Symmetrie-Brechung* bezeichnet. Formal bedeutet sie (und daher kommt ihr Name), dass der Hamilton-Operator gegenüber bestimmten Transformationen invariant ist, also ein physikalisches System mit einer gewissen Symmetrie beschreibt, ohne dass deshalb auch alle Eigenzustände (insbesondere der Grundzustand) diese Symmetrie zeigen müssen. Diese sind dann allerdings entartet, d. h. sie bilden echte Multipletts (keine Singuletts), und jedes Multiplett als ganzes zeigt die ganze Symmetrie. Es kommt häufig vor, dass gerade ein solches Multiplett zur tiefsten möglichen Energie gehört und daher mit jedem seiner Zustände den Grundzustand bilden kann. Ein populäres Beispiel ist die spontane Magnetisierung eines Ferromagneten. Hier sind die Grundgleichungen rotationsinvariant und das System ist, wenn die Temperatur (sprich Anregungsenergie) genügend hoch ist, auch in einem (unmagnetischen) rotationssymmetrischen Zustand. Trotzdem zeichnet es, sobald die Temperatur unter den *Curie*-Punkt[50] absinkt, eine vorher beliebige, dann aber *eindeutig bestimmte* Richtung aus, damit durch spontane Magnetisierung die Energie minimal werden kann. Die ursprüngliche Rotationssymmetrie der Gleichungen kann man an einem so ausgerichteten Grundzustand nicht mehr direkt erkennen, sondern nur daran, dass Grundzustände mit verschiedenen ausgezeichneten Richtungen existieren und energetisch entartet sind. Die Symmetrie an sich ist also gar nicht im eigentlichen Sinne *gebrochen*, sie ist am vorliegenden Einzelstück lediglich nicht zu sehen.[51] Man könnte man daher vielleicht besser sagen [31, 99], die Symmetrie habe sich *verborgen*.
Im engeren Sinn war aber nicht der Ferromagnet, sondern die erfolgreiche $BCS$-Theorie der Supraleitung von 1958 (nach John Bardeen, Leon N. Cooper, Robert Schrieffer, Nobelpreis 1972) Vorbild. Dort zeigt der Grundzustand mit Cooper-Paaren und Bandlücke nicht die volle Eichsymmetrie der Elektrodynamik. Yoichiro Nambu übertrug ab 1960 die Idee dieser Spontanen Symmetrie-Brechung in die Elementarteilchenphysik und erhielt dafür 2008 den Nobelpreis.

In seiner Rede zur Preisverleihung brachte er als anschauliches Beispiel einen Bergsteiger, der auf der Spitze eines rotationssymmetrischen Berges steht (man stelle sich das Matterhorn ganz kegelförmig vor), aber das

[50] Bevor Pierre Curie sich den Arbeiten seiner Frau Marie zur Radioaktivität anschloss, war er schon bedeutend in der Erforschung des Ferromagnetismus.

[51] Etwa wie an der einen Hälfte einer symmetrisch bemalten Kachel, nachdem sie längs der Symmetrieachse gesprungen ist. Unter „gebrochener Symmetrie" würde man sich intuitiv wohl eher vorstellen, dass ein Objekt *und* sein nicht ganz perfektes Spiegelbild zu sehen sind.

Gleichgewicht verliert. Wegen der Symmetrie der herrschenden Gleichungen ist es unmöglich, aus ihnen eine bestimmte Richtung vorauszuberechnen, in die er fallen wird. Trotzdem kommt er unten an einem bestimmten Ort an, seinem neuen Grundzustand – ausgewählt unter vielen genauso gut möglichen durch einen Akt spontaner Symmetriebrechung.[52]

Higgs überträgt nun dies bei räumlich vorstellbaren Symmetrien noch recht anschauliche Verhalten auf die Symmetrie (Invarianz) gegen Eichtransformationen. Seine Lösung für das Problem der massebehafteten Austauschteilchen sieht etwa so aus, dass für den „eigentlichen“ Hamilton-Operator einschließlich des neuen „Higgs-Felds“ nach wie vor die Symmetrie der Eichinvarianz angenommen wird (und die Austauschteilchen folglich masselos). Unter seinen Eigenzuständen existieren mit Sicherheit Singuletts, die jedes einzeln die ganze Eichsymmetrie zeigen müssten (eben weil sie, mangels mit ihnen entarteter Zustände, bei den Transformationen in sich selbst übergehen müssen). Das Niveau tiefster Energie gehört aber nicht dazu, sondern ist ein hochgradig entartetes Multiplett. Einer von seinen Zuständen, so „zufällig“ ausgewählt wie die spontane Magnetisierungsrichtung des Magneten, ist der Grundzustand unserer Welt, das Vakuum. Es zeigt daher nicht die dem Hamiltonoperator zugrundeliegende Symmetrie, ist für uns aber der Ausgangspunkt zur Beobachtung der mit unseren Mitteln erreichbaren Anregungszustände (in Form der Elementarteilchen). Nur daraus können wir den effektiven, für uns gültigen Hamilton-Operator ablesen. Der stimmt mit dem exakten Hamilton-Operator dann auch nur in der beobachtbaren Umgebung unseres Grundzustands überein und kann daher eine mathematische Form haben, in der die Symmetrie des exakten Operators nicht zu erkennen ist.

Ein simples Analogon: Entwickelt man die um $x=-1$ symmetrische Funktion $y=-1+(x+1)^2$ um ihre Nullstelle im Ursprung (unser Vakuum), bekommt man für das Verhalten in der Umgebung die unsymmetrische effektive Funktion $y_{\text{eff}}=2x$.

Das ganze mit dem Formalismus der Lagrange-Funktion durchgerechnet zeigt, dass in einem so gewonnenen effektiven Hamilton-Operator die eigentlich masselosen Austauschteilchen sich verhalten, als hätten sie Masse. Erst bei sehr hohen Anregungsenergien (sicher über dem ersten Singulett-Zustand, sozusagen über dem Curie-Punkt, und für unsere Experimente möglicherweise prinzipiell unerreichbar) zeigt sich unabhängig von der ursprünglichen Zufallsauswahl des Bezugs-Zustands die volle Symmetrie.

[52] Auch der bei der Paritätsoperation besprochene (durch Aufblasen stabilisierte) Latex-Handschuh für die rechte Hand kann hier als Beispiel dienen (S. 540). Elastische Deformationen, Schwingungen und Wellen gehorchen spiegelsymmetrischen Grundgleichungen, solange sie infinitesimal kleine Amplitude und Ausdehnung haben. Physiktreibende Ameisen, die nur auf dem Handschuh leben, würden ihr Universum daher für paritätsinvariant halten, bis sie bei genauerem Messen eine chirale Asymmetrie entdecken. Für den experimentellen Nachweis, dass die Grundgleichungen doch symmetrisch sind, müssten sie erst den Handschuh umkrempeln, eine Aufgabe, die ihre technischen Möglichkeiten bei weitem übersteigt.

Dieser von Higgs gewiesene Ausweg kam zu spät, um für die theoretische Erklärung der Starken Wechselwirkung im Teilchenzoo der schon viel zu zahlreich gewordenen Hadronen noch eine größere Rolle zu spielen. Er gab aber einen Anstoß für eine neue Theorie der Schwachen Wechselwirkung: die *elektroschwache Vereinheitlichung*.

Zur Andeutung, wie die Geschichte weiter geht: Die Quanten dieses Feldes werden Higgs-Bosonen oder einfach *Higgs (H)* genannt. Nach ihnen wird zur Zeit (2009) fieberhaft gesucht. Der weltgrößte Beschleuniger *LHC* im *CERN* bei Genf soll sie hoffentlich in Kürze als reelle Teilchen erzeugen.

3. 1971: Gerard t'Hooft zeigt (als Teil seiner Doktorarbeit bei M. Veltman in Utrecht), dass eine Quantenfeldtheorie nach Yang-Mills und mit spontaner Symmetrie-Brechung nach Higgs renormierbar ist (Nobelpreis 1999).

Auch nach der Beseitigung dieser Hindernisse konnte eine Feldtheorie der Schwachen Wechselwirkung erst entstehen, als man sie mit der elektromagnetischen Wechselwirkung zu vereinen suchte.

### 12.5.3 Elektroschwache Wechselwirkung

**Zwei Paar Stiefel?** Die elektromagnetische und die Schwache Wechselwirkung haben zwar:

- sichtbare Gemeinsamkeiten:
  - Universalität (d. h. beide greifen an den verschiedensten Teilchen mit immer derselben Stärke an),
  - Austauschteilchen mit Spin 1 (wenn es denn die $W^{\pm}$ für die Schwache Wechselwirkung geben sollte),
- aber auch manifeste Unterschiede:
  - Reichweite unendlich gegenüber unmessbar kurz (d. h. Austauschteilchen hier mit Masse Null, dort sicherlich viel größer als die Masse von Mesonen),
  - Erhaltung von Spiegel- und Ladungsumkehrsymmetrie gegenüber maximaler Verletzung der beiden.

Mit dieser Einleitung fügt Sheldon Glashow 1961 den damals nicht seltenen Spekulationen über eine mögliche Verschmelzung beider oder sogar aller drei Wechselwirkungen seinen eigenen Versuch hinzu. Als Leitschnur bei der Aufstellung der Gleichungen wählt er Symmetrie-Anforderungen an die Wechselwirkung. Daraus ergibt sich als erstes wieder (wie schon bei Yang-Mills-Theorien), dass die unterstellten $W^{\pm}$ durch ein drittes neutrales Boson $W^0$ zu einem Isospin-Triplett zu komplettieren seien. Glashow weist nach, dass eben wegen der genannten tief gehenden Unterschiede das Photon dafür nicht in Frage kommt, und dass es deshalb ein anderes $W^0$ geben müsse: Schwer, neutral und noch eine Stufe hypothetischer als die $W^{\pm}$, für die man wenigstens schon beobachtete Wechselwirkungen hinschreiben konnte (siehe Abb. 12.3). Damit gibt es – hypothetisch – zusammen mit dem Photon vier Austauschteilchen mit Spin 1, und unter ihnen zwei neutrale. Diese beiden bewirken eine Wechselwirkung zwischen Fermionen, ohne dass wie bei $W^{\pm}$ elektrische Ladung von einem zum anderen übertragen wird. Sie formen – in der damals entstehenden Terminologie – den *neutralen Strom.* Der mit dem $W^0$ zusammenhängende Anteil heißt *neutraler schwacher Strom.*

**Hypothesen.** Würden neue Prozesse durch das $W^0$ möglich? Ja, bei solchen Fermionen, die keine Photonen austauschen können, weil sie keine elektrische Ladung haben: Hier könnte das $W^0$ dessen Rolle übernehmen. Elastische Streuung von Neutrinos wäre ein – damals noch hypothetisches – Beispiel.

*Bei elektrisch geladenen Teilchen aber gibt es keine neuen Prozesse, sondern nur dieselben wie auch schon durch das $\gamma$ möglich*! Die Unterschiede der $W^0$-vermittelten Prozesse zu denen vom $\gamma$ vermittelten würden sich außer der verschiedenen Reichweite darauf beschränken, dass die $W^0$-Teilchen wie die $W^{\pm}$ nur mit der linkshändigen Komponente der Dirac-Spinoren für die Fermionen verbunden werden dürfen, um die Paritätsverletzung der Schwachen Wechselwirkung in diese Theorie einzubauen, während das $\gamma$ (wenn überhaupt, d. h. sofern das Teilchen geladen ist) mit gleicher Stärke auch an die rechtshändige Komponente koppelt, um die Paritätserhaltung der elektromagnetischen Wechselwirkung zu gewährleisten.

**Grundlegende Umdeutung.** Wird dadurch nicht vermischt, was vorher in mühevoller Kleinarbeit säuberlich in Schwache und elektromagnetische Wechselwirkung getrennt worden war? Müssen wir die Wirkungen des hypothetischen neutralen *schwachen* Stroms jetzt zu den bekannten Effekten der elektromagnetischen Wechselwirkung addieren? Nach Glashows durchschlagender Idee wird umgekehrt ein Schuh draus: Was uns im Alltag wie in Experimenten als elektromagnetische Wechselwirkung begegnet, das *ist* schon das Resultat dieser Addition. Das ist der Kerngedanke der elektroschwachen Vereinheitlichung. In seiner weiteren Ausarbeitung müssen vor allem diese beiden Beiträge einzeln identifiziert werden.

**Rolle der Symmetrieforderung.** Mit Hilfe der Forderung nach Isospin-Symmetrie ist das einfach. Die mit dem Isospin-*Triplett* $W^{\pm,0}$ wechselwirkenden Teilchen (z. B. die Fermionen in Abb. 12.3) selber müssen nur auch als ein Isospin-Multiplett klassifiziert werden. Dann kann die durch die $W^{\pm,0}$ vermittelte Wechselwirkung einfach als ein Skalarprodukt von zwei Vektor-Operatoren im Iso-Raum geschrieben werden, mit einem einzigen Faktor g davor, der *gemeinsamen* Kopplungskonstante von Abb. 12.3 und Gl. (12.6). Sie wird damit auch für das $W^0$ in Kraft gesetzt, denn einer der Vektor-Operatoren ist der Isospin-Operator für die drei Feldquanten $W^{\pm,0}$, der andere ist der für den Übergangsstrom der angekoppelten Fermionen.

**Schwacher Isospin.** Nicht nur die Nukleonen $p$ und $n$ (bzw. Quarks $u$, $d$), die sich durch Emission oder Absorption eines $W^{\pm}$ ja ineinander umwandeln, sondern auch die beiden Leptonen $e$, $\nu_e$ werden daher als ein Isospin-Dublett mit Quantenzahlen $T=\frac{1}{2}$ und $T_3=\pm\frac{1}{2}$ aufgefasst. Damit wird das Bild „$e^-$ wird vernichtet, $\nu_e$

erzeugt“ endgültig in „elektronisches Lepton macht einen Übergang $e^- \to \nu_e$“ umgedeutet.[53] Zur Unterscheidung von den vorher bekannten, gleichlautenden Beziehungen zwischen Hadronen bekommt $T$ hier den eigenen Namen *schwacher Isospin der Leptonen*. Ihre verschiedene elektrische Ladung[54] $q$ lässt sich analog zu der der Hadronen (Gl. (11.8)) durch $T_3$ und die Hälfte der Leptonenzahl $L = 1$ ausdrücken:[55]

$$q = -(T_3 + \tfrac{1}{2}L)\,. \tag{12.7}$$

**Die Verschränkung zwischen Schwacher und Elektromagnetischer Wechselwirkung.** In dieser Gleichung nun sieht man die elektrische Ladung $q$ auf zwei Anteile aufgeteilt: Der erste ist die 3-Komponente des schwachen Isospins. Nach dem eben vorgestellten Ansatz für den Wechselwirkungsoperator spielt dieser Anteil auch bei der Schwachen Wechselwirkung mit. Man kann ihn als *schwache Ladung* bezeichnen. Aber was ist und woran koppelt die andere Komponente $\frac{1}{2}L$? Man nennt sie *Schwache Hyperladung des Multipletts*. Eigentlich kann *nur* sie der richtige Adressat des vierten unabhängigen Austauschbosons sein, das folglich nicht mit dem $\gamma$ identisch ist, denn dies muss an den vollen Wert $q$ gekoppelt bleiben. Das vierte Austauschboson bekommt daher sicherheitshalber einen eigenen Namen:[56] $B$.

Nach Glashows Modell greifen $W^0$ und $B$ in kohärenter Überlagerung an ihrem jeweiligen Teil der elektrischen Ladung an:

- das $W^0$ an der $T_3$-Komponente des schwachen Isospins mit der (unbekannten) Kopplungskonstanten der Schwachen Wechselwirkung g,
- das $B$ an der Hyperladung mit der (ebenfalls unbekannten) Kopplungskonstante g′.

Als eigene reelle Teilchen existieren aber nicht $W^0$ und $B$, sondern zwei orthogonale Überlagerungen, die nach einem noch unbekannten Hamilton-Operator Eigenzustände zur Energie (Ruhemasse) sind. Eins dieser Teilchen muss das gute alte $\gamma$ sein, das andere wird $Z^0$ genannt. Wie immer bei einem Zwei-Zustandssystem lassen sich die (hier notwendig reellen) Koeffizienten der beiden (normierten) Linearkombinationen durch einen einzigen Winkel parametrisieren, den *Mischungswinkel* oder *Weinberg-Winkel* der Elektroschwachen Wechselwirkung:

$$\begin{aligned} \gamma &= W^0 \sin\theta_W + B\cos\theta_W\,, \\ Z^0 &= W^0 \cos\theta_W - B\sin\theta_W\,. \end{aligned} \tag{12.8}$$

Nun müssen die drei Parameter des Modells – g, g′, $\theta_W$ – dafür eingerichtet werden, dass das so rekonstruierte $\gamma$ die Eigenschaften des wirklichen $\gamma$ bekommt. Damit es

---

[53] Gleiches wird nun auch für die anderen Quarks und Leptonen angenommen.

[54] (in Einheiten $e$)

[55] Das Minus-Zeichen in dieser Definition ist völlig unerheblich. Bei der getroffenen Wahl hat das elektrisch neutrale Neutrino also z. B. $T_3 = -\frac{1}{2}$, $L = 1$.

[56] Nicht verwechseln mit dem $B$-Meson aus zwei schweren $b$-Quarks (Abschn. 13.4).

an einem elektrisch neutralen Teilchen ($q = -(T_3 + \frac{1}{2}L) = 0$) gar nicht ankoppeln kann, muss $\mathrm{g}\sin\theta_\mathrm{W} = \mathrm{g}'\cos\theta_\mathrm{W}$ sein. Dann heben sich die Wirkungen der Kopplung von $W^0$ (an die Schwache Ladung $T_3$ mit der Stärke g) gerade gegen die der Kopplung von $B$ (an die Hyperladung $\frac{1}{2}L$ mit der Stärke g′) auf. Die quantitativ richtige Kopplungsstärke für ein geladenes Teilchen ergibt sich für

$$\mathrm{g}\sin\theta_\mathrm{W} = \mathrm{g}'\cos\theta_\mathrm{W} = e\,. \tag{12.9}$$

Dies gilt im Heaviside-System, wo die Elementarladung $e$ durch die (dimensionslose!) Feinstrukturkonstante $\alpha$ als $e \equiv \sqrt{4\pi\alpha} \approx 0{,}3$ ausgedrückt wird und daher auch eine reine Zahl ist.

Allein aus den Eigenschaften des Photons und aus seiner Kopplungskonstanten $e$ könnte man so, wenn $\theta_\mathrm{W}$ bekannt wäre, die beiden Kopplungskonstanten g, g′ ausrechnen. Damit wären nun zum einen auch die Wechselwirkungen des hypothetischen $Z^0$ vollständig vorhersagbar, was die enge Verschränkung der Schwachen und der Elektromagnetischen Wechselwirkung in diesem Modell beleuchtet. Zum anderen würde dann ein einziges experimentelles Ergebnis, z. B. die Lebensdauer des Myons in Verbindung mit Gl. (12.6), schon ausreichen, die Masse des $W^\pm$ endgültig festzulegen! Als letzter Modellparameter bleibt dann die Masse des $Z^0$ zu bestimmen.[57]

**Erste Voraussagen.** Eine erstaunliche Voraussage kann dies Modell allerdings schon jetzt machen: Mit Sicherheit ist $\mathrm{g} \geq e$ (Gl. 12.9). Die „Schwache" Wechselwirkung ist also stärker als die Elektromagnetische (soweit es die Kopplung der felderzeugenden Ladung an das Feld der Austauschteilchen betrifft)! In der (im Anschluss an Gl. (12.6)) versuchten Abschätzung von $m_\mathrm{W}$ aus der Myon-Lebensdauer ist der Faktor „$10^{-8}$" durch „$\geq 1/\sin\theta_\mathrm{W}$" zu ersetzen. Das erhöht die passende Masse $m_\mathrm{W}$ um denselben Faktor, und ergibt nun als untere Abschätzung: $m_\mathrm{W}c^2 \geq 37\,\mathrm{GeV}$. Damit war einerseits verständlich, dass man dieses Teilchen noch nicht hatte erzeugen können, und andererseits erklärt, warum die Schwache Wechselwirkung ihren Namen doch zu recht trägt: Ihre Reichweite ist wegen der großen Masse ihres Austauschteilchens um 2–3 Größenordnungen kleiner als die der Kernkraft, und das Volumen, in dem sie sich deutlich auswirken kann, entsprechend ums $10^{6\ldots9}$-fache reduziert.

**Erste Hürden.** Ob diese ganze Konstruktion aber mehr ist als eine geistreiche Spekulation mit den Fundamenten des bisherigen physikalischen Weltbildes, blieb für 10 Jahre unklar. Mehrere Hürden waren noch zu nehmen:

- **Problem der Massen von $\gamma$, $W^\pm$ und $Z^0$.** Dies Problem wurde von Glashow 1964 noch ungerührt auf die lange Bank geschoben, zusammen mit Frage, wie aus dem schweren $W^0$ und dem $B$ (über das man gar nichts sagen kann) ein masseloses $\gamma$ entstehen soll. *Die Realität selber zeige uns ja, dass es so ist.* Die theoretische Lösung dafür gab es 1967. Salam und Weinberg fügten in die

[57] Als Teilchen-Antiteilchen-Paar müssen die $W^\pm$ gleiche Masse haben. $Z^0$ aber kann abweichen, wie man z. B. auch an den Pionen sehen kann (Abschn. 11.2.2), die ebenfalls ein Isospin-Triplett bilden.

Lagrange-Funktion von Glashow einen Summanden nach dem von Higgs 1964 vorgeschlagenen Mechanismus der spontanen Symmetrie-Brechung ein. Automatisch entstehen vier Austauschbosonen, alle mit Spin 1. Eins hat Masse Null ($\gamma$), drei sind massiv, wobei der Unterschied ihrer Massen mit dem Mischungswinkel zusammenhängt:

$$m_{\mathrm{W}^\pm} = m_{\mathrm{Z}} \cos\theta_{\mathrm{W}} . \tag{12.10}$$

Ein großer Schritt nach vorn, der 1979 mit dem Nobelpreis an Glashow, Salam und Weinberg gewürdigt wurde. So ist durch den Higgs-Mechanismus schließlich auch die Masse des $Z^0$ eindeutig vorhergesagt, sobald $\theta_{\mathrm{W}}$ und $m_{\mathrm{W}}$ bekannt sind.

- **Falsche Voraussage durch den neutralen Schwachen Strom.** Der vorausgesagte neutrale schwache Strom (d. h. durch $Z^0$ vermittelte Prozesse) schuf das Problem, dass er zu Zerfallsarten führen müsste, die es definitiv so nicht gab: $K^0 \rightarrow$ Lepton + Antilepton (z. B. $K^0 \rightarrow \mu^+ + \mu^-$, siehe Gl. (11.13)). Grund: In der grafischen Sprache der Feynman-Diagramme muss man die Kaonen im Vertex mit den Austauschteilchen der Schwachen Wechselwirkung verbinden dürfen, denn sie machen ja schwache Zerfälle. Insbesondere kann nun auch an einem Vertex die Linie für ein $K^0$ in die für ein (virtuelles) $Z^0$ übergehen, und diese kann an ihrem anderen Ende im Vertex mit allen anderen Teilchen-Linien verbunden werden, die an der Schwachen Wechselwirkung teilnehmen, wenn nur die elektrische Ladung erhalten bleibt. Daher müsste der Zerfall $K^0(\rightarrow Z^0) \rightarrow \mu^+ + \mu^-$ in Konkurrenz zu $K^0(\rightarrow Z^0) \rightarrow \pi^+ + \pi^-$ etc. zu erwarten sein und hätte – anders als die in den 1960er Jahren noch zu aufwändige Neutrino-Streuung – auch schon längst nachgewiesen sein müssen.

**Frage 12.7.** *Warum wurde das erst für das $K^0$ diskutiert und nicht schon für das $\pi^0$?*

**Antwort 12.7.** *Das neutrale Kaon kann wegen seiner* strangeness $S_{K^0} = 1$ *nicht in Photonen zerfallen wie es dem neutralen Pion wegen $S_{\pi^0} = 0$ erlaubt ist. Dieser elektromagnetische Zerfallsweg ist so schnell, dass daneben bisher überhaupt kein schwacher Zerfall (wie $\pi^0 \rightarrow e^+ + e^-$) nachgewiesen werden konnte.*

**Das rettende Argument.** Nun ist es, im Großen wie im Kleinen, mehr oder weniger der Alltag der physikalischen Forschung, aussichtsreich erscheinende Modelle aufgrund von nicht eingetroffenen Voraussagen zu verwerfen. Oft bleiben die erarbeiteten Konzepte und Methoden quasi eingemottet im Fundus erhalten und können, wenn sich jemand daran erinnert, bei neuer Gelegenheit nützlich sein.[58] Ebenso häufig wird aber versucht, das Modell zu „retten", also durch *ad hoc*-Annahmen weiter zu entwickeln. In diese Kategorie passte der Vorschlag von Glashow, Iliopoulos, Maiani im Jahr 1970 [82], für die Abwesenheit des

[58] Vergleiche die Sorge von Boltzmann um die kinetische Gastheorie 1895, Abschn. 1.1.1, S. 3; oder die Ablehnung der Elektronen-Theorie von Weyl (u. a. durch Pauli), weil sie die Paritätsverletzung enthielt (Abschn. 12.2.3 und 10.2.6).

Zerfalls $K^0 \to \mu^+ + \mu^-$ einfach ein neues Teilchen verantwortlich zu machen: Ein viertes Quark zu den dreien des ursprünglichen Quark-Modells von Gell-Mann und Zweig (siehe Abschn. 13.2.3), das damals nicht weniger hypothetisch war als die ganze elektroschwache Vereinheitlichung.

> Das vierte Quark *charm* war nötig, um zwei Paare von Quarks als Isospin-Dubletts ansprechen zu können, innerhalb derer die Schwache Wechselwirkung eine solche Mischung verursacht, dass die gesamte Übergangsamplitude nach $K^0 \to \mu^+ + \mu^-$ durch destruktive Interferenz verschwindet.[59] Genauer wird das in Abschn. 14.3 noch einmal aufgenommen, wo es um die Art der Gründe für eine bestimmte Mindestzahl von Quark-Familien geht.

Erinnert sei daran, wie schwer man sich im Gegensatz hierzu noch 40 Jahre zuvor tat, ein neues Teilchen einzuführen, um eine schon erdrückende Fülle von Beobachtungen deuten zu können (siehe Neutron Abschn. 4.1.5, Neutrino Abschn. 6.5.6). Hier hatte die Epoche des Teilchenzoo sichtbar Spuren hinterlassen.

- **Renormierbar?** Ein noch ernsteres Hindernis für die Anerkennung des Modells aber waren wohl die Zweifel an seiner Renormierbarkeit, also an der Voraussetzung schlechthin für störungstheoretisch begründete Näherungsrechnungen. Als t'Hooft 1971 zur allgemeinen Überraschung ganz allgemein die Renormierbarkeit von Feld-Theorien nach dem Schema von Yang und Mills beweisen konnte, wuchs das Interesse an der elektroschwachen Theorie sprunghaft. Die entscheidende Frage war nun: Gibt es neben dem Photon ein weiteres neutrales Austauschteilchen?

**Entdeckung des Neutralen schwachen Stroms.** Die Suche nach positiven Effekten, für die man allein das $Z^0$-Teilchen verantwortlich machen musste, wurde intensiviert. 1973 konnte unter hunderttausenden durchmusterter Aufnahmen ein erstes Ereignis identifiziert werden: Der Stoß eines hochenergetischen myonischen Neutrinos mit einem ruhenden Elektron, ohne dass das Neutrino sich in ein Myon umwandelt (und dadurch eine Ionisationsspur macht). Der Prozess $\nu_\mu + e \to \nu'_\mu + e'$ muss durch den neutralen schwachen Strom vermittelt sein.

Die Blasenkammer-Aufnahme, die nur eine einzelne dünne Elektronen-Spur zeigt, ist das Herzstück einer kurzen Veröffentlichung von über fünfzig Autoren [91]. Im Gegensatz zum enormen Gewinn, den sie an experimentell gesicherter Erkenntnis brachte, ist sie aber so unansehnlich, dass sie verdient gezeigt zu werden (Abb. 12.4). Gerade die Abwesenheit der vielen sonst gewohnten dicken Spuren geladener Teilchen sichert die Evidenz ab. Die Kammer war einem Strom von myonischen Neutrinos von ca. 1–2 GeV ausgesetzt und zeigt außer sehr vielen „Dreck-Effekten" nichts als die mitten drin beginnende Spur eines Elektrons mit etwa

[59] Glashow brauchte dazu nur die Idee aufzugreifen, die er schon 1964 publiziert hatte [30]: Die $SU(3)$-Symmetrie des damals ganz neuen Quark-Modells gleich um eine Dimension auf $SU(4)$ zu erweitern, um die Schwache Wechselwirkung symmetrisch mit einfügen zu können. Auch der Name „charm" stammt schon aus dieser weitblickenden Spekulation.

385 MeV Energie, in Flugrichtung der Neutrinos. Dies gilt als der erste Nachweis für den gesuchten neutralen Strom.

Hätten sich bei weiterer Suche keine weiteren gleichartigen Ereignisse mehr gefunden, wäre wahrscheinlich doch noch ein „Dreck-Effekt" zur Erklärung dieser Spur entdeckt oder auch nur vermutet worden, wie es am *CERN* schon über sechs Jahre lang Praxis war, weil ähnliche Prozesse zwar längst beobachtet worden waren, aber undenkbar schienen ([150, S. 432]). Doch zunehmend mehr solcher Beobachtungen sicherten das Urteil ab.

Der theoretische Wirkungsquerschnitt für die Neutrino-Elektron-Streuung hängt vom Mischungswinkel $\theta_\mathrm{W}$ ab. Aus dieser einen(!) ersten offiziell anerkannten

**Abb. 12.4** Der offizielle erste Nachweis vom elastischen Stoß eines Neutrinos: $\overline{\nu}_\mu + e \to \overline{\nu}'_\mu + e'$. Die einzige wirkliche Spur beginnt mitten in der Kammer (roter Kreis) und stammt von dem getroffenen Elektron. Beim Abbremsen erzeugt es nacheinander zwei Photonen, die je ein Elektron-Positron-Paar bilden (alle Spuren beginnen in Vorwärtsrichtung). Die Aufnahme stammt von der 1,2 m$^3$ großen Wasserstoff-Blasenkammer *Gargamelle* im *CERN*, 1973 [91]

Aufnahme wurde $\sin^2\theta_W = 0{,}35 \pm 0{,}25$ gefolgert, ein Jahr später war man bei $\sin^2\theta_W = 0{,}39 \pm 0{,}05$, weitere sechs Jahre später dann aber ganz woanders: bei $\sin^2\theta_W \approx 0{,}22$. Damit war eine präzise Voraussage für Kopplungskonstanten g und g′, vor allem aber für die Massen der schweren Austauschbosonen gegeben: $m_W c^2 \approx 80\,\mathrm{GeV}$, $m_Z c^2 \approx 90\,\mathrm{GeV}$. Die gezielte Suche konnte beginnen, zunächst gegen 1979 mit dem Bau eines Beschleunigers, der sich diesen Anforderungen gewachsen zeigen sollte: *Sp$\overline{p}$S* im *CERN*. Der heutige Wert [134] für den Weinberg-Winkel (*nach* der Entdeckung und genauen Vermessung der $W^{\pm}$ und $Z^0$-Bosonen, s. u.): $\sin^2\theta_W = 0{,}22255 \pm 0{,}00056$.

### 12.5.4 Experimenteller Nachweis der schweren Austauschbosonen

**Wie erzeugen?** Erzeugung der massiven Austauschbosonen als reelle Teilchen ist schon durch einen einzigen Vertex möglich. Das ist deswegen nicht unmöglich (wie bei den Photonen, vgl. Abschn. 9.7.4), weil die Erzeugung eines *masselosen* Teilchens von Energie- und Impulserhaltung nur deshalb verboten ist, weil es für dies Teilchen kein Schwerpunktsystem gibt (vgl. Vernichtungsstrahlung, Abschn. 6.4.5). Daher kann man aus Abb. 12.3 sofort Beispiele für geeignete Reaktionen ablesen (siehe Abb. 12.5).[60]

**Wie nachweisen?** Die nächste Frage bei der Planung solcher Experimente ist, wodurch die erhoffte Reaktion zweifelsfrei nachgewiesen werden soll. Anders als die Photonen (deren Erzeugung man ja auch in großer Entfernung als Licht-, Röntgen- oder Gammastrahlung nachweist) sind die massiven Austauschbosonen sicher nicht stabil, denn es gibt leichtere Zerfallsprodukte – für Beispiele braucht man nur die beiden letzten Graphen auf den Kopf zu stellen, dann zeigen sie einige der möglichen Zerfallsarten der $W^{\pm}$ und $Z^0$: Viele Kombinationen von Quark und Antiquark oder Lepton und Antilepton kommen in Frage. Obwohl allein die Schwache Wechselwirkung für diese Zerfälle in Frage kommt, wird man auch keine $W^{\pm}$- oder $Z^0$-Spuren messbarer Länge erwarten können, wenn man an die starke Abnahme der Lebensdauer mit steigender Energie denkt (z. B. in Analogie zur Lebensdauer des Myons (Gl. (12.6))). Bei Zerfallsenergien von knapp 100 GeV sollten sie auch bei der Schwachen Wechselwirkung so kurz sein wie sonst nur von der Starken Wechselwirkung gewohnt. Für das eindeutige Erkennen des $Z^0$ gibt Abb. 12.5b – wenn umgedreht betrachtet – aber schon die Antwort: Unter all den Reaktionen nach $p\overline{p}$-Stößen, die zu den zahlenmäßig weitaus überwiegenden Schauern aus zahllosen Hadronen und Leptonen führen, muss man die finden, bei denen ein einziges Elektron-Positron-Paar (oder ein Paar $\mu^+\mu^-$ oder $\tau^+\tau^-$) sich in seinem Schwerpunktsystem die gesamte Energie $m_Z c^2$ je zur Hälfte teilt. (Ob das schon eindeutig ist, s. u.) Bei den geladenen $W^{\pm}$ ist der Nachweis fast noch einfacher. Wie man aus Abb. 12.3b

[60] Als die entsprechenden Experimente geplant wurden, war die Zusammensetzung der Hadronen aus Quarks schon weitgehend akzeptiert. Im Vorgriff auf Kap. 13 wird das Proton daher auch hier schon mit Hilfe der Quarks dargestellt, ohne jedoch weitere Einzelheiten dazu vorauszusetzen.

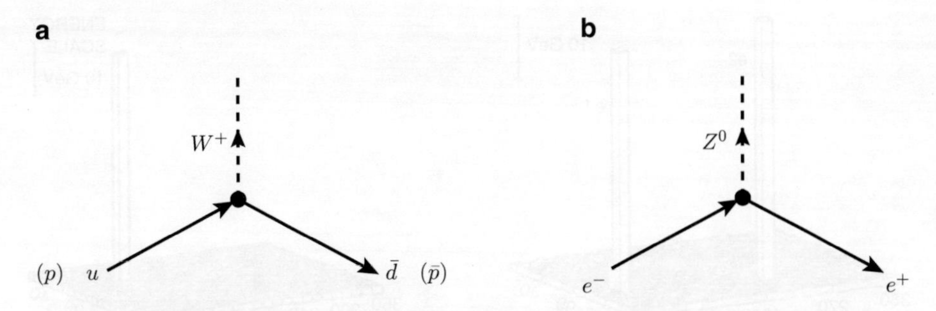


**Abb. 12.5** Feynman-Diagramme der Schwachen Wechselwirkung zur Erzeugung reeller Austauschteilchen. **a**: Beim Stoß eines Protons $[p=(uud)]$ mit einem Antiproton $[\bar{p}=(\bar{u}\bar{u}\bar{d})]$ kommt es zur Begegnung eines Quark-Antiquark-Paares, im Beispiel $u+\bar{d}$ mit elektrischer Ladung $+1$. Da dies Paar an das $W^+$-Feld gekoppelt ist, kann ein reelles $W^+$ entstehen, wenn die beiden Quarks in ihrem Schwerpunktsystem gerade die Energie haben, die mit der Ruhemasse $m_W c^2 \approx 80$ GeV übereinstimmt. (Viel öfter aber ergibt sich eine Reaktion der Starken Wechselwirkung.) Den anderen vier Quarks des kollidierenden Proton-Antiproton-Systems bleibt dann nichts anders übrig, als Mesonen zu bilden, in diesem Fall mindestens ein $\pi^-$ (aus $d\bar{u}$) und ein $\pi^0$ (aus $u\bar{u}$). – Genau so gut wie das gezeigte Beispiel könnte auch eines der anderen von den insgesamt $3 \cdot 3$ möglichen Quark-Antiquark-Paaren miteinander reagieren. Je nach deren Ladungen würde dann entsprechend ein $W^-$ oder $Z^0$ entstehen können. **b**: Erzeugung eines reellen $Z^0$ beim Stoß eines Elektrons mit einem Positron (wenn im Schwerpunktsystem deren Energie mit $m_Z c^2 \approx 90$ GeV übereinstimmt). Da keine weiteren Teilchen mit ihren Impulsen und Energien beteiligt sind, ist hierbei die genaueste Messung der Eigenschaften des $Z^0$ möglich. Auch jedes andere Lepton oder Quark könnte im Stoß mit seinem Antiteilchen ein $Z^0$ erzeugen. Umgekehrt kann $Z^0$ auch in jedes Paar Teilchen-Antiteilchen zerfallen, das überhaupt an der Schwachen Wechselwirkung teilnimmt, und das tun alle. (Nur darf die Ruhemasse des Paars zusammen nicht größer als $m_Z c^2$ sein)

(um +90° gedreht) abliest, werden einige der $W^\pm$ sich durch $W^\pm \rightarrow e^\pm + \nu_e(\overline{\nu}_e)$ verraten. In diesen Fällen muss sich also statt eines Teilchenschauers ein einziges Elektron oder Positron finden (die beiden sind bei so hohen Energien im Detektor ohnehin kaum zu unterscheiden), das (im Schwerpunktsystem des $W^\pm$) genau die Hälfte der Ruheenergie $m_W c^2 \approx 80$ GeV hat.

**Erste LEGO-Diagramme.** Nach mehrjähriger Bauzeit des Proton-Antiproton-Colliders $Sp\overline{p}S$ wurden diese Experimente 1983 im *CERN* gemacht und schon 1984 mit dem Nobelpreis an Carlo Rubbia und Simon van der Meer belohnt. Um die erforderliche Energie im Schwerpunktsystem je zweier Quarks zu erreichen, wurden Protonen und Antiprotonen im Synchro-Zyklotron auf je bis 275 GeV beschleunigt, in zwei Speicherringen gesammelt und in deren Kreuzungspunkten aufeinander geschossen. Zur Hälfte galt der Nobelpreis allein der experimentalphysikalischen Meisterleistung, einen Antiprotonen-Strahl zu präparieren und jeweils einen ganzen Tag lang mit feinster Fokussierung stabil zu halten. Von den aus solchen Kollisionen hervorgehenden Teilchen wurden Teilchenart, Flugrichtung und Energie aufgenommen. Für die grafische Aufbereitung wurden die Flugrichtungen der Teilchen auf einer Art Weltkarte (mit Längen- und Breitengraden) markiert und an

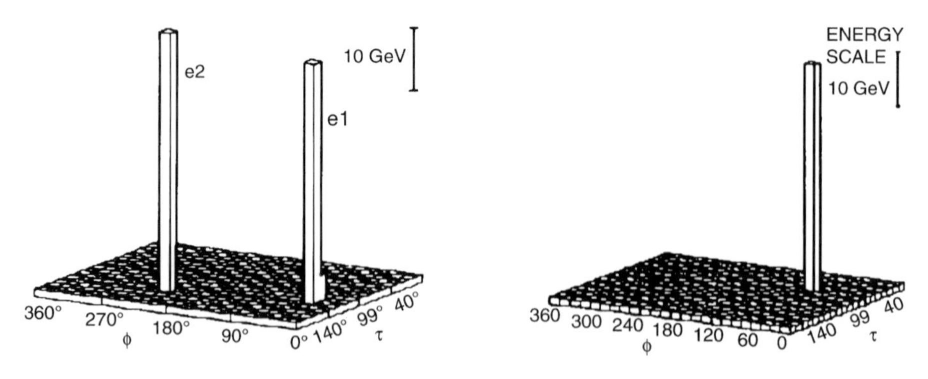


**Abb. 12.6** „LEGO-Diagramme" aus dem ersten Dutzend nachgewiesener Zerfälle eines Austauschbosons $Z^0$ (*links*) bzw. $W^{\pm}$ (*rechts*). Auf der Grundfläche, die jeweils den vollen Raumwinkelbereich abbildet, werden die Flugrichtungen der im Elektron/Positron-Detektor nachgewiesenen Teilchen (oberhalb einer Energieschwelle von wenigen GeV) eingetragen; die Höhe der Säule darüber gibt die jeweils deponierten Energien an (siehe Maßstab in der Grafik). Im linken Bild sind aus der Kollision $p+\overline{p}$ statt des üblichen Hadronenschauers nur zwei Leptonen herausgekommen, rechts sogar nur eins. In allen drei gezeigten Fällen haben die Elektronen oder Positronen ca. die Hälfte der Ruheenergie des $Z^0$ bzw. $W^{\pm}$. Die beiden Säulen im linken Bild markieren einander fast genau entgegen gesetzte Richtungen. (Abbildung aus den Original-Veröffentlichungen [16, 19])

der entsprechenden Stelle ihre Energie als Höhen-Koordinate gewählt. Abgerollt in einer Ebene sah das Bild wegen der relativ groben Rasterung aller drei Koordinaten so aus, dass man ihm den Namen LEGO-Diagramm geben musste. Abbildung 12.6 zeigt je eins dieser Diagramme aus den ersten 1983 gefundenen 13 Nachweisen für $Z^0$ bzw. 10 Nachweisen für $W^{\pm}$.

**Experimenteller Fortschritt (Masse des $Z^0$).** Ein eindrucksvolles Beispiel für den Unterschied zwischen *nachgewiesen* und *vermessen* zeigt sich in Abb. 12.7 beim Vergleich zweier Messkurven für die Masse des $Z^0$. Die erste wurde 1983 mit dem eben beschriebenen ersten Nachweis des $Z^0$ veröffentlicht, die zweite sieben Jahre später. (Sie wurde schon in Abschn. 6.1.3 als berühmtes Beispiel für die Bestimmung der Halbwertsbreite einer Resonanzkurve gezeigt.) Die frühe Abbildung zeigt als Histogramm die Zahl der beobachteten Ereignisse mit jeweils nur zwei Teilchen im Elektron/Positron-Detektor, aufgetragen über ihrer Gesamtenergie in ihrem Schwerpunktsystem (also die *invariante Masse*). Die beiden Treppenkurven entsprechen zwei verschieden scharfen Ausschließungskriterien hinsichtlich eventueller Störimpulse. Nach der schärfsten Auswahl bleiben nur noch drei(!) Ereignisse übrig (schraffierter Teil des Histogramms). Für die Masse des neuen Teilchens wurde daraus $m_Z c^2 = 91{,}9 \pm 2$ GeV ermittelt, für die Halbwertsbreite 2,6 GeV. Für die neuere Kurve wurde die Reaktionsfolge $e^+ + e^- \rightarrow Z^0 \rightarrow$ Hadronen untersucht. Erzeugung mittels des Elektron-Positron-Stoßes macht die Kinematik einfach: Es entfällt die Unsicherheit über die Bewegung der Quarks in den Projektilen $p$ und $\bar{p}$. In diesem Fall ist es zum eindeutigen Nachweis des $Z^0$ aber einfacher, wenn die

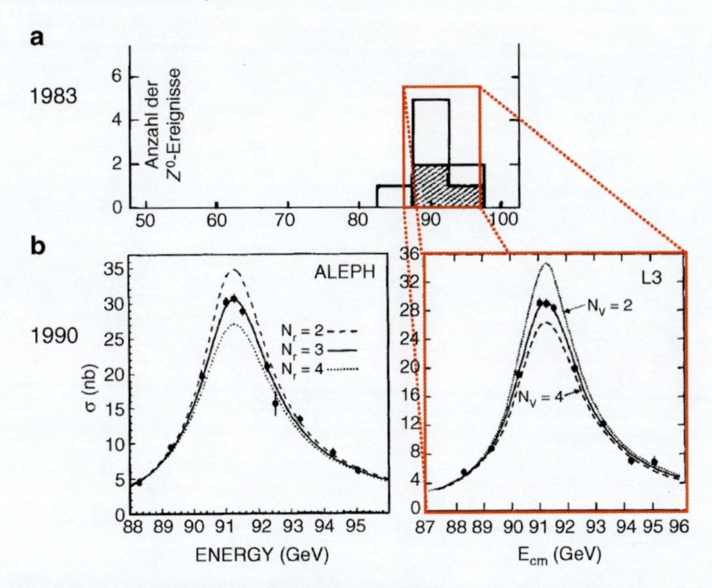


**Abb. 12.7** Drei Bilder desselben Sachverhalts: Resonanzkurve für die Bildung des $Z^0$-Teilchens, aufgetragen über der Energie (nach Messungen am CERN). **a** 1983 (Reaktion $p + \bar{p} \to$ Leptonen): der *Nachweis*, dass das $Z^0$ existiert und eine Masse von ca. 92 GeV hat. **b** 1990 (Reaktion $e^+ + e^- \to$ Hadronen): dieselbe Resonanzkurve, mit zwei verschiedenen Detektoren (ALEPH [55] und L3 [3]) unabhängig und mit 100fach verbesserter Genauigkeit in der Bestimmung von Mittelpunkt und Halbwertsbreite gemessen. Die Kurven zeigen verschiedene theoretische Vorhersagen des Standard-Modells (siehe Abschn. 14.2). Die Zusammenfassung beider Teilbilder mit Daten bis 1995 wurde schon als Abb. 6.5 gezeigt

gebildeten Hadronen gezählt werden, weil ein einzelnes beobachtetes $e^+e^-$-Paar von 90 GeV nun eher Folge einer einfachen Streuung der Projektile sein könnte. Das Resultat für die Masse ist nun $91{,}193 \pm 0{,}035$ GeV, für die Halbwertsbreite $2{,}497 \pm 0{,}031$ GeV. Die Mittelwerte waren also schon aus den Eingangsdaten des Histogramms von 1983 erstaunlich genau abgelesen worden, die Unsicherheitsbereiche aber wurden nun um zwei Größenordnungen gesenkt.

# Kapitel 13
# Quarks, Gluonen, Starke Wechselwirkung

## Überblick

Der Weg zu den Quarks ähnelt in vielem dem Weg zu den chemischen Elementen. Wie vor zweihundert Jahren die Elemente eingeführt wurden, um die Vielgestaltigkeit der uns umgebenden Materie als lediglich verschiedene Mischungsverhältnisse einer überschaubaren Anzahl von mutmaßlichen Grundsubstanzen zu deuten, so die Quarks als die mutmaßlichen (zunächst nur) drei Sorten von Grundbausteinen aller Hadronen des Teilchenzoos. Proton, Neutron, Pion und alle anderen nicht-seltsamen Hadronen sollten sogar nur aus zwei der drei Sorten bestehen (*up* und *down* genannt), und damit auch alle Atomkerne, also über 99,9% der Masse aller normalen Materie. Das dritte Quark – mit Namen *strange* – ist für die Seltsamkeit verantwortlich.

Wie seinerzeit der moderne Begriff der Elemente erst gegen die herrschende Alchemie durchgesetzt werden musste, was jahrzehntelanger Kleinarbeit vieler Naturforscher bedurfte, so traf 1964 auch das Quark-Modell von Murray Gell-Mann (und unabhängig George Zweig) zunächst auf große Skepsis. Als wollte man nicht recht glauben, – ob nun *trotz* oder *gerade wegen* der unvermindert anhaltenden Flut von neu entdeckten Teilchen –, dass es einen so einfachen Ausweg aus den Wirren des Teilchenzoos geben könnte. Selbst aus dem Namen *quarks* – ein von Gell-Mann vorgeschlagenes nonsense-Wort aus einem schwer verständlichen Roman – spricht noch die vorsorgliche Distanzierung von der Behauptung, diese Konstrukte seien reale Teilchen. Zu exotisch schienen die Eigenschaften, die das zugrunde liegende mathematische Ordnungsschema (die Gruppe $SU(3)$) ihnen vorschrieb: gebrochene elektrische Ladung von $-\frac{1}{3}e$ bzw. $+\frac{2}{3}e$. Die Existenz solcher Teilchen widersprach der gesammelten Experimentierkunst eines halben Jahrhunderts Moderner Physik.

Dies Denkverbot aber einmal hinter sich gelassen, konnten die weiteren Regeln zum Zusammenbauen der Hadronen durch ihre Eleganz bestechen: Drei Quarks zusammen bilden ein Baryon; je ein Quark und Anti-Quark bilden ein Meson. Halbzahliger Spin der Baryonen und ganzzahliger der Mesonen erklären sich schon von selbst, wie auch deren schon lange rätselhaft großen magnetischen Momente, wenn man die Quarks der Dirac-Gleichung unterstellte, die ihnen Spin $s = \frac{1}{2}$ und $g$-Faktor

J. Bleck-Neuhaus, *Elementare Teilchen*
DOI 10.1007/978-3-540-85300-8, © Springer 2010

$g = 2$ gibt. Damit ist auch gleich vorgegeben, dass es Anti-Quarks gibt und Erzeugung oder Vernichtung nur in Paaren vor sich gehen kann, wie bei den Leptonen auch. Dadurch sichert dieses Modell der gewohnten Materie die gewohnte Stabilität. Ebenso einfach konnten alle Reaktionen zwischen den Teilchen des Teilchenzoos auf die bloße Umlagerung von Quarks und/oder Erzeugung eines Quark-Antiquark-Paars zurückgeführt werden. Diese Prozesse konnte man der Starken Wechselwirkung zuschreiben, während die Schwache Wechselwirkung ihre säuberlich getrennte Bedeutung dadurch erhielt, dass sie als einzige die Umwandlung der Quarks von einer Sorte in eine andere ermöglicht.

Warum die Quarks trotzdem nicht gleich als reale Teilchen anerkannt worden sind, lässt sich am klarsten mit den Worten des vehementen Anti-Atomisten Ernst Mach aus der Anfangszeit der Modernen Physik (vgl. Abschn. 1.1.1, S. 3) sagen: weil niemand jemals eins *gesehen* hatte. Natürlich war im Unterschied zu Machs Zeiten nach einem halben Jahrhundert moderner Physik schon gar nicht mehr verlangt, dass man *sehen* im herkömmlichen direkten Sinn verstehen sollte. Aber ein freies Quark, oder eins außerhalb von den Zweier-oder Dreier-Packs der Hadronen, wurde damals nicht, und ist bis heute nicht gefunden (trotz vermeintlicher Treffermeldungen besonders engagierter Physiker während der ersten Jahre). Dabei müsste es sich durch seine drittelzahlige Elementarladung leicht zu erkennen geben, gleich ob in der Höhenstrahlung (die dafür neu durchmustert wurde), oder als überzähliges Quark in einem Atomkern. Auch war es offenbar unmöglich, aus einem Hadron einen dieser mutmaßlichen Bausteine heraus zu schießen – wie das Elektron aus Atomen oder Proton und Neutron aus Kernen: seinerzeit Prozesse von grundlegender Wichtigkeit für die richtige Identifizierung dieser drei Bausteine wie für die Entwicklung zutreffender Atom- und Kern-Modelle. Aber dass man auf diese Weise keine Bestandteile der Hadronen isolieren konnte, hatte ja gerade den Teilchenzoo charakterisiert.

Was bleibt dann noch an Werkzeugen, um die Quarks vielleicht noch *sehen zu können*? Mit welchen Mitteln hatte doch Rutherford 60 Jahre zuvor den ebenso unsichtbaren Atomkern entdeckt? Sein epochemachendes Vorgehen hatte damals gezeigt, dass man Struktur und mögliche Reaktionsmechanismen auch kleinster Systeme erkennen kann, wenn man Stöße mit möglichst punktförmigen Sonden macht und die Energie- und Winkel-Abhängigkeit nur richtig analysiert. Allein die überraschend große Wahrscheinlichkeit für große Ablenkwinkel der $\alpha$-Teilchen (also für große Impulsüberträge) hatte ihm genügt, auf die Existenz eines praktisch punktförmigen Atomkerns zu schließen.

Diese Geschichte wiederholte sich nun exakt: Das gleiche Phänomen der zu großen Häufigkeit heftiger Stöße wurde Ende der 1960er Jahre bei der so genannten *tief-inelastischen Streuung* von Elektronen an Protonen gesehen. Es galt gleich als mittlere Sensation, wurde aber immer noch nicht als Beweis für die seit einigen Jahren viel besprochenen Quarks angenommen. Zum Beispiel kreierte Feynman für die nun evident gewordenen „Körnchen“ im Proton zunächst den neuen Namen *Partonen*.

Wenige Jahre später waren durch tief-inelastische Streuung von Elektronen und Neutrinos(!) an Protonen und Neutronen auch noch die drittelzahlige elektrische

Ladung und der halbzahlige Spin der Stoßpartner nachgewiesen. Doch die gern so bezeichnete *November-Revolution der Teilchen-Physik* von 1974, die die Quark-*Hypothese* quasi über Nacht zu einem weitgehend anerkannten Quark-*Modell* machte, hatte einen ganz anderen Auslöser. Es war ein neues Meson (genannt $J/\psi$ – „jot-psi") aufgetaucht, das derart exotische Eigenschaften hatte, dass dafür sogar im Teilchenzoo eine völlig neue Abteilung eingerichtet werden musste (und auch das $SU(3)$-Schema gesprengt wurde). Auch das Quark-Modell in der damals existierenden Form hatte für dies Teilchen natürlich keinen Platz frei. Es konnte aber einfach um ein viertes Quark *charm* erweitert werden – wie schon längst aus anderem Anlass in einer theoretischen Spekulation vorausgedacht worden war – ohne irgendeine seiner Regeln ändern zu müssen. Dieser neue Stein im Baukasten ermöglichte sofort, neue Teilchen und Reaktionen detailliert vorherzusagen, die schnell durch Experimente bestätigt wurden.

Auch hier die historische Parallele: Rutherfords Entdeckung des Kerns (1911) wurde erst richtig berühmt, als sie 1913 Bestandteil einer anderen großen Entdeckung wurde. Im Bohrschen Atommodell trug sie zum Durchbruch bei der wissenschaftlichen Erklärung der Atom-Spektren bei. Im Unterschied zu der relativ schnellen Rezeption der tief-inelastischen Elektronen-Streuung um 1970 war allerdings nach Rutherfords erster Veröffentlichung die übrige Fachwelt noch nicht einmal hellhörig geworden.

Bis hierher hat dieser Überblick lediglich die *statische* Seite des Quark-Modells beleuchtet: Darin werden die Bausteine, aus denen Proton, Neutron, Pion und die anderen Hadronen zusammengesetzt sind, richtig identifiziert und physikalisch charakterisiert. Bei diesem Stand wäre es unbefriedigend, wenn man nicht auch die zwischen ihnen wirkenden Kräfte beschreiben könnte, und daraus die beobachteten Phänomene erklärte. In diesem *dynamischen* Aspekt der physikalischen Modellierung soll also klar werden, warum die beobachteten Hadronen immer gebundene Zustände aus genau zwei oder drei Quarks sind, und es andererseits unmöglich ist, diese Teilchen einzeln herauszulösen, obwohl sie als Feynmansche Partonen völlig unabhängig voneinander an der Streuung mitwirken können – ein echtes Paradox.

Allein der letztgenannte Punkt erfordert, dass der Begriff von einem wohldefinierten fundamentalen Baustein der Materie erneut eine Revision erleidet. Quarks werden von der Theorie einerseits als wirkliche Teilchen eingeführt, sollen derselben Theorie zufolge aber der direkten Einzel-Beobachtung für immer entzogen bleiben. Das mag etwas nach Beliebigkeit aussehen, erlaubt uns aber auf der anderen Seite, die frühere Aufweichung des Elementarteilchen-Begriffs in den Zeiten des Teilchenzoos nun als erledigt zu betrachten.

Die gegenwärtige Theorie der Starken Wechselwirkung wird (auch nach Gell-Manns Vorschlag) *Quanten-Chromodynamik* (*QCD*, griech. *chroma* für Farbe) genannt. Denn die besonderen neuen Ladungen, mit denen die Quarks an ihr teilnehmen, kommen in drei Varianten vor, die sich nicht nur eine jede für sich neutralisieren lassen, sondern auch alle miteinander, wie die drei Grundfarben der (menschlichen) Wahrnehmung zu „weiß". Die *QCD* befindet sich auch heute noch in Entwicklung, weil die – physikalisch evidente – enorme Stärke der Quark-Quark-Bindung ebenfalls enorme mathematische Schwierigkeiten verursacht. Nach ihren Vorbildern *QED* und Elektroschwache Wechselwirkung ist auch die *QCD* eine Theorie der Austauschkraft. Die Austauschteilchen heißen Gluonen und tragen die Farbladungen zwischen den Quarks hin und her. Die näheren Regeln können so ausgestaltet werden, dass nur als Kombination von je drei Quarks (Baryon) oder einem Quark und Antiquark (Meson), jeweils auf die Größe eines Hadrons zusammengepfercht, Teilchen entstehen, die sich räumlich voneinander entfernen können, weil in jedem einzelnen die durch die Gluonen entstehenden Kräfte hinreichend abgesättigt sind. Es scheint, dass man in diesem Rahmen alle beobachteten Eigenschaften der Quarks und Hadronen verstehen kann, einschließlich der Frage, die einmal ganz am Anfang der Untersuchung stand: Was hält die Protonen und Neutronen im Kern so fest zusammen? Die zwischen den Quarks wirkende fundamentale Naturkraft scheint nämlich wahrhaftig so stark zu sein, dass selbst nach ihrer Absättigung in den einzelnen Nukleonen das kleine Überbleibsel, das wegen des Tunneleffekts noch ein wenig nach außen wirken darf, für die Erklärung der Kernkräfte ausreicht. Das fügt sich am Ende genau zu dem Bild zusammen, das Yukawa 1935 entwickelt hatte.

Dass das vierte Quark durch seine Entdeckung 1974 die „November-Revolution“ auslöste, wurde schon erwähnt. Es war 1970 als Pendant zum *strange*-Quark in einer theoretischen Spekulation aufgetaucht (in der sein *flavor* auch schon den Namen *charm* ($c$) erhielt), um zwei Schwachstellen der damals entstehenden Elektroschwachen Vereinheitlichung zu heilen. So sollte es die Symmetrie von vier Quarks gegenüber den vier Leptonen ($e, \mu, \nu_e, \nu_\mu$) herstellen, ohne die diese neue Theorie von einer nicht renormierbaren *Anomalie* geplagt wäre.[1] 1974 wurde das *charm*-Quark tatsächlich gefunden, zusammen mit seinem Antiquark war es in Reaktionen $e^+ + e^- \rightarrow c + \bar{c}$ entstanden und hatte das oben erwähnte $J/\psi$-Meson gebildet. Doch schon 1975 wurde völlig überraschend ein weiteres Lepton $\tau$ gefunden, und sein Neutrino $\nu_\tau$ – obwohl erst 2000 nachgewiesen – galt als sicher. Daher war die Entdeckung eines fünften Quark *bottom* ($b$) 1977 eine mit gewisser Erleichterung aufgenommene Überraschung, die gleich eine lange Suche nach seinem Pendant *top* ($t$) auslöste, um die Lepton-Quark-Symmetrie wieder herzustellen. Die Suche dauerte fast 20 Jahre. Wegen seiner enormen Masse von ca. 172 GeV (fast soviel wie ein Gold-Atom) wurde das *top*-Quark erst 1995 in $p\bar{p}$-Stößen gefunden und ist (bislang) das letzte.

Niemand weiß zur Zeit sicher, wie man das Spektrum der sechs so unterschiedlichen Massen der Quarks erklären kann oder ob es noch weitere Quarks gibt.

## 13.1 Quarks

### *13.1.1 Die Hypothese*

**Ausgangspunkt: Symmetriegruppe *SU*(3).** Die intensiven Bemühungen während der 1950/60er Jahre, dem Teilchenzoo ein inneres Bildungsgesetz abzugewinnen,

[1] Die andere Schwachstelle betrifft die Vorhersage eines nicht beobachteten Zerfalls, siehe Abschn. 12.5.3.

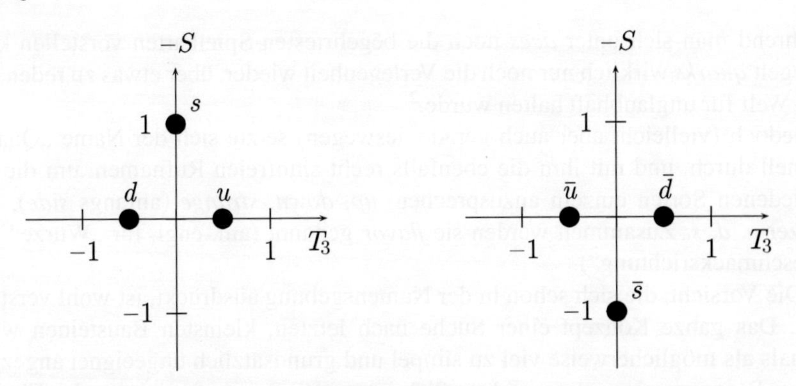


**Abb. 13.1** Die drei Quarks $u, d, s$ und ihre Antiquarks in den beiden fundamentalen Tripletts der Gruppe $SU(3)$. Die elektrische Ladung (in Einheiten $e$) ergibt sich für jedes Quark nach $Q = T_3 + \frac{1}{2}(A+S)$ mit dem entsprechenden $T_3$ und der Baryonenzahl oder (Starken) Hyperladung $A = \frac{1}{3}$ (für Antiquarks: $A = -\frac{1}{3}$). Alle (bis 1974 bekannten) Baryonen lassen sich durch 3 Quarks zusammenbauen, alle Mesonen durch ein Quark-Antiquark-Paar (siehe die Hadronen-Multipletts in demselben Koordinatensystem $(T_3, -S)$ in Abb. 11.10 und 11.11)

wurden in Kap. 11 beschrieben. Am erfolgreichsten waren die nach der (abstrakten) Symmetriegruppe $SU(3)$ zusammengestellten Hadronen-Tafeln (Oktetts, Nonetts, Dekupletts etc., siehe Abb. 11.10 und 11.11). Sie hatten Lücken wie weiland das Perioden-System der Elemente (Abb. 1.1 auf S. 6), aber ebenso wie damals konnte man gerade darin präzise Voraussagen für noch unentdeckte Arten der Materie sehen. Spektakulär war daher 1964 das Auffinden des so vorhergesagten ersten (und einzigen) Hadrons mit dreifacher Seltsamkeit (siehe Abschn. 11.3.4). Genau so wichtig war aber auch, dass keine Teilchen vorhergesagt wurden, die nicht wirklich auch gefunden wurden.

Nun besitzt jede Symmetrie-Gruppe mindestens eine einfachste (nicht-triviale) Tafel, genannt Fundamental-Darstellung. Im Fall der $SU(3)$ bildet sie ein Triplett und kann daher nur drei Teilchen wiedergeben. (Genauer: $SU(3)$ hat zwei verschiedene Tripletts, womit auch Platz für drei Antiteilchen ist.)

Das innere Bildungsgesetz der höheren Tafeln mit mehr Teilchen ergibt sich nach dem „Achtfachen Weg" gerade daraus, dass alle ihre Teilchen aus den wenigen Teilchen der Fundamental-Darstellung – gleich ob diese fiktiv sind oder real – zusammengesetzt gedacht werden: Drei des einen fundamentalen Tripletts bilden ein Baryon, drei des anderen ein Anti-Baryon, und ein Paar mit je einem Mitglied beider Tripletts ein Meson.

**Zweifel und seltsame Namen.** Zwar hatte man – wie in Abschn. 11.2ff ausführlich beschrieben – keine identifizierbaren Bausteine der Hadronen finden können. Jedoch erschien die Aussicht, die innere Ordnung im Teilchenzoo zu verstehen, genügend attraktiv, um sich mit den Eigenschaften der noch fiktiven Grundbausteine des $SU(3)$-Schemas näher zu befassen. Murray Gell-Mann und George Zweig taten das unabhängig und gaben ihnen Namen, denen sich die Zweifel der Urheber an der Realität ihrer eigenen Schöpfungen noch leicht anmerken lassen: *quarks* bzw. *aces*.

Während man sich unter *aces* noch die begehrtesten Spielkarten vorstellen kann, spiegelt *quarks* wirklich nur noch die Verlegenheit wieder, über etwas zu reden, was alle Welt für unglaubhaft halten würde.[2]

Jedoch (vielleicht aber auch gerade deswegen) setzte sich der Name „Quarks" schnell durch, und mit ihm die ebenfalls recht sinnfreien Rufnamen, um die verschiedenen Sorten einzeln anzusprechen: *up*, *down*, *strange* (anfangs *side*), oder kürzer *u, d, s.* Zusammen werden sie *flavor* genannt (am.-engl. für „Würze" oder „Geschmacksrichtung").

Die Vorsicht, die sich schon in der Namensgebung ausdrückt, ist wohl verständlich. Das ganze Konzept einer Suche nach letzten, kleinsten Bausteinen wurde damals als möglicherweise viel zu simpel und grundsätzlich ungeeignet angezweifelt, z. B. wegen einer als unwiderruflich interpretierten Aufweichung des Elementarteilchen-Begriffs wie im Teilchenzoo. Manche Hoffnung richtete sich – wohl nicht ganz unabhängig vom Zeitgeist – auf die so ganz andersartigen Lehren der Meister fernöstlicher Philosophien, in denen alles mit allem zusammenhängend und wechselseitig auseinander hervorgehend gedacht wird. Vorhersagen neuer Teilchen, die sich so sehr gegen die herrschenden Denkverbote richteten wie die Quark-Hypothese, waren auch im historischen Rückblick auf all die hunderte inzwischen gefundenen Teilchen bisher insgesamt nur zweimal erfolgreich gewesen, und das lag schon lange zurück: Gemeint sind die Vorhersagen von Neutrino (Pauli 1933) und Pion (Yukawa 1935).

Dirac hatte sich 1928 davor gehütet, mit dem Loch in der von seiner Gleichung erschaffenen Unterwelt ein neues Teilchen vorherzusagen. Jahrelang hielt er daran fest, es müsse das Proton sein. Auch Pauli hielt sich drei Jahre lang mit seinem Vorschlag des Neutrinos zurück, bevor er ihn offiziell zu machen wagte. Das $\Omega^-$ (Vorhersage von Gell-Mann 1962) könnte man vielleicht noch hier mit anführen, aber es ist doch wesentlich weniger neuartig als Neutrino, Pion und nun die Quarks.

Die nächsten Aufgaben liegen auf der Hand: die näheren Eigenschaften der Quarks herausfinden und ihre Wechselwirkung verstehen lernen.

### 13.1.2 Gebrochene Elementarladung

**Der erste schwierige Schritt.** Will man die Baryonen, beginnend beim leichtesten (Proton), aus drei Bausteinen zusammensetzen, muss man einen davon für die Eigenschaft der Seltsamkeit[3] reservieren (daher der heutige Name *strange* für das $s$-Quark), so dass Proton und Neutron als nicht-seltsame Teilchen nur noch aus den Quarks $u$ und $d$ bestehen müssen. Die $SU(3)$ (oder simples Probieren) schreibt dafür die Zusammensetzungen ($uud$) und ($ddu$) vor, die (wie schon bei Abb. 11.10

[2] Die Quelle ist der Satz „Three quarks for Muster Mark!" im Roman *Finnegans Wake* von James Joyce, den verstehen mag wer will.

[3] Abschn. 11.3

angekündigt) Proton bzw. Neutron so zugeordnet wurden:

$$p = (uud) \text{ und } n = (udd)\,. \tag{13.1}$$

Schon damit ergibt sich eine Eigenschaft der Quarks, die jahrelang für Zweifel an ihrer Existenz sorgen würde: ihre gebrochenen elektrischen Ladungen. Wenn für Ladungen[4] $Q$ wie bisher die Additivität gelten soll, dann gilt offenbar

$$\begin{aligned} 2Q(u) + Q(d) &= e, \quad Q(u) + 2Q(d) = 0 \\ \Rightarrow Q(u) &= \tfrac{2}{3}e, \quad Q(d) = -\tfrac{1}{3}e\,. \end{aligned} \tag{13.2}$$

Auch für das *s-Quark* folgt eine gebrochene Ladung, wie man z. B. an dem elektrisch neutralen $\Lambda^0 = (uds)$ sieht:

$$Q(u) + Q(d) + Q(s) = 0 \quad \Rightarrow \quad Q(s) = -\tfrac{1}{3}e\,. \tag{13.3}$$

**Die einfachsten Baryonen und Mesonen.** Die weiteren Regeln des Aufbaus der Hadronen sind dann aber einfach: Drei Quarks zusammen bilden ganz allgemein ein Baryon, z. B. $\Delta^0 = (udd)$ (dieselbe Zusammensetzung wie im Neutron, aber nun mit Spin $\frac{3}{2}$), je ein Quark und Anti-Quark ein Meson, z. B. $\pi^- = (d\bar{u})$. So ergeben sich tatsächlich automatisch nur ganzzahlige elektrische Ladungen. Die seltsamen Teilchen mit *strangeness*, z. B. $K^+ = (u\bar{s})$, $\Lambda^0 = (uds)$, ... $\Omega^- = (sss)$ enthalten mindestens ein $s$- oder $\bar{s}$-Quark. Es gibt richtig auch genau ein Meson mit *seltsamen* Quarks, das trotzdem die *strangeness* Null hat: $\Phi^0 = (s\bar{s})$. Wie im Vorbeigehen wird die vorher schwierige Frage erledigt, warum Teilchen, insbesondere alle Mesonen, negative Eigenparität haben können (siehe Abschn. 11.1.6). Ein 2-Teilchensystem aus Fermion und Antifermion hat nach der Dirac-Gleichung immer ein zusätzliches Minuszeichen in der Parität (z. B. auch das $e^+e^-$-Paar, wie man an der ebenfalls negativen Parität der Vernichtungsstrahlung schon lange festgestellt hatte).[5]

Genau so wichtig wie die einfache „Bauanleitung" (fast) aller schon bekannten Teilchen war für den Anfangs-Erfolg der Quark-Hypothese aber auch, dass sie nicht die Fehler anderer konkurrierender Ansätze hatte, neue Teilchen vorherzusagen, die man schon längst hätte finden müssen, z. B. Mesonen mit elektrischer oder *strangeness*-Ladung $\pm 2$, Baryonen mit elektrischer Ladung $-2e$, Antibaryonen mit $+2e$ etc.

**Das Hindernis.** Die durchschlagenden Erfolge dieses Modells bei alten und neuen experimentellen Resultaten waren verblüffend, besonders angesichts seiner Einfachheit. Trotzdem wurde es vorsichtig als *Quark-Hypothese* bezeichnet und fast mit der gleichen Skepsis betrachtet wie die Atom-Hypothese im Jahrhundert davor. Man

---

[4] In diesem Kapitel bezeichnet $Q$ wieder die elektrische Ladung. Das Symbol $q$ wird als Sammel-Abkürzung für die verschiedenen Quarks gebraucht und zusätzlich für den 4-Impuls-Übertrag (Gl. (13.7)), weil es die Tradition so will.

[5] Siehe Abschn. 10.2.5.

sah es auch diesmal als Nachteil an, dass noch nie Spuren einzelner Quarks gesehen worden waren. Nach Teilchen mit drittelzahligen Ladungen wurde nun fieberhaft gesucht. Sie müssten sogar stabil sein, denn wenn die Erhaltung der elektrischen Ladung weiter gelten soll, ermangelt es ihnen an möglichen Zerfallsprodukten.

Wie und wo würde man suchen? Zum Beispiel nach Kernen mit einem überzähligen Quark (denn als freie Teilchen in Materie würden Quarks wohl etwa so schnell weg gefangen werden wie Neutronen oder negative Pionen). Die drittelzahlige Gesamt-Ladung eines solchen Kerns könnte nicht durch Elektronen kompensiert werden, sondern müsste sich auf das Atom oder Ion übertragen. Erwartete Folgen:

- Im Massenspektrometer: eine Satelliten-Linie zwischen den normalen Isotopen.
- Im optischen Spektrum: Linienverschiebungen um einen Faktor $Z^2/(Z \pm \frac{1}{3})^2$ (siehe Bohrsches Atom-Modell).
- An Teilchenspuren: Unterschiede in der Ionisationsdichte um den gleichen Faktor (siehe Abschn. 2.2 – Bohrsche Theorie der Abbremsung).

Manche Erfolgsmeldung machte die Runde (sie hätte auch umgehend den Nobelpreis eingebracht), musste aber bei näherer Analyse zurück gezogen werden. Auch die Entdeckung, dass schon Millikan einmal etwa $\frac{1}{3}e$ in seinen Laborbüchern stehen hatte, als er 1908 die Elementarladung $e$ erstmals direkt messen konnte, löste eine Überprüfung aus. Die Empfindlichkeit der Messungen wurde so weit gesteigert, dass *ein* Teilchen mit Ladung $\frac{1}{3}e$ in 1 mg Materie ($\sim 10^{19}$ Atome) gefunden worden wäre. Nach dem Fehlschlag all dieser Untersuchungen geht man also besser davon aus, dass die Quarks, wenn es sie denn jemals einzeln gegeben haben sollte, sich alle zu Gebilden mit ganzzahliger[6] elektrischer Ladung zusammen geschlossen haben. Das Verbot einzeln beobachtbarer Quarks musste unter dem Namen *confinement*[7] zu einer der zunächst schwer verständlichen Grundlagen des Quark-Modells gemacht werden.

### 13.1.3 Typische Prozesse mit Quarks

Nach dem erfolgreichen Zusammenbau der Hadronen aus Quarks ist der erste Schritt in ihre Dynamik leicht. Die Fülle der bekannten Bildungs-, Zerfalls- und Stoßreaktionen der Hadronen sind nun auf einfachste Weise so zu klassifizieren:

**Die Starke Wechselwirkung** ist empirisch gekennzeichnet durch große Wirkungsquerschnitte und extrem kurze Lebensdauern. Sie wirkt nur auf Quarks. Sie kann deren *flavor* nicht verändern, aber Umlagerungen bewirken und Quark-Antiquark-Paare (zum gleichem flavor) erzeugen und vernichten.

---

[6] in Einheiten $e$

[7] engl. für „Einschluss", näheres siehe Abschn. 13.3.2.

Beispiele:

- Erzeugung von Pionen: $p+n \to n+n+\pi^+$
  in Quarks: $(uud)+(udd) \to (udd)+(udd)+(u\bar{d})$. Netto: ein Paar $d\bar{d}$ wurde erzeugt.
- Zerfall des Resonanz-Teilchens $\Delta^0 \to p+\pi^-$
  in Quarks: $(udd) \to (uud)+(\bar{u}d)$. Netto: ein Paar $u\bar{u}$ wurde erzeugt.
- Paarvernichtung ($s\bar{s}$-Paar) $\Phi^0 \to \pi^+ + \pi^- + \pi^0$
  in Quarks: $(s\bar{s}) \to (d\bar{u})+(u\bar{d})+(u\bar{u})$. Netto: ein Paar $s\bar{s}$ vernichtet, drei Paare $d\bar{d}/u\bar{u}$ erzeugt. [8]

**Die Schwache Wechselwirkung** ist empirisch gekennzeichnet durch extrem kleine Übergangsraten und ist deshalb überhaupt nur in den Prozessen richtig zu sehen,[9] die nicht parallel auch durch Starke oder elektromagnetische Wechselwirkung bewirkt werden könnten. Bei Quarks kann aber nur sie die Umwandlung des *flavor* bewirken. Sie wirkt auf *alle* Fermionen und kann auch alle ihre Arten in Teilchen-Antiteilchen-Paaren erzeugen und vernichten (Quarks auch bei unterschiedlichem *flavor*).[10]

Beispiele:

- Schwacher Zerfall (= $\beta$-Zerfall) des Neutrons: $n \to p+e^- + \bar{\nu}_e$
  in Quarks: $(udd) \to (uud)+e^- + \bar{\nu}_e$. Netto: *flavor*-Umwandlung $d \to u$ (und Erzeugung eines Leptonenpaars zur Erhaltung der elektrischen Gesamt-Ladung).
- Schwacher Zerfall von Teilchen mit strangeness: $\Lambda \to p+\pi^-$
  In Quarks: $(uds) \to (uud)+(\bar{u}d)$. Netto: *flavor*-Umwandlung $s \to d$ (und ein Paar $u\bar{u}$ wurde erzeugt).
- Schwacher Zerfall von Mesonen: $\pi^- \to \mu^- + \bar{\nu}_\mu$
  In Quarks: $(d\bar{u}) \to (u\bar{u}) \to Vakuum$. Netto: *flavor*-Umwandlung $d \to u$ ($\bar{u} \to \bar{d}$ würde auch funktionieren), Vernichtung eines Quark-Antiquark-Paars (und Erzeugung eines Leptonenpaars zur Erhaltung der elektrischen Gesamt-Ladung).

**Paarvernichtung behindert.** Nicht für alle Zerfallsweisen liegt im Quark-Modell die Interpretation so einfach auf der Hand. Paarvernichtung etwa ist ganz allgemein behindert. Beim $\Phi^0$ im Beispiel oben ($\Phi^0 = (s\bar{s}) \to 3\pi$) ist sie z. B. sechsmal seltener (also langsamer) als ein Zerfall in Kaonen ($\Phi^0 \to K^- + K^+$ oder $\Phi^0 \to K^0 + \bar{K}^0$), obwohl zwei Kaonen viel schwer als drei Pionen sind. Für sie bleibt dabei nur ein zehntel der kinetischen Energie übrig, die die drei Pionen unter sich aufteilen können, was den statistischen Faktor in der Übergangsamplitu-

[8] Warum nicht einfacher und sogar mit mehr Energiegewinn $\Phi^0 = (s\bar{s}) \to 2\pi$? $\Phi^0$ hat Spin $I_\Phi = 1$ und negative Parität. Ein Zerfall in zwei Pionen ($I_\pi = 0$) mit $\ell = 1$ ist aber trotzdem nur möglich unter Verletzung der Isospin-Erhaltung. Soll der Isospin $T_\Phi = 0$ auf zwei Pionen (je $T_\pi = 1$) übergehen, müssten diese einen bei Austausch symmetrischen Zustand bilden ($T_{\pi\pi} = 0$ ist symmetrisch genau wie bei der Kopplung zum größtmöglichen Wert $T_{\pi\pi} = 2$, zu Symmetrie bei Drehimpulskopplungen siehe Kasten 7.5 auf S. 255). Aus dem gleichen Grund können sie dann nur geradzahligen Bahndrehimpuls bilden.

[9] Das war der Stand Mitte der 1960er Jahre und gilt heute immer noch in sehr guter Annäherung.

[10] Seit der Entdeckung der Neutrino-Oszillationen 1998 weiß man, dass die Schwache Wechselwirkung auch bei Leptonen den *flavor* ändern kann (siehe Abschn. 10.4.4 und 12.5).

de extrem verringert. In Quarks ausgedrückt, sieht der Zerfall zu Kaonen so aus: $(s\bar{s}) \to (s\bar{u}) + (u\bar{s})$ oder $(s\bar{s}) \to (s\bar{d}) + (d\bar{s})$. Offenbar ist für die Übergangsamplitude hier von großem Vorteil, dass die beiden *strange*-Quarks des $\Phi^0$ sich nun nicht miteinander vernichten müssen sondern in den beiden Kaonen erhalten bleiben, und nur ein $(u\bar{u})$- oder $(d\bar{d})$-Paar erzeugt werden muss, um mit den beiden $s$-Quarks je ein eigenes Teilchen bilden zu können. Für diese Behinderung brauchte es eine Zusatzregel, von Zweig zunächst empirisch aufgestellt und viel später erst aus der Dynamik der Wechselwirkungen erklärt, *Zweigs Regel* – eins der vielen Rätsel, die mit der Quark-Hypothese *neu* auftauchten. Andererseits war durch den Aufbau aus zwei Quarks mit *strangeness* das Rätsel aus dem Teilchenzoo gelöst, warum das $\Phi^0$ als Teilchen mit strangeness $S = 0$ überhaupt dazu neigt, mit der Schnelligkeit der *Starken* Wechselwirkung vor allem seltsame Teilchen mit $S = \pm 1$ zu emittieren.

Auf dem umgekehrten Weg war das $\Phi^0$ 1962 überhaupt gefunden worden, nämlich als Resonanz in der Wechselwirkung zweier Kaonen miteinander. Erst kurz zuvor hatte Gell-Mann die Gruppierung der Mesonen entsprechend der $SU(3)$-Symmetrie vorgeschlagen, die für ein solches Resonanzteilchen die passende Leerstelle aufwies (siehe Abb. 11.11).

### 13.1.4 Anomale magnetische Momente der Nukleonen

**Das Problem.** 30 Jahre hindurch wurde als eins der großen Probleme mit der Dirac-Gleichung angesehen, dass die magnetischen Momente des Protons und anderer Baryonen nicht den Wert eines vollen *Kernmagnetons* $\mu_{\text{Kern}} = e\hbar/(2m_{\text{p}}c)$ haben, sondern diesen um fast das 3fache übersteigen können.

Zur Erinnerung (siehe Abschn. 7.3 und Kasten 7.7 auf S. 284): Das Kernmagneton $\mu_{\text{Kern}}$ ist ganz analog zum Bohrschen Magneton für das Elektron gebildet, nur mit der Masse des Protons im Nenner. Es gibt das magnetische Moment ($\mu = g \cdot \mu_{\text{Kern}} \cdot$ Drehimpuls) an, wie es für ein Teilchen mit Ladung $e$ und Bahndrehimpuls $L = 1\hbar$ klassisch verständlich ist ($g$-Faktor $g_\ell = 1$), oder wie es für ein Teilchen mit Spindrehimpuls $s = \frac{1}{2}$ aus der Dirac-Gleichung ($g_{\text{s}} = 2$) folgt. Für das Proton ($s = \frac{1}{2}$) wurde aber $g_{\text{p}} = 5{,}58556$ gemessen.

**Die wunderbar einfache Lösung.** Dass die Quarks als Fermionen mit $s = \frac{1}{2}$ anzusehen sind, gehörte schon in die Bauanleitung nach $SU(3)$, weil es den halb- bzw. ganzzahligen Spin von Baryonen und Mesonen erklärt. Wenn Quarks der Dirac-Gleichung gehorchen, haben sie auch einen $g$-Faktor 2, also ein magnetisches Moment von der Größe eines „Quark-Magneton“

$$\mu_{\text{Quark}} = \frac{Q\hbar}{2m_{\text{q}}c},$$

jetzt mit Masse $m_{\text{q}}$ und Ladung $Q$ des Quark. Da drei Quarks ein Nukleon bilden, wird $m_{\text{q}}$ etwa $\frac{1}{3}$ von $m_{\text{p}}$ sein. Die Ladung ist $Q = \frac{1}{3}e$ oder $Q = \frac{2}{3}e$. Zusammen:

$\mu_{\text{Quark}} \approx (1 \text{ oder } 2) \cdot \mu_{\text{Kern}}$. Für das Baryon müssen drei dieser einzelnen Momente noch – wie die Drehimpulse auch – vektoriell zusammengesetzt werden. Damit liegen Momente wie $\approx 3\mu_{\text{Kern}}$ plötzlich im Bereich des Möglichen. Wenn man die Quarks mit ihren Spins richtig zusammen koppelt (ohne dass wir hier weiter in die Einzelheiten der Additionsmöglichkeiten von drei Spins $s = \frac{1}{2}$ zum Gesamtspin $I = \frac{1}{2}$ gehen wollen, siehe aber Abschn. 13.1.7), erhält man für die magnetischen Momente der Baryonen ein überzeugend gutes Ergebnis – siehe Tabelle 13.1. (Darin sind die drei Massen $m_q$ als freie Parameter so anpasst, dass die drei Momente für Proton, Neutron und $\Lambda_0$ richtig herauskommen: $m_u = m_d = 336\,\text{MeV}/c^2$, $m_s = 540\,\text{MeV}/c^2$.)

**Tabelle 13.1** Gemessene magnetische Momente von Baryonen und ihre Erklärung im Quark-Modell. Die Daten in den drei mit (*) gekennzeichneten Zeilen wurden zur Anpassung der drei freien Parameter ($m_q$ für $q = u, d, s$) benutzt und zeigen deshalb vollständige Übereinstimmung mit den Messwerten. Die restlichen fünf Zeilen enthalten die darauf basierenden Voraussagen. Die Übereinstimmung gilt als zufriedenstellend.

| Baryon | $\mu/\mu_{\text{Kern}}$ | Quark-Modell |
|---|---|---|
| $p = (uud)$ | +2,793 | $(4\mu_u - \mu_d)/3 = 2{,}793$ (*) |
| $n = (udd)$ | −1,913 | $(4\mu_d - \mu_u)/3 = -1{,}913$ (*) |
| $\Lambda_0 = (uds)$ | −0,613 | $\mu_s = -0{,}613$ (*) |
| $\Sigma^+ = (uus)$ | +2,42 | $(4\mu_u - \mu_s)/3 = +2{,}67$ |
| $\Sigma^- = (dds)$ | −1,16 | $(4\mu_d - \mu_s)/3 = -1{,}09$ |
| $\Xi^0 = (uss)$ | −1,25 | $(4\mu_s - \mu_u)/3 = -1{,}43$ |
| $\Xi^- = (dss)$ | −0,65 | $(4\mu_s - \mu_d)/3 = -0{,}49$ |
| $\Omega^- = (sss)$ | −1,94 | $3\mu_s = -1{,}84$ |

Die so erhaltenen Massen für die einzelnen Quarks heißen Konstituenten-Massen; sie müssen später noch einmal revidiert werden, weil schon der Begriff „einzelnes Quark“ problematisch ist (Abschn. 13.3.3). Nichtsdestoweniger zeigt sich die Dirac-Gleichung auch bei Quarks anwendbar.

### *13.1.5 Neuer Freiheitsgrad: Farbe*

Die Interpretation der Quarks als Fermionen lässt uns aber gleich auf ein Problem mit dem Pauli-Prinzip stoßen. Bei den zehn Baryonen mit $I = \frac{3}{2}$ (vgl. Abb. 11.10) gibt es an den drei Ecken des Dekupletts jeweils drei gleiche Quarks in einem Teilchen: $\Delta^{++} = (uuu)$, $\Delta^- = (ddd)$, $\Omega^- = (sss)$. Die Quarks haben mit dem Bahndrehimpuls $\ell = 0$ auch dieselbe Ortswellenfunktion und müssen für $I = \frac{3}{2}$ ihre Spins parallel gestellt haben.[11] Das steht im Widerspruch zum Pauli-Prinzip, das über

---

[11] Höhere $\ell$ müssten angeregten Zuständen weit höherer Masse entsprechen, und passen auch nicht zu den Winkelverteilungen der Bildungs- und Zerfalls-Experimente.

das Spin-Statistik-Theorem mit der Dirac-Gleichung eng verbunden ist[12] und daher auch hier nicht außer Kraft gesetzt werden kann.

Die Lösung liegt darin, den Quarks einen weiteren, neuen Freiheitsgrad zuzuschreiben, damit sie sich noch unterscheiden können, auch wenn ihre *flavor*-, Orts- und Spin-Zustände gleich sind. Offenbar muss er drei mögliche Werte annehmen können, aber mehr dürfen es nicht sein. Deren Benennung erfolgte aus später ersichtlichen Gründen in Anlehnung an den (menschlichen) Farbensinn: rot, grün, blau oder $R, G, B$. Die Anti-Quarks können entsprechend in den Komplementärfarben $\bar{R}, \bar{G}, \bar{B}$ einherkommen, und alle (wie in der Quantenmechanik immer) auch als beliebige Linearkombination davon. Der zusammenfassende Name dieser Eigenschaft ist *Farbladung* (wobei der Zusatz *-ladung* erst mit der Dynamik der Starken Wechselwirkung seine Bedeutung bekommt).

Die Schreibweise für ein Quark mit Farbe ist (z. B.) $u_{\mathrm{G}}$. Da es drei Farben und drei Komplementärfarben gibt, ist der Farbraum mathematisch isomorph zum Zustandsraum der drei Quarks und Anti-Quarks. Die Gruppe für Drehungen im Farbraum ist daher wieder $SU(3)$, hat in der Physik zur Unterscheidung aber einen neuen Namen erhalten: $SU(3)_{\mathrm{C}}$ (Index C für *color*). $SU(3)$, die für den Weg durch den Teilchenzoo so ausgiebig als Leitschnur genutzte Symmetrie der Hadronen, ist nämlich nur grob angenähert erfüllt (siehe Abschn. 11.3.4), die Symmetrie gegen die Drehungen im Farbraum hingegen offenbar exakt, wie sich bei der Ausarbeitung der Theorie zur Quark-Quark-Wechselwirkung zeigte. Weiteres dazu in Abschn. 13.3.

### *13.1.6 Auswahlregel: Nur weiße Teilchen reell*

**Neuer Freiheitsgrad – neue Probleme.** Nur in den drei eben diskutierten Baryonen aus drei gleichen Quarks mit parallelem Spin ist es egal, welches Quark welche Farbe hat, denn sie sind ja in allem anderen identisch, und es gibt demnach wirklich nur einen einzigen und wohldefinierten Zustand. Der zusätzliche innere Freiheitsgrad der Quarks müsste aber dazu führen, dass alle anderen Teilchen, wo nicht alle drei Quarks vom selben *flavor* sind (z. B. auch Proton und Neutron), in zahlreichen verschiedenen Ausgaben existieren.

**Frage 13.1.** *Extrem-Beispiel: Wieviel verschiedene (linear unabhängige) Farbzustände ergäben sich für das* $\Lambda^0 = (uds)$*?*

**Antwort 13.1.** $3 \cdot 3 \cdot 3$, *denn jede Kombination* $(u_{\mathrm{R}} d_{\mathrm{R}} s_{\mathrm{R}})$, $(u_{\mathrm{R}} d_{\mathrm{R}} s_{\mathrm{G}})$ , … $(u_{\mathrm{B}} d_{\mathrm{B}} s_{\mathrm{B}})$ *wäre erlaubt und würde ein anderes Teilchen beschreiben.*

**Frage 13.2.** *Welche messbaren Effekte hätte das?*

**Antwort 13.2.** *Zum Beispiel wäre in Stoß-Reaktionen oder Zerfällen die Anzahl möglicher Endzustände vergrößert, was sich über den statistischen Faktor der Gol-*

---
[12] Siehe Abschn. 10.2.8

*denen Regel (Gl.* (6.11)*) in einem erhöhten Wirkungsquerschnitt oder verringerter Lebensdauer ausdrücken müsste.*[13]

**Praktikable Lösung.** Da es für verschiedene Ausgaben des gleichen Hadrons keine experimentellen Anhaltspunkte gibt, muss man das Modell von diesem unerwünschten Entartungsgrad befreien. Dazu genügt eine Kombination aus einer Auswahlregel und einer zusätzlichen Forderung. Die Auswahlregel mag wie ein Abzählvers klingen, und die ganze Lösung wie ein Rezept. Sie war aber so erfolgreich, dass die gesamte spätere Ausarbeitung der zwischen Quarks wirkenden Dynamik sich daran zu orientieren hatte:

- Die Auswahlregel heißt:

  Nur „weiße" (oder „farblose") Teilchen können reell sein, (13.4)

  wobei „weiß" sich ergibt

  – entweder durch gleichzeitige Anwesenheit aller drei Farbladungen (das ergibt die Baryonen und ihre Antiteilchen mit je 3 Quarks oder Antiquarks),
  – oder durch die Kombination einer Farbe mit ihrer Komplementärfarbe (das ergibt die Mesonen aus je einem Quark und Antiquark).

**Frage 13.3.** *Wieviele verschiedene $\Lambda^0 = (uds)$ würde es jetzt noch geben?*

**Antwort 13.3.** *Zum Beispiel* $(u_\mathrm{R} d_\mathrm{G} s_\mathrm{B})$ *und alle Permutationen der drei Farb-Indizes. Zusammen* $3 \cdot 2 \cdot 1$, *also immer noch zu viele.*

- Die weitere Forderung ist nötig, weil diese Auswahlregel allein z. B. noch sechs verschiedene $\Lambda^0 = (uds)$ oder drei Sorten $\pi^+ = (u_\mathrm{R} \bar{d}_{\bar{\mathrm{R}}})$, $(u_\mathrm{G} \bar{d}_{\bar{\mathrm{G}}})$, $(u_\mathrm{B} \bar{d}_{\bar{\mathrm{B}}})$ gestatten würde, oder man immer noch Protonen mit rotem, grünem oder blauem $d$-Quark unterscheiden könnte. Die Forderung heißt:

  Jedes Quark besetzt mit gleicher Wahrscheinlichkeit jeden der drei Farbzustände. (13.5)

**Wieder einmal: quantenmechanische Superposition.** Wie ist das möglich, rein formal erst einmal? Durch Überlagerung eines der einfachen Basis-Zustände (z. B. $(u_\mathrm{R} d_\mathrm{G} s_\mathrm{B})$) mit allen denen, die durch Permutationen der Farb-Indizes aus ihm entstehen können (und mit immer gleichem Betrag der Amplitude). Gleich mit welchem der Basiszustände man beginnt, entsteht immer derselbe farblich voll symmetrische Zustand, in dem jedes Quark mit jeder Farbladung gleich häufig vorkommt.

Jedoch sind die Phasen bei dieser kohärenten Überlagerung ja noch offen – also doch wieder zu viele Möglichkeiten? Nein – die für Fermionen immer gültige Antisymmetrie bei Vertauschung von je zwei Quarks muss gewährleistet bleiben. Das legt (bis auf einen gemeinsamen Phasenfaktor des ganzen Zustands, wie immer in

[13] Mit einem analogen Argument hat man der Lebensdauer des $\pi^0 \to \gamma + \gamma$ die Anzahl von 3 verschiedenen Farbladungen entnehmen können (siehe Abschn. 11.1.4).

der Quantenmechanik) die Vorzeichen jedes Summanden in der kohärenten Summe fest (es ist gleich dem der jeweiligen Permutation).

Jetzt bleibt tatsächlich für jedes Baryon nur noch 1 Zustand übrig (im Farb-Raum, denn bezüglich der Freiheitsgrade im Spin- und Ortsraum muss der Zustand natürlich noch genau so frei wählbar sein wie vorher). In diesem Zustand sind die drei Quarks nicht nur durch das Anti-Symmetrieprinzip für Fermionen verschränkt, sondern zusätzlich noch durch die Forderung an die Gleichverteilung der Farbladung. Für den realen Zustand des Baryons ist daher unmöglich zu sagen, welches Quark mit welcher Farbe geladen ist. Das geht nur auf dem Papier für die Basis-Zustände (und deren mögliche Umwandlungen), bevor man sie wieder zum physikalisch realen verschränkten Zustand zusammensetzt.

### *13.1.7 Aufbau der Hadronen aus Quarks*

**Baryonen.** Am Beispiel der Baryonen (3 Quarks, Spin $I = \frac{1}{2}$ oder $I = \frac{3}{2}$) wurden oben die Regeln für den Zusammenbau von Quarks zu reellen Teilchen erläutert. Wenn man zunächst nur die leichteren Hadronen betrachtet, kann immer der Bahndrehimpuls $\ell = 0$ angenommen werden. Für die Resonanzteilchen mit höherer Masse kommen auch größere Bahndrehimpulse ins Spiel.

**Mesonen.** Für die Mesonen ist das Vorgehen zunächst recht trivial: Richtig wird für Gesamtspin $I = 1$ und $I = 0$ jeweils ein Nonett aus $3 \cdot 3 = 9$ möglichen Kombinationen vorhergesagt (siehe Abb. 11.11).

Nähere Betrachtung verdienen die drei verschiedenen Kombinationen in jedem Nonett, die weder elektrische noch *strangeness*-Ladung tragen und daher alle auf dem gleichen Punkt $S = T_3 = 0$ liegen: $(u\bar{u})$, $(d\bar{d})$, $(s\bar{s})$. Diese drei „*flavor*-reinen" Zustände entsprechen noch nicht den beobachteten Teilchen. Im Nonett zu $S = 0$ z. B. muss eins von ihnen, das $\pi^0$, nämlich mit den beiden geladenen Pionen $\pi^+ = (u\bar{d}), \pi^- = (\bar{u}d)$ ein Isospin-Triplett bilden, d. h. diese müssen durch den Auf- oder Absteigeoperator $\hat{T}_\pm$ aus ihm hervorgehen. Deshalb muss das $\pi^0$ (bis auf einen Normierungsfaktor) die Zusammensetzung $(u\bar{u}) + (d\bar{d})$ haben.[14] Die beiden anderen Mesonen auf dem gleichen Platz sind zwei dazu orthogonale Linearkombinationen. Einfachster Ansatz: $(u\bar{u}) - (d\bar{d})$ und $(s\bar{s})$. Das wäre bei perfekter $SU(3)$-Symmetrie der Starken Wechselwirkung richtig, dann müssten aber auch alle drei die gleiche Energie (sprich Masse) haben. In Wirklichkeit ist das Multiplett aber „aufgespalten", was den Näherungscharakter dieser Symmetrie-Annahme unterstreicht. Erklärt wird das durch unterschiedliche Massen der drei Quarks, insbesondere ist $s$ deutlich schwerer als $u$ und $d$. Daher sind die Wellenfunktionen der drei neutralen Mesonen auch etwas komplizierter gemischt.

**Baryonen, genauer.** Für ein Beispiel eines etwas interessanteren Falls dieser Bauanleitung untersuchen wir kurz, warum es für die Baryonen zu $I = \frac{1}{2}$ nur ein Oktett

[14] Das ist im 2-Spin-System ganz analog zum Zustand $|I = 1, M = 0\rangle = |\uparrow\downarrow\rangle + |\downarrow\uparrow\rangle$.

(8) gibt, zu $I = \frac{3}{2}$ aber das Dekuplett (10). Für das Dekuplett betrachte man noch einmal Abb. 11.10. Daran kann man sich geometrisch wohl am schnellsten klar machen, warum gerade 10 unterschiedliche Mischungen möglich sind, wenn man sich aus drei Tüten unterschiedlich schmeckender („*flavored*") Bonbons insgesamt drei aussuchen darf. Da außer dem *flavor* alle anderen Freiheitsgrade der drei Quarks identisch sind, kommt auch quantenmechanisch nichts Anderes heraus.

Aber warum gibt es beim Spin $I = \frac{1}{2}$ nicht genau so viele Möglichkeiten? Ausgehend vom Dekuplett, muss man im ersten Schritt zunächst die drei Teilchen an den Ecken weglassen, weil sie aus drei gleichen Quarks bestehen. Denn bei symmetrischem *flavor*-Zustand (alle Quarks gleich), symmetrischem Ortszustand (alle Drehimpulse $\ell = 0$) und antisymmetrischem Farbzustand (s. o.) muss der Spinzustand wieder symmetrisch bei Vertauschung sein (also $I = \frac{3}{2}$).

**Frage 13.4.** *Wie kann man das im einzelnen sehen, dass drei identische Quarks (in gleichen Ortswellenfunktionen) nicht zu $I = \frac{1}{2}$ koppeln können?*

**Antwort 13.4.** *Argumentiert man „zu Fuß", kann man zunächst von dem sicher existierenden Niveau mit $I = \frac{3}{2}$ ausgehen und den Zustand $M_I = \frac{3}{2}$ betrachten. Bei Vertauschung je zweier Spin-Koordinaten zeigt er positive Symmetrie, weil alle drei parallel stehen. Hinsichtlich des Orts sind die Quarks ohnehin in einem symmetrischen Zustand, die geforderte Antisymmetrie kommt hier allein durch die Farbe zustande. (Dazu waren die Farben ja schließlich eingeführt worden.) Zum selben Niveau $I = \frac{3}{2}$ gehört auch ein Zustand $M_I = \frac{1}{2}$, und er hat genau dieselben Symmetrien. Der für das ($I = \frac{1}{2}$)-Oktett gefragte Zustand $M_I = \frac{1}{2}$ muss dazu orthogonal sein. Das kommt auch richtig schon durch die Drehimpuls-Kopplung allein zustande, denn das Abwechseln der Vertauschungssymmetrie bei Verringerung des Gesamt-Drehimpulses um eine Einheit gilt immer (vgl. Kasten 7.5 auf S. 255). Da alles andere gleich bleibt, würde sich damit aber die gesamte Vertauschungs-Symmetrie des Zustands ins Gegenteil verkehren, also ein für Fermionen unmöglicher Zustand entstehen. Was zu beweisen war: Zu $I = \frac{1}{2}$ kann es keine Baryonen mit drei gleichen Quarks geben. – Wesentlich eleganter, und gleich für alle anderen Fälle mit, ergibt sich das gleiche aus der mathematischen Theorie der Gruppe SU(3).*

Doch damit haben wir von den 10 verschiedenen Quark-Mischungen des Dekupletts nun nur 7 statt der gewünschten 8 Kandidaten für $I = \frac{1}{2}$ übrig behalten. Wo ist der letzte zu finden? Die Lösung ist, kurz gesagt: Es gibt unter den 7 Mischungen eine einzige mit drei *unterschiedlichen* Quarks, und nur sie lässt der Vertauschungs-Symmetrie so viel Spielraum, dass es für den Gesamt-Spin $I = \frac{1}{2}$ zwei orthogonale Linearkombinationen gibt.

> Das eine Mal haben sich zwei der drei Teilchen zum Spin $I_{qq} = 1$ zusammengekoppelt,[15] das andere Mal *dieselben* Teilchen (sie sind ja hier unterscheidbar) zu $I_{qq} = 0$. In beiden Fällen kann das dritte Quark den Gesamtspin $I = \frac{1}{2}$ herbeiführen. Der Zustandsraum (hinsichtlich der verschiedenen Drehimpuls-Kopplungen) enthält also zwei verschiedene Konfigurationen und ist daher 2-dimensional.

[15] Unterer Index $qq$ für den Spin von *zwei* Quarks.

(Hätte man hier ein anderes Paar der drei Quarks zum Eigenwert $I_{qq} = 0$ bzw. $I_{qq} = 1$ zusammengesetzt, wären zwei andere Konfigurationen entstanden, die aber Linearkombinationen der ersten sind, also wieder denselben Zustandsraum aufspannen.)

Daher gibt es im Quark-Modell zu $I = \frac{1}{2}$ zwei Baryonen mit der Zusammensetzung $(uds)$: Sie werden mit den beobachteten Teilchen $\Lambda^0$ und $\Sigma^0$ identifiziert, deren Massen 1 115 bzw. 1 192 MeV sind (siehe Abb. 11.10). Die Differenz von 77 MeV ist eine offenbar von den Feinheiten einer Spin-abhängigen Wechselwirkung zwischen den Quarks bedingte „Niveau-Aufspaltung". Hier beträgt sie $77/1\,150 \approx 7\%$, das muss in der Teilchenphysik als kleiner Effekt angesehen werden. In der Atomhülle ist die entsprechende Aufspaltung (nicht nur absolut, sondern auch relativ) viel kleiner und wird Feinstruktur genannt.

Von diesen beiden Teilchen gehört das $\Sigma^0 = (uds)$ zusammen mit $\Sigma^+ = (uus)$ und $\Sigma^- = (dds)$ in ein Isospin-Triplett, dessen drei Massen sogar besser als 1% gleich sind. Daher kann man – in der Näherung streng gültiger Isospin-Symmetrie – für alle drei die gleiche Wellenfunktion ansetzen, wobei sich nur die Besetzung mit $u$- bzw. $d$-Quarks ändert. Wo zwei gleiche Quarks vorhanden sind, müssen sie in der Farbe antisymmetrisch, im Spin also symmetrisch kombiniert werden, d. h. eine Substruktur mit $I_{uu} = 1$ (im $\Sigma^+ = (uus)$) bzw. $I_{dd} = 1$ (im $\Sigma^- = (dds)$) bilden. Das gilt dann auch für die gemischte Besetzung, im $\Sigma^0(uds)$ ist also $I_{ud} = 1$, im $\Lambda^0$ folglich $I_{ud} = 0$. Hier rührt der Spin des ganzen Teilchens nur vom $s$-Quark her, und sein magnetisches Moment dann auch (vgl. $\Lambda^0$-Eintrag in Tabelle 13.1 auf S. 593). So jedenfalls in dem einfachsten Quarkmodell mit perfekter Isospin-Symmetrie.

Nun kann man rückblickend sagen, dass die vermeintlich verschiedenen Spezies der Hadronen im Teilchenzoo wirklich allesamt engste Verwandte sind: Nur unterschiedliche Kombinationen weniger Grundbausteine, eben der Quarks, und jeweils in mehreren Energie-Niveaus.

**Die Starke Wechselwirkung.** Zur anhaltenden Verwechslung mit „wirklich" verschiedenen Teilchensorten hat aber die hier herrschende Wechselwirkung selbst auf zweierlei Weisen beigetragen, beide Male dank ihrer ungeheuren Stärke:

- Die Energie-Niveaus gebundener Quark-Systeme liegen so weit auseinander, dass angeregte Zustände deutlich andere Massen haben können als der Grundzustand, leicht auch einmal ein Vielfaches davon.
- Die Anziehungskraft zwischen Quarks verhindert, dass diese Grundbausteine der Hadronen jemals (nach heutiger Ansicht jedenfalls) als reelle Teilchen einzeln präpariert und untersucht werden können.

Als Zwischenstand um 1970 ist festzuhalten: Die Arten-Vielfalt im Teilchenzoo der Hadronen ist im Modell der drei Quarks vollständig erklärt, auch ohne über die Art der Wechselwirkung zwischen den Quarks mehr wissen zu müssen als dass sie sehr stark ist und die Einhaltung der Auswahlregel „reelle Teilchen weiß" (Gln. (13.4) und (13.5)) erzwingt. Umgekehrt konnten die beobachteten Hadronen jetzt als die (metastabilen, also näherungsweisen) Eigenzustände eines Hamilton-Operators der Starken Wechselwirkung angesehen werden. Dessen Eigenwerte, also die Energien, müssten mit den gemessenen Massen der Hadronen identifiziert werden, und die weiteren Quanten-Zahlen jedes Niveaus mit den experimentell bestimmten Werte für Ladung, Spin, Parität etc. jedes Hadrons. Zu Recht wurde dieser Teil der experimentellen Teilchenforschung mit dem Namen bezeichnet, der in der Atomphysik für solche Untersuchungen schon seit hundert Jahren im Gebrauch war: als eine weitere Art der Spektroskopie.

Für diese unbekannte Wechselwirkung zwischen den Quarks konnte man nun Ansätze machen, etwa mit parametrisierten Termen für Potentiale, Spin–Spin- und Spin–Bahn-Wechselwirkung, diese in einen Hamilton-Operator für zwei bzw. drei Teilchen einsetzen, die Niveaus ausrechnen und durch Abgleich mit den Messwerten die besten Parameter bestimmen. Ein anderer Weg suchte die gruppentheoretische Charakterisierung voranzutreiben, vor allem für die zusätzliche Störung, die für die Aufspaltung der Massen in den bei strikter $SU(3)$-Invarianz entarteten Multipletts verantwortlich ist. (Hierauf hatte schon 1964 der erste spektakuläre Erfolg des Quark-Modells beruht, als Gell-Mann für das noch unentdeckte Teilchen mit dreifacher strangeness-Ladung ($\Omega^-$) einen recht genauen Wert der Masse voraussagte.)

Nun mussten auch die Skeptiker der *Quark-Hypothese* gegenüber einräumen, dass der in Abschn. 11.2 skizzierte Weg der Erforschung der Starken Wechselwirkung auf dem (Um-)Weg über die Eigenzustände des Hamilton-Operators zu einem großen Erfolg geführt hatte. Sie konnten aber darauf verweisen, dass eine Kleinigkeit noch fehlte: die Quarks.

## 13.2 Quarks nachgewiesen?

**Eine Geschichte wiederholt sich (I).** Ein Vergleich mit der Auseinandersetzung um die *Atom-Hypothese* um 1900 drängt sich auf und ist auch völlig zutreffend. Damals wollten Mach und Ostwald den Atomen in Boltzmanns kinetischer Gastheorie höchstens zugestehen (siehe Abschn. 1.1.1), eine nützliche Hypothese für ein hübsches mechanisches Modell abzugeben, das mit den wirklichen Phänomenen zwar übereinstimmt, sie aber in keiner Weise erklären kann. Im Unterschied zur Frage der Quarks wurde der Streit um die Atome aber erbittert und polemisch bis zum äußersten ausgetragen (wie ein Kampf zwischen Stier und Torero, nur dass diesmal der Stier (Boltzmann) obsiegte, wie der junge Sommerfeld nach einer Tagung 1895 kommentierte [181]), offenbar weil es für jeden um letzte Wahrheiten ging. Seit den zahlreichen Beben, die die Moderne Physik im physikalischen Lehrgebäude ausgelöst hat, sieht man dem Entstehen solcher zunächst fiktionaler Modelle meist eher abwartend zu.

Mit Erstaunen war aufgenommen worden, wie erfolgreich man den Teilchenzoo der Hadronen auf der Grundlage von drei Quarks erklären konnte. Jedoch, als Beweis für deren Existenz wollte man das noch nicht gelten lassen. Wenn aber die Jagd nach einzelnen Quarks erfolglos geblieben war, wo sonst könnte man auf überzeugende Spuren stoßen? Man kann versuchen, die Hadronen zu Reaktionen zu veranlassen, bei denen die darin vermuteten (meta-)stabilen Quarksysteme ihren inneren Aufbau zeigen müssen. Wurden, allgemeiner ausgedrückt, in den vorigen Abschnitten nur statische Freiheitsgrade der Quarks betrachtet, sollen es nun die dynamischen sein.

### *13.2.1 Tief-inelastische Elektron-Proton-Streuung*

**Die Folgen vom „genauen Hinsehen".** Das Interesse an der Quark-Hypothese stieg spürbar gegen Ende der 1960er Jahre, als die Ergebnisse von Streuexperimenten mit Elektronen von bis zu 24 GeV Energie an Protonen bekannt wurden. Die hohe Energie bedeutet kleine Wellenlänge, verspricht also (in Begriffen der Mikroskopie) eine gute räumliche Auflösung, eben: „genaues Hinsehen".

**Frage 13.5.** *Zur Übung wieder einmal: Wie groß ist die Wellenlänge bei* 24 GeV *im Vergleich zum Protonen-Radius* $\sim 0{,}8$ fm*?*

**Antwort 13.5.** *Bei* $E = 24\,000\,\text{MeV}$ *kann man für Elektronen* $E = pc$ *setzen. Mit* $p = \hbar k = 2\pi\hbar/\lambda$*, also* $24\,000\,\text{MeV} = pc = 2\pi\hbar c/\lambda = (6{,}3 \cdot 200\,\text{MeV fm})/\lambda$*, folgt* $\lambda \approx (6{,}3 \cdot 200)/(24\,000)\,\text{fm} \approx 0{,}05\,\text{fm}$.

Schon in Kap. 2, 3 und 5 wurde herausgearbeitet, wie wichtig die Stoß- oder Streuprozesse und insbesondere die Winkelverteilungen bei der Aufklärung „unsichtbar" kleiner Strukturen sind. Entscheidend für die gute räumliche Auflösung ist aber nicht die kurze Wellenlänge der einfallenden Strahlung selbst, sondern die große Änderung $\Delta\vec{k}$ ihres Wellenvektors, oder eben der Impuls-Übertrag $\Delta\vec{p} = \hbar\Delta\vec{k}$. Man erinnere sich an die Streuung von Wellen an einem Streuzentrum mit ausgedehnter Form (Abschn. 5.6). Die Winkelverteilung ergibt sich aus der Fouriertransformierten dieser Form, Formfaktor genannt. Die Zählrate unter einem bestimmten Winkel ist proportional zum Betragsquadrat der Fourierkomponente zu demjenigen Wellenvektor $\Delta\vec{k}$, der gerade zu diesem Ablenkwinkel passt. Räumliche Strukturen, die kleiner sind als die Längenskala $2\pi/\Delta k$, werden dabei stark gemittelt. Gute Orts-Auflösung ist nur mit großem $\Delta\vec{k}$ zu haben, also nicht ohne einen heftigen Rückstoß $\Delta\vec{p}$, der immer auch Energie überträgt, möglicherweise nur auf einen Bestandteil des bestrahlten Objekts.[16] Einfallende Strahlung mit kurzen Wellenlängen (bzw. großem Impuls und hoher Energie ihrer Quanten) sind nur deshalb nötig, weil der Impulsübertrag[17] ja auf $|\Delta\vec{p}| \leq 2|\vec{p}|$ beschränkt ist.

Bei den nun typischen Verhältnissen im hoch-relativistischen Energiebereich spricht man nicht mehr über die Abhängigkeit der Zählrate von Streuwinkel und

[16] d. h. umgangssprachlich ausgedrückt: „... es kaputt macht". Man kann auch an die populäre Vorstellung denken, wie ein Kind einen (mechanischen) Wecker mittels eines Hammers auf seine Bestandteile hin untersucht.

[17] Schwerpunktsystem, elastischer Stoß

(Schwerpunkts-)Energie, sondern fast nur noch über ihre Abhängigkeit vom Impulsübertrag $\Delta\vec{p}$, und dann gleich von dessen relativistisch invarianter Größe, dem Betragsquadrat des 4-Vektors $q=(\Delta E/c, \Delta\vec{p})$ mit $\Delta E$ als Energieübertrag:

$$q^2=(\Delta E/c)^2-(\Delta\vec{p})^2, \qquad (13.6)$$

denn dies ist der physikalisch relevante Begriff.

**Was kann man über das getroffene Proton wissen?** Allerdings war das Herausschießen einzelner Bestandteile beim Proton und allen anderen Hadronen ja erfolglos geblieben (siehe Abschn. 11.2).[18] Für das Aufspüren ihrer Substruktur mittels Stößen muss man die Kinematik noch einmal von einer anderen Seite her aufrollen. Schon bei den Hofstadter-Experimenten, die in den 1950/60er Jahren zur Bestimmung der Ladungsverteilung in den Kernen und Nukleonen (Abschn. 5.6.2, bei ca. 0,5 GeV am selben Elektronen-Beschleuniger *SLAC* in Stanford) durchgeführt wurde, war bei den Messungen darauf geachtet worden, nur die *elastisch*, am *ganzen* und *unverändert gebliebenen* Kern gestreuten Elektronen für die Winkelverteilung mitzuzählen. In viel größerer Anzahl kamen Elektronen in den Detektor, die den Kern auf eine oder andere Weise angeregt und daher mehr Energie verloren hatten. Doch auch die elastisch gestreuten erreichten den Detektor mit verringerter Energie, entsprechend eben der je nach Impulsübertrag $\Delta\vec{p}$ an den intakt gebliebenen, vorher ruhenden Target-Kern abgegebenen Rückstoß-Energie. Dreht man diesen Zusammenhang um, ergibt sich:

Aus Impulsübertrag $|\Delta\vec{p}|$ und Energieverlust $\Delta E$ des Projektils im Laborsystem kann man berechnen, wie der Stoßpartner aus dem Prozess hervorgegangen ist, jedenfalls in kinematischer Hinsicht. Hatte er vorher die Masse $m_{\rm p}$ und war er in Ruhe (Laborsystem), d. h. $\vec{p}=0$ und $E=m_{\rm p}c^2$, dann hat er hinterher – in welcher Gestalt auch immer – die Energie $E'=E+\Delta E$ und den Impuls $\vec{p}'=\Delta\vec{p}$. Daraus ist seine (Ruhe-)Masse zu ermitteln, eine vom Bezugssystem unabhängige Größe! Die Bestimmungs-Gleichung, die immer gleiche Energie-Impuls-Beziehung aus der Relativitätstheorie, lautet hier (die gesuchte Größe mit $m_{\rm W}$ bezeichnet):[19]

$$(\Delta E+m_{\rm p}c^2)^2=(\Delta\vec{p})^2c^2+(m_{\rm W}c^2)^2. \qquad (13.7)$$

Falls dabei $m_{\rm W}=m_{\rm p}$ herauskommt, handelt es sich um elastische Streuung. $\Delta E$ nach Gl. (13.7) ist dann genau die beim Impulsübertrag $\Delta\vec{p}$ durch Rückstoß an den intakt gebliebenen Stoßpartner verloren gegangene Energie. Will man nur diese elastisch gestreuten Projektile zählen, kann man sie folglich anhand des richtigen Energieverlustes (in Abhängigkeit von $\Delta\vec{p}$) aus allen anderen heraus filtern. Dividiert man dann die gemessene Zählrate durch eine theoretische Kurve, die für *ein* einziges punktförmiges Streuzentrum gilt, hat man den Formfaktor $F(q^2)$ (im Be-

---

[18] Insoweit würde das Bild vom Kind mit Hammer und Wecker (Fußnote 16) in die Irre führen.

[19] Es wird hier, der Literatur folgend, der Buchstabe $W=m_{\rm W}c^2$ für die Ruheenergie des unbekannten, nach dem Wegfliegen des Elektrons zurückbleibenden Systems verwendet. Nicht mit dem (etwa zur selben Zeit aufgetauchten) gleichnamigen Austauschboson der Schwachen Wechselwirkung aus Abschn. 12.5 verwechseln!

tragsquadrat). Der Trivialfall $|F(q^2)|^2 = 1$ zeigt z. B. an, dass die Streuzentren eben punktförmig sind (vgl. Gegenüberstellung von Ladungsverteilungen und Formfaktoren in Abb. 5.3 auf S. 140). Nach diesem Vorgehen ermittelte Hofstadter die Ladungsverteilung im Proton (und in anderen Kernen, siehe Abschn. 5.6.2).

Falls aber $m_W \neq m_p$ herauskommt, hat sich der Stoßpartner verändert. Er ist bei $m_W > m_p$ in irgendeiner Form angeregt worden, z. B. so, dass er die Gestalt von zwei auseinander fliegenden Teilen angenommen hat. $m_W$ allein sagt also nichts über die etwaige Existenz von Bausteinen des Targets oder deren Masse aus, auch nichts darüber, ob der Stoß nur an einem dieser Bausteine stattgefunden hat. Trotzdem machen sich die Quarks als eigentliche Stoßpartner hier bemerkbar, nämlich darin, wie der Formfaktor vom Winkel, besser ausgedrückt: von $q^2$ abhängt.

**Der konstante Formfaktor.** Bei Streuung von Elektronen im GeV-Bereich an Protonen können so viel verschiedene Reaktionen passieren, dass man für frei gewählte Werte $m_W$ ($\geq m_p$) die Abhängigkeit des Wirkungsquerschnitts vom 4-Impulsübertrag $q^2$ aufnehmen kann. Abb. 13.2 zeigt einige solcher Ergebnisse von 1969.

Die drei Kurven mit Messpunkten sind die Formfaktoren $\left|F(q^2)\right|^2$ zu drei herausgegriffenen Bereichen um die Werte $m_W = 2m_p, 3m_p, 3{,}5m_p$, also erheblicher Zufuhr von Anregungsenergie, was den Namen *deeply inelastic scattering*[20] rechtfertigt. Die gestrichelte Kurve „elastic scattering" gibt den Formfaktor bei elastischer Streuung wieder, d. h. für $m_W = m_p$. Ihr stark abfallender Verlauf entspricht einem ausgedehnten Streuzentrum in Form einer Kugel mit sanft abfallender Ladungsdichte, gerade so wie man sich das Proton damals noch vorstellte.[21] Verglichen damit verlaufen die anderen gemessenen Kurven ganz anders, nahezu konstant (man beachte die logarithmische Skala). Genau das ist schon das sensationelle Ergebnis, denn wenn der Formfaktor vom Energie-Impulsübertrag unabhängig ist, muss das Streuzentrum punktförmig sein (verglichen mit der Längenskala $2\pi/\Delta k$). Der Energie- und Impuls-Übertrag von einigen GeV (bzw. GeV$/c$) findet demnach an (praktisch) punktförmigen Streuzentren statt – ganz unabhängig davon, was er weiterhin auslöst.

**Eine Geschichte wiederholt sich doch nicht ganz.** In gedrängter Form kann man das Ergebnis der tief-inelastischen Streuung in Analogie zum Rutherford-Versuch zusammenfassen: Große Ablenkwinkel waren viel häufiger als mit seinerzeit etablierten Modellen theoretisch erklärbar. Beide Male ergibt die physikalische Analyse, gleich ob für die Verteilung von nichtrelativistischen $\alpha$-Teilchen im Trajektorienbild oder für die hochrelativistischen Streuwellen von Elektronen, dass das wirksame Streuzentrum viel kleiner sein muss als bisher angenommen. Die Geschichte wiederholte[22] sich auch in der Weise, dass wieder die Fachwelt überwiegend skeptisch blieb. Wieder waren die Methoden, mit denen die Messwerte interpretiert wurden, zu neuartig, und wieder hoben sich die neuen Effekte noch nicht

[20] Die etwas verunglückte, aber eingebürgerte deutsche Übersetzung: *tief-inelastische Streuung*.

[21] und wie es bei geringeren Impulsüberträgen bzw. Energien auch wirklich „aussieht"

[22] Siehe Abschn. 3.5.1

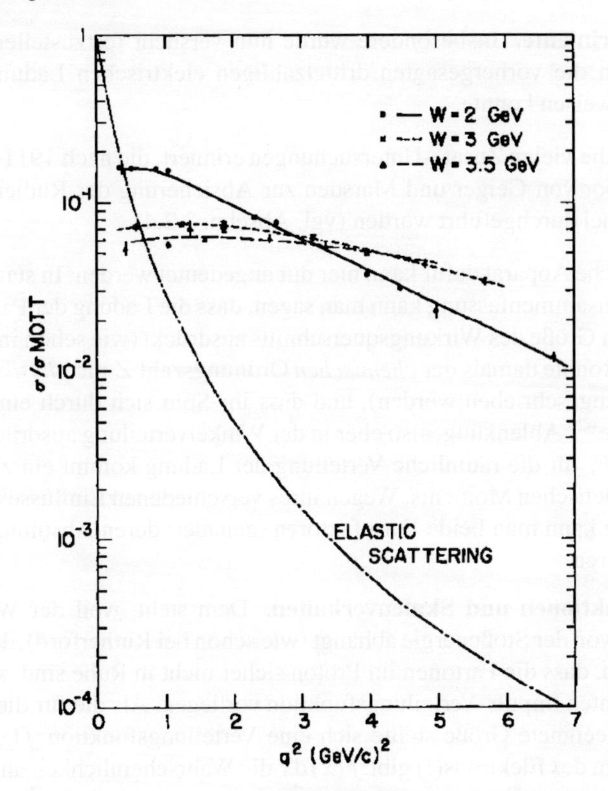


**Abb. 13.2** Formfaktor (Betragsquadrat) für Elektronenstoß an Protonen. Parameter ist die Ruhemasse $W = m_W c^2$ des durch den Stoß entstandenen Gebildes. (Die Kurve „elastische Streuung" entspricht $W = m_p c^2 \approx 1$ GeV.) Die Abszisse ist $-q^2$, das (negative) Betragsquadrat des Energie-Impuls-Übertrags-Vektors. Das ist nach Gl. (13.7) eng mit $(\Delta p)^2$ verbunden, also mit dem von früher gewohnten Begriff der Winkelverteilung (bei elastischem Stoß, d. h. $\Delta E = 0$ im Schwerpunktsystem, ist es sogar dasselbe). Abbildung aus [40]

deutlich genug aus den vielen anderen unverstandenen Beobachtungen der jeweiligen Zeit heraus.

Im Gegensatz zur Geschichte um den Rutherford-Versuch trafen die Ergebnisse der tief-inelastischen Streuung die physikalische Welt aber diesmal nicht mehr unvorbereitet. Kunst und Techniken des theoretischen Vorausdenkens oder sogar Spekulierens waren im Gefolge der früheren Erschütterungen des physikalischen Weltbilds richtiggehend aufgeblüht. Daher wurde die Fachwelt nach den Resultaten aus Stanford 1969 wenigstens hellhörig (nach Rutherfords Publikation 1911 war sie noch nicht einmal das). Da der Schluss, mit dieser „körnigen" Struktur des Protons habe man die Quarks des gruppentheoretischen Modells von Gell-Mann und Zweig aufgespürt, aber noch nicht anerkannt werden konnte, bekam der punktförmige Stoßpartner der Elektronen nach Feynmans Vorschlag erst einmal einen eigenen Namen: „Parton".

**Mehr Experimente.** Insbesondere wurde nun versucht festzustellen, ob man an den Partonen die vorhergesagten drittelzahligen elektrischen Ladungen und den Spin $\frac{1}{2}$ nachweisen konnte.

Es sei an die vielen Zusatz-Untersuchungen erinnert, die nach 1911 in Rutherfords Labor von Geiger und Marsden zur Absicherung der Rutherfordschen Streuformel durchgeführt wurden (vgl. Abschn. 3.2.4).

Der begriffliche Apparat dafür kann hier nur angedeutet werden. In starker Vereinfachung und Zusammenfassung kann man sagen, dass die Ladung der Partonen sich in der absoluten Größe des Wirkungsquerschnitts ausdrückt (wie schon im Rutherford-Versuch: so konnte damals der *chemischen* Ordnungszahl $Z$ die *physikalische* Kernladung $Ze$ zugeschrieben werden), und dass ihr Spin sich durch eine zusätzliche „magnetische"[23] Ablenkung, also eher in der Winkelverteilung ausdrückt.[24] Zu dem Formfaktor $F_1$ für die räumliche Verteilung der Ladung kommt ein zweiter $F_2$ für die des magnetischen Moments. Wegen ihres verschiedenen Einflusses auf die Winkelverteilung kann man beide Formfaktoren (genauer: deren Absolutquadrate) einzeln extrahieren.

**Strukturfunktionen und Skalenverhalten.** Dem steht, weil der Wirkungsquerschnitt auch von der Stoßenergie abhängt (wie schon bei Rutherford), die Schwierigkeit entgegen, dass die Partonen im Proton sicher nicht in Ruhe sind, sondern in einer unbekannten Impuls-Verteilungsfunktion vorliegen. Als die für die Analyse der Messwerte geeignete Größe stellte sich eine Verteilungsfunktion $f(x)$ heraus: Im Bezugssystem des Elektrons(!) gibt $f(x)\,\mathrm{d}x$ die Wahrscheinlichkeit an, dass das getroffene Parton gerade den Impuls $\vec{p} = x\vec{P}\,(0 \leq x \leq 1)$ hat, wobei $\vec{P}$ der Gesamtimpuls des zum ruhenden Elektron hin fliegenden Protons ist. Die (Absolut-Quadrate der) beiden Formfaktoren hängen dann außer von $q^2$ auch von $x$ ab und werden „Strukturfunktion" $F_{1,2}(q^2, x)$ genannt.[25] Die Tatsache, dass für punktförmige Streuzentren der Formfaktor gar nicht von $q^2$ abhängt, überträgt sich auf die Strukturfunktionen nur im Grenzfall hoher Energie und wird dann als *Skalenverhalten* oder *Skalen-Invarianz* bezeichnet. Die Strukturfunktionen sollen dann nicht nur von $q^2$ unabhängig werden, also *nur* noch vom Impuls-Beitrag $x$ des getroffenen Partons abhängen, sondern auch eine so einfache Beziehung wie $2xF_1(x) = F_2(x)$ erfüllen. Genau dies konnte 1972 durch die fortgesetzten Messungen zur $e$-$p$-Streuung am *Stanford Linear Accelerator SLAC* bestätigt werden: Ein weiteres starkes Argument für die „Körnigkeit" der inneren Struktur der Nukleonen. Für dies Ergebnis erhielten Jerome I. Friedman, Henry W. Kendall und Richard E. Taylor 1990 „wegen der wesentlichen Bedeutung für den Aufbau des Quark-Modells" den Nobelpreis.

Wir halten für später fest (Abschn. 13.3.3): Die Verteilungsfunktion $f$ ist per def. normiert ($\int_0^1 f(x)\,\mathrm{d}x = 1$). Die Experimente ergeben aber $\int_0^1 f(x)\,\mathrm{d}x \approx$

[23] Wie mit dem Spin in der Dirac-Theorie automatisch eine magnetische Wechselwirkung einhergeht, dazu siehe Abschn. 10.2.4.

[24] Genau genommen beeinflussen beide beides.

[25] Derselbe Name wird manchmal für die Verteilung $f(x)$ auch benutzt.

0,5. Die andere Hälfte am Impuls des Nukleons wird demnach von Bestandteilen getragen, die weder elektromagnetisch noch schwach wechselwirken.

**Gültigkeit auch für Neutrinos.** Nach den einfachen Grundannahmen des Quark-Modells müsste die Streuung von Neutrinos das gleiche Verhalten zeigen wie die von Elektronen. Da Neutrinos auf alle Quarks gleich reagieren (Annahme der Universalität der *schwachen* Ladung Abschn. 12.5.3), Elektronen aber (vor allem) auf deren unterschiedliche *elektrische* Ladung, müssen sich die Strukturfunktionen für Elektronen und Neutrinos allerdings um einen konstanten Faktor unterscheiden. Die Berechnung des Faktors ist verblüffend simpel und damit typisch für die einfach zugängliche Seite des Quark-Modells: Wo ein Neutrino drei Quarks sieht, die durch ihre einheitliche Schwache Ladung streuen, spürt ein Elektron (vor allem) drei elektrische Punktladungen mit Stärken $-\frac{1}{3}$ bzw. $\frac{2}{3}$ (in Elementarladungen). Bei elektromagnetischer Wechselwirkung bestimmt das Quadrat der Ladung die Größe des Wirkungsquerschnitts, also $(-\frac{1}{3})^2 = \frac{1}{9}$ für jedes $d$-Quark, $(+\frac{2}{3})^2 = \frac{4}{9}$ für jedes $u$-Quark. Bei einem Target mit gleicher Anzahl $u$- und $d$-Quarks kann man das einfache arithmetische Mittel $\frac{1}{2}(\frac{1}{9} + \frac{4}{9}) = \frac{5}{18}$ ansetzen. Bis auf diesen konstanten Faktor müssten sich die Strukturfunktionen für Elektronen- und Neutrino-Streuung gleichen. Dass sie das wirklich tun, hatten erste Messungen[26] schon 1974 gezeigt (siehe Abb. 13.3, die auch modernere Daten enthält). Damit hatte das Quark-Modell schon früh nicht nur einen harten Konsistenztest erfolgreich bestanden, sondern auch – mit

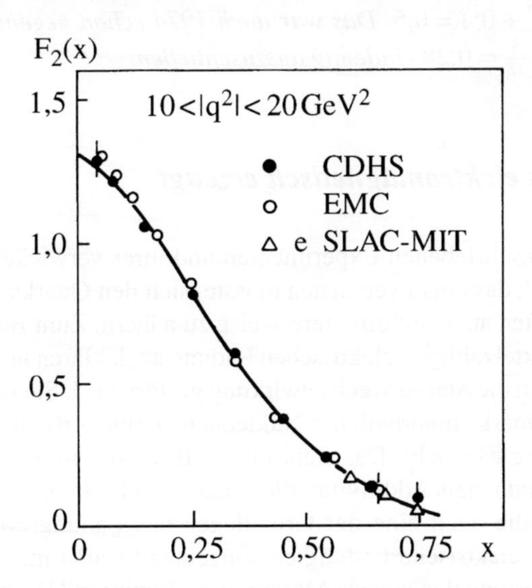


**Abb. 13.3** Vergleich der Wirkungsquerschnitte für tief-inelastische Stöße von Neutrinos bzw. Elektronen am Nukleon. Aufgetragen sind die Strukturfunktionen $F_2$ als Funktion von $x$, dem Anteil, mit dem das getroffene Quark zum Gesamtimpuls des Nukleons (im Ruhesystem des Neutrinos bzw. Elektrons) beiträgt. Die Werte für Elektronen ($\Delta$-Symbole) wurden durch den Faktor $\frac{5}{18}$ dividiert. (Abbildung aus [24])

[26] siehe J.F. Friedman in [138], S. 736

der Bestätigung des Wertes $\frac{5}{18}$ – die Prüfung einer seiner anstößigsten Voraussagen: drittelzahlige elektrische Ladungen.

Dieser entscheidende Konsistenztest des Quark-Modells wurde am *CERN* mit hochenergetischen myonischen Neutrinos aus dem Zerfall schneller Pionen ($\pi^{\pm} \rightarrow \mu^{\pm} + \nu_{\mu}(\bar{\nu}_{\mu})$) und Nachweis der Stoßereignisse mittels der wohnzimmergroßen Blasenkammer *Gargamelle* durchgeführt. Das Streutarget bestand aus Eisen (Hauptisotop $^{56}_{26}\mathrm{Fe}$), also nicht zu weit weg von dem beim Faktor $\frac{5}{18}$ unterstellten Verhältnis $N = Z$.

Eine Anmerkung in Erinnerung an die ausführliche Diskussion zur kohärenten oder inkohärenten Summe von Streuamplituden (Abschn. 5.5): Die elektrischen Ladungen der Quarks wurden hier vor dem Mitteln quadriert, was natürlich eine inkohärente Summierung bewirkt, selbst für die Streubeiträge der Quarks desselben Nukleons.

**Frage 13.6.** *Sprechen diese Daten eindeutig gegen ein kohärentes Zusammenwirken der Quarks eines jeden Nukleons? Hätte der Faktor bei dieser Annahme einen deutlich anderen Wert als $\frac{5}{18}$?*

**Antwort 13.6.** *Kohärente Addition würde bedeuten, die Ladungen vor dem Quadrieren mit ihrem Vorzeichen zu summieren, was beim Proton 1, beim Neutron Null ergäbe. Der Faktor, über gleich viele Protonen und Neutronen gemittelt: $\frac{1}{2}(1^2 + 0^2) = 0{,}5$. Das war auch 1974 schon gegenüber dem inkohärenten Wert $\frac{5}{18} = 0{,}28$ eindeutig auszuschließen.*

### 13.2.2 Quarks elektromagnetisch erzeugt

Nach den eben beschriebenen Experimenten und ihrer verwickelten Interpretation liegt auf der Hand, dass man versuchen musste, sich den Quarks mit ihren theoretischen Eigenschaften auch auf direktere Weise zu nähern. Zum Beispiel müsste sich der Ansatz der drittelzahligen elektrischen Ladung auch klären lassen, ohne dass der Messprozess durch die Starke Wechselwirkung gestört wird. Sie ist zwar für die starke Bindung der Quarks innerhalb der Nukleonen verantwortlich,[27] berührt aber die elektrische Ladung gar nicht. Das sieht man z. B. an der immer gültigen und völlig ungestörten einfachen Additivität aller einzelnen Ladungen zur Gesamtladung $Q_{\mathrm{gesamt}} = \sum Q_i$, die auch eine der Grundlagen des Ladungserhaltungssatzes ist. Wie lässt sich die elektrische Ladung bei einzelnen Quarks messen, ohne dass die Starke Wechselwirkung den ganzen Messprozess dominiert? Herkömmliche Methoden der klassischen Physik,[28] auf denen z. B. auch das Öltröpfchen-Experiment von Millikan (1908ff) beruht, versagen hier natürlich. Aber die moderne Bedeutung der

---

[27] und modifiziert auch deren Schwache Wechselwirkung

[28] Coulomb-Kraft, Stromfluss, Elektrolyse, ...

elektrischen Ladung, ihre Kopplung ans Photon, führt zu der abgewandelten Frage: Gibt es einen Prozess, bei dem Quarks nur elektromagnetisch wechselwirken?

Die Paarvernichtung im Zerfall des neutralen Pions ($\pi^0[=(u\bar{u})+(d\bar{d})] \rightarrow 2\gamma$) sieht schon so aus, krankt aber an derselben Schwierigkeit: Hier macht die Starke Wechselwirkung schon den Anfangszustand so kompliziert, dass die mit der Quantenelektrodynamik berechnete Lebensdauer um den Faktor 20 falsch wird (siehe Abschn. 11.1.4). Viel klarer und direkter ist der umgekehrte Weg, Paar-Erzeugung neuer Quarks durch *ein* Photon, und ohne zusätzlichen Wechselwirkungspartner:

$$\gamma \rightarrow q+\bar{q}\,.$$

Das geht nur mit einem virtuellen Photon, einem mit Impuls Null im Schwerpunktsystem des $q\bar{q}$-Paars, aber beliebiger Energie, im Experiment praktisch durchführbar in Form der „Annihilation von Elektron-Positron-Paaren in Hadronen“:[29]

$$e^+ + e^-[\rightarrow \gamma] \rightarrow q+\bar{q}\,. \tag{13.8}$$

Bis hierher taucht in dieser Reaktion die Starke Wechselwirkung noch gar nicht auf, erst danach können die die damit verbundenen Schwierigkeiten ins Spiel kommen. Mit diesen Experimenten werden die Hadronen gewissermaßen überrumpelt. Wir haben quasi im Zaun um den Teilchenzoo ein Loch entdeckt und sind hindurchgeschlüpft.

Für die Quantenelektrodynamik ist die Reaktion (13.8) daher eine exakte Analogie zur gut verstandenen Reaktion $e^+ + e^-[\rightarrow \gamma] \rightarrow \mu^+ + \mu^-$. Der Wirkungsquerschnitt dürfte nur von der elektrischen Ladung beeinflusst sein, müsste z. B. die gleiche Energie-Abhängigkeit zeigen (siehe Gl. (10.22) und Abb. 10.6 in Abschn. 10.3.3). Das ergibt die einfache Vorhersage, dass der einzige Unterschied der Wirkungsquerschnitte in einem konstanten Skalenfaktor $R_q$ besteht, der durch das Quadrat der Verhältnisse der elektrischen Ladungen von Quark $q$ und Lepton $\mu$ gegeben ist; weitere Unterschiede dürften sich nicht zeigen. Folglich $R_q = (Q_q/e)^2$, d. h. $R_d = (-\frac{1}{3})^2$ für die Erzeugung von $d\bar{d}$ (oder $s\bar{s}$), und $R_u = (\frac{2}{3})^2$ für $u\bar{u}$. Wegen der drei möglichen Farbladungen ein zusätzlicher Faktor 3. Die Voraussage ist:[30]

$$R_{\mathrm{q}} = \frac{\sigma\{e^+ + e^-[\rightarrow \gamma \rightarrow q+\bar{q}] \rightarrow \text{Hadronen}\}}{\sigma\{e^+ + e^-[\rightarrow \gamma] \rightarrow \mu^+ + \mu^-\}} = 3\left(\frac{Q_q}{e}\right)^2\,. \tag{13.9}$$

Was könnte man davon nun wirklich beobachten? Natürlich nicht die beiden auseinanderfliegenden Quarks einzeln, dazwischen steht die Starke Wechselwirkung. Insofern ist der Prozess in Abb. 13.4a noch nicht komplett. Es wird sich ein Schauer aus Hadronen bilden, wie in allen Experimenten im Teilchenzoo. Doch kann die

[29] in eckigen Klammern das virtuelle Photon

[30] Der Farbfaktor wäre 9, wenn die Farbe und Antifarbe des $q\bar{q}$ nicht vom gleichen Typ sein müssten, sondern alle $3\times 3$ Paarungen möglich wären. Hierin drückt sich die Erhaltung der Farbladung in elektromagnetischen Prozessen aus. Tatsächlich gilt die Farbladung als immer erhalten.

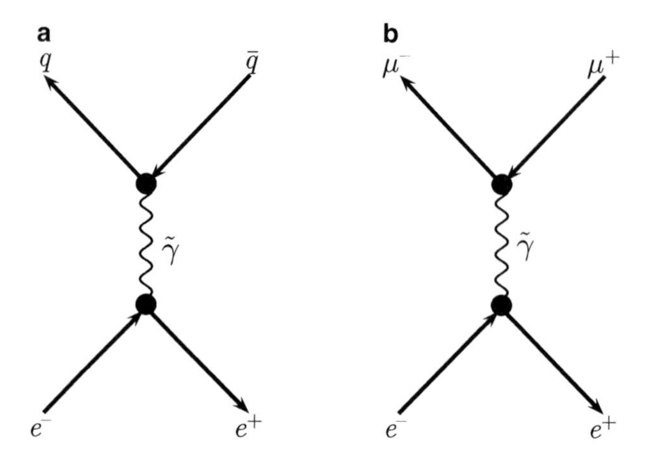


**Abb. 13.4** Feynman-Diagramme für die Paarerzeugung geladener Fermionen durch ein (virtuelles) Photon, das seinerseits durch Annihilation eines $e^+e^-$-Paars entsteht. Alle Fermionen sind elektrisch geladen (ungeladene Leptonen können so nicht entstehen). An jedem Vertex wirkt ausschließlich die elektromagnetische Wechselwirkung mit der durch die jeweilige Ladung $Q$ bestimmten Stärke. In Bild **(a)** entstehen Quarks mit $Q=\pm\frac{1}{3}e$ oder $\pm\frac{2}{3}e$, in **(b)** Leptonen mit $Q=\pm e$. Die Wirkungsquerschnitte müssen bis auf den Skalenfaktor $Q^2$ übereinstimmen. (An Stelle des $\gamma$ kommt auch das $Z^0$ als vermittelndes Feldquant in Frage, das als vierte Möglichkeit auch ein Neutrinopaar entstehen lassen kann. Entsprechend gibt es dann vier verschiedene Werte für den Skalenfaktor (siehe Abschn. 14.2), wie sich aus der Elektroschwachen Vereinheitlichung ergibt. Wichtig werden diese Prozesse erst bei Energien um 90 GeV.)

Entstehung dieser Hadronen keine andere Ursache als gesuchte Reaktion haben,[31] kann also als ihr *Fingerabdruck* genommen werden. Der Nachteil: Am Hadronenschauer ist nicht mehr zu unterscheiden, ob $u\bar{u}$ oder $d\bar{d}$ oder $s\bar{s}$ erzeugt wurde. Statt $R_q$ für einen definierten *flavor* $q$ ist daher für den Quotienten der so beobachteten Wirkungsquerschnitte die einfache Summe aller *flavors* zu erwarten:

$$R_{uds}=3\sum_{q=u,d,s}\left(\frac{Q_q}{e}\right)^2=3\left[\left(\frac{2}{3}\right)^2+\left(\frac{1}{3}\right)^2+\left(-\frac{1}{3}\right)^2\right]=2. \tag{13.10}$$

So die schlichte Voraussage des Quark-Modells. Mit der säuberlichen Einteilung und Zuordnung der Reaktionsweisen je nach Wechselwirkung ist sie eigentlich schon als Voraussage des umfassenden Standard-Modells anzusehen. Sie ist im Energiebereich von 2–3 GeV hervorragend erfüllt und bestätigt damit die ganze Vorstellung und insbesondere die Zuschreibung der drittelzahligen elektrischen Ladungen.[32]

---

[31] solange die Energie von $e^+e^-$ nicht zu dicht an der Erzeugung des $Z^0$ ist, das nämlich die gleichen Endzustände ermöglichen würde.

[32] Die Modifikationen am $R$-Faktor zu höheren Energien hin werden in Abschn. 13.2.3 besprochen.

**Quarks nachgewiesen?** All diesen Ergebnissen zum Trotz war wieder erst eine zweite neue Entdeckung nötig, bevor die vorhergehende richtig gewürdigt wurde. Ganz wie schon zu Rutherfords Zeiten, nachdem er 1911 aus der Rückstreuung der $\alpha$-Teilchen auf die Existenz eines Atomkerns geschlossen hatte, was zwei Jahre lang unbeachtet blieb. Erst das ohne diesen Kern nicht denkbare Bohrsche Atommodell (1913) verhalf auch der Entdeckung Rutherfords zu ihrer allgemeinen Anerkennung. Bei den Quarks war es 1974 die zufällige Entdeckung einer Resonanz knapp oberhalb 3 GeV im Wirkungsquerschnitt der gerade diskutierten Reaktion $e^+ + e^- [\rightarrow \gamma \rightarrow q + \bar{q}] \rightarrow$ Hadronen. Sie musste als Erzeugung eines neuen Teilchens, eines Mesons aus einer neuen, vierten Sorte Quarks verstanden werden. Erst dieser Fund machte die schon so weit erarbeitete Quark-Hypothese unverhofft zur herrschenden Ansicht,[33] was gerne als die „November-Revolution" der Elementarteilchen-Physik bezeichnet wurde.[34]

### *13.2.3 Ein viertes Quark:* charm

**Science fiction?** Von 1970 bis zum November 1974 war das vierte Quark *charm* ($c$) nichts als eine theoretische Spekulation zur Erklärung eines Problems, das nur auf dem Hintergrund eines seinerzeit ebenso spekulativen Ansatzes zur Erklärung der Schwachen Wechselwirkung existierte (siehe Abschn. 12.5.3).

> Der Schaden, den – aus der Sicht von damals – dies neue fiktive Mitglied dem noch hoch spekulativen Quark-Modell antun könnte, bestand wohl höchstens darin, seiner Benennung das ursprüngliche Motiv zu entziehen („*Three* Quarks for Muster Mark").

Doch weil man seit Beginn der Modernen Physik hatte lernen müssen, auch die seltsamsten Vorschläge auf mögliche Wahrheiten und überhaupt auf möglicherweise überprüfbare Aussagen hin abzuklopfen, wurden weitere Eigenschaften dieses wirklich hypothetischen Teilchens $c$ theoretisch ausgearbeitet. Es würde natürlich als $c\bar{c}$ ein Meson bilden, das durch seine lange Lebensdauer aus dem Teilchenzoo herausragen sollte, weil es ebenso wenig wie das $\Phi^0 = (s\bar{s})$ durch schnelle Paarvernichtung verschwinden kann (siehe Zweigs Regel, Abschn. 13.1.3). Die Lebensdauer könnte sogar genügend lang sein, dass die beiden Quarks ein wohldefiniertes Zwei-Teilchen-System mit angeregten Niveaus ausbilden könnten. Auch einen schönen Namen hatte man schon für diese exotische Abart des H-Atoms: *Charmonium.*

**Die große Überraschung.** Neben anderen Kandidaten (z. B. wurde auch das damals hypothetische $Z^0$ vorgeschlagen) wurde daher gleich das $c\bar{c}$ genannt, als in zwei Instituten im Abstand weniger Tage im Wirkungsquerschnitt von Elektron-Positron-Stößen bzw. Proton-Beryllium-Stößen bei exakt gleicher Schwerpunkts-

[33] Feynman blieb noch ein Jahr lang bei *Partonen* [79].

[34] Auch in Anspielung auf den in Moskau *gleichzeitig* gefeierten Jahrestag der *Oktober*-Revolution, die 1917 dem Zarenreich und seinem vor-gregorianischen Kalender ein Ende gemacht hatte [75].

energie 3,1 GeV eine scharfe Resonanz auftauchte. Ihre natürliche Breite war sogar für die Einstellgenauigkeit der Beschleuniger-Energie[35] zu scharf und damit sicher mindestens 1 000-mal schmaler als alles andere in dem Bereich bekannte. Von den einen $\Psi$ genannt, von den anderen $J$, wurde das so entdeckte Teilchen $J/\psi$ („jot-psi") sofort als besondere Spezies erkannt, und die beiden Forschungsgruppenleiter Burton Richter und Samuel Ting konnten sich 1976 den Nobelpreis teilen.

Nach der Energie-Zeit-Unschärferelation (Abschn. 6.1 und Gl. (6.14)) musste man dem erzeugten Resonanz-Zustand, selbst wenn anfangs für seine unbekannte Breite vorsichtig einige MeV eingesetzt wurden, eine Lebensdauer von mindestens $10^{-20}$ s zuschreiben, eben drei Größenordnungen länger als für alle benachbarten Mitglieder des Teilchenzoos.

Aber kann es, so viele Zehnerpotenzen unter denen des Alltags, auf solche feinen Unterschiede wie drei Größenordnungen mehr oder weniger überhaupt noch ankommen? Dazu eine Hochrechnung in einem blumigen[36] Vergleich (nach [87, S. 46]): Als ob eine Expedition ein fernes Gebirgsvolk aufgespürt hätte, bei dem die Lebenserwartung nicht 70 sondern 70 000 Jahre beträgt. Da müssten wohl neue Naturgesetze zu entdecken sein!

Das $J/\psi$ schuf plötzlich eine feste Verbindung zwischen den zwei damals mit höchster Skepsis betrachteten Hypothesen: dem Quark-Modell und der Elektroschwachen Wechselwirkung (siehe Abschn. 12.5.3). Beiden verschaffte es damit auf einen Schlag Glaubwürdigkeit, insbesondere, weil der so erweiterte Quark-Baukasten mit seinen einfachen Regeln zu detaillierten Voraussagen über eine neue Familie von Hadronen mit schwachen Zerfällen genutzt wurde, die in kurzer Zeit bestätigt werden konnten: Hadronen mit nur *einem* charm-Quark wie die 1976 gefundenen Baryonen[37] $\Lambda_c^+ = (udc)$ ($mc^2 = 2\,286\,\mathrm{MeV}$), $\Sigma_c^{++} = (uuc)$ ($mc^2 = 2\,454\,\mathrm{MeV}$), und die 1977 gefundenen Mesonen wie $D^0 = (c\bar{u})$ ($mc^2 = 1\,865\,\mathrm{MeV}$), $D^+ = (c\bar{d})$ ($mc^2 = 1\,870\,\mathrm{MeV}$), $D_s^+ = (c\bar{s})$ ($mc^2 = 1\,968\,\mathrm{MeV}$).

Das vierte Quark erfordert auch eine Anpassung des Skalenfaktors $R$ (Gl. (13.9)) zwischen den Reaktionen $e^+ + e^-[\to \gamma \to q + \bar{q}] \to$ Hadronen und $e^+ + e^-[\to \gamma] \to \mu^- + \mu^+$. Mit der elektrischen Ladung $Q_c = +\frac{2}{3}e$ ergibt sich nun statt Gl. (13.10):

$$R_{udsc} = 3 \sum_{q=u,d,s,c} \left(\frac{Q_q}{e}\right)^2 = 3\left[\left(\frac{2}{3}\right)^2 + \left(\frac{1}{3}\right)^2 + \left(-\frac{1}{3}\right)^2 + \left(\frac{2}{3}\right)^2\right] = 3{,}33\,. \tag{13.11}$$

[35] Im Kreisbeschleuniger und Speicherring verlieren die Teilchen Energie durch Synchrotronstrahlung, deren Emission wie alle Quantenprozesse statistischen Fluktuationen unterliegt. Daraus resultierte eine Energie-Unschärfe der gegenläufigen $e^+$ und $e^-$-Strahlen von ca. 4 MeV, die die (bald unter Umwegen ermittelte) natürliche Breite der Resonanz von nur 93 keV völlig verwischte.

[36] Logisch hier nicht ganz zwingend in Anbetracht der wesentlichen Differenz zwischen biologischer und radioaktiver Lebensdauer – siehe Abschn. 6.1.2.

[37] Der obere Index gibt jeweils die elektrische Ladung an.

Auch das ist – jedenfalls bei Energien zwischen 4,5 und 9 GeV – durch die Experimente hervorragend bestätigt.[38] Ab ca. 60 GeV steigt das Verhältnis allmählich an und erreicht bei 90 GeV, im schmalen Maximum der $Z^0$-Resonanz, Werte über 200 (siehe Abb. 14.7).

### *13.2.4 Charmonium und das Quark-Quark-Potential*

**Exotisches Atom.** Das $J/\psi = (c\bar{c})$ eröffnete auf Grund seiner (verhältnismäßigen!) Langlebigkeit einen weiteren und besonders direkten Zugang zur Erforschung der Starken Wechselwirkung. Sie hat hier genügend Zeit, definierte Anregungszustände auszubilden, erzeugt also ein regelrechtes Termschema, das man durch $\gamma$-Spektroskopie untersuchen kann.[39] Wegen der großen Masse des $(c\bar{c})$ ist seine Wellenfunktion zudem besonders *flavor*-rein, nämlich viel weniger von Beimischungen anderer Quarksorten betroffen als bei den zuvor bekannten leichteren Hadronen. Insgesamt hat man 7 gebundene Niveaus gefunden und mit Hauptquantenzahl 1 und 2, Bahndrehimpuls 0 und 1, Spin 0 und 1 klassifizieren können. Naheliegend die Erinnerung an die Atomphysik und das Positronium, naheliegend daher auch der Name *Charmonium* für dies neue „Element".

Die Vermutungen über das Charmonium und sogar sein Termschema waren schon ausgearbeitet worden, bevor das *charm*-Quark überhaupt entdeckt worden war, und noch ohne jede gesicherte Kenntnis über die wahre Natur der Starken Wechselwirkung, die sie zusammen hält [10]. Als erste Annäherung hatten die Autoren mittels der Kunst größenordnungsmäßiger Abschätzungen ein Bild entwickelt, das explizit und in eigentlich unerlaubter Einfachheit das Bohrsche Atommodell nun für Quarks übernimmt: Zwei nichtrelativistische Teilchen in einem Potential der Form $\propto r^{-1}$.

**Quark-Quark-Potential.** Als die angeregten Zustände des $(c\bar{c})$ dann schnell bekannt wurden, war dies physikalische Bild im Grundsatz bestätigt, aber das Termschema wich von dem des H-Atoms (oder Positroniums) doch deutlich ab. Bessere Übereinstimmung ergab sich mit einem Potential der Form

$$V(r) \approx -\frac{\alpha_{cc}}{r} + \sigma r \tag{13.12}$$

dessen zwei Parameter dann durch Anpassung der berechneten an die beobachteten Energie-Niveaus bestimmt wurden:

$$\alpha_{\mathrm{cc}} \approx 0{,}4\hbar c, \quad \sigma \approx 1\,\mathrm{GeV/fm}\,. \tag{13.13}$$

---

[38] Oberhalb 10 GeV ist das gemessene Verhältnis der Wirkungsquerschnitte recht gut konstant bei 3,67, was mittels derselben Formel durch das 5. Quark $b$ mit $Q_b = -\frac{1}{3}e$ erklärt ist. Siehe Abschn. 13.4.

[39] Die Photonen haben hier Energien von 90 bis 700 MeV und wurden in einem Szintillator von 1,5 m Durchmesser nachgewiesen, der den zauberhaften Namen „Kristallkugel" erhielt.

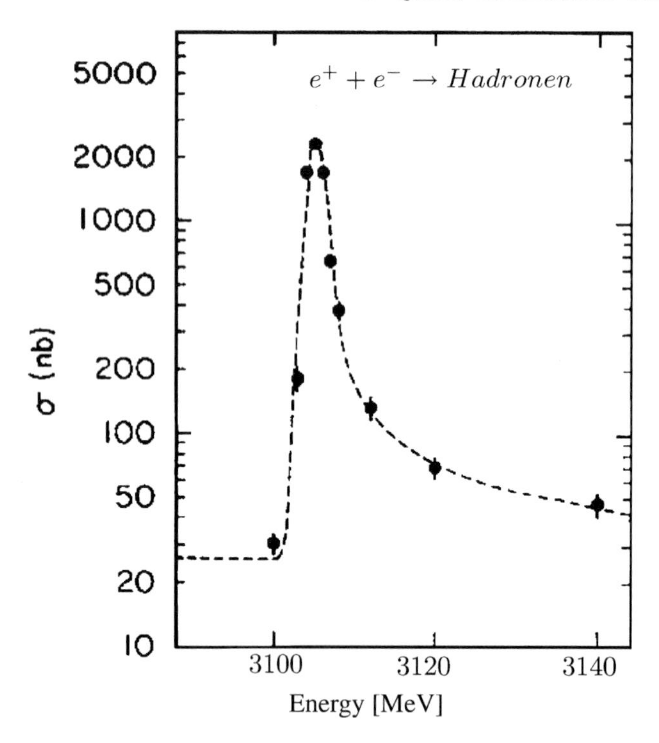


**Abb. 13.5** Entdeckung des $J/\Psi$ am Elektron-Positron-Collider *SPEAR* in Stanford 1974. Der Wirkungsquerschnitt für die Bildung von Hadronen zeigt innerhalb von wenigen MeV eine Erhöhung um das 1 000fache. Die Breite der Resonanz ($\sim$4 MeV) rührt ausschließlich von der Energieunschärfe des Beschleunigers her. (Abbildung aus der Originalveröffentlichung [15], die Energie-Skala musste später noch um ca. 10 MeV korrigiert werden; vorher hatte es noch nie so scharfe Linien gegeben, dass es auf derartig hohe Genauigkeit angekommen wäre)

**Atomphysik mit Quarks.** Was liest man aus diesen Werten für die Eigenschaften der Starken Wechselwirkung ab? Der Stärkeparameter $\alpha_{cc}$ des Coulomb-artigen Terms ist ca. 50fach größer als sein elektrostatisches Pendant $e^2/(4\pi\varepsilon_0) = \alpha\hbar c \approx \frac{1}{137}\hbar c$ – mit Betonung auf: *nur* 50fach größer. Die enorme Stärke der Starken Wechselwirkung muss im zweiten Summanden stecken: Er lässt die potentielle Energie bei zunehmenden Abstand unbeschränkt anwachsen, mit einer Rate von ca. 1 GeV für jeden Nukleonenradius.

Eine Gelegenheit, sich weiter in Interpretation und Abschätzung zu üben:

**Frage 13.7.** *Beide Summanden des Quark-Quark-Potentials in Gl. (13.13) reichen doch bis unendlich. Warum soll hier der positive so viel wichtiger sein als der negative?*

**Antwort 13.7.** *Weil im engen Trichter des Potentials $-1/r$ die Orts-Impuls-Unschärferelation bedeutend wird. Die negative Singularität bei $r = 0$ gibt es ja schon beim Coulomb-Potential $-\alpha\hbar c/r$ im* H*-Atom ($\alpha$ ist die Feinstrukturkonstante), die das Elektron mit $E_B = \alpha^2 mc^2 = 13\,\text{eV}$ binden kann. Wohlgemerkt* nur *mit* 13 eV,

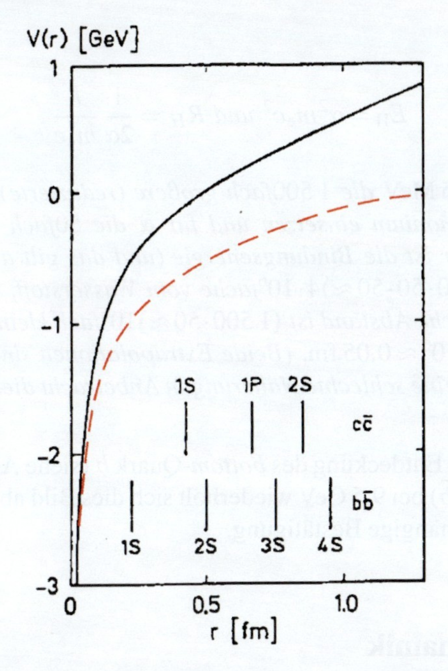


**Abb. 13.6** Quark-Antiquark-Potential nach Gl. (13.13), wie es zur Berechnung des Termschemas ($n\ell = 1$S, 1P, 2S, ...) von Charmonium ($c\bar{c}$) angesetzt werden kann. Die senkrechten Markierungen geben die mittleren Abstände beider Quarks je nach Hauptquantenzahl $n$ und Bahndrehimpuls $L$ (für ($c\bar{c}$) und auch für das Bottonium ($b\bar{b}$), siehe Abschn. 13.4) an. Die *rote gestrichelte Linie* gibt etwa das Yukawa-Potential zwischen zwei Nukleonen wieder (Abbildung nach [154])

*denn die Unschärfe-Relation verhindert weiteren Energiegewinn, wenn die Wellenfunktion sich noch enger um $r = 0$ konzentriert. Daher spielt es auch gar keine große Rolle, ob das Potential diese negative Singularität wirklich besitzt oder im Innern des Kerns endlich bleibt (vgl. den geringen Effekt des* endlichen *Kernradius auf die Atomniveaus in Abb. 6.15).*

**Frage 13.8.** *Berechnen Sie die Anziehungskraft $F_{qq}$ zwischen zwei Quarks ab* 1 fm *Abstand! (Am besten gleich in Tonnen.)*

**Antwort 13.8.** $F_{qq} = \Delta V / \Delta r \approx \sigma = 1\,\mathrm{GeV/fm} \approx 10^9 \cdot 10^{-19}\,\mathrm{W\,s}/10^{-15}\,\mathrm{m} = 10^5\,\mathrm{N}$. *(Das ist, als Gewicht ausgedrückt,* 10 t.*)*

**Frage 13.9.** *Was würde sich für den mittleren Abstand $R$ und die Bindungsenergie $E_{1S}$ im Charmonium im 1S-Zustand ergeben, wenn man beides aus dem* H*-Atom hochrechnet (d. h. wenn nur der Coulomb-artige Term im Potential berücksichtigt ist)?*

**Antwort 13.9.** *Für diese Extrapolation werden Energie und Radius durch Kopplungskonstante und Masse ausgedrückt: Im* H*-Atom mit Coulomb-Potential $-\alpha\hbar c/r$ ist $2R_\mathrm{H}E_\mathrm{H} = \alpha\hbar c$ (siehe Beschreibung des Coulomb-Potentials in Abschn. 2.3 und*

*Gl. (2.15)): Damit:*

$$E_{\mathrm{H}} = \alpha^2 m_{\mathrm{e}} c^2 \text{ und } R_H = \frac{1}{2\alpha} \frac{\hbar}{m_{\mathrm{e}} c}.$$

*Nun statt* $m_e c^2 \approx 0{,}5\,\mathrm{MeV}$ *die 1 500fach größere (reduzierte) Masse* $\frac{1}{2} m_{\mathrm{charm}} c^2 \approx 750\,\mathrm{MeV}$ *des Charmonium einsetzen und für* $\alpha$ *die 50fach größere Kopplungskonstante* $\alpha_{cc}$. *Daher ist die Bindungsenergie (und das gilt auch für alle Niveau-Abstände) das* $(1\,500 \cdot 50 \cdot 50 \approx) 4 \cdot 10^6$*fache vom Wasserstoff, etwa* $4 \cdot 10^6 \cdot 13\,\mathrm{eV} \approx 50\,\mathrm{MeV}$. *Der räumliche Abstand ist* $(1\,500 \cdot 50 \approx) 10^6$*fach kleiner als beim* H*-Atom, also etwa* $0{,}05\,\mathrm{nm}/10^6 \approx 0{,}05\,\mathrm{fm}$. *(Beide Extrapolationen sind nur um* 1 *Größenordnung zu klein – keine schlechte Näherung in Anbetracht dieser simplen Abschätzung!)*

**Bottonium.** Mit der Entdeckung des *bottom*-Quark $b$ (siehe Abschn. 13.4) und seiner Mesonen ($\Upsilon = b\bar{b}$) bei 9,5 GeV wiederholt sich dies Bild ab 1977 („Bottonium") und findet eine unabhängige Bestätigung.

## 13.3 Chromodynamik

### *13.3.1 Starke Wechselwirkung durch Austausch von Gluonen*

***QCD* im Überblick.** Das Konzept der Wechselwirkung durch Austausch von virtuellen Teilchen (erstmalig Photonen für Quanten-Elektrodynamik (∼1930), alsbald Pionen für die Kern-Kräfte (1935), schließlich $W$- und $Z$-Bosonen für die Schwache Wechselwirkung, um 1970) wurde seit der Vorstellung der Quarks (1964) auch für deren Wechselwirkung ausprobiert. Sie wird nach dem Vorschlag von Gell-Mann *Quanten-Chromodynamik* $QCD$ genannt. Wegen der besonderen Stärke der $qq$-Bindung bekamen die Austauschteilchen gleich den Namen *Gluon* (für engl. *glue*: Klebstoff) und meist den Buchstaben $G$ oder $g$.

**Drei wichtige Grundlagen:**

- Die *QCD* gibt im ersten Schritt den Eigenschaften *rot, grün, blau* ($R, G, B$) den Charakter von drei *verschiedenen* Sorten Ladung, von denen ein Quark immer eine Einheit trägt (die drei Komplementärfarben ($\bar{R}, \bar{G}, \bar{B}$) entsprechen in etwa den negativen Ladungseinheiten). Der Name *Farbladung* unterscheidet sie von der elektrischen Ladung. Mathematisch: Diese drei Ladungszustände bilden eine Basis für Zustände eines Quark im *Farbraum.*
- Im zweiten Schritt übersetzt die *QCD* die Zusatzforderung zur Auswahlregel Gl. (13.5) (nach der in einem Hadron jedes Quark gleich häufig mit jeder Farbladung anzutreffen sein soll) so: Die Quarks tauschen die Farbladungen ständig miteinander aus; das fertige Hadron muss als Wellenfunktion eine typisch quantenmechanische Überlagerung *aller* eben gerade eingeführten Basiszustände bekommen, in denen jedes seiner Quarks noch eine genau benannte Farbladung

trägt. Mathematisch: Der Zustand muss bei beliebigen Drehungen der Achsen des Farbraums derselbe bleiben (ein rotationsinvariantes *Singulett* darstellen).
- Im dritten Schritt wird für diesen Austausch der Farbladungen ein Austauschteilchen verantwortlich gemacht, eben das Gluon.

**Drei wichtige Zielmarken:** Die daraus nach der Quantenfeldtheorie entstehende Austauschwechselwirkung – die eigentliche Starke Wechselwirkung – kann man so modellieren, dass die an den Hadronen beobachteten Eigenschaften erklärt werden. Die wichtigsten sind:

- Quarks können nicht einzeln auftreten (engl. *confinement*),
- sondern nur zu mehreren, deren Farbladungen sich zur Gesamtfarbe „weiß“ neutralisieren müssen,
- wobei die Quark-Quark-Wechselwirkung noch einen kleinen räumlichen Ausläufer erlaubt, der zwar viel schwächer, aber immer noch stark genug ist, um die Nukleon-Nukleon-Kräfte zu bewirken, die aus der Kernphysik bekannt sind (und anfangs schon für die Starke Wechselwirkung selber gehalten wurden).[40]

**Gluonen zum Tauschen.** Diese Wechselwirkung soll sich in einem Feynman-Diagramm darstellen lassen. Der elementare Graph mit 1 Vertex sieht genauso aus wie für die *QED* (Abb. 9.1), nur dass die durchgehende Fermionenlinie nun zwei Quark-Zustände verbindet und dass für das im Vertex angekoppelte Gluon eine Schraubenlinie gezeichnet wird.[41] Zwei solcher Diagramme zusammengefügt ergeben wieder das einfachste Diagramm für die Wechselwirkung zweier Teilchen, wie im Beispiel von Abb. 13.7 die Wechselwirkung zweier Quarks durch den Austausch eines virtuellen Gluons. Damit es für den Austausch der Farbladungen sorgen kann, muss es selber immer mit einer Farbe und einer Antifarbe geladen sein. Weiter braucht man für konkrete Berechnungen nur noch die Auswahlregeln für den Vertex, eine Kopplungskonstante, und Masse sowie Spin des Austauschteilchens.

Am $QCD$-Vertex ist jede der drei Arten Farbladung streng erhalten, sogar getrennt für Farbe und Antifarbe.[42] Unter den $3 \times 3$ Kombinationen Farbe/Antifarbe gibt es zunächst 6 Kombinationen mit verschiedenen Farbindizes, bei denen sich am Vertex folglich die Farbe des Quark genau passend ändern muss (siehe Abb. 13.7).

Die restlichen drei Gluonen mit Farben $R\bar{R}$, $G\bar{G}$ und $B\bar{B}$ hingegen könnten nur von einem Quark der jeweiligen Farbe emittiert und absorbiert werden, und ohne dass dieses seine Farbe ändert – auch das erfüllt die Erhaltung aller Farbladungen. Dass es hier eine leichte Komplikation im intuitiven Spiel mit dem Alltags-Begriff Farbe gibt, lässt sich aus der einfachen Frage ersehen, ob man diese drei Gluonen als „weiß“ ansprechen sollte, weil sie doch genau wie ein reelles „weißes“ Meson eine Farbe und dazugehörige Komplementärfarbe tragen. Tatsächlich darf man das

---

[40] Im gleichen Verhältnis stehen begrifflich die Coulomb-Kraft und die chemische Bindung zueinander (nicht nur die Ionen-Bindung, auch die kovalente). So ist auch die Bemerkung von Pais gemeint (Abschn. 11.3.4, S. 518), die Bestimmung der Starken Wechselwirkung durch die Kräfte zwischen Nukleonen (oder allgemein Hadronen) sei so schwierig, wie es die Erforschung des Elektromagnetismus mittels Beobachtungen an den chemischen Bindungen gewesen wäre.

[41] die gut an eine Spiralfeder erinnert

[42] weshalb man an dieser Stelle nicht das Bild von positiver und negativer Ladung benutzen sollte.

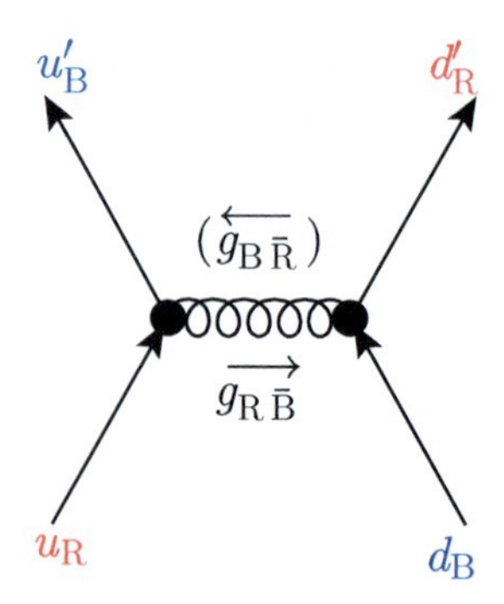


**Abb. 13.7** Feyman-Diagramm für die Quark-Quark-Wechselwirkung der Chromodynamik. Ein $u$-Quark mit roter Farbladung ($u_{\mathbf{R}}$) sendet ein Gluon $g_{\mathbf{R\bar{B}}}$ mit Farbe $\mathbf{R\bar{B}}$ aus, wodurch es sich selber blau färbt. Das Gluon wird von dem blauen $d$-Quark absorbiert, das den entgegengesetzten Farbwechsel durchmacht: $d_B \to d_R$. (In Klammern angezeigt der Umkehrprozess, der auch immer mitgerechnet wird)

nicht, denn in der mathematischen Grundlage, die durch dieses Schema nur symbolisiert (und leichter handhabbar gemacht) werden soll, gilt eine strengere Definition: Die Farben *R, G, B* bezeichnen Koordinatenachsen in einem 3-dimensionalen Farb-Raum, und „weiß" oder „farbneutral" ist nur das, was invariant ist gegen alle Drehungen in diesem Raum (mathematisch ausgedrückt: was bei den Transformationen der Symmetrie-Gruppe $SU(3)_C$ ein Singulett ist, also nur in sich selber übergeht). Von allen Linearkombinationen der Gluonen aller $3 \times 3$ Farbkombinationen ist nur die symmetrische Linearkombination $R\bar{R} + G\bar{G} + B\bar{B}$ in diesem Sinn farbneutral.[43] Dieses auch fürs mathematische Auge „weiße" Gluon aber darf es in der $QCD$ nicht geben, denn es würde gar nicht zwischen den Farbladungen der Quarks unterscheiden und daher die Auswahlregel „weiß" für die reellen Teilchen unterlaufen können (oder als reelles Teilchen selber einzeln davonfliegen). Der 9-dimensionale Farben-Antifarben-Raum darf also mit dieser Koordinatenachse gar nicht am Geschehen beteiligt werden. Übrig bleiben 8 Dimensionen, aufgespannt z. B. durch die Basis der 6 „echt farbigen" Gluonen wie $B\bar{R}$ etc. zusammen mit zweien, die die zum eliminierten „weißen Gluon" orthogonalen Linearkombinationen aus $R\bar{R}, G\bar{G}, B\bar{B}$ sind.

Dafür kann man z. B. die Linearkombinationen $R\bar{R} - G\bar{G}$ und $R\bar{R} + G\bar{G} - 2B\bar{B}$ nehmen (nachdem man sie noch normiert hat). Zum Nachrechnen der Orthogonalität (auch bezüglich des „weißen Gluons") kann man sich ohne Bedenken unter $R\bar{R}, G\bar{G}, B\bar{B}$ die drei orthogonalen Einheitsvektoren $\vec{x}, \vec{y}, \vec{z}$ vorstellen.

Die Kopplungskonstante für den Vertex haben wir schon im phänomenologischen Quark-Quark-Potential des Charmonium kennengelernt. Bis auf einfache Zahlen-

[43] Das ist auch der formale Hintergrund des Arguments, mit dem der Zusatz zur Auswahlregel „weiß" (Gl. (13.5)) die große Anzahl fiktiver Farbkombinationen auf eine reduzierte, natürlich auch bei den reellen Mesonen.

faktoren, die sich aus der Anzahl und Art der verschiedenen zur Kopplung zugelassenen Gluon-Wellenfunktionen ergeben, ist sie gleich der hier gesuchten. Für den Spin der Gluonen kommt nur $I = 1$ in Frage, weil $I = 0$ jede Spin-Abhängigkeit der resultierenden Kraft ausschließen würde.[44] Welche Masse $m_g$ wird man den Gluonen zuschreiben? Eine direkte Messung ist bisher nicht gelungen und bleibt vielleicht auch prinzipiell unmöglich (siehe Abschn. 13.3.3). Nur die Rolle eines Parameters $m_g$ in den theoretischen Formeln der Starken Wechselwirkung kann Hinweise ergeben. Das „phänomenologische" Quark-Quark-Potential in Gl. (13.12), das ja durch den Gluonen-Austausch zustande kommen soll, gibt zunächst zwei gegensätzliche Signale. Der erste Summand ist analog zum Coulomb-Gesetz, das feldtheoretisch von masselosen Photonen verursacht wird (Abschn. 9.8), und spricht daher für $m_g = 0$. Der zweite Term bewirkt die räumlich äußerst kompakte Bindung der Quarks, was zu einer sehr kurzen Reichweite passen würde, also einem großen Wert $m_g$. Die erste Beobachtung gilt als richtig, denn für die zweite fand man eine andere Erklärung: den Einschluss (*confinement*).

## 13.3.2 Einschluss (confinement)

**Warum farbneutral?** Diese Konstruktion der Wechselwirkung durch Gluonen muss als ersten Schritt erklären können, warum nur „weiße" Mehr-Quark-Zustände gebunden sind. In dieser Hinsicht muss sie trotz der (beabsichtigten) Ähnlichkeiten zur ganz ähnlich konstruierten *QED* (Abschn. 9.5) etwas grundsätzlich Neues bieten. Das ergibt sich tatsächlich schon in der niedrigsten Näherung wie in Abb. 13.7, also ohne dass die Fähigkeit der Gluonen zur Wechselwirkung miteinander zum Tragen kommt. Die Annahme der drei Farbladungen mit den oben vereinbarten Spielregeln, welche Gluonen es geben soll und von welchen Quarks sie sich austauschen lassen, sichert bei näherem Durchrechnen eine anziehende Kraft nur für „weiße" Quark-Kombinationen.[45]

Damit eine Theorie der Starken Wechselwirkung auf der Grundlage des Quark-Modells ernst genommen werden kann, muss sie weiter erklären können, warum man Quarks nie einzeln zu sehen bekommt. Die Detektoren finden nur farbneutrale Hadronen; Quarks scheinen in ihren Hadronen eingeschlossen wie in einer Zelle von nicht mehr als ca. 1 fm Durchmesser.

**Frage 13.10.** *Wäre ein einzelnes u-Quark im Überlagerungszustand $u_R + u_G + u_B$ nicht auch „weiß"?*

**Antwort 13.10.** *Für das Auge wohl schon, aber nicht für die QCD. Dieser Zustand ist im Farbraum ebensowenig rotationsinvariant wie es im Ortsraum z. B. die Vek-*

---

[44] Das Argument wurde auch für die Eingrenzung des Pionen-Spins schon gebraucht (Abschn. 11.1.5).

[45] Für das genaue Vorgehen siehe weiterführende Lehrbücher, für einfachste Beispiele z. B. [24, Abschn. 4.2.1].

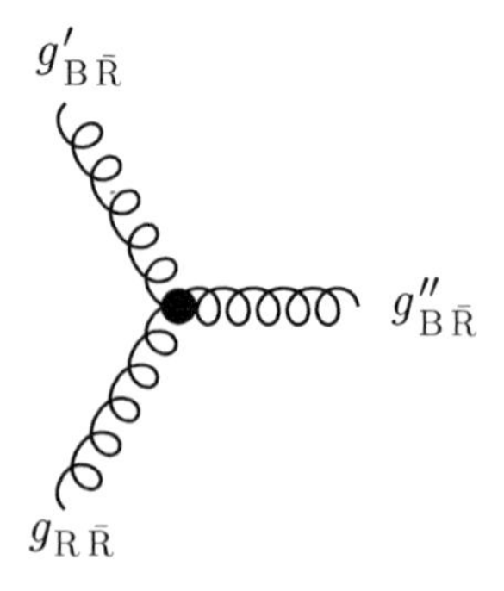


**Abb. 13.8** Feyman-Diagramm für die neuartige Gluon-Gluon-Wechselwirkung der Chromodynamik

*torsumme $\vec{x}+\vec{y}+\vec{z}$ der drei orthogonalen Einheitsvektoren wäre (oder irgendein anderer Vektor, wenn es nicht der Nullvektor ist).*

In der $QCD$ wird der Einschluss darauf zurückgeführt, dass bei zunehmendem Abstand zweier Quarks die zweite Eigenschaft der Gluonen immer wichtiger wird: Sie tragen auch selber die felderzeugenden Farbladungen, können also auch selbst weitere Gluonen erzeugen und absorbieren (siehe Abb. 13.8). So erhöht sich, stark veranschaulicht gesagt, mit zunehmendem Abstand die Zahl der virtuell erzeugten Gluonen und damit auch die Zahl möglicher Wechselwirkungspartner. Gerade diese Prozesse höherer Ordnung führen zu der besonderen Stärke, mit der diese Wechselwirkung bei zunehmendem Abstand in Erscheinung tritt.[46] Gleichzeitig ergibt sich ein Hinweis auf eine erste vereinfachte Deutung der Auswahlregel „weiß“: Nur ein farbneutrales Gebilde bietet *allen* in ihm virtuell erzeugten Gluonen (gleich welcher Farbkombination) ausreichend Möglichkeiten der Re-Absorption. Nur deshalb kann es sich von einem anderen (farbneutralen) Gebilde räumlich entfernen, ohne dass die potentielle Energie weiter ansteigt.

**Nicht-abelsche Symmetrie.** Dieselbe Eigenschaft bringt aber auch die mathematische Schwierigkeit mit sich, dass die zugehörige Symmetrie-Gruppe nicht mehr als kommutativ angesetzt werden kann, also nicht abelsch. Dass die Reihenfolge der Operatoren nicht beliebig sein darf, kann man sich mit einem Prozess veranschaulichen, wo ein *blaues* Quark erst ein Gluon $g_{\bar{\mathrm{R}}\mathrm{B}}$ emittiert, wodurch es *rot* wird, und dann ein Gluon $g_{\bar{\mathrm{G}}\mathrm{R}}$, so dass es anschließend *grün* wird. In umgekehrter Reihenfolge ist dieser Prozess sogar auf dem Papier schon unmöglich: Am ursprünglich blauen Quark würde der Erzeugungsoperator für das zweite Gluon $g_{\bar{\mathrm{G}}\mathrm{R}}$ eine Null ergeben, denn alle drei Farbladungen müssen am Vertex erhalten bleiben. – Bei Photonen wäre solche Umkehrung unproblematisch, sie tragen keine Ladung davon. Die Symmetrie-Gruppe der elektromagnetischen Wechselwirkung (mathematischer Name: $U(1)$) ist abelsch.

[46] Das Gegenstück hierzu gibt es auch: Die „Asymptotische Freiheit“ bei ganz kleinen Abständen (siehe weiter unten).

**Die starke Kopplung.** Doch ist dies nicht das einzige Problem bei der Ausarbeitung des Ansatzes für die *QCD*.[47] Das andere ist die schiere Stärke dieser Quark-Gluon-Kopplung. Sie vereitelt die sukzessive Verbesserung störungstheoretischer Näherungsrechnungen – die Methode, die sich beim Photonen-Austausch der *QED* (Abschn. 9.7.7) so hervorragend bewährt hatte, und verlangt nach neuen Berechnungsmethoden.[48] Es scheint jedoch so, dass die Formulierung einer Wechselwirkung mit der erwünschten Stärke ohne diese beiden Schwierigkeiten gar nicht zu haben ist.

**Experimenteller Test.** Immerhin finden sich auf experimenteller Seite Beobachtungen, die das ganze Bild stützen. Zum Test unternimmt man natürlich den aussichtslosen Versuch, ein Quark aus dem Hadron heraus zu schießen, um glücklichenfalls mehr darüber zu erfahren, welcher Mechanismus ihn zum Scheitern verurteilt. Bei der tief-inelastischen Elektronen-Streuung (siehe Abschn. 13.2.1), die Ende der 1960er Jahre immerhin die ersten experimentellen Hinweise auf Quarks gegeben hatte, waren nur die abgelenkten Projektile untersucht worden. In sehr aufwändigen Folge-Experimenten während der 1990er Jahre mit besonders heftigen Stoßprozessen (z. B. $e^- + p$ bei 30 GeV im Schwerpunktsystem, wo man von Treffern an einzelnen Quarks ausgehen kann), analysierte man nun die Bruchstücke des getroffenen Nukleons, bzw. das, was daraus geworden war.

> Bei zu geringer Stoßenergie verteilt das eine ursprünglich getroffene Quark den empfangenen Impuls mittels der Starken Wechselwirkung an die anderen, also auf das ganze Teilchen. So erklärt sich die effektive Stabilität von Proton und Neutron. Unterhalb der Energieschwelle zur Erzeugung von reellen Pionen *können* sie nur als ein Ganzes reagieren (denn ihr erster angeregter Zustand – die $\Delta$-Resonanz – liegt schon über dieser Schwelle). Ihre inneren Freiheitsgrade bleiben eingefroren[49] – wie schon die der Gas-Moleküle und Atome bei thermischen Stößen (jedenfalls bei nicht zu hoher Temperatur).

Noch unmittelbarer ist aber der Einblick in die Dynamik von zwei Quarks, wenn sie gerade erst mit großer kinetischer (Relativ-)Energie erzeugt wurden. Dazu dienen wieder die Reaktionen $e^+ + e^- [\rightarrow \gamma \rightarrow q + \bar{q}] \rightarrow$ *Hadronen*, wie sie vor 1974 schon untersucht[50] und u. a. zur Entdeckung des gebundenen 2-Quark-Systems $J/\Psi = (c\bar{c})$ geführt hatten, jetzt aber bei sehr viel höherer Energie (d. h. auch weit weg von Resonanzen, die zufällig so einem langlebigen gebundenen Zustand ent-

---

[47] Es tritt bei allen Feldtheorien nach dem Yang-Mills-Typ auf, auch bei der Elektroschwachen Wechselwirkung, verursacht dort aber keine solchen Schwierigkeiten, weil es nur eine Sorte felderzeugender Ladung gibt.

[48] Ein geeignetes Verfahren heißt *Gitter-Eichtheorie* und wurde von Kenneth Wilson (Nobelpreis 1982) ursprünglich für die Theorie der ebenfalls höchst nicht-linearen makroskopischen Phasenübergänge und kritischen Fluktuationen entwickelt. Es erfordert besonders leistungsfähige Großrechner.

[49] Sie können sich aber als *virtuelle* Anregungen bemerkbar machen, wodurch z. B. der Wirkungsquerschnitt schon ansteigt, bevor die Resonanz-Energie ganz erreicht ist, bei der die Anregung reell werden kann.

[50] Siehe Abschn. 13.2.2

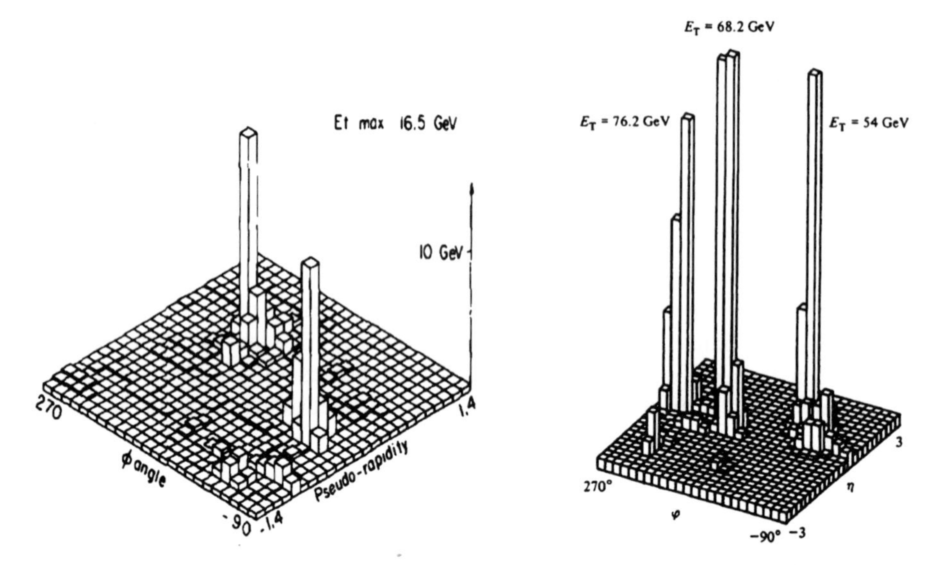


**Abb. 13.9** *Links* ein 2*jet*-, rechts ein 3*jet*-Ereignis in Darstellung eines „LEGO"-Diagramms (wie Abb. 12.6) nach einer Kollision Proton-Antiproton mit 540 GeV ($Sp\overline{p}S$ im *CERN*). Auf der Grundfläche, die den vollen Raumwinkelbereich abbildet, werden die Flugrichtungen der im Detektor nachgewiesenen Teilchen (oberhalb einer Energieschwelle von wenigen GeV) eingetragen; die *Höhe der Säule* darüber gibt die jeweils deponierten Energien an. (Im *rechten Teilbild* ist die Gesamtenergie jedes *jets* in GeV mit angegeben). Die restliche Energie von ca. 240 GeV hat sich in sehr viel kleineren Beträgen auf viele Teilchen verteilt, die hier nicht eingezeichnet wurden. (Abbildung aus [13, 12])

sprechen könnten). Abbildung 13.9 zeigt, was dabei herauskommt: Zwei (manchmal auch drei oder mehr) sogenannte *jets*, d. h. relativ eng gebündelte Schauer von Hadronen. Diese Bilder deuten an, dass die beiden Quarks den „Einschluss" wirklich spüren und wie er zustande kommt.

**Interpretation eines 2-jet-Ereignisses:** Die Quarks beginnen von dem Ort, an dem sie erzeugt wurden, in verschiedene Richtungen auseinander zu fliegen und bauen dabei zwischen sich ein Gluonen-Feld zunehmender Ausdehnung auf. Dessen wachsender Energieinhalt drückt sich in dem linear ansteigenden Anteil des phänomenologischen Quark-Quark-Potentials von Abb. 13.13 aus. Schon in kürzester Entfernung reicht diese Energie zur Erzeugung eines weiteren Quark-Antiquark-Paars, wenn es sich zwischen den beiden ursprünglichen Quarks so aufteilt, dass sich zwei „weiße" Mesonen (oder andere Hadronen) bilden können, weil dann die potentielle Energie schlagartig etwa auf den Wert des Yukawa-Potentials fällt. Diese Hadronen haben nun nicht mehr das linear ansteigende Quark-Quark-Potential vor sich, sondern „nur noch" den kleinen Rest, der die Kernkraft bildet. Sie können sich endgültig trennen und (mit ihren schnell entstehenden Zerfallsprodukten) die beiden beobachtbaren *jets* bilden. Man sagt, die Quarks haben *hadronisiert*.

Ein aus dem Alltag bekanntes System mit ähnlichem Verhalten ist ein Gummiband: Beim Auseinanderziehen bleibt die Kraft über eine gewisse Strecke fast konstant, und dann reißt es plötzlich entzwei. Dabei wird die gespeicherte Energie frei,[51] weil – topologisch gesprochen – zu den beiden in bestimmter Entfernung festgehaltenen Enden jetzt zwei weitere „lose" dazukommen sind. Die *Enden* des Gummibands spielen also hier die Rolle von Quark und Antiquark: Nie entsteht ein Ende allein, und nie kann sich eins alleine enfernen. Oft werden auch die beiden Platten eines geladenen (großen) Plattenkondensators als Beispiel genommen, weil die Kraft zwischen ihnen beim Auseinanderziehen ebenfalls konstant bleibt (die Feldlinien werden nur länger, nicht dichter). Für die Unterbrechung der Feldlinien muss ein zweites Paar geladener Platten mit entgegengesetzter Polung eingebracht werden. Dann hat man zwei Kondensatoren, zwischen denen keine Kraft mehr wirkt.[52]

**Frage 13.11.** *Geben Sie einen Schätzwert für die Entfernung, ab der die aufgewendete Energie für die Erzeugung des leichtesten Quark-Antiquark-Paars reicht.*

**Antwort 13.11.** *Bei der konstanten Kraft* $\sigma \approx 1\,\mathrm{GeV/fm}$ *(Gl.* (13.12)*) reicht eine Zunahme des Abstands um ca.* 0,14 fm *für eine potentielle Energie* $m_\pi c^2 = 140\,\mathrm{MeV}$.

**Die experimentelle Demonstration des Gluons.** Bei solchen Zusammenstößen können seltener auch drei oder mehr *jets* entstehen. Das passt zu wegfliegenden („abgestrahlten") Gluonen, die ja wegen ihrer nicht-weißen Farbladung auch nicht einzeln davon fliegen können ohne zu hadronisieren. Davon abgesehen, ist dieser Vorgang ganz analog zur Erzeugung von reellen Photonen beim Stoß elektrisch geladener Teilchen, also zur Röntgen-Bremsstrahlung (siehe Abb. 9.4).

Spekuliert wird über freie *glueballs*, das sind Systeme aus mindestens drei Gluonen, die nach derzeitiger Kenntnis weiß sein und daher wegfliegen könnten. Noch sind keine nachgewiesen worden.

**Das Gewimmel im Proton.** Das Bild vom Proton und den anderen Hadronen, wie man sie sich nach dem ursprünglichen statischen Modell aus zwei oder drei Quarks zusammengesetzt denken konnte, muss nun modifiziert werden. Zunächst muss man die virtuellen Gluonen hinzu zählen.

Sie tragen immerhin etwa 50% des Proton-Impulses, wie man an dem zu kleinen Integral der Strukturfunktion (siehe S. 605) aus der tief-inelastischen Elektronenstreuung sieht, die die Verteilung der Impulse der Partonen angibt ($\int f(x)\,\mathrm{d}x \approx 0{,}5$ statt 1): Gluonen haben weder elektrische noch schwache Ladung und können damit weder von Elektronen noch von Neutrinos aufgespürt werden.

Des weiteren gibt es die virtuellen Quarks und Antiquarks, die von diesen Gluonen ständig paarweise in die virtuelle Welt gesetzt werden, um sich genau so schnell

[51] (was weh tun kann, d. h. neue Prozesse in Gang setzt)

[52] Solche *Modelle* sollen weniger das physikalische Verständnis der inneren Vorgänge zwischen zwei Quarks vertiefen, als vielmehr das äußerliche Verhalten veranschaulichen, das daraus folgt.

wieder in Gluonen zu „zerstrahlen". Die Existenz von Antiquarks im Proton z. B. macht sich im Experiment ganz real durch die große Stärke der tief-inelastischen Streuung von Antineutrinos (im Verhältnis zu der von Neutrinos) bemerkbar. Rätselhaft sind zur Zeit noch Beobachtungen über die relativen Mischungsverhältnisse der Quark-*flavors* im Proton und Neutron, z. B. der überraschend geringe Anteil der Beimischung an *strange*-Quarks $s$ und $\bar{s}$, oder der deutliche Überschuss an Antiquarks $\bar{d}$ gegenüber $\bar{u}$, der im Proton $p = (uud)$ nicht erwartet wurde.

Die drei oder zwei Quarks, die im statischen Quark-Modell das Baryon bzw. Meson konstituieren, werden nun *Konstituenten-Quarks* (oder *Valenz-Quarks*) genannt, die anderen *See-Quarks*. Allerdings kann diese Unterscheidung nur auf dem Papier getroffen werden und hat daher keine weiteren Folgen, denn Quarks sind identische Teilchen, die sich prinzipiell höchstens durch den augenblicklich besetzten Zustand unterscheiden lassen (und das ist bei dem heftigen Austausch von Farbe, Spin, Impuls und Energie natürlich sinnlos). Die See-Quarks sind, im wahrsten Sinne des Wortes, *zahllos*, denn ihre Teilchenzahl ist nicht festgelegt (außer dass es unter ihnen gleich viel Quarks und Antiquarks geben muss). Alle zusammen entsprechen sie den Feynmanschen Partonen.

In Abschn. 9.6 wurde bei der Einführung der Wechselwirkung durch virtuelle Teilchen auf das Problem hingewiesen, dass es nun in der Physik kein einziges wirkliches Zwei-Teilchen-System mehr gibt. Das trifft hier mit noch mehr Gewicht: Außer in näherungsweisen Modell-Vorstellungen wie sie z. B. beim Charmonium erfolgreich sind, ist es vom Konzept her falsch, bei einem Hadron von einem wohlbestimmten Mehr-Quarks-System mit fester Teilchenzahl und entsprechender Wellenfunktion zu reden. Auch wenn man mit Experimenten versucht, die Gesamtzahl von (Konstituenten- und See-)Quarks zu messen, erhält man ganz verschiedene Antworten: „Von außen betrachtet" scheint das Baryon oder Meson nur die drei bzw. zwei Konstituenten-Quarks zu haben. An ihnen konnte die $SU(3)$-Symmetrie und damit das ganze Quarkmodell abgelesen werden. Je „tiefer" man aber in das Teilchen „hineinleuchtet", d. h. je kürzer die Wellenlänge und je höher die Energie der dabei eingesetzten Strahlung sind, desto mehr seiner virtuellen Quarks können sich real bemerkbar machen und lassen dann sein Innenleben immer reichhaltiger aussehen.[53]

### *13.3.3 Sind Quarks noch Teilchen? Welche Masse haben sie denn?*

**Nur ein semantisches Problem?** Das *confinement* hat auch die praktische Folge, dass man Quarks als solche prinzipiell nicht mehr einzeln präparieren und näher untersuchen kann. Über die „eigentlichen", ungestörten Eigenschaften freier Quarks zu reden ist daher fast ein Widerspruch in sich (jedenfalls im verbreiteten Paradigma einer exakten Naturwissenschaft). Andererseits muss natürlich jedes quantitative theoretische Modell irgendeinen einen Satz wohlbestimmter Eigenschaften

[53] In Alltagsworten ist das der Gemeinplatz: *Je genauer man hinguckt, desto mehr sieht man* – nun mit elementarteilchenphysikalischem Hintersinn befrachtet.

erst einmal voraussetzen, um überhaupt Ergebnisse ableiten zu können, die sich mit Messungen vergleichen lassen.

Die Gegner der kinetischen Gastheorie hätten vor hundert Jahren an diesem Problem ihre Freude gehabt. Sie hätten die Atom-Hypothese wohl noch weit heftiger bekämpft, wenn schon damals *denkbar* gewesen wäre, dass sie in der weiteren Entwicklung eine so tief liegende Diskrepanz zum Normalfall der Anschauung und der Klassischen Physik hervorbringen *könnte*. Übrigens wurde in den Kreisen ihrer Urheber ebenfalls jahrelang diskutiert, ob die Quarks vielleicht nur eine mathematische Fiktion sind, die aber immerhin dabei hilft, ein gutes Modell aufzustellen.[54]

**Was heißt messen?** Zwischen den Eigenschaften der „Quarks als solcher" und den möglichen Messungen muss also die Theorie vermitteln, und das Ziel kann hierbei nicht mehr sein, eine möglichst treue Abbildung der ungestörten „eigentlichen" Eigenschaften des Messobjekts auf die Messergebnisse zu erreichen, denn diese sind fiktiv. Vielmehr kann es nun – extrem gesagt – nur noch darum gehen, ein *parametrisches* Modell aufzustellen und dessen Parameter dadurch zu „messen", dass man die beste Anpassung der Rechenergebnisse an gemessene Daten sucht.

Aber handelt es hier wirklich um etwas Neues? Sind nicht auch alle anderen Messungen von Eigenschaften der Elementarteilchen von höchst indirektem Charakter? Man denke nur an die riesigen Detektor- und Computer-Anlagen, die man dafür brauchte, z. B. die Masse „*des* $Z^0$" zu *messen* (nicht mitgerechnet der noch viel größere Beschleuniger, um dies kurzlebige Objekt *just in time* herzustellen).[55] Doch das trifft nicht die begriffliche Neuheit. Früher war es noch legitim, sich als logischen Bezugspunkt ein einzelnes Teilchen im Vakuum vorzustellen und seine *objektiven* Eigenschaften mit einem Mess-Apparat geeigneter Empfindlichkeit „direkt" zu messen. Nicht anders als in diesem begrifflichen Rahmen wurden ja auch die großen, indirekten und mit vielen (nicht nur mit einem) Teilchen gemachten Experimente geplant und durchgeführt (z. B. die Untersuchung des $Z^0$). Bei den Quarks mit ihrem *confinement* fehlt aber selbst dieser begriffliche Bezugspunkt.

Allerdings spielt dies Problem bei einigen additiven Größen auch bei den Quarks keine große Rolle. Es sind dies Größen wie Spindrehimpuls und elektrische Ladung, die sich, von jeder Wechselwirkung ungestört (so sagt jedenfalls die Theorie), einfach addieren und daher wenigstens den genauen Wert ihrer (skalaren oder vektoriellen) Summe außen messbar werden lassen. Bei der schwachen Ladung gilt das schon nicht mehr genau, aber immerhin noch näherungsweise.[56]

---

[54] Vergleiche die Worte von Boltzmann Ende des 19. Jahrhunderts (Abschn. 1.1.1, S. 3).

[55] Mehr und frühere Beispiele: Wie direkt ist eine Wellenlängenmessung mittels des Strichgitters? Ist nicht selbst die „unmittelbare" Messung in den Experimenten, mit denen Galilei die Physik begründete, ein höchst verwickelter Prozess der Signalübertragung und -verarbeitung, und das schon, bis lediglich die Fallzeit des beobachteten Körpers im Laborbuch notiert war? Nebenbei wurde schon in Kap. 1 darauf hingewiesen, dass auch Elementarteilchenphysiker nur makroskopische Beobachtungen machen (Fußnote S. 3).

[56] Für eine kurze Erläuterung siehe Abschn. 12.5.1, Stichworte *CVC conserved vector current* bzw. *PCAC – partially conserved axial vector current*, für genaueres muss auf die weiterführende Literatur verwiesen werden.

**Problemfall Masse.** Jedoch haben die Massen der Quarks und die wägbare Masse der von ihnen gebildeten Teilchen kaum noch etwas miteinander zu tun, weil Masse und Energie über $E = mc^2$ verknüpft sind und die enorme Größe der Wechselwirkungsenergien zwischen Quarks alle Messwerte ihrer Massen „verfälscht“. Dies lässt sich hier auch nicht mehr als wohldefinierte Korrektur an der gemeinten Messgröße verstehen und messen, wie es z. B. für die Bindungsenergie bei der Bestimmung der Deuteronmasse und generell beim Massendefekt der Kerne problemlos möglich war (vgl. Abschn. 4.2.1). Auf der anderen Seite gibt es aber kaum einen Begriff, der noch enger mit der Vorstellung von einem *Teil* oder *Teilchen* eines größeren Gebildes verbunden ist, als der von seinem An*teil* an der Gesamtmenge, die in aller Anschauung mit der Gesamtmasse verknüpft ist – als Beispiel kann hier wieder auf die Rolle der Masse in der Herausbildung der ersten Atom- bzw. Kernmodelle verwiesen werden (siehe Abschn. 1.1.1 und 4.1.4ff).

**Die „nackte“ Masse der Quarks und die wirkliche Masse der Körper.** Natürlich tauchen in den Feldgleichungen der $QCD$ Summanden der Form $mc^2$ mit $m$ als *Parameter* für die „nackte“ Masse jeder Teilchensorte auf. Welche Werte muss man ihnen geben, z. B. für die beiden leichtesten Quarks, aus denen Proton (*uud*) und Neutron (*udd*) bestehen? Nicht mehr als 4 MeV für $u$, und höchstens 8 MeV für $d$, und dies bei knapp 1 000 MeV messbarer Masse, wenn sie zu dritt ein Nukleon bilden. Das hat einen einfachen Grund, der wieder einmal im Welle-Teilchen-Dualismus zu finden ist: Wenn ein Teilchen auf 1 fm eingesperrt wird, hat es eine kinetische Energie, die allein schon um die 300 MeV auf die Waage bringt – gerade die Masse der Konstituenten-Quarks.[57] Allein die Bindung, das *confinement*, ist damit für 99% der ganzen Masse des Nukleons verantwortlich, die ihrerseits 99% der Masse der makroskopischen Körper ausmacht, einschließlich unserer eigenen.[58]

> Zur Erinnerung: Mit dem gleichen Argument war schon in den Anfangsjahren der Quantenmechanik die vorher als sicher angenommene Anwesenheit von Elektronen im Kern bezweifelt worden. *Im* Nukleon *kann* sich kein Teilchen aufhalten, ohne dessen Masse merklich zu vergrößern (Abschn. 6.5.2). Nun ist das Argument endlich vom Kopf auf die Füße gestellt: Gerade so kommt das Nukleon überhaupt zu seiner Masse.

Gegenüber den fast vernachlässigbaren nackten Massen von $u$ und $d$ muss dem einzelnen $s$-Quark eine Masse von immerhin ca. 100 MeV zugeschrieben werden, um die gemessenen Energien bzw. Massen der *seltsamen* Hadronen in den Multipletts des Teilchenzoos der 1950er–70er Jahre (siehe Abb. 11.10 und 11.11) zu erklären. Trotzdem bleibt richtig: Hier bestimmt sich die Masse des Gesamten nicht einmal näherungsweise additiv aus den Massen seiner einzelnen Bausteine, sondern zu 99%

[57] wie bei der Deutung der anomalen magnetischen Momente erfolgreich benutzt, siehe Abschn. 13.1.4.

[58] So gesehen ist es völlig berechtigt, wenn man einen Menschen als wahres „Energiebündel“ charakterisiert. Physikalisch verstanden gilt das dann allerdings für jeden Menschen.

aus deren Zusammenwirken.[59] Masse ist eine kooperative Erscheinung.[60] Nur deshalb war es am Ende möglich, aus den Massen im Teilchenzoo wenigstens angenähert die Symmetriegesetze ihrer Wechselwirkungen abzulesen. Dass die Isospin-Invarianz in den einzelnen Multipletts gut, aber nicht exakt erfüllt ist, kann jetzt auf den kleinen Massenunterschied von $u$ und $d$ zurückgeführt werden, während die deutlich schlechtere Erfüllung der vollen $SU(3)$-Invarianz im größeren Unterschied zur $s$-Masse ihren Grund findet (genauer s. u.).

Dagegen sind die nackten Massen der nach 1977 entdeckten anderen drei Quarks $c, b, t$ mit 1,2 GeV, 4,2 GeV bzw. 171,2 (!)GeV deutlich schwerer (siehe unten Abschn. 13.4), beeinflussen daher den alten Teilchenzoo nicht merklich.

### *13.3.4 Die Kernkräfte: Reichweite und näherungsweise Symmetrien*

**Wie das Yukawa-Teilchen entsteht.** Verglichen mit den heftigen Vorgängen zwischen Quarks im Innern eines Nukleons sind die Kräfte zwischen zwei Nukleonen – in den 1930er Jahren als neuartige, besonders starke Kernkräfte besonders kurzer Reichweite eingeführt (Abschn. 4.2.4) – nun selber als vergleichsweise schwach und schon fast als „langreichweitig" einzustufen. Diese Kernkräfte sind jetzt leicht erklärt:

Man braucht lediglich an die Erzeugung virtueller Quark-Antiquark-Paare zu denken (siehe Abb. 13.10). Wegen der Erhaltung der Farbladung sind sie notwendigerweise „weiß" und können sich daher zusammen entfernen, aber auch vorher noch farbneutral umgruppieren (wie in der Abbildung das Paar $(u\bar{u})$ erzeugt wird, aber ein Meson $(d\bar{u})$ davon fliegt). So ist ein Hadron immer von einer Wolke aus Mesonen (nicht nur Pionen) umgeben, die in virtuellen Zuständen seine nähere und weitere Umgebung nach einem zweiten Hadron als möglichem Wechselwirkungspartner absuchen. Das ist die Form, in der sich die fruchtbare Yukawa-Hypothese von 1935 heute bestätigt hat. Wie diese Kernkräfte genau davon abhängen, um welche beiden Nukleonen es sich gerade handelt und wie ihre Spins zueinander stehen, wurde erst aus diesem Modell der virtuellen Mesonenwolke aus virtuellen Quark-Antiquark-Paaren verständlich (unter Einschluss aller Mesonenarten, darunter auch solcher mit Spin 1 wie das $\rho$).[61]

[59] Masse kann als ein deutliches Beispiel für den Satz „Das ganze ist mehr als die Summe seiner Teile" gelten, eine umgangssprachliche Annäherung an das philosophische Problem der *Emergenz*.

[60] Wie auch schon die klassische potentielle Energie, z. B. von zwei Ladungen im Coulomb-Feld. Jede für sich hat im Feld der anderen die Energie $E_{\text{pot1}} = E_{\text{pot2}} = V(r)$, aber die gesamte potentielle Energie des *Systems* ist nicht $E_{\text{pot1}} + E_{\text{pot2}}$ sondern nur $V(r)$.

[61] Diese Komplexität mag auch verständlich machen, warum die Kernmodelle der Niederenergie-Kernphysik (Tröpfchen-Modell Abschn. 4.2, Schalenmodell Abschn. 7.6 etc.) allein es nicht ermöglicht hatten, die Kernkräfte genau zu analysieren.

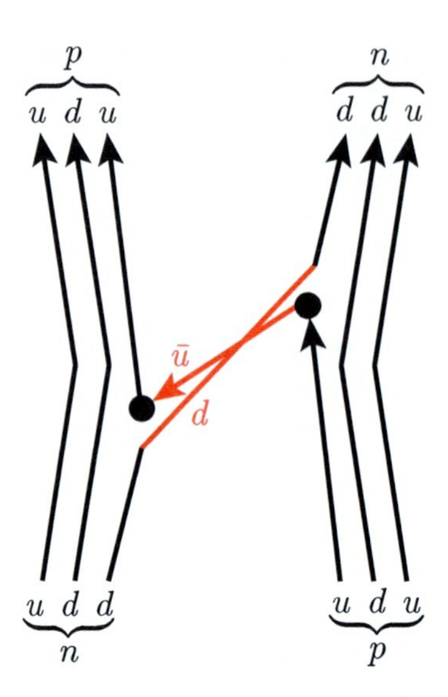


**Abb. 13.10** Die Erklärung der Kernkraft durch Austausch eines virtuellen Pions: Yukawas Modell, dargestellt mit Quarks. Wichtig: alle Quark-Linien durchlaufen in Pfeilrichtung das ganze Diagramm (Erhaltung der Fermionen-Zahl). Im gezeigten Beispiel sendet ein einlaufendes Neutron (*links*) ein negatives Pion (*rot*) aus, das vom einlaufenden Proton (*rechts*) eingefangen wird. Das Pion $\pi^- = (\bar{u}d)$ entsteht im Neutron aus einem seiner $d$-Quarks und einem $\bar{u}$ von einem der virtuell vorhandenen Quark-Antiquark-Paare. Bei passender Farbladung ist das Pion „weiß" und unterliegt nicht mehr der Begrenzung durch das *confinement*. Es ist aber in einem virtuellen Zustand (kein reelles Teilchen im Grundzustand kann ein reelles Teilchen emittieren) und entfernt sich nur vermöge des Tunneleffekts. Die zurückbleibenden Quarks ergeben zusammen nun ein Proton. In dem anderen einlaufenden Nukleon spielt sich der Prozess umgekehrt ab: Im Vertex vernichtet sich eins seiner $u$ mit dem im Pion angekommenen $\bar{u}$. Der Rest wird durch das $d$ zu einem Neutron vervollständigt. Statt zum $\pi$ mit Spin Null können sich die beiden übertragenen Quarks auch zum $\rho$ mit Spin 1 verbinden (oder zu beliebigen anderen Mesonen), wodurch die Wechselwirkungen zwischen den Nukleonen von ihrer Spineinstellung abhängig wird. Diagramme für $pp$- oder $nn$-Wechselwirkung ergeben sich genau so und enthalten auch die Möglichkeit, ein neutrales Meson auszutauschen. Das macht gegenüber der $pn$-Wechselwirkung einen kleinen, aber bemerkbaren Unterschied

***Hard core.*** Kommen sich zwei Nukleonen aber so nahe, dass schon die Wellenfunktionen ihrer Quarks sich überlappen, erfordert das Pauliprinzip, dass sie sich auf höhere Niveaus verteilen und sorgt dadurch für eine so starke Abstoßungskraft, dass sie den Namen *hard core* erhielt. In der (Niederenergie-) Kernphysik wurde sie gleich als unendlich groß behandelt. Damit ist auch die Inkompressibilität der Kernmaterie, also auch die gleichbleibende Dichte der Kerne im Quark-Modell erklärt.

**Wie die Isospin-Symmetrie entsteht und gebrochen wird.** Die Isospin-Symmetrie, die bei der frühen Klassifizierung erst der Kernzustände und dann der Hadronen eine so erfolgreiche Rolle gespielt hat, wurde für den Aufbau des Quark-Modells bis hierher noch gar nicht benutzt. Das ist auch nicht nötig, denn diese Symmetrie lässt sich jetzt schon darin wiederfinden, und in gewissem Sinn als ein Zufall entlarven: In dem Hamilton-Operator der $QCD$ kommen alle Quarks mit ihren nackten Massen vor. Davon haben $u$ und $d$ bei weitem die kleinsten Werte. Zwar unterscheiden sie sich vielleicht um einen Faktor 2, spielen aber angesichts der viel höheren kinetischen Energien aller denkbaren Eigenzustände erst einmal ohnehin keine Rolle. Das heißt, der Hamilton-Operator ist in guter Näherung invariant gegenüber einer Vertauschung von $u$ und $d$, darüber hinaus aber auch invariant gegenüber jeder Ersetzung von $u$ und $d$ durch irgendwelche orthogonalen Linearkombinationen von ihnen. Da $u$ und $d$ genau zwei von den möglichen Eigenwerten eines Freiheitsgrads *(flavor)* sind, hat diese Invarianz im Hamilton-Operator dieselbe formale Bedeutung wie z. B. in einem rotationsinvarianten Hamilton-Operator die Vertauschung der Werte $s_z = \pm\frac{1}{2}$ für den Freiheitsgrad Spin oder die beliebige Umorientierung der Koordinatenachsen $x, y, z$.[62] Beides entspricht einer Rotations-Symmetrie in einem 3-dimensionalen Raum, in dem die beiden vertauschten Werte die möglichen $z$-Komponenten eines Vektors darstellen, Spinvektor im Beispiel $s_z \rightleftharpoons -s_z$, Isospin-Vektor bei Vertauschung $u \rightleftharpoons d$.[63] Der Grund, weshalb die Kernkräfte den Isospin so gut erhalten (wenn auch nicht ganz exakt), stellt sich hier nun als eine mehr oder weniger zufällige Eigenschaft heraus. Es liegt nicht an einer tieferen Symmetrie der Natur, sondern an der – bis heute jedenfalls noch – als *zufällig* zu betrachtenden (ebenfalls nur näherungsweisen) Übereinstimmung der Massen von *up* und *down*. Andererseits ist nun auch deutlich, dass nicht erst die nie abzuschaltende elektromagnetische Wechselwirkung dafür sorgt, dass die Teilchen eines Isospin-Multipletts (also mit verschiedener elektrischer Ladung) unterschiedliche Massen aufweisen, sondern die Starke Wechselwirkung selber auch schon.

**Wie die weitere $SU(3)$-Symmetrie entsteht und gebrochen wird.** Analog steht es nach Hinzunahme der Hadronen mit Seltsamkeit, also des dritten Quark im Modell. Hätte das *strange* dieselbe Masse wie *up* und *down*, dann wäre der Hamilton-Operator gegen beliebige Drehungen in dem nun 3-dimensionalen *flavor*-Raum invariant. Das ist die $SU(3)$-Symmetrie, die allen Eigenzuständen eines $SU(3)$-Multipletts dieselbe Energie verleihen würde.

Da sich von einer Zeile (Isospin-Multiplett) zur anderen aber doch deutlichere Massenunterschiede zeigen als innerhalb der Zeilen selbst (Abb. 11.10 und 11.11), galt $SU(3)$ schon von Anfang an richtig als eine Symmetrie, die zur Klassifizierung zusammengehöriger Eigenwerte führt, aber durch eine Störung gebrochen ist. Der Hamilton-Operator der $QCD$ reproduziert dies, wenn man dem $s$-Quark eine nackte Masse von etwa 100 MeV gibt. Um exakte $SU(3)$-Symmetrie zu erhalten, müsste man die drei leichten Quarks zunächst mit demselben Durchschnittswert ihrer drei nackten Massen nehmen und damit den ungestörten Hamilton-Operator bilden. Die drei nötigen Korrektur-Terme mit den Differenzen zu den richtigen Massen bilden

[62] Beispiel Zeeman-Effekt: ohne äußeres Magnetfeld sind die Zustände $s_z = \pm\frac{1}{2}$ entartet.

[63] Die zugehörige Symmetrie-Gruppe ist in beiden Fällen dieselbe, die in der Quantenmechanik hinter allen räumlichen Drehungen in 3 Dimensionen steckt: die Gruppe aller möglichen Basistransformationen (komplex, orthogonal, mit Determinante $+1$) im 2-Zustands-Raum, also die $SU(2)$ (vgl. Fußnote 22 auf S. 264).

dann den „Störoperator", der nicht mit den $SU(3)$-Transformationen vertauschbar ist und deshalb die Energie-Entartung innerhalb eines $SU(3)$-Multipletts doch aufhebt.

**Symmetriegeleitete Vorhersagen.** Es war diese gruppentheoretische Klassifizierung in einen $SU(3)$-invarianten ungestörten Hamilton-Operator und dessen Störung, die Gell-Mann 1962 auf einer Konferenz aufgrund einer Lücke im Baryonen-Dekuplett das Teilchen $\Omega^- = (sss)$ mit Spin $I = \frac{3}{2}$, *strangeness* $S = -3$ und der genauen Masse vorherzusagen erlaubte.

Als es 1964 gefunden wurde [21], war das Rennen gegen andere konkurrierende Schemata (in denen dieselben damals bekannten Teilchen in anderer Gruppierung zu anderen Multipletts mit anderen Lücken zusammengefasst werden konnten) entschieden. Das mag als Glücksfall oder als Beweis für Gell-Manns Spürsinn gesehen werden. Jedenfalls hatte er es ihm ermöglicht, aus dem $SU(3)$-Schema die Quark-Hypothese heraus zu destillieren.

Bevor die Quark-Hypothese aber schließlich doch erfolgreich sein konnte, musste eine weitere interne Inkonsistenz aus dem Weg geräumt werden: Wie können die Quarks sich in der tief-inelastischen Streuung als einzelne und völlig unabhängige Streuzentren zeigen, wenn sie dem im vorigen Abschnitt besprochenen *confinement* unterliegen?

### 13.3.5 Asymptotische Freiheit

**Konsistenzproblem.** Mit der heftigen Kopplung von Quarks und Gluonen im Innern des Nukleons, die zur Erklärung des *confinement* gebraucht wird, taucht jetzt ein anderes ernstes Problem für die innere Konsistenz der Quanten-Chromodynamik auf. Einerseits ist es unmöglich, Quarks einzeln zu untersuchen. Andererseits war es in dem Modell für die tief-inelastische Streuung und insbesondere für das Skalenverhalten wesentlich, die punktförmigen Streuzentren als näherungsweise unabhängig voneinander anzunehmen, um sie als freie Teilchen betrachten und die Impuls-Näherung anwenden zu können (vgl. Abschn. 2.2.2). Die gleiche Vorstellung unabhängiger Teilchen liegt auch dem Erfolg des anschaulichen 2-Körper-Modells für das Charmonium zu Grunde. Wie kann beides gleichzeitig richtig sein?

**Laufende Kopplungskonstante.** Diese Frage war tatsächlich jahrelang Grund für wesentliche Zweifel an den Quarks und an dem Versuch, ihre Wechselwirkung überhaupt als Austauschkraft zu verstehen. Die Lösung wurde 1973 gefunden und 2004 mit dem Nobelpreis an David J. Gross, H. David Politzer und Frank Wilczek belohnt. Sie heißt *Asymptotische Freiheit* und lautet vereinfacht ausgedrückt: Das Verhalten der Quarks wird immer ähnlicher zu dem von einzelnen freien Teilchen, je *näher*[64] sie sich kommen. Die gigantische Anziehungskraft (siehe Abschätzung in Frage 13.8 und Diskussion des *confinement* oben) verdirbt erst beim Versuch der räumlichen Trennung die Aussicht auf einfache Näherungen und Modelle. Der Weg

---

[64] in leichtem Gegensatz zur intuitiven Vorstellung, Asymptoten wären für das Verhalten im Unendlichen maßgeblich.

zur theoretischen Begründung kann hier nur angedeutet werden. Er beginnt mit den Vakuum-Polarisationen durch virtuell erzeugte Austauschteilchen und Quark-Antiquark-Paare. Im Renormierungsverfahren sind deren Effekte berechenbar und können in eine Korrektur zur Kopplungskonstante verschoben werden. In der üblichen Formulierung (mit Impulswellenfunktionen) wird diese dadurch vom Impulsübertrag $q^2$ abhängig, nämlich bei großen Impulsen klein. Sie wird zur *laufenden Kopplungskonstante*. Im Ortsraum findet sich das als Abstandsabhängigkeit wieder: Je kleiner die Abstände (in Impulsdarstellung also mit Wellen immer kürzerer Wellenlänge darzustellen), desto schwächer die Wechselwirkung.[65]

Der Begriff Kopplungskonstante drückt eigentlich nichts Anderes aus als der Begriff Ladung, in der Quantenelektrodynamik z. B. mittels $\alpha = e^2/(4\pi\varepsilon_0)$. Wie kann man sich die zu einer laufenden Kopplungskonstante gehörende, abstandsabhängig variierende „effektive" Ladung vorstellen? Indem man die „nackte" Ladung in ein Medium einbettet, das mit dielektrischer Polarisierung reagiert, d. h. wo ringsumher Dipole in energetisch günstiger Orientierung induziert werden, die das Feld abschwächen. (Das ist ein altbekannter technischer Kunstgriff, um z. B. in elektrischen Kondensatoren trotz gleicher Ladung die Feldstärke zu senken. Dort heißt das *Erhöhung der Kapazität durch Einbringen eines Dielektrikums.*) Wer die Ladung messen will, aber von dem Dielektrikum nichts weiß, kann auch dessen Polarisation nicht berücksichtigen und wird deshalb einen zu geringen Messwert ermitteln, der erst bei Annäherung an den Ort der Ladung auf den „richtigen" Wert ansteigt. In der *QED* sind die Dipole die virtuell erzeugten Elektron-Positron-Paare, und alle klassischen Ladungsmessungen haben immer nur die hierdurch schon abgeschirmte effektive Ladung bestimmt. Die laufende Kopplungskonstante der *QED* steigt bei Annäherung an eine Punktladung an, das entspricht im Impulsraum (Fourier-Transformation!) einer Zunahme des effektiven Werts von $\alpha$ mit $q^2$ und bedeutet daher das Gegenteil von Asymptotischer Freiheit.

Genau so bewirken auch in der *QCD* die virtuellen Quark-Antiquark-Paare eine mit zunehmender Annäherung scheinbar stärkere Kopplung (also mit *gleichem* Vorzeichen wie in der *QED*). Aber es gibt ja auch die virtuellen Gluonen, die selber virtuell wiederum sowohl Gluonen als auch Quark-Antiquark-Paare erzeugen können und damit einen zweiten Beitrag zur Vakuumpolarisation liefern. Aus der Rechnung kommt er größer heraus als der erste und mit umgekehrtem Vorzeichen. Der Gesamt-Effekt dreht sich daher um. Das war 1974 die nobelpreiswürdige Entdeckung der Asymptotischen Freiheit, durch die die *QCD* erst konsistent wurde.

---

[65] Diese reziproke Beziehung zwischen Energie und Wellenlänge kann auch verständlich machen, warum das *confinement* als Gegenstück zur Asymptotischen Freiheit nicht nur als Sklaverei, sondern *infrarote Sklaverei* bezeichnet wird, und die asymptotische Freiheit nun auch als *ultraviolette Freiheit*. Ausgehend von den für Menschen sichtbaren Photonen können infrarot und ultraviolett entgegengesetzte Richtungen auf der Wellenlängenskala bezeichnen.

## 13.4 Schwere Quarks

Wie schon bei den früheren Versuchen von Prout bis Rutherford (Abschn. 1.1.1 und 4.1.5), sich die Welt aus nur ganz wenigen Grundbausteinen aufgebaut zu denken, wurde auch das ursprüngliche 3-Quark-Modell aus dem Jahr 1964 bald von der Realität überholt. Über die wagemutige Voraussage eines vierten Quark *charm* und seine triumphal gefeierte Entdeckung wurde schon oben berichtet. Nun gab es bei Leptonen ($e$, $\mu$ und ihre Neutrinos) und bei den Quarks gleichermaßen je zwei Familien aus je zwei Teilchen: Eine befriedigende Symmetrie, die auch eine Forderung der Elektroschwachen Wechselwirkung erfüllte, die bei ungleicher Anzahl von Quarks und Leptonen von einer nicht renormierbaren *Anomalie* (siehe Abschn. 14.3.2) geplagt wäre. Deshalb löste 1975 die Entdeckung der dritten Leptonen-Familie ($\tau^{\pm}$, das $\nu_\tau$ als sicher vermutet)[66] eine gewisse Beunruhigung aus. Die bei zunehmender Beschleuniger-Energie fortgeführte Suche nach weiteren Teilchen hatte 1977 das sowohl überraschende wie erwünschte Ergebnis. Ein Teilchen $\Upsilon = (b\bar{b})$, analog zum $J/\psi = (c\bar{c})$, aber aus Quarks mit einem neuen *flavor* $b$ (= *bottom*), der wieder nur durch Schwache Wechselwirkung umgewandelt werden kann (in *charm*). Die Masse des $\Upsilon$ liegt dreimal höher (9,5 GeV) und auch hier konnten schnell mehrere angeregte Zustände des *Bottonium* identifiziert werden.

Doch das für die Vervollständigung der erwünschten Lepton-Quark-Symmetrie danach dringend erwartete sechste Quark $t$ (*top*) wurde erst 17 Jahre später entdeckt, als der Proton-Antiproton-Collider im FermiLab (USA) auf fast 2 TeV Endenergie ausgebaut worden war [2]. Da von den *top*-Quarks erwartet wurde, dass sie als $t\bar{t}$-Paare erzeugt werden und sich nach $t \to b + W^+$ bzw. $\bar{t} \to \bar{b} + W^-$ umwandeln, wurde in den Zerfallsprodukten von $p\bar{p}$-Stößen nach Ereignissen gesucht, in denen zwischenzeitlich zwei $W^{\pm}$ oder ein $W^{\pm}$ und ein $b$- oder $\bar{b}$-Quark entstanden und zerfallen waren. Dies galt als Nachweis für den Zerfall eines $t\bar{t}$-Paars. Unter den 16 000 Reaktionen entsprechender Heftigkeit konnten in 12 Fällen die Spuren der daraus entstandenen Teilchenkombinationen identifiziert werden. Aus den Zerfallsprodukten wurde die Ruhemasse bestimmt, bester Wert (2006) ist $172{,}5 \pm 2{,}7$ GeV. Die Lebensdauer wird theoretisch bei $4 \cdot 10^{-25}$ s erwartet, also etwa wie beim $Z^0$-Boson und in diesem Energiebereich auch für die Schwache Wechselwirkung normal. Daher wandeln sich *top*-Quarks so schnell um, dass keine Zeit zur Bildung eines gebundenen Mesons analog zum $J/\psi = (c\bar{c})$ oder $\Upsilon = (b\bar{b})$ mit einzeln identifizierbaren Energieniveaus bleibt.

[66] Nachgewiesen im Jahr 2000.

# Kapitel 14
# Standard-Modell der Elementarteilchenphysik

## Überblick

Das heutige Standard-Modell der Elementarteilchenphysik, wie es sich seit den 1970er Jahren herausgebildet hat, erreicht von einer – nach früheren Begriffen – fast unvorstellbar einfachen Grundlage aus eine nahezu vollständige und quantitative Beschreibung der elementaren Erscheinungen in der materiellen Welt.[1] Die Entwicklung seiner wesentlichen Bestandteile ist in den vorigen Kapiteln einzeln vorgestellt worden, auch der enorme Schwierigkeitsgrad konkreter Berechnungen wurde hervorgehoben[2]. Hier fassen wir alles noch einmal zusammen, mit ausdrücklicher Erinnerung an die allgemeinen grundlegenden Eigenschaften von Teilchen und Wechselwirkungen, die in Abschn. 9.1 beschrieben wurden.

In Form einer Tabelle (14.1) zunächst die fundamentalen Teilchen, die Bausteine dieser Welt:

Als oberste Kategorie ist in dieser Anordnung die Unterteilung in Fermionen und Bosonen gewählt. In Anführungszeichen hinzugefügt sind „Materie“ und „Strahlung“, Begriffe, die zu den klar unterschiedenen Kategorien der Anschauung gehören und im alltäglichen Sprechen und Denken weiter ihre traditionelle Rolle spielen. Sie bilden auch die beiden konträren Ausgangspunkte des Welle-Teilchen-Dualismus, haben aber in der Quantenfeldtheorie ihre Gegensätzlichkeit eingebüßt. Dabei drückt die hier gewählte Assoziation zu Fermionen bzw. Bosonen aus, dass sich die früher angenommene Unzerstörbarkeit der Materie nun am ehesten in dem strikten Erhaltungssatz der Fermionenzahl wiederfindet (Antiteilchen negativ ge-

[1] Wie immer: mit Ausnahme der Gravitation.

[2] Das ist in der Physik nichts Neues. Schon Newton, dem mittels der von ihm erfundenen Differentialrechnung die erste Ableitung der Kepler-Ellipsen aus einem einheitlichen Kraftgesetz gelang, veröffentlichte dies Ergebnis lieber mit einer rein geometrischen Beweisführung, der die damalige wissenschaftliche Welt eher folgen konnte (heute wäre das umgekehrt). Maxwells Gleichungen erschienen zuerst in Komponentenschreibweise, weil die heute handliche Form der Vektoranalysis noch nicht existierte; Diracs $\delta$-Funktion wurde benutzt, bevor die Mathematik in der *Distributionen-Theorie* die verlässliche Grundlage gefunden hatte, usw.

J. Bleck-Neuhaus, *Elementare Teilchen*
DOI 10.1007/978-3-540-85300-8, © Springer 2010

**Tabelle 14.1** Die fundamentalen Teilchen im Standard-Modell

| | Fermionen („Materie“) | | | | Bosonen („Strahlung“) | | |
|---|---|---|---|---|---|---|---|
| | 3 Familien | | | | 3 Wechselwirkungen | | |
| | leicht | mittel | schwer | | stark | el.-mag. | schwach |
| 6 Leptonen | Elektron-Neutrino $\nu_e$ | Myon-Neutrino $\nu_\mu$ | Tauon-Neutrino $\nu_\tau$ | | | | Bosonen $W^+, W^-, Z^0$ |
| | Elektron $e^-$ | Myon $\mu^-$ | Tauon $\tau^-$ | | | Photon $\gamma$ | |
| *6 Quarks* | *down d* *up u* | *strange s* *charm c* | *bottom b* *top t* | | Gluon $g$ | | |
| Bei Fermionen: zusätzlich eine gleiche Tabelle für die Antifermionen. | | | | | Bei Bosonen: Antiteilchen schon mit dabei. | | |

zählt), während die Vorstellungen vom Erregen und Ausklingen von Wellen besser dazu passen, dass es für Bosonen keinen solchen Erhaltungssatz gibt.

Prozesse spielen sich zwischen diesen Bausteinen ab, weil die quantisierten Felder der Fermionen und Bosonen aneinander „gekoppelt“ sind: Damit ist gemeint, dass Fermionen und Bosonen einander erzeugen oder vernichten. Dieser elementare Prozess selbst und die verschiedenen Möglichkeiten dabei lassen sich am leichtesten durch eine Skizze veranschaulichen, den Feynmanschen *Wechselwirkungs-Vertex* (Abb. 14.1).

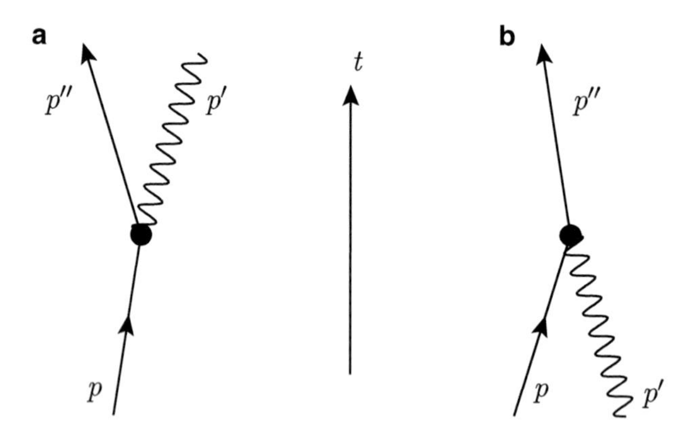


**Abb. 14.1** Das elementare Bild vom Zustandekommen aller Wechselwirkungen: Zwei Fermionen (*gerade Linien*) und ein Boson (*Wellenlinie*) treffen sich im *Vertex*. Der Zeitverlauf ist von unten nach oben zu denken, d. h. unten ist der Anfangszustand, oben der Endzustand. **a**: Emission: Das Fermion im Anfangszustand $p$ erzeugt ein Boson $p'$ und geht dabei in ein Fermion im Zustand $p$“ über. **b**: Absorption: Das Fermion $p$ absorbiert im Vertex ein Boson $p'$ und geht dabei in ein Fermion $p$“ über. Im Beispiel zeigt die *Wellenlinie* an, dass es sich beim Boson um ein Photon handeln soll. $W$- und $Z$-Bosonen werden durch *gestrichelte Linien* symbolisiert, Gluonen durch *Schraubenlinien*

Der Zeitablauf des Prozesses ist z. B. von unten nach oben gedacht, aber die drei Linien können vom Mittelpunkt – dem Vertex aus – unabhängig voneinander in allen möglichen Richtungen gewählt werden. Die durchgezogenen Linien bezeichnen ein Fermion in seinem Anfangs- bzw. Endzustand. Man muss sie in Pfeilrichtung zusammenhängend durchlaufen können; das sichert in diesem Bild die Erhaltung der Fermionenzahl, wobei eine Linie für ein Antiteilchen steht, falls sie mit ihrem Pfeil entgegen der Zeitrichtung gedreht liegt.

Der Vertex symbolisiert einen elementaren Akt der Wechselwirkung: Das Entstehen oder Vergehen eines Bosons. Der Typ dieses Bosons legt dabei den Typ der Wechselwirkung fest – Stark, elektromagnetisch oder Schwach (siehe Tabelle 14.1). Welche Bosonen erzeugt oder vernichtet werden können, wird durch die Arten von Ladungen bestimmt, die das Fermion trägt. Es muss z. B. elektrisch geladen sein, um über Photonen wirken zu können. Die so entstehende elektromagnetische Wechselwirkung ist die einzige, die sich durch makroskopische Kraft bemerkbar machen kann, denn ihr Boson hat weder Ladung noch Masse. Wie durch die Anordnung in der Tabelle weiter angedeutet, nehmen nur Quarks an allen drei Wechselwirkungen teil – d. h. sie haben starke, elektrische und schwache Ladung. Die Schwache Wechselwirkung ist dadurch ausgezeichnet, dass sie auf alle Fermionen wirkt. Zusätzlich gibt es für die Schwache und die Starke Wechselwirkung Diagramme, in denen die Austausch-Bosonen direkt miteinander wechselwirken, denn hier tragen sie selber die entsprechende felderzeugende Ladung.[3] So können Gluonen Gluonen erzeugen oder vernichten, und ebenso die $W^{\pm}$- und $Z^0$-Bosonen untereinander, und die $W^{\pm}$ auch Photonen. Nur das Photon kann keine weiteren Photonen erzeugen oder vernichten, denn es trägt gar keine Ladung.

Alle in der Natur beobachteten Vorgänge und Wirkungen lassen sich auf diese fundamentalen Prozesse zurückführen bzw. aus ihnen zusammensetzen, indem zwei oder mehr solcher Diagramme an einer ihrer Linien passend aneinander gefügt werden. Dabei zeigt sich ein unschätzbarer Vorzug dieser Darstellung: Diese Feynman-Graphen kann man in exakter Weise in Formeln zur Berechnung der Übergangsamplituden übersetzen. So werden alle drei Naturkräfte durch Quantenfeldtheorien beschrieben, in denen jede Wechselwirkung von zwei Teilchen aufeinander durch den Austausch anderer Teilchen zustande kommt. Diese entstehen und vergehen also zunächst nur auf dem Papier in Zwischenschritten der Berechnung, müssen dabei aber in virtuellen Zuständen angenommen werden, als ob sie eine andere Masse haben könnten bzw. die normale Energie-Impuls-Beziehung verletzen dürfen. Als ein Beispiel für die herausragende Genauigkeit, die mit dieser Methode erreicht wurde, wird in Abschn. 14.1 das anomale magnetische Moment von Elektron und Myon noch einmal näher betrachtet.

Eine zentrale Rolle bei den elementaren Prozessen spielen die Erhaltungssätze, denn sie müssen an jedem Vertex erfüllt sein. Sie sind in Tabelle. 14.2 aufgelistet, zusammen mit der jeweiligen Operation, gegen die der Hamilton-Operator invariant sein muss, um daraus den Erhaltungssatz ableiten zu können. Bemerkenswerterweise gibt es für zwei der nach heutiger Kenntnis strikt gültigen Erhaltungssätze

---

[3] Im Feynman-Diagramm Abb. 14.1 sind nur die beiden Fermionen-Linien durch Linien des entsprechenden Bosons zu ersetzen.

keine solche Begründung. Über ihre Verletzung darf – noch? – spekuliert werden. Die Schwache Wechselwirkung spielt auch hier wieder eine besondere Rolle: Sie erlaubt bzw. bewirkt als einzige die Umwandlung der Teilchensorten („*flavor*") ineinander, und bricht auch die Invarianz gegenüber den drei Spiegelungen in Raum, Zeit und Ladung.

**Tabelle 14.2** Erhaltungssätze

| Erhaltungsgröße | Symmetrie-Operation | Geltungsbereich |
|---|---|---|
| Impuls | räumliche Translation | |
| Energie (= Masse) | zeitliche Translation | |
| Drehimpuls | räumliche Drehung | strikte Erhaltung bei Prozessen |
| elektrische Ladung | Phasenverschiebung an der Wellenfunktion | aller Wechselwirkungen |
| Leptonenzahl | – ?? – | |
| Quarkzahl ($\hat{=}\frac{1}{3}$ Baryonenzahl) | – ?? – | |
| Farbladung | Drehungen im Farbraum | |
| $CPT$ | (s. u. $P$, $C$, $T$) | |
| Leptonen-*flavor* | Drehungen im *flavor*-Raum | strikt erhalten bei der Starken |
| Quark-*flavor* | Drehungen im *flavor*-Raum | und el.-mag. Wechselwirkung, |
| Parität | Raumspiegelung $P$ | verletzt bei der |
| Ladungsumkehrinvarianz | Ladungsspiegelung $C$ | Schwachen Wechselwirkung |
| Zeitumkehrinvarianz | Zeitspiegelung $T$ | |

Mit dieser wahrhaftig einfachen Aufzählung der Grundannahmen gilt das Standard-Modell als einer der ganz großen Fortschritte im physikalischen Weltbild. Diese Wertschätzung geht so weit, dass man in der Erinnerung an die unübersichtlichen Zeiten des Teilchenzoos und der verwirrenden Wechselwirkungen seiner Insassen sogar das seitdem etwas belastete Wort *Elementarteilchen* nun oft lieber durch *Fundamentales Teilchen* ersetzt hat, oder *Elementarteilchenphysik* durch *Teilchenphysik*.

Das Standard-Modell scheint in der Hinsicht abgeschlossen zu sein, dass es (jedenfalls z. Zt.) keine Anzeichen für weitere Familien von Quarks oder Leptonen gibt. Im Gegenteil: Die ohne jede weitere Parameter-Anpassung erzielte Übereinstimmung zwischen Theorie und Messung bei der Lebensdauer des $Z^0$-Bosons ist ein deutlicher Hinweis, dass zumindest keine weiteren Teilchen unterhalb der halben $Z^0$-Masse übersehen worden sind (siehe Abschn. 14.2).

Gleiches gilt für die drei Wechselwirkungen: Bisher hat sich (trotz gelegentlicher Ankündigungen des Gegenteils) noch keine einzige Messung oder Beobachtung gezeigt, für deren Deutung man eine *fünfte Naturkraft* benötigen würde.[4] Zudem bedeutet das Standard-Modell auch einen großen Schritt zu einem einheitlichen Verständnis der Wechselwirkungen. Alle drei lassen sich in der Gestalt einer renormierbaren Quantenfeldtheorie mit bestimmten Austauschteilchen darstellen. Zudem wurde für zwei von ihnen eine gemeinsame Wurzel entdeckt, die – allerdings um

[4] Siehe aber Fußnote 1 auf S. 631.

den Preis einer bisher nicht vollständig demonstrierten Hypothese! – sogar einen Grundstein des ganzen Standard-Modells bildet: Schwache und elektromagnetische Wechselwirkung sind demnach so eng miteinander verzahnt, dass man in Zukunft – vielleicht! – von beiden nur noch als den zwei Erscheinungsweisen der *Elektro-Schwachen* Wechselwirkung sprechen wird.

Die Hypothese betrifft das Teilchen *Higgs (H)*, das man als den Schlussstein der ganzen Architektur ansprechen darf, weil das Standard-Modell zusammenbrechen würde, wenn es gar nicht existiert. Die Annahme dieses Teilchens eröffnet – jedenfalls z. Zt. – den einzigen theoretischen Weg, die Schwache Wechselwirkung mit ihren schweren Austauschbosonen zu einer renormierbaren Quantenfeldtheorie zu machen. Nebenbei stiftet dieser Weg die erwähnte Verknüpfung mit dem Elektromagnetismus, die ihrerseits an so vielen detaillierten Voraussagen erfolgreich getestet wurde, dass an der Richtigkeit des ganzen Gebäudes „keine vernünftigen Zweifel" mehr bestehen. Die Erzeugung des schon 1964 theoretisch vorgeschlagenen *Higgs* als reelles Teilchen kann man als das *experimentum crucis* der gegenwärtigen Elementarteilchenphysik ansehen. Nachdem es aber weder in der Höhenstrahlung noch an den leistungsfähigsten Beschleunigern gefunden werden konnte, setzt man alle Hoffnung auf die Ergebnisse, die der *Large Hadron Collider (LHC)* im *CERN* in Kürze bringen soll – die größte, technisch anspruchsvollste und wohl komplizierteste Maschine der Geschichte.

Auch wenn sich die Erwartung erfüllt, dass die Existenz des $H$ mit seinen bereits detailliert vorhergesagten Eigenschaften erfolgreich demonstriert werden kann, lässt sich eine ganze Reihe weiterer Fragen finden, die vom Standard-Modell bisher offen gelassen werden. Beispiele:

- Gibt es einen Grund, warum es – nach Anzahl und Eigenschaften – gerade die Teilchen von Tabelle 14.1 gibt, die den ganzen Baukasten ausmachen?
- Sind sie wirklich nicht aus wenigen „noch fundamentaleren" Teilchen zusammengesetzt?
- Einige Teilfragen zu den Fermionen:
  - Hat die Zusammenfassung zu je drei Familien irgendeinen tieferen Sinn, wo doch schlechthin jedes Quark sich in jedes andere umwandeln kann, und (nach der Entdeckung der Neutrino-Oszillationen) auch jedes Lepton in jedes andere?
  - Besteht ein tieferer Grund für die *Quark-Lepton-Symmetrie*, d. h. gleiche Anzahl von je 6 Teilchen in beiden Gruppen?
  - Nach welchem Naturgesetz haben sie gerade die Massen, die sie haben?
- Einige Teilfragen zu den Bosonen:
  - Gibt es (über die elektroschwache Vereinheitlichung hinaus) einen Grund für die Anzahl der verschiedenen Wechselwirkungen und ihre jeweilige Art?
  - Lässt sich die schwächste, aber alltäglichste aller Wechselwirkungen auch in so ein Modell einfügen: die Gravitation? Auf dem Papier jedenfalls hat ihr virtuelles Austauschteilchen schon eine Masse ($m = 0$), einen Spin ($s = 2$), und einen Namen: *Graviton*.

Ungeachtet des derzeitigen Erfolgs des Standard-Modells wird natürlich über diese und noch weiter gehende Fragen spekuliert. Zum Beispiel: Gibt es wirklich keine Umwandlung von Quarks in Leptonen? Weder die im Standard-Modell bestehende Anzahl verschiedener Teilchen bleibt dabei unangetastet (Stichwort *SUSY* – Theorie der Supersymmetrie) noch gar die Zahl der Raum-Dimensionen (Stichwort *string*-Theorie). Die Kunst und Praxis solcher Spekulationen ist integraler Bestandteil der Modernen Physik – aber nicht mehr dieses Buches, das auf solche Aussagen dieses Zweiges der Naturwissenschaft beschränkt bleiben soll, die schon stärker durch Beobachtung bestätigt werden konnten.

## 14.1 Genauigkeitsrekord: Leptonen-$g$-Faktoren

**Das Problem.** Für eine Demonstration der Geschlossenheit und Genauigkeit des Standard-Modells wird hier die Interpretation der anomalen magnetischen Momente der Leptonen dargestellt. Wie in Abschn. 9 berichtet, stand diese experimentelle Beobachtung Pate bei dem um 1950 herum erfolgten Durchbruch der vorher mit Argwohn betrachteten Quantenelektrodynamik (*QED*) zu einer überall ernst genommenen Theorie. Die $g$-Faktor-Anomalie (ausgedrückt als $a = \frac{1}{2}(g-2)$) konnte für das Elektron mit den Feinheiten der elektromagnetischen Wechselwirkung durch virtuelle Photonen hervorragend erklärt werden. Sie sollte daher mit exakt gleicher Größe auch bei allen anderen geladenen Teilchen auftreten. Doch in den 1960er Jahren wurden die Messungen am Myon allmählich genauer und zeigten, dass zur Anomalie des Elektrons eine Differenz von $a_\mu - a_e = 6 \cdot 10^{-6}$ besteht. Winzig genug, doch eine Herausforderung, dies durch Verbesserungen der Theorie aufzuklären. Wie das im Gerüst des Standard-Modells möglich geworden ist, wird nun in Schritten gezeigt.

***QED* in niedrigster Ordnung – schon die halbe Lösung.** Dazu muss zunächst die Erklärung durch die *QED* im Einzelnen entwickelt werden. In Abb. 14.2 sind die beiden einfachsten Feynman-Graphen zur elektromagnetischen Wechselwirkung des Elektrons wiederholt. Der erste Graph gibt die Situation ohne jede feldtheoretische Zutat wieder, entspricht also genau der Dirac-Gleichung it exakt $g = 2$ für das „nackte" Elektron (siehe Abschn. 10.2.4). Mit dem zweiten Graphen, der *Vertex-Korrektur* in niedrigster Ordnung, ergab sich 1948 der $g$-Faktor schon auf fünf Dezimalstellen genau (siehe die kursiv gesetzten Ziffern in der Abbildung). Wohin nun mit all den anderen Graphen gleicher Ordnung, die diese Übereinstimmung nicht nur graduell verschlechtert hätten sondern immer gleich unendliche Werte liefer-ten? Diese Frage führte zu dem tief liegenden Konzept der Renormierung in der Quantenfeldtheorie und fand dort ihre Lösung.[5]

Diese Vertex-Korrektur ist von der Teilchenmasse unbeeinflusst und sollte auch für das Myon gelten. Da seine gemessene Anomalie ein wenig größer ist, zeigt dieser erste theoretische Wert die Abweichung zum Messwert des Myons schon eine Dezimalstelle eher.

---

[5] Siehe Abschn. 9.7.7

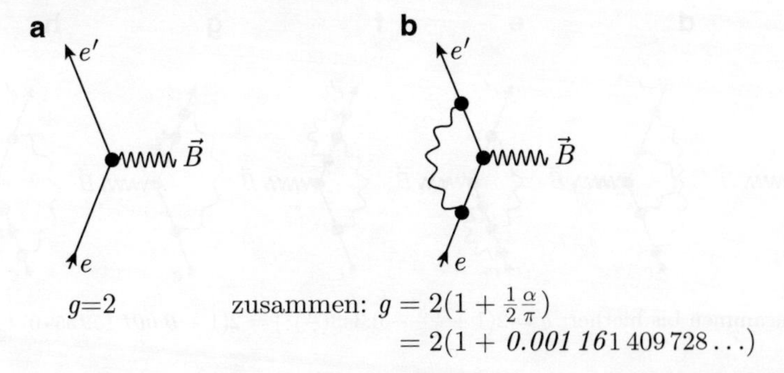


**Abb. 14.2** Die einfachsten Feynman-Diagramme für die magnetische Wechselwirkung eines geladenen Leptons (im Beispiel: Elektron, für das Myon gelten die gleichen Graphen). Das äußere Magnetfeld $\vec{B}$ ist als Quelle (und Senke) virtueller Photonen präsent, die den Elektronenzustand „stören", d. h. Übergänge $e \rightarrow e'$ bewirken. **a**: *Das „nackte" Elektron* hat nach der Dirac-Gleichung exakt den $g$-Faktor $g = 2$. **b**: *Vertex-Korrektur* in Störungstheorie 2. Ordnung (bei der Zählung der Ordnungen wird der Vertex mit dem äußeren Feld übergangen). Durch Emission eines virtuellen Photons geht das Elektron in einen virtuellen Zustand über, der die Wechselwirkung mit dem Magnetfeld macht und sich danach durch Absorption des Photons zu einem reellen Elektron zurückverwandelt. Dazwischen hatte es scheinbar eine andere Masse und damit (siehe die Teilchenmasse im Bohrschen Magneton) eine modifizierte Wechselwirkung. Diese $g$-Faktor-Anomalie ist wegen der zwei neuen Vertices proportional zu $e^2$ in der Gestalt von $\frac{\alpha}{\pi} = \frac{e^2/(4\pi\varepsilon_0)}{\hbar c \pi}$ (siehe Formel in der Abb.). Alle anderen denkbaren Anordnungen der zwei neuen Vertices sind nach der Renormierungsvorschrift überflüssig. Insgesamt ergibt sich (für das Elektron) eine Übereinstimmung mit dem Messwert bis zur fünften Dezimalstelle (kursiv hervorgehobene Ziffern in der Abbildung), beim Myon bis zur vierten

**Die nächste Näherung – 99%iger Erfolg.** Mit zwei weiteren Vertices ergeben sich zahlreiche neue Graphen der 4. Ordnung Störungstheorie. Sechs davon enthalten außer der durchlaufenden Linie für das geladene Lepton nur virtuelle Photonen – siehe Abb. 14.3. Die Berechnung der zugehörigen Amplituden (immer nach den Feynman-Regeln von Abschn. 9.7.5) ist schwierig und war jahrzehntelang nur mit numerischen Methoden möglich. Sie verbessert das Ergebnis für das Elektron nur um eine einzige Stelle (siehe kursive Ziffern in der Abbildung) – und macht damit die Abweichung vom Messwert für das Myon noch deutlicher.

Doch im Rahmen derselben Ordnung der Störungstheorie bringt eine andere Klasse von Graphen für das Elektron eine weitere Dezimalstelle zur Übereinstimmung und – zum ersten Mal – auch eine Differenz zum Myon, womit auch hier eine immerhin schon 6-stellige Übereinstimmung erreicht ist. Es sind die Graphen in Abb. 14.4, in denen das virtuelle Photon den Prozess der Vakuum-Polarisation durch Lepton-Antilepton-Paare ausführt[6]. Für ein Elektron trägt nur der Graph mit einem Elektron-Positron-Paar merkbar bei (Abb. 14.4a), denn die Erzeugung der schwereren Paare ist im Verhältnis der Massen (im Quadrat) unterdrückt. Für ein durchlaufendes Myon aber (man denke sich Indizes $\mu$, $\mu'$ statt $e$, $e'$ in den drei Gra-

[6] Nur für die Linien reeller Photonen fallen solche Schleifendiagramme der Renormierung zum Opfer – siehe Abschn. 9.7.7.

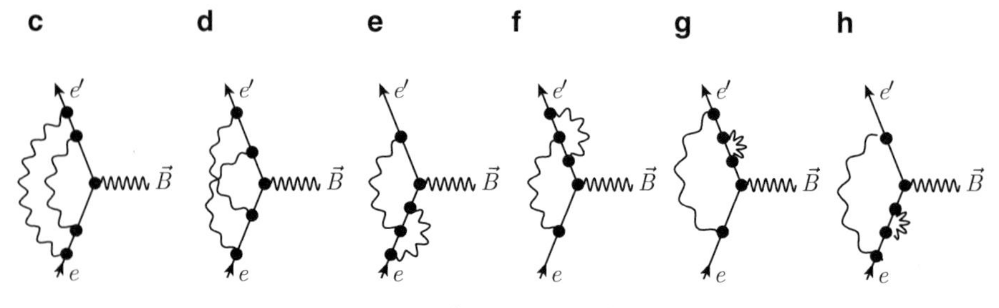


$$\text{zusammen bis hierher: } g = 2(1 + \tfrac{1}{2}\tfrac{\alpha}{\pi} - 0.343(\tfrac{\alpha}{\pi})^2) = 2(1 + \mathit{0.001\,159}\,559\,074\ldots)$$

**Abb. 14.3** (Fortsetzung von Abb. 14.2.) *Vertex-Korrektur höherer Ordnung:* Der rein photonische Anteil in Störungstheorie 4. Ordnung. Der neue Beitrag zum $g$-Faktor ist proportional $(\alpha/\pi)^2$. Bis hierher kein Unterschied zwischen Elektron und Myon

phen) erbringt die Vakuum-Polarisation durch $e^+e^-$-Paare einen um fast zwei Größenordnungen höheren Effekt. Das erklärt die Differenz zur Anomalie des Elektrons von ursprünglich etwa $6 \cdot 10^{-6}$ schon zu 99%, es bleibt nur noch ein kleiner Rest zu erklären: $6 \cdot 10^{-8}$. In anderen Teilen der Physik würde man das schon als hervorragende Übereinstimmung zwischen Theorie und Experiment bezeichnen, hier aber nicht. Angesichts der Genauigkeit der Messungen ist diese Differenz der Prüfstein für den Anspruch, im Standard-Modell eine zutreffende fundamentale Theorie für die Prozesse der Elementarteilchen gefunden zu haben.

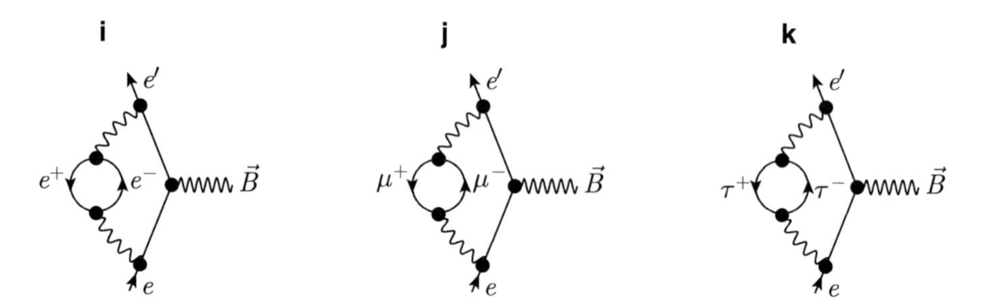


$$\begin{aligned}\text{zusammen bis hierher für Elektron: } g_e &= 2(1 + \tfrac{1}{2}\tfrac{\alpha}{\pi} + (-0.343 + 0.016)(\tfrac{\alpha}{\pi})^2)\\ &= 2(1 + \mathit{0.001\,159\,6}37\,426\ldots)\\ \text{für Myon: } g_\mu &= 2(1 + \tfrac{1}{2}\tfrac{\alpha}{\pi} + (-0.343 + 1.110)(\tfrac{\alpha}{\pi})^2)\\ &= 2(1 + \mathit{0.001\,165}\,687\ldots)\end{aligned}$$

**Abb. 14.4** (Fortsetzung von Abb. 14.3.) *Vertex-Korrektur in höherer Ordnung:* Der Anteil mit Erzeugung von Paaren virtueller Paare Lepton-Antilepton (Vakuumpolarisation) in Störungstheorie 4. Ordnung. Auch dieser Beitrag zum $g$-Faktor ist proportional zu $(\alpha/\pi)^2$. Berechnet man ihn für ein Myon statt für ein Elektron, macht sich hier die höhere Ruhemasse bemerkbar. Damit ist der größte Teil des Unterschieds zum $g$-Faktor des Elektrons erklärt

***QED* in höherer Ordnung – ein zweifelhafter Erfolg?** Führt man die Rechnung zu höheren Ordnungen weiter, müssen – selbst wenn man wie in den bisherigen Schritten nur Photonen und Leptonen einfügt – viele hunderte Graphen berechnet werden. Dabei tritt in der 6. Ordnung ein neuer (virtueller) Prozess auf, genannt *die Streuung von Licht an Licht*. Er kann auch von den Photonen durchlaufen werden, durch die das externe Magnetfeld in die Rechnung eingeführt wird, womit auch dieses endgültig seinen rein klassischen Charakter verliert. Der entsprechende Feynman-Graph ist in Abb. 14.5a wiedergegeben.

Zum Lohn liegt der Wert für die Anomalie des Elektrons, nachdem er nach der 6. Ordnung vorübergehend auf *0,001159652*231 steigt, nach der 8. Ordnung mit *0,001159652187* tadellos im winzigen Unsicherheitsbereich von wenigen $10^{-12}$ des experimentellen Werts. Ein fabelhafter Erfolg, der auch nicht geschmälert wird, wenn man anmerkt, dass diese Übereinstimmung sich einem Zirkelschluss verdankt. Es ist nämlich so, dass die für die Auswertung der Näherungsrechnungen benötigte Feinstrukturkonstante $\alpha$ gerade so angepasst worden ist, *dass* hier vollkommene Übereinstimmung entsteht. Nun bedeutet $\alpha = (e^2/4\pi\varepsilon_0)/\hbar c$ ja nichts Anderes als die Größe der elektrischen Elementarladung $e$, und es mag wirklich erstaunlich klingen, dass man den Wert für diese Grundgröße der Atomphysik hier frei anpasst, um den Promille-Effekt einer Anomalie bis zur 12. Stelle genau zu treffen. Die Rechtfertigung für dies Vorgehen ist einfach: Es *gibt* z. Zt. kein anderes Verfahren, um den wahren Wert von $\alpha$ mit noch höherer Zuverlässigkeit aus Messungen zu extrahieren. Die Zuverlässigkeit erstreckt sich dabei nach zwei Seiten: Eine ist die

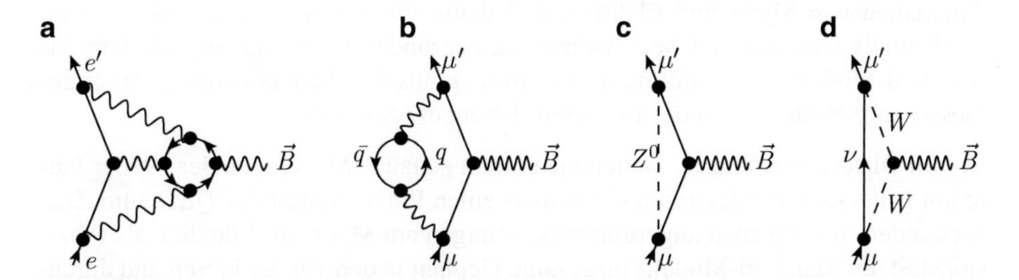


**Abb. 14.5** (Fortsetzung von Abb. 14.4.) Einige weitere Typen von Feynman-Graphen für die magnetische Wechselwirkung. **a** „Photon-Photon-Streuung" (6. Ordnung): Das (virtuelle) Photon des externen Feldes wechselwirkt nicht selber mit dem durchlaufenden Elektron, sondern mit einem Teilchen aus einem Teilchen-Antiteilchen-Paar, das von einem vom einlaufenden Teilchen emittierten virtuellen Photon gebildet wurde. Für das Teilchen-Antiteilchen-Paar kommt hier jede elektrisch geladene Teilchenart in Frage. **b** Vakuum-Polarisation (wie in Abb. 14.4), aber durch (geladene) Teilchen mit Starker Wechselwirkung (hier in niedrigster Ordnung). Dieser Prozess macht sich nicht beim Elektron, aber beim Myon in messbarer Weise bemerkbar. **c,d** Schwache Wechselwirkung: Hier sind nur die einfachsten Vertex-Korrekturen mit einem $Z^0$ statt eines Photons bzw. der Umwandlung $\mu \to W \to \mu$ gezeigt (2. Ordnung). Im Prinzip kann man in jedem der bisher gezeigten Graphen jedes Photon durch ein $Z^0$ ersetzen, denn sie koppeln ja an dieselben Teilchen. Das $Z^0$ kann dann auch andere Prozesse der Schwachen Wechselwirkung machen. Wegen der großen Masse von $Z^0$ und $W^{\pm}$ ist der Beitrag dieser Graphen für Myon und Elektron vernachlässigbar

rein experimentelle Präzision, mit der die unvermeidlichen systematischen und zufälligen Messfehler mit der angegebenen Genauigkeit eingegrenzt werden können.[7] Die andere Seite ist das Vertrauen in die Theorie, mit der der beobachtete Wert der Anomalie auf die Größe der Naturkonstante zurückgeführt werden kann: das Standard-Modell.

**Myon: Differenz erklärt.** Als erstes wäre hier zu begründen, warum man sich bei diesem Vorgehen ausschließlich auf das Elektron stützt. Hätte sich bei Anpassung an den $g$-Faktor des Myons nicht ein leicht veränderter Wert für $\alpha$ bzw. $e$ ergeben? Hier schafft das Standard-Modell die als vertrauenswürdig angesehene Grundlage. Zunächst ist richtig, dass die bisher betrachteten Graphen der *QED* für das Myon die Anomalie *0,00116584*720 ergeben würden (wenn der für das Elektron gewonnene Wert für $\alpha$ genommen wird): Übereinstimmung mit dem Messwert am Myon „nur" bis zur 7. Dezimale, die Differenz beträgt $74 \cdot 10^{-9}$. Aber die Rechnung ist ja auch noch nicht komplett, das Standard-Modell gibt weitere Graphen zu berechnen auf. Für das Elektron beeinflussen sie das Ergebnis nicht mehr merklich, sind aber beim Myon aufgrund der höheren Masse viel größer und führen tatsächlich (fast) zur Übereinstimmung mit dem Experiment. Der wichtige Beitrag ist die in Abb. 14.5b dargestellte Vertex-Korrektur mit der Vakuum-Polarisation durch Quark-Antiquark-Paare ($q\bar{q}$, also virtuelle Mesonen). Von der Differenz zum Messwert bleibt danach noch $5 \cdot 10^{-9}$ übrig – Verbesserung um einen Faktor 15. Die Berücksichtigung der Photon-Photon-Streuung mittels virtueller Hadronen (Abb. 14.5a) sowie der Schwachen Wechselwirkung (Abb. 14.5c) reduzieren den Abstand zum Messwert schließlich in zwei kleinen Schritten weiter auf $2 \cdot 10^{-9}$. Von der Differenz der gemessenen Anomalien von Myon und Elektron sind damit 99,96% theoretisch erklärt. Diese ebenfalls fantastische Übereinstimmung begründet das Vertrauen, mit dem das Standard-Modell zur Bestimmung der Größe $e$ aus der Anomalie des genauer gemessenen $g$-Faktors, dem des Elektrons, herangezogen wird.

**Myon: Differenz erklärt?** Hatten die extrem genauen Messungen der 1970er Jahre am $g$-Faktor von Elektron und Positron einen Präzisionstest der *QED* zum Ziel, verstanden sich die eben angeführten Messungen am Myon ausdrücklich als Präzisionstest des Standard-Modells insgesamt. Geplant in den 1980er Jahren und durchgeführt 1997–2002 von ca. 80 Wissenschaftlern aus fünf Ländern am Brookhaven National Laboratory in den USA, hinterlässt das 2006 veröffentlichte Endergebnis einen doppelten Eindruck. Einerseits ist das Standard-Modell mit seinen Konzepten und Methoden in einer sonst wohl noch nirgends erreichten Genauigkeit bestätigt worden: Messwert und theoretische Vorhersage für den $g$-Faktor des Myons unterscheiden sich erst in der 9. Stelle nach dem Komma. Andererseits bedeutet das im Hinblick auf die berechnete Unsicherheit der Messung eine Abweichung um 2–3 Standardabweichungen. Das ist zwar kein deutlicher Widerspruch, sollte aber nur

[7] Das heißt: Wie bekommt man aus den gemessenen Frequenzen den Wert für die Anomalie des $g$-Faktors? Ganz entscheidend ist hierbei auch, dass der $g$-Faktor eine reine Zahl ist und nicht als Vielfaches einer experimentalphysikalisch definierten Maßeinheit ausgedrückt werden muss. Hierzu siehe Abschn. 10.2.6.

in einigen Prozent aller Experimente vorkommen – und nährt daher den Eifer der Theoretiker, über mögliche Zusätze zum Standard-Modell nachzudenken.[8]

## 14.2 Wie viele Familien von Leptonen?

**Können Teilchen unentdeckt bleiben?** In dem voranstehenden Abschnitt über die anomalen magnetischen Momente der Leptonen wurde eine Eigenschaft der Quantenfeldtheorien deutlich, die schon in Abschn. 9 als eins der grundsätzlich Merkmale des neuen physikalischen Weltbilds hervorgehoben wurde: Es sind in jedem Vorgang immer alle überhaupt existierenden Teilchen präsent, wenn nicht reell, dann aber sicher virtuell. Ob man ihre Wirkung aufspürt, hängt erstens von der Messgenauigkeit ab und zweitens von der Möglichkeit, die zu den höheren Näherungen hin immer komplexeren Integrale zu den Feynman-Graphen numerisch zu bestimmen. Dass das überhaupt ein sinnvolles Vorgehen ist, wird durch den Beweis der Renormierbarkeit aller Wechselwirkungen des Standard-Modells gesichert.

Damit ist prinzipiell der Weg zur Beantwortung der Frage eröffnet, ob es außer den schon bekannten noch mehr Teilchensorten geben kann: Wenn sie in irgendeiner Form an den Wechselwirkungen der Teilchenphysik Anteil haben, müssen sie ihre Existenz auf die beschriebene Weise verraten.

**Der Natur ein Angebot machen, „das sie nicht ablehnen kann“.** Tatsächlich existiert aber ein sehr viel direkterer Zugang zu dieser Frage. Statt wie oben in den hinteren Dezimalstellen von Prozessen niedrigster Energie nach Effekten noch unentdeckter Teilchen zu suchen, kann man probieren, ob sie nicht einfach als reelle Teilchen entstehen können. Dazu muss man der Natur nur eine möglichst große Menge Energie in Form der Ruhemasse eines Teilchens vorlegen, das mit allen denkbaren Teilchen wechselwirken, diese also im Zerfall erzeugen könnte, wobei der Zerfall nicht mehr als unbedingt nötig durch Erhaltungssätze eingeschränkt sein sollte. Idealer Kandidat unter den bekannten Teilchen ist das $Z^0$: Ein Energiepaket von 91 GeV, nach allem was wir wissen punktförmig konzentriert, ohne elektrische Ladung, und über die Schwache Wechselwirkung an alle – jedenfalls alle bisher bekannten – Sorten Fermionen angekoppelt.

Die Zerfallsarten des $Z^0$ sind entsprechend zahlreich. Es kann jedes Paar Fermion-Antifermion entstehen, sofern dessen Ruhemasse nicht die des $Z^0$ übersteigt. Abb. 14.6 zeigt die bisher bekannten in Form einfachster Feynman-Graphen. Nur das *top*-Quark ist wegen seiner großen Masse ausgeschlossen.

**Das Experiment.** Herstellen lassen sich die $Z^0$-Teilchen, indem man einen geeigneten ihrer bekannten Zerfallswege umkehrt, z. B. durch die Reaktion $e^+ + e^- \to Z^0$ in einem Elektron-Positron-Collider.[9]

---

[8] Zwischenzeitlich schien die Diskrepanz deutlich größer zu sein, und die Spekulationen über unbekannte *Neue Physik jenseits des Standard-Modells* entsprechend mutiger, bis in den theoretischen Berechnungen für den hadronischen Beitrag zur virtuellen Photon-Photon-Streuung in Abb. 14.5a bei vielen der Diagramme ein Vorzeichenfehler entdeckt wurde [111].

[9] Ausführlich beschrieben in Abschn. 12.5.4.

Reagieren die beiden Projektile miteinander, bilden sie bei der passenden Energie von etwa 45 GeV je Strahl zu 99,5% das $Z^0$ (zu 0,5% ein Photon), wie durch das Standard-Modell vorhergesagt und durch den beobachteten Verlauf des Reaktionswirkungsquerschnitts $\sigma(e^+ + e^- \rightarrow \text{geladene Fermionen})$[10] in Abb. 14.7 [88] bestätigt wird. Die schmale Resonanz, vergrößert bereits in Abb. 6.5 und 12.7 gezeigt, wurde in den 1990er Jahren am *CERN* aufs genaueste vermessen. Unabhängig davon, welche Art Fermion im Detektor gezählt worden ist, sind die Kurven einander exakt ähnlich: gleiche Lage des Maximums ($m_Z c^2 = 91{,}1876 \pm 0{,}0021$ GeV), gleiche Halbwertsbreite ($\Delta E_Z = 2{,}4952 \pm 0{,}0023$ GeV), verschieden nur in der absoluten Höhe. Es hat sich immer dasselbe kurzlebige Teilchen gebildet. Seine Lebensdauer ist durch die Halbwertsbreite zu $\tau = \hbar/\Delta E_Z = 2{,}67 \cdot 10^{-25}$ s zu ermitteln, unabhängig davon, welche seiner verschiedenen Zerfallsweisen beobachtet wird.

**Die Auswertung.** Jede mögliche Zerfallsart trägt additiv zur Übergangsrate $\lambda = 1/\tau$ und damit zu $\Delta E_Z$ bei. Die Feynman-Graphen des Standard-Modells von Abb. 14.6 liefern hierfür genaue Voraussagen:

| Ladung von Fermion-Antifermion | $\Delta E$(GeV) | gilt für |
|---|---|---|
| $q = \pm 0$ | 0,165 | 3 Arten Neutrinos |
| $q = \pm\frac{1}{3}$ | 0,124 | 3 Arten Quarks zu je 3 Farben |
| $q = \pm\frac{2}{3}$ | 0,096 | 2 Arten Quarks zu je 3 Farben |
| $q = \pm 1$ | 0,084 | 3 Arten geladene Leptonen |
| Summe $\Delta E_{\text{ges}}$ | 2,437 | |

(14.1)

Die Gesamtbreite $\Delta E_{\text{ges}}$ stimmt mit dem Messwert $\Delta E_Z$ so gut überein, dass man die Existenz weiterer Arten von Leptonen oder Quarks, in die das $Z^0$ zerfallen könnte, schon fast ganz ausschließen kann.[11] Die Übereinstimmung wird aber wieder einmal geradezu perfekt, wenn man zwei weitere Einflüsse berücksichtigt: Erstens kann in den beobachteten Reaktionen $e^+ + e^- \rightarrow Z^0 \rightarrow$ *Fermionen-Paar* an die Stelle des $Z^0$ das Photon treten.[12] Zweitens müssen die Feynman-Graphen der nächsten Näherung dazugenommen werden. Wieder kommen dadurch alle möglichen Teilchen in virtuellen Zuständen ins Spiel, insbesondere wieder das Photon, aber z. B. auch das sechste Quark *top*. Als Ergebnis konnte (auch durch Anpassen der damals noch unbekannten Masse $m_t$) die genaue Kurvenform so gut reprodu-

[10] Ausgenommen $\sigma(e^+ + e^- \rightarrow e^+ + e^-)$, denn damit würde man die Prozesse einfacher elastischer Streuung mitzählen. Für *ungeladene* Leptonen, also Neutrinos, ist die Messung bisher nicht durchgeführt worden.

[11] Außer, die bisher unbemerkten Teilchen würden sich durch eine ebenfalls bisher unbemerkte Wechselwirkung anderer Art daran beteiligen. Spekulieren nach dieser Art ist so beliebig wie *science fiction*.

[12] Bei Energien außerhalb der Resonanz sogar dominant, weshalb die Kurve etwas verformt ist.

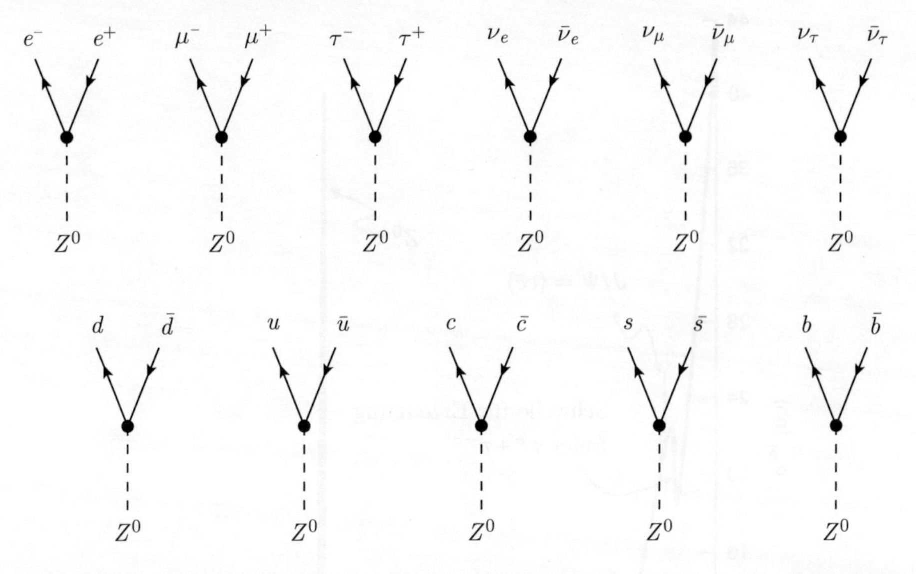


**Abb. 14.6** Die bekannten Arten des Zerfalls des $Z^0$ in Leptonen (*oben*) und Quarks (*unten*). Nach dem Standard-Modell sind für jeden Vertex die Kopplungsstärken durch die Elektroschwache Wechselwirkung festgelegt. Daraus folgt eine genaue Vorhersage für die gesamte Übergangsrate (bzw. Lebensdauer, Energie-Unschärfe) des $Z^0$

ziert werden, wie in Abb. 6.5 und 12.7 zu sehen. Damit ließ sich $m_t = 178 \pm 9$ GeV abschätzen, lange bevor das *top*-Quark dann mit 172 GeV wirklich gefunden wurde.

**Fazit.** Der letzte Hinweis demonstriert noch einmal die innere Logik des Arguments, mit dem hier die Frage nach Existenz weiterer, noch unentdeckter Teilchensorten schlicht für verneint erklärt wird: Nach dem Standard-Modell machen auch die Teilchen, die mit den durchgeführten Experimenten gar nicht direkt beobachtet werden können, auswertbare Spuren in den Messergebnissen. Das gilt recht trivial für reelle Teilchen, z. B. für die bei diesen Experimenten unbeobachtet gebliebenen drei Neutrino-Sorten, die etwa 20% zu der (anhand beliebiger anderer Zerfallsprodukte) gemessenen Breite beitragen. Um das noch einmal zu demonstrieren, sind in der Abb. 12.7 auch die Vorhersagen für die fiktiven Fälle von 2 bzw. 4 verschiedenen Neutrino-Sorten eingezeichnet. Aber auch die konkrete Vorhersage der Masse des lediglich virtuell beteiligten *top*-Quark zeigt wieder einmal: An der *Realität*[13] der *virtuellen* Teilchen sollte man nicht mehr zweifeln.

Im Ergebnis konnte aus Experimenten mit Hilfe des Standard-Modells gefolgert werden, dass es genau drei Familien von Leptonen gibt.[14] Ob man aber eine tiefere Ursache für diese Anzahl der Leptonen-Familien, vielleicht sogar auch für

[13] Man verzeihe das Wortspiel, das eigentlich einen Widerspruch in sich zum Ausdruck bringt.

[14] Es sei denn, man spekulierte frei über eine weitere Familie, deren Neutrino schwerer ist als ein halbes $Z^0$, und deren geladenes Lepton (wenn es nicht auch zu schwer ist) keine Ionisationen machen kann.

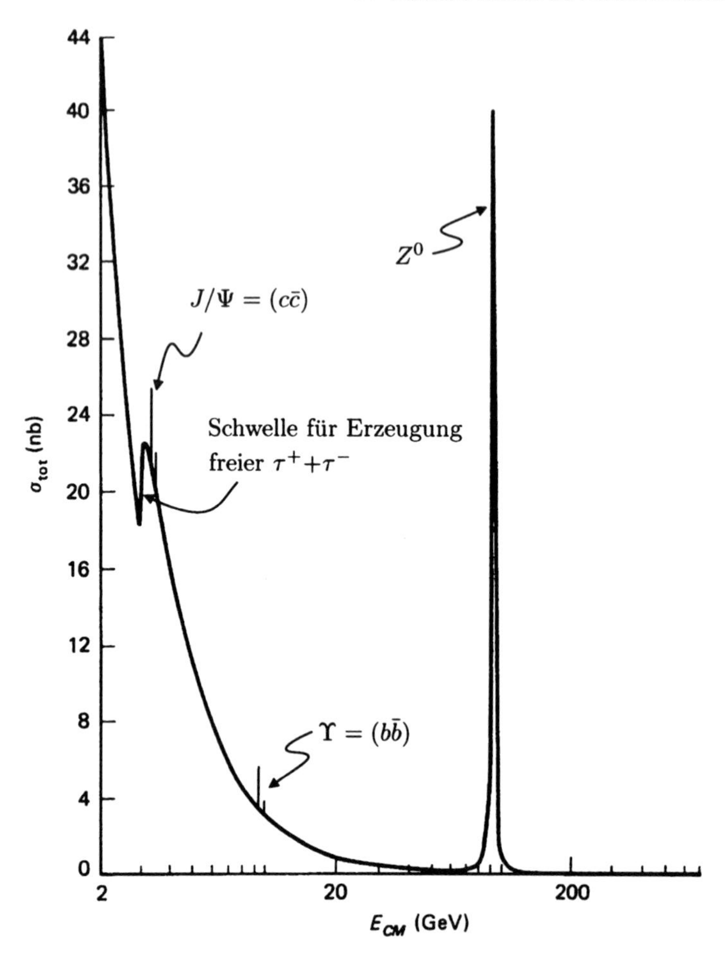


**Abb. 14.7** Totaler Wirkungsquerschnitt für Elektron-Positron-Streuung als Funktion der Energie im Schwerpunktsystem ($E \geq 2$ GeV, logarithmische Energieskala). Das schmale Maximum bei 91 GeV ist die Resonanzkurve für die Erzeugung des $Z^0$ durch Schwache Wechselwirkung, ihre Halbwertsbreite zeigt dessen kurze Lebensdauer an (vergrößert in Abb. 12.7). Hier zeigt sich die Schwache Wechselwirkung ca. 200fach stärker als die elektromagnetische, die für den übrigen Kurvenverlauf verantwortlich ist. Für sie ist (schon seit der Rutherfordformel) der generelle Abfall des Wirkungsquerschnitts mit $E^{-2}$ charakteristisch, nur unterbrochen durch die extrem schmalen Resonanzen bei Erzeugung der $J/\Psi$- und $\Upsilon$-Mesonen (in der Abbildung nur die jeweils zwei niedrigsten Niveaus), sowie durch eine stufenartige Erhöhung bei Überschreiten der Energieschwelle, die eine neue Gruppe von Prozessen möglich macht, hier die Erzeugung von frei auseinanderfliegenden Paaren des schweren Leptons $\tau^+ + \tau^-$. (Abbildung nach [87])

die genauen Werte ihrer Teilchen-Massen finden wird,[15] kann z. Zt. trotz mancher theoretischer Versuche in dieser Richtung noch nicht gesagt werden. Im Standard-Modell spielen sie die Rolle von externen Parametern, die aus einem unbekannten Grund gerade die Werte haben, die sie haben.

---

[15] womöglich als Eigenwerte eines noch fundamentaleren Hamilton-Operators

## 14.3 Wie viele Familien von Quarks?

### *14.3.1 Die Einführung der 2. Familie*

**Empirie oder Begründung.** Auch bei den Quarks ist die Anzahl von drei Familien durch die eben beschriebenen Messungen am $Z^0$ empirisch gesichert. Im Unterschied zur Lage bei den Leptonen gibt es aber hier durchaus Argumente, die diese Anzahl mit anderen beobachteten Eigenschaften in Beziehung setzen. Das wurde schon bei der ersten Erweiterung des ursprünglich nur aus den drei Quarks *up*, *down*, *strange* bestehenden Modells von Gell-Mann und Zweig (1963) deutlich. Die Gründe, mit denen 1970 von Glashow, Iliopoulos und Maiani ein viertes Quark *charm* theoretisch vorgeschlagen wurde, betrafen die Schwache Wechselwirkung der Hadronen: Mit einem vierten Quark konnte ihr eine elegantere Form gegeben werden, mit der zudem die falsche Vorhersage einer nicht beobachteten Zerfallsweise der neutralen $K$-Mesonen verschwand.[16] Wegen ihrer prinzipiellen Wichtigkeit für die Frage der Mindestausstattung des Standard-Modells wird diese Art von Argumentation hier noch einmal aufgerollt.

**Grundgedanke: die Überlagerung verschiedener Teilchen.** Der Grundgedanke bedient sich des Konzepts der Linearkombination verschiedener Teilchen, das – wie in Abschn. 12.3.2 detailliert beschrieben – ebenfalls bei den neutralen Kaonen anhand der Voraussage und Bestätigung von zwei verschiedenen Lebensdauern ein- und desselben Teilchens entdeckt worden war, und nun auf die Quarks angewandt wird. $u$-, $d$- und $s$-Quark sind als Konstituenten der zahlreichen Hadronen des Teilchenzoos identifiziert, ihre Quantenzahl *flavor* wird von der Starken Wechselwirkung respektiert, für sie sind diese Quarks in Eigenzuständen. Für die Schwache Wechselwirkung aber offenbar nicht, denn sie (und nur sie) kann ja z. B. ein in Starker Wechselwirkung entstandenes $s$ in $u$ umwandeln, oder ein $u$ in ein $d$ usw., denn das sind die dem Zerfall der *seltsamen Teilchen* (mit Änderung der *strangeness* $\Delta S = \pm 1$) und der $\beta^{\pm}$-Radioaktivität ($\Delta S = 0$) zugrundeliegenden Prozesse.

**Cabibbos Drehung.** Nun hatten sich bei Lebensdauern und Verzweigungsverhältnissen von verschiedenen ($\Delta S = 0$)-Prozessen Unstimmigkeiten im Prozentbereich ergeben, je nachdem Hadronen beteiligt sind oder nicht, und Übergänge der Hadronen mit $\Delta S = 1$ waren generell etwa 20fach verlangsamt – Beobachtungen, die mit der Annahme einer für alle Teilchen gleichen Stärke der Schwachen Wechselwirkung unvereinbar schienen. Daher hatte Nicola Cabibbo schon 1963 den Ansatz probiert [47], eine angenommene universelle Kopplungsstärke der Schwachen Wechselwirkung in zwei Teilen aufzuspalten auf Übergänge der Hadronen mit und ohne Änderung der *strangeness*. Die Gewichtsfaktoren sind als $\sin^2 \theta_C \approx 0{,}05$ und $\cos^2 \theta_C \approx 0{,}95$ parametrisiert, der *Cabibbo-Winkel* darin $\theta_C \approx 13°$.

---

[16] Siehe Abschn. 12.5.3.

**„Achtfacher Weg“ oder lieber das Quark-Modell?** Um diesen Ansatz zu finden und zu begründen, musste damals auf die abstrakte Gruppentheorie des „Achtfachen Wegs“ zurückgegriffen werden. Wir können heute leicht sogar noch eine Stufe tiefer gehen, und damit doch den Sachverhalt viel einfacher formulieren, eben mit den Quarks selber. Dabei ist es zunächst notwendig, die verschiedenen $u$, $d$, …-Quarks nicht als grundverschiedene Teilchen sondern als Zustandsvektoren $|u\rangle$, $|d\rangle$ etc. in einem gemeinsamen 3-dimensionalen *flavor*-Raum ansehen zu dürfen (was hier durch die Diracsche Schreibweise der Zustandsvektoren unterstrichen werden soll). Dann kann man Cabibbos Ansatz so ausdrücken, dass die Schwache Wechselwirkung eigentlich nicht den Basisvektor $|u\rangle$ in $|d\rangle$ ändert,[17] sondern in $|d'\rangle = \cos\theta_C|d\rangle + \sin\theta_C|s\rangle$. Je nachdem, welches reelle Hadron (reell nun im Licht der Starken Wechselwirkung) man endgültig im Detektor identifiziert, zeigt sich entweder die Komponente $\cos\theta_C|d\rangle$ *ohne* – oder $\sin\theta_C|s\rangle$ *mit* – Änderung der *strangeness*, und beide mit dem gewünschten Gewichtsfaktor.

In der Sprache der Vektoren ist $|d'\rangle$ ein Einheitsvektor (wenn $|d\rangle$ und $|s\rangle$ das sind), der in der $d$-$s$-Ebene des *flavor*-Raums durch eine Drehung um die $u$-Achse mit dem Cabibbo-Winkel von der $d$-Achse weggedreht liegt. Man beachte, dass $d$ und $s$ gleiche elektrische Ladung $-\frac{1}{3}$ haben. Durch Einbeziehen des $u$ mit Ladung $+\frac{2}{3}$ würde man den Ladungserhaltungssatz verletzen.

**Ein neues Problem: Der Zerfall $K^0 \to \mu + \mu$.** Cabibbos Konzept ist für die Annahme der universellen Stärke der Schwachen Wechselwirkung unverzichtbar geworden, führt aber zu einer falschen Vorhersage, wenn eine andere, ebenfalls gruppentheoretisch motivierte Forderung erfüllt werden soll: die Möglichkeit von Umwandlungen ohne Änderung der elektrischen Ladung des Hadrons, genannt der „neutrale schwache Strom“ (modern ausgedrückt: Austausch eines $Z^0$). Es wäre dann nämlich für das neutrale Kaon $\overline{K^0} = (d\bar{s})$ (und für $K^0 = (\bar{d}s)$ genauso) der direkte Zerfall in zwei Leptonen häufig, weil in seinem $d$-Quark $|d\rangle = (|d'\rangle - \sin\theta_C|s\rangle)/\cos\theta_C$ ein Anteil $s$ vorhanden ist, der sich mit dem $\bar{s}$ über ein $Z^0$ direkt in ein Paar Leptonen umwandeln könnte ($s + \bar{s} \to Z^0 \to \mu^- + \mu^+$; siehe oben die Abb. 14.6).

***Ad hoc*-Lösung.** Da nichts dergleichen beobachtet werden konnte, wurde zur Rettung des Konzepts vom neutralen Strom 1970 die Idee geboren, auch das $|s\rangle$ sei nicht das für die Schwache Wechselwirkung optimal gewählte Quark, sondern ein $|s'\rangle = -\sin\theta_C|d\rangle + \cos\theta_C|s\rangle$. Drückt man das $(d\bar{s})$ vollständig in der (ebenfalls orthogonalen) Basis $|d'\rangle$, $|s'\rangle$ aus, lässt die destruktive Interferenz der Übergangsamplituden $(d' + \bar{d}' \to Z^0)$ und $(s' + \bar{s}' \to Z^0)$ diesen Zerfallsweg vollständig verschwinden – dafür sorgt das negative Vorzeichen der $|d\rangle$-Komponente im $|s'\rangle$.

In der Sprache der Vektoren haben wir dabei (wie oben schon bemerkt) nur die Basisvektoren $|d\rangle$, $|s\rangle$ der $d$-$s$-Ebene des 3-dimensionalen *flavor*-Raums um den Cabibbo-Winkel gedreht und dabei der $u$-Achse die Rolle der Drehachse zugeteilt.

---

[17] Dies Beispiel gilt für $\beta^+$-Radioaktivität. Ein $\beta^-$-Prozess macht die Drehung $|d'\rangle \to |u\rangle$, an der das anfangs zweifellos rein vorhandene $|d\rangle$ eben nur mit dem Anteil $\cos\theta_C|d\rangle$ teilnehmen kann.

In Schreibweise mit der *Cabibbo-Matrix*:

$$\begin{pmatrix} |d'\rangle \\ |s'\rangle \end{pmatrix} = \begin{pmatrix} \cos\theta_C & \sin\theta_C \\ -\sin\theta_C & \cos\theta_C \end{pmatrix} \begin{pmatrix} |d\rangle \\ |s\rangle \end{pmatrix} \approx \begin{pmatrix} 0{,}975 & 0{,}225 \\ -0{,}225 & 0{,}975 \end{pmatrix} \begin{pmatrix} |d\rangle \\ |s\rangle \end{pmatrix}. \tag{14.2}$$

Doch sieht diese ganze Konstruktion recht willkürlich aus[18] und im Einzelnen ist sie es auch. Dass die Schwache Wechselwirkung die Bedeutung der $u$-Achse und damit des $u$-Quarks so hervorheben soll, widerspricht allen Ansätzen einer übergeordneten Symmetrie. Der Weg zur Formulierung des zugrundeliegenden Prinzips ist aber nicht weit [82]:

**Die neue Grundlage.** Nachdem man die Quarks mit verschiedenem *flavor* schon als Basiszustände in einem 3-dimensionalen *flavor*-Raum ansehen will, möchte man die Wirkung der Schwachen Wechselwirkung als eine Drehung in diesem Raum auffassen.[19] Die *flavor*-Basis ist ja nur die zur Starken Wechselwirkung angepasste Basis (d. h. die Starke Wechselwirkung macht keine Übergänge von einem zum anderen Basiszustand). Man erinnere sich hier an die neutralen Kaonen und wie ihre zur Schwachen Wechselwirkung angepassten Zustände $K_{X_{CP}=\pm 1}$ als Linearkombinationen der zur Starken Wechselwirkung angepassten Zustände $K^0{}_{S=+1}$, $\overline{K^0}{}_{S=-1}$ gebildet wurden (Gl. (12.4)).

Auch wenn diese Drehung am Ende durch eine Matrix, die auf die konkrete *flavor*-Basis bezogen ist, parametrisiert werden muss, verlangt allein das abstrakte Symmetrie-Konzept der Drehung, dass auch das $u$ beteiligt wird.[20] Das erfordert ein weiteres Quark gleicher elektrischer Ladung, mit dem das $u$ überlagert werden kann.

Das war – vereinfacht gesagt – 1970 die aus allgemeinen Symmetrieforderungen abgeleitete Begründung für das vierte Quark $c$. Dass sich das Problem des falsch vorhergesagten $K^0$-Zerfall damit erledigen würde, wurde erst ein Jahr später entdeckt [145, S. 601]. In dem Hamilton-Operator für die Schwache Wechselwirkung, der die möglichen Übergänge eines *flavor*-Quarks in irgendein anderes ermöglichen soll, wird nun zwischen die Vernichtungsoperatoren der Anfangszustände und die Erzeugungsoperatoren der Endzustände die Cabibbo-Matrix eingefügt. Dann ist es auch gleich, ob man die $d$- und $s$-Quarks ($q = -\frac{1}{3}$) oder die $u$- und $c$-Quarks ($q = +\frac{2}{3}$), oder überhaupt irgendwelche Basiszustände als gedreht betrachten will. Die Matrix gibt halt die Übergangsamplituden eines jeden *flavor*-Quarks in ein jedes andere an.

**Und der Neutrale Strom?** Aber braucht jetzt nicht der neutrale Strom der Schwachen Wechselwirkung, der ja den *flavor* der alten Basis-Quarks nicht ändern kann, etwa eine Ausnahmeregelung von dem Bild der Drehung? Das wäre mehr als ein

---

[18] „zurechtgebastelt“ wäre treffend

[19] Nur die Wirkung mittels des *geladenen schwachen Stroms* $W^{\pm}$, die den *flavor* wirklich ändert. Für den $Z^0$-Austausch muss nicht gedreht werden.

[20] Anders als in Fußnote 17 angedeutet, muss beim $\beta^-$-Übergang eine Drehung $|d\rangle \rightarrow |u'\rangle$ erfolgen – aber was könnte das $|u'\rangle$ sein?

Schönheitsfehler, denn es würde die gerade hergestellte Symmetrie wieder verletzen. Die nähere Rechnung erweist das aber als überflüssig: Die Drehung der alten in die neuen Basisvektoren ist eine unitäre Transformation, und deshalb kann der $Z^0$-Austausch, wenn er die alten nicht verdreht, auch die neuen nicht verdrehen.[21]

Das ist im vorigen Abschnitt zur Berechnung der Zerfalls-Breite des $Z^0$ schon benutzt worden. Andernfalls hätten ihm nämlich mehr Zerfallswege offenstehen müssen, z. B. $Z^0 \to s + \bar{d}$ und alle weiteren Kombinationen eines Quark mit einem anderen Antiquark, die den Erhaltungssatz der elektrischen Ladung erfüllen. Die obige Analyse der Zerfallsbreite des $Z^0$ zeigt daher nebenbei ein weiteres Mal, dass es die *flavor*-ändernden Übergänge ($\Delta S \neq 0$, $\Delta C \neq 0$, ...) wirklich nur *mit* Änderung der elektrischen Ladung ($+\frac{2}{3} \rightleftharpoons -\frac{1}{3}$) gibt.

### 14.3.2 Die Einführung der 3. Familie

Die Einführung der 2. Quark-Familie $c$, $s$ wurde hier deshalb noch einmal so ausführlich diskutiert, weil die Vorstellungen zur Ausweitung auf drei Familien schon alle darin vorkommen. Ausgangspunkt war nun die Frage, wie eine Schwache Wechselwirkung formuliert werden müsste, um den beobachteten Effekt der $CP$-Verletzung zu zeigen. Makoto Kobayashi und Toshihide Maskawa zeigten 1973, dass das im Rahmen von zwei Quark-Dubletts aus rein mathematischen Gründen unmöglich ist. $CP$-Verletzung ist gleichbedeutend mit der Verletzung der Zeitumkehr-Invarianz, was einen nicht-hermiteschen Anteil im Hamilton-Operator erzwingt. In der Sprache der Drehungen im *flavor*-Raum[22] müsste die Cabibbo-Matrix (Gl. (14.2)) dazu mindestens zwei Zahlen mit verschiedener komplexer Phase enthalten. Die könnte man im Fall einer $2 \times 2$-Matrix aber immer in lauter reelle Zahlen umwandeln, indem man die (beliebigen) komplexen Phasenfaktoren der beiden Quark-Wellenfunktionen (gleicher elektrischer Ladung!) geeignet wählt. Erst ab drei Dimensionen – also mit neun (komplexen) Zahlen in der unitären Matrix für die Basistransformation gegenüber nur drei frei definierbaren Phasenfaktoren für die drei Quarks – reichen diese nicht mehr aus, um alle Matrixelemente mit Sicherheit reell machen zu können. Es bleibt neben drei reellen Parametern Platz für genau eine komplexe Phase in der Matrix.[23]

Die nach Cabibbo, Kobayashi und Maskawa benannte nicht hermitesche *CKM*-Matrix enthält die neun Übergangsamplituden der Schwachen Wechselwirkung zwischen den Quarks $d, s, b$ mit $q = -\frac{1}{3}$ und ihren Partnern $u, c, t$ mit $q = +\frac{2}{3}$. Schreibt man die Matrix der besseren Übersicht halber nur mit den Beträgen ihrer Elemente, sieht sie nach Auswertung aller bisherigen Experimente so aus ([8, Kap. 11],

[21] Und *vice versa*.

[22] Immer nur für Quarks gleicher elektrischer Ladung.

[23] die aber nun mehrere Matrixelemente verschieden beeinflussen kann

Unsicherheitsbereiche weggelassen):

| | $d$ | $s$ | $b$ |
|---|---|---|---|
| $u$ | 0,9742 | 0,2257 | 0,0036 |
| $c$ | 0,2256 | 0,9733 | 0,0415 |
| $t$ | 0,0087 | 0,0407 | 0,9991 |

(14.3)

Darin haben die fünf rot markierten Einträge einen Imaginärteil, niemals größer als 0,003, entsprechend der kleinen Amplitude, mit der die Zeitumkehrinvarianz verletzt ist. Wie man sieht, ist die *CKM*-Matrix näherungsweise diagonal, mit nur kleinen nicht-diagonalen Elementen. Das bedeutet, dass die Schwache Wechselwirkung Umwandlungen *innerhalb* jeder Quark-Familie $(d,u)$, $(s,c)$, $(b,t)$ mit viel größerer Amplitude bewirkt als nach außen. Die größte Abweichung findet man in der linken oberen Ecke zwischen den beiden ersten Familien, wo als $2\times 2$-Teilmatrix näherungsweise die alte Cabibbo-Matrix (Gl. (14.2)) wiederzuerkennen ist.[24]

Fazit: Will man die Schwache Wechselwirkung der Hadronen einschließlich ihres $CP$-verletzenden Anteils im Rahmen des Standard-Modells durch eine Basis-Transformation zwischen den Quarks ausdrücken, dann muss es mindestens drei Familien (also drei Isospin-Dubletts mit jeweils den Ladungen $+\frac{2}{3}$ und $-\frac{1}{3}$) geben. Für diese Entdeckung erhielten Kobayashi und Maskawa den Nobelpreis 2008.

## 14.4 Quark-Lepton-Symmetrie

**Welche Symmetrie?** Zwischen den Leptonen und Quarks gibt es, außer dass sie alle Dirac-Teilchen sind, kaum erkennbare Ähnlichkeiten. Das Spektrum ihrer Massen (sozusagen das Niveauschema der fundamentalen Teilchen) ist so verschieden, dass keine Graphik ausreicht, es in einer der üblichen Formen darzustellen.[25]

Nur in ihrem Verhalten gegenüber der Schwachen Wechselwirkung konnte man in den 1960er Jahren eine entfernte Ähnlichkeit herausarbeiten: Beide Teilchenklassen folgten der Auswahlregel, dass Übergänge immer nur innerhalb eines Dubletts stattfinden. Für die Leptonen ist das im Erhaltungssatz für den Leptonen-*flavor* ausgedrückt.[26] Für die Quarks – man ging damals überhaupt nur von drei Quarks $u$, $d$, $s$ aus – wurde hierfür eigens das für die Schwache Wechselwirkung maßgebliche (und damals einzige) Dublett aus $u$ und $d'$ kreiert – der Grundgedanke der Cabibbo-Theorie (siehe Abschn. 14.3).

Mit dem zunehmenden Erfolg der abstrakten Symmetrien im Teilchenzoo der Hadronen, ausgedrückt durch gruppentheoretisch formulierte Invarianzen des dort herrschenden Hamilton-Operators (bzw. der zugrundeliegenden Lagrange-Funk-

[24] Es fehlt auch ein Vorzeichen: Gleichung (14.2) gibt nur die Beträge an.

[25] Zwischen dem schwersten Neutrino und dem *top*-Quark liegen mindestens 11 Zehnerpotenzen, und die für solche Fälle sonst allein geeignete logarithmische Skala setzt $m_\nu > 0$ für alle drei Neutrinos voraus, was noch nicht gesichert ist.

[26] der erst 1995 gestürzt wurde, siehe Abschn. 10.3.2, aber sehr gut gilt – siehe Abschn. 10.4.4.

tion), wurden versuchsweise auch die Leptonen mit einbezogen. Die Spekulation über das 4. Quark (s. o.) ist hier ein erfolgreiches und daher berühmtes Beispiel. Trotzdem muss man eigentlich sagen, dass bei diesen Bemühungen vielfach der Wunsch der Vater des Gedankens war.

**Familienbeziehungen.** Indes verdichtete sich dieser Wunsch zu einer dringenden Notwendigkeit, als eine tief liegende Bedingung entdeckt wurde, ohne die die Renormierbarkeit der elektroschwachen Wechselwirkung definitiv zerstört würde. Demnach müssen alle fundamentalen Teilchensorten zusammen mit ihren elektrischen Ladungen $Q$ die Gleichung

$$\sum_{\substack{\text{6 Leptonen,}\\ 3\cdot 6\text{ Quarks}}} Q = 0 \tag{14.4}$$

erfüllen, wobei die Quarks mit jeder der drei Farbladungen extra gezählt werden. In Familien zu je zwei Mitgliedern gerechnet, trägt jede Leptonen-Familie zur Summe $-e$ bei, jede Quark-Familie $3\cdot(\frac{2}{3}-\frac{1}{3})e = +e$. Es muss also bei Leptonen und Quarks eine gleiche Anzahl solcher Familien geben – oder die Theorie der elektroschwachen Wechselwirkung ist falsch.

**Anomalie.** Der Grund für diese einfache Gleichung liegt tief in den Fundamenten der Quantenfeldtheorie mit Dirac-Spinoren verborgen. Aus Abschn. 10.2.7 erinnern wir daran, dass sich aus zwei Spinoren $\Psi_1$, $\Psi_2$ mit Hilfe der Matrizen $\gamma^\mu(\mu = 0, 1, 2, 3)$ die vier Produkte $(\Psi_1^\dagger \gamma^\mu \Psi_2)$ bilden lassen, die im Raum $(t, \vec{r})$ einen richtigen (polaren) 4-Vektor bilden. In der Quantenfeldtheorie werden die $\Psi$ zu Erzeugungs- bzw. Vernichtungsoperatoren (möglicherweise für verschiedene Teilchen), so dass hier ein Übergang $\Psi_2 \to \Psi_1$ beschrieben wird, vermittelt durch eine Wechselwirkung vom Charakter eines Vektors – zusammengefasst als *Vektorstrom VC* (für *vector current*) bezeichnet. Seine $(\mu = 0)$-Komponente ist die Ladungsdichte $\rho$, die anderen drei bilden den räumlichen Vektor der Stromdichte $\vec{j}$. Der Ladungserhaltungssatz $\partial\rho/\partial t + \operatorname{div}\vec{j} = 0$ ist gleichbedeutend damit, dass die 4-Divergenz des Vektorstroms verschwindet, was als *CVC* (*conserved vector current*) bezeichnet wird.

Genauso bildet $(\Psi_1^\dagger \gamma^5 \gamma^\mu \Psi_2)$ einen *axialen Vektorstrom (AC)*. Die Paritätsverletzung der Schwachen Wechselwirkung kommt gerade dadurch zustande, dass im Hamiltonoperator beide „Ströme" nebeneinander als gleichberechtigte Summanden stehen, wobei mit Ladung hier die *schwache Ladung* gemeint ist.[27]

Nun kommt der entscheidende Punkt: Der axiale Strom erhält die Ladung *nicht*. Das wird als *PCAC – partially conserved axial vector current* bezeichnet, und die nicht verschwindende 4-Divergenz als *Anomalie*. Diese Anomalie hat kein klassisches Analogon, sie tritt erst nach der Quantisierung der Feldgleichungen auf (sofern sie Schwache *und* elektromagnetische Wechselwirkung enthalten [81]), dann aber zwingend, denn sie beruht auf (recht abstrakten) topologischen Eigenschaften

[27] Im einzelnen gut nachvollziehbar dargestellt in [73, Kap. 11.6]

des Raums.[28] Sie hat aber auch manifeste Effekte zur Folge: Ohne diese Anomalie würde das neutrale Pion (theoretisch) nicht in zwei $\gamma$-Quanten zerfallen können.

Erst kurz nach dem gefeierten Beweis der Renormierbarkeit der Quantenfeldtheorien durch t'Hooft wurde 1972 entdeckt, dass solche Anomalien das Gebäude wieder zum Einsturz bringen, wenn sie sich nicht durch die Beiträge der verschiedenen Teilchen insgesamt aufheben. Genau diese Forderung ist in der einfachen Gl. (14.4) ausgedrückt.[29] Wenn das auch kein *Beweis* dafür ist, dass es gleich viele Familien von Leptonen und Quarks geben *muss*, zeigt es doch einen inneren Zusammenhang beider Teilchenklassen auf, der, wenn er verletzt wäre, auch die Wechselwirkungen in Mitleidenschaft ziehen würde.

## 14.5 Rückweg nach oben

### 14.5.1 „Die Phänomene retten"

Am Anfang dieses Buchs standen die Bemühungen im 19. Jahrhundert, aus den vielgestaltigen makroskopischen Beobachtungen an den Formen der Materie und an den sich darin abspielenden Vorgängen eine einfache Grundstruktur herauszulesen. Aus dieser Welt der klassischen Physik kommend, sind wir nach vielen Zwischenschritten jetzt bis ins Kleinste vorgedrungen, fundamental jedenfalls nach derzeitiger Erkenntnis. Dass wir der untersten Stufe der Teilbarkeit der materiellen Welt wirklich nahe gekommen sind, das können die mit der Quantisierung verbundenen neuen Phänomene selber belegen: Noch weniger Freiheitsgrade pro Teilchen, noch einfachere Elementarprozesse sind schwer denkbar.

Da muss man sich auch einmal des Rückwegs versichern. Auf diese Weise die „Phänomene zu retten" ist eine schon von Demokrit formulierte, von Platon und Aristoteles übernommene Aufforderung an jeden Wissenschaftler, der eine neue Theorie vorstellt [100, S. 29]. Ohne solchen Brückenschlag zurück zur Oberfläche würde dieses Buch seinen Grundgedanken verfehlen, mögen die folgenden kurzen Anmerkungen auch mal trivial, mal zu weit hergeholt erscheinen.

Wie also lassen die Teilchen, Wechselwirkungen und Erhaltungssätze des Standard-Modells – siehe Tabelle 14.1 und 14.2 auf S. 632/634 – die uns bekannte Welt entstehen? Hier eine kurze Wegbeschreibung (wo alle Schwierigkeiten der konkreten Berechnungen einmal ignoriert, und mit dem Wort „Standard-Modell" auch alle seine Vorstufen bis zurück zu den klassischen Grenzfällen in Mechanik und Elektrodynamik angesprochen sein sollen):

### 14.5.2 Die Materie

- Die Starke Wechselwirkung macht es, dass drei von den leichtesten Quarks das (schwere) Proton ($uud$) bilden, das eine ganze elektrische Elementarladung trägt

[28] Ausführlich in [26], bes. siehe Kap. 4.9.

[29] Warum enthält Gl. (14.4) die elektrische Ladung, während die Nicht-Erhaltung nur für die schwache Ladung gilt? Beide hängen in der Theorie der elektroschwachen Vereinheitlichung unauflösbar zusammen.

und *stabil ist, weil es schlicht kein anderes (leichteres) Teilchen gibt, in das es sich spontan umwandeln könnte, ohne einen der Erhaltungssätze zu verletzen.* – Schon die Mischung $(udd) =$ Neutron hat eine etwas höhere Masse, gerade genug, dass (durch Schwache Wechselwirkung) die Umwandlung in Proton, Elektron und Antineutrino möglich ist, die $\beta^-$-Radioaktivität.
- Die elektromagnetische Wechselwirkung macht es, dass Proton und Elektron sich binden und ein (neutrales) Atom H bilden, *das aus dem gleichen Grund stabil ist.*
- Die elektromagnetische Wechselwirkung macht weiter, dass zwei Atome H (obwohl sie elektrisch neutral und kugelrund sind) sich anziehen um ein Molekül $H_2$ zu bilden. Die Quantenmechanik erklärt das näher.
- Die Starke Wechselwirkung macht (auf analoge Weise), dass zwischen Proton und Neutron (obwohl sie „weiß" sind, d. h. „neutral" für die Kräfte der Starken Wechselwirkung) die Kernkräfte wirken, so dass sie das Deuteron bilden können, *das einzige Gebilde aus sechs Quarks, das stabil ist – aus demselben Grund wie vorher.*
- Die Starke Wechselwirkung macht weiter, dass durch die Kernkräfte mehr Protonen und Neutronen sich anlagern können um größere Kerne zu bilden, wobei dem Mischungsverhältnis durch ein Zusammenwirken mit der elektromagnetischen Wechselwirkung enge Grenzen gesetzt sind, damit ein stabiler Kern entsteht, *stabil aus demselben Grund wie vorher*, – oder zumindest metastabil mit einer so geringen Zerfallskonstante, dass dieser Kern auf der Erde für praktische Zwecke näherungsweise als stabil betrachtet werden kann.
- Die elektromagnetische Wechselwirkung macht, dass ein Kern mit $Z$ Protonen eine gleiche Anzahl Elektronen anzieht und ein Atom des Elements mit der *chemischen* Ordnungszahl $Z$ bildet, – wobei die Quantenmechanik den Elektronen zeigt, wie sie sich auf Schalen und Orbitalen anordnen sollen, in räumlicher wie auch in energetischer Hinsicht.
- Die elektromagnetische Wechselwirkung bewirkt, dass auch diese neutralen Atome sich nach bestimmten Regeln anziehen. Sie bestimmt damit alle Arten der chemischen Bindung zu Molekülen mit allen ihren Eigenschaften: chemische Valenz der Atome, Bindungstypen von ionisch bis kovalent, Abstände, Orientierung und Elastizität der Bindungen, Bindungs-Energien und die detaillierten Reaktionsmechanismen.
- Wieder die elektromagnetische Wechselwirkung ist auch verantwortlich dafür, dass und wie die Moleküle sich anziehen und abstoßen, um feste, flüssige oder gasförmige Körper zu bilden. Sie legt damit auch die makroskopischen und technischen Eigenschaften aller Stoffe fest.

Um einem Missverständnis vorzubeugen: Es ist nicht üblich und wäre auch unpraktisch, gleich nach dem Standard-Modell zu rufen, wenn eine physikalische Erklärung für die genannten Erscheinungen gesucht ist. Nicht nur, dass hierzu die höheren Familien der Leptonen und Quarks ebenso überflüssig sind wie alle Antiteilchen: Man kommt für die eben erwähnten elektromagnetischen Effekte in Kernen, Atomen, Molekülen und makroskopischer Materie statt mit der vollen *QED* und ihren virtuellen Photonen meistens auch schon ganz gut mit dem Coulomb-Gesetz aus; genauso wie man in der einfachen Kernphysik anstelle der Quarks,

Gluonen und der *QCD* viel einfacher mit Proton, Neutron und den Kernkräften umgeht und trotzdem richtige Ergebnisse erzielt. Der hier wichtige Gesichtspunkt ist, dass das Standard-Modell als die gemeinsame Grundlage dieser älteren und bewährten Vorstellungen gesehen wird, und diese aus ihm durch die je nach Anwendungsbereich gerechtfertigten Vereinfachungen als genäherte Modelle wieder hervorgehen.

Jedoch könnte man spätestens ab der Größenskala, bei der die makroskopischen Materialeigenschaften erreicht werden, damit aufhören, alle Erscheinungen als direkte Folge der Physik der elementaren Teilchen analysieren zu wollen. Hier beginnt der Kompetenzbreich der bewährten klassischen Physik, mit Ausnahme allerdings derjenigen makroskopischen Quanten-Phänomene, die als Botschaften der sonderbaren Gesetze der Quantenwelt doch recht unmittelbar zu *sehen*[30] sind.

Obwohl von der Schwachen Wechselwirkung auf diesem Weg nicht die Rede war, ist sie für das Aussehen unserer Welt von ausschlaggebender Bedeutung: Nur ihr ist zu verdanken, dass von allen Leptonen nur das Elektron stabil ist, und von den Teilchen aus Quarks nur das Proton. Wären auch Atome mit $\mu^-$ in der Hülle oder mit $\Sigma^+$ und $\Lambda^0$ im Kern stabil, würden sie jedenfalls die Chemie erheblich anders aussehen lassen.

So weit der „statische" Aspekt, d. h. die heutige Erklärung für die Arten der Bausteine der gewohnten Materie durch das Standard-Modell. Wie schon betont, muss es in seiner höchsten Stufe nur für die inneren Bestandteile der Atomkerne herangezogen werden, während für die Bildung von Atomen und deren weitere Eigenschaften weitgehend schon das Coulomb-Gesetz und die (einfache) Quantenmechanik ausreichen.

### *14.5.3 Die Prozesse*

Genau so lassen sich die Vorgänge, die wir beobachten, und aus denen wir nicht zuletzt auch die Begriffe abstrahieren, mit denen wir sie dann zu ordnen versuchen, von der Ebene der drei Wechselwirkungen des Standard-Modells her betrachten.

**Die große Einschränkung.** Bis zu einer vollständigen Deutung unserer Umwelt dürfte es allerdings noch ein weiter Weg sein. Es fehlt im Standard-Modell ausgerechnet die Wechselwirkung, die den Alltag dominiert und von allen Naturkräften wohl bei jedem als erste ins Bewusstsein dringt:[31] die Schwerkraft. Die noch ausstehende Verknüpfung von Quantenphysik und Gravitation gilt als eins der großen, viel bearbeiteten, aber derzeit ungelösten Probleme der Physik.

**Standard-Modell im Alltagsleben.** Von dieser Einschränkung abgesehen, ist auch bei den alltäglichsten Vorgängen der Weg vom Standard-Modell her nicht weit, wie es durch die folgenden Bemerkungen – trotz ihrer Oberflächlichkeit – in einigen Beispielen belegt werden soll.

---

[30] In Anspielung auf das am Anfang des Buchs zitierte Wort des großen Physikers, aber Anti-Atomisten Ernst Mach (siehe Abschn. 1.1.1).

[31] und es damit auch erst bilden hilft

**Die „fünf(?) Sinne“.** Beginnen wir damit, woher wir überhaupt von Vorgängen etwas wissen, also mit den Sinneswahrnehmungen selber. Beim sichtbaren Licht liegt die Verbindung zur Quantenphysik wohl am nächsten. Der Schlüsselprozess ist ein regelrechter Photoeffekt, also ein Effekt der Quanten-Elektrodynamik. Er lässt zwar kein Elektron davonfliegen, bringt aber bestimmte Moleküle in den Sehzellen des Auges in einen angeregten Zustand. Das setzt eine ganze Kaskade von physiologischen und neurologischen Reaktionen in Gang, die wir hier ohne weitere Detaillierung als chemische Reaktionen klassifizieren. Es ist daher auch weiter die elektromagnetische Wechselwirkung, nämlich die der äußeren Elektronen der verschiedenen Atome untereinander, die hier regiert.[32]

Aber wie kommt auf der Netzhaut (oder irgendwo anders) ein scharfes optisches Bild überhaupt zustande? Auch vor den Gesetzen der geometrischen oder Strahlen-Optik darf das Standard-Modell nicht versagen. Nun haben in der *QED* die Photonen nie eine andere Geschwindigkeit als die, die im Bereich der Optik „Vakuum-Lichtgeschwindigkeit $c_0$“ genannt wird, damit man sie von der Lichtgeschwindigkeit $c = c_0/n$ im Linsen-Material unterscheiden kann, weil doch der Brechnungsindex $n \neq 1$ für die Abbildungstheorie der optischen Geräte den Ausgangspunkt bildet. Vom Standpunkt der *QED* aus lautet die Erklärung: Ein Photonenfeld erzeugt an allen geladenen Teilchen (vermittels virtueller Anregungen) Streuwellen, die sich in Vorwärtsrichtung mit dem einfallenden Feld kohärent überlagern, wobei sie die Phase der so entstehenden Welle derart verschieben, dass insgesamt eine Verlangsamung eintritt.

Auch der Wahrnehmung von Wärmestrahlung geht in der Haut ein Photoeffekt voraus. Hier passt der Energiebereich der elektromagnetischen Quanten zur Anregung von Schwingungen und Rotationen polarer Moleküle, die schnell ins thermische Gleichgewicht übergehen und damit die Temperatur erhöhen.

Demgegenüber sind die anderen Sinne – mechanischer Tastsinn (quasistatischer Druck auf der Haut), Gehör (oszillierender Druck am Trommelfell), Geschmack und Geruch (chemische Einwirkung auf Zellen in Mund und Nase) im Sinne dieses Abschnitts leicht auf die Einwirkung anderer Atome auf die Atome unserer Sinnesorgane zurückgeführt, beruhen also z. T. auch auf der Chemie und jedenfalls auf elektromagnetischer Wechselwirkung.

**Die Technik.** Das gilt auch für die Fortpflanzung des Schalls von der Quelle bis zu unserem Ohr, und die Fortpflanzung von Druck und Zug und allen „mechanischen“ Kräften durch alle materiellen Medien hindurch. In diesem Sinn fußt daher nicht nur die Elektrotechnik, sondern unsere gesamte Technik (ausgenommen neben Gravitation nur noch Anwendungen von Radioaktivität, Kernspaltung und -Fusion) auf dem elektromagnetischen Teil des Standard-Modells.

**„Lebenskraft“?** Zum Abschluss dieser kleinen Auswahl sei daran erinnert, dass schon vor knapp 200 Jahren ein großer Schritt hin zu einer naturwissenschaftlichen Erklärung von Vorgängen aus dem Alltäglichen gelang: Der für alles Leben not-

---

[32] Ein ganz anderes Thema ist, ob und wie solche in und zwischen Nervenzellen ablaufenden chemischen Reaktionen zur materiellen Grundlage von Tätigkeiten wie Wahrnehmen, Bewusstwerden, Denken, Schlussfolgern, Theorien bilden, Gefühle haben ... werden können.

wendige Stoffwechsel wurde mit Hilfe der auf den neuen Atombegriff gegründeten Chemie als ein Verbrennungsprozess identifiziert, der denselben Gesetzen unterworfen ist wie zahllose andere Verbrennungsprozesse auch. Es dauerte 100 Jahre, bis als deren physikalische Grundlage (wie auch für alle anderen chemischen Reaktionen) die elektromagnetische Wechselwirkung identifiziert werden konnte. Doch schon damals bedeutete diese Entdeckung einen der entscheidenden Durchbrüche zur Erkenntnis, wie weit einheitliche naturwissenschaftliche Erklärungen ins alltägliche Leben hineinreichen, und wie weit sie damit sie die Annahme von noch geheimnisvolleren zusätzlichen „Kräften" überflüssig machen können [38].

**Standard-Modell im Alltag: Lebensbedingungen.** Nimmt man als externen Faktor die Schwerkraft mit hinzu, kann das Standard-Modell[33] nicht nur für die Vorgänge in unserer (zeitlich und räumlich gesehen) näheren Umgebung physikalische Deutungen liefern, sondern auch dafür, wie die Bedingungen dafür zustande gekommen sind. Diese Aussage bezieht sich zunächst auf die *nukleare Astrophysik*, die die Entstehung z. B. unserer Sonne und ihrer Strahlung erklären kann, und weiter auch die Entstehung der chemischen Elemente in ihrer vorgefundenen Häufigkeitsverteilung. Weiter zurück – schon in der Nähe des Urknalls, der von der gängigen Kosmologie nicht bezweifelt wird – liegt eins der Anwendungsgebiete der *Astro-Teilchenphysik*. Damals waren die Energie- (und damit Teilchen-)Dichte so groß, dass auch die übrigen Bausteine und Prozesse des Standard-Modells für die Entwicklung wichtig waren. Z.B. hörte die thermische Erzeugung von $e^+e^-$-Paaren erst 3 s nach dem Urknall auf und war damit entscheidend an der ersten Fusion von Protonen zu $^4$He beteiligt, die ihrerseits der Ausgangspunkt für die Bildung von $^{12}$C und der weiteren Elemente wurde (Abschn. 8.5.2ff). Dass nach dem Versiegen der thermischen Erzeugung mit den Positronen nicht zugleich auch alle Elektronen wieder verschwunden sind, führt zum nächsten Punkt: Noch näher am Urknall dran wird einer der kleinsten Nebeneffekte im Standard-Modell zum Hauptakteur, die Brechung der $CP$- oder $T$-Invarianz. Ohne sie lässt sich nicht erklären, wie sich aus $CPT$-symmetrischer Anfangsbedingung jener Überschuss von einer der beiden $CPT$-gespiegelten Teilchensorten herausbilden konnte, der nach der allgemeinen Paarvernichtung übrig blieb und den wir heute Materie nennen. Das rückt die Schwache Wechselwirkung, gerade wegen ihrer vorher „undenkbaren" Symmetrie-Brechungen, in eine noch zentralere Position des physikalischen Weltbilds.

## 14.6 Offene Fragen

### *14.6.1 Higgs-Boson*

**Das Higgs tritt auf.** Das Standard-Modell steht und fällt mit dem nach Peter Higgs benannten Boson *Higgs* oder kurz $H$. Als theoretischer Kunstgriff 1964 in die Quan-

[33] gemeint immer einschließlich der älteren, bewährten, auf ihm fußenden Modelle der engeren Atom-, Kern- und Teilchenphysik

tenfeldtheorie eingeführt, um innerhalb der Modelle mit lokaler Eichinvarianz die Austauschbosonen mit endlicher Masse ansetzen zu dürfen, hat dies Teilchen mittlerweile die Schlüsselfunktion in der Erklärung der Massen aller Teilchen erhalten. Es ist auch bisher keine andere Möglichkeit entdeckt worden, auf die man ausweichen könnte, sollte die Suche nach dem $H$ erfolglos bleiben.

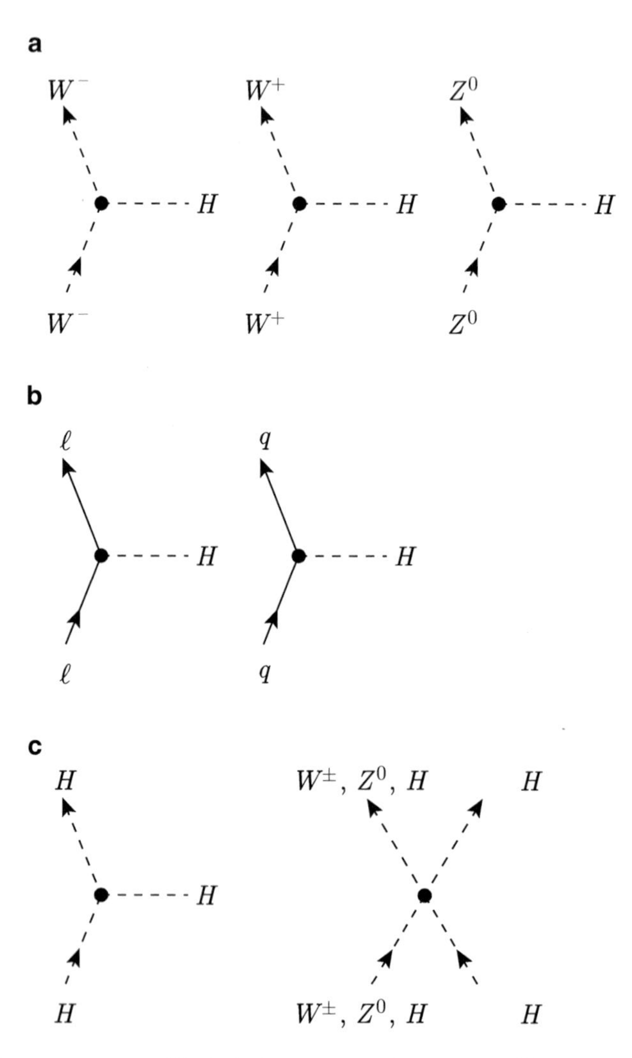


**Abb. 14.8** Die vorausgesagten Wechselwirkungen des Higgs-Bosons $H$. Daraus folgt jeweils eine genaue Vorhersage für die gesamte Übergangsrate. **a** Die Austauschbosonen $W^\pm, Z^0$ bekommen Masse durch die Wechselwirkung mit dem allgegenwärtigen $H$-Feld. **b** Die Leptonen $\ell$ und Quarks $q$ bekommen ihre Masse durch die Wechselwirkung mit dem allgegenwärtigen $H$-Feld. **c** Die $H$ können auch miteinander wechselwirken, auch in einem Vierer-Vertex. Auch die Austauschbosonen $W^\pm, Z^0$ können in einem Vierer-Vertex mit zwei $H$ wechselwirken

Ihre erste große Bewährungsprobe bestand diese Idee 1984, als für die Massen der Austauschbosonen der Schwachen Wechselwirkung tatsächlich das vorausgesagte Verhältnis $m_{W^\pm}/m_{Z^0} = \cos\Theta_W$ gefunden wurde. Darin ist $\Theta_W$ der Weinbergsche Mischungswinkel der elektroschwachen Vereinheitlichung, mit dem die „ursprünglichen" Austauschbosonen $W^0$ und $B$, die getrennt an die Schwache Ladung bzw. Hyperladung ankoppeln, sich gewissermaßen über Kreuz zu $Z^0$ und dem Photon $\gamma$ überlagern. Durch die Messung der Häufigkeit der vom $Z^0$ verursachten Streuprozesse – der *neutralen schwachen Ströme* – hatte $\Theta_W$ bestimmt werden können.

**Folgerungen.** Mit Ausnahme seiner eigenen Masse $m_{\mathrm{H}}$ sind alle weiteren Eigenschaften des *Higgs* in dieser Theorie schon vorbestimmt. Es ist das Quant eines allgegenwärtigen Felds, hat Spin und (elektrische) Ladung Null, und macht Wechselwirkungen mit festgelegter Art und Stärke. Abbildung 14.8 zeigt die Feynman-Graphen dazu. Teilbild a gibt die Erzeugung der Masse der Austauschbosonen wieder. Weiter ist in Teilbild b die Kopplung an die fundamentalen Fermionen gezeigt (mit $\ell$ für ein Lepton, $q$ für ein Quark, wobei es immer *elastische* Stöße sind, d. h. weder elektrische Ladung noch *flavor* des Fermions sich ändern kann). Durch diese Ausweitung der Wechselwirkung des $H$ auf die Fermionen lassen sich die in den Wirkungsquerschnitten bestimmter Reaktionen theoretisch drohenden Divergenzen vermeiden. Damit diese Abhilfe aber die erwünschte Wirkung zeigt, darf man die Masse des $H$ nicht über etwa 1 000 GeV ansetzen.[34]

Immer ist die Kopplungsstärke, d. h. der mit dem Vertex verbundene Faktor in der Berechnung der Übergangsamplitude, proportional zur Masse des Teilchens anzusetzen – in der Reihenfolge von oben $t$-Quark (172 GeV), $Z^0$ (91 GeV), $W^\pm$ (80 GeV) und so weiter bis zu den Neutrinos herab ($0 < m_\nu \lesssim 0.4$ eV). Alle werden sie als zunächst masselos in die Theorie eingefügt; ihre beobachtete Masse *ist* allein der Kopplung ans Higgs-Feld zu verdanken. Nur das Photon hat keine Wechselwirkung mit dem $H$ und behält deshalb $m_\gamma = 0$.[35]

**Möglicher Nachweis?** Die stärksten Übergangsamplituden zur Erzeugung des $H$ werden daher für Prozesse mit den schwersten Teilchen vorhergesagt, während uns zur Beschleunigung nur stabile (geladene) Teilchen zur Verfügung stehen, mit Elektron und Proton also nicht zufällig die jeweils leichtesten von allen. Daher richtet sich die Hoffnung auf solche Reaktionen, wo sich zunächst schwere Teilchen bilden: z. B. $p + p \to t + \bar{t}$ (+ Mesonen etc.), oder $p + p \to Z^0 + \ldots$ Haben sie genügend Energie, können sie in einer anschließenden Wechselwirkung mit dem Higgs-Feld reelle $H$ erzeugen: $t \to t + H$, $Z^0 \to Z^0 + H$ etc. Diese Prozesse sind analog zur Identifizierung der Gluonen nach der Bildung von Quark-Antiquark-Paaren so hoher Energie, dass noch ein Boson abgestrahlt werden konnte und einen dritten *jet*

[34] näher erklärt z. B. in [24, Kap. 7.7]

[35] Weitere Prozesse nur zwischen den Bosonen, die sich aus der Konstruktion der Wechselwirkung im Formalismus der Lagrange-Dichte mit lokaler Eichinvarianz ergeben, sind der Vollständigkeit halber in Teilbild 14.8c summarisch dargestellt.

bildete (vgl. Abschn. 13.3.2).[36] Falls $m_\mathrm{H} > 2m_t$, ist auch $t + \bar{t} \to H$ möglich, also die Erzeugung des reellen Higgs als Resonanz von Quark und Antiquark. Ist es dafür zu leicht, kommt immer noch die Erzeugung durch ein virtuelles Paar $t + \bar{t}$ mit der richtigen Energie in Frage, das seinerseits natürlich auch erst einmal entstanden sein muss.

Nachweisen würde man das erzeugte $H$ nur durch seine Zerfallsprodukte, die wieder vorzugsweise aus den (bei gegebenem $m_\mathrm{H}$) schwerstmöglichen Teilchen bestehen und daher selber instabil sind und wiederum nur über ihre Zerfallsprodukte nachgewiesen werden können. Vielleicht lässt sich hier erahnen, mit welchem Aufwand man die schließlich im Detektor registrierten Spuren von genügend langlebigen reellen Teilchen auswählen und analysieren muss, um ein reelles *Higgs* zweifelsfrei als deren Ursprung zu identifizieren.[37]

Alle Versuche zu diesem „direkten" Nachweis von reellen *Higgs* blieben bisher ergebnislos, darunter auch die Proton-Proton-Stöße bei bis zu $2 \cdot 1$ TeV am Collider im FermiLab, bei denen 1995 die ersten $t\bar{t}$-Paare mit $2 \cdot 172$ GeV Ruheenergie entdeckt worden waren.

Aber wie wir bei dem Auftauchen des $t$-Quarks in den Berechnungen der $Z^0$-Breite schon bemerkt haben, kann man die Existenz eines Teilchens auch aus seinen Wirkungen in virtuellen Zuständen erschließen. Daraus, dass der mögliche Beitrag des $H$ zur Form der $Z^0$-Resonanzkurve unter der Nachweisschwelle gelegen hatte, lässt sich für die Masse des *Higgs* ein Wert über 100 GeV erwarten. Auch in den im Abschn. 14.1 beschriebenen Berechnungen der anomalen $g$-Faktoren von Elektron und Myon sind Feynman-Graphen mit dem Higgs betrachtet worden – man denke sich in der in der Vertexkorrektur in Abb. 14.5c nur ein $H$ an Stelle des $Z^0$. Auch hier ergab sich kein konkreter Hinweis, sondern nur eine untere Grenze $m_\mathrm{H}c^2 \gtrsim 100$ GeV. Nach Auswertung aller verfügbaren Informationen [8] kommt man auf eine Obergrenze $m_\mathrm{H}c^2 \leq 195$ GeV, (mit 99%iger Wahrscheinlichkeit).

Daher gilt als recht sicher, dass man das $H$ in Proton-Proton-Stößen von bis zu $2 \cdot 7$ TeV am *LHC* im *CERN* entdecken kann, wenn es wirklich existiert. Gleich, wie das auf mehrere Jahre veranschlagte Experiment ausgeht – es wird eine Epoche in der Physik markieren. Entweder eine triumphale Bestätigung des Standard-Modells oder der Eintritt in die „neue Physik".[38]

### *14.6.2 Noch zu viele Parameter?*

**Die lange Auflistung.** Von einem fundamentalen physikalischen Modell möchte man erwarten, dass es nur einer geringen Anzahl von nicht weiter begründeten Parametern bedarf, um die Vielgestaltigkeit der Welt daraus abzuleiten. Das gegenwär-

---

[36] Ist das auf diese Weise erzeugte Boson ein Photon, nennt man den Prozess von altersher Bremsstrahlung.

[37] Siehe z. B. den ATLAS-Detektor am *LHC*, Abschn. 11.5.2

[38] die allgemein so heißt, weil der Name „Moderne Physik" immer noch für die mit Röntgen, Becquerel, Curie, Planck, Einstein, Rutherford, Bohr, ... begonnene Epoche der Physik steht.

tige Standard-Modell hat 25 solcher Parameter – und gilt tatsächlich deshalb noch nicht als ganz befriedigend:

- 6 Massen der Leptonen (3 geladene, 3 Neutrinos)
- 6 Massen der Quarks
- 1 Masse des *Higgs*
- 1 Kopplungskonstante $\alpha_s$ für die Starke Wechselwirkung
- 2 Kopplungskonstanten g, g′ der elektroschwachen Theorie und
  1 Masse des $Z^0$ (oder eine andere äquivalente Auswahl, z. B. die Elementarladung $e$, den Weinberg-Winkel $\theta_W$ und die Masse des $W^{\pm}$)
- 4 Parameter der *CKM*-Matrix für die Schwache Wechselwirkung der Quarks
- 4 Parameter der entsprechenden (noch unbekannten) *CKM*-Matrix für die Schwache Wechselwirkung der Leptonen.

Fügen wir dieser Liste noch die drei fundamentalen Konstanten – Gravitationskonstante $\gamma$, Lichtgeschwindigkeit $c$, Wirkungsquantum $\hbar$, – an, dann haben wir 28 Konstanten, aus denen wir uns, gestützt auf das Standard-Modell, in überwältigender Fülle und Genauigkeit die Phänomene dieser Welt im physikalischen Sinne deuten können. Angesichts dieser insgesamt nur gut zwei Dutzend Zahlen mag die erwähnte Kritik überzogen erscheinen. Trotzdem gehört es natürlich zum Paradigma der empirischen Naturwissenschaft Physik, weiter nach Zusammenhängen zu suchen, um zumindest einige dieser wie „zufällig" erscheinenden Parameter-Werte durch ein noch grundlegenderes Modell zu erklären.

**Anthropisches Prinzip.** Da gerät man leicht in eine besondere Art von Zirkelschluss hinein [105]: Wir, die wir diese Fragen stellen, verstehen uns ja selber (und dies nicht zuletzt aufgrund des Erfolgs der Naturwissenschaften) weitgehend als eine der nach diesem Modell möglichen Formen, in der die Materie sich organisieren kann. Dann stellt sich die Frage, ob sich überhaupt eine Welt mit Wesen wie uns hätte entwickeln können, wenn die 28 Parameter andere Werte hätten als die die wir tatsächlich beobachten? Das führt natürlich einerseits auf eine gewagte Spekulation nahe an der *science fiction*, weil bei dieser weitreichenden Frage gar nicht mehr einzusehen ist, warum nicht außer den Werten der Parameter auch die Form der Bewegungsgleichungen etc., also das ganze *Modell* zur Disposition gestellt wird. Dennoch ist es andererseits eine erstaunliche Beobachtung, dass man in dem gegenwärtigen Standard-Modell einzelne Parameter nur ein wenig zu verstimmen braucht, um Voraussagen zu erhalten, die eine Welt wie die unsere unmöglich machen. Ein einfaches Beispiel ist schon in Abschn. 8.5.2 erwähnt worden:[39] Wenn das Verhältnis zwischen starker und elektromagnetischer Kopplungskonstante nur ein wenig anders wäre, wäre ${}^8_4$Be ein gebundener Kern und alle Sterne wären so schnell ausgebrannt, dass für die Entwicklung der Arten lebendiger Wesen bis zu unserer Form des selbstständigen Denkens nicht Zeit gewesen wäre.[40]

[39] weitere Beispiele etwa in [105, Kap. IV]

[40] Jedenfalls dann nicht, wenn man die in unserer Welt beobachteten Mechanismen zum alleinigen Maßstab nimmt. Man sieht hier die Beschränkung der Argumentation.

Kurz und bündig wird dieser Gedanke zusammengefasst im „Anthropischen Prinzip“: Die Parameter sind deshalb so wie wir sie messen, weil, wären sie anders, niemand da wäre, der fragen könnte warum.

### *14.6.3 Seltsame andere Materie?*

Die bisher unüberwindlichen Schwierigkeiten, die Gravitation als weitere Wechselwirkung in die Quantentheorie einzufügen, sind schon mehrfach erwähnt worden. In dieser Bemerkung ist für das Standard-Modell mehr als ein Schönheitsfehler zu sehen, denn sie weist auf zwei gravierende Aspekte von möglicher Inkonsistenz innerhalb der gegenwärtigen Physik hin.

**Das wahrhaft massive Higgs-Feld.** Auch ohne die Masse reeller Higgs-Bosonen zu kennen, kann man für den Vakuum-Erwartungswert des Higgs-Felds größenordnungsmäßig den im Modell benötigten Wert angeben: Er entspricht der Masse von $10^{55}$ Protonen pro $m^3$, das liegt ca. 55 Zehnerpotenzen über der bisher beobachteten mittleren Dichte des Weltalls. Nach der Allgemeinen Relativitätstheorie müsste das Universum dann auf die Dimensionen eines Fußballs zusammengekrümmt sein – es sei denn, die in Einsteins Feldgleichung frei wählbare *kosmologische Konstante* hätte zufällig gerade den Wert, der die Wirkung des Higgs-Felds neutralisiert, auf eben diese ca. 55 Dezimalstellen genau. Anthropisches Prinzip hin oder her – dass eine Feinabstimmung dieser Genauigkeit zwischen verschiedenen Effekten zufällig zustande gekommen sein könnte, gilt als unannehmbare Hypothese.

> Man kann daran erinnern, dass die experimentell auf ca. 11 Stellen vermessene und bestätigte Proportionalität zwischen schwerer und träger Masse nicht als Zufall gewertet wurde, sondern als Ausdruck eines grundlegenden Prinzips, nämlich des von Einstein zuerst formulierten Äquivalenzprinzips, aus dem die Allgemeine Relativitätstheorie und damit die heutige Deutung der Schwerkraft hervorgeht.

**Dunkle Materie.** Der zweite Aspekt, in dem man von einem *Standard-Modell* eine Antwort erwarten müsste, betrifft die Dunkle Materie. Sie wurde in der Astrophysik schon 1933 allein aufgrund einer sonst nicht erklärlichen Gravitationswirkung in Galaxien entdeckt und muss demnach, verglichen mit deren sichtbarer Materie, eine ca. 20fach größere Masse haben. Sollte diese Materie wirklich nur durch Gravitation wirken und an keiner der drei Wechselwirkungen des Standard-Modells beteiligt sein, wird ihre nähere Zusammensetzung unerforscht bleiben müssen. Zeigt sie aber wenigstens die Schwache Wechselwirkung, ist das Standard-Modell offenbar unvollständig. (Denn die Neutrinos, auch die hypothetischen *sterilen* mit der „falschen“ Helizität, können es nicht sein: zu leicht, und zu schnell, um an Galaxien gebunden zu bleiben.) Schwere Teilchen mit lediglich Schwacher Wechselwirkung – *Wimp*[41] genannt – wurden daher schon gesucht, aber nicht gefunden. Als Alterna-

[41] für *W*eakly *I*nteracting *M*assive *P*article, oder einfacher: für *wimp* (engl. Schwächling).

tive wird auch die exakte Gültigkeit des Newtonschen Gravitationsgesetzes in Frage gestellt [133].

**Theorien.** Mit diesen Hinweisen auf Fragen, die das gegenwärtig bekannte Standard-Modell der Elementarteilchenphysik offen lassen muss, ist das Ende der detaillierten Darstellung in diesem Buch erreicht. Es darf nicht verwundern, dass theoretische Spekulationen schon viel weiter sind. Wenigstens dem Namen nach seien erwähnt das Modell der *Supersymmetrie* (abgekürzt *SUSY*) und die *string*-Theorie. *SUSY* führt zahlreiche hypothetische Teilchen ein – zu jedem Fermion ein neues Boson und umgekehrt – mit denen man eine Reihe von Eigenschaften des Standard-Modells deuten könnte, aber eben auch um den Preis vieler neuer und wieder „zufälliger" Parameterwerte. Bekannt geworden ist diese Theorie besonders durch die Vorhersage der Verletzung der getrennten Erhaltung von Baryonen- und Leptonenzahl, also Vorhersage des des Zerfalls von Protonen in Positronen, die – auch wenn die Halbwertzeit um viele Zehnerpotenzen über dem Alter des Universums abgeschätzt wird – eine der letzten gültig gebliebenen anschaulichen Vorstellungen über Materie, ihre Unzerstörbarkeit, widerlegen würde. Die *string*-Theorie interpretiert *alle* Teilchen als Schwingungsmoden winziger Fäden oder Membranen in einem vieldimensionalen Raum und hätte darin auch Platz für ein Quant mit den für das Gravitationsfeld erwünschten Eigenschaften, konnte daraus aber bisher noch keine experimentell überprüfbare Aussage ableiten.

Demgegenüber ist festzuhalten, dass das Standard-Modell derzeit vor seiner nächsten großen Prüfung steht. Noch ist das *Higgs* nicht in der Weise zu *sehen* gewesen, wie man es auch 100 Jahre nach den Anti-Atomisten von einem Teilchen unserer Welt erwartet, um es als real existierend anzuerkennen. Dabei erlebte der damalige naive Begriff schon so viel Veränderungen, dass das heutige Bild eines elementaren Teilchens mit der Anschauung eigentlich nichts mehr gemein hat. Gleich, wie diese Prüfung ausgeht, unter den Physikern richtet sich die Hoffnung auf beide Möglichkeiten: entweder die Bestätigung ihrer bislang besten Theorie oder der definitive Beginn von etwas Neuem, um noch tiefer in die Welt der elementaren Teilchen hineinsehen zu können.

# Kapitel 15
# Zwölf wesentliche Ergebnisse der Elementarteilchenphysik

## Überblick

**Problemstellung.** In 14 Kapiteln ist dargestellt worden, wie die gezielte Erforschung der kleinsten Teilchen begonnen werden konnte und im Verlauf von über 100 Jahren immer wieder zu Erkenntnissen geführt hat, die dem bisherigen Wissen mehr oder weniger schroff entgegen standen. Der nun folgende Rückblick soll in einfacher Weise und in wenigen Sätzen zusammenstellen, welche dieser Erkenntnisse das Weltbild der Physik besonders verändert haben. Das sind nicht ausschließlich, aber mit großem Gewicht diejenigen Erkenntnisse, die die Grenzen der Klassischen Physik besonders spürbar gesprengt haben, weil sie in deutlichem Gegensatz zu den damaligen Anschauungen standen, mit denen auch wir uns heute noch allzu oft die Welt der elementaren Teilchen als miniaturisierte Ausgabe der Alltagswelt vorstellen möchten. Damit soll das Verlangen nach Anschaulichkeit keineswegs kritisiert werden. Sich etwas veranschaulichen zu können ist ja vielleicht die einzige Art, es „wirklich" – d. h. so gut wie menschenmöglich – zu verstehen. Insoweit sich die begrifflichen Mittel unserer Anschauung in der praktischen Auseinandersetzung mit der Umgebung gebildet haben, natürlich auf makroskopischer Skala, ist es nicht verwunderlich, dass sie uns den Zugang zur mikroskopischen Skala nicht leicht machen.

Dieser Gedanke diente hier als Leitschnur bei der Auswahl von nur zwölf Beobachtungen (Abschn. 15.1–15.12) aus den vielen anderen ebenfalls wichtigen. Daher ist es ihrer Natur nach eine persönliche Wertung. Leserinnen und Leser sind eingeladen, ihre eigene Auswahl zu treffen und der nun folgenden entgegen zu stellen.

**Klassische Physik.** Der Ausgangspunkt sei die Klassische Physik, wie sie aus den makroskopischen Erscheinungen abgelesen wurde und sich – nach dem Vorbild der legendären *Feynman Lectures on Physics* von 1964 – auf einer Seite so zusammenfassen lässt [71, Bd. 2, Kap. 18]:

- Newtonsche Mechanik der Massenpunkte
- Elektromagnetische Kraft vom $E$- und $B$-Feld auf eine Ladung
- Maxwellsche Gleichungen für die Felder $E$ und $B$


DOI 10.1007/978-3-540-85300-8, © Springer 2010

- Spezielle Relativitätstheorie
- Gravitationskraft zwischen zwei Massen nach Newtons Gravitationsgesetz.

Eingeschlossen sind hiermit auch die klassischen Anteile der Gebiete:

- Mechanik der starren und der elastischen Körper (als Mechanik vieler Massenpunkte in näherungsweise festliegender räumlicher Anordnung), und
- Thermodynamik (als Statistische Mechanik vieler Massenpunkte).

Die so umschriebene klassische Physik entspricht ungefähr dem Wissensstand um 1900, als auch die Atome noch hypothetisch waren. Sie kann eine ganze Welt von physikalischen Vorgängen beschreiben oder „erklären". Allerdings waren damals auch schon Phänomene bekannt, die so nicht befriedigend gedeutet werden konnten oder sogar im Widerspruch zur klassischen Physik standen z. B.:

- Spektrallinien
- Photoeffekt
- Thermische Strahlung
- Größe und Stabilität der Atome
- Existenz von magnetischen Materialien
- falsch vorhergesagte Entropiezunahme bei Durchmischung identischer Gase (Gibbs'sches Paradoxon der Statistischen Mechanik).

Der größte Beitrag zur Überwindung dieser (und vieler weiterer) Probleme war zweifellos die Entdeckung der Quantenmechanik, die mit ihrem Welle-Teilchen-Dualismus besonders deutlich gegen die Gesetze der Anschauung verstößt. Die im folgenden ausgewählten zwölf Erkenntnisse bauen schon auf ihr auf.

## 15.1 Es gibt Elementarteilchen.

Diese Feststellung mag trivial anmuten, zumal am Ende eines Buchs über diese Teilchen. Es sei aber daran erinnert, mit welchem Satz Richard Feynman die ganze Moderne Physik zusammmenfassen würde, wenn es darauf ankäme, sie vor dem völligen Vergessen zu retten:[1] „All things are made of atoms."

Die Existenz elementarer Teilchen kann heute nicht mehr vernünftig bezweifelt werden, denn es handelt sich um wohldefinierte physikalische Gegenstände mit ganz bestimmten, teilweise extrem genau vermessenen Eigenschaften. Im Standard-Modell erfüllen sie das strengst-mögliche Kriterium, mit dem man „elementar" definieren kann:

Ein Elementarteilchen lässt weder eine endliche räumliche
Ausdehnung noch irgend eine andere innere Struktur erkennen.

Solche Elementarteilchen reagieren entweder als ganzes, oder gar nicht. Sie werden *fundamentale Teilchen* genannt, denn bevor in den 1970er Jahren das Standard-

[1] Siehe Abschn. 1.1.1.

Modell aufgestellt werden konnte, musste man sich mit einer sehr viel weniger einschränkenden Arbeitsdefinition zufrieden geben: Als *elementar* galt schon, was sich nicht in räumlich getrennte Bruchstücke zerlegen lässt.

Die bekannteren unter den fundamentalen Teilchen sind: Elektron und Photon, weniger bekannte: Myon, Neutrino, Quark, Gluon, W- und Z-Boson ... Ihre Eigenschaften wie Masse, Drehimpuls, Ladung, magnetisches Moment etc. sind bekannt. In all ihren Wirkungen erscheinen sie bislang absolut punktförmig.[2]

**Neu?** Die klassische Physik (im oben beschriebenen Umfang) kennt keine bestimmten Elementarteilchen mit besonderen Eigenschaften und kann keine Vorhersagen oder Erklärungen dazu liefern, wie sich z. B. an ihren vergeblichen Bemühungen um ein Verständnis der Atome der kinetischen Gastheorie zeigte. Ihre grundlegenden Gesetze sind nämlich skalenunabhängig, d. h. sie sollten für große und kleine Systeme in exakt gleicher Weise gelten. Man vergleiche die Gültigkeit von Newtons Gesetzen z. B. sowohl im Sonnensystem als auch in der Rutherford-Streuung von $\alpha$-Teilchen, also über einen Längenbereich von 25 Zehnerpotenzen. Auch das Bohrsche Atommodell beruht noch vollständig auf ihnen, nur „ergänzt" durch die neuen Bohrschen Postulate.

Bis zum Auftauchen überzeugender empirischer Nachweise Anfang des 20. Jahrhunderts blieben die Elementarteilchen daher auch das, was sie seit über 2 000 Jahren gewesen waren: Hypothetische Bausteine der Materie und Gegenstand philosophischer Spekulation.

Dabei ist die klassische Physik mit dem eben beschriebenen elementaren Charakter der fundamentalen Teilchen sogar inkompatibel, denn sie versagt prinzipiell bei jedem wirklich unteilbaren Körper ohne innere Freiheitsgrade, egal ob punktförmig oder ausgedehnt:[3]

- Ist der Körper punktförmig, müsste er eine unendliche Feldenergie mit sich führen und damit (nach der Relativitätstheorie) unendlich große Masse haben (vgl. Herleitung des sog. klassischen Elektronenradius).[4]
- Hat der Körper räumliche Ausdehnung, aber keine inneren Freiheitsgrade (etwa wie Schwingungen und Wellen), müsste er äußere Einwirkungen unendlich schnell „von vorne nach hinten" übertragen (wie ein absolut starrer Körper), was auch der Relativitätstheorie widerspräche.

Allerdings kennt auch die Elementarteilchenphysik Probleme mit Unendlichkeiten, die erst mit der neuen Rechentechnik der Renormierung beherrschbar wurden.

---

[2] Nicht verwechseln mit der räumlich ausgedehnten Aufenthaltswahrscheinlichkeit, gemäß der Wellenfunktion des jeweiligen Zustands! (Vergl. Kasten 5.1.)

[3] Dies wurde erst Anfang des 20. Jahrhunderts deutlich herausgearbeitet, als das Versagen der Klassischen Physik auch in anderen Bereichen schon klar geworden war. Man mag sich auszumalen versuchen, wie die philosophisch-physikalische Debatte um die Atomhypothese verlaufen wäre, wenn mit der klassischen Mechanik schon ein Jahrhundert früher die Nichtexistenz elementarer Teilchen „bewiesen" worden wäre.

[4] Die Begründer der klassischen Mechanik haben sorgfältig vermieden, wirklich punktförmige physikalische Körper anzunehmen. Der „Massenpunkt" ist immer als Grundlage einer angenäherten Beschreibung verstanden worden, wenn es auf weitere Einzelheiten nicht ankommt. In der Himmelsmechanik z. B. ist die ganze Erde ein solcher Massenpunkt.

## 15.2 Es gibt nur wenige Grundtypen von Elementarteilchen.

- 2 Sorten Fermionen sind die Bausteine der Materie.
- 3 Sorten Bosonen erzeugen Kräfte zwischen den Fermionen.

Die (nach heutigem Verständnis wirklich) fundamentalen Elementarteilchen heißen:

- Leptonen und Quarks (Fermionen, weil Spin $\frac{1}{2}$),
- Photonen, Gluonen, $W$- und $Z$-Teilchen (Bosonen, weil Spin 1)

**Fermionen.** Die Fermionen befolgen in allen bisher beobachteten Reaktionen und Umwandlungen zwei strenge Erhaltungssätze:

- Erhaltung der Gesamtzahl der Leptonen
- Erhaltung der Gesamtzahl der Quarks

(jeweils netto gerechnet, d. h. Antiteilchen negativ gezählt).
Daher können sie als die unzerstörbaren Bausteine gelten, die der Materie ihre stabile Existenz sichern. Allerdings ist wegen vielfältiger Umwandlungsmöglichkeiten dieser Teilchen ineinander die Frage, wie viele fundamental verschiedene Arten es gibt, nicht mehr eindeutig zu beantworten. (Weiteres hierzu in Satz 15.12.)

**Bosonen.** Bosonen hingegen lassen sich in beliebiger Anzahl (auch einzeln) erschaffen oder vernichten. Für die uns gewohnte Materie sind sie aber so unverzichtbar wie die Fermionen, denn diese üben nur über die Bosonen Kräfte aufeinander aus:

- Das Photon ist die Ursache für elektromagnetische Kräfte
- das Gluon für die Starke Wechselwirkung
- die W- und Z-Teilchen für die Schwache Wechselwirkung.

(weiteres zu Wechselwirkungen in Satz 15.7ff)
Dies sind die drei – zusammen mit der Gravitation: vier – grundlegenden Kräfte oder *Wechselwirkungen*. Sie beherrschen alle physikalischen Vorgänge in der Welt.

**Neu?** Nachdem die klassische Physik zu den Teilchen selber nichts sagen kann, wie sieht es dort bei den Kräften aus? Sie kennt zahlreiche Kräfte, die aber nicht weiter erklärt werden können, z. B.:

- Reibung
- Adhesion
- Kohäsion
- Elastizität
- Plastizität
- chemische Bindung
- Oberflächenspannung

etc.
Die Quantenmechanik der Atome konnte zeigen, dass all dies lediglich die Auswirkungen der elektromagnetischen Wechselwirkung zwischen den äußeren Atom-Elektronen sind (fast immer sogar nur die der Coulomb-Kraft).

## 15.3 Die punktförmigen Elementarteilchen können Drehimpuls haben ohne sich zu drehen, und magnetisch sein, ohne dass ein Strom fließt.

Für den Drehimpuls hält die Quantenmechanik eine Definition bereit, die grundlegender ist als die der klassischen Mechanik. Aus Ort und Impuls eines Massenpunkts das Kreuzprodukt $\vec{\ell}=\vec{r}\times\vec{p}$ zu bilden (auch in Operatoren), ist damit nur noch für den *Bahndrehimpuls* gültig, der im normalen Raum $\mathbb{R}^3$ der Freiheitsgrade $\vec{r}$ und $\vec{p}$ entsteht. Die Elementarteilchen haben aber weitere Freiheitsgrade, mit denen sie sich z. B. im 4-dimensionalen Dirac-Raum bewegen, der seinerseits angenommen wird, um die Quantenmechanik mit dem Relativitätsprinzip vereinbar zu machen. Definierendes Kennzeichen des Drehimpulsoperators $\hat{\vec{j}}$ ist dann allgemein, dass mit ihm das Verhalten des gesamten Systems gegenüber Drehungen berechnet werden kann. Für ein rotationsinvariantes System heißt das insbesondere, dass der Hamilton-Operator $\hat{H}$ mit $\hat{\vec{j}}$ vertauschbar sein muss. Das erfordert einen Zusatz $\hat{\vec{j}}=\hat{\vec{\ell}}+\hat{\vec{s}}$ zum Bahndrehimpuls, den *Spin* oder Eigendrehimpuls $\hat{\vec{s}}$ des Teilchens, der einen konstanten Betrag hat, auch wenn das Teilchen im Ortsraum ruht oder sich im Ursprung $\vec{r}=0$ aufhält, also klassisch den Drehimpuls Null haben müsste.

Ein geladener Massenpunkt mit Impuls $p\neq 0$ stellt auch immer einen elektrischen Strom dar, der selber ein Magnetfeld erzeugt und von einem äußeren Magnetfeld beeinflusst wird. Im Fall einer Kreisbewegung verhält er sich wie eine Stromschleife mit einem durch den Bahndrehimpuls bestimmten magnetischen Dipolmoment. Der Spin-Operator $\hat{\vec{s}}$ hat nun so sonderbare Eigenschaften, dass der Hamilton-Operator bei Anliegen eines Magnetfelds automatisch eine Zusatzenergie ergibt (auch im Grenzfall eines ruhenden Teilchens), die vom Spinvektor gerade so abhängt, als ob er einen magnetischen Dipol beschreibt. In Übereinstimmung mit den Messungen ergibt sich auch die Stärke dieses Dipols (fast) genau doppelt so groß wie für einen Kreisstrom mit gleichem Drehimpuls.

## 15.4 Elementarteilchen können erzeugt und vernichtet werden.

Das ist zu sehen an:

- Photonen (Emission, Absorption)
- Elektronen und Positronen ($\beta$-Radioaktivität, Paarerzeugung und -vernichtung)
- dem plötzlichen Beginn und Ende von Teilchenspuren in Fotoplatten, Nebel- oder Blasenkammeraufnahmen
- einem Schauer von (meist kurzlebigen) Teilchen durch die kosmische Strahlung,

etc. Bei den Fermionen muss bei Erzeugung und Vernichtung auch immer ein Antiteilchen dabei sein (siehe Sätze 15.5 und 15.11).

Als Werkzeug für die theoretische Beschreibung solcher Prozesse führt man daher

- Erzeugungsoperatoren $\hat{a}^{\dagger}_{\mathrm{A}}$
- Vernichtungsoperatoren $\hat{a}_{\mathrm{A}}$

ein, die ein Teilchen eines bestimmten Typs im Zustand $A$ erzeugen bzw. vernichten.

**Neu?** In der makroskopischen oder klassischen Physik war plötzliches Erscheinen oder Verschwinden von Körpern mit Masse ausgeschlossen (oder, schlimmer, der Beweis für Hexerei). Es gab zunächst einen strengen Erhaltungssatz für die Masse, der (ab dem 18. Jahrhundert) in der Entwicklung der Chemie eine große Rolle spielte. Er führte sogar zur Vorhersage von neuen Elementen: Das Germanium wurde 1886 gefunden, weil gezielt danach gesucht wurde, nachdem in chemischen Massenbilanzen bei Gesteinsanalysen Differenzen im %-Bereich aufgetaucht waren.[5]

Seit 1905 muss man hinzufügen (Einstein), dass der Speziellen Relativitätstheorie zufolge jede Energie einer Masse äquivalent ist: $E = mc^2$. Jede Energieänderung zieht auch eine Änderung der Masse nach sich: $\Delta E = \delta mc^2$. (Ein erhitztes Stück Eisen ist z. B. auch etwas schwerer als im kalten Zustand, obwohl dieser Massenzuwachs praktisch unmessbar klein ist, jedenfalls bisher). Jedoch unterliegt auch dieser Effekt einem strikten *gemeinsamen* Erhaltungssatz für Masse und Energie und hat daher – im Rahmen der klassischen Physik – nichts mit dem einfachen Verschwinden oder Entstehen von Materie zu tun.

## 15.5 Zu Teilchen gibt es Antiteilchen.

Zu jedem Typ Fermion gibt es ein Antiteilchen. Teilchen und Antiteilchen haben die gleiche Masse, aber entgegengesetzte Ladungen. Sie erfahren daher alle Wechselwirkungen mit gleicher Stärke, aber umgekehrtem Vorzeichen (auch die Gravitation? – das ist bis heute unbekannt).

Ein Teilchen und sein Antiteilchen können sich gemeinsam „vernichten“. Übrig bleibt dann nur, was durch die Erhaltung von Energie, Impuls, Drehimpuls diktiert wird – und zwar in Gestalt irgendwelcher anderer Elementarteilchen: häufig z. B. Photonen („Vernichtungs-Strahlung“) oder andere Bosonen, aber auch andere Paare aus Teilchen und (zugehörigem) Antiteilchen, wobei alle Teilchenarten möglich sind, soweit die Energie zu der Erzeugung ihrer Ruhemassen ausreicht.

Gleichzeitig gilt ein absoluter Erhaltungssatz: Die Zahl der Fermionen (Teilchen positiv, Antiteilchen negativ gezählt) bleibt konstant. Wo also Fermionen erzeugt werden, müssen entweder gleich viele vernichtet oder gleich viele Antifermionen erzeugt worden sein. Dieser Erhaltungssatz gilt sogar getrennt für die Leptonen und die Quarks (und sichert somit z. B. dem aus Quarks zusammengesetzten Proton die Stabilität – und uns damit auch). Genau so gibt es Antiteilchen zu den Bosonen. Hier

[5] und weil das damals noch recht hypothetische Periodensystem der Elemente dort eine Lücke hatte.

spielt dieser Begriff aber eine vergleichsweise geringe Rolle, denn Bosonen können auch ohne ihre Antiteilchen erzeugt und vernichtet werden (Beispiel: Emission und Absorption einzelner Photonen).

In den theoretischen Formeln sieht ein Antiteilchen so aus wie das ursprüngliche Teilchen.

- nur dass seine Ladungen das Vorzeichen gewechselt haben (Operation $\hat{C}$)
- und als ob seine Bewegung sich wie im Spiegel vollzieht (Operation $\hat{P}$)
- und als ob es in der Zeit rückwärts läuft (Operation $\hat{T}$).

**Neu?** In der klassischen Physik (einschließlich Relativitätstheorie) ist Antimaterie unbekannt. Das Verschwinden von (Ruhe-)Masse kommt dort zwar schon vor, aber nur im Zusammenhang mit dem relativistischen Masse-Äquivalent der Bindungsenergie ($E_B = \Delta mc^2$), die „frei wird" (d. h. in Form irgendwelcher Teilchen – meist Photonen – davon fliegt), wenn mehrere Teilchen sich binden. Der relative Massendefekt $\Delta m/m$ liegt in Atomen bei wenigen ppm, bei Kernen noch unter 1%. Bei der Paarvernichtung (wenn der Begriff Massendefekt hier überhaupt angewendet werden soll) betrüge er 100%.

## 15.6 Elementarteilchen sind (wenn von der gleichen Sorte) vollkommen ununterscheidbar. Für Fermionen gilt dazu noch ein absolutes gegenseitiges Ausschließungsprinzip.

Bei Photonen ist die Ununterscheidbarkeit wohl am leichtesten einsichtig: Wie sollte man denn in einem elektromagnetischen Strahlungsfeld aus $E$- und $B$-Feldern einzelne Lichtquanten benennen und verfolgen können. Bei Elektronen kommt die anschauliche Vorstellung von einem Massenpunkt schon eher in Schwierigkeiten mit der quantenmechanischen Forderung der Ununterscheidbarkeit.

Ein schlagender Hinweis, dass hier etwas fundamental Neues gelten muss, ergibt sich aus dem Ausschließungsprinzip von 1923 (Pauli): Dass ein Elektron alle anderen Elektronen (aber auch nur diese) vollständig aus seinem Zustand ausschließt, kann nämlich nicht als Wirkung einer Abstoßungs-Kraft beschrieben werden (weil die ja nie ganz unüberwindlich sein könnte). Es muss eine ganz andere Ursache dafür geben, dass Elektronen sich untereinander „erkennen" können: Etwa ihre absolute Ununterscheidbarkeit.

Diese Ununterscheidbarkeit ist derartig perfekt, dass es sogar schon falsch ist, die einzelnen gleichen Elementarteilchen durchzunummerieren. Stattdessen müssen alle ihre Merkmale (neben ihren festen Eigenschaften wie Masse etc.) durch ihren jeweiligen Zustandsvektor gegeben sein. Daneben können sie nicht einmal eine laufende Nummer tragen – so elementar sind diese Teilchen.

Dass Elementarteilchen absolut ununterscheidbar sind und überdies erzeugt und vernichtet werden können, macht nun eine ganz neue Art der Beschreibung von

Prozessen möglich: Geht ein Teilchen vom Zustand „$A$“ in den Zustand „$B$“ über, kann man das nicht von dem Prozess unterscheiden, dass im Zustand „$A$“ eins vernichtet und im Zustand „$B$“ eins erzeugt wurde, denn sie sind ja identisch. Mit dem in Satz 15.4 eingeführten Vernichtungsoperator $\hat{a}_{\mathrm{A}}$ und dem Erzeugungsoperator $\hat{a}^{\dagger}_{\mathrm{B}}$ ist dann $\hat{a}^{\dagger}_{\mathrm{B}}\hat{a}^{\dagger}_{\mathrm{A}}$ der Übergangs-Operator, der ein Teilchen vom Zustand „$A$“ in den Zustand „$B$“ versetzt.

**Neu?** In der makroskopischen oder klassischen Physik gibt es nichts, was dieser absoluten Identität von Teilchen angenähert gleich käme. Es gab sogar einen logischen Beweis dafür, dass es von einem Ding nicht mehrere Exemplare geben *könne*, die sich (außer in ihrem Ort) in *absolut nichts* unterscheiden.

Ein damals unerklärlicher Hinweis auf dies Phänomen war aber schon das „Gibbs'sche Paradoxon“ (1902) der klassischen Statistischen Mechanik gewesen. Wenn für ein Gas jeder Zustand (damals ganz korrekt!) als neu gezählt wird, in dem nur zwei gleichartige Moleküle vertauscht wurden, kommt für die Entropie (und damit für die spezifische Wärme etc.) eine falsche Formel heraus. Das richtige Vorgehen ist, die Möglichkeit der Vertauschungen gleicher Teilchen einfach zu ignorieren – eine kurzfristige Abhilfe in Gestalt eines unbefriedigenden Rezepts, das erst durch den verschärften Begriff der Ununterscheidbarkeit seine einfache Begründung findet: So eine Vertauschung findet nur auf dem Papier statt, real ergibt sie gar keinen neuen Zustand und *darf* folglich auch nicht mitgezählt werden.

## 15.7 Der Elementarakt der elektromagnetischen Wechselwirkung ist das Emittieren oder Absorbieren eines Photons. Auch das elektrostatische Potential entsteht so.

Zweifellos sind Absorption und Emission von Lichtquanten Beispiele dafür, dass Elektronen (bzw. andere elektrisch geladene Teilchen) elektromagnetische Wechselwirkungen machen können. Eine theoretische Beschreibung muss also mindestens den Prozess enthalten, dass ein Photon entsteht oder verschwindet, wenn ein Elektron seinen Zustand nur ändert. Ausgedrückt durch den Photonen-Erzeugungsoperator $\hat{c}^{\dagger}_{\mathrm{p}}$ bzw. Vernichtungsoperator $c^{\dagger}_{\mathrm{p}}$: ein realistischer Hamilton-Operator für die elektromagnetische Wechselwirkung muss Glieder wie

- $\hat{H}_{\mathrm{Emission}} = \hat{a}^{\dagger}_{\mathrm{B}}\hat{a}^{\dagger}_{\mathrm{A}}\,\hat{c}^{\dagger}_{\mathrm{p}}$
- $\hat{H}_{\mathrm{Absorption}} = \hat{a}^{\dagger}_{\mathrm{B}}\hat{a}_{\mathrm{A}}\hat{c}_{\mathrm{p}}$

enthalten. ($\hat{a}^{\dagger}_{\mathrm{B}}, \hat{a}_{\mathrm{A}}$: Erzeugungs- bzw. Vernichtungsoperator für Elektron, siehe Satz 15.4). Meist bezeichnen die Indizes $A$ , $B$ und $p$ Zustände mit definierten Impulsen und Energien, die so zusammengestellt sind, dass Energie- und Impulserhaltung gewährleistet sind. Der Übergang von $A$ nach $B$ ist dann, anschaulich gesprochen, ein „elastischer Stoß“, also die Folge von Krafteinwirkung, oder allgemein: Folge einer Wechselwirkung.

Es zeigt sich, dass schon mit diesem minimalen Ansatz in der Quantenelektrodynamik (*QED*) alle elektrodynamischen Vorgänge (nicht nur Emission und Absorption von Photonen), im großen und im kleinen, mit einer unübertroffenen Genauigkeit berechnet werden können.

Zusammen mit diesem Erfolg allerdings mutet die Elementarteilchenphysik der Anschauung ein Problem zu, das vielleicht genau so schwierig zu verdauen ist wie der Welle-Teilchen-Dualismus der einfachen Quantenmechanik: Man muss alle Teilchen neben den bisher bekannten „reellen" Zuständen auch in „virtuellen Zuständen" betrachten dürfen. Dann ergibt sich aus der *QED* mit diesem Ansatz sogar etwas so Fundamentales wie das Coulomb-Potential (Fermi 1931, weiteres in Satz 15.8).

**Neu?** Der Aufbau der klassischen Physik erscheint von hier aus wie auf den Kopf gestellt. Sie geht genau anders herum vor (und wurde auch historisch so entwickelt). Begriffliche Grundlage jeder Wechselwirkung ist eine Kraft zwischen zwei Körpern: Nach den „mechanischen Kräften" (Berührung, Stoß, Verdrängung, Druck) kamen als Fernwirkungen der Magnetismus (Gilbert 1600), die Gravitation (Newton 1687) und die Elektrostatik (Coulomb 1785). Von der Kraft abgeleitet sind Konzepte wie das erzeugte Kraft-Feld sowie dessen Feldstärke und Potential (Faraday 1831). Erst im letzten Schritt (Maxwellsche Feldgleichungen des Elektromagnetismus 1864, Einsteinsche Feldgleichungen des Gravitationsfelds 1916) kommt die Erzeugung freier Wellen hinzu. Anschaulich gesagt entstehen fortschreitende Wellen, weil in größerer Entfernung die Feldstärke nur mit Verzögerung auf Bewegungen der felderzeugenden Ladung reagiert.[6]

## 15.8 Elementarteilchen entfalten messbare Wirkungen auch aus „unphysikalischen" Zuständen heraus, in denen sie selbst prinzipiell unbeobachtbar sind (*virtuelle Zustände*).

Jedes freie Teilchen (oder Gebilde von Teilchen) mit Energie $E$, Impuls $p$ und (Ruhe-)Masse $m$ befolgt stets und in Strenge die allgemein verbindliche Energie-Impuls-Beziehung aus der Speziellen Relativitätstheorie:

$$E^2 = p^2c^2 + (mc^2)^2 .$$

Daher kann ein frei fliegendes Elektron ($m = m_e$) in Wirklichkeit nie ein Photon ($m = 0$) emittieren oder absorbieren (sonst sähe unsere Welt auch wirklich anders aus).

Grund: Wenn das Elektron genau den Photonen-Impuls aufnehmen soll, kann sich seine Energie nicht um genau die Photonen-Energie ändern. (Zu sehen z. B. in seinem Ruhesystem, wo anfänglich $E = m_e c^2$.)

[6] Das gilt auch für mechanische Wellen in elastischen Medien oder auf Oberflächen.

Wie kommt die *QED* trotzdem zu richtigen Ergebnissen? Man braucht dazu nur 2-stufige Prozesse zu betrachten, z. B. ein Produkt wie

$$\hat{H}_{\text{Absorption}}\,\hat{H}_{\text{Emission}} = \hat{a}_{\mathrm{D}}^{\dagger}\hat{a}_{\mathrm{B}}\hat{c}_{\mathrm{p}}\hat{a}_{\mathrm{C}}^{\dagger}\hat{a}_{\mathrm{A}}\hat{c}_{\mathrm{p}}^{\dagger}\,.$$

Hier wird in einem Zug ein Photon $p$ erst erzeugt und gleich wieder vernichtet – dies alles aber nur in der Formel, das Photon taucht in der Außenwelt gar nicht auf – ist „virtuell" geblieben. Ohne mit der beobachteten Wirklichkeit in den geringsten Widerspruch zu geraten, darf man diesem intermediären Photon gestatten, die Gebote der wirklich beobachteten („reellen") Photonen zu verletzen, z. B. die Energie-Impuls-Beziehung $E = pc$, aber auch das Verbot longitudinaler Polarisation. Der gesamte Operator beschreibt demnach, wie zwei Elektronen, unter Erhaltung von Gesamt-Energie und -Impuls, von den Zuständen $A$ und $B$ in die Zustände $B$ und $C$ übergehen: Ein ganz normaler Stoßprozess.

Nimmt man beim näheren Ausrechnen alle möglichen virtuellen Zwischenzustände des Photons mit, zeigt sich, dass nach dieser Formel die Elektronen genau so aufeinander einwirken, als ob das Coulomb-Potential zwischen ihnen herrschte. Dabei hat der Hamilton-Operator aber gar keinen Summanden $V(r)$ für potentielle Energie enthalten!

**Neu?** Dies ermöglicht eine tiefe Umdeutung der klassischen Begriffe Kraftfeld und Potential. Das Grundlegende ist nun die Fähigkeit der Elektronen, Photonen zu erzeugen und zu vernichten, denn nichts Anderes steht im Wechselwirkungsoperator explizit drin. Das Coulombsche Kraftfeld ergibt sich dann aus der Quantentheorie schon von selbst (und gleich auch eine einfache geometrische Deutung, warum es wie $r^{-2}$ abfällt, und warum es gerade mit Lichtgeschwindigkeit reagiert, wenn das felderzeugende Teilchen bewegt wird).

## 15.9 Jede der vier Grundkräfte der Natur kommt durch Austausch von Elementarteilchen in virtuellen Zuständen zustande (den *Austauschbosonen*).

Das Konzept des Austauschs virtueller Feldquanten, erfolgreich bei der Quanten-Elektrodynamik *QED* (nach Fermi, 1931), wurde von Yukawa (1935) auf die Kernkraft angewendet um ihre kurze Reichweite ($10^{-15}$ m) zu deuten. Der Parameter für die Reichweite des durch Austauschteilchen vermittelten Potentials ist nämlich umgekehrt proportional zu deren Masse. (Bei Photonen mit $m = 0$ ergibt sich Reichweite „unendlich", d. h. die Abnahme der Kraft erfolgt nur „geometrisch" gemäß $r^{-2}$). Das hierdurch mit etwa $140\,\mathrm{MeV}/c^2$ Ruhemasse vorhergesagte Austauschboson der Kernkräfte wurde als reelles Teilchen 1947 entdeckt und Pion genannt ($\pi^{\pm}$, Lebensdauer $10^{-8}$ s).

Analog wurde die Schwache Wechselwirkung ab 1960 zunehmend als Folge des Austauschs von noch viel schwereren Feldquanten interpretiert. Als 1983 an neuen

Beschleunigern genügend Energie für ihre Erzeugung in reellen Zuständen verfügbar geworden war, wurden sie auch als reelle Teilchen entdeckt: $W^{\pm}$, $Z^0$ ($mc^2 \approx$ 80–90 GeV$/c^2$, Lebensdauer $10^{-24}$ s). Ab etwa 1965 wurden auch Protonen, Neutronen, Pionen etc. als zusammengesetzt erkannt. Man wählte für ihre Bausteine den Namen „Quarks", und erfand für die Wechselwirkung zwischen diesen eine neue Sorte Austauschteilchen, „Gluon" genannt („Klebeteilchen"), mit Ladungen namens „Farbe". Als reelle Teilchen sind allerdings weder Gluonen noch Quarks bisher beobachtet worden. Die heutige Theorie – die Quantenchromodynamik *QCD* – erklärt dies mit der besonderen Stärke der Starken Wechselwirkung in Verbindung mit ihrem Bestreben, die Bindungen abzusättigen. Das ist nur möglich bei

- drei Quarks (das ergibt Proton, Neutron, ... Baryonen) oder
- einem Paar Quark-Antiquark (das ergibt Pion, ... Mesonen).

Will man ein Quark daraus abtrennen, muss man ihm viel Energie übertragen, und daraus können dann so viele zusätzliche Quark-Antiquark-Paare entstehen, dass alle Bindungen gesättigt sind und sich lauter bekannte Teilchen gebildet haben, die dann auch auseinanderfliegen dürfen. So reicht die Starke Wechselwirkung im Effekt nicht weiter als 1 Protonenradius. Die Bindungen zwischen Protonen und Neutronen – also die Kernkraft – entsteht als schwacher Abglanz der Starken Wechselwirkung, indem nicht einzelne Gluonen sondern ganze Paare Quark-Antiquark virtuell erzeugt und ausgetauscht werden. Das sind (u. a.) gerade die von Yukawa postulierten Pionen.

Die Austauschteilchen aller Grundkräfte der Natur sind Bosonen. Welche Teilchen an welcher Wechselwirkung teilnehmen, wird in Analogie zur elektrischen Ladung durch neu eingeführte Arten von „Ladungen" beschrieben. Um über Photonen aufeinander einzuwirken, müssen die Teilchen elektrische Ladung tragen, für den Austausch von $W$- und $Z$-Bosonen müssen sie die „Schwache Ladung" tragen, für Gluonen braucht es die „Starke" (oder „Farb"-) Ladung (siehe Satz 15.12).

Für die Gravitation ist man von all dem noch weit entfernt, analog etwa zu dem Stand des Elektromagnetismus zwischen den Maxwellschen Gleichungen (1864) und dem Nachweis der Hertzschen Wellen (1886). Die mit der Allgemeinen Relativitätstheorie (1916) vorhergesagten Gravitationswellen sind bisher nur indirekt belegt,[7] von eventuellen Quanteneffekten ganz zu schweigen. Vermutet wird, dass auch hier ein Austauschboson (mit Spin 2) verantwortlich ist, das Graviton genannt wurde.

## 15.10 Für die Wechselwirkungsprozesse gibt es eine exakte Bildersprache (*Feynman-Graphen*)

Die jahrhundertelange physikalische Analyse der Vielfalt der Erscheinungen hat uns zu elementaren Prozessen von so einfacher Struktur geführt, dass eine einfache Bildersprache ausreicht, sie mit wissenschaftlicher Exaktheit darzustellen.

[7] Nobelpreis 1993 an Russell A. Hulse und Joseph H. Taylor Jr.

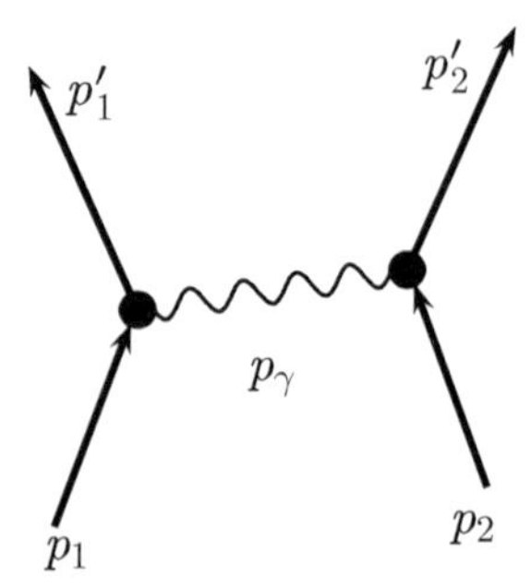


**Abb. 15.1** Das Photon hat eine ***innere Linie***. Sie erstreckt sich von einem Vertex zum anderen und charakterisiert das Austausch-Teilchen in seinem virtuellen Zustand, wo die Bedingung $E_\gamma = c\,\vec{p}_\gamma$ ungestraft missachtet werden darf. Sein Impuls und seine Energie erfüllen die Erhaltungssätze an jedem Vertex, $\vec{p}_1' - \vec{p}_1 = \vec{p}_\gamma = \vec{p}_2 - \vec{p}_2'$ und $E_1' - E_1 = E_\gamma = E_2 - E_2'$. Nur die oben und unten in das Diagramm hinein- oder aus ihm herauslaufenden ***äußeren Linien*** müssen reellen Teilchen entsprechen!

Als Beispiel aus der Quantenelektrodynamik zeigt Abb. 15.1 den Graph 2. Ordnung für Elektron-Elektron-Wechselwirkung mittels eines virtuellen Photons. Der Zeitablauf ist von unten nach oben vorzustellen. Feynman-Graphen für die Schwache und Starke Wechselwirkung sehen ganz ähnlich aus, nur sind für die jeweiligen Austauschbosonen andere Linienformen vereinbart.

Feynman-Graphen für alle möglichen Prozesse sind unmittelbar anschaulich zu zeichnen, und können eindeutig zurück übersetzt werden in Formeln für die Übergangsamplitude des Prozesses (deren Quadrat die Übergangsrate bestimmt). Weitere Graphen (auch mit mehr Vertices, einschließlich derer der anderen Wechselwirkungen) sind leicht zu konstruieren. Graphen mit ein- oder auslaufenden Photonen-Linien beschreiben Prozesse mit reellen Photonen wie Emission/Absorption/Compton-Effekt etc.

Mit dem gezeigten Graph kann man nicht nur die Streuung von elektrisch geladenen Teilchen aneinander berechnen, sondern – wenn die Ladungen verschiedenes Vorzeichen haben – auch die gebundenen Zustände (wie im Atom).

Grundsätzlich müssen für einen durch die Anfangs- und Endzustände reeller Teilchen bestimmten Prozess alle Graphen berücksichtigt werden, die diese gegebenen Zustände miteinander verbinden, darunter sogar auch solche Graphen, wo das einzelne Elektron sein eben erzeugtes virtuelles Photon selbst wieder einfängt, oder wo ein virtuelles Photon ein ebenso virtuelles Elektron-Positron-Paar erzeugt. Die überragend genauen Ergebnisse der Quantenelektrodynamik kommen zustande, indem man (z. Zt.) bis zur 8. Ordnung rechnet (d. h. 8 Vertices), und dabei alles, aber wirklich alles, was die Teilchen an Prozessen machen können, mitnimmt – auch die Erzeugung und Vernichtung von Austauschbosonen aller übrigen Wechselwirkungen, und deren mögliche Verwandlungen in ganz andere Teilchen-Antiteilchenpaare, aber alles „nur“ virtuell.

## 15.11 Es gelten die vier Erhaltungssätze der klassischen Physik (für Energie, Impuls, Drehimpuls, elektrische Ladung). Jedoch sind die Spiegel-Symmetrien der klassischen Physik (Raum, Zeit, Ladungsvorzeichen) gebrochen.

Die klassischen Erhaltungssätze für:

- Energie
- Impuls
- Drehimpuls
- elektrische Ladung

gelten zwischen Elementarteilchen in einer Strenge und Unmittelbarkeit, wie sie im makroskopischen Alltag nie wirklich beobachtet wurde und deshalb in Lehrbüchern oft „unter idealisierten Bedingungen" dargestellt wird. Denn in realen Experimenten ist meistens „etwas kinetische Energie in Wärme oder Deformation gegangen" oder „etwas Impuls durch Reibung von der Unterlage aufgenommen" oder „etwas Ladung durch Kriechströme abgeflossen". Ursache hierfür ist, allgemein ausgedrückt, die Fähigkeit makroskopischer Körper mit ihrer ungeheuren Anzahl von inneren Freiheitsgraden, „ein wenig" Energie, Impuls, Drehimpuls oder Ladung aufzunehmen oder abzugeben, ohne ihren Zustand makroskopisch bemerkbar zu verändern.

Elementarteilchen haben aber keine inneren Freiheitsgrade, um „ein wenig" Energie etc. verstecken zu können.

> So kann z. B. ein (reelles) Elektron allein gar kein (reelles) Photon erzeugen. Ein Atom hingegen kann das schon: Es kann im Gegensatz zum Elementarteilchen seine innere Energie und damit seine Ruhemasse ändern. (Siehe Satz 15.8.)

In Elementarteilchenreaktionen erscheinen daher die Auswirkungen der klassischen Erhaltungssätze oft besonders streng.

Die drei mechanischen Erhaltungssätze der obigen Liste können schon in der Klassischen Physik abgeleitet werden aus je einer Invarianz oder „Symmetrie", der zufolge zeitlich oder räumlich verschobene oder verdrehte Prozesse genau so ablaufen wie vorher. In der Quantenmechanik ergibt sich auch der vierte Erhaltungssatz, der der elektrischen Ladung, aus einer Symmetrie: Die Verschiebung der komplexen Phase der Wellenfunktion um einen konstanten Betrag lässt alle Vorgänge ungeändert.

In der klassischen Physik gilt die Invarianz ganz analog auch für drei Arten von gespiegelten Prozessen:

- nach räumlicher Spiegelung (Operation $\hat{P}$)
- nach Vertauschung der Ladungsvorzeichen (Operation $\hat{C}$)
- nach Umkehr des zeitlichen Ablaufs (Operation $\hat{T}$).[8]

---

[8] Diese klassische Invarianz gilt nur bei so kleinen Teilchen-Zahlen oder so genauer Festlegung der Zustände, dass Statistische Mechanik – also die Thermodynamik – ausgeschlossen bleibt.

Jeder dieser gespiegelten Prozesse gehorcht denselben Gesetzen der klassischen Physik, so dass die Spiegelung gar nicht nachweisbar ist.

In der Elementarteilchenphysik aber gelten diese drei Spiegel-Symmetrien einzeln nur in den Prozessen der Elektromagnetischen und der Starken Wechselwirkung. Durch die Schwache Wechselwirkung werden alle drei gebrochen. Wenn jedoch alle drei Spiegelungen gleichzeitig angewendet werden, bedeutet das gerade die Vertauschung aller Teilchen mit ihren Antiteilchen (siehe Satz 15.5). Dann läuft alles genau so ab wie vorher, auch die Prozesse der Schwachen Wechselwirkung. Dies fundamentale Symmetriegesetz der Natur heißt *CPT-Theorem.*

## 15.12 Die Teilchen können weitere Arten von Ladung tragen, die sich zum Teil ineinander umwandeln lassen. Das macht unklar, wieviel Arten von Teilchen als verschieden gezählt werden müssen.

Unter Ladung wird in der makroskopischen Physik ausschließlich die elektrische Ladung verstanden. Für sie gilt ein Erhaltungssatz (s. o.), der Prozesse mit Entstehung oder Vernichtung elektrischer Ladung einfach verbietet. In der Elementarteilchenphysik führt man zusätzlich mehrere neue Arten von Ladungen ein, um für die beobachteten – also sicher *nicht* verbotenen – Umwandlungsprozesse Regeln formulieren zu können, mit denen sie von den ausgebliebenen – also wohl verbotenen – Prozessen abgegrenzt werden können. Beispiele für sind (bei Antiteilchen immer das andere Vorzeichen):

- Baryonenladung ($+1$ bei Proton, Neutron, $+\frac{1}{3}$ bei den Quarks)
- Leptonenladung ($+1$ bei Elektron, Myon, Tauon und ihren zugehörigen Neutrinos)
- Farbladung oder Starke Ladung (3 verschiedene „Farben“ – $R$, $G$, $B$ – bei Quarks und Gluonen)
- Schwache Ladung ($+1$ bei Quarks und Leptonen)

Die ersten drei dieser vier Typen neuer Ladungen müssen, wie schon von der elektrischen Ladung her bekannt, immer exakt erhalten bleiben. Die Erhaltung der Farbladung kann man durch die Annahme der $SU(3)_C$-Symmetrie der Starken Wechselwirkung erklären. Eine entsprechende Grundlage gibt es für die getrennte Erhaltung von Baryonen- und Leptonenladung (noch?) nicht, diese beiden Erhaltungssätze sind aus den Beobachtungen durch induktive Verallgemeinerungen gewonnen und werden als *rein empirisch* bezeichnet. Sie sichern, dass die Fermionen (Quarks, Leptonen) nur zusammen mit einem entsprechenden Antiteilchen entstehen oder verschwinden können. Nur der vierte Ladungstyp, die Schwache Ladung, kann (natürlich ausschließlich in Prozessen der Schwachen Wechselwirkung) verändert werden.

Daneben sind zur weiteren Unterscheidung unter den Quarks und unter den Leptonen zwei weitere ladungsartige Eigenschaften eingeführt worden:

- Quark-*flavor* (der Unterschied der sechs Quark-Typen $d, u, s, c, b, t$)
- Leptonen-*flavor* (der Unterschied der drei Leptonen-Familien, die aus je einem elektrisch negativen Teilchen und dem zugehörige Neutrino bestehen).

Jede Umwandlung eines Quark in ein anderes, oder eines Leptons in ein anderes, bedeutet, dass eine entsprechende *flavor*-Ladung vernichtet und eine andere erzeugt werden muss. Wieder ist es, wie beim Bruch der Spiegelsymmetrien in Satz 15.11, ausschließlich die Schwache Wechselwirkung, die diese Prozesse ermöglicht. In dieser Hinsicht ist sie also stärker als die elektromagnetische und die Starke Wechselwirkung.

Beispiel: der Quark-Flavor ist „nicht streng erhalten", die Umwandlung eines $d$- in ein $u$-Quark durch die Schwache Wechselwirkung ist möglich. So entsteht aus einem Neutron $(udd)$ ein Proton $(uud)$, die Grundlage der ganzen $\beta$-Radioaktivität.

Dass auch der Leptonen-Flavor sich ändern kann, wiederum durch die Schwache Wechselwirkung, ist erst seit 1998 bekannt, als die Umwandlung der Neutrino-Sorten ineinander beobachtet wurde, die man anders nicht erklären kann.

Alle diese Erhaltungssätze zusammen genommen ergeben heute ein nahezu vollständiges Bild der erlaubten Vorgänge zwischen Elementarteilchen. Fast darf man sagen: Jeder Prozess, der nicht durch einen Erhaltungssatz verboten ist, findet auch wirklich statt.

**Wieviel fundamentale Teilchen gibt es?** Mit der Einführung dieser neuen Arten von Ladungen und ihren strikten oder weniger strikten Erhaltungssätzen erweist sich nun ganz am Ende dieses Buches eine besonders einfach klingende Frage als unbeantwortbar: Wieviele Arten fundamentaler Teilchen gibt es eigentlich im Standard-Modell?

Für die Fermionen lautet die häufigste Antwort: sechs Leptonen und sechs Quarks, letztere wegen ihrer drei Farben noch dreifach gezählt, zusammen 24. Die gleiche Anzahl Antifermionen dazu, haben wir schon wieder 48 Teilchen des Typs Fermion. Mit den verschieden geladenen Austauschbosonen (8 für die Starke, 3 für die Schwache und 1 für die elektromagnetische Wechselwirkung) sowie dem *Higgs* sind es gar 61 fundamentale Teilchen. Für jedes gibt es nach der Konvention auch ein Symbol, an dem man es sofort erkennen kann (z. B. $\bar{u}_{\mathrm{R}}$ für das *up*-Antiquark mit roter Farbladung).

Verglichen mit der Zeit um 1930, als im schon äußerst erfolgreichen damaligen Äquivalent zum Standard-Modell die drei Teilchen Proton, Elektron und Photon fast auszureichen schienen, um die gesamte physikalische Welt daraus aufzubauen, wird das wie ein Rückschritt in die Richtung der überwunden geglaubten Zahl von 92 chemischen Elementen empfunden. Doch stellt sich bei näherem Hinsehen heraus, dass man mit der Bedeutung des Wortes „fundamental" im Sinn auch ganz anders zählen kann.

**Was ist denn „fundamental"?** Zunächst lohnt ein kurzer Blick auf die Entwicklung des Begriffs *elementar* bzw. *fundamental*. Als die moderne Chemie vor gut 200 Jahren begründet wurde, lag ihr der Lehrsatz zugrunde, alle Materie bestehe aus einer bestimmten Anzahl Elemente, jedes eindeutig erkennbar und von den anderen unterschieden durch unveränderliche Eigenschaften; auch wurden Umwandlungsprozesse kategorisch ausgeschlossen.[9] Ihre unteilbaren Einheiten, die Atome, waren (wie hypothetisch auch immer) die fundamentalen Teilchen der damaligen Zeit. Dass dieser Ausgangspunkt so gar nicht gegeben ist, wurde 100 Jahre später zur herrschenden Lehre, aufgrund der Entdeckung der Transmutations-Gesetze der Radioaktivität durch Rutherford und Soddy (1902), der ersten Kernreaktionen (1919), und später im Atom-Modell aus Elektronen und Protonen, Neutronen (siehe Kap. 1–4).

Mit den genannten 61 fundamentalen Teilchen des heutigen Standard-Modells sieht es zum Teil nicht viel besser aus. Die „Transmutation" im $\beta$-Zerfall beruht ja gerade darauf, dass ein *down*-Quark (via $d \rightarrow u + W^-$) in ein *up*-Quark *übergeht*. In Worten benennt man dies meist als eine *Umwandlung*, bei der ein Stückchen Materie „an sich" bestehen bleibt (Erhaltung der Baryonenladung), aber eine neue Erscheinungsform annimmt (Wechsel der *flavor*-Ladung).[10] In den Formeln steht stattdessen völlige Vernichtung des ersten Teilchens und Erzeugung des neuen Endzustands aus dem Vakuum. Das sieht vom begrifflichen Bild her nicht gerade wie eine Art Umwandlung aus, ist aber in allen beobachtbaren Konsequenzen dasselbe. Doch weder das eine noch das andere ist ein Vorgang von der Art, wie man ihn einem fundamentalen Baustein der Materie zuschreiben möchte.

**Mal wieder: die Superposition.** Problematisch wird die Unterscheidung unter all den fundamental genannten Teilchen auch durch das Superpositionsprinzip. Im Wellenbild müssen zwei Wellen wirklich schon von derselben Natur sein (und im selben Raum existieren), um sie zu einer resultierenden Welle zu addieren. Man braucht nur daran zu denken, dass man die Gesamtamplitude auf viele verschiedene, beliebige Weisen wieder in zwei (oder mehr) überlagerte Beiträge aufteilen kann (vgl. Fußnote 3 auf S. 121). In der algebraischen Formulierung der Quantentheorie ist es die Beliebigkeit, mit der man zwei Vektoren (desselben Vektorraums) addieren und den Summenvektor bezüglich einer beliebigen Basis wieder in Komponenten zerlegen kann.

Zum Beispiel die Photonen: Zirkular polarisiertes Licht kann zu linear polarisiertem Licht überlagert werden, das wiederum in zwei, in anderen Ebenen linear polarisierte Lichtwellen aufgeteilt werden kann, usw. Ob zirkular oder linear polarisierte Photonen als fundamental gezählt werden, ist aber gleichgültig. Als Teilchentyp für alles gemeinsam gibt es allgemein nur *das* Photon.

Nun zum Vergleich die Gluonen: Von den 8 als fundamental gezählten steht nur fest, dass sie 8 zueinander orthogonale Vektoren im $3 \times 3$-dimensionalen Zustandsraum (Farbe-Antifarbe) sind, die den Unterraum orthogonal zum „weißen" Zu-

---

[9] auch zur anfangs wichtigen Abgrenzung gegen die Alchemie

[10] Niemand formuliert das so, dass das $d$ sich in das $W^-$ umgewandelt und dabei ein $u$ ausgesandt habe.

standsvektor aufspannen. Da gibt es viele gleichwertige Möglichkeiten, und keine davon zeichnet sich dadurch aus, dass ihre Gluonen besonders fundamental sind.[11] Überhaupt sind alle Gluonen in diesem 8-dimensionalen Raum gleich fundamental. Um die Bedeutung dieses Worts vielleicht besser zu treffen, könnte man also von *dem Gluon* als *einem* fundamentalen Teilchen sprechen, das einen inneren Freiheitsgrad mit 8 möglichen Werten hat. Wenn man nun verschiedenfarbige Gluonen überlagern darf (z. B. $g = \alpha g_{\mathrm{R\bar{B}}} + \beta g_{\mathrm{R\bar{G}}}$), muss man das auch mit verschiedenfarbigen Quarks dürfen, damit sie nach Emission eines solchen Gluons in einem erlaubten Zustand enden ($q_{\mathrm{R}} \to g + (\alpha q_{\mathrm{B}} + \beta q_{\mathrm{G}})$ im Beispiel). Die Unterscheidung der Quarks durch ihre Farbladungen ist daher auch nicht gerade fundamental. Überdies widerspricht allein die normale Bedeutung von „Ladung" der Ansicht, dass bei jeder Umladung sich ihr Träger fundamental ändert.

Das gleiche kann man von den *flavor*-Ladungen sagen. Zudem sind wir kohärenten Überlagerungen verschiedener *flavors* sowohl bei den Quarks als auch den Leptonen schon begegnet (z. B. $u, d \to (u', d')$ in der Cabibbo-Drehung, $\nu_\mu$ und $\nu_e$ bei den Neutrino-Oszillationen).

**Scharfe Auslese.** Versuchsweise verschärfen wir den Anspruch an den fundamentalen Charakter der Teilchen im Standard-Modell: Was sich ineinander umwandeln kann, kann nicht als fundamental verschieden gelten; was sich kohärent überlagern lässt, auch nicht.

**Fermionen.** Dann gibt es bei den Fermionen nur noch ein fundamentales Quark „$q$" mit dem inneren *flavor*-Freiheitsgrad mit 6 möglichen Werten (guten Quantenzahlen unter der Starken Wechselwirkung), und ein fundamentales Lepton „$\ell$", ebenfalls mit einem 6-wertigen Freiheitsgrad Leptonen-*flavor*.

Was ist mit den Antiteilchen? Man hat ja bei der Anwendung des Superpositionsprinzips nicht einmal vor der Überlagerung von Teilchen und Anti-Teilchen Halt gemacht. Sind nun alle oben gezählten 48 Fermionen und Antifermionen eigentlich nur verschiedene Zustände von „$q$" bzw. „$\ell$"? Hier wäre eine Einschränkung angebracht: *Beobachtet* wurden nur Übergänge zwischen den Kaonen $K^0 = (\bar{d}s)$ und Anti-Kaonen $\bar{K}^0 = (d\bar{s})$ als ganzes,[12] nicht zwischen Quarks und zugehörigen Antiquarks $d \rightleftharpoons \bar{d}$ (bzw. $s \rightleftharpoons \bar{s}$). Zur Erklärung der Beobachtung genügt daher, gleichzeitige Übergänge $s \rightleftharpoons d$, $\bar{d} \rightleftharpoons \bar{s}$ anzunehmen. Die Oszillationen $\bar{K}^0 \rightleftharpoons K^0$ stellen demnach nicht in Frage, dass es auf der Ebene der fundamentalen Teilchen einen unüberbrückbaren Unterschied zu ihren Antiteilchen gibt und wir deshalb ein Paar $q, \bar{q}$ sowie $\ell, \bar{\ell}$ jeweils als zwei verschiedene fundamentale Teilchen zählen sollten.

Von den 48 fundamentalen Fermionen sind nach dieser verschärften Auslese nur noch vier übrig geblieben.

**Bosonen.** Wie verschieden sind nun die vier Austauschbosonen der Elektroschwachen Wechselwirkung? $Z^0$ und $\gamma$ jedenfalls können hier nicht mehr als fundamental verschieden durchgehen, denn sie sind Linearkombinationen[13] von $W^0$ und $B$, die

---

[11] Die in Abschn. 13.3.1 beschriebene Auswahl ist reine Konventionssache

[12] auch zwischen den neutralen $B$-Mesonen $B^0 = (b\bar{d})$ und $\bar{B}^0 = (\bar{b}d)$, Abschn. 12.3.2.

[13] Siehe Gl. (12.8) auf S. 573.

also auch nicht als so verschieden gelten können, obwohl sie sogar an verschiedenen Ladungen ankoppeln (Schwache Ladung bzw. Hyperladung). Bei $W^+$ und $W^-$ hingegen (die auch ein Teilchen-Antiteilchen-Paar bilden) war von Überlagerungen oder Übergängen bisher nicht die Rede. Die anderen Bosonen sind ihre eigenen Antiteilchen.

Als fundamentale Bosonen bleiben damit übrig: *das* Gluon, *das* neutrale und die *beiden* geladenen Bosonen der Elektroschwachen Wechselwirkung, sowie das *Higgs*, zusammen fünf.

**Resumee.** Mit einem verschärften Begriff von einem fundamentalen Teilchen beruht dann das Standard-Modell der (nicht nur Elementarteilchen-) Physik für alle bekannten Formen und Prozesse von Strahlung und Materie[14] statt auf 61 auf nur neun fundamentalen Arten von Teilchen, wovon allerdings eine noch nicht als vollständig nachgewiesen gilt: das *Higgs*. Am Modell selbst, seinen Gleichungen und Voraussagen ändert diese Diskussion natürlich nichts. Sie beleuchtet nur ein weiteres Mal, zu welchen Veränderungen und Anpassungen man sich bei vermeintlich sicheren Begriffen aus dem Alltag gedrängt sieht, wenn man sie in der Modernen Physik anwendet.

[14] wie immer, mit Ausnahme der Gravitation!

# Literaturverzeichnis


1. CANET D: *NMR-Konzepte und Methoden*. Springer-Verlag, Berlin, 1994
2. ABE F, MG ALBROW et al.: *Evidence for top quark production in $p\bar{p}$ collisions at $\sqrt{s} =$* 1,8 TeV. Phys. Rev. Lett. 73(2):225–231, Jul 1994
3. ADEVA B, O ADRIANI, M AGUILAR-BENITEZ, H AKBARI, J ALCARAZ, A ALOISIO, G ALVERSON, MG ALVIGGI, Q AN, H ANDERHUB et al.: *Measurement of $Z_0$ decays to hadrons, and a precise determination of the number of neutrino species*. Phys. Lett. B 237(1):136–146, 1990
4. ADLER SL: *Axial-vector vertex in spinor electrodynamics*. Phys. Rev. 177(5):2426–2438, Jan 1969
5. ALPHER RA, H BETHE und G GAMOW: *The origin of chemical elements*. Phys. Rev. 73(7):803–804, Apr 1948
6. ALVAREZ LW: *The capture of orbital electrons by nuclei*. Phys. Rev. 54(7):486–497, 1938
7. AMADO RD und H PRIMAKOFF: *Comments on testing the Pauli principle*. Phys. Rev. C 22(3):1338–1340, Sep 1980
8. AMSLER C et al.: *Data particle book*. Phys. Lett. B 667(1), 2008
9. ANDERSON CD: *The positive electron*. Phys. Rev. 43(6):491–494, Mar 1933
10. APPELQUIST T und HD POLITZER: *Heavy quarks and $e^+e^-$ Annihilation*. Phys. Rev. Lett. 34(1):43–45, Jan 1975
11. ARNETT WD, JN BAHCALL, RP KIRSHNER und SE WOOSLEY: *Supernova 1987A*. Ann. Rev. Astron. Astrophys. 27(1):629–700, 1989
12. ARNISON G, OC ALLKOFER et al.: *Comparison of three jet and two jet cross-sections in p anti-p collision at the CERN SPS p anti-p collider*. Phys. Lett. B 158:494, 1985
13. ARNISON G, A ASTBURY et al.: *Observation of jets in high transverse energy events at the CERN proton antiproton collider*. Phys. Lett. B 123(1–2):115–122, 1983
14. ATKINS PW: *Physikalische Chemie, 3., korr. Aufl.*. Wiley-VCH, Weinheim, 2002
15. AUGUSTIN JE, AM BOYARSKI et al.: *Discovery of a narrow resonance in $e^+e^-$ annihilation*. Phys. Rev. Lett. 33(23):1406–1408, Dec 1974
16. BAGNAIA P, M BANNER et al.: *Evidence for Z0? $e^+e^-$ at the CERN pp collider*. Phys. Lett. B 129(1–2):130–140, 1983
17. BAHCALL JN und R DAVIS JR: *Solar neutrinos: A scientific puzzle*. Science 191(4224):264–267, 1976
18. BALLAM J, GB CHADWICK et al.: *Bubble-Chamber study of photoproduction by* 2.8- *and* 4.7 GeV *polarized photons. I. Cross-Section determinations and production of $\rho^0$ and $\Delta^{++}$ in the reaction $\gamma p \to p\pi^+\pi^-$*. Phys. Rev. D, 5(3):545–589, Feb 1972
19. BANNER M, R BATTISTON et al.: *Observation of single isolated electrons of high transverse momentum in events with missing transverse energy at the CERN pp collider*. Phys. Lett. B 122(5–6):476–485, 1983

20. BARDON M, P NORTON, J PEOPLES, MA SACHS und J LEE-FRANZINI: *Measurement of the momentum spectrum of positrons from muon decay.* Phys. Rev. Lett. 14(12):449–453, Mar 1965
21. BARNES VE, PL CONNOLLY et al.: *Observation of a hyperon with strangeness minus three.* Phys. Rev. Lett. 12(8):204–206, Feb 1964
22. BARTEL W, L BECKER et al.: *Tau-lepton production and decay at Petra energies.* Phys. Lett. B 161(1–3):188–196, 1985
23. BEHREND HJ, J BÜRGER et al.: *A measurement of the muon pair production in* $e^+e^-$ *annihilation.* Phys. Lett. B 191(1–2):209–216, 1987
24. BERGER C: *Elementarteilchenphysik.* Springer, Heidelberg, 2002
25. BERMAN BL und SC FULTZ: *Measurements of the giant dipole resonance with monoenergetic photons.* Rev. Modern Phys. 47(3):713–761, 1975
26. BERTLMANN RA: *Anomalies in quantum field theory.* Clarendon Press, Oxford, 1996
27. BETH RA: *Mechanical detection and measurement of the angular momentum of light.* Phys. Rev. 50(2):115–125, 1936
28. BETHE HA UND RF BACHER: *Nuclear Physics A. Stationary States of Nuclei.* Rev. Mod. Phys. 8(2):82, Apr 1936
29. BETHE HA und CL CRITCHFIELD: *The formation of deuterons by proton combination.* Phys. Rev. 54(4):248–254, Aug 1938
30. BJØRKEN BJ und SL GLASHOW: *Elementary particles and SU (4).* Phys. Lett. 11:255–57, 1964
31. BLUDMAN S: *The First Gauge Theory of the Weak Interaction.* In: *The Rise of the Standard Model: Particle Physics in the 1960s and 1970s.* Cambridge University Press, Cambridge, 1997
32. BODENSTEDT E: *Experimente der Kernphysik und ihre Deutung.* Bibliographisches Inst., Mannheim [u. a.], 1972
33. BOHR A und BR MOTTELSON: *Struktur der Atomkerne Bd. 2.* Hanser, München [u. a.], 1980
34. BOLTZMANN L: *Ueber die Natur der Gasmoleküle.* Ann. Phys. 236(1):175–176, 1877
35. BOLTZMANN L: *Vorlesungen über Gastheorie, 1. Teil.* JA Barth, Leipzig, 3. Aufl., 1898
36. BORN M, W HEISENBERG und P JORDAN: *Zur Quantenmechanik. II.* Z. Phys. A Hadrons and Nuclei 35(8):557–615, 1926
37. BOSE V: *Plancks Gesetz und Lichtquantenhypothese.* Z. Phys. A Hadrons and Nuclei 26(1):178–181, 1924
38. BOTSCH W: *Die Bedeutung des Begriffs Lebenskraft für die Chemie zwischen 1750 und 1850.* Dissertation, Universität Stuttgart, Stuttgart, 1997
39. VAN BRAKEL J und H FREUDENTHAL: *The possible influence of the discovery of radioactive decay on the concept of physical probability.* Arch. Hist. Exact Sci. 31(4), 1985
40. BREIDENBACH M, JI FRIEDMAN et al.: *Observed behavior of highly inelastic electron-proton scattering.* Phys. Rev. Lett. 23(16):935–939, 1969
41. BRINK D: *Nuclear Dynamics.* In: *Twentieth Century Physics*, Seite 1183, American Institute of Physics, 1995
42. BROCKHAUS FA: *Brockhaus' Konversations-Lexikon.* FA Brockhaus, Gütersloh, 1882
43. BROECKER WS und M BARABAS: *Labor Erde.* Springer, Berlin [u. a.], 1995
44. BROWN HN und G BUNCE ET AL.: *Precise measurement of the positive muon anomalous magnetic moment.* Phys. Rev. Lett. 86(11):2227–2231, Mar 2001
45. BROWN LM: *Twentieth century physics, Vol. 1.* Inst. Physics Publ., Bristol [u. a.], 1995
46. BURBIDGE EM, GR BURBIDGE, WA FOWLER und F HOYLE: *Synthesis of the elements in stars.* Rev. Mod. Phys. 29(4):547–650, 1957
47. CABIBBO N: *Unitary symmetry and leptonic decays.* Phys. Rev. Lett. 10(12):531–533, Jun 1963
48. CLOSE F, M MARTEN und C SUTTON: *The particle explosion.* Oxford University Press, New York [u. a.], 1994

49. CONVERSI M, E PANCINI und O PICCIONI: *On the disintegration of negative mesons.* Phys. Rev. 71(3):209–210, Feb 1947
50. COX RT, CG MCILWRAITH und B KURRELMEYER: *Apparent evidence of polarization in a beam of $\beta$-rays.* Proc. Natl. Acad. Sci. USA, 14(7):544, 1928
51. DANBY G, J-M GAILLARD, K GOULIANOS, L M LEDERMAN, N MISTRY, M SCHWARTZ und J STEINBERGER: *Observation of high-energy neutrino reactions and the existence of two kinds of neutrinos.* Phys. Rev. Lett. 9(1):36–44, Jul 1962
52. DANNEMANN F: *Die Naturwissenschaften in ihrer Entwicklung und ihrem Zusammenhange*, Band 3. W. Engelmann, 1922
53. DAVIS R: *Attempt to detect the antineutrinos from a nuclear reactor by the* $Cl^{37}(\nu, e^-)A^{37}$ *Reaction.* Phys. Rev. 97(3):766–769, Feb 1955
54. DAVIS R: *Nobel lecture: A half-century with solar neutrinos.* Rev. Mod. Phys. 75(3):985–994, Aug 2003
55. DECAMP D, B DESCHIZEAUX, JP LEES, MN MINARD, JM CRESPO, M DELFINO, E FERNANDEZ, M MARTINEZ, R MIQUEL, LM MIR et al.: *A precise determination of the number of families with light neutrinos and of the Z boson partial widths.* Phys. Lett. B 235(3–4):399–411, 1990
56. DEMTRÖDER W: *Experimentalphysik Bd. 1: Mechanik.* Springer, Berlin [u. a.], 1996
57. DEMTRÖDER W: *Experimentalphysik Bd. 3: Atome, Moleküle und Festkörper.* Springer, Berlin [u. a.], 2005
58. DEMTRÖDER W: *Experimentalphysik Bd. 4: Kern-, Teilchen- und Astrophysik.* Springer, Berlin [u. a.], 2005
59. DENNISON DM: *A note on the specific heat of the hydrogen molecule.* Proc. Roy. Soc. Lond. A 115(771):483–486, Containing Papers of a Mathematical and Physical Character (1905–1934), 1927
60. DIRAC PAM: *On the theory of quantum mechanics.* Proc. Roy. Soc. Lond. A 112(762):661–677, Containing Papers of a Mathematical and Physical Character (1905-1934), 1926
61. DIRAC PAC: *Interview mit Thomas Kuhn, 1963.* In: *Inward bound*, Clarendon Press, Oxford, 1994
62. WOHLFAHRT H (ED.): *40 Jahre Kernspaltung.* Wiss. Buchges., Darmstadt, 1979
63. EDMONDS AR: *Drehimpulse in der Quantenmechanik.* Bibliographisches Institut, Mannheim, 1964
64. EINSTEIN A: *Quantentheorie des einatomigen idealen Gases.* Akademie der Wissenschaften, in Kommission bei W. de Gruyter, Berlin, 1924
65. EINSTEIN A und WJ DE HAAS: *Experimenteller Nachweis der Ampereschen Molekularströme.* Verh. Dtsch. Phys. Ges 17:152, 1915
66. EVANS RD: *The atomic nucleus.* McGraw-Hill, New York [u. a.], 1970
67. FERMI E: *Zur Quantelung des idealen einatomigen Gases.* Z. Phys. A Hadrons and Nuclei, 36(11):902–912, 1926
68. FERMI E: *Versuch einer Theorie der $\beta$-Strahlen. I.* Z. Phys. A Hadrons and Nuclei 88(3):161–177, 1934
69. FERMI E: *Quantum theory of radiation.* Rev. Mod. Phys. 4(1):87, Jan 1932
70. FEYNMAN RP: *The theory of fundamental processes.* Benjamin, New York, 1961
71. FEYNMAN RP, RB LEIGHTON und M SANDS: *The Feynman lectures on physics.* Addison Wesley, Reading MA, 1963
72. FINKELNBURG W: *Einführung in die Atomphysik.* Springer, Berlin [u. a.], 1964
73. FRAUENFELDER H, EM HENLEY und M RECK: *Teilchen und Kerne: Die Welt der subatomaren Physik.* Oldenbourg, München, 1999
74. FRISCH O: *Physical evidence for the division of heavy nuclei under neutron bombardment.* Nature 143:276, 1939
75. GALISON P: *Pure and hybrid detectors: Mark I and the psi.* In: *The Rise of the Standard Model: Particle Physics in the 1960s and 1970s*, Seite 308, Cambridge University Press, Cambridge, 1997

76. GAMOW G: *Expanding universe and the origin of elements.* Phys. Rev. 70(7–8):572–573, Oct 1946
77. GEIGER H und E MARSDEN: *On a diffuse reflection of the $\alpha$-particles.* Proc. Roy. Soc. Lond. A 82:495–500, Containing Papers of a Mathematical and Physical Character, 1909
78. GELL-MANN M und A PAIS: *Behavior of neutral particles under charge conjugation.* Phys. Rev. 97(5):1387–1389, Mar 1955
79. GELL-MANN M: *Quarks, color, and QCD.* In: *The Rise of the Standard Model: Particle Physics in the 1960s and 1970s*, Seite 625, Cambridge University Press, Cambridge, 1997
80. GENTRY RV: *Creation's tiny mystery.* Earth Science Associates, Knoxville, 1992
81. GLASHOW SL, R JACKIW und SS SHEI: *Electromagnetic decays of pseudoscalar mesons.* Phys. Rev. 187(5):1916–1920, Nov 1969
82. GLASHOW SL, J ILIOPOULOS und L MAIANI: *Weak interactions with lepton-hadron symmetry.* Phys. Rev. D 2(7):1285–1292, 1970
83. GOLDHABER M, L GRODZINS und AW SUNYAR: *Helicity of neutrinos.* Phys. Rev. 109(3):1015–1017, 1958
84. GOLDHABER M und G SCHARFF-GOLDHABER: *Identification of beta-rays with atomic electrons.* Phys. Rev. 73(12):1472–1473, 1948
85. GRIBBIN J: *Science A History.* Penguin Books, London, 2003
86. GRIBOV V und B PONTECORVO: *Neutrino astronomy and lepton charge.* Phys. Lett. B 28(7):493–496, 1969
87. GRIFFITHS DJ: *Einführung in die Elementarteilchenphysik.* Akad.-Verl., Berlin, 1996
88. GRIFFITHS DJ: *Introduction to elementary particles*, 2 Auflage. Wiley-VCH, Weinheim, 2008
89. HAKEN H und HC WOLF: *Atom-und Quantenphysik: Einführung in die experimentellen und theoretischen Grundlagen.* Springer, Heidelberg, 2003
90. HANSEL W: *Quantencomputer und Quantenteleportation: Quantenbits in der Ionenfalle Teil 2.* Physik in unserer Zeit 37(6), 2006
91. HASERT FJ, H FAISSNER et al.: *Search for elastic muon-neutrino electron scattering.* Phys. Lett. B 46(1):121–124, 1973
92. HEISENBERG J, R HOFSTADTER, JS MCCARTHY, I SICK, BC CLARK, R HERMAN und DG RAVENHALL: *Elastic electron scattering by $Pb^{208}$ and new information about the nuclear charge distribution.* Phys. Rev. Lett. 23(24):1402–1405, Dec 1969
93. HEISENBERG W: *Über quantentheoretische Umdeutung kinematischer und mechanischer Beziehungen.* Z. Phys. 33(1):879–893, 1925
94. HEISENBERG W: *Mehrkörperproblem und Resonanz in der Quantenmechanik.* Z. Phys. A Hadrons and Nuclei 38(6):411–426, 1926
95. HEISENBERG W: *Mehrkörperprobleme und Resonanz in der Quantenmechanik. II.* Z. Phys. A Hadrons and Nuclei 41(8):239–267, 1927
96. HERZBERG G.: *Molecular spectra and molecular structure.* van Nostrand, New York, 1950
97. HEYDENBURG NP und GM TEMMER: *Alpha-alpha scattering at low energies.* Phys. Rev. 104(1):123–134, 1956
98. HILSCHER H: *Kernphysik.* Vieweg, Braunschweig [u. a.], 1996
99. HODDESON L, L BROWN, M RIORDAN und M DRESDEN: *The rise of the standard model: Particle physics in the 1960s and 1970s.* Cambridge University Press, Cambridge, 1997
100. HÖFFE O: *Kleine Geschichte der Philosophie.* CH Beck, München, 2001
101. HOLTON G: *Subelectrons, presuppositions, and the Millikan-Ehrenhaft dispute.* Hist. Stud. Phys. Sci. Baltim., Md 9:161–224, 1978
102. HOSAKA J und K ISHIHARA ET AL.: *Three flavor neutrino oscillation analysis of atmospheric neutrinos in Super-Kamiokande.* Phys. Rev. D Particles and Fields 74(3):032002, 2006
103. JACKSON JD: *Classical electrodynamics.* Wiley, New York [u. a.]:, 1962
104. JAMES FE und HL KRAYBILL: *Interactions of $\pi^+$ mesons with protons at 2 .08 BeV/c.* Phys. Rev. 142(4):896–912, Feb 1966

105. KANITSCHEIDER B: *Im Innern der Natur: Philosophie und moderne Physik.* Wiss. Buchges., Darmstadt, 1996
106. KANITSCHEIDER B: *Philosophie und moderne Physik: Systeme, Strukturen, Synthesen.* Wiss. Buchges., Darmstadt, 1979
107. KELVIN WT: *On the age of the sun's heat.* Macmillan's Magazine 5:288–293, 1862
108. KERLER W und W NEUWIRTH: *Messungen des Mössbauer-Effekts von* $Fe^{57}$ *in zahlreichen Eisenverbindungen bei verschiedenen Temperaturen.* Z. Phys. 167:176–193, 1962
109. KETTERLE W: *Bose-Einstein-Kondensate – eine neue Form von Quantenmaterie.* Phys. Blätter 53:677–680, 1997
110. KLAPDOR-KLEINGROTHAUS HV und A STAUDT: *Teilchenphysik ohne Beschleuniger.* Teubner, Stuttgart, 1995
111. KNECHT M und A NYFFELER: *Hadronic light-by-light corrections to the muon g-2: The pion-pole contribution.* Phys. Rev. D 65(7):073034, Apr 2002
112. KONOPINSKI EJ und HM MAHMOUD: *The universal Fermi interaction.* Phys. Rev. 92(4):1045–1049, Nov 1953
113. KOPFERMANN H: *Kernmomente.* Akad. Verlagsges., Frankfurt, 1956
114. KRANE KS: *Introductory nuclear physics.* Wiley, New York, 1987
115. KUNDT A und E WARBURG: *Ueber die specifische Wärme des Quecksilbergases.* Ann. Phys. 233(3):353–369, 1876
116. LANDE K, ET BOOTH, J IMPEDUGLIA, LM LEDERMAN und W CHINOWSKY: *Observation of long-lived neutral V particles.* Phys. Rev. 103(6):1901–1904, Sep 1956
117. LARIN I: *A Precision Measurement of the Neutral Pion Life Time: Updated Results from the PrimEx Experiment.* In: *Progress in high energy physics and nuclear safety*, Seite 157, Springer Netherlands, Dordrecht, 2009
118. LAURENCE WL: *Dämmerung über Punkt Null – Die Geschichte der Atombombe.* List Taschenbuch, Berlin, 1952
119. LEE TD: *Particle physics and introduction to field theory.* Harwood Academic Pub, Newark, 1981
120. LEIGHTON RB, CD ANDERSON und AJ SERIFF: *The energy spectrum of the decay particles and the mass and spin of the mesotron.* Phys. Rev. 75(9):1432–1437, May 1949
121. LOHRMANN E: *Einführung in die Elementarteilchenphysik.* Teubner, Stuttgart, 1983
122. LONGO MJ: *Tests of relativity from SN1987A.* Phys. Rev. D 36(10):3276–3277, Nov 1987
123. LÜDERS G: *On the equivalence of invariance under time reversal and under particle–antiparticle conjugation for relativistic field theories.* Det. Kong. Danske Vidensk. Selskab, Mat.-fys. Medd. 28(5):1, 1954
124. MACH E: *Die Principien der Wärmelehre.* Barth, Leipzig, 1900
125. MANNHEIM PD: *Introduction to Majorana masses.* Int. J. Theor. Phys. 23(7):643–674, 1984
126. MATTAUCH J: *Massenspektrographie und ihre Anwendung auf Probleme der Atom- und Kernchemie.* Ergeb. Exakten Naturwiss. 19:170–236, 1940
127. MAYER-KUCKUK T: *Atomphysik.* Teubner, Stuttgart [u. a.], 1997
128. MAYER-KUCKUK T: *Kernphysik.* Teubner, Stuttgart [u. a.], 2002
129. MCMILLAN E und PH ABELSON: *Radioactive Element 93.* Phys. Rev. 57(12):1185–1186, Jun 1940
130. MEIER H und W HECKER: *Radioactive halos as possible indicators for geochemical processes in magmatites.* Geochem. J. 10:185–195, 1976
131. MENDELEJEW D: *Über die Beziehungen der Eigenschaften zu den Atomgewichten der Elemente.* Z. Chem 12:405–406, 1869
132. MESSIAH A: *Quantum mechanics.* North-Holland, Amsterdam, 1970
133. METZ M, P KROUPA, C THEIS, G HENSLER und H JERJEN: *Did the Milky Way dwarf satellites enter the halo as a group?* Astrophys. J. 697(1):269–274, 2009
134. MOHR PJ, BN TAYLOR und DB NEWELL: *CODATA recommended values of the fundamental physical constants: 2006.* Rev. Modern Phys. 80(2):633, 2008

135. MOTT NF: *The solution of the wave equation for the scattering of particles by a coulombian centre of force.* Proc. Roy. Soc. Lond. A Seiten 542–549, Containing Papers of a Mathematical and Physical Character, 1928
136. MUSIOL G, J RANFT, R REIF und D SEELIGER: *Kern-und Elementarteilchenphysik.* VCH, Weinheim, 1995
137. NERESON N und B ROSSI: *Further measurements on the disintegration curve of mesotrons.* Phys. Rev. 64(7–8):199–201, Oct 1943
138. NEWMAN HB und T YPSILANTIS: *History of original ideas and basic discoveries in particle physics.* Plenum Press, New York, 1996
139. OBERHUMMER H: *Kerne und Sterne: Einführung in die nukleare Astrophysik.* Barth, Leipzig, 1993
140. ODOM B, D HANNEKE, B D'URSO und G GABRIELSE: *New measurement of the electron magnetic moment using a one-electron quantum cyclotron.* Phys. Rev. Lett. 97(3):30801, 2006
141. OLDEKOP W: *Einführung in die Kernreaktor-und Kernkraftwerkstechnik.* Thiemig, München, 1975
142. OSCHMANN W: *Vier Milliarden Jahre Klimageschichte im Überblick.* Klimastatusbericht, 2003
143. OTTER G und R HONECKER: *Atome–Moleküle–Kerne Bd. 2.* Teubner, Stuttgart, 1996
144. OTTO H, F STRASSMANN: *Über den Nachweis und das Verhalten der bei der Bestrahlung des Urans mittels Neutronen entstehenden Erdalkalimetalle.* Naturwissenschaften 27:11, 1939
145. PAIS A: *Inward bound.* Clarendon Press, Oxford, 1994
146. PAULI W: *Uber der Zusammenhang des Abschlusses der Elektronengruppen im Atom mit der Komplexstruktur des Spectrums.* Z. Phys. 31:765, 1925
147. PAULI W: *Zur Quantenmechanik des magnetischen Elektrons.* Z. Phys. 43:601, 1927
148. PAULI W: *Handbuch der Physik, Vol. 24. Verlag Julius Springer, Berlin, 1933*, Seite 226–227
149. PAULI W und F VILLARS: *On the invariant regularization in relativistic quantum theory.* Rev. Mod. Phys. 21(3):434–444, Jul 1949
150. PERKINS D: *Gargamelle and the discovery of neutral currents.* In: *The Rise of the Standard Model: Particle Physics in the 1960s and 1970s*, Seite 428, Cambridge University Press, Cambridge, 1997
151. PERL M: *The discovery of the tau lepton.* In: *The Rise of the Standard Model: Particle Physics in the 1960s and 1970s*, Seite 79, Cambridge University Press, Cambridge, 1997
152. PERL ML, GS ABRAMS et al.: *Evidence for anomalous lepton production in $e^+$-$e^-$ annihilation.* Phys. Rev. Lett. 35(22):1489–1492, Dec 1975
153. PLATTNER GR und I SICK: *Coherence, interference and the Pauli principle: Coulomb scattering of carbon from carbon.* Eur. J. Phys. 2:109–113, 1981
154. POVH B, K RITH, C SCHOLZ und F ZETSCHE: *Teilchen und Kerne.* Springer, Heidelberg, 2009
155. RENTON P: *Electroweak interactions.* Cambridge University Press, New York, 1990
156. ROBSON J M: *The radioactive decay of the neutron.* Phys. Rev. 83(2):349–358, Jul 1951
157. ROHLF JW: *Modern physics from $\alpha$ to $Z_0$.* Wiley, New York [u. a.], 1994
158. ROVELLI C: *Notes for a brief history of quantum gravity.* Arxiv preprint gr-qc/0006061, von http://arxiv.org/abs/gr-qc/0006061 2000
159. RUTHERFORD E: *The scattering of the $\alpha$ & $\beta$ rays and the structure of the atom.* Philos. Mag. 21:669–688, 1911
160. RUTHERFORD E und H GEIGER: *The probability variations in the distribution of alpha particles.* Philos. Mag. 20:698–704, 1910
161. RUTHERFORD E und T ROYDS: *The nature of the alpha particle from radioactive substances.* Philos. Mag. 6(17):281–286, 1909
162. RUTHERFORD E und E NEVILLE DA COSTA ANDRADE: *The wavelength of the penetrating $\gamma$ rays from radium B and radium C.* Philos. Mag. 1914

163. RUTHERFORD E und E NEVILLE DA COSTA ANDRADE: *The wavelength of the soft gamma rays from radium B.* Philos. Mag. 6(28):854–868, 1914
164. RUTHERFORD E und J CHADWICK: *The collected papers of Lord Rutherford of Nelson Vol. 1–3.* Allen & Unwin, London, 1962
165. RUTHERFORD E, J CHADWICK und C DRUMMOND ELLIS: *Radiations from radioactive substances.* Cambridge Univ. P., London, 1951
166. RYSSEL H und I RUGE: *Ionenimplantation.* Teubner, Stuttgart, 1978
167. RYSSEL H und H GLAWISCHNIG: *Ion implantation techniques.* Springer Ser. Electrophys. 10. Springer, Heidelberg, 1982
168. SACKUR O: *Die universelle Bedeutung des sog. elementaren Wirkungsquantums.* Ann. Phys. 345(1):67–86, 1913
169. SAMM U: *Controlled thermonuclear fusion at the beginning of a new era.* Contemp. Phys. 44(3):203–217, 2003
170. SCHMITZ N: *Neutrinophysik.* BG Teubner Verlag, Stuttgart, 1997
171. SCHRÖDINGER E: *Quantisierung als Eigenwertproblem (Erste Mitteilung).* Ann. Phys. 79:361–376, 1926
172. SCHRÖDINGER E: *Quantisierung als Eigenwertproblem (Erste Mitteilung).* Ann. Phys. 79:361–376, 1926
173. SCHWEBER S: *A historical perspective on the rise of the standard model*, In: *The Rise of the Standard Model: Particle Physics in the 1960s and 1970s*, Seite 645, Cambridge University Press, Cambridge, 1997
174. VON SCHWEIDLER ER: *Premier congres international de radiologie*, 1905
175. SEGRÈ E: *Nuclei and particles.* Benjamin (WA), New York, 1964
176. SEGRÈ E und S SUMMERER: *Die großen Physiker und ihre Entdeckungen.* Piper, München, 1990
177. SHANKAR R: *Principles of quantum mechanics.* Plenum Press, N.Y., 1980
178. SHERA EB, ET RITTER, RB PERKINS, GA RINKER, LK WAGNER, HD WOHLFAHRT, G FRICKE und RM STEFFEN: *Systematics of nuclear charge distributions in* Fe, Co, Ni, Cu, *and* Zn *deduced from muonic X-ray measurements.* Phys. Rev. C 14(2):731–747, Aug 1976
179. SIMONYI K und K CHRISTOPH: *Kulturgeschichte der Physik.* Deutsch, Thun [u. a.], 1990
180. SODDY F: *Name for the positive nucleus.* Nature 106(2668):502–503, 1920
181. STILLER W: *Ludwig Boltzmann: Altmeister der klassischen Physik, Wegbereiter der Quantenphysik und Evolutionstheorie.* VEB Johann Ambrosius Barth, Leipzig, 1988
182. STREET JC und EC STEVENSON: *New evidence for the existence of a particle of mass intermediate between the proton and electron.* Phys. Rev. 52(9):1003–1004, Nov 1937
183. SUTTON C und HP HERBST: *Raumschiff Neutrino: die Geschichte eines Elementarteilchens.* Birkhäuser, 1994
184. TAMM I: *Über die Wechselwirkung der freien Elektronen mit der Strahlung nach der Diracsehen Theorie des Elektrons und nach der Quantenelektrodynamik.* Z. Phys. 62(7):545–568, 1930
185. VAN DYCK RS, PB SCHWINBERG und HG DEHMELT: *Electron magnetic moment from geonium spectra: Early experiments and background concepts.* Phys. Rev. D 34(3):722–736, Aug 1986
186. VAN DYCK RS, PB SCHWINBERG und HG DEHMELT: *New high-precision comparison of electron and positron g factors.* Phys. Rev. Lett. 59(1):26–29, Jul 1987
187. WEGNER HE, RM EISBERG und G IGO: *Elastic scattering of 40-*MeV *alpha particles from heavy elements.* Phys. Rev. 99(3):825–833, Aug 1955
188. WEISSKOPF V: *Mein Leben.* Scherz Verlag, Bern, 1991
189. WEIZSÄCKER CF: *Atomenergie und Atomzeitalter.* Fischer, Frankfurt a.M., 1957
190. WEIZSÄCKER CF: *Die Verantwortung der Wissenschaft im Atomzeitalter.* Vandenhoeck & Ruprecht, Göttingen, 1963
191. WEYL H: *Quantenmechanik und Gruppentheorie.* Springer, Heidelberg, 1927
192. WEYL H: *Elektron und Gravitation. I.* Z. Phys. 56(5):330–352, 1929

193. WICHMANN EH, F CAP und C KITTEL: *Berkeley-Physik-Kurs Bd. 4: Quantenphysik.* Vieweg, Braunschweig [u. a.], 2., überarb. und erw. Aufl, 1985
194. WIEDEMANN B, G WALTER und K BETHGE: *Kernphysik.* Springer, Berlin [u. a.], 2001
195. WILSON AH: *The theory of electronic semi-conductors.* Proc. Roy. Soc. Lond. A, Seiten 458–491, Containing Papers of a Mathematical and Physical Character, 1931
196. WINTER RG: *Large-time exponential decay and hidden variables.* Phys. Rev. 126(3):1152–1153, May 1962
197. WOLF-GLADROW D: *Der Ozean als Teil des globalen Kohlenstoff-Kreislaufs.* Umweltwiss. Schadstoff-Forsch. 4(1):20–24, 1992
198. YANG CN und RL MILLS: *Conservation of isotopic spin and isotopic gauge invariance.* Phys. Rev. 96(1):191–195, Oct 1954
199. YUKAWA H: *On the interaction of elementary particles.* Proc. Phys. Math. Soc. Japan 17:48–57, 1935
200. ZWICKY F: *Die Rotverschiebung von extragalaktischen Nebeln.* Helv. Phys. Acta 6:110–127, 1933

# Sachverzeichnis

C

**D**

**F**

**G**

**H**

**J**



**K**

L

**M**

## Q

**S**

## T

**V**

**W**